本书荣获
首届全国教材建设奖全国优秀教材一等奖
第五届中国出版政府奖图书奖

机器人学

建模、控制与视觉

（第2版）

熊有伦 李文龙 陈文斌 杨 华
丁 烨 赵 欢 李益群 杨吉祥 编著

華中科技大學出版社
http://press.hust.edu.cn
中国·武汉

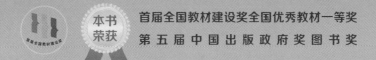

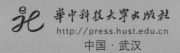

内 容 简 介

为适应工业机器人、海陆空机器人和共融机器人快速发展的需要，突出机器人学的综合性、新颖性和前瞻性等特点，本书分建模、控制与视觉三个部分系统地阐述了机器人学的基础内容。

全书包含十六章。第1章为概述，介绍机器人的内涵、应用以及机器人学的研究方向。建模部分包括第2章至第7章，系统介绍机器人机构、位姿描述和齐次变换、刚体速度和静力、操作臂运动学、操作臂的雅可比矩阵和操作臂动力学。控制部分包括第8章至第11章，介绍轨迹生成、操作臂的轨迹控制、操作臂的力控制和协调控制。视觉部分包括第12章至第16章，介绍视觉图像处理、视觉运动控制、视觉导航定位、汽车式移动机器人和运动规划。

本书可供从事机器人研究开发的科技工作者参考，也可作为研究型大学本科生和研究生的教学用书。

图书在版编目(CIP)数据

机器人学：建模、控制与视觉/熊有伦等编著. —2版. —武汉：华中科技大学出版社，2020.7(2024.7重印)
ISBN 978-7-5680-6235-0

Ⅰ.①机… Ⅱ.①熊… Ⅲ.①机器人学 Ⅳ.①TP24

中国版本图书馆CIP数据核字(2020)第127454号

机器人学：建模、控制与视觉(第2版)
Jiqirenxue：Jianmo，Kongzhi yu Shijue

熊有伦 李文龙 陈文斌 杨 华 丁 烨 赵 欢 李益群 杨吉祥 编著

策划编辑：俞道凯 王连弟
责任编辑：姚同梅 罗 雪
封面设计：原色设计
责任校对：吴 晗
责任监印：周治超
出版发行：华中科技大学出版社(中国·武汉) 电话：(027)81321913
武汉市东湖新技术开发区华工科技园 邮编：430223
录 排：武汉三月禾文化传播有限公司
印 刷：武汉科源印刷设计有限公司
开 本：787mm×1092mm 1/16
印 张：28 插页：2
字 数：716千字
版 次：2024年7月第2版第4次印刷
定 价：88.00元

第 2 版前言

本书自 2018 年出版以来，受到了各方人士的广泛关注。许多机器人学专家和主讲教师对本书提出了他们的宝贵意见和建议。特别应该感谢的是天津大学黄田教授、燕山大学赵铁石教授、上海交通大学熊振华教授、中国科学技术大学陈小平教授、北京航空航天大学于靖军教授、清华大学刘辛军教授、西安交通大学徐海波教授等，他们在百忙之中参加了 2019 年 12 月在华中科技大学召开的首届“机器人学教学研讨会”，基于多学科综合及应用实践方面的考虑，从教材定位、内容选取、编排系统性和规范性等角度出发，指出了书中的缺点和错误，提出了改进意见，并阐述了对机器人学发展的深刻见解。他们的远见卓识，使我们受益匪浅。

为进一步完善本书，我们组织了本书的再版修订工作。此次修订删去了上一版中第 13 章“自适应控制”和第 17 章“飞行机器人”，对上一版第 9 章“操作臂的轨迹控制”、第 11 章“运动规划”和第 16 章“轮式移动机器人”进行了大幅修改，增加了对视觉导航定位的介绍，并对部分章节顺序进行了调整。具体分工如下：第 1～7 章由李文龙、陈文斌负责，第 8～11 章由赵欢、杨吉祥负责，第 12～14 章由杨华负责，第 15～16 章由李益群负责，参考文献及附录由李文龙负责。全书由熊有伦统稿和定稿。

此次修订得到了华中科技大学机械学院丁汉院长和王书亭副院长，以及数字制造装备与技术国家重点实验室的支持，在此深表感谢。在修订过程中，还得到了杨文玉教授和孙容磊教授的支持和帮助，谨致谢意。实际上书中的内容也反映了杨文玉教授和孙容磊教授多年的教学经验和研究成果。

机器人学科是不断发展的，限于作者的研究水平和教学经验，书中的错误和缺点仍不可避免，恳请读者批评指正（联系邮箱：reader_feedback@163.com）。

熊有伦　李文龙

2020 年 4 月

第 1 版前言

21 世纪是机器人时代，是智能机器人时代，是人机共融、和谐发展的时代。机器人进入“海陆空”，融入人类社会，成为人们的万能伙伴，将会改变人类的生产方式、生活方式和思维方式。机器人作为传媒的热点，已成为家喻户晓、老幼皆知的话题。机器人学就是在这样的科技生态环境之下衍生而出的。本书面向机器人的未来世界，致力于机器人学的多学科综合交叉、融会贯通，为有关专业的大学生和研究生，以及机器人研究和开发人员提供系统性、基础性和前瞻性的知识。

机器人学是一门综合性学科，将会带动有关技术学科、信息学科以及传媒学科的深度融合与发展。机器人学也是一门课程，将逐渐成为研究型大学有关专业的主干课程。

全书包含十七章，主要内容分为三个部分：建模、控制与视觉。第 1 章为概述，介绍机器人的内涵、应用以及机器人学的研究方向。建模部分包括第 2 章至第 7 章，系统介绍机器人机构、刚体位姿描述和齐次变换、刚体速度和静力、操作臂运动学、雅可比矩阵和操作臂动力学。控制部分包括第 8 章至第 13 章，阐述轨迹生成、轨迹控制、力的控制、运动规划、协调控制和自适应控制。视觉部分包括第 14 章至第 17 章，介绍视觉图像处理、视觉运动控制、视觉导航、轮式移动机器人和运动规划。

我们在 20 世纪编写的《机器人学》一书出版至今已经 25 年。本书的前两部分主要参考了该书，仍然保留该书的部分内容，建模部分增添了一章“刚体速度和静力”，介绍李群的李代数、运动旋量和力旋量；控制部分增添了一章“运动规划”，介绍无碰撞路径规划的$\mathcal{C}$-空间概念、人工势函数方法和导航函数；视觉部分的四章是新增加的，所介绍的有关内容已经成为机器人学的重要部分。

本书的出版是多项国家自然科学基金和国家重点基础研究发展计划(973 计划)项目基金资助的结果，特别是 NSFC. No. 51327801 和 NSFC. No. 51475187；本书的出版得到了数字制造装备与技术国家重点实验室的资助，在此表示感谢。

本书的具体编写分工如下：第 2 章由陈文斌改写，第 7 章由丁烨和陈文斌改写，第 10 章由赵欢改写，第 14 和第 15 章由杨华编写，第 16 章由李文龙编写，第 17 章由陈文斌和丁烨编写，其余各章由熊有伦编写。全书由熊有伦修改定稿，李文龙和陈文斌协助整理。《机器人学》的两位作者丁汉教授和刘恩沧教授对本书的出版做出了重要贡献，丁汉教授对本书的编写还提出了许多宝贵意见和建议，在此深表感谢。

在编写的过程中，我们参照了《机器人操作》一书，许多教授还提供了宝贵的研究成果和教学经验，在此对杨文玉教授、尹周平教授、熊蔡华教授、孙容磊教授、唐立新教授、黄永安教授、陶波教授和张海涛教授等表示感谢。杨文玉教授和孙容磊教授等阅读了初稿，提出许多宝贵建议。李国民教授和黄田教授向我们介绍了美国和英国有关课程教学改革与教材建设的经验，并提出了许多有益的见解。董伟博士和黄剑博士为本书的出版也做出了贡献。实际上，还有许多专家学者为本书的编写提供了帮助或参与了本书的编写，在此表示感谢。博士生时胜磊、宋开友、王刚、龚泽宇和张宇豪等，结合机器人学课程学习和科研，为本书的出版查阅文献、整理资料、编写程序，甚至协助编写了有关内容。华中科技大学出版社对本书的出版给予了极大的支持，王连弟社长和俞道凯分社长亲自进行选题策划，特别是姚同梅和罗雪两位责任编辑具备敬业精神和严谨学风，促使本书及时出版，保证了本书质量，在此深表感谢。

机器人学是一门综合性学科，涉及的专业范围很广，限于作者的研究水平和教学经验，书中的错误和缺点不可避免，希望读者批评指正。

熊有伦　2017年7月
华中科技大学机械学院

目　　录

第1章　概　　述

人类在探索客观世界的同时，也在探索其自身。近年来，人类一方面加紧了南极考察、深海探测，以及登月、建立空间站、观测火星和其他星球等活动，不断致力于研究人类的生存环境，力图扩大人类的生存空间；另一方面，人类也在加速对自身的研究，探索人体功能和生命奥秘，所研究的课题包括生物工程、遗传工程、基因工程、蛋白质合成、人造心脏、器官移植和脑科学等。机器人则是人类幻想已久的与自身功能相似的机器和装置。

我国早在公元前几百年的远古时代就有关于机器人的传说。据《列子·汤问》记载，公元前九百多年前的西周时，有一位巧匠偃师，造出了“千变万化，唯意所适”的机器人。据考证，公元618至907年间，四川能工巧匠杨行廉制作的能走会动的“木僧”，江苏“神匠”马待封制作的“酒山”等都是早期的机器人。在我国广为流传的三国时期诸葛亮制作的木牛流马，是一种栩栩如生的移动机器人。在国外，公元1768至1772年间，瑞士钟表匠德罗斯父子设计制造了三种拟人的机器人：写字偶人、绘画偶人、弹琴偶人。1920年，捷克作家卡雷尔·卡佩克创作的剧本《罗莎姆万能机器人》中，塑造出了只会劳动不会思维的机器人形象，机器人开始登上舞台，“Robot”一词开始出现在英文和其他语言的词典中。

1940年，科幻作家Asimov在他的科学幻想小说《我是机器人》中，提出了机器人的三原则：

(1) 机器人不得伤害人类，也不能坐视不管人类受到伤害；

(2) 机器人必须服从人类的命令，但不能违背(1)；

(3) 机器人必须保护自己，但不能违背(1)和(2)。

上述三原则作为人工选择机器人时，长期以来所遵循的准则，值得人们在研究、设计和开发机器人过程中考虑和深思。

20世纪50年代是机器人幻想小说最盛行的时代，各种各样的机器人形象出现在荧幕上，对青少年的影响很深。但一直到电子计算机出现与发展，真正意义上的机器人新时代方开启。第一台商用工业机器人称为万能伙伴(Unimate)，于1961年问世。此后，各种工业机器人在不同应用领域蓬勃发展起来，反映出生产发展的需求和科技发展的趋势。有关机器人的学科，如人工智能、神经网络、专家系统、大数据深度学习、机器视觉、语言识别和认知科学等相继出现，与机器人发展有关的伦理道德问题，也引起了学术界热烈的讨论。

1.1　机器人的内涵

在机器人高速发展的同时，其内涵亦不断扩大。当前，机器人的内涵可以用三个词来概括：操作臂、海陆空、人机共融。操作臂代表传统工业机器人；海陆空代表无人机、智能车和水下机器人等；人机共融涵盖仿生机器人、类生机器人、拟人机器人和康复医疗机器人等。

因此，机器人集合可以定义为它的三个子集之并：

$$\{机器人\} = \{操作臂\} \cup \{海陆空\} \cup \{人机共融\}$$

1.1.1　操作臂

操作臂是指工业机器人，与人的手臂相似，如图 1-1 所示，是由一系列连杆和关节顺序连接而成的开式链机构。这些连杆就像人体的骨架，分别类似于胸（chest）、上臂（upper arm）和下臂（fore arm），工业机器人的各个关节分别相当于人的肩关节（shoulder）、肘关节（elbow）和腕关节（wrist）。操作臂的前端装有末端执行器（end-effector）或相应的工具（tool），也常称为手（hand）或手爪（gripper）。手爪由两个或多个手指（finger）所组成，手指可以"开"与"合"，实现抓取动作（grasping）和细微操作（fine manipulation）。手臂的动作幅度一般较大，通常能实现宏操作（macro manipulation）。最初的机器人教材实际上大多是介绍机器人操作臂的。

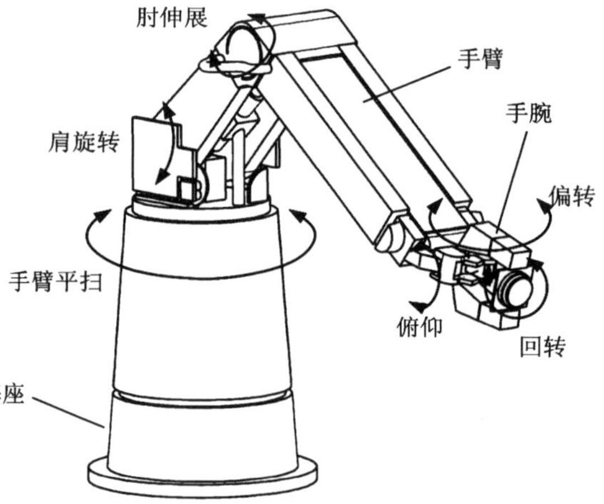

(a)

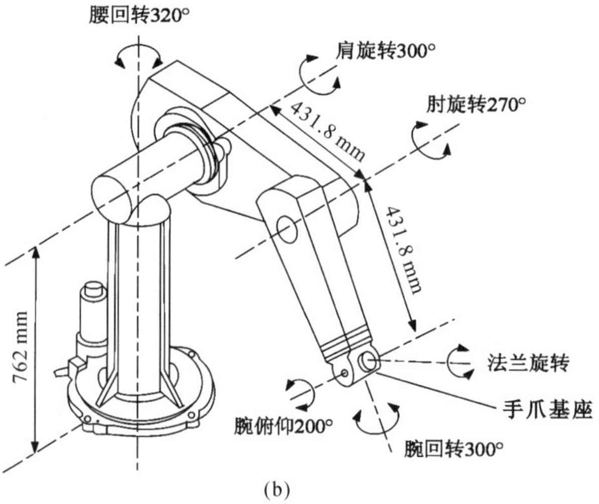

(b)

图 1-1　两种工业机器人

(a) Cincinnati Milacron T^3 机器人　(b) PUMA560 系列机器人

最早的工业机器人 Unimate 实际上是操作臂。这是一种用于压铸作业的五自由度液压驱动的机器人操作臂,手臂的控制由一台专用的计算机完成。

从18世纪中叶瓦特发明蒸汽机以来,人类先后步入蒸汽时代、电气时代、数字时代,由此带来的三次工业革命促使人类文明发展达到空前的高度。工业机器人的出现和发展,使得自动化、数字化的柔性生产模式逐步取代了传统的刚性生产模式,从而对经济发展和人类社会进步产生了深远影响。

1.1.2 海陆空机器人

海陆空机器人展示出运载器具的机器人化发展前景。海——自主驾驶船舶、水下机器人(ROV、AUV等);陆——智能移动机器人,包括智能驾驶汽车和AGV等;空——智能飞行机器人,包括无人机和小卫星。显然,所有智能机器,包括智能驾驶汽车、无人机和无人水下作业潜器等,都可称为无人系统。智能手机是人机接口的重要组成部分;车联网成为重要通信传媒工具;Google推出的无人驾驶汽车将成为新一代交通工具;波音无人机是一种以无线电遥控或由自身程序控制为主的不载人飞机,称为无人驾驶飞机(unmanned aerial vehicle)。对海陆空机器人的功能、性能提出的独特、苛刻要求,使得海陆空机器人的研究和发展面临前所未有的挑战。可以看出,机器人进入"海陆空"标志着机器人发展步入崭新阶段,这也是智能机器人向科学技术的更深、更广和更高处飞速发展的必然结果,是机器人与海陆空智能机器深度融合的体现。

首先,机器人进入海陆空,说明了舰船、轿车和飞机的网络化、无人化、智能化的发展趋势,显示出机器人的内涵在扩大。其次,机器人进入海陆空,促使机器人从制造装备变成核心产品,融入国家支柱产业——汽车、航空航天航海和电子信息产业等,说明机器人开始与这些产业深度融合,成为这些支柱产业的核心部分和提升这些产业的核心要素。

当前,机器人与汽车的深度融合已经开始,无人驾驶将是汽车工业产业新一轮转型升级的关键。先进国家都很重视机器人与汽车的深度融合带来的机遇,以智能驾驶带动汽车新能源和轻量化的研究开发,已经成为发展自主品牌的新型汽车的主流方向。汽车与机器人的纵横联合、协同创新与深度融合,将成为带动新的工业革命的强大引擎。市场调查公司HIS称,全世界无人驾驶汽车销售量2025年预计会达到23万台,而2035年将上升到1180万台。另外据市场调查公司ABI报道,部分无人驾驶汽车和完全无人驾驶汽车的销量预计将在2024年达到110万台,而到2035年将增长约38倍,上升到4200万台。

无人驾驶对于无人机和水下机器人同样重要,机器人与飞机、船舶舰艇的深度融合是机器人发展的另一主流方向,也是航空航天航海领域的主流发展趋势。实际上,与机器人的深度融合,可以提升这些运载器具的智能化和无人化水平,例如实现浓雾天气飞机的安全可靠起降,可带来重大的经济效益和社会效益。展望未来,机器人进入海陆空,急需解决许多关键技术问题,需要大数据、海量信息和云端信息知识的支撑,机器人不再仅是机械装置,而是与传感器融合、与信息集成的电子装置与智能装置。当前产品创新的重要任务是:让机器人与所有智能机器共融发展,共创美好未来。

1.1.3 人机共融机器人

前面的阐述表明,任何具有智能的机器都是机器人。但是,从汉语"机器人"的含义来看,仅有智能是不够的,还要为机器人注入新的生命力。在科学技术高度发展的今天,人们对仿生、类生、拟人机器人十分重视，目的是要重建、复制和增强人的运动功能、感知功能、认知功能和思维功能等。此外，在康复医疗、器官移植和微创手术机器人等方面的应用研究、开发十分活跃。人类在探索客观世界规律性的同时，也在研究人类自身的规律性，研究人体组成、结构和功能之间的联系规律、演变规律和进化规律，研究生命起源和人类起源问题。达尔文的物种起源和进化论在历史上的贡献是无可比拟的。人类进化到今天是长期自然选择的结果，经历了漫长的进化过程和突变优选过程。自然选择所遵循的规则是“生存竞争，适者生存”。机器人的发展和进化可以视为人工选择的结果，随着科学技术的发展，人类是否能够开发出类似人类本身的机器人（仿生、类生机器人）？科学家一直在探索，破解人工选择与自然选择相融合的难题，不断研发，不断创造，不断实践。

日本机器人之父——加藤一郎很早就开始拟人机器人的研究。1969 年，他研发出第一台两足直立步行机器人；20 世纪 80 年代，又开发了两足动态步行机器人和钢琴演奏机器人等。实际上，加藤一郎的观点是将具有运动功能和感知功能的人体模型称为机器人，他提出，具备如下三个条件的机器称为机器人：① 具有脑、手、脚等三要素（躯体）；② 具有非接触传感器（用眼、耳等感知信息）和接触传感器（感知功能）；③ 具有平衡功能和定向功能（运动功能）。显然，他对机器人的定义与西方是有差别的。西方将机器人定义为具有感知功能和可编程运动功能的躯体；而加藤一郎将机器人定义为具有智能感知功能和自律运动功能的躯体。半个世纪以来，各国都在不断地探索和研究拟人机器人和仿生机器人。

“阿特拉斯”机器人是美国武器供应商——波士顿动力公司为美军研制的世界上最先进的拟人机器人，身高 1.9 m，体重 150 kg，由头部、躯干和四肢组成，可像人类一样用双腿直立行走，不仅能够行走、取物，还能够在户外穿越复杂地面，使用手脚攀爬。军事专家预测，“阿特拉斯”在未来战场上可代替士兵完成一切战斗任务，包括进攻、防护、寻找目标等，有望成为名副其实的机器人战士。近年来，美、日等发达国家热衷于研发各式各样的军用机器人，代替人类从事敌方侦察、物资运送、目标攻击和排雷排险等危险任务，如仿生机器人 Boston 大狗（Bigdog）、全球鹰无人机、X-47A 无人作战飞机、MARCbot 地雷探测机器人、SYRANO 战地机器人等都属于军用机器人。

在研究仿生机器人的同时，人们开始从事类生机器人方面的研究，例如：哈佛大学科学家研制的机器人肌肉可以模拟人体运动；有人已开始研究人造皮肤、人造虹膜；研究与响尾蛇的眼睛、果蝇的眼睛相类似的视觉系统；研究壁虎脚趾形成的吸附力。比尔 · 盖茨最近预测：十年内机器人将比人类更聪明。这个结论虽然有些夸张，但是，对类生机器人的研究不仅会使机器人获得更加灵活的躯体，更加敏锐的感官，而且会使其得到具备更高智商水平的“大脑”。

总之，机器人的内涵在不断扩大、延伸、拓展。人机共融展示出机器人发展的未来，预示了机器人向人类“进化”的未来前景。人机共融的意义更重大，它将成为带动新的科技革命的强大引擎。“共融”还蕴含着机器人与环境的共融、多学科的共融等。

1.2 机器人的应用与发展

当前，工业机器人最重要的应用领域是制造业，可完成的作业主要包括焊接、喷涂、装配、搬运、检测、机械磨抛加工等。机器人在汽车、电子电气、航空航天、机械制造和食品药品等行业大量使用，组成柔性自动化生产线，在保证产品质量、提高生产效率、改善劳动条件、降低生产成本、快速响应市场等方面发挥了巨大作用。工业机器人在制造业的应用越来越广泛，其标准化、模块化、智能化和网络化的程度也越来越高。

1.2.1 工业机器人的应用

汽车及其零部件制造业依旧是工业机器人的主要应用领域，占工业机器人总需求的60%以上。工业机器人在汽车冲压、焊装、涂装、总装四大车间广泛应用，例如，大型轿车壳体冲压自动化系统技术和成套装备，大型车体焊装自动化系统技术和成套装备，电子电气等柔性自动化装配及检测技术成套装备，发动机、变速箱装配自动化系统技术成套装备及板材激光拼焊成套装备等的制造，都大量采用了工业机器人。

冲压车间可通过机器人实现自动上下料；焊装车间可通过机器人完成车身焊接；涂装车间可采用机器人进行连续喷涂，并通过机器人完成漆面色差、平滑度和膜厚的检查；总装车间可采用机器人调整和翻转工位，实现高位、低位运行，实现空间利用最大化。

工业机器人能够代替人类从事某些单调、频繁和重复的长时间作业，例如冲压、压力铸造、热处理、焊接、涂装、塑料制品成形、机械加工和简单装配等任务。

电子电气工业对工业机器人的需求仅次于汽车工业，占工业机器人总需求的10%～15%，例如SCARA机器人大量应用于电子元器件的装配作业。航空航天工业的复杂曲面零件磨抛加工等利用机器人来完成，可大大改善工人劳动条件，提高零件的加工质量。

当前，工业机器人的应用仍然是一个广阔的研发领域。由于采用运动灵活的开式链结构，具有较大的工作空间，工业机器人在汽车的点焊、弧焊、喷涂和装配等方面都显示了突出的优越性。事实上，工业领域中许多较为先进的设备，如多轴数控机床、三坐标测量机CMM、Laser Scanner、3D打印机等都是工业机器人。工程机械也是工业机器人，在日本福岛核事故中，“三一重工”的长臂机器人（62 m长泵车）完成了普通机器人不能完成的作业，在人道救援中发挥了突出作用。用于航空叶片与风电叶片的加工，以及满足真空作业环境、净化作业环境和特殊环境要求的机器人仍然值得深入研究开发。移动机器人在工业和工程建设中的应用越来越广泛，例如，工厂中广泛应用的工业机器人——自动导引车（AGV），在重大工程中进行掘进作业的机器人盾构和隧道掘进机（TBM）。近年来，为满足高铁、地铁建设的重大需求，我国盾构和TBM的发展很快。目前，工业机器人的应用已从传统制造业逐步推广到其他行业，诸如采矿业、农业、建筑业等非制造行业。

1.2.2 服务机器人的兴起

近年来，服务机器人，包括教育和医疗康复机器人发展迅速，可以用于完成家庭服务、学校教育和健康服务等工作，例如维护保养、修理、运输、清洗、安保、救援、监护等。服务机器人包括个人/家庭服务机器人和专业服务机器人。从目前来看，专业服务机器人会率先发展起来，特别是医疗机器人和物流运输机器人。医疗机器人中的手术机器人、外骨骼机器人、个人护理机器人及康复机器人等将会得到市场的青睐。

个人/家庭服务机器人主要包括助老助残机器人、家庭作业机器人、娱乐休闲机器人、住宅安全和监视机器人等。以助老助残机器人为例，中国有两亿多老年人、八千万残疾人，我国家庭以独生子女家庭为主，根本无法通过人力承担巨大的养老助残压力，必须通过助老助残机器人及相关医疗设备配套来解决相关问题。服务机器人将要带给我们的，不仅是巨大的经济价值，更有巨大的社会价值。

经过数十年的努力,医疗机器人已开始在脑神经外科、心脏修复、胆囊摘除手术、人工关节置换、整形外科、泌尿科手术等方面广泛应用,大大提高了手术定位精度和治疗效果。第三代"达芬奇"手术机器人已投入临床使用,其共有四只手臂,一只为摄像头手臂,其他三只可灵活转换手术所要的分离器、镊子、超声刀等。其技术特点有:① 采用了高清三维立体视频技术,镜下图像可进行数字放大,超越了人眼的局限;② 精致的EndoWrist器械可以模拟人手腕的灵活操作,控制不必要的颤动,达到甚至超越人手的灵活度和精确度,适合在狭小的空间进行精细的手术操作;③ EndoWrist器械支持在任何外科手术台上实现最快最精准的缝合、解剖及组织处置手术。

1.2.3 极端环境作业机器人的研发

海洋探测机器人、反恐防暴机器人、救援机器人、高空建筑机器人、核工业机器人、极地科考机器人等都属于极端环境作业机器人。

美国发表的《21世纪战争技术》一文指出,"20世纪地面作战的核心武器是坦克,21世纪则很可能是军用机器人"。在未来的军队编制中,将会出现"机器人部队"和"机器人兵团",用以代替一线作战的士兵,避免人员伤亡和流血战争。例如战术侦察机器人,身上装有侦察雷达或红外、电磁、光学、音响传感器,以及无线电和光纤通信器材,可依靠本身的机动能力自主观察和侦察,还能被空投、抛射到敌人纵深部位,选择适当位置进行侦察,并将侦察的结果及时报告给上级部门。

无人驾驶飞机是一种以无线电遥控或由自身程序控制为主的不载人飞机。它的研制成功和战场运用,揭开了以远距离攻击型智能化武器、信息化武器为主导的战争(非接触性战争)的新篇章。

一些专家预言:"未来的空战,将是具有隐身特性的无人驾驶飞行器与防空武器之间的作战。"但是,由于无人驾驶飞机还是军事研究领域的新生事物,实战经验少,各项技术不够完善,其作战应用还只局限于高空电子及照相侦察等,并未完全发挥出应有的巨大战场影响力和战斗力。因此,世界各主要军事国家都在加紧进行无人驾驶飞机的研制工作。根据实战的检验和未来作战的需要,无人驾驶飞机将在更多方面得到更快的发展。

美、德、日、韩等国已开发出智能水下机器人,用于海底油气探测、矿石搜索、海底形貌测绘、海洋污染检测等。水下机器人可用于检查大坝或桥墩结构检测、海上救助打捞、近海目标搜索等,例如:2014年澳大利亚海事局在印度洋投放了"蓝鳍金枪鱼"自主水下航行器,用于搜寻失踪的马航MH370波音777客机;2011年伍兹霍尔海洋研究所提供的水下机器人在4000平方千米海域花了几天时间便搜索到了法航失事航班的残骸。水下机器人可用于市政饮水系统中水罐、水管、水库检查,排污排涝管道、下水道和海洋江河输油管道检查,以及水环境、水下生物的观测研究等。此外,水下机器人将成为未来海洋战争中争夺信息优势、实施精确打击、完成特殊作战任务的重要设备之一。美国海军已开始研究用于潜艇侦察、鱼雷摧毁、反潜作战、水下运载、通信导航和电子干扰的水下机器人,预计其到2020年将拥有1000套水下机器人,可组建一支具备较强战斗能力的水下无人舰队。目前,国内在水下机器人方面开始进入实质性试验阶段,主要包括:哈尔滨工程大学研制的智能水下机器人AUV,中科院沈阳自动化所研制的无人无缆水下机器人UUV和中船重工715所研制的拖曳式水下机器人TUV等。

1.3 机器人学的研究展望

机器人学是一门课程，也是一门新型学科，发展很快，影响深远。它是物质科学、信息科学和生命科学等交叉融合的结果，代表当代科学和技术发展的综合化趋势。维纳(Wiener)于1948年发表了 *Cybernetics: or Control and Communication in Animal and the Machine*(以下简称 *Cybernetics*)一书，开创了科学综合化新时代。钱学森(H. S. Tsien)于1954年出版了著作 *Engineering Cybernetics*，该书成为工程科学(engineering science)的范本，用于指导工程实践(engineering practice)。这两本著作对机器人学和制造科学的发展产生了深远的影响。机器人学、制造科学与其他工程科学一样，将认识世界和改造世界两者融合为一体，具有综合性、系统性、随机性和实践性等特点。时至今日，维纳的 *Cybernetics* 一书还在中国再版，作为新闻学和传播学历史上的经典名著，成为信息科学与社会科学融合交叉的典范。当前，物质科学、生命科学和信息科学的发展突飞猛进，人类在研究物质结构和运动规律、探索宇宙的形成和演变、认识信息的物质性、阐明生命的起源、解析认知的本质等方面取得了重要成果。机器人学和制造科学的形成和发展是科学技术新的里程碑，标志着科学、技术与工程三者的有机结合，是客观世界与主观世界认识的深度融合，是对规律的认识与认知的规律相互联系的开端。下面对机器人学的几个重要研究方向做简单介绍。

1.3.1 机动性和操作性

机动性(mobility)和操作(manipulation)性用于衡量机器人实现所要求的运动功能和作业的能力，涉及操作臂的可达性、奇异性，多指手的灵巧性、抓取的封闭性，步行机器人的步态、步行的稳定性，多臂协调、多指协调、手-眼协调操作和顺应控制，移动机器人的视觉伺服、多传感器集成、信息融合和环境场景的建立等，内容十分广泛。机动性和操作性，使机器人可实现在非结构环境下的自律运动，具备在突变环境下的随机应变的运动能力。在机器人的建模、控制和视觉等方面，有待研究的问题很多。汽车无人驾驶所涉及的诸多问题中，机动性是最重要的一个。例如，移动机器人的爬坡、越障、涉水、转弯的能力，步行机器人的奔跑、跳跃、避障能力，飞行机器人的翻转、起降、对接能力等，都属于机动性的范畴。运动物体非完整约束动力学建模和控制问题，运动物体轻量化问题，使所消耗的能量最少的控制问题，使加速性能提升、灵巧性增加的最优控制问题等都是与机动性有关的研究问题。精确的系统模型、多维操纵控制、敏捷多维感知等对提高移动机器人和飞行机器人等的机动性而言是不可缺少的要素。对于智能汽车的机动性研究，应该解决多目标优化问题，协调整车驱动、制动、转向、悬挂等多系统，实现智能互联和协同。

机动性是衡量机器人运动功能的重要指标，不仅与机器人的机械系统和控制系统有关，而且与机器人的感知系统有关，与机械结构的自由度、构型、尺度，以及材料的刚度、柔性和软体等也有关。最近引起广泛注意的软体机器人可以视为增强机器人机动性的新的研究方向。

1.3.2 智能驾驶与智能互联

机器人进入海陆空带来了许多科学问题，其中之一就是智能驾驶。当前急需解决的是在非结构环境下的自主行驶的难题。现代控制理论，如极大值原理、动态规划和卡曼滤波等理论在航空航天中的应用十分成功，但是在工厂自动化和智能驾驶的应用中会出现问题。其原因之一是环境和对象存在不确定性、随机性、模糊性和各种非线性因素。视觉感知、信息融合、移动通信、突发事件和非结构环境的实时建模等是实现汽车智能驾驶、民航飞机盲降的瓶颈。

智能汽车的初级阶段是辅助驾驶；最终目标是代替人，实现无人驾驶。智能汽车融合传感器、雷达、GPS 定位和人工智能等，使汽车具有环境感知能力，能自动分析自身运行状态、判断危险倾向、安全执行驾驶操作。汽车智能化研究包括两大内容：智能驾驶和智能互联。用于实现智能驾驶的智能紧急制动（AEB）系统将成为汽车的标准配置，自适应巡航控制（ACC）系统也在研发之中，以实现汽车纵向控制和纵向＋横向控制的功能。世界主流车企都有智能互联产品，已经实现车、手机、智能穿戴设备之间的互联与控制。美、英、日和瑞典等国正在搭建模拟智能城市和智能化信息平台，为智能互联、智能驾驶建立试验验证环境。

同步定位与建图（simultaneous localization and mapping，SLAM）是指机器人在未知环境中实现寻位、建图、导航、运动规划的整体流程。当前，激光雷达 SLAM 成为智能驾驶的研究热点。激光雷达 SLAM 虽然成本较高，但是性能好、定位精度高，能自主规划路径，最有发展前景。智能汽车是机器人科学的最大挑战。除了汽车轻量化、电动化和机动性问题之外，信息融合也是亟待解决的问题之一。此外，还需要处理好人-车-路网在复杂环境中的多源交互信息，包括目标信息，如自车信息、邻车信息等，并需处理好以下问题：在时空上的互补性与冗余组合优化，如：车车与道路通信、前方交通信息的获取与识别等；人-车-路特征提取，涉及多源数据分析和多传感器融合；车辆运行状态预测，以实现安全、舒适、节能与环保的预测与评估。

1.3.3 感知与智能

著名机器人和人工智能专家 Brady 教授所编的《机器人科学》一书中，总结了机器人学当时面临的 30 个难题，涉及的领域十分广泛，包括传感器、视觉、机动性、设计、控制、典型操作、推理、几何推理、系统集成等九个方面。实现机器人智能化的途径可以归结为人工智能和生物智能两种。两种智能相互融合，是认知科学的重要研究方向，也是推动智能机器人、共融机器人向前发展的动力。

人工智能（artificial intelligence）是计算机科学、信息论、控制论、神经生理学、心理学、语言学等多个学科互相渗透、交叉融合发展起来的一门综合性学科，于 1956 年在美国 Dartmouth 大学召开的会议上，由人工智能之父 McCarthy 及一批数学家、信息学家、心理学家、神经生理学家、计算机科学家明确提出。由于研究角度的不同，目前已形成了几种不同的人工智能研究学派：符号主义学派、连接主义学派和行为主义学派等。

传统人工智能属于符号主义学派的研究内容，它以 Newell 和 Simon 提出的物理符号系统假设为基础。物理符号系统是由一组符号实体组成的，它们都采用物理模式，可在符号结构的实体中作为组成成分出现，通过各种操作生成其他符号结构。物理符号系统假说认为：物理符号系统是智能行为的充分和必要条件。物理符号系统的主要工作是通用问题求解：通过抽象，将现实系统变成符号系统，基于此符号系统，使用动态搜索方法求解问题。连接主义学派是从人的大脑神经系统结构出发，研究非程序的、适应性的、大脑风格的信息处理的本质和能力，研究大量简单的神经元的信息处理能力及其动态行为。

人工智能的研究内容十分广泛，包括：分布式人工智能与多智能主体系统、人工思维模型、知识发现与数据挖掘、遗传与演化计算、机器学习模型和理论、不精确知识表示及其推理等。所谓深度学习，是指机器人模仿人脑构建神经网络，并通过收集信息、建立模型、解释数据，形成机器学习的功能，从而具备识别、分类、推理和预测能力。基于大数据的深度学习在智能驾驶研究中已取得显著进展。

谷歌公司正与牛津大学的两个人工智能研究小组合作，研制能够思考的类人机器人。研究领域包括：超快量子芯片，以模拟人类大脑；机器人图像识别和语言理解能力；人工智能和机器学习；智能感知和推理；智能交互，以使机器人理解用户的想法和意图等。类人机器人的研发是对人类智慧的真正挑战，人工智能已引起各领域的重视，实际上，微软、谷歌、Facebook 和苹果等公司都在大力开发人工智能，英国科学家霍金对人工智能的发展也表示了感叹和忧虑。

1.3.4 人体模型与脑模型

机器人的发展使得机器人的存在形式和工作方式在悄然发生着改变。机器人正从隔离的与人不接触的工作空间，逐步融入与人、机器亲密接触的生产和生活环境；从预编程的非自主运动形式，向人-机自然交互下的智能自主运动方向发展；从代替人在恶劣复杂工况下完成繁重的劳动，向增强、修复或者重建人体不足、受损或缺失的运动功能方向发展。使用和被使用、替代与被替代的传统人-机关系将逐步转变为智能融合、行为协调和任务合作的新型人-机关系。

人机共融是未来机器人技术的发展趋势。人机共融既是机器人学的研究对象，又是机器人学的研究内容。作为研究对象，其涉及的对象广泛，包括仿生机器人、类生机器人、拟人机器人、康复/医疗/微创机器人；教育、娱乐、救灾、生物机器人等。作为研究内容，不仅涉及机器人基础科学，也涉及人体模型的研究。人体模型包括人体骨架模型、人体运动模型、人体感知模型和人的认知模型等。

人体骨架由形态、功能各异的骨骼通过人体关节连接而成。不同于传统的球面副、旋转副和移动副等机械关节，人体关节具有转动中心漂移、接触面滑移等运动学特性，以及自适应变化的刚度、阻尼、惯性、黏度等动力学特性。人体骨架是人体得以运用工具改造自然的物质基础，特有的骨架形态赋予人体卓越的运动能力。如何用工程科学的方法复现人体卓越的运动能力，实现机器人的功能仿生，是关于人体骨架模型的重要研究内容之一。开展人体骨架模型的研究，可揭示人体骨架的进化原理，以及人体灵巧运动能力的生理学基础，为仿生机器人、类生机器人和拟人机器人的科学设计提供生物学依据。

人体运动模型研究旨在透过人体运动行为探索人体运动产生的生理学和神经科学基础，属于人体运动认知科学的范畴，是集人体运动机能学、生物力学、多元统计分析、计算机科学、神经生理学、肌肉生理学等多学科于一体的交叉研究领域。开展人体运动模型研究，有助于从肢体运动学和动力学、肌肉协同、神经元活化与抑制的角度来认识人体运动的基本单元(motor primitives)，揭示人体基本运动单元的遗传、变异、进化、筛选与优化组合原理，加深对人体灵巧运动生成机理的认识。如何将人体基本运动单元植入机器人的机械系统和运动控制系统，赋予机器人拟人的运动功能、感知功能、认知功能和思维功能等生物智能，在大幅降低机器人运动控制复杂度的情况下实现机器人在复杂环境下的灵巧运动和顺应运动，是人体运动模型研究面临的挑战。人工肌肉比较接近自然生命体中驱动-感知-执行单元的结构和性能特征,已成为当前的热点研究方向。人工皮肤是人体运动模型中的触觉感知部分,柔性电子的发展为人工皮肤的研究提供了技术支撑。

人体主要通过视觉、听觉、触觉、味觉和嗅觉等感知外部世界,遍布人体全身的神经系统为感知的产生与传导提供了基本的物质基础。产生人体感知功能的源头为各类神经小体构成的感受器,感受器把外界环境的刺激信息(刺激能量)转化为神经冲动,神经冲动沿着传入神经通道向大脑中枢神经传递,传入大脑中枢神经的神经冲动在大脑皮层相应的感觉区转化为感觉。经过长期的生物进化,人体形成了对各种外部刺激的有效感知,其感知效率远非现有的人造系统可以比拟。如何把转化医学和工程科学结合起来,特别是如何实现神经科学与骨科整合理论、柔性有机电子学等的结合,再造人体感知器及其功能,赋予机器人在复杂环境下的自律感知与决策能力,是人体感知模型研究面临的挑战性难题。

探索人体行为、感知、决策、推理和学习过程,加深对人类自身的认知,必将为机器人的创新研究提供灵感,为人机共融提供科学原理,丰富和发展机器人学的科学内涵。

1.3.5 从人机交互到人机共融

人机交互是指人与机器人之间的通信、控制、合作与协调,以及相互交流、相互影响、相互作用的耦合关系。人类的终极目标是建立和谐社会,包括人与人之间的和谐、人与自然之间的和谐、人与机器人之间的和谐。必须指出,人和机器人之间的关系永远是主-从关系,机器人三原则已经表达了这个思想。如人机围棋比赛,表面上看是机器人战胜了围棋世界冠军,实际上,是人工智能专家战胜了围棋运动员。历史上也发生过类似的事情,如人和火车赛跑、马和火车赛跑等,其结果是不言而喻的。图 1-2 所示的人、机和环境的交互关系三角形,描绘出人、机和环境三者之间的相互作用和联系。无线网络(互联网、物联网、车联网等)连接、虚拟现实(VR)、增强现实(AR)等提供了强大的技术支撑,促进了人机交互和自主协同控制(man-machine interaction & autonomous cooperation control)的发展。

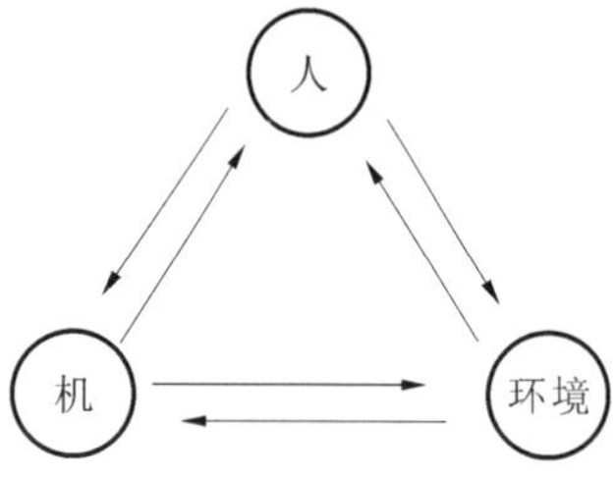

图 1-2 人、机和环境的信息交互三角形

人与机器人之间的信息交换最初是单向性的,例如穿孔带、示教再现、离线编程、鼠标键盘操作等是人将信息注入式地交给机器人(实际上是计算机)执行。机器人外部传感器功能的增强,特别是对视觉、听觉、力觉和触觉功能的研究,推动了人机交互理论与方法的迅猛发展。使用语言、动作、表情并通过视觉、听觉、触觉、味觉等多种自然感知功能与机器人进行自然交互是目前研究的趋势。根据作业现场机器人运动状态及人机多元信息交互,研究机器人对人的操作意图的理解和快速响应,可以揭示动态环境下完成复杂任务的人机交互作业机理。人类的命令并非低层次的动作指令,而是高层次的语义指令,机器人需要自主地并有创造性地去执行任务。机器人还需要通过自身或外部传感器感知外界环境,并对感知的环境数据自主进行分析,结合人的指令进行滚动重规划,优化下一步的动作,并在执行规划运动时,避免与环境接触带来的伤害,进一步确保操作的安全性和准确性。因此,人机协同是人与机器人之间理想的协作方式。

关于人机交互的研究十分活跃,研究内容包括:人机交互界面的划分方法、基于数据手套的人机交互方法、基于听觉的自然人机交互等。在人机交互与自律协同研究方面,可采用零空间(null-space)方法实现不同任务层的拆分及避免任务间相互干扰,并统一机器人的运动控制。最近三十年来，对听觉的研究取得了重大进展，语音合成、语音识别、语音控制、语音交互技术相对比较成熟，语音成为人机交互的重要媒介；但是，对语义理解的研究尚有待深入。对视觉处理的研究取得了丰硕成果，指纹识别、面部识别技术已经商业化，如激光雷达用于深空探测、高速扫描等方面的能力都已超过人和动物的视觉能力，但是对视觉智能的研究也仍然有待深入。

归根结底，机器人的智能是人赋予它的人工智能，人机交互是其中非常重要的内容。实际上，机器人需要接收来自人的命令，执行决策，通过人机交互控制其动作。然而操作人员有时无法进入作业现场，只能借助机器人视觉检测数据重构机器人所处环境，判断障碍物的动态不确定性，使机器人自律地完成指令任务。机器人既要执行人的指令，又具有自律性，如何实现两者的融合是一个重要问题。

1.4　机器人学：建模、控制与视觉

可以预见，30 年之后，机器人将改变人类的工作方式和生活方式，同时也将影响教学方式和教学理念。机器人将陪伴人们学习、工作和生活，帮助人们整理、处理许多事情，成为人类名副其实的万能伙伴。人机交互和人机共融将成为未来和谐社会的重要组成部分。因此，对机器人学的研究是无止境的，机器人学教材的编写要面向未来世界、面向青年一代，目标是培养研究、开发和创新能力。下面介绍本书的三个组成部分：建模、控制与视觉。

1.4.1　建模

机器人建模是机器人学的基础，是从事机器人研究、设计、控制或应用的必修内容。近年来，建模方法的发展可以归结为从操作臂到海陆空，从完整约束到非完整约束；数学上引入微分流形、李群(Lie group)及李代数等概念；操作臂的运动学方程表示为指数积形式。本书的第 2 章至第 7 章介绍机械系统分析建模的有关内容，系统地阐述操作臂的运动学、微分关系和动力学的建模方法。

第 2 章机器人机构：介绍机器人手臂、手腕、手爪、步行机构、移动机器人机构和机器人关节减速器等；讨论基于低副机构的机器人操作臂的组成，包括串联机构、并联机构、混联机构。

第 3 章位姿描述和齐次变换：系统介绍 3×3 的旋转矩阵和 4×4 的刚体变换矩阵。为了描述各个连杆之间的相对位置和姿态(简称位姿)，在每个连杆上固接一个坐标系，采用 4×4的齐次变换矩阵表示任意两个坐标系之间的位姿关系。这类 4×4 的齐次变换矩阵可以表示刚体运动，因此也称为刚体变换矩阵。

第 4 章刚体速度和静力：本章首先介绍线矢量，并引入运动旋量和力旋量，研究线矢量、运动旋量、力旋量与螺旋之间的关系，同时介绍李群及其李代数的指数映射关系；然后研究微分运动、刚体空间速度和物体速度的关系。

第 5 章操作臂运动学：正向运动学和逆向运动学。首先规定连杆坐标系、连杆参数和关节变量，推导连杆变换矩阵和操作臂的运动学方程，从而建立工具坐标系相对于参考坐标系的位姿与关节变量之间的函数关系——正向运动学。求解逆向运动学则是根据给定的工具的位姿求解相应的关节变量。由于运动学方程是非线性方程组，其解通常难以写成封闭形

式，可能无解，也可能出现多重解的情况。利用指数积（POE）形式，易于求运动学正解和反解。

第6章操作臂的雅可比矩阵：研究操作臂的速度传递、静力传递、变形和刚度。速度雅可比矩阵表示从关节速度到末端操作速度的广义传动比，是度量操作臂运动学性能的重要指标，判断操作臂的奇异形位，度量操作臂的灵巧性。当操作臂末端与环境接触产生相互作用时，外界作用力（矩）与关节驱动力（矩）之间的关系可用力雅可比矩阵来衡量。

第7章操作臂动力学：研究各关节力（矩）与末端执行器的位置、速度和加速度之间的关系。建立操作臂动力学方程的方法很多，用得最多的是拉格朗日（Lagrange）方法和牛顿-欧拉（Newton-Euler）方法，以及基于指数积的方法。研究动力学的目的之一是为机器人控制提供精确的动力学模型，计算驱动力（矩）函数，实现前馈补偿。另一目的是为了仿真，根据关节力（矩），计算相应的加速度，实现机器人动力学优化。

机器人建模的内容十分广泛。本书第一部分仅讨论操作臂的机械系统模型。有关控制系统的建模问题将在第9章提到，实验建模是属于另一学科"系统辨识"的研究内容。系统辨识是把控制系统当成黑箱，根据系统的输入输出测量结果辨识系统的结构和参数。对社会经济系统建模的研究已经成就了多位诺贝尔经济学获得者。运筹学以及相应的数学建模理论和方法已经成为经济、管理和传媒等有关专业的必修课，成为大学生国际数模竞赛的项目。此外，人体模型和脑模型研究已经引起广泛的重视。这些与机器人的建模都不无关系。

1.4.2 控制

第8章至第11章介绍本书第二部分——控制的相关内容。

第8章轨迹生成：机器人运动之前，需要明确运动的目标、轨迹和环境。如果对运动的路径没有特殊的要求，则通常使每个关节的运动按指定的平滑时间函数，从起点运动到终点；轨迹规划器可利用多项式插值或逼近预期的路径，生成一系列时基"控制节点"。本章讨论关节空间和直角坐标空间轨迹插值的方法和路径的实时生成方法，简要介绍全覆盖路径规划的"在线式"和"离线式"有关算法。

第9章操作臂的轨迹控制：轨迹控制的目的在于精确地实现所规划的运动。要根据所建动力学模型确定控制策略和控制器参数，分析和预测系统响应和性能。本章讨论操作臂的单关节传递函数及PD控制，基于控制规律分解方法的操作臂单关节控制、多关节控制和非线性控制，简单介绍李雅普诺夫（Lyapunov）稳定性分析。

第10章操作臂的力控制：机器人在进行某些作业，如擦玻璃、拧螺钉、打毛刺和装配零件时，不但要沿指定路径运动，而且要控制与作业环境之间的法向作用力，在保证接触力的前提下完成规划的运动。在理想情况下，力控制和位姿控制分别在相应的互补空间内，当操作臂末端自由时，只有位置控制可言，若受到自然约束（与工件接触），某些方向的运动将受到限制，则在这些受限运动方向上只能施加力的控制。本章讨论力控制规律的分解、间接力控制和直接力控制等。

第11章协调控制：双臂协调操作时，与操作对象一起形成闭式链，同时受到运动约束和力的约束。本章讨论协调运动规划和协调控制。多指协调操作与双臂协调操作有相似之处，也有质的差别。多指操作物体的过程中，手指对物体的作用力是单向的，如何保持手指与物体接触？所谓形封闭和力封闭，是十分重要的概念。此外，多指抓取所形成的闭式链回路通常多于一个。

1.4.3 视觉

视觉信息已成为人类认识世界的重要信息来源，约占人类所有感官信息的80%以上。机器视觉成为支撑机器人学的重要内容。第12章至第16章主要介绍机器视觉部分。

第12章视觉图像处理：系统介绍图像传感器、机器视觉系统、空间滤波和频域滤波、图像分割与特征提取、图像匹配和拼接等，为机器人运动场景的建立和视觉反馈控制提供几何信息和定性信息。

第13章视觉运动控制：研究机器人视觉感知和控制的基本问题，对视觉标定、立体视觉、视觉检测、视觉跟踪、视觉伺服等技术进行讨论。

第14章视觉导航定位：重点讲解SLAM中视觉里程计、后端优化、回环检测、建图四个功能模块及其工作原理，同时介绍激光雷达SLAM以及多传感器融合SLAM等技术。

第15章汽车式移动机器人：讨论轮式移动机器人的车轮结构、运动学与非完整约束、机动性、汽车底盘和整车动力学，以及路径和轨迹跟踪控制方法。

第16章运动规划：运动规划可以看成多约束的问题求解过程。把障碍物看作问题的约束条件，无碰撞路径则为满足约束条件的解。本章介绍$\mathcal{C}$-空间概念、势函数方法和广义维罗尼图法等无碰撞运动规划。

第 2 章　机器人机构

机器人机构是机器人的本体，是机器人的执行部分，由手臂、手腕、手爪、腿、脚、步行机构、飞行机构等组成，用于实现所要求的运动机能，完成规定的操作。机械结构的类型、布局、传动方式、驱动方式直接影响机器人的性能。工业机器人大多是由一系列连杆通过铰链顺序连接而成的操作臂，机器人机构的基本元素为连杆和铰链。若多个连杆通过运动副以串联的形式连接成首尾不封闭的机构，称为串联机构；若多个连杆连接成首尾封闭的机构，则称为并联机构。多刚体动力学是研究机器人机构建模的基础；进一步考虑构件的变形，需要采用多体柔性动力学进行建模；近年来，软体机器人研究领域十分活跃，刚、柔、软耦合力学是有力的工具。本章将重点介绍运动副、串联机器人机构、并联机器人机构(手爪)、移动机器人机构和机器人关节减速器。

2.1　运　动　副

运动副又称关节或铰链(joint)，它决定了两相邻连杆之间的连接关系。通常把运动副分为两类：高副和低副。两连杆之间通过面接触相对运动时，接触面的压强低，这样的运动副称为低副；若连杆之间通过线接触或点接触相对运动，接触面的压强高，则称为高副。低副分为六种，即旋转副、移动副、螺旋副、圆柱副、平面副和球面副，如图 2-1 所示。旋转副、移动副和螺旋副具有 1 个自由度；圆柱副具有 2 个自由度；平面副和球面副具有 3 个自由度。实际机器人的关节只选用低副，其中最常用的低副是旋转副和移动副。

刚体在三维空间有 6 个运动自由度，运动副通过不同形式对刚体运动进行约束。

旋转副(revolute joint，符号 R)是一种能使两个连杆发生相对转动的连接结构，它约束了连杆的 5 个自由度，仅具有 1 个转动自由度，并使得两个连杆在同一平面内运动。常用的虎克铰(universal joint，符号 U)是一种特殊的低副机构，它是由两个轴线正交的旋转副连接而成的，因而具有 2 个自由度。

移动副(prismatic joint，符号 P)是一种能使两个连杆发生相对移动的连接结构，它约束了连杆的 5 个自由度，仅具有 1 个移动自由度，并使得两个连杆在同一平面内运动。

螺旋副(helical joint，符号 H)是一种能使两个连杆发生螺旋运动的连接结构，它约束了连杆的 5 个自由度，仅具有 1 个自由度，并使得两个连杆在同一平面内运动。

圆柱副(cylindrical joint，符号 C)是一种能使两个连杆发生同轴转动和移动的连接结构，通常由同轴的旋转副和移动副组合而成，它约束了连杆的 4 个自由度，具有 2 个独立的自由度，并使得连杆在空间内运动。

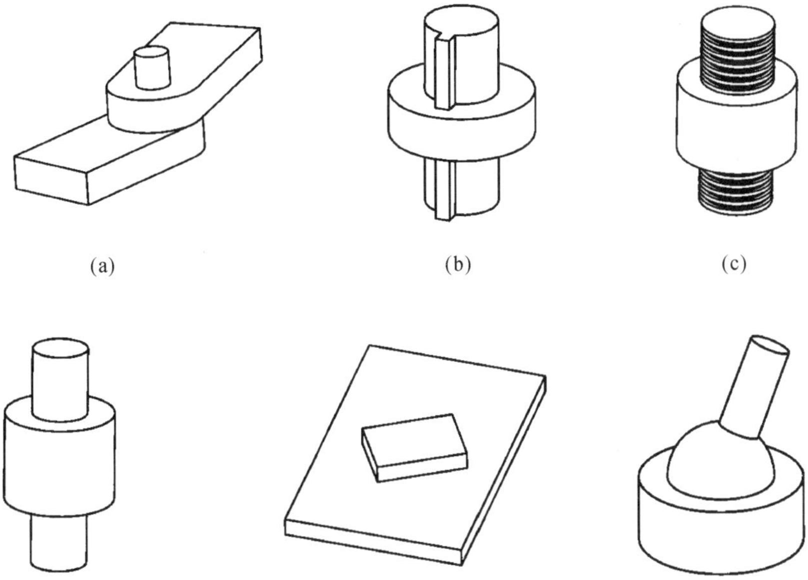

(a)　(b)　(c)　(d)　(e)　(f)

图 2-1　六种低副结构

(a) 旋转副　(b) 移动副　(c) 螺旋副　(d) 圆柱副　(e) 平面副　(f) 球面副

平面副(planar joint,符号 E)是一种允许两个连杆在平面内任意移动和转动的连接结构,可以看成由 2 个独立的移动副和 1 个旋转副组成。它约束了连杆的 3 个自由度,只允许两个连杆在平面内运动。由于缺乏物理结构与之相对应,它在工程中并不常用。

球面副(spherical joint,符号 S)是一种能使两个连杆在三维空间内绕同一点做任意相对转动的运动副,可以看成由轴线汇交于一点的 3 个旋转副组成。它具有 3 个自由度。

运动副还可以有其他不同的分类方式,如根据运动副在机构运动过程中的作用可分为主动副和被动副(passive joint),其中主动副又称积极副(active joint),也可称驱动副(actuated joint)。运动副根据结构组成还可分为简单副(simple joint)和复杂副(complex joint)。

2.2　串联机器人机构

机器人的外形结构可以有多种形式,通常是由关节把连杆串联起来的开链机构。串联机器人的最常用的关节为旋转副和移动副。因为旋转副和移动副都具有 1 个自由度,因此这种机器人的关节数就等于它的自由度数。刚体在三维空间中有 6 个自由度,显然,机器人要完成任一空间作业,均需要 6 个自由度。机器人的运动是由手臂和手腕的运动组合而成的。通常手臂部分有 3 个关节,用以改变手腕参考点的位置,称为定位机构;手腕部分也有 3 个关节,通常这 3 个关节轴线相交,用来改变末端执行器(如手爪)的姿态,称为定向机构。整个串联机器人可以看成是定位机构连接定向机构而构成的。

机器人手臂的 3 个关节连接 3 个连杆,形成定位机构。3 个关节的种类决定了串联机器人工作空间的坐标形式。表 2-1 列出了常见的五种机器人工作空间坐标形式。下面分别讨论这几种类型。表中 P 表示移动关节，R 表示旋转关节。

表 2-1　机器人工作空间的坐标形式

机　器　人	关节 1	关节 2	关节 3	旋转关节数
直角坐标式	P	P	P	0
圆柱坐标式	R	P	P	1
球（极）坐标式	R	R	P	2
SCARA	R	R	P	2
关节式	R	R	R	3

1. 直角坐标式机器人

直角坐标式机器人如图 2-2 所示。这种机器人的外形轮廓与数控镗铣床或三坐标测量机相似，3 个关节都是移动关节，关节轴线相互垂直，相当于笛卡儿坐标系的 x，y 和 z 轴。其主要特点是：① 结构刚度高，多做成大型龙门式或框架式机器人；② 3 个关节的运动相互独立，没有耦合，不影响手爪的姿态，运动学求解简单，不会产生奇异状态；③ 工件的装卸、夹具的安装等受到立柱、横梁等构件的限制；④ 占地面积大，动作范围小；⑤ 它的控制方式与数控机床类似；⑥ 操作灵活性较差。

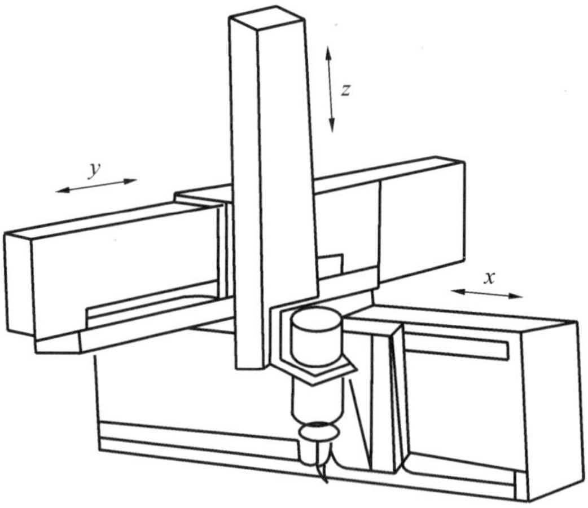

图 2-2　直角坐标式机器人

2. 圆柱坐标式机器人

圆柱坐标式机器人如图 2-3 所示。它以 r，θ 和 z 为坐标，其中 r 是手臂的径向长度，θ 是手臂绕水平轴的角位移，z 是手臂在垂直轴上的高度。如果 r 不变，手臂的运动将形成一个圆柱表面，空间定位比较直观。手臂收回后，其后端可能与工作空间内的其他物体发生碰撞，移动副不易防护。

3. 球（极）坐标式机器人

球（极）坐标式机器人如图 2-4 所示，其腕部参考点运动所形成的最大轨迹表面是半径为 r_m 的球面的一部分。以 θ，φ 和 r 为坐标，任意点 $\boldsymbol{p}$ 可表示为 $\boldsymbol{p}=f(\theta,\varphi,r)$。Stanford 机器人和一些工程机械就属于这一类。这类机器人占地面积小，工作空间较大，移动关节不易防护。

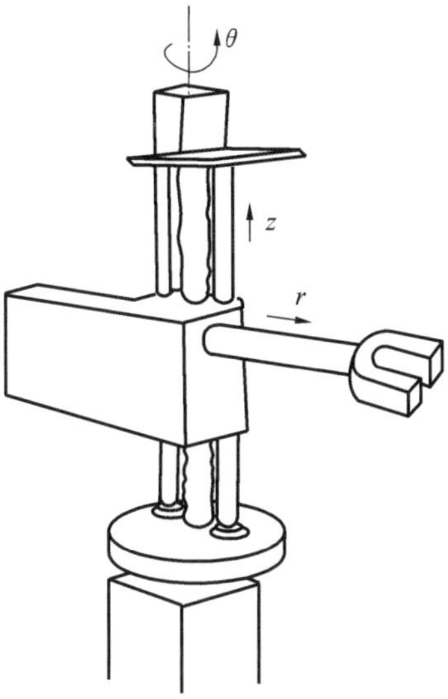

图 2-3　圆柱坐标式机器人

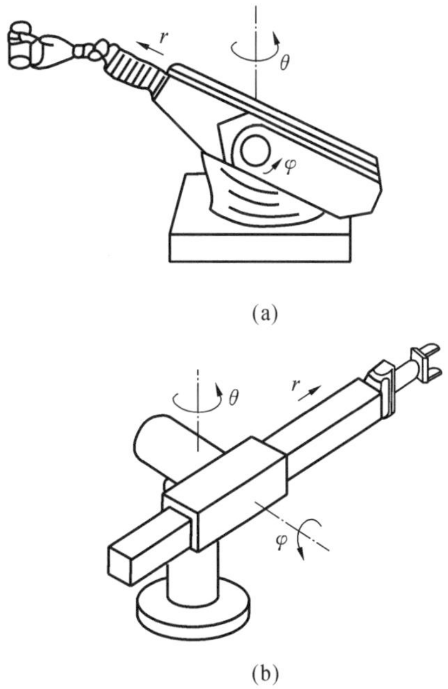

图 2-4　球(极)坐标式机器人

4. SCARA 机器人

SCARA 机器人有 3 个旋转关节，其轴线相互平行，在水平面内进行定位和定向。还有 1 个关节是移动关节，用于实现末端执行器在竖直平面内的运动。手腕参考点的位置是由两旋转关节的角位移 φ_1 和 φ_2，以及移动关节的位移 z 决定的，即 $\boldsymbol{p}=f(\varphi_1,\varphi_2,z)$，如图 2-5 所示。这类机器人结构轻便，响应快，例如 Adept 1 型 SCARA 机器人运动速度可达 10 m/s，比一般关节式机器人速度快数倍。SCARA 机器人在 x，y 方向上具有良好的顺应性，在 z 方向上具有良好的刚度，此特性特别适合于装配工作，例如抓取元件时沿水平方向定位、沿竖直方向插入作业，插入元件时可顺应孔的位置做微小调整，适合于“上下”安装的装配作业。

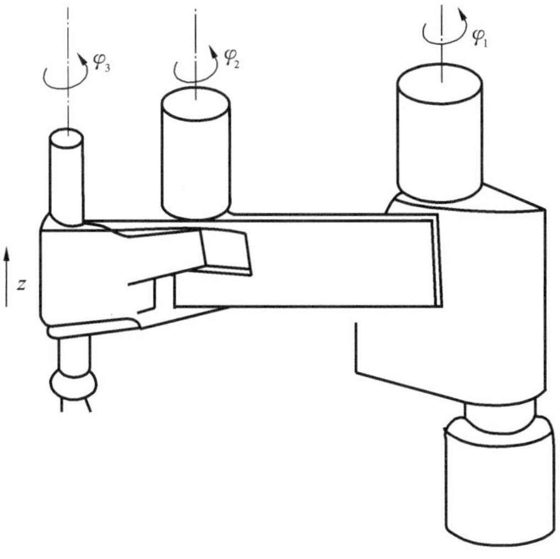

图 2-5　SCARA 机器人和五连杆式机器人

5. 关节式机器人

这类机器人由 2 个肩关节和 1 个肘关节进行定位，由 2 个或 3 个腕关节进行定向。一个肩关节绕竖直轴旋转，另一个肩关节实现俯仰，这两个肩关节的轴线正交。肘关节轴线平行(见图 2-6(a)～(c))或垂直(见图 2-6(d))于第二个肩关节的轴线。这种构型的机器人动作灵活，工作空间大，在工作空间内手臂的干涉小，结构紧凑，关节上运动部位容易密封防尘。其缺点是运动学正解较复杂，运动学反解求解困难；确定末端执行器的位姿不直观，进行控制时，计算量比较大。

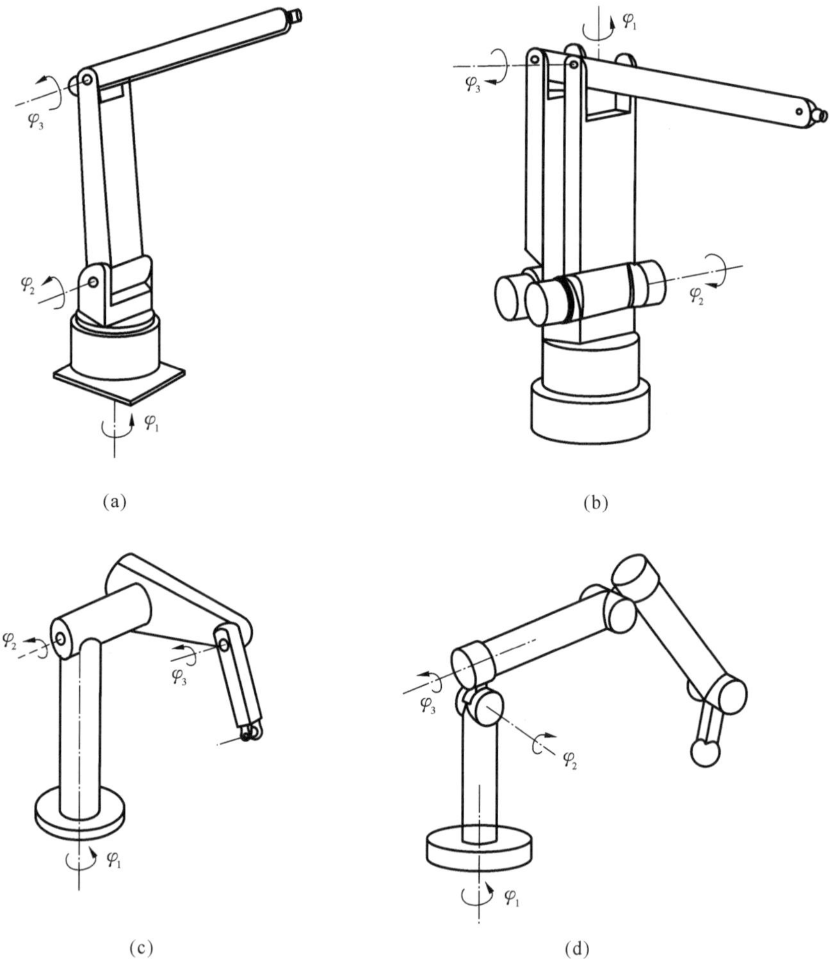

图 2-6　关节式机器人

(a) 直接驱动式　(b) 平行连杆式　(c)(d) 关节偏置式

6. 手腕的形式

机器人的手腕是手臂与手爪之间的衔接部分，用于改变手爪在空间的方位。有些手腕往往还装有力传感器，用于检测外力的作用。手腕的结构一般比较复杂，直接影响机器人的灵巧性。最普遍的手腕是由 2 个或 3 个相互垂直的关节轴组成的，手腕的第一个关节就是机器人的第四个关节。

1) 二自由度球形手腕

最简单的手腕是图 2-7 所示的 Pitch-Roll 球形手腕。由 3 个锥齿轮 A，B，C 组成差动机构，其中齿轮 C 与工具 Roll 轴固接，而齿轮 A 和 B 分别通过链传动（或同步带传动）与两个驱动马达相连，形成差动机构。当齿轮 A 和 B 同速反向旋转时，末端执行器绕 Roll 轴转动，转速与 A（或 B）相同；当齿轮 A 和 B 同速同向旋转时，末端执行器将绕 Pitch 轴转动。一般情况下，末端执行器的转动是上述两种转动的合成，即 $\theta_r=\frac{\theta_A-\theta_B}{2}$，$\theta_p=\frac{\theta_A+\theta_B}{2}$。

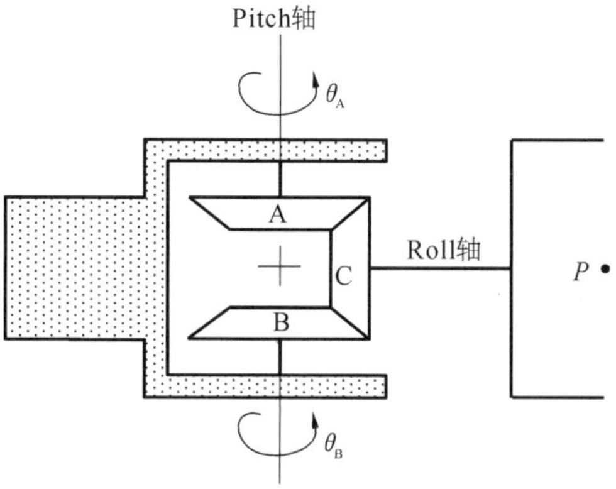

图 2-7　Pitch-Roll 球形手腕

腕部具有的自由度数应根据作业要求而定。要使末端执行器能在空间任意方向上定位，手腕需要 3 个关节轴（3 个转动自由度）。下面介绍两种三自由度的手腕。

2）三轴垂直相交手腕

图 2-8 是一种三自由度手腕的示意图和传动图，θ_1 与 θ_2 对应的轴线相互垂直，θ_2 与 θ_3 对应的轴线相互垂直，三轴交于一点。由远距离安装的驱动装置带动几组锥齿轮旋转，如果三个轴输入的转角分别是 φ_1，φ_2 和 φ_3，相互啮合的齿轮齿数相等，则输出的关节角分别为

$$\theta_1=\varphi_1,\quad \theta_2=\varphi_1-\varphi_2,\quad \theta_3=2\varphi_1+\varphi_2-\varphi_3$$

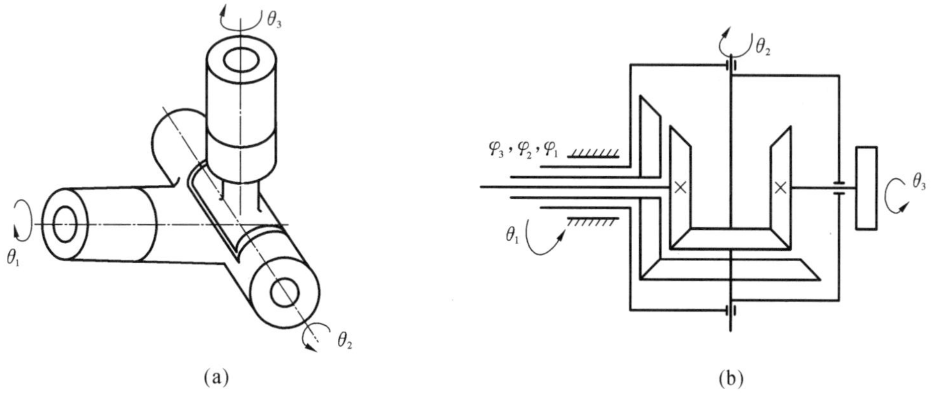

图 2-8　三轴垂直相交手腕

（a）示意图　（b）传动图

三轴垂直相交的手腕，在理论上（即在关节角可转 360°的情况下）可以达到任意的姿态，但是由于关节角受到结构上的限制，实际上并非能够达到任意姿态。

3）可连续转动手腕

如图 2-9 所示，这种手腕有 3 个相交的关节轴，但各关节轴不相互垂直。其特点是 3 个关节角不受限制，关节轴可以连续转动 360°。但是这种非正交轴的手腕不可能使末端执行

器达到任意的姿态，手腕的第三轴不可达的方位在空间构成一个锥体。在使用时，将手腕安装到手臂上的位置，使得手臂连杆恰好占据不可达的锥空间。

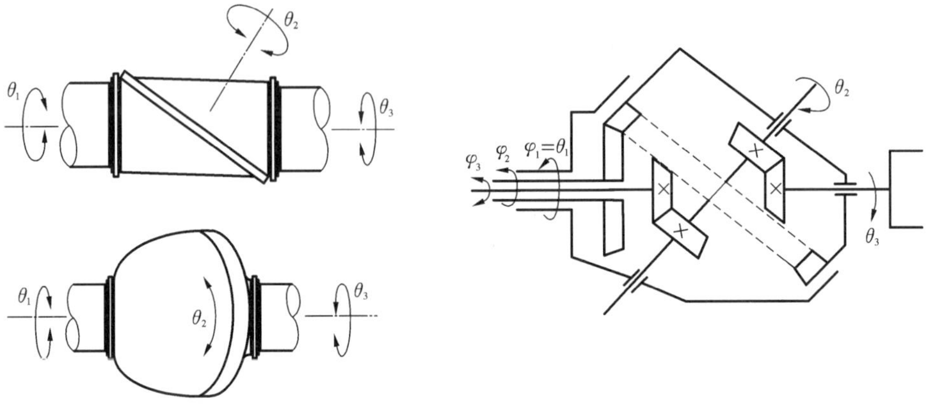

图 2-9　可连续转动手腕

(a) 外观图　(b) 传动图

上面介绍的两种三自由度的手腕的共同特点是三轴相交于一点，这个交点通常取为腕坐标系的原点，即腕部参考点。

2.3　并联机器人机构

大多数工业机器人采用了开链机构，但也有部分采用的是闭链机构。闭链机构的典型代表为并联机构，并联机构刚度高，但关节的活动范围受到限制，工作空间较小。同时，并联机构的构型及自由度分析比串联机构要复杂得多。

2.3.1　典型并联机构

Stewart 平台和 Delta 机构是两种常见的并联机构，通过构型演变，可以在 Stewart 平台和 Delta 机构的基础上衍生出多种不同构型的并联机构。

Stewart 并联机构由上部的动平台、下部的静平台和连接动、静平台的 6 个完全相同的支链组成，如图 2-10(a)所示。每个支链均由一个移动副驱动，工业上常用液压缸来驱动。每个支链分别通过两个球面副与上、下两个平台相连。动平台的位置和姿态由 6 个直线油缸的行程长度所决定，这种操作臂将手臂的 3 个自由度和手腕的 3 个自由度集成在一起，具有刚度高的特点，但动平台的运动范围十分有限。这种 Stewart 机构的运动学反解特别简单，而运动学正解十分复杂，有时还不具备封闭的形式。

Delta 并联机构由上部的静平台与下部的动平台及 3 条完全相同的支链组成，如图 2-10(b)所示。每条支链都由一个定长杆和一个平行四边形机构组成，定长杆与上面的静平台用旋转副连接，平行四边形机构与动平台及定长杆均以旋转副连接，这三处旋转副轴线相互平行。不同于 Stewart 并联机构，Delta 并联机构的驱动电动机安装在静平台上，因而 3 条支链具有非常小的质量，使得 Delta 并联机构运动部分的转动惯量很小，满足高速和高精度作业的要求，广泛应用于轻工业生产线。

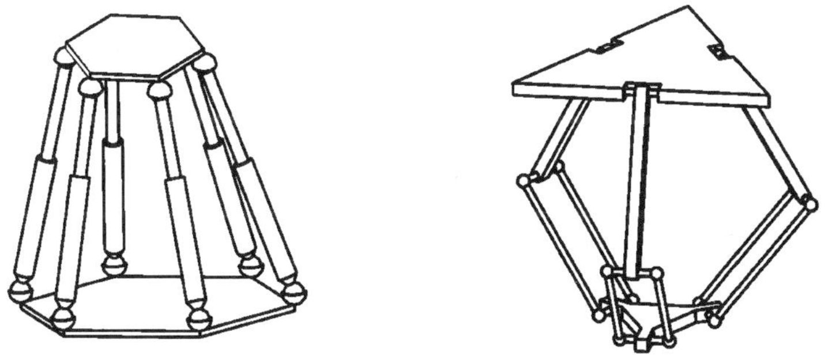

(a)　(b)

图 2-10　两种典型的并联机构
(a) Stewart 并联机构　(b) Delta 并联机构

2.3.2　并联机构自由度计算公式

1. 关于自由度的几个基本概念

自由度(DoF):机构的自由度是指确定机构位形所需独立参数的数目。对串联机器人而言,自由度一般是指机器人末端执行器相对基座的自由度;对并联机器人而言,自由度是指动平台相对静平台的自由度。

满自由度机构、冗余自由度机构与少自由度机构:可实现空间任意给定运动的六自由度机构称为满自由度机构;当机构自由度大于 6 时,称此类机构为冗余自由度机构;当机构的自由度小于 6 时,称此类机构为少自由度机构或欠自由度机构。

局部自由度:存在于局部、不影响其他构件尤其是输出构件运动的自由度称为局部自由度或消极自由度(passive DoF 或 idle DoF),如图 2-11 所示。在平面机构中,典型的局部自由度出现在滚子构件中;在空间机构中,如由 2 个球面副串联而成的运动链 S-S、由球面副和平面副串联而成的运动链 S-E、由平面副和平面副串联而成的运动链 E-E 等,均存在 1 个局部自由度。

冗余约束:若机构的部分运动副之间满足某种特殊的几何约束条件,这些约束关系对机构的运动不产生作用,则我们称这部分约束为冗余约束,又称虚约束,如图 2-12 所示。

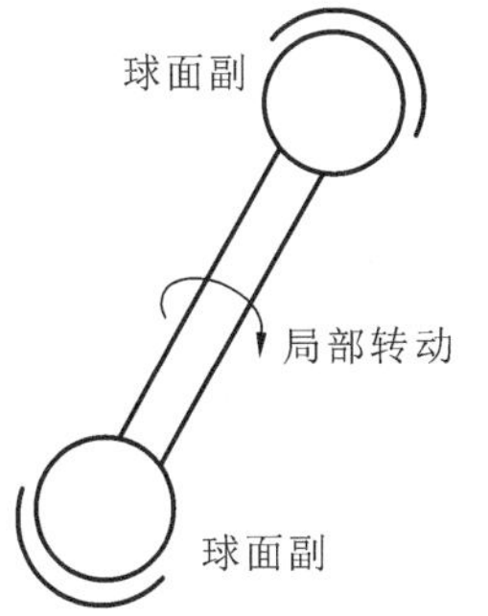

图 2-11　局部自由度示例

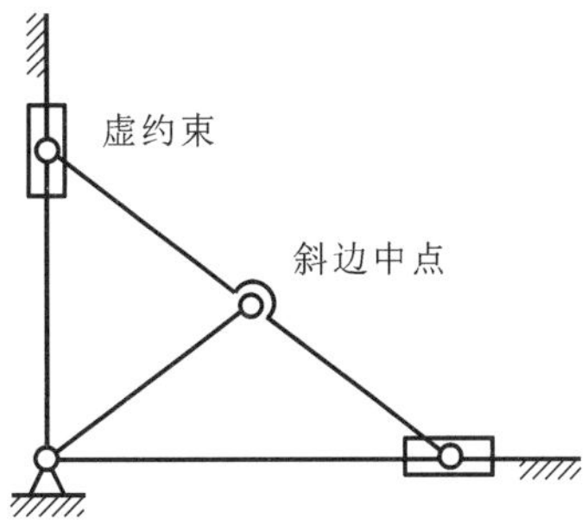

图 2-12　冗余约束示例

2. 自由度的计算

若机构不存在虚约束和局部自由度,可采用 Chebyshev-Grübler-Kutzbach(CGK)公式来计算机构的自由度:

$$F = d(l-n-1) + \sum_{i=1}^{n} f_i \tag{2-1}$$

式中：d 为机构的阶数，对于平面机构 $d=3$，对于空间机构 $d=6$；l 为连杆数(包括基座)；n 为关节总数；f_i 为第 i 个关节的自由度数。

当机构存在虚约束或局部自由度时，直接应用式(2-1)计算机构的自由度将得到错误的结果，这时可采用修正后的 CGK 公式：

$$F = d(l-n-1) + \sum_{i=1}^{n} f_i + v - \zeta \tag{2-2}$$

式中：v 为机构的虚约束数；ζ 为机构的局部自由度数。式(2-2)可以作为统一的计算机构自由度的公式。

例 2.1　求图 2-10 中的 Stewart 机构和 Delta 机构的自由度数目。

图 2-10(a)对应的 Stewart 机构有 18 个关节(每条支链有 2 个球面副和 1 个移动副)，14 个连杆(每条支链有 2 个连杆，整个机构有 1 个动平台、1 个基座)，18 个关节共有 42 个自由度(每条支链的自由度为 $3+1+3=7$)，6 个局部自由度(每条支链存在 1 个局部自由度)，没有虚约束，机构的阶数为 6。根据式(2-2)，有 $F=6\times(14-18-1)+42+0-6=6$。因此，图 2-10(a)中的 Stewart 机构有 6 个自由度。

图 2-10(b)对应的 Delta 机构有 21 个关节(每条支链有 3 个旋转副和 4 个球面副)，有 17 个连杆(每条支链 5 个连杆，整个机构有 1 个动平台，1 个基座)，21 个关节总共有 45 个自由度(每条支链有 3 个旋转副和 4 个球面副，即 15 个自由度)，12 个局部自由度(每条支链有 4 个局部自由度：由 4 个球面副组成的闭环存在 4 个局部自由度)，没有虚约束，机构的阶数为 6。根据式(2-2)，有 $F=6\times(17-21-1)+45+0-12=3$。因此，图 2-10(b)中的 Delta 机构有 3 个自由度。

2.3.3　并联机构构型演变

以图 2-10 中的经典的 Stewart 平台作为基础，利用不同的演化方法，可演变出多种不同的六自由度并联机构。

1. 改变杆件的分布方式

理论上连接动平台与静平台的 6 个杆件可以任意布置，因此在原有 6-6 型 Stewart 平台基础上可以衍生出多种不同构型的六自由度并联机构，如图 2-13 所示的 6-3 型 Stewart 平台，图 2-14 所示的 6-4 型 Stewart 平台等。

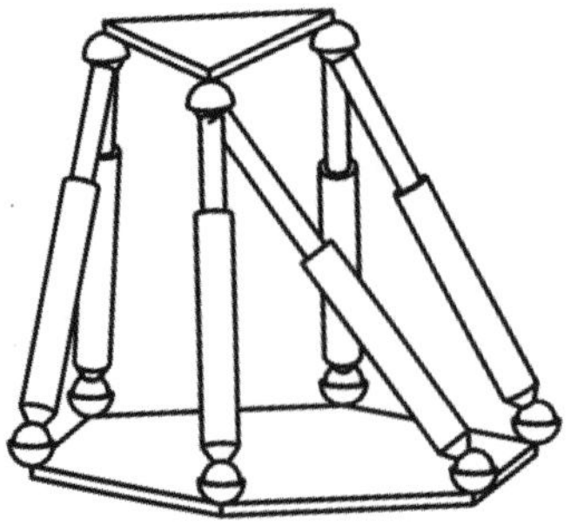

图 2-13　6-3 型 Stewart 平台

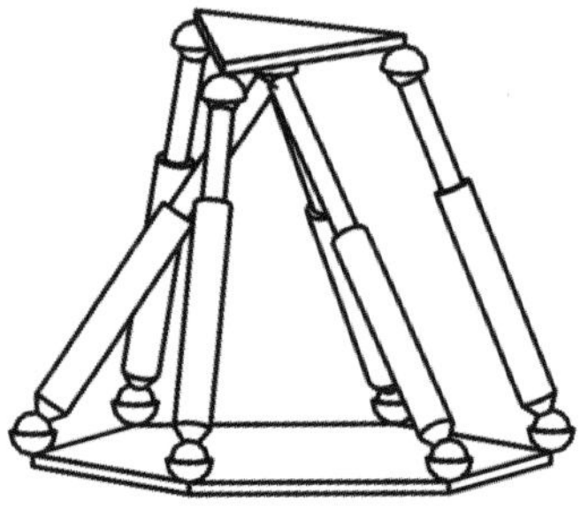

图 2-14　6-4 型 Stewart 平台

2. 改变铰链类型

将其中一个球面副换成虎克铰(因为球面副连接的两连杆中存在1个局部自由度),即可演化出图2-15所示的6-UPS(表示该平台有6个支链,每个支链由1个虎克铰U、1个移动副P和1个球面副S组成。后续符号与此类似)型Stewart平台。

3. 改变支链中铰链的分布顺序

将图2-10(a)所示6-SPS型Stewart平台中的支链设计成PSS型,把每个支链的驱动装置放置于静平台上水平移动的滑块中,使六自由度并联机构在某个方向上具有运动优势,这样形成的一类机构在机床等行业有重要的应用,如瑞士苏黎世联邦工学院研制的Hexaglide并联操作手(见图2-16)。将6-3型Stewart平台中的每个杆的移动副和球面副交换位置,并将移动副的导轨作为静平台,则可演化出6-PSS型并联平台,如图2-17所示。

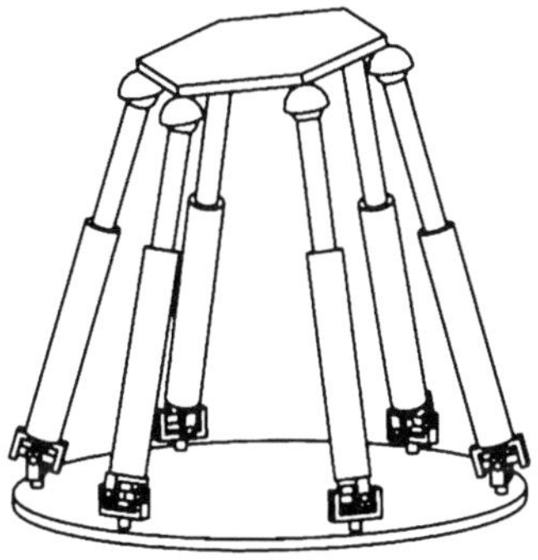
图2-15 6-UPS型Stewart平台

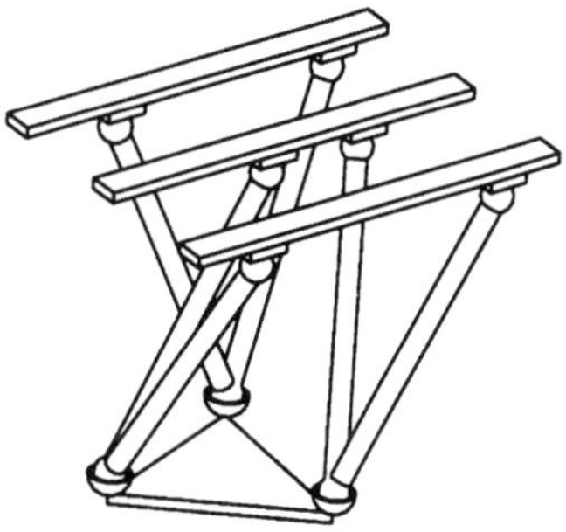
图2-16 Hexaglide并联操作手

4. 拆解或组合运动副

可将多自由度运动副拆解为单自由度运动副或将多个单自由度运动副组合成多自由度运动副。如将U副拆成两个相互垂直的RR副,而R副与同轴的P副可组合成C副。

5. 上述几种方法的组合

如6-SPS型Stewart平台(见图2-10(a)),通过改变铰链的类型,将P副换成R副,改变连接顺序,即可演变成6-RSS型Hexapod机构,如图2-18所示。又如6-3型Stewart平台,将每个支链中的移动副和球面副交换位置,并将交换后的移动副变成旋转副,即可演变成6-RUS型机构,如图2-19所示。

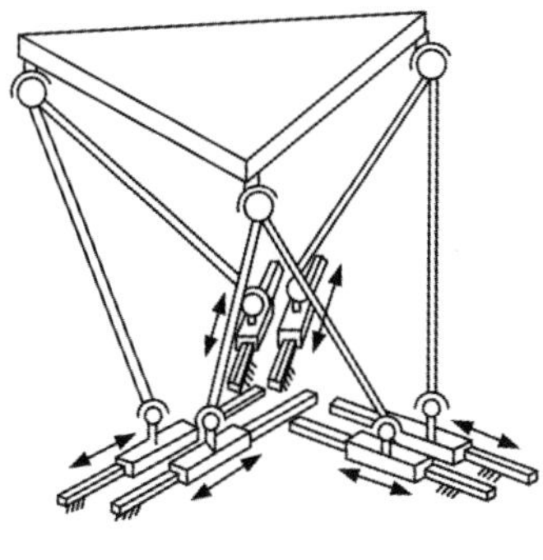
图2-17 6-PSS型并联平台

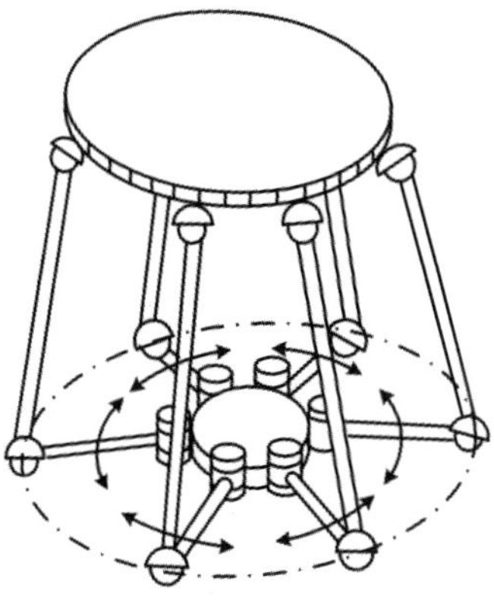
图2-18 6-RSS型Hexapod机构

采用同样的演化方式,也可以从Delta机构演化出不同的并联机构。

若将 Delta 机构每个支链中的空间四杆机构的 4 个球铰用 4 个虎克铰代替，可演化出另一种形式的 Delta 机构（见图 2-20）。若将 Delta 机构中每个支链的 4 个球面副换成 4 个旋转副（即 4S 替换成 4R），同时每个支链中增加 2 个旋转副，Delta 机构可以演化成一种 3R(4R)RR 型的 Delta 机构，如图 2-21 所示。改变 Delta 机构支链中运动副的结构及分布形式，可使其从传统的 Delta 机构演变成星形并联机构，即 Star 机构，如图 2-22 所示。

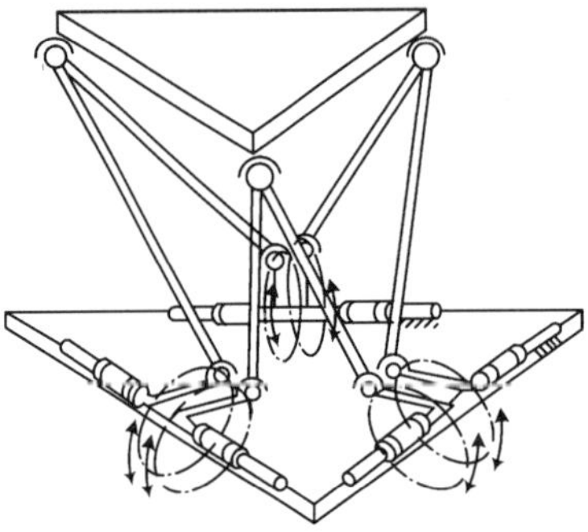

图 2-19　6-RUS 型机构

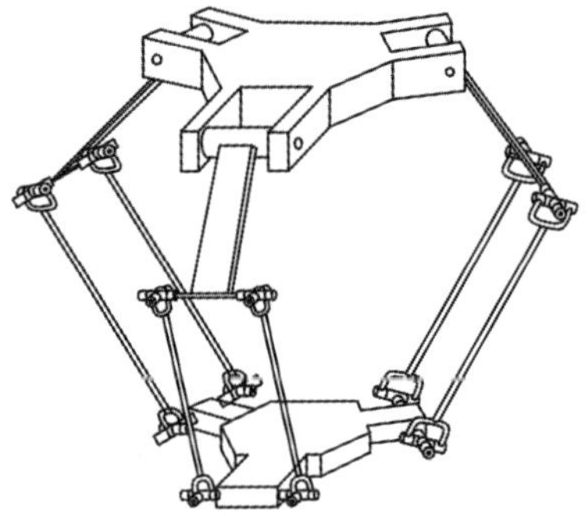

图 2-20　3-R4U(虎克铰)并联机构

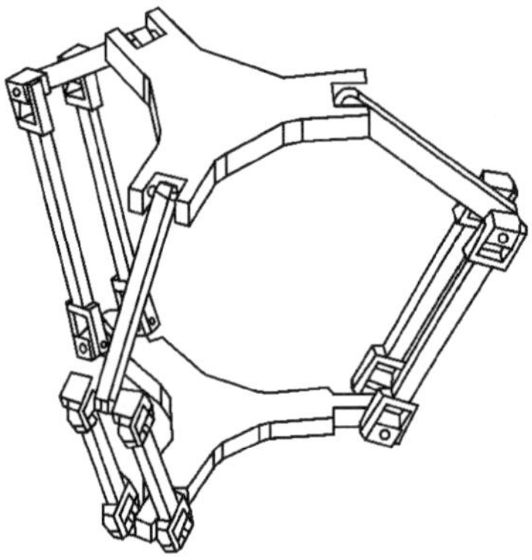

图 2-21　3R(4R)RR 型 Delta 机构

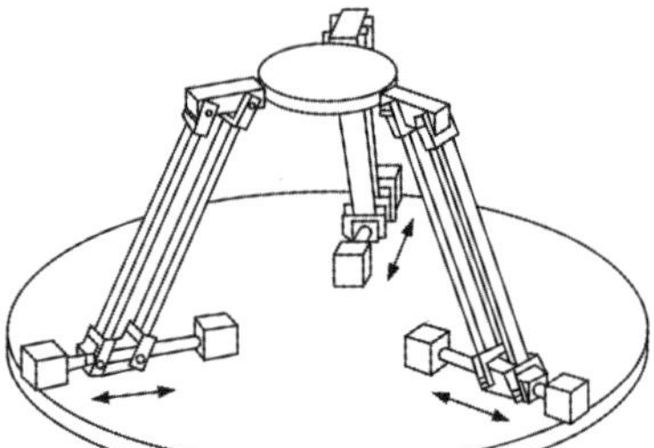

图 2-22　Star 机构

2.4　机器人手爪

手爪用于抓取物体，并进行精细操作。近十年来在手爪和多指抓取方面的研究十分活跃，目的在于开发拟人的灵巧多指手。人的五指有 20 个自由度，通过手指关节的屈伸，可进行各种复杂的操作，能实现诸如使用剪刀、筷子之类的灵巧动作。人类抓取物体的动作大致可分为捏、握和夹三大类。机器人手爪可采取的抓取方式取决于手爪的结构和自由度。

手爪亦称抓取机构，通常是由手指、传动机构和驱动机构组成的，根据抓取对象和工作条件进行设计。除了具有足够的夹持力外，还要保持适当的精度，手指应能顺应被抓对象的形状。手爪自身的大小、形状、结构和自由度是机械结构设计的要点，要根据作业对象的大小、形状和位姿等几何条件，以及重量、硬度、表面质量等物理条件来综合考虑。同时还要考虑手爪与被抓物体接触后产生的约束和自由度等问题。智能手还装有相应的传感器（触觉或力传感器等），能感知手指与物体的接触状态、物体表面状况和夹持力大小等。

真空式三吸盘手爪、承托型和悬挂式手爪已经在工业中广泛应用，此处不做介绍。下面着重介绍夹持式手爪、多关节多指手爪和顺应手爪。

2.4.1　夹持式手爪

夹持式手爪是目前使用最简便的一种手爪。它既可用手指的内侧面夹持物体的外部，也可将手指伸入物体的孔内，张开手指，用其外侧卡住物体。这种手爪大多是二手指或三手指的，按手指的运动形式可分为三种。

(1) 回转型(见图 2-23)：当手爪夹紧和松开物体时，手指做回转运动。当被抓物体的直径大小变化时，需要调整手爪的位置才能保持物体的中心位置不变。

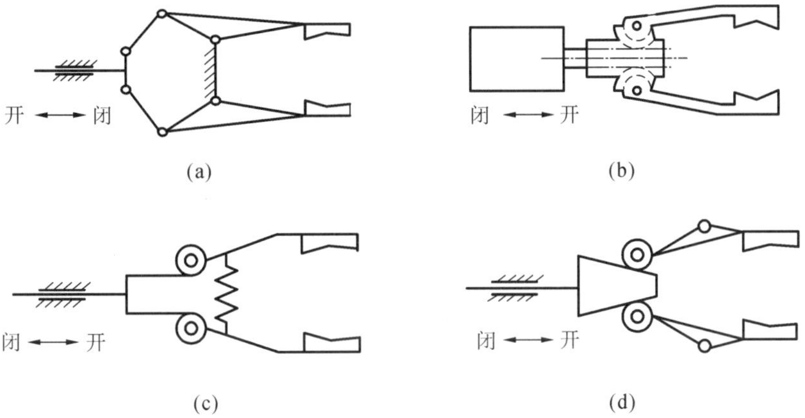

图 2-23　回转型手爪

(2) 平动型(见图 2-24)：手指由平行四杆机构传动，当手爪夹紧和松开物体时，手指姿态不变，做平动。和回转型手爪一样，夹持中心随被夹物体直径的大小而变。

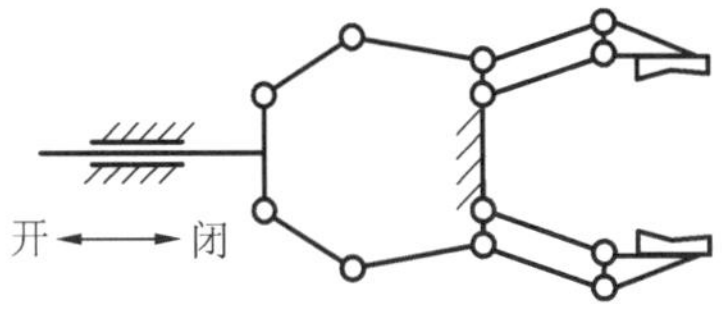

图 2-24　平动型手爪

(3) 平移型(见图 2-25)：当手爪夹紧和松开工件时，手指做平移运动，并保持夹持中心固定不变，不受工件直径变化的影响。图 2-25(a)所示的手爪靠连杆和导槽实现手指的平移运动，并使夹持中心位置不变，这类手爪也称为同心夹持机构。图 2-25(b)所示的手爪是由齿轮齿条推动手指平移的。图 2-25(c)所示手爪则是靠双向螺杆驱动手指平移的。

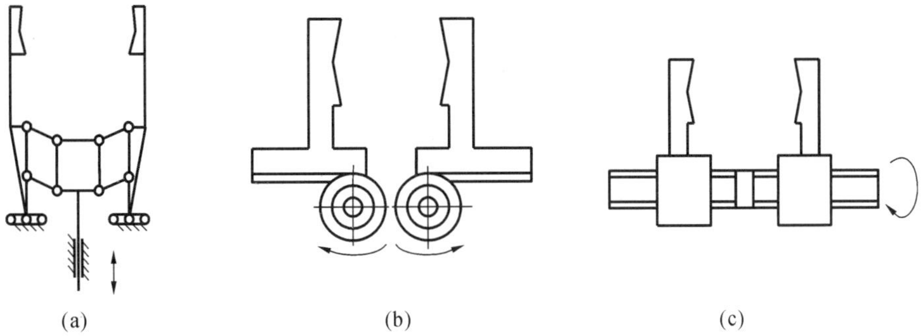

图 2-25　平移型手爪

2.4.2　多关节多指手爪

1. 多指灵巧手

这类手爪一般由 3 个或 4 个手指构成，每个手指相当于一个操作臂，有 3 个或 4 个关节，与人的手十分相似，用于抓取复杂形状的物体，实现精细操作。图 2-26 表示由 3 个手指共 11 个关节组成的手爪。各关节分别用直流电动机独立驱动，经钢丝绳和绳轮实现远距离传动，以缩小体积，减轻手爪的重量。手指的控制随自由度的增加而趋于复杂，其技术关键是手指之间的协调控制，以及根据作业要求实现位姿和力之间的转换。

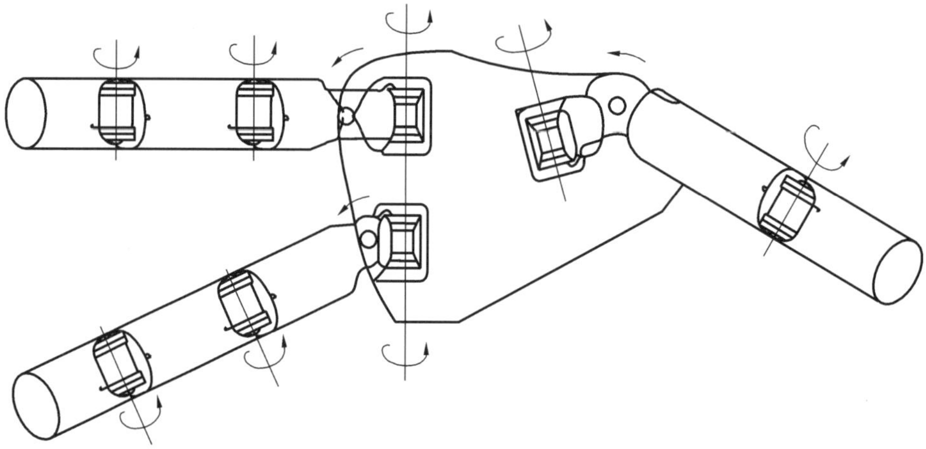

图 2-26　多指灵巧手

2. 欠驱动拟人手

这类手爪的外形与多指灵巧手类似，但各关节不是由电动机独立驱动，而是由少量的电动机以差动的方式驱动，电动机的数量远少于关节的数量。图 2-27(a)表示欠驱动拟人手中的一个手指。拟人手的 5 个手指的构型一致，通过手指之间的差动实现对物体的包络。手指包络运动可通过腱(绳索)牵引(见图 2-27(a))或者通过连杆机构实现(见图 2-27(b)、(c))。与多指灵巧手不同，欠驱动拟人手一般具有良好的形状自适应能力，由于驱动电动机的数量远小于关节的数量，因而欠驱动拟人手的控制要比多指灵巧手的控制简单，但抓握模式相对来说不如多指灵巧手丰富。

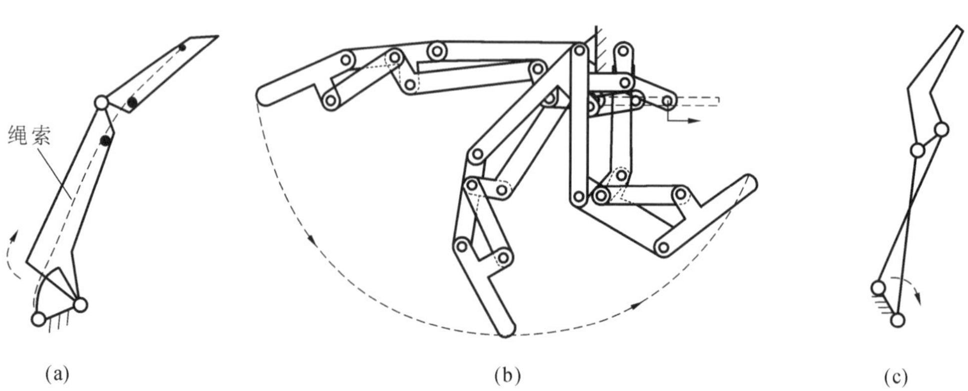

图 2-27　欠驱动拟人手手指

3. 协同驱动拟人手

这类手爪的工作原理是：通过在驱动部分设计特殊的运动合成机构，将低维的运动输入合成为高维的运动输出，带动手指实现多模式的抓握运动。协同驱动的拟人手在驱动方式上既不同于多指灵巧手，也不同于欠驱动拟人手。它不需要像多指灵巧手那样对手指每个关节进行独立驱动，也不是纯粹采用差动机构来实现包络抓取，而是在驱动部分设计运动合成机构，将低维的运动输入重构成高维的运动输出，带动所有关节协同运动。其运动合成机构有多种形式，如比例缩放机构(Xiong et al.，2016)、凸轮机构(Chen et al.，2015)和连续体机构等。

2.4.3　顺应手爪

所谓顺应是指手爪具有一定的柔性，其动作能适应工作环境，不需要复杂的控制系统。图 2-28 所示为在装配作业中，把销轴装入孔中的被动顺应机构，又称为 RCC(remote center compliance)机构。其特点是在销轴远离夹持部位的顶端会形成一个顺应中心，当销轴与孔接触时，因为二者不同轴，销轴将移动并绕顺应中心转动，使销轴与孔的相对方位得到调整，因而销轴能准确地插入孔内。这样可在缺少传感器的情况下，实现顺应动作，完成装配作业。这种机构的作用效果相当于在手腕和手爪之间安装一个六自由度的弹簧装置。

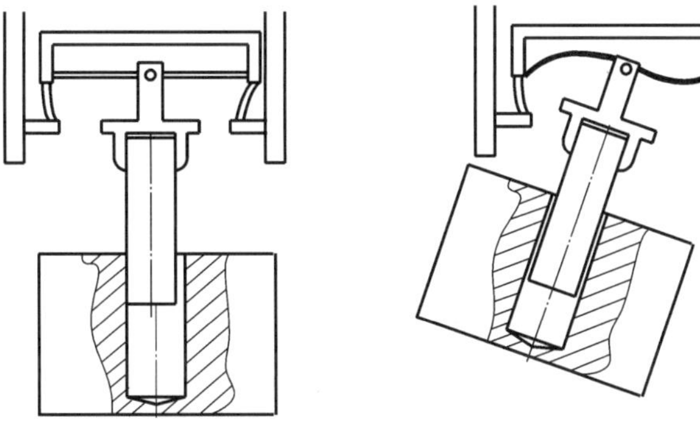

图 2-28　装配用被动顺应手爪

多关节多指手爪和顺应手爪一般应用在工业流水线上。具体选用哪种手爪，要考虑各方面的因素，如工作能力、结构形式、控制性能、工作任务、作业环境、技术水平等。欠驱动拟人手的形状适应能力强，控制简单，可作为万能夹持器应用在抓持对象无固定外形的场合。协同驱动拟人手因其有限的驱动电动机数量以及丰富的抓握模式，非常适合用于输入通道有限而对抓握模式要求丰富的场合，如作为生机电假肢用于手部截肢的患者。

2.5　探测车悬架机构

探测车是空间探测必不可少的工具，其中轮式探测车以其运动灵活、运行可靠和控制方便等优点而成为行星探测车的首选方案。目前已研制且发射成功的行星探测车和在研的行星探测车也是以轮式为主，如美国 Rocky 系列行星探测车及俄罗斯 Marsokhod 火星车均采用了轮式移动系统。悬架机构是轮式行星探测车移动系统的重要组成部分，直接影响探测车的越障能力、地形适应能力以及行进时车体的波动程度。探测车的悬架机构种类较多，本

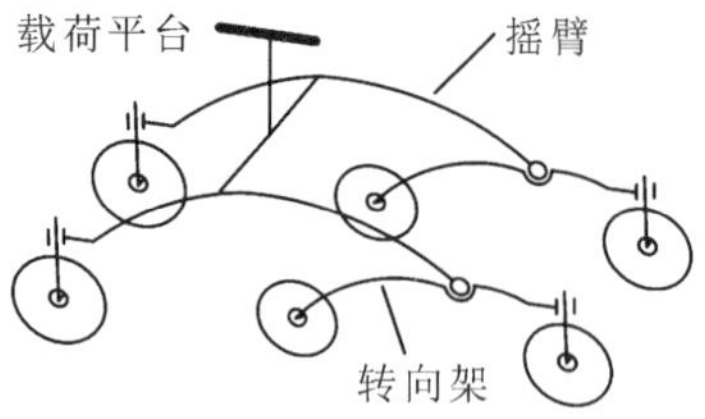

图 2-29　摇臂-转向架式悬架机构示意图

节仅就摇臂-转向架式、接触悬吊式、多体铰接式、扭杆式、平行架式、闭环铰链式等做简单介绍。

1. 摇臂-转向架式

摇臂-转向架式悬架机构最早由美国喷气推进实验室(JPL)于1989年开发,应用于Sojourner、MFEX等地面实验样车,图2-29为该机构的示意图。该悬架机构简单、构件少,车体重量通过摇臂和转向架来平衡,摇臂与载荷平台通过差速器相连,悬架两侧地形的起伏会在被差速器平均后传导到载荷平台,因而地形的起伏对载荷平台的影响较小,该悬架具有较强的地形自适应能力。

2. 接触悬吊式

接触悬吊式悬架机构由日本宇航中心于1999年研制并应用于Micro5月球探测车,如图2-30(a)所示。五点接触悬吊式悬架机构的两侧悬架杆通过横梁连接在一起,连接中间轮的支架可绕横梁转动。接触悬吊式悬架机构结构简单,悬架子系统的重量轻、能耗小。由于该悬架的载荷平台采用分体式布置,因而该悬架机构不可避免地存在载荷难装载、易变形和载荷平台稳定性差等缺点。

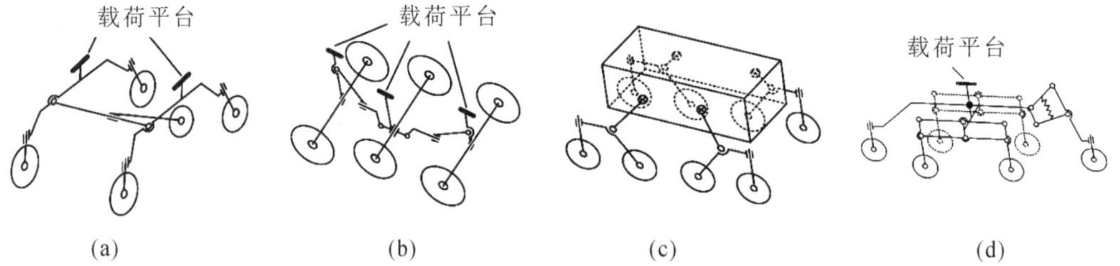

图 2-30　四种悬架机构

(a) 接触悬吊式　(b) 多体铰接式　(c) 扭杆式　(d) 平行架式

3. 多体铰接式

多体铰接式悬架机构也称多箱式悬架机构,由俄罗斯车辆工程研究所提出并应用于Marsokhod火星探测车,如图2-30(b)所示。这种悬架机构一般采用多段式布局,载荷平台分段布置在悬架的不同部位。悬架机构底盘较低,各底盘独立运行,对崎岖地形的适应能力和越障能力都很强,但由于载荷平台分段布置,不利于搭载较大的科学仪器,载荷平台受地形起伏的影响较大。

4. 扭杆式

扭杆式悬架机构一般用于多点独立连接,多个独立悬架通过各自的扭杆弹簧和载荷平台固连。扭杆式悬架机构能够自动适应地形的变化,从而减少地形起伏给载荷平台造成的冲击等,如图2-30(c)所示。但当探测车经过沟壑等复杂路面时,探测车的质心会平移,从而使悬架形状发生变化,导致扭杆弹簧发生弹性变形,进而使行走速度产生波动,影响载荷平台的平稳性。

5. 平行架式

平行架式悬架机构最早由瑞士苏黎世理工学院于2002年提出并应用到Shrimp火星探测车上,如图2-30(d)所示。平行架式悬架机构的载荷平台左右对称地连接一个平行架机构,载荷平台作为机架,一端通过四杆机构与前轮连接,另一端与后轮连接。中间的平行架机构是转向架的衍生机构，与转向架相比具有更高的稳定性。平行架式悬架机构具有较长的纵向长度，能很好地适应起伏的地形，载荷平台的运动平顺性很好。

6. 闭合铰链式

闭合铰接式悬架机构统指各悬架杆铰接成一个闭合的运动链的悬架机构，其结构多样，类型繁多。很多行星探测车采用了闭合铰链式被动悬架机构，如 RCL-C、CRAB、CRAB-S 等探测车的悬架机构。

图 2-31(a)所示为 RCL-C 探测车的悬架机构。该悬架机构为左右对称结构，左右两部分通过同步机构连接，每侧悬架由转向架、连杆、摇臂和支架组成一个闭链平面四杆机构。该悬架子系统具有较强的地形适应能力和越障能力。

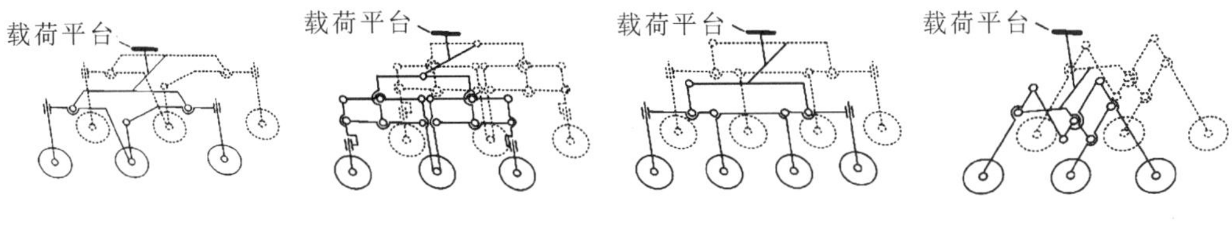

(a)　(b)　(c)　(d)

图 2-31　闭合铰链式悬架机构

图 2-31(b)所示为 CRAB 探测车的悬架机构。该悬架机构为左右对称结构，每侧悬架分别由两支架和两平行架组成一个闭链四杆机构。该悬架机构具有较强的地形适应能力和复杂路面行驶稳定性，但结构较为复杂。

图 2-31(c)所示为八轮摇臂式悬架机构。该悬架机构为左右对称结构，每侧悬架分别由摇臂连杆、摆杆、主摇臂和两个副摇臂组成一个平面闭链五杆机构。该悬架机构在平坦松软地面上的通过性能良好，但结构较复杂，中间轮对该机构的越障能力影响较大。

图 2-31(d)所示为正反四边形式悬架机构。该悬架机构为左右对称结构，每侧悬架为一平面六杆机构，该平面六杆机构由一个平行四边形机构和一个反平行四边形机构耦合而成。正反四边形式悬架机构可有效提高车辆的越障能力，增强运动过程中载荷平台的稳定性，但其结构相对复杂。

2.6　多足步行机器人机构

多足步行机器人是一种具有冗余驱动、多支链、时变拓扑的运动机构，是模仿多足动物运动形式的足式特种机器人。常见的多足步行机器人有两足步行机器人、四足步行机器人、六足步行机器人、八足步行机器人等。

1. 两足步行机构

两足步行机构多用于人形仿生机器人的行走机构，每条腿主要由髋关节、膝关节以及连接脚掌的踝关节等三个主要关节组成。通过两条腿支撑相与摆腿相的协调实现稳定平衡的拟人行走，对外部干扰敏感，静态稳定性较差。由于腿的数量较少，两足步行机构占地空间较小，可用于空间狭窄的环境。

2. 四足步行机构

仿哺乳类动物行走的四足步行机器人常见的行走机构有三类：前后腿对屈式四足步行

机构（见图 2-32(a)），前后腿前屈式四足步行机构（见图 2-32(b)）和悬挂式四足步行机构（见图 2-32(c)）。前后腿对屈式四足步行机构模仿的是犬类的腿部结构，具有较强的地形适应能力，可以完成站起、蹲下、单腿爬行、双腿奔跑和腾空跳跃等动作，具有较强的负载能力。前后腿前屈式四足步行机构模仿的是猎豹等猫科动物的腿部结构，在前后腿对屈式四足步行机构的基础上，在足部末端还增加了一个脚趾关节，用于在奔跑时产生更多的推进力。该行走机构除了具有前后腿对屈式四足步行机构的行走特点外，还具有出色的跳跃和奔跑能力。悬挂式四足步行机构的整个载荷平台通过弹簧阻尼装置悬挂在四条腿上，因而具有较好的抗振能力，通过四条腿的协调运动，可以模仿四足哺乳动物的慢速行走步态，对地形的适应能力不及前面两种机构，不适合做奔跑运动。

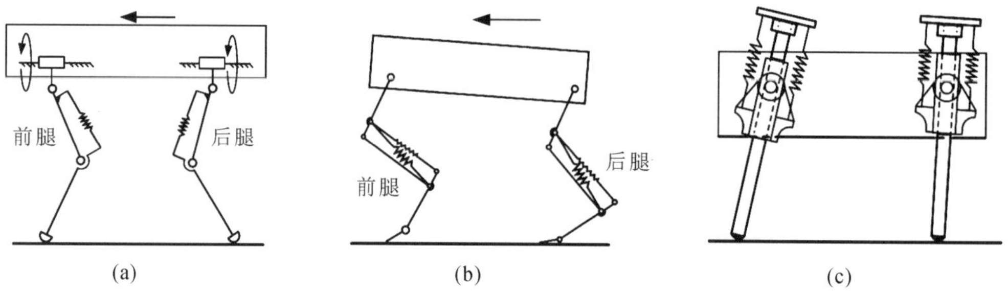

图 2-32　四足步行机构

3. 六足步行机构

六足步行机器人的腿部机构及其布置方式主要模仿的是昆虫。常见的六足步行机构如图 2-33(a)、(b)所示，每条腿包含一个与载荷平台连接的侧摆旋转关节和两个依次与侧摆关节串联的旋转关节，用于实现腿部的屈伸运动。该机器人对地形的适应能力较强，但步行速度较慢。图 2-33(c)所示的气动式六足步行机构主要模仿的是蟑螂等爬行类昆虫，其每条腿均由一个绕载荷平台的旋转关节和沿腿部轴向移动的平移关节构成。其中平移关节可由微型气缸或者直线电动机驱动，通过微型气缸或者直线电动机的高速往复运动，可实现机器人的快速移动，其移动速度可达每秒 6 倍体长。图 2-33(d)所示的仿形式六足步行机构仅有一个绕载荷平台的旋转关节，无腿部屈伸关节，每条腿均为半圆弧结构，具有一定的柔性。该类型的六足步行机器人具有很强的机动性，对崎岖地面也具有非常强的适应性，它可以成功通过岩石地面、沙地、草地、斜坡、阶梯等复杂路面。

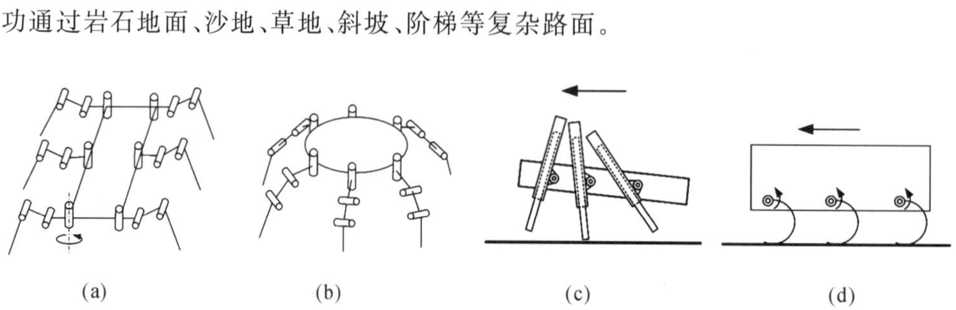

图 2-33　六足步行机构

4. 八足步行机构

图 2-34 中的八足步行机构和图 2-33(a)、(b)所示的六足步行机构类似，腿数量的增加可使步态的生成与使用有更多的选择。由于同时参与支撑的腿数量较多，八足步行机器人的显著特点在于其行走的稳定性好和崎岖路面的通过能力强。这里的八足步行机构以及

图 2-33中的六足步行机构都是基于昆虫类仿生的多足行走机构。按照同样的布置方式，可以进一步将腿的数量增加到 10，或者减少到 4。采用仿昆虫类腿结构的多足步行机器人身体重心较低，具有较好的静态稳定性，但是这类机器人需要较大的关节力矩来支撑身体，其负载能力不如四足机器人。

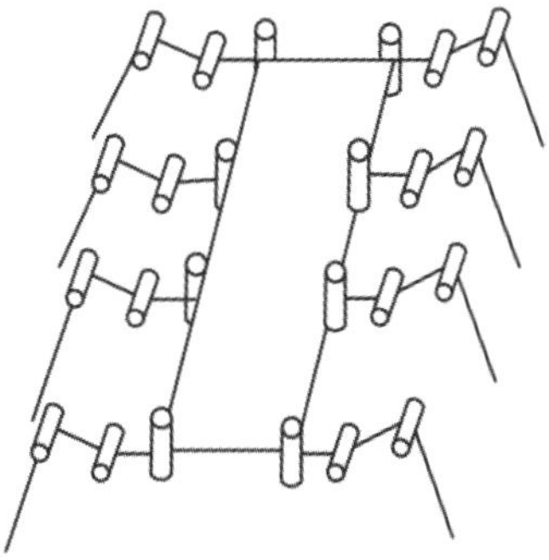

图 2-34　八足步行机器人及其机构示意图

一般地，多足步行机器人在行走过程中与地面接触的点即支撑点越多，行走稳定性越好，载荷平台姿态越稳定，同时所能承载的负载也越大。尽管如此，腿的数量也不是越多越好，腿数量的增加会带来更多的能量消耗，同时也会使控制系统变复杂。对在野外复杂地形环境中执行任务的多足步行机器人，要求其充电或者补充燃油的间隔时间尽可能长，在野外作业时很少使用八足步行机器人。四足步行机器人能量消耗和控制复杂程度相对较低，在行走过程中，为了保持载荷平台的稳定，至多只能有 1 条腿悬空，以保证与地面始终有 3 个支撑点，因而在通过崎岖路面时，四足步行机器人不能任意选择支撑步态。

前面讨论了基于低副机构的机器人操作臂的组成，包括串联机构、并联机构、混联机构；手臂、手腕、手爪、步行机构、移动结构等，许多专著系统地研究了这些机构的分析和综合方法。但是，在研究仿生机器人和类生机器人时，特别在建立人体模型时，仍会碰到许多问题。人体是由骨骼、肌肉、皮肤等组成的，上肢的肩关节（shoulder）、肘关节（elbow）和腕关节（wrist），以及下肢的髋关节、膝关节等都不是低副机构，人体骨骼之间的相对运动十分复杂。如何描述人体和动物关节的运动规律？如何逼近人体和动物关节的运动规律？如何将人体和动物关节用低副机构近似表示？这些问题将是现代生物机构学研究的重点。

2.7　RV 减速器和谐波减速器

随着科学技术的日益发展，各种极端应用环境对机器人的传动精度和承载能力的要求也越来越高。减速器作为工业机器人的核心部件，其精密程度和承载能力严重影响着机器人的操作性能和负载能力。机器人的成本三分之一来自减速器，以六轴机器人为例，减速器的成本约占整个机器人成本的 34%。目前常用的关节精密减速器为 RV 减速器和谐波减速器。

2.7.1　RV 减速器

RV 减速器是一种两级行星齿轮传动减速机构。第一级减速是通过渐开线中心轮 1 与渐开线行星轮 2 的啮合实现的,按照中心轮与行星齿轮的齿数比进行减速。传动过程中如果中心轮 1 顺时针转动,那么行星轮 2 将既绕自身轴线逆时针自转,又绕中心轮轴线公转。第一级传动部分中的行星轮 2 与曲柄轴 3 连成一体,并通过曲柄轴 3 带动摆线轮 4 做偏心运动,该偏心运动为第二级传动部分的输入。第二级减速是通过摆线轮 4 与针轮 5 啮合实现的。在摆线轮与针轮啮合传动过程中,摆线轮在绕针轮轴线公转的同时,还将反方向自转,即顺时针转动。最后,传动力通过曲柄轴推动行星架输出机构顺时针转动。传动原理如图 2-35 所示。

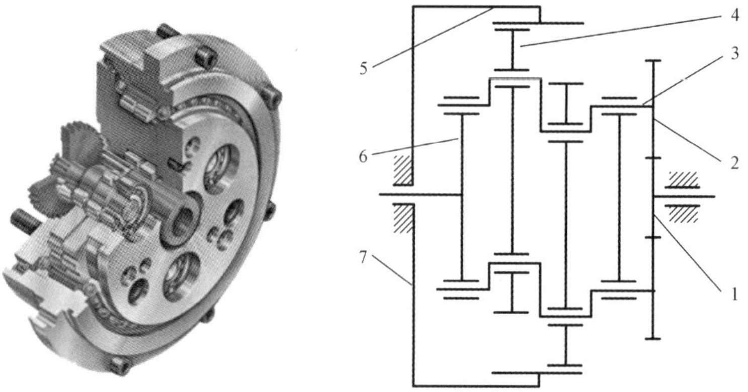

图 2-35　RV 减速器及其传动原理

1—渐开线中心轮;2—渐开线行星轮;3—曲柄轴;4—摆线轮;5—针轮;6—输出机构;7—针齿壳

RV 减速器的传动比计算公式为

$$i = 1 + \frac{z_2}{z_1} z_5, \quad z_5 = z_4 + 1$$

式中:z_1 为渐开线中心轮 1 的齿数;z_2 为渐开线行星轮 2 的齿数;z_5 为针轮 5 的齿数;z_4 为摆线轮 4 的齿数。

RV 减速器具有如下特点。

(1) 传动比范围大:只要改变渐开线齿轮的齿数比就可获得很多种传动比。

(2) 传动精度高:传动误差在 1′以下,回差误差在 1.5′以下。

(3) 扭转刚度大:输出机构为两端支承的行星架,用行星架左端的刚性大圆盘输出,大圆盘与工作机构用螺栓连接,其扭转刚度远大于一般摆线针轮行星减速器的输出机构。RV 齿轮和销同时啮合数多,承载能力大。

(4) 结构紧凑,传动效率高:传动机构置于行星架的支承主轴承内,使得轴向尺寸大大减小;传递同样转矩与功率时的体积小,第一级用了 3 个行星轮,特别是第二级,摆线轮与针轮的啮合为硬齿面多齿啮合,这就决定了 RV 减速器可以用小的体积传递大的转矩。

2.7.2　谐波减速器

谐波减速器是一种通过柔轮的弹性变形实现动力传递的传动装置,主要由波发生器、柔轮和刚轮组成。作为减速器使用时,通常采用波发生器主动、刚轮固定、柔轮输出的形式。

谐波减速器传动原理:波发生器装入柔轮后,迫使柔轮在长轴处产生径向变形,呈椭圆状。

椭圆的长轴两端，柔轮外齿与刚轮内齿沿全齿高相啮合，短轴两端则处于完全脱开状态，其他各点处于啮合与脱开的过渡阶段。设刚轮固定，波发生器进行逆时针转动，当其转到图 2-36 所示位置，进入啮合状态时，柔轮进行顺时针旋转。当波发生器不断旋转时，柔轮则啮入→啮出→脱出→啮入……周而复始，从而实现连续旋转。谐波发生器的传动原理如图 2-36 所示。

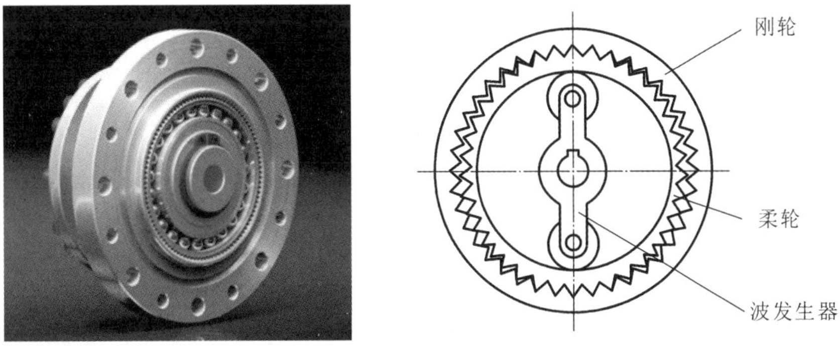

图 2-36　谐波减速器及其传动原理

传动过程中，波发生器转一周，柔轮上某点变形的循环次数称为波数，以 n 表示。$n=2$ 的传动称为双波传动，$n=3$ 的传动称为三波传动，依此类推。常用的是双波传动和三波传动两种。双波传动的柔轮应力较小，结构简单，易获得大的传动比，应用广泛。

谐波减速器的柔轮和刚轮的齿距相同，但齿数不等，刚轮与柔轮齿数差等于波数，即

$$z_2 - z_1 = n$$

式中：z_2，z_1 分别为刚轮与柔轮的齿数。双波传动中，$z_2 - z_1 = 2$。

当刚轮固定、发生器主动、柔轮从动时，谐波减速器的传动比为

$$i = -\frac{z_1}{z_2 - z_1} \tag{2-3}$$

式(2-3)中负号表示柔轮的转向与波发生器的转向相反。由于柔轮齿数很多，因而谐波减速器可获得很大的传动比。

谐波减速器的主要特点：

(1) 传动比大。单级谐波减速器的减速比范围为 70～320，在某些装置中可达到 1000，多级传动速比可达 30000 以上。它不仅可用于减速，也可用于增速。

(2) 承载能力高。谐波减速器中同时啮合的齿数多，双波传动时同时啮合的齿数可达总齿数的 30%以上，而且柔轮采用了高强度材料，齿与齿之间是面接触。

(3) 传动精度高。谐波减速器中同时啮合的齿数多，误差平均化，即多齿啮合对误差有相互补偿作用，故传动精度高。在齿轮精度等级相同的情况下，传动误差只有普通圆柱齿轮传动的 1/4 左右。同时可通过微量改变波发生器的半径来增加柔轮的变形，使齿间侧隙很小，甚至能做到无侧隙啮合，故谐波减速器传动空程小，适用于反向转动。

(4) 传动效率高、运动平稳。由于柔轮轮齿在传动过程中做均匀的径向移动，因此，即使输入速度很高，轮齿的相对滑移速度也极低（为普通渐开线齿轮传动的 1%），所以，轮齿磨损小，效率高（可达 69%～96%）。又由于啮入和啮出时，轮齿的两侧都参与工作，因而无冲击现象，运动平稳。

(5) 结构简单、体积小、重量轻。谐波减速器仅有 3 个基本构件，零件数少，安装方便。与一般减速器比较，输出力矩相同时，谐波减速器的体积可减小 2/3，重量可减轻 1/2。

资料概述

Hunt(1978)、于靖军(2008)、戴建生(2014)等采用几何学方法研究了机器人机构；熊有伦(1993)、Ghuneim 等(2004)、Yang 等(2004)进行了串联操作臂与并联操作臂的运动学设计与分析研究；黄真(1998)、Dasgupta 等(2000)回顾了并联机器人在运动学、动力学及其机构设计等方面的相关理论。Montana(1995)、Townsend(2013)研究了多指灵巧手的机构设计与运动控制。欠驱动手爪机构有多种形式，如多连杆机构(Dechev et al.,2001)、腱滑轮机构(Gosselin et al.,2008；Dollar et al.,2010)，以及协同欠驱动机构(Bennett et al.,2014；Catalano et al.,2014；Chen et al.,2015；Xiong et al.,2016)。行星探测车悬架机构种类繁多(Schilling et al.,1996；Siegwart et al.,2002；Kubota et al.,2003；Iagnemma et al.,2004；邓宗全 等,2008)，其运动学建模的一般方法可参考 Ghuneim 等(2004) 的著作。在多足步行机器人的机构设计与运动控制方面亦有大量研究，其中关于四足步行机构(Fukuoka et al.,2003；Poulakakis et al.,2005；Rimon et al.,2001；Spröwitz et al.,2013)与六足步行机构(Saranli et al.,2001；Shabbir et al.,2013)的研究较为广泛。两足步行机构(Kuindersma et al.,2015)机构主要用于设计人形机器人，八足以及更多足的步行机构(Urwin-Wright et al.,2002)主要用于设计仿生爬虫。

习　题

2.1　建立并联机器人(见图 2-10(a)所示 Stewart 机构)的运动学方程的反解。提示：该机构的运动学反解是指对于给定的腕部坐标系$\{\boldsymbol{W}\}$相对于基座坐标系$\{\boldsymbol{B}\}$的位姿。求解关节变量(油缸行程长度)$d_1,d_2,\cdots,d_6$。用 3×1 的矢量${}^{B}\boldsymbol{p}_i$ 表示球-套关节中点在基座坐标系$\{\boldsymbol{B}\}$中的位置，而用 3×1 的矢量${}^{W}\boldsymbol{q}_i$ 表示万向铰链中心相对腕部坐标系$\{\boldsymbol{W}\}$的位置。

2.2　若在图 2-10(a)所示的 Stewart 机构中，用二自由度的万向铰链代替三自由度的球-套关节，该机构的自由度总数是多少？提示：采用 CGK 公式计算。

2.3　试分析图 2-20 中 3-R4U 并联机构的自由度。

2.4　计算图 2-37 中 3-RRRH 并联机构的自由度，该机构每条支链中旋转副的轴线相互平行，三条支链对称分布在正三角形上。

2.5　试分析图 2-38 中 4-UPU 并联机构的自由度。

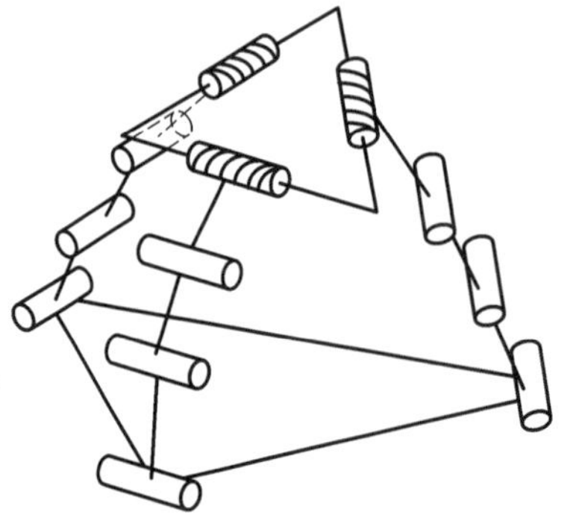

图 2-37　3-RRRH 并联机构

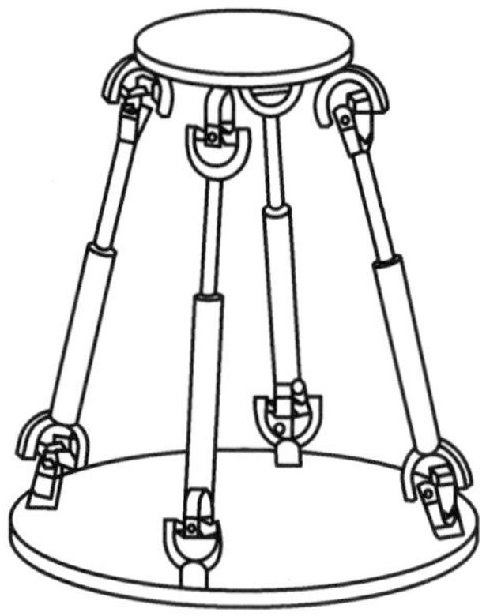

图 2-38　4-UPU 并联机构

2.6　图 2-39 所示的三指手抓住一个物体，手指与物体为点接触，即位置固定、方向可变，相当于三自由度的球-套关节。每个手指有 3 个单自由度关节，由 CGK 公式计算整个系统的自由度数。

2.7　将 Stewart 机构改成由 3 个直线油缸驱动(见图 2-40)，计算其自由度数。

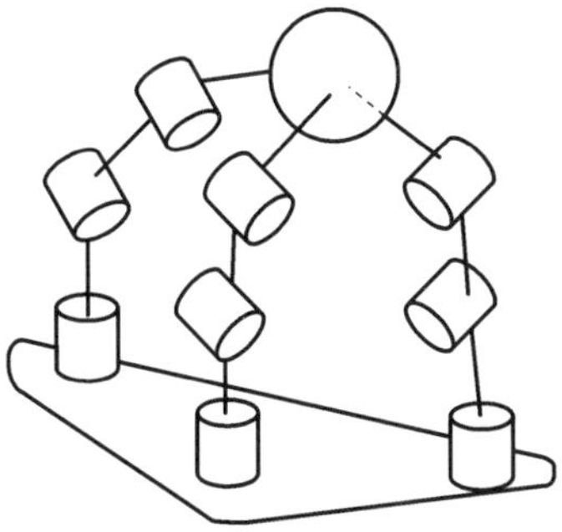

图 2-39　三指手的点接触抓取

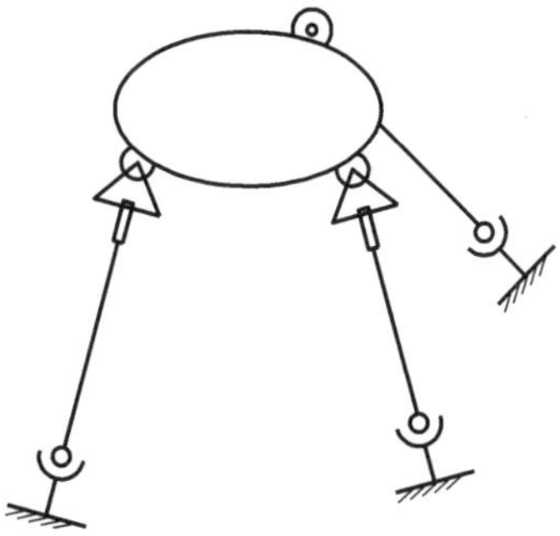

图 2-40　三杆闭环机构

2.8　图 2-8 所示的三轴垂直相交手腕的中间连杆扭角均为 90°，而图 2-9 所示的可连续转动手腕的扭角为 φ 和 $180°-\varphi$，问：可连续转动手腕能够到达任意方向吗？若不能，描述其不可达的方向集合。假设各轴都可转动 360°，且连杆之间不产生碰撞，可以任意通过各位置(工作空间不受自碰撞的限制)。

2.9　图 2-41 为 PUMA560 关节 4 的传动简图，联轴器的扭转刚度为 100 N · m/(°)，传动轴的扭转刚度为 400 N · m/(°)，每对输出齿轮的扭转刚度为 2000 N · m/(°)，减速比 $i=6$，假设结构和轴承是刚性的(即马达轴锁住)，求此关节的刚度。若仅考虑最后一对齿轮的刚度，则引起的误差大致是多少？

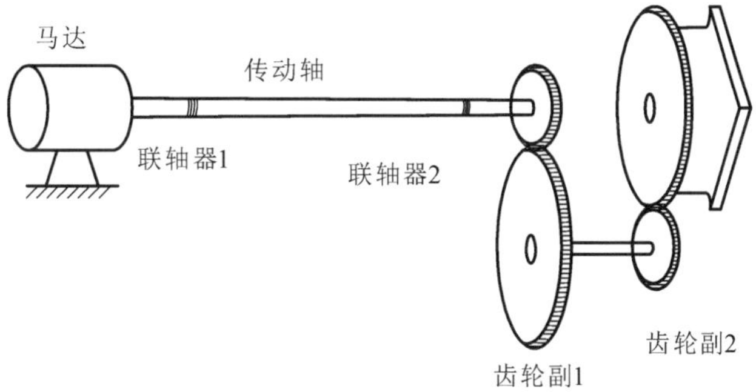

图 2-41　PUMA560 关节 4 的传动简图

2.10　试证明加速性能最佳条件下的减速比是

$$i = \sqrt{I_a / I_m}$$

式中：I_a 为负载端(手臂)的惯量；I_m 为电动机的惯量。

2.11　写出圆柱坐标式、球坐标式和关节式机器人手腕参考点 $\boldsymbol{p}$ 与各关节变量的关系。

2.12　试分析回转型手爪和平动型手爪的夹持中心与被夹物体直径的关系。

2.13　综述各种同心夹持机构(手爪)的结构特点和运动关系。

2.14　试分析激光切割机械手需要的自由度数目。要求能使激光束的焦点定位，可切割任意曲面。

2.15　为了将圆柱形的零件放在平板上，机器人应具有几个自由度？

第3章　位姿描述和齐次变换

机器人操作臂通常是由一系列连杆和相应的运动副组合而成的空间开链机构，用于实现复杂的运动，完成规定的操作。因此，研究机器人运动和操作的第一步，是描述这些连杆之间，以及连杆和操作对象（工件或工具）之间的相对运动关系。刚体的位置（position）和姿态（orientation）统称为刚体的位姿（location），其描述方法较多，如齐次变换方法、矩阵指数方法和四元数方法等。本章重点阐述齐次变换方法，该方法的优点在于它将运动、变换和映射与矩阵的运算联系起来，具有明显的几何特征。相对于参考坐标系，点的位置可以用三维列矢量 $\boldsymbol{p}\in\Re^3$ 表示；刚体的姿态可用 3×3 的旋转矩阵 $\boldsymbol{R}$ 来表示，而刚体位姿用 4×4 的齐次变换矩阵 $\boldsymbol{T}$ 描述。矩阵 $\boldsymbol{T}$ 在机器人运动学、动力学，机器人控制算法和空间机构综合等方面得到了广泛应用。此外，在计算机图学、机器视觉图像处理、机器人外部环境的建模等方面也得到了应用。本章深入阐述旋转矩阵 $\boldsymbol{R}$ 和刚体变换矩阵 $\boldsymbol{T}$ 的性质，引入两个矩阵群：SO(3)和 SE(3)。所有旋转矩阵 $\boldsymbol{R}$ 构成旋转群 SO(3)；所有刚体变换矩阵 $\boldsymbol{T}$ 构成刚体变换群 SE(3)。

3.1　刚体位姿描述

研究机器人操作臂的运动，不仅涉及它本身各连杆之间的位姿关系，还涉及它和周围环境（操作对象和障碍物）之间的关系。我们把操作臂的各个连杆、操作对象、工具、工件和障碍物都当成刚体。因此，需要一种描述刚体位姿、速度和加速度的有效而又简便的方法。除了齐次变换方法之外，还有矢量法、李群和四元数等数学描述方法。本章着重介绍齐次变换，以后，我们还会用到矢量法和李群。

3.1.1　位置矢量

对于选定的直角坐标系$\{\boldsymbol{A}\}$，空间任一点 $\boldsymbol{p}$ 的位置可用 3×1 的列矢量${}^A\boldsymbol{p}$ 表示，即用位置矢量表示：

$$
{}^A\boldsymbol{p}=\begin{bmatrix}p_x\\p_y\\p_z\end{bmatrix} \tag{3-1}
$$

式中：p_x,p_y,p_z 是点 $\boldsymbol{p}$ 在坐标系$\{\boldsymbol{A}\}$中的三个坐标分量。${}^A\boldsymbol{p}$ 的上标 A 代表选定的参考坐标系$\{\boldsymbol{A}\}$。总之，空间任一点 $\boldsymbol{p}$ 的位置在直角坐标系中表示为三维矢量，即 $\boldsymbol{p}\in\Re^3$。除了直角坐标系外，还可采用圆柱坐标系或球（极）坐标系来描述点的位置。

3.1.2 旋转矩阵与旋转群

为了规定空间某刚体 B 的方位，另设一直角坐标系 $\{\boldsymbol{B}\}$ 与此刚体固连。用坐标系 $\{\boldsymbol{B}\}$ 的三个单位主矢量 $\boldsymbol{x}_B,\boldsymbol{y}_B,\boldsymbol{z}_B$ 相对于坐标系 $\{\boldsymbol{A}\}$ 的方向余弦组成的 3×3 的余弦矩阵来表示刚体 B 相对于坐标系 $\{\boldsymbol{A}\}$ 的方位：

$$ {}_B^A\boldsymbol{R} = [{}^A\boldsymbol{x}_B \quad {}^A\boldsymbol{y}_B \quad {}^A\boldsymbol{z}_B] $$

或

$$ {}_B^A\boldsymbol{R} = \begin{bmatrix} r_{11} & r_{12} & r_{13} \\ r_{21} & r_{22} & r_{23} \\ r_{31} & r_{32} & r_{33} \end{bmatrix} $$

式中：${}_B^A\boldsymbol{R}$ 称为旋转矩阵，上标 A 代表参考坐标系 $\{\boldsymbol{A}\}$，下标 B 代表被描述的坐标系 $\{\boldsymbol{B}\}$。${}_B^A\boldsymbol{R}$ 有 9 个元素，其中只有 3 个是独立的。因为 ${}_B^A\boldsymbol{R}$ 的三个列矢量 ${}^A\boldsymbol{x}_B,{}^A\boldsymbol{y}_B,{}^A\boldsymbol{z}_B$ 都是单位主矢量，且两两相互垂直，属于右手系，所以 ${}_B^A\boldsymbol{R}$ 的 9 个元素满足 6 个约束条件(称为正交条件)：

$$ {}^A\boldsymbol{x}_B \cdot {}^A\boldsymbol{x}_B = {}^A\boldsymbol{y}_B \cdot {}^A\boldsymbol{y}_B = {}^A\boldsymbol{z}_B \cdot {}^A\boldsymbol{z}_B = 1 \tag{3-2} $$

$$ {}^A\boldsymbol{x}_B \cdot {}^A\boldsymbol{y}_B = {}^A\boldsymbol{y}_B \cdot {}^A\boldsymbol{z}_B = {}^A\boldsymbol{z}_B \cdot {}^A\boldsymbol{x}_B = 0 \tag{3-3} $$

因此，旋转矩阵 ${}_B^A\boldsymbol{R}$ 是正交的，并且满足条件

$$ \begin{cases} {}_B^A\boldsymbol{R}^{-1} = {}_B^A\boldsymbol{R}^{\mathrm{T}} \\ \det({}_B^A\boldsymbol{R}) = 1 \end{cases} \tag{3-4} $$

式中：上标 T 表示转置；det 表示矩阵的行列式。

绕 x 轴、y 轴、z 轴旋转 θ 角的旋转矩阵分别为

$$ \boldsymbol{R}(x,\theta) = \begin{bmatrix} 1 & 0 & 0 \\ 0 & \cos\theta & -\sin\theta \\ 0 & \sin\theta & \cos\theta \end{bmatrix} \tag{3-5} $$

$$ \boldsymbol{R}(y,\theta) = \begin{bmatrix} \cos\theta & 0 & \sin\theta \\ 0 & 1 & 0 \\ -\sin\theta & 0 & \cos\theta \end{bmatrix} \tag{3-6} $$

$$ \boldsymbol{R}(z,\theta) = \begin{bmatrix} \cos\theta & -\sin\theta & 0 \\ \sin\theta & \cos\theta & 0 \\ 0 & 0 & 1 \end{bmatrix} \tag{3-7} $$

总之，旋转矩阵 $\boldsymbol{R}\in\Re^{3\times3}$ 的 9 个元素满足 6 个约束条件。这些约束条件归结如下。

(1) 正交条件(见式(3-2)和式(3-3))：旋转矩阵 $\boldsymbol{R}$ 的逆等于它的转置，即 $\boldsymbol{R}^{-1}=\boldsymbol{R}^{\mathrm{T}}$。

(2) 特殊条件(见式(3-4))：旋转矩阵 $\boldsymbol{R}$ 的行列式 $\det\boldsymbol{R}=1$。

因此，这类旋转矩阵 $\boldsymbol{R}\in\Re^{3\times3}$ 的集合定义为旋转群 SO(3)。

定义　满足正交条件和特殊条件的旋转矩阵 $\boldsymbol{R}\in\Re^{3\times3}$ 的集合定义为旋转群 SO(3)，即

$$ \mathrm{SO}(3) = \{\boldsymbol{R}\in\Re^{3\times3} : \boldsymbol{R}\boldsymbol{R}^{\mathrm{T}} = \boldsymbol{I}, \det\boldsymbol{R} = 1\} \tag{3-8} $$

旋转群也称为特殊正交群(special orthogonal group)。推广到 $\Re^{n\times n}$ 空间中得到

$$ \mathrm{SO}(n) = \{\boldsymbol{R}\in\Re^{n\times n} : \boldsymbol{R}\boldsymbol{R}^{\mathrm{T}} = \boldsymbol{I}, \det\boldsymbol{R} = 1\} $$

其维数为 $\frac{n(n-1)}{2}$ 的流形(Murray et al.，1994；Lynch et al.，2017)，当 $n=3$ 时表示空间转

动，当 $n=2$ 时表示平面转动。

可以验证，旋转矩阵对于矩阵乘法满足“群公理条件”：具备封闭性、可逆性，符合结合律，具有逆元和单位元 $\boldsymbol{R}=\boldsymbol{I}$。由于矩阵的乘法运算不能随意交换次序，因此，旋转群一般不是可交换的。旋转群 SO(3)包括三个子群，分别为绕 x 轴、y 轴、z 轴旋转 θ 角的旋转矩阵。可以验证，这三个子群均是李群，如式(3-5)、式(3-6)、式(3-7)所表示的，都是可交换李群。

值得说明的是，旋转矩阵集合构成的流形是光滑流形，且矩阵乘法运算和求逆运算都是光滑映射，因此旋转群是李群。

总之，采用位置矢量 $\boldsymbol{p}\in\Re^3$ 描述点的位置，而用旋转矩阵 $\boldsymbol{R}\in \mathrm{SO}(3)$ 描述物体的方位。

3.1.3　坐标系的描述

为了完全描述刚体 B 在空间的位姿，需要规定它的位置和姿态。因此，我们将物体 B 与坐标系 $\{\boldsymbol{B}\}$ 固接。坐标系 $\{\boldsymbol{B}\}$ 的原点一般选在物体的特征点上，如质心或对称中心等。相对于参考坐标系(以下简称参考系)$\{\boldsymbol{A}\}$，用位置矢量 ${}^A\boldsymbol{p}_{Bo}$ 描述坐标系 $\{\boldsymbol{B}\}$ 原点的位置，用旋转矩阵 ${}^A_B\boldsymbol{R}$ 描述坐标系 $\{\boldsymbol{B}\}$ 的姿态。因此，坐标系 $\{\boldsymbol{B}\}$ 的位姿完全由 ${}^A\boldsymbol{p}_{Bo}$ 和 ${}^A_B\boldsymbol{R}$ 来描述，即

$$\{\boldsymbol{B}\}=\{\ {}^A_B\boldsymbol{R}\quad {}^A\boldsymbol{p}_{Bo}\ \} \tag{3-9}$$

坐标系的描述概括了刚体位置和姿态。当表示位置时，式(3-9)中的旋转矩阵 ${}^A_B\boldsymbol{R}=\boldsymbol{I}$(单位矩阵)；当表示姿态时，式(3-9)中的位置矢量 ${}^A\boldsymbol{p}_{Bo}=\boldsymbol{0}$。

机器人的末端手爪可以看成刚体，其位姿描述与坐标系相同。图 3-1 是机器人手爪的示意图。为了描述它的位姿，选定一个参考系 $\{\boldsymbol{A}\}$。另规定一坐标系与手爪固接，称为手爪坐标系(工具坐标系)$\{\boldsymbol{T}\}$。其 z 轴设在手指接近物体的方向上，z 轴单位矢量称为接近(approach)矢量，用 $\boldsymbol{a}$ 表示；y 轴设在两手指的连线上，y 轴单位矢量称为方位(orientation)矢量，用 $\boldsymbol{o}$ 表示；x 轴方向由右手法则确定，其单位矢量称为法向(normal)矢量，用 $\boldsymbol{n}$ 表示，$\boldsymbol{n}=\boldsymbol{o}\times\boldsymbol{a}$。这样，手爪的方位就可由旋转矩阵 $\boldsymbol{R}$ 所规定：

$$\boldsymbol{R}=[\boldsymbol{n}\quad \boldsymbol{o}\quad \boldsymbol{a}] \tag{3-10}$$

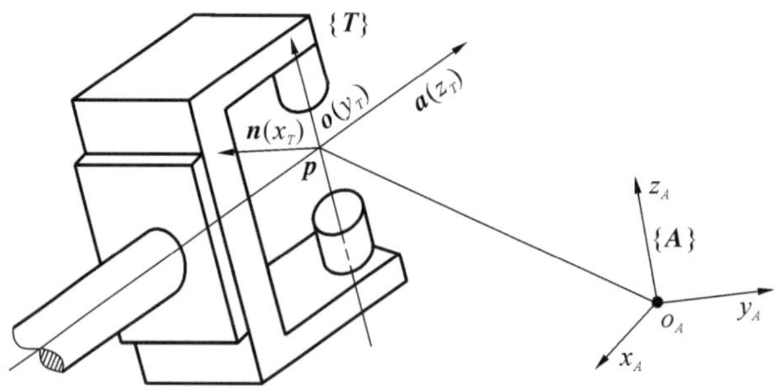

图 3-1　手爪坐标系

三个单位正交矢量 $\boldsymbol{n}$，$\boldsymbol{o}$ 和 $\boldsymbol{a}$ 描述了手爪的姿态。而手爪的位置由位置矢量 $\boldsymbol{p}$ 所规定，它代表手爪坐标系的原点。因此，手爪的位姿由四个矢量 $\boldsymbol{n}$，$\boldsymbol{o}$，$\boldsymbol{a}$，$\boldsymbol{p}$ 来描述，记为

$$\{\boldsymbol{T}\}=\{\boldsymbol{n}\quad \boldsymbol{o}\quad \boldsymbol{a}\quad \boldsymbol{p}\}$$

3.1.4　坐标变换

空间中任一点 $\boldsymbol{p}$ 在不同坐标系中的描述是不同的。下面讨论点 $\boldsymbol{p}$ 从一个坐标系的描述到另一个坐标系的描述之间的映射关系，即坐标变换。

1. 坐标平移

设坐标系$\{\boldsymbol{B}\}$与$\{\boldsymbol{A}\}$具有相同的方位，但是$\{\boldsymbol{B}\}$的坐标原点与$\{\boldsymbol{A}\}$的不重合，用位置矢量${}^{A}\boldsymbol{p}_{Bo}$描述$\{\boldsymbol{B}\}$相对于$\{\boldsymbol{A}\}$的位置，如图 3-2 所示。把${}^{A}\boldsymbol{p}_{Bo}$称为$\{\boldsymbol{B}\}$相对于$\{\boldsymbol{A}\}$的平移矢量。如果点 $\boldsymbol{p}$ 在坐标系$\{\boldsymbol{B}\}$中的位置为${}^{B}\boldsymbol{p}$，则它相对于坐标系$\{\boldsymbol{A}\}$的位置矢量${}^{A}\boldsymbol{p}$ 可由矢量相加得出，即

$$ {}^{A}\boldsymbol{p} = {}^{B}\boldsymbol{p} + {}^{A}\boldsymbol{p}_{Bo} \tag{3-11} $$

式(3-11)右端表示的操作称为坐标平移，或平移映射。

2. 坐标旋转

设坐标系$\{\boldsymbol{B}\}$与$\{\boldsymbol{A}\}$有共同的坐标原点，但是两者的姿态不同，如图 3-3 所示。用旋转矩阵${}^{A}_{B}\boldsymbol{R}$ 描述$\{\boldsymbol{B}\}$相对于$\{\boldsymbol{A}\}$的姿态。同一点 $\boldsymbol{p}$ 在两个坐标系$\{\boldsymbol{A}\}$和$\{\boldsymbol{B}\}$中的描述${}^{A}\boldsymbol{p}$ 和${}^{B}\boldsymbol{p}$ 具有以下变换关系：

$$ {}^{A}\boldsymbol{p} = {}^{A}_{B}\boldsymbol{R}\,{}^{B}\boldsymbol{p} \tag{3-12} $$

式(3-12)右端表示的操作称为坐标旋转，或旋转映射。

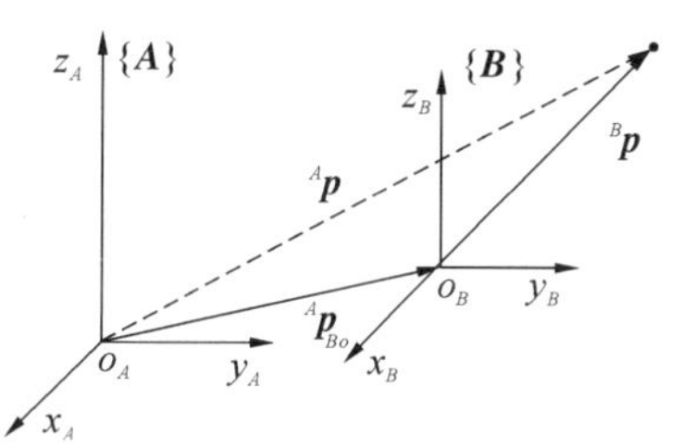

图 3-2　坐标平移

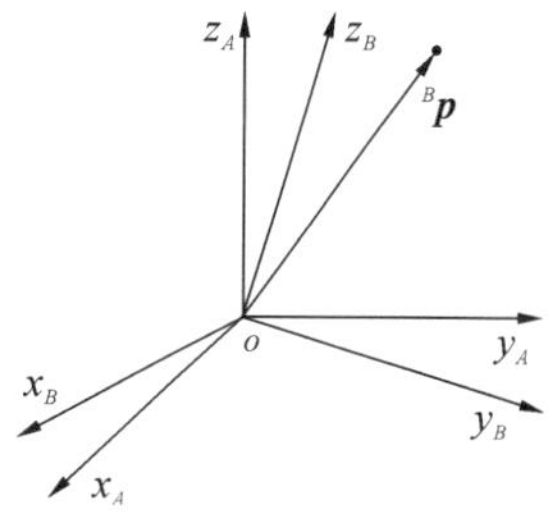

图 3-3　坐标旋转

同样，可用${}^{B}_{A}\boldsymbol{R}$ 描述坐标系$\{\boldsymbol{A}\}$相对于$\{\boldsymbol{B}\}$的方位。${}^{A}_{B}\boldsymbol{R}$ 和${}^{B}_{A}\boldsymbol{R}$ 都是正交矩阵，两者互逆。根据正交矩阵的性质(见式(3-4))，得出

$$ {}^{B}_{A}\boldsymbol{R} = {}^{A}_{B}\boldsymbol{R}^{-1} = {}^{A}_{B}\boldsymbol{R}^{\mathrm{T}} $$

3. 一般刚体变换

最一般的情形是：坐标系$\{\boldsymbol{B}\}$与$\{\boldsymbol{A}\}$不但原点不重合，而且姿态也不相同。我们用位置矢量${}^{A}\boldsymbol{p}_{Bo}$ 描述$\{\boldsymbol{B}\}$的坐标原点相对于$\{\boldsymbol{A}\}$的位置，如图 3-4 所示；用旋转矩阵${}^{A}_{B}\boldsymbol{R}$ 描述$\{\boldsymbol{B}\}$相对于$\{\boldsymbol{A}\}$的姿态。任一点 $\boldsymbol{p}$ 在两坐标系$\{\boldsymbol{A}\}$和$\{\boldsymbol{B}\}$中的描述${}^{A}\boldsymbol{p}$ 和${}^{B}\boldsymbol{p}$ 具有以下变换关系：

$$ {}^{A}\boldsymbol{p} = {}^{A}_{B}\boldsymbol{R}\,{}^{B}\boldsymbol{p} + {}^{A}\boldsymbol{p}_{Bo} \tag{3-13} $$

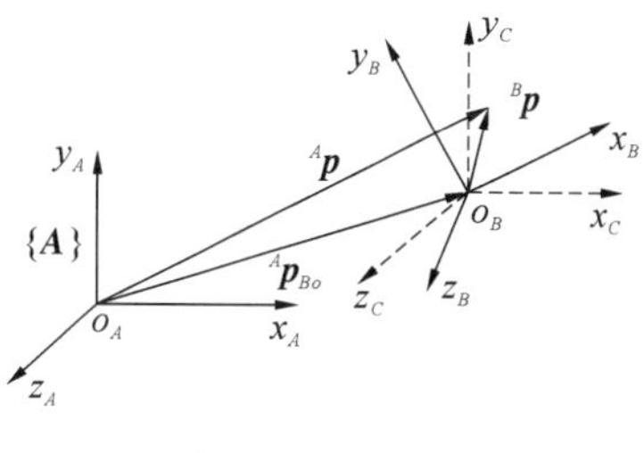

图 3-4　复合变换

式(3-13)右端所表示的操作可以看成是坐标旋转和坐标平移的复合变换。实际上，可规定一个过渡坐标系$\{\boldsymbol{C}\}$，$\{\boldsymbol{C}\}$的坐标原点与$\{\boldsymbol{B}\}$的重合，而$\{\boldsymbol{C}\}$的方位与$\{\boldsymbol{A}\}$的相同。根据式(3-13)，得到向过渡坐标系的变换：

$$ {}^{C}\boldsymbol{p} = {}^{C}_{B}\boldsymbol{R}\,{}^{B}\boldsymbol{p} = {}^{A}_{B}\boldsymbol{R}\,{}^{B}\boldsymbol{p} \tag{3-14} $$

再由式(3-11)，得到复合变换：

$$ {}^{A}\boldsymbol{p} = {}^{C}\boldsymbol{p} + {}^{A}\boldsymbol{p}_{Co} = {}^{A}_{B}\boldsymbol{R}\,{}^{B}\boldsymbol{p} + {}^{A}\boldsymbol{p}_{Bo} $$

例 3.1　已知坐标系$\{\boldsymbol{B}\}$初始位姿与$\{\boldsymbol{A}\}$重合，首先$\{\boldsymbol{B}\}$相对于坐标系$\{\boldsymbol{A}\}$的 z_A 轴转 30°，再沿$\{\boldsymbol{A}\}$的 x_A 轴移动 10 个单位，并沿$\{\boldsymbol{A}\}$的 y_A 轴移动 5 个单位。求位置矢量${}^{A}\boldsymbol{p}_{Bo}$和

旋转矩阵${}_B^A\boldsymbol{R}$。假设点 $\boldsymbol{p}$ 在坐标系{$\boldsymbol{B}$}中的描述为${}^B\boldsymbol{p}=[3\quad 7\quad 0]^{\mathrm{T}}$，求它在坐标系{$\boldsymbol{A}$}中的描述${}^A\boldsymbol{p}$。

根据式(3-7)和式(3-1)，得${}_B^A\boldsymbol{R}$ 和${}^A\boldsymbol{p}_{Bo}$分别为

$$
{}_B^A\boldsymbol{R}=\boldsymbol{R}(z,30^\circ)=\begin{bmatrix}\cos30^\circ & -\sin30^\circ & 0\\ \sin30^\circ & \cos30^\circ & 0\\ 0 & 0 & 1\end{bmatrix}=\begin{bmatrix}0.866 & -0.5 & 0\\ 0.5 & 0.866 & 0\\ 0 & 0 & 1\end{bmatrix},\quad {}^A\boldsymbol{p}_{Bo}=\begin{bmatrix}10\\ 5\\ 0\end{bmatrix}
$$

由式(3-13)，则得

$$
{}^A\boldsymbol{p}={}_B^A\boldsymbol{R}\,{}^B\boldsymbol{p}+{}^A\boldsymbol{p}_{Bo}=\begin{bmatrix}9.098\\ 12.562\\ 0\end{bmatrix}
$$

3.2 齐次坐标和齐次变换

复合变换式(3-13)对点${}^B\boldsymbol{p}$ 而言是非齐次的，但是可以将其表示成等价的齐次变换形式：

$$
\begin{bmatrix}{}^A\boldsymbol{p}\\ 1\end{bmatrix}=\begin{bmatrix}{}_B^A\boldsymbol{R} & {}^A\boldsymbol{p}_{Bo}\\ \boldsymbol{0} & 1\end{bmatrix}\begin{bmatrix}{}^B\boldsymbol{p}\\ 1\end{bmatrix}\tag{3-15}
$$

或表示成矩阵的形式：

$$
{}^A\boldsymbol{p}={}_B^A\boldsymbol{T}\;{}^B\boldsymbol{p}\tag{3-16}
$$

式中：位置矢量${}^A\boldsymbol{p}$ 和${}^B\boldsymbol{p}$ 是 4×1 的列矢量，与式(3-13)中的维数不同，其中加入了第四个分量 1。这两个 4×1 的列矢量称为点 $\boldsymbol{p}$ 的齐次坐标。

变换矩阵${}_B^A\boldsymbol{T}$ 是 4×4 的方阵，具有下面的形式：

$$
{}_B^A\boldsymbol{T}=\begin{bmatrix}{}_B^A\boldsymbol{R} & {}^A\boldsymbol{p}_{Bo}\\ \boldsymbol{0} & 1\end{bmatrix}\tag{3-17}
$$

${}_B^A\boldsymbol{T}$ 称为齐次变换矩阵，其特点是最后一行元素为[0　0　0　1]。它综合地表示了平移变换和旋转变换两者的复合。

对照式(3-15)和式(3-13)可以看出，两者是等价的，实质上，将式(3-15)展开则可得到方程组

$$
\begin{cases}{}^A\boldsymbol{p}={}_B^A\boldsymbol{R}\,{}^B\boldsymbol{p}+{}^A\boldsymbol{p}_{Bo}\\ 1=1\end{cases}
$$

齐次变换式(3-16)的优点在于书写简单紧凑，表达方便，但是用它来编写程序并不简便，因为乘 1 和 0 会耗费大量无用机时。

位置矢量${}^A\boldsymbol{p}$ 和${}^B\boldsymbol{p}$ 究竟是 3×1 的列矢量(直角坐标)，还是 4×1 的列矢量(齐次坐标)，应根据与它相乘的矩阵是 3×3 的还是 4×4 的而定。

齐次变换在计算机视觉、计算机图学等方面有广泛的应用，只是所采用的齐次变换矩阵形式与式(3-17)稍有不同。

例 3.2　对于例 3.1 所述问题，试用齐次变换的方法求${}^A\boldsymbol{p}$。

由例 3.1 求得的旋转矩阵${}^A_B\boldsymbol{R}$和位置矢量${}^A\boldsymbol{p}_{Bo}$可以得到齐次变换矩阵

$$
{}^A_B\boldsymbol{T}=\begin{bmatrix}{}^A_B\boldsymbol{R} & {}^A\boldsymbol{p}_{Bo}\\ \boldsymbol{0} & 1\end{bmatrix}=\begin{bmatrix}0.866 & -0.5 & 0 & 10\\ 0.5 & 0.866 & 0 & 5\\ 0 & 0 & 1 & 0\\ 0 & 0 & 0 & 1\end{bmatrix}
$$

再由齐次变换式(3-16)得

$$
{}^A\boldsymbol{p}={}^A_B\boldsymbol{T}\,{}^B\boldsymbol{p}=\begin{bmatrix}0.866 & -0.5 & 0 & 10\\ 0.5 & 0.866 & 0 & 5\\ 0 & 0 & 1 & 0\\ 0 & 0 & 0 & 1\end{bmatrix}\begin{bmatrix}3\\7\\0\\1\end{bmatrix}=\begin{bmatrix}9.098\\12.562\\0\\1\end{bmatrix}
$$

和例 3.1 对照可以看出，用齐次变换所得的结果与例 3.1 是一致的。所不同的是：在例 3.1 中，我们用 3×1 的列矢量(直角坐标)描述点${}^A\boldsymbol{p}$的位置；而在例 3.2 中，用 4×1 的列矢量(齐次坐标)描述点${}^A\boldsymbol{p}$的位置。

若空间一点 $\boldsymbol{p}$ 的直角坐标为

$$
\boldsymbol{p}=\begin{bmatrix}x\\y\\z\end{bmatrix}
$$

则它的齐次坐标可表示为

$$
\boldsymbol{p}=\begin{bmatrix}x\\y\\z\\1\end{bmatrix}
$$

值得注意的是，齐次坐标的表示不是唯一的。将其各元素同乘一非零的因子 ω 后，仍然代表同一点 $\boldsymbol{p}$，即

$$
\boldsymbol{p}=\begin{bmatrix}x\\y\\z\\1\end{bmatrix}=\begin{bmatrix}a\\b\\c\\\omega\end{bmatrix}
$$

式中：$a=\omega x, b=\omega y, c=\omega z$。

例如，点 $\boldsymbol{p}=2\boldsymbol{i}+3\boldsymbol{j}+4\boldsymbol{k}$ 的齐次坐标可以表示为

$$
\begin{gathered}
\boldsymbol{p}=[2\quad 3\quad 4\quad 1]^{\mathrm{T}}\\
\boldsymbol{p}=[4\quad 6\quad 8\quad 2]^{\mathrm{T}}\\
\boldsymbol{p}=[-16\quad -24\quad -32\quad -8]^{\mathrm{T}}\\
\vdots
\end{gathered}
$$

还要注意：$[0\quad 0\quad 0\quad 0]^{\mathrm{T}}$ 没有意义。

我们规定：列矢量 $[a\quad b\quad c\quad 0]^{\mathrm{T}}$(其中 $a^2+b^2+c^2\neq 0$)表示空间的无穷远点。把包括无穷远点的空间称为扩大空间，而把第 4 个元素不为零的点称为非无穷远点。

无穷远点 $[a\quad b\quad c\quad 0]^{\mathrm{T}}$ 的三元素 a,b,c 称为该点的方向数。下面三个无穷远点

$$\begin{bmatrix}1\\0\\0\\0\end{bmatrix}\quad\begin{bmatrix}0\\1\\0\\0\end{bmatrix}\quad\begin{bmatrix}0\\0\\1\\0\end{bmatrix}$$

分别代表 x,y,z 轴上的无穷远点，可用它们分别表示这三个坐标轴的方向。而非无穷远点 $[0\quad 0\quad 0\quad 1]^{\mathrm{T}}$ 代表坐标原点。

这样，利用齐次坐标不仅可以规定点的位置，还可规定矢量的方向。当第四个元素非零时，齐次坐标代表点的位置；第四个元素为零时，齐次坐标代表方向。

利用这一性质，可以赋予齐次变换矩阵又一物理解释：齐次变换矩阵 ${}^A_B\boldsymbol{T}$ 描述了坐标系 $\{\boldsymbol{B}\}$ 相对于 $\{\boldsymbol{A}\}$ 的位置和姿态。${}^A_B\boldsymbol{T}$ 的第四个列矢量 ${}^A\boldsymbol{p}_{Bo}$ 描述 $\{\boldsymbol{B}\}$ 的坐标原点相对于 $\{\boldsymbol{A}\}$ 的位置；其他三个列矢量分别代表 $\{\boldsymbol{B}\}$ 的三个坐标轴相对于 $\{\boldsymbol{A}\}$ 的方向。

例 3.3　齐次变换矩阵

$${}^A_B\boldsymbol{T}=\begin{bmatrix}0&0&1&1\\1&0&0&-3\\0&1&0&4\\0&0&0&1\end{bmatrix}$$

描述坐标系 $\{\boldsymbol{B}\}$ 相对于 $\{\boldsymbol{A}\}$ 的位姿。可解释如下：

$\{\boldsymbol{B}\}$ 的坐标原点相对于 $\{\boldsymbol{A}\}$ 的位置是 $[1\quad -3\quad 4\quad 1]^{\mathrm{T}}$；

$\{\boldsymbol{B}\}$ 的三个坐标轴相对于 $\{\boldsymbol{A}\}$ 的方向分别是：

$\{\boldsymbol{B}\}$ 的 x 轴与 $\{\boldsymbol{A}\}$ 的 y 轴同向，用齐次坐标表示为 $[0\quad 1\quad 0\quad 0]^{\mathrm{T}}$；

$\{\boldsymbol{B}\}$ 的 y 轴与 $\{\boldsymbol{A}\}$ 的 z 轴同向，用齐次坐标表示为 $[0\quad 0\quad 1\quad 0]^{\mathrm{T}}$；

$\{\boldsymbol{B}\}$ 的 z 轴与 $\{\boldsymbol{A}\}$ 的 x 轴同向，用齐次坐标表示为 $[1\quad 0\quad 0\quad 0]^{\mathrm{T}}$。

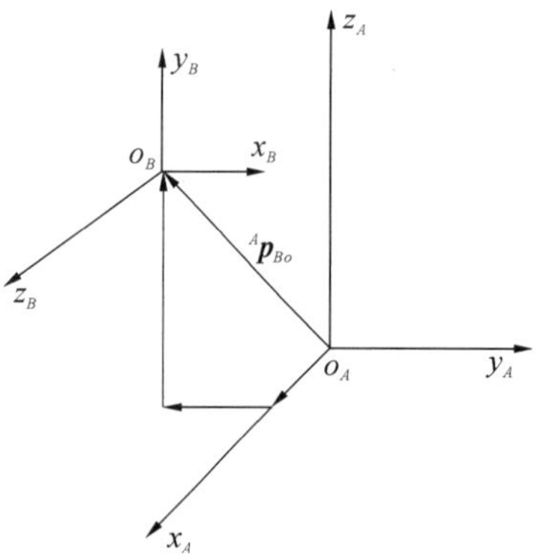

图 3-5　齐次变换矩阵与坐标系的描述

坐标系 $\{\boldsymbol{B}\}$ 相对于 $\{\boldsymbol{A}\}$ 的位姿如图 3-5 所示。

式(3-17)所示的齐次变换矩阵也代表坐标平移与坐标旋转的复合。将其分解成两个矩阵相乘的形式之后就可以看出这一点：

$$\begin{bmatrix}{}^A_B\boldsymbol{R}&{}^A\boldsymbol{p}_{Bo}\\\boldsymbol{0}&1\end{bmatrix}=\begin{bmatrix}\boldsymbol{I}_{3\times 3}&{}^A\boldsymbol{p}_{Bo}\\\boldsymbol{0}&1\end{bmatrix}\begin{bmatrix}{}^A_B\boldsymbol{R}&\boldsymbol{0}\\\boldsymbol{0}&1\end{bmatrix}\tag{3-18}$$

式中：$\boldsymbol{I}_{3\times 3}$ 是 3×3 的单位矩阵。式(3-18)中等号右边第一个矩阵称为平移变换矩阵，常用 $\mathrm{Trans}({}^A\boldsymbol{p}_{Bo})$ 来表示；第二个矩阵称为旋转变换矩阵，常用 $\mathrm{Rot}(\boldsymbol{k},\theta)$ 来表示，即

$${}^A_B\boldsymbol{T}=\mathrm{Trans}({}^A\boldsymbol{p}_{Bo})\mathrm{Rot}(\boldsymbol{k},\theta)\tag{3-19}$$

$$\mathrm{Trans}({}^A\boldsymbol{p}_{Bo})=\begin{bmatrix}\boldsymbol{I}_{3\times 3}&{}^A\boldsymbol{p}_{Bo}\\\boldsymbol{0}&1\end{bmatrix}\tag{3-20}$$

$$\mathrm{Rot}(\boldsymbol{k},\theta)=\begin{bmatrix}{}^A_B\boldsymbol{R}(\boldsymbol{k},\theta)&\boldsymbol{0}\\\boldsymbol{0}&1\end{bmatrix}\tag{3-21}$$

平移变换矩阵 $\mathrm{Trans}({}^A\boldsymbol{p}_{Bo})$ 完全由矢量 ${}^A\boldsymbol{p}_{Bo}$ 所决定；而旋转变换矩阵 $\mathrm{Rot}(\boldsymbol{k},\theta)$ 表示绕过原点的轴 $\boldsymbol{k}$ 转动角 θ 的旋转算子，旋转变换完全由旋转矩阵 $\mathrm{Rot}(\boldsymbol{k},\theta)$ 所决定。式(3-21)右端矩阵的右上角是零矢量。

3.3　运动算子

在式(3-17)中，齐次变换矩阵${}_{B}^{A}\boldsymbol{T}$表示同一点在两坐标系$\{\boldsymbol{B}\}$和$\{\boldsymbol{A}\}$中的映射关系；而在例3.3中，${}_{B}^{A}\boldsymbol{T}$用来描述坐标系$\{\boldsymbol{B}\}$相对于另一坐标系$\{\boldsymbol{A}\}$的位姿。此外，齐次变换还可用来作为点的运动算子。

在坐标系$\{\boldsymbol{A}\}$中，点的初始位置是${}^{A}\boldsymbol{p}_1$，经平移或旋转后到达位置${}^{A}\boldsymbol{p}_2$。下面讨论从${}^{A}\boldsymbol{p}_1$到${}^{A}\boldsymbol{p}_2$的运动算子。

3.3.1　平移算子

因为平移是相对坐标系$\{\boldsymbol{A}\}$描述的，移动矢量用${}^{A}\boldsymbol{p}$表示，因此，平移前后的位置矢量${}^{A}\boldsymbol{p}_1$与${}^{A}\boldsymbol{p}_2$之间的关系可用矢量相加来表示：

$$ {}^{A}\boldsymbol{p}_2 = {}^{A}\boldsymbol{p}_1 + {}^{A}\boldsymbol{p} \tag{3-22}$$

这一关系可以写成算子的形式：

$$ {}^{A}\boldsymbol{p}_2 = \mathrm{Trans}({}^{A}\boldsymbol{p})\,{}^{A}\boldsymbol{p}_1 \tag{3-23}$$

移动矢量${}^{A}\boldsymbol{p}$代表平移的大小和方向。平移算子$\mathrm{Trans}({}^{A}\boldsymbol{p})$由表达式(3-20)给出，具有特殊的形式，它的左上角是3×3的单位矩阵$\boldsymbol{I}_{3\times3}$。

3.3.2　旋转算子

在坐标系$\{\boldsymbol{A}\}$中，某点旋转前的位置用${}^{A}\boldsymbol{p}_1$表示，旋转后用${}^{A}\boldsymbol{p}_2$表示。两者之间的关系也有两种表示方法。

1. 用旋转矩阵$\boldsymbol{R}$表示

将$\boldsymbol{R}$作为旋转算子，$\boldsymbol{R}$作用于矢量${}^{A}\boldsymbol{p}_1$就得到新矢量${}^{A}\boldsymbol{p}_2$，即

$$ {}^{A}\boldsymbol{p}_2 = \boldsymbol{R}\,{}^{A}\boldsymbol{p}_1 \tag{3-24}$$

旋转矩阵$\boldsymbol{R}$作为算子解释时，不带上、下标，因为两个矢量${}^{A}\boldsymbol{p}_1$和${}^{A}\boldsymbol{p}_2$是相对同一坐标系$\{\boldsymbol{A}\}$而言的。位置矢量${}^{A}\boldsymbol{p}_1$和${}^{A}\boldsymbol{p}_2$具有相同的上标。

2. 用齐次变换$\mathrm{Rot}(\boldsymbol{k},\theta)$表示

用$\mathrm{Rot}(\boldsymbol{k},\theta)$作为旋转算子时，明确地表示出转轴$\boldsymbol{k}$和转角$\theta$。例如，绕$z$轴转$\theta$角的齐次变换算子是

$$\mathrm{Rot}(\boldsymbol{k},\theta)=\begin{bmatrix}\cos\theta & -\sin\theta & 0 & 0\\ \sin\theta & \cos\theta & 0 & 0\\ 0 & 0 & 1 & 0\\ 0 & 0 & 0 & 1\end{bmatrix} \tag{3-25}$$

$\mathrm{Rot}(\boldsymbol{k},\theta)$的左上角3×3的子块对应的旋转矩阵是$\boldsymbol{R}(z,\theta)$，如式(3-7)所示。

因此，两位置矢量${}^{A}\boldsymbol{p}_1$和${}^{A}\boldsymbol{p}_2$之间的算子关系也可以写成

$$ {}^{A}\boldsymbol{p}_2 = \mathrm{Rot}(\boldsymbol{k},\theta)\,{}^{A}\boldsymbol{p}_1 \tag{3-26}$$

式(3-26)与式(3-24)的不同之处仅在于齐次变换矩阵Rot是4×4的矩阵，而旋转矩阵$\boldsymbol{R}$是3×3的矩阵，但二者本质上是相同的。

3.3.3　运动算子的一般形式

齐次变换矩阵作为算子使用时，描述了点在某一坐标系内移动和（或）转动的情况。利用位置矢量可以描述点在平移前、后的位置关系；旋转矩阵可以描述点在旋转前、后的位置关系。齐次变换矩阵的优点是综合了位置矢量和旋转矩阵的作用，同时表示平移和旋转两种运动。在坐标系$\{\boldsymbol{A}\}$中，令点 $\boldsymbol{p}$ 经转动和平移前、后的位置分别为${}^{A}\boldsymbol{p}_1$和${}^{A}\boldsymbol{p}_2$，两者的关系可用齐次变换矩阵 $\boldsymbol{T}$ 来表示：

$$ {}^{A}\boldsymbol{p}_2 = \boldsymbol{T}\,{}^{A}\boldsymbol{p}_1 \tag{3-27} $$

齐次变换矩阵 $\boldsymbol{T}$ 作为算子使用时，不带上、下标。

质点 $\boldsymbol{p}$ 在坐标系$\{\boldsymbol{A}\}$中的运动轨迹为时间 t 的函数${}^{A}\boldsymbol{p}(t)$，初始位置为${}^{A}\boldsymbol{p}(0)$，则质点 $\boldsymbol{p}$ 在坐标系$\{\boldsymbol{A}\}$中的运动轨迹可用齐次变换矩阵 $\boldsymbol{T}(t)$来表示：

$$ {}^{A}\boldsymbol{p}(t) = \boldsymbol{T}(t)\,{}^{A}\boldsymbol{p}(0) $$

例 3.4　在坐标系$\{\boldsymbol{A}\}$中，点 $\boldsymbol{p}$ 的运动轨迹如下：首先绕 z 轴旋转 30°，再沿 x 轴平移 10 个单位，最后沿 y 轴平移 5 个单位。已知点 $\boldsymbol{p}$ 原来的位置是${}^{A}\boldsymbol{p}_1=[3\quad 7\quad 0]^{\mathrm{T}}$，求运动后的位置${}^{A}\boldsymbol{p}_2$。

实现上述旋转和平移的运动算子 $\boldsymbol{T}$ 为

$$ \boldsymbol{T} = \begin{bmatrix} 0.866 & -0.5 & 0 & 10 \\ 0.5 & 0.866 & 0 & 5 \\ 0 & 0 & 1 & 0 \\ 0 & 0 & 0 & 1 \end{bmatrix} $$

已知

$$ {}^{A}\boldsymbol{p}_1 = \begin{bmatrix} 3 \\ 7 \\ 0 \\ 1 \end{bmatrix} $$

利用算子 $\boldsymbol{T}$，可以得到

$$ {}^{A}\boldsymbol{p}_2 = \boldsymbol{T}\,{}^{A}\boldsymbol{p}_1 = \begin{bmatrix} 0.866 & -0.5 & 0 & 10 \\ 0.5 & 0.866 & 0 & 5 \\ 0 & 0 & 1 & 0 \\ 0 & 0 & 0 & 1 \end{bmatrix} \begin{bmatrix} 3 \\ 7 \\ 0 \\ 1 \end{bmatrix} = \begin{bmatrix} 9.098 \\ 12.562 \\ 0 \\ 1 \end{bmatrix} \tag{3-28} $$

和例 3.1 相对照可以看出，两例所得运算结果是相同的，但是对结果的解释完全不同。

3.4　变换矩阵的运算

综合以上所述，4×4 的齐次变换矩阵 $\boldsymbol{T}$ 具有不同的物理解释。

(1) 坐标系的描述：${}^{A}_{B}\boldsymbol{T}$ 描述坐标系$\{\boldsymbol{B}\}$相对于参考系$\{\boldsymbol{A}\}$的位姿。其中${}^{A}_{B}\boldsymbol{R}$ 的各列分别描述$\{\boldsymbol{B}\}$的三个坐标主轴的方向；${}^{A}\boldsymbol{p}_{Bo}$ 描述$\{\boldsymbol{B}\}$的坐标原点的位置。齐次变换矩阵${}^{A}_{B}\boldsymbol{T}$ 的前三列表示坐标系$\{\boldsymbol{B}\}$相对于参考系$\{\boldsymbol{A}\}$的三个坐标轴的方向；最后一列表示$\{\boldsymbol{B}\}$的坐标原点。

(2) 坐标映射：${}^{A}_{B}\boldsymbol{T}$ 代表同一点 $\boldsymbol{p}$ 在两个坐标系$\{\boldsymbol{A}\}$和$\{\boldsymbol{B}\}$中的描述之间的映射关系。${}^{A}_{B}\boldsymbol{T}$

将${}^{B}\boldsymbol{p}$ 映射为${}^{A}\boldsymbol{p}$。其中${}^{A}_{B}\boldsymbol{R}$ 称为旋转映射，${}^{A}\boldsymbol{p}_{Bo}$称为平移映射。

(3) 运动算子：$\boldsymbol{T}$ 表示在同一坐标系中，点 $\boldsymbol{p}$ 运动前、后的算子关系。算子 $\boldsymbol{T}$ 作用于 $\boldsymbol{p}_1$ 得出 $\boldsymbol{p}_2$。任一算子均可分解为平移算子与旋转算子。

可以根据齐次变换矩阵在运算中的作用来判别它在其中的物理意义：是描述、映射，还是算子。下面进一步讨论变换矩阵的运算及其含义。

3.4.1　变换矩阵相乘

对于给定的坐标系$\{\boldsymbol{A}\}$、$\{\boldsymbol{B}\}$和$\{\boldsymbol{C}\}$，已知$\{\boldsymbol{B}\}$相对于$\{\boldsymbol{A}\}$的描述为${}^{A}_{B}\boldsymbol{T}$，$\{\boldsymbol{C}\}$相对于$\{\boldsymbol{B}\}$的描述为${}^{B}_{C}\boldsymbol{T}$。

变换矩阵${}^{B}_{C}\boldsymbol{T}$ 将${}^{C}\boldsymbol{p}$ 映射为${}^{B}\boldsymbol{p}$，即

$$ {}^{B}\boldsymbol{p} = {}^{B}_{C}\boldsymbol{T}\ {}^{C}\boldsymbol{p} \tag{3-29}$$

变换矩阵${}^{A}_{B}\boldsymbol{T}$ 又将${}^{B}\boldsymbol{p}$ 映射为${}^{A}\boldsymbol{p}$，即

$$ {}^{A}\boldsymbol{p} = {}^{A}_{B}\boldsymbol{T}\ {}^{B}\boldsymbol{p} \tag{3-30}$$

合并上面两次映射的结果，得

$$ {}^{A}\boldsymbol{p} = {}^{A}_{B}\boldsymbol{T}\ {}^{B}_{C}\boldsymbol{T}\ {}^{C}\boldsymbol{p} \tag{3-31}$$

由式(3-31)我们可以规定复合变换矩阵

$$ {}^{A}_{C}\boldsymbol{T} = {}^{A}_{B}\boldsymbol{T}\ {}^{B}_{C}\boldsymbol{T} \tag{3-32}$$

${}^{A}_{C}\boldsymbol{T}$ 将${}^{C}\boldsymbol{p}$ 映射为${}^{A}\boldsymbol{p}$。

利用式(3-17)，我们可以得到$\{\boldsymbol{C}\}$相对于$\{\boldsymbol{A}\}$的描述${}^{A}_{C}\boldsymbol{T}$，即

$$ {}^{A}_{C}\boldsymbol{T} = {}^{A}_{B}\boldsymbol{T}{}^{B}_{C}\boldsymbol{T} = \begin{bmatrix} {}^{A}_{B}\boldsymbol{R}{}^{B}_{C}\boldsymbol{R} & {}^{A}_{B}\boldsymbol{R}\,{}^{B}\boldsymbol{p}_{Co} + {}^{A}\boldsymbol{p}_{Bo} \\ \boldsymbol{0} & 1 \end{bmatrix} \tag{3-33}$$

式(3-32)所表示的变换也可解释为坐标系的映射变换，因为${}^{A}_{C}\boldsymbol{T}$ 和${}^{B}_{C}\boldsymbol{T}$ 分别代表同一坐标系$\{\boldsymbol{C}\}$相对于$\{\boldsymbol{A}\}$和$\{\boldsymbol{B}\}$的描述。式(3-32)表示变换矩阵${}^{A}_{B}\boldsymbol{T}$ 将坐标系$\{\boldsymbol{C}\}$从${}^{B}_{C}\boldsymbol{T}$ 映射为${}^{A}_{C}\boldsymbol{T}$。

对变换矩阵相乘式(3-32)还可做另一种解释：最初坐标系$\{\boldsymbol{C}\}$与$\{\boldsymbol{A}\}$重合，然后$\{\boldsymbol{C}\}$先相对$\{\boldsymbol{A}\}$做运动变换(用${}^{A}_{B}\boldsymbol{T}$ 表示)到达$\{\boldsymbol{B}\}$，然后相对$\{\boldsymbol{B}\}$做运动变换(用${}^{B}_{C}\boldsymbol{T}$ 表示)，在$\{\boldsymbol{C}\}$中到达最终位姿。

例如，我们可以将例 3.3 中的齐次变换矩阵${}^{A}_{B}\boldsymbol{T}$ 按照式(3-19)写成旋转变换和平移变换的复合：

$$ {}^{A}_{B}\boldsymbol{T} = \mathrm{Trans}(1\quad -3\quad 4)\mathrm{Rot}(\boldsymbol{k},\theta)$$

即

$$ \begin{bmatrix} 0 & 0 & 1 & 1 \\ 1 & 0 & 0 & -3 \\ 0 & 1 & 0 & 4 \\ 0 & 0 & 0 & 1 \end{bmatrix} = \begin{bmatrix} 1 & 0 & 0 & 1 \\ 0 & 1 & 0 & -3 \\ 0 & 0 & 1 & 4 \\ 0 & 0 & 0 & 1 \end{bmatrix} \begin{bmatrix} 0 & 0 & 1 & 0 \\ 1 & 0 & 0 & 0 \\ 0 & 1 & 0 & 0 \\ 0 & 0 & 0 & 1 \end{bmatrix} \tag{3-34}$$

我们还能够将式(3-34)中的旋转变换 $\mathrm{Rot}(\boldsymbol{k},\theta)$进一步表示成二次旋转变换的复合：

$$ \mathrm{Rot}(\boldsymbol{k},\theta) = \mathrm{Rot}(y,90^\circ)\mathrm{Rot}(z,90^\circ)$$

即

$$ \begin{bmatrix} 0 & 0 & 1 & 0 \\ 1 & 0 & 0 & 0 \\ 0 & 1 & 0 & 0 \\ 0 & 0 & 0 & 1 \end{bmatrix} = \begin{bmatrix} 0 & 0 & 1 & 0 \\ 0 & 1 & 0 & 0 \\ -1 & 0 & 0 & 0 \\ 0 & 0 & 0 & 1 \end{bmatrix} \begin{bmatrix} 0 & -1 & 0 & 0 \\ 1 & 0 & 0 & 0 \\ 0 & 0 & 1 & 0 \\ 0 & 0 & 0 & 1 \end{bmatrix} \tag{3-35}$$

因而变换矩阵${}^A_B\boldsymbol{T}$可以看成是经过三次变换复合而成的,即

$$ {}^A_B\boldsymbol{T} = \mathrm{Trans}(1 \quad -3 \quad 4)\mathrm{Rot}(y,90^\circ)\mathrm{Rot}(z,90^\circ) \tag{3-36} $$

图 3-6 描述了${}^A_B\boldsymbol{T}$所代表的坐标系$\{\boldsymbol{B}\}$相对于$\{\boldsymbol{A}\}$的位置和姿态。式(3-36)表明,坐标系$\{\boldsymbol{B}\}$可以认为是经过三次变换得到的:首先绕 z_A 轴转 90°,再绕 y_A 轴转 90°,最后相对$\{\boldsymbol{A}\}$移动$[1 \quad -3 \quad 4]^{\mathrm{T}}$。如图 3-6 所示,运动是相对坐标系$\{\boldsymbol{A}\}$进行的。有两点值得说明:

(1) 变换的次序不能随意调换,因为矩阵的乘法不满足交换律,故变换的次序一般不能随意交换,例如式(3-34)中:

$$ \begin{bmatrix} 1 & 0 & 0 & 1 \\ 0 & 1 & 0 & -3 \\ 0 & 0 & 1 & 4 \\ 0 & 0 & 0 & 1 \end{bmatrix} \begin{bmatrix} 0 & 0 & 1 & 0 \\ 1 & 0 & 0 & 0 \\ 0 & 1 & 0 & 0 \\ 0 & 0 & 0 & 1 \end{bmatrix} \neq \begin{bmatrix} 0 & 0 & 1 & 0 \\ 1 & 0 & 0 & 0 \\ 0 & 1 & 0 & 0 \\ 0 & 0 & 0 & 1 \end{bmatrix} \begin{bmatrix} 1 & 0 & 0 & 1 \\ 0 & 1 & 0 & -3 \\ 0 & 0 & 1 & 4 \\ 0 & 0 & 0 & 1 \end{bmatrix} $$

即

$$ \mathrm{Trans}(1 \quad -3 \quad 4)\mathrm{Rot}(\boldsymbol{k},\theta) \neq \mathrm{Rot}(\boldsymbol{k},\theta)\mathrm{Trans}(1 \quad -3 \quad 4) $$

同样,式(3-35)中

$$ \begin{bmatrix} 0 & 0 & 1 & 0 \\ 0 & 1 & 0 & 0 \\ -1 & 0 & 0 & 0 \\ 0 & 0 & 0 & 1 \end{bmatrix} \begin{bmatrix} 0 & -1 & 0 & 0 \\ 1 & 0 & 0 & 0 \\ 0 & 0 & 1 & 0 \\ 0 & 0 & 0 & 1 \end{bmatrix} \neq \begin{bmatrix} 0 & -1 & 0 & 0 \\ 1 & 0 & 0 & 0 \\ 0 & 0 & 1 & 0 \\ 0 & 0 & 0 & 1 \end{bmatrix} \begin{bmatrix} 0 & 0 & 1 & 0 \\ 0 & 1 & 0 & 0 \\ -1 & 0 & 0 & 0 \\ 0 & 0 & 0 & 1 \end{bmatrix} $$

亦即

$$ \mathrm{Rot}(y,90^\circ)\mathrm{Rot}(z,90^\circ) \neq \mathrm{Rot}(z,90^\circ)\mathrm{Rot}(y,90^\circ) $$

只有几种特殊情况例外,如两变换都是平移变换,或两变换都是绕同一轴的旋转变换时两变换的次序可以交换。

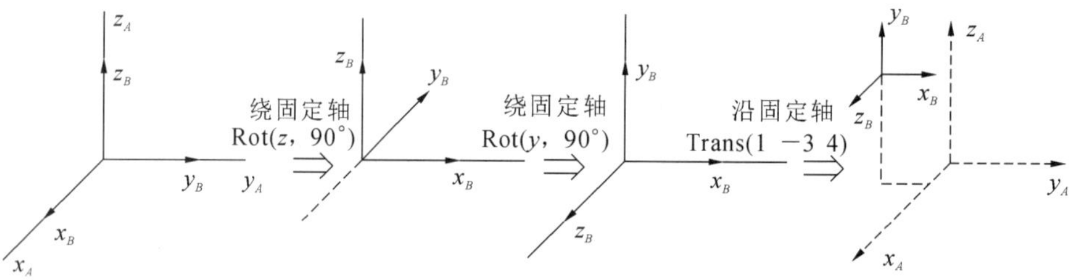

图 3-6　相对固定坐标系{A}运动(从右到左)

(2) 式(3-36)所描述的坐标系$\{\boldsymbol{B}\}$也可以通过另外的运动方式得到。即坐标系$\{\boldsymbol{B}\}$最初与坐标系$\{\boldsymbol{A}\}$相重合,从左至右依次进行以下变换:首先$\{\boldsymbol{B}\}$相对于坐标系$\{\boldsymbol{A}\}$移动 $1\boldsymbol{i}-3\boldsymbol{j}+4\boldsymbol{k}$,然后绕 y_B 轴转 90°,最后,绕 z_B 轴转 90°,如图 3-7 所示。

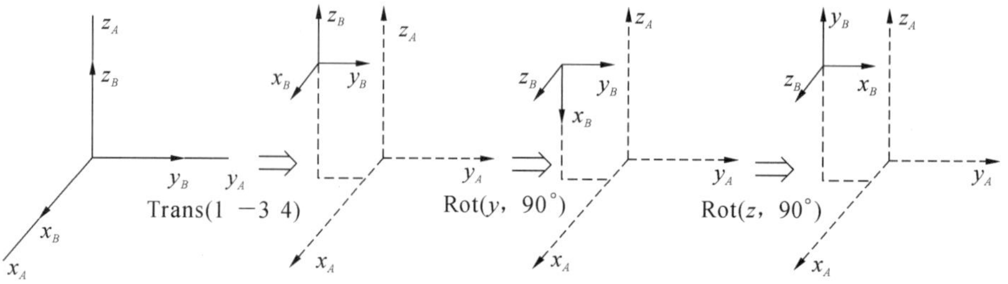

图 3-7　相对运动坐标系运动(从左到右)

两种解释得到相同的结果。由此可得出以下结论：

① 变换顺序从右至左时，运动是相对固定参考系而言的(左乘规则)，如图 3-6 所示。

② 变换顺序从左至右时，运动是相对运动坐标系而言的(右乘规则)，如图 3-7 所示。

3.4.2　变换矩阵求逆

如果坐标系$\{\boldsymbol{B}\}$相对于$\{\boldsymbol{A}\}$的齐次变换矩阵已知，为${}^A_B\boldsymbol{T}$，希望得到$\{\boldsymbol{A}\}$相对于$\{\boldsymbol{B}\}$的描述${}^B_A\boldsymbol{T}$，显然，这是个变换矩阵求逆问题。一种求解方法是直接对 4×4 的齐次变换矩阵求逆；另一种是利用齐次变换矩阵的特点，简化矩阵求逆运算，下面介绍这种方法。

为了由${}^A_B\boldsymbol{T}$求出${}^B_A\boldsymbol{T}$，只需根据${}^A_B\boldsymbol{R}$和${}^A\boldsymbol{p}_{Bo}$计算${}^B_A\boldsymbol{R}$和${}^A\boldsymbol{p}_{Ao}$即可。首先，利用旋转矩阵的正交性质可以得出：

$$ {}^B_A\boldsymbol{R} = {}^A_B\boldsymbol{R}^{-1} = {}^A_B\boldsymbol{R}^{\mathrm{T}} \tag{3-37} $$

然后，利用复合映射公式(3-13)，求出原点${}^A\boldsymbol{p}_{Bo}$相对于坐标系$\{\boldsymbol{B}\}$的描述：

$$ {}^B({}^A\boldsymbol{p}_{Bo}) = {}^B_A\boldsymbol{R}\,{}^A\boldsymbol{p}_{Bo} + {}^B\boldsymbol{p}_{Ao} \tag{3-38} $$

式(3-38)表示坐标系$\{\boldsymbol{B}\}$的原点 o 相对于$\{\boldsymbol{B}\}$的描述，因此该式左端为 $\boldsymbol{0}$ 矢量，从而得到

$$ {}^B\boldsymbol{p}_{Ao} = -{}^B_A\boldsymbol{R}\,{}^A\boldsymbol{p}_{Bo} = -{}^A_B\boldsymbol{R}^{\mathrm{T}}\,{}^A\boldsymbol{p}_{Bo} \tag{3-39} $$

综合式(3-37)和式(3-39)，可以写出${}^B_A\boldsymbol{T}$的表达式，即

$$ {}^B_A\boldsymbol{T} = \begin{bmatrix} {}^A_B\boldsymbol{R}^{\mathrm{T}} & -{}^A_B\boldsymbol{R}^{\mathrm{T}}\,{}^A\boldsymbol{p}_{Bo} \\ \boldsymbol{0} & 1 \end{bmatrix} \tag{3-40} $$

容易验证，这样求得的${}^B_A\boldsymbol{T}$满足

$$ {}^B_A\boldsymbol{T} = {}^A_B\boldsymbol{T}^{-1} $$

式(3-40)为计算齐次变换的逆矩阵提供了一种非常简便有用的方法。

例 3.5　有两个坐标系$\{\boldsymbol{A}\}$和$\{\boldsymbol{B}\}$，用${}^A_B\boldsymbol{T}$表示坐标系$\{\boldsymbol{B}\}$相对坐标系$\{\boldsymbol{A}\}$绕 z_A 轴转 30°，再沿 x_A 轴移动 4 个单位，沿 y_A 轴移动 3 个单位。求${}^B_A\boldsymbol{T}$，并说明它表示的变换。

坐标系$\{\boldsymbol{B}\}$定义为

$$ {}^A_B\boldsymbol{T} = \mathrm{Trans}(4,3,0)\mathrm{Rot}(z,30°) $$

$$ {}^A_B\boldsymbol{T} = \begin{bmatrix} 0.866 & -0.5 & 0 & 4 \\ 0.5 & 0.866 & 0 & 3 \\ 0 & 0 & 1 & 0 \\ 0 & 0 & 0 & 1 \end{bmatrix} $$

利用式(3-40)，得出

$$ {}^B_A\boldsymbol{T} = {}^A_B\boldsymbol{T}^{-1} = \begin{bmatrix} 0.866 & 0.5 & 0 & -4.964 \\ -0.5 & 0.866 & 0 & -0.598 \\ 0 & 0 & 1 & 0 \\ 0 & 0 & 0 & 1 \end{bmatrix} \tag{3-41} $$

也可以采用另外一种计算方法：

$$ {}^B_A\boldsymbol{T} = {}^A_B\boldsymbol{T}^{-1} = \mathrm{Rot}(z,-30°)\mathrm{Trans}(-4,-3,0) \tag{3-42} $$

所得结果与式(3-41)相同，但是式(3-42)给出了${}^B_A\boldsymbol{T}$的明显的定义，它表示坐标系$\{\boldsymbol{A}\}$首先相对坐标系$\{\boldsymbol{B}\}$移动$-4\boldsymbol{i}-3\boldsymbol{j}+0\boldsymbol{k}$，再绕 z_B 轴转−30°。当然，也可做另一种解释：

坐标系$\{\boldsymbol{A}\}$首先绕$\{\boldsymbol{B}\}$的 z 轴旋转$-30°$，得新坐标系$\{\boldsymbol{A}_1\}$，然后沿坐标系$\{\boldsymbol{A}_1\}$移动$-4\boldsymbol{i}-3\boldsymbol{j}+0\boldsymbol{k}$，得到坐标系$\{\boldsymbol{A}\}$，相对运动坐标系运动，变换顺序从左到右。

3.4.3　变换方程

为了描述机器人的操作，必须建立机器人本身各连杆之间，机器人与周围环境之间的运动关系，为此要规定各种坐标系来描述机器人与环境之间的相对位姿关系。如图 3-8 所示，$\{\boldsymbol{B}\}$代表基座坐标系(又称基座框)，$\{\boldsymbol{W}\}$代表腕坐标系(又称腕框)，$\{\boldsymbol{T}\}$是工具坐标系(又称工具框)，$\{\boldsymbol{S}\}$是工作站坐标系(又称工作站框)，$\{\boldsymbol{G}\}$是目标坐标系(又称目标框)，它们之间的位姿关系用相应的齐次变换矩阵来描述。例如：

${}^{B}_{S}\boldsymbol{T}$ 描述工作站坐标系$\{\boldsymbol{S}\}$相对于基座坐标系$\{\boldsymbol{B}\}$的位姿；

${}^{S}_{G}\boldsymbol{T}$ 描述目标坐标系$\{\boldsymbol{G}\}$相对于工作站坐标系$\{\boldsymbol{S}\}$的位姿；

${}^{B}_{W}\boldsymbol{T}$ 描述腕坐标系$\{\boldsymbol{W}\}$相对于基座坐标系$\{\boldsymbol{B}\}$的位姿；

……

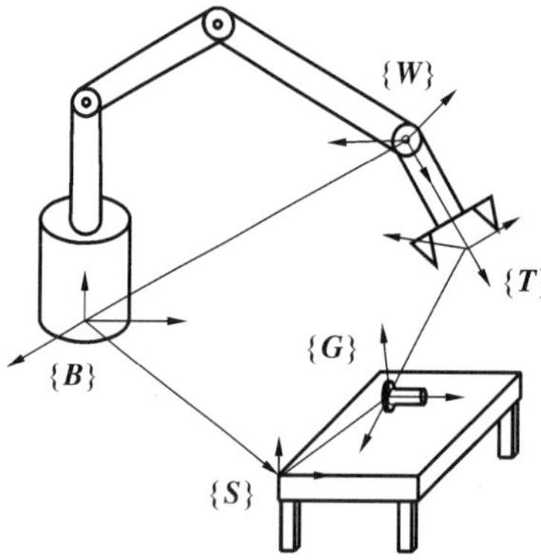

图 3-8　坐标系定义

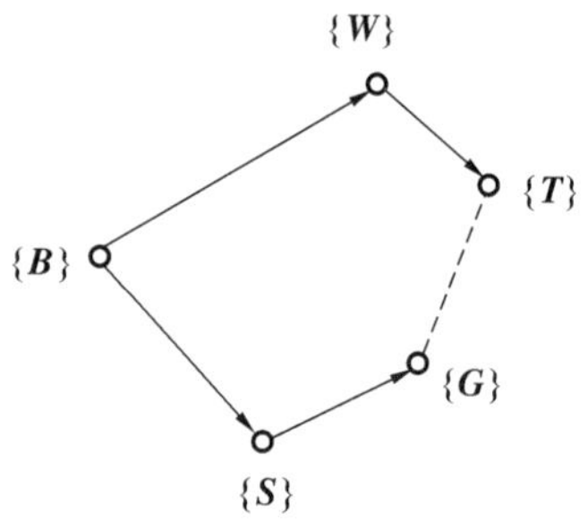

图 3-9　空间尺寸链

对物体进行操作时，工具坐标系$\{\boldsymbol{T}\}$相对于目标坐标系$\{\boldsymbol{G}\}$的位姿${}^{G}_{T}\boldsymbol{T}$ 直接影响操作效果。如果其他变换矩阵均为已知，则可计算出${}^{G}_{T}\boldsymbol{T}$，即

$$
{}^{G}_{T}\boldsymbol{T}={}^{S}_{G}\boldsymbol{T}^{-1}\,{}^{B}_{S}\boldsymbol{T}^{-1}\,{}^{B}_{W}\boldsymbol{T}\,{}^{W}_{T}\boldsymbol{T} \tag{3-43}
$$

为简单起见，我们可以将上述的位姿关系表示成空间尺寸链的形式，如图 3-9 所示。则工具坐标系$\{\boldsymbol{T}\}$相对于基座坐标系$\{\boldsymbol{B}\}$的描述可用两种变换矩阵的乘积来表示：

$$
{}^{B}_{T}\boldsymbol{T}={}^{B}_{W}\boldsymbol{T}\,{}^{W}_{T}\boldsymbol{T},\quad {}^{B}_{T}\boldsymbol{T}={}^{B}_{S}\boldsymbol{T}\,{}^{S}_{G}\boldsymbol{T}\,{}^{G}_{T}\boldsymbol{T}
$$

则得变换方程

$$
{}^{B}_{W}\boldsymbol{T}\,{}^{W}_{T}\boldsymbol{T}={}^{B}_{S}\boldsymbol{T}\,{}^{S}_{G}\boldsymbol{T}\,{}^{G}_{T}\boldsymbol{T} \tag{3-44}
$$

变换方程(3-44)中的任一变换矩阵都可用其余的变换矩阵来表示。例如，为了对目标物体进行有效操作，需要改变${}^{B}_{W}\boldsymbol{T}$(工具坐标系$\{\boldsymbol{T}\}$相对于目标坐标系$\{\boldsymbol{G}\}$的位姿${}^{G}_{T}\boldsymbol{T}$ 是预先规定的)，根据变换方程(3-44)，可以立即求出

$$
{}^{B}_{W}\boldsymbol{T}={}^{B}_{S}\boldsymbol{T}\,{}^{S}_{G}\boldsymbol{T}\,{}^{G}_{T}\boldsymbol{T}\,{}^{W}_{T}\boldsymbol{T}^{-1} \tag{3-45}
$$

3.4.4　刚体变换群

如上所述，变换矩阵 $\boldsymbol{T}$ 完全由位置矢量 $\boldsymbol{p}$ 和旋转矩阵 $\boldsymbol{R}$ 所决定，因此，任一刚体的位姿由$(\boldsymbol{p},\boldsymbol{R})$：$\boldsymbol{p}\in\Re^3$，$\boldsymbol{R}\in SO(3)$所决定。由变换矩阵 $\boldsymbol{T}$ 的乘法运算可定义刚体变换群。

定义　刚体变换群 SE(3)定义为乘积空间$\mathfrak{R}^3 \times SO(3)$，即

$$SE(3)=\{(\boldsymbol{p},\boldsymbol{R}):\boldsymbol{p}\in\mathfrak{R}^3,\boldsymbol{R}\in SO(3)\}=\mathfrak{R}^3\times SO(3) \tag{3-46}$$

SE(3)也称为三维空间的特殊欧氏群(special euclidean group)。利用上述齐次变换矩阵的乘法运算和求逆运算，可以证明它满足封闭性和结合律，具有单位元和可逆性，但不满足交换律。固有刚体运动群 SE(3)和旋转群 SO(3)一样，都是光滑流形，且矩阵乘法运算和求逆运算都是光滑映射，都构成李群，均为不可交换李群。推广到 n 维空间中，则有

$$SE(n)=\{(\boldsymbol{p},\boldsymbol{R}):\boldsymbol{p}\in\mathfrak{R}^n,\boldsymbol{R}\in SO(n)\}=\mathfrak{R}^n\times SO(n) \tag{3-47}$$

当 $n=3$ 时，SE(3)表示空间运动，用齐次变换矩阵表示，单位元为 $\boldsymbol{I}_4$；当 $n=2$ 时，SE(2)表示刚体平面运动，单位元为 $\boldsymbol{I}_3$。SE(3)的子群还包含圆柱运动群，该圆柱运动群在绕一直线旋转的同时还沿该直线平移(螺旋运动)。如果该直线是 x 轴，则圆柱运动群中的元素表示为

$$\begin{bmatrix} 1 & 0 & 0 & x \\ 0 & \cos\theta & -\sin\theta & 0 \\ 0 & \sin\theta & \cos\theta & 0 \\ 0 & 0 & 0 & 1 \end{bmatrix}$$

对于螺旋运动子群 H_p，不同的实数 p(p 称为螺旋运动的节距)给出了子群 H_p 不同的共轭类：

$$\begin{bmatrix} 1 & 0 & 0 & p\theta/2\pi \\ 0 & \cos\theta & -\sin\theta & 0 \\ 0 & \sin\theta & \cos\theta & 0 \\ 0 & 0 & 0 & 1 \end{bmatrix}$$

3.5　RPY 角与欧拉角

前面介绍了采用 3×3 的旋转矩阵 $\boldsymbol{R}$ 来描述物体的方位。由于旋转矩阵 $\boldsymbol{R}$ 的 9 个元素应满足 6 个约束条件，只有 3 个独立的元素，下面介绍欧拉角和 RPY 角方法，将旋转矩阵用 3 个独立的参数表示。欧拉角和 RPY 角方法广泛地应用在航海和天文学中，以描述刚体的方位。

3.5.1　绕固定轴 x-y-z 旋转(RPY 角)

RPY 角是描述船舶在海中航行时姿态的一种方法。将船的行驶方向取为 z 轴的方向，则绕 z 轴的旋转(α 角)称为回转(roll)，绕 y 轴的旋转(β 角)称为俯仰(pitch)，绕 x 轴的旋转(γ 角)称为偏转(yaw)。操作臂手爪姿态的规定方法与之类似，如图 3-10 所示。习惯上称这种方法为 RPY 角方法。

这种描述坐标系$\{\boldsymbol{B}\}$的方位的规则如下：$\{\boldsymbol{B}\}$的初始方位与参考系$\{\boldsymbol{A}\}$重合。首先将$\{\boldsymbol{B}\}$绕 x_A 轴转 γ 角，再绕 y_A 轴转 β 角，最后绕 z_A 轴转 α 角，如图 3-11 所示。

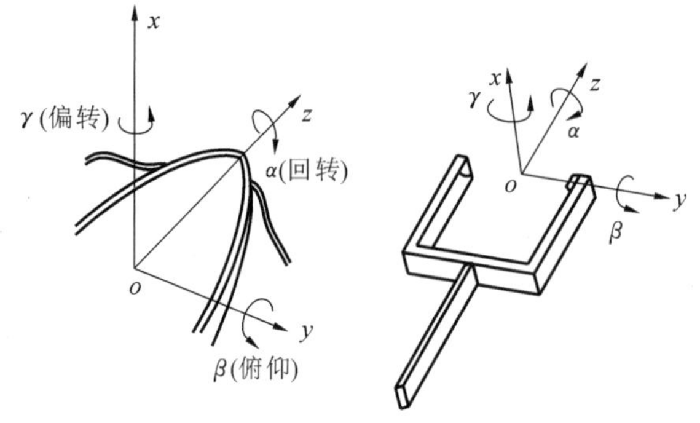

(a)　　(b)

图 3-10　RPY 表示

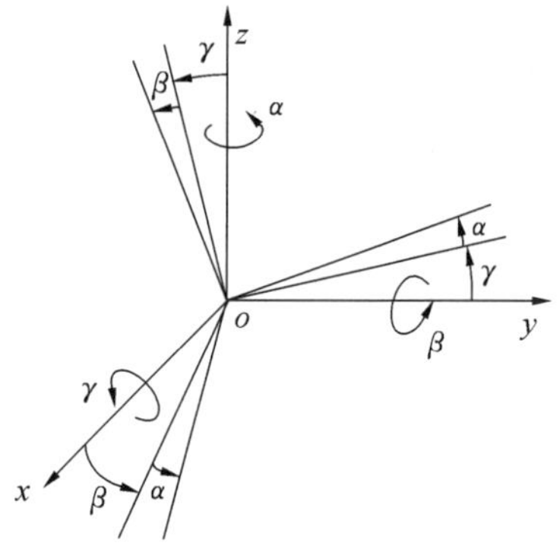

图 3-11　RPY 角

因为二次旋转都是相对固定坐标系{$\boldsymbol{A}$}而言的，按照“从右向左”的原则，得相应的旋转矩阵

$$
\begin{aligned}
{}^{A}_{B}\boldsymbol{R}_{xyz}(\gamma,\beta,\alpha) &= \boldsymbol{R}(z_A,\alpha)\boldsymbol{R}(y_A,\beta)\boldsymbol{R}(x_A,\gamma)\\
&= \begin{bmatrix} \cos\alpha & -\sin\alpha & 0 \\ \sin\alpha & \cos\alpha & 0 \\ 0 & 0 & 1 \end{bmatrix}\begin{bmatrix} \cos\beta & 0 & \sin\beta \\ 0 & 1 & 0 \\ -\sin\beta & 0 & \cos\beta \end{bmatrix}\begin{bmatrix} 1 & 0 & 0 \\ 0 & \cos\gamma & -\sin\gamma \\ 0 & \sin\gamma & \cos\gamma \end{bmatrix}
\end{aligned} \tag{3-48}
$$

将矩阵相乘得

$$
{}^{A}_{B}\boldsymbol{R}_{xyz}(\gamma,\beta,\alpha) = \begin{bmatrix} c\alpha c\beta & c\alpha s\beta s\gamma - s\alpha c\gamma & c\alpha s\beta c\gamma + s\alpha s\gamma \\ s\alpha c\beta & s\alpha s\beta s\gamma + c\alpha c\gamma & s\alpha s\beta c\gamma - c\alpha s\gamma \\ -s\beta & c\beta s\gamma & c\beta c\gamma \end{bmatrix} \tag{3-49}
$$

式中：$c\alpha=\cos\alpha$；$s\alpha=\sin\alpha$，$c\beta$，$s\beta$ 和 $c\gamma$，$s\gamma$ 依此类推。

式(3-49)表示绕固定坐标系的三个轴依次旋转得到的旋转矩阵，因此称该方法为“绕固定轴 x-y-z 旋转”的 RPY 角法。

现在来讨论它的逆问题(RPY 角反解)：从给定的旋转矩阵求出等价的绕固定轴 x-y-z 的转角 γ，β 和 α。令

$$
{}^{A}_{B}\boldsymbol{R}_{xyz}(\gamma,\beta,\alpha) = \begin{bmatrix} r_{11} & r_{12} & r_{13} \\ r_{21} & r_{22} & r_{23} \\ r_{31} & r_{32} & r_{33} \end{bmatrix} \tag{3-50}
$$

这是一组超越方程，有 3 个未知数，共有 9 个方程，其中有 6 个方程不独立，因此可以利用其中的 3 个方程解出 3 个未知数。

从式(3-49)和式(3-50)可以看出：

$$
\cos\beta = \sqrt{r_{11}^2 + r_{21}^2} \tag{3-51}
$$

如果 $\cos\beta\neq 0$，则得到各个角的反正切表达式：

$$
\begin{cases} \beta = \operatorname{Atan2}(-r_{31}, \sqrt{r_{11}^2 + r_{21}^2}) \\ \alpha = \operatorname{Atan2}(r_{21}, r_{11}) \\ \gamma = \operatorname{Atan2}(r_{32}, r_{33}) \end{cases} \tag{3-52}
$$

式中：$\operatorname{Atan2}(y,x)$ 是双变量反正切函数。

式(3-51)中的根式运算有两个解，总是取$(-90°,90°]$中的一个解。这样做通常可以定义方位的各种描述之间的一一对应关系。当然，有时也要计算出所有的解。

如果 $\beta=\pm 90^\circ$，$\cos\beta=0$，则式(3-52)表示的反解退化。这时只可解出 α 与 γ 的和或差，通常选择 $\alpha=0^\circ$，从而解出结果如下：

假若 $\beta=90^\circ$，则

$$\beta=90^\circ,\quad \alpha=0,\quad \gamma=\mathrm{Atan2}(r_{12},r_{22}) \tag{3-53}$$

假若 $\beta=-90^\circ$，则

$$\beta=-90^\circ,\quad \alpha=0,\quad \gamma=-\mathrm{Atan2}(r_{12},r_{22}) \tag{3-54}$$

3.5.2　z-y-x 欧拉角

这种描述坐标系 $\{\boldsymbol{B}\}$ 的方位的规则如下：$\{\boldsymbol{B}\}$ 的初始方位与参考系 $\{\boldsymbol{A}\}$ 相同，首先使 $\{\boldsymbol{B}\}$ 绕 z_B 轴转 α 角，然后绕 y_B 轴转 β 角，最后绕 x_B 轴转 γ 角。

这种描述法中的各次转动都是相对运动坐标系的某轴进行的，而不是相对固定参考系 $\{\boldsymbol{A}\}$ 进行的。这样的描述法称为欧拉角方法，又因转动是依次绕 z 轴、y 轴和 x 轴进行，故称这种描述法为 z-y-x 欧拉角方法。

图 3-12 所示为坐标系 $\{\boldsymbol{B}\}$ 沿欧拉角转动的情况。首先绕 z_B 轴转 α 角，x 轴转至 x' 轴，y 轴转至 y' 轴，然后绕 y_B 轴(y' 轴)转 β 角，z 轴至 z' 轴，x' 轴至 x'' 轴，如此等等。用 ${}^A_B\boldsymbol{R}_{zyx}(\alpha,\beta,\gamma)$ 表示与 z-y-x 欧拉角等价的旋转矩阵。由于所有的转动都是相对运动坐标系进行的，根据“从左向右”的原则来安排各次旋转对应的矩阵，从而得到表达式

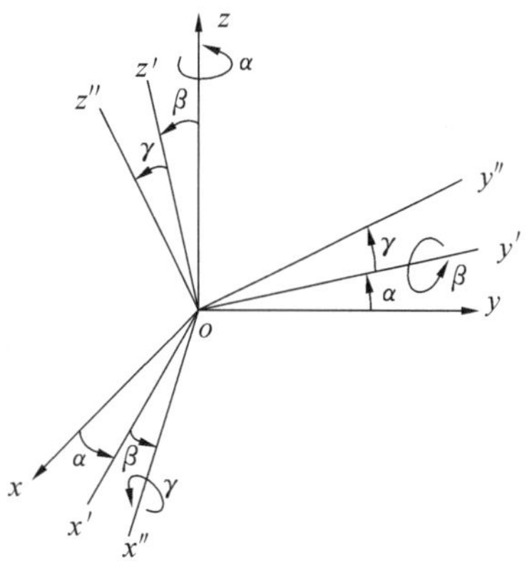

图 3-12　欧拉角

$$
\begin{aligned}
{}^A_B\boldsymbol{R}_{zyx}(\alpha,\beta,\gamma)&=\boldsymbol{R}(z,\alpha)\boldsymbol{R}(y,\beta)\boldsymbol{R}(x,\gamma)\\
&=\begin{bmatrix} c\alpha & -s\alpha & 0\\ s\alpha & c\alpha & 0\\ 0 & 0 & 1\end{bmatrix}\begin{bmatrix} c\beta & 0 & s\beta\\ 0 & 1 & 0\\ -s\beta & 0 & c\beta\end{bmatrix}\begin{bmatrix} 1 & 0 & 0\\ 0 & c\gamma & -s\gamma\\ 0 & s\gamma & c\gamma\end{bmatrix}
\end{aligned} \tag{3-55}
$$

式中：$c\alpha$、$c\beta$、$c\gamma$、$s\alpha$、$s\beta$、$s\gamma$ 含义同式(3-49)。

矩阵相乘后得到

$$
{}^A_B\boldsymbol{R}_{zyx}(\alpha,\beta,\gamma)=\begin{bmatrix} c\alpha c\beta & c\alpha s\beta s\gamma-s\alpha c\gamma & c\alpha s\beta c\gamma+s\alpha s\gamma\\ s\alpha c\beta & s\alpha s\beta s\gamma+c\alpha c\gamma & s\alpha s\beta c\gamma-c\alpha s\gamma\\ -s\beta & c\beta s\gamma & c\beta c\gamma\end{bmatrix} \tag{3-56}
$$

这一结果与绕固定轴 x-y-z 旋转的结果完全相同。这是因为绕固定轴旋转的顺序若与绕运动轴旋转的顺序相反，旋转的角度也对应相等，则所得到的变换矩阵是相同的。因此用 z-y-x 欧拉角与用固定轴 x-y-z 转角描述坐标系 $\{\boldsymbol{B}\}$ 是完全等价的。式(3-56)和式(3-49)也是一致的。所以，式(3-52)也可用来求解 z-y-x 欧拉角。

3.5.3　z-y-z 欧拉角

这种描述坐标系 $\{\boldsymbol{B}\}$ 的方位的规则如下：最初坐标系 $\{\boldsymbol{B}\}$ 与参考系 $\{\boldsymbol{A}\}$ 重合，首先使 $\{\boldsymbol{B}\}$ 绕 z_B 轴转 α 角，然后绕 y_B 轴转 β 角，最后绕 z_B 轴转 γ 角。

因为转动都是相对运动坐标系 $\{\boldsymbol{B}\}$ 来描述的，而且这三次转动的顺序是先绕 z_B 轴、再绕 y_B 轴、最后又绕 z_B 轴，所以这种描述法称为 z-y-z 欧拉角方法。

根据“从左向右”的原则，可以求得与之等价的旋转矩阵：

$$
{}_B^A\boldsymbol{R}_{zyz}(\alpha,\beta,\gamma)=\boldsymbol{R}(z,\alpha)\boldsymbol{R}(y,\beta)\boldsymbol{R}(z,\gamma)
=\begin{bmatrix} c\alpha c\beta c\gamma - s\alpha s\gamma & -c\alpha c\beta s\gamma - s\alpha c\gamma & c\alpha s\beta \\ s\alpha c\beta c\gamma + c\alpha s\gamma & -s\alpha c\beta s\gamma + c\alpha c\gamma & s\alpha s\beta \\ -s\beta c\gamma & s\beta s\gamma & c\beta \end{bmatrix} \tag{3-57}
$$

式中：$c\alpha$，$c\beta$，$c\gamma$，$s\alpha$，$s\beta$，$s\gamma$ 含义同式(3-49)。

下面介绍由旋转矩阵求解等价的 z-y-z 欧拉角的方法。令

$$
{}_B^A\boldsymbol{R}_{zyz}(\alpha,\beta,\gamma)=\begin{bmatrix} r_{11} & r_{12} & r_{13} \\ r_{21} & r_{22} & r_{23} \\ r_{31} & r_{32} & r_{33} \end{bmatrix} \tag{3-58}
$$

如果 $\sin\beta\neq 0$，则

$$
\begin{cases} \beta = \mathrm{Atan2}(\sqrt{r_{31}^2+r_{32}^2}, r_{33}) \\ \alpha = \mathrm{Atan2}(r_{23}, r_{13}) \\ \gamma = \mathrm{Atan2}(r_{32}, -r_{31}) \end{cases} \tag{3-59}
$$

虽然 $\sin\beta=\sqrt{r_{31}^2+r_{32}^2}$ 有两个解存在，但总是取[0，180°)范围内的一个解。当 $\beta=0°$ 或 180°时，式(3-59)是退化的，此时只能得到 α 与 γ 的和或差。通常选取 $\alpha=0°$，所得结果如下：

如果 $\beta=0°$，则解为

$$
\beta=0°,\quad \alpha=0°,\quad \gamma=\mathrm{Atan2}(-r_{12}, r_{11})
$$

如果 $\beta=180°$，则解为

$$
\beta=180°,\quad \alpha=0°,\quad \gamma=\mathrm{Atan2}(-r_{12}, r_{11})
$$

在 RPY 角方法中是相对固定坐标系旋转的，在欧拉角方法中是相对运动坐标系旋转的，都是以一定的顺序绕坐标主轴旋转三次得到姿态的描述。总共有 24 种排列，其中 12 种为绕固定轴 RPY 设定法，12 种为欧拉角设定法。因为 RPY 角与欧拉角对偶，实质上只有 12 种不同的旋转矩阵。前面已经给出 2 种，其余 10 种作为练习，读者可自己推导。

3.6 旋转变换通式

前面已讨论了旋转矩阵的三种特殊情况，即绕 x，y 和 z 轴的旋转矩阵(分别见式(3-5)、式(3-6)、式(3-7))，现在讨论绕过原点的任意轴 $\boldsymbol{k}$ 旋转 θ 角的变换矩阵。

3.6.1 旋转变换通式

令

$$
\boldsymbol{k}=[k_x \quad k_y \quad k_z]^{\mathrm{T}} \tag{3-60}
$$

是通过原点的单位矢量，求绕 $\boldsymbol{k}$ 旋转 θ 角的旋转矩阵 $\boldsymbol{R}(\boldsymbol{k},\theta)$。令

$$
{}_B^A\boldsymbol{R}=\boldsymbol{R}(\boldsymbol{k},\theta) \tag{3-61}
$$

即 $\boldsymbol{R}(\boldsymbol{k},\theta)$ 表示坐标系{$\boldsymbol{B}$}相对于参考系{$\boldsymbol{A}$}的姿态。再定义两坐标系{$\boldsymbol{A}'$}和{$\boldsymbol{B}'$}，分别与{$\boldsymbol{A}$}和{$\boldsymbol{B}$}固连，但是，{$\boldsymbol{A}'$}和{$\boldsymbol{B}'$}的 z 轴与 $\boldsymbol{k}$ 重合，且在旋转之前{$\boldsymbol{B}'$}与{$\boldsymbol{A}'$}重合，

$\{\boldsymbol{B}\}$也与$\{\boldsymbol{A}\}$重合，因此，

$$ {}_{A'}^{A}\boldsymbol{R} = {}_{B'}^{B}\boldsymbol{R} = \begin{bmatrix} n_x & o_x & k_x \\ n_y & o_y & k_y \\ n_z & o_z & k_z \end{bmatrix} \tag{3-62} $$

坐标系$\{\boldsymbol{B}\}$绕 $\boldsymbol{k}$ 轴相对$\{\boldsymbol{A}\}$旋转 θ 角，相当于坐标系$\{\boldsymbol{B}'\}$相对$\{\boldsymbol{A}'\}$的 z 轴旋转 θ 角，保持其他关系不变，则由图 3-13 可以看出：

$$ {}_{B}^{A}\boldsymbol{R} = \boldsymbol{R}(\boldsymbol{k},\theta) = {}_{A'}^{A}\boldsymbol{R}\,{}_{B'}^{A'}\boldsymbol{R}\,{}_{B}^{B'}\boldsymbol{R} \tag{3-63} $$

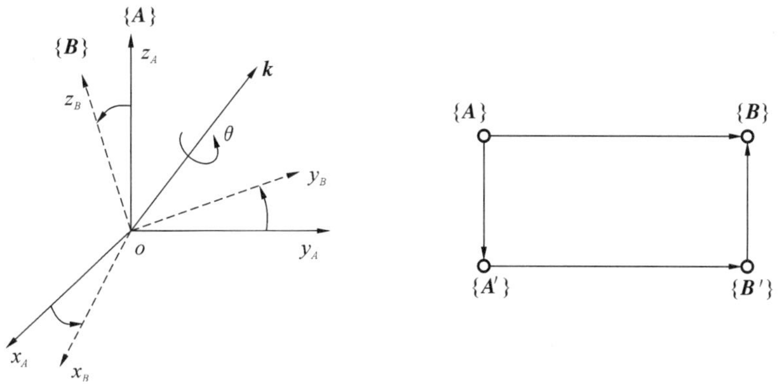

图 3-13　绕任意轴 $\boldsymbol{k}$ 旋转 θ 角

于是得到相似变换

$$ \boldsymbol{R}(\boldsymbol{k},\theta) = {}_{A'}^{A}\boldsymbol{R}\boldsymbol{R}(z,\theta)\,{}_{B'}^{B}\boldsymbol{R}^{-1} \tag{3-64} $$

$$ \boldsymbol{R}(\boldsymbol{k},\theta) = {}_{A'}^{A}\boldsymbol{R}\boldsymbol{R}(z,\theta)\,{}_{B'}^{B}\boldsymbol{R}^{\mathrm{T}} \tag{3-65} $$

将式(3-65)展开并化简，就可以得出 $\boldsymbol{R}(\boldsymbol{k},\theta)$的表达式。它只与矢量 $\boldsymbol{k}$ 有关，即只与$\{\boldsymbol{A}'\}$的 z 轴有关，而与其他两轴的选择无关。实际上，相似变换为

$$ \boldsymbol{R}(\boldsymbol{k},\theta) = \begin{bmatrix} n_x & o_x & k_x \\ n_y & o_y & k_y \\ n_z & o_z & k_z \end{bmatrix} \begin{bmatrix} \cos\theta & -\sin\theta & 0 \\ \sin\theta & \cos\theta & 0 \\ 0 & 0 & 1 \end{bmatrix} \begin{bmatrix} n_x & n_y & n_z \\ o_x & o_y & o_z \\ k_x & k_y & k_z \end{bmatrix} \tag{3-66} $$

把式(3-66)右端三矩阵相乘，并运用旋转矩阵的正交性质

$$ \boldsymbol{n}\cdot\boldsymbol{n} = \boldsymbol{o}\cdot\boldsymbol{o} = \boldsymbol{a}\cdot\boldsymbol{a} = 1 $$

$$ \boldsymbol{n}\cdot\boldsymbol{o} = \boldsymbol{o}\cdot\boldsymbol{a} = \boldsymbol{a}\cdot\boldsymbol{n} = 0 $$

$$ \boldsymbol{a} = \boldsymbol{n}\times\boldsymbol{o} $$

进行化简整理，可以得到

$$ \boldsymbol{R}(\boldsymbol{k},\theta) = \begin{bmatrix} k_xk_x\mathrm{Vers}\theta+\cos\theta & k_yk_x\mathrm{Vers}\theta-k_z\sin\theta & k_zk_x\mathrm{Vers}\theta+k_y\sin\theta \\ k_xk_y\mathrm{Vers}\theta+k_z\sin\theta & k_yk_y\mathrm{Vers}\theta+\cos\theta & k_zk_y\mathrm{Vers}\theta-k_x\sin\theta \\ k_xk_z\mathrm{Vers}\theta-k_y\sin\theta & k_yk_z\mathrm{Vers}\theta+k_x\sin\theta & k_zk_z\mathrm{Vers}\theta+\cos\theta \end{bmatrix} \tag{3-67} $$

式中：$\mathrm{Vers}\theta=1-\cos\theta$；$k_x=a_x$；$k_y=a_y$；$k_z=a_z$。式(3-67)称为旋转变换通式，它概括了各种特殊情况。例如：

当 $k_x=1,k_y=k_z=0$ 时，则由式(3-67)可以得到式(3-5)；

当 $k_y=1,k_x=k_z=0$ 时，则由式(3-67)可以得到式(3-6)；

当 $k_z=1,k_x=k_y=0$ 时，则由式(3-67)可以得到式(3-7)。

例 3.6　坐标系$\{\boldsymbol{B}\}$原来与$\{\boldsymbol{A}\}$重合，将坐标系$\{\boldsymbol{B}\}$绕过原点 o 的轴线

$$^{A}\boldsymbol{k}=\begin{bmatrix}\frac{1}{\sqrt{3}} & \frac{1}{\sqrt{3}} & \frac{1}{\sqrt{3}}\end{bmatrix}^{\mathrm{T}}$$

转动 $\theta=120^{\circ}$，求旋转矩阵 $\boldsymbol{R}(^{A}\boldsymbol{k},120^{\circ})$。

因为

$$k_x=k_y=k_z=\frac{1}{\sqrt{3}}$$

$$\cos120^{\circ}=-\frac{1}{2},\quad \sin120^{\circ}=\frac{\sqrt{3}}{2},\quad \mathrm{Vers}120^{\circ}=(1-\cos120^{\circ})=\frac{3}{2}$$

将其代入旋转通式(3-67)，得

$$\boldsymbol{R}(^{A}\boldsymbol{k},120^{\circ})=\begin{bmatrix}0 & 0 & 1\\ 1 & 0 & 0\\ 0 & 1 & 0\end{bmatrix} \tag{3-68}$$

3.6.2　等效转轴和等效转角

前面解决了根据转轴和转角建立相应旋转变换矩阵的问题；反向问题则是根据旋转矩阵求其等效转轴与等效转角（$\boldsymbol{k}$ 和 θ 值）。对于给定的旋转矩阵

$$\boldsymbol{R}=\begin{bmatrix}n_x & o_x & a_x\\ n_y & o_y & a_y\\ n_z & o_z & a_z\end{bmatrix} \tag{3-69}$$

为了求出它的 $\boldsymbol{k}$ 和 θ 值，令 $\boldsymbol{R}=\boldsymbol{R}(\boldsymbol{k},\theta)$（见式(3-67)），并使矩阵分别置于等式两边，再将方程两边矩阵的主对角元素分别相加，得到

$$\begin{cases}n_x+o_y+a_z=(k_x^2+k_y^2+k_z^2)\mathrm{Vers}\theta+3\cos\theta\\ n_x+o_y+a_z=1+2\cos\theta\end{cases} \tag{3-70}$$

于是有

$$\cos\theta=\frac{1}{2}(n_x+o_y+a_z-1) \tag{3-71}$$

再把方程两边矩阵的非对角元素成对相减，得

$$\begin{cases}o_z-a_y=2k_x\sin\theta\\ a_x-n_z=2k_y\sin\theta\\ n_y-o_x=2k_z\sin\theta\end{cases} \tag{3-72}$$

将以上方程两边平方后再相加，得

$$(o_z-a_y)^2+(a_x-n_z)^2+(n_y-o_x)^2=4\sin^2\theta$$

于是，

$$\sin\theta=\pm\frac{1}{2}\sqrt{(o_z-a_y)^2+(a_x-n_z)^2+(n_y-o_x)^2} \tag{3-73}$$

$$\tan\theta=\pm\frac{\sqrt{(o_z-a_y)^2+(a_x-n_z)^2+(n_y-o_x)^2}}{n_x+o_y+a_z-1} \tag{3-74}$$

$$k_x=\frac{o_z-a_y}{2\sin\theta},\quad k_y=\frac{a_x-n_z}{2\sin\theta},\quad k_z=\frac{n_y-o_x}{2\sin\theta} \tag{3-75}$$

在计算等效转轴和转角时，有两点值得注意：

(1) 多值性：$\boldsymbol{k}$ 和 θ 的值不是唯一的。实际上，对于任一组解 $\boldsymbol{k}$ 和 θ，还有另一组解 $-\boldsymbol{k}$

和$-\theta$。另外，$(\boldsymbol{k},\theta)$和$(\boldsymbol{k},\theta+k\times360°)$（其中 k 为整数）这两组值对应于同一旋转矩阵。因此，一般选取 θ 在 0°～180°之间的值。

(2) 病态情况：当转角 θ 很小时，由于式(3-75)的分子、分母都很小，转轴难以确定。当 θ 接近 0°或 180°时，转轴完全不能确定。因此，需要寻求另外的方法求解。

例 3.7　求复合旋转矩阵${}^A_B\boldsymbol{R}=\boldsymbol{R}(y,90°)\boldsymbol{R}(z,90°)$的等效转轴 $\boldsymbol{k}$ 和转角 θ。

首先计算旋转矩阵

$$
{}^A_B\boldsymbol{R}=\begin{bmatrix}0&0&1\\0&1&0\\-1&0&0\end{bmatrix}\begin{bmatrix}0&-1&0\\1&0&0\\0&0&1\end{bmatrix}=\begin{bmatrix}0&0&1\\1&0&0\\0&1&0\end{bmatrix}
$$

再由式(3-71)、式(3-73)和式(3-74)确定 $\cos\theta,\sin\theta,\tan\theta$。

$$
\cos\theta=\frac{1}{2}\times(0+0+0-1)=-\frac{1}{2}
$$

$$
\sin\theta=\frac{1}{2}\sqrt{(1-0)^2+(1-0)^2+(1-0)^2}=\frac{\sqrt{3}}{2}
$$

$$
\tan\theta=\frac{\frac{\sqrt{3}}{2}}{-\frac{1}{2}}=-\sqrt{3}
$$

于是，得出等效转角

$$
\theta=120°
$$

根据式(3-75)可以得出(见图 3-14)：

$$
k_x=\frac{1-0}{\sqrt{3}}=\frac{1}{\sqrt{3}}
$$

$$
k_y=\frac{1-0}{\sqrt{3}}=\frac{1}{\sqrt{3}}
$$

$$
k_z=\frac{1-0}{\sqrt{3}}=\frac{1}{\sqrt{3}}
$$

$$
\boldsymbol{k}=\left[\frac{1}{\sqrt{3}}\quad\frac{1}{\sqrt{3}}\quad\frac{1}{\sqrt{3}}\right]^{\mathrm{T}}
$$

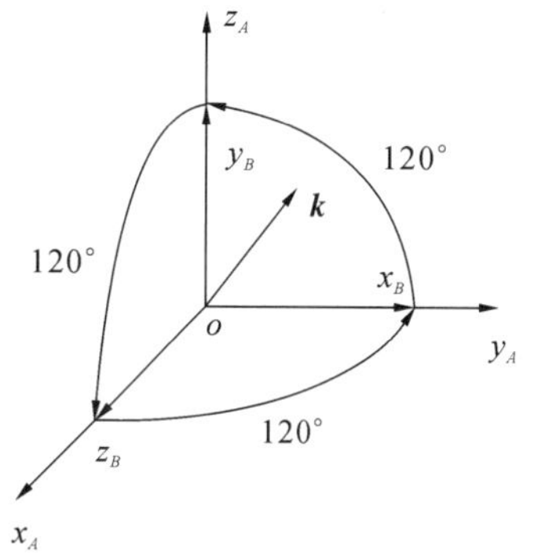

图 3-14　等效转轴与等效转角

$$
\boldsymbol{R}(\boldsymbol{k},120°)=\boldsymbol{R}(y,90°)\boldsymbol{R}(z,90°)
$$

可以证明，任何一组绕过原点的轴线的复合转动总是等价于绕某一过原点的轴线的转动 $\boldsymbol{R}(\boldsymbol{k},\theta)$（欧拉定理）。

3.6.3　齐次变换通式

式(3-67)给出了绕任一过原点的轴线 $\boldsymbol{k}$ 转 θ 角的旋转矩阵 $\boldsymbol{R}(\boldsymbol{k},\theta)$，现在推广这一结果，讨论轴线 $\boldsymbol{k}$ 不通过原点的情况。

假定单位矢量 $\boldsymbol{k}$ 通过点 $\boldsymbol{p}$，并且有

$$
\boldsymbol{k}=[k_x\quad k_y\quad k_z]^{\mathrm{T}}\tag{3-76}
$$

$$
\boldsymbol{p}=[p_x\quad p_y\quad p_z]^{\mathrm{T}}\tag{3-77}
$$

为了求出绕矢量 $\boldsymbol{k}$ 转 θ 角的齐次变换${}^A_B\boldsymbol{T}$，仿照前面的方法，再定义两坐标系$\{\boldsymbol{A}'\}$和$\{\boldsymbol{B}'\}$，分别与$\{\boldsymbol{A}\}$和$\{\boldsymbol{B}\}$固连，坐标轴分别与$\{\boldsymbol{A}\}$和$\{\boldsymbol{B}\}$的坐标轴平行，原点取在 $\boldsymbol{p}$ 点，在旋

转之前$\{\boldsymbol{B}\}$与$\{\boldsymbol{A}\}$重合，$\{\boldsymbol{B}'\}$与$\{\boldsymbol{A}'\}$重合，如图 3-15 所示。因此有变换方程(见图 3-15 中的空间尺寸链)

$$^{A}_{B}\boldsymbol{T} = {}^{A}_{A'}\boldsymbol{T}\,{}^{A'}_{B'}\boldsymbol{T}\,{}^{B'}_{B}\boldsymbol{T} \tag{3-78}$$

$$^{A}_{A'}\boldsymbol{T} = \begin{bmatrix} \boldsymbol{I}_{3\times 3} & \boldsymbol{p} \\ \boldsymbol{0} & 1 \end{bmatrix} = \mathrm{Trans}(\boldsymbol{p}) \tag{3-79}$$

$$^{B'}_{B}\boldsymbol{T} = {}^{B}_{B'}\boldsymbol{T}^{-1} = \begin{bmatrix} \boldsymbol{I}_{3\times 3} & -\boldsymbol{p} \\ \boldsymbol{0} & 1 \end{bmatrix} = \mathrm{Trans}(-\boldsymbol{p}) \tag{3-80}$$

$$^{A'}_{B'}\boldsymbol{T} = \mathrm{Rot}(\boldsymbol{k},\theta) = \begin{bmatrix} \boldsymbol{R}(\boldsymbol{k},\theta) & \boldsymbol{0} \\ \boldsymbol{0} & 1 \end{bmatrix} \tag{3-81}$$

式中：$\boldsymbol{R}(\boldsymbol{k},\theta)$按式(3-67)计算，由此得出

$$^{A}_{B}\boldsymbol{T} = \mathrm{Trans}(\boldsymbol{p})\mathrm{Rot}(\boldsymbol{k},\theta)\mathrm{Trans}(-\boldsymbol{p}) = \begin{bmatrix} \boldsymbol{R}(\boldsymbol{k},\theta) & -\boldsymbol{R}(\boldsymbol{k},\theta)\boldsymbol{p}+\boldsymbol{p} \\ \boldsymbol{0} & 1 \end{bmatrix} \tag{3-82}$$

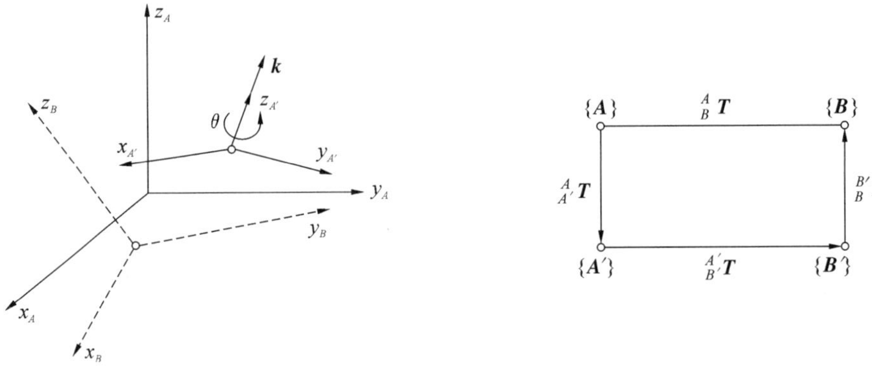

图 3-15　齐次变换通式

例 3.8　坐标系$\{\boldsymbol{B}\}$原来与$\{\boldsymbol{A}\}$重合，将$\{\boldsymbol{B}\}$绕矢量$^{A}\boldsymbol{k} = \begin{bmatrix} \frac{1}{\sqrt{3}} & \frac{1}{\sqrt{3}} & \frac{1}{\sqrt{3}} \end{bmatrix}$转动$\theta = 120°$，该矢量经过点$^{A}\boldsymbol{P} = [1 \quad 2 \quad 3]$，求坐标系$\{\boldsymbol{B}\}$。

$$^{A}_{B}\boldsymbol{T} = \boldsymbol{T}(\boldsymbol{k},\theta) = \begin{bmatrix} \boldsymbol{R}(\boldsymbol{k},\theta) & -\boldsymbol{R}(\boldsymbol{k},\theta)\boldsymbol{p}+\boldsymbol{p} \\ \boldsymbol{0} & 1 \end{bmatrix}$$

根据例 3.6 的结果，即式(3-68)，得

$$\boldsymbol{R}(\boldsymbol{k},\theta) = \begin{bmatrix} 0 & 0 & 1 \\ 1 & 0 & 0 \\ 0 & 1 & 0 \end{bmatrix}, \quad -\boldsymbol{R}(\boldsymbol{k},\theta)\boldsymbol{p} = -\begin{bmatrix} 0 & 0 & 1 \\ 1 & 0 & 0 \\ 0 & 1 & 0 \end{bmatrix}\begin{bmatrix} 1 \\ 2 \\ 3 \end{bmatrix} = -\begin{bmatrix} 3 \\ 1 \\ 2 \end{bmatrix}$$

$$-\boldsymbol{R}(\boldsymbol{k},\theta)\boldsymbol{p}+\boldsymbol{p} = \begin{bmatrix} -2 \\ 1 \\ 1 \end{bmatrix}$$

由此得出

$$^{A}_{B}\boldsymbol{T} = \boldsymbol{T}(\boldsymbol{k},\theta) = \begin{bmatrix} 0 & 0 & 1 & -2 \\ 1 & 0 & 0 & 1 \\ 0 & 1 & 0 & 1 \\ 0 & 0 & 0 & 1 \end{bmatrix}$$

反之，为了求出转轴上的一点$\boldsymbol{p}$，可利用下式：

$$ {}_B^A p = -R(k,\theta)p + p \tag{3-83}$$

式(3-83)中 p 的解不唯一，其解是一直线(即轴线)。

3.6.4　自由矢量变换

前面讨论了位置矢量的变换(映射和算子)，接下来还要处理速度和力矢量的变换问题。为此，必须注意各类矢量的差异。众所周知，有些矢量完全由它的维数、大小和方向三要素所规定，例如速度矢量、纯力矩矢量，称为自由矢量；另一类矢量则由维数、大小、方向和作用线四要素所规定，例如力矢量，称为线矢量。不同性质的矢量的变换也是不同的。

对线速度矢量而言，要规定的只是它的大小和方向，而对它的作用线(或位置)无须考虑。因此，速度矢量 v 从坐标系 $\{B\}$ 到 $\{A\}$ 的描述，只与两坐标系的旋转矩阵 ${}_B^A R$ 有关，而与坐标原点的位置 ${}^A p_{Bo}$ 无关，即

$$ {}^A v = {}_B^A R\, {}^B v \tag{3-84}$$

同样，纯力矩矢量 m 是一个自由矢量，它在两坐标系 $\{A\}$ 和 $\{B\}$ 中的描述具有以下关系：

$$ {}^A m = {}_B^A R\, {}^B m \tag{3-85}$$

变换仅涉及旋转矩阵，而与两坐标原点的相对位置无关。

3.7　位姿的综合

齐次变换矩阵 T 作为算子运算时，如果已知初始位置矢量 p_1，则 T 作用于 p_1，即可得终点位置 $p_2 = Tp_1$，其中质点运动前后的初始位置 p_1 和终点位置 p_2 被视为是在同一坐标系中描述的。在机器人设计中，要求根据初始位置 p_1 和终点位置 p_2，求变换矩阵 T。现在讨论算子运算的逆问题。对于给定的位置矢量，有

$$p_1^i = \begin{bmatrix} x_1^i & y_1^i & z_1^i & 1 \end{bmatrix}^T \quad (i = 1,2,\cdots,n)$$

$$p_2^i = \begin{bmatrix} x_2^i & y_2^i & z_2^i & 1 \end{bmatrix}^T \quad (i = 1,2,\cdots,n)$$

给定方向

$$v_1^j = \begin{bmatrix} l_1^j & m_1^j & n_1^j & 0 \end{bmatrix}^T \quad (j = 1,2,\cdots,m)$$

$$v_2^j = \begin{bmatrix} l_2^j & m_2^j & n_2^j & 0 \end{bmatrix}^T \quad (j = 1,2,\cdots,m)$$

如图 3-16(a)、(b)所示，位置矢量表示楔块的顶点，方向矢量代表棱边的指向，现在讨论是否存在唯一的算子 T，使楔块的位姿由图 3-16(a)所示变换为图 3-16(b)所示。

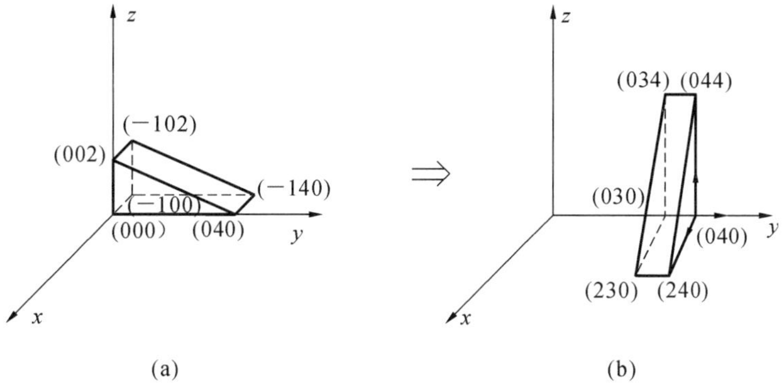

图 3-16　位姿综合

为了保证算子 $\boldsymbol{T}$ 的存在性、唯一性，对给定的位置矢量的方向应有一定的要求，即条件的相容性、独立性和完备性。

3.7.1 相容性、独立性和完备性

(1) 相容性：算子 $\boldsymbol{T}$ 作用前后，刚体两点间的距离保持不变，两方向的夹角保持不变。即

$$\| \boldsymbol{p}_1^i - \boldsymbol{p}_1^j \| = \| \boldsymbol{p}_2^i - \boldsymbol{p}_2^j \| \tag{3-86}$$

$$\boldsymbol{v}_1^j \cdot \boldsymbol{v}_1^s = \boldsymbol{v}_2^j \cdot \boldsymbol{v}_2^s \tag{3-87}$$

(2) 独立性：点 $\boldsymbol{p}_1^i(i=1,2,\cdots,n)$、$\boldsymbol{v}_1^j(j=1,2,\cdots,m)$组成线性无关组（即将它们当成列矢量，线性无关）。如果线性相关，可以从中挑出最大的线性无关组。

(3) 完备性：如果给定的条件是相容的、独立的，且只有一个 $\boldsymbol{T}$ 满足给定的条件，则称该条件是完备的，若有多个 $\boldsymbol{T}$ 满足给定条件，则称该条件不完备。

条件不相容时，没有解；条件不完备时，解不唯一；条件相容且完备时，解是存在的且是唯一的。对专用机械手的设计和规划而言，所给条件往往不完备，因此解不唯一，我们总是按一定准则找出一个最优解。

3.7.2 旋转矩阵的综合

任何变换都可以分解成移动变换和旋转变换（见式(3-19)）。由于移动变换不能改变方位，而旋转变换具有较大的灵活性，将旋转矩阵的综合问题归结为根据给定的条件确定旋转矩阵 $\boldsymbol{R}$，进一步算出等价转轴 $\boldsymbol{k}$ 和等价转角 θ。

例 3.9 已知运动前后的位置矢量和方向

$$\boldsymbol{p}_1 = [0 \quad 1 \quad 0]^{\mathrm{T}}, \quad \boldsymbol{p}_2 = [1 \quad 0 \quad 0]^{\mathrm{T}}$$

$$\boldsymbol{v}_1 = [1 \quad 0 \quad 0]^{\mathrm{T}}, \quad \boldsymbol{v}_2 = [0 \quad 0 \quad 1]^{\mathrm{T}}$$

令待求旋转算子 $\boldsymbol{R}$ 为

$$\boldsymbol{R} = \begin{bmatrix} n_x & o_x & a_x \\ n_y & o_y & a_y \\ n_z & o_z & a_z \end{bmatrix}$$

满足以上条件的旋转矩阵 $\boldsymbol{R}$ 有唯一解：

$$\boldsymbol{R} = \begin{bmatrix} 0 & 1 & 0 \\ 0 & 0 & 1 \\ 1 & 0 & 0 \end{bmatrix}$$

等价的转轴 $\boldsymbol{k}$ 和转角 θ 分别为（见例 3.7）

$$\boldsymbol{k} = \begin{bmatrix} \frac{1}{\sqrt{3}} & \frac{1}{\sqrt{3}} & \frac{1}{\sqrt{3}} \end{bmatrix}^{\mathrm{T}}, \quad \theta = 120^\circ$$

3.7.3 任意变换算子的综合

对任意变换算子 $\boldsymbol{T}=\begin{bmatrix} \boldsymbol{R} & \boldsymbol{p} \\ \boldsymbol{0} & 1 \end{bmatrix}$ 的综合可以分两部分进行，即方向的综合和位置的综合。可以证明，任意变换算子 $\boldsymbol{T}$ 均可以看成是绕某一矢（不一定通过原点）的某一旋转。

(1) 方向综合，即旋转矩阵 $\boldsymbol{R}$ 的综合，是指根据各矢量运动前后的方向求出 $\boldsymbol{R}$，方法同上。

(2) $\boldsymbol{R}$ 确定之后，再根据各点运动前后的位置矢量 ${}^A\boldsymbol{p}_1$ 和 ${}^A\boldsymbol{p}_2$ 求出 $\boldsymbol{p}$：

$$^A\boldsymbol{p}_2 = \boldsymbol{R}\,^A\boldsymbol{p}_1 + \boldsymbol{p}, \quad \boldsymbol{p} = {}^A\boldsymbol{p}_2 - \boldsymbol{R}\,^A\boldsymbol{p}_1 \tag{3-88}$$

我们将在后面的章节中利用 Chasles 定理和矩阵指数等，更深入讨论旋转变换和刚体变换的综合问题。

3.8 计算的复杂性

算法的有效性对机器人的性能有很大影响，操作系统的设计至今仍是一个有待解决的课题。齐次变换矩阵作为推导公式和概念是十分有用的，但是操作系统中的变换软件并不直接采用它，因为许多时间消耗在 0 和 1 的相乘上面。例如：

$$^A\boldsymbol{p} = {}^A_B\boldsymbol{R}\,^B\boldsymbol{p} + {}^A\boldsymbol{p}_{Bo}$$

$$\begin{bmatrix} ^A\boldsymbol{p} \\ 1 \end{bmatrix} = \begin{bmatrix} ^A_B\boldsymbol{R} & ^A\boldsymbol{p}_{Bo} \\ \boldsymbol{0} & 1 \end{bmatrix} \begin{bmatrix} ^B\boldsymbol{p} \\ 1 \end{bmatrix}$$

这两个式子表示的物理含义是等价的，但是计算的有效性相差很大。前者需要做 9 次乘法、9 次加法运算；后者需要做 16 次乘法、12 次加法运算。可见采用齐次变换会使计算量增加，许多机时将浪费在 0 和 1 相乘的无效运算上。通常我们不直接做齐次变换矩阵(4×4)的乘法和逆运算，而是利用式(3-33)和式(3-40)来进行计算。变换计算顺序对计算量也有很大影响。例如对一矢量连续进行多次旋转：

$$^A\boldsymbol{p} = {}^A_B\boldsymbol{R}\,^B_C\boldsymbol{R}\,^C_D\boldsymbol{R}\,^D\boldsymbol{p}$$

一种计算方法是先将三个旋转矩阵相乘得 ${}^A_D\boldsymbol{R}$，再将矩阵与矢量相乘：

$$^A\boldsymbol{p} = {}^A_D\boldsymbol{R}\,^D\boldsymbol{p}$$

三个 3×3 的矩阵相乘要做 54 次乘法和 36 次加法运算，最后一次矩阵与矢量相乘要做 9 次乘法和 6 次加法运算，共计 63 次乘法和 42 次加法运算。

如果采用以下运算顺序：

$$^A\boldsymbol{p} = {}^A_B\boldsymbol{R}\,^B_C\boldsymbol{R}\,^C_D\boldsymbol{R}\,^D\boldsymbol{p}$$

$$\rightarrow {}^A\boldsymbol{p} = {}^A_B\boldsymbol{R}\,^B_C\boldsymbol{R}\,^C\boldsymbol{p}$$

$$\rightarrow {}^A\boldsymbol{p} = {}^A_B\boldsymbol{R}\,^B\boldsymbol{p}$$

则总共只需做 27 次乘法和 18 次加法运算，和上面的计算方法相比较，计算量可减少一半多。

当然，变换矩阵 ${}^A_B\boldsymbol{R}$，${}^B_C\boldsymbol{R}$ 和 ${}^C_D\boldsymbol{R}$ 是常值，并且有多点 ${}^D\boldsymbol{p}_1$ 要变换为 ${}^A\boldsymbol{p}_1$ 时，首先算出 ${}^A_D\boldsymbol{R}$，然后重复使用 ${}^A_D\boldsymbol{R}$ 对多点进行映射就更有效。

两个旋转矩阵 ${}^A_B\boldsymbol{R}$ 和 ${}^B_C\boldsymbol{R}$ 相乘，通常需要做 27 次乘法和 18 次加法运算，但是如果利用旋转矩阵的性质，计算的次数还可以减少。令 $\boldsymbol{L}_1$，$\boldsymbol{L}_2$ 和 $\boldsymbol{L}_3$ 为 ${}^B_C\boldsymbol{R}$ 的各列，$\boldsymbol{C}_1$，$\boldsymbol{C}_2$ 和 $\boldsymbol{C}_3$ 是 ${}^A_C\boldsymbol{R}$ 的各列，计算 $\boldsymbol{C}_1 = {}^A_B\boldsymbol{R}\boldsymbol{L}_1$，$\boldsymbol{C}_2 = {}^A_B\boldsymbol{R}\boldsymbol{L}_2$，$\boldsymbol{C}_3 = \boldsymbol{C}_1 \times \boldsymbol{C}_2$。这样相乘，只需做 24 次乘法和 15 次加法运算。

资料概述

Paul(1981)、Craig(2004)和 Siciliano 等人(2009)的著作，以齐次变换矩阵作为基础来描述刚体位姿和刚体变换，并以此建立机器人的运动学描述方法，其中 Craig(2004)给出了 12 种欧拉角坐标系和 12 种固定角坐标系的旋转矩阵定义方式。Chou(1992)用四元数法描述了刚体姿态，Bar-Itzhack(2000)、Lynch 等人(2017)讨论了如何从旋转矩阵提取四元数，Murray 等人(1994)全面阐述了刚体的位姿和刚体变换的矩阵指数表示方法，从中可以找到关于旋转群 SO(3)和刚体变换群 SE(3)的详细介绍。关于机器人李群李代数方法的最近进展可参考 Lynch 和 Park(2017)的著作。

习　　题

3.1　矩阵

$$\begin{bmatrix} ? & 0 & -1 & 0 \\ ? & 0 & 0 & 1 \\ ? & -1 & 0 & 2 \\ ? & 0 & 0 & 1 \end{bmatrix}$$

代表齐次坐标变换，求其中"?"处的未知元素值(第一列元素)。

3.2　写出齐次变换矩阵 ${}^A_B\boldsymbol{T}$，它表示相对固定坐标系 $\{\boldsymbol{A}\}$ 做以下变换：

(1) 绕 z_A 轴转 90°；(2) 绕 x_A 轴转 −90°；(3) 移动，移动矢量为 $(3,7,9)^{\mathrm{T}}$。

3.3　写出齐次变换矩阵 ${}^A_B\boldsymbol{T}$，它表示相对运动坐标系 $\{\boldsymbol{B}\}$ 做以下变换：

(1) 移动，移动矢量为 $(3,7,9)^{\mathrm{T}}$；(2) 绕 x_B 轴转 −90°；(3) 绕 z_B 轴转 90°。

3.4　求下面齐次变换

$$\boldsymbol{T} = \begin{bmatrix} 0 & 1 & 0 & -1 \\ 0 & 0 & -1 & 2 \\ -1 & 0 & 0 & 0 \\ 0 & 0 & 0 & 1 \end{bmatrix}$$

的逆变换 $\boldsymbol{T}^{-1}$。

3.5　举例说明任意两个旋转矩阵的乘法是不可交换的，但是它的三个子群 $\boldsymbol{R}(x,\theta)$，$\boldsymbol{R}(y,\theta)$，$\boldsymbol{R}(z,\theta)$是可交换的。

3.6　设工件相对参考系 $\{\boldsymbol{U}\}$ 的描述为 ${}^U_P\boldsymbol{T}$，机器人基座相对参考系的描述为 ${}^U_B\boldsymbol{T}$，并已知

$${}^U_P\boldsymbol{T} = \begin{bmatrix} 0 & 1 & 0 & -1 \\ 0 & 0 & -1 & 2 \\ -1 & 0 & 0 & 0 \\ 0 & 0 & 0 & 1 \end{bmatrix}, \quad {}^U_B\boldsymbol{T} = \begin{bmatrix} 1 & 0 & 0 & 1 \\ 0 & 1 & 0 & 5 \\ 0 & 0 & 1 & 9 \\ 0 & 0 & 0 & 1 \end{bmatrix}$$

希望机器人手爪坐标系 $\{\boldsymbol{H}\}$ 与工件坐标系 $\{\boldsymbol{P}\}$ 重合，试求变换矩阵 ${}^H_B\boldsymbol{T}$。

3.7　已知坐标变换矩阵 ${}^U_A\boldsymbol{T}$，${}^B_A\boldsymbol{T}$，${}^C_U\boldsymbol{T}$ 分别为

$$
{}^{U}_{A}\boldsymbol{T}=\begin{bmatrix}0.866 & -0.500 & 0 & 11\\ 0.508 & 0.866 & 0 & -1\\ 0 & 0 & 1 & 8\\ 0 & 0 & 0 & 1\end{bmatrix},\quad {}^{B}_{A}\boldsymbol{T}=\begin{bmatrix}1 & 0 & 0 & 0\\ 0 & 0.866 & -0.500 & 10\\ 0 & 0.500 & 0.866 & -20\\ 0 & 0 & 0 & 1\end{bmatrix}
$$

$$
{}^{C}_{U}\boldsymbol{T}=\begin{bmatrix}0.866 & -0.500 & 0 & -3\\ 0.433 & 0.750 & -0.5 & -3\\ 0.250 & 0.433 & 0.866 & 3\\ 0 & 0 & 0 & 1\end{bmatrix}
$$

画出空间尺寸链图，并求${}^{B}_{C}\boldsymbol{T}$。

3.8　如图 3-17 所示的各坐标系，试求各齐次变换矩阵${}^{i-1}_{\ \ i}\boldsymbol{T}$ 和${}^{0}_{i}\boldsymbol{T}$($i=1,2,3,4$)。

3.9　如图 3-18 所示的各坐标系，试求各齐次变换矩阵${}^{i-1}_{\ \ i}\boldsymbol{T}$ 和${}^{0}_{i}\boldsymbol{T}$($i=1,2$)。图中 l 是正方体的边长，o_1 是正方体的质心，o_2 为棱边的中点。

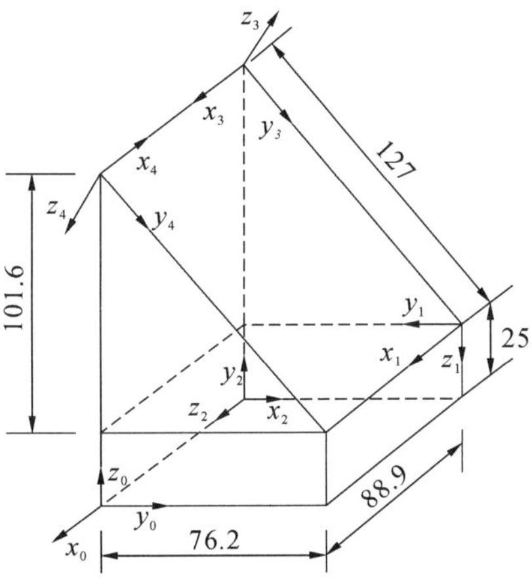

图 3-17　多面体各顶点坐标系

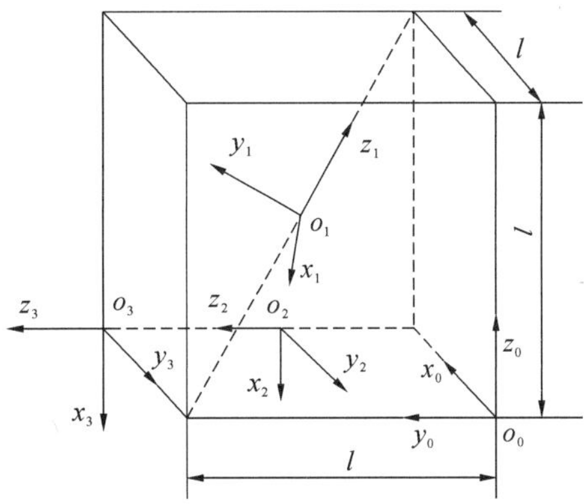

图 3-18　正方体各顶点与中点坐标系

3.10　证明绕某轴的旋转变换与沿同一轴的移动变换的次序可交换，两移动变换可交换，两同轴转动变换可交换。

3.11　已知旋转矩阵

$$
\boldsymbol{R}(\boldsymbol{k},\theta)=\begin{bmatrix}0 & 1 & 0\\ 0 & 0 & -1\\ -1 & 0 & 0\end{bmatrix}
$$

试求其等效转轴 $\boldsymbol{k}$ 和等效转角 θ。

3.12　已知齐次变换矩阵

$$
\boldsymbol{H}=\begin{bmatrix}0 & 1 & 0 & 10\\ 0 & 0 & -1 & 20\\ -1 & 0 & 0 & 1\\ 0 & 0 & 0 & 1\end{bmatrix}
$$

把它看成绕某一轴线(不过原点)的旋转变换，试求转轴 $\boldsymbol{k}$ 的方向余弦和轴上的一点，并求等效转角 θ。

3.13　刚体在二维空间中的自由度为 3=2+1，在三维空间中的运动自由度为 6=3+

3,证明刚体在 n 维空间的自由度为 $(n+n^2)/2$。其中移动自由度和转动自由度各为多少?

3.14　验证:旋转矩阵 $\boldsymbol{R}\in \mathrm{SO}(3)$ 和齐次变换矩阵 $\boldsymbol{T}\in \mathrm{SE}(3)$ 满足“长度不变”和“叉积不变”的条件;都满足“群公理条件”,即具有封闭性、可逆性并遵循结合律,具有单位元和逆元。

3.15　所有 $n\times n$ 非奇异方阵对矩阵乘法运算构成的李群均称为一般线性群 $\mathrm{GL}(n)$,它是 $\Re^{n\times n}$ 的开集,为一流形。群的单位元是 $n\times n$ 单位矩阵。任意元素的逆元即为该矩阵的逆。请根据李子群的定义验证:$\mathrm{SE}(n)$ 是 $\mathrm{GL}(n)$ 的李子群, $\mathrm{SO}(n)$ 是 $O(n)$ 的李子群。

第 4 章　刚体速度和静力

第 3 章讨论空间刚体的位姿描述，阐述旋转矩阵 $\boldsymbol{R}$ 和刚体变换矩阵 $\boldsymbol{T}$ 的性质和运算，定义了特殊正交群和特殊欧氏群。Chasles 定理表明，任一刚体运动若等价于螺旋运动，即可以表示为绕空间直线的旋转与沿该直线的移动的合成。螺旋运动的无穷小量称为运动旋量(twist)。刚体的瞬时速度也用其线速度分量和角速度分量的组合表示。同样，Poinsot 发现，作用在刚体上的任何力系均可以合成为力旋量(wrench)，即沿某一空间直线的集中力和绕该直线的力矩的组合。力旋量与运动旋量存在对偶关系，有关运动旋量的定理也适用于力旋量。利用运动旋量和力旋量描述刚体运动是在全局坐标系上进行的，避免用局部坐标系描述时所产生的奇异性。运动旋量和力旋量具有明显的几何特征，便于机构分析中机器人运动学方程的建立及其反解。本章讨论刚体速度和静力，首先介绍线矢量(line vector)的 Plücker 坐标和两线矢量的 r-积等概念，从中可以看出，线矢量可以代表特殊的运动旋量，也可表示特殊的力旋量，还可以阐明刚体速度和静力的对偶关系，引入伴随变换等概念。

4.1　线　矢　量

线矢量表示三维空间$\mathfrak{R}^3$ 中的有向直线，其概念也可从固体力学衍生而来。其实，刚体旋转运动的旋转轴线是有向直线，作用力也是有向直线。如图 4-1 所示，力 $\boldsymbol{f}$ 的作用点为 $\boldsymbol{r}$，作用方向为物体表面内法线方向 $\boldsymbol{n}$(单位矢量)，力的幅值为 $m=\|\boldsymbol{f}\|$，则由力 $\boldsymbol{f}$ 产生的相对坐标原点的力矢量 $\boldsymbol{f}=\boldsymbol{n}m$ 和力矩矢量 $\boldsymbol{\tau}=(\boldsymbol{r}\times\boldsymbol{n})m$ 可以合并为六维矢量 $F\in\mathfrak{R}^6$，即

$$F=\begin{bmatrix}\boldsymbol{f}\\ \boldsymbol{\tau}\end{bmatrix}=\begin{bmatrix}\boldsymbol{n}\\ \boldsymbol{r}\times\boldsymbol{n}\end{bmatrix}m \tag{4-1}$$

相似地，在三维空间$\mathfrak{R}^3$ 中，若 $\boldsymbol{\omega}$ 为刚体的旋转轴线，$\boldsymbol{r}$ 为轴线上的任意一点，角速度 $\boldsymbol{\omega}$ 的幅值 $\dot{\theta}=\|\boldsymbol{\omega}\|$，如图 4-2 所示，则由角速度 $\boldsymbol{\omega}$ 产生的相对坐标原点的角速度矢量 $\boldsymbol{\omega}=\boldsymbol{n}\dot{\theta}$ 和线速度矢量 $\boldsymbol{v}=(\boldsymbol{r}\times\boldsymbol{n})\dot{\theta}$ 可以合并为六维矢量 V，即

$$V=\begin{bmatrix}\boldsymbol{v}\\ \boldsymbol{\omega}\end{bmatrix}=\begin{bmatrix}\boldsymbol{r}\times\boldsymbol{n}\\ \boldsymbol{n}\end{bmatrix}\dot{\theta} \tag{4-2}$$

线矢量 L 定义为三维空间$\mathfrak{R}^3$ 中的有向直线，由直线上的一点 $\boldsymbol{r}$ 和其方向 $\boldsymbol{n}$ 所确定。如图 4-3 所示，线矢量 L 定义为过点 $\boldsymbol{r}$ 沿方向 $\boldsymbol{n}$ 的点集，有

$$L=\{\boldsymbol{r}+\lambda\boldsymbol{n}:\lambda\in\mathfrak{R},\|\boldsymbol{n}\|=1\} \tag{4-3}$$

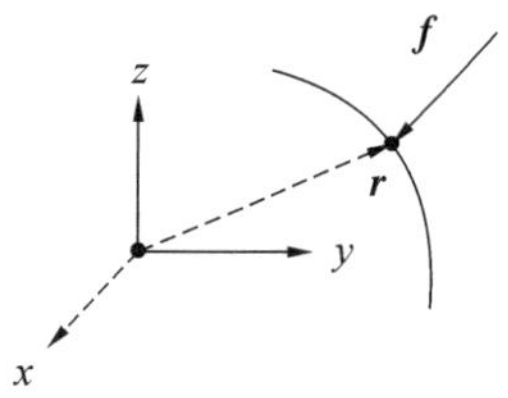

图 4-1　刚体上的纯力作用

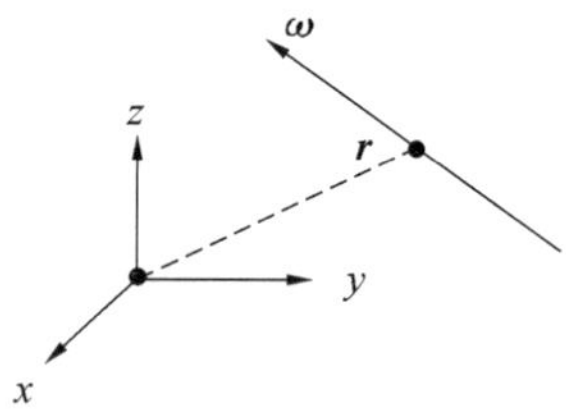

图 4-2　刚体纯转动

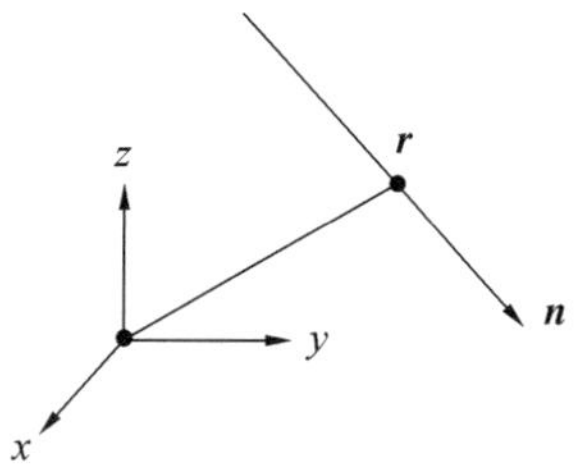

图 4-3　线矢量

4.1.1　线矢量 L 的 Plücker 坐标

线矢量 L 的 Plücker 坐标规定为六维列矢量,有

$$L=\begin{bmatrix}\boldsymbol{n}\\ \boldsymbol{r}\times\boldsymbol{n}\end{bmatrix} \tag{4-4}$$

式中:$\boldsymbol{n}$ 为单位矢量,为线矢量 L 的方向;$\boldsymbol{r}\times\boldsymbol{n}$ 称为线矩,表示 $\boldsymbol{n}$ 对坐标原点的矩矢量。Plücker 坐标满足两个约束关系:① 归一化条件,即 $\|\boldsymbol{n}\|=1$;② Plücker 关系,即 $\boldsymbol{n}\cdot(\boldsymbol{r}\times\boldsymbol{n})=0$。因此,三维空间$\mathfrak{R}^3$中,所有线矢量 $L=\{(\boldsymbol{n},\boldsymbol{r}\times\boldsymbol{n})\in\mathfrak{R}^6\}$的集合为$\mathfrak{R}^6$中的四维流形。

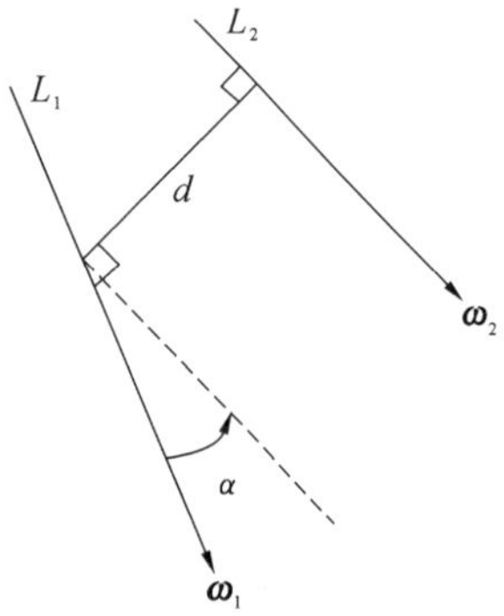

图 4-4　两线矢量的公垂线及夹角

从式(4-1)和式(4-2)可以看出,线矢量 L 可以表示六维力的坐标 $F=Lm$,也可以表示六维运动的坐标 $V=L^{r}m$。不同之点在于单位矢量 L^{r} 和线矩相互倒置(reciprocal)。

两线矢量 $L_1=(\boldsymbol{n}_1,\boldsymbol{r}_1\times\boldsymbol{n}_1)$,$L_2=(\boldsymbol{n}_2,\boldsymbol{r}_2\times\boldsymbol{n}_2)$的 r-积(reciprocal product)定义为

$$L_1\circ L_2=\boldsymbol{n}_1\cdot(\boldsymbol{r}_2\times\boldsymbol{n}_2)+\boldsymbol{n}_2\cdot(\boldsymbol{r}_1\times\boldsymbol{n}_1) \tag{4-5}$$

可以证明,两线矢量的 r-积为

$$L_1\circ L_2=-d\sin\alpha \tag{4-6}$$

式中:d 是 L_1 与 L_2 的公垂线长度,$d\in\mathfrak{R}$;α 是 L_1 与 L_2 之间的夹角,$\alpha\in\mathfrak{R}$;d 和 α 如图 4-4 所示。可见,两者的 r-积只与 d 和 α 有关,而与坐标系的选取无关,具有不变性。

4.1.2　矢量积与反对称矩阵

前面讨论了线矢量的线矩 $\boldsymbol{r}\times\boldsymbol{n}$,定义为两矢量的矢量积。实际上,在欧氏空间$\mathfrak{R}^3$ 中,任意两矢量 $\boldsymbol{r},\boldsymbol{n}\in\mathfrak{R}^3$ 的矢量积(叉积)为$\mathfrak{R}^3$ 中的新矢量:

$$\boldsymbol{r}\times\boldsymbol{n}=\begin{bmatrix}r_yn_z-r_zn_y\\ r_zn_x-r_xn_z\\ r_xn_y-r_yn_x\end{bmatrix}$$

定义 4.1　由矢量 $\boldsymbol{r}\in\mathfrak{R}^3$ 构成的 3×3 反对称矩阵$[\boldsymbol{r}]\in\mathfrak{R}^{3\times3}$为

$$[\boldsymbol{r}]=\begin{bmatrix}0 & -r_z & r_y\\ r_z & 0 & -r_x\\ -r_y & r_x & 0\end{bmatrix} \tag{4-7}$$

反对称矩阵有如下性质:

(1) $[\boldsymbol{r}]^{\mathrm{T}}=-[\boldsymbol{r}]$,此即反对称性质;

(2) $\boldsymbol{r}\times\boldsymbol{n}=[\boldsymbol{r}]\boldsymbol{n}$,叉积运算是线性算子;

(3) $\boldsymbol{R}[\boldsymbol{r}]\boldsymbol{R}^{\mathrm{T}}=[\boldsymbol{Rr}]$,式中 $\boldsymbol{R}$ 是旋转矩阵;

(4) $(\boldsymbol{Rr})\times(\boldsymbol{Rn})=\boldsymbol{R}(\boldsymbol{r}\times\boldsymbol{n})$,$[\boldsymbol{Rr}](\boldsymbol{Rn})=\boldsymbol{R}([\boldsymbol{r}]\boldsymbol{n})$。

也采用算子符∨(vee)和逆算子∧(wedge)表示上述关系。对于任意矢量 $\boldsymbol{r}\in\Re^3$,算子符∧的作用是将矢量 $\boldsymbol{r}$ 转换成相应的反对称矩阵 $\hat{\boldsymbol{r}}=[\boldsymbol{r}]\in\Re^{3\times3}$。∨是∧的逆算子,即 $[\boldsymbol{r}]^{\vee}=\boldsymbol{r}$。

4.1.3　线矢量的齐次坐标和伴随变换

在引入线矢量的齐次坐标之前,首先回顾位置矢量(点)和自由矢量(方向)的齐次坐标和齐次变换。通常规定自由矢量齐次坐标的最后一个分量为 0,而位置矢量的最后一个分量为 1。显然,方向 $\boldsymbol{n}$ 为自由矢量,点 $\boldsymbol{r}$ 为位置矢量,则两者的齐次坐标分别为 $[\boldsymbol{n}^{\mathrm{T}}\quad 0]^{\mathrm{T}}$ 和 $[\boldsymbol{r}^{\mathrm{T}}\quad 1]^{\mathrm{T}}$。

自由矢量 $\boldsymbol{n}$ 和位置矢量 $\boldsymbol{r}$ 的刚体变换分别为

$$\begin{bmatrix}{}^{A}\boldsymbol{n}\\0\end{bmatrix}=\begin{bmatrix}{}_{B}^{A}\boldsymbol{R} & {}^{A}\boldsymbol{p}_{Bo}\\\boldsymbol{0} & 1\end{bmatrix}\begin{bmatrix}{}^{B}\boldsymbol{n}\\0\end{bmatrix}$$

和

$$\begin{bmatrix}{}^{A}\boldsymbol{r}\\1\end{bmatrix}=\begin{bmatrix}{}_{B}^{A}\boldsymbol{R} & {}^{A}\boldsymbol{p}_{Bo}\\\boldsymbol{0} & 1\end{bmatrix}\begin{bmatrix}{}^{B}\boldsymbol{r}\\1\end{bmatrix}$$

由此得到

$${}^{A}\boldsymbol{n}={}_{B}^{A}\boldsymbol{R}\,{}^{B}\boldsymbol{n}$$

和

$${}^{A}\boldsymbol{r}={}_{B}^{A}\boldsymbol{R}\,{}^{B}\boldsymbol{r}+{}^{A}\boldsymbol{p}_{Bo}$$

可见,自由矢量 $\boldsymbol{n}$ 与位置矢量 $\boldsymbol{r}$ 的刚体变换是不同的,自由矢量 $\boldsymbol{n}$ 的刚体变换只与旋转矩阵 $\boldsymbol{R}$ 有关,而位置矢量 $\boldsymbol{r}$ 则不然,不仅与旋转矩阵 $\boldsymbol{R}$ 有关,还和坐标原点平移矢量 $\boldsymbol{p}$ 有关。

由线矢量 L 的定义可见,它完全由其上的一点 $\boldsymbol{r}$ 和方向 $\boldsymbol{n}$ 确定。根据位置矢量 $\boldsymbol{r}$ 和单位自由矢量 $\boldsymbol{n}$ 的齐次坐标的规定,可以定义线矢量 L 的齐次坐标 $\bar{L}$。

定义 4.2　线矢量 L 的齐次坐标 $\bar{L}$ 定义为

$$\bar{L}=\begin{bmatrix}\boldsymbol{n} & \boldsymbol{r}\\0 & 1\end{bmatrix}\in\Re^{4\times2}\tag{4-8}$$

线矢量 L 从坐标系 $\{\boldsymbol{B}\}$ 到 $\{\boldsymbol{A}\}$ 的坐标变换可以用齐次坐标矩阵 ${}_{B}^{A}\boldsymbol{T}$ 表示,即

$${}^{A}\bar{L}={}_{B}^{A}\boldsymbol{T}\,{}^{B}\bar{L}$$

由此可得

$$\begin{bmatrix}{}^{A}\boldsymbol{n} & {}^{A}\boldsymbol{r}\\0 & 1\end{bmatrix}=\begin{bmatrix}{}_{B}^{A}\boldsymbol{R} & {}^{A}\boldsymbol{p}_{Bo}\\\boldsymbol{0} & 1\end{bmatrix}\begin{bmatrix}{}^{B}\boldsymbol{n} & {}^{B}\boldsymbol{r}\\0 & 1\end{bmatrix}=\begin{bmatrix}{}_{B}^{A}\boldsymbol{R}\,{}^{B}\boldsymbol{n} & {}_{B}^{A}\boldsymbol{R}\,{}^{B}\boldsymbol{r}+{}^{A}\boldsymbol{p}_{Bo}\\0 & 1\end{bmatrix}\tag{4-9}$$

为方便起见,下面将 ${}^{A}\boldsymbol{p}_{Bo}$ 简写为 $\boldsymbol{p}$,利用反对称矩阵的性质(4),即 $(\boldsymbol{Rr})\times(\boldsymbol{Rn})=\boldsymbol{R}(\boldsymbol{r}\times\boldsymbol{n})$,可以得到与式(4-9)对应的线矢量的 Plücker 坐标表示:

$$\begin{bmatrix}{}^{A}\boldsymbol{n}\\{}^{A}\boldsymbol{r}\times{}^{A}\boldsymbol{n}\end{bmatrix}=\begin{bmatrix}{}_{B}^{A}\boldsymbol{R}\,{}^{B}\boldsymbol{n}\\({}_{B}^{A}\boldsymbol{R}\,{}^{B}\boldsymbol{r}+\boldsymbol{p})\times({}_{B}^{A}\boldsymbol{R}\,{}^{B}\boldsymbol{n})\end{bmatrix}=\begin{bmatrix}{}_{B}^{A}\boldsymbol{R} & \boldsymbol{0}\\[\boldsymbol{p}]{}_{B}^{A}\boldsymbol{R} & {}_{B}^{A}\boldsymbol{R}\end{bmatrix}\begin{bmatrix}{}^{B}\boldsymbol{n}\\{}^{B}\boldsymbol{r}\times{}^{B}\boldsymbol{n}\end{bmatrix}\tag{4-10}$$

定义 4.3　式(4-10)中的 6×6 变换矩阵称为力伴随矩阵,记为

$$\mathrm{Ad}_F({}^A_B\boldsymbol{T})=\begin{bmatrix}{}^A_B\boldsymbol{R} & \boldsymbol{0}\\ [\boldsymbol{p}]{}^A_B\boldsymbol{R} & {}^A_B\boldsymbol{R}\end{bmatrix} \tag{4-11}$$

式中：$[\boldsymbol{p}]$表示矢量 $\boldsymbol{p}\in\Re^3$ 构成的 3×3 的反对称矩阵。

图 4-5 表示刚体变换矩阵${}^A_B\boldsymbol{T}$ 与力伴随变换矩阵 $\mathrm{Ad}_F({}^A_B\boldsymbol{T})$之间的关系。式(4-10)可简写成 ${}^AL=\mathrm{Ad}_F({}^A_B\boldsymbol{T}){}^BL$，反之，${}^BL=\mathrm{Ad}_F^{-1}({}^A_B\boldsymbol{T}){}^AL$。其中，力伴随变换的逆为

$$\mathrm{Ad}_F^{-1}({}^A_B\boldsymbol{T})=\mathrm{Ad}_F({}^B_A\boldsymbol{T})=\begin{bmatrix}{}^A_B\boldsymbol{R}^{\mathrm{T}} & \boldsymbol{0}\\ -{}^A_B\boldsymbol{R}^{\mathrm{T}}[\boldsymbol{p}] & {}^A_B\boldsymbol{R}^{\mathrm{T}}\end{bmatrix} \tag{4-12}$$

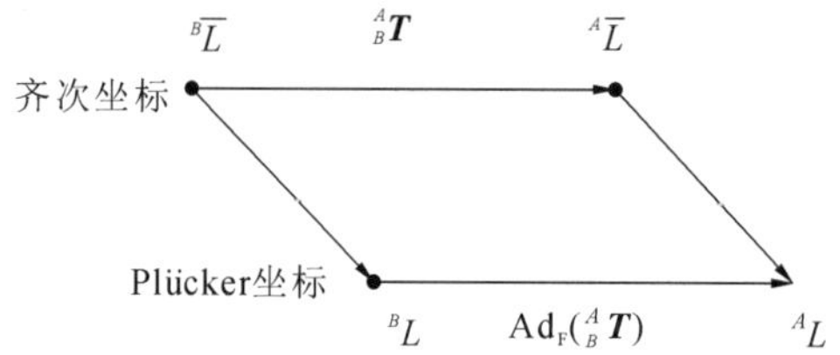

图 4-5　齐次坐标与 Plücker 坐标的变换关系

倒置线矢量 L^r 表示六维速度矢量 V，它的 Plücker 坐标规定为

$$L^r=\begin{bmatrix}\boldsymbol{r}\times\boldsymbol{n}\\ \boldsymbol{n}\end{bmatrix}$$

倒置线矢量 L^r 的伴随变换矩阵称为速度伴随矩阵。利用式(4-10)，可以推导出

$$\mathrm{Ad}_V({}^A_B\boldsymbol{T})=\begin{bmatrix}{}^A_B\boldsymbol{R} & [\boldsymbol{p}]{}^A_B\boldsymbol{R}\\ \boldsymbol{0} & {}^A_B\boldsymbol{R}\end{bmatrix} \tag{4-13}$$

速度伴随矩阵的逆可表示为

$$\mathrm{Ad}_V^{-1}({}^A_B\boldsymbol{T})=\mathrm{Ad}_V({}^B_A\boldsymbol{T})=\begin{bmatrix}{}^A_B\boldsymbol{R}^{\mathrm{T}} & -{}^A_B\boldsymbol{R}^{\mathrm{T}}[\boldsymbol{p}]\\ \boldsymbol{0} & {}^A_B\boldsymbol{R}^{\mathrm{T}}\end{bmatrix} \tag{4-14}$$

上面导出了力伴随矩阵（见式(4-11)）及其逆（见式(4-12)）和速度伴随矩阵（见式(4-13)）及其逆（见式(4-14)），可以验证，力伴随矩阵与速度伴随矩阵可相互转置，即

$$\mathrm{Ad}_F({}^A_B\boldsymbol{T})=\mathrm{Ad}_V^{-\mathrm{T}}({}^A_B\boldsymbol{T}),\quad \mathrm{Ad}_F^{-1}({}^A_B\boldsymbol{T})=\mathrm{Ad}_V^{\mathrm{T}}({}^A_B\boldsymbol{T}) \tag{4-15}$$

根据上面四个伴随矩阵之间的关系知，可以由其中一个推导其余三个。它们将会经常用于刚体静力分析和速度分析。

4.2　微分转动与转动速度

刚体速度可以看成是单位采样时间内的微分运动，因此，微分运动与运动速度有密切的联系。本节首先研究微分转动与角速度，下节讨论微分运动矢量和运动旋量坐标。

4.2.1　微分转动与角速度

第 3 章曾经给出绕 x 轴、y 轴和 z 轴转 θ 角的旋转变换矩阵：

$$\boldsymbol{R}(x,\theta)=\begin{bmatrix}1&0&0\\0&\cos\theta&-\sin\theta\\0&\sin\theta&\cos\theta\end{bmatrix},\quad \boldsymbol{R}(y,\theta)=\begin{bmatrix}\cos\theta&0&\sin\theta\\0&1&0\\-\sin\theta&0&\cos\theta\end{bmatrix},\quad \boldsymbol{R}(z,\theta)=\begin{bmatrix}\cos\theta&-\sin\theta&0\\\sin\theta&\cos\theta&0\\0&0&1\end{bmatrix}$$

当转动的角度 θ 很小时，把 θ 当成微量，则该转动称为微分转动。我们规定，绕 x 轴、y 轴和 z 轴转动的微分角度分别记为 δ_x，δ_y 和 δ_z，由于 δ_x，δ_y 和 δ_z 都很小，则得到近似公式

$$\sin\delta_x=\delta_x,\quad \sin\delta_y=\delta_y,\quad \sin\delta_z=\delta_z$$
$$\cos\delta_x=1,\quad \cos\delta_y=1,\quad \cos\delta_z=1$$

相应的微分转动变换分别为

$$\boldsymbol{R}(x,\delta_x)=\begin{bmatrix}1&0&0\\0&1&-\delta_x\\0&\delta_x&1\end{bmatrix},\quad \boldsymbol{R}(y,\delta_y)=\begin{bmatrix}1&0&\delta_y\\0&1&0\\-\delta_y&0&1\end{bmatrix},\quad \boldsymbol{R}(z,\delta_z)=\begin{bmatrix}1&-\delta_z&0\\\delta_z&1&0\\0&0&1\end{bmatrix}$$

微分转动变换可以看成以上三种变换的复合作用：

$$\boldsymbol{R}(x,\delta_x)\boldsymbol{R}(y,\delta_y)\boldsymbol{R}(z,\delta_z)=\begin{bmatrix}1&0&0\\0&1&-\delta_x\\0&\delta_x&1\end{bmatrix}\begin{bmatrix}1&0&\delta_y\\0&1&0\\-\delta_y&0&1\end{bmatrix}\begin{bmatrix}1&-\delta_z&0\\\delta_z&1&0\\0&0&1\end{bmatrix}$$

将三矩阵相乘，忽略二阶、三阶等高阶微量，则得

$$\boldsymbol{R}(x,\delta_x)\boldsymbol{R}(y,\delta_y)\boldsymbol{R}(z,\delta_z)=\begin{bmatrix}1&-\delta_z&\delta_y\\\delta_z&1&-\delta_x\\-\delta_y&\delta_x&1\end{bmatrix}\tag{4-16}$$

显然，微分转动变换矩阵相乘符合交换律。另一方面，微分转动变换等价于绕某轴 $\boldsymbol{k}=[k_x\quad k_y\quad k_z]^{\mathrm{T}}$ 旋转 $\delta\theta$ 的微分转动。将旋转变换通式(3-67)中的角度 θ 用微量 $\delta\theta$ 代替，由于 $\sin\delta\theta=\delta\theta$，$\cos\delta\theta=1$，$\mathrm{Vers}\delta\theta=1-\cos\delta\theta=0$，则式(3-67)变为

$$\boldsymbol{R}(\boldsymbol{k},\delta\theta)=\begin{bmatrix}1&-k_z\delta\theta&k_y\delta\theta\\k_z\delta\theta&1&-k_x\delta\theta\\-k_y\delta\theta&k_x\delta\theta&1\end{bmatrix}\tag{4-17}$$

对照式(4-17)和式(4-16)可以看出等价转轴 $\boldsymbol{k}=[k_x\quad k_y\quad k_z]^{\mathrm{T}}$ 和等价微分转角 $\delta\theta$ 与 δ_x，δ_y 和 δ_z 之间的关系：

$$\delta_x=k_x\delta\theta,\quad \delta_y=k_y\delta\theta,\quad \delta_z=k_z\delta\theta$$

式中：$k_x^2+k_y^2+k_z^2=\|\boldsymbol{k}\|^2=1$，$\delta\theta=\sqrt{\delta_x^2+\delta_y^2+\delta_z^2}$。可见，绕轴 $\boldsymbol{k}$ 旋转 $\delta\theta$ 的微分转动变换可分解为绕 x 轴、y 轴和 z 轴的三个分量。

为了求出刚体角速度矢量 $\boldsymbol{\omega}$，首先计算旋转矩阵的微分 $\Delta\boldsymbol{R}$ 和导数 $\dot{\boldsymbol{R}}$。有

$$\dot{\boldsymbol{R}}=\lim_{\Delta t\to 0}\frac{\boldsymbol{R}(t+\Delta t)-\boldsymbol{R}(t)}{\Delta t}=\lim_{\Delta t\to 0}\frac{\Delta\boldsymbol{R}(t)}{\Delta t}\tag{4-18}$$

将 $\boldsymbol{R}(t+\Delta t)$ 看成是 $\boldsymbol{R}(t)$ 在参考系中经微分旋转变换得到的，按左乘规则有

$$\boldsymbol{R}(t+\Delta t)=\boldsymbol{R}(\boldsymbol{k},\delta\theta)\boldsymbol{R}(t)\tag{4-19}$$

式中：微分转角 $\delta\theta$ 是在 Δt 时间间隔内绕轴转动的角度。根据式(4-18)和式(4-19)可得

$$\Delta\boldsymbol{R}(t)=\boldsymbol{R}(t+\Delta t)-\boldsymbol{R}(t)=(\boldsymbol{R}(\boldsymbol{k},\delta\theta)-\boldsymbol{I}_3)\boldsymbol{R}(t)=[\boldsymbol{\delta}]\boldsymbol{R}(t)\tag{4-20}$$

式中：$\boldsymbol{I}_3$ 是 3×3 的单位矩阵；$[\boldsymbol{\delta}]$ 称为微分旋转算子，可以验证它是反对称矩阵，有

$$[\boldsymbol{\delta}]=\boldsymbol{R}(\boldsymbol{k},\delta\theta)-\boldsymbol{I}_3=\begin{bmatrix}0&-k_z\delta\theta&k_y\delta\theta\\k_z\delta\theta&0&-k_x\delta\theta\\-k_y\delta\theta&k_x\delta\theta&0\end{bmatrix}=\begin{bmatrix}0&-\delta_z&\delta_y\\\delta_z&0&-\delta_x\\-\delta_y&\delta_x&0\end{bmatrix}$$

对式(4-20)两边除以 Δt 并取极限得

$$\dot{\boldsymbol{R}}(t)=\begin{bmatrix}0 & -k_z\dot{\theta} & k_y\dot{\theta}\\ k_z\dot{\theta} & 0 & -k_x\dot{\theta}\\ -k_y\dot{\theta} & k_x\dot{\theta} & 0\end{bmatrix}\boldsymbol{R}(t)$$

定义 4.4 相对参考系的空间角速度矩阵定义为

$$[\boldsymbol{\omega}^{\mathrm{s}}(t)]=\dot{\boldsymbol{R}}(t)\boldsymbol{R}^{-1}(t)=\dot{\boldsymbol{R}}(t)\boldsymbol{R}^{\mathrm{T}}(t) \tag{4-21}$$

即

$$[\boldsymbol{\omega}^{\mathrm{s}}(t)]=\begin{bmatrix}0 & -k_z\dot{\theta} & k_y\dot{\theta}\\ k_z\dot{\theta} & 0 & -k_x\dot{\theta}\\ -k_y\dot{\theta} & k_x\dot{\theta} & 0\end{bmatrix}=\begin{bmatrix}0 & -\omega_z & \omega_y\\ \omega_z & 0 & -\omega_x\\ -\omega_y & \omega_x & 0\end{bmatrix} \tag{4-22}$$

可见，它是反对称矩阵。利用逆算子∨，可以得到空间角速度矢量

$$\boldsymbol{\omega}^{\mathrm{s}}(t)=[\boldsymbol{\omega}^{\mathrm{s}}(t)]^{\vee}=\begin{bmatrix}\omega_x\\ \omega_y\\ \omega_z\end{bmatrix}=\begin{bmatrix}k_x\dot{\theta}\\ k_y\dot{\theta}\\ k_z\dot{\theta}\end{bmatrix}=\begin{bmatrix}k_x\\ k_y\\ k_z\end{bmatrix}\dot{\theta}=\boldsymbol{k}\dot{\theta}$$

空间角速度矢量 $\boldsymbol{\omega}^{\mathrm{s}}$ 的模等于 $\dot{\theta}$，瞬时转轴为单位矢量 $\boldsymbol{k}=[k_x \quad k_y \quad k_z]^{\mathrm{T}}$。值得指出，由公式(4-21)定义的空间角速度是相对固定参考系而言的。同样，可以推导相对物体坐标系的物体角速度 $\boldsymbol{\omega}^{\mathrm{b}}$。若将 $\boldsymbol{R}(t+\Delta t)$ 看成是由 $\boldsymbol{R}(t)$ 相对物体坐标系经微分旋转变换得到的，则按右乘规则有 $\boldsymbol{R}(t+\Delta t)=\boldsymbol{R}(t)\boldsymbol{R}(\boldsymbol{k},\delta\theta)$。因此可以定义相对物体坐标系的物体角速度。

定义 4.5 物体角速度矩阵为

$$[\boldsymbol{\omega}^{\mathrm{b}}]=\boldsymbol{R}^{\mathrm{T}}(t)\dot{\boldsymbol{R}}(t) \tag{4-23}$$

对于任一矢径 $\boldsymbol{r}$，由 $\boldsymbol{\omega}^{\mathrm{b}}$ 引起的线速度 $\boldsymbol{v}_r=\boldsymbol{r}\times\boldsymbol{\omega}^{\mathrm{b}}$。

例 4.1 对于绕 z 轴的旋转矩阵 $\boldsymbol{R}=\boldsymbol{R}(z,\theta(t))$，有

$$\boldsymbol{R}(t)=\boldsymbol{R}(z,\theta(t))=\begin{bmatrix}\cos\theta(t) & -\sin\theta(t) & 0\\ \sin\theta(t) & \cos\theta(t) & 0\\ 0 & 0 & 1\end{bmatrix}$$

$$\dot{\boldsymbol{R}}(t)=\begin{bmatrix}-\dot{\theta}\sin\theta & -\dot{\theta}\cos\theta & 0\\ \dot{\theta}\cos\theta & -\dot{\theta}\sin\theta & 0\\ 0 & 0 & 0\end{bmatrix}$$

空间角速度矩阵为

$$[\boldsymbol{\omega}^{\mathrm{s}}]=\dot{\boldsymbol{R}}\boldsymbol{R}^{\mathrm{T}}=\begin{bmatrix}-\dot{\theta}\sin\theta & -\dot{\theta}\cos\theta & 0\\ \dot{\theta}\cos\theta & -\dot{\theta}\sin\theta & 0\\ 0 & 0 & 0\end{bmatrix}\begin{bmatrix}\cos\theta & \sin\theta & 0\\ -\sin\theta & \cos\theta & 0\\ 0 & 0 & 1\end{bmatrix}=\begin{bmatrix}0 & -\dot{\theta} & 0\\ \dot{\theta} & 0 & 0\\ 0 & 0 & 0\end{bmatrix}$$

$$\boldsymbol{\omega}^{\mathrm{s}}=[0 \quad 0 \quad \dot{\theta}]^{\mathrm{T}}$$

物体角速度矩阵为

$$[\boldsymbol{\omega}^{\mathrm{b}}]=\boldsymbol{R}^{\mathrm{T}}\dot{\boldsymbol{R}}=\begin{bmatrix}0 & -\dot{\theta} & 0\\ \dot{\theta} & 0 & 0\\ 0 & 0 & 0\end{bmatrix}$$

或

$$\boldsymbol{\omega}^{\mathrm{b}}=\begin{bmatrix}0\\ 0\\ \dot{\theta}\end{bmatrix}$$

4.2.2 纯转动的质点速度

对于纯转动的情况，设物体坐标系$\{\boldsymbol{B}\}$的原点与参考系$\{\boldsymbol{A}\}$的重合，坐标系$\{\boldsymbol{B}\}$绕$\{\boldsymbol{A}\}$旋转，因为质点${}^{B}\boldsymbol{q}$在物体坐标系$\{\boldsymbol{B}\}$中是固定的，则在参考系$\{\boldsymbol{A}\}$中的运动轨迹为

$$ {}^{A}\boldsymbol{q}(t)={}_{B}^{A}\boldsymbol{R}(t){}^{B}\boldsymbol{q} $$

下面推导由转动产生的质点速度的两种表示。在参考系$\{\boldsymbol{A}\}$中质点的速度为

$$ \boldsymbol{v}({}^{A}\boldsymbol{q}(t))=\frac{\mathrm{d}}{\mathrm{d}t}{}^{A}\boldsymbol{q}(t)={}_{B}^{A}\dot{\boldsymbol{R}}(t){}^{B}\boldsymbol{q}={}_{B}^{A}\dot{\boldsymbol{R}}(t){}_{B}^{A}\boldsymbol{R}^{\mathrm{T}}(t){}_{B}^{A}\boldsymbol{R}(t){}^{B}\boldsymbol{q} $$

根据瞬时空间角速度的定义式(4-21)，有

$$ [{}_{B}^{A}\boldsymbol{\omega}^{\mathrm{s}}]={}_{B}^{A}\dot{\boldsymbol{R}}(t){}_{B}^{A}\boldsymbol{R}^{\mathrm{T}}(t) $$

因此得到

$$ \boldsymbol{v}({}^{A}\boldsymbol{q}(t))=[{}_{B}^{A}\boldsymbol{\omega}^{\mathrm{s}}]{}_{B}^{A}\boldsymbol{R}(t){}^{B}\boldsymbol{q} $$

同样，定义瞬时物体角速度为

$$ [{}_{B}^{A}\boldsymbol{\omega}^{\mathrm{b}}]={}_{B}^{A}\boldsymbol{R}^{\mathrm{T}}(t){}_{B}^{A}\dot{\boldsymbol{R}}(t) $$

因此质点在参考(空间)坐标系$\{\boldsymbol{A}\}$中的速度有两种表示：

$$ \boldsymbol{v}({}^{A}\boldsymbol{q}(t))=[{}_{B}^{A}\boldsymbol{\omega}^{\mathrm{s}}]{}_{B}^{A}\boldsymbol{R}(t){}^{B}\boldsymbol{q} $$

$$ \boldsymbol{v}({}^{A}\boldsymbol{q}(t))={}_{B}^{A}\boldsymbol{R}(t)[{}_{B}^{A}\boldsymbol{\omega}^{\mathrm{b}}]{}^{B}\boldsymbol{q} $$

将两式对照，可以看出物体角速度$[{}_{B}^{A}\boldsymbol{\omega}^{\mathrm{b}}]$与空间角速度$[{}_{B}^{A}\boldsymbol{\omega}^{\mathrm{s}}]$之间的关系：

$$ [{}_{B}^{A}\boldsymbol{\omega}^{\mathrm{b}}]={}_{B}^{A}\boldsymbol{R}^{\mathrm{T}}(t)[{}_{B}^{A}\boldsymbol{\omega}^{\mathrm{s}}]{}_{B}^{A}\boldsymbol{R}(t) $$

$$ {}_{B}^{A}\boldsymbol{\omega}^{\mathrm{b}}={}_{B}^{A}\boldsymbol{R}^{\mathrm{T}}(t){}_{B}^{A}\boldsymbol{\omega}^{\mathrm{s}} $$

这样一来，可推导出由转动产生的质点速度的两种表达式：

$$ \boldsymbol{v}({}^{A}\boldsymbol{q}(t))=[{}_{B}^{A}\boldsymbol{\omega}^{\mathrm{s}}]{}_{B}^{A}\boldsymbol{R}(t){}^{B}\boldsymbol{q}={}_{B}^{A}\boldsymbol{\omega}^{\mathrm{s}}\times{}^{A}\boldsymbol{q} \tag{4-24} $$

$$ \boldsymbol{v}({}^{B}\boldsymbol{q}(t))={}_{B}^{A}\boldsymbol{R}^{\mathrm{T}}(t)\boldsymbol{v}({}^{A}\boldsymbol{q}(t))={}_{B}^{A}\boldsymbol{\omega}^{\mathrm{b}}\times{}^{B}\boldsymbol{q} \tag{4-25} $$

式(4-24)和式(4-25)分别为由空间角速度${}_{B}^{A}\boldsymbol{\omega}^{\mathrm{s}}$和物体角速度${}_{B}^{A}\boldsymbol{\omega}^{\mathrm{b}}$表示的两种质点速度简便表达式。

4.2.3 旋转矩阵的矩阵指数

下面讨论旋转矩阵$\boldsymbol{R}$与反对称矩阵的关系。可以证明：旋转矩阵$\boldsymbol{R}$可以表示为反对称矩阵的矩阵指数。为此，首先介绍矩阵指数的定义和性质。

定义 4.6　令$\boldsymbol{A}$为$n\times n$的矩阵，其矩阵指数$\mathrm{e}^{\boldsymbol{A}}$定义为矩阵$\boldsymbol{A}$的泰勒级数，即

$$ \mathrm{e}^{A}=\boldsymbol{I}+\boldsymbol{A}+\frac{\boldsymbol{A}^{2}}{2!}+\frac{\boldsymbol{A}^{3}}{3!}+\cdots $$

根据矩阵范数可以验证上面泰勒级数的收敛性。因而，矩阵指数的如上定义是有意义的，根据这一定义可以验证矩阵指数的性质：

(1) $\frac{\mathrm{d}}{\mathrm{d}t}\mathrm{e}^{\boldsymbol{A}\theta}=(\boldsymbol{A}\dot{\theta})\mathrm{e}^{\boldsymbol{A}\theta}=\mathrm{e}^{\boldsymbol{A}\theta}(\boldsymbol{A}\dot{\theta})$；

(2) $\det\mathrm{e}^{\boldsymbol{A}}=\mathrm{e}^{\mathrm{tr}\boldsymbol{A}}$；

(3) $\boldsymbol{B}\mathrm{e}^{\boldsymbol{A}}\boldsymbol{B}^{-1}=\mathrm{e}^{\boldsymbol{BAB}^{-1}}$。

式中：$\boldsymbol{B}\in\Re^{n\times n}$是可逆的；det 表示矩阵的行列式；tr 表示矩阵的迹，即对角线元素之和。

刚体的姿态可以用旋转矩阵$\boldsymbol{R}$表示。欧拉定理指出，任何旋转矩阵$\boldsymbol{R}$都等价于绕某一

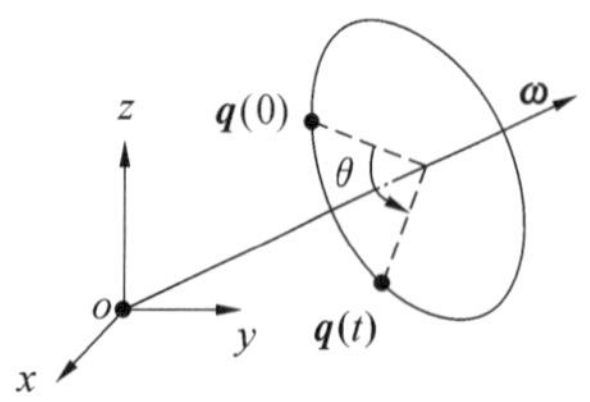

图 4-6 任意旋转矩阵的等价表示

固定轴 $\boldsymbol{\omega}\in\mathfrak{R}^3$ 旋转角度 $\theta\in[0,2\pi)$。如图 4-6 所示，令旋转轴线通过坐标原点 o，方向为 $\boldsymbol{\omega}$，因而轴线可表示为过原点 o 沿方向 $\boldsymbol{\omega}$ 的线矢量 $L=\{\boldsymbol{0}+\lambda\boldsymbol{\omega}:\lambda\in\mathfrak{R}\}$。

刚体以角速度 $\boldsymbol{\omega}$ 做匀速旋转时，其上任一点 $\boldsymbol{q}$ 的速度可表示为

$$\dot{\boldsymbol{q}}(t)=\boldsymbol{\omega}\times\boldsymbol{q}(t)=[\boldsymbol{\omega}]\boldsymbol{q}(t) \tag{4-26}$$

式中：$\boldsymbol{\omega}$ 表示三维角速度矢量，$\boldsymbol{\omega}=[\omega_x \quad \omega_y \quad \omega_z]^{\mathrm{T}}$，而 $[\boldsymbol{\omega}]$ 表示 $\boldsymbol{\omega}$ 构成的反对称矩阵。

定义 4.7 所有 3×3 的反对称矩阵的集合定义为李群 SO(3) 的李代数 so(3)，即

$$\mathrm{so}(3)=\{\boldsymbol{S}\in\mathfrak{R}^{3\times3}:\boldsymbol{S}^{\mathrm{T}}=-\boldsymbol{S}\} \tag{4-27}$$

可以验证，李代数 so(3) 是实线性矢量空间，且其维数为 3。因此，可将李代数 so(3) 与三维矢量空间 $\mathfrak{R}^3$ 等同看待，即可将反对称矩阵 $[\boldsymbol{\omega}]\in\mathfrak{R}^{3\times3}$ 与矢量 $\boldsymbol{\omega}\in\mathfrak{R}^3$ 等同看待。

方程(4-26)是以时间 t 为自变量的线性常微分方程，其解为

$$\boldsymbol{q}(t)=\mathrm{e}^{[\boldsymbol{\omega}]t}\boldsymbol{q}(0)$$

式中：$\boldsymbol{q}(0)$ 为点 $\boldsymbol{q}$ 的初始位置；$\mathrm{e}^{[\boldsymbol{\omega}]t}$ 是矩阵指数，有

$$\mathrm{e}^{[\boldsymbol{\omega}]t}=\boldsymbol{I}+[\boldsymbol{\omega}]t+\frac{([\boldsymbol{\omega}]t)^2}{2!}+\frac{([\boldsymbol{\omega}]t)^3}{3!}+\cdots$$

若令 $\|\boldsymbol{\omega}\|=1$，则刚体以单位角速度 $\boldsymbol{\omega}$ 匀速旋转 θ 角的旋转矩阵 $\boldsymbol{R}$ 为矩阵指数，有

$$\boldsymbol{R}(\boldsymbol{\omega},\theta)=\mathrm{e}^{[\boldsymbol{\omega}]\theta}$$

显然，反对称矩阵的幂为 $[\boldsymbol{\omega}]^2=\boldsymbol{\omega}\boldsymbol{\omega}^{\mathrm{T}}-\|\boldsymbol{\omega}\|\boldsymbol{I}$，$[\boldsymbol{\omega}]^3=-\|\boldsymbol{\omega}\|^2[\boldsymbol{\omega}]$，式中 $\|\boldsymbol{\omega}\|$ 为矢量 $\boldsymbol{\omega}$ 的模。因此，对于单位反对称矩阵 $[\boldsymbol{\omega}]$（$\|\boldsymbol{\omega}\|=1$），矩阵指数

$$\begin{aligned}\mathrm{e}^{[\boldsymbol{\omega}]\theta}&=\boldsymbol{I}+[\boldsymbol{\omega}]\theta+\frac{([\boldsymbol{\omega}]\theta)^2}{2!}+\frac{([\boldsymbol{\omega}]\theta)^3}{3!}+\cdots\\&=\boldsymbol{I}+\left(\theta-\frac{\theta^3}{3!}+\frac{\theta^5}{5!}-\cdots\right)[\boldsymbol{\omega}]+\left(\frac{\theta^2}{2!}-\frac{\theta^4}{4!}+\frac{\theta^6}{6!}-\cdots\right)[\boldsymbol{\omega}]^2\end{aligned}$$

$$\mathrm{e}^{[\boldsymbol{\omega}]\theta}=\boldsymbol{I}+[\boldsymbol{\omega}]\sin\theta+[\boldsymbol{\omega}]^2(1-\cos\theta) \tag{4-28}$$

式(4-28)称为 Rodrigues 公式。可以验证 Rodrigues 公式与第 3 章推导的旋转变换通式(3-67)是一致的。实际上，式(3-67)中的旋转轴线 $\boldsymbol{k}$ 即为过原点 o 沿方向 $\boldsymbol{\omega}$ 的线矢量 L。

当 $\|\boldsymbol{\omega}\|\neq1$ 时，Rodrigues 公式可以推广为

$$\mathrm{e}^{[\boldsymbol{\omega}]\theta}=\boldsymbol{I}+\frac{[\boldsymbol{\omega}]}{\|\boldsymbol{\omega}\|}\sin(\|\boldsymbol{\omega}\|\theta)+\frac{[\boldsymbol{\omega}]^2}{\|\boldsymbol{\omega}\|^2}(1-\cos(\|\boldsymbol{\omega}\|\theta)) \tag{4-29}$$

实际上，令 $\boldsymbol{\omega}=[1 \quad 0 \quad 0]^{\mathrm{T}}$，即绕 x 轴旋转时，则得矩阵指数

$$\mathrm{e}^{[\boldsymbol{\omega}]\theta}=\begin{bmatrix}1&0&0\\0&\cos\theta&-\sin\theta\\0&\sin\theta&\cos\theta\end{bmatrix}=\boldsymbol{R}(x,\theta)$$

同样，绕 y 轴和 z 轴旋转时，则得矩阵指数分别为 $\boldsymbol{R}(y,\theta)$ 和 $\boldsymbol{R}(z,\theta)$。

结论：

(1) 反对称矩阵的矩阵指数具有正交性，且其行列式为 1，因此是旋转矩阵；

(2) 反对称矩阵的矩阵指数是 SO(3) 上的满射变换（surjective），即 exp：so(3)→SO(3) 是满射的；

(3) exp：so(3)→SO(3) 是多对一的映射。

证明：因为 $[\mathrm{e}^{[\boldsymbol{\omega}]\theta}]^{-1}=\mathrm{e}^{-[\boldsymbol{\omega}]\theta}=\mathrm{e}^{[\boldsymbol{\omega}]^{\mathrm{T}}\theta}=[\mathrm{e}^{[\boldsymbol{\omega}]\theta}]^{\mathrm{T}}$，故 $\boldsymbol{R}^{-1}=\boldsymbol{R}^{\mathrm{T}}$，$\boldsymbol{R}^{\mathrm{T}}\boldsymbol{R}=\boldsymbol{I}$，所以 $\det\boldsymbol{R}$

$=\pm 1$。再者 $\det \mathrm{e}^{(0)}=+1$，利用行列式的连续性，结合指数变换的连续性，则可证明 $\det \boldsymbol{R}=+1$，即 $\boldsymbol{R}=\mathrm{e}^{[\boldsymbol{\omega}]\theta}$ 是正交的旋转矩阵。

等效转轴与等效转角的公式表明，任何旋转矩阵 $\boldsymbol{R}$ 都可用指数坐标 $(\boldsymbol{\omega},\theta)$ 表示。总结上面所得的结果与旋转变换通式(3-67)对照得出，若 $\|\boldsymbol{\omega}\|=1$，则

$$\boldsymbol{R}(\boldsymbol{\omega},\theta)=\mathrm{e}^{[\boldsymbol{\omega}]\theta}=\boldsymbol{I}+[\boldsymbol{\omega}]\sin\theta+[\boldsymbol{\omega}]^2(1-\cos\theta)$$

4.3　微分运动与运动旋量

4.3.1　微分运动矢量与微分算子

为了计算末端执行器位姿的微分变化，建立在不同坐标系中微分变化之间的关系，需要求出齐次变换矩阵 $\boldsymbol{T}$ 的微分和导数，用于表示刚体（末端执行器）位姿的微分变化。仿照前面旋转矩阵导数的定义式(4-18)，可得齐次变换矩阵 $\boldsymbol{T}$ 的导数 $\dot{\boldsymbol{T}}$ 为

$$\dot{\boldsymbol{T}}=\lim_{\Delta t\to 0}\frac{\boldsymbol{T}(t+\Delta t)-\boldsymbol{T}(t)}{\Delta t}=\lim_{\Delta t\to 0}\frac{\mathrm{d}\boldsymbol{T}}{\Delta t}\tag{4-30}$$

其中 $\boldsymbol{T}(t+\Delta t)$ 是 $\boldsymbol{T}(t)$ 经过微分运动后的结果。相对参考系的微分运动可以写成

$$\boldsymbol{T}(t+\Delta t)=\mathrm{Trans}(d_x,d_y,d_z)\mathrm{Rot}(\boldsymbol{k},\delta\theta)\boldsymbol{T}(t)\tag{4-31}$$

式中：$\mathrm{Trans}(d_x,d_y,d_z)$ 表示在参考系中的微分移动变换；$\mathrm{Rot}(\boldsymbol{k},\delta\theta)$ 表示绕参考系中的矢量 $\boldsymbol{k}$ 做微分转动变换。二者可分别表示为

$$\mathrm{Trans}(d_x,d_y,d_z)=\begin{bmatrix}1&0&0&d_x\\0&1&0&d_y\\0&0&1&d_z\\0&0&0&1\end{bmatrix}\tag{4-32}$$

$$\mathrm{Rot}(\boldsymbol{k},\delta\theta)=\begin{bmatrix}1&-\delta_z&\delta_y&0\\\delta_z&1&-\delta_x&0\\-\delta_y&\delta_x&1&0\\0&0&0&1\end{bmatrix}=\begin{bmatrix}1&-k_z\delta\theta&k_y\delta\theta&0\\k_z\delta\theta&1&-k_x\delta\theta&0\\-k_y\delta\theta&k_x\delta\theta&1&0\\0&0&0&1\end{bmatrix}\tag{4-33}$$

式中：$\boldsymbol{d}=[d_x\quad d_y\quad d_z]^{\mathrm{T}}$ 和 $\boldsymbol{\delta}=[\delta_x\quad \delta_y\quad \delta_z]^{\mathrm{T}}=\boldsymbol{k}\delta\theta$ 分别表示微分移动和微分转动矢量。注意，$\boldsymbol{T}(t+\Delta t)$ 也可以表示成在运动坐标系中的微分移动和微分转动变换，即

$$\boldsymbol{T}(t+\Delta t)=\boldsymbol{T}(t)\mathrm{Trans}({}^{T}d_x,{}^{T}d_y,{}^{T}d_z)\mathrm{Rot}({}^{T}\boldsymbol{k},{}^{T}\delta\theta)\tag{4-34}$$

微分 $\mathrm{d}\boldsymbol{T}=\boldsymbol{T}(t+\Delta t)-\boldsymbol{T}(t)$ 也有两种形式。相对于固定坐标系，有

$$\mathrm{d}\boldsymbol{T}=(\mathrm{Trans}(d_x,d_y,d_z)\mathrm{Rot}(\boldsymbol{k},\delta\theta)-\boldsymbol{I}_4)\boldsymbol{T}(t)=\boldsymbol{\Delta T}(t)\tag{4-35}$$

相对于运动坐标系，有

$$\mathrm{d}\boldsymbol{T}=\boldsymbol{T}(t)(\mathrm{Trans}({}^{T}d_x,{}^{T}d_y,{}^{T}d_z)\mathrm{Rot}({}^{T}\boldsymbol{k},{}^{T}\delta\theta)-\boldsymbol{I}_4)=\boldsymbol{T}(t)\,{}^{T}\boldsymbol{\Delta}\tag{4-36}$$

式中：微分算子 $\boldsymbol{\Delta}$ 可以由微分转动和微分移动合成得到，有

$$\boldsymbol{\Delta}=\begin{bmatrix}0&-\delta_z&\delta_y&d_x\\\delta_z&0&-\delta_x&d_y\\-\delta_y&\delta_x&0&d_z\\0&0&0&0\end{bmatrix}\tag{4-37}$$

刚体的微分运动矢量 $\boldsymbol{D}$ 包含微分移动矢量 $\boldsymbol{d}$ 和微分转动矢量 $\boldsymbol{\delta}$，其中前者由沿三个坐标轴的微分移动组成，后者由绕三个坐标轴的微分转动组成，即

$$\boldsymbol{d}=[d_x \quad d_y \quad d_z]^{\mathrm{T}}, \quad \boldsymbol{\delta}=[\delta_x \quad \delta_y \quad \delta_z]^{\mathrm{T}}$$

将两者合并为六维微分运动矢量 $\boldsymbol{D}$，它与微分算子 $\boldsymbol{\Delta}$ 的关系为 $\boldsymbol{\Delta}=\hat{\boldsymbol{D}}$，$\boldsymbol{D}=\boldsymbol{\Delta}^{\vee}$，即

$$\boldsymbol{D}=\begin{bmatrix}\boldsymbol{d}\\ \boldsymbol{\delta}\end{bmatrix}, \quad \boldsymbol{\Delta}=\hat{\boldsymbol{D}}=[\boldsymbol{D}]=\begin{bmatrix}[\boldsymbol{\delta}] & \boldsymbol{d}\\ \boldsymbol{0} & 0\end{bmatrix}$$

式中:方括号算子符[·]与算子符^相同,∨是其逆算子。

例 4.2　手爪的位置姿态矩阵为

$$\boldsymbol{T}=\begin{bmatrix}0 & 0 & 1 & 5\\ 1 & 0 & 0 & 15\\ 0 & 1 & 0 & 0\\ 0 & 0 & 0 & 1\end{bmatrix}$$

其相对基坐标系的微分移动 $\boldsymbol{d}$ 和微分转动 $\boldsymbol{\delta}$ 分别为

$$\boldsymbol{d}=\begin{bmatrix}1\\ 0\\ 0.5\end{bmatrix}, \quad \boldsymbol{\delta}=\begin{bmatrix}0.1\\ 0\\ 0\end{bmatrix}$$

求微分运动。

由式(4-37)可得微分算子

$$\boldsymbol{\Delta}=\begin{bmatrix}0 & 0 & 0 & 1\\ 0 & 0 & -0.1 & 0\\ 0 & 0.1 & 0 & 0.5\\ 0 & 0 & 0 & 0\end{bmatrix}$$

再按式(4-35)即可得到相对于固定坐标系的微分运动变换

$$\mathrm{d}\boldsymbol{T}=\boldsymbol{\Delta}\boldsymbol{T}=\begin{bmatrix}0 & 0 & 0 & 1\\ 0 & 0 & -0.1 & 0\\ 0 & 0.1 & 0 & 0.5\\ 0 & 0 & 0 & 0\end{bmatrix}\begin{bmatrix}0 & 0 & 1 & 5\\ 1 & 0 & 0 & 15\\ 0 & 1 & 0 & 0\\ 0 & 0 & 0 & 1\end{bmatrix}=\begin{bmatrix}0 & 0 & 0 & 1\\ 0 & -0.1 & 0 & 0\\ 0.1 & 0 & 0 & 2\\ 0 & 0 & 0 & 0\end{bmatrix}$$

若相对于坐标系 $\{\boldsymbol{T}\}$ 的微分移动为 ${}^{T}\boldsymbol{d}=[1 \quad 0 \quad 0.5]^{\mathrm{T}}$，相对于坐标系 $\{\boldsymbol{T}\}$ 的微分转动为 ${}^{T}\boldsymbol{\delta}=[0.1 \quad 0 \quad 0]^{\mathrm{T}}$，则可求对应的微分运动。利用式(4-37)可得微分算子

$${}^{T}\boldsymbol{\Delta}=\begin{bmatrix}0 & 0 & 0 & 1\\ 0 & 0 & -0.1 & 0\\ 0 & 0.1 & 0 & 0.5\\ 0 & 0 & 0 & 0\end{bmatrix}$$

再由式(4-36)得到相应的相对于运动坐标系的微分运动变换:

$$\mathrm{d}\boldsymbol{T}=\boldsymbol{T}{}^{T}\boldsymbol{\Delta}=\begin{bmatrix}0 & 0 & 1 & 5\\ 1 & 0 & 0 & 15\\ 0 & 1 & 0 & 0\\ 0 & 0 & 0 & 1\end{bmatrix}\begin{bmatrix}0 & 0 & 0 & 1\\ 0 & 0 & -0.1 & 0\\ 0 & 0.1 & 0 & 0.5\\ 0 & 0 & 0 & 0\end{bmatrix}=\begin{bmatrix}0 & 0.1 & 0 & 0.5\\ 0 & 0 & 0 & 1\\ 0 & 0 & -0.1 & 0\\ 0 & 0 & 0 & 0\end{bmatrix}$$

对照两个结果可以看出，由相对于不同坐标系的微分运动(算子)所得到的微分运动是不同的。那么，为了得到相同的微分运动，微分算子 $\boldsymbol{\Delta}$ 和 ${}^{T}\boldsymbol{\Delta}$ 之间存在怎样的关系?

微分运动矢量 $\boldsymbol{D}$ 在不同坐标系中的表示是不同的，在一个坐标系中的微分运动给出之后，如何求出在另一个坐标系中的微分运动？

例如，用摄像机观察操作臂末端执行器的位姿时，希望将摄像机坐标系中的微分变化变换到末端执行器的坐标系中去，再求出各个关节相应的微分变化。这些关系对于以后机器人的速度分析、静力分析、动力学分析都是十分重要的。由式(4-35)和式(4-36)可得，相对于坐标系$\{\boldsymbol{T}\}$的微分算子${}^T\boldsymbol{\Delta}$ 与相对于参考系的微分算子 $\boldsymbol{\Delta}$ 之间的关系为

$$\boldsymbol{\Delta T} = \boldsymbol{T}\,{}^T\boldsymbol{\Delta}$$

这一变换方程可用尺寸链表示，如图 4-7 所示。从图中可以得到相似变换

$$\boldsymbol{\Delta} = \boldsymbol{T}\,{}^T\boldsymbol{\Delta}\boldsymbol{T}^{-1} \tag{4-38}$$

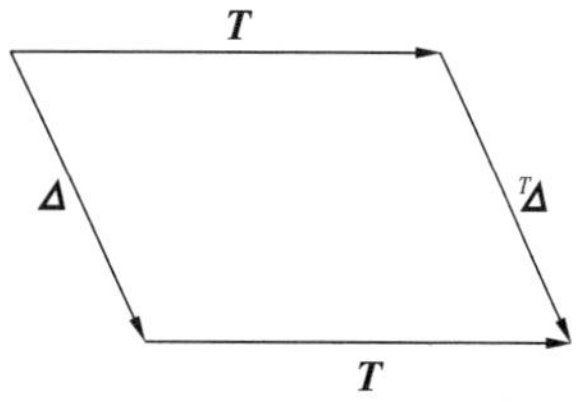

图 4-7　微分变换尺寸链

式(4-38)表示在不同坐标系中的微分算子之间的关系。另一方面，由于

$$\boldsymbol{\Delta} = \begin{bmatrix} [\boldsymbol{\delta}] & \boldsymbol{d} \\ \boldsymbol{0} & 0 \end{bmatrix}$$

则${}^T\boldsymbol{\Delta}$ 定义为

$${}^T\boldsymbol{\Delta} = \begin{bmatrix} [{}^T\boldsymbol{\delta}] & {}^T\boldsymbol{d} \\ \boldsymbol{0} & 0 \end{bmatrix} \tag{4-39}$$

可以得到微分运动矢量的伴随变换矩阵：

$$\boldsymbol{D} = \mathrm{Ad}_V(\boldsymbol{T})\,{}^T\boldsymbol{D} \tag{4-40}$$

式中：6×6 的变换矩阵 $\mathrm{Ad}_V(\boldsymbol{T})$称为微分运动的伴随矩阵，与速度旋量坐标的伴随矩阵相同，记为

$$\mathrm{Ad}_V(\boldsymbol{T}) = \begin{bmatrix} \boldsymbol{R} & [\boldsymbol{p}]\boldsymbol{R} \\ \boldsymbol{0} & \boldsymbol{R} \end{bmatrix},\quad \boldsymbol{D} = \begin{bmatrix} \boldsymbol{d} \\ \boldsymbol{\delta} \end{bmatrix},\quad {}^T\boldsymbol{D} = \begin{bmatrix} {}^T\boldsymbol{d} \\ {}^T\boldsymbol{\delta} \end{bmatrix}$$

式中：$\boldsymbol{d}$ 和${}^T\boldsymbol{d}$ 是微分移动矢量；$\boldsymbol{\delta}$ 和${}^T\boldsymbol{\delta}$ 是微分转动矢量；$\boldsymbol{R}=[\boldsymbol{n}\quad \boldsymbol{o}\quad \boldsymbol{a}]$是旋转矩阵；$[\boldsymbol{p}]$为反对称矩阵。

对于任意两个坐标系$\{\boldsymbol{A}\}$和$\{\boldsymbol{B}\}$，微分运动矢量 $\boldsymbol{D}$ 的变换分别为

$${}^A\boldsymbol{D} = \mathrm{Ad}_V({}^A_B\boldsymbol{T})\,{}^B\boldsymbol{D},\quad {}^B\boldsymbol{D} = \mathrm{Ad}_V^{-1}({}^A_B\boldsymbol{T})\,{}^A\boldsymbol{D}$$

可以证明，这两个伴随矩阵就是前面定义的速度伴随矩阵(见式(4-13)和式(4-14))，即

$$\mathrm{Ad}_V({}^A_B\boldsymbol{T}) = \begin{bmatrix} {}^A_B\boldsymbol{R} & [{}^A\boldsymbol{p}_{Bo}]\,{}^A_B\boldsymbol{R} \\ \boldsymbol{0} & {}^A_B\boldsymbol{R} \end{bmatrix} \tag{4-41}$$

$$\mathrm{Ad}_V^{-1}({}^A_B\boldsymbol{T}) = \mathrm{Ad}_V({}^B_A\boldsymbol{T}) = \begin{bmatrix} {}^A_B\boldsymbol{R}^{\mathrm{T}} & -{}^A_B\boldsymbol{R}^{\mathrm{T}}[{}^A\boldsymbol{p}_{Bo}] \\ \boldsymbol{0} & {}^A_B\boldsymbol{R}^{\mathrm{T}} \end{bmatrix} \tag{4-42}$$

实际上，微分运动矢量与线矢量之间仅相差一个比例系数。

例 4.3　已知手爪的位置姿态 $\boldsymbol{T}$、微分移动 $\boldsymbol{d}$、微分转动 $\boldsymbol{\delta}$ 分别为

$$\boldsymbol{T} = \begin{bmatrix} 0 & 0 & 1 & 5 \\ 1 & 0 & 0 & 15 \\ 0 & 1 & 0 & 0 \\ 0 & 0 & 0 & 1 \end{bmatrix},\quad \boldsymbol{d} = \begin{bmatrix} 1 \\ 0 \\ 0.5 \end{bmatrix},\quad \boldsymbol{\delta} = \begin{bmatrix} 0.1 \\ 0 \\ 0 \end{bmatrix}$$

求在手爪坐标系$\{\boldsymbol{T}\}$中的等价微分移动${}^T\boldsymbol{d}$ 和微分转动${}^T\boldsymbol{\delta}$。

解 由 $\boldsymbol{T}$ 的四个列矢量：

$$\boldsymbol{n}=\begin{bmatrix}0\\1\\0\end{bmatrix}\quad \boldsymbol{o}=\begin{bmatrix}0\\0\\1\end{bmatrix}\quad \boldsymbol{a}=\begin{bmatrix}1\\0\\0\end{bmatrix}\quad \boldsymbol{p}=\begin{bmatrix}5\\15\\0\end{bmatrix}$$

得到

$$\boldsymbol{\delta}\times\boldsymbol{p}=[0\quad 0\quad 1.5]^{\mathrm{T}}$$
$$(\boldsymbol{\delta}\times\boldsymbol{p})+\boldsymbol{d}=[1\quad 0\quad 2]^{\mathrm{T}}$$

为了验证所得结果的正确性，利用式(4-36)求微分运动。可得

$$^{T}\boldsymbol{\Delta}=\begin{bmatrix}0&-0.1&0&0\\0.1&0&0&2\\0&0&0&1\\0&0&0&0\end{bmatrix}$$

$$\mathrm{d}\boldsymbol{T}=\begin{bmatrix}0&0&1&5\\1&0&0&15\\0&1&0&0\\0&0&0&1\end{bmatrix}\begin{bmatrix}0&-0.1&0&0\\0.1&0&0&2\\0&0&0&1\\0&0&0&0\end{bmatrix}=\begin{bmatrix}0&0&0&1\\0&-0.1&0&0\\0.1&0&0&2\\0&0&0&0\end{bmatrix}$$

将此结果和例 4.2 所得结果相对照，从而验证上面的计算是正确的。

4.3.2 刚体的空间速度和物体速度

刚体的运动旋量坐标 V 是由线速度 $\boldsymbol{v}$ 和角速度 $\boldsymbol{\omega}$ 组成的，它与微分运动矢量 $\boldsymbol{D}$ 同为六维列矢量，两者之差只有一个时间系数，即

$$V=\begin{bmatrix}\boldsymbol{v}\\\boldsymbol{\omega}\end{bmatrix}=\lim_{\Delta t\to 0}\frac{1}{\Delta t}\begin{bmatrix}\boldsymbol{d}\\\boldsymbol{\delta}\end{bmatrix}$$

与定义空间角速度和物体角速度相似，利用式(4-35)和式(4-36)，定义相对参考系的刚体瞬时空间速度和相对运动坐标系的瞬时物体速度。将式(4-35)和式(4-36)的两边除以 Δt，取极限得

$$\begin{aligned}[V^{\mathrm{s}}]&=\dot{\boldsymbol{T}}(t)\boldsymbol{T}^{-1}(t)\\ [V^{\mathrm{b}}]&=\boldsymbol{T}^{-1}(t)\dot{\boldsymbol{T}}(t)\end{aligned}\tag{4-43}$$

两者之间的伴随变换为 $V^{\mathrm{s}}=\mathrm{Ad}_V(\boldsymbol{T})V^{\mathrm{b}}$。对于任意两个坐标系 $\{\boldsymbol{A}\}$ 和 $\{\boldsymbol{B}\}$，可以得到空间速度与物体速度之间的伴随变换矩阵

$${}_{B}^{A}V^{\mathrm{s}}=\mathrm{Ad}_V({}_{B}^{A}\boldsymbol{T}){}_{B}^{A}V^{\mathrm{b}}\tag{4-44}$$

$${}_{B}^{A}V^{\mathrm{b}}=\mathrm{Ad}_V^{-1}({}_{B}^{A}\boldsymbol{T}){}_{B}^{A}V^{\mathrm{s}}\tag{4-45}$$

式中：速度伴随变换矩阵及其逆可分别由式(4-41)和式(4-42)得到。根据以上结果可以归纳如下。

空间速度：

$$[V^{\mathrm{s}}]=\dot{\boldsymbol{T}}\boldsymbol{T}^{-1},\quad V^{\mathrm{s}}=\begin{bmatrix}\boldsymbol{v}^{\mathrm{s}}\\\boldsymbol{\omega}^{\mathrm{s}}\end{bmatrix}=\begin{bmatrix}-\dot{\boldsymbol{R}}\boldsymbol{R}^{\mathrm{T}}\boldsymbol{p}+\dot{\boldsymbol{p}}\\(\dot{\boldsymbol{R}}\boldsymbol{R}^{\mathrm{T}})^{\vee}\end{bmatrix}\tag{4-46}$$

物体速度：

$$[V^{\mathrm{b}}]=\boldsymbol{T}^{-1}\dot{\boldsymbol{T}},\quad V^{\mathrm{b}}=\begin{bmatrix}\boldsymbol{v}^{\mathrm{b}}\\\boldsymbol{\omega}^{\mathrm{b}}\end{bmatrix}=\begin{bmatrix}\boldsymbol{R}^{\mathrm{T}}\dot{\boldsymbol{p}}\\(\boldsymbol{R}^{\mathrm{T}}\dot{\boldsymbol{R}})^{\vee}\end{bmatrix}\tag{4-47}$$

伴随变换矩阵：

$$[V^{s}]=\boldsymbol{T}[V^{b}]\boldsymbol{T}^{-1},\quad V^{s}=\mathrm{Ad}_{V}(\boldsymbol{T})V^{b},\quad \boldsymbol{T}[V^{b}]\boldsymbol{T}^{-1}=[\mathrm{Ad}_{V}(\boldsymbol{T})V^{b}]$$

值得注意的是：微分运动表示刚体的微分移动和微分转动，物理量纲是长度和角度单位，而运动旋量坐标 V 是由线速度 $\boldsymbol{v}$ 和角速度 $\boldsymbol{\omega}$ 组成的六维列矢量，物理量纲是线速度和角速度单位，两者是不同的。但是，运动旋量坐标 V 和微分运动矢量 $\boldsymbol{D}$ 都是六维列矢量，构成六维线性矢量空间，其数学处理方法类似，有相同的相似变换和速度伴随变换矩阵。

例 4.4　单自由度机械臂如图 4-8 所示，运动臂坐标系 $\{\boldsymbol{B}\}$ 相对固定坐标系 $\{\boldsymbol{A}\}$ 的位置可表示为

$$\boldsymbol{T}(t)=\begin{bmatrix}\cos\theta(t) & -\sin\theta(t) & 0 & -l_2\sin\theta(t)\\ \sin\theta(t) & \cos\theta(t) & 0 & l_1+l_2\cos\theta(t)\\ 0 & 0 & 1 & l_0\\ 0 & 0 & 0 & 1\end{bmatrix}$$

试求 $\{\boldsymbol{B}\}$ 的空间速度 V^{s} 与物体速度 V^{b}。

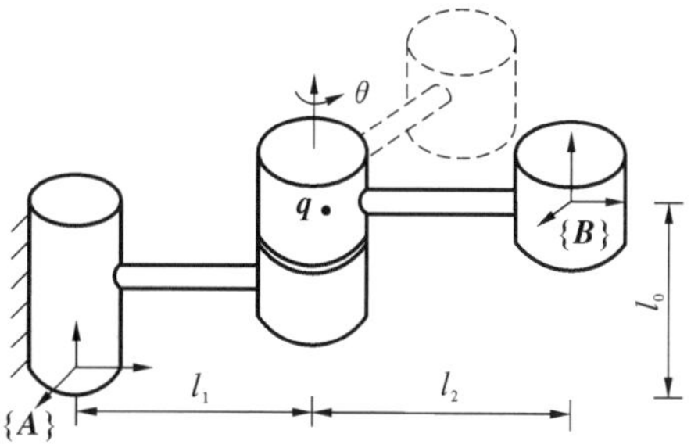

图 4-8　单自由度机械臂

由式(4-46)，可得旋转臂的空间速度 V^{s} 为

$$V^{s}=\begin{bmatrix}\boldsymbol{v}^{s}\\ \boldsymbol{\omega}^{s}\end{bmatrix}$$

式中：$\boldsymbol{v}^{s}=-\dot{\boldsymbol{R}}\boldsymbol{R}^{\mathrm{T}}\boldsymbol{p}+\dot{\boldsymbol{p}}$，$\boldsymbol{\omega}^{s}=(\dot{\boldsymbol{R}}\boldsymbol{R}^{\mathrm{T}})^{\vee}$。计算得

$$\boldsymbol{v}^{s}=\begin{bmatrix}l_1\dot{\theta}\\ 0\\ 0\end{bmatrix},\quad \boldsymbol{\omega}^{s}=\begin{bmatrix}0\\ 0\\ \dot{\theta}\end{bmatrix}$$

准确地说，其中 $\boldsymbol{v}^{s}$ 是物体上与固定坐标系 $\{\boldsymbol{A}\}$ 原点重合的质点速度。

由式(4-47)得物体速度为

$$V^{b}=\begin{bmatrix}\boldsymbol{v}^{b}\\ \boldsymbol{\omega}^{b}\end{bmatrix}$$

式中

$$\boldsymbol{v}^{b}=\boldsymbol{R}^{\mathrm{T}}\dot{\boldsymbol{p}},\quad \boldsymbol{\omega}^{b}=(\boldsymbol{R}^{\mathrm{T}}\dot{\boldsymbol{R}})^{\vee}$$

经计算得到

$$\boldsymbol{v}^{b}=\begin{bmatrix}-l_2\dot{\theta}\\ 0\\ 0\end{bmatrix},\quad \boldsymbol{\omega}^{b}=\begin{bmatrix}0\\ 0\\ \dot{\theta}\end{bmatrix}$$

其中物体速度 $\boldsymbol{v}^{b}$ 可理解为坐标系 $\{\boldsymbol{B}\}$ 的原点在 $\{\boldsymbol{A}\}$ 中的速度在 $\{\boldsymbol{B}\}$ 中的表示，因此线速度总是沿 $-x$ 轴方向，而角速度方向总是与 z 轴相同，$\boldsymbol{v}^{b}$ 的大小与 l_2 成正比。

4.3.3　运动旋量的矩阵指数

旋转群 SO(3)与其李代数 so(3)之间的矩阵指数映射关系可以推广到刚体变换群 SE(3)。实际上，SE(3)与其李代数 se(3)之间同样存在矩阵指数映射关系，任一齐次变换矩阵 $\boldsymbol{T}$ 均可以表示为相应的运动旋量的矩阵指数。

如图 4-9 所示，刚体以角速度 $\boldsymbol{\omega}$ 匀速旋转，$\boldsymbol{r}$ 为旋转轴线上一点，则旋转轴线可表示为线矢量 $L=\{\boldsymbol{r}+\lambda\boldsymbol{\omega}:\lambda\in\Re\}$。刚体上点 $\boldsymbol{q}$ 的速度为

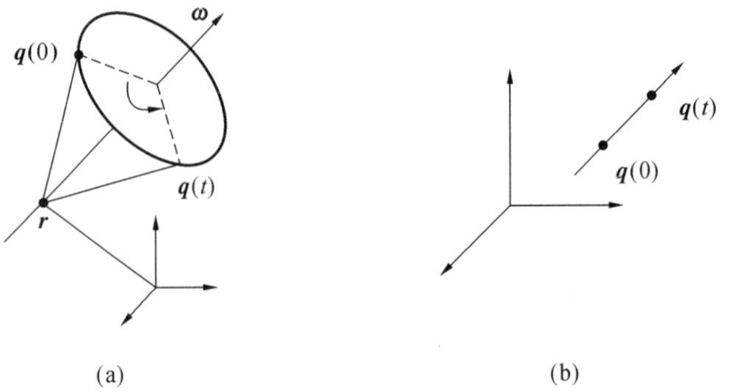

图 4-9 运动旋量

(a) 绕轴 **ω** 转动时，刚体上 **q** 点的运动 (b) **q** 点匀速移动

$$\dot{\boldsymbol{q}}(t)=\boldsymbol{\omega}\times(\boldsymbol{q}(t)-\boldsymbol{r})=[\boldsymbol{\omega}](\boldsymbol{q}(t)-\boldsymbol{r}) \tag{4-48}$$

式(4-48)可以表示为齐次坐标的形式

$$\begin{bmatrix}\dot{\boldsymbol{q}}(t)\\0\end{bmatrix}=\begin{bmatrix}[\boldsymbol{\omega}] & \boldsymbol{v}\\ \boldsymbol{0} & 0\end{bmatrix}\begin{bmatrix}\boldsymbol{q}(t)\\1\end{bmatrix}=[V]\begin{bmatrix}\boldsymbol{q}(t)\\1\end{bmatrix} \tag{4-49}$$

定义 4.8 4×4 的矩阵[V]为纯转动产生的运动旋量，记为

$$[V]=\begin{bmatrix}[\boldsymbol{\omega}] & \boldsymbol{v}\\ \boldsymbol{0} & 0\end{bmatrix} \tag{4-50}$$

式中：反对称矩阵$[\boldsymbol{\omega}]\in so(3)$，$\boldsymbol{v}=-\boldsymbol{\omega}\times\boldsymbol{r}$。

显然，式(4-48)为线性常微分方程，其解记为齐次坐标，有

$$\boldsymbol{q}(t)=e^{[V]t}\boldsymbol{q}(0)$$

式中：标量 t 表示时间，$t\in\Re$；指数矩阵 $e^{[V]t}$ 表示点从 $\boldsymbol{q}(0)$ 到 $\boldsymbol{q}(t)$ 的刚体变换，且有

$$e^{[V]t}=\boldsymbol{I}+[V]t+\frac{([V]t)^2}{2!}+\frac{([V]t)^3}{3!}+\cdots$$

刚体以单位角速度 **ω** 匀速旋转时，因为 $\|\boldsymbol{\omega}\|=1$，所以旋转角度 $\theta=t$，如图 4-9(a)所示。

刚体以速度 **v** 匀速移动时，如图 4-9(b)所示，因为 $\boldsymbol{\omega}=\boldsymbol{0}$，点 **q** 的速度为

$$\dot{\boldsymbol{q}}(t)=\boldsymbol{v}$$

其解为 $\boldsymbol{q}(t)=e^{[V]t}\boldsymbol{q}(0)$，其中[V]表示的 4×4 的矩阵是移动时的运动旋量，有

$$[V]=\begin{bmatrix}[\boldsymbol{0}] & \boldsymbol{v}\\ \boldsymbol{0} & 0\end{bmatrix}$$

总之，4×4 的矩阵[V]称为运动旋量，它由两部分组成：$[\boldsymbol{\omega}]\in so(3)$，$\boldsymbol{v}\in\Re^3$。

定义 4.9 运动旋量[V]的集合定义为刚体变换群 SE(3)的李代数 se(3)，即

$$se(3)=\{([\boldsymbol{\omega}],\boldsymbol{v}):[\boldsymbol{\omega}]\in so(3),\boldsymbol{v}\in\Re^3\} \tag{4-51}$$

利用算子符^和其逆算子∨，可以将运动旋量$[V]\in se(3)$与运动旋量坐标 $V\in\Re^6$ 相互转换，即

$$V=\begin{bmatrix}\boldsymbol{v}\\ \boldsymbol{\omega}\end{bmatrix}=\begin{bmatrix}[\boldsymbol{\omega}] & \boldsymbol{v}\\ \boldsymbol{0} & 0\end{bmatrix}^{\vee}\quad [V]=\begin{bmatrix}\boldsymbol{v}\\ \boldsymbol{\omega}\end{bmatrix}^{\wedge}=\begin{bmatrix}[\boldsymbol{\omega}] & \boldsymbol{v}\\ \boldsymbol{0} & 0\end{bmatrix}$$

结论：刚体变换群 SE(3)及其李代数 se(3)之间存在矩阵指数映射关系，且指数映射 exp：se(3)→SE(3)具有以下三个性质(结论)。

(1) 对于式(4-50)给出的运动旋量[V]，其矩阵指数具有刚体变换的形式，即

$$e^{([V]\theta)}=\begin{bmatrix}\boldsymbol{R}(\theta) & \boldsymbol{p}(\theta)\\ \boldsymbol{0} & 1\end{bmatrix}\in SE(3) \tag{4-52}$$

式中：旋转矩阵由 Rodrigues 公式求出，即

$$\boldsymbol{R}(\theta)=\mathrm{e}^{[\boldsymbol{\omega}]\theta}=\boldsymbol{I}+[\boldsymbol{\omega}]\sin\theta+[\boldsymbol{\omega}]^2(1-\cos\theta)$$

平移矢量按下面的公式计算

$$\boldsymbol{p}(\theta)=(\boldsymbol{I}-\mathrm{e}^{[\boldsymbol{\omega}]\theta})(\boldsymbol{\omega}\times\boldsymbol{v})+\boldsymbol{\omega}\boldsymbol{\omega}^{\mathrm{T}}\boldsymbol{v}\theta \tag{4-53}$$

(2) 矩阵指数映射 exp：se(3)→SE(3)是 SE(3)上的满射变换。即，对于任意刚体变换矩阵 $\boldsymbol{T}\in SE(3)$，存在 $[V]\in se(3)$ 和 $\theta\in\Re$，使得 $\boldsymbol{T}=\mathrm{e}^{([V]\theta)}$。

(3) 矩阵指数映射 exp：se(3)→SE(3)是多对一的。

证明：对结论(1)，可分两种情况进行证明。

对于纯移动情况，$\boldsymbol{\omega}=\boldsymbol{0}$，则有

$$[V]^2=[V]^3=[V]^4=\cdots=0$$

因此得到

$$\mathrm{e}^{[V]\theta}=\boldsymbol{I}+[V]\theta=\begin{bmatrix}\boldsymbol{I} & \boldsymbol{v}\theta\\ \boldsymbol{0} & 1\end{bmatrix} \tag{4-54}$$

可见，$\mathrm{e}^{[V]\theta}$ 是具有纯移动的刚体变换，$\boldsymbol{T}=\mathrm{e}^{[V]\theta}\in SE(3)$。

对于一般情况，$\boldsymbol{\omega}\neq\boldsymbol{0}$，令 $\|\boldsymbol{\omega}\|=1$，利用矩阵指数的性质 $\mathrm{e}^{\boldsymbol{T}[V]\theta\boldsymbol{T}^{-1}}=\boldsymbol{T}\mathrm{e}^{[V]\theta}\boldsymbol{T}^{-1}$，定义刚体变换矩阵

$$\boldsymbol{T}=\begin{bmatrix}\boldsymbol{I} & \boldsymbol{\omega}\times\boldsymbol{v}\\ \boldsymbol{0} & 1\end{bmatrix}$$

令相似变换的结果为 $[V^*]=\boldsymbol{T}^{-1}[V]\boldsymbol{T}$，由此得

$$[V^*]=\begin{bmatrix}\boldsymbol{I} & -\boldsymbol{\omega}\times\boldsymbol{v}\\ \boldsymbol{0} & 1\end{bmatrix}\begin{bmatrix}[\boldsymbol{\omega}] & \boldsymbol{v}\\ \boldsymbol{0} & 0\end{bmatrix}\begin{bmatrix}\boldsymbol{I} & \boldsymbol{\omega}\times\boldsymbol{v}\\ \boldsymbol{0} & 1\end{bmatrix}=\begin{bmatrix}[\boldsymbol{\omega}] & \boldsymbol{\omega}\boldsymbol{\omega}^{\mathrm{T}}\boldsymbol{v}\\ \boldsymbol{0} & 0\end{bmatrix}=\begin{bmatrix}[\boldsymbol{\omega}] & \boldsymbol{\omega}h\\ \boldsymbol{0} & 0\end{bmatrix}$$

注意式中 $h=\boldsymbol{\omega}^{\mathrm{T}}\boldsymbol{v}$，且运动旋量具有性质

$$[V^*]^2=\begin{bmatrix}[\boldsymbol{\omega}]^2 & \boldsymbol{0}\\ \boldsymbol{0} & 0\end{bmatrix},[V^*]^3=\begin{bmatrix}[\boldsymbol{\omega}]^3 & \boldsymbol{0}\\ \boldsymbol{0} & 0\end{bmatrix},\cdots,[V^*]^i=\begin{bmatrix}[\boldsymbol{\omega}]^i & \boldsymbol{0}\\ \boldsymbol{0} & 0\end{bmatrix}$$

则得到运动旋量 $[V^*]$ 的矩阵指数

$$\mathrm{e}^{[V^*]\theta}=\begin{bmatrix}\mathrm{e}^{[\boldsymbol{\omega}]\theta} & \boldsymbol{0}\\ \boldsymbol{0} & 1\end{bmatrix}$$

利用伴随矩阵公式可得

$$\mathrm{e}^{[V]\theta}=\mathrm{e}^{\boldsymbol{T}[V^*]\theta\boldsymbol{T}^{-1}}=\boldsymbol{T}\mathrm{e}^{[V^*]\theta}\boldsymbol{T}^{-1}$$

最后得到运动旋量 $[V]$ 的矩阵指数表达式

$$\mathrm{e}^{[V]\theta}=\begin{bmatrix}\mathrm{e}^{[\boldsymbol{\omega}]\theta} & (\boldsymbol{I}-\mathrm{e}^{[\boldsymbol{\omega}]\theta})(\boldsymbol{\omega}\times\boldsymbol{v})+\boldsymbol{\omega}\boldsymbol{\omega}^{\mathrm{T}}\boldsymbol{v}\theta\\ \boldsymbol{0} & 1\end{bmatrix}=\begin{bmatrix}\boldsymbol{R}(\theta) & \boldsymbol{p}(\theta)\\ \boldsymbol{0} & 1\end{bmatrix} \tag{4-55}$$

式中：$\boldsymbol{R}(\theta)=\mathrm{e}^{[\boldsymbol{\omega}]\theta}$ 为旋转矩阵，由 Rodrigues 公式给出；平移矢量 $\boldsymbol{p}(\theta)$ 由式(4-53)表示。

可见，$\mathrm{e}^{[V]\theta}\in SE(3)$。

结论(1)证毕。

对结论(2)的证明，我们忽略特殊情况 $(\boldsymbol{R},\boldsymbol{p})=(\boldsymbol{I},\boldsymbol{0})$，这种情况对应的反解为 $\theta=0$，$[V]$ 为任意矩阵。下面仍然分两种情况证明。

对于纯移动情况，$\boldsymbol{R}=\boldsymbol{I}$，令

$$[V]=\begin{bmatrix}[\boldsymbol{0}] & \dfrac{\boldsymbol{p}}{\|\boldsymbol{p}\|}\\ \boldsymbol{0} & 0\end{bmatrix},\quad \theta=\|\boldsymbol{p}\|$$

式(4-54)表明 $\mathrm{e}^{[V]\theta}=(\boldsymbol{I},\boldsymbol{p})=\boldsymbol{T}$。

对于一般情况，$\boldsymbol{R}\neq\boldsymbol{I}$，利用公式(4-55)，由给定的 $\boldsymbol{T}(\theta)=(\boldsymbol{R}(\theta),\boldsymbol{p}(\theta))$ 反解出运动旋量坐标 $V=(\boldsymbol{v},\boldsymbol{\omega})$ 的步骤如下：首先，利用等效转轴与等效转角的公式，将旋转矩阵 $\boldsymbol{R}=\mathrm{e}^{[\boldsymbol{\omega}]\theta}$ 用指数坐标 $(\boldsymbol{\omega},\theta)$ 表示；其次，反解方程(4-53)，求出矢量 $\boldsymbol{v}$。可以证明方程(4-53)的系数矩阵

$$\boldsymbol{A}=(\boldsymbol{I}-\mathrm{e}^{[\boldsymbol{\omega}]\theta})[\boldsymbol{\omega}]+\boldsymbol{\omega}\boldsymbol{\omega}^{\mathrm{T}}\theta$$

是非奇异的。

实际上，当 $\boldsymbol{R}\neq\boldsymbol{I}$（即 $\boldsymbol{\omega}\neq\boldsymbol{0}$）时，组成系数矩阵 $\boldsymbol{A}$ 的两部分是相互正交的零空间。因此得 $\boldsymbol{A}\boldsymbol{v}=\boldsymbol{0}\Leftrightarrow\boldsymbol{v}=\boldsymbol{0}$。

总之，任何一个刚体变换 $\boldsymbol{T}$ 都可以表示为运动旋量 $[V]\theta\in se(3)$ 的矩阵指数形式。在旋转运动情况下，指数变换 $\exp:se(3)\rightarrow SE(3)$ 是多对一的。

4.4 刚体变换的线矢量表示

机器人的关节绝大部分是移动关节或旋转关节，利用矩阵指数的公式建立刚体变换矩阵时，只要规定表示移动关节或旋转关节轴线的线矢量即可，计算简单，能避免因选取坐标系带来的种种麻烦，可以减少计算量。下面讨论基于线矢量的刚体变换的自动生成方法。

对于移动关节，$\boldsymbol{\omega}=\boldsymbol{0}$，$\boldsymbol{r}=\boldsymbol{0}$，刚体变换由式(4-54)给出。

对于旋转关节，因为 $\boldsymbol{\omega}\neq\boldsymbol{0}$，令 $\|\boldsymbol{\omega}\|=1$，则由式(4-53)得 $\boldsymbol{v}=\boldsymbol{r}\times\boldsymbol{\omega}$，$\boldsymbol{\omega}\boldsymbol{\omega}^{\mathrm{T}}\boldsymbol{v}\theta=\boldsymbol{0}$，则有

$$\boldsymbol{p}(\theta)=(\boldsymbol{I}-\mathrm{e}^{[\boldsymbol{\omega}]\theta})(\boldsymbol{\omega}\times\boldsymbol{v})=(\boldsymbol{I}-\mathrm{e}^{[\boldsymbol{\omega}]\theta})[\boldsymbol{r}-\boldsymbol{\omega}(\boldsymbol{\omega}^{\mathrm{T}}\boldsymbol{r})]$$

下面给出式(4-53)的几种特殊情况。

(1) 绕 x 轴旋转时

$$\boldsymbol{R}(\theta)=\boldsymbol{R}(x,\theta)$$

$$\boldsymbol{p}(\theta)=(\boldsymbol{I}-\boldsymbol{R}(x,\theta))[0\quad r_y\quad r_z]^{\mathrm{T}}=\begin{bmatrix}0\\ r_y(1-\cos\theta)+r_z\sin\theta\\ -r_y\sin\theta+r_z(1-\cos\theta)\end{bmatrix}\tag{4-56a}$$

(2) 绕 y 轴旋转时

$$\boldsymbol{R}(\theta)=\boldsymbol{R}(y,\theta)$$

$$\boldsymbol{p}(\theta)=(\boldsymbol{I}-\boldsymbol{R}(y,\theta))[r_x\quad 0\quad r_z]^{\mathrm{T}}=\begin{bmatrix}r_x(1-\cos\theta)-r_z\sin\theta\\ 0\\ r_x\sin\theta+r_z(1-\cos\theta)\end{bmatrix}\tag{4-56b}$$

(3) 绕 z 轴旋转时

$$\boldsymbol{R}(\theta)=\boldsymbol{R}(z,\theta)$$

$$\boldsymbol{p}(\theta)=(\boldsymbol{I}-\boldsymbol{R}(z,\theta))[r_x\quad r_y\quad 0]^{\mathrm{T}}=\begin{bmatrix}r_x(1-\cos\theta)+r_y\sin\theta\\ -r_x\sin\theta+r_y(1-\cos\theta)\\ 0\end{bmatrix}\tag{4-56c}$$

总之，基于线矢量的刚体变换的自动生成的关键是规定表示移动关节或旋转关节轴线的线矢量。移动关节线矢量的方向由 $\boldsymbol{v}$ 决定，因 $\boldsymbol{r}=\boldsymbol{0}$，十分简单；旋转关节的线矢量方向由

$\boldsymbol{\omega}$ 决定，轴线上的一点 $\boldsymbol{r}$ 适当选取。通常，在选取基坐标系时，使各关节轴的线矢量沿着某一坐标轴的方向，无须建立各个连杆坐标系，计算十分简便。表 4-1 列出了移动关节和旋转关节的相关计算步骤。首先规定表示关节轴线的线矢量，再得到运动旋量和矩阵指数：

$$V=L=\begin{bmatrix}\boldsymbol{r}\times\boldsymbol{\omega}\\ \boldsymbol{\omega}\end{bmatrix},\quad [V]=[L]=\begin{bmatrix}\boldsymbol{r}\times\boldsymbol{\omega}\\ \boldsymbol{\omega}\end{bmatrix}^{\wedge}=\begin{bmatrix}[\boldsymbol{\omega}] & \boldsymbol{r}\times\boldsymbol{\omega}\\ \boldsymbol{0} & 0\end{bmatrix}$$

表 4-1　移动关节的矩阵指数 $\boldsymbol{R}(\theta)$ 和旋转关节的矩阵指数 $\boldsymbol{p}(\theta)$

矢量类型		$\boldsymbol{r}$	$\boldsymbol{\omega}$	$\boldsymbol{r}\times\boldsymbol{\omega}$	$[\boldsymbol{\omega}]$	$[V]$	$\boldsymbol{R}(\theta)$	$\boldsymbol{p}(\theta)$
移动关节		$\boldsymbol{0}$	$\boldsymbol{0}$	$\boldsymbol{0}$	$\begin{bmatrix}0&0&0\\0&0&0\\0&0&0\end{bmatrix}$	$\begin{bmatrix}[\boldsymbol{0}]&\boldsymbol{v}\\ \boldsymbol{0}&0\end{bmatrix}$	$\boldsymbol{I}$	$\boldsymbol{v}\theta$
旋转关节	绕 x 轴	$\begin{bmatrix}\otimes\\r_y\\r_z\end{bmatrix}$	$\begin{bmatrix}1\\0\\0\end{bmatrix}$	$\begin{bmatrix}0\\r_z\\-r_y\end{bmatrix}$	$\begin{bmatrix}0&0&0\\0&0&-1\\0&1&0\end{bmatrix}$	$\begin{bmatrix}0&0&0&0\\0&0&-1&r_z\\0&1&0&-r_y\\0&0&0&0\end{bmatrix}$	$\begin{bmatrix}1&0&0\\0&\mathrm{c}\theta&-\mathrm{s}\theta\\0&\mathrm{s}\theta&\mathrm{c}\theta\end{bmatrix}$	$\begin{bmatrix}0\\r_y(1-\mathrm{c}\theta)+r_z\mathrm{s}\theta\\-r_y\mathrm{s}\theta+r_z(1-\mathrm{c}\theta)\end{bmatrix}$
	绕 y 轴	$\begin{bmatrix}r_x\\\otimes\\r_z\end{bmatrix}$	$\begin{bmatrix}0\\1\\0\end{bmatrix}$	$\begin{bmatrix}-r_z\\0\\r_x\end{bmatrix}$	$\begin{bmatrix}0&0&1\\0&0&0\\-1&0&0\end{bmatrix}$	$\begin{bmatrix}0&0&1&-r_z\\0&0&0&0\\-1&0&0&r_x\\0&0&0&0\end{bmatrix}$	$\begin{bmatrix}\mathrm{c}\theta&0&\mathrm{s}\theta\\0&1&0\\-\mathrm{s}\theta&0&\mathrm{c}\theta\end{bmatrix}$	$\begin{bmatrix}r_x(1-\mathrm{c}\theta)-r_z\mathrm{s}\theta\\0\\r_x\mathrm{s}\theta+r_z(1-\mathrm{c}\theta)\end{bmatrix}$
	绕 z 轴	$\begin{bmatrix}r_x\\r_y\\\otimes\end{bmatrix}$	$\begin{bmatrix}0\\0\\1\end{bmatrix}$	$\begin{bmatrix}r_y\\-r_x\\0\end{bmatrix}$	$\begin{bmatrix}0&-1&0\\1&0&0\\0&0&0\end{bmatrix}$	$\begin{bmatrix}0&-1&0&r_y\\1&0&0&-r_x\\0&0&0&0\\0&0&0&0\end{bmatrix}$	$\begin{bmatrix}\mathrm{c}\theta&-\mathrm{s}\theta&0\\\mathrm{s}\theta&\mathrm{c}\theta&0\\0&0&1\end{bmatrix}$	$\begin{bmatrix}r_x(1-\mathrm{c}\theta)+r_y\mathrm{s}\theta\\-r_x\mathrm{s}\theta+r_y(1-\mathrm{c}\theta)\\0\end{bmatrix}$
	绕任意轴	$\begin{bmatrix}r_x\\r_y\\r_z\end{bmatrix}$	$\begin{bmatrix}\omega_x\\\omega_y\\\omega_z\end{bmatrix}$	$\boldsymbol{r}\times\boldsymbol{\omega}$	$\begin{bmatrix}0&-\omega_z&\omega_y\\\omega_z&0&-\omega_x\\-\omega_y&\omega_x&0\end{bmatrix}$	$\begin{bmatrix}[\boldsymbol{\omega}]&\boldsymbol{r}\times\boldsymbol{\omega}\\ \boldsymbol{0}&0\end{bmatrix}$	$\boldsymbol{R}(\omega,\theta)$	$(\boldsymbol{I}-\mathrm{e}^{[\boldsymbol{\omega}]\theta})\cdot(\boldsymbol{r}-\boldsymbol{\omega}(\boldsymbol{\omega}^{\mathrm{T}}\boldsymbol{r}))$

注：⊗表示任意速度。$\mathrm{c}\theta=\cos\theta$，$\mathrm{s}\theta=\sin\theta$。

注意，表中

$$\mathrm{e}^{[V]\theta}=\boldsymbol{T}(\theta)=\begin{bmatrix}\boldsymbol{R}(\theta) & \boldsymbol{p}(\theta)\\ \boldsymbol{0} & 1\end{bmatrix}$$

例 4.5　如图 4-10 所示，绕线矢量 $L=\{\boldsymbol{r}+\lambda\boldsymbol{\omega}:\|\boldsymbol{\omega}\|=1,\lambda\in\Re\}$ 的转动角度 $\theta=\alpha$。其中线矢量 L 上的一点 $\boldsymbol{r}=[0\quad l_1\quad 0]^{\mathrm{T}}$，$\boldsymbol{\omega}=[0\quad 0\quad 1]^{\mathrm{T}}$，节距 $h=0$。求绕 L 旋转的运动旋量和运动旋量坐标。

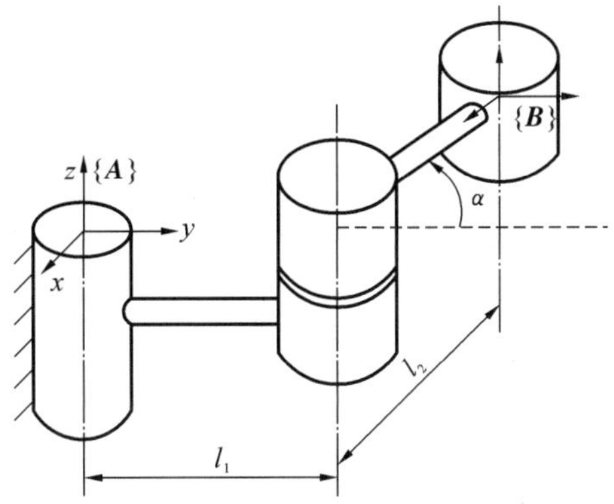

图 4-10　绕固定轴旋转产生的刚体移动

单位运动旋量坐标为

$$V = L = \begin{bmatrix} -\boldsymbol{\omega} \times \boldsymbol{r} \\ \boldsymbol{\omega} \end{bmatrix} = [l_1 \quad 0 \quad 0 \quad 0 \quad 0 \quad 1]^{\mathrm{T}}$$

其矩阵指数为

$$\mathrm{e}^{[V]\alpha} = \begin{bmatrix} \mathrm{e}^{[\boldsymbol{\omega}]\alpha} & (\boldsymbol{I} - \mathrm{e}^{[\boldsymbol{\omega}]\alpha})(\boldsymbol{\omega} \times \boldsymbol{v}) \\ \boldsymbol{0} & 1 \end{bmatrix} = \begin{bmatrix} \cos\alpha & -\sin\alpha & 0 & l_1 \sin\alpha \\ \sin\alpha & \cos\alpha & 0 & l_1(1-\cos\alpha) \\ 0 & 0 & 1 & 0 \\ 0 & 0 & 0 & 1 \end{bmatrix}$$

实际上，由表 4-1 可以直接得出 $\boldsymbol{p}(\alpha) = (\boldsymbol{I} - \mathrm{e}^{[\boldsymbol{\omega}]\alpha})(\boldsymbol{\omega} \times \boldsymbol{v})$。该齐次变换矩阵表示刚体上的一点相对于参考系 $\{\boldsymbol{A}\}$ 从起始点（$\alpha=0$）到终点（$\alpha \neq 0$）的坐标变换，也表示坐标系 $\{\boldsymbol{B}\}$ 相对于参考系 $\{\boldsymbol{A}\}$ 的变换，即

$${}^A_B\boldsymbol{T}(\alpha) = \mathrm{e}^{[V]\alpha}\, {}^A_B\boldsymbol{T}(0)$$

式中

$${}^A_B\boldsymbol{T}(0) = \begin{bmatrix} \boldsymbol{I} & [0 \quad l_1 + l_2 \quad 0]^{\mathrm{T}} \\ \boldsymbol{0} & 1 \end{bmatrix}$$

刚体 B 绕固定轴 L 转动 α 角，相对于参考系 $\{\boldsymbol{A}\}$，坐标系 $\{\boldsymbol{B}\}$ 的变换矩阵为

$${}^A_B\boldsymbol{T}(\alpha) = \begin{bmatrix} \cos\alpha & -\sin\alpha & 0 & -l_2 \sin\alpha \\ \sin\alpha & \cos\alpha & 0 & l_1 + l_2 \cos\alpha \\ 0 & 0 & 1 & 0 \\ 0 & 0 & 0 & 1 \end{bmatrix}$$

计算相应的运动旋量坐标。为此，假定 $\alpha \neq 0$，即 $\boldsymbol{R} \neq \boldsymbol{I}$，则满足 $\mathrm{e}^{[\boldsymbol{\omega}]\theta} = {}^A_B\boldsymbol{R}$ 的等效转轴 $\boldsymbol{\omega} \in \Re^3$ 和等效转角 $\theta \in \Re$ 分别为

$$\boldsymbol{\omega} = [0 \quad 0 \quad 1]^{\mathrm{T}}, \quad \theta = \alpha$$

因为绕 z 轴旋转，需要解下列方程求出 $\boldsymbol{v}$：

$$[(\boldsymbol{I} - \mathrm{e}^{[\boldsymbol{\omega}]\theta})[\boldsymbol{\omega}] + \boldsymbol{\omega}\boldsymbol{\omega}^{\mathrm{T}}\theta]\boldsymbol{v} = {}^A_B\boldsymbol{p}$$

注意 $\boldsymbol{\omega} = [0 \quad 0 \quad 1]^{\mathrm{T}}$，$\theta = \alpha$，利用表 4-1，将该式两边展开可得

$$\begin{bmatrix} \sin\alpha & \cos\alpha - 1 & 0 \\ 1 - \cos\alpha & \sin\alpha & 0 \\ 0 & 0 & 1 \end{bmatrix} \boldsymbol{v} = \begin{bmatrix} -l_2 \sin\alpha \\ l_1 + l_2 \cos\alpha \\ 0 \end{bmatrix}$$

因此得到

$$\boldsymbol{v} = \begin{bmatrix} \sin\alpha & \cos\alpha - 1 & 0 \\ 1 - \cos\alpha & \sin\alpha & 0 \\ 0 & 0 & 1 \end{bmatrix}^{-1} \begin{bmatrix} -l_2 \sin\alpha \\ l_1 + l_2 \cos\alpha \\ 0 \end{bmatrix} = \begin{bmatrix} \dfrac{l_1 - l_2}{2} \\ \dfrac{(l_1 + l_2)\sin\alpha}{2(1-\cos\alpha)} \\ 0 \end{bmatrix}$$

将 $\boldsymbol{v}$ 与 $\boldsymbol{\omega} = [0 \quad 0 \quad 1]^{\mathrm{T}}$ 合并得到刚体变换 ${}^A_B\boldsymbol{T}$ 的运动旋量坐标：

$$V = \left[\frac{l_1 - l_2}{2} \quad \frac{(l_1 + l_2)\sin\alpha}{2(1-\cos\alpha)} \quad 0 \quad 0 \quad 0 \quad 1\right]^{\mathrm{T}}, \quad \theta = \alpha \neq 0$$

上面的表达式相当复杂，其原因是坐标系 $\{\boldsymbol{B}\}$ 相当于参考系 $\{\boldsymbol{A}\}$ 的指数变换表示绝对空间变换。如果表示相对物体变换，则为

$$e^{[V]\alpha}={}_{B}^{A}\boldsymbol{T}(\alpha){}_{B}^{A}\boldsymbol{T}^{-1}(0)$$

前面已经指出，相对变换的指数坐标为

$$V=[l_1\quad 0\quad 0\quad 0\quad 0\quad 1]^{\mathrm{T}},\quad \theta=\alpha\neq 0$$

4.5 螺旋运动

螺旋运动定义为刚体绕轴线 L 旋转角度 θ 和沿该轴线移动距离 d 的复合运动，是最常见的运动之一，例如，螺钉相对螺帽的运动、丝杠相对工作台的运动等。当 $\theta\neq 0$ 时，移动量 d 与旋转角度 θ 之比 $h=\dfrac{d}{\theta}$ 定义为螺旋的节距(pitch)。当 $h=0$ 时，为纯转动；当 $h=\infty$ 时，为纯移动。当 $\boldsymbol{\omega}\neq\boldsymbol{0}$ 时，旋转轴线用有向线矢量 L 表示，如图 4-11(a)所示。令 $\boldsymbol{r}\in\Re^3$ 是轴线上的一点，$\boldsymbol{\omega}\in\Re^3$ 表示轴线方向的单位矢量，$\|\boldsymbol{\omega}\|=1$，则旋转轴线可以用线矢量表示：$L=\{\boldsymbol{r}+\lambda\boldsymbol{\omega}:\lambda\in\Re\}$。当 $h=\infty$ 时，如图 4-11(b)所示，把过原点 o 沿方向 $\boldsymbol{v}$ 的有向直线作为线矢量，表示为 $L=\{\boldsymbol{0}+\lambda\boldsymbol{v}:\lambda\in\Re\}$。

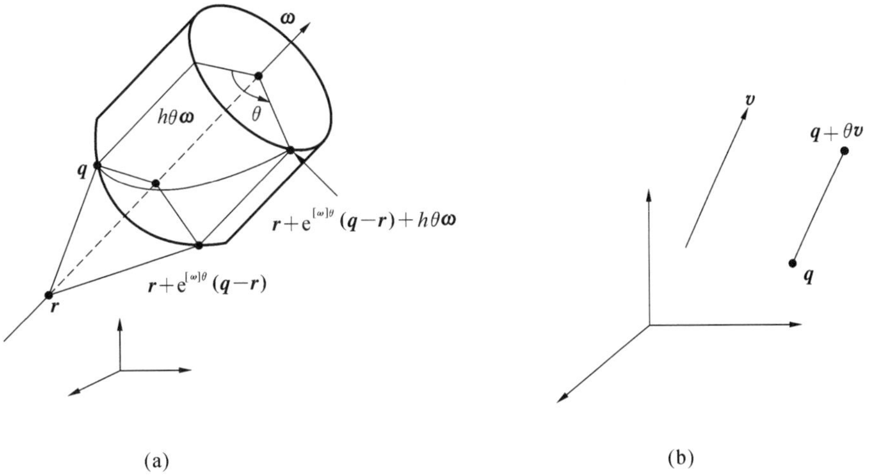

图 4-11　螺旋运动

(a) $\boldsymbol{\omega}\neq\boldsymbol{0}$ 时　(b) $h=\infty$ 时

下面推导螺旋运动所对应的刚体变换矩阵 $\boldsymbol{T}=(\boldsymbol{p},\boldsymbol{R})$。刚体上的一点 $\boldsymbol{q}$ 绕轴线 $L=\{\boldsymbol{r}+\lambda\boldsymbol{\omega}:\lambda\in\Re\}$ 匀速旋转 θ 角，同时匀速移动 $d=h\theta$ 后的最终位置可表示为

$$\boldsymbol{q}(\theta)=\boldsymbol{T}(\theta)\boldsymbol{q}(0)=\boldsymbol{r}+e^{[\boldsymbol{\omega}]\theta}(\boldsymbol{q}(0)-\boldsymbol{r})+\boldsymbol{\omega}h\theta$$

用齐次坐标表示则得到

$$\begin{bmatrix}\boldsymbol{q}(\theta)\\1\end{bmatrix}=\boldsymbol{T}(\theta)\begin{bmatrix}\boldsymbol{q}(0)\\1\end{bmatrix}$$

由此得到螺旋运动对应的刚体变换矩阵

$$\boldsymbol{T}(\theta)=\begin{bmatrix}e^{[\boldsymbol{\omega}]\theta} & (\boldsymbol{I}-e^{[\boldsymbol{\omega}]\theta})\boldsymbol{r}+\boldsymbol{\omega}h\theta\\ \boldsymbol{0} & 1\end{bmatrix}\tag{4-57}$$

上面推导的刚体变换矩阵 $\boldsymbol{T}(\theta)$ 将刚体上某点 $\boldsymbol{q}$ 从初始位置 $\boldsymbol{q}(0)$ 映射到最终位置 $\boldsymbol{q}(\theta)$，$\boldsymbol{q}(0)$ 与 $\boldsymbol{q}(\theta)$ 都是相对固定坐标系描述的。

可以证明，螺旋运动对应的刚体变换矩阵 $\boldsymbol{T}(\theta)$ 与运动旋量矩阵指数表示的公式(4-52)是一致的。将运动旋量记为 $[V]=(\boldsymbol{v},\boldsymbol{\omega})^{\wedge}\in\Re^{4\times4}$，则由公式(4-52)有

$$e^{[V]\theta}=\begin{bmatrix} e^{[\omega]\theta} & (\boldsymbol{I}-e^{[\omega]\theta})(\boldsymbol{\omega}\times\boldsymbol{v})+\boldsymbol{\omega}\boldsymbol{\omega}^{\mathrm{T}}\boldsymbol{v}\theta \\ \boldsymbol{0} & 1 \end{bmatrix}$$

因为 $\|\boldsymbol{\omega}\|=1,\theta\neq0$，则 $\boldsymbol{v}=-\boldsymbol{\omega}\times\boldsymbol{r}+h\boldsymbol{\omega}$。其中包括以下两种特例：

当 $h=0$ 时，即纯转动情况下，运动旋量为 $[V]=(-\boldsymbol{\omega}\times\boldsymbol{r},\boldsymbol{\omega})^{\wedge}\in\Re^{4\times4}$；

当 $h=\infty$ 时，即纯移动情况下，运动旋量为 $[V]=(\boldsymbol{v},\boldsymbol{0})^{\wedge}\in\Re^{4\times4}$，令 θ 为移动量，则 $[V]=(\boldsymbol{v},\boldsymbol{0})^{\wedge}$ 对应螺旋运动变换矩阵公式(4-54)。

由以上讨论可以得出结论：任何螺旋运动均等价于在定值的运动旋量 $[V]=(\boldsymbol{v},\boldsymbol{\omega})^{\wedge}\in\Re^{4\times4}$ 与螺旋幅值 $m=\theta$ 之积的作用下产生的运动（矩阵指数映射为 $e^{[V]\theta}$）。

4.5.1 运动旋量的螺旋坐标

螺旋运动由三要素，即轴线 L、节距 h 和幅值 m 组成，记为 $S=(L,h,m)$。下面说明螺旋运动 $S=(L,h,m)$ 与运动旋量 $[V]=(\boldsymbol{v},\boldsymbol{\omega})$ 之间的关系，规定运动旋量 $[V]=(\boldsymbol{v},\boldsymbol{\omega})$ 的螺旋坐标 (L,h,m)。

1. 节距

运动旋量 $[V]\in se(3)$ 的节距 h 定义为移动量与转动量的比值，即

$$h=\frac{\boldsymbol{\omega}^{\mathrm{T}}\boldsymbol{v}}{\|\boldsymbol{\omega}\|^{2}} \tag{4-58}$$

若 $\boldsymbol{\omega}=\boldsymbol{0}$，则 $h=\infty$。

2. 转轴（线矢量 L）

转轴 L 为有向线矢量，有

$$L=\begin{cases}\dfrac{\boldsymbol{\omega}\times\boldsymbol{v}}{\|\boldsymbol{\omega}\|^{2}}+\lambda\boldsymbol{\omega}:\lambda\in\Re,\boldsymbol{\omega}\neq\boldsymbol{0}\\ \boldsymbol{0}+\lambda\boldsymbol{v}:\lambda\in\Re,\boldsymbol{\omega}=\boldsymbol{0}\end{cases} \tag{4-59}$$

当 $\boldsymbol{\omega}\neq\boldsymbol{0}$ 时，L 过点 $\dfrac{\boldsymbol{\omega}\times\boldsymbol{v}}{\|\boldsymbol{\omega}\|^{2}}$，沿 $\boldsymbol{\omega}$ 的方向；当 $\boldsymbol{\omega}=\boldsymbol{0}$ 时，线矢量 L 过原点，沿 $\boldsymbol{v}$ 的方向。

3. 幅值

螺旋的幅值可表示为

$$m=\begin{cases}\|\boldsymbol{\omega}\|,\boldsymbol{\omega}\neq\boldsymbol{0}\\ \|\boldsymbol{v}\|,\boldsymbol{\omega}=\boldsymbol{0}\end{cases} \tag{4-60}$$

当 $\boldsymbol{\omega}\neq\boldsymbol{0}$ 时，m 为纯转动量；当 $\boldsymbol{\omega}=\boldsymbol{0}$ 时，m 为纯移动量。

若令 $\|\boldsymbol{\omega}\|=1$（当 $\boldsymbol{\omega}\neq\boldsymbol{0}$ 时），或令 $\|\boldsymbol{v}\|=1$（当 $\boldsymbol{\omega}=\boldsymbol{0}$ 时），则运动旋量 $[V]\theta$ 的幅值为 θ。

上面通过构造法表明：对于任意运动旋量 $[V]\in se(3)$，即对于运动旋量坐标 $V=(\boldsymbol{v},\boldsymbol{\omega})\in\Re^{6}$，可以找到相应的螺旋 $S=(L,h,m)$ 与之对应。反之，对于任意给定的螺旋 $S=(L,h,m)$，是否存在单位运动旋量 $[V]\in se(3)$，使得刚体的螺旋运动可以由运动旋量 $m[V]$ 产生？

答案是肯定的，下面仍然用构造法验证螺旋运动与运动旋量是一一对应的。

(1) 当 $h=\infty$ 时，运动属于纯移动，令 $L=\{\boldsymbol{0}+\lambda\boldsymbol{v}:\lambda\in\Re\}$，$m=\theta$，定义

$$[V]=\begin{bmatrix}[\boldsymbol{0}] & \boldsymbol{v}\\ \boldsymbol{0} & 0\end{bmatrix}$$

则刚体变换 $\boldsymbol{T}=\mathrm{e}^{[V]\theta}$ 相当于沿转轴 L 移动量为 θ 的纯移动。

（2）当 h 为有限值时，令 $L=\{\boldsymbol{r}+\lambda\boldsymbol{\omega}:\|\boldsymbol{\omega}\|=1,\lambda\in\Re\}$，$m=\theta$，定义

$$[V]=\begin{bmatrix}[\boldsymbol{\omega}] & -\boldsymbol{\omega}\times\boldsymbol{r}+h\boldsymbol{\omega}\\ \boldsymbol{0} & 0\end{bmatrix}$$

可以验证 $\mathrm{e}^{[V]\theta}$ 就是所求的螺旋运动。

4.5.2　螺旋运动的速度

任何刚体运动都可以用螺旋运动，即绕一轴的转动与平行于该轴的移动的合成运动来实现。实际上，任何刚体变换均可以用运动旋量的矩阵指数表示：

$$\boldsymbol{q}(\theta)=\mathrm{e}^{[V]\theta}\boldsymbol{q}(0)$$

式中：$\boldsymbol{q}(0)$ 和 $\boldsymbol{q}(\theta)$ 是点 $\boldsymbol{q}$ 在同一坐标系中运动前后的坐标。如果坐标系 $\{\boldsymbol{B}\}$ 与刚体固接，经螺旋运动后，坐标系 $\{\boldsymbol{B}\}$ 相对参考系 $\{\boldsymbol{A}\}$ 运动后的位姿为

$$ {}_B^A\boldsymbol{T}(\theta)=\mathrm{e}^{[V]\theta}\,{}_B^A\boldsymbol{T}(0) \tag{4-61}$$

前面已经阐明，矩阵指数映射 exp：se(3)→SE(3) 是满射的。式(4-61)描述了刚体从初始值 ${}_B^A\boldsymbol{T}(0)$ 到终点值 ${}_B^A\boldsymbol{T}(\theta)$ 的运动。对于定常的运动旋量 $[V]$，则有

$$\frac{\mathrm{d}}{\mathrm{d}t}(\mathrm{e}^{[V]\theta})=[V]\dot{\theta}\mathrm{e}^{[V]\theta}$$

刚体运动的空间运动旋量可表示为

$$[{}_B^AV^{\mathrm{s}}]={}_B^A\dot{\boldsymbol{T}}(\theta)\,{}_B^A\boldsymbol{T}^{-1}(\theta)=([V]\dot{\theta}\mathrm{e}^{[V]\theta}\,{}_B^A\boldsymbol{T}(0))({}_B^A\boldsymbol{T}^{-1}(0)\mathrm{e}^{-[V]\theta})=[V]\dot{\theta}$$

可见，刚体运动的空间速度与螺旋运动产生的速度一致。同样，因螺旋运动而产生的物体速度为

$$\begin{aligned}[{}_B^AV^{\mathrm{b}}]&={}_B^A\boldsymbol{T}^{-1}(\theta)\,{}_B^A\dot{\boldsymbol{T}}(\theta)=({}_B^A\boldsymbol{T}^{-1}(0)\mathrm{e}^{-[V]\theta})([V]\dot{\theta}\mathrm{e}^{[V]\theta}\,{}_B^A\boldsymbol{T}(0))\\&=({}_B^A\boldsymbol{T}^{-1}(0)[V]\,{}_B^A\mathrm{T}(0))\dot{\theta}=(\mathrm{Ad}_V({}_B^A\boldsymbol{T}^{-1}(0)V))^{\wedge}\,\dot{\theta}\end{aligned}$$

当 $\dot{\theta}=1$ 时，$[{}_B^AV^{\mathrm{b}}]$ 表示在物体运动坐标系中的定常矢量，物体运动旋量的方向由刚体的初始位姿 ${}_B^A\boldsymbol{T}^{-1}(0)$ 的速度伴随变换矩阵确定。特殊情况：当 ${}_B^A\boldsymbol{T}(0)=\boldsymbol{I}$ 时，$\{\boldsymbol{B}\}$ 与 $\{\boldsymbol{A}\}$ 初始重合，则有

$$[{}_B^AV^{\mathrm{s}}]=[{}_B^AV^{\mathrm{b}}]=[V]\dot{\theta}$$

式中：$[V]$ 是因螺旋运动而产生的定常运动旋量。

例 4.4 中由螺旋运动 $\mathrm{e}^{[V]\theta}$ 产生的空间速度 V^{s} 与例 4.5 所得是一致的，当 $\dot{\theta}=1$ 时，两者的 V 是相同的。

例 4.6　图 4-12 所示绕线矢量 $L=\{\boldsymbol{r}+\lambda\boldsymbol{\omega}:\|\boldsymbol{\omega}\|=1,\lambda\in\Re\}$ 的转动幅度 $m=\theta$。其中线矢量 L 上的一点 $\boldsymbol{r}=[0\quad l_1\quad 0]^{\mathrm{T}}$，$\boldsymbol{\omega}=[0\quad 0\quad 1]^{\mathrm{T}}$，节距 $h=0$。求绕空间轴线转动的坐标变换矩阵。

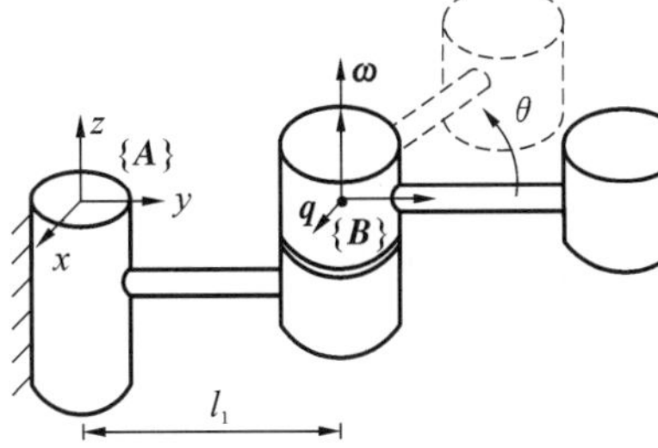

图 4-12　绕固定轴旋转的刚体运动

运动旋量坐标为

$$V=\begin{bmatrix}-\boldsymbol{\omega}\times\boldsymbol{r}\\ \boldsymbol{\omega}\end{bmatrix}=[l_1\quad 0\quad 0\quad 0\quad 0\quad 1]^{\mathrm{T}}$$

其矩阵指数为

$$
e^{[V]\theta}=\begin{bmatrix} e^{[\boldsymbol{\omega}]\theta} & (\boldsymbol{I}-e^{[\boldsymbol{\omega}]\theta})(\boldsymbol{\omega}\times\boldsymbol{v}) \\ \boldsymbol{0} & 1\end{bmatrix}=\begin{bmatrix}\cos\theta & -\sin\theta & 0 & l_1\sin\theta \\ \sin\theta & \cos\theta & 0 & l_1(1-\cos\theta) \\ 0 & 0 & 1 & 0 \\ 0 & 0 & 0 & 1\end{bmatrix}
$$

该齐次变换矩阵表示刚体上的一点相对于参考系$\{\boldsymbol{A}\}$从起始点($\theta=0$)到终点($\theta\neq0$)的坐标变换，也表示坐标系$\{\boldsymbol{B}\}$相对于参考系$\{\boldsymbol{A}\}$的变换，即

$$
{}_B^A\boldsymbol{T}(\theta)=e^{[V]\theta}\,{}_B^A\boldsymbol{T}(0)
$$

式中

$$
{}_B^A\boldsymbol{T}(0)=\begin{bmatrix}\boldsymbol{I} & [0\quad l_1\quad 0]^{\mathrm{T}} \\ \boldsymbol{0} & 1\end{bmatrix}
$$

$$
{}_B^A\boldsymbol{T}(\theta)=\begin{bmatrix}\cos\theta & -\sin\theta & 0 & 0 \\ \sin\theta & \cos\theta & 0 & l_1 \\ 0 & 0 & 1 & 0 \\ 0 & 0 & 0 & 1\end{bmatrix}
$$

4.5.3 运动旋量的坐标变换

令${}_B^A\boldsymbol{T}$，${}_C^B\boldsymbol{T}$分别表示坐标系$\{\boldsymbol{B}\}$相对于坐标系$\{\boldsymbol{A}\}$和坐标系$\{\boldsymbol{C}\}$相对于坐标系$\{\boldsymbol{B}\}$的刚体变换，则乘积${}_C^A\boldsymbol{T}={}_B^A\boldsymbol{T}{}_C^B\boldsymbol{T}$表示$\{\boldsymbol{C}\}$相对于$\{\boldsymbol{A}\}$的刚体变换。下面求运动旋量的复合坐标变换。

结论：假定运动旋量坐标是${}_B^AV$和${}_C^BV$，则空间速度${}_C^AV^{\mathrm{s}}$和物体速度${}_C^AV^{\mathrm{b}}$分别为

$$
{}_C^AV^{\mathrm{s}}={}_B^AV^{\mathrm{s}}+\mathrm{Ad}_V({}_B^A\boldsymbol{T}){}_C^BV^{\mathrm{s}} \tag{4-62}
$$

$$
{}_C^AV^{\mathrm{b}}=\mathrm{Ad}_V({}_C^B\boldsymbol{T}^{-1}){}_B^AV^{\mathrm{b}}+{}_C^BV^{\mathrm{b}} \tag{4-63}
$$

证明：由${}_C^A\boldsymbol{T}={}_B^A\boldsymbol{T}{}_C^B\boldsymbol{T}$和空间速度的定义可得

$$
\begin{aligned}
[{}_C^AV^{\mathrm{s}}]&={}_C^A\dot{\boldsymbol{T}}{}_C^A\boldsymbol{T}^{-1}=({}_B^A\dot{\boldsymbol{T}}{}_C^B\boldsymbol{T}+{}_B^A\boldsymbol{T}{}_C^B\dot{\boldsymbol{T}})({}_C^B\boldsymbol{T}^{-1}{}_B^A\boldsymbol{T}^{-1})\\
&={}_B^A\dot{\boldsymbol{T}}{}_B^A\boldsymbol{T}^{-1}+{}_B^A\boldsymbol{T}({}_C^B\dot{\boldsymbol{T}}{}_C^B\boldsymbol{T}^{-1}){}_B^A\boldsymbol{T}^{-1}=[{}_B^AV^{\mathrm{s}}]+{}_B^A\boldsymbol{T}[{}_C^BV^{\mathrm{s}}]{}_B^A\boldsymbol{T}^{-1}
\end{aligned}
$$

将上式写成运动旋量坐标的形式，得

$$
{}_C^AV^{\mathrm{s}}={}_B^AV^{\mathrm{s}}+\mathrm{Ad}_V({}_B^A\boldsymbol{T}){}_C^BV^{\mathrm{s}}
$$

同样可得

$$
\begin{aligned}
[{}_C^AV^{\mathrm{b}}]&={}_C^A\boldsymbol{T}^{-1}{}_C^A\dot{\boldsymbol{T}}=({}_C^B\boldsymbol{T}^{-1}{}_B^A\boldsymbol{T}^{-1})({}_B^A\dot{\boldsymbol{T}}{}_C^B\boldsymbol{T}+{}_B^A\boldsymbol{T}{}_C^B\dot{\boldsymbol{T}})\\
&={}_C^B\boldsymbol{T}^{-1}({}_B^A\boldsymbol{T}^{-1}{}_B^A\dot{\boldsymbol{T}}){}_C^B\boldsymbol{T}+{}_C^B\boldsymbol{T}^{-1}{}_C^B\dot{\boldsymbol{T}}={}_C^B\boldsymbol{T}^{-1}[{}_B^AV^{\mathrm{b}}]{}_C^B\boldsymbol{T}+[{}_C^BV^{\mathrm{b}}]
\end{aligned}
$$

其运动旋量坐标表示为

$$
{}_C^AV^{\mathrm{b}}=\mathrm{Ad}_V({}_C^B\boldsymbol{T}^{-1}){}_B^AV^{\mathrm{b}}+{}_C^BV^{\mathrm{b}}
$$

三个坐标系$\{\boldsymbol{A}\}$，$\{\boldsymbol{B}\}$，$\{\boldsymbol{C}\}$中，若有两者相互固定，则上述的运动旋量坐标关系将简化，例如$\{\boldsymbol{A}\}$和$\{\boldsymbol{B}\}$相互固定，为惯性空间坐标系，则$\{\boldsymbol{C}\}$的空间速度和物体速度分别为

$$
{}_C^AV^{\mathrm{s}}=\mathrm{Ad}_V({}_B^A\boldsymbol{T}){}_C^BV^{\mathrm{s}},\quad {}_C^AV^{\mathrm{b}}={}_C^BV^{\mathrm{b}} \tag{4-64}
$$

根据相对运动的原理，若在同一坐标系中观测$\{\boldsymbol{B}\}$相对$\{\boldsymbol{A}\}$的运动和$\{\boldsymbol{A}\}$相对$\{\boldsymbol{B}\}$的运动，则这两个相对运动速度的大小相等、方向相反，即有

$$
{}_B^AV^{\mathrm{b}}=-{}_A^BV^{\mathrm{s}}=-\mathrm{Ad}_V({}_A^B\boldsymbol{T}){}_A^BV^{\mathrm{b}} \tag{4-65}
$$

例 4.7 两连杆机器人的速度分析：图 4-13 所示的两连杆机器人，已知其关节速度$\dot{\theta}_1$，$\dot{\theta}_2\in\Re$，求坐标系$\{\boldsymbol{C}\}$相对于坐标系$\{\boldsymbol{A}\}$的速度。

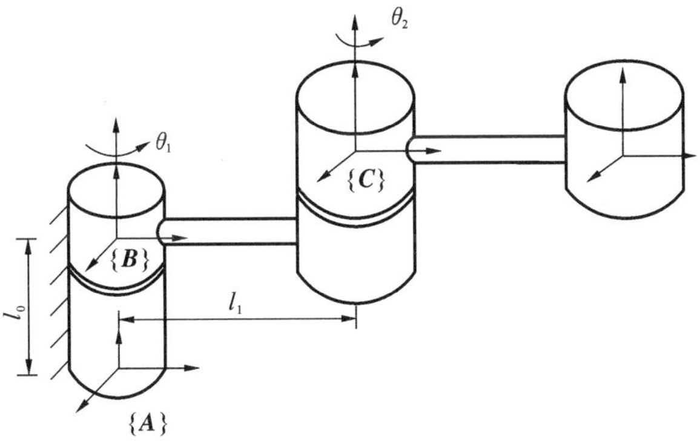

图 4-13　两连杆机器人

由于两个旋转运动均为节距为零的旋量运动，因此有

$$ {}_B^AV^s = \begin{bmatrix} {}_B^A\boldsymbol{v} \\ {}_B^A\boldsymbol{\omega} \end{bmatrix}\dot{\theta}_1,\quad {}_C^BV^s = \begin{bmatrix} {}_C^B\boldsymbol{v} \\ {}_C^B\boldsymbol{\omega} \end{bmatrix}\dot{\theta}_2 $$

$$ {}_B^A\boldsymbol{v} = \begin{bmatrix} 0 \\ 0 \\ 0 \end{bmatrix},\quad {}_B^A\boldsymbol{\omega} = \begin{bmatrix} 0 \\ 0 \\ 1 \end{bmatrix},\quad {}_C^B\boldsymbol{v} = \begin{bmatrix} l_1 \\ 0 \\ 0 \end{bmatrix},\quad {}_C^B\boldsymbol{\omega} = \begin{bmatrix} 0 \\ 0 \\ 1 \end{bmatrix} $$

速度伴随矩阵为

$$ \mathrm{Ad}_V({}_B^A\boldsymbol{T}) = \begin{bmatrix} {}_B^A\boldsymbol{R} & [{}_B^A\boldsymbol{p}]{}_B^A\boldsymbol{R} \\ \boldsymbol{0} & {}_B^A\boldsymbol{R} \end{bmatrix} $$

式中

$$ {}_B^A\boldsymbol{R} = \boldsymbol{R}(z,\theta_1),\quad {}_B^A\boldsymbol{p} = [0\quad 0\quad l_0]^{\mathrm{T}} $$

则可得到

$$ \begin{aligned} {}_C^AV^s &= {}_B^AV^s + \mathrm{Ad}_V({}_B^A\boldsymbol{T}){}_C^BV^s \\ &= [0\quad 0\quad 0\quad 0\quad 0\quad 1]^{\mathrm{T}}\dot{\theta}_1 + [l_1\cos\theta_1\quad l_1\sin\theta_1\quad 0\quad 0\quad 0\quad 1]^{\mathrm{T}}\dot{\theta}_2 \end{aligned} $$

显然，该速度由两部分组成，即由两个关节产生的速度线性叠加而成。

4.6　力　旋　量

作用在刚体上的力和力矩构成的六维矢量称为力旋量坐标，表示为

$$ F = \begin{bmatrix} \boldsymbol{f} \\ \boldsymbol{\tau} \end{bmatrix} $$

式中：$\boldsymbol{f}\in\Re^3$ 为力分量；$\boldsymbol{\tau}\in\Re^3$ 为力矩分量。力旋量坐标 F 也称为力旋量(wrench)。力旋量与运动旋量存在对偶关系，有关速度分析的结果，亦可用于力的分析。

4.6.1　力旋量的伴随变换

力旋量 $F\in\Re^6$ 的值与表示力和力矩的坐标系有关。令$\{\boldsymbol{B}\}$是与刚体固连的坐标系，相对于坐标系$\{\boldsymbol{B}\}$的力和力矩分别为 $\boldsymbol{f}^b$ 和 $\boldsymbol{\tau}^b$，则作用于坐标系$\{\boldsymbol{B}\}$原点的力旋量记为${}^B\boldsymbol{F}^b=(\boldsymbol{f}^b,\boldsymbol{\tau}^b)$。考虑刚体运动${}_B^A\boldsymbol{T}(t)$，用${}_B^AV^b\in\Re^6$ 表示物体瞬时速度(其中$\{\boldsymbol{A}\}$是惯性坐标系)，则

刚体在 F^{b} 作用下以速度 ${}_{B}^{A}V^{\mathrm{b}}$ 运动所产生的瞬时功率为两者的 r-积：

$$\delta W = {}_{B}^{A}V^{\mathrm{b}} \circ F^{\mathrm{b}} = (\boldsymbol{v}\cdot\boldsymbol{f}+\boldsymbol{\omega}\cdot\boldsymbol{\tau})$$

在时间区间 $[t_1, t_2]$ 内产生的功为

$$W = \int_{t_1}^{t_2} ({}_{B}^{A}V^{\mathrm{b}} \circ F^{\mathrm{b}})\mathrm{d}t$$

值得注意的是，虽然力旋量坐标 F 和运动旋量坐标 V 的值与表示它们的坐标系有关，但是瞬时功率和所做之功不随坐标系的改变而变。令 ${}_{C}^{B}\boldsymbol{T}({}^{B}\boldsymbol{p}_{C0}, {}_{C}^{B}\boldsymbol{R})$ 为坐标系 $\{\boldsymbol{C}\}$ 相对于 $\{\boldsymbol{B}\}$ 的位姿，则由瞬时功率相等得

$${}_{C}^{A}V^{\mathrm{b}} \circ F^{\mathrm{b}} = {}_{B}^{A}V^{\mathrm{b}} \circ {}^{B}F^{\mathrm{b}} = [\mathrm{Ad}_V({}_{C}^{B}\boldsymbol{T}){}_{C}^{A}V^{\mathrm{b}}]^{\mathrm{T}}\,{}^{B}F^{\mathrm{b}} = {}_{C}^{A}V^{\mathrm{b}} \circ \mathrm{Ad}_V^{\mathrm{T}}({}_{C}^{B}\boldsymbol{T})\,{}^{B}F^{\mathrm{b}}$$

由于 ${}_{C}^{A}V^{\mathrm{b}}$ 可任意变动，因此力旋量从坐标系 $\{\boldsymbol{B}\}$ 到 $\{\boldsymbol{C}\}$ 的变换表示为

$${}^{C}F^{\mathrm{b}} = \mathrm{Ad}_V^{\mathrm{T}}({}_{C}^{B}\boldsymbol{T})\,{}^{B}F^{\mathrm{b}} \tag{4-66}$$

即

$$\begin{bmatrix} {}^{C}\boldsymbol{f}^{\mathrm{b}} \\ {}^{C}\boldsymbol{\tau}^{\mathrm{b}} \end{bmatrix} = \begin{bmatrix} {}_{C}^{B}\boldsymbol{R}^{\mathrm{T}} & 0 \\ -{}_{C}^{B}\boldsymbol{R}^{\mathrm{T}}[{}^{B}\boldsymbol{p}_{C0}] & {}_{C}^{B}\boldsymbol{R}^{\mathrm{T}} \end{bmatrix} \begin{bmatrix} \boldsymbol{f}^{\mathrm{b}} \\ \boldsymbol{\tau}^{\mathrm{b}} \end{bmatrix} \tag{4-67}$$

由式(4-67)可以看出，坐标系 $\{\boldsymbol{B}\}$ 中力和力矩矢量旋转到坐标系 $\{\boldsymbol{C}\}$ 中时，由力 $\boldsymbol{f}^{\mathrm{b}}$ 和力臂 $-{}_{C}^{B}\boldsymbol{p}$ 产生附加力矩 $-{}_{C}^{B}\boldsymbol{p}\times\boldsymbol{f}^{\mathrm{b}}$。还可看出力伴随变换与速度伴随变换的关系。

同样，力旋量从坐标系 $\{\boldsymbol{B}\}$ 到 $\{\boldsymbol{A}\}$ 的变换为

$${}^{A}F^{\mathrm{b}} = \mathrm{Ad}_V^{\mathrm{T}}({}_{A}^{B}\boldsymbol{T})\,{}^{B}F^{\mathrm{b}}$$

与运动旋量相似，力旋量 F 也有两种表示方法：在动坐标系 $\{\boldsymbol{B}\}$ 中表示为 F^{b}(物体力旋量)，在固定坐标系 $\{\boldsymbol{A}\}$ 中表示为等价力旋量 F^{s}(空间力旋量)。令刚体的位姿为 $\boldsymbol{T}\in SE(3)$，则物体力旋量 F^{b} 和空间力旋量 F^{s} 之间的关系可由伴随矩阵的转置变换表示为

$$F^{\mathrm{b}} = \mathrm{Ad}_V^{\mathrm{T}}(\boldsymbol{T})F^{\mathrm{s}} \tag{4-68}$$

瞬时功率可表示为

$$\delta W = {}_{B}^{A}V^{\mathrm{b}} \circ F^{\mathrm{b}} = {}_{B}^{A}V^{\mathrm{s}} \circ F^{\mathrm{s}} = (\boldsymbol{v}\cdot\boldsymbol{f}+\boldsymbol{\omega}\cdot\boldsymbol{\tau})$$

4.6.2　多指抓取模型

如图 4-14 所示，令 ${}^{C_i}F^{\mathrm{b}}$ 为第 i 个手指对被抓物体施加的力旋量在接触坐标系 $\{\boldsymbol{C}_i\}$ 中的表示，则合成力旋量在物体坐标系 $\{\boldsymbol{B}\}$ 中的表示为

$${}^{B}F^{\mathrm{b}} = \sum \mathrm{Ad}_V^{\mathrm{T}}({}_{B}^{C_i}\boldsymbol{T}^{-1})\,{}^{C_i}F^{\mathrm{b}}$$

这一公式表示多指抓取接触各点产生力的合成力旋量。

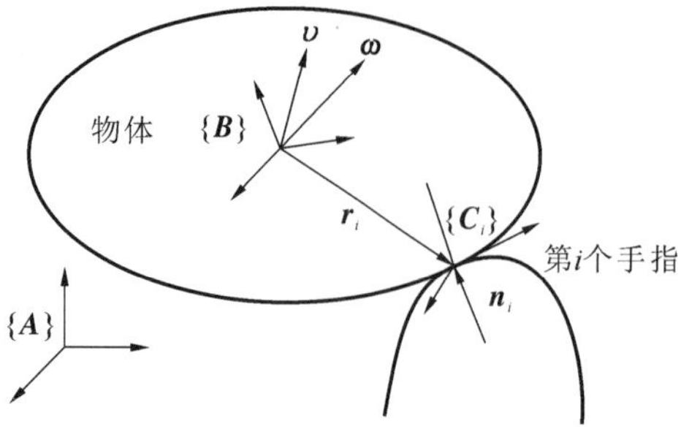

图 4-14　多指抓取模型

若每个手指和物体都是无摩擦点接触，用 $\boldsymbol{n}_i$ 表示第 i 点接触的内法线单位矢量，用 $\boldsymbol{r}_i$ 表示该点的矢径，则手指对物体的作用可用六维力旋量 $F_i\in\Re^6$ 表示，即

$$F_i = f_i\begin{bmatrix} \boldsymbol{n}_i \\ \boldsymbol{r}_i\times\boldsymbol{n}_i \end{bmatrix} = \begin{bmatrix} \boldsymbol{f}_i \\ \boldsymbol{\tau}_i \end{bmatrix}$$

式中：f_i 为力旋量的幅值，表示法向作用力的大小。显然，由纯力(法向力)产生的力旋量 $F_i=(\boldsymbol{f}_i, \boldsymbol{\tau}_i)$ 满足 Plücker 关系

$$\boldsymbol{f}_i \cdot \boldsymbol{\tau}_i = 0$$

合成力旋量在物体坐标系$\{\boldsymbol{B}\}$中的表示为

$$^{B}F^{\mathrm{b}} = \sum F_i = \sum f_i \begin{bmatrix} \boldsymbol{n}_i \\ \boldsymbol{r}_i \times \boldsymbol{n}_i \end{bmatrix} \tag{4-69}$$

4.6.3　力旋量的螺旋坐标

作用在刚体上的力旋量坐标 $F \in \Re^6$ 与刚体的运动旋量坐标 $V \in \Re^6$ 分别表示力旋量坐标(wrench coordinates)和运动旋量坐标(twist coordinates)，有时也分别称之为力旋量和运动旋量。两者都是六维矢量，相互之间存在对偶关系。Chasles 定理证明任一运动旋量都可用螺旋运动实现。与之对偶的 Poinsot 定理证明，任何力旋量都等价于作用在同一轴上的力和力矩组成的对偶螺旋。下面规定力旋量的螺旋坐标。

在固定坐标系$\{\boldsymbol{A}\}$中，对螺旋 $S(L,h,m)$的三要素，即轴线 L、节距 h 和幅值 m 的规定如下：

(1) 轴线 $L=\{\boldsymbol{r}+\lambda\boldsymbol{n}: \|\boldsymbol{n}\|=1, \lambda \in \Re\}$，$\boldsymbol{r}$ 为轴线上的一点且 $\boldsymbol{r} \in \Re^3$，$\boldsymbol{n}$ 为方向且 $\boldsymbol{n} \in \Re^3$；

(2) 节距 h 为力矩与力之比；

(3) 幅值 m 为力的大小，若为纯力矩，m 等于力矩的大小。

可以构造与螺旋 $S(L,h,m)$对应的力旋量 $F=(\boldsymbol{f},\boldsymbol{\tau})$。当 $h \neq \infty$时，通过沿轴线 L 施加幅值为 m 的力以及绕 L 施加幅值为 hm 的力矩来实现；当 $h=\infty$时，通过施加绕 L 的纯力矩来实现，即

$$F = m \begin{bmatrix} \boldsymbol{n} \\ \boldsymbol{r} \times \boldsymbol{n} + h\boldsymbol{n} \end{bmatrix}, \quad h \neq \infty \tag{4-70}$$

$$F = m \begin{bmatrix} \boldsymbol{0} \\ \boldsymbol{n} \end{bmatrix}, \quad h = \infty \tag{4-71}$$

式中：$\boldsymbol{r} \times \boldsymbol{n}$ 表示轴线偏离坐标系$\{\boldsymbol{A}\}$原点产生的附加力矩；六维矢量 $F(F \in \Re^6)$称为沿螺旋 $S(L,h,m)$的力旋量，$F=(\boldsymbol{f},\boldsymbol{\tau})$。

反之，根据作用在刚体上的力旋量坐标 $F=(\boldsymbol{f},\boldsymbol{\tau})$也可求出相应螺旋 $S(L,h,m)$。Poinsot 定理指出：作用在刚体上的一组力旋量等价于沿固定轴线的力加上绕此轴线的力矩。实际上，令 $F=(\boldsymbol{f},\boldsymbol{\tau})$为加在刚体上的合力矩($F \neq 0$)，可以构造相应的螺旋 $S(L,h,m)$。

当 $\boldsymbol{f}=\boldsymbol{0}$ 时，为纯力矩，令 $m=\|\boldsymbol{\tau}\|$，$\boldsymbol{n}=\dfrac{\boldsymbol{\tau}}{m}$，$h=\infty$，由式(4-71)可得其螺旋坐标。

当 $\boldsymbol{f} \neq \boldsymbol{0}$ 时，令 $m=\|\boldsymbol{f}\|$，$\boldsymbol{n}=\dfrac{\boldsymbol{f}}{m}$，$\boldsymbol{\tau}=m(\boldsymbol{r}\times\boldsymbol{n}+h\boldsymbol{n})$，可以求得 h，$\boldsymbol{r}$ 的一个解：

$$h = \frac{\boldsymbol{f}^{\mathrm{T}}\boldsymbol{\tau}}{\|\boldsymbol{f}\|^2}, \quad \boldsymbol{r} = \frac{\boldsymbol{f} \times \boldsymbol{\tau}}{\|\boldsymbol{f}\|^2}$$

由于 $\boldsymbol{r}'=\boldsymbol{r}+\lambda\boldsymbol{n}$ 都在轴线上，满足式(4-70)，因而解不唯一。

根据 Poinsot 定理，可以定义力旋量 $F=(\boldsymbol{f},\boldsymbol{\tau})$的螺旋坐标 $S(L,h,m)$。

(1) 节距 h 为力矩与力之比：

$$h = \frac{\boldsymbol{f}^{\mathrm{T}}\boldsymbol{\tau}}{\|\boldsymbol{f}\|^2} \tag{4-72}$$

当 $\boldsymbol{f}=\boldsymbol{0}$ 时，则称 F 的节距无穷大。

(2) 轴线 L 为线矢量，即过一点 $\boldsymbol{r}$ 的有向直线：

$$L=\begin{cases}\left\{\dfrac{\boldsymbol{f}\times\boldsymbol{\tau}}{\|\boldsymbol{f}\|^2}+\lambda\boldsymbol{f}:\lambda\in\Re\right\}, & \boldsymbol{f}\neq\boldsymbol{0}\\ \{\boldsymbol{0}+\lambda\boldsymbol{\tau}:\lambda\in\Re\}, & \boldsymbol{f}=\boldsymbol{0}\end{cases}\tag{4-73}$$

（3）幅值 m

$$m=\begin{cases}\|\boldsymbol{f}\|, \boldsymbol{f}\neq\boldsymbol{0}\\ \|\boldsymbol{\tau}\|, \boldsymbol{f}=\boldsymbol{0}\end{cases}\tag{4-74}$$

式中：$\|\boldsymbol{f}\|$ 表示 $\boldsymbol{f}$ 的模。

对照力旋量坐标 $F=(\boldsymbol{f},\boldsymbol{\tau})\in\Re^6$ 和运动旋量坐标 $V=(\boldsymbol{v},\boldsymbol{\omega})\in\Re^6$ 的螺旋坐标 $S(L,h,m)$，可以看出，螺旋轴线为线矢量 L，它具有与 F,V 相同的数学形式，并且：

（1）线矢量 L 可表示 $h=0$,$m=1$ 的运动旋量，也可以表示 $h=0$,$m=1$ 的力旋量；

（2）线矢量 L 的 r-积运算也可用于求运动旋量与力旋量两者之积，得到虚功；

（3）螺旋的 Plücker 坐标记为 $S=(\boldsymbol{s},\boldsymbol{s}_0)\in\Re^6$，其中矢量 $\boldsymbol{s}\in\Re^3$ 表示力 $\boldsymbol{f}$ 或角速度 $\boldsymbol{\omega}$，线矩矢量 $\boldsymbol{s}_0\in\Re^3$ 表示力矩 $\boldsymbol{\tau}$ 或速度 $\boldsymbol{v}$。运动旋量与力旋量的表示可以统一起来。

4.7　线矢量、旋量与螺旋

至此本章已建立李群与其李代数之间的指数映射关系，讨论了刚体运动的三种表示：

（1）刚体变换矩阵 $\boldsymbol{T}=(\boldsymbol{R},\boldsymbol{p})\in SE(3)$；

（2）运动旋量 $[V]\in se(3)$,$\theta\in\Re$；

（3）螺旋运动坐标 $S=(L,h,m)$。

如图 4-15 所示，三种表示各有特点，适用于不同的场合，强调不同的侧面。三者之间存在相互联系，可相互转换。刚体变换与运动旋量之间是矩阵指数映射；运动旋量与螺旋运动之间，当 $\boldsymbol{\omega}\neq\boldsymbol{0}$ 时，运动旋量的螺旋坐标由节距 h、线矢量 L 和幅值 m 三者表示；刚体变换与螺旋运动之间的联系可通过 Chasles 定理建立。本节总结线矢量、旋量与螺旋的关系，讨论刚体空间速度和物体速度及其伴随变换等。

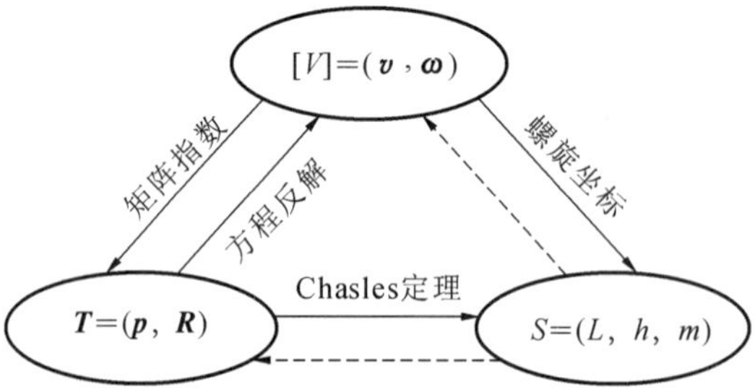

图 4-15　刚体变换、运动旋量和螺旋运动三者之间的关系

4.7.1　线矢量、旋量与螺旋的关系

线矢量 L 表示节距为零的单位力旋量或运动旋量，它的 Plücker 坐标和齐次坐标分别为

$$L=\begin{bmatrix}\boldsymbol{n}\\ \boldsymbol{r}\times\boldsymbol{n}\end{bmatrix},\quad \bar{L}=\begin{bmatrix}\boldsymbol{n} & \boldsymbol{r}\\ \boldsymbol{0} & 1\end{bmatrix}$$

根据线矢量 L 从坐标系 $\{\boldsymbol{B}\}$ 到 $\{\boldsymbol{A}\}$ 的齐次坐标变换 ${}^A\bar{L}={}^A_B\boldsymbol{T}\,{}^B\bar{L}$，可以利用线矢量定义力

伴随矩阵和速度伴随矩阵及其逆。详见式(4-11)至式(4-14)。利用伴随矩阵可得

$$^{A}F = \mathrm{Ad}({}^{A}_{B}\boldsymbol{T})^{B}F,\quad {}^{A}V = \mathrm{Ad}_V({}^{A}_{B}\boldsymbol{T})^{B}V$$

与运动旋量坐标 $V=(\boldsymbol{\omega},\boldsymbol{v})$ 相关的螺旋 $S(L,h,m)$ 具有以下属性：

当 $\boldsymbol{\omega}\neq\mathbf{0}$ 时，$h=\dfrac{\boldsymbol{\omega}^{\mathrm{T}}\boldsymbol{v}}{\|\boldsymbol{\omega}\|^2}$，$L=\left\{\dfrac{\boldsymbol{\omega}\times\boldsymbol{v}}{\|\boldsymbol{\omega}\|^2}+\lambda\boldsymbol{\omega}:\lambda\in\Re\right\}$，$m=\|\boldsymbol{\omega}\|$；

当 $\boldsymbol{\omega}=\mathbf{0}$ 时，$h=\infty$，$L=\{\mathbf{0}+\lambda\boldsymbol{v}:\lambda\in\Re\}$，$m=\|\boldsymbol{v}\|$，$\boldsymbol{v}\neq\mathbf{0}$。

反之，对于给定的螺旋 $S(L,h,m)$，可以求出相应的运动旋量 $[V]$。

有两种特例：

(1) 纯转动，绕轴线 $L=\{\boldsymbol{r}+\lambda\boldsymbol{\omega}:\lambda\in\Re\}$ 转 θ 角，相应的运动旋量坐标为

$$V=\begin{bmatrix}\boldsymbol{r}\times\boldsymbol{\omega}\\ \boldsymbol{\omega}\end{bmatrix}\theta$$

(2) 纯移动，沿轴线 $L=\{\mathbf{0}+\lambda\boldsymbol{v}:\lambda\in\Re\}$ 移动 θ，相应的运动旋量坐标为

$$V=\begin{bmatrix}\boldsymbol{v}\\ \mathbf{0}\end{bmatrix}$$

可以看出，线矢量 L 可表示纯转动的运动旋量和相应的螺旋(仅相差一个常数 θ)。刚体变换 $\boldsymbol{T}\in SE(3)$ 可表示为运动旋量 $[V]=(\boldsymbol{\omega},\boldsymbol{v})\in se(3)$ 的矩阵指数：$\boldsymbol{T}=e^{[V]\theta}$。

同样，与力旋量坐标 $F=(\boldsymbol{f},\boldsymbol{\tau})\in\Re^6$ 相关的螺旋具有以下属性：

当 $\boldsymbol{f}\neq\mathbf{0}$ 时

$$h=\frac{\boldsymbol{f}^{\mathrm{T}}\boldsymbol{\tau}}{\|\boldsymbol{f}\|^2},\quad L=\left\{\frac{\boldsymbol{f}\times\boldsymbol{\tau}}{\|\boldsymbol{f}\|^2}+\lambda\boldsymbol{f}:\lambda\in\Re\right\},\quad m=\|\boldsymbol{f}\|$$

当 $\boldsymbol{f}=\mathbf{0}$ 时

$$h=\infty,\quad L=\{\mathbf{0}+\lambda\boldsymbol{\tau}:\lambda\in\Re\},m=\|\boldsymbol{\tau}\|,\quad \boldsymbol{\tau}\neq\mathbf{0}$$

反之，可以构造与螺旋 $S(L,h,m)$ 相关的力旋量坐标 $F=(\boldsymbol{f},\boldsymbol{\tau})$，例如当 $h=0$ 时，为纯力作用，相应的力旋量 $F=(\boldsymbol{n},\boldsymbol{r}\times\boldsymbol{n})m$。显然，线矢量 L 可以用来表示纯力作用的力旋量和相应的螺旋(仅相差一个常数 m)。

4.7.2　空间速度和物体速度

根据刚体运动 $\boldsymbol{T}(t)\in SE(3)$ 速度的相对性，刚体速度可用两种方法规定。

(1) 空间速度：

$$[V^{s}]=\dot{\boldsymbol{T}}\boldsymbol{T}^{-1}$$

它表示在参考系中观测到的速度。

(2) 物体运动旋量：

$$[V^{b}]=\boldsymbol{T}^{-1}\dot{\boldsymbol{T}}$$

它表示在瞬时动坐标系中观测到的速度。

空间速度和物体运动旋量之间存在相似变换的关系：

$$[V^{s}]=\boldsymbol{T}[V^{b}]\boldsymbol{T}^{-1}$$

相应地，两种运动旋量坐标之间的相互联系为速度伴随变换矩阵：

$$V^{s}=\mathrm{Ad}_V(\boldsymbol{T})V^{b}$$

令 $\{\boldsymbol{A}\}$，$\{\boldsymbol{B}\}$，$\{\boldsymbol{C}\}$ 为三个坐标系，则两种运动旋量坐标的坐标变换为

$${}^{A}_{C}V^{s}={}^{A}_{B}V^{s}+\mathrm{Ad}_V({}^{A}_{B}\boldsymbol{T}){}^{B}_{C}V^{s}$$

$$ {}_{C}^{A}V^{\mathrm{b}} = \mathrm{Ad}_{V}({}_{C}^{B}\boldsymbol{T}^{-1}){}_{B}^{A}V^{\mathrm{b}} + {}_{C}^{B}V^{\mathrm{b}} $$

式中：${}_{B}^{A}V^{\mathrm{s}}$ 是坐标系 $\{\boldsymbol{B}\}$ 相对于坐标系 $\{\boldsymbol{A}\}$ 的空间速度；${}_{B}^{A}V^{\mathrm{b}}$ 是相应的物体速度。

4.7.3 力旋量的坐标变换

若坐标系 $\{\boldsymbol{B}\}$ 与刚体固接，则 ${}^{B}F^{\mathrm{b}}=(\boldsymbol{f}^{\mathrm{b}},\boldsymbol{\tau}^{\mathrm{b}})$ 表示作用在坐标系 $\{\boldsymbol{B}\}$ 原点上的力旋量，其中 $\boldsymbol{f}^{\mathrm{b}},\boldsymbol{\tau}^{\mathrm{b}}$ 是相对 $\{\boldsymbol{B}\}$ 来描述的。令 $\{\boldsymbol{C}\}$ 是另一坐标系，则 $\boldsymbol{f}^{\mathrm{b}}$ 作用在坐标系 $\{\boldsymbol{C}\}$ 中的等价力旋量为

$$ {}^{C}F^{\mathrm{b}} = \mathrm{Ad}^{-1}({}_{C}^{B}\boldsymbol{T}){}^{B}F^{\mathrm{b}} $$

令刚体的位姿为 ${}_{B}^{A}\boldsymbol{T}$，则 F^{s} 称为空间力旋量，F^{b} 称为物体力旋量。

$$ F^{\mathrm{s}} = \mathrm{Ad}^{-1}({}_{A}^{B}\boldsymbol{T})F^{\mathrm{b}} $$

资料概述

有关线几何的建模方法及其应用可参看 Pottmann 等(1999)的著作；Murray 等(1994)的著作系统地阐明了运动旋量、力旋量和螺旋等概念，详细介绍了用指数坐标表示机器人运动的方法。刚体速度和静力的对偶关系由 Mason 等(1985)深入地阐述，并用于力控制和协调控制。有关螺旋系的概念可见文献(Ohwovoriole et al.，1981)。关于螺旋空间的性质可参考 Mc Carthy(1990)、熊有伦等人(2001)的著作。Lynch 和 Park(2017)的新作系统全面地阐明了李群、李代数方法。

习　　题

4.1　旋转矩阵的性质。令 $\boldsymbol{R}$ 为绕单位矢量 $\boldsymbol{\omega}$ 旋转 θ 产生的旋转矩阵，即 $\boldsymbol{R}=\mathrm{e}^{[\boldsymbol{\omega}]\theta}$。试证明：

(1) $[\boldsymbol{\omega}]$ 的特征值为 0，i，−i，其中 $\mathrm{i}=\sqrt{-1}$，并求出相应的特征矢量。

(2) $\boldsymbol{R}$ 的特征值为 1，$\mathrm{e}^{\mathrm{i}\theta}$，$\mathrm{e}^{-\mathrm{i}\theta}$，求出特征值为 1 时对应的特征矢量。

4.2　反对称矩阵的性质。试证明反对称矩阵具有下列性质：

(1) 若 $\boldsymbol{R}\in SO(3)$，$\boldsymbol{\omega}\in\Re^3$，则 $\boldsymbol{R}[\boldsymbol{\omega}]\boldsymbol{R}^{\mathrm{T}}=[\boldsymbol{R}\boldsymbol{\omega}]$。

(2) 若 $\boldsymbol{R}\in SO(3)$，$\boldsymbol{v},\boldsymbol{\omega}\in\Re^3$，则 $\boldsymbol{R}(\boldsymbol{v}\times\boldsymbol{\omega})=(\boldsymbol{R}\boldsymbol{v})\times(\boldsymbol{R}\boldsymbol{\omega})$。

(3) so(3)为矢量空间，确定其维数，给出 so(3)的一个基。

4.3　对于任意三维列矢量 $\boldsymbol{\omega}$ 和 $\boldsymbol{p}$，旋转矩阵 $\boldsymbol{R}$ 均是由三个列矢量 $\boldsymbol{n}$，$\boldsymbol{o}$ 和 $\boldsymbol{a}$ 构成的。试证：

(1) $\boldsymbol{R}[\boldsymbol{\omega}]\boldsymbol{p}$ 满足结合律 $(\boldsymbol{R}[\boldsymbol{\omega}])\boldsymbol{p}=\boldsymbol{R}([\boldsymbol{\omega}]\boldsymbol{p})$；

(2) $\boldsymbol{R}\boldsymbol{\omega}\times\boldsymbol{p}$ 不满足结合律 $(\boldsymbol{R}\boldsymbol{\omega})\times\boldsymbol{p}\neq\boldsymbol{R}(\boldsymbol{\omega}\times\boldsymbol{p})$；

(3) $-\boldsymbol{n}^{\mathrm{T}}[\boldsymbol{p}]=([\boldsymbol{p}]\boldsymbol{n})^{\mathrm{T}}=(\boldsymbol{p}\times\boldsymbol{n})^{\mathrm{T}}$；

(4) $-\boldsymbol{R}^{\mathrm{T}}[\boldsymbol{p}]=\begin{bmatrix}(\boldsymbol{p}\times\boldsymbol{n})_x & (\boldsymbol{p}\times\boldsymbol{n})_y & (\boldsymbol{p}\times\boldsymbol{n})_z\\ (\boldsymbol{p}\times\boldsymbol{o})_x & (\boldsymbol{p}\times\boldsymbol{o})_y & (\boldsymbol{p}\times\boldsymbol{o})_z\\ (\boldsymbol{p}\times\boldsymbol{a})_x & (\boldsymbol{p}\times\boldsymbol{a})_y & (\boldsymbol{p}\times\boldsymbol{a})_z\end{bmatrix}$；

(5) $-{}_{B}^{A}\boldsymbol{R}[{}^{B}\boldsymbol{p}_{Ao}]=[{}^{A}\boldsymbol{p}_{Bo}]{}_{B}^{A}\boldsymbol{R}$

4.4 已知 SO(3)的 Cayley 参数优化方法不含超越函数。令 $\boldsymbol{a}\in\Re^3$，$[\boldsymbol{a}]$表示相应的反对称矩阵。

(1) 试证 $\boldsymbol{R}_a=(\boldsymbol{I}-[\boldsymbol{a}])^{-1}(\boldsymbol{I}+[\boldsymbol{a}])\in \mathrm{SO}(3)$。

(2) 验证 $\boldsymbol{R}_a=\dfrac{1}{1+\|\boldsymbol{a}\|^2}\begin{bmatrix}1+a_1^2+a_2^2+a_3^2 & 2(a_1a_2-a_3) & 2(a_1a_3+a_2)\\ 2(a_1a_2+a_3) & 1-a_1^2+a_2^2-a_3^2 & 2(a_2a_3-a_1)\\ 2(a_1a_3-a_2) & 2(a_2a_3+a_1) & 1-a_1^2-a_2^2+a_3^2\end{bmatrix}$。

(3) 对于给定的旋转矩阵 $\boldsymbol{R}$，计算其 Cayley 参数 $\boldsymbol{a}$。

4.5 令 $\boldsymbol{A}\in\Re^{n\times m}$为矩阵，$\boldsymbol{A}$ 的指数定义为

$$\mathrm{e}^{\boldsymbol{A}}=\boldsymbol{I}+\boldsymbol{A}+\frac{\boldsymbol{A}^2}{2!}+\frac{\boldsymbol{A}^3}{3!}+\cdots$$

(1) 选取矩阵的模，证明上面的序列收敛。

(2) 令 $\boldsymbol{B}\in\Re^{n\times m}$是可逆矩阵，证明等式 $\boldsymbol{B}\mathrm{e}^{\boldsymbol{A}}\boldsymbol{B}^{-1}=\mathrm{e}^{\boldsymbol{BAB}^{-1}}$。

(3) 验证$\dfrac{\mathrm{d}}{\mathrm{d}t}\mathrm{e}^{\boldsymbol{A}\theta}=(\boldsymbol{A}\dot{\theta})\mathrm{e}^{\boldsymbol{A}\theta}=\mathrm{e}^{\boldsymbol{A}\theta}(\boldsymbol{A}\dot{\theta})$。

4.6 证明：矩阵指数映射 exp：se(3)→SE(3)是 SE(3)上的满射变换。即，对于任意刚体变换矩阵 $\boldsymbol{T}\in \mathrm{SE}(3)$，存在$[V]\in \mathrm{se}(3)$和 $\theta\in\Re$，使得 $\boldsymbol{T}=\mathrm{e}^{[V]\theta}$。

利用线性空间中的投影映射证明上述结论。假设$[\boldsymbol{\omega}]\in \mathrm{so}(3)$，$\|\boldsymbol{\omega}\|=1$。提示：证明可按以下步骤进行：

(1) 给定矢量 $\boldsymbol{\omega}\in\Re^3$，令 N_ω 为 $\boldsymbol{\omega}$ 张成的子空间，$N_\omega^\perp$ 表示其正交补，证明 $\mathrm{Image}[\boldsymbol{\omega}]=N_\omega^\perp$ 及 $\mathrm{Kernel}[\boldsymbol{\omega}]=N_\omega$；

(2) 令 $V\subset\Re^n$ 是线性子空间，投影映射是线性映射 $P_V:\Re^n\to V$ 且满足 $\mathrm{Image}(P_V)=V$ 及 $P_V(x)=x,\forall x\in V$，证明 $P_{N_\omega}=\boldsymbol{\omega}\boldsymbol{\omega}^{\mathrm{T}}$ 及 $P_{N_\omega^\perp}=(1-\boldsymbol{\omega}\boldsymbol{\omega}^{\mathrm{T}})$ 是投影映射。

(3) 当$[\boldsymbol{\omega}]\in \mathrm{so}(3)$及 $\theta\in[0,2\pi)$时，计算 $I-\mathrm{e}^{[\boldsymbol{\omega}]\theta}$ 的零空间，证明 $(\boldsymbol{I}-\mathrm{e}^{[\boldsymbol{\omega}]\theta}):N_\omega^\perp\to N_\omega^\perp$ 是双射(一一映射)。

(4) 令 $\boldsymbol{A}=(\boldsymbol{I}-\mathrm{e}^{[\boldsymbol{\omega}]\theta})[\boldsymbol{\omega}]+\boldsymbol{\omega}\boldsymbol{\omega}^{\mathrm{T}}\theta$，其中 $\theta\in[0,2\pi)$。证明 $\boldsymbol{A}:\Re^3\to\Re^3$ 是可逆的。

4.7 令 SO(2)是 2×2 正交矩阵，且行列式为+1 的集合。令 $\boldsymbol{\omega}\in\Re$是实数，定义$[\boldsymbol{\omega}]\in \mathrm{so}(2)$为反对称矩阵，即$[\boldsymbol{\omega}]=\begin{bmatrix}0 & -\omega\\ \omega & 0\end{bmatrix}$，证明 $\mathrm{e}^{[\boldsymbol{\omega}]\theta}=\begin{bmatrix}\cos(\omega\theta) & -\sin(\omega\theta)\\ \sin(\omega\theta) & \cos(\omega\theta)\end{bmatrix}$。

(1) 上述矩阵指数映射 exp：so(2)→SO(2)是满射的还是单射的？请证明。

(2) 证明 $\boldsymbol{R}[\boldsymbol{\omega}]\boldsymbol{R}^{\mathrm{T}}=[\boldsymbol{\omega}]$，其中 $\boldsymbol{R}\in \mathrm{SO}(2)$，$[\boldsymbol{\omega}]\in \mathrm{so}(2)$。

(3) 证明 SO(2)与平面上的单位圆 $S^1\in\Re^2$ 同构。

4.8 刚体平面运动变换矩阵 $\boldsymbol{T}=(\boldsymbol{p},\boldsymbol{R})\in \mathrm{SE}(2)$由移动 $\boldsymbol{p}\in\Re^2$ 和 2×2 的旋转矩阵组成，并可表示为 3×3 的齐次变换矩阵

$$\boldsymbol{T}=\begin{bmatrix}\boldsymbol{R} & \boldsymbol{p}\\ \boldsymbol{0} & 1\end{bmatrix}$$

运动旋量$[V]\in \mathrm{se}(2)$为 3×3 的矩阵，有

$$[V]=\begin{bmatrix}[\boldsymbol{\omega}] & \boldsymbol{v}\\ \boldsymbol{0} & 0\end{bmatrix},[\boldsymbol{\omega}]=\begin{bmatrix}0 & -\omega\\ \omega & 0\end{bmatrix},\boldsymbol{\omega}\in\Re,\boldsymbol{v}\in\Re$$

V 的运动旋量坐标 $V=(\boldsymbol{v},\boldsymbol{\omega})\in\Re^3$。

(1) 证明运动旋量$[V]\in \mathrm{se}(2)$的指数是刚体变换矩阵 $\boldsymbol{T}\in \mathrm{SE}(2)$。考虑两种情况：纯

移动,$V=(\boldsymbol{v},\boldsymbol{0})$;一般情况,$V=(\boldsymbol{v},\boldsymbol{\omega})$,$\boldsymbol{\omega}\neq\boldsymbol{0}$。

(2) 证明绕点 $\boldsymbol{q}$ 纯旋转和沿方向 $\boldsymbol{v}$ 纯移动的平面运动旋量分别为

$$V=\begin{bmatrix} q_y \\ -q_x \\ 0 \end{bmatrix},\quad V=\begin{bmatrix} v_x \\ v_y \\ 0 \end{bmatrix}$$

(3) 证明平面刚体运动只能为绕某点(称为极点或瞬时中心)的纯旋转或纯移动。

(4) 证明矩阵$[V^{\mathrm{s}}]=\dot{\boldsymbol{T}}\boldsymbol{T}^{-1}$和$[V^{\mathrm{b}}]=\boldsymbol{T}^{-1}\dot{\boldsymbol{T}}$都是运动旋量,定义并说明空间速度 $V^{\mathrm{s}}\in\Re^3$ 和物体速度 $V^{\mathrm{b}}\in\Re^3$。

(5) 伴随变换矩阵 $\mathrm{Ad}_V(\boldsymbol{T})$用于将物体速度 V^{b} 映射为空间速度 V^{s}。可以证明刚体平面运动的速度伴随变换矩阵为

$$\mathrm{Ad}_V(\boldsymbol{T})=\begin{bmatrix} \boldsymbol{R} & \boldsymbol{p} \\ \boldsymbol{0} & 1 \end{bmatrix}$$

4.9 验证对于 $\boldsymbol{\omega}\in\Re^3$,当 $\|\boldsymbol{\omega}\|\neq1$ 时有

$$\mathrm{e}^{[\boldsymbol{\omega}]\theta}=\boldsymbol{I}+\frac{[\boldsymbol{\omega}]}{\|\boldsymbol{\omega}\|}\sin(\|\boldsymbol{\omega}\|\theta)+\frac{[\|\boldsymbol{\omega}\|]^2}{\|\boldsymbol{\omega}\|^2}[1-\cos(\|\boldsymbol{\omega}\|\theta)]$$

4.10 令螺旋的节距为 h,轴线为线矢量 $L=\{{}^A\boldsymbol{r}+\lambda{}^A\boldsymbol{\omega}:\lambda\in\Re\}$,所有的量都是相对坐标系$\{\boldsymbol{A}\}$表示的。相应的运动旋量坐标为

$${}^AV=\begin{bmatrix} {}^A\boldsymbol{v} \\ {}^A\boldsymbol{\omega} \end{bmatrix}=\begin{bmatrix} -{}^A\boldsymbol{\omega}\times{}^A\boldsymbol{r}+h{}^A\boldsymbol{\omega} \\ {}^A\boldsymbol{\omega} \end{bmatrix}$$

(1) 令$\{\boldsymbol{B}\}$是另一坐标系,其位姿为${}^A_B\boldsymbol{T}\in\mathrm{SE}(3)$,试证明相对于坐标系$\{\boldsymbol{B}\}$的运动旋量坐标可表示为${}^BV=\mathrm{Ad}({}^B_A\boldsymbol{T}){}^AV=\mathrm{Ad}^{-1}({}^A_B\boldsymbol{T}){}^AV$。

(2) 令螺旋运动变换 $\boldsymbol{T}\in\mathrm{SE}(3)$,证明螺旋变换后的运动旋量坐标是${}^AV'=\mathrm{Ad}(\boldsymbol{T}){}^AV$。

4.11 利用齐次变换矩阵表示下列等式:

(1) $\mathrm{Ad}^{-1}(\boldsymbol{T})=\mathrm{Ad}(\boldsymbol{T}^{-1})$,$\forall\boldsymbol{T}\in\mathrm{SE}(3)$。

(2) $\mathrm{Ad}(\boldsymbol{T}_1\boldsymbol{T}_2)=\mathrm{Ad}(\boldsymbol{T}_1)\mathrm{Ad}(\boldsymbol{T}_2)$,$\forall\boldsymbol{T}_1,\boldsymbol{T}_2\in\mathrm{SE}(3)$。

4.12 证明定理:${}^A_CV^{\mathrm{b}}=\mathrm{Ad}_V({}^B_C\boldsymbol{T}^{-1}){}^A_BV^{\mathrm{b}}+{}^B_CV^{\mathrm{b}}$。

4.13 坐标不变性和正置螺旋系:所谓坐标不变性是指运算结果与坐标系的选择无关,因此可以选任意坐标系,从而可能简化运算。

(1) 证明两螺旋的 r-积具有坐标不变性。

(2) 计算过点 $\boldsymbol{q}$ 的零节距螺旋正置螺旋系的基,阐明组成该基的螺旋系的几何含义(可相对特定坐标系进行计算)。

(3) 计算无穷大节距螺旋的正置螺旋系的基,阐明组成该基的螺旋系的几何含义。

(4) 利用正置螺旋系证明三个平行、共面、零节距的螺旋系是相关的,且四个不相关的螺旋系都与共面螺旋中的任意一个正置。

4.14 令线矢量 $L=\{\boldsymbol{r}+\lambda\boldsymbol{\omega}:\lambda\in\Re,\|\boldsymbol{\omega}\|=1\}$,$\boldsymbol{r}\in L$,$\boldsymbol{\omega}\in\Re^3$,可以证明:线矢量 L 到原点的最近点为 $\boldsymbol{r}_0=\boldsymbol{r}-\boldsymbol{\omega}(\boldsymbol{\omega}^{\mathrm{T}}\boldsymbol{r})$,即证明 $\boldsymbol{r}_0\in L$,并且 $\|\boldsymbol{r}_0\|\leqslant\|\boldsymbol{r}\|$,$\forall\boldsymbol{r}\in L$。

4.15 证明两线矢量 L_1 和 L_2 的 r-积 $L_1\circ L_2=-d\sin\alpha$。式中 $d\in\Re$是 L_1 与 L_2 的公垂线长度,$\alpha\in\Re$是 L_1 与 L_2 之间的夹角。

4.16 利用 Rodrigues 公式求绕 $\boldsymbol{\omega}=\begin{bmatrix}\frac{\sqrt{3}}{3} & \frac{\sqrt{3}}{3} & \frac{\sqrt{3}}{3}\end{bmatrix}^{\mathrm{T}}$ 旋转 θ 角的旋转矩阵 $\boldsymbol{R}(\boldsymbol{\omega},\theta)$。

第 5 章 操作臂运动学

操作臂运动学研究操作臂各个连杆之间运动的位移关系、速度关系和加速度关系。本章讨论最基本的位移关系。如前所述，机器人操作臂通常视为开式运动链，它是由一系列连杆通过转动或移动关节串联而成的。开链的一端固定在基座上，另一端是自由的，安装着工具(末端执行器)，用以操作物体，完成各种作业。关节由驱动器驱动，关节参数的变化引起连杆的运动，使末端执行器到达所需的位姿。在轨迹规划时，人们最感兴趣的是操作臂末端执行器相对于固定参考系的空间描述。

为了研究操作臂各连杆之间的位移关系，在每个连杆上固接一个坐标系，然后描述这些坐标系之间的关系。Denavit 和 Hartenberg(1955)提出了一种通用方法，以建立操作臂运动学方程。Paul(1981)用 4×4 的齐次变换矩阵描述相邻两连杆的空间关系，从而推导出工具坐标系相对参考系的等价齐次变换矩阵，即运动学方程。操作臂运动学方程建立的另一种方法是利用运动旋量的矩阵指数，建立运动学方程的指数积(POE)公式(Murray et al.，1994；Park，1994)。

操作臂的运动学方程一般是非线性超越方程组，求解比较复杂，可能产生多重解和无解的情况。因此求解方法也是本章讨论的重点之一。本章介绍了机器人运动学方程反解的代数方法、几何方法和指数积公式的反解子问题。

本章还讨论了并联结构的结构方程、运动学反解和位姿正解等问题，与串联结构的操作臂不同，并联结构的运动学反解是唯一确定的，而位姿正解十分复杂，已引起广泛注意。

5.1 连杆参数和连杆坐标系

通常，操作臂是由旋转关节和移动关节构成的，每个关节具有一个自由度。因此，6 个自由度的操作臂由 6 个连杆和 6 个关节组成。图 5-1 所示的 PUMA560 机器人就是由 6 个连杆和 6 个关节组成的，具有 6 个自由度。连杆 0 是操作臂的基座，静止不动，不包含在这 6 个连杆之列。连杆 1 与基座通过关节 1 相连接，连杆 2 与连杆 1 通过关节 2 相连接……依此类推。操作臂的末端执行器与连杆 6 固接成一体，这样就构成单链开式运动结构。具有 n 个自由度的关节被视为由 n 个单自由度的关节和 $n-1$ 个长度不为零的连杆顺序连接而成的。某些操作臂可能包含封闭运动链(闭链)结构，如平行四边形连杆机构和 Stewart 平台等。

连杆的运动学功能是使其两端的关节轴线保持固定的几何关系，连杆的特征也是由这两条关节轴线所决定的。如图 5-2 所示，连杆 $i-1$ 是由关节轴线 $i-1$ 和关节轴线 i 的公垂线长度 a_{i-1} 以及两轴线间的夹角 α_{i-1} 所规定的。a_{i-1} 称为连杆 $i-1$ 的长度，α_{i-1} 称为连杆 $i-1$ 的扭角。扭角 α_{i-1} 的指向规定为从轴线 $i-1$ 绕公垂线转至轴线 i 的平行线；而公垂线

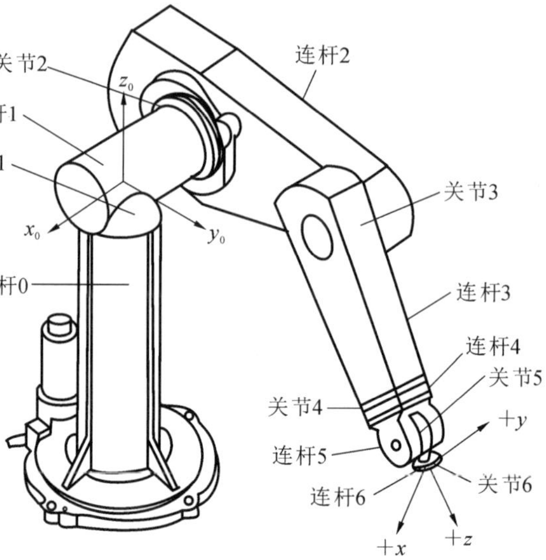

图 5-1　PUMA560 机器人的连杆和关节

a_{i-1}被认为是由关节 $i-1$ 指向关节 i。当两关节 $i-1$ 和 i 的轴线平行时，$\alpha_{i-1}=0$；当两轴线相交时，$a_{i-1}=0$，这时，扭角 α_{i-1}的指向不定，可以任意规定。

通常用连杆长度 a_{i-1}和扭角 α_{i-1}来规定连杆 $i-1$ 的特征。实际上，公垂线长度和扭角可以用来规定任意两条空间直线之间的相对位置。

图 5-3 是具有 2 个自由度的换刀机械手示意图。连杆 1 的两端分别是关节 1 和关节 2。关节 1 轴线是正方体空间对角线，关节 2 轴线是正方形的一条边，两轴线空间交错。已知正方体的边长为 l，根据正方体的几何性质知，两关节轴线的公垂线长度 $a_1=\frac{\sqrt{2}}{2}l$，扭角 $\alpha_1=\arccos\frac{1}{\sqrt{3}}=54°54'$。

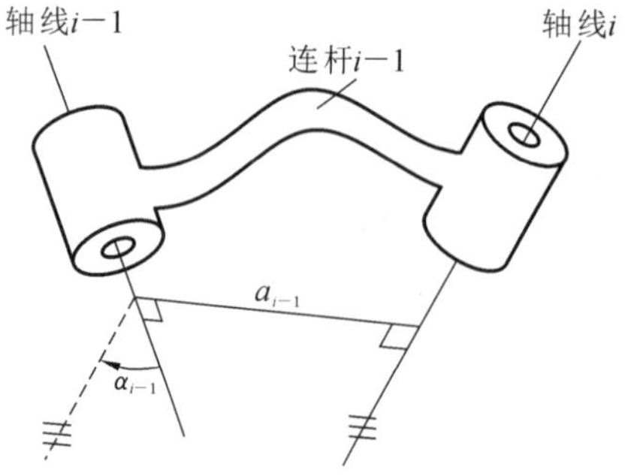

图 5-2　连杆的描述

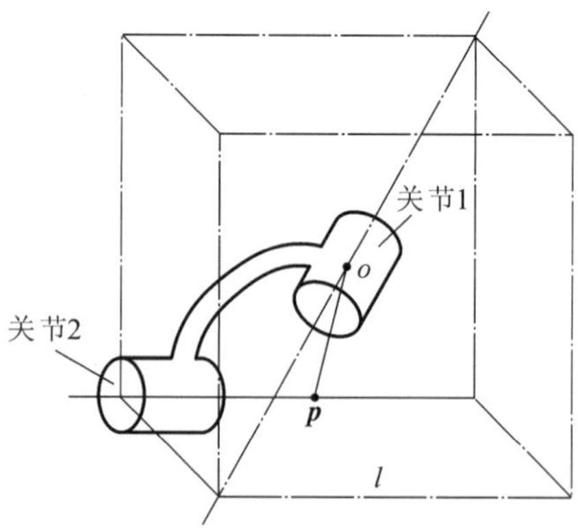

图 5-3　连杆长度 a_1 和扭角 α_1

5.1.1　连杆之间连接的描述

1. 中间连杆的描述

相邻两连杆之间有一条关节轴线。因此，每一关节轴线有两条公垂线与它垂直，每条公法线对应于一条连杆。这两条公法线(连杆)的距离称为连杆的偏距,记为 d_i,它代表连杆 i 相对连杆 $i-1$ 的偏距。这两条公法线(连杆)之间的夹角称为关节角,记为 θ_i,它表示连杆 i 相对连杆 $i-1$ 绕轴线 i 的旋转角度。

图 5-4 表示连杆 $i-1$ 和连杆 i 的连接关系。a_{i-1} 是连接连杆 $i-1$ 的两关节轴线的公垂线,a_i 是连接连杆 i 的两关节轴线的公垂线。表示连杆 i 与连杆 $i-1$ 连接关系的第一个参数是连杆偏距 d_i,第二个参数是关节角 θ_i。d_i 和 θ_i 都带正负号。d_i 表示 a_{i-1} 与轴线 i 的交点到 a_i 与该轴线交点的距离,沿轴线 i 测量。如果关节 i 是移动关节,则偏距 d_i 是关节变量。θ_i 表示 a_{i-1} 与 a_i 的延长线间的夹角,可绕关节 i 的轴线测量。如果关节 i 是旋转关节,则 θ_i 是关节变量,d_i 固定不变。

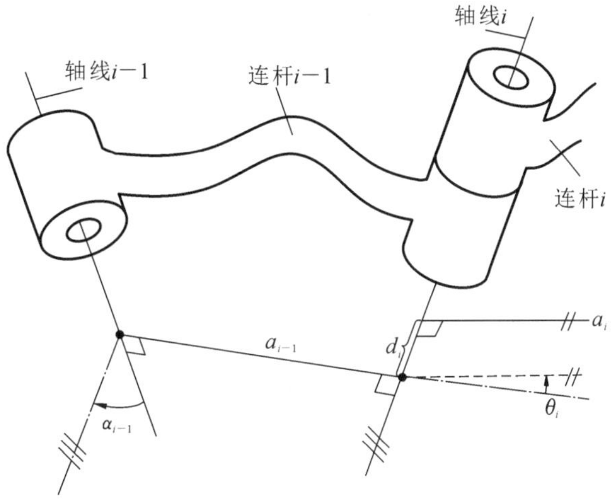

图 5-4　两连杆连接的描述

2. 对首端连杆和末端连杆的描述

规定连杆长度 a_i 和扭角 α_i 取决于关节轴线 i 和关节轴线 $i+1$,因此 a_1 到 a_{n-1} 以及 α_1 到 α_{n-1} 按照图 5-4 所示规则确定,而在传动链的两端,我们习惯约定 $a_0=a_n=0$。

同样,d_2 到 d_{n-1} 以及 θ_2 到 θ_{n-1} 按照上面讨论的方法规定。如果关节 1 是旋转关节,则 θ_1 是关节变量,θ_1 的零位可以任意选择,d_1 固定不变,通常习惯规定 $d_1=0$;如果关节 1 是移动关节,则 d_1 是关节变量,d_1 的零位可以任意选择,θ_1 固定不变,通常约定 $\theta_1=0$。

上面的规定完全适用于关节 n。这样规定的目的是为了使今后的计算简便。显然,一个量任意选定,另一个量取为 0,可使连杆坐标系相应的齐次变换尽可能简单。也可以采用其他的约定值,只是相应的齐次变换有所不同而已。

连杆参数和关节变量由上所述,每个连杆由 4 个参数所描述,其中 2 个描述连杆本身,另外 2 个描述该连杆与相邻连杆的连接关系。对于旋转关节,θ_i 是关节变量,其他 3 个参数固定不变,称为连杆参数。对于移动关节,d_i 是关节变量,其他 3 个参数固定不变,称为连杆参数。这种描述机构运动关系的规则称为 Denavit-Hartenberg 方法(简称 D-H 方法)。任何机器人各连杆之间的运动关系均可以通过连杆参数和关节变量来描述。根据上述方法,可以确定机器人的 Denavit-Hartenberg 参数。对于有 6 个关节的机器人,用 18 个参数可完全描述它的运动学的固定部分。而其他 6 个关节变量则是机器人运动学方程中的变量部分。

5.1.2　连杆坐标系

为了确定各连杆之间的相对运动和位姿关系,在每一连杆上固接一个坐标系。与基座

（连杆 0）固接的称为基坐标系，与连杆 1 固接的称为坐标系{1}，与连杆 i 固接的坐标系称为坐标系{i}。下面结合图 5-5，讨论连杆坐标系规定的方法。

1. 中间连杆 i 的坐标系{i}

坐标系{i}的 z 轴 z_i 与关节轴线 i 共线，指向任意规定。

坐标系{i}的 x 轴 x_i 与 a_i 重合，由关节 i 指向关节 $i+1$；当 $a_i=0$ 时，取 $x_i=\pm z_{i+1}\times z_i$。

坐标系{i}的 y 轴 y_i 按右手法则规定。

坐标系{i}的原点 o_i 取在 x_i 和 z_i 的交点上。当 z_i 与 z_{i+1} 相交时，原点取在两轴交点上；当 z_i 与 z_{i+1} 平行时，原点取在使 $d_{i+1}=0$ 的地方。图 5-5 中表示出连杆 $i-1$ 的坐标系{$i-1$}和连杆 i 的坐标系{i}的设定位姿。

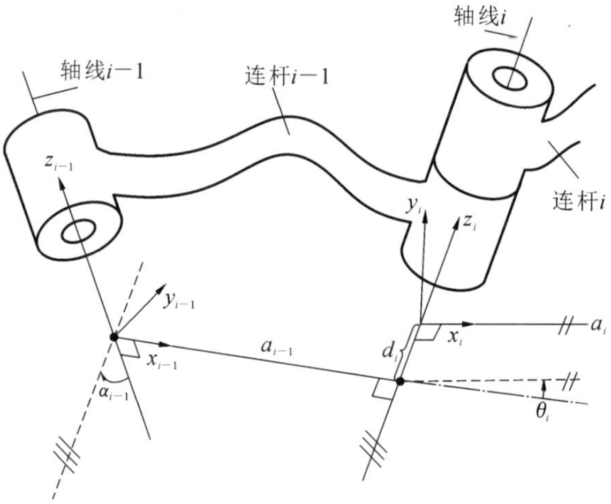

图 5-5　连杆坐标系的设定

2. 首端连杆和末端连杆的坐标系

坐标系{0}即基坐标系，与机器人基座固接，固定不动，可作为参考系，用来描述操作臂其他连杆坐标系的位姿。

基坐标系可任意规定，但是为简单方便起见，我们总是选择 z 轴方向为沿关节轴线 1 的方向，并且，当关节变量 1 为零时，使{0}与{1}重合。这种规定隐含了条件 $a_0=0$，$\alpha_0=0$，且当关节 1 是旋转关节时 $d_0=0$，当关节 1 是移动关节时 $\theta_0=0$。

末端连杆（连杆 n）坐标系{n}的规定与基坐标系相似。对于旋转关节 n，选取 x_n 使得当 $\theta_n=0$ 时，x_n 与 x_{n-1} 重合，坐标系{n}的原点选择使 $d_n=0$；对于移动关节 n，选取{n}使 $\theta_n=0$，且当 $d_n=0$ 时，x_n 与 x_{n-1} 重合。

5.1.3　用连杆坐标系规定连杆参数

利用连杆坐标系，可以明确地定义相应的连杆参数：

a_{i-1} = 从 z_{i-1} 到 z_i 沿 x_{i-1} 测量的距离；

α_{i-1} = 从 z_{i-1} 到 z_i 沿 x_{i-1} 旋转的角度；

d_i = 从 x_{i-1} 到 x_i 沿 z_i 测量的距离；

θ_i = 从 x_{i-1} 到 x_i 绕 z_i 旋转的角度。

通常选择 $a_{i-1}\geqslant 0$，因为它代表连杆长度，而 α_{i-1}，d_i 和 θ_i 的值可正可负。

前面所述有关连杆坐标系的规定，并不能保证坐标系的唯一性，例如，虽然 z_i 与关节轴线 i 一致，但是 z_i 的指向有两种选择；并且，当 z_i 与 z_{i+1} 相交时（$a_i=0$），x_i 的方向是 z_i 和 z_{i+1} 确定的平面法线，x_i 的指向也有两种选择；此外，对于移动关节，坐标系的规定也有一定的任意性。

对于给定的机器人，它的各个连杆坐标系建立的步骤如下：

(1) 找出并画出各个关节轴线。

(2) 找出并画出相邻两轴线 i 和 $i+1$ 的公垂线 a_i，或两轴线的交点。求出公垂线 a_i 与轴线 i 的交点，令该交点为坐标系 $\{i\}$ 的原点 o_i。

(3) 规定 z_i 轴与关节 i 轴线重合。

(4) 规定 x_i 轴与公垂线 a_i 重合，若 z_i 与 z_{i+1} 相交，则规定 x_i 是 z_i 和 z_{i+1} 所张成平面的法线。

(5) 按右手法则确定 y_i 轴。

(6) 当第一个关节变量为零时，规定 $\{0\}$ 与 $\{1\}$ 重合。对于末端坐标系 $\{n\}$，原点和 x_n 的方向可任意选取。但是，总是希望所选择的坐标系 $\{n\}$ 使连杆参数尽可能为零。

上面介绍了 Denavit 和 Hartenberg 规定的各连杆坐标系和确定连杆参数的一般方法，即 D-H 方法。在此基础上可以导出连杆变换和机器人运动学方程。

5.2　连杆变换和运动学方程

本节首先来推导相邻两连杆坐标系之间的变换矩阵，然后将这些变换矩阵依次相乘，得到操作臂的运动学方程。该方程表示末端连杆相对于基座的位姿关系，是各关节变量的函数。

5.2.1　连杆变换与运动学方程

连杆坐标系 $\{i\}$ 与 $\{i-1\}$ 通过四个参数 a_{i-1}，α_{i-1}，d_i 和 θ_i 联系起来，因此坐标系 $\{i\}$ 相对于 $\{i-1\}$ 的变换矩阵 ${}^{i-1}_{\ \ i}\boldsymbol{T}$ 通常也是连杆的这四个参数的函数。对机器人而言，这个变换只是一个变量（关节变量）的函数，其他三个参数由机器人的结构所规定，固定不变。显然，我们可以把连杆变换矩阵 ${}^{i-1}_{\ \ i}\boldsymbol{T}$ 分解为四个基本的子变换矩阵，其中每一个子变换矩阵都仅依赖于一个连杆参数，并且能够直接写出子变换公式。

坐标系 $\{i\}$ 相对于坐标系 $\{i-1\}$ 的变换矩阵 ${}^{i-1}_{\ \ i}\boldsymbol{T}$ 可以看成是以下四个子变换矩阵的乘积：

(1) 绕 x_{i-1} 轴转 α_{i-1} 角；

(2) 沿 x_{i-1} 轴移动 a_{i-1}；

(3) 绕 z_i 轴转 θ_i 角；

(4) 沿 z_i 轴移动 d_i。

因为这些变换都是相对动坐标系来描述的，按照“从左向右”的原则，可以得到

$$ {}^{i-1}_{\ \ i}\boldsymbol{T} = \mathrm{Rot}(x,\alpha_{i-1})\mathrm{Trans}(x,a_{i-1})\mathrm{Rot}(z,\theta_i)\mathrm{Trans}(z,d_i) \tag{5-1} $$

$$ {}^{i-1}_{\ \ i}\boldsymbol{T} = \mathrm{Screw}(x,a_{i-1},\alpha_{i-1})\mathrm{Screw}(z,d,\theta_i) \tag{5-2} $$

式中：$\mathrm{Screw}(L,r,\varphi)$ 表示沿轴 L 平移 r 并绕轴 L 旋转 φ 角的变换。由式(5-1)可以得到连

杆变换矩阵${}^{i-1}_{\ i}\boldsymbol{T}$的一般表达式:

$$
{}^{i-1}_{\ i}\boldsymbol{T}=\begin{bmatrix}\cos\theta_i & -\sin\theta_i & 0 & a_{i-1}\\ \sin\theta_i\cos\alpha_{i-1} & \cos\theta_i\cos\alpha_{i-1} & -\sin\alpha_{i-1} & -d_i\sin\alpha_{i-1}\\ \sin\theta_i\sin\alpha_{i-1} & \cos\theta_i\sin\alpha_{i-1} & \cos\alpha_{i-1} & d_i\cos\alpha_{i-1}\\ 0 & 0 & 0 & 1\end{bmatrix} \tag{5-3}
$$

从式(5-3)可以看出,连杆变换矩阵${}^{i-1}_{\ i}\boldsymbol{T}$取决于四个参数$a_{i-1}$,$\alpha_{i-1}$,$d_i$和$\theta_i$,其中只有一个参数是变动的。对于旋转关节$i$,$\theta_i$是关节变量;对于移动关节$i$,$d_i$是关节变量。为统一起见,用$\theta_i$表示第$i$个关节变量,对于移动关节$i$,$\theta_i=d_i$,注意二者的单位不同。

按照右乘规则,将式(5-3)所表示的各连杆变换矩阵${}^{i-1}_{\ i}\boldsymbol{T}(i=1,2,\cdots,n)$顺序相乘,便得到末端连杆坐标系$\{n\}$相对于基坐标系$\{0\}$的变换矩阵:

$$
{}^{0}_{n}\boldsymbol{T}={}^{0}_{1}\boldsymbol{T}{}^{1}_{2}\boldsymbol{T}\cdots{}^{n-1}_{\ n}\boldsymbol{T}
$$

$$
{}^{0}_{n}\boldsymbol{T}(\theta_1,\theta_2,\cdots,\theta_n)={}^{0}_{1}\boldsymbol{T}(\theta_1){}^{1}_{2}\boldsymbol{T}(\theta_2)\cdots{}^{n-1}_{\ n}\boldsymbol{T}(\theta_n) \tag{5-4}
$$

通常把${}^{0}_{n}\boldsymbol{T}$称为操作臂变换矩阵。显然它是n个关节变量$\theta_1,\theta_2,\cdots,\theta_n$的函数。如果能够测出这$n$个关节变量之值,那么,便可算出末端连杆相对于基坐标系的位姿。按照前面3.1节中手爪位姿的描述方法,用位置矢量$\boldsymbol{p}$表示末端连杆的位置,用旋转矩阵$\boldsymbol{R}=[\boldsymbol{n}\quad\boldsymbol{o}\quad\boldsymbol{a}]$代表末端连杆的方位,则式(5-4)可以写成

$$
\begin{bmatrix}{}^{0}_{n}\boldsymbol{n} & {}^{0}_{n}\boldsymbol{o} & {}^{0}_{n}\boldsymbol{a} & {}^{0}_{n}\boldsymbol{p}\\ 0 & 0 & 0 & 1\end{bmatrix}=\begin{bmatrix}{}^{0}_{n}\boldsymbol{R} & {}^{0}_{n}\boldsymbol{p}\\ \boldsymbol{0} & 1\end{bmatrix}={}^{0}_{1}\boldsymbol{T}(\theta_1){}^{1}_{2}\boldsymbol{T}(\theta_2)\cdots{}^{n-1}_{\ n}\boldsymbol{T}(\theta_n) \tag{5-5}
$$

式(5-5)称为操作臂的运动学方程。它表示末端连杆的位姿$(\boldsymbol{n},\boldsymbol{o},\boldsymbol{a},\boldsymbol{p})$与关节变量$\theta_1$,$\theta_2,\cdots,\theta_n$之间的关系。

5.2.2 SCARA 机器人的运动学方程

SCARA(selective compliance assembly robot arm)机器人又称平面关节型机器人,多应用于装配作业。SCARA 机器人有 3 个旋转关节,其轴线相互平行,用于平面内定位和定向;有 1 个移动关节,用于垂直于平面的运动。这类机器人结构紧凑、动作灵活、响应快,运动速度和位置精度较高。图 5-6 所示为 SCARA 机器人连杆坐标系。

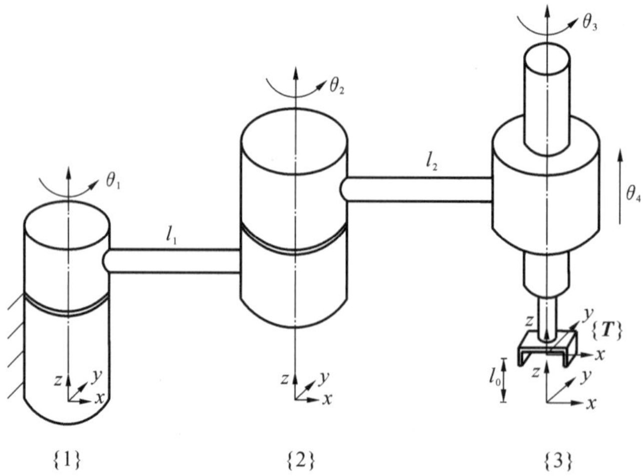

图 5-6 SCARA 机器人连杆坐标系

SCARA 机器人各连杆的变换矩阵分别为

$$
{}_{1}^{0}\boldsymbol{T}=\begin{bmatrix}\cos\theta_1 & -\sin\theta_1 & 0 & 0\\ \sin\theta_1 & \cos\theta_1 & 0 & 0\\ 0 & 0 & 1 & 0\\ 0 & 0 & 0 & 1\end{bmatrix},\quad {}_{2}^{1}\boldsymbol{T}=\begin{bmatrix}\cos\theta_2 & -\sin\theta_2 & 0 & l_1\\ \sin\theta_2 & \cos\theta_2 & 0 & 0\\ 0 & 0 & 1 & 0\\ 0 & 0 & 0 & 1\end{bmatrix}
$$

$$
{}_{3}^{2}\boldsymbol{T}=\begin{bmatrix}\cos\theta_3 & -\sin\theta_3 & 0 & l_2\\ \sin\theta_3 & \cos\theta_3 & 0 & 0\\ 0 & 0 & 1 & 0\\ 0 & 0 & 0 & 1\end{bmatrix},\quad {}_{4}^{3}\boldsymbol{T}=\begin{bmatrix}1 & 0 & 0 & 0\\ 0 & 1 & 0 & 0\\ 0 & 0 & 1 & l_0+\theta_4\\ 0 & 0 & 0 & 1\end{bmatrix}
$$

由上述各连杆变换矩阵之积，可得到运动学方程，即末端坐标系到基坐标系的变换矩阵：

$$
{}_{4}^{0}\boldsymbol{T}={}_{1}^{0}\boldsymbol{T}{}_{2}^{1}\boldsymbol{T}{}_{3}^{2}\boldsymbol{T}{}_{4}^{3}\boldsymbol{T}=\begin{bmatrix}\cos(\theta_1+\theta_2+\theta_3) & -\sin(\theta_1+\theta_2+\theta_3) & 0 & l_1\cos\theta_1+l_2\cos(\theta_1+\theta_2)\\ \sin(\theta_1+\theta_2+\theta_3) & \cos(\theta_1+\theta_2+\theta_3) & 0 & l_1\sin\theta_1+l_2\sin(\theta_1+\theta_2)\\ 0 & 0 & 1 & l_0+\theta_4\\ 0 & 0 & 0 & 1\end{bmatrix}
$$

5.2.3　PUMA560 机器人运动学方程

PUMA560 是六自由度关节型机器人，其 6 个关节都是旋转副，属于 6R 型的操作臂。前 3 个关节 1,2 和 3 主要用于确定手腕参考点的位置；后 3 个关节 4,5 和 6 用于确定手腕的方位。和大多数工业机器人一样，关节 4,5 和 6 的轴线交于一点，将该点选作手腕的参考点，也作为连杆坐标系{4}，{5}和{6}的原点。如图 5-7 所示，关节 1 的轴线沿竖直方向，关节 2 和 3 的轴线水平，并相互平行，距离为 a_2（连杆 2 的长度）。关节 4 和 5 的轴线垂直相交，关节 3 和 4 的轴线垂直交错，距离为 a_3（连杆 3 的长度）。各连杆坐标系如图 5-7 所示，相应的连杆参数列于表 5-1。

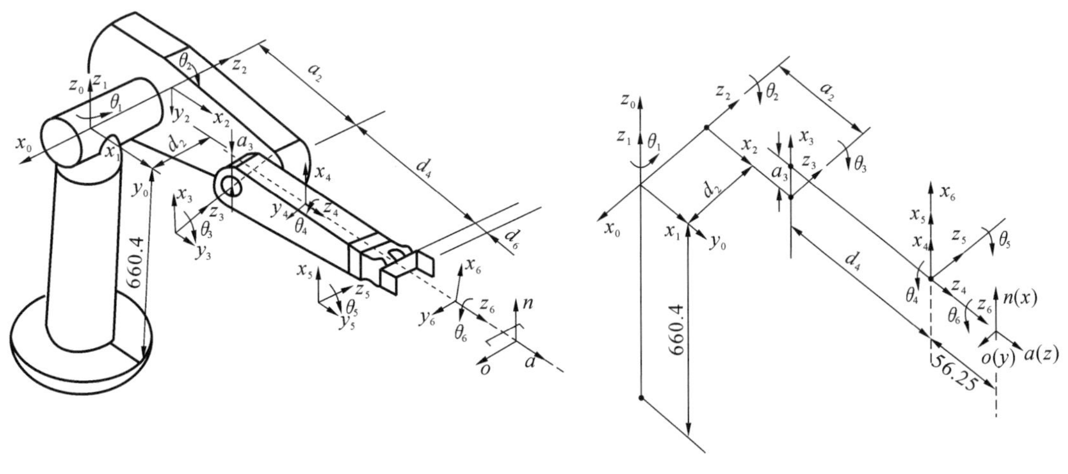

图 5-7　PUMA560 机器人的各连杆坐标系

(a) 机器人外形　(b) 坐标原点和坐标轴 x 和 z

表 5-1　PUMA560 机器人的连杆参数

i	a_{i-1}	α_{i-1}	d_i	θ_i	关节变量取值范围	连杆参数值/mm
1	0	0°	0	$\theta_1(90°)$	$-160°\sim160°$	$a_2=431.8$
2	0	$-90°$	d_2	$\theta_1(0°)$	$-225°\sim45°$	$a_3=20.32$
3	a_2	0°	0	$\theta_3(-90°)$	$-45°\sim225°$	$d_2=149.09$
4	a_3	$-90°$	d_4	$\theta_4(0°)$	$-110°\sim170°$	$d_4=433.07$
5	0	90°	0	$\theta_5(0°)$	$-100°\sim100°$	
6	0	$-90°$	0	$\theta_6(0°)$	$-266°\sim266°$	

按 D-H 方法建立操作臂运动学方程，实质上要利用连杆变换矩阵。将这些矩阵依次相乘得到操作臂的变换矩阵，它表示手爪坐标系相对于基坐标系的齐次变换矩阵。建立 PUMA560 机器人运动学方程的步骤如下：

(1) 设定各个连杆坐标系，列出相应的连杆参数；

(2) 写出各个连杆变换。利用式(5-3)，可以算出各个连杆变换矩阵如下：

$$\begin{cases} {}_1^0\boldsymbol{T}=\begin{bmatrix} c\theta_1 & -s\theta_1 & 0 & 0 \\ s\theta_1 & c\theta_1 & 0 & 0 \\ 0 & 0 & 1 & 0 \\ 0 & 0 & 0 & 1 \end{bmatrix}, {}_2^1\boldsymbol{T}=\begin{bmatrix} c\theta_2 & -s\theta_2 & 0 & 0 \\ 0 & 0 & 1 & d_2 \\ -s\theta_2 & -c\theta_2 & 0 & 0 \\ 0 & 0 & 0 & 1 \end{bmatrix}, {}_3^2\boldsymbol{T}=\begin{bmatrix} c\theta_3 & -s\theta_3 & 0 & a_2 \\ s\theta_3 & c\theta_3 & 0 & 0 \\ 0 & 0 & 1 & 0 \\ 0 & 0 & 0 & 1 \end{bmatrix} \\ {}_4^3\boldsymbol{T}=\begin{bmatrix} c\theta_4 & -s\theta_4 & 0 & a_3 \\ 0 & 0 & 1 & d_4 \\ -s\theta_4 & -c\theta_4 & 0 & 0 \\ 0 & 0 & 0 & 1 \end{bmatrix}, {}_5^4\boldsymbol{T}=\begin{bmatrix} c\theta_5 & -s\theta_5 & 0 & 0 \\ 0 & 0 & -1 & 0 \\ s\theta_5 & c\theta_5 & 0 & 0 \\ 0 & 0 & 0 & 1 \end{bmatrix}, {}_6^5\boldsymbol{T}=\begin{bmatrix} c\theta_6 & -s\theta_6 & 0 & 0 \\ 0 & 0 & 1 & 0 \\ -s\theta_6 & -c\theta_6 & 0 & 0 \\ 0 & 0 & 0 & 1 \end{bmatrix} \end{cases} \tag{5-6}$$

式中：$c\theta_i=\cos\theta_i$，$s\theta_i=\sin\theta_i$。

(3) 将以上连杆变换矩阵依次相乘便得到 PUMA560 的“手臂变换矩阵”：

$${}_6^0\boldsymbol{T}(\boldsymbol{\theta})={}_1^0\boldsymbol{T}(\theta_1){}_2^1\boldsymbol{T}(\theta_2){}_3^2\boldsymbol{T}(\theta_3){}_4^3\boldsymbol{T}(\theta_4){}_5^4\boldsymbol{T}(\theta_5){}_6^5\boldsymbol{T}(\theta_6) \tag{5-7}$$

它是六个关节变量 $\theta_1,\theta_2,\cdots,\theta_6$ 的函数。式中 $\boldsymbol{\theta}=[\theta_1\quad\theta_2\quad\cdots\quad\theta_6]\in\Re^6$ 是六维关节矢量。为了运动学反解，需要计算某些中间结果：

$${}_6^4\boldsymbol{T}={}_5^4\boldsymbol{T}\,{}_6^5\boldsymbol{T}=\begin{bmatrix} c\theta_5c\theta_6 & -c\theta_5s\theta_6 & -s\theta_5 & 0 \\ s\theta_6 & c\theta_6 & -s\theta_3s\theta_6 & 0 \\ s\theta_5c\theta_6 & -s\theta_3s\theta_6 & c\theta_5 & 0 \\ 0 & 0 & 0 & 1 \end{bmatrix} \tag{5-8}$$

$${}_6^3\boldsymbol{T}={}_4^3\boldsymbol{T}\,{}_6^4\boldsymbol{T}=\begin{bmatrix} c\theta_4c\theta_5c\theta_6-s\theta_4s\theta_6 & -c\theta_4c\theta_5s\theta_6-s\theta_4c\theta_6 & -c\theta_4s\theta_5 & a_3 \\ s\theta_5c\theta_6 & -s\theta_5s\theta_6 & c\theta_5 & d_4 \\ -s\theta_4c\theta_5c\theta_6-c\theta_4s\theta_6 & s\theta_4c\theta_5s\theta_6-c\theta_4c\theta_6 & s\theta_4s\theta_5 & 0 \\ 0 & 0 & 0 & 1 \end{bmatrix} \tag{5-9}$$

式中：$c\theta_i$、$s\theta_i$ 的含义同式(5-6)。

根据 PUMA560 的结构特点，关节 2 和关节 3 相互平行，${}_2^1\boldsymbol{T}(\theta_2)$和${}_3^2\boldsymbol{T}(\theta_3)$相乘的表达式比较简单，因为两个旋转轴线平行时，应用“和角公式”处理，可以得到变换矩阵：

$$ {}^1_3\boldsymbol{T} = {}^1_2\boldsymbol{T}\,{}^2_3\boldsymbol{T} = \begin{bmatrix} c\theta_{23} & -s\theta_{23} & 0 & a_2 c\theta_2 \\ 0 & 0 & 1 & d_2 \\ -s\theta_{23} & -c\theta_{23} & 0 & -a_2 s\theta_2 \\ 0 & 0 & 0 & 1 \end{bmatrix} \tag{5-10} $$

式中：$c\theta_2=\cos\theta_2$，$s\theta_2=\sin\theta_2$，$c\theta_{23}=\cos(\theta_2+\theta_3)$，$s\theta_{23}=\sin(\theta_2+\theta_3)$。

在以上计算过程中，我们利用了和角公式：

$$ \cos(\theta_2+\theta_3)=\cos\theta_2\cos\theta_3-\sin\theta_2\sin\theta_3,\ \sin(\theta_2+\theta_3)=\cos\theta_2\sin\theta_3+\sin\theta_2\cos\theta_3 $$

再将式(5-10)与式(5-9)相乘，则得

$$ {}^1_6\boldsymbol{T} = {}^1_3\boldsymbol{T}\,{}^3_6\boldsymbol{T} = \begin{bmatrix} {}^1n_x & {}^1o_x & {}^1a_x & {}^1p_x \\ {}^1n_y & {}^1o_y & {}^1a_y & {}^1p_y \\ {}^1n_z & {}^1o_z & {}^1a_z & {}^1p_z \\ 0 & 0 & 0 & 1 \end{bmatrix} \tag{5-11} $$

式中：

$$ {}^1n_x = c\theta_{23}(c\theta_4 c\theta_5 c\theta_6 - s\theta_4 s\theta_6) - s\theta_{23} s\theta_5 c\theta_6 $$
$$ {}^1n_y = -s\theta_4 c\theta_5 c\theta_6 - c\theta_4 s\theta_6 $$
$$ {}^1n_z = -s\theta_{23}(c\theta_4 c\theta_5 c\theta_6 - s\theta_4 s\theta_6) - c\theta_{23} s\theta_5 c\theta_6 $$
$$ {}^1o_x = -c\theta_{23}(c\theta_4 c\theta_5 s\theta_6 + s\theta_4 c\theta_6) + s\theta_{23} s\theta_5 s\theta_6 $$
$$ {}^1o_y = s\theta_4 c\theta_5 s\theta_6 - c\theta_4 c\theta_6 $$
$$ {}^1o_z = s\theta_{23}(c\theta_4 c\theta_5 s\theta_6 + s\theta_4 c\theta_6) + c\theta_{23} s\theta_5 s\theta_6 $$
$$ {}^1a_x = -c\theta_{23} c\theta_4 s\theta_5 - s\theta_{23} c\theta_5 $$
$$ {}^1a_y = s\theta_4 s\theta_5 $$
$$ {}^1a_z = s\theta_{23} c\theta_4 s\theta_5 - c\theta_{23} c\theta_5 $$
$$ {}^1p_x = a_2 c\theta_2 + a_3 c\theta_{23} - d_4 s\theta_{23} $$
$$ {}^1p_y = d_2 $$
$$ {}^1p_z = -a_3 s\theta_{23} - a_2 s\theta_2 - d_4 c\theta_{23} $$

最后，求出六个连杆变换之积：

$$ {}^0_6\boldsymbol{T} = {}^0_1\boldsymbol{T}\,{}^1_6\boldsymbol{T} = \begin{bmatrix} n_x & o_x & a_x & p_x \\ n_y & o_y & a_y & p_y \\ n_z & o_z & a_z & p_z \\ 0 & 0 & 0 & 1 \end{bmatrix} \tag{5-12} $$

式中：

$$ n_x = c\theta_1[c\theta_{23}(c\theta_4 c\theta_5 c\theta_6 - s\theta_4 s\theta_6) - s\theta_{23} s\theta_5 c\theta_6] + s\theta_1(s\theta_4 c\theta_5 c\theta_6 + c\theta_4 s\theta_6) $$
$$ n_y = s\theta_1[c\theta_{23}(c\theta_4 c\theta_5 c\theta_6 - s\theta_4 s\theta_6) - s\theta_{23} s\theta_5 c\theta_6] - c\theta_1(s\theta_4 c\theta_5 c\theta_6 + c\theta_4 s\theta_6) $$
$$ n_z = -s\theta_{23}(c\theta_4 c\theta_5 c\theta_6 - s\theta_4 s\theta_6) - c\theta_{23} s\theta_5 c\theta_6 $$
$$ o_x = c\theta_1[c\theta_{23}(-c\theta_4 c\theta_5 s\theta_6 - s\theta_4 c\theta_6) + s\theta_{23} s\theta_5 s\theta_6] + s\theta_1(c\theta_4 c\theta_6 - s\theta_4 c\theta_5 s\theta_6) $$
$$ o_y = s\theta_1[c\theta_{23}(-c\theta_4 c\theta_5 s\theta_6 - s\theta_4 c\theta_6) + s\theta_{23} s\theta_5 s\theta_6] - c\theta_1(c\theta_4 c\theta_6 - s\theta_4 c\theta_5 s\theta_6) $$
$$ o_z = -s\theta_{23}(-c\theta_4 c\theta_5 s\theta_6 - s\theta_4 c\theta_6) + c\theta_{23} s\theta_6 $$
$$ a_x = -c\theta_1(c\theta_{23} c\theta_4 s\theta_5 + s\theta_{23} c\theta_5) - s\theta_1 s\theta_4 s\theta_5 $$
$$ a_y = -s\theta_1(c\theta_{23} c\theta_4 s\theta_5 + s\theta_{23} c\theta_5) + c\theta_1 s\theta_4 s\theta_5 $$

$$a_z = s\theta_{23}c\theta_4 s\theta_5 - c\theta_{23}c\theta_5$$
$$p_x = c\theta_1(a_2 c\theta_2 + a_3 c\theta_{23} - d_4 s\theta_{23}) - d_3 c\theta_1$$
$$p_g = s\theta_1(a_2 c\theta_2 + a_3 c\theta_{23} - d_4 s\theta_{23}) + d_3 c\theta_1$$
$$p_z = -a_3 s\theta_{23} - a_2 s\theta_2 - d_4 c\theta_{23}$$

式(5-12)给出了 PUMA560 的手臂变换矩阵${}_6^0\boldsymbol{T}$，它完整地描述了机器人末端连杆坐标系{6}相对基坐标系{0}的位姿，是 PUMA560 运动分析和综合的基础。

为了校核所得结果${}_6^0\boldsymbol{T}$的正确性，令 $\theta_1=90°,\theta_2=0°,\theta_3=-90°,\theta_4=\theta_5=\theta_6=0°$，则手臂变换矩阵${}_6^0\boldsymbol{T}$为

$${}_6^0\boldsymbol{T} = \begin{bmatrix} 0 & 1 & 0 & -d_2 \\ 0 & 0 & 1 & a_2+d_4 \\ 1 & 0 & 0 & a_3 \\ 0 & 0 & 0 & 1 \end{bmatrix}$$

这一计算结果与图 5-7 所示的坐标系{6}完全一致。

图 5-8 表示手爪坐标系的规定方法。手爪的三个单位矢量，即法向矢量 $\boldsymbol{n}$、姿态矢量 $\boldsymbol{o}$ 和接近矢量 $\boldsymbol{a}$ 代表坐标系的主轴，而位置矢量 $\boldsymbol{p}$ 代表坐标系的原点。

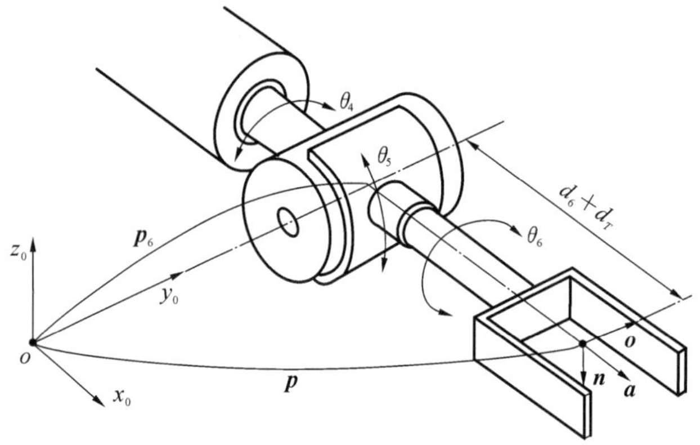

图 5-8　手腕结构和手爪坐标系

如果机器人基坐标系{0}相对于参考系(工作站){$\boldsymbol{S}$}的变换矩阵为${}_0^S\boldsymbol{T}$，而手爪中所握工具相对于末端连杆变换矩阵为${}_T^6\boldsymbol{T}$，那么，工具坐标系{$\boldsymbol{T}$}相对于参考系{$\boldsymbol{S}$}的位姿为

$${}_T^S\boldsymbol{T}(\boldsymbol{\theta}) = {}_0^S\boldsymbol{T}\,{}_6^0\boldsymbol{T}(\boldsymbol{\theta})\,{}_T^6\boldsymbol{T} \tag{5-13}$$

根据关节变量 $\theta_1,\theta_2,\cdots,\theta_6$ 的值，利用运动学方程，便可计算出手臂变换矩阵${}_0^6\boldsymbol{T}$的各个元素，得到手爪相对基座的位姿。通常把关节矢量构成的空间称为关节空间，把手爪位姿构成的空间称为操作空间。由关节空间向操作空间的映射为正向运动学；其逆映射为反向运动学。关节变量的取值是受限的，表 5-1 列出了 PUMA560 关节变量的取值范围。

5.3　PUMA560 机器人运动学反解

从工程应用的角度出发，运动学反解更加重要，它是机器人运动规划和轨迹控制的基础。操作臂正向运动学的解是唯一确定的，即各个关节变量给定之后，末端执行器的位姿是

唯一确定的;而运动学反解往往具有多重解,也可能不存在解。此外,对运动学反解而言,仅仅用某种方法求得其解还是不够的,对所用计算方法的计算效率、计算精度均有较多的要求,最理想的情况是能得到封闭解(closed-form solutions),因为封闭解法计算速度快,效率高,便于实时控制。但是,非线性超越方程一般得不到封闭解,只能采用数值解法。“操作臂运动学是可解的”,是指可以找到一种求解关节变量的算法,用于确定末端执行器位姿所对应的关节变量的全部解。在存在多重解的情况下,应能算出所有的解。某些迭代算法不能保证求出所有的解,并不适用于求操作臂运动学的反解问题。运动学方程的封闭解可通过两种途径获得:代数方法和几何方法。

5.3.1　几何方法

对图 5-9 所示的平面 3R 机械手,可以利用平面几何关系求出它的运动学反解:在 l_1,l_2 和 OA 组成的三角形内,应用余弦定理可解出 θ_2。因

$$x^2+y^2=l_1^2+l_2^2-2l_1l_2\cos(180^\circ-\theta_2)$$

可得

$$\cos\theta_2=\frac{x^2+y^2-l_1^2-l_2^2}{2l_1l_2}$$

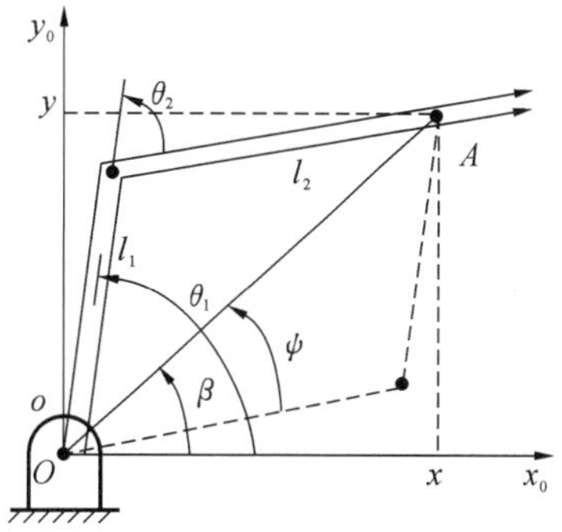

图 5-9　3R 平面机械手运动

值得注意的是:

(1) 为了保证解存在,目标点(x,y)应满足条件$\sqrt{x^2+y^2}\leqslant l_1+l_2$。

(2) 在满足解的存在性条件的前提下,可能有两个解(另一个解由虚线表示):

$$\theta_2'=-\theta_2,\quad -180^\circ\leqslant\theta_2\leqslant 0^\circ$$

为了求出 θ_1,首先计算角度 β 和 ψ(见图 5-9):

$$\beta=\mathrm{Atan2}(y,x)$$

$$\cos\psi=\frac{x^2+y^2+l_1^2-l_2^2}{2l_1\sqrt{x^2+y^2}},\quad 0^\circ\leqslant\psi\leqslant 180^\circ$$

由此得出:$\theta_1=\beta\pm\psi$。当 $\theta_2<0^\circ$时,取“+”号;当 $\theta_2>0^\circ$时,取“−”号。末端执行器的方位角 ϕ 由三个关节角度之和确定,即 $\phi=\theta_1+\theta_2+\theta_3$,由此解出关节角 θ_3。

5.3.2　代数方法

求 PUMA560 机器人的运动学反解的方法有多种,例如 Paul 等人提出的反变换法、Lee 和 Ziegler 提出的几何法和 Pieper 解法等。

下面介绍如何利用反变换法(也称代数法)来求解。

PUMA560 机器人具有 6 个自由度,其运动学方程可以写成

$$\begin{bmatrix} n_x & o_x & a_x & p_x \\ n_y & o_y & a_y & p_y \\ n_z & o_z & a_z & p_z \\ 0 & 0 & 0 & 1 \end{bmatrix}={}^0_1\boldsymbol{T}(\theta_1)\,{}^1_2\boldsymbol{T}(\theta_2)\,{}^2_3\boldsymbol{T}(\theta_3)\,{}^3_4\boldsymbol{T}(\theta_4)\,{}^4_5\boldsymbol{T}(\theta_5)\,{}^5_6\boldsymbol{T}(\theta_6) \tag{5-14}$$

方程的左边表示末端连杆相对于基坐标系{0}的位姿。根据机器人各个关节变量 q_i($i=1,2,\cdots,n$)的值,便可计算出手臂变换矩阵${}^0_n\boldsymbol{T}$ 的各个元素 $n_x,n_y,n_z,o_x,\cdots,p_z$。进一步,如果工具坐标系{$\boldsymbol{T}$}相对于腕坐标系{$\boldsymbol{W}$}(即坐标系{$n$})的变换矩阵${}^n_T\boldsymbol{T}$ 已知,机器人相对于工作站

坐标系$\{\boldsymbol{S}\}$的位姿${}^S_0\boldsymbol{T}$已知,则工具坐标系$\{\boldsymbol{T}\}$相对于工作站坐标系$\{\boldsymbol{S}\}$的位姿表达式(5-13)即可求出:

$$
{}^S_T\boldsymbol{T}(\boldsymbol{\theta}) = {}^S_0\boldsymbol{T}\,{}^0_n\boldsymbol{T}(\boldsymbol{\theta})\,{}^n_T\boldsymbol{T} \tag{5-15}
$$

根据各关节变量$\theta_i(i=1,2,\cdots,n)$的值,计算机器人末端执行器相对于工作站的位姿,即进行操作臂的运动分析(正向运动学);反之,为了使机器人所握工具相对于工作站的位姿满足给定的要求,计算相应的关节变量,即运动学反解。求 PUMA560 的封闭解可分两步进行:

(1) 利用变换方程(5-15)求出手臂变换矩阵

$$
{}^0_n\boldsymbol{T}(\boldsymbol{\theta}) = {}^S_0\boldsymbol{T}^{-1}\,{}^S_T\boldsymbol{T}(\boldsymbol{\theta})\,{}^n_T\boldsymbol{T}^{-1} \tag{5-16}
$$

(2) 由式(5-14)解出相应的关节变量$\theta_i(i=1,2,\cdots,n)$;对于移动关节i,$\theta_i=d_i$。

在矩阵方程(5-14)中,左边的矩阵各元素是已知的,而右边的六个矩阵是未知的,取决于关节变量$\theta_1,\theta_2,\cdots,\theta_6$。Paul 等人建议用未知的逆变换逐次左乘上述矩阵方程,这样做便于把某关节变量分离出来,并解出这个未知关节变量。

第一步:为了解出θ_1,用逆变换${}^0_1\boldsymbol{T}^{-1}(\theta_1)$左乘矩阵方程(5-14),得

$$
{}^0_1\boldsymbol{T}^{-1}(\theta_1)\,{}^0_6\boldsymbol{T} = {}^1_2\boldsymbol{T}(\theta_2)\,{}^2_3\boldsymbol{T}(\theta_3)\,{}^3_4\boldsymbol{T}(\theta_4)\,{}^4_5\boldsymbol{T}(\theta_5)\,{}^5_6\boldsymbol{T}(\theta_6)
$$

${}^0_1\boldsymbol{T}^{-1}(\theta_1)$可由 5.2.1 节中连杆变换矩阵${}^0_1\boldsymbol{T}$的表达式求出,于是有

$$
\begin{bmatrix} \cos\theta_1 & \sin\theta_1 & 0 & 0 \\ -\sin\theta_1 & \cos\theta_1 & 0 & 0 \\ 0 & 0 & 1 & 0 \\ 0 & 0 & 0 & 1 \end{bmatrix}
\begin{bmatrix} n_x & o_x & a_x & p_x \\ n_y & o_y & a_y & p_y \\ n_z & o_z & a_z & p_z \\ 0 & 0 & 0 & 1 \end{bmatrix} = {}^1_6\boldsymbol{T} \tag{5-17}
$$

式中:${}^1_6\boldsymbol{T}(\theta_1)$由式(5-11)给出。令矩阵方程(5-17)两端的元素(2,4)对应相等,得

$$
-\sin\theta_1 p_x + \cos\theta_1 p_y = d_2 \tag{5-18}
$$

利用三角代换,得

$$
p_x = \rho\cos\phi,\quad p_y = \rho\sin\phi \tag{5-19}
$$

式中:$\rho=\sqrt{p_x^2+p_y^2}$;$\phi=\mathrm{Atan2}(p_y,p_x)$。把式(5-19)代入式(5-18),得到$\theta_1$的解:

$$
\sin(\phi-\theta_1) = \frac{d_2}{\rho}
$$

$$
\cos(\phi-\theta_1) = \pm\sqrt{1-\left(\frac{d_2}{\rho}\right)^2}
$$

$$
\phi-\theta_1 = \mathrm{Atan2}\left(\frac{d_2}{\rho},\pm\sqrt{1-\left(\frac{d_2}{\rho}\right)^2}\right)
$$

$$
\theta_1 = \mathrm{Atan2}(p_y,p_x) - \mathrm{Atan2}\left(d_2,\pm\sqrt{p_x^2+p_y^2-d_2^2}\right)
$$

式中:正、负号对应于θ_1的两个可能解。选定其中一个解后,再令矩阵方程(5-17)两端的元素(1,4)和(3,4)分别对应相等,得到以下两个方程:

$$
\cos\theta_1 p_x + \sin\theta_1 p_y = a_3\cos(\theta_2+\theta_3) - d_4\sin(\theta_2+\theta_3) + a_2\cos\theta_2 \tag{5-20}
$$

$$
-p_z = a_3\sin(\theta_2+\theta_3) + d_4\cos(\theta_2+\theta_3) + a_2\sin\theta_2 \tag{5-21}
$$

式(5-18)与式(5-20)的平方和为

$$
a_3\cos\theta_3 - d_4\sin\theta_3 = k \tag{5-22}
$$

式中:

$$
k = \frac{p_x^2+p_y^2+p_z^2-a_2^2-a_3^2-d_2^2-d_4^2}{2a_2}
$$

由于式(5-22)中已经消去 θ_1，并且式(5-22)与式(5-18)具有相同的形式，因此可用三角代换求解 θ_3，得

$$\theta_3 = \mathrm{Atan2}(a_3, d_4) - \mathrm{Atan2}(k, \pm\sqrt{a_3^2 + d_4^2 - k^2}) \tag{5-23}$$

式中：正、负号对应 θ_3 的两个可能解。

现在来求解 θ_2，为此在矩阵方程(5-16)两边左乘逆变换${}_3^0\boldsymbol{T}^{-1}$，得

$${}_3^0\boldsymbol{T}^{-1}(\theta_1, \theta_2, \theta_3){}_6^0\boldsymbol{T} = {}_4^3\boldsymbol{T}(\theta_4){}_5^4\boldsymbol{T}(\theta_5){}_6^5\boldsymbol{T}(\theta_6) \tag{5-24}$$

故有

$$\begin{bmatrix} c\theta_1 c\theta_{23} & s\theta_1 c\theta_{23} & -s\theta_{23} & -a_2 c\theta_3 \\ -c\theta_1 s\theta_{23} & -s\theta_1 s\theta_{23} & -c\theta_{23} & a_2 s\theta_3 \\ -s\theta_1 & c\theta_1 & 0 & -d_2 \\ 0 & 0 & 0 & 1 \end{bmatrix} \begin{bmatrix} n_x & o_x & a_x & p_x \\ n_y & o_y & a_y & p_y \\ n_z & o_z & a_z & p_z \\ 0 & 0 & 0 & 1 \end{bmatrix} = {}_6^3\boldsymbol{T} \tag{5-25}$$

式中：变换矩阵${}_6^3\boldsymbol{T}$ 由式(5-9)给出；$c\theta_i = \cos\theta_i$，$s\theta_i = \sin\theta_i$，$c\theta_{23} = \cos(\theta_2 + \theta_3)$，$s\theta_{23} = \sin(\theta_2 + \theta_3)$。令矩阵方程(5-25)两边的元素(1,4)和(2,4)对应相等，得

$$\begin{cases} c\theta_1 c\theta_{23} p_x + s\theta_1 c\theta_{23} p_y - s\theta_{23} p_z - a_2 c\theta_3 = a_3 \\ -c\theta_1 s\theta_{23} p_x - s\theta_1 s\theta_{23} p_y - c\theta_{23} p_z + a_2 s\theta_3 = d_4 \end{cases} \tag{5-26}$$

将上面两个方程联立求解得

$$s\theta_{23} = \frac{(-a_3 - a_2 c\theta_3)p_z + (c\theta_1 p_x + s\theta_1 p_y)(a_2 s\theta_3 - d_4)}{p_z^2 + (c\theta_1 p_x + s\theta_1 p_y)^2}$$

$$c\theta_{23} = \frac{(-d_4 + a_2 s\theta_3)p_z - (c\theta_1 p_x + s\theta_1 p_y)(-a_2 c\theta_3 - a_3)}{p_z^2 + (c\theta_1 p_x + s\theta_1 p_y)^2}$$

$s\theta_{23}$和 $c\theta_{23}$表达式的分母相等，且为正，于是有

$$\begin{aligned} \theta_{23} &= \theta_2 + \theta_3 \\ &= \mathrm{Atan2}[(-a_3 - a_2 c\theta_3)p_z + (c\theta_1 p_x + s\theta_1 p_y)(a_2 s\theta_3 - d_4), (-d_4 + a_2 s\theta_3)p_z \\ &\quad + (c\theta_1 p_x + s\theta_1 p_y)(a_2 c\theta_3 + a_3)] \end{aligned} \tag{5-27}$$

根据 θ_1 和 θ_3 解的四种可能组合，由式(5-27)可以相应得到 θ_{23}的四个可能解，于是得到 θ_2 的四个可能解：

$$\theta_2 = \theta_{23} - \theta_3 \tag{5-28}$$

式中：θ_2 取与 θ_3 相对应的值。

矩阵方程(5-25)的左边均为已知，现令该方程两边的元素(1,3)和(3,3)分别对应相等，则得

$$\begin{cases} a_x c\theta_1 c\theta_{23} + a_y s\theta_1 c\theta_{23} - a_z s\theta_{23} = -c\theta_4 s\theta_5 \\ -a_x s\theta_1 + a_y c\theta_1 = s\theta_4 s\theta_5 \end{cases}$$

只要 $s\theta_5 \neq 0$，便可求出 θ_4：

$$\theta_4 = \mathrm{Atan2}(-a_x s\theta_1 + a_y c\theta_1, -a_x c\theta_1 c\theta_{23} - a_y s\theta_1 c\theta_{23} + a_z s\theta_{23}) \tag{5-29}$$

当 $s\theta_5 = 0$ 时，操作臂处于奇异形位。此时，关节轴线 4 和 6 重合，只能解出 θ_4 与 θ_6 的和或差。奇异形位可以由式(5-29)中 Atan2 的两个变量是否都接近于零来判别。若都接近于零，则为奇异形位，否则不是奇异形位。在操作臂处于奇异形位时，可任意选取 θ_4 的值，再计算相应的 θ_6 的值。

根据解出的 θ_4，便可进一步解出 θ_5。将式(5-14)两端左乘逆变换${}_4^0\boldsymbol{T}^{-1}(\theta_1, \theta_2, \theta_3, \theta_4)$，得

$${}_4^0\boldsymbol{T}^{-1}(\theta_1, \theta_2, \theta_3, \theta_4){}_6^0\boldsymbol{T} = {}_5^4\boldsymbol{T}(\theta_5){}_6^5\boldsymbol{T}(\theta_6) \tag{5-30}$$

方程(5-30)左边的 $\theta_1,\theta_2,\theta_3$ 和 θ_4 均已解出，则有逆变换

$$
{}^0_4\boldsymbol{T}^{-1}(\theta_1,\theta_2,\theta_3,\theta_4)
=\begin{bmatrix}
c\theta_1 c\theta_{23} c\theta_4+s\theta_1 s\theta_4 & s\theta_1 c\theta_{23} c\theta_4-c\theta_1 s\theta_4 & -s\theta_{23} c\theta_4 & -a_2 c\theta_3 c\theta_4+d_2 s\theta_4-a_3 c\theta_4 \\
-c\theta_1 c\theta_{23} s\theta_4+s\theta_1 c\theta_4 & -s\theta_1 c\theta_{23} s\theta_4-c\theta_1 c\theta_4 & s\theta_{23} s\theta_4 & a_2 c\theta_3 s\theta_4+d_2 c\theta_4+a_3 s\theta_4 \\
-c\theta_1 s\theta_{23} & -s\theta_1 s\theta_{23} & -c\theta_{23} & a_2 s\theta_3-d_4 \\
0 & 0 & 0 & 1
\end{bmatrix}
\tag{5-31}
$$

方程(5-30)的右边 ${}^4_5\boldsymbol{T}(\theta_5){}^5_6\boldsymbol{T}(\theta_6)={}^4_6\boldsymbol{T}(\theta_5,\theta_6)$，${}^4_6\boldsymbol{T}(\theta_5,\theta_6)$ 可由式(5-8)得出。由式(5-31)矩阵两边元素(1,3)和(3,3)分别对应相等，得

$$
\begin{cases}
a_x(c\theta_1 c\theta_{23} c\theta_4+s\theta_1 s\theta_4)+a_y(s\theta_1 c\theta_{23} c\theta_4-c\theta_1 s\theta_4)-a_z(s\theta_{23} c\theta_4)=-s\theta_5 \\
a_x(-c\theta_1 s\theta_{23})+a_y(-s\theta_1 s\theta_{23})+a_z(-c\theta_{23})=c\theta_5
\end{cases}
$$

由此得到 θ_5 的封闭解：

$$
\theta_5=\mathrm{Atan2}(s\theta_5,c\theta_5)\tag{5-32}
$$

继续应用上述方法求解 θ_6。将式(5-14)改写为

$$
{}^0_5\boldsymbol{T}^{-1}(\theta_1,\theta_2,\cdots,\theta_5){}^0_6\boldsymbol{T}={}^5_6\boldsymbol{T}(\theta_6)\tag{5-33}
$$

令矩阵方程(5-33)两边元素(3,1)和(1,1)分别对应相等，得到

$$
\begin{cases}
s\theta_6=-n_x(c\theta_1 c\theta_{23} s\theta_4-s\theta_1 c\theta_4)-n_y(s\theta_1 c\theta_{23} s\theta_4+c\theta_1 c\theta_4)+n_z(s\theta_{23} s\theta_4) \\
c\theta_6=n_x[(c\theta_1 c\theta_{23} c\theta_4+s\theta_1 s\theta_4)c\theta_5-c\theta_1 s\theta_{23} s\theta_5]+n_y[(s\theta_1 c\theta_{23} c\theta_4-c\theta_1 s\theta_4)c\theta_5-s\theta_1 s\theta_{23} s\theta_5] \\
\qquad -n_z(s\theta_{23} c\theta_4 c\theta_5+c\theta_{23} c\theta_5)
\end{cases}
\tag{5-34}
$$

于是，求出 θ_6 的封闭解：

$$
\theta_6=\mathrm{Atan2}(s\theta_6,c\theta_6)\tag{5-35}
$$

PUMA560 的运动学反解可能存在八种，由求解 θ_1 和 θ_3 的公式中的正、负号的组合可能得到四种解，图 5-10 所示为相应的四种形位。另外，由腕部的“翻转”又可能得出两种解，图 5-11 为腕部翻转的示意图，相应的两种解的关系如下：

$$
\theta_4'=\theta_4+180^\circ,\quad \theta_5'=-\theta_5,\quad \theta_6'=\theta_6+180^\circ
$$

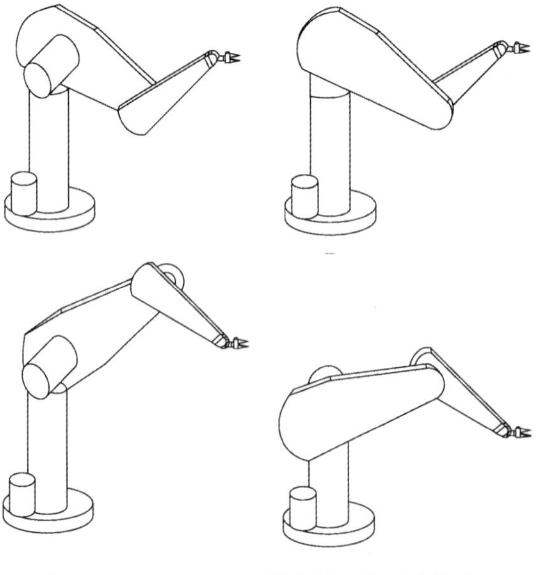

图 5-10　PUMA560 机器人的四种运动学反解

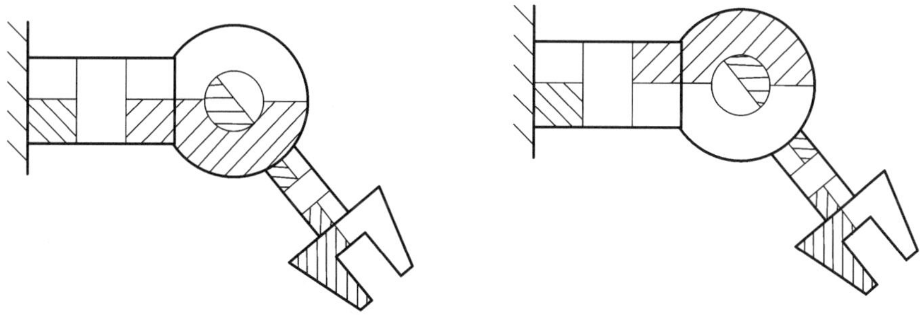

(a)　(b)

图 5-11　腕部"翻转"对应的两种反解
(a) 反解 1　(b) 反解 2

注意,PUMA560 虽然可能有八种解,但是由于结构的限制,例如各关节变量不能在全部 360°范围内运动,有些解甚至全部解都有可能不能实现。在机器人存在多种解的情况下,应选取其中最满意的一组解,譬如满足行程最短、功率最省、受力情况最好、能回避障碍等要求。

5.4　指数积公式

前面介绍了建立机器人运动学方程的 D-H 方法:规定各连杆坐标系,确定连杆参数,推导连杆变换矩阵${}^{i-1}_{\ i}\boldsymbol{T}$,将各个连杆变换矩阵顺序相乘得到运动学方程(5-5)(式(5-5)右端称为连杆变换之积)。对此许多文献都有系统阐述(Lynch et al.,2017)。下面推导机器人运动学方程的指数积(POE)公式(Murray et al.,1994;Park et al.,1995),不需规定各连杆坐标系,只需规定各个关节矢量,相对比较简单直观,易于推导。

5.4.1　指数积公式的推导

如图 5-12 所示的两自由度机器人,两关节轴线分别用 L_1 和 L_2 表示,运动旋量坐标为 V_1 和 V_2。为推导方便起见,首先不妨假设:关节 1 固定,关节 2 旋转,则工具坐标系的位姿是关节变量 θ_2 的函数,利用矩阵指数的表示得到

$$ {}^{S}_{T}\boldsymbol{T}(\theta_2) = \mathrm{e}^{[V_2]\theta_2}\,{}^{S}_{T}\boldsymbol{T}(\boldsymbol{0}) \tag{5-36} $$

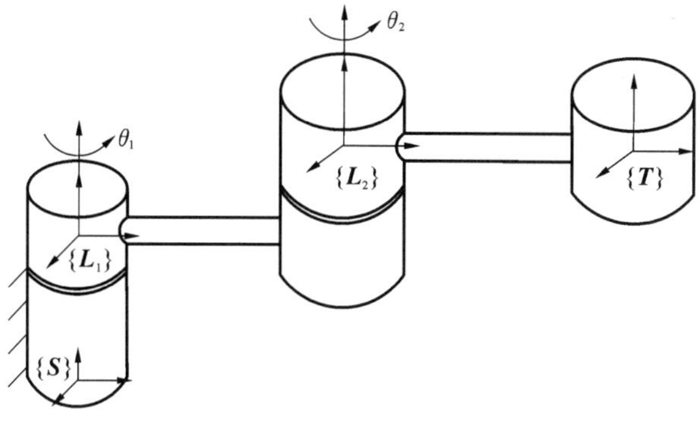

图 5-12　两自由度机器人

然后，固定关节变量 θ_2，关节 1 旋转 θ_1，按左乘规则，得到工具坐标系位姿的表达式：

$$ {}^{S}_{T}\boldsymbol{T}(\theta_1,\theta_2)=\mathrm{e}^{[V_1]\theta_1}\,{}^{S}_{T}\boldsymbol{T}(\theta_2)=\mathrm{e}^{[V_1]\theta_1}\mathrm{e}^{[V_2]\theta_2}\,{}^{S}_{T}\boldsymbol{T}(\boldsymbol{0}) \tag{5-37}$$

以此类推，可以得到 n 个关节机器人的运动学方程的指数积公式：

$$ {}^{S}_{T}\boldsymbol{T}(\boldsymbol{\theta})=\mathrm{e}^{[V_1]\theta_1}\mathrm{e}^{[V_2]\theta_2}\cdots\mathrm{e}^{[V_n]\theta_n}\,{}^{S}_{T}\boldsymbol{T}(\boldsymbol{0}) \tag{5-38}$$

式中：$\boldsymbol{\theta}=[\theta_1\quad\theta_2\quad\cdots\quad\theta_n]$是 n 维关节矢量；$V_1,V_2,\cdots,V_n$ 为 n 个运动旋量坐标。

值得注意的是，式(5-37)是通过先令 θ_1 固定、θ_2 变化，然后再令 θ_2 固定、θ_1 变化而推导出来的。实际上，式(5-37)的推导结果与两个关节角的旋转次序无关。可以证明：先令 θ_2 固定、θ_1 变化，然后再令 θ_1 固定、θ_2 变化，所得到的结果是一样的。这时，θ_1 首先变化，有

$$ {}^{S}_{T}\boldsymbol{T}(\theta_1)=\mathrm{e}^{[V_1]\theta_1}\,{}^{S}_{T}\boldsymbol{T}(\boldsymbol{0})$$

这一运动使得关节 2 的轴线有变化，连杆 2 再绕新轴线旋转 θ_2 后所得的运动旋量坐标为

$$ {}^{1}V_2=\mathrm{Ad}_V(\mathrm{e}^{[V_1]\theta_1})V_2$$

式中：${}^{1}V_2$表示连杆 2 相对连杆 1 的运动旋量坐标。利用矩阵指数和伴随变换的性质，有

$$\boldsymbol{T}\mathrm{e}^{[V]\theta}\boldsymbol{T}^{-1}=\mathrm{e}^{\boldsymbol{T}[V]\boldsymbol{T}^{-1}\theta}=\mathrm{e}^{[\mathrm{Ad}_V(\boldsymbol{T})V]\theta} \tag{5-39}$$

则得

$$\mathrm{e}^{[{}^{1}V_2]\theta_2}=\mathrm{e}^{\boldsymbol{T}[V_2]\boldsymbol{T}^{-1}\theta_2}=\boldsymbol{T}\mathrm{e}^{[V_2]\theta_2}\boldsymbol{T}^{-1}=\mathrm{e}^{[V_1]\theta_1}(\mathrm{e}^{[V_2]\theta_2})\mathrm{e}^{-[V_1]\theta_1} \tag{5-40}$$

从而得到

$$\begin{aligned}{}^{S}_{T}\boldsymbol{T}(\theta_1,\theta_2)&=\mathrm{e}^{[{}^{1}V_2]\theta_2}\mathrm{e}^{[V_1]\theta_1}\,{}^{S}_{T}\boldsymbol{T}(\boldsymbol{0})=\mathrm{e}^{[V_1]\theta_1}(\mathrm{e}^{[V_2]\theta_2})\mathrm{e}^{-[V_1]\theta_1}\mathrm{e}^{[V_1]\theta_1}\,{}^{S}_{T}\boldsymbol{T}(\boldsymbol{0})\\&=\mathrm{e}^{[V_1]\theta_1}\mathrm{e}^{[V_2]\theta_2}\,{}^{S}_{T}\boldsymbol{T}(\boldsymbol{0})\end{aligned}$$

结果与式(5-37)一致。以此类推，可以证明指数积公式(5-38)，它与旋转次序无关，是 n 个矩阵指数 $\mathrm{e}^{[V_i]\theta_i}$ 的积。

由 D-H 方法得到的运动学方程是 n 个连杆变换之积(见式(5-7))。每个连杆变换(${}^{i-1}_{i}\boldsymbol{T}(\theta_i)$)是连杆坐标系$\{i\}$相对于前一连杆坐标系$\{i-1\}$表示的；而矩阵指数 $\mathrm{e}^{[V_i]\theta_i}$ 是$\{i\}$相对于基坐标系$\{\boldsymbol{S}\}$表示的，如图 5-13 所示。可以证明，连杆变换之积与指数积是一致的。实际上

$$ {}^{i-1}_{i}\boldsymbol{T}(\theta_i)=\mathrm{e}^{[{}^{i-1}V_i]\theta_i}\,{}^{i-1}_{i}\boldsymbol{T}(0),\quad i=1,2,\cdots,n \tag{5-41}$$

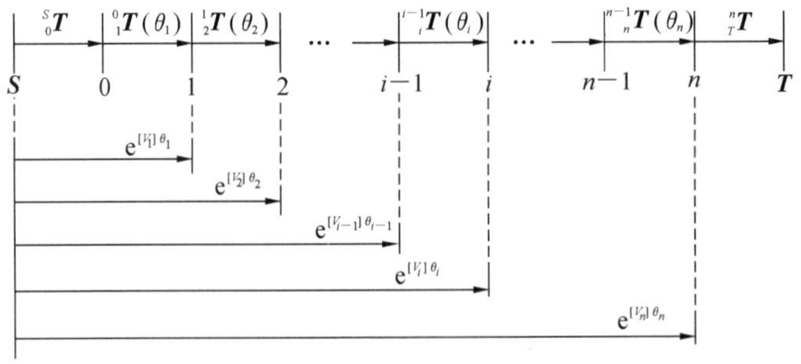

图 5-13　连杆变换之积与指数积

则连杆变换之积(见式(5-7))变为

$$\begin{aligned}{}^{S}_{T}\boldsymbol{T}(\boldsymbol{\theta})&=\mathrm{e}^{[{}^{0}V_1]\theta_1}\,{}^{0}_{1}\boldsymbol{T}(0)\mathrm{e}^{[{}^{1}V_2]\theta_2}\,{}^{1}_{2}\boldsymbol{T}(0)\cdots\mathrm{e}^{[{}^{n-1}V_n]\theta_n}\,{}^{n-1}_{n}\boldsymbol{T}(0)\\&=\mathrm{e}^{[{}^{0}V_1]\theta_1}({}^{0}_{1}\boldsymbol{T}(0)\mathrm{e}^{[{}^{1}V_2]\theta_2}\,{}^{0}_{1}\boldsymbol{T}^{-1}(0))\cdots({}^{0}_{n-1}\boldsymbol{T}(\boldsymbol{0})\mathrm{e}^{[{}^{n-1}V_n]\theta_n}\,{}^{0}_{n-1}\boldsymbol{T}^{-1}(\boldsymbol{0}))\,{}^{0}_{T}\boldsymbol{T}(\boldsymbol{0})\end{aligned}$$

利用矩阵指数的伴随变换公式(5-39)和公式(5-40)，即可得到

$$\begin{aligned}{}_T^S\boldsymbol{T}(\boldsymbol{\theta}) &= \mathrm{e}^{[{}^0V_1]\theta_1}\mathrm{e}^{[\mathrm{Ad}_V({}_1^0T)^1V_2]\theta_2}\mathrm{e}^{[\mathrm{Ad}_V({}_2^0\boldsymbol{T})^2V_3]\theta_3}\cdots\mathrm{e}^{[\mathrm{Ad}_V({}_{n-1}^{0}\boldsymbol{T})^{n-1}V_n]\theta_n}\,{}_T^0\boldsymbol{T}(\boldsymbol{0})\\ &= \mathrm{e}^{[V_1]\theta_1}\mathrm{e}^{[V_2]\theta_2}\cdots\mathrm{e}^{[V_n]\theta_n}\,{}_T^S\boldsymbol{T}(\boldsymbol{0})\end{aligned}$$

注意伴随变换的作用：$V_i={}^0V_i=\mathrm{Ad}_V({}_{i-1}^{\;\;0}\boldsymbol{T}(0))^{i-1}V_i$。即

$$V_1={}^0V_1, V_2={}^0V_2=\mathrm{Ad}_V({}_1^0\boldsymbol{T}(0))^1V_2,\ V_3={}^0V_3=\mathrm{Ad}_V({}_2^0\boldsymbol{T}(0))^2V_3,\cdots$$

$$V_n={}^0V_n=\mathrm{Ad}_V({}_{n-1}^{\;\;\;0}\boldsymbol{T}(0))^{n-1}V_n$$

式中：V_i 表示关节 i 相对于基坐标系的运动旋量坐标。这样，指数积(见式(5-38))可以由连杆变换之积(见式(5-7))推导得出，反之亦然。

5.4.2　SCARA 机器人运动学方程的指数积公式

下面根据 SCARA 和 ELBOW 机器人的运动学参数，推导机器人的运动学方程的指数积公式。

SCARA 机器人由 3 个旋转关节和 1 个移动关节组成，如图 5-14 所示。采用指数积公式时不需建立各个连杆坐标系，仅需规定各个关节轴线的线矢量的方向：

$$\boldsymbol{\omega}_1=\boldsymbol{\omega}_2=\boldsymbol{\omega}_3=\begin{bmatrix}0\\0\\1\end{bmatrix},\quad [\boldsymbol{\omega}_1]=[\boldsymbol{\omega}_2]=[\boldsymbol{\omega}_3]=\begin{bmatrix}0&-1&0\\1&0&0\\0&0&0\end{bmatrix}$$

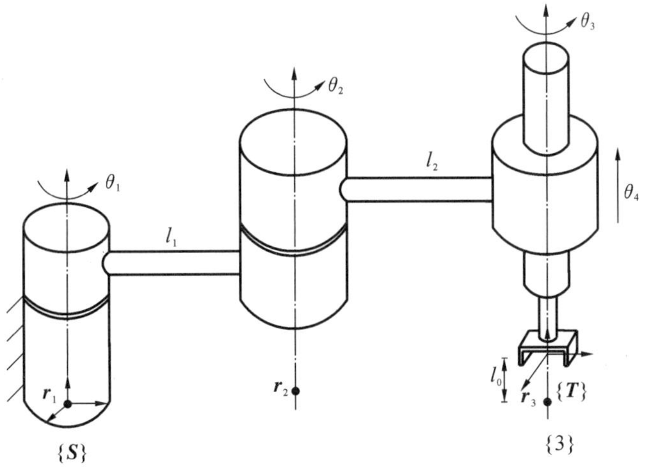

图 5-14　位于参考形位的 SCARA 机器人

取各个关节轴线上的一点：

$$\boldsymbol{r}_1=\begin{bmatrix}0\\0\\0\end{bmatrix},\quad \boldsymbol{r}_2=\begin{bmatrix}0\\l_1\\0\end{bmatrix},\quad \boldsymbol{r}_3=\begin{bmatrix}0\\l_1+l_2\\0\end{bmatrix}$$

三个旋转关节的运动旋量分别为

$$[V_1]=\begin{bmatrix}[\boldsymbol{\omega}_1]&\boldsymbol{r}_1\times\boldsymbol{\omega}_1\\\boldsymbol{0}&0\end{bmatrix},\quad [V_2]=\begin{bmatrix}[\boldsymbol{\omega}_2]&\boldsymbol{r}_2\times\boldsymbol{\omega}_2\\\boldsymbol{0}&0\end{bmatrix},\quad [V_3]=\begin{bmatrix}[\boldsymbol{\omega}_3]&\boldsymbol{r}_3\times\boldsymbol{\omega}_3\\\boldsymbol{0}&0\end{bmatrix}$$

利用表 4-1，可以直接得到 3 个旋转关节和 1 个移动关节的 $\boldsymbol{R}(\theta)$ 和 $\boldsymbol{p}(\theta)$：

$$\boldsymbol{R}(\theta_1)=\boldsymbol{R}(z,\theta_1),\boldsymbol{R}(\theta_2)=\boldsymbol{R}(z,\theta_2),\boldsymbol{R}(\theta_3)=\boldsymbol{R}(z,\theta_3),\boldsymbol{R}(\theta_4)=\boldsymbol{I}$$

$$\boldsymbol{p}(\theta_1)=\begin{bmatrix}0\\0\\0\end{bmatrix},\quad \boldsymbol{p}(\theta_2)=\begin{bmatrix}l_1\sin\theta_2\\l_1(1-\cos\theta_2)\\0\end{bmatrix}$$

$$\boldsymbol{p}(\theta_3)=\begin{bmatrix}(l_1+l_2)\sin\theta_3\\(l_1+l_2)(1-\cos\theta_3)\\0\end{bmatrix},\quad \boldsymbol{p}(\theta_4)=\begin{bmatrix}0\\0\\\theta_4\end{bmatrix}$$

当 $\boldsymbol{\theta}=\mathbf{0}$ 时，工具坐标系相对于基座坐标系的变换矩阵为

$${}^S_T\boldsymbol{T}(\mathbf{0})=\begin{bmatrix}1&0&0&0\\0&1&0&l_1+l_2\\0&0&1&l_0\\0&0&0&1\end{bmatrix}$$

由指数积公式(5-38)可以得到：

$${}^S_T\boldsymbol{T}(\boldsymbol{\theta})=e^{[V_1]\theta_1}e^{[V_2]\theta_2}e^{[V_3]\theta_3}e^{[V_4]\theta_4}\,{}^S_T\boldsymbol{T}(\mathbf{0})=\begin{bmatrix}\boldsymbol{R}(\theta)&\boldsymbol{p}(\theta)\\\mathbf{0}&1\end{bmatrix}$$

$$\boldsymbol{R}(\theta)=\begin{bmatrix}\cos(\theta_1+\theta_2+\theta_3)&-\sin(\theta_1+\theta_2+\theta_3)&0\\\sin(\theta_1+\theta_2+\theta_3)&\cos(\theta_1+\theta_2+\theta_3)&0\\0&0&1\end{bmatrix}$$

$$\boldsymbol{p}(\theta)=\begin{bmatrix}-l_1\sin\theta_1-l_2\sin(\theta_1+\theta_2)\\l_1\cos\theta_1+l_2\cos(\theta_1+\theta_2)\\l_0+\theta_4\end{bmatrix}$$

所得结果与根据连杆变换之积所得的结果是一致的。

5.4.3　ELBOW 机器人运动学方程的建立

ELBOW 机器人是由 6 个旋转关节组成的六自由度机器人，其结构特点是：腕部由三轴相交的球关节构成；肩部由垂直相交的两关节组成；肘部关节与肩部的一个关节平行。如图 5-15所示的形位是其参考形位，即 $\boldsymbol{\theta}=\mathbf{0}$ 时的形位，与 SCARA 机器人相同。因此有

$${}^S_T\boldsymbol{T}(\mathbf{0})=\begin{bmatrix}1&0&0&0\\0&1&0&l_1+l_2\\0&0&1&l_0\\0&0&0&1\end{bmatrix}$$

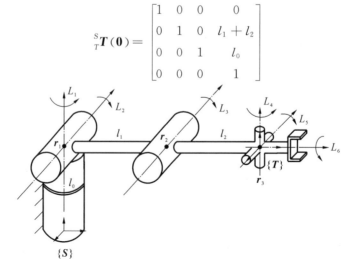

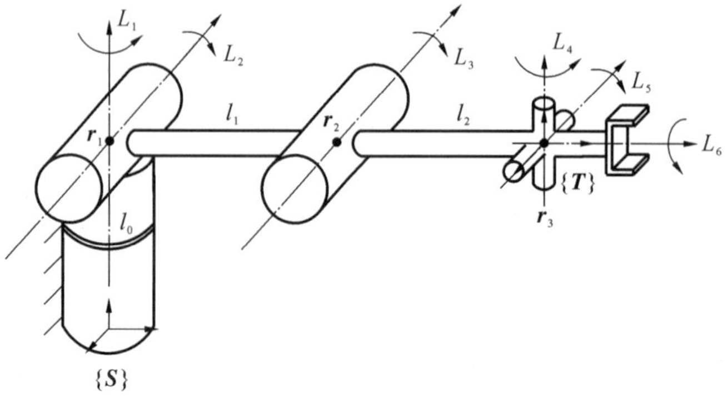

图 5-15　ELBOW 机器人

肩部两个关节的线矢量的方向为

$$\boldsymbol{\omega}_1=\begin{bmatrix}0\\0\\1\end{bmatrix},\quad \boldsymbol{\omega}_2=\begin{bmatrix}-1\\0\\0\end{bmatrix}$$

$$[\boldsymbol{\omega}_1]=\begin{bmatrix}0&-1&0\\1&0&0\\0&0&0\end{bmatrix},\quad [\boldsymbol{\omega}_2]=\begin{bmatrix}0&0&0\\0&0&1\\0&-1&0\end{bmatrix}$$

分别取各个关节轴线上的一点：

$$\boldsymbol{r}_1=\begin{bmatrix}0\\0\\l_0\end{bmatrix},\quad \boldsymbol{r}_2=\begin{bmatrix}0\\l_1\\l_0\end{bmatrix},\quad \boldsymbol{r}_3=\begin{bmatrix}0\\l_1+l_2\\l_0\end{bmatrix}$$

肩部两个关节的运动旋量为

$$e^{[V_1]\theta_1}=\begin{bmatrix}\cos\theta_1&-\sin\theta_1&0&0\\\sin\theta_1&\cos\theta_1&0&0\\0&0&1&0\\0&0&0&1\end{bmatrix}$$

$$e^{[V_2]\theta_2}=\begin{bmatrix}1&0&0&0\\0&\cos\theta_2&\sin\theta_2&-l_0\sin\theta_2\\0&-\sin\theta_2&\cos\theta_2&l_0(1-\cos\theta_2)\\0&0&0&1\end{bmatrix}$$

同样可以得到其他关节的运动旋量

$$e^{[V_3]\theta_3}=\begin{bmatrix}1&0&0&0\\0&\cos\theta_3&\sin\theta_3&l_1(1-\cos\theta_3)-l_0\sin\theta_3\\0&-\sin\theta_3&\cos\theta_3&l_1\sin\theta_3+l_0(1-\cos\theta_3)\\0&0&0&1\end{bmatrix}$$

$$e^{[V_4]\theta_4}=\begin{bmatrix}\cos\theta_4&-\sin\theta_4&0&(l_1+l_2)\sin\theta_4\\\sin\theta_4&\cos\theta_4&0&(l_1+l_2)(1-\cos\theta_4)\\0&0&1&0\\0&0&0&1\end{bmatrix}$$

$$e^{[V_5]\theta_5}=\begin{bmatrix}1&0&0&0\\0&\cos\theta_5&\sin\theta_5&(l_1+l_2)(1-\cos\theta_5)-l_0\sin\theta_5\\0&-\sin\theta_5&\cos\theta_5&(l_1+l_2)\sin\theta_5+l_0(1-\cos\theta_5)\\0&0&0&1\end{bmatrix}$$

$$e^{[V_6]\theta_6}=\begin{bmatrix}\cos\theta_6&0&\sin\theta_6&-l_0\sin\theta_6\\0&1&0&0\\-\sin\theta_6&0&\cos\theta_6&l_0(1-\cos\theta_6)\\0&0&0&1\end{bmatrix}$$

由指数积公式(5-38)可以得到

$${}^S_T\boldsymbol{T}(\boldsymbol{\theta})=e^{[V_1]\theta_1}e^{[V_2]\theta_2}\cdots e^{[V_6]\theta_6}\,{}^S_T\boldsymbol{T}(\boldsymbol{0})=\begin{bmatrix}\boldsymbol{R}(\theta)&\boldsymbol{p}(\theta)\\\boldsymbol{0}&1\end{bmatrix}$$

5.5　运动学方程的自动生成

机器人运动学方程的自动生成是将连杆参数作为输入，计算机自动生成运动学方程(符号法)。例如，按照表 5-1 所列的 PUMA560 机器人的各个连杆参数，利用 D-H 方法，求出六个连杆变换矩阵(见式(5-6))，将各个连杆变换矩阵依次相乘便得到 PUMA560 的手臂变换矩阵，自动生成运动学方程，它是关节变量 $\theta_1,\theta_2,\cdots,\theta_6$ 的函数。D-H 方法的缺点是要建立各个连杆坐标系，每个连杆用 $a_{i-1},\alpha_{i-1},d_i,\theta_i$ 四个参数表示，输入的参数较多。采用指数积公式，利用线矢量表示自动生成运动学方程，则比较简单直观。

5.5.1　基于线矢量的运动学方程的生成

最理想的运动学方程生成方法应输入参数少，表示简单直观。用线矢量表示旋转关节和移动关节的轴线的方法就具有这些特点，具体步骤如下：

(1) 选择基坐标系{0}，规定机器人的原始位姿和相应各关节轴线的零位。

(2) 确定表示各个关节轴线的线矢量。对于旋转关节，轴线方向为 $\boldsymbol{\omega}$，在轴线上选取一点 $\boldsymbol{r}$；对于移动关节，轴线方向为 $\boldsymbol{v}$，取关节上的一点为原点，即 $\boldsymbol{r}=\boldsymbol{0}$。

(3) 构造各个关节轴线的线矢量 L_i 和相应的运动旋量$[L_i]$。

对于旋转关节

$$L_i=\begin{bmatrix}\boldsymbol{r}_i\times\boldsymbol{\omega}_i\\ \boldsymbol{\omega}_i\end{bmatrix},\quad [L_i]=\begin{bmatrix}[\boldsymbol{\omega}_i] & \boldsymbol{r}_i\times\boldsymbol{\omega}_i\\ \boldsymbol{0} & 0\end{bmatrix}$$

对于移动关节

$$L_i=\begin{bmatrix}\boldsymbol{v}_i\\ \boldsymbol{0}\end{bmatrix},\quad [L_i]=\begin{bmatrix}[\boldsymbol{0}] & \boldsymbol{v}_i\\ \boldsymbol{0} & 0\end{bmatrix}$$

式中：$\boldsymbol{\omega}_i\in\Re^3$ 表示单位角速度矢量，$\|\boldsymbol{\omega}_i\|=1$；$\boldsymbol{r}_i\in\Re^3$ 为旋转关节轴线上的一点；$\boldsymbol{v}_i\in\Re^3$ 表示单位移动矢量，$\|\boldsymbol{v}_i\|=1$。

(4) 利用式(4-55)计算矩阵指数。对于旋转关节，由于 $\boldsymbol{v}=\boldsymbol{r}\times\boldsymbol{\omega}$，因此 $\boldsymbol{\omega}^{\mathrm{T}}\boldsymbol{v}=0$，则得

$$\mathrm{e}^{[L]\theta}=\exp\left(\begin{bmatrix}[\boldsymbol{\omega}] & \boldsymbol{r}\times\boldsymbol{\omega}\\ \boldsymbol{0} & 0\end{bmatrix}\theta\right)=\begin{bmatrix}\mathrm{e}^{[\boldsymbol{\omega}]\theta} & \boldsymbol{p}(\theta)\\ \boldsymbol{0} & 1\end{bmatrix}\tag{5-42}$$

式中

$$\mathrm{e}^{[\boldsymbol{\omega}]\theta}=\boldsymbol{R}(\theta)=\boldsymbol{I}+[\boldsymbol{\omega}]\sin\theta+[\boldsymbol{\omega}]^2(1-\cos\theta)$$

$$\boldsymbol{p}(\theta)=(\boldsymbol{I}-\mathrm{e}^{[\boldsymbol{\omega}]\theta})(\boldsymbol{\omega}\times\boldsymbol{v})+\boldsymbol{\omega}\boldsymbol{\omega}^{\mathrm{T}}\boldsymbol{v}\theta=(\boldsymbol{I}-\mathrm{e}^{[\boldsymbol{\omega}]\theta})(\boldsymbol{\omega}\times\boldsymbol{v})$$

对于移动关节，令 $\|\boldsymbol{v}\|=1$，则运动旋量和矩阵指数分别为

$$[V]=\begin{bmatrix}[\boldsymbol{0}] & \boldsymbol{v}\\ \boldsymbol{0} & 0\end{bmatrix},\quad \mathrm{e}^{[V]\theta}=\begin{bmatrix}\boldsymbol{I} & \boldsymbol{v}\theta\\ \boldsymbol{0} & 1\end{bmatrix}$$

选取基坐标系时，可使旋转轴线的方向沿着 x 轴、y 轴或 z 轴，以简化计算。表 4-1 列出了移动关节和旋转关节的 $\boldsymbol{R}(\theta)$ 和 $\boldsymbol{p}(\theta)$。

(5) 当 $\boldsymbol{\theta}=\boldsymbol{0}$ 时，工具坐标系相对基坐标系的变换矩阵为${}_T^S\boldsymbol{T}(\boldsymbol{0})$，得到指数积公式：

$${}_T^S\boldsymbol{T}(\boldsymbol{\theta})=\mathrm{e}^{[L_1]\theta_1}\mathrm{e}^{[L_2]\theta_2}\cdots\mathrm{e}^{[L_n]\theta_n}\,{}_T^S\boldsymbol{T}(\boldsymbol{0})\tag{5-43}$$

总之，利用以上计算程序，根据关节的类型(旋转关节还是移动关节)，可以确定各个关

节轴线的线矢量，写出各个矩阵指数，即 $\boldsymbol{R}(\theta)$ 和 $\boldsymbol{p}(\theta)$。若旋转轴线沿某坐标轴，则可以直接写出矩阵指数(详见表 4-1)。该方法的主要优点如下。

(1) 采用指数积公式，只需规定基坐标系，不需建立各个连杆坐标系和输入连杆参数。

(2) 利用线矢量的表示，建立运动学方程，可使运动学方程大大简化，$\boldsymbol{p}(\theta)$的第二项为零，即

$$\boldsymbol{p}(\theta)=(\boldsymbol{I}-\mathrm{e}^{[\boldsymbol{\omega}]\theta})(\boldsymbol{\omega}\times\boldsymbol{v})+\boldsymbol{\omega}\boldsymbol{\omega}^{\mathrm{T}}\boldsymbol{v}\theta=(\boldsymbol{I}-\mathrm{e}^{[\boldsymbol{\omega}]\theta})(\boldsymbol{\omega}\times\boldsymbol{v}) \tag{5-44}$$

(3) 选取基坐标系$\{0\}$和机器人的原始位姿，使旋转轴线的方向沿着基坐标系的 x 轴、y 轴或 z 轴方向，则运动学方程进一步简化。

(4) 利用 $\boldsymbol{r}$ 的递推计算公式 $\boldsymbol{r}_i=\boldsymbol{r}_{i-1}+\Delta\boldsymbol{r}_i$，可以得到旋转轴线上的一点。

5.5.2　运动学方程自动生成算法

现有机器人通常采用移动关节和旋转关节，选取基坐标系时，尽量使各个旋转轴线的方向与参考系的 x 轴、y 轴或 z 轴平行，则有

$$\mathrm{e}^{[\boldsymbol{\omega}]\theta}=\boldsymbol{R}(x,\theta),\quad \mathrm{e}^{[\boldsymbol{\omega}]\theta}=\boldsymbol{R}(y,\theta),\quad \mathrm{e}^{[\boldsymbol{\omega}]\theta}=\boldsymbol{R}(z,\theta)$$

$$\boldsymbol{\omega}\times\boldsymbol{v}=\begin{bmatrix}0\\ r_y\\ r_z\end{bmatrix},\quad \boldsymbol{\omega}\times\boldsymbol{v}=\begin{bmatrix}r_x\\ 0\\ r_z\end{bmatrix},\quad \boldsymbol{\omega}\times\boldsymbol{v}=\begin{bmatrix}r_x\\ r_y\\ 0\end{bmatrix}$$

因此，旋转轴线的方向与 x 轴、y 轴或 z 轴的方向一致时，分别有

$$\boldsymbol{p}(\theta)=\begin{bmatrix}0\\ r_y(1-\cos\theta)+r_z\sin\theta\\ -r_y\sin\theta+r_z(1-\cos\theta)\end{bmatrix}$$

$$\boldsymbol{p}(\theta)=\begin{bmatrix}r_x(1-\cos\theta)-r_z\sin\theta\\ 0\\ r_x\sin\theta+r_z(1-\cos\theta)\end{bmatrix}$$

$$\boldsymbol{p}(\theta)=\begin{bmatrix}r_x(1-\cos\theta)+r_y\sin\theta\\ -r_x\sin\theta+r_y(1-\cos\theta)\\ 0\end{bmatrix}$$

表 4-1 列出了移动关节和旋转关节的矩阵指数 $\boldsymbol{R}(\theta)$ 和 $\boldsymbol{p}(\theta)$ 的有关公式，可以查该表，以便于自动生成这些公式。根据上面的步骤，可以编写自动生成运动学方程的程序。

上面列出了 SCARA 和 ELBOW 机器人的运动学参数，将其输入计算机，计算机可自动生成机器人的运动学方程。

SCARA 机器人的运动学参数十分简单：三个旋转关节的轴线沿 z 轴，利用表 4-1 或式(5-42)，可以写出旋转关节的矩阵指数 $\boldsymbol{R}(\theta)$ 和 $\boldsymbol{p}(\theta)$；对于移动关节，$\boldsymbol{R}(\theta)=\boldsymbol{I}$，$\boldsymbol{p}(\theta)=\boldsymbol{v}\theta$。

对于 ELBOW 机器人，列出各个关节轴线的线矢量，可以写出 $\boldsymbol{R}(\theta)$ 和 $\boldsymbol{p}(\theta)$ 的表达式。

5.5.3　PUMA 机器人的运动学方程自动生成

PUMA560 的 6 个关节都是旋转关节，各连杆串联结构如图 5-7 所示，相应的连杆参数见表 5-1。各个关节的线矢量参数列于表 5-2。

表 5-2　PUMA560 各关节线矢量参数

i	1	2	3	4	5	6
$\boldsymbol{\omega}_i$	$\begin{bmatrix}0\\0\\1\end{bmatrix}$	$\begin{bmatrix}-1\\0\\0\end{bmatrix}$	$\begin{bmatrix}-1\\0\\0\end{bmatrix}$	$\begin{bmatrix}0\\1\\0\end{bmatrix}$	$\begin{bmatrix}-1\\0\\0\end{bmatrix}$	$\begin{bmatrix}0\\1\\0\end{bmatrix}$
$\boldsymbol{r}_i$	$\begin{bmatrix}0\\0\\0\end{bmatrix}$	$\begin{bmatrix}-d_2\\0\\0\end{bmatrix}$	$\begin{bmatrix}-d_2\\a_2\\0\end{bmatrix}$	$\begin{bmatrix}-d_2\\a_2+d_4\\a_3\end{bmatrix}$	$\begin{bmatrix}-d_2\\a_2+d_4\\a_3\end{bmatrix}$	$\begin{bmatrix}-d_2\\a_2+d_4\\a_3\end{bmatrix}$

相应的矩阵指数为

$$\boldsymbol{R}(\theta_1)=\boldsymbol{R}(z,\theta_1),\quad \boldsymbol{R}(\theta_2)=\boldsymbol{R}(-x,\theta_2),\quad \boldsymbol{R}(\theta_3)=\boldsymbol{R}(-x,\theta_3)$$

$$\boldsymbol{R}(\theta_4)=\boldsymbol{R}(y,\theta_4),\quad \boldsymbol{R}(\theta_5)=\boldsymbol{R}(-x,\theta_5),\quad \boldsymbol{R}(\theta_6)=\boldsymbol{R}(y,\theta_6)$$

$$\boldsymbol{p}(\theta_1)=\begin{bmatrix}0\\0\\0\end{bmatrix},\quad \boldsymbol{p}(\theta_2)=\begin{bmatrix}0\\0\\0\end{bmatrix}$$

$$\boldsymbol{p}(\theta_3)=\begin{bmatrix}0\\a_2(1-\cos\theta_3)\\a_2\sin\theta_3\end{bmatrix},\quad \boldsymbol{p}(\theta_4)=\begin{bmatrix}-d_2(1-\cos\theta_4)-a_3\sin\theta_4\\0\\a_3(1-\cos\theta_4)-d_2\sin\theta_4\end{bmatrix}$$

$$\boldsymbol{p}(\theta_5)=\begin{bmatrix}0\\(a_2+d_4)(1-\cos\theta_5)-a_3\sin\theta_5\\a_3(1-\cos\theta_5)+(a_2+d_4)\sin\theta_5\end{bmatrix},\quad \boldsymbol{p}(\theta_6)=\begin{bmatrix}-d_2(1-\cos\theta_6)-a_3\sin\theta_6\\0\\a_3(1-\cos\theta_6)-d_2\sin\theta_6\end{bmatrix}$$

下面比较特殊情况下的线矢量表示法、指数积方法的计算复杂性，并列于表 5-3。

用线矢量表示法，由表 4-1 可以看出，对于绕 x 轴、y 轴、z 轴转动的旋转关节，计算 $\boldsymbol{R}(\theta)$需要 2 次三角函数运算，计算 $\boldsymbol{p}(\theta)$需要 4 次乘法和 4 次加法运算，因此 6 个关节总共需要 12 次三角函数运算、24 次乘法和 24 次加法运算。

用指数积方法，由式(5-42)，考虑到$[\boldsymbol{\omega}]$的反对称性质，将 $\boldsymbol{I}+[\boldsymbol{\omega}]\sin\theta$ 一起计算只需 1 次三角函数运算、3 次乘法运算，计算$[\boldsymbol{\omega}]^2(1-\cos\theta)$需要 1 次三角函数运算、12 次乘法运算、6 次加法运算。计算 $e^{[\boldsymbol{\omega}]\theta}$共需要 2 次三角函数运算、15 次乘法运算、15 次加法运算。计算 $\boldsymbol{p}(\theta)$需要 22 次乘法运算、23 次加法运算。所以，计算一次矩阵指数需要 2 次三角函数运算、37 次乘法运算、38 次加法运算。因此 6 个关节至少需要 12 次三角函数运算、222 次乘法运算、228 次加法运算。

表 5-3　特殊情况下线矢量表示法与指数积方法计算复杂性比较

方　法	三角函数运算次数	乘法运算次数	加法运算次数
线矢量表示法	12	24	24
指数积方法	12	222	228

5.6　运动学反解的子问题

求解运动学反解的典型方法在 Paul(1981) 和 Craig(2004) 的有关文献中有详细论述。

本节介绍利用指数积公式构造运动学反解的几何算法(参见 Paden 等人(1988)和 Brockett (1990)的论著)。该方法的实质是将机器人运动学反解问题分解为若干易于解决的子问题。

5.6.1　几种典型的反解子问题

下面介绍几种运动学反解子问题的求解方法(实际上是关于旋转运动的综合方法)。第 3 章讨论过旋转变换通式,根据给定的旋转矩阵 $\boldsymbol{R}$ 求等效转轴和等效转角。第 3 章还研究了位姿综合问题,包括旋转矩阵 $\boldsymbol{R}$ 的综合和变换矩阵 $\boldsymbol{T}$ 的综合。问题的实质是:已知起点和终点末端执行器的位姿,求旋转矩阵 $\boldsymbol{R}$ 或变换矩阵 $\boldsymbol{T}$,并且给出相容性、独立性和完备性条件。实际上,下面所述的运动学反解子问题可以看成转轴线矢量 L 已知,求等效转角的问题。

1. 子问题一:旋转综合问题

子问题一可表述为:已知两点 $\boldsymbol{p},\boldsymbol{q}\in\Re^3$,求满足矩阵指数方程 $e^{[L]\theta}\boldsymbol{p}=\boldsymbol{q}$ 的转角 θ。

子问题一的实质是,已知起点 $\boldsymbol{p}$ 和终点 $\boldsymbol{q}$,以及转轴线矢量 L,求转角 θ。值得注意的是,转轴线矢量 L 上的任一点 $\boldsymbol{r}$ 经旋转后,保持不变,即有 $e^{[L]\theta}\boldsymbol{r}=\boldsymbol{r}$,如图 5-16 所示。因此得到

$$e^{[L]\theta}(\boldsymbol{p}-\boldsymbol{r})=\boldsymbol{q}-\boldsymbol{r} \tag{5-45}$$

$$e^{[L]\theta}\boldsymbol{u}=\boldsymbol{v} \tag{5-46}$$

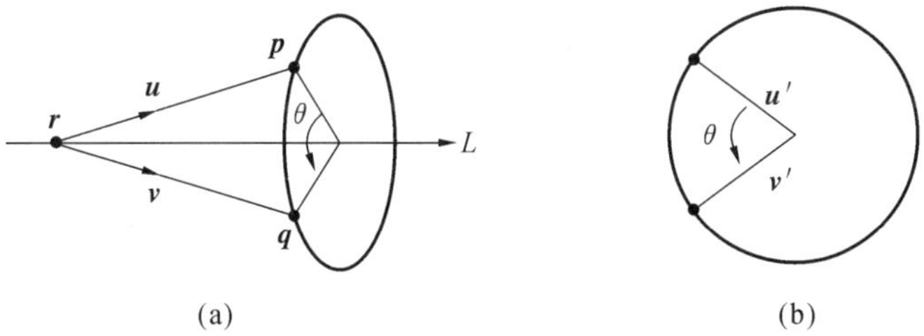

图 5-16　子问题一

(a) 将点 $\boldsymbol{p}$ 绕线矢量 L 旋转至与点 $\boldsymbol{q}$ 重合　(b) $\boldsymbol{u}$ 和 $\boldsymbol{v}$ 在垂直于运动螺旋轴平面上的投影

式中:$\boldsymbol{u}=\boldsymbol{p}-\boldsymbol{r},\boldsymbol{v}=\boldsymbol{q}-\boldsymbol{r}$。显然,$\boldsymbol{u},\boldsymbol{v}$ 在方向 $\boldsymbol{\omega}$ 上的分量分别为 $\boldsymbol{\omega}^{\mathrm{T}}\boldsymbol{u},\boldsymbol{\omega}^{\mathrm{T}}\boldsymbol{v}$;$\boldsymbol{u},\boldsymbol{v}$ 在与 $\boldsymbol{\omega}$ 相垂直的平面上的投影分别为 $\boldsymbol{u}'=\boldsymbol{u}-\boldsymbol{\omega}\boldsymbol{\omega}^{\mathrm{T}}\boldsymbol{u},\boldsymbol{v}'=\boldsymbol{v}-\boldsymbol{\omega}\boldsymbol{\omega}^{\mathrm{T}}\boldsymbol{v}$。问题的解的相容性条件为

$$\begin{cases}\boldsymbol{\omega}^{\mathrm{T}}\boldsymbol{u}=\boldsymbol{\omega}^{\mathrm{T}}\boldsymbol{v}\\ \|\boldsymbol{u}'\|=\|\boldsymbol{v}'\|\end{cases} \tag{5-47}$$

若 $\boldsymbol{u}'=\boldsymbol{0}$ 则 $\boldsymbol{v}'=\boldsymbol{0}$,因此有无穷多个解,$\boldsymbol{p}$ 与 $\boldsymbol{q}$ 两者重合,位于旋转轴上;若 $\boldsymbol{u}'\neq\boldsymbol{0}$ 则 $\boldsymbol{v}'\neq\boldsymbol{0}$,因此,根据几何关系得到:

$$\boldsymbol{\omega}^{\mathrm{T}}(\boldsymbol{u}'\times\boldsymbol{v}')=\|\boldsymbol{u}'\|\,\|\boldsymbol{v}'\|\sin\theta$$

$$\boldsymbol{u}'\cdot\boldsymbol{v}'=\|\boldsymbol{u}'\|\,\|\boldsymbol{v}'\|\cos\theta$$

从而求得

$$\theta=\mathrm{Atan2}(\boldsymbol{\omega}^{\mathrm{T}}(\boldsymbol{u}'\times\boldsymbol{v}'),\boldsymbol{u}'\cdot\boldsymbol{v}')$$

2. 子问题二:绕两轴旋转反解问题

子问题二可表述为:令两线矢量 L_1 和 L_2 表示两相交的旋转轴线,交点为 $\boldsymbol{r}$。已知两点 $\boldsymbol{p}$,$\boldsymbol{q}\in\Re^3$,求满足矩阵指数方程 $e^{[L_1]\theta_1}e^{[L_2]\theta_2}\boldsymbol{p}=\boldsymbol{q}$ 的转角 θ_1 和 θ_2。实际上,该问题是求将点 $\boldsymbol{p}$ 绕线矢量 L_2 旋转 θ_2 角,再绕 L_1 旋转 θ_1 角,到达点 $\boldsymbol{q}$ 时的角度 θ_1 和 θ_2,如图 5-17 所示。即

$$e^{[L_1]\theta_1}e^{[L_2]\theta_2}(\boldsymbol{p}-\boldsymbol{r})=\boldsymbol{q}-\boldsymbol{r} \tag{5-48}$$

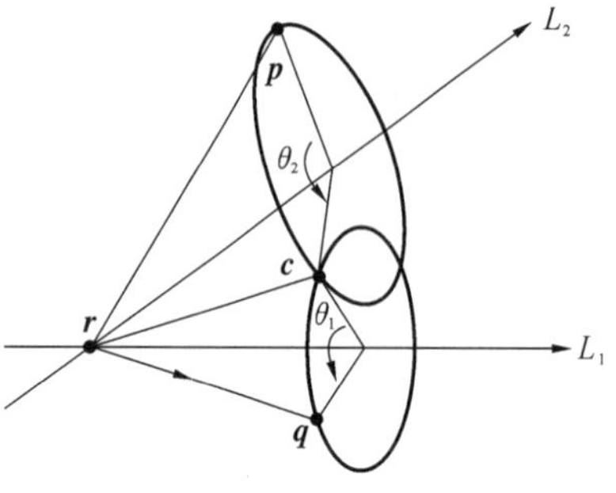

图 5-17 子问题二

$$e^{[L_1]\theta_1}e^{[L_2]\theta_2}\boldsymbol{u}=\boldsymbol{v} \tag{5-49}$$

令 $e^{[L_2]\theta_2}\boldsymbol{u}=e^{-[L_1]\theta_1}\boldsymbol{v}=\boldsymbol{z}$，其中 $\boldsymbol{u}=\boldsymbol{p}-\boldsymbol{r},\boldsymbol{v}=\boldsymbol{q}-\boldsymbol{r},\boldsymbol{z}=\boldsymbol{c}-\boldsymbol{r}$。$\boldsymbol{u},\boldsymbol{v},\boldsymbol{z}$ 在方向 $\boldsymbol{\omega}_1$ 上的分量分别为 $\boldsymbol{\omega}_1^{\mathrm{T}}\boldsymbol{u}$，$\boldsymbol{\omega}_1^{\mathrm{T}}\boldsymbol{v}$，$\boldsymbol{\omega}_1^{\mathrm{T}}\boldsymbol{z}$，在方向 $\boldsymbol{\omega}_2$ 上的分量分别为 $\boldsymbol{\omega}_2^{\mathrm{T}}\boldsymbol{u},\boldsymbol{\omega}_2^{\mathrm{T}}\boldsymbol{v},\boldsymbol{\omega}_2^{\mathrm{T}}\boldsymbol{z}$；$\boldsymbol{u},\boldsymbol{v},\boldsymbol{z}$ 在与 $\boldsymbol{\omega}$ 相垂直平面上的投影分别为

$$\boldsymbol{u}'=\boldsymbol{u}-\boldsymbol{\omega}\boldsymbol{\omega}^{\mathrm{T}}\boldsymbol{u},\quad \boldsymbol{v}'=\boldsymbol{v}-\boldsymbol{\omega}\boldsymbol{\omega}^{\mathrm{T}}\boldsymbol{v},\quad \boldsymbol{z}'=\boldsymbol{z}-\boldsymbol{\omega}\boldsymbol{\omega}^{\mathrm{T}}\boldsymbol{z}$$

根据相容性条件：

$$\begin{cases}\boldsymbol{\omega}_2^{\mathrm{T}}\boldsymbol{u}=\boldsymbol{\omega}_2^{\mathrm{T}}\boldsymbol{z},\quad \boldsymbol{\omega}_1^{\mathrm{T}}\boldsymbol{v}=\boldsymbol{\omega}_1^{\mathrm{T}}\boldsymbol{z}\\ \|\boldsymbol{u}'\|=\|\boldsymbol{v}'\|=\|\boldsymbol{z}'\|\end{cases} \tag{5-50}$$

注意，如果线矢量 L_1 和 L_2 重合，则该问题退化为子问题一；若 L_1 和 L_2 不重合，也不平行，则 $\boldsymbol{\omega}_1\times\boldsymbol{\omega}_2\neq 0$，且 $\boldsymbol{\omega}_1$、$\boldsymbol{\omega}_2$、$\boldsymbol{\omega}_1\times\boldsymbol{\omega}_2$ 三者线性独立。故 $\boldsymbol{z}\in\Re^3$ 及其模 $\|\boldsymbol{z}\|$ 可以分别表示为

$$\boldsymbol{z}=\alpha\boldsymbol{\omega}_1+\beta\boldsymbol{\omega}_2+\gamma(\boldsymbol{\omega}_1\times\boldsymbol{\omega}_2) \tag{5-51}$$

$$\|\boldsymbol{z}\|^2=\alpha^2+\beta^2+2\alpha\beta\boldsymbol{\omega}_1^{\mathrm{T}}\boldsymbol{\omega}_2+\gamma^2\|\boldsymbol{\omega}_1\times\boldsymbol{\omega}_2\|^2 \tag{5-52}$$

将式(5-51)代入式(5-50)得到含两个未知量的方程

$$\boldsymbol{\omega}_2^{\mathrm{T}}\boldsymbol{u}=\alpha\boldsymbol{\omega}_2^{\mathrm{T}}\boldsymbol{\omega}_1+\beta$$
$$\boldsymbol{\omega}_1^{\mathrm{T}}\boldsymbol{v}=\alpha+\beta\boldsymbol{\omega}_1^{\mathrm{T}}\boldsymbol{\omega}_2$$

求解得

$$\alpha=\frac{(\boldsymbol{\omega}_1^{\mathrm{T}}\boldsymbol{\omega}_2)\boldsymbol{\omega}_2^{\mathrm{T}}\boldsymbol{u}-\boldsymbol{\omega}_1^{\mathrm{T}}\boldsymbol{v}}{(\boldsymbol{\omega}_1^{\mathrm{T}}\boldsymbol{\omega}_2)^2-1},\quad \beta=\frac{(\boldsymbol{\omega}_1^{\mathrm{T}}\boldsymbol{\omega}_2)\boldsymbol{\omega}_1^{\mathrm{T}}\boldsymbol{v}-\boldsymbol{\omega}_2^{\mathrm{T}}\boldsymbol{u}}{(\boldsymbol{\omega}_1^{\mathrm{T}}\boldsymbol{\omega}_2)^2-1}$$

利用式(5-52)求得 γ^2，再用等式 $\|\boldsymbol{u}\|=\|\boldsymbol{v}\|=\|\boldsymbol{z}\|$ 得到

$$\gamma^2=\frac{\|\boldsymbol{u}\|^2-\alpha^2-\beta^2-2\alpha\beta\boldsymbol{\omega}_1^{\mathrm{T}}\boldsymbol{\omega}_2}{\|\boldsymbol{\omega}_1\times\boldsymbol{\omega}_2\|^2} \tag{5-53}$$

式(5-53)可能有一个或两个实根，也可能没有实根。当有实根时，由 α,β 和 γ 可以求出 $\boldsymbol{z}$ 和 $\boldsymbol{c}$。再利用子问题一，解下列方程，得到 θ_1 和 θ_2：

$$e^{[L_2]\theta_2}\boldsymbol{p}=\boldsymbol{c},\quad e^{-[L_1]\theta_1}\boldsymbol{q}=\boldsymbol{c}$$

如果 $\boldsymbol{c}$ 有两个解，对应每个 $\boldsymbol{c}$ 值解出相应的 θ_1 和 θ_2。图 5-17 中：两圆相交时，有两个解；两圆相切时有一个解；两圆分离时无解。

3. 子问题三：规定距离的旋转综合问题

子问题三可表述为：令线矢量 L 表示旋转轴线。已知两点 $\boldsymbol{p},\boldsymbol{q}\in\Re^3$，$\delta>0$ 为正实数，求满足矩阵指数方程 $\|e^{[L]\theta}\boldsymbol{p}-\boldsymbol{q}\|^2=\delta^2$ 的转角 θ。实际上，该问题是要求将点 $\boldsymbol{p}$ 绕轴线 L 旋转至与点 $\boldsymbol{q}$ 的距离为 δ 的转角 θ 处，如图 5-18(a)所示。令 $\boldsymbol{r}$ 是轴线上的一点，$\boldsymbol{u}=\boldsymbol{p}-\boldsymbol{r},\boldsymbol{v}=\boldsymbol{q}-\boldsymbol{r}$。则

$$\|e^{[V]\theta}\boldsymbol{u}-\boldsymbol{v}\|^2=\delta^2 \tag{5-54}$$

显然，$\boldsymbol{u},\boldsymbol{v}$ 在方向 $\boldsymbol{\omega}$ 上的分量分别为 $\boldsymbol{\omega}^{\mathrm{T}}\boldsymbol{u},\boldsymbol{\omega}^{\mathrm{T}}\boldsymbol{v}$，且 $\boldsymbol{u},\boldsymbol{v}$ 在与 $\boldsymbol{\omega}$ 相垂直的平面上的投影分别为 $\boldsymbol{u}'=\boldsymbol{u}-\boldsymbol{\omega}\boldsymbol{\omega}^{\mathrm{T}}\boldsymbol{u},\boldsymbol{v}'=\boldsymbol{v}-\boldsymbol{\omega}\boldsymbol{\omega}^{\mathrm{T}}\boldsymbol{v}$。$\delta$ 在垂直于 $\boldsymbol{\omega}$ 方向上的分量 δ' 为 δ 减去 $\boldsymbol{p}-\boldsymbol{q}$ 在 $\boldsymbol{\omega}$ 方向上的分量，即

$$\delta'^2=\delta^2-|\boldsymbol{\omega}^{\mathrm{T}}(\boldsymbol{p}-\boldsymbol{q})|^2$$

由图 5-18(b)可知，式(5-54)可变为

$$\|e^{[\boldsymbol{\omega}]\theta}\boldsymbol{u}'-\boldsymbol{v}'\|^2=\delta'^2$$

令 θ_0 为矢量 $\boldsymbol{u}'$ 与 $\boldsymbol{v}'$ 之间的夹角，有

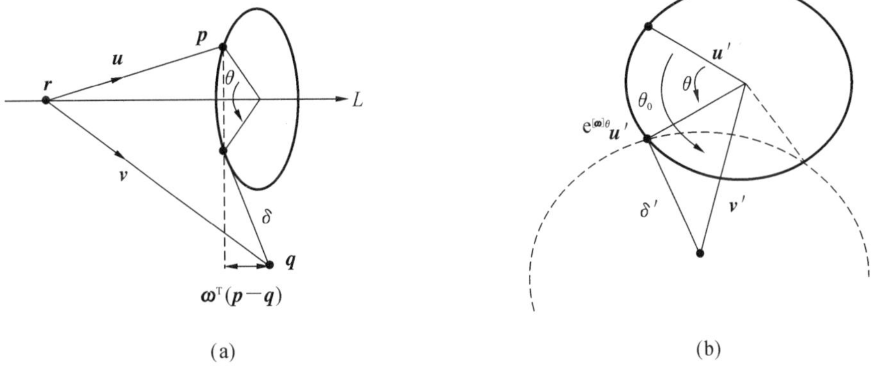

图 5-18　子问题三

(a) 点 $\boldsymbol{p}$ 绕轴 L 旋转至与点 $\boldsymbol{q}$ 的距离为 δ　(b) 在垂直于 $\boldsymbol{\omega}$ 平面上的投影，虚线是另一解

$$\theta_0 = \mathrm{Atan2}(\boldsymbol{\omega}^{\mathrm{T}}(\boldsymbol{u}' \times \boldsymbol{v}'), \boldsymbol{u}' \cdot \boldsymbol{v}') \tag{5-55}$$

利用余弦定理可以求解角 $\phi=\theta_0-\theta$。由轴的中心、$\mathrm{e}^{[\boldsymbol{\omega}]\theta}\boldsymbol{u}'$ 和 $\boldsymbol{v}'$ 构成的三角形满足

$$\delta'^2 = \|\boldsymbol{u}'\|^2 + \|\boldsymbol{v}'\|^2 - 2\|\boldsymbol{u}'\| \|\boldsymbol{v}'\| \cos\phi$$

因此有

$$\theta = \theta_0 \pm \arccos\left(\frac{\|\boldsymbol{u}'\|^2 + \|\boldsymbol{v}'\|^2 - \delta'^2}{2\|\boldsymbol{u}'\| \|\boldsymbol{v}'\|}\right) \tag{5-56}$$

该式可能有一个或两个解，也可能无解，具体情况取决于半径分别为 $\|\boldsymbol{u}'\|$ 与 δ' 的两圆的交点数目。

5.6.2　利用子问题求解整个运动学方程

前面讨论了子问题的求解方法，利用子问题求解运动学方程，许多技巧十分重要。将整个运动学方程反解分解成几个子问题，运用运动学方程的特殊性来求解运动学方程，有时会带来方便。两个或多个转轴的交点，可以用来消除关节转角之间的耦合。当点 $\boldsymbol{p}$ 位于旋转轴线 L 上时，有 $\mathrm{e}^{[L]\theta}\boldsymbol{p}=\boldsymbol{p}$。例如运动学方程

$$\mathrm{e}^{[L_1]\theta_1}\mathrm{e}^{[L_2]\theta_2}\mathrm{e}^{[L_3]\theta_3}\boldsymbol{p} = \boldsymbol{T}\boldsymbol{p} \tag{5-57}$$

式中：L_1，L_2 和 L_3 是表示三个旋转轴线的线矢量。当 $\boldsymbol{p}$ 位于旋转轴线 L_3 上时，有

$$\mathrm{e}^{[L_1]\theta_1}\mathrm{e}^{[L_2]\theta_2}\boldsymbol{p} = \boldsymbol{T}\boldsymbol{p}$$

这样就可以利用子问题二进行求解（L_1，L_2 相交的情况）。

另一类可以利用子问题三进行求解的方程是从等式(5-57)两边减去同一个矢量所得到的方程。当线矢量 L_1 和 L_2 相交于点 $\boldsymbol{q}$ 时，令 $\boldsymbol{p}$ 不在线矢量 L_3 上面，即 $\boldsymbol{p}\notin L_3$。从式(5-57)两边减去 $\boldsymbol{q}$，并取范数得

$$\begin{aligned}\delta &= \|\boldsymbol{T}\boldsymbol{p}-\boldsymbol{q}\| = \|\mathrm{e}^{[L_1]\theta_1}\mathrm{e}^{[L_2]\theta_2}\mathrm{e}^{[L_3]\theta_3}\boldsymbol{p}-\boldsymbol{q}\| \\ &= \|\mathrm{e}^{[L_1]\theta_1}\mathrm{e}^{[L_2]\theta_2}(\mathrm{e}^{[L_3]\theta_3}\boldsymbol{p}-\boldsymbol{q})\| = \|\mathrm{e}^{[L_3]\theta_3}\boldsymbol{p}-\boldsymbol{q}\|\end{aligned}$$

因此该问题归结为子问题三。

下面举两个例子说明利用子问题求解运动学方程的方法。

5.6.3　ELBOW 机器人运动学方程的反解

如图 5-19 所示，ELBOW 机器人是由三自由度手臂和球腕组成的。其特殊结构为求解

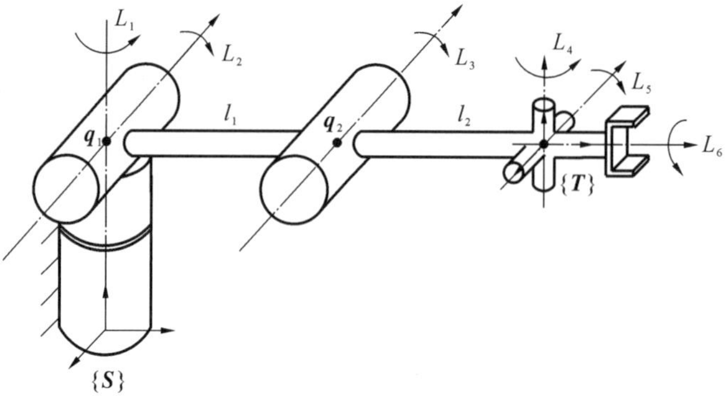

图 5-19　ELBOW 机器人

运动学方程带来了方便，便于用子问题求解。由前面的运动学方程(5-38)可得

$$ {}^S_T\boldsymbol{T}(\boldsymbol{\theta}) = \mathrm{e}^{[L_1]\theta_1}\mathrm{e}^{[L_2]\theta_2}\cdots\mathrm{e}^{[L_6]\theta_6}\,{}^S_T\boldsymbol{T}(\boldsymbol{0}) = \boldsymbol{T}_\mathrm{d} \tag{5-58} $$

式中：$\boldsymbol{T}_\mathrm{d}\in SE(3)$ 表示工具坐标系的期望位姿。式(5-58)可写为

$$ \mathrm{e}^{[L_1]\theta_1}\mathrm{e}^{[L_2]\theta_2}\cdots\mathrm{e}^{[L_6]\theta_6} = \boldsymbol{T}_\mathrm{d}\,{}^S_T\boldsymbol{T}^{-1}(\boldsymbol{0}) = \boldsymbol{T}_1 \tag{5-59} $$

分四步求出该运动学方程的反解——各个关节角。

第一步：求肘关节角 θ_3。令 $\boldsymbol{p}_\mathrm{w}\in\Re^3$ 为腕部三轴的交点，因此其位于轴线矢量 L_4，L_5 和 L_6 之上，则有

$$ \mathrm{e}^{[L_i]\theta_i}\boldsymbol{p}_\mathrm{w} = \boldsymbol{p}_\mathrm{w},\ i = 4,5,6 $$

$$ \mathrm{e}^{[L_1]\theta_1}\mathrm{e}^{[L_2]\theta_2}\mathrm{e}^{[L_3]\theta_3}\boldsymbol{p}_\mathrm{w} = \boldsymbol{T}_1\boldsymbol{p}_\mathrm{w} \tag{5-60} $$

令 $\boldsymbol{p}_\mathrm{b}\in\Re^3$ 为轴线 L_1 和 L_2 的交点，在式(5-60)两边同时减去 $\boldsymbol{p}_\mathrm{b}$ 得到

$$ \mathrm{e}^{[L_1]\theta_1}\mathrm{e}^{[L_2]\theta_2}\mathrm{e}^{[L_3]\theta_3}\boldsymbol{p}_\mathrm{w} - \boldsymbol{p}_\mathrm{b} = \mathrm{e}^{[L_1]\theta_1}\mathrm{e}^{[L_2]\theta_2}(\mathrm{e}^{[L_3]\theta_3}\boldsymbol{p}_\mathrm{w} - \boldsymbol{p}_\mathrm{b}) = \boldsymbol{T}_1\boldsymbol{p}_\mathrm{w} - \boldsymbol{p}_\mathrm{b} $$

$$ \|\mathrm{e}^{[L_3]\theta_3}\boldsymbol{p}_\mathrm{w} - \boldsymbol{p}_\mathrm{b}\| = \|\boldsymbol{T}_1\boldsymbol{p}_\mathrm{w} - \boldsymbol{p}_\mathrm{b}\| \tag{5-61} $$

若令 $\boldsymbol{p}=\boldsymbol{p}_\mathrm{w}$，$\boldsymbol{q}=\boldsymbol{p}_\mathrm{b}$，$\delta=\|\boldsymbol{T}_1\boldsymbol{p}_\mathrm{w}-\boldsymbol{p}\|$，则式(5-61)可以利用子问题三求解，得到肘关节角 θ_3。

第二步：求基座关节角 θ_1，θ_2。因为关节角 θ_3 已知，式(5-60)变为

$$ \mathrm{e}^{[L_1]\theta_1}\mathrm{e}^{[L_2]\theta_2}(\mathrm{e}^{[L_3]\theta_3}\boldsymbol{p}_\mathrm{w}) = \boldsymbol{T}_1\boldsymbol{p}_\mathrm{w} \tag{5-62} $$

显然，令 $\boldsymbol{p}=\mathrm{e}^{[L_3]\theta_3}\boldsymbol{p}_\mathrm{w}$，$\boldsymbol{q}=\boldsymbol{T}_1\boldsymbol{p}_\mathrm{w}$，则可以利用子问题二求解关节角 θ_1 和 θ_2。

第三步：求腕关节角 θ_4，θ_5。已知关节角 θ_1，θ_2 和 θ_3，则运动学方程(5-59)可以改写为

$$ \mathrm{e}^{[L_4]\theta_4}\mathrm{e}^{[L_5]\theta_5}\mathrm{e}^{[L_6]\theta_6} = \mathrm{e}^{-[L_3]\theta_3}\mathrm{e}^{-[L_2]\theta_2}\mathrm{e}^{-[L_1]\theta_1}\boldsymbol{T}_\mathrm{d}\,{}^S_T\boldsymbol{T}^{-1}(\boldsymbol{0}) =: \boldsymbol{T}_2 \tag{5-63} $$

令 $\boldsymbol{p}\in L_6$ 在轴线 L_6 上，但是不在轴线 L_4 和 L_5 上。则由式(5-63)得

$$ \mathrm{e}^{[L_4]\theta_4}\mathrm{e}^{[L_5]\theta_5}\boldsymbol{p} = \boldsymbol{T}_2\boldsymbol{p} \tag{5-64} $$

利用子问题二，即可求解关节角 θ_4 和 θ_5。

第四步：求腕关节角 θ_6。最后一个关节角 θ_6 的求解，可以利用前面得到的五个关节角的结果。令 $\boldsymbol{p}$ 为轴线 L_6 外的一点，则有

$$ \mathrm{e}^{[L_6]\theta_6}\boldsymbol{p} = \mathrm{e}^{-[L_5]\theta_5}\mathrm{e}^{-[L_4]\theta_4}\mathrm{e}^{-[L_3]\theta_3}\mathrm{e}^{-[L_2]\theta_2}\mathrm{e}^{-[L_1]\theta_1}\boldsymbol{T}_\mathrm{d}\,{}^S_T\boldsymbol{T}^{-1}(\boldsymbol{0})\boldsymbol{p} =: \boldsymbol{q} $$

可以利用子问题一求解关节角 θ_6。

至此我们求解出所有关节变量 $\theta_1\sim\theta_6$。值得注意的是，式(5-61)、式(5-62)和式(5-64)都可能有多个解，整个运动学方程最多有 8 个解。前面的求解过程大致可分两个阶段：首先求解决定腕部中心点位置的三个关节角；然后求解腕部的三个关节角。

5.6.4　SCARA 机器人运动学方程的反解

SCARA 机器人如图 5-20 所示，其有 4 个自由度。前面 3 个自由度属于旋转关节，三个旋转关节构成平面 3R 机器人；第四个自由度属于移动关节，移动关节用于实现零件的装配和贴片。确定 SCARA 机器人运动学方程及其反解都很简单。

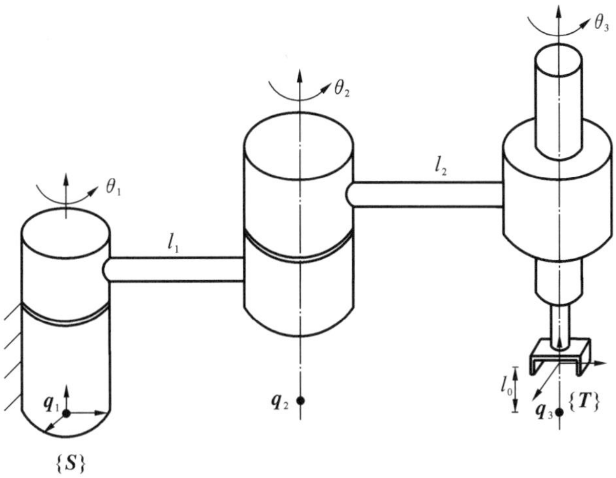

图 5-20　位于参考形位的 SCARA 机器人

由前面推导的运动学方程可得

$$ {}_T^S\boldsymbol{T}(\boldsymbol{\theta}) = e^{[L_1]\theta_1} e^{[L_2]\theta_2} e^{[L_3]\theta_3} e^{[L_4]\theta_4} {}_T^S\boldsymbol{T}(\boldsymbol{0}) = \begin{bmatrix} \cos\phi & -\sin\phi & 0 & x \\ \sin\phi & \cos\phi & 0 & y \\ 0 & 0 & 1 & z \\ 0 & 0 & 0 & 1 \end{bmatrix} =: \boldsymbol{T}_d \tag{5-65} $$

式中：$\phi=\theta_1+\theta_2+\theta_3$；位置分量为

$$ \boldsymbol{p}(\theta) = \begin{bmatrix} x \\ y \\ z \end{bmatrix} = \begin{bmatrix} -l_1\sin\theta_1 - l_2\sin(\theta_1+\theta_2) \\ l_1\cos\theta_1 + l_2\cos(\theta_1+\theta_2) \\ l_0+\theta_4 \end{bmatrix} \tag{5-66} $$

由式(5-66)第三行可得 $\theta_4=z-l_0$。因此式(5-59)可变为

$$ e^{[L_1]\theta_1} e^{[L_2]\theta_2} e^{[L_3]\theta_3} = \boldsymbol{T}_d {}_T^S\boldsymbol{T}^{-1}(\boldsymbol{0}) e^{-[L_4]\theta_4} =: \boldsymbol{T}_1 \tag{5-67} $$

令 $\boldsymbol{p}\in L_3$，$\boldsymbol{q}\in L_1$，则利用性质 $\boldsymbol{p}\in L_3$，可得

$$ \begin{aligned} \| e^{[L_1]\theta_1} e^{[L_2]\theta_2} \boldsymbol{p} - \boldsymbol{q} \| &= \| e^{[L_1]\theta_1} (e^{[L_2]\theta_2} \boldsymbol{p} - \boldsymbol{q}) \| \\ &= \| e^{[L_2]\theta_2} \boldsymbol{p} - \boldsymbol{q} \| = \| \boldsymbol{T}_1 \boldsymbol{p} - \boldsymbol{q} \| =: \delta \end{aligned} $$

利用子问题三可以解出 θ_2。再利用式(5-60)，取轴线 L_3 上的一点 $\boldsymbol{p}'$，得到

$$ e^{[L_1]\theta_1} e^{[L_2]\theta_2} e^{[L_3]\theta_3} \boldsymbol{p}' = e^{[L_1]\theta_1} (e^{[L_2]\theta_2} \boldsymbol{p}') = \boldsymbol{T}_1 \boldsymbol{p}' $$

利用子问题一可以求解 θ_1。最后，对式(5-67)进行整理，将与已知的关节变量 θ_1 和 θ_2 有关的项移至等式右边，得

$$ e^{[L_3]\theta_3} = e^{-[L_1]\theta_1} e^{-[L_2]\theta_2} \boldsymbol{T}_d {}_T^S\boldsymbol{T}^{-1}(\boldsymbol{0}) e^{-[L_4]\theta_4} \tag{5-68} $$

取轴线 L_3 外的一点 $\boldsymbol{p}$，即可利用子问题一求得关节变量 θ_3。至此得到所有关节变量 θ_1，θ_2，θ_3 和 θ_4，确定运动学反解。该机器人最多可能有两个反解，是由式(5-67)产生的。

5.7 运动学的封闭解和解的存在性、唯一性

对六自由度的机器人而言，运动学反解非常复杂，一般没有封闭解。只有在某些特殊情况下，才可得到封闭解。不过，大多数工业机器人都满足封闭解的两个充分条件之一(称为 Pieper 准则)：① 三个相邻关节轴交于一点；② 三个相邻关节轴相互平行。

PUMA 和 Stanford 机器人满足第一个条件，而 ASEA 和 MINIMOVER 机器人满足第二个条件。本节讨论具有 6 个旋转关节的机器人，其最后 3 个关节轴交于一点，如图 5-11 所示。在此，运用 Pieper 方法求出封闭解。其实，这种方法也适用于带有移动关节的机器人。腕部三关节相交时，机器人运动学方程可表示为

$$ {}_6^0\boldsymbol{T} = {}_3^0\boldsymbol{T}\,{}_6^3\boldsymbol{T} \tag{5-69}$$

式中：${}_3^0\boldsymbol{T}$ 规定腕部参考点(三轴交点)的位置，而 ${}_6^3\boldsymbol{T}$ 则规定腕部的姿态。因此，运动学反解也分两步进行：首先解出 θ_1,θ_2 和 θ_3(腕部位置)；再解出 θ_4,θ_5 和 θ_6(腕部姿态)。

5.7.1 腕部位置的反解

连杆系{4}，{5}和{6}的原点都设在腕部三轴交点上，该点在基坐标系的位置可表示为

$$ {}^0\boldsymbol{p}_{4O} = {}_3^0\boldsymbol{T}\,{}^3\boldsymbol{p}_{4O} = {}_1^0\boldsymbol{T}\,{}_2^1\boldsymbol{T}\,{}_3^2\boldsymbol{T}\,{}^3\boldsymbol{p}_{4O} \tag{5-70}$$

注意：${}^3\boldsymbol{p}_{4O}$ 就是连杆变换矩阵 ${}_4^3\boldsymbol{T}$ 的第四列。因此，令式(5-3)中 $i=4$，其第四列就是 ${}^3\boldsymbol{p}_{4O}$，即

$$ {}^0\boldsymbol{p}_{4O} = {}_1^0\boldsymbol{T}\,{}_2^1\boldsymbol{T}\,{}_3^2\boldsymbol{T}\begin{bmatrix} a_3 \\ -d_4\sin\alpha_3 \\ d_4\cos\alpha_3 \\ 1 \end{bmatrix} = {}_1^0\boldsymbol{T}\,{}_2^1\boldsymbol{T}\begin{bmatrix} f_1(\theta_3) \\ f_2(\theta_3) \\ f_3(\theta_3) \\ 1 \end{bmatrix} \tag{5-71}$$

令式(5-3)中 $i=3$，得 ${}_3^2\boldsymbol{T}$ 的表达式，再与 ${}^3\boldsymbol{p}_{4O}$ 相乘得出 $f_i(\theta_3)$ 的表达式：

$$\begin{cases} f_1(\theta_3) = a_3 c\theta_3 + d_4 s\alpha_3 s\theta_3 + a_2 \\ f_2(\theta_3) = a_3 c\alpha_2 s\theta_3 - d_4 s\alpha_3 c\alpha_2 c\theta_3 - d_4 s\alpha_2 c\alpha_3 - d_3 s\alpha_2 \\ f_3(\theta_3) = a_3 s\alpha_2 s\theta_3 - d_4 s\alpha_3 s\alpha_2 c\theta_3 + d_4 c\alpha_2 c\alpha_3 + d_3 c\alpha_2 \end{cases} \tag{5-72}$$

式中：$c\theta_3=\cos\theta_3$，$s\theta_3=\sin\theta_3$；$c\alpha_2=\cos\alpha_2$，$s\alpha_2=\sin\alpha_2$；$s\alpha_3=\sin\alpha_3$，$c\alpha_3=\cos\alpha_3$。(后面正弦和余弦的表示方法与此相同)

继续利用式(5-3)，求出式(5-71)中的 ${}_1^0\boldsymbol{T}$ 和 ${}_2^1\boldsymbol{T}$，于是得

$$ {}^0\boldsymbol{p}_{4O} = \begin{bmatrix} c\theta_1 g_1 - s\theta_1 g_2 \\ s\theta_1 g_1 + c\theta_1 g_2 \\ g_3 \\ 1 \end{bmatrix} \tag{5-73}$$

式中：

$$\begin{cases} g_1 = c\theta_2 f_1 - s\theta_2 f_2 + a_1 \\ g_2 = s\theta_2 c\alpha_1 f_1 + c\theta_2 c\alpha_1 f_2 - s\alpha_1 f_3 - d_2 s\alpha_1 \\ g_3 = s\theta_2 s\alpha_1 f_1 + c\theta_2 s\alpha_1 f_2 + c\alpha_1 f_3 + d_2 c\alpha_1 \end{cases} \tag{5-74}$$

由式(5-73)得到$^0\boldsymbol{p}_{40}$的平方值：

$$r^2 = g_1^2 + g_2^2 + g_3^2 \tag{5-75}$$

将 g_i 的表达式(5-74)代入式(5-75)，得

$$\begin{cases} r^2 = f_1^2 + f_2^2 + f_3^2 + a_1^2 + d_2^2 + 2d_2 f_3 + 2a_1(\mathrm{c}\theta_2 f_1 - \mathrm{s}\theta_2 f_2) \\ f_1^2 + f_2^2 + f_3^2 = a_3^2 + d_4^2 + d_3^2 + a_2^2 + 2d_4 d_3 \mathrm{c}\alpha_3 + 2a_2 a_3 \mathrm{c}\theta_3 + 2a_2 d_4 \mathrm{s}\alpha_3 \mathrm{s}\theta_3 \end{cases} \tag{5-76}$$

根据$^0\boldsymbol{p}_{40}$的模方 r^2 和$^0\boldsymbol{p}_{40}$的 z 分量 g_3 写出方程组：

$$\begin{cases} r^2 = (k_1\cos\theta_2 + k_2\sin\theta_2)2a_1 + k_3 \\ z = (k_1\sin\theta_2 - k_2\cos\theta_2)\sin\alpha_1 + k_4 \end{cases} \tag{5-77}$$

式中：

$$\begin{cases} k_1 = f_1 \\ k_2 = -f_2 \\ k_3 = f_1^2 + f_2^2 + f_3^2 + a_1^2 + d_2^2 + 2d_2 f_3 \\ k_4 = f_3\cos\alpha_1 + d_2\cos\alpha_1 \end{cases} \tag{5-78}$$

式(5-77)可用来求解 θ_3 和 θ_2，因为它已经消去关节变量 θ_1。式(5-77)与 θ_2 的关系也十分简单。

在求运动学反解的过程中，经常要用到几何代换公式

$$u = \tan\frac{\theta}{2},\quad \cos\theta = \frac{1-u^2}{1+u^2},\quad \sin\theta = \frac{2u}{1+u^2}$$

利用以上几何代换公式，可将超越方程化为代数方程，以便求解。基于这种代换，可以利用方程组(5-77)求解 θ_3。分三种情况：

(1) 如果 $a_1=0$，那么 $r^2=k_3$，其中 r^2 已知，k_3 只是 θ_3 的函数，利用几何代换公式之后，$r^2=k_3$成为$\frac{\tan\theta_3}{2}$的二次方程，首先解出$\frac{\tan\theta_3}{2}$，再求出 θ_3。

(2) 如果 $\sin\alpha_1=0$，那么 $z=k_4$，其中 z 已知，k_4 是 θ_3 的函数，利用几何代换公式之后，$z=k_4$ 成为$\frac{\tan\theta_3}{2}$的二次方程，首先解出$\frac{\tan\theta_3}{2}$，再求出 θ_3。

(3) 一般情况下，从方程组(5-77)中消去 $\sin\theta_2$ 和 $\cos\theta_2$，得

$$\frac{(r^2-k_3)^2}{4a_1^2} + \frac{(z-k_4)^2}{(\sin\alpha_1)^2} = k_1^2 + k_2^2 \tag{5-79}$$

然后利用几何代换公式将式(5-79)化为 $u=\tan\theta_3/2$ 的四次方程，对 θ_3 进行求解。

求得 θ_3 之后，再由式(5-77)求出 θ_2，最后由式(5-73)解出 θ_1。

5.7.2　手腕方位的反解

解出 θ_1，θ_2 和 θ_3 之后，再由手腕的姿态即可解出 θ_4，θ_5 和 θ_6。由于手腕三轴交于一点，因此，θ_4，θ_5 和 θ_6 的值只影响手腕的姿态，根据指定的目标旋转矩阵$^0_6\boldsymbol{R}$即可算出 θ_4，θ_5 和 θ_6。由上面求出的 θ_1，θ_2 和 θ_3 可以求出$^0_3\boldsymbol{R}$，从而得

$$^3_6\boldsymbol{R} = {^0_3\boldsymbol{R}}^{-1}\,{^0_6\boldsymbol{R}} \tag{5-80}$$

许多工业机器人(如 PUMA560)的腕部三关节的配置形成一个球面副，如图 5-1 所示。对于这种手腕，可采用 z-y-x 欧拉角的方法求出$^3_6\boldsymbol{R}$的三个关节角 θ_4，θ_5 和 θ_6。对于任意的三轴相交手腕，总是可以采用一种相应的欧拉角解出这三个关节角。因为这三个关节角有

两个解(见图 5-11)，因此，机器人反解的数目是前面三个关节反解数目的两倍。

上面讨论了 PUMA560 的运动学方程反解，可以看出，采用上面的方法虽然可得到封闭解，但是求解步骤比较复杂。实际上，操作臂的运动学方程(5-5)可以写成：

$$\begin{bmatrix} \boldsymbol{n} & \boldsymbol{o} & \boldsymbol{a} & \boldsymbol{p} \\ 0 & 0 & 0 & 1 \end{bmatrix} = \boldsymbol{T}(\theta_1, \theta_2, \cdots, \theta_n) \tag{5-81}$$

或简写为

$$\boldsymbol{x} = \boldsymbol{x}(\boldsymbol{\theta}) \tag{5-82}$$

式中：$(\boldsymbol{n}, \boldsymbol{o}, \boldsymbol{a}, \boldsymbol{p})$表示末端连杆的位姿；$\boldsymbol{\theta} = [\theta_1 \quad \theta_2 \quad \cdots \quad \theta_n]^{\mathrm{T}}$ 是关节矢量，下标 n 表示关节数目。显然，运动学方程(5-82)是超越非线性方程组。对六自由度操作臂而言，$n=6$，则式(5-82)中有 6 个未知数，即 $\theta_1 \sim \theta_6$。公式(5-82)包含 12 个方程，实际上，只有 6 个是独立的。由于都是超越非线性方程，难以求解，存在以下问题：其解是否存在？是否唯一？是否可以写成封闭形式？如何求解？等等。

5.7.3 运动学反解的存在性和工作空间

通常把反解存在的区域称为该机器人的工作空间。严格地讲，工作空间又可分成两类：

(1) 灵活操作空间(dexterous workspace)，指机器人末端执行器能以任意姿态到达的目标点集合；

(2) 可达空间(reachable workspace)，指机器人末端执行器至少能以一个姿态到达的目标点集合。

若 $\boldsymbol{Q}$ 表示机器人的关节空间，${}_T^S\boldsymbol{T}: \boldsymbol{Q} \to \mathrm{SE}(3)$表示从关节空间向操作空间的映射，则工作空间定义为末端执行器所能到达的位姿集合，即

$$\boldsymbol{W} = \{{}_T^S\boldsymbol{T}(\theta): \theta \in \boldsymbol{Q}\} \subset \mathrm{SE}(3)$$

值得注意的是，末端执行器所能到达的位姿是位置和姿态的总称。首先仅考虑末端执行器所能到达的位置在$\Re^3$中的集合。定义可达空间和灵活操作空间分别为

$$\boldsymbol{W}_{\mathrm{R}} = \{\boldsymbol{p}(\theta): \theta \in \boldsymbol{Q}\} \subset \Re^3 \tag{5-83}$$

$$\boldsymbol{W}_{\mathrm{D}} = \{\boldsymbol{p}(\theta) \in \boldsymbol{W}_{\mathrm{R}} : \forall \boldsymbol{R} \in \mathrm{SO}(3), \exists\, \theta, {}_T^S\boldsymbol{T}(\theta) = (\boldsymbol{p}, \boldsymbol{R})\} \tag{5-84}$$

显然，灵活操作空间 $\boldsymbol{W}_{\mathrm{D}}$ 是可达空间 $\boldsymbol{W}_{\mathrm{R}}$ 的子集，在灵活操作空间的各点上，手爪的指向可以任意规定。具有球形手腕的机器人十分灵活，其灵活操作空间等于可达空间，$\boldsymbol{W}_{\mathrm{D}} = \boldsymbol{W}_{\mathrm{R}}$，而且总工作空间满足 $\boldsymbol{W} = \boldsymbol{W}_{\mathrm{R}} \times \mathrm{SO}(3)$。

当操作臂的自由度小于 6 时，其灵活操作空间的体积为零，不能在三维空间内获得一般的目标位姿。工业机器人的自由度多数为 4 或 5，其工作空间是操作空间的某个子空间的一部分，任意给定一个目标坐标系$\{\boldsymbol{G}\}$，要使机器人达到$\{\boldsymbol{G}\}$，一般是不可能的，通常是要找到最接近目标坐标系$\{\boldsymbol{G}\}$的可达位姿。使用时，用户最关心的是操作臂末端所能到达的位姿空间(工具坐标系的工作空间)，它与工具坐标系$\{\boldsymbol{T}\}$有关。在讨论操作臂运动学及其反解时，并不把工具坐标系$\{\boldsymbol{T}\}$的变换包含在内，而是考虑腕坐标系$\{\boldsymbol{W}\}$的工作空间。对于给定的工具坐标系$\{\boldsymbol{T}\}$，相对目标坐标系$\{\boldsymbol{G}\}$的腕坐标系$\{\boldsymbol{W}\}$便可解出，从而判别$\{\boldsymbol{W}\}$是否处在工作空间内。

5.7.4 运动学反解的唯一性和最优解

在解运动学方程(5-82)时，碰到的另一问题是其解并非唯一(即多重解)。前面所述的平面 3R 机械手能以任意姿态到达其灵活操作空间(圆环)中的任一点，并且有两种可能的

形位，即运动学方程可能有两组解。

机器人操作臂运动学反解的数目取决于关节数目、连杆参数（对于采用旋转关节的连杆指 a_i，α_i 和 d_i）和关节变量的活动范围。例如 PUMA560 最多有 8 组解，均能达到目标位姿。其中手臂（θ_1，θ_2，θ_3）有 4 组解，腕部（θ_4，θ_5，θ_6）有 2 组解。实际上，由于关节活动范围的限制，这 8 组解中可能有某些解不能达到。一般而言，非零连杆参数愈多，到达某一目标的方式也愈多，即运动学反解的数目愈多。对于有 6 个旋转关节的机器人，表 5-4 列出了反解最大数目与长度非零（$a_i \neq 0$）的连杆数目之间的关系。长度非零的连杆数目愈多，反解的数目也愈多，最多可达 16。

表 5-4　反解数目与长度非零的连杆数目之间的关系

a_i	反解数目
$a_1=a_3=a_5=0$	$\leqslant 4$
$a_3=a_5=0$	$\leqslant 8$
$a_3=0$	$\leqslant 16$
所有 $a_i \neq 0$	$\leqslant 16$

如何从多重解中选择其中的一组？优化目标应根据具体情况而定，在避免碰撞的前提下，通常按“最短行程”的准则来择优，使每个关节的移动量为最小。由于工业机器人前面三个连杆的尺寸较大，后面三个连杆的尺寸较小，故应加权处理，遵循“多移动小关节，少移动大关节”的原则。对于冗余度机器人，运动学反解可能有无限多，遵循相应的准则优化求解。

5.8　驱动空间、关节空间和操作空间

具有 n 个自由度的操作臂的末端位姿由 n 个关节变量所决定，这 n 个关节变量统称为 n 维关节矢量，记为 θ，所有关节矢量 θ 构成的空间称为关节空间。末端手爪的位姿 $\boldsymbol{x}$ 是在直角坐标空间中描述的，即用操作空间或作业定向空间来表示。其中位置用直角坐标表示，而姿态用第 3 章所述的任一方法表示。运动学方程 $\boldsymbol{x}=\boldsymbol{x}(\theta)$ 可以看成由关节空间向操作空间的映射；而运动学反解则是由其映象求其在关节空间中的原象。

上述关系是在假定机器人每个关节都由一个驱动器直接驱动的前提下建立的。例如，Adept 机器人等称为直接驱动式机器人（direct drive robot，DDR），不经过任何传动机构，消除了间隙，可获得良好的动态特性。但是，目前大多数工业机器人的关节不是直接驱动的，要通过减速机构、差动机构等传动机构带动关节运动，从驱动器到各关节需要经过一次运动转换。各驱动器的位置统称为驱动矢量 $\boldsymbol{s}$。因此，在分析机器人运动学时，首先还要描述关节矢量 θ 和驱动矢量 $\boldsymbol{s}$ 之间的关系。图 5-21 表示操作臂在驱动空间、关节空间和操作空间之间的关系。

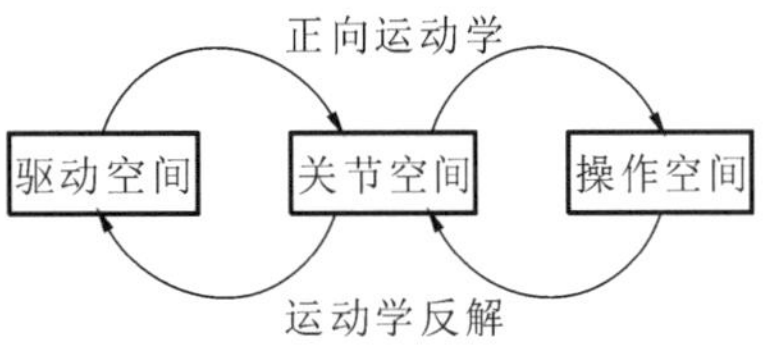

图 5-21　三种描述空间

下面详细介绍一下关于坐标系的规定。机器人的各个连杆，工作空间（环境）的各个部

分通常都采用标准坐标系，以便于机器人的编程和控制。图5-22表示机器人抓住某种工具，并将工具的端部对准所规定的目标位置的情景。我们规定以下的标准坐标系，用来描述机器人的运动。

(1) 基座坐标系{**B**}　{**B**}与操作臂的基座固接，也称坐标系{0}，与连杆0固接。

(2) 工作站坐标系{**S**}　如图5-23所示，{**S**}固接在工作台的角点上，用户用来规定机器人完成任务的位姿，因此也称作业坐标系。作业坐标系相对基座坐标系的位姿用${}_S^B\boldsymbol{T}$表示。

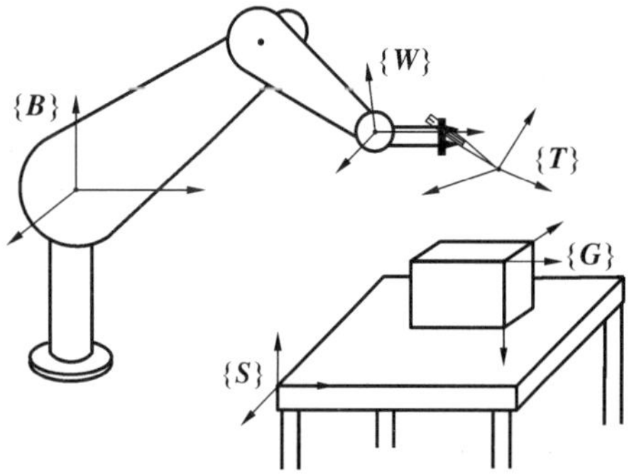

图5-22　标准坐标系

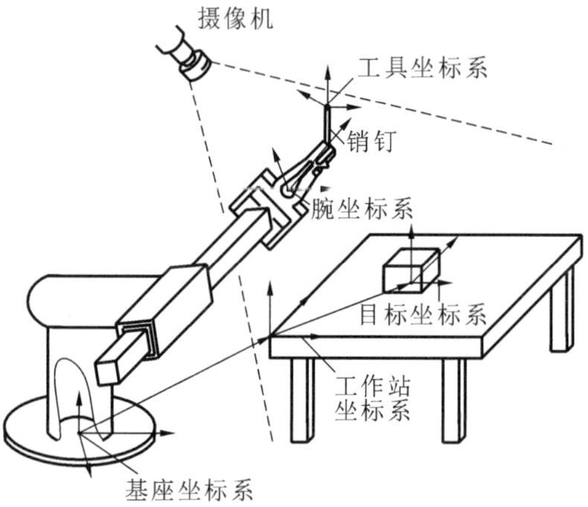

图5-23　标准坐标系间的联系

(3) 腕坐标系{**W**}　{**W**}固定在机器人操作臂的末端连杆n上，也称连杆n坐标系{**N**}。通常，{**W**}的原点选在手腕的参考点上。它是相对基座坐标系定义的，即{**W**}$={}_W^B\boldsymbol{T}={}_N^0\boldsymbol{T}$。

(4) 工具坐标系{**T**}　{**T**}固接在末端执行器的端部。对于末端执行器为手爪的机器人，当手爪空着的时候，{**T**}的原点设在两手指的中点。工具坐标系{**T**}总是相对腕坐标系定义的。如图5-23表示工具坐标系的原点设在所握销钉的顶点。

(5) 目标坐标系{**G**}　{**G**}用来描述机器人移动工具所应到达的位姿。即用来表示运动结束时工具坐标系{**T**}应和{**G**}重合。{**G**}总是相对{**S**}来定义的。当{**G**}位于工件的孔上时，表示要求将销钉插在孔内。

规定标准坐标系的目的在于为规划和编程提供标准符号。例如，为了将销钉插入孔内，首先应该知道工具坐标系{**T**}相对于工作坐标系{**S**}的位姿，利用变换方程得到：

$$ {}_T^S\boldsymbol{T}={}_S^B\boldsymbol{T}^{-1}\,{}_W^B\boldsymbol{T}\,{}_T^W\boldsymbol{T} \tag{5-85}$$

一些机器人的控制系统具有求解式(5-85)的功能（称为“Where”功能），用来计算工具的位姿。方程(5-85)也称为广义运动学方程，因为它不仅包含各个连杆的几何参数，还与基座、工作台的相对位置(${}_S^B\boldsymbol{T}$)，工具坐标系(${}_T^W\boldsymbol{T}$)有关。

机器人系统通常还具有“Solve”功能，也称为广义运动学反解功能。对于给定的目标坐标系，即已知${}_T^S\boldsymbol{T}={}_G^S\boldsymbol{T}$，“Solve”功能用来求解

$$ {}_W^B\boldsymbol{T}={}_S^B\boldsymbol{T}\,{}_T^S\boldsymbol{T}\,{}_T^W\boldsymbol{T}^{-1} \tag{5-86}$$

再应用前面的运动学反解方法，把${}_W^B\boldsymbol{T}$作为输入，计算出各个关节变量$q_1,q_2,\cdots,q_n$。

资料概述

串联结构的操作臂运动学方程的建立方法首先是由 Denavit 和 Hartenberg 提出来的(Denavit et al.,1955),之后由 Paul(1981)等将该运动学方程表示成齐次变换的形式。许多教材和专著都系统地介绍了串联操作臂运动学的有关内容。采用运动学方程的指数积(POE)公式(Murray et al.,1994;Park,1994)时不需规定连杆坐标系,易于推导。

操作臂的运动学封闭解可通过代数解和几何解获得,典型求解方法 Paul(1981)和 Craig(2004)等有详细论述。关于利用指数积公式构造运动学反解的几何算法可参见 Paden 等(1988)和 Brockett(1990)的文献,该方法的实质是将机器人运动学反解问题分解为若干子问题。

习　题

5.1　写出平面 3R 机械手的运动学方程(注:三臂长分别为 l_1,l_2 和 l_3)。

5.2　图 5-24 所示的空间 3R 机械手,三个旋转关节中关节 1 的轴线与关节 2,3 垂直。试列出各连杆参数和运动学方程${}^{B}_{W}\boldsymbol{T}$(不计 l_3),导出它的运动学反解,并作出它的工作空间(令 $l_1=15$,$l_2=10$,$l_3=3$)。

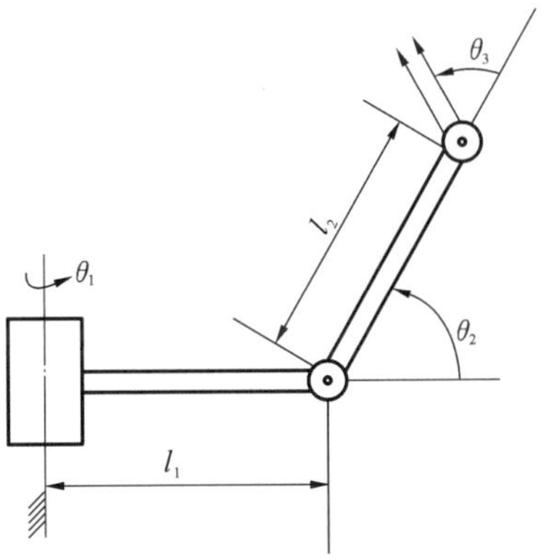

图 5-24　空间 3R 机械手

5.3　画出下列各机器人的连杆坐标系,并列出连杆参数(⊥垂直,∥平行,+相交,×交错),推导变换矩阵${}^{0}_{1}\boldsymbol{T}$,${}^{1}_{2}\boldsymbol{T}$,${}^{2}_{3}\boldsymbol{T}$ 和${}^{0}_{3}\boldsymbol{T}$。它们的运动学反解各有几种?

(1) 3R(R×R×R)任意轴线关节机器人;(2) RPR(R⊥P⊥R)机器人;(3) RRP(R⊥R⊥P)球坐标机器人;(4) RRR(R⊥R∥R)关节式机器人;(5) RPP(R∥P⊥P)圆柱坐标机器人;(6) PRR(P∥R∥R)机器人;(7) PPP(P⊥P⊥P)直角坐标机器人;(8) P3R(P+R×R∥R)(写出 d_2,d_3,a_2 的表达式)机器人。

5.4　空间两直线的相对位置可用公垂线长度 a 和扭角 α 描述。给定一直线,其过点 $\boldsymbol{p}$,并具有单位方向矢量 $\boldsymbol{m}$;另一直线过点 $\boldsymbol{q}$,具有单位方向矢量 $\boldsymbol{n}$。写出该两直线 a 和 α 的表达式。

5.5　根据画出的 Adept 1 机器人(见图 5-25)的连杆坐标系,列出连杆参数,写出连杆变换和运动学方程。再用线矢量建立运动学方程。

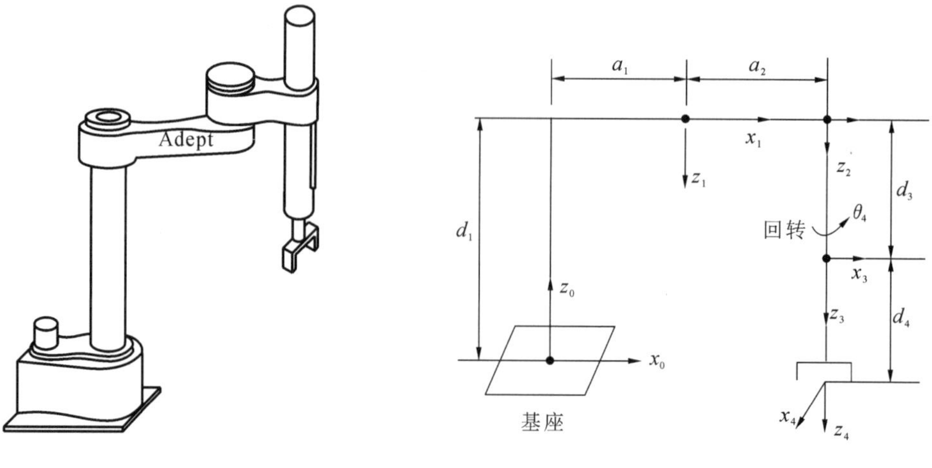

(a)　　(b)

图 5-25　四轴 SCARA 机械手（Adept 1）

(a) 外观图　(b) 连杆坐标系

5.6　试将 PUMA560 的关节 3 换成移动关节，移动方向沿图 5-7 中的 x_2 轴，仍存在偏距 d_3（见图 5-7 中的 a_3），做出必要的假设，推导机器人运动学方程。

5.7　建立 PUMA260 机器人（见图 5-26）的各连杆坐标系，将各连杆参数填入表 5-5 内。

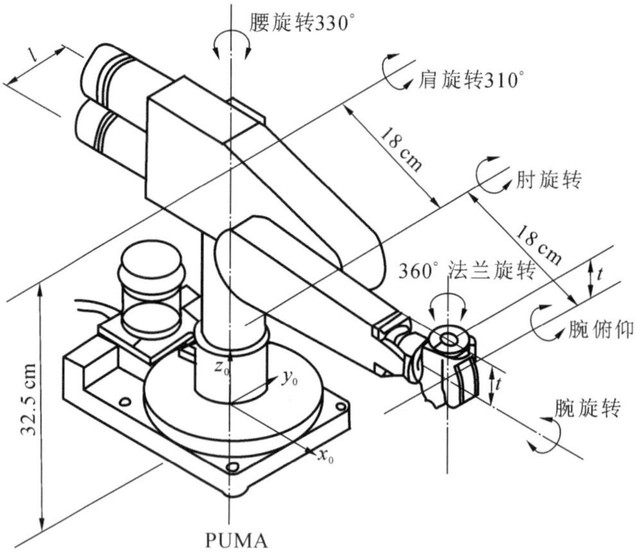

图 5-26　PUMA260 机器人

表 5-5　PUMA260 机器人连杆参数

关节	i	θ_i	α_i	a_i	d_i
1					
2					
3					
4					
5					
6					

5.8　建立 MINIMOVER 机器人(见图 5-27)的连杆坐标系,并将各连杆参数填入表 5-6 内。

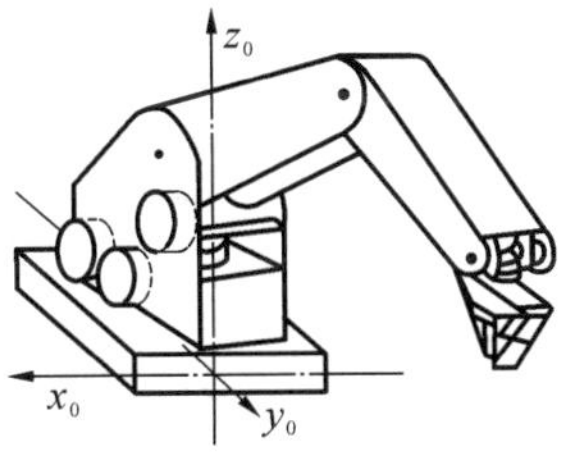

图 5-27　MINIMOVER 机器人

表 5-6　MINIMOVER 机器人连杆参数

关节	i	θ_i	α_i	a_i	d_i
1					
2					
3					
4					
5					

5.9　图 5-28 所示的 Stanford 机器人的各关节变量 $\boldsymbol{q}=[90° \quad -120° \quad 22\ \text{cm} \quad 0° \quad 70° \quad 90°]^{\mathrm{T}}$,建立各连杆坐标系,并将相应的连杆参数填入表 5-7 内。推导运动学方程,试问:其反解有几组?

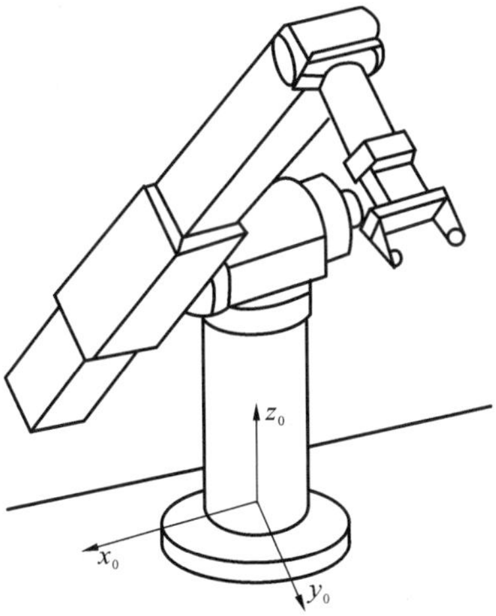

图 5-28　Stanford 机器人

表 5-7　Stanford 机器人连杆参数

关节	i	θ_i	α_i	a_i	d_i
1					
2					
3					
4					
5					
6					

5.10　连杆坐标系的规定不是唯一的，图 5-29 所示为一种规定方法。试证明相应的连杆变换矩阵具有下面的形式：

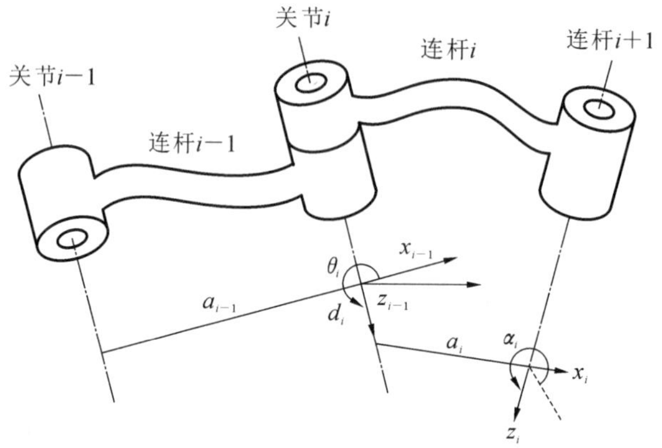

图 5-29　连杆坐标系的规定

$$ {}^{i-1}_{\ \ i}\boldsymbol{T}(a_i,\alpha_i,d_i,\theta_i) = \mathrm{Screw}(z,d_i,\theta_i)\mathrm{Screw}(x,a_i,\alpha_i) $$

$$ {}^{i-1}_{\ \ i}\boldsymbol{T}(a_i,\alpha_i,d_i,\theta_i) = \mathrm{Screw}(z,d_i,\theta_i)\mathrm{Screw}(x,a_i,\alpha_i) $$

$$ = \begin{bmatrix} \cos\theta_i & -\cos\alpha_i\sin\theta_i & \sin\alpha_i\sin\theta_i & a_i\cos\theta_i \\ \sin\theta_i & \cos\alpha_i\cos\theta_i & -\sin\alpha_i\cos\theta_i & a_i\sin\theta_i \\ 0 & \sin\alpha_i & \cos\alpha_i & d_i \\ 0 & 0 & 0 & 1 \end{bmatrix} \tag{1} $$

试证明连杆逆变换矩阵（利用式(3-40)）具有下面的形式：

$$ {}^{\ \ i}_{i-1}T = {}^{i-1}_{\ \ i}\boldsymbol{T}^{-1} = \begin{bmatrix} \cos\theta_i & \sin\theta_i & 0 & -a_i \\ -\cos\alpha_i\sin\theta_i & \cos\alpha_i\cos\theta_i & \sin\alpha_i & -d_i\sin\alpha_i \\ \sin\alpha_i\sin\theta_i & -\sin\alpha_i\cos\theta_i & \cos\alpha_i & -d_i\cos\alpha_i \\ 0 & 0 & 0 & 1 \end{bmatrix} \tag{2} $$

5.11　按图 5-29 所示的方法规定 PUMA560 的各连杆坐标系，并利用题 5.10 中式(1)写出各连杆变换矩阵，推导 PUMA560 的运动学方程，将所得结果与有关公式相对照。

5.12　两种手腕结构（详见图 2-8 和图 2-9），三旋转关节轴线均交于一点，图 2-8 所示手腕的连杆扭角 $\alpha_i = 90°$，而图 2-9 所示手腕的 $\alpha_1 = \phi$，$\alpha_2 = 180° - \phi$。前者可使连杆 3 指向任意方向，后者不能。画出后者的连杆 3 不可达的方向集合。假定各个关节都可转动 360°，且工作空间不受自碰撞限制。用运动学反解说明之。

5.13　利用 D-H 方法推导闭链机器人的运动学方程。可按以下步骤进行：

(1) 在闭链中，选择一个非驱动关节，假定该关节断开，得到树形结构的开链；

(2) 用 D-H 方法计算齐次变换矩阵；

(3) 根据断开关节连接的两个坐标系得到等价约束；

(4) 求解约束，消去关节变量，得到独立的关节变量；

(5) 写出独立关节变量表示的齐次变换矩阵，得到从基坐标系到末端坐标系的运动学方程；

(6) 将该运动写成指数积的形式。

5.14　利用求解约束的方法，求平行四边形的操作臂的运动学方程。

5.15　子问题二：令线矢量 L_1 和 L_2 不相交。解子问题二，并求图 5-19 所示 ELBOW 机器人的运动学反解。

5.16　子问题四：令线矢量 L_1 和 L_2 为两相交的线矢量，给定三点 $\boldsymbol{p},\boldsymbol{q}_1,\boldsymbol{q}_2\in\Re^3$，如图 5-30 所示。试求转角 θ_1 和 θ_2，使其满足

$$\| \mathrm{e}^{[L_1]\theta_1}\mathrm{e}^{[L_2]\theta_2}\boldsymbol{p}-\boldsymbol{q}_1\| = \delta_1,\quad \| \mathrm{e}^{[L_1]\theta_1}\mathrm{e}^{[L_2]\theta_2}\boldsymbol{p}-\boldsymbol{q}_2\| = \delta_2$$

提示：满足 $\mathrm{e}^{[L_1]\theta_1}\mathrm{e}^{[L_2]\theta_2}\boldsymbol{p}=\boldsymbol{q}$ 的点 $\boldsymbol{q}$ 是三个球面的交点。三个球面的中心分别为 $\boldsymbol{q}_1$，$\boldsymbol{q}_2$，$\boldsymbol{r}$；半径分别为 δ_1，δ_2，$\|\boldsymbol{p}-\boldsymbol{r}\|$。

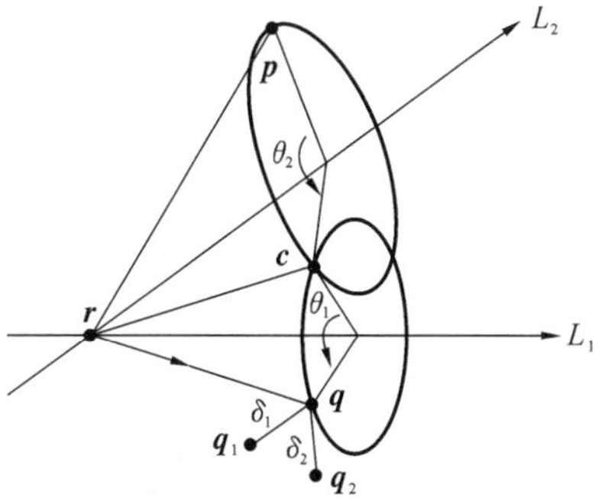

图 5-30　子问题四

5.17　子问题五：平移至给定距离。令 L 为代表移动的线矢量，两点是 $\boldsymbol{p},\boldsymbol{q}\in\Re^3$，$\delta>0$。试求 θ，已知其满足变换式 $\mathrm{e}^{[L]\theta}\boldsymbol{p}=\boldsymbol{q}$。用此子问题求解图 5-20 所示的 SCARA 机器人的运动学反解。

第 6 章　操作臂的雅可比矩阵

第 5 章讨论了机器人操作臂的位移关系，建立了操作臂的运动学方程，研究了运动学方程反解的存在性、唯一性和解法，建立了操作臂的关节变量与末端执行器位姿之间的映射关系。本章在位移分析的基础上，进行操作臂的速度分析，研究操作速度与关节速度之间的关系、操作力与关节力之间的关系；定义操作臂的速度雅可比矩阵，建立末端执行器与各连杆之间的速度关系和静力传递关系；讨论操作臂可操作性、灵巧性、奇异性和冗余度，分析刚度与变形，阐述误差标定与补偿方法。

6.1 引　　例

例 6.1　RP 平面机械手如图 6-1 所示，其有两个关节：一个旋转关节，关节变量为 θ；一个移动关节，关节变量为 r。其运动学方程为

$$\begin{cases} x = r\cos\theta \\ y = r\sin\theta \end{cases}$$

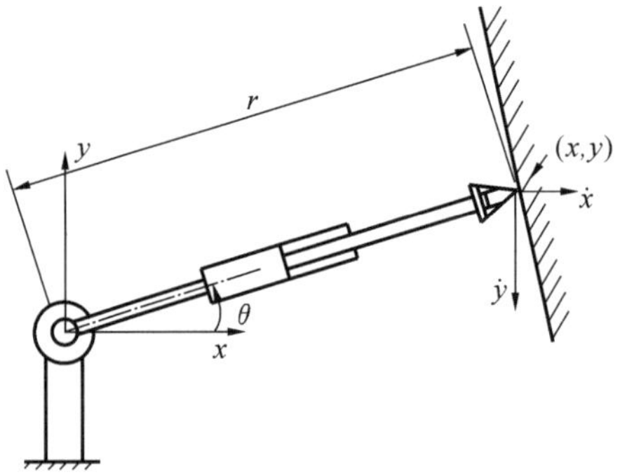

图 6-1　RP 平面机械手

将方程两边对时间 t 求导，得到操作速度与关节速度之间的关系：

$$\begin{cases} \dot{x} = -\dot{\theta} r\sin\theta + \dot{r}\cos\theta \\ \dot{y} = \dot{\theta} r\cos\theta + \dot{r}\sin\theta \end{cases}$$

写成矢量矩阵形式为

$$\dot{\boldsymbol{x}} = \begin{bmatrix} -r\sin\theta & \cos\theta \\ r\cos\theta & \sin\theta \end{bmatrix}\dot{\boldsymbol{q}} = \boldsymbol{J}(\boldsymbol{q})\dot{\boldsymbol{q}}$$

式中：$\dot{\boldsymbol{x}}=[\dot{x}\quad \dot{y}]^{\mathrm{T}}$ 为末端手爪的操作速度矢量；$\dot{\boldsymbol{q}}=[\dot{\theta}\quad \dot{r}]^{\mathrm{T}}$ 为关节速度矢量；速度雅可比矩阵 $\boldsymbol{J}(\boldsymbol{q})$ 表示从关节速度矢量 $\dot{\boldsymbol{q}}$ 到操作速度 $\dot{\boldsymbol{x}}$ 的线性映射。根据给定的操作速度 $\dot{\boldsymbol{x}}$，由该

式可以解出相应的关节速度：$\dot{\boldsymbol{q}}=\boldsymbol{J}^{-1}(\boldsymbol{q})\dot{\boldsymbol{x}}$。式中

$$\boldsymbol{J}^{-1}(\boldsymbol{q})=\begin{bmatrix}-y/r^2 & x/r^2\\ x/r & y/r\end{bmatrix}$$

称为逆雅可比矩阵。当 $r=0$ 时，逆雅可比矩阵 $\boldsymbol{J}^{-1}(\boldsymbol{q})$ 不存在，与定值操作速度 $\dot{\boldsymbol{x}}$ 相应的关节速度 $\dot{\boldsymbol{q}}$ 可能变得无限大，机器人所处的状态称为奇异状态。即当雅可比矩阵行列式

$$|\boldsymbol{J}(\boldsymbol{q})|=0 \tag{6-1}$$

时，机器人所处状态为奇异状态。由式(6-1)可以方便地鉴别机器人是否处于奇异状态。从这个例子可以看出，机器人的速度雅可比矩阵一般不是常数矩阵，因而广义传动比也非定值，其值依赖于机器人的形位 $\boldsymbol{q}$。

例 6.2　图 6-2 所示的 2R 平面机械手有两个平行的旋转关节(θ_1,θ_2)，其运动学方程为

$$\begin{cases}x=l_1\cos\theta_1+l_2\cos(\theta_1+\theta_2)\\ y=l_1\sin\theta_1+l_2\sin(\theta_1+\theta_2)\end{cases}$$

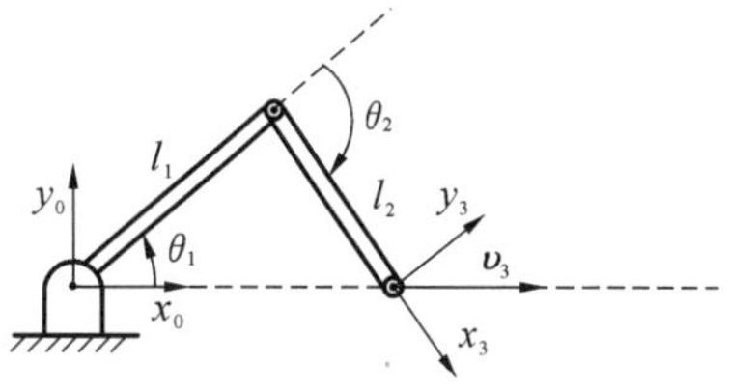

图 6-2　2R 平面机械手

将等式两端分别对时间 t 求导，则得操作速度和关节速度之间的关系：

$$\begin{bmatrix}\dot{x}\\ \dot{y}\end{bmatrix}=\begin{bmatrix}-l_1\sin\theta_1-l_2\sin(\theta_1+\theta_2) & -l_2\sin(\theta_1+\theta_2)\\ l_1\cos\theta_1+l_2\cos(\theta_1+\theta_2) & l_2\cos(\theta_1+\theta_2)\end{bmatrix}\begin{bmatrix}\dot{\theta}_1\\ \dot{\theta}_2\end{bmatrix}$$

该式右端第一个矩阵为雅可比矩阵，即

$$\boldsymbol{J}(\boldsymbol{q})=\begin{bmatrix}-l_1\sin\theta_1-l_2\sin(\theta_1+\theta_2) & -l_2\sin(\theta_1+\theta_2)\\ l_1\cos\theta_1+l_2\cos(\theta_1+\theta_2) & l_2\cos(\theta_1+\theta_2)\end{bmatrix} \tag{6-2}$$

因此有 $\dot{\boldsymbol{x}}=\boldsymbol{J}(\boldsymbol{q})\dot{\boldsymbol{q}}$。由式(6-2)可得，相应的逆雅可比矩阵为

$$\boldsymbol{J}^{-1}(\boldsymbol{q})=\frac{1}{l_1l_2\sin\theta_2}\begin{bmatrix}l_2\cos(\theta_1+\theta_2) & l_2\sin(\theta_1+\theta_2)\\ -l_1\cos\theta_1-l_2\cos(\theta_1+\theta_2) & -l_1\sin\theta_1-l_2\sin(\theta_1+\theta_2)\end{bmatrix}$$

为了判别机器人的奇异状态，需要计算雅可比矩阵行列式

$$|\boldsymbol{J}(\boldsymbol{q})|=\begin{vmatrix}-l_1\sin\theta_1-l_2\sin(\theta_1+\theta_2) & -l_2\sin(\theta_1+\theta_2)\\ l_1\cos\theta_1+l_2\cos(\theta_1+\theta_2) & l_2\cos(\theta_1+\theta_2)\end{vmatrix}=l_1l_2\sin\theta_2$$

可见，当 $\theta_2=0$ 或 $\theta_2=\pi$ 时，机器人处于奇异状态。当机器人完全伸直，或完全缩回时，相应的形位称为奇异形位。如图 6-2 所示，当 $l_1>l_2$ 时，可达工作空间的边界是两个同心圆，半径分别为 l_1+l_2 和 l_1-l_2。在边界上，机器人处于奇异形位，则有

$$\begin{bmatrix}\dot{x}\\ \dot{y}\end{bmatrix}=\begin{bmatrix}-(l_1+l_2)\sin\theta_1\\ (l_1+l_2)\cos\theta_1\end{bmatrix}\dot{\theta}_1+\begin{bmatrix}-l_2\sin\theta_1\\ l_2\cos\theta_1\end{bmatrix}\dot{\theta}_2=\begin{bmatrix}-\sin\theta_1\\ \cos\theta_1\end{bmatrix}[(l_1+l_2)\dot{\theta}_1+l_2\dot{\theta}_2]$$

雅可比矩阵的两个列矢量相互平行，线性相关。机器人的末端只能沿一个方向(即圆的切线方向)运动，不能沿着其他方向运动。由此可以看出，机器人处于奇异形位时，它在操作空间的自由度会减少。例如 2R 平面机器人，处在奇异形位时，它将退化为单自由度系统。

以上两个例子说明，将机器人的运动学方程对时间 t 求导，便可得到它的雅可比矩阵 $\boldsymbol{J}$ 和逆雅可比矩阵 $\boldsymbol{J}^{-1}$。$\boldsymbol{J}$ 表示机器人的关节空间运动向操作空间运动的速度的线性映射。用 $\boldsymbol{J}$ 可以判别机器人的奇异形位，分析机器人的运动学特征和动力学特征。因此，雅可比矩阵是描述机器人特征的重要参量。

对于一般的六自由度机器人，雅可比矩阵 $\boldsymbol{J}$ 的计算并不像上面两个例子那样简单。对

此,有两种构造性的方法:矢量积方法和微分变换方法。前者基于矢量的叉积,所推导的机器人的雅可比矩阵 $\boldsymbol{J}$ 是相对于基座坐标系表示的;后者利用操作空间与关节空间中的微分运动的关系构造雅可比矩阵${}^{\mathrm{T}}\boldsymbol{J}$,该雅可比矩阵是相对于工具坐标系的。本章还将利用运动学方程的指数积公式,推导机器人的空间雅可比矩阵、物体雅可比矩阵和力雅可比矩阵,研究奇异性和灵巧度等问题。

6.2 速度雅可比矩阵

如前所述,操作臂的速度雅可比矩阵 $\boldsymbol{J}(\boldsymbol{q})$是指从关节速度矢量 $\dot{\boldsymbol{q}}$ 向操作速度矢量 $\dot{\boldsymbol{x}}$ 的线性映射,即

$$\dot{\boldsymbol{x}} = \boldsymbol{J}(\boldsymbol{q})\dot{\boldsymbol{q}} \tag{6-3}$$

由于速度可以看成是单位时间内的微分运动,因此,速度雅可比矩阵也可看成关节空间的微分运动 $\mathrm{d}\boldsymbol{q}$ 向操作空间的微分运动 D 转换的转换矩阵,即

$$D = \boldsymbol{J}(\boldsymbol{q})\mathrm{d}\boldsymbol{q} \tag{6-4}$$

值得注意的是:雅可比矩阵 $\boldsymbol{J}(\boldsymbol{q})$依赖于机器人的形位,是一个依赖于 $\boldsymbol{q}$ 的线性变换矩阵;雅可比矩阵 $\boldsymbol{J}(\boldsymbol{q})$不一定是方阵,它可能是长矩阵,也可能是高矩阵,其行数等于机器人在操作空间的维数,而列数等于机器人的关节数。平面操作臂的雅可比矩阵有 3 行,空间操作臂的雅可比矩阵是 6 行。对于 n 个关节的机器人,雅可比矩阵 $\boldsymbol{J}\in\Re^{6\times n}$ 是 $6\times n$ 的矩阵。其中前 3 行代表对手爪线速度 $\boldsymbol{v}$ 的传递比;后 3 行代表对末端执行器角速度 $\boldsymbol{\omega}$ 的传递比。另一方面,每一列代表相应的关节速度 $\dot{q}_i$ 对末端执行器线速度和角速度的传递比。因此,可将雅可比矩阵 $\boldsymbol{J}(\boldsymbol{q})$分块,即

$$\begin{bmatrix}\boldsymbol{v}\\ \boldsymbol{\omega}\end{bmatrix}=\begin{bmatrix}\boldsymbol{J}_{11} & \boldsymbol{J}_{12} & \cdots & \boldsymbol{J}_{1n}\\ \boldsymbol{J}_{a1} & \boldsymbol{J}_{a2} & \cdots & \boldsymbol{J}_{an}\end{bmatrix}\begin{bmatrix}\dot{q}_1\\ \dot{q}_2\\ \vdots\\ \dot{q}_n\end{bmatrix} \tag{6-5}$$

于是,末端执行器的线速度 $\boldsymbol{v}$ 和角速度 $\boldsymbol{\omega}$ 可表示为各关节速度 $\dot{\boldsymbol{q}}$ 的线性函数,即

$$\begin{cases}\boldsymbol{v} = \boldsymbol{J}_{11}\dot{q}_1 + \boldsymbol{J}_{12}\dot{q}_2 + \cdots + \boldsymbol{J}_{1n}\dot{q}_n\\ \boldsymbol{\omega} = \boldsymbol{J}_{a1}\dot{q}_1 + \boldsymbol{J}_{a2}\dot{q}_2 + \cdots + \boldsymbol{J}_{an}\dot{q}_n\end{cases} \tag{6-6}$$

式中:$\boldsymbol{J}_{1i}$和 $\boldsymbol{J}_{ai}$分别表示关节 i 的单位关节速度引起的末端执行器的线速度和角速度。

同样,利用微分运动矢量 $\boldsymbol{d}$ 和微分转动矢量 $\boldsymbol{\delta}$ 与各关节微分运动 $\mathrm{d}\boldsymbol{q}$ 之间的关系,可得

$$\begin{cases}\boldsymbol{d} = \boldsymbol{J}_{11}\mathrm{d}\boldsymbol{q}_1 + \boldsymbol{J}_{12}\mathrm{d}\boldsymbol{q}_2 + \cdots + \boldsymbol{J}_{1n}\mathrm{d}\boldsymbol{q}_n\\ \boldsymbol{\delta} = \boldsymbol{J}_{a1}\mathrm{d}\boldsymbol{q}_1 + \boldsymbol{J}_{a2}\mathrm{d}\boldsymbol{q}_2 + \cdots + \boldsymbol{J}_{an}\mathrm{d}\boldsymbol{q}_n\end{cases} \tag{6-7}$$

下面采用构造性的方法,不求导而直接构造出 $\boldsymbol{J}_{1i}$和 $\boldsymbol{J}_{ai}$。

6.2.1 矢量积方法

基于运动坐标系的概念,Whitney 于 1972 年提出求雅可比矩阵的矢量积构造方法。如图 6-3 所示,末端执行器的微分移动和微分转动分别用 $\boldsymbol{d}$ 和 $\boldsymbol{\delta}$ 表示。线速度和角速度分别用 $\boldsymbol{v}$ 和 $\boldsymbol{\omega}$ 表示,$\boldsymbol{v}$ 和 $\boldsymbol{\omega}$ 与关节速度 $\dot{q}_i$ 有关。

(1) 对于移动关节 i,在末端执行器上产生与 $\boldsymbol{z}_i$ 相同的线速度 $\boldsymbol{v}$:

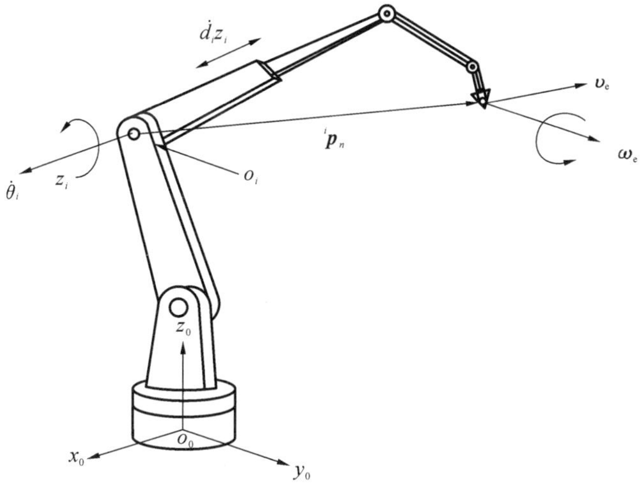

图 6-3　关节速度的传递

$$\begin{bmatrix} \boldsymbol{v} \\ \boldsymbol{\omega} \end{bmatrix} = \begin{bmatrix} \boldsymbol{z}_i \\ \boldsymbol{0} \end{bmatrix} \dot{q}_i, \quad \boldsymbol{J}_i = \begin{bmatrix} \boldsymbol{z}_i \\ \boldsymbol{0} \end{bmatrix} \tag{6-8}$$

(2) 对于旋转关节 i，在末端执行器上产生的角速度 $\boldsymbol{\omega}$ 为

$$\boldsymbol{\omega} = \boldsymbol{z}_i \dot{q}_i$$

同时在末端执行器上产生的线速度为矢量积，即

$$\boldsymbol{v} = (\boldsymbol{z}_i \times {}^i\boldsymbol{p}_n^0)\dot{q}_i \tag{6-9}$$

因此，雅可比矩阵的第 i 列为

$$\boldsymbol{J}_i = \begin{bmatrix} \boldsymbol{z}_i \times {}^i\boldsymbol{p}_n^0 \\ \boldsymbol{z}_i \end{bmatrix} = \begin{bmatrix} \boldsymbol{z}_i \times ({}_i^0\boldsymbol{R}\,{}^i\boldsymbol{p}_n) \\ \boldsymbol{z}_i \end{bmatrix} \tag{6-10}$$

式中：${}^i\boldsymbol{p}_n^0$ 表示末端执行器坐标原点相对于坐标系{i}的位置矢量在基座坐标系{0}中的表示，即

$${}^i\boldsymbol{p}_n^0 = {}_i^0\boldsymbol{R}\,{}^i\boldsymbol{p}_n \tag{6-11}$$

$\boldsymbol{z}_i$ 是坐标系{i}的 z 轴单位矢量(在基座坐标系{0}中表示)。

有时要求沿工具坐标系的某轴进行控制，因而需要将线速度和角速度在工具坐标系{$\boldsymbol{T}$}中进行表示。为此，要在 $\boldsymbol{v}$ 和 $\boldsymbol{\omega}$ 前乘以 3×3 的旋转矩阵${}_n^0\boldsymbol{R}^{\mathrm{T}}$，即

$$\begin{bmatrix} {}^n\boldsymbol{v} \\ {}^n\boldsymbol{\omega} \end{bmatrix} = \begin{bmatrix} {}_n^0\boldsymbol{R}^{\mathrm{T}} & \boldsymbol{0} \\ \boldsymbol{0} & {}_n^0\boldsymbol{R}^{\mathrm{T}} \end{bmatrix} \begin{bmatrix} \boldsymbol{v} \\ \boldsymbol{\omega} \end{bmatrix} = \begin{bmatrix} {}_n^0\boldsymbol{R}^{\mathrm{T}} & \boldsymbol{0} \\ \boldsymbol{0} & {}_n^0\boldsymbol{R}^{\mathrm{T}} \end{bmatrix} \boldsymbol{J}(\boldsymbol{q})\dot{\boldsymbol{q}} = {}^T\boldsymbol{J}(\boldsymbol{q})\dot{\boldsymbol{q}} \tag{6-12}$$

式中：${}^T\boldsymbol{J}(\boldsymbol{q})$表示在工具坐标系{$\boldsymbol{T}$}中的雅可比矩阵。

6.2.2　微分变换法

前面讨论了连杆坐标系规定的 D-H 方法，根据连杆变换矩阵${}_i^{i-1}\boldsymbol{T}$ 和${}_n^i\boldsymbol{T}$ 的定义可以得到雅可比矩阵的另一构造方法。

对于旋转关节 i：连杆 i 相对连杆 $i-1$ 绕坐标系{i}的 z_i 轴做微分转动，转动量为 $\mathrm{d}\theta_i$；相对连杆 $i-1$ 的微分运动矢量为

$$\boldsymbol{d} = \begin{bmatrix} 0 \\ 0 \\ 0 \end{bmatrix}, \quad \boldsymbol{\delta} = \begin{bmatrix} 0 \\ 0 \\ 1 \end{bmatrix} \mathrm{d}\theta_i$$

因此，对于旋转关节，末端执行器相应的微分运动矢量为

$$^T\boldsymbol{d} = \begin{bmatrix} (\boldsymbol{p}\times\boldsymbol{n})_z \\ (\boldsymbol{p}\times\boldsymbol{o})_z \\ (\boldsymbol{p}\times\boldsymbol{a})_z \end{bmatrix}, \quad {}^T\boldsymbol{\delta} = \begin{bmatrix} n_z \\ o_z \\ a_z \end{bmatrix}$$

对于移动关节 i：连杆 i 沿 z_i 轴相对连杆 $i-1$ 做微分移动，移动量为 $\mathrm{d}d_i$，则产生微分运动

$$\boldsymbol{d} = \begin{bmatrix} 0 \\ 0 \\ 1 \end{bmatrix}\mathrm{d}d_i, \quad \boldsymbol{\delta} = \begin{bmatrix} 0 \\ 0 \\ 0 \end{bmatrix}$$

末端执行器相应的微分运动矢量为

$$^T\boldsymbol{d} = \begin{bmatrix} n_z \\ o_z \\ a_z \end{bmatrix}\mathrm{d}d_i, \quad {}^T\boldsymbol{\delta} = \begin{bmatrix} 0 \\ 0 \\ 0 \end{bmatrix}$$

由此得出雅可比矩阵 $^T\boldsymbol{J}(\boldsymbol{q})$ 的第 i 列为

$$\begin{cases} {}^T\boldsymbol{J}_{li} = \begin{bmatrix} (\boldsymbol{p}\times\boldsymbol{n})_z \\ (\boldsymbol{p}\times\boldsymbol{o})_z \\ (\boldsymbol{p}\times\boldsymbol{a})_z \end{bmatrix}(\text{旋转关节 } i), \quad {}^T\boldsymbol{J}_{li} = \begin{bmatrix} n_z \\ o_z \\ a_z \end{bmatrix}(\text{移动关节 } i), \\ {}^T\boldsymbol{J}_{ai} = \begin{bmatrix} n_z \\ o_z \\ a_z \end{bmatrix}(\text{旋转关节 } i), \quad {}^T\boldsymbol{J}_{ai} = \begin{bmatrix} 0 \\ 0 \\ 0 \end{bmatrix}(\text{移动关节 } i) \end{cases} \tag{6-13}$$

式中：$\boldsymbol{n}$，$\boldsymbol{o}$，$\boldsymbol{a}$ 和 $\boldsymbol{p}$ 是 ${}^i_n\boldsymbol{T}$ 的四个列矢量。上面求雅可比矩阵 $^T\boldsymbol{J}(\boldsymbol{q})$ 的方法是构造性的，只要知道各连杆变换 ${}^{i-1}_{\ i}\boldsymbol{T}$，就可自动生成雅可比矩阵，不需求导和解方程等操作。自动生成步骤如下。

步骤一：计算各连杆变换矩阵 ${}^0_1\boldsymbol{T}$，${}^1_2\boldsymbol{T}$，$\cdots$，${}^{n-1}_{\ n}\boldsymbol{T}$。

步骤二：计算末端连杆至各连杆的变换矩阵：

$${}^{n-1}_{\ n}\boldsymbol{T} = {}^{n-1}_{\ n}\boldsymbol{T}, {}^{n-2}_{\ n}\boldsymbol{T} = {}^{n-2}_{n-1}\boldsymbol{T}\,{}^{n-1}_{\ n}\boldsymbol{T}, \cdots, {}^{i-1}_{\ n}\boldsymbol{T} = {}^{i-1}_{\ i}\boldsymbol{T}\,{}^i_n\boldsymbol{T}, \cdots, {}^0_n\boldsymbol{T} = {}^0_1\boldsymbol{T}\,{}^1_n\boldsymbol{T}$$

步骤三：计算 $^T\boldsymbol{J}(\boldsymbol{q})$ 的各列元素，第 i 列 $^T\boldsymbol{J}_i$ 由 ${}^i_n\boldsymbol{T}$ 所决定（见图 6-4）。根据式(6-13)计算 $^T\boldsymbol{J}_{li}$ 和 $^T\boldsymbol{J}_{ai}$。

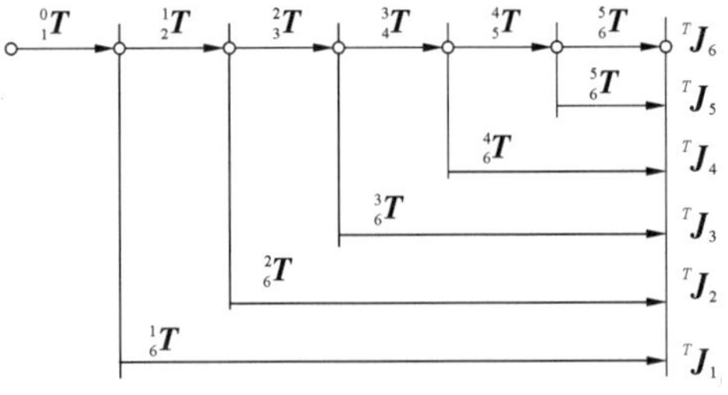

图 6-4　$^T\boldsymbol{J}_i$ 和 ${}^i_n\boldsymbol{T}$ 之间的关系

下面以 PUMA560 机器人为例介绍求 $^T\boldsymbol{J}(\boldsymbol{q})$ 和 $\boldsymbol{J}(\boldsymbol{q})$ 的具体方法。PUMA560 机器人具有 6 个旋转关节，其雅可比矩阵有 6 列。按式(6-10)可计算各列元素。为此，首先计算 6 个变换矩阵 ${}^1_6\boldsymbol{T}$，${}^2_6\boldsymbol{T}$，$\cdots$，${}^5_6\boldsymbol{T}$ 和 ${}^6_6\boldsymbol{T}$，分别对应 6 个关节的微分运动（即角度）$\mathrm{d}\theta_1$，$\mathrm{d}\theta_2$，$\cdots$，$\mathrm{d}\theta_5$，$\mathrm{d}\theta_6$。

(1) 用微分变换法计算 $^T\boldsymbol{J}(\boldsymbol{q})$。第一列 $^T\boldsymbol{J}_1(\boldsymbol{q})$ 对应的变换矩阵是 ${}^1_6\boldsymbol{T}$，首先计算出变换矩

阵：${}^{1}_{6}\boldsymbol{T}, {}^{2}_{6}\boldsymbol{T}, {}^{3}_{6}\boldsymbol{T}, \cdots, {}^{5}_{6}\boldsymbol{T}$ 的各元素，再利用${}^{1}_{6}\boldsymbol{T}$ 由式(6-13)得${}^{T}\boldsymbol{J}_1(\boldsymbol{q})$。

同理，利用变换矩阵${}^{2}_{6}\boldsymbol{T}$ 得出${}^{T}\boldsymbol{J}(\boldsymbol{q})$的第二列${}^{T}\boldsymbol{J}_2(\boldsymbol{q})$；由${}^{3}_{6}\boldsymbol{T}$ 得出第三列${}^{T}\boldsymbol{J}_3(\boldsymbol{q})$。同样得到${}^{T}\boldsymbol{J}_4(\boldsymbol{q}), {}^{T}\boldsymbol{J}_5(\boldsymbol{q}), {}^{T}\boldsymbol{J}_6(\boldsymbol{q})$。

(2) 用矢量积方法计算 $\boldsymbol{J}(\boldsymbol{q})$。由于 PUMA560 有 6 个旋转关节，其雅可比矩阵具有以下形式：

$$\boldsymbol{J}(\boldsymbol{q}) = \begin{bmatrix} \boldsymbol{z}_1 \times {}^{1}\boldsymbol{p}_6^0 & \boldsymbol{z}_2 \times {}^{2}\boldsymbol{p}_6^0 & \cdots & \boldsymbol{z}_6 \times {}^{6}\boldsymbol{p}_6^0 \\ \boldsymbol{z}_1 & \boldsymbol{z}_2 & \cdots & \boldsymbol{z}_6 \end{bmatrix}$$

由式(5-6)至式(5-12)所示各连杆变换矩阵可以得到各个旋转变换矩阵，即${}^{0}_{1}\boldsymbol{R}, {}^{0}_{2}\boldsymbol{R}, \cdots, {}^{0}_{6}\boldsymbol{R}$，由此得各连杆坐标系的 $\boldsymbol{z}_i$ 轴。再由 6 个变换矩阵${}^{1}_{6}\boldsymbol{T}, {}^{2}_{6}\boldsymbol{T}, \cdots, {}^{5}_{6}\boldsymbol{T}$ 和${}^{6}_{6}\boldsymbol{T}$，得到

$${}^{1}\boldsymbol{p}_6 = \begin{bmatrix} a_2 c\theta_2 + a_3 c\theta_{23} - d_4 s\theta_{23} \\ d_2 \\ -a_3 s\theta_{23} - a_2 s\theta_{23} - d_4 c\theta_{23} \end{bmatrix}, \quad {}^{2}\boldsymbol{p}_6 = \begin{bmatrix} a_3 c\theta_3 - d_4 s\theta_3 + a_2 \\ a_3 s\theta_3 + d_4 c\theta_3 \\ 0 \end{bmatrix}, \quad {}^{3}\boldsymbol{p}_6 = \begin{bmatrix} a_3 \\ d_4 \\ 0 \end{bmatrix}$$

$${}^{4}\boldsymbol{p}_6 = {}^{5}\boldsymbol{p}_6 = {}^{6}\boldsymbol{p}_6 = \boldsymbol{0}$$

式中：$s\theta_{23} = \sin(\theta_2 + \theta_3)$，$c\theta_{23} = \cos(\theta_2 + \theta_3)$，$s\theta_i = \sin\theta_i$，$c\theta_i = \cos\theta_i$。

值得注意的是，在式(6-10)中

$${}^{1}\boldsymbol{p}_6^0 = {}^{0}_{1}\boldsymbol{R}\,{}^{1}\boldsymbol{p}_6, \quad {}^{2}\boldsymbol{p}_6^0 = {}^{0}_{2}\boldsymbol{R}\,{}^{2}\boldsymbol{p}_6, \quad {}^{3}\boldsymbol{p}_6^0 = {}^{0}_{3}\boldsymbol{R}\,{}^{3}\boldsymbol{p}_6$$

$${}^{4}\boldsymbol{p}_6^0 = {}^{5}\boldsymbol{p}_6^0 = {}^{6}\boldsymbol{p}_6^0 = \boldsymbol{0}$$

将上面的 $\boldsymbol{z}_1, \boldsymbol{z}_2, \cdots, \boldsymbol{z}_6$ 和${}^{1}\boldsymbol{p}_6^0, {}^{2}\boldsymbol{p}_6^0, \cdots, {}^{6}\boldsymbol{p}_6^0$ 代入式(6-10)，得出 $\boldsymbol{J}(\boldsymbol{q})$的各列元素：$\boldsymbol{J}_1(\boldsymbol{q}), \boldsymbol{J}_2(\boldsymbol{q}), \cdots, \boldsymbol{J}_6(\boldsymbol{q})$。

注意：在工具坐标系中的雅可比矩阵${}^{T}\boldsymbol{J}(\boldsymbol{q})$与 $\boldsymbol{J}(\boldsymbol{q})$之间的关系为

$${}^{T}\boldsymbol{J}(\boldsymbol{q}) = \begin{bmatrix} {}^{0}_{n}\boldsymbol{R}^{\mathrm{T}} & \boldsymbol{0} \\ \boldsymbol{0} & {}^{0}_{n}\boldsymbol{R}^{\mathrm{T}} \end{bmatrix} \boldsymbol{J}(\boldsymbol{q}), \quad \boldsymbol{J}(\boldsymbol{q}) = \begin{bmatrix} {}^{0}_{n}\boldsymbol{R} & \boldsymbol{0} \\ \boldsymbol{0} & {}^{0}_{n}\boldsymbol{R} \end{bmatrix} {}^{T}\boldsymbol{J}(\boldsymbol{q}) \tag{6-14}$$

将各个旋转变换 $\boldsymbol{R}$ 和 $\boldsymbol{J}(\boldsymbol{q})$代入式(6-14)，把所得结果与由微分变换法所得结果对照，可以验证所得结果的正确性。$\boldsymbol{J}(\boldsymbol{q})$称为机器人的空间雅可比矩阵，而${}^{T}\boldsymbol{J}(\boldsymbol{q})$称为物体雅可比矩阵。

前面介绍了如何用矢量积方法求空间雅可比矩阵 $\boldsymbol{J}(\boldsymbol{q})$和用微分变换法求物体雅可比矩阵${}^{T}\boldsymbol{J}(\boldsymbol{q})$。下面还将介绍用指数积求雅可比矩阵的方法，三种方法都是构造性的方法，便于雅可比矩阵的自动生成。此外，还有两种方法：① 从基座向指端的速度传播的递推方法；② 从指端向基座的静力传播的递推方法。

6.2.3　指数积方法

根据第 5 章推导的机器人运动学方程的指数积公式${}^{S}_{T}\boldsymbol{T}(\boldsymbol{\theta}) = \mathrm{e}^{[V_1]\theta_1}\mathrm{e}^{[V_2]\theta_2}\cdots\mathrm{e}^{[V_n]\theta_n}\,{}^{S}_{T}\boldsymbol{T}(\boldsymbol{0})$，可以得到末端执行器的瞬时空间速度为

$$[{}^{S}_{T}V^{s}] = {}^{S}_{T}\dot{\boldsymbol{T}}(\boldsymbol{\theta})\,{}^{S}_{T}\boldsymbol{T}^{-1}(\boldsymbol{\theta})$$

根据运动学方程指数积公式的特点，得到

$$[{}^{S}_{T}V^{s}] = \sum_{i=1}^{n}\left(\frac{\partial({}^{S}_{T}\boldsymbol{T})}{\partial\theta_i}\dot{\theta}_i\right){}^{S}_{T}\boldsymbol{T}^{-1}(\boldsymbol{\theta}) = \sum_{i=1}^{n}\left(\frac{\partial({}^{S}_{T}\boldsymbol{T})}{\partial\theta_i}\,{}^{S}_{T}\boldsymbol{T}^{-1}(\boldsymbol{\theta})\right)\dot{\theta}_i$$

可见，末端执行器的速度与各个关节速度呈线性关系，则运动旋量坐标可写成

$${}^{S}_{T}V^{s} = {}^{S}_{T}\boldsymbol{J}^{s}(\boldsymbol{\theta})\dot{\boldsymbol{\theta}}$$

式中：矩阵${}^{S}_{T}\boldsymbol{J}^{s}(\boldsymbol{\theta}) \in \Re^{6\times n}$ 为操作臂的空间雅可比矩阵，有

$$ {}_T^S\boldsymbol{J}^{\mathrm{s}}(\boldsymbol{\theta})=\left[\left(\frac{\partial({}_T^S\boldsymbol{T})}{\partial\theta_1}\,{}_T^S\boldsymbol{T}^{-1}(\boldsymbol{\theta})\right)^{\vee}\quad\left(\frac{\partial({}_T^S\boldsymbol{T})}{\partial\theta_2}\,{}_T^S\boldsymbol{T}^{-1}(\boldsymbol{\theta})\right)^{\vee}\quad\cdots\quad\left(\frac{\partial({}_T^S\boldsymbol{T})}{\partial\theta_n}\,{}_T^S\boldsymbol{T}^{-1}(\boldsymbol{\theta})\right)^{\vee}\right] \tag{6-15} $$

它将关节速度矢量映射为相应的末端执行器的运动旋量坐标。令$[V_i]\in se(3)$为单位运动旋量，因此，空间雅可比矩阵的任一列为

$$ \begin{aligned} \frac{\partial({}_T^S\boldsymbol{T})}{\partial\theta_i}\,{}_T^S\boldsymbol{T}^{-1}(\boldsymbol{\theta}) &= e^{[V_1]\theta_1}e^{[V_2]\theta_1}\cdots e^{[V_{i-1}]\theta_{i-1}}\frac{\partial}{\partial\theta_i}(e^{[V_i]\theta_i})e^{[V_{i+1}]\theta_{i+1}}\cdots e^{[V_n]\theta_n}\,{}_T^S\boldsymbol{T}(\boldsymbol{0})\,{}_T^S\boldsymbol{T}^{-1}(\boldsymbol{\theta}) \\ &= e^{[V_1]\theta_1}e^{[V_2]\theta_1}\cdots e^{[V_{i-1}]\theta_{i-1}}[V_i]e^{[V_i]\theta_i}e^{[V_{i+1}]\theta_{i+1}}\cdots e^{[V_n]\theta_n}\,{}_T^S\boldsymbol{T}(\boldsymbol{0})\,{}_T^S\boldsymbol{T}^{-1}(\boldsymbol{\theta}) \\ &= e^{[V_1]\theta_1}e^{[V_2]\theta_1}\cdots e^{[V_{i-1}]\theta_{i-1}}[V_i]e^{-[V_{i-1}]\theta_{i-1}}\cdots e^{-[V_1]\theta_1} \end{aligned} $$

转化为运动旋量坐标，即

$$ \left(\frac{\partial({}_T^S\boldsymbol{T})}{\partial\theta_i}\,{}_T^S\boldsymbol{T}^{-1}(\boldsymbol{\theta})\right)^{\vee}=\mathrm{Ad}_V(e^{[V_1]\theta_1}e^{[V_2]\theta_1}\cdots e^{[V_{i-1}]\theta_{i-1}})V_i \tag{6-16} $$

则得到机器人的空间雅可比矩阵为

$$ \begin{gathered} {}_T^S\boldsymbol{J}^{\mathrm{s}}(\boldsymbol{\theta})=[V_1'\quad V_2'\quad\cdots\quad V_n'] \\ V'_i=\mathrm{Ad}_V(e^{[V_1]\theta_1}e^{[V_2]\theta_1}\cdots e^{[V_{i-1}]\theta_{i-1}})V_i \end{gathered} \tag{6-17} $$

显然，${}_T^S\boldsymbol{J}^{\mathrm{s}}(\boldsymbol{\theta}):\mathfrak{R}^n\rightarrow\mathfrak{R}^6$ 将关节速度映射为末端执行器的运动旋量坐标。它与机器人的形位有关。根据雅可比矩阵各列的定义式(6-17)可以看出，雅可比矩阵的第 i 列 V'_i 仅与 $\theta_1,\theta_2,\cdots,\theta_{i-1}$有关。实际上，第 i 个关节的运动旋量坐标 V_i 经伴随变换即得到雅可比矩阵的第 i 列 V'_i。

用相似的方法可以得到机器人的物体雅可比矩阵：

$$ \begin{gathered} {}_T^SV^{\mathrm{b}}={}_T^S\boldsymbol{J}^{\mathrm{b}}(\boldsymbol{\theta})\dot{\boldsymbol{\theta}} \\ {}_T^S\boldsymbol{J}^{\mathrm{b}}(\boldsymbol{\theta})=[V_1^+\quad V_2^+\quad\cdots\quad V_n^+] \\ V_i^+=\mathrm{Ad}_V^{-1}(e^{[V_i]\theta_i}\cdots e^{[V_n]\theta_n}\,{}_T^S\boldsymbol{T}(\boldsymbol{0}))V_i \end{gathered} \tag{6-18} $$

雅可比矩阵的各列是相应关节运动旋量坐标在当前形位的工具坐标系中的表示。为计算简单起见，通常取${}_T^S\boldsymbol{T}(\boldsymbol{0})=\boldsymbol{I}$。机器人的空间雅可比矩阵与物体雅可比矩阵之间的关系可用伴随变换表示：

$$ {}_T^S\boldsymbol{J}^{\mathrm{s}}(\boldsymbol{\theta})=\mathrm{Ad}_V({}_T^S\boldsymbol{T}(\boldsymbol{\theta}))\,{}_T^S\boldsymbol{J}^{\mathrm{b}}(\boldsymbol{\theta}) \tag{6-19} $$

根据关节速度矢量 $\dot{\boldsymbol{\theta}}$，利用机器人的空间雅可比矩阵和物体雅可比矩阵，可以计算末端执行器上任一点的瞬时速度：

$$ \begin{gathered} \boldsymbol{v}_q^{\mathrm{b}}=[{}_T^SV^{\mathrm{b}}]\boldsymbol{q}^{\mathrm{b}}=[{}_T^S\boldsymbol{J}^{\mathrm{b}}(\boldsymbol{\theta})\dot{\boldsymbol{\theta}}]\boldsymbol{q}^{\mathrm{b}} \\ \boldsymbol{v}_q^{\mathrm{s}}=[{}_T^SV^{\mathrm{s}}]\boldsymbol{q}^{\mathrm{s}}=[{}_T^S\boldsymbol{J}^{\mathrm{s}}(\boldsymbol{\theta})\dot{\boldsymbol{\theta}}]\boldsymbol{q}^{\mathrm{s}} \end{gathered} $$

两者分别为在物体坐标系和在空间坐标系中表示的瞬时速度。

注意，工具坐标系原点 $\boldsymbol{q}^{\mathrm{b}}=\boldsymbol{0}$，而在参考系中 $\boldsymbol{q}^{\mathrm{s}}={}_T^S\boldsymbol{T}(\boldsymbol{\theta})\boldsymbol{q}^{\mathrm{b}}=\boldsymbol{p}(\boldsymbol{\theta})$，表示运动学方程的位置分量。由此得到原点空间速度的齐次坐标：

$$ \boldsymbol{v}_q^{\mathrm{s}}=\begin{bmatrix}\dot{\boldsymbol{p}}(\boldsymbol{\theta})\\ \boldsymbol{0}\end{bmatrix}={}_T^S\boldsymbol{R}[{}_T^SV^{\mathrm{b}}]\begin{bmatrix}\boldsymbol{0}\\ 1\end{bmatrix}=[{}_T^SV^{\mathrm{s}}]\begin{bmatrix}\boldsymbol{p}(\boldsymbol{\theta})\\ 1\end{bmatrix} $$

对机器人的规划与控制而言，重要的是由末端执行器的速度求解关节速度。如果雅可比矩阵可逆，则得

$$ \dot{\boldsymbol{\theta}}(t)=({}_T^S\boldsymbol{J}^{\mathrm{s}}(\boldsymbol{\theta}))^{-1}\,{}_T^SV^{\mathrm{s}}(t) $$

对于给定的空间速度，末端执行器的起始和终止位姿分别为 $\boldsymbol{T}(\boldsymbol{0})=\boldsymbol{T}_1$ 和 $\boldsymbol{T}(\tau)=\boldsymbol{T}_2$，

则可以利用关于 $\boldsymbol{\theta}$ 的常微分方程对其进行积分。

例 6.3　求 SCARA 机器人的雅可比矩阵。

SCARA 机器人的特点是各个关节的运动旋量的方向都是固定的，如图 6-5 所示。各个旋量轴的线矢量上的一点是 $\boldsymbol{\theta}$ 的函数，取为

$$\boldsymbol{r}_1=\begin{bmatrix}0\\0\\0\end{bmatrix},\boldsymbol{r}_2=\begin{bmatrix}-l_1\sin\theta_1\\l_1\cos\theta_1\\0\end{bmatrix},\boldsymbol{r}_3=\begin{bmatrix}-l_1\sin\theta_1-l_2\sin(\theta_1+\theta_2)\\l_1\cos\theta_1+l_2\cos(\theta_1+\theta_2)\\0\end{bmatrix}$$

计算各个关节的运动旋量坐标，则得

$${}_T^S\boldsymbol{J}^s(\boldsymbol{\theta})=\begin{bmatrix}0 & l_1\cos\theta_1 & l_1\cos\theta_1+l_2\cos(\theta_1+\theta_2) & 0\\0 & l_1\sin\theta_1 & l_1\sin\theta_1+l_2\sin(\theta_1+\theta_2) & 0\\0 & 0 & 0 & 1\\0 & 0 & 0 & 0\\0 & 0 & 0 & 0\\1 & 1 & 1 & 0\end{bmatrix}$$

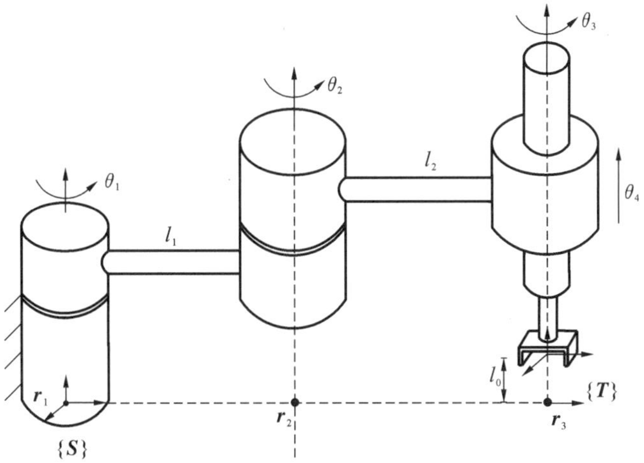

图 6-5　处于参考形位的 SCARA 机器人

读者可以检查上面结果的正确性，计算末端执行器的线速度 $[{}_T^S\boldsymbol{J}^s(\boldsymbol{\theta})\dot{\boldsymbol{\theta}}]\boldsymbol{p}(\boldsymbol{\theta})$ 和 $\dot{\boldsymbol{p}}(\boldsymbol{\theta})$ 是否一致。也可以用此方法计算 Stanford 机器人的雅可比矩阵。

6.3　逆雅可比矩阵和奇异性

根据关节的微分运动 $\mathrm{d}q_i(i=1,2,\cdots,n)$ 求末端执行器的微分运动矢量(微分移动矢量 $\boldsymbol{d}$ 和微分转动矢量 $\boldsymbol{\delta}$)称为微分运动的原问题，即 $D=\boldsymbol{J}(\boldsymbol{q})\mathrm{d}\boldsymbol{q}$。反之，根据末端执行器的微分运动矢量 $\boldsymbol{d}$ 和 $\boldsymbol{\delta}$，求相应的关节微分运动 $\mathrm{d}q_i(i=1,2,\cdots,n)$，称为微分运动反解。同样，根据末端执行器的速度和角速度求相应的关节速度，称为速度反解。机器人控制问题是：为了使机器人以给定的操作速度运动，必须计算出相应的关节速度矢量。因此，速度反解和微分运动反解是机器人规划和控制的重要一环。求解 $\dot{\boldsymbol{q}}$ 或 $\mathrm{d}\boldsymbol{q}$ 的关键在于判断雅可比矩阵 $\boldsymbol{J}(\boldsymbol{q})$ 的逆 $\boldsymbol{J}^{-1}(\boldsymbol{q})$ 是否存在。

6.3.1 雅可比矩阵的几何性质

操作空间与关节空间的速度关系和它们之间的微分关系(分别见式(6-3)和式(6-4))均可以看成是由 n 维关节空间 $\dot{\boldsymbol{q}}(\mathrm{d}\boldsymbol{q})$ 向 m 维操作空间 $\dot{\boldsymbol{x}}(D)$ 的线性映射，如图 6-6 所示。雅可比矩阵 $\boldsymbol{J}$ 代表线性映射矩阵。

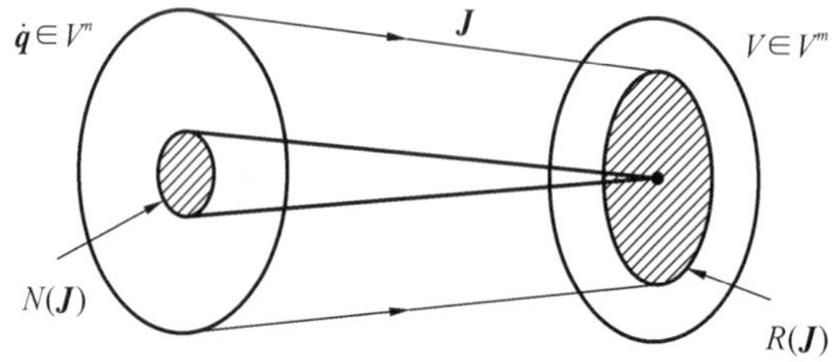

图 6-6 关节速度与操作速度间的线性映射关系

由线性代数的基本理论可知，线性映射的域空间 $R(\boldsymbol{J})$ 是操作空间 $\Re^m$ 的子空间，表示机器人在该形位时所能达到的操作速度(方向)的集合，或微分运动(方向)的集合。

线性映射的零空间 $N(\boldsymbol{J})$ 是关节空间 $\Re^n$ 的子空间，它表示不产生任何操作速度(微分运动)的关节速度(微分运动)的集合。即使操作臂的关节发生运动，末端执行器仍然保持固定不动，这些关节运动属于零空间 $N(\boldsymbol{J})$ 的矢量。

域空间 $R(\boldsymbol{J})$ 与零空间 $N(\boldsymbol{J})$ 的维数之和为

$$\dim(R(\boldsymbol{J}))+\dim(N(\boldsymbol{J}))=n \tag{6-20}$$

应该注意，机器人的雅可比矩阵依赖于形位，记为 $\boldsymbol{J}(\boldsymbol{q})$，因而域空间 $R(\boldsymbol{J}(\boldsymbol{q}))$ 和零空间 $N(\boldsymbol{J}(\boldsymbol{q}))$ 的维数也与形位有关。

机器人在执行某个特定任务时，所要求末端执行器独立运动参数的个数随任务的性质不同而异，最多是 6 个，有些则不需要 6 个，例如：弧焊、喷涂机器人等有对称轴线，需要的独立运动参数个数是 5；带球形测头的机器人需要的独立运动参数的个数是 3；平面作业机器人需要的独立运动参数个数是 3；进行平面曲线坐标测量的测量机需要的独立运动参数个数是 2；进行圆柱铣刀加工时机床需要的独立运动参数个数为 4。独立运动参数的数目就是操作空间的维数。

当 $n>m$ 且 $\boldsymbol{J}$ 是满秩的时，机器人具有冗余自由度，冗余度定义为零空间 $N(\boldsymbol{J})$ 的维数 $\dim(N(\boldsymbol{J}))$；当 $n=m$ 且 $\boldsymbol{J}$ 是满秩的时，机器人具有满自由度；当 $n<m$ 时，机器人是欠自由度的。机器人处于奇异形位时，机器人的冗余度将减少，满自由度机器人将成为欠自由度机器人。

6.3.2 满自由度机器人

对于平面机器人，若其具有 3 个关节自由度，则相应的雅可比矩阵 $\boldsymbol{J}(\boldsymbol{q})$ 是 3×3 的方阵；对于空间机器人，若其具有 6 个关节自由度，则其雅可比矩阵是 6×6 的方阵。在这两种情况下机器人都是满自由度机器人。在任一瞬时，雅可比矩阵 $\boldsymbol{J}(\boldsymbol{q})$ 表示操作速度矢量与关节速度矢量的线性关系。速度反解可以写成矩阵的形式：

$$\dot{\boldsymbol{q}}=\boldsymbol{J}^{-1}(\boldsymbol{q})\dot{\boldsymbol{x}} \tag{6-21}$$

现在要确定的是：对于所有的 $\boldsymbol{q}$ 值，雅可比矩阵 $\boldsymbol{J}(\boldsymbol{q})$ 的逆是否都存在。绝大多数机器人，在某些形位时，其雅可比行列式为零，即

$$|\boldsymbol{J}(\boldsymbol{q})|=0 \tag{6-22}$$

如前文所述，这些形位称为机器人的奇异形位。这时 $\boldsymbol{J}(\boldsymbol{q})$ 的逆不存在，因此就会出现两个问题：

(1) 在奇异形位处，对于给定的 $\dot{\boldsymbol{x}}$，速度反解 $\dot{\boldsymbol{q}}$ 不存在；

(2) 在奇异形位附近，按式(6-21)解出的关节速度可能非常大，处于病态。

机器人处于奇异形位时，其雅可比矩阵 $\boldsymbol{J}(\boldsymbol{q})$ 不是满秩的，其列矢量线性相关，不能张成整个操作空间(对于平面机器人是三维的，对于空间机器人是六维的)。这表明末端执行器至少在一个方向上将丧失运动能力，即失去一个或几个自由度。粗略地讲，机器人的奇异形位可分为两类：

(1) 机器人工作空间边界的奇异形位。例如图 6-2 所示的 2R 平面机械手，其处于工作空间的边界时(手臂完全伸出或缩回)，只具有一个操作自由度，丧失了一个自由度，只可沿切向运动，不能沿径向运动。

(2) 工作空间内部的奇异形位。通常是由于两个或多个关节轴线重合而造成的。

在奇异形位附近机器人的运动性能和动态性能往往变坏，对此应引起注意。PUMA560 机器人的奇异形位有两种：

(1) 当 θ_3 接近 $-90°$ 时，连杆 2 和 3 完全“伸出”，与 2R 平面机械手的奇异情况类似(见例 6.2)，这属于工作空间边界奇异性。

(2) 当 $\theta_5=0$ 时，机器人处于奇异形位，关节轴线 4 和 6 重合，两者的运动将产生同样的操作运动，相当于丧失了一个自由度。这种奇异形位可能发生在工作空间内部，因此属于工作空间内部奇异性。

6.3.3　雅可比伪逆的计算

由于雅可比矩阵 $\boldsymbol{J}(\boldsymbol{q})$ 的各元素表达式相当复杂，其逆 $\boldsymbol{J}^{-1}(\boldsymbol{q})$ 的求解十分困难，数值解法速度一般太慢，还会碰到奇异情况和病态情况。Paul(1981)曾用微分变换来求解 $\boldsymbol{J}^{-1}(\boldsymbol{q})$，该方法可用于求速度反解或微分运动反解。

针对机器人的奇异性，有人提出了利用雅可比矩阵的广义逆求运动学反解的方法，其中包含手腕奇异性问题的处理。S. Chiaverini 和 O. Egeland 利用雅可比矩阵的伪逆 $\boldsymbol{J}^{+}$ 来处理奇异形位的速度反解问题，相应的速度反解可以表示为

$$\dot{\boldsymbol{q}}=\boldsymbol{J}^{+}(\boldsymbol{q})\dot{\boldsymbol{x}} \tag{6-23}$$

式中：$\boldsymbol{J}^{+}\in\Re^{n\times m}$ 是雅可比矩阵 $\boldsymbol{J}$ 的伪逆，是方程(6-3)最小范数的最小二乘解，有

$$\min\|\boldsymbol{J}\dot{\boldsymbol{q}}-\dot{\boldsymbol{x}}\|=\|\boldsymbol{J}\boldsymbol{J}^{+}\dot{\boldsymbol{x}}-\dot{\boldsymbol{x}}\| \tag{6-24}$$

$\boldsymbol{J}$ 的伪逆 $\boldsymbol{J}^{+}$ 满足下面的四个条件：

$$\boldsymbol{J}\boldsymbol{J}^{+}\boldsymbol{J}=\boldsymbol{J},\qquad \boldsymbol{J}^{+}\boldsymbol{J}\boldsymbol{J}^{+}=\boldsymbol{J}^{+}$$
$$(\boldsymbol{J}^{+}\boldsymbol{J})^{\mathrm{T}}=\boldsymbol{J}^{+}\boldsymbol{J},\qquad (\boldsymbol{J}\boldsymbol{J}^{+})^{\mathrm{T}}=\boldsymbol{J}\boldsymbol{J}^{+}$$

因此，$\boldsymbol{J}^{+}$ 也称为 $\boldsymbol{J}$ 的广义逆。上述前两个条件用于保证 $\boldsymbol{J}^{+}\dot{\boldsymbol{x}}$ 是方程(6-3)的一个解，后两个条件使 $\boldsymbol{J}^{+}\dot{\boldsymbol{x}}$ 具有最小范数的性质，并且正交于零空间 $N(\boldsymbol{J})$。

$\boldsymbol{J}^{+}$ 还满足 $\boldsymbol{J}\boldsymbol{J}^{+}=\boldsymbol{I}$，如果 $\boldsymbol{J}(\boldsymbol{q})$ 的秩等于 m，则 $\boldsymbol{J}^{+}$ 可由下式给出：

$$\boldsymbol{J}^{+}=\boldsymbol{J}^{\mathrm{T}}(\boldsymbol{J}\boldsymbol{J}^{\mathrm{T}})^{-1} \tag{6-25}$$

虽然我们可通过伪逆定义在机器人奇异形位处的运动反解，但是，在奇异形位附近，关节速度仍然很大。实际上，在非奇异形位上，解式(6-21)与式(6-23)是相同的，在奇异点处

的近似解将是不连续的。Mayne 的修改算法可用来处理这个问题。步骤如下：

步骤一： 令雅可比矩阵 $\boldsymbol{J}$ 是 $m\times n$ 的矩阵，$m\leqslant n$，$\mathrm{rank}(\boldsymbol{J})=r\leqslant m$，将 $\boldsymbol{J}$ 分块：

$$\boldsymbol{J}=\begin{bmatrix}\boldsymbol{J}_1\\ \boldsymbol{J}_2\end{bmatrix} \tag{6-26}$$

式中：$\boldsymbol{J}_1$ 是 $r\times n$ 的满秩矩阵，$\boldsymbol{J}_2$ 是 $(m-r)\times n$ 的矩阵。

步骤二： 按下式计算 $\boldsymbol{J}$ 的伪逆：

$$\boldsymbol{J}^{+}=\boldsymbol{J}_1^{\mathrm{T}}(\boldsymbol{G}\boldsymbol{G}^{\mathrm{T}})^{-1}\boldsymbol{G} \tag{6-27}$$

式中：$\boldsymbol{G}$ 是 $r\times m$ 的矩阵，定义为

$$\boldsymbol{G}=\boldsymbol{J}_1\boldsymbol{J}^{\mathrm{T}} \tag{6-28}$$

机器人处于奇异形位 $\boldsymbol{q}$ 时，$\boldsymbol{J}(\boldsymbol{q})$ 的域空间 $R(\boldsymbol{J}(\boldsymbol{q}))$ 的维数为

$$\dim(R(\boldsymbol{J}(\boldsymbol{q})))=r<m\leqslant n \tag{6-29}$$

式中：$R(\boldsymbol{J}(\boldsymbol{q}))$ 称为 m 维操作空间中的可行运动子空间，其维数为 r。这就表明仅有 r 个方向可以任意指定，其余 $m-r$ 个方向随之确定，这些方向称为依赖方向。

为了保证雅可比伪逆在奇异点处的连续性，由作业任务仅指定 r 个自由度，其余的 $m-r$ 个自由度按照机器人进入和离开约束区时解的连续性要求指定。即在可行运动空间采用精确解，而在依赖方向上进行插值。微分运动反解可以表示为

$$\dot{\boldsymbol{q}}=\boldsymbol{J}^{-}(\boldsymbol{q})\dot{\boldsymbol{x}}+(\boldsymbol{I}-\boldsymbol{J}^{-}(\boldsymbol{q})\boldsymbol{J}(\boldsymbol{q}))\boldsymbol{z} \tag{6-30}$$

式中：$\boldsymbol{J}^{-}(\boldsymbol{q})=\tilde{\boldsymbol{J}}_1^{\mathrm{T}}(\boldsymbol{G}\boldsymbol{G}^{\mathrm{T}})^{-1}\boldsymbol{G}$，其中 $\boldsymbol{G}=\tilde{\boldsymbol{J}}_1\boldsymbol{J}^{\mathrm{T}}$，$\tilde{\boldsymbol{J}}_1$ 在整个约束区域内具有相同的结构；$\boldsymbol{I}-\boldsymbol{J}^{-}(\boldsymbol{q})\boldsymbol{J}(\boldsymbol{q})$ 将任意矢量 $\boldsymbol{z}$ 投影到 $N(\tilde{\boldsymbol{J}})$（其中 $N(\tilde{\boldsymbol{J}})$ 在奇异形位时与 $N(\boldsymbol{J})$ 相同）。

6.4 操作臂的灵巧性

现在工业中使用的机器人大多不具有冗余度，其主要缺点是在工作空间中有奇异区域。在此区域内，为了产生沿某一方向的操作速度，所需的关节速度可能非常大。数学上用雅可比矩阵 $\boldsymbol{J}(\boldsymbol{q})$ 的行列式是否为 0 来判别机器人是否处于奇异形位，从而定性地描述机器人操作臂的运动学特征。本节引入灵巧性的概念，以对操作臂的运动学特征进行定量分析。

6.4.1 雅可比矩阵的奇异值分解

雅可比矩阵的奇异性用于定性地描述操作臂的运动灵巧性和能动性。为了定量分析操作臂的灵巧性，人们提出了许多度量指标。所有这些指标在概念上都与雅可比矩阵的奇异值有关。根据矩阵的奇异值分解理论，可对操作臂在任意形位的雅可比矩阵 $\boldsymbol{J}(\boldsymbol{q})$ 进行奇异值分解，即

$$\boldsymbol{J}(\boldsymbol{q})=\boldsymbol{U}\sum\boldsymbol{V} \tag{6-31}$$

式中：$\boldsymbol{U}\in\Re^{m\times m}$，$\boldsymbol{V}\in\Re^{n\times n}$，均为正交矩阵，而

$$\boldsymbol{\Sigma}=\begin{bmatrix}\sigma_1 & 0 & \cdots & 0 & 0\\ 0 & \sigma_2 & \cdots & 0 & 0\\ \vdots & \vdots & & \vdots & \vdots\\ 0 & 0 & \cdots & \sigma_m & 0\end{bmatrix} \tag{6-32}$$

式中：$\sigma_1,\sigma_2,\cdots,\sigma_m$ 为 $\boldsymbol{J}$ 的奇异值，$\sigma_1\geqslant\sigma_2\geqslant\cdots\geqslant\sigma_m\geqslant 0$。

可以证明，对角矩阵 $\boldsymbol{\Sigma}$ 与雅可比矩阵 $\boldsymbol{J}(\boldsymbol{q})$ 具有相同的秩，$\operatorname{rank}(\boldsymbol{\Sigma})=\operatorname{rank}(\boldsymbol{J})=r$。当 $r<m$ 时，$\boldsymbol{\Sigma}$ 的形式为

$$\boldsymbol{\Sigma}=\begin{bmatrix} \sigma_1 & 0 & \cdots & 0 & \cdots & 0 & 0 \\ 0 & \sigma_2 & \cdots & 0 & \cdots & 0 & 0 \\ \vdots & \vdots & & \vdots & & \vdots & \vdots \\ 0 & 0 & \cdots & \sigma_r & \cdots & 0 & 0 \\ \vdots & \vdots & & \vdots & & \vdots & \vdots \\ 0 & 0 & \cdots & 0 & \cdots & 0 & 0 \end{bmatrix} \tag{6-33}$$

式中：σ_1 是最大奇异值；σ_r 是最小奇异值。

6.4.2　灵巧性度量指标

1. 条件数

Salibury 和 Craig 利用雅可比矩阵 $\boldsymbol{J}(\boldsymbol{q})$ 的条件数作为评定 Stanford/JPL 手爪尺度最优化的准则。条件数按 $m=n$ 且 $\boldsymbol{J}(\boldsymbol{q})$ 非奇异和 $m<n$ 两种情况来定义：

$$k(\boldsymbol{J})=\begin{cases} \|\boldsymbol{J}(\boldsymbol{q})\|\ \|\boldsymbol{J}^{-}(\boldsymbol{q})\|, & m=n \text{ 且 } \boldsymbol{J}(\boldsymbol{q}) \text{ 非奇异} \\ \|\boldsymbol{J}(\boldsymbol{q})\|\ \|\boldsymbol{J}^{+}(\boldsymbol{q})\|, & m<n \end{cases} \tag{6-34}$$

式中：$\|\cdot\|$ 代表任意矩阵范数，通常取欧氏范数。可以证明，条件数与奇异值的关系为

$$k(\boldsymbol{J})=\frac{\sigma_1}{\sigma_r} \tag{6-35}$$

式中：σ_1 和 σ_r 分别是 $\boldsymbol{J}(\boldsymbol{q})$ 的最大和最小奇异值。式(6-35)定义的条件数 $k(\boldsymbol{J})$ 对于非方阵的情况也适用。显然，矩阵的条件数取值范围是 $1\leqslant k\leqslant\infty$。

当 $k=1$ 时，操作臂所处的形位称为各向同性形位。一般在设计机器人机械结构时，应尽量使其最小条件数为 1，这时操作臂的灵巧性最高，各奇异值相等，即

$$\sigma_1=\sigma_2=\cdots=\sigma_r \tag{6-36}$$

2. 最小奇异值

雅可比矩阵 $\boldsymbol{J}(\boldsymbol{q})$ 的最小奇异值可用来作为控制关节速度上限的指标：

$$\|\dot{\boldsymbol{q}}\|<\left(\frac{1}{\sigma_r}\right)\|\dot{\boldsymbol{x}}\| \tag{6-37}$$

在奇异形位附近，$\sigma_r\to 0$，对于给定的 $\|\dot{\boldsymbol{x}}\|$，所对应的关节速度 $\|\dot{\boldsymbol{q}}\|$ 非常大。最小奇异值越大，操作臂末端对关节运动的响应越快。

3. 运动灵巧性指标

Angeles 和 Rojas 于 1987 年提出把最小条件数 k_{m} 的倒数定义为度量操作臂灵巧性的指标，即

$$D=\frac{1}{k_{\mathrm{m}}}\times 100\% \tag{6-38}$$

式中：$k_{\mathrm{m}}=\min\limits_{q_2,q_3,q_4,q_5} k(\boldsymbol{J})$。实际上，条件数 $k(\boldsymbol{J})$ 只与中间的关节变量 $q_i\,(i=2,3,4,5)$ 有关，因此可记为 $k=k(q_2,q_3,q_4,q_5)$。

4. 可操作性指标(可操作度)

Yoshikawa 将雅可比矩阵与其转置之积的行列式定义为可操作性的度量指标，即

$$w=\sqrt{\det[\boldsymbol{J}(\boldsymbol{q})\boldsymbol{J}^{\mathrm{T}}(\boldsymbol{q})]} \tag{6-39}$$

利用矩阵 $\boldsymbol{J}(\boldsymbol{q})$ 的奇异值，可以得出另一表达式：

$$w = \sigma_1\sigma_2\cdots\sigma_m \tag{6-40}$$

显然：当 $m=n$ 时，$w=|\det(\boldsymbol{J}(\boldsymbol{q}))|$；当操作臂处于奇异形位时，$\mathrm{rank}(\boldsymbol{J}(\boldsymbol{q}))<m$，$w=0$。因此，操作臂的可操作性为 0。

上面这些度量指标从不同的角度表示操作臂的灵巧性和速度反解的精确性。利用可操作性可以直接判别奇异形位。当 $w=0$ 时，操作臂处于奇异形位；$w>0$ 时，处于非奇异形位。由于矩阵行列式的值并不能代表矩阵求逆运算的稳定性，因此用它作为可操作性指标来衡量操作臂的灵巧性存在一定的缺陷。例如：对于 2×2 的对角矩阵，主对角元素是 1 和 10^{10}，其行列式的值很大，但是对其求逆的计算精度很差；反之，若主对角元素同为 10^{-10}，虽然其行列式的值很小，但是对其求逆的计算精度很高。同样，采用雅可比矩阵与其转置之积的行列式来作为灵巧性指标也是有问题的。采用雅可比矩阵的条件数作为度量指标比较合理，例如前面两个矩阵的条件数分别为 10^{10} 和 1，可定量地表示矩阵求逆的数值稳定性。基于条件数，Angeles 和 Cajun 推导出六轴各向同性操作臂 DIESTRO 的运动学参数。在表 6-1 中列出了该操作臂处于各向同性形位时的参数值，相应的雅可比矩阵的值为

表 6-1　DIESTRO 的连杆参数

关节 i	a_i	d_i	α_i	θ_i
1	1	1	90	0
2	1	1	−90	90
3	1	1	90	−90
4	1	1	−90	90
5	1	1	90	−90
6	1	1	−90	180

$$\boldsymbol{J}=\begin{bmatrix}0&0&-1&0&0&1\\0&-1&0&0&1&0\\1&0&0&-1&0&0\\1&0&0&1&0&0\\0&0&-1&0&0&-1\\0&-1&0&0&-1&0\end{bmatrix}$$

可以验证，其条件数 $k(\boldsymbol{J})=1$。实际上，

$$\boldsymbol{J}^{-1}=\boldsymbol{J}^{\mathrm{T}}/2,\quad \|\boldsymbol{J}\|=\sqrt{2},\quad \|\boldsymbol{J}^{-1}\|=\sqrt{2}/2$$

因此，操作臂处在各向同性形位。

6.4.3　采用球面副手腕的六自由度机器人的灵巧性

许多工业机器人的前三个关节用于确定手腕的位置，而后三个关节轴线交于一点，形成一个球面副，交点为手腕的参考点。这类机器人的雅可比矩阵具有如下形式：

$$\boldsymbol{J}=\begin{bmatrix}\boldsymbol{J}_{11}&\boldsymbol{0}\\\boldsymbol{J}_{21}&\boldsymbol{J}_{22}\end{bmatrix} \tag{6-41}$$

式中：$\boldsymbol{0}$ 是 3×3 的零矩阵。用 $\dot{\boldsymbol{\theta}}_{\mathrm{a}}$ 和 $\dot{\boldsymbol{\theta}}_{\mathrm{w}}$ 分别表示手臂和手腕的三维关节速度矢量，则相应

的速度反解为

$$\dot{\boldsymbol{\theta}}_a = \boldsymbol{J}_{11}^{-1}\boldsymbol{v}_p$$

$$\dot{\boldsymbol{\theta}}_w = \boldsymbol{J}_{22}^{-1}(\boldsymbol{\omega} - \boldsymbol{J}_{21}\dot{\boldsymbol{\theta}}_a)$$

因此，速度反解的计算精度只与子块 $\boldsymbol{J}_{11}$ 和 $\boldsymbol{J}_{22}$ 有关。可以证明，雅可比矩阵 $\boldsymbol{J}$ 的条件数的二次方为

$$k^2(\boldsymbol{J}) = \frac{9(k_{11}^2 + k_{22}^2) + k_s^2}{36}$$

式中：k_{11} 和 k_{22} 分别是 $\boldsymbol{J}_{11}$ 和 $\boldsymbol{J}_{22}$ 的条件数，而 $k_s^2 = k_1^2 + k_2^2 + k_3^2 + k_4^2$，有

$$k_1^2 = (\mathrm{tr}\boldsymbol{E})[\mathrm{tr}(\boldsymbol{J}_{11}^{\mathrm{T}}\boldsymbol{J}_{11}) + \mathrm{tr}(\boldsymbol{J}_{22}^{\mathrm{T}}\boldsymbol{J}_{22}) + \mathrm{tr}(\boldsymbol{J}_{21}^{\mathrm{T}}\boldsymbol{J}_{21})]$$

$$k_2^2 = \mathrm{tr}(\boldsymbol{J}_{21}^{\mathrm{T}}\boldsymbol{J}_{21})[\mathrm{tr}(\boldsymbol{J}_{11}^{-\mathrm{T}}\boldsymbol{J}_{11}^{-1}) + \mathrm{tr}(\boldsymbol{J}_{22}^{-\mathrm{T}}\boldsymbol{J}_{22}^{-1})]$$

$$k_3^2 = \mathrm{tr}(\boldsymbol{J}_{11}^{\mathrm{T}}\boldsymbol{J}_{11})\mathrm{tr}(\boldsymbol{J}_{22}^{-\mathrm{T}}\boldsymbol{J}_{22}^{-1})$$

$$k_4^2 = \mathrm{tr}(\boldsymbol{J}_{11}^{-\mathrm{T}}\boldsymbol{J}_{11}^{-1})\mathrm{tr}(\boldsymbol{J}_{22}^{\mathrm{T}}\boldsymbol{J}_{22})$$

$$\boldsymbol{E} = \boldsymbol{J}_{11}^{-\mathrm{T}}\boldsymbol{J}_{21}^{\mathrm{T}}\boldsymbol{J}_{22}^{-\mathrm{T}}\boldsymbol{J}_{22}^{-1}\boldsymbol{J}_{21}\boldsymbol{J}_{11}^{-1}$$

如果 $\boldsymbol{J}_{22}$ 是在手腕连杆 1 坐标系中表示的，则它与 θ_4 无关，同时 $\mathrm{tr}(\boldsymbol{J}_{22}^{\mathrm{T}}\boldsymbol{J}_{22})$，$k$ 也与 θ_4 无关。k^2 作为 θ_2，θ_3 和 θ_5 的函数，取其极小值 k_m^2。当手臂和手腕都具有各向同性时，有

$$k_a^2 = \min k_{11}^2 = 1,\quad k_w^2 = \min k_{22}^2 = 1,\quad k_m = \sqrt{\frac{1}{2} + \frac{k_s^2}{36}}$$

当 k_s^2 取最小值 $\bar{k}_s^2$ 时，有

$$\bar{k}_s^2 = \min k_s^2 = 36,\quad k_m = \sqrt{\frac{(k_a^2 + k_w^2)}{4} + 1}$$

当上述条件都满足时，$k_m = \sqrt{\frac{1}{2} + 1} = \sqrt{\frac{3}{2}} = 1.225$。

由此得出结论，如果将操作臂分成手臂和手腕两部分，且两部分都具有各向同性，则最小条件数为 1.225，运动灵巧性指标 $D = 81.6\%$。同样，按式(6-38)，可以得到整个 PUMA560 的最小条件数 $k_m = 1.245$，运动灵巧性指标 $D = 80.3\%$。

值得指出的是，由于运动学方程中包含了位置和方向，二者具有不同的量纲，因此雅可比矩阵的条件数对于尺度的选取不具有不变性。最近 Gosselin(1990)构造出了新的雅可比矩阵，其中元素具有相同的量纲，其条件数具有不变性。在此基础上 Gosselin 提出了新的灵巧性指标，用来评定平面机器人和空间机器人。Angeles 等(2012)则用条件数来构造逆运动学方程和度量可操作性。

6.5　力雅可比矩阵

操作臂末端受到的外力 $\boldsymbol{f}$ 和力矩 $\boldsymbol{m}$ 组合而成的六维矢量

$$F = \begin{bmatrix} \boldsymbol{f} \\ \boldsymbol{m} \end{bmatrix} \tag{6-42}$$

称为末端力旋量坐标矢量。而由各个关节驱动力(或力矩)组成的 n 维矢量

$$\boldsymbol{\tau} = [\tau_1 \quad \tau_2 \quad \cdots \quad \tau_n]^{\mathrm{T}} \tag{6-43}$$

称为关节力矩矢量。若将关节力矩矢量看成操作臂驱动装置的输入，将末端产生的力旋量

坐标作为操作臂的输出，则两者之间的关系可用力雅可比矩阵表示。

利用虚功原理，可以导出与关节力矩矢量 $\boldsymbol{\tau}$ 相对应的终端力旋量坐标矢量 F。令各关节的虚位移为 δq_i，末端执行器相应的虚位移为 D。虚位移是满足机械系统的几何约束条件的无限小位移。相应地，各关节所做的虚功之和为

$$W = \boldsymbol{\tau}^{\mathrm{T}}\delta\boldsymbol{q} = \tau_1\delta q_1 + \tau_2\delta q_2 + \cdots + \tau_n\delta q_n \tag{6-44}$$

末端执行器所做的虚功为

$$W = F^{\mathrm{T}}D = f_x\mathrm{d}x + f_y\mathrm{d}y + f_z\mathrm{d}z + m_x\delta_x + m_y\delta_y + m_z\delta_z$$

根据虚功原理，操作臂在平衡情况下，由任意虚位移产生的虚功总和为 0。即关节空间虚位移产生的虚功等于操作空间虚位移产生的虚功：

$$\boldsymbol{\tau}^{\mathrm{T}}\delta\boldsymbol{q} = F^{\mathrm{T}}D \tag{6-45}$$

注意到虚位移 $\delta\boldsymbol{q}$ 和 D 并非独立，应该满足几何约束条件。两者之间的几何约束由操作臂的速度雅可比矩阵所规定，即 $D=\boldsymbol{J}\delta\boldsymbol{q}$，将其代入式(6-45)得

$$\boldsymbol{\tau} = \boldsymbol{J}^{\mathrm{T}}F \tag{6-46}$$

式(6-46)表明，若不考虑关节之间的摩擦力，在外力 F 的作用下，操作臂保持平衡是关节驱动力矩满足的条件。式中的 $\boldsymbol{J}$ 是操作臂的速度雅可比矩阵。$\boldsymbol{J}$ 的转置 $\boldsymbol{J}^{\mathrm{T}}$ 就是力雅可比矩阵，它把作用在末端的广义外力线性映射为相应的关节驱动力矩。因此，将 $\boldsymbol{J}^{\mathrm{T}}$ 称为操作臂的力雅可比矩阵。上面的推导证明：力雅可比矩阵是速度雅可比矩阵的转置。

值得注意的是，如果雅可比矩阵 $\boldsymbol{J}$ 不是满秩的，那么，沿某些方向将不能施加所需要的静力（和力矩）。这时，沿这些方向（在组成雅可比矩阵 $\boldsymbol{J}^{\mathrm{T}}$ 的零空间 $N(\boldsymbol{J}^{\mathrm{T}})$ 内）的力旋量坐标 F 可随意增加或减小，而不会对关节力矩 $\boldsymbol{\tau}$ 的大小产生影响。这表明，当机构的形态接近奇异状态时，很小的关节力矩就可能造成非常大的末端操作力。例如双连杆操作臂的两连杆近似为直线时（接近奇异状态），如果终端顶住固定表面，则以很小的关节力矩就能克服非常大的外界作用力。可见操作臂在力域内与在速度域内一样，也存在奇异状态。

6.5.1 速度雅可比矩阵与力雅可比矩阵的对偶关系

一方面，关节驱动力矩与末端操作力之间的关系可用力雅可比矩阵 $\boldsymbol{J}^{\mathrm{T}}$ 来表达；另一方面，雅可比矩阵 $\boldsymbol{J}$ 又用来表达关节速度矢量与操作速度矢量之间的传递关系。因此，操作臂的静力传递关系和速度传递关系紧密相关，下面讨论两者的对偶性。已知

$$\dot{\boldsymbol{x}} = \boldsymbol{J}(\boldsymbol{q})\dot{\boldsymbol{q}} \tag{6-47}$$

$$\boldsymbol{\tau} = \boldsymbol{J}^{\mathrm{T}}(\boldsymbol{q})F \tag{6-48}$$

利用线性映射图 6-7 来表示速度和静力传递的对偶性。对于给定的形位 $\boldsymbol{q}$，映射矩阵 $\boldsymbol{J}(\boldsymbol{q})$ 是固定的 $m\times n$ 的矩阵。图 6-7 中画出了速度和静力的映射关系，n 表示关节数，m 代表操作空间维数。$\boldsymbol{J}$ 的值域空间 $R(\boldsymbol{J})$ 代表关节运动能够产生的全部操作速度集合。其值域空间 $R(\boldsymbol{J})$ 不能张满整个操作空间 V^m，存在末端执行器不能运动的方向。当 $\boldsymbol{J}(\boldsymbol{q})$ 退化时，操作臂处于奇异形位。另一方面，$\boldsymbol{J}(\boldsymbol{q})$ 的零空间 $N(\boldsymbol{J})$ 表示不产生操作速度的关节速度集合。如果 $N(\boldsymbol{J})\neq\{0\}$，不只含有 0，则对于给定的操作速度，关节速度反解可能有无限多。

与静力关系式(6-48)相联系的线性映射如图 6-7 的下半部所示。与瞬时运动映射不同，静力映射是从 m 维操作空间 V^m 向 n 维关节空间 V^n 的映射。因此，关节力矩矢量总是由末端操作力 F 唯一地确定。然而，对于给定的关节力矢量 $\boldsymbol{\tau}$，与之平衡的末端操作力 F 并非一定存在。与瞬时运动分析相似，描述静力映射的是零空间 $N(\boldsymbol{J}^{\mathrm{T}})$ 和值域空间 $R(\boldsymbol{J}^{\mathrm{T}})$。

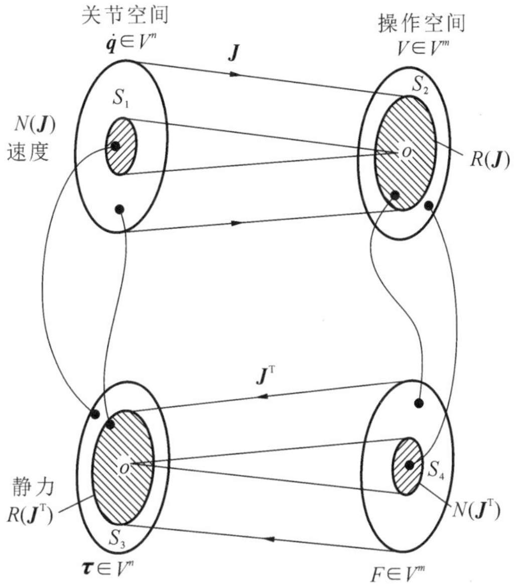

图 6-7　速度和静力的线性映射

零空间 $N(\boldsymbol{J}^T)$代表零关节驱动力矩能承受的末端操作力集合。这时，末端操作力完全由操作臂机构本身承受。而值域空间 $R(\boldsymbol{J}^T)$代表操作力能平衡的所有关节力矩矢量的集合。

$\boldsymbol{J}$ 与 $\boldsymbol{J}^T$ 的值域空间和零空间有密切的关系。根据线性代数的有关知识，零空间 $N(\boldsymbol{J})$是值域空间 $R(\boldsymbol{J}^T)$在空间 V^n 内的正交补空间。若我们用 S_1 表示 $N(\boldsymbol{J})$在空间 V^n 内的正交补空间，则由图 6-7 可以看出 S_1 恒等于 $R(\boldsymbol{J}^T)$。同样，若令 S_3 代表 $R(\boldsymbol{J}^T)$在空间 V^n 内的正交补空间，则空间 S_3 与 $N(\boldsymbol{J})$全同。这意味着，在不产生末端操作速度的这些关节速度方向上，关节力矩不能被末端操作力所平衡。为了使操作臂保持静止不动，在零空间 $N(\boldsymbol{J})$内的关节力矩矢量必须为零。

在操作空间 V^m 中存在相似的对应关系。值域空间 $R(\boldsymbol{J})$是零空间 $N(\boldsymbol{J}^T)$在空间 V^m 内的正交补空间。因而，图 6-7 中的空间 S_2 与 $N(\boldsymbol{J}^T)$全同，而空间 S_4 又与 $R(\boldsymbol{J})$全同。由此得出以下结论：不能由关节运动驱动产生的这些操作运动方向恰恰是不需要关节力矩来平衡的末端操作力的方向。反之，如果外力作用方向是末端执行器能够运动的方向，则此外力完全可以由关节力矩来平衡。当雅可比矩阵 $\boldsymbol{J}$ 是退化的，即操作臂处于奇异形位时，零空间 $N(\boldsymbol{J}^T)$不只包含 0，因而外力可能由机械结构承受。

6.5.2　力旋量坐标的伴随变换

利用瞬时微分运动和静力的对偶关系，可以把静力学问题归结为相应的微分运动问题来研究。根据微分运动学方程，也就可以推导出相应的静力关系。下面说明对偶性同样存在于力和力矩的坐标变换与微分运动的坐标变换之中。首先，六维力旋量坐标矢量 F 从坐标系$\{\boldsymbol{B}\}$到$\{\boldsymbol{A}\}$中的变换可用 6×6 的力伴随矩阵来表示：

$$^{A}F = \mathrm{Ad}_F({}^{A}_{B}\boldsymbol{T})\,{}^{B}F \tag{6-49}$$

式中：力旋量坐标的伴随矩阵为

$$\mathrm{Ad}_F({}^{A}_{B}\boldsymbol{T}) = \begin{bmatrix} {}^{A}_{B}\boldsymbol{R} & \boldsymbol{0} \\ [{}^{A}\boldsymbol{p}_{Bo}]\,{}^{A}_{B}\boldsymbol{R} & {}^{A}_{B}\boldsymbol{R} \end{bmatrix} \tag{6-50}$$

式(6-50)所示的伴随变换矩阵与速度伴随变换矩阵(见式(4-13))有十分紧密的联系。实际上，两者也是对偶的，这两个 6×6 的变换矩阵相互转置。

其实，我们也可仿照前面的做法，利用虚功原理来推导力和力矩的坐标变换式(6-49)，并且得出力和力矩的传递关系与微分运动的传递关系的对偶性。相对坐标系{**A**}的虚位移(微分运动矢量)^AD，相应地在坐标系{**B**}内表示为^BD。在这两个坐标系中的作用力分别是^AF 和^BF，根据虚功原理“外力与等效力所做虚功之和为零”，可以得出

$$^AF^{\mathrm{T}}\cdot{}^AD={}^BF^{\mathrm{T}}\cdot{}^BD \tag{6-51}$$

再由式(4-42)，即可得出

$$^BD=\begin{bmatrix}{}^B_A\boldsymbol{R} & [{}^B\boldsymbol{p}_{Ao}]{}^B_A\boldsymbol{R}\\ \boldsymbol{0} & {}^B_A\boldsymbol{R}\end{bmatrix}{}^AD,\quad {}^AF^{\mathrm{T}}={}^BF^{\mathrm{T}}\begin{bmatrix}{}^B_A\boldsymbol{R} & [{}^B\boldsymbol{p}_{Ao}]{}^B_A\boldsymbol{R}\\ \boldsymbol{0} & {}^B_A\boldsymbol{R}\end{bmatrix} \tag{6-52}$$

将式(6-52)两边转置便可证明式(6-49)的正确性。

例 6.4　图 6-8 所示为带腕部力传感器的操作臂的工作情况。腕部力传感器测出作用在手腕上的六维力旋量坐标为^SF，试计算作用在工具顶端的力旋量坐标^TF。

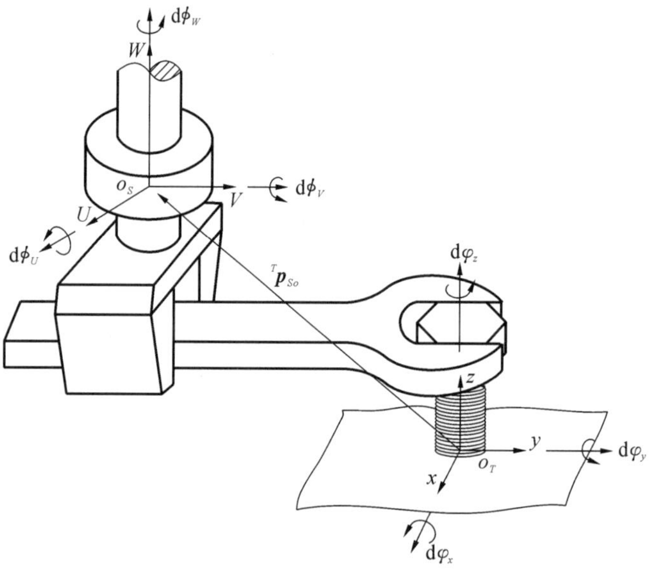

图 6-8　腕部力传感器

要将力旋量从传感器坐标系{**S**}转换到工具坐标系{**T**}，只需求出相应的 6×6 的变换矩阵即可。令坐标系{**T**}到{**S**}的齐次变换矩阵为

$$^T_S\boldsymbol{T}=\begin{bmatrix}{}^T_S\boldsymbol{R} & {}^T\boldsymbol{p}_{So}\\ \boldsymbol{0} & 1\end{bmatrix}$$

则微分运动的传递关系为

$$\begin{bmatrix}{}^S\boldsymbol{d}\\ {}^S\boldsymbol{\delta}\end{bmatrix}=\begin{bmatrix}{}^S_T\boldsymbol{R} & [{}^S\boldsymbol{p}_{To}]{}^S_T\boldsymbol{R}\\ \boldsymbol{0} & {}^S_T\boldsymbol{R}\end{bmatrix}\begin{bmatrix}{}^T\boldsymbol{d}\\ {}^T\boldsymbol{\delta}\end{bmatrix} \tag{6-53}$$

根据对偶性可以得出静力的传递关系：

$$\begin{bmatrix}{}^T\boldsymbol{f}\\ {}^T\boldsymbol{m}\end{bmatrix}=\begin{bmatrix}{}^T_S\boldsymbol{R} & \boldsymbol{0}\\ [{}^T\boldsymbol{p}_{So}]{}^T_S\boldsymbol{R} & {}^T_S\boldsymbol{R}\end{bmatrix}\begin{bmatrix}{}^S\boldsymbol{f}\\ {}^S\boldsymbol{m}\end{bmatrix} \tag{6-54}$$

如图 6-8 所示，两坐标系$\{\boldsymbol{S}\}$和$\{\boldsymbol{T}\}$对应的各轴相互平行，两坐标系的相对位置是${}^{T}\boldsymbol{p}_{So}=[p_x \quad p_y \quad p_z]^{\mathrm{T}}$，且有

$$ {}^{S}_{T}\boldsymbol{R}={}^{T}_{S}\boldsymbol{R}=\begin{bmatrix}1&0&0\\0&1&0\\0&0&1\end{bmatrix},[{}^{T}\boldsymbol{p}_{So}]=-[{}^{S}\boldsymbol{p}_{To}]=\begin{bmatrix}0&-p_z&p_y\\p_z&0&-p_x\\-p_y&p_x&0\end{bmatrix} $$

由此得出两坐标系的微分运动和静力传递关系分别为

$$ \begin{bmatrix}{}^{S}\boldsymbol{d}\\{}^{S}\boldsymbol{\delta}\end{bmatrix}=\begin{bmatrix}\boldsymbol{I}&[{}^{S}\boldsymbol{p}_{To}]\boldsymbol{I}\\\boldsymbol{0}&\boldsymbol{I}\end{bmatrix}\begin{bmatrix}{}^{T}\boldsymbol{d}\\{}^{T}\boldsymbol{\delta}\end{bmatrix},\begin{bmatrix}{}^{T}\boldsymbol{f}\\{}^{T}\boldsymbol{m}\end{bmatrix}=\begin{bmatrix}\boldsymbol{I}&\boldsymbol{0}\\{}[{}^{T}\boldsymbol{p}_{So}]\boldsymbol{I}&\boldsymbol{I}\end{bmatrix}\begin{bmatrix}{}^{S}\boldsymbol{f}\\{}^{S}\boldsymbol{m}\end{bmatrix} $$

6.5.3　确定负载质量的方法

前面讨论了按外界作用力求解等效关节力矩的方法。本节讨论它的逆问题——由所测得的关节力矩确定外界作用力，即根据式 $\boldsymbol{\tau}=\boldsymbol{J}^{\mathrm{T}}F$，确定作用力 F。由于雅可比矩阵 $\boldsymbol{J}$ 可能不是方阵，也可能没有逆，因此，对于给定的关节力矩 $\boldsymbol{\tau}$，力 F 可能无解，也可能存在无穷多个解。前面在讨论对偶关系时指出，在一般情况下，不一定能得到唯一确定的作用力 F 的解。如果 F 的维数比 $\boldsymbol{\tau}$ 的维数低，且 $\boldsymbol{J}$ 是满秩的，可用最小二乘法求得 F 的估值：

$$ F=(\boldsymbol{J}\boldsymbol{J}^{\mathrm{T}})^{-1}\boldsymbol{J}^{\mathrm{T}}\boldsymbol{\tau} \tag{6-55} $$

1. 由关节力矩确定负载质量

在实际中，常常要求确定操作臂的负载质量。可把各关节当成一个力传感器，利用所测得的关节力矩和力确定负载的质量。对于线性系统，具体做法如下：

(1) 为了测得在负载作用下的各关节力矩和力（称为静态误差力矩和力），使操作臂处于负载最严重的形位，各关节力矩和力按下式计算：

$$ \tau_i=k_i\cdot\Delta q_i \tag{6-56} $$

式中：k_i 表示关节 i 的等效刚度；Δq_i 是测量得到的伺服驱动系统的稳态位置误差（给定转角与实际转角之差），误差力矩（和力）与负载质量具有线性关系。

(2) 计算出单位质量（1 kg）的负载所引起的等效关节力矩和力。为此，首先规定坐标系：参考系$\{\boldsymbol{R}\}$、基座坐标系$\{0\}$、末端连杆坐标系$\{6\}$、工具坐标系$\{\boldsymbol{E}\}$和负载坐标系$\{\boldsymbol{G}\}$。取$\{\boldsymbol{G}\}$的坐标轴与$\{\boldsymbol{R}\}$的平行，但$\{\boldsymbol{G}\}$的原点与$\{\boldsymbol{E}\}$的原点相同，设在负载的质心处。坐标系之间的位姿关系如图 6-9 所示。因此有

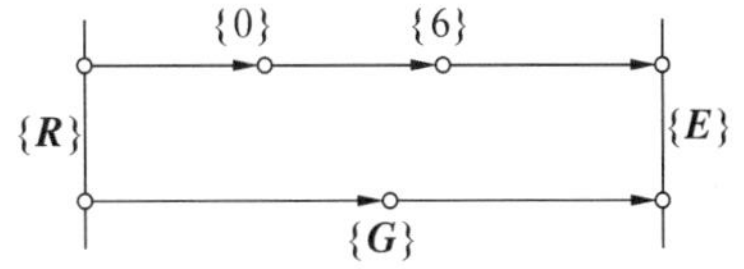

图 6-9　变换尺寸链(一)

$$ {}^{R}_{G}\boldsymbol{T}=\begin{bmatrix}1&0&0&p_x\\0&1&0&p_y\\0&0&1&p_z\\0&0&0&1\end{bmatrix},\quad {}^{G}_{E}\boldsymbol{T}=\begin{bmatrix}n_x&o_x&a_x&0\\n_y&o_y&a_y&0\\n_z&o_z&a_z&0\\0&0&0&1\end{bmatrix} $$

显然，在坐标系$\{\boldsymbol{G}\}$中 1 kg 负载可以表示为

$$ {}^{G}F=[0\quad 0\quad -g\quad 0\quad 0\quad 0\quad]^{\mathrm{T}} $$

① 在末端连杆 6 上的等效力旋量坐标${}^{6}F$ 可按式(6-49)计算，即

$$ {}^{6}F = \begin{bmatrix} {}^{6}_{G}\boldsymbol{R} & {}^{6}\boldsymbol{p}_{Go} \\ [{}^{6}\boldsymbol{p}_{Go}]{}^{6}_{G}\boldsymbol{R} & {}^{6}_{G}\boldsymbol{R} \end{bmatrix} {}^{G}F \tag{6-57} $$

② 计算等效关节力矢量

$$ \boldsymbol{\tau} = \boldsymbol{J}^{\mathrm{T}}\,{}^{6}F $$

式中：$\boldsymbol{J}$ 由 ${}^{6}_{G}\boldsymbol{T}$ 确定，

$$ {}^{6}_{G}\boldsymbol{T} = {}^{6}_{E}\boldsymbol{T}{}^{G}_{E}\boldsymbol{T}^{-1} \begin{bmatrix} {}^{6}_{G}\boldsymbol{R} & {}^{6}\boldsymbol{p}_{Go} \\ \boldsymbol{0} & 1 \end{bmatrix} $$

③ 根据 1 kg 的等效关节力矢量和实测的关节误差力矢量 $\boldsymbol{t}=[t_1 \quad t_2 \quad \cdots \quad t_n]^{\mathrm{T}}$ 计算内积 $\boldsymbol{\tau}^{\mathrm{T}}\boldsymbol{t}$ 和 $\boldsymbol{\tau}^{\mathrm{T}}\boldsymbol{\tau}$，则负载质量 m 为正则化内积，即

$$ m = \frac{\boldsymbol{\tau}^{\mathrm{T}}\boldsymbol{t}}{\boldsymbol{\tau}^{\mathrm{T}}\boldsymbol{\tau}} \tag{6-58} $$

负载质量确定之后，将它与末端连杆 6 的原质量相加，重新计算机器人的静态平衡关系和动态力学特性，补偿负载质量的影响。这种方法简单，可实时计算。

2. 用腕部力传感器确定负载质量

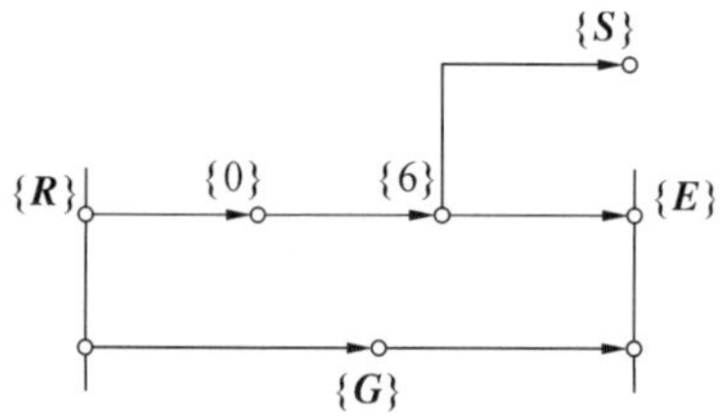

图 6-10　变换尺寸链（二）

若腕部力传感器的安装位置由坐标系 $\{\boldsymbol{S}\}$ 表示，则它相对 $\{6\}$ 的位姿用变换 ${}^{6}_{S}\boldsymbol{T}$ 表示。传感器 $\{\boldsymbol{S}\}$ 测出六维力和力矩矢量为 ${}^{S}F$，用 ${}^{S}F$ 也可确定负载的质量。由图 6-10所示的变换图尺寸链可以得到从 $\{\boldsymbol{G}\}$ 到 $\{\boldsymbol{S}\}$ 的微分变换式为 ${}^{G}_{E}\boldsymbol{T}\cdot{}^{E}_{6}\boldsymbol{T}\cdot{}^{6}_{S}\boldsymbol{T}$。

与上述方法相似，首先计算由 1 kg 负载 ${}^{G}F$ 在传感器上所引起的等效力 ${}^{S}F_g$，然后，再增大未知负载。测出腕部力传感器上的力 ${}^{S}F_o$，负载质量由正则代内积确定，即

$$ m = \frac{{}^{S}F_g \cdot {}^{S}F_o}{{}^{S}F_g \cdot {}^{S}F_g} \tag{6-59} $$

6.6　冗余度机器人

从运动学的角度来看，冗余度机器人是指完成某一任务具有多余自由度的机器人。同一机器人，可能对于某一任务是冗余的，对于另一任务是非冗余的。利用冗余度可以改善机器人的灵巧性，使其易躲避障碍物，改善其动力学性能，避免其奇异性。

6.6.1　冗余度的定义

对于某一任务，当关节空间的维数大于操作空间的维数，即 $n>m$ 时，该机器人称为冗余度机器人。当 $\boldsymbol{J}$ 是满秩的时，零空间的维数称为冗余度，即

$$ \dim(N(\boldsymbol{J}(\boldsymbol{q}))) = n - m > 0 \tag{6-60} $$

令 $\dot{\boldsymbol{q}}_{\mathrm{s}}$ 是方程(6-3)的一个特解，$\dot{\boldsymbol{q}}_{\mathrm{a}} \in N(\boldsymbol{J}(\boldsymbol{q}))$，$\dot{\boldsymbol{q}}_{\mathrm{a}}$ 是 $\boldsymbol{J}(\boldsymbol{q})$ 零空间的任一矢量，则

$$ \dot{\boldsymbol{q}} = \dot{\boldsymbol{q}}_{\mathrm{s}} + k\dot{\boldsymbol{q}}_{\mathrm{a}} \tag{6-61} $$

也是方程(6-3)的解。式(6-61)中 k 是任意常数。因此，冗余度机器人的运动学反解有无限

多个。解集合所包含的任意参数的数目等于 $N(\boldsymbol{J}(\boldsymbol{q}))$ 的维数。若取 $\dot{\boldsymbol{q}}_s$ 为由伪逆得到的解，$k=1$，$\dot{\boldsymbol{q}}_a=(\boldsymbol{I}-\boldsymbol{J}^+\boldsymbol{J})\dot{\boldsymbol{\phi}}$，$\boldsymbol{I}$ 是 $n\times n$ 的单位矩阵，$\boldsymbol{I}-\boldsymbol{J}^+\boldsymbol{J}$ 是零空间 $N(\boldsymbol{J})$ 的映射矩阵，$\dot{\boldsymbol{\phi}}\in\Re^n$ 是任意矢量，则冗余度机器人的速度反解为

$$\dot{\boldsymbol{q}}=\boldsymbol{J}^+\dot{\boldsymbol{x}}+(\boldsymbol{I}-\boldsymbol{J}^+\boldsymbol{J})\dot{\boldsymbol{\phi}} \tag{6-62}$$

又，对式(6-3)求导可得

$$\ddot{\boldsymbol{x}}=\boldsymbol{J}\ddot{\boldsymbol{q}}+\boldsymbol{a}_r(\boldsymbol{q},\dot{\boldsymbol{q}}),\boldsymbol{a}_r(\boldsymbol{q},\dot{\boldsymbol{q}})=\dot{\boldsymbol{J}}\dot{\boldsymbol{q}} \tag{6-63}$$

由式(6-62)和式(6-63)可得

$$\ddot{\boldsymbol{q}}=\boldsymbol{J}^+(\ddot{\boldsymbol{x}}-\dot{\boldsymbol{J}}\dot{\boldsymbol{q}})+(\boldsymbol{I}-\boldsymbol{J}^+\boldsymbol{J})\ddot{\boldsymbol{\phi}}=\boldsymbol{J}^+(\ddot{\boldsymbol{x}}-\dot{\boldsymbol{J}}\dot{\boldsymbol{q}})+\ddot{\boldsymbol{q}}_N \tag{6-64}$$

式中：$\ddot{\boldsymbol{q}}_N$ 是雅可比矩阵 $\boldsymbol{J}$ 的零空间矢量，即 $\ddot{\boldsymbol{q}}_N\in N(\boldsymbol{J})$。

由式(6-62)、式(6-64)可以看出：如果 $\dot{\boldsymbol{\phi}}=\boldsymbol{0}$ 和 $\ddot{\boldsymbol{\phi}}=\boldsymbol{0}$，可以在最小范数条件下求解出 $\dot{\boldsymbol{q}}$，$\ddot{\boldsymbol{q}}$，即在最小的关节速度情形下，保证所要求的终端运动。如果依据某种性能指标来消除冗余度带来的不确定性，就要牺牲最小范数解的条件。因此冗余度机器人的求解，关键在于依据某一性能指标，确定出 $\dot{\boldsymbol{\phi}}$ 和 $\ddot{\boldsymbol{\phi}}$。若选择性能指标为灵巧性指标，则可在轨迹规划中进行灵巧性的控制；若选择性能指标为关节力矩，则可由优化方法确定极小化关节力矩。

6.6.2　障碍物约束的运动学方程

机器人的工作空间中若存在障碍物，可能会发生一个或多个连杆距障碍物太近或与障碍物相碰撞的情况。为此，需设置一个“门槛”距离 d_0，若机器人在运动过程中，各连杆到障碍物的距离都大于 d_0，即满足无碰撞的条件。

设在某一时刻，机械手某连杆到障碍物的距离小于 d_0，令其与障碍物的最近点(简称为最近点)为 $\boldsymbol{x}_0$，为使冗余度机器人能躲避障碍物，需要选择零空间矢量，使最近点 $\boldsymbol{x}_0$ 具有远离障碍物的速度分量 $\dot{\boldsymbol{x}}_0$，以防止该点与障碍物相碰。因此对冗余度机器人的障碍物躲避运动有两个基本要求：第一是运动要满足终端要求；第二是运动要能躲避障碍物。即

$$\boldsymbol{J}\dot{\boldsymbol{q}}=\dot{\boldsymbol{x}} \tag{6-65}$$

$$\boldsymbol{J}_0\dot{\boldsymbol{q}}=\dot{\boldsymbol{x}}_0 \tag{6-66}$$

式中：$\dot{\boldsymbol{x}}_0$ 是设定的躲避障碍物的速度；$\boldsymbol{J}_0$ 是相应的雅可比矩阵。将式(6-62)代入式(6-66)可得

$$\boldsymbol{J}_0\boldsymbol{J}^+\dot{\boldsymbol{x}}+\boldsymbol{J}_0(\boldsymbol{I}-\boldsymbol{J}^+\boldsymbol{J})\dot{\boldsymbol{\phi}}=\dot{\boldsymbol{x}}_0 \tag{6-67}$$

所以远离障碍物的零空间速度 $\dot{\boldsymbol{\phi}}$ 为

$$\dot{\boldsymbol{\phi}}=[\boldsymbol{J}_0(\boldsymbol{I}-\boldsymbol{J}^+\boldsymbol{J})]^+(\dot{\boldsymbol{x}}_0-\boldsymbol{J}_0\boldsymbol{J}^+\dot{\boldsymbol{x}}) \tag{6-68}$$

因此

$$\dot{\boldsymbol{q}}=\boldsymbol{J}^+\dot{\boldsymbol{x}}+(\boldsymbol{I}-\boldsymbol{J}^+\boldsymbol{J})[\boldsymbol{J}_0(\boldsymbol{I}-\boldsymbol{J}^+\boldsymbol{J})]^+(\dot{\boldsymbol{x}}_0-\boldsymbol{J}_0\boldsymbol{J}^+\dot{\boldsymbol{x}}) \tag{6-69}$$

因为 $\boldsymbol{I}-\boldsymbol{J}^+\boldsymbol{J}$ 是对称幂等矩阵，则式(6-69)可写成

$$\dot{\boldsymbol{q}}=\boldsymbol{J}^+\dot{\boldsymbol{x}}+[\boldsymbol{J}_0(\boldsymbol{I}-\boldsymbol{J}^+\boldsymbol{J})]^+(\dot{\boldsymbol{x}}_0-\boldsymbol{J}_0\boldsymbol{J}^+\dot{\boldsymbol{x}}) \tag{6-70}$$

式(6-70)为存在障碍物时的运动学方程，它有明显的物理意义：右边的第一项表示伪逆(最小范数解)，用于保证终端速度 $\dot{\boldsymbol{x}}$；第二项表示牺牲最小范数解以躲避障碍物，用于实现无碰撞的目的。矩阵 $\boldsymbol{J}_0(\boldsymbol{I}-\boldsymbol{J}^+\boldsymbol{J})$ 表示零空间映射，产生躲避障碍物的运动，而不产生终端运动，该矩阵通过伪逆转换成相应的关节空间运动。$\dot{\boldsymbol{x}}_0$ 一般根据环境的信息来确定，它取决于障碍物是否运动等。一般用多面体来近似障碍物和连杆，所引起的误差在工程上是

允许的。关于多面体间的距离计算已有许多研究成果(Cameron et al.,1986;Gilbert et al.,1988)。实际中,连杆与障碍物间的最近距离可由视觉传感器得到。利用冗余度进行避碰运动,将式(6-70)写成如下形式:

$$\dot{\boldsymbol{q}} = \boldsymbol{J}^{+}\dot{\boldsymbol{x}} + a_n[\boldsymbol{J}_0(\boldsymbol{I}-\boldsymbol{J}^{+}\boldsymbol{J})]^{+}(a_0\dot{\boldsymbol{x}}_0 - \boldsymbol{J}_0\boldsymbol{J}^{+}\dot{\boldsymbol{x}}) \tag{6-71}$$

式中:$\dot{\boldsymbol{x}}_0$ 表示沿最近点速度方向的单位矢量;a_0,a_n 是最近点和障碍物间距离 d 的函数,$a_0(d)$ 是障碍物躲避的速度值,$a_n(d)$ 是齐次解的增益,a_0,a_n 与距离 d 之间的关系可由仿真得到。

6.6.3 速度比椭球

速度比椭球用来度量冗余度机器人在运动过程中的灵巧性。机器人操作臂的速度比定义为终端速度矢量的模和关节速度矢量模的加权比值:

$$\gamma_{\mathrm{v}} = \frac{\|\dot{\boldsymbol{x}}\|\boldsymbol{w}_x}{\|\dot{\boldsymbol{q}}\|\boldsymbol{w}_q} \tag{6-72}$$

式中:$\|\dot{\boldsymbol{x}}\|\boldsymbol{w}_x = \sqrt{\dot{\boldsymbol{x}}^{\mathrm{T}}\boldsymbol{w}_x\dot{\boldsymbol{x}}}$,$\|\dot{\boldsymbol{q}}\|\boldsymbol{w}_q = \sqrt{\dot{\boldsymbol{q}}^{\mathrm{T}}\boldsymbol{w}_q\dot{\boldsymbol{q}}}$,其中 $\boldsymbol{w}_x \in \Re^{m\times m}$ 和 $\boldsymbol{w}_q \in \Re^{n\times n}$ 是加权矩阵,一般选为对角矩阵。当 $\boldsymbol{w}_x$,$\boldsymbol{w}_q$ 是对角矩阵时,引入变换

$$\boldsymbol{J}_{\mathrm{v}} = \boldsymbol{w}_x^{1/2}\boldsymbol{J}\boldsymbol{w}_q^{-1/2}, \quad \dot{\boldsymbol{x}}_{\mathrm{v}} = \boldsymbol{w}_x^{-1/2}\dot{\boldsymbol{x}}, \quad \dot{\boldsymbol{q}}_{\mathrm{v}} = \boldsymbol{w}_q^{-1/2}\dot{\boldsymbol{q}} \tag{6-73}$$

则式(6-3)可写成

$$\dot{\boldsymbol{x}}_{\mathrm{v}} = \boldsymbol{J}_{\mathrm{v}}\dot{\boldsymbol{q}}_{\mathrm{v}} \tag{6-74}$$

$$\|\dot{\boldsymbol{x}}\|\boldsymbol{w}_x = \sqrt{\dot{\boldsymbol{x}}_{\mathrm{v}}^{\mathrm{T}}\dot{\boldsymbol{x}}_{\mathrm{v}}}, \quad \|\dot{\boldsymbol{q}}\|\boldsymbol{w}_q = \sqrt{\dot{\boldsymbol{q}}_{\mathrm{v}}^{\mathrm{T}}\dot{\boldsymbol{q}}_{\mathrm{v}}} \tag{6-75}$$

式(6-72)可写成下面的形式:

$$\gamma_{\mathrm{v}} = \sqrt{(\dot{\boldsymbol{x}}_{\mathrm{v}}^{\mathrm{T}}\dot{\boldsymbol{x}}_{\mathrm{v}})/(\dot{\boldsymbol{q}}_{\mathrm{v}}^{\mathrm{T}}\dot{\boldsymbol{q}}_{\mathrm{v}})} \tag{6-76}$$

对于冗余度机器人,对应给定的 $\dot{\boldsymbol{x}}_{\mathrm{v}}$,$\dot{\boldsymbol{q}}_{\mathrm{v}}$ 有无穷多个,即 γ_{v} 也有无穷多个。设 $\dot{\boldsymbol{q}}_{\mathrm{p}}$ 是具有最小模的关节速度矢量,即

$$\dot{\boldsymbol{q}}_{\mathrm{p}} = \boldsymbol{J}_{\mathrm{v}}^{+}\dot{\boldsymbol{x}}_{\mathrm{v}} \tag{6-77}$$

在式(6-76)中用 $\dot{\boldsymbol{q}}_{\mathrm{p}}$ 代替 $\dot{\boldsymbol{q}}_{\mathrm{v}}$,对应于给定的机器人的终端速度,最小模的关节速度 $\dot{\boldsymbol{q}}_{\mathrm{p}}$ 是唯一的。为使速度比唯一,将终端速度矢量的模与相应的最小关节速度矢量模的比值定义为操作臂的速度比,即

$$\gamma_{\mathrm{v}} = \sqrt{\frac{\dot{\boldsymbol{x}}_{\mathrm{v}}^{\mathrm{T}}\dot{\boldsymbol{x}}_{\mathrm{v}}}{\dot{\boldsymbol{q}}_{\mathrm{p}}^{\mathrm{T}}\dot{\boldsymbol{q}}_{\mathrm{p}}}} = \sqrt{\frac{\dot{\boldsymbol{x}}_{\mathrm{v}}^{\mathrm{T}}\dot{\boldsymbol{x}}_{\mathrm{v}}}{(\boldsymbol{J}_{\mathrm{v}}^{+}\dot{\boldsymbol{x}}_{\mathrm{v}})^{\mathrm{T}}(\boldsymbol{J}_{\mathrm{v}}^{+}\dot{\boldsymbol{x}}_{\mathrm{v}})}} \tag{6-78}$$

由式(6-78)可以看出:γ_{v} 不仅取决于机器人的形位,而且取决于终端速度矢量 $\dot{\boldsymbol{x}}_{\mathrm{v}}$。在以下的讨论中,假定 $\boldsymbol{J}_{\mathrm{v}}$ 的秩等于 m,则对 $\boldsymbol{J}_{\mathrm{v}}$ 进行奇异值分解可得

$$\boldsymbol{J}_{\mathrm{v}} = \boldsymbol{U}\sum\boldsymbol{V}^{\mathrm{T}} \tag{6-79}$$

可以证明:操作臂的速度比满足下面的不等式:

$$\sigma_1 \geqslant \gamma_{\mathrm{v}} \geqslant \sigma_m \tag{6-80}$$

对于给定的机器人形位和终端速度,γ_{v} 所形成的表面可以用一椭球来表示,椭球的主轴是 $\sigma_1\boldsymbol{u}_1$,$\sigma_2\boldsymbol{u}_2$,…,$\sigma_m\boldsymbol{u}_m$,其中 $\boldsymbol{u}_i \in \Re^m$ 是矩阵 $\boldsymbol{U}$ 的第 i 个列矢量,$\boldsymbol{U} = [\boldsymbol{u}_1 \quad \boldsymbol{u}_2 \quad \cdots \quad \boldsymbol{u}_m]$。将此椭球称为操作臂速度比椭球(manipulator-velocity-ratio-ellipsoid,MVRE),如图 6-11 所示。椭球的形状和大小取决于机器人的形位,其长轴等

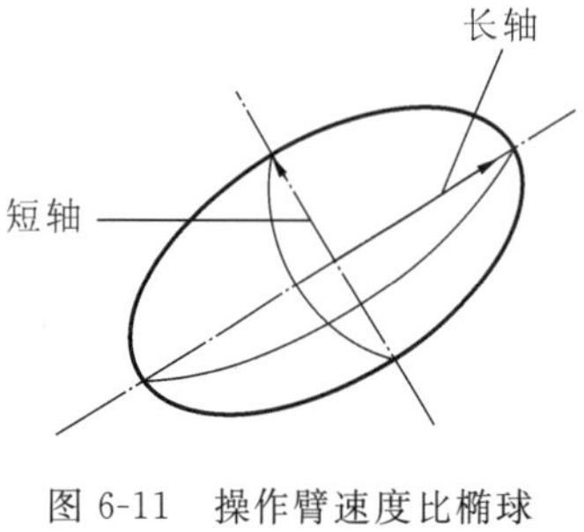

图 6-11 操作臂速度比椭球

于速度雅可比矩阵的最大特征值，短轴等于速度雅可比矩阵的最小特征值。如图 6-12 所示，在短轴的方向上，操作臂的灵巧性最差，改变终端方向变得很困难。在奇异点处，椭球的短轴变为零，机器人末端在短轴方向上将不能运动。如果操作臂速度比椭球大且均匀（如平面机器人椭球接近于圆），则表明机器人的灵巧性很好。

可以看出，速度比椭球可以度量不同方向上机器人的灵巧性，沿着速度比椭球的短轴方向提高速度比可改善灵巧性。定义性能指标 $h(\boldsymbol{q})$ 为速度比椭球短轴方向上速度比的二次方，选择合适的矢量 $\dot{\boldsymbol{\phi}}$ 来增大 $h(\boldsymbol{q})$，即可改善灵巧性。基于所定义的性能指标 $h(\boldsymbol{q})$，使用梯度投影方法（gradient projection method）来确定合适的 $\dot{\boldsymbol{\phi}}$ 以增大 $h(\boldsymbol{q})$。将式（6-62）写成下面的形式

$$\dot{\boldsymbol{q}}_{\mathrm{v}} = \boldsymbol{J}_{\mathrm{v}}^{+}\dot{\boldsymbol{x}}_{\mathrm{v}} + k(\boldsymbol{I} - \boldsymbol{J}_{\mathrm{v}}^{+}\boldsymbol{J}_{\mathrm{v}})\nabla h(\boldsymbol{q}) \tag{6-81}$$

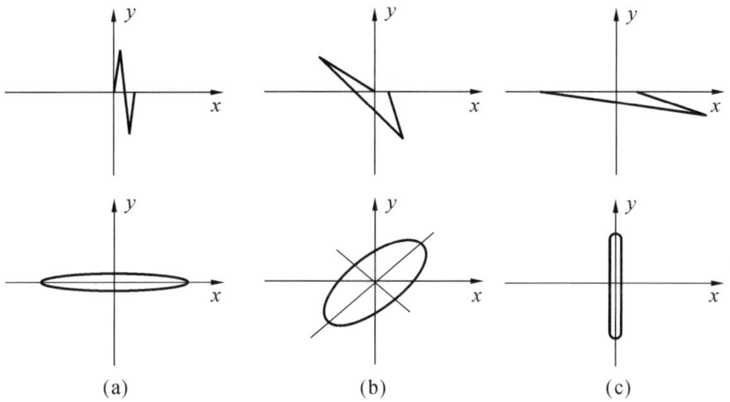

图 6-12　相同的终端位置有不同的速度比椭球

式中：k 是常数，它取决于机器人的形位和关节速度的限制等；$\nabla h(\boldsymbol{q})$ 是 $h(\boldsymbol{q})$ 的梯度矢量，有

$$\nabla h(\boldsymbol{q}) = \left[\frac{\partial h(\boldsymbol{q})}{\partial q_1} \quad \frac{\partial h(\boldsymbol{q})}{\partial q_2} \quad \cdots \quad \frac{\partial h(\boldsymbol{q})}{\partial q_n}\right]^{\mathrm{T}} \tag{6-82}$$

根据 $h(\boldsymbol{q})$ 的定义，有

$$h(\boldsymbol{q}) = (\boldsymbol{J}_{\mathrm{v}}\dot{\boldsymbol{q}}_{\mathrm{p}})^{\mathrm{T}}\frac{(\boldsymbol{J}_{\mathrm{v}}\dot{\boldsymbol{q}}_{\mathrm{p}})}{(\dot{\boldsymbol{q}}_{\mathrm{p}}^{\mathrm{T}}\dot{\boldsymbol{q}}_{\mathrm{p}})} \tag{6-83}$$

式中：$\dot{\boldsymbol{q}}_{\mathrm{p}} = \boldsymbol{J}_{\mathrm{v}}^{+}\boldsymbol{u}_m$，其中 $\boldsymbol{u}_m$ 是式（6-79）中矩阵 $\boldsymbol{U}$ 的最后一列，它是操作臂速度比椭球短轴方向上的单位矢量。对于给定的机器人形位和终端速度，$\dot{\boldsymbol{q}}_{\mathrm{p}}$ 是固定的。令 $\boldsymbol{u}_{\mathrm{t}} \in \Re^n$ 是沿着 $\boldsymbol{q}_{\mathrm{p}}$ 的单位矢量，则式（6-83）可写成

$$h(\boldsymbol{q}) = (\boldsymbol{J}_{\mathrm{v}}\boldsymbol{u}_{\mathrm{t}})^{\mathrm{T}}(\boldsymbol{J}_{\mathrm{v}}\boldsymbol{u}_{\mathrm{t}}) \tag{6-84}$$

式中：$\boldsymbol{u}_{\mathrm{t}} = \dfrac{\dot{\boldsymbol{q}}_{\mathrm{p}}}{\sqrt{\dot{\boldsymbol{q}}_{\mathrm{p}}^{\mathrm{T}}\dot{\boldsymbol{q}}_{\mathrm{p}}}}$。

根据式（6-84），可以求出式（6-82）中的元素 $\dfrac{\partial h(\boldsymbol{q})}{\partial q_i}$：

$$\frac{\partial h(\boldsymbol{q})}{\partial q_i} = 2(\boldsymbol{J}_{\mathrm{v}}\boldsymbol{u}_{\mathrm{t}})^{\mathrm{T}}\frac{\partial(\boldsymbol{J}_{\mathrm{v}}\boldsymbol{u}_{\mathrm{t}})}{\partial q_i} \tag{6-85}$$

式中：$\boldsymbol{u}_{\mathrm{t}}$ 是已知的（对应于给定的终端速度）。由 $\boldsymbol{J}_{\mathrm{v}}$ 的定义，求出 $\dfrac{\partial h(\boldsymbol{q})}{\partial q_i}$。由式（6-81）可以求出关节速度 $\dot{\boldsymbol{q}}$，根据 $\dot{\boldsymbol{q}}$ 可计算出角位移，得出机器人的合理形位。按照式（6-81）所得的规划算法进行设计，可使机器人具有较高的灵巧性，从而避免运动过程中的奇异形位。

6.7 刚度与柔度

操作臂终端在外力的作用下会产生变形,变形的大小与操作臂的刚度以及作用力的大小有关。操作臂的刚度会影响它的动态特性和在负载情况下的定位精度。在第10章我们将讨论以刚度本身作为控制变量,使机器人完成复杂的作业操作。

6.7.1 操作臂末端的刚度矩阵和柔度矩阵

产生变形的部位有连杆本身,连杆支承和关节驱动装置。当操作臂细而长(如航天飞机的操纵臂,长达20多米)时,各连杆产生的变形是末端变形的主要部分。但是对多数工业机器人而言,变形的主要来源是传动、减速装置和伺服驱动系统。操作臂每个关节由单独的驱动电动机(或液压马达)通过减速器和传动机构驱动。在传递力和力矩过程中,每个机械构件都产生变形,同时,驱动电动机本身由于反馈控制系统的增益有限亦即刚度有限,并且驱动系统的刚度与反馈系统增益有关。为简便起见,将整个驱动系统的刚度(包括传动减速机构)用一弹簧常数 k_i 来表示。由式(6-56)可知,关节力矩 $\tau_i = k_i \cdot \Delta q_i$ 也称为静态误差力矩。将式(6-56)写成矢量式:

$$\boldsymbol{\tau} = \boldsymbol{K}\Delta\boldsymbol{q} \tag{6-86}$$

式中:$\boldsymbol{\tau}$ 为关节力矩矢量(n 维);$\Delta\boldsymbol{q}$ 为关节变形矢量(n 维);$\boldsymbol{K}$ 为 $n\times n$ 的对角矩阵,记为

$$\boldsymbol{K} = \mathrm{diag}(k_1, k_2, \cdots, k_n) \tag{6-87}$$

下面的讨论基于连杆是刚性连杆的假定,而末端的刚度分析则基于由式(6-86)给出的关节刚度模型。为了推导各关节刚度产生的操作臂末端的刚度,引用以下符号:F,表示 m 维的操作力(外界作用力)矢量;D,表示因力 $\boldsymbol{F}$ 而产生的末端变形(相对于基坐标系表示)。

忽略重力和关节摩擦力的影响,根据末端外界作用力 F 即可得到等效的关节力矩。根据 $\boldsymbol{\tau}=\boldsymbol{J}^{\mathrm{T}}F$ 与 $D=\boldsymbol{J}\Delta\boldsymbol{q}$ 的对偶关系,当各关节都是主动驱动系统时,各关节刚度 k_i 不为零,即矩阵 $\boldsymbol{K}$ 的逆存在,由式(6-86)可得

$$D = \boldsymbol{J}\boldsymbol{K}^{-1}\boldsymbol{J}^{\mathrm{T}}F = \boldsymbol{C}F \tag{6-88}$$

式中:$\boldsymbol{J}$ 为操作臂的 $m\times n$ 的雅可比矩阵;$\boldsymbol{C}$ 为操作臂末端的柔度矩阵,

$$\boldsymbol{C} = \boldsymbol{J}\boldsymbol{K}^{-1}\boldsymbol{J}^{\mathrm{T}} \tag{6-89}$$

$m\times m$ 的柔度矩阵 $\boldsymbol{C}$ 表示操作力 F 和末端变形 D 之间的线性关系。

如果操作臂的雅可比矩阵是方阵,且是满秩的,则柔度矩阵 $\boldsymbol{C}$ 是可逆的,有

$$F = \boldsymbol{C}^{-1}D \tag{6-90}$$

柔度矩阵 $\boldsymbol{C}$ 的逆 $\boldsymbol{C}^{-1}$ 称为末端刚度矩阵。当操作臂的雅可比矩阵是退化的时,刚度至少在一个方向上变为无限大。如图6-7所示,存在非零维的零空间 $N(\boldsymbol{J}^{\mathrm{T}})$,其中的操作力映射为零关节力矩。因此,如果操作力作用在这些方向(在零空间 $N(\boldsymbol{J}^{\mathrm{T}})$ 内)上,将不会产生任何关节力矩,亦不会产生关节变形,因而也没有末端变形产生,故操作臂在这些方向上刚度无限大(没有考虑连杆的变形,认为连杆是刚性的)。操作臂末端柔度和刚度矩阵由各关节的刚度和雅可比矩阵确定。由于雅可比矩阵随着操作臂的形位而变化,因此柔度矩阵也与形位有关。

6.7.2　柔度矩阵的主变换

操作臂末端的变形不仅与它的形位有关，还与作用力的方向有关。现在我们来寻找最大和最小的变形方向，用以说明柔度矩阵的特征。为简单起见，仍以双关节平面机械手为例展开讨论。如图 6-1 所示，末端所受的力和变形分别用二维矢量 $\boldsymbol{F}=[\boldsymbol{f}_x \quad \boldsymbol{f}_y]^{\mathrm{T}}$ 和 $D=[\boldsymbol{d}_x \quad \boldsymbol{d}_y]^{\mathrm{T}}$ 表示。由式(6-89)可得机械手末端柔度矩阵为

$$\boldsymbol{C}=\begin{bmatrix} \dfrac{(l_1 \mathrm{s}\theta_1+l_2 \mathrm{s}\theta_{12})^2}{k_1}+\dfrac{l_2^2 \mathrm{s}\theta_{12}^2}{k_2} & \dfrac{-(l_1 \mathrm{c}\theta_1+l_2 \mathrm{c}\theta_{12})(l_1 \mathrm{s}\theta_1+l_2 \mathrm{s}\theta_{12})}{k_1}-\dfrac{l_2^2 \mathrm{c}\theta_{12} \mathrm{s}\theta_{12}}{k_2} \\ \dfrac{-(l_1 \mathrm{c}\theta_1+l_2 \mathrm{c}\theta_{12})(l_1 \mathrm{s}\theta_1+l_2 \mathrm{s}\theta_{12})}{k_1}-\dfrac{l_2^2 \mathrm{c}\theta_{12} \mathrm{s}\theta_{12}}{k_2} & \dfrac{(l_1 \mathrm{c}\theta_1+l_2 \mathrm{c}\theta_{12})^2}{k_1}+\dfrac{l_2^2 \mathrm{c}\theta_{12}^2}{k_2} \end{bmatrix}$$

式中：$\mathrm{c}\theta_1=\cos\theta_1$；$\mathrm{c}\theta_{12}=\cos(\theta_1+\theta_2)$；$\mathrm{s}\theta_1=\sin\theta_1$；$\mathrm{s}\theta_{12}=\sin(\theta_1+\theta_2)$；$k_1$ 和 k_2 分别是关节 1 和 2 的刚度。从式(6-87)和式(6-89)可以看出，柔度矩阵 $\boldsymbol{C}$ 是对称的。对于给定的形位，求出单位作用力所引起的最大变形和最小变形方向和数值。由式(6-88)得变形的模方：

$$\| D \|^2 = D^{\mathrm{T}} D = \boldsymbol{F}^{\mathrm{T}} \boldsymbol{C}^{\mathrm{T}} \boldsymbol{C} \boldsymbol{F} = \boldsymbol{F}^{\mathrm{T}} \boldsymbol{C}^2 \boldsymbol{F}$$

式中：$\boldsymbol{C}$ 是对称的，令 $\boldsymbol{C}^2=\begin{bmatrix} a_1 & a_3 \\ a_3 & a_2 \end{bmatrix}$。

为了求出单位作用力所引起的极大变形和极小变形的数值和方向，令

$$\| \boldsymbol{F} \|^2 = \boldsymbol{F}^{\mathrm{T}} \boldsymbol{F} = 1$$

利用拉格朗日乘子 λ，定义拉格朗日函数：

$$L = \boldsymbol{F}^{\mathrm{T}} \boldsymbol{C}^2 \boldsymbol{F} - \lambda(\boldsymbol{F}^{\mathrm{T}} \boldsymbol{F} - 1)$$

因此，相对极值的必要条件是

$$\frac{\partial L}{\partial \lambda} = 0 : \boldsymbol{F}^{\mathrm{T}} \boldsymbol{F} - 1 = 0 \tag{6-91}$$

$$\frac{\partial L}{\partial \boldsymbol{F}} = \boldsymbol{0} : \boldsymbol{C}^2 \boldsymbol{F} - \lambda \boldsymbol{F} = \boldsymbol{0} \tag{6-92}$$

由式(6-92)可以得出，拉格朗日乘子 λ 就是平方柔度矩阵 $\boldsymbol{C}^2$ 的特征值。因此求最大和最小变形的问题就是求特征值的问题。解 $\boldsymbol{C}^2$ 的特征方程得到最大与最小特征值：

$$\lambda_{\max} = \frac{1}{2}\left[a_1 + a_2 + \sqrt{(a_1 - a_2)^2 + 4a_3^2}\right]$$

$$\lambda_{\min} = \frac{1}{2}\left[a_1 + a_2 - \sqrt{(a_1 - a_2)^2 + 4a_3^2}\right]$$

值得注意的是，因为每个关节刚度都为正，因此两特征值均为正。根据特征值的定义和方程，可以得出末端变形的模方：

$$\| D \|^2 = \boldsymbol{F}^{\mathrm{T}} \boldsymbol{C}^2 \boldsymbol{F} = \boldsymbol{F}^{\mathrm{T}} \lambda \boldsymbol{F} = \lambda$$

由此我们求得最大与最小变形分别为 $\sqrt{\lambda_{\max}}$ 和 $\sqrt{\lambda_{\min}}$。

最大和最小变形方向实际上是与最大和最小特征值相对应的特征方向。这两个方向相互正交，称为主方向。我们沿这两个主方向取坐标轴，称之为主轴。柔度矩阵相对主坐标系表示时将变成对角矩阵。令 $\boldsymbol{e}_1$ 和 $\boldsymbol{e}_2$ 是沿主轴的单位矢量，分别与最大和最小特征值相对应。令 $\boldsymbol{E}$ 为由 $\boldsymbol{e}_1$ 和 $\boldsymbol{e}_2$ 组成的 2×2 的矩阵 $\boldsymbol{E}=[\boldsymbol{e}_1 \quad \boldsymbol{e}_2]$，则柔度矩阵可以变换为相对主坐标系表示的对角形式：

$$\boldsymbol{C}^* = \boldsymbol{E}^{\mathrm{T}} \boldsymbol{C} \boldsymbol{E} = \mathrm{diag}\left[\sqrt{\lambda_{\max}}, \sqrt{\lambda_{\min}}\right]$$

式中：$\boldsymbol{E}^{\mathrm{T}}=\boldsymbol{E}^{-1}$，因为 $\boldsymbol{E}$ 为正交矩阵。这一变换到主坐标系的变换称为主变换。当终端作用力的方向是主方向时，终端的变形亦会沿着同样的主方向，变形取得最大或最小值。沿变形最大的方向，操作臂刚度最低，柔度最高；沿变形最小的方向，操作臂刚度最高，柔度最低。

6.8 误差标定与补偿

机器人标定(calibration)是一个很广泛的概念，涉及多维力传感器的标定、运动参数的标定、视觉系统的标定和自主机器人手-眼协调的标定等。它是提高机器人的运动精度、工作准确性、环境建模能力和智能水平的关键，引起了广泛的重视。本节只讨论机器人操作臂运动参数的两种误差标定和补偿方法：根据末端执行器参考点位置和姿态的实测结果，标定出机器人运动参数的误差值，建立误差模型，从而进行误差补偿。在 PUMA 机器人上实验的结果表明，效果十分明显，补偿后的定位精度可以提高一个甚至两个数量级。

6.8.1 连杆变换法

1. 运动参数标定

根据第 3 章所述的连杆变换的 D-H 方法，相邻两连杆坐标系之间的运动关系完全可以由四个运动参数($a_{i-1},\alpha_{i-1},d_i,\theta_i$)进行描述：

$$ {}^{i-1}_{\ \ i}\boldsymbol{T}(a_{i-1},\alpha_{i-1},d_i,\theta_i)=\mathrm{Trans}(x,a_{i-1})\mathrm{Rot}(x,\alpha_{i-1})\mathrm{Trans}(z,d_i)\mathrm{Rot}(z,\theta_i) $$

显然，这些参数的误差将引起机器人的运动误差，从而影响定位精度。为了建立误差模型，通常将参数误差分为两类：关节变量误差；固定参数误差。但是，当两相邻关节轴线平行或接近平行时，两轴线的相对位置误差的建模将出现奇异情况，即末端执行器的微小位姿误差不能由 D-H 方法表示的四参数微小误差进行建模和补偿。为此，Hayati 等人在 D-H 运动模型基础上，增加了一个新的误差参数，建立了新的误差模型，并在连杆变换矩阵的公式(5-3)中，引入附加转动变换项 Rot(y,β)，将它右乘式(5-3)，得到

$$ {}^{i-1}_{\ \ i}\boldsymbol{T}=\begin{bmatrix} c\theta_i c\beta_i & -s\theta_i & c\theta_i s\beta_i & a_{i-1} \\ s\theta_i c\alpha_{i-1}c\beta_i+s\alpha_{i-1}s\beta_i & c\theta_i c\alpha_{i-1} & s\theta_i c\alpha_{i-1}s\beta_i-s\alpha_{i-1}c\beta_i & -d_i s\alpha_{i-1} \\ s\theta_i c\alpha_{i-1}c\beta_i-c\alpha_{i-1}s\beta_i & c\theta_i s\alpha_{i-1} & s\theta_i c\alpha_{i-1}s\beta_i+c\alpha_{i-1}c\beta_i & d_i c\alpha_{i-1} \\ 0 & 0 & 0 & 1 \end{bmatrix} \tag{6-93} $$

式中：$c\theta_i=\cos\theta_i$，$s\theta_i=\sin\theta_i$；$c\alpha_{i-1}$、$s\alpha_{i-1}$、$c\beta_i$、$s\beta_i$ 依此类推。

利用这一连杆变换和相应的运动学方程，便得到操作臂末端在操作空间的位置误差和方位误差，分别由微分移动矢量 $\boldsymbol{d}$ 和微分转动矢量 $\boldsymbol{\delta}$ 表示，即

$$ \boldsymbol{d}=\boldsymbol{M}_\theta\Delta\boldsymbol{\theta}+\boldsymbol{M}_d\Delta\boldsymbol{d}+\boldsymbol{M}_a\Delta\boldsymbol{a}+\boldsymbol{M}_\alpha\Delta\boldsymbol{\alpha}+\boldsymbol{M}_\beta\Delta\boldsymbol{\beta} \tag{6-94} $$

$$ \boldsymbol{\delta}=\boldsymbol{R}_\theta\Delta\boldsymbol{\theta}+\boldsymbol{R}_\alpha\Delta\boldsymbol{\alpha}+\boldsymbol{R}_\beta\Delta\boldsymbol{\beta} \tag{6-95} $$

式中：连杆参数误差矢量 $\Delta\boldsymbol{\theta}=[\Delta\theta_1\quad\Delta\theta_2\quad\cdots\quad\Delta\theta_n]^{\mathrm{T}}$，$\Delta\boldsymbol{d}=[\Delta d_1\quad\Delta d_2\quad\cdots\quad\Delta d_n]^{\mathrm{T}}$，$\Delta\boldsymbol{a}=[\Delta a_1\quad\Delta a_2\quad\cdots\quad\Delta a_n]^{\mathrm{T}}$，$\Delta\boldsymbol{\alpha}=[\Delta\alpha_1\quad\Delta\alpha_2\quad\cdots\quad\Delta\alpha_n]^{\mathrm{T}}$，$\Delta\boldsymbol{\beta}=[\Delta\beta_1\quad\Delta\beta_2\quad\cdots\quad\Delta\beta_n]^{\mathrm{T}}$；$\boldsymbol{M}_\theta$，$\boldsymbol{M}_d$，$\boldsymbol{M}_a$，$\boldsymbol{M}_\alpha$，$\boldsymbol{M}_\beta$ 都是 $3\times n$ 的偏导数矩阵，表示末端位置对运动误差参数求偏导，其分量是 $5n$ 个连杆参数的函数。式中 $\boldsymbol{R}_\theta$，$\boldsymbol{R}_\alpha$，$\boldsymbol{R}_\beta$ 也是 $3\times n$ 的偏导数矩阵，表示末端方位对运动误差参数求偏导。矩阵 $\boldsymbol{M}_\theta$ 和 $\boldsymbol{R}_\theta$，$\boldsymbol{R}_\alpha$，$\boldsymbol{R}_\beta$ 的计算与雅可比矩阵十分相似，在此不再赘述。

对于标定，可以只测量参考点的直角坐标位置，也可同时测量参考点的位置和姿态。当仅

测参考点的位置时，有 $4n+3$ 个独立的运动学误差参数待确定：连杆 0，连杆 1，…，连杆 $n-1$ 各有 4 个，连杆 n 有 3 个；若同时测量参考点的位置和姿态来建立操作臂的误差模型，则有 $4n+6$ 个独立的运动误差参数待定：连杆 0，连杆 1，…，连杆 $n-1$ 各有 4 个，而连杆 n 有 6 个。

操作臂运动参数误差的标定是基于微分移动矢量和微分转动矢量与运动参数误差之间的关系（见式(6-94)和式(6-95)）来完成的。根据测量结果，可以得出观测方程：

$$\boldsymbol{B}\boldsymbol{x}=\boldsymbol{b} \tag{6-96}$$

式中：$\boldsymbol{B}$ 是偏导数矩阵；$\boldsymbol{b}$ 是 $k\times 1$ 的观测矢量。若仅测量笛卡儿位置，则式(6-96)是由 $\frac{k}{3}$ 次观测方程(6-94)组成的；若同时观测笛卡儿位置和姿态，则式(6-96)是由 $\frac{k}{6}$ 次观测方程(6-94)和式(6-95)联立而成的。对于 n 个关节的操作臂，待标定的运动参数误差矢量 $\boldsymbol{x}$ 是 $4n+3$ 维的（当仅测量笛卡儿位置时）或 $4n+6$ 维的（当同时测量笛卡儿位置和姿态时）。

由于测量误差不可避免，因此，位置的测量次数 $\frac{k}{3}$ 必须使得 k 大于未知数的个数，即 $k>4n+3$。这样，观测方程组将是不相容的。如果偏导数矩阵 $\boldsymbol{B}$ 的列矢量线性独立，则可用最小二乘法求解待标定的运动参数误差 $\boldsymbol{x}$。如果 $\boldsymbol{B}$ 的列矢量线性相关，则矩阵是奇异的，最小二乘解不定（多解性）。同样，位置和姿态的测量次数必须使得 $k>4n+6$，联立式(6-94)和式(6-95)组成观测方程组，并且该方程组是不相容的。在 $\boldsymbol{B}$ 的列矢量线性独立的情况下，可用最小二乘法求解待标定的运动参数误差。实际上也可由方程(6-95)单独标定转动误差项。方程(6-96)相应的正则方程为

$$\boldsymbol{B}^{\mathrm{T}}\boldsymbol{B}\boldsymbol{x}=\boldsymbol{B}^{\mathrm{T}}\boldsymbol{b}$$

若偏导数矩阵 $\boldsymbol{B}$ 的列矢量线性独立，则 $\boldsymbol{x}$ 的最小二乘解为

$$\hat{\boldsymbol{x}}_{\mathrm{ls}}=(\boldsymbol{B}^{\mathrm{T}}\boldsymbol{B})^{-1}\boldsymbol{B}^{\mathrm{T}}\boldsymbol{b}$$

$\hat{\boldsymbol{x}}_{\mathrm{ls}}$ 即为运动参数误差的近似解。据此修正矩阵 $\boldsymbol{B}$，重新再求 $\boldsymbol{x}$，若无测量误差，$\boldsymbol{B}$ 将逼近其真实值。连杆参数误差标定算法如下：

步骤一：初始化，将连杆参数值调至名义值。

步骤二：计算微分移动矢量 $\boldsymbol{d}$ 对应的矩阵 $\boldsymbol{M}$ 和微分转动矢量 $\boldsymbol{\delta}$ 对应的矩阵 $\boldsymbol{R}_\theta$，$\boldsymbol{R}_\alpha$，$\boldsymbol{R}_\beta$，根据名义值和测量的位置（和姿态）数据，得到观测方程组。

步骤三：用最小二乘法解不相容的观测方程组，得运动参数误差的近似解 $\hat{\boldsymbol{x}}_{\mathrm{ls}}$。

步骤四：根据连杆误差矢量 $\boldsymbol{x}$ 的各分量，修改连杆参数值，例如按 $\theta+\Delta\theta$ 来更新 θ。

步骤五：转向步骤二，直至所得的连杆误差矢量 $\boldsymbol{x}$ 的各分量都小于某一最小值为止。

步骤六：使连杆运动参数误差为其初始名义值与最后所得到的值之差。

2. 运动参数误差补偿

运动参数误差标定之后，即可利用某种方法修正这些误差，提高机器人的定位精度。显然，关节变量误差的补偿十分简单。同时，应根据理想位姿，补加一关节变量之值来抵消其余的运动参数误差。一般而言，要补偿任意位姿误差，操作臂至少应具有 6 个自由度，即有 6 个独立的关节变量。

1）微分误差变换补偿

微分误差变换补偿基于以下假设：在末端期望位置（$\boldsymbol{p}^{\mathrm{d}}$）附近，正确位置（$\boldsymbol{p}^{\mathrm{c}}$）与期望位置（$\boldsymbol{p}^{\mathrm{d}}$）之差 $\mathrm{d}\boldsymbol{p}=\boldsymbol{p}^{\mathrm{c}}-\boldsymbol{p}^{\mathrm{d}}$ 随关节变量的微小变化不致引起巨大的改变。假设在计算正确位置时无关节变量误差，则在算法最后一步进行补偿。微分误差变换补偿算法如下。

步骤一：利用名义关节解，估计预期位置($\boldsymbol{p}^{\mathrm{d}}$)对应的关节变量。

步骤二：对于所得的关节变量，考虑到除关节变量误差之外的所有运动误差，计算($\boldsymbol{p}^{\mathrm{c}}$)。

步骤三：计算微分误差变换 $\mathrm{d}\boldsymbol{p}=\boldsymbol{p}^{\mathrm{c}}-\boldsymbol{p}^{\mathrm{d}}$。

步骤四：计算名义位置 $\boldsymbol{p}^{\mathrm{n}}$，$\boldsymbol{p}^{\mathrm{n}}=\boldsymbol{p}^{\mathrm{d}}-\mathrm{d}\boldsymbol{p}$。

步骤五：利用使操作臂到达 $\boldsymbol{p}^{\mathrm{d}}$ 的 $\boldsymbol{p}^{\mathrm{n}}$，计算名义关节角度解。

步骤六：使操作臂转动的关节变量值为步骤五所得之值与标定时所得到的关节变量误差之差。

假定在 $\boldsymbol{p}^{\mathrm{n}}$ 和 $\boldsymbol{p}^{\mathrm{d}}$ 之间，$\mathrm{d}\boldsymbol{p}$ 变化不大，由 $\boldsymbol{p}^{\mathrm{n}}$ 得到名义关节(变量)解。由于运动误差，参考点将到达 $\boldsymbol{p}^{\mathrm{d}}$，因此该算法需要两次计算关节解。当 $\boldsymbol{p}^{\mathrm{c}}$ 与 $\boldsymbol{p}^{\mathrm{d}}$ 的距离减小时，该方法的精度将提高。

2) 基于牛顿-拉弗森(Newton-Raphson)的迭代法

该算法的步骤如下：

步骤一：利用名义关节解，估计预期位置($\boldsymbol{p}^{\mathrm{d}}$)对应的关节变量。

步骤二：计算正确位置($\boldsymbol{p}^{\mathrm{c}}$)和偏导数$\dfrac{\partial \boldsymbol{p}^{\mathrm{c}}}{\partial \theta_i}$($i=1,2,\cdots,6$)，$\boldsymbol{p}^{\mathrm{c}}$ 考虑了除关节变量误差之外的其他运动误差；

步骤三：根据方程

$$\boldsymbol{p}^{\mathrm{d}}-\boldsymbol{p}^{\mathrm{c}}=\frac{\partial \boldsymbol{p}^{\mathrm{c}}}{\partial \theta_1}\Delta\theta_1+\frac{\partial \boldsymbol{p}^{\mathrm{c}}}{\partial \theta_2}\Delta\theta_2+\cdots+\frac{\partial \boldsymbol{p}^{\mathrm{c}}}{\partial \theta_6}\Delta\theta_6$$

利用 6 个独立的分量(6 个偏导数)解出 $\Delta\theta_1,\Delta\theta_2,\cdots,\Delta\theta_6$，再把所得的解与步骤一所得的关节解相加。

步骤四：使旋转关节变量值为步骤三中所得之值与标定时所得的关节变量误差之差。

利用 PUMA560 进行的试验结果表明，仅测量工具参考点的笛卡儿位置，两种补偿算法都十分有效。定位精度较原来的高出 70 倍以上。未补偿时的定位误差是 21.746 mm，补偿后降为 0.3 mm。总之，用连杆变换和连杆四个参数 a_{i-1}，α_{i-1}，θ_i 和 d_i 进行误差标定和补偿比较方便，但是当机器人在奇异形位附近时，补偿精度将下降，效果变差。

6.8.2 基于指数积公式的方法

在运动学方程的指数积公式(5-38)中，令矩阵指数${}_T^S\boldsymbol{T}(\boldsymbol{0})=\mathrm{e}^{[V_T]}$，${}_T^S\boldsymbol{T}(\boldsymbol{\theta})=\boldsymbol{T}$，则有

$$\boldsymbol{T}=\mathrm{e}^{[V_1]\theta_1}\mathrm{e}^{[V_2]\theta_2}\cdots\mathrm{e}^{[V_n]\theta_n}\mathrm{e}^{[V_T]} \tag{6-97}$$

式中：运动旋量$[V_i]\in \mathrm{se}(3)$ 与反对称矩阵$[\boldsymbol{\omega}_i]\in \mathrm{so}(3)$ 之间的关系为

$$[V_i]=\begin{bmatrix}[\boldsymbol{\omega}_i] & \boldsymbol{v}_i\\ \boldsymbol{0} & 0\end{bmatrix}$$

对于旋转关节和移动关节，运动旋量$[V_i]\in \mathrm{se}(3)$ 都可简化。

对于旋转关节，

$$V_i=\begin{bmatrix}\boldsymbol{r}_i\times\boldsymbol{\omega}_i\\ \boldsymbol{\omega}_i\end{bmatrix}$$

对于移动关节，

$$V_i=\begin{bmatrix}\boldsymbol{v}_i\\ \boldsymbol{0}\end{bmatrix}$$

式中：$\boldsymbol{r}_i$ 是 $\boldsymbol{\omega}_i$ 轴线上的一点。$\boldsymbol{\omega}_i$ 和 $\boldsymbol{v}_i$ 都满足归一化条件。

利用微分运动的原理，可以由(6-97)得到变换矩阵由于各种误差引起的微分：

$$\delta \boldsymbol{T}=\frac{\partial \boldsymbol{T}}{\partial L}\delta V+\frac{\partial \boldsymbol{T}}{\partial \boldsymbol{\theta}}\delta \boldsymbol{\theta}+\frac{\partial \boldsymbol{T}}{\partial V_T}\delta V_T$$

式中：$V=[V_1 \quad V_2 \quad \cdots \quad V_n]^{\mathrm{T}}\in \Re^{6n}$，$\boldsymbol{\theta}=[\theta_1 \quad \theta_2 \quad \cdots \quad \theta_n]^{\mathrm{T}}\in \Re^{n}$。

令 $\boldsymbol{T}_{\mathrm{a}}$ 和 $\boldsymbol{T}_{\mathrm{n}}$ 分别为末端的实际形位(实测值)和标准形位，则有 $\delta \boldsymbol{T}=\boldsymbol{T}_{\mathrm{a}}-\boldsymbol{T}_{\mathrm{n}}$。因此，误差模型可以表示为

$$\delta \boldsymbol{T}\boldsymbol{T}^{-1}=(\boldsymbol{T}_{\mathrm{a}}-\boldsymbol{T}_{\mathrm{n}})\boldsymbol{T}_{\mathrm{n}}^{-1}=\boldsymbol{T}_{\mathrm{a}}\boldsymbol{T}_{\mathrm{n}}^{-1}-\boldsymbol{I}_3$$

在小偏差小误差假设条件下，$\delta \boldsymbol{T}\boldsymbol{T}^{-1}\in \mathrm{se}(3)$ 位于群 ${}_T^S\boldsymbol{T}(\boldsymbol{\theta})=\boldsymbol{T}$ 的单位元邻域。因此有

$$\lg(\delta \boldsymbol{T}\boldsymbol{T}^{-1})=\delta \boldsymbol{T}\boldsymbol{T}^{-1}$$

根据末端形位的测量值，则运动学参数的辨识归结为求解下列具有等式约束的最小化问题：

$$\text{minimize:}\ \left\| \delta \boldsymbol{T}\boldsymbol{T}^{-1}-\left(\frac{\partial \boldsymbol{T}}{\partial V}\delta V+\frac{\partial \boldsymbol{T}}{\partial \boldsymbol{\theta}}\delta \boldsymbol{\theta}+\frac{\partial \boldsymbol{T}}{\partial V_T}\delta V_T\right)\boldsymbol{T}^{-1}\right\|^2$$

$$\text{s.t.}\begin{cases} r-\text{joint}\ \|\boldsymbol{\omega}_i+\delta\boldsymbol{\omega}_i\|=1,(\boldsymbol{\omega}_i+\delta\boldsymbol{\omega}_i)\cdot(\boldsymbol{v}_i+\delta\boldsymbol{v}_i)=0 \\ p-\text{joint}\ \|\boldsymbol{v}_i+\delta\boldsymbol{v}_i\|=1 \end{cases}$$

可见，这是带等式约束的最小二乘法问题，可以采用拉格朗日乘子求解。值得说明的是：归一化条件 $\|\boldsymbol{\omega}\|=1$ 和 $\|\boldsymbol{v}_i\|=1$ 可以忽略，由 $\delta\boldsymbol{\theta}$ 来补偿；对于此类问题，重要的是将 $\delta \boldsymbol{T}\boldsymbol{T}^{-1}$ 显式表达。实际上，利用指数积公式与采用连杆变换矩阵的结果是一致的。

机器人运动参数的辨识、运动误差的建模、标定与补偿问题已引起广泛的注意，相关研究十分活跃，可参看有关文献(Caccavale et al.，2005；Cameron et al.，1986)。

资料概述

机器人操作臂雅可比矩阵的概念是由 Waldron 等(1985)和 Khatib(1987)首先提出的，并且用于操作空间的控制。Waldron 等(1985)通过利用微分变换求解逆雅可比矩阵，进行了速度反解和微分运动反解。利用雅可比矩阵的伪逆，Aboaf 等处理了手腕奇异性问题，Chiaverini 等处理了奇异形位的速度反解问题。Gosselin(1990)构造出了新的雅可比矩阵，其中元素具有相同的量纲，其条件数具有不变性。在此基础上 Gosselin 提出了新的灵巧性指标，用来评定平面机器人和空间机器人。Angeles 等用条件数构造了逆运动学和度量可操作性。Yoshikaw 提出了动态可操作性椭球的概念，Mayne 给出了各种广义逆的计算方法。关于雅可比零空间中的优化问题可以在 Sciavicco 等(2012)的著作中找到。

习　题

6.1　求极坐标机械手(RRP)的雅可比矩阵 $\boldsymbol{J}(\boldsymbol{q})$ 和 ${}^T\boldsymbol{J}(\boldsymbol{q})$。如图 6-13 所示，$\theta_1$，$\theta_2$ 和 d_3 为关节变量。

6.2　利用习题 5.9 所得结果和指数积方法，推导 Stanford 机器人的雅可比矩阵 $\boldsymbol{J}(\boldsymbol{q})$。

6.3　已知坐标变换

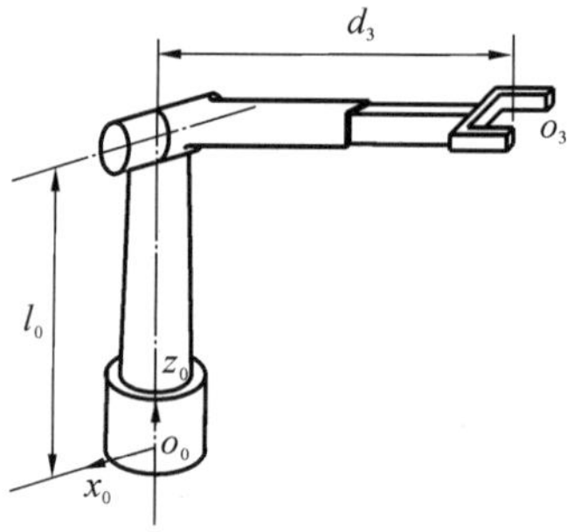

图 6-13　极坐标机械手

$$
{}_B^A\boldsymbol{T}=\begin{bmatrix}0.866 & -0.500 & 0 & 10\\ 0.500 & 0.866 & 0 & 0\\ 0 & 0 & 1 & 5\\ 0 & 0 & 0 & 1\end{bmatrix}
$$

令在$\{\boldsymbol{A}\}$原点上的运动旋量坐标为${}^AV=[0\quad 2\quad -3\quad 1.414\quad 1.414\quad 0]^{\mathrm{T}}$，现以$\{\boldsymbol{B}\}$的原点为参考点，求其运动旋量坐标${}^BV$。

6.4　3R 机器人的运动学方程为

$$
{}_3^0\boldsymbol{T}=\begin{bmatrix}\cos\theta_1\cos(\theta_2+\theta_3) & -\cos\theta_1\sin(\theta_2+\theta_3) & \sin\theta_1 & l_1\cos\theta_1+l_2\cos\theta_1\cos\theta_2\\ \sin\theta_1\cos(\theta_2+\theta_3) & -\sin\theta_1\sin(\theta_2+\theta_3) & -\cos\theta_1 & l_1\sin\theta_1+l_2\sin\theta_1\cos\theta_2\\ \sin(\theta_2+\theta_3) & \cos(\theta_2+\theta_3) & 0 & l_2\sin\theta_2\\ 0 & 0 & 0 & 1\end{bmatrix}
$$

求雅可比矩阵${}^0\boldsymbol{J}(\boldsymbol{q})$；${}^0\boldsymbol{J}(\boldsymbol{q})$与关节速度矢量$\dot{\boldsymbol{q}}$相乘后，求坐标系{3}的原点相对坐标系{0}的线速度。

6.5　已知平面 RP 机械手的连杆坐标系{2}的原点位置为

$$
{}^0\boldsymbol{p}_2=\begin{bmatrix}a_1\cos\theta_1-d_2\sin\theta_1\\ a_1\sin\theta_1+d_2\cos\theta_1\\ 0\end{bmatrix}
$$

求从关节速度到连杆坐标系{2}原点速度的雅可比矩阵(是 2×2 的)，并求奇异形位。

6.6　如图 6-14 所示，三自由度机械手的三关节都是旋转关节，其连杆参数见表 6-2。

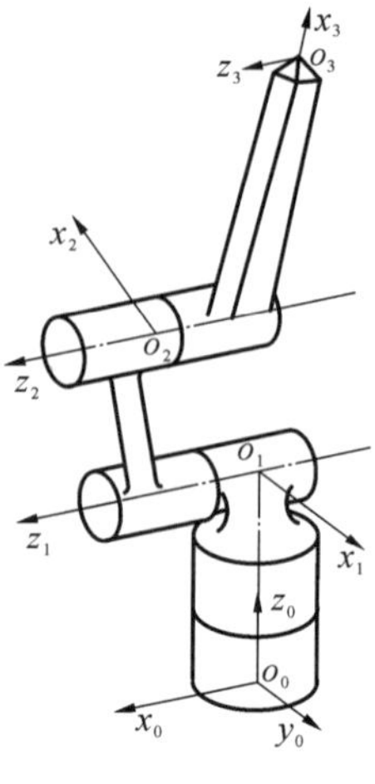

图 6-14　三自由度机械手

表 6-2　三自由度机械手的连杆参数

i	a_i	α_i	d_i
1	0	90°	l_0
2	l_1	0°	0 cm
3	l_2	0°	0 cm

(1) 求从关节运动($\theta_1,\theta_2,\theta_3$)到末端 E 的运动(x,y,z)的变换的雅可比矩阵。

(2) 若每个关节都能转动 360°,问:该机械手存在奇异形位吗?若存在,找出奇异形位对应的末端 E 的位置,并确定在每个奇异位置上,端点不能移动的方向。

6.7　利用习题 5.2 所得结果,导出图 5-24 所示的空间 3R 机械手的雅可比矩阵 $\boldsymbol{J}(\boldsymbol{q})$ 和 ${}^T\boldsymbol{J}(\boldsymbol{q})$,并找出它的边界奇异点和内部奇异点的集合。

6.8　机构的雅可比矩阵各列矢量相互正交,且模相等时的形位称为该机构的"各向同性点"。对于平面 2R 机械手(见图 6-2),确定它是否有各向同性点。提示:对 l_1 和 l_2 有要求。

6.9　对于一般的六自由度机器人,确定各向同性点存在的必要条件。

6.10　请解释:n 自由度的操作臂处于奇异形位时,可看成在 $n-1$ 维空间的冗余度操作臂。

6.11　证明力域内的奇异性和速度域内的奇异性都在操作臂的相同形位上发生。

6.12　对于习题 6.7 所给出的三自由度机械手,如图 6-14 所示,测得它的三关节伺服刚度分别为 4×10^5 N·m/rad,2×10^5 N·m/rad,1×10^5 N·m/rad,计算其端点柔度矩阵。各连杆长度分别为 $l_0=1$ m,$l_1=1$ m,$l_2=1.5$ m。形位参数:$\theta_1=\pi/2,\theta_2=3\pi/4,\theta_3=-\pi/2$。求出在该形位上机械手的最大和最小柔度方向。

6.13　求出平面 2R 机械手由关节力矩向 2×1 的力旋量坐标 ${}^3F$(手爪)映射的变换。

6.14　已知某二自由度机械手的雅可比矩阵为

$$
{}^0\boldsymbol{J}(\boldsymbol{q})=\begin{bmatrix}-l_1\sin\theta_1-l_2\sin(\theta_1+\theta_2) & -l_2\sin(\theta_1+\theta_2)\\ l_1\cos\theta_1+l_2\cos(\theta_1+\theta_2) & l_2\cos(\theta_1+\theta_2)\end{bmatrix}
$$

为了使机械手施加的静态操作力 ${}^0F=10x_0$,求相应的关节力(忽略重力和摩擦)。

6.15　PUMA 机器人的腕关节如图 6-15 所示。其手中握有磨头,用于磨削工件表面。

(1) 腕部各关节的形位参数如表 6-3 所示,磨头与工件表面的接触点为 A,它在坐标系{3}中的坐标为$[x_3\quad y_3\quad z_3]=[10\quad 0\quad 5]$(cm),推导由关节形位至 A 点位移的 6×3 的雅可比矩阵。

(2) 在磨削过程中,作用在磨头 A 点上的力旋量坐标为 6×1 的 F,求相应的关节力矩。当工件表面与 Ox_0y_0 平面平行时,法向力 $f_n=-10$ N,切向力 $f_t=-8$ N,绕 z_3 的力矩为 0.04 N·m,计算等效的关节力矩。关节角为 $\theta_1=90°,\theta_2=45°,\theta_3=0°$。

(3) 机器人的腕部力传感器与坐标系{3}固连,测得三个力和三个力矩,表示为

$$
F_M=[f_{mx}\quad f_{my}\quad f_{mz}\quad m_{mx}\quad m_{my}\quad m_{mz}]^{\mathrm{T}}
$$

求工具端点 A 处的作用力和力矩(相对参考系{0}):

$$
F=[f_{Tx}\quad f_{Ty}\quad f_{Tz}\quad m_{Tx}\quad m_{Ty}\quad m_{Tz}]^{\mathrm{T}}
$$

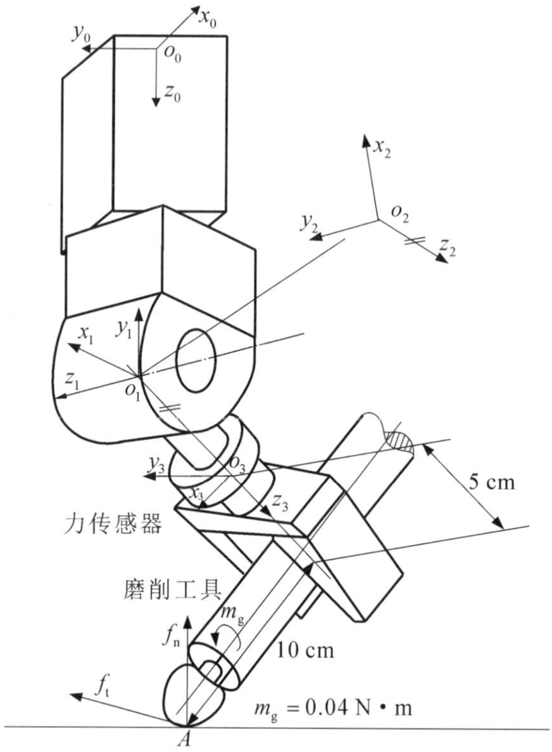

图 6-15　PUMA 机器人磨削时的腕关节

表 6-3　PUMA 机器人腕关节形位参数

i	a_i	α_i	d_i
1	$-90°$	0	40 cm
2	$90°$	0	0 cm
3	$0°$	0	10 cm

6.16　平面 2R 机械手的雅可比矩阵行列式为 $\det(\boldsymbol{J}(\boldsymbol{q}))=l_1 l_2 \sin\theta_2$。若两连杆长度之和 l_1+l_2 为常数，那么应该怎样选取两连杆的相对长度，以使机械手的可操作性指标最大？

6.17　SCARA 机器人的连杆 1 和连杆 2 的长度之和为常数，如何选取它们的相对长度，以使可操作性指标最大？

6.18　证明式(6-39)定义的可操作性指标 w 为 $\boldsymbol{J}(\boldsymbol{q})$ 的特征值之积。

6.19　分别用微分变换法、矢量积法和指数积方法计算 PUMA560 机器人的雅可比矩阵，求其灵巧性指标。

6.20　设 Stanford 机器人所处的形位有如下的变换：

$$ {}^R_0\boldsymbol{T}=\begin{bmatrix}0&-1&0&20\\1&0&0&15\\0&0&1&15\\0&0&0&1\end{bmatrix},\quad {}^0_6\boldsymbol{T}=\begin{bmatrix}0&1&0&20\\1&0&0&6\\0&0&-1&0\\0&0&0&1\end{bmatrix},\quad {}^6_E\boldsymbol{T}=\begin{bmatrix}1&0&0&2\\0&1&0&0\\0&0&1&10\\0&0&0&1\end{bmatrix} $$

提升负载时所测得的各关节误差力矩和力为 $\boldsymbol{\tau}=[17\quad 52\quad 2\quad -5\quad 5\quad 2]^{\mathrm{T}}$,求负载质量。

6.21　证明:如果 $\boldsymbol{B}$ 是对称幂等矩阵,则 $\boldsymbol{B}[\boldsymbol{CB}]^{+}=[\boldsymbol{CB}]^{+}$。提示:令 $\boldsymbol{A}=\boldsymbol{CB}$,$\boldsymbol{G}=\boldsymbol{B}[\boldsymbol{CB}]^{+}$,要证明 $\boldsymbol{G}=\boldsymbol{A}^{+}$,即 $\boldsymbol{G}$ 是 $\boldsymbol{A}$ 的伪逆,只需验证 $\boldsymbol{G}$ 是否满足伪逆的四个条件,详见6.3.3 节。

第 7 章　操作臂动力学

7.1　操作臂动力学概述

动力学研究的是物体的运动和受力之间的关系。操作臂动力学有两个问题需要解决：动力学正问题——根据关节驱动力矩或力，计算操作臂的运动(关节位移、速度和加速度)；动力学逆问题——已知轨迹运动对应的关节位移、速度和加速度，求出所需要的关节力矩或力。机器人操作臂是一个复杂的动力学系统，由多个连杆和多个关节组成，具有多个输入和多个输出，其中存在着错综复杂的耦合关系和严重的非线性。因此，对机器人操作臂动力学的研究引起了十分广泛的重视，所采用的方法很多，有拉格朗日方法、牛顿-欧拉方法、高斯(Guass)方法、凯恩(Kane)方法、旋量对偶数方法、罗伯逊-魏登堡(Roberson-Wittenburg)方法等。本章重点介绍牛顿-欧拉方法，它是基于运动坐标系和达朗贝尔原理来建立相应的运动学方程的。这种方法没有多余信息，计算速度快。

研究机器人动力学的目的是多方面的。首先是为了实现实时控制。利用机械手的动力学模型，才有可能进行最优控制，以达到最优指标或更好的动态性能。问题在于实时的动力学计算的复杂性，因此各种方案都要做些简化假设。拟定最优控制方案仍然是当前控制理论的研究课题。此外，利用动力学方程中重力项的计算结果，可进行前馈补偿，以实现更好的动态性能。机械手的动力学模型还可用于调节伺服系统的增益，改善系统的性能。

当前，机器人动力学模型的重要应用是设计机器人，设计人员可以根据连杆质量、负载大小、传动机构的特征进行动态仿真。现在已有多种仿真软件包可供使用，仿真结果可用于选择适当尺寸的传动机构。因为动力学方程可以用来精确地算出实现给定运动所需要的力(矩)，仿真结果也可用来说明是否需要重新设计机械结构。

为了估计高速运动时机器人路径偏差最严重的情况，也要进行路径控制仿真，在仿真时要考虑机器人的动态模型。

本章首先建立 R-P 机器人的动力学方程，举例说明建立拉格朗日方程的基本方法。接着研究建立一般多关节机器人的拉格朗日动力学方程，将力(矩)与位置、速度和加速度联系起来。多关节机器人的拉格朗日动力学方程是一个非线性的微分方程组，一般情况下，根本不可能求得其解析解。所谓动力学正问题就是以给定力(矩)作为输入，求解这组微分方程，得到机器人的运动。如果只想知道为控制机械手所应施加的力(矩)，即求解动力学逆问题，则并不需要解这组非线性微分方程，而是要根据已知的运动，计算相应的力(矩)。

为了使力(矩)的计算更快更有效，本章介绍了牛顿-欧拉递推方法和牛顿-欧拉简化模型。牛顿-欧拉方法能把力(矩)作为位置、速度和加速度的函数精确、迅速地计算出来，从而跟上伺服系统的速率和采样频率，实现实时计算。本章将首先建立完整的拉格朗日动力学方程，然后推导递推的牛顿-欧拉公式和其封闭形式。所有这些方程实质上都非常复杂，因为它们包含多达几千个项。经过简化后，方程易于求解，计算速度快。我们最感兴趣的是每个关节的等效惯量以及关节之间的耦合惯量。前者代表给定关节上的力(矩)与加速度之间的关系，后者表示某一关节上的力(矩)和另一关节上加速度之间的关系。如果耦合惯量比有效惯量小，可以忽略，那么，可以把机器人当作一系列相互独立的力学系统来处理。我们还需要确定各关节上克服重力影响应施加的力(矩)，忽略与速度有关的力(矩)，理由是：这类力(矩)与其他系统力(矩)相比一般都很小，而且这类力(矩)的数目太多，各项又非常复杂，难以计算。此外，这类力(矩)仅当机械手高速运动时才比较重要，而这时位置精度通常不是主要目标。

7.2　质点系与单刚体动力学

操作臂是由多个连杆通过关节相连的运动链机构，因此，操作臂动力学是典型的多体动力学。其研究路径自然有两条：质点→单刚体→多体；质点→质点系→多体。因此首先介绍质点系和单刚体动力学等有关的初步知识。

7.2.1　质点系动力学

质点动力学的基础是牛顿第二定律：在质量为 m 的质点上施加作用力 $\boldsymbol{f}$，则产生的加速度 $\ddot{\boldsymbol{r}}$ 满足

$$\boldsymbol{f}=m\ddot{\boldsymbol{r}},\quad \boldsymbol{r}\in\Re^3 \tag{7-1}$$

对于由 p 个质点组成的系统，则有

$$\boldsymbol{f}_k=m_k\ddot{\boldsymbol{r}}_k,\quad \boldsymbol{r}_k\in\Re^3,\quad k=1,2,\cdots,p \tag{7-2}$$

为了描述这 p 个质点间的关系，在此引入质点间的位置约束，每个约束可用一个矢量函数表示，即得约束方程

$$g_j(\boldsymbol{r}_1,\boldsymbol{r}_2,\cdots,\boldsymbol{r}_p)=0,\quad j=1,2,\cdots,q \tag{7-3}$$

此外，还存在其他形式的约束。总的说来，质点系各质点间的约束分为两类：完整约束(holonomic constraints)和非完整约束(nonholonomic constraints)。上述质点系之间的位置约束属于完整约束。刚体之间还存在更加一般的约束，如速度和加速度约束等，在研究移动机器人和机器人多指抓取的协调控制时将会碰到这类约束。

约束对质点系的作用是施加约束力。如果将每个约束方程视为$\Re^{3p}$空间中的光滑曲面，那么约束力将垂直于该曲面，系统的速度则位于此曲面的切平面内。由此，可将系统动力学方程写成矢量形式：

$$\boldsymbol{f}=\begin{bmatrix} m_1\boldsymbol{I} & & 0\\ & \ddots & \\ 0 & & m_p\boldsymbol{I}\end{bmatrix}\begin{bmatrix}\ddot{\boldsymbol{r}}_1\\ \ddot{\boldsymbol{r}}_2\\ \vdots\\ \ddot{\boldsymbol{r}}_p\end{bmatrix}+\sum_{j=1}^{q}\lambda_j\boldsymbol{\Gamma}_j \tag{7-4}$$

式中：矢量 $\boldsymbol{\Gamma}_1,\boldsymbol{\Gamma}_2,\cdots,\boldsymbol{\Gamma}_q\in\Re^{3p}$ 是约束力的基；系数 $\lambda_1,\lambda_2,\cdots,\lambda_q\in\Re$称为拉格朗日乘子。$\boldsymbol{\Gamma}_1,\boldsymbol{\Gamma}_2,\cdots,\boldsymbol{\Gamma}_q$ 并不要求是标准正交矢量。对于约束方程 $g_j(\boldsymbol{r})=0$，将 $\boldsymbol{\Gamma}_j$ 视为约束 $g_j(\boldsymbol{r})$的梯度，并与约束函数 $g_j(\boldsymbol{r})=0$ 正交。联立式(7-3)和式(7-4)，所得方程组共有 $3p+q$ 个方

程，包含 $3p+q$ 个变量：$\boldsymbol{r}\in\Re^{3p}$，$\lambda\in\Re^{q}$，形式上可以从中解出拉格朗日乘子。实际上，该方程组的求解十分复杂。最可行的办法是从 q 个约束中消去 q 个变量，得到 $3p-q$ 个广义坐标，完全描述质点系的位置，详见 7.3 节。

7.2.2 惯性张量和伪惯性矩阵

质点的质量集中在一点，而刚体的质量是连续分布的。因此，在刚体动力学中，质量、惯性矩和惯性积是几个重要的概念。在单自由度系统中，要考虑刚体的质量；在刚体绕轴线转动时，则要考虑刚体的惯性矩。

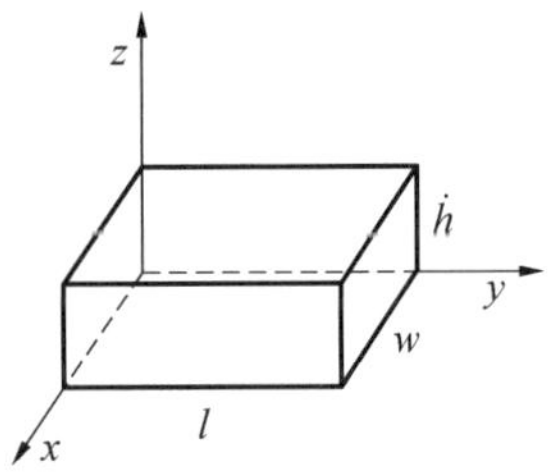

图 7-1 密度均匀的长方体

图 7-1 所示的刚体相对给定的坐标系，绕轴 x，y 和 z 的质量惯性矩表示如下：

$$\begin{cases} I_{xx}=\iiint\limits_V (y^2+z^2)\rho \mathrm{d}V=\iiint\limits_m (y^2+z^2)\mathrm{d}m \\ I_{yy}=\iiint\limits_V (x^2+z^2)\rho \mathrm{d}V=\iiint\limits_m (x^2+z^2)\mathrm{d}m \\ I_{zz}=\iiint\limits_V (x^2+y^2)\rho \mathrm{d}V=\iiint\limits_m (x^2+y^2)\mathrm{d}m \end{cases} \tag{7-5}$$

质量惯性矩等于质量元素 $\mathrm{d}m=\rho \mathrm{d}V$ 乘以该质量元素到相应轴的垂直距离的平方。为了描述刚体质量在同一坐标系的分布情况，除了上述的三个惯性矩之外，还采用惯性积(混合矩)：

$$\begin{cases} I_{xy}=\iiint\limits_V xy\rho \mathrm{d}V=\iiint\limits_m xy\,\mathrm{d}m \\ I_{yz}=\iiint\limits_V yz\rho \mathrm{d}V=\iiint\limits_m yz\,\mathrm{d}m \\ I_{zx}=\iiint\limits_V zx\rho \mathrm{d}V=\iiint\limits_m zx\,\mathrm{d}m \end{cases} \tag{7-6}$$

相对于给定的坐标系 $\{\boldsymbol{A}\}$，可以用以上质量惯性矩和惯性积组成的矩阵

$${}^{A}\boldsymbol{I}=\begin{bmatrix} I_{xx} & -I_{xy} & -I_{xz} \\ -I_{xy} & I_{yy} & -I_{yz} \\ -I_{xz} & -I_{yz} & I_{zz} \end{bmatrix} \tag{7-7}$$

来表示物体的质量分布特征。${}^{A}\boldsymbol{I}$ 称为惯性张量，它和选取的坐标系有关。如果我们选取的坐标系的姿态使得各惯性积为零，相对于这一坐标系，惯性张量是对角型的，则此坐标系的各轴称为惯性主轴，相应的质量矩称为主惯性矩。显然，惯性张量 $\boldsymbol{I}$ 是刚体相对某一坐标系的质量分布的二阶矩组成的矩阵。刚体的质量分布的一阶矩为

$$m=\iiint\limits_V \rho \mathrm{d}V \tag{7-8}$$

即

$$\begin{cases} m\bar{x}=\iiint\limits_V x\rho \mathrm{d}V=\iiint\limits_m x\,\mathrm{d}m \\ m\bar{y}=\iiint\limits_V y\rho \mathrm{d}V=\iiint\limits_m y\,\mathrm{d}m \\ m\bar{z}=\iiint\limits_V z\rho \mathrm{d}V=\iiint\limits_m z\,\mathrm{d}m \end{cases} \tag{7-9}$$

为方便起见，定义伪惯性矩阵（简称惯性矩阵）

$$\bar{\boldsymbol{I}} = \iiint_V \boldsymbol{r}\boldsymbol{r}^{\mathrm{T}} \mathrm{d}m \tag{7-10}$$

式中：$\boldsymbol{r}^{\mathrm{T}} = [x \quad y \quad z \quad 1]$是点的齐次坐标。因此

$$\bar{\boldsymbol{I}} = \iiint_V \begin{bmatrix} x^2 & xy & xz & x \\ xy & y^2 & yz & y \\ xz & yz & z^2 & z \\ x & y & z & 1 \end{bmatrix} \mathrm{d}m \tag{7-11}$$

可见，伪惯性矩阵 $\bar{\boldsymbol{I}}$ 是由质量元素的一阶矩和二阶矩的各种量构成的，同样可用它来表示刚体质量的分布特征。伪惯性矩阵与惯性张量之间的关系为

$$\bar{\boldsymbol{I}} = \begin{bmatrix} -I_{xx} + I_o/2 & I_{xy} & I_{xz} & m\bar{x} \\ I_{xy} & -I_{yy} + I_o/2 & I_{yz} & m\bar{y} \\ I_{xz} & I_{yz} & -I_{zz} + I_o/2 & m\bar{z} \\ m\bar{x} & m\bar{y} & m\bar{z} & m \end{bmatrix} \tag{7-12}$$

式中：$I_o = I_{xx} + I_{yy} + I_{zz}$ 表示刚体相对原点的惯性矩。

伪惯性矩阵 $\bar{\boldsymbol{I}}$ 与选取的坐标系有关。如果选取的坐标系的原点在刚体的质心上，则 $\bar{x} = \bar{y} = \bar{z} = 0$，同时选取坐标轴的方向，使得惯性积 $I_{xy} = I_{yz} = I_{zx} = 0$，则此坐标系称为刚体的主坐标系。相对主坐标系而言，刚体的伪惯性矩阵是对角型的。

图 7-2 所示为质量均匀分布的长方体、圆柱体、椭球的主惯性轴和相应的主惯性矩。

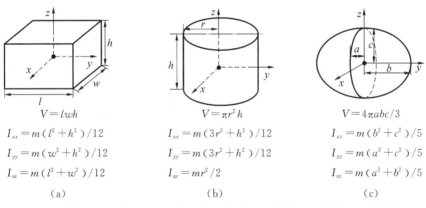

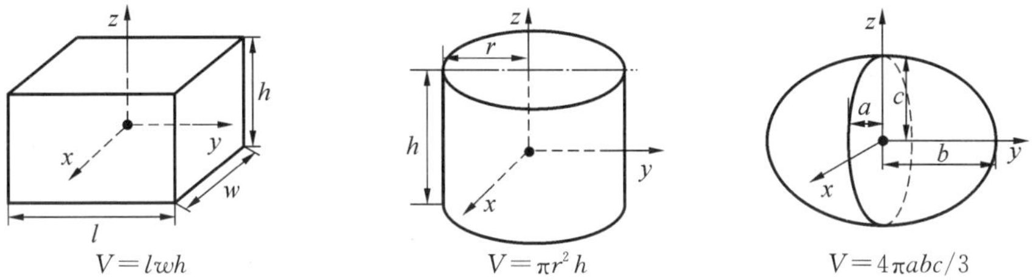

(a)	(b)	(c)
$V = lwh$	$V = \pi r^2 h$	$V = 4\pi abc/3$
$I_{xx} = m(l^2 + h^2)/12$	$I_{xx} = m(3r^2 + h^2)/12$	$I_{xx} = m(b^2 + c^2)/5$
$I_{yy} = m(w^2 + h^2)/12$	$I_{yy} = m(3r^2 + h^2)/12$	$I_{yy} = m(a^2 + c^2)/5$
$I_{zz} = m(l^2 + w^2)/12$	$I_{zz} = mr^2/2$	$I_{zz} = m(a^2 + b^2)/5$

图 7-2　密度均匀、质量为 m 的长方体、圆柱体、椭球体的主惯性轴与主惯性矩

(a) 长方体　(b) 圆柱体　(c) 椭球

惯性张量和伪惯性矩阵均涉及刚体质量元素相对于某一坐标系的二阶矩和一阶矩，两者均与坐标系的原点和姿态的选择有关。坐标轴平移或旋转后，惯性张量和伪惯性矩阵的各个元素会发生变化（质量 m 除外）。设坐标系 $\{\boldsymbol{C}\}$ 的原点设在刚体的质心，坐标系 $\{\boldsymbol{A}\}$ 的各轴与 $\{\boldsymbol{C}\}$ 平行，根据平行轴理论，刚体相对于两坐标系的惯性矩和惯性积存在以下关系：

$${}^{A}I_{zz} = {}^{C}I_{zz} + m(x_{\mathrm{c}}^2 + y_{\mathrm{c}}^2)$$

$${}^{A}I_{xy} = {}^{C}I_{xy} - m x_{\mathrm{c}} y_{\mathrm{c}}$$

式中：x_{c}，y_{c} 和 z_{c} 是质心在 $\{\boldsymbol{A}\}$ 中的坐标。其余各惯性矩和惯性积的坐标转换公式类似。

平行轴定理可以表示成矢量形式：

$${}^{A}\boldsymbol{I} = {}^{C}\boldsymbol{I} + m(\boldsymbol{p}_{\mathrm{c}}^{\mathrm{T}} \boldsymbol{p}_{\mathrm{c}} \boldsymbol{I}_3 - \boldsymbol{p}_{\mathrm{c}} \boldsymbol{p}_{\mathrm{c}}^{\mathrm{T}})$$

式中：$\boldsymbol{I}_3$ 是 3×3 的单位矩阵，$\boldsymbol{p}_c=[x_c \quad y_c \quad z_c]^{\mathrm{T}}$。

惯性张量和伪惯性矩阵具有以下性质：

（1）所有惯性矩恒为正，而惯性积可正可负。

（2）当坐标系（参考系）的姿态改变时，I_o 不变；若$\{\boldsymbol{A}\}$与$\{\boldsymbol{C}\}$共原点，则${}^{A}\boldsymbol{I}={}^{A}_{C}\boldsymbol{R}\,{}^{C}\boldsymbol{I}\,{}^{A}_{C}\boldsymbol{R}^{\mathrm{T}}$。

（3）惯性张量的特征值和特征矢量分别是刚体对应的主惯性矩和惯性主轴。

7.2.3　牛顿-欧拉公式

机器人操作臂的连杆都可以视为刚体。达朗贝尔原理将刚体静力平衡条件推广到动力学问题，既考虑外加驱动力又考虑物体加速度产生的惯性力，简述如下："对于任何物体，外加力和运动阻力（惯性力）在任何方向上的代数和均为零。"令惯性坐标系$\{\boldsymbol{C}\}$的原点为刚体的质心，与大地固接，其空间位置固定不变，则达朗贝尔原理归结为：线动量和角动量的导数分别等于外力和外力矩。

（1）牛顿第二运动定律（牛顿力平衡方程，见图 7-3）。刚体质量 m 是常数，外力通过质心，则

$$
{}^{C}\boldsymbol{f}=\mathrm{d}(m\,{}^{C}\boldsymbol{v})/\mathrm{d}t=m\,{}^{C}\dot{\boldsymbol{v}} \tag{7-13}
$$

式中：m 为刚体的质量；${}^{C}\dot{\boldsymbol{v}}$ 是质心相对于$\{\boldsymbol{C}\}$的加速度；${}^{C}\boldsymbol{f}$ 是作用在刚体上的合力。

（2）欧拉方程（欧拉力矩平衡方程，见图 7-4）。注意惯性张量的坐标变换${}^{C}\boldsymbol{I}={}^{C}_{B}\boldsymbol{R}\,{}^{B}\boldsymbol{I}\,{}^{C}_{B}\boldsymbol{R}^{\mathrm{T}}$，则

$$
{}^{C}\boldsymbol{\tau}=\mathrm{d}({}^{C}\boldsymbol{I}\,{}^{C}\boldsymbol{\omega})/\mathrm{d}t={}^{C}\boldsymbol{I}\,{}^{C}\dot{\boldsymbol{\omega}}+{}^{C}\boldsymbol{\omega}\times({}^{C}\boldsymbol{I}\,{}^{C}\boldsymbol{\omega}) \tag{7-14}
$$

式中：${}^{C}\boldsymbol{I}$ 是刚体在$\{\boldsymbol{C}\}$中的惯性张量；${}^{C}\boldsymbol{\omega}$ 和${}^{C}\dot{\boldsymbol{\omega}}$ 分别为角速度和角加速度；${}^{C}\boldsymbol{\tau}$ 是作用在刚体上合力矩矢量。

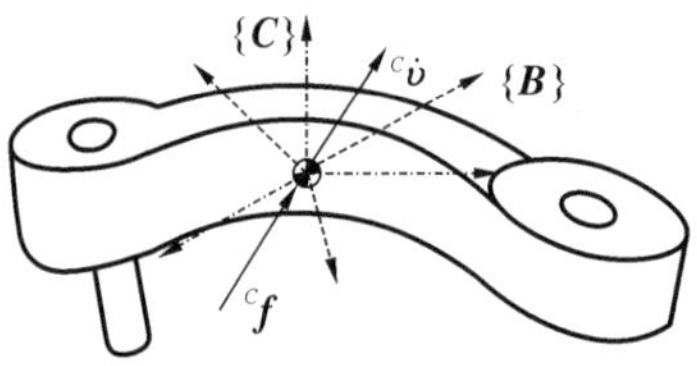

图 7-3　刚体平移加速度与作用力的关系

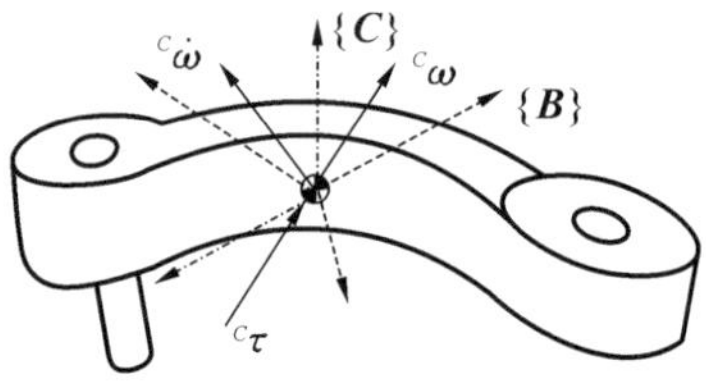

图 7-4　刚体的角速度和角加速度与力矩的关系

式(7-13)和式(7-14)分别是通过作用于质心的力和力矩描述的刚体动力学方程，如果相对于坐标系$\{\boldsymbol{B}\}$描述，$\{\boldsymbol{B}\}$原点位于刚体质心，且与刚体固接，则力平衡方程为

$$
\begin{aligned}
{}^{B}\boldsymbol{f}&={}^{C}_{B}\boldsymbol{R}^{\mathrm{T}}\cdot{}^{C}\boldsymbol{f}=m\,{}^{C}_{B}\boldsymbol{R}^{\mathrm{T}}\,{}^{C}\dot{\boldsymbol{v}}=m\,{}^{C}_{B}\boldsymbol{R}^{\mathrm{T}}\,\frac{\mathrm{d}({}^{C}_{B}\boldsymbol{R}\cdot{}^{B}v)}{\mathrm{d}t}\\
&={}^{C}_{B}\boldsymbol{R}^{\mathrm{T}}(m\,{}^{C}_{B}\dot{\boldsymbol{R}}\cdot{}^{B}\boldsymbol{v}+m\,{}^{C}_{B}\boldsymbol{R}\cdot{}^{B}\dot{\boldsymbol{v}})\\
&={}^{C}_{B}\boldsymbol{R}^{\mathrm{T}}(m\,{}^{C}_{B}\boldsymbol{R}[{}^{B}\boldsymbol{\omega}]\cdot{}^{B}v+m\,{}^{C}_{B}\boldsymbol{R}\cdot{}^{B}\dot{\boldsymbol{v}})\\
&=m[{}^{B}\boldsymbol{\omega}]\,{}^{B}\boldsymbol{v}+m\,{}^{B}\dot{\boldsymbol{v}}\\
&=m\,{}^{B}\boldsymbol{\omega}\times{}^{B}\boldsymbol{v}+m\,{}^{B}\dot{\boldsymbol{v}}
\end{aligned} \tag{7-15}
$$

欧拉方程（力矩平衡方程）为

$$
\begin{aligned}
{}^{B}\boldsymbol{\tau}&={}^{C}_{B}\boldsymbol{R}^{\mathrm{T}}\cdot{}^{C}\tau={}^{C}_{B}\boldsymbol{R}^{\mathrm{T}}\cdot({}^{C}\boldsymbol{I}\,{}^{C}\dot{\boldsymbol{\omega}}+{}^{C}\boldsymbol{\omega}\times({}^{C}\boldsymbol{I}\,{}^{C}\boldsymbol{\omega}))\\
&={}^{C}_{B}\boldsymbol{R}^{\mathrm{T}\,C}\boldsymbol{I}\;{}^{C}\dot{\boldsymbol{\omega}}+{}^{C}_{B}\boldsymbol{R}^{\mathrm{T}}[{}^{C}\boldsymbol{\omega}]\,{}^{C}\boldsymbol{I}\;{}^{C}\boldsymbol{\omega}\\
&={}^{B}_{C}\boldsymbol{R}\;{}^{C}\boldsymbol{I}\;{}^{B}_{C}\boldsymbol{R}^{\mathrm{T}}\,{}^{B}_{C}\boldsymbol{R}\,{}^{C}\dot{\boldsymbol{\omega}}+{}^{C}_{B}\boldsymbol{R}^{\mathrm{T}}[{}^{C}\boldsymbol{\omega}]\;{}^{C}_{B}\boldsymbol{R}\,{}^{C}_{B}\boldsymbol{R}^{\mathrm{T}}\,{}^{C}_{B}\boldsymbol{R}\,{}^{B}\boldsymbol{I}\;{}^{C}_{B}\boldsymbol{R}^{\mathrm{T}\,C}\boldsymbol{\omega}\\
&={}^{B}\boldsymbol{I}\;{}^{B}\dot{\boldsymbol{\omega}}+[{}^{B}_{C}\boldsymbol{R}\,{}^{C}\boldsymbol{\omega}]\,{}^{B}\boldsymbol{I}\,{}^{B}\boldsymbol{\omega}
\end{aligned}
$$

$$={}^{B}\boldsymbol{I}\,{}^{B}\dot{\boldsymbol{\omega}}+[{}^{B}\boldsymbol{\omega}]\,{}^{B}\boldsymbol{I}\,{}^{B}\boldsymbol{\omega} \tag{7-16}$$

式中：${}^{B}\boldsymbol{I}$ 是刚体在坐标系$\{\boldsymbol{B}\}$中的惯性张量，与${}^{C}\boldsymbol{I}$ 的关系为${}^{B}\boldsymbol{I}={}^{B}_{C}\boldsymbol{R}{}^{C}\boldsymbol{I}{}^{B}_{C}\boldsymbol{R}^{\mathrm{T}}$。

式(7-15)和式(7-16)中：

$$[{}^{B}\boldsymbol{\omega}]{}^{B}\boldsymbol{v}={}^{B}\boldsymbol{\omega}\times{}^{B}\boldsymbol{v},[{}^{B}\boldsymbol{\omega}]{}^{B}\boldsymbol{I}{}^{B}\boldsymbol{\omega}={}^{B}\boldsymbol{\omega}\times({}^{B}\boldsymbol{I\omega})$$

将式(7-15)和式(7-16)合并即得到牛顿-欧拉动力学方程的矩阵形式：

$${}^{B}F=\begin{bmatrix}{}^{B}\boldsymbol{f}\\{}^{B}\boldsymbol{\tau}\end{bmatrix}=\begin{bmatrix}m\boldsymbol{I}&\boldsymbol{0}\\\boldsymbol{0}&{}^{B}\boldsymbol{I}\end{bmatrix}\begin{bmatrix}{}^{B}\dot{\boldsymbol{v}}\\{}^{B}\dot{\boldsymbol{\omega}}\end{bmatrix}+\begin{bmatrix}[{}^{B}\boldsymbol{\omega}]&\boldsymbol{0}\\\boldsymbol{0}&[{}^{B}\boldsymbol{\omega}]\end{bmatrix}\begin{bmatrix}m\boldsymbol{I}&\boldsymbol{0}\\\boldsymbol{0}&{}^{B}\boldsymbol{I}\end{bmatrix}\begin{bmatrix}{}^{B}\boldsymbol{v}\\{}^{B}\boldsymbol{\omega}\end{bmatrix} \tag{7-17}$$

利用叉积性质$[\boldsymbol{v}]\boldsymbol{v}=\boldsymbol{v}\times\boldsymbol{v}=\boldsymbol{0}$ 和 $[\boldsymbol{v}]^{\mathrm{T}}=-[\boldsymbol{v}]$，则式(7-17)可写成

$${}^{B}F=\begin{bmatrix}{}^{B}\boldsymbol{f}\\{}^{B}\boldsymbol{\tau}\end{bmatrix}=\begin{bmatrix}m\boldsymbol{I}&\boldsymbol{0}\\\boldsymbol{0}&{}^{B}\boldsymbol{I}\end{bmatrix}\begin{bmatrix}{}^{B}\dot{\boldsymbol{v}}\\{}^{B}\dot{\boldsymbol{\omega}}\end{bmatrix}+\begin{bmatrix}[{}^{B}\boldsymbol{\omega}]&\boldsymbol{0}\\{}[{}^{B}\boldsymbol{v}]&[{}^{B}\boldsymbol{\omega}]\end{bmatrix}\begin{bmatrix}m\boldsymbol{I}&\boldsymbol{0}\\\boldsymbol{0}&{}^{B}\boldsymbol{I}\end{bmatrix}\begin{bmatrix}{}^{B}\boldsymbol{v}\\{}^{B}\boldsymbol{\omega}\end{bmatrix}$$

$$=\begin{bmatrix}m\boldsymbol{I}&\boldsymbol{0}\\\boldsymbol{0}&{}^{B}\boldsymbol{I}\end{bmatrix}\begin{bmatrix}{}^{B}\dot{\boldsymbol{v}}\\{}^{B}\dot{\boldsymbol{\omega}}\end{bmatrix}-\begin{bmatrix}[{}^{B}\boldsymbol{\omega}]&[{}^{B}\boldsymbol{v}]\\\boldsymbol{0}&[{}^{B}\boldsymbol{\omega}]\end{bmatrix}^{\mathrm{T}}\begin{bmatrix}m\boldsymbol{I}&\boldsymbol{0}\\\boldsymbol{0}&{}^{B}\boldsymbol{I}\end{bmatrix}\begin{bmatrix}{}^{B}\boldsymbol{v}\\{}^{B}\boldsymbol{\omega}\end{bmatrix} \tag{7-18}$$

式中：六维力旋量坐标、六维运动旋量坐标以及 6×6 的空间惯性矩阵分别为

$${}^{B}F=\begin{bmatrix}{}^{B}\boldsymbol{f}\\{}^{B}\boldsymbol{\tau}\end{bmatrix},\quad {}^{B}V=\begin{bmatrix}{}^{B}\boldsymbol{v}\\{}^{B}\boldsymbol{\omega}\end{bmatrix},\quad {}^{B}\boldsymbol{M}=\begin{bmatrix}m\boldsymbol{I}&\boldsymbol{0}\\\boldsymbol{0}&{}^{B}\boldsymbol{I}\end{bmatrix}$$

定义运动旋量坐标${}^{B}V$ 的伴随作用

$$\mathrm{ad}({}^{B}V)=\begin{bmatrix}[{}^{B}\boldsymbol{\omega}]&[{}^{B}\boldsymbol{v}]\\\boldsymbol{0}&[{}^{B}\boldsymbol{\omega}]\end{bmatrix} \tag{7-19}$$

可以证明

$$\begin{bmatrix}[{}^{B}\boldsymbol{\omega}]&[{}^{B}\boldsymbol{v}]\\\boldsymbol{0}&[{}^{B}\boldsymbol{\omega}]\end{bmatrix}=-\begin{bmatrix}[{}^{B}\boldsymbol{\omega}]&\boldsymbol{0}\\{}[{}^{B}\boldsymbol{v}]&[{}^{B}\boldsymbol{\omega}]\end{bmatrix}^{\mathrm{T}} \tag{7-20}$$

这样一来，刚体的动能 T 可以用空间惯性矩阵表示：

$$T=\frac{1}{2}\,{}^{B}\boldsymbol{\omega}^{\mathrm{T}}{}^{B}\boldsymbol{I}{}^{B}\boldsymbol{\omega}+\frac{1}{2}m{}^{B}\boldsymbol{v}^{\mathrm{T}}{}^{B}\boldsymbol{v}=\frac{1}{2}\,{}^{B}V^{\mathrm{T}}\,{}^{B}\boldsymbol{M}{}^{B}V \tag{7-21}$$

空间动量${}^{B}P\in\mathfrak{R}^{6}$ 定义为

$${}^{B}P=\begin{bmatrix}m{}^{B}\boldsymbol{v}\\{}^{B}\boldsymbol{I}{}^{B}\boldsymbol{\omega}\end{bmatrix}=\begin{bmatrix}m\boldsymbol{I}&\boldsymbol{0}\\\boldsymbol{0}&{}^{B}\boldsymbol{I}\end{bmatrix}\begin{bmatrix}{}^{B}\boldsymbol{v}\\{}^{B}\boldsymbol{\omega}\end{bmatrix}={}^{B}\boldsymbol{M}{}^{B}V \tag{7-22}$$

$$\mathrm{ad}^{\mathrm{T}}(V)F=\begin{bmatrix}[\boldsymbol{\omega}]&[\boldsymbol{v}]\\\boldsymbol{0}&[\boldsymbol{\omega}]\end{bmatrix}^{\mathrm{T}}\begin{bmatrix}\boldsymbol{f}\\\boldsymbol{\tau}\end{bmatrix}=\begin{bmatrix}-[\boldsymbol{\omega}]\boldsymbol{f}\\-[\boldsymbol{\omega}]\boldsymbol{\tau}-[\boldsymbol{v}]\boldsymbol{f}\end{bmatrix}$$

利用上述定义可以将单刚体动力学方程(7-18)表示为

$${}^{B}F={}^{B}\boldsymbol{M}{}^{B}\dot{V}-\mathrm{ad}^{\mathrm{T}}({}^{B}V){}^{B}P={}^{B}\boldsymbol{M}{}^{B}\dot{V}-\mathrm{ad}^{\mathrm{T}}({}^{B}V){}^{B}\boldsymbol{M}{}^{B}V \tag{7-23}$$

同样，刚体转动的力矩方程(7-16)可以表示为

$${}^{B}\boldsymbol{\tau}={}^{B}\boldsymbol{I}{}^{B}\dot{\boldsymbol{\omega}}-[{}^{B}\boldsymbol{\omega}]^{\mathrm{T}}{}^{B}\boldsymbol{I}{}^{B}\boldsymbol{\omega} \tag{7-24}$$

注意，刚体的动能与坐标系的选取无关，因此，刚体动能相对于其他坐标系的表示亦相同：

$$\frac{1}{2}\,{}^{A}V^{\mathrm{T}}{}^{A}\boldsymbol{M}{}^{A}V=\frac{1}{2}\,{}^{B}V^{\mathrm{T}}{}^{B}\boldsymbol{M}{}^{B}V=\frac{1}{2}(\mathrm{Ad}_{V}({}^{B}_{A}\boldsymbol{T}){}^{A}V)^{\mathrm{T}}{}^{B}\boldsymbol{M}\mathrm{Ad}_{V}({}^{B}_{A}\boldsymbol{T}){}^{A}V$$

$$=\frac{1}{2}\,{}^{A}V^{\mathrm{T}}\mathrm{Ad}_{V}^{\mathrm{T}}({}^{B}_{A}\boldsymbol{T}){}^{B}\boldsymbol{M}\mathrm{Ad}_{V}({}^{B}_{A}\boldsymbol{T}){}^{A}V$$

从而得到空间惯性矩阵的坐标变换为

$${}^{A}\boldsymbol{M}=\mathrm{Ad}_{V}^{\mathrm{T}}({}^{B}_{A}\boldsymbol{T}){}^{B}\boldsymbol{M}\mathrm{Ad}_{V}({}^{B}_{A}\boldsymbol{T}) \tag{7-25}$$

式(7-25)是 Steiner's 定理的推广。利用空间惯性矩阵，得到式(7-23)在任意坐标系中的表示：

$$ {}^{A}F = {}^{A}\boldsymbol{M}{}^{A}\dot{V} - \mathrm{ad}^{\mathrm{T}}({}^{A}V){}^{A}\boldsymbol{M}{}^{A}V $$

注意运动旋量$[V]$的伴随作用与运动旋量坐标 V 的伴随作用之间的差异和联系，这两种伴随作用的严格定义如下。

定义 7.1　运动旋量的伴随作用为

$$ \mathrm{ad}([V_1])[V_2] := [[V_1],[V_2]] = [V_1][V_2] - [V_2][V_1] $$

定义 7.2　运动旋量坐标的伴随作用为

$$ \mathrm{ad}(V_1)V_2 = [V_1, V_2] = ([V_1][V_2] - [V_2][V_1])^{\vee} $$

上述定义的含义：对于两个运动旋量坐标 $V_1, V_2 \in \mathfrak{R}^6$，定义在 se(3)上的伴随作用$\mathfrak{R}^6 \times \mathfrak{R}^6 \rightarrow \mathfrak{R}^6$：$[V_1, V_2]$，称为伴随算子，记为 $\mathrm{ad}(V_1)$。

7.3　拉格朗日动力学

对于任何机械系统，拉格朗日函数 L 定义为系统的动能 T 和势能 U 之差

$$ L = T - U \tag{7-26} $$

系统的动能和势能可用任意的坐标系来表示，不限于笛卡儿坐标，例如广义坐标 q_i。

系统的动力学方程(称第二类拉格朗日方程)为

$$ \tau_i = \frac{\mathrm{d}}{\mathrm{d}t}\frac{\partial L}{\partial \dot{q}_i} - \frac{\partial L}{\partial q_i}, \quad i = 1,2,\cdots,n \tag{7-27} $$

式中：q_i 是表示动能和势能的广义坐标；$\dot{q}_i$ 为相应的广义速度；τ_i 称为广义力，如果 q_i 是直线坐标，则相应的 τ_i 是力，如果 q_i 是角度坐标，则相应的 τ_i 是力矩。

由于势能 U 不显含 $\dot{q}_i$，因此，动力学方程(7-27)也可以写成

$$ \tau_i = \frac{\mathrm{d}}{\mathrm{d}t}\frac{\partial T}{\partial \dot{q}_i} - \frac{\partial T}{\partial q_i} + \frac{\partial U}{\partial q_i}, \quad i = 1,2,\cdots,n \tag{7-28} $$

下面以图 7-5 所示 RP 机械手为例说明建立机器人动力学方程的方法。该机械手由两个关节组成，连杆 1 和连杆 2 的质量分别为 m_1 和 m_2，质心位置如图所示，广义坐标为 θ 和 r。

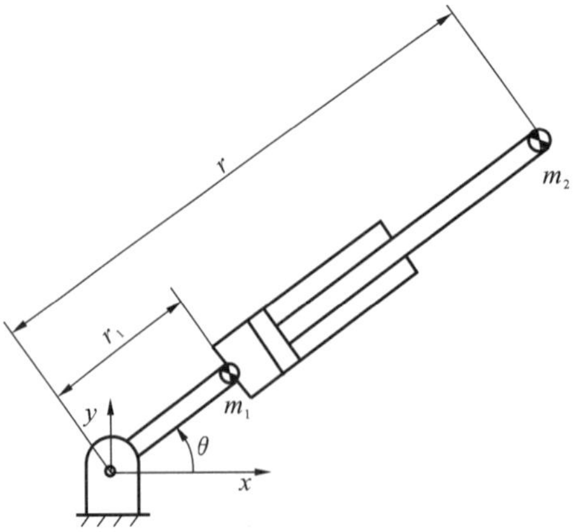

图 7-5　RP 机械手

7.3.1　质心的速度

为了计算连杆 1 和连杆 2 所具有的动能和势能，首先写出它们在笛卡儿坐标系中的位置和速度：

$$\begin{cases} x_1 = r_1\cos\theta \\ y_1 = r_1\sin\theta \end{cases}$$

其中 r_1 为常数，因此，相应的速度为

$$\begin{cases} \dot{x}_1 = -r_1\dot{\theta}\sin\theta \\ \dot{y}_1 = r_1\dot{\theta}\cos\theta \end{cases}$$

速度的模方是

$$v_1^2 = \dot{x}_1^2 + \dot{y}_1^2 = r_1^2\dot{\theta}^2$$

对于连杆 2，推导步骤相同：

$$\begin{cases} x_2 = r\cos\theta \\ y_2 = r\sin\theta \end{cases}$$

与连杆 1 不同，r 是变量，因此

$$\begin{cases} \dot{x}_2 = \dot{r}\cos\theta - r\dot{\theta}\sin\theta \\ \dot{y}_2 = \dot{r}\sin\theta + r\dot{\theta}\cos\theta \end{cases}$$

$$v_2^2 = \dot{x}_2^2 + \dot{y}_2^2 = \dot{r}^2 + r^2\dot{\theta}^2$$

7.3.2　系统的动能和势能

质量为 m、速度为 v 的质点的动能为

$$T = \frac{1}{2}mv^2$$

因此，连杆 1 和连杆 2 的动能分别为

$$T_1 = \frac{1}{2}m_1 v_1^2 = \frac{1}{2}m_1 r_1^2\dot{\theta}^2$$

$$T_2 = \frac{1}{2}m_2 v_2^2 = \frac{1}{2}m_2(\dot{r}^2 + r^2\dot{\theta}^2)$$

系统的总动能为

$$T = T_1 + T_2 = \frac{1}{2}m_1 r_1^2\dot{\theta}^2 + \frac{1}{2}m_2\dot{r}^2 + \frac{1}{2}m_2 r^2\dot{\theta}^2$$

质量为 m、高度为 h 的质点的势能是

$$U = mgh$$

式中：g 是重力加速度。

连杆 1 和连杆 2 的势能分别是

$$U_1 = m_1 g r_1\sin\theta, \quad U_2 = m_2 g r\sin\theta$$

系统总的势能为

$$U = m_1 g r_1\sin\theta + m_2 g r\sin\theta$$

7.3.3　系统的动力学方程

根据式(7-28)，首先计算旋转关节的力矩 τ_θ。有

$$\frac{\partial T}{\partial \dot{\theta}} = m_1 r_1^2 \dot{\theta} + m_2 r^2 \dot{\theta}$$

$$\frac{\mathrm{d}}{\mathrm{d}t}\left(\frac{\partial T}{\partial \dot{\theta}}\right) = m_1 r_1^2 \ddot{\theta} + m_2 r^2 \ddot{\theta} + 2m_2 r\dot{r}\dot{\theta}$$

$$\frac{\partial T}{\partial \theta} = 0$$

$$\frac{\partial U}{\partial \theta} = g\cos\theta(m_1 r_1 + m_2 r)$$

$$\tau_\theta = m_1 r_1^2 \ddot{\theta} + m_2 r^2 \ddot{\theta} + 2m_2 r\dot{\theta}\dot{r} + g\cos\theta(m_1 r_1 + m_2 r) \tag{7-29}$$

同样，计算移动关节上的作用力 f_r：

$$\frac{\partial T}{\partial \dot{r}} = m_2 \dot{r}$$

$$\frac{\mathrm{d}}{\mathrm{d}t}\frac{\partial T}{\partial \dot{r}} = m_2 \ddot{r}$$

$$\frac{\partial T}{\partial r} = m_2 r\dot{\theta}^2$$

$$\frac{\partial U}{\partial r} = m_2 g\sin\theta$$

$$f_r = m_2 \ddot{r} - m_2 r\dot{\theta}^2 + m_2 g\sin\theta \tag{7-30}$$

将式(7-29)和式(7-30)联立，即得到 RP 机械手的动力学方程。它表示加在关节上的力和力矩与机械手各连杆运动之间的关系。上面的动力学模型没有考虑摩擦的影响。

7.3.4　机械手动力学方程的一般形式

将式(7-29)和式(7-30)写成更加一般的形式(旋转关节称为关节 1，移动关节称为关节 2)：

$$\tau_\theta = \underbrace{D_{11}\ddot{\theta} + D_{12}\ddot{r}}_{\text{惯性力项}} + \underbrace{D_{111}\dot{\theta}^2 + D_{122}\dot{r}^2}_{\text{向心力项}} + \underbrace{D_{112}\dot{\theta}\dot{r} + D_{121}\dot{r}\dot{\theta}}_{\text{科氏力项}} + \underbrace{D_1}_{\text{重力项}} \tag{7-31}$$

$$f_r = \underbrace{D_{21}\ddot{\theta} + D_{22}\ddot{r}}_{\text{惯性力项}} + \underbrace{D_{211}\dot{\theta}^2 + D_{222}\dot{r}^2}_{\text{向心力项}} + \underbrace{D_{212}\dot{\theta}\dot{r} + D_{221}\dot{r}\dot{\theta}}_{\text{科氏力项}} + \underbrace{D_2}_{\text{重力项}} \tag{7-32}$$

在式(7-31)和式(7-32)中：D_{ii} 称为关节 i 的有效惯量，D_{ij} $(i\neq j)$ 称为关节 j 对关节 i 的耦合惯量，因为关节 i 的加速度在关节 i 上产生的相应的力(矩)是 $D_{ii}\ddot{q}_i$，而关节 j 的加速度 $\ddot{q}_j$ 在关节 i 上产生的相应的力(矩)是 $D_{ij}\ddot{q}_j$；关节 i 的加速度 $\ddot{q}_i$ 在关节 j 上产生的力矩是 $D_{ji}\ddot{q}_i$。形式为 $D_{ijj}\dot{q}_j^2$ 的项是由于关节 j 的速度而在关节 i 上产生的向心力；$D_{ijk}\dot{q}_j\dot{q}_k + D_{ikj}\dot{q}_k\dot{q}_j$ 称为作用在关节 i 上的科氏力，是速度 $\dot{q}_j$ 和速度 $\dot{q}_k$ 两者复合作用的结果；D_i 是作用在关节 i 上的重力，和速度、加速度无关。

将式(7-29)和式(7-31)相对照，可得

$$D_{11} = m_1 r_1^2 + m_2 r^2, \quad D_{12} = 0$$

$$D_{111} = 0, \quad D_{122} = 0$$

$$D_{112} = m_2 r, \quad D_{121} = m_2 r$$

$$D_1 = g\cos\theta(m_1 r_1 + m_2 r)$$

将式(7-30)和式(7-32)相对照，可得

$$D_{21} = 0, \quad D_{22} = m_2$$

$$D_{211} = -m_2 r, \quad D_{222} = 0$$

$$D_{212} = 0, \quad D_{221} = 0$$

$$D_2 = m_2 g\sin\theta$$

从 $D_{11}=m_1 r_1^2+m_2 r^2$，$D_{22}=m_2$ 可以看出有效惯量的物理意义：对于移动关节，它就是质量；对于旋转关节，它就是惯性量(二阶矩)。

机器人的有效惯量随着机器人的形态变化而有非常明显的变化，它也和机器人的负载有关，同时受到各关节的状态(自由状态或锁死状态)的影响，变化范围非常大；耦合惯量也是一样的。惯量的变化对机器人的控制有重要的影响。从控制的角度出发，应当计算出各个有效惯量、耦合惯量和质量分布的关系。

7.3.5　计算实例

例 7.1　如图 7-5 所示，假定 RP 机械手重 10 kg，集中作用在质心处，$r_1=1$ m，负载变化范围为 1～5 kg，r 的变化范围为 1～2 m，最大速度为 $\dot{\theta}=1$ rad/s，$\dot{r}=1$ m/s，最大加速度为 $\ddot{\theta}=1$ rad/s^2，$\ddot{r}=1$ m/s^2。计算下列三种情况下的旋转关节驱动力(不考虑摩擦)：

(1) 手臂伸在最外端，在垂直位置和水平位置静止状态下；

(2) 手臂伸在最外端，以最大速度恒速从垂直位置运动到水平位置；

(3) 手臂伸在最外端，静止，但以最大的径向加速度启动(在垂直和水平位置)。

解　(1)　$\tau_\theta=D_1=(m_1 r_1+m_2 r)g\cos\theta=(20\times 9.8\cos\theta)$ kg · m^2/s^2

解得　$\tau_\theta=0\sim 196$ kg · m^2/s^2

(2) $\tau_\theta=D_1+D_{112}\dot{\theta}\dot{r}+D_{121}\dot{r}\dot{\theta}=D_1+2\times 5\times 2\times 1\times 1$ kg · m^2/s^2 $=(196\cos\theta+20)$ kg · m^2/s^2

解得　$\tau_\theta=20\sim 216$ kg · m^2/s^2

可以看出，在这种形态之下，科氏力有一定影响，但和重力比较，影响并不显著。

(3) $\tau_\theta=D_1+D_{11}\ddot{\theta}=D_1+(m_1 r_1^2+m_2 r^2)\ddot{\theta}=(196\cos\theta+30)$ kg · m^2/s^2

解得　$\tau_\theta=30\sim 226$ kg · m^2/s^2

同样，重力负载起着重要作用，并且，由于重力负载变化极大，在垂直位置下为零，在水平位置下为 196 kg · m^2/s^2，这对机器人的控制将产生很大影响，因此，在实际中采用平衡的方法，或采用前馈补偿的方法，来尽量消除重力负载的影响。

7.4　操作臂的拉格朗日方程

利用拉格朗日方法推导操作臂动力学模型十分简便且具有规律性。从前面讨论的 RP 机器人动力学方程的建立可以看出，机器人动力学方程的建立可分五步进行：

(1) 计算连杆各点速度；

(2) 计算系统的动能；

(3) 计算系统的势能；

(4) 构造拉格朗日函数；

(5) 推导动力学方程。

7.4.1　连杆各点速度

连杆 i 上的一点对坐标系 $\{i\}$ 和基坐标系 $\{0\}$ 的齐次坐标分别为 ${}^i\boldsymbol{r}$ 和 $\boldsymbol{r}$，则由图 7-6 可见

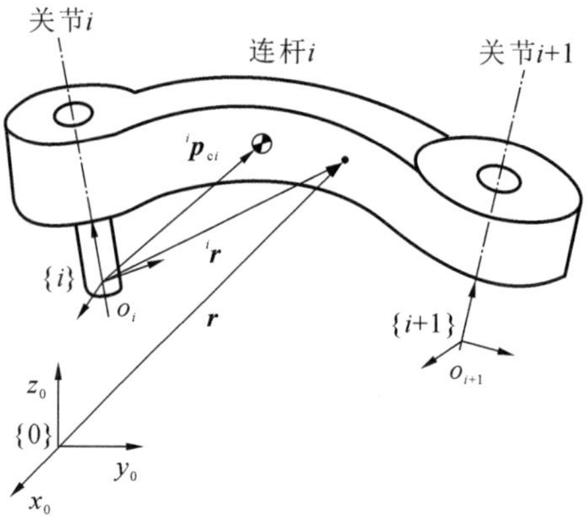

图 7-6　点的坐标变换

$$\boldsymbol{r}={}_i^0\boldsymbol{T}\,{}^i\boldsymbol{r} \tag{7-33}$$

于是，该点的速度为

$$\dot{\boldsymbol{r}}=\frac{\mathrm{d}\boldsymbol{r}}{\mathrm{d}t}=\left(\sum_{j=1}^{i}\frac{\partial({}_i^0\boldsymbol{T})}{\partial q_j}\dot{q}_j\right){}^i\boldsymbol{r} \tag{7-34}$$

速度的平方为

$$\dot{\boldsymbol{r}}^{\mathrm{T}}\dot{\boldsymbol{r}}=\mathrm{tr}(\dot{\boldsymbol{r}}\dot{\boldsymbol{r}}^{\mathrm{T}}) \tag{7-35}$$

式(7-35)中，用求迹 tr(·)代替矢量点乘。将式(7-34)代入式(7-35)得

$$\begin{aligned}\dot{\boldsymbol{r}}^{\mathrm{T}}\dot{\boldsymbol{r}}&=\mathrm{tr}\left[\sum_{j=1}^{i}\frac{\partial({}_i^0\boldsymbol{T})}{\partial q_j}\dot{q}_j{}^i\boldsymbol{r}\sum_{k=1}^{i}\left(\frac{\partial({}_i^0\boldsymbol{T})}{\partial q_k}\dot{q}_k{}^i\boldsymbol{r}\right)^{\mathrm{T}}\right]\\&=\mathrm{tr}\left[\sum_{j=1}^{i}\sum_{k=1}^{i}\frac{\partial({}_i^0\boldsymbol{T})}{\partial q_j}{}^i\boldsymbol{r}{}^i\boldsymbol{r}^{\mathrm{T}}\frac{\partial({}_i^0\boldsymbol{T})^{\mathrm{T}}}{\partial q_k}\dot{q}_j\dot{q}_k\right]\end{aligned}$$

7.4.2　系统的动能

在连杆 i 的$^i\boldsymbol{r}$ 处，质量为 dm 的质点的动能为

$$\begin{aligned}\mathrm{d}T_i&=\frac{1}{2}\mathrm{tr}\left[\sum_{j=1}^{i}\sum_{k=1}^{i}\frac{\partial({}_i^0\boldsymbol{T})}{\partial q_j}{}^i\boldsymbol{r}{}^i\boldsymbol{r}^{\mathrm{T}}\frac{\partial({}_i^0\boldsymbol{T})^{\mathrm{T}}}{\partial q_k}\dot{q}_j\dot{q}_k\right]\mathrm{d}m\\&=\frac{1}{2}\mathrm{tr}\left[\sum_{j=1}^{i}\sum_{k=1}^{i}\frac{\partial({}_i^0\boldsymbol{T})}{\partial q_j}{}^i\boldsymbol{r}{}^i\boldsymbol{r}^{\mathrm{T}}\mathrm{d}m\frac{\partial({}_i^0\boldsymbol{T})^{\mathrm{T}}}{\partial q_k}\dot{q}_j\dot{q}_k\right]\end{aligned}$$

于是，连杆 i 的动能为

$$\begin{aligned}T_i&=\int_{\mathrm{link}\,i}\mathrm{d}T_i=\frac{1}{2}\mathrm{tr}\left[\sum_{j=1}^{i}\sum_{k=1}^{i}\frac{\partial({}_i^0\boldsymbol{T})}{\partial q_j}\int_{\mathrm{link}\,i}{}^i\boldsymbol{r}{}^i\boldsymbol{r}^{\mathrm{T}}\mathrm{d}m\frac{\partial({}_i^0\boldsymbol{T})^{\mathrm{T}}}{\partial q_k}\dot{q}_j\dot{q}_k\right]\\&=\frac{1}{2}\mathrm{tr}\left[\sum_{j=1}^{i}\sum_{k=1}^{i}\frac{\partial({}_i^0\boldsymbol{T})}{\partial q_j}\bar{\boldsymbol{I}}_i\frac{\partial({}_i^0\boldsymbol{T})^{\mathrm{T}}}{\partial q_k}\dot{q}_j\dot{q}_k\right]\end{aligned} \tag{7-36}$$

式中：$\bar{\boldsymbol{I}}_i$ 是连杆 i 的伪惯性矩阵(见式(7-10))，即

$$\bar{\boldsymbol{I}}_i=\int_{\mathrm{link}\,i}{}^i\boldsymbol{r}{}^i\boldsymbol{r}^{\mathrm{T}}\mathrm{d}m \tag{7-37}$$

操作臂(n 个连杆)总的动能为

$$T=\sum_{i=1}^{n}T_i=\frac{1}{2}\sum_{i=1}^{n}\mathrm{tr}\left[\sum_{j=1}^{i}\sum_{k=1}^{i}\frac{\partial({}_i^0\boldsymbol{T})}{\partial q_j}\bar{\boldsymbol{I}}_i\frac{\partial({}_i^0\boldsymbol{T})^{\mathrm{T}}}{\partial q_k}\dot{q}_j\dot{q}_k\right] \tag{7-38}$$

除了操作臂的各个连杆的动能之外，驱动各连杆运动的传动机构的动能也不能忽

视，各关节的传动机构的动能可表示成传动机构的等效惯量以及相应的关节速度的函数：

$$T_i = \frac{1}{2} I_{ai} \dot{q}_i^2 \tag{7-39}$$

式中：I_{ai}是广义等效惯量，对于移动关节I_{ai}是等效质量，对于旋转关节I_{ai}是等效惯性矩。

把求迹运算与求和运算交换次序，再加上传动机构的动能，最后得到操作臂结构系统的动能为

$$T = \frac{1}{2}\sum_{i=1}^{n}\left[\sum_{j=1}^{i}\sum_{k=1}^{i}\mathrm{tr}\left(\frac{\partial({}_i^0\boldsymbol{T})}{\partial q_j}\bar{\boldsymbol{I}}_i\frac{\partial({}_i^0\boldsymbol{T})^{\mathrm{T}}}{\partial q_k}\dot{q}_j\dot{q}_k\right) + I_{ai}\dot{q}_i^2\right] \tag{7-40}$$

7.4.3　系统的势能

各个连杆的势能为

$$U_i = -m_i \boldsymbol{g}\boldsymbol{p}_{ci} = -m_i \boldsymbol{g}({}_i^0\boldsymbol{T}^i\boldsymbol{p}_{ci})$$

式中：m_i 是连杆 i 的质量；$\boldsymbol{g}=[g_x \quad g_y \quad g_z \quad 0]$是重力行矢量。操作臂的总势能为

$$U = -\sum_{i=1}^{n} m_i \boldsymbol{g}\,{}_i^0\boldsymbol{T}^i\boldsymbol{p}_{ci} \tag{7-41}$$

7.4.4　拉格朗日函数

根据系统的动能 T 的表达式(7-40)和势能 U 的表达式(7-41)，便可得到拉格朗日函数：

$$L = T - U = \frac{1}{2}\sum_{i=1}^{n}\left\{\sum_{j=1}^{i}\sum_{k=1}^{i}\left[\mathrm{tr}\left(\frac{\partial({}_i^0\boldsymbol{T})}{\partial q_j}\bar{\boldsymbol{I}}_i\frac{\partial({}_i^0\boldsymbol{T})^{\mathrm{T}}}{\partial q_k}\right)\dot{q}_j\dot{q}_k\right] + I_{ai}\dot{q}_i^2\right\} + \sum_{i=1}^{n} m_i \boldsymbol{g}\,{}_i^0\boldsymbol{T}^i\boldsymbol{p}_{ci} \tag{7-42}$$

7.4.5　操作臂的动力学方程

利用拉格朗日函数式(7-42)便可得到关节 i 驱动连杆 i 所需的广义力矩 τ_i，即由

$$\tau_i = \frac{\mathrm{d}}{\mathrm{d}t}\left(\frac{\partial L}{\partial \dot{q}_i}\right) - \frac{\partial L}{\partial q_i}, \quad i = 1,2,\cdots,n$$

得

$$\tau_i = \sum_{j=i}^{n}\sum_{k=1}^{j}\left[\mathrm{tr}\left(\frac{\partial({}_j^0\boldsymbol{T})}{\partial q_i}\bar{\boldsymbol{I}}_j\frac{\partial({}_j^0\boldsymbol{T})^{\mathrm{T}}}{\partial q_k}\right)\ddot{q}_k\right] + I_{ai}\ddot{q}_i + \sum_{j=i}^{n}\sum_{k=1}^{j}\sum_{m=1}^{j}\mathrm{tr}\left(\frac{\partial({}_j^0\boldsymbol{T})}{\partial q_i}\bar{\boldsymbol{I}}_j\frac{\partial^2({}_j^0\boldsymbol{T})^{\mathrm{T}}}{\partial q_k \partial q_m}\right)\dot{q}_k\dot{q}_m$$
$$- \sum_{j=i}^{n} m_j \boldsymbol{g}\frac{\partial({}_j^0\boldsymbol{T})_j}{\partial q_i}\boldsymbol{p}_{cj}, \quad i = 1,2,\cdots,n \tag{7-43}$$

式(7-43)可写成矩阵形式和矢量形式：

$$\tau_i = \sum_{k=1}^{n} D_{ik}\ddot{q}_k + \sum_{k=1}^{n}\sum_{m=1}^{n} h_{ikm}\dot{q}_k\dot{q}_m + G_i, \quad i = 1,2,\cdots,n \tag{7-44}$$

$$\boldsymbol{\tau}(t) = \boldsymbol{D}(\boldsymbol{q}(t))\ddot{\boldsymbol{q}}(t) + \boldsymbol{h}(\boldsymbol{q}(t),\dot{\boldsymbol{q}}(t)) + \boldsymbol{G}(\boldsymbol{q}(t)) \tag{7-45}$$

式中：$\boldsymbol{\tau}(t)$为加在各关节上的 $n\times 1$ 的广义力矩矢量，

$$\boldsymbol{\tau}(t) = [\tau_1(t) \quad \tau_2(t) \quad \cdots \quad \tau_n(t)]^{\mathrm{T}}$$

$\boldsymbol{q}(t)$为操作臂的关节变量(矢量)，

$$\boldsymbol{q}(t) = [q_1(t) \quad q_2(t) \quad \cdots \quad q_n(t)]^{\mathrm{T}}$$

$\dot{\boldsymbol{q}}(t)$为操作臂的关节速度矢量，

$$\dot{\boldsymbol{q}}(t)=[\dot{q}_1(t)\quad \dot{q}_2(t)\quad \cdots\quad \dot{q}_n(t)]^{\mathrm{T}}$$

$\ddot{\boldsymbol{q}}(t)$为操作臂的关节加速度矢量，

$$\ddot{\boldsymbol{q}}(t)=[\ddot{q}_1(t)\quad \ddot{q}_2(t)\quad \cdots\quad \ddot{q}_n(t)]^{\mathrm{T}}$$

$\boldsymbol{D}(\boldsymbol{q})$为操作臂的质量矩阵，是 $n\times n$ 的对称矩阵，其元素为

$$D_{ik}(\boldsymbol{q})=\sum_{j=\max(i,k)}^{n}\left[\operatorname{tr}\left(\frac{\partial({}_j^0\boldsymbol{T})}{\partial q_i}\bar{\boldsymbol{I}}_j\frac{\partial({}_j^0\boldsymbol{T})^{\mathrm{T}}}{\partial q_k}\right)+I_{ai}\delta_{ik}\right],\quad \delta_{ik}=\begin{cases}1, i=k\\0, i\neq k\end{cases}\tag{7-46}$$

$\boldsymbol{h}(\boldsymbol{q},\dot{\boldsymbol{q}})$为 $n\times 1$ 的非线性科氏力和离心力矢量，

$$\boldsymbol{h}(\boldsymbol{q},\dot{\boldsymbol{q}})=[h_1\quad h_2\quad \cdots\quad h_n]^{\mathrm{T}}$$

其元素为

$$h_i=\sum_{k=1}^{n}\sum_{m=1}^{n}h_{ikm}\dot{q}_k\dot{q}_m\tag{7-47}$$

$$h_{ikm}=\sum_{j=\max(i,k,m)}^{n}\operatorname{tr}\left(\frac{\partial({}_j^0\boldsymbol{T})}{\partial q_i}\bar{\boldsymbol{I}}_j\frac{\partial^2({}_j^0\boldsymbol{T})^{\mathrm{T}}}{\partial q_k\partial q_m}\right)$$

$\boldsymbol{G}(\boldsymbol{q})$为 $n\times 1$ 的重力矢量，

$$\boldsymbol{G}(\boldsymbol{q})=[G_1\quad G_2\quad \cdots\quad G_n]^{\mathrm{T}}$$

它的元素是

$$G_i=\sum_{j=i}^{n}\left(-m_j\boldsymbol{g}\frac{\partial({}_j^0\boldsymbol{T})}{\partial q_i}{}^j\boldsymbol{p}_{cj}\right)\tag{7-48}$$

系数 D_{ik}，h_{ikm} 和 G_i 是关节变量和连杆惯性参数的函数，有时称为操作臂的动力学系数。其物理意义介绍如下：

（1）系数 G_i 是连杆 i 的重力项。

（2）系数 D_{ik} 与关节（变量）加速度有关。当 $i=k$ 时，D_{ii} 与驱动力矩 τ_i 产生的关节 i 的加速度有关，称为有效惯量；当 $i\neq k$ 时，D_{ik} 与关节 k 的加速度引起的关节 i 上的反作用力矩（力）有关，称为耦合惯量。由于惯性矩阵是对称的，又因对于任意矩阵 $\boldsymbol{A}$，有 $\mathrm{tr}\boldsymbol{A}=\mathrm{tr}\boldsymbol{A}^{\mathrm{T}}$，可证明 $D_{ik}=D_{ki}$。

（3）h_{ikm} 与关节速度有关，下标 k，m 表示该项与关节速度 $\dot{q}_k\dot{q}_m$ 有关，下标 i 表示感受动力的关节编号。当 $k=m$ 时，h_{ikk} 表示关节 i 所感受的关节 k 的角速度引起的离心力的有关项；当 $k\neq m$ 时，h_{ikm} 表示关节 i 感受到的 $\dot{q}_k$ 和 $\dot{q}_m$ 引起的科氏力有关项。可以看出，对于给定的 i，有 $h_{ikm}=h_{imk}$。

这些系数有些可能为零。其原因如下：

（1）操作臂的特殊运动学设计可消除某些关节之间的动力耦合（系数 D_{ik} 和 h_{ikm}）。

（2）某些与速度有关的动力学系数实际上是不存在的，例如 h_{iii} 通常为零（但是 h_{iii} 也可能不为零）。

（3）机器人处于某些形位时，有些系数可能变为零。

由式(7-44)至式(7-48)表示的操作臂动力学方程是多关节相互耦合的、非线性二阶常微分方程，其中包含惯性力、科氏力和离心力以及重力的影响。对于给定的作用力矩（表示为时间的函数）$\tau_i=\tau_i(t)(i=1,2,\cdots,n)$，原则上可以积分求出相应的关节运动 $\boldsymbol{q}(t)$，再由相应的齐次变换矩阵，求机器人的运动学正解，得出手部运动规律 $\boldsymbol{X}(t)$（手部轨迹）。反之，如果预先由轨迹规划程序求得关节变量、关节速度和加速度作为时间的函数，那么，利用方

程(7-44)和方程(7-45)就可以计算出相应的关节力矩函数 $\boldsymbol{\tau}(t)$，从而构成计算力矩控制系统。拉格朗日动力学方程(7-45)还可以用来实现闭环控制，因为这种状态方程的结构便于设计补偿所有非线性因素的控制规律。在设计反馈控制器时，采用动力学系数可使反作用力的非线性影响最小。

下面估计拉格朗日动力学方程计算的复杂性。表 7-1 中列出了轨迹上每个设定点所需进行的乘法和加法次数，以此表示计算的复杂性。与其他方法相比，这种动力学方程的计算效率很低。

表 7-1　拉格朗日动力学方程计算所需的乘法和加法次数

拉格朗日动力学方程	乘法次数	加法次数
${}^0_j\boldsymbol{T}$	$32n(n-1)$	$24n(n-1)$
$-m_j\boldsymbol{g}\dfrac{\partial({}^0_j\boldsymbol{T})_j}{\partial q_i}\boldsymbol{p}_{cj}$	$4n(9n-7)$	$n(51n-45)/2$
$\sum\limits_{j=i}^{n}\left(-m_j\boldsymbol{g}\dfrac{\partial({}^0_j\boldsymbol{T})_j}{\partial q_i}\boldsymbol{p}_{cj}\right)$	0	$n(n-1)/2$
$\mathrm{tr}\left(\dfrac{\partial({}^0_j\boldsymbol{T})}{\partial q_i}\bar{\boldsymbol{I}}_j\dfrac{\partial({}^0_j\boldsymbol{T})^{\mathrm{T}}}{\partial q_k}\right)$	$128n(n+1)(n+2)/3$	$65n(n+1)(n+2)/2$
$\sum\limits_{j=\max(i,k)}^{n}\left(\dfrac{\partial({}^0_j\boldsymbol{T})}{\partial q_i}\bar{\boldsymbol{I}}_j\dfrac{\partial({}^0_j\boldsymbol{T})^{\mathrm{T}}}{\partial q_k}\right)$	0	$n(n-1)(n+1)/6$
$\mathrm{tr}\left(\dfrac{\partial({}^0_j\boldsymbol{T})}{\partial q_i}\bar{\boldsymbol{I}}_j\dfrac{\partial^2({}^0_j\boldsymbol{T})^{\mathrm{T}}}{\partial q_k\partial q_m}\right)$	$128n^2(n+1)(n+2)/3$	$65n^2(n+1)(n+2)/2$
$\sum\limits_{j=\max(i,k,m)}^{n}\mathrm{tr}\left(\dfrac{\partial({}^0_j\boldsymbol{T})}{\partial q_i}\bar{\boldsymbol{I}}_j\dfrac{\partial^2({}^0_j\boldsymbol{T})^{\mathrm{T}}}{\partial q_k\partial q_m}\right)$	0	$n^2(n-1)(n+1)/6$
$\boldsymbol{\tau}(t)=\boldsymbol{D}(\boldsymbol{q})\ddot{\boldsymbol{q}}+\boldsymbol{h}(\boldsymbol{q},\dot{\boldsymbol{q}})+\boldsymbol{G}(\boldsymbol{q})$	$\dfrac{128}{3}n^4+\dfrac{512}{3}n^3+\dfrac{844}{3}n^2+\dfrac{76}{3}n$	$\dfrac{98}{3}n^4+\dfrac{781}{6}n^3+\dfrac{637}{3}n^2+\dfrac{107}{6}n$

下面我们将讨论牛顿-欧拉方法，该方法具有很高的计算效率。在讨论这种方法之前，首先做些准备工作，研究连杆运动的传递。

7.5　拉格朗日方程的其他形式

7.5.1　基于矢量积雅可比矩阵的拉格朗日方法

设机器人系统由 n 个连杆构成，坐标系$\{i\}$与连杆 i 固接，如图 7-6 所示。

1. 连杆速度

由矢量积雅可比关系可知，连杆 i 的质心线速度为

$$\dot{\boldsymbol{p}}_{ci}={}^i_1\boldsymbol{J}^{\mathrm{s}}_{\mathrm{t}}\dot{q}_1+{}^i_2\boldsymbol{J}^{\mathrm{s}}_{\mathrm{t}}\dot{q}_2+\cdots+{}^i_i\boldsymbol{J}^{\mathrm{s}}_{\mathrm{t}}\dot{q}_i=\sum_{j=1}^{i}{}^i_j\boldsymbol{J}^{\mathrm{s}}_{\mathrm{t}}\dot{q}_j={}^i\boldsymbol{J}^{\mathrm{s}}_{\mathrm{t}}\dot{\boldsymbol{q}} \tag{7-49}$$

式中：$\boldsymbol{p}_{ci}$为连杆 i 的质心在$\{0\}$中的坐标，

$$^i\boldsymbol{J}^{\mathrm{s}}_{\mathrm{t}}=\begin{bmatrix}{}^i_1\boldsymbol{J}^{\mathrm{s}}_{\mathrm{t}} & {}^i_2\boldsymbol{J}^{\mathrm{s}}_{\mathrm{t}} & \cdots & {}^i_i\boldsymbol{J}^{\mathrm{s}}_{\mathrm{t}} & \boldsymbol{0} & \cdots & \boldsymbol{0}\end{bmatrix} \tag{7-50}$$

坐标系$\{i\}$的空间角速度为

$$\boldsymbol{\omega}_i^{\mathrm{s}}={}_1^i\boldsymbol{J}_{\mathrm{a}}^{\mathrm{s}}\dot{q}_1+{}_2^i\boldsymbol{J}_{\mathrm{a}}^{\mathrm{s}}\dot{q}_2+\cdots+{}_i^i\boldsymbol{J}_{\mathrm{a}}^{\mathrm{s}}\dot{q}_i=\sum_{j=1}^{i}{}_j^i\boldsymbol{J}_{\mathrm{a}}^{\mathrm{s}}\dot{q}_j={}^i\boldsymbol{J}_{\mathrm{a}}^{\mathrm{s}}\dot{\boldsymbol{q}} \tag{7-51}$$

式中：

$$^i\boldsymbol{J}_{\mathrm{a}}^{\mathrm{s}}=\begin{bmatrix}{}_1^i\boldsymbol{J}_{\mathrm{a}}^{\mathrm{s}} & {}_2^i\boldsymbol{J}_{\mathrm{a}}^{\mathrm{s}} & \cdots & {}_i^i\boldsymbol{J}_{\mathrm{a}}^{\mathrm{s}} & \boldsymbol{0} & \cdots & \boldsymbol{0}\end{bmatrix} \tag{7-52}$$

在式(7-50)和式(7-52)中，若 q_j 为转角，则由矢量积雅可比矩阵可知：

$$_j^i\boldsymbol{J}^{\mathrm{s}}(\boldsymbol{q})=\begin{bmatrix}{}_j^i\boldsymbol{J}_{\mathrm{t}}^{\mathrm{s}}\\{}_j^i\boldsymbol{J}_{\mathrm{a}}^{\mathrm{s}}\end{bmatrix}=\begin{bmatrix}{}^0\boldsymbol{z}_{j-1}\times(\boldsymbol{p}_{\mathrm{c}i}-\boldsymbol{p}_{j-1})\\{}^0\boldsymbol{z}_{j-1}\end{bmatrix} \tag{7-53}$$

若 q_j 为平移，则

$$_j^i\boldsymbol{J}^{\mathrm{s}}(\boldsymbol{q})=\begin{bmatrix}{}_j^i\boldsymbol{J}_{\mathrm{t}}^{\mathrm{s}}\\{}_j^i\boldsymbol{J}_{\mathrm{a}}^{\mathrm{s}}\end{bmatrix}=\begin{bmatrix}{}^0\boldsymbol{z}_{j-1}\\\boldsymbol{0}\end{bmatrix} \tag{7-54}$$

2. 系统的动能

借助于连杆速度表达式(7-49)和表达式(7-51)，连杆 i 的动能可以表示为平移动能和绕质心的转动动能之和，即

$$T_i=\frac{1}{2}m_i\dot{\boldsymbol{p}}_{\mathrm{c}i}^{\mathrm{T}}\dot{\boldsymbol{p}}_{\mathrm{c}i}+\frac{1}{2}(\boldsymbol{\omega}_i^{\mathrm{s}})^{\mathrm{T}}({}_i^0\boldsymbol{R}\,{}^C\boldsymbol{I}_i\,{}_i^0\boldsymbol{R}^{\mathrm{T}})\boldsymbol{\omega}_i^{\mathrm{s}} \tag{7-55}$$

将式(7-49)和式(7-51)代入式(7-55)，可得

$$T_i=\frac{1}{2}m_i\dot{\boldsymbol{q}}^{\mathrm{T}}({}^i\boldsymbol{J}_{\mathrm{t}}^{\mathrm{s}})^{\mathrm{T}}\,{}^i\boldsymbol{J}_{\mathrm{t}}^{\mathrm{s}}\dot{\boldsymbol{q}}+\frac{1}{2}\dot{\boldsymbol{q}}^{\mathrm{T}}({}^i\boldsymbol{J}_{\mathrm{a}}^{\mathrm{s}})^{\mathrm{T}}({}_i^0\boldsymbol{R}\,{}^C\boldsymbol{I}_i\,{}_i^0\boldsymbol{R}^{\mathrm{T}})\,{}^i\boldsymbol{J}_{\mathrm{a}}^{\mathrm{s}}\dot{\boldsymbol{q}} \tag{7-56}$$

3. 系统的势能

连杆 i 的势能可以表示为

$$U_i=-m_i\boldsymbol{g}^{\mathrm{T}}\boldsymbol{p}_{\mathrm{c}i} \tag{7-57}$$

式中：

$$\boldsymbol{g}=\begin{bmatrix}g_x & g_y & g_z\end{bmatrix}$$

4. 拉格朗日函数

系统的拉格朗日函数为

$$L(\boldsymbol{q},\dot{\boldsymbol{q}})=T(\boldsymbol{q},\dot{\boldsymbol{q}})-U(\boldsymbol{q})=\sum_{i=1}^{n}(T_i-U_i) \tag{7-58}$$

式(7-58)中，$T(\boldsymbol{q},\dot{\boldsymbol{q}})$可以表示成矩阵形式：

$$T(\boldsymbol{q},\dot{\boldsymbol{q}})=\frac{1}{2}\dot{\boldsymbol{q}}^{\mathrm{T}}\boldsymbol{D}(\boldsymbol{q})\dot{\boldsymbol{q}} \tag{7-59}$$

式中：

$$\boldsymbol{D}(\boldsymbol{q})=\sum_{i=1}^{n}m_i({}^i\boldsymbol{J}_{\mathrm{t}}^{\mathrm{s}})^{\mathrm{T}}\,{}^i\boldsymbol{J}_{\mathrm{t}}^{\mathrm{s}}+({}^i\boldsymbol{J}_{\mathrm{a}}^{\mathrm{s}})^{\mathrm{T}}({}_i^0\boldsymbol{R}\,{}^C\boldsymbol{I}_i\,{}_i^0\boldsymbol{R}^{\mathrm{T}})\,{}^i\boldsymbol{J}_{\mathrm{a}}^{\mathrm{s}} \tag{7-60}$$

$T(\boldsymbol{q},\dot{\boldsymbol{q}})$也可以表示成求和的形式：

$$T(\boldsymbol{q},\dot{\boldsymbol{q}})=\frac{1}{2}\sum_{i=1}^{n}\sum_{j=1}^{n}D_{ij}(\boldsymbol{q})\dot{q}_i\dot{q}_j \tag{7-61}$$

5. 操作臂的动力学方程

n 自由度系统的拉格朗日方程为

$$\frac{\mathrm{d}}{\mathrm{d}t}\frac{\partial L}{\partial\dot{q}_i}-\frac{\partial L}{\partial q_i}=\tau_i,\quad i=1,2,\cdots,n \tag{7-62}$$

将拉格朗日函数式(7-58)代入$\dfrac{\partial L}{\partial\dot{q}_i}$，得

$$\frac{\partial L}{\partial \dot{q}_i}=\frac{\partial T}{\partial \dot{q}_i}=\sum_{j=1}^{n}D_{ij}(\boldsymbol{q})\dot{q}_j \tag{7-63}$$

再对式(7-63)关于时间求导，得

$$\frac{\mathrm{d}}{\mathrm{d}t}\frac{\partial L}{\partial \dot{q}_i}=\sum_{j=1}^{n}D_{ij}(\boldsymbol{q})\ddot{q}_j+\sum_{j=1}^{n}\sum_{k=1}^{n}\frac{\partial D_{ij}(\boldsymbol{q})}{\partial q_k}\dot{q}_k\dot{q}_j \tag{7-64}$$

将拉格朗日函数式(7-58)代入$\dfrac{\partial L}{\partial q_i}$，分别得

$$\frac{\partial T}{\partial q_i}=\frac{1}{2}\sum_{j=1}^{n}\sum_{k=1}^{n}\frac{\partial D_{jk}(\boldsymbol{q})}{\partial q_i}\dot{q}_k\dot{q}_j \tag{7-65}$$

$$\frac{\partial U(\boldsymbol{q})}{\partial q_i}=-\sum_{i=1}^{n}m_i\boldsymbol{g}^{\mathrm{T}}\frac{\partial\,{}^{0}\boldsymbol{p}_{ci}}{\partial q_i}g_i(\boldsymbol{q}) \tag{7-66}$$

将式(7-64)、式(7-65)和式(7-66)代入式(7-62)，可得

$$\sum_{j=1}^{n}D_{ij}(\boldsymbol{q})\ddot{q}_j+\sum_{j=1}^{n}\sum_{k=1}^{n}h_{ijk}(\boldsymbol{q})\dot{q}_k\dot{q}_j+g_i(\boldsymbol{q})=\tau_i \tag{7-67}$$

式中：

$$h_{ijk}(\boldsymbol{q})=\left[\frac{\partial D_{ij}(\boldsymbol{q})}{\partial q_k}-\frac{1}{2}\frac{\partial D_{jk}(\boldsymbol{q})}{\partial q_i}\right] \tag{7-68}$$

7.5.2　基于指数积的拉格朗日方法

1. 连杆速度

如图 7-7 所示，为连杆 i 定义物体坐标系$\{C_i\}$，其原点在连杆 i 的质心上。

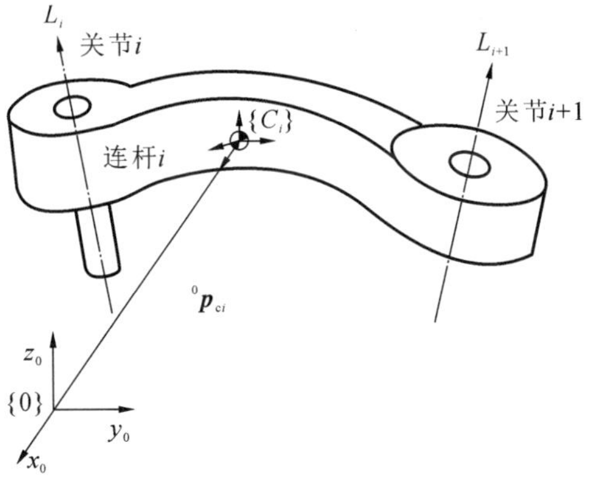

图 7-7　连杆 i 的坐标系与质心位置

物体坐标系$\{C_i\}$相对于机器人基座坐标系$\{0\}$的位姿可以表示为

$${}^{0}_{i}\boldsymbol{T}(\boldsymbol{q})=\mathrm{e}^{[L_1]q_1}\mathrm{e}^{[L_1]q_2}\cdots\mathrm{e}^{[L_i]q_i}\,{}^{0}_{i}\boldsymbol{T}(0) \tag{7-69}$$

借助于物体雅可比矩阵，坐标系$\{C_i\}$的物体速度可以表示为

$$V_i^{\mathrm{b}}=\boldsymbol{J}_i^{\mathrm{b}}(\boldsymbol{q})\dot{\boldsymbol{q}} \tag{7-70}$$

式中：

$$\boldsymbol{J}_i^{\mathrm{b}}(\boldsymbol{q})=\begin{bmatrix}L_1^{+} & L_2^{+} & \cdots & L_i^{+} & 0 & \cdots & 0\end{bmatrix} \tag{7-71}$$

其中：L_j^{+} 为第 j 瞬时关节螺旋在坐标系$\{C_i\}$中的表示，

$$L_j^{+}=\mathrm{Ad}_V^{-1}(\mathrm{e}^{[L_j]q_j}\cdots\mathrm{e}^{[L_i]q_i}\,{}^{0}_{i}\boldsymbol{T}(0))L_j^{\mathrm{s}},\quad j\leqslant i \tag{7-72}$$

2. 系统的动能

连杆 i 的动能可以表示为

$$T_i(\boldsymbol{q},\dot{\boldsymbol{q}})=\frac{1}{2}(\boldsymbol{V}_i^{\mathrm{b}})^{\mathrm{T}}\boldsymbol{M}_i^{\mathrm{b}}\boldsymbol{V}_i^{\mathrm{b}}=\frac{1}{2}\dot{\boldsymbol{q}}^{\mathrm{T}}(\boldsymbol{J}_i^{\mathrm{b}}(\boldsymbol{q}))^{\mathrm{T}}\boldsymbol{M}_i^{\mathrm{b}}\boldsymbol{J}_i^{\mathrm{b}}(\boldsymbol{q})\dot{\boldsymbol{q}} \tag{7-73}$$

式中：$\boldsymbol{M}_i^{\mathrm{b}}$ 为在坐标系 $\{C_i\}$ 中表示的连杆 i 的广义惯量矩阵，

$$\boldsymbol{M}_i^{\mathrm{b}}=\begin{bmatrix} m_i\boldsymbol{I} & \boldsymbol{0} \\ \boldsymbol{0} & {}^{C}\boldsymbol{I}_i \end{bmatrix}$$

系统的总动能表示为

$$T(\boldsymbol{q},\dot{\boldsymbol{q}})=\sum_{i=1}^{n}T_i(\boldsymbol{q},\dot{\boldsymbol{q}})=\frac{1}{2}\dot{\boldsymbol{q}}^{\mathrm{T}}\boldsymbol{D}(\boldsymbol{q})\dot{\boldsymbol{q}} \tag{7-74}$$

式中：$\boldsymbol{D}(\boldsymbol{q})$ 为机器人惯量矩阵，

$$\boldsymbol{D}(\boldsymbol{q})=\sum_{i=1}^{n}(\boldsymbol{J}_i^{\mathrm{b}}(\boldsymbol{q}))^{\mathrm{T}}\boldsymbol{M}_i^{\mathrm{b}}\boldsymbol{J}_i^{\mathrm{b}}(\boldsymbol{q}) \tag{7-75}$$

3. 系统的势能

连杆 i 的势能可以表示为

$$U_i(\boldsymbol{q})=m_i\boldsymbol{g}^{\mathrm{T}}\boldsymbol{p}_{ci}(\boldsymbol{q}) \tag{7-76}$$

式中：m_i 为连杆 i 的质量；$\boldsymbol{g}$ 为重力加速度；$\boldsymbol{p}_{ci}(\boldsymbol{q})$ 为连杆 i 的质心位置。

机器人系统的势能可以表示为

$$U(\boldsymbol{q})=\sum_{i=1}^{n}U_i(\boldsymbol{q})=\sum_{i=1}^{n}m_i\boldsymbol{g}\boldsymbol{p}_{ci}(\boldsymbol{q}) \tag{7-77}$$

4. 拉格朗日函数

由式(7-74)和式(7-77)，机器人系统的拉格朗日函数可以表示为

$$L(\boldsymbol{q},\dot{\boldsymbol{q}})=T(\boldsymbol{q},\dot{\boldsymbol{q}})-U(\boldsymbol{q})=\frac{1}{2}\dot{\boldsymbol{q}}^{\mathrm{T}}\boldsymbol{D}(\boldsymbol{q})\dot{\boldsymbol{q}}-U(\boldsymbol{q}) \tag{7-78}$$

5. 操作臂的动力学方程

将式(7-78)代入拉格朗日方程，可得

$$\sum_{j=1}^{n}D_{ij}\ddot{q}_j+\sum_{j=1}^{n}\sum_{k=1}^{n}h_{ijk}\dot{q}_k\dot{q}_j+\frac{\partial U}{\partial q_i}=\tau_i \tag{7-79}$$

式中：h_{ijk} 称为第一类 Christoffel 符号，且具有对称性，即 $h_{ijk}=h_{ikj}$，且有

$$h_{ijk}=\frac{1}{2}\left(\frac{\partial D_{ij}}{\partial q_k}+\frac{\partial D_{ik}}{\partial q_j}-\frac{\partial D_{kj}}{\partial q_i}\right) \tag{7-80}$$

7.6 连杆运动的传递

为了描述刚体在不同坐标系中的运动，设有两坐标系：参考坐标系 $\{\boldsymbol{A}\}$ 和运动坐标系 $\{\boldsymbol{B}\}$。$\{\boldsymbol{B}\}$ 相对 $\{\boldsymbol{A}\}$ 的位置矢量为 ${}^{A}\boldsymbol{p}_{Bo}$，旋转矩阵为 ${}_{B}^{A}\boldsymbol{R}$。任一点 $\boldsymbol{p}$ 在两坐标系中的描述 ${}^{A}\boldsymbol{p}$ 和 ${}^{B}\boldsymbol{p}$ 之间的关系为

$${}^{A}\boldsymbol{p}={}^{A}\boldsymbol{p}_{Bo}+{}_{B}^{A}\boldsymbol{R}\,{}^{B}\boldsymbol{p} \tag{7-81}$$

将式(7-81)两边对时间求导，得

$${}^{A}\boldsymbol{v}_p={}^{A}\dot{\boldsymbol{p}}={}^{A}\dot{\boldsymbol{p}}_{Bo}+{}_{B}^{A}\boldsymbol{R}\,{}^{B}\dot{\boldsymbol{p}}+{}_{B}^{A}\dot{\boldsymbol{R}}\,{}^{B}\boldsymbol{p} \tag{7-82}$$

式中：${}^{A}\dot{\boldsymbol{p}}$ 和 ${}^{B}\dot{\boldsymbol{p}}$ 分别表示点 $\boldsymbol{p}$ 相对于$\{\boldsymbol{A}\}$和$\{\boldsymbol{B}\}$的运动速度，可记为${}^{A}\boldsymbol{v}_{p}$和${}^{B}\boldsymbol{v}_{p}$；${}^{A}\dot{\boldsymbol{p}}_{Bo}$是$\{\boldsymbol{B}\}$的原点相对于$\{\boldsymbol{A}\}$的运动速度，可记为${}^{A}\boldsymbol{v}_{Bo}$；${}_{B}^{A}\dot{\boldsymbol{R}}$ 表示旋转矩阵${}_{B}^{A}\boldsymbol{R}$ 的导数。

下面首先分析 $\dot{\boldsymbol{R}}$ 与角速度矢量之间的关系。

根据空间角速度公式(4-21)，${}_{B}^{A}\dot{\boldsymbol{R}}=[{}_{B}^{A}\boldsymbol{\omega}^{s}]{}_{B}^{A}\boldsymbol{R}$，则式(7-82)可表示为

$$
{}^{A}\boldsymbol{v}_{p}={}^{A}\boldsymbol{v}_{Bo}+{}_{B}^{A}\boldsymbol{R}\,{}^{B}\boldsymbol{v}_{p}+[{}_{B}^{A}\boldsymbol{\omega}^{s}]{}_{B}^{A}\boldsymbol{R}\,{}^{B}\boldsymbol{p} \tag{7-83}
$$

对式(7-83)两端求导，得加速度${}^{A}\dot{\boldsymbol{v}}_{p}$和${}^{B}\dot{\boldsymbol{v}}_{p}$之间的关系：

$$
\begin{aligned}
{}^{A}\dot{\boldsymbol{v}}_{p}={}&{}^{A}\dot{\boldsymbol{v}}_{Bo}+{}_{B}^{A}\boldsymbol{R}\,{}^{B}\dot{\boldsymbol{v}}_{p}+2[{}_{B}^{A}\boldsymbol{\omega}^{s}]{}_{B}^{A}\boldsymbol{R}\,{}^{B}\boldsymbol{v}_{p}+[{}_{B}^{A}\dot{\boldsymbol{\omega}}^{s}]{}_{B}^{A}\boldsymbol{R}\,{}^{B}\boldsymbol{p}\\
&+[{}_{B}^{A}\boldsymbol{\omega}^{s}][{}_{B}^{A}\boldsymbol{\omega}^{s}]{}_{B}^{A}\boldsymbol{R}\,{}^{B}\boldsymbol{p}
\end{aligned} \tag{7-84}
$$

式(7-83)和式(7-84)分别表示质点 $\boldsymbol{p}$ 在不同坐标系中运动速度和加速度的转换公式。根据不同的情况，该公式还可简化。

(1) 若$\{\boldsymbol{A}\}$固定不动，刚体与$\{\boldsymbol{B}\}$固接，则${}^{B}\boldsymbol{p}$ 为常数，${}^{B}\boldsymbol{v}_{p}={}^{B}\dot{\boldsymbol{v}}_{p}=\boldsymbol{0}$，式(7-83)和式(7-84)分别简化为

$$
{}^{A}\boldsymbol{v}_{p}={}^{A}\boldsymbol{v}_{Bo}+[{}_{B}^{A}\boldsymbol{\omega}^{s}]{}_{B}^{A}\boldsymbol{R}\,{}^{B}\boldsymbol{p} \tag{7-85}
$$

$$
{}^{A}\dot{\boldsymbol{v}}_{p}={}^{A}\dot{\boldsymbol{v}}_{Bo}+[{}_{B}^{A}\dot{\boldsymbol{\omega}}^{s}]{}_{B}^{A}\boldsymbol{R}\,{}^{B}\boldsymbol{p}+[{}_{B}^{A}\boldsymbol{\omega}^{s}][{}_{B}^{A}\boldsymbol{\omega}^{s}]{}_{B}^{A}\boldsymbol{R}\,{}^{B}\boldsymbol{p} \tag{7-86}
$$

(2) 若运动坐标系$\{\boldsymbol{B}\}$相对参考坐标系$\{\boldsymbol{A}\}$移动，即${}_{B}^{A}\boldsymbol{R}$ 固定不变，${}^{A}\boldsymbol{\omega}_{B}={}^{A}\dot{\boldsymbol{\omega}}_{B}=\boldsymbol{0}$，则式(7-83)和式(7-84)分别简化为

$$
{}^{A}\boldsymbol{v}_{p}={}^{A}\boldsymbol{v}_{Bo}+{}_{B}^{A}\boldsymbol{R}\,{}^{B}\boldsymbol{v}_{p} \tag{7-87}
$$

$$
{}^{A}\dot{\boldsymbol{v}}_{p}={}^{A}\dot{\boldsymbol{v}}_{Bo}+{}_{B}^{A}\boldsymbol{R}\,{}^{B}\dot{\boldsymbol{v}}_{p} \tag{7-88}
$$

(3) 若$\{\boldsymbol{B}\}$相对$\{\boldsymbol{A}\}$纯转动，${}^{A}\boldsymbol{p}_{Bo}$为常数，${}^{A}\boldsymbol{v}_{Bo}={}^{A}\dot{\boldsymbol{v}}_{Bo}=\boldsymbol{0}$，则式(7-83)和式(7-84)分别简化为

$$
{}^{A}\boldsymbol{v}_{p}={}_{B}^{A}\boldsymbol{R}\,{}^{B}\boldsymbol{v}_{p}+[{}_{B}^{A}\boldsymbol{\omega}^{s}]{}_{B}^{A}\boldsymbol{R}\,{}^{B}\boldsymbol{p} \tag{7-89}
$$

$$
{}^{A}\dot{\boldsymbol{v}}_{p}={}_{B}^{A}\boldsymbol{R}\,{}^{B}\dot{\boldsymbol{v}}_{p}+2[{}_{B}^{A}\boldsymbol{\omega}^{s}]{}_{B}^{A}\boldsymbol{R}\,{}^{B}\boldsymbol{v}_{p}+[{}_{B}^{A}\dot{\boldsymbol{\omega}}^{s}]{}_{B}^{A}\boldsymbol{R}\,{}^{B}\boldsymbol{p}+[{}_{B}^{A}\boldsymbol{\omega}^{s}][{}_{B}^{A}\boldsymbol{\omega}^{s}]{}_{B}^{A}\boldsymbol{R}\,{}^{B}\boldsymbol{p} \tag{7-90}
$$

角速度矢量是自由矢量。若已知$\{\boldsymbol{C}\}$相对$\{\boldsymbol{B}\}$转动的角速度为${}_{C}^{B}\boldsymbol{\omega}$，则$\{\boldsymbol{C}\}$相对$\{\boldsymbol{A}\}$转动的角速度矢量为

$$
{}_{C}^{A}\boldsymbol{\omega}={}_{B}^{A}\boldsymbol{\omega}+{}_{B}^{A}\boldsymbol{R}\,{}_{C}^{B}\boldsymbol{\omega} \tag{7-91}
$$

将式(7-91)两端对时间求导，可得

$$
{}_{C}^{A}\dot{\boldsymbol{\omega}}={}_{B}^{A}\dot{\boldsymbol{\omega}}+{}_{B}^{A}\boldsymbol{R}\,{}_{C}^{B}\dot{\boldsymbol{\omega}}+[{}_{B}^{A}\boldsymbol{\omega}^{s}]{}_{B}^{A}\boldsymbol{R}\,{}_{C}^{B}\boldsymbol{\omega} \tag{7-92}
$$

式(7-87)至式(7-90)可用来计算连杆的速度和加速度；式(7-91)和式(7-92)可用来计算连杆的角速度和角加速度。

连杆运动通常是用连杆坐标系的原点速度和加速度，以及连杆坐标系的角速度和角加速度来表示的。下面利用 D-H 方法，依次递推出操作臂各连杆的速度和加速度。

在描述操作臂各连杆的运动时，把基座坐标系$\{0\}$当成参考坐标系，$\boldsymbol{v}_{i}$ 和 $\boldsymbol{\omega}_{i}$ 分别表示连杆坐标系$\{i\}$相对于参考坐标系$\{0\}$的线速度和角速度。在任一瞬时，操作臂各个连杆具有一定的线速度和角速度。如图 7-8 所示，连杆 i 的线速度和角速度分别为${}^{i}\boldsymbol{v}_{i}$和${}^{i}\boldsymbol{\omega}_{i}$，这些矢量是在坐标系$\{i\}$中表示的。${}^{i+1}\boldsymbol{v}_{i+1}$和${}^{i+1}\boldsymbol{\omega}_{i+1}$分别表示连杆坐标系$\{i+1\}$的线速度和角速度。

操作臂由一系列连杆串联而成，每一连杆相对前一连杆运动。根据这一结构特点，从基座开始，依次计算各个连杆的速度和角速度、加速度和角加速度。

7.6.1 旋转关节的速度和加速度传递

如图 7-8 所示，连杆 $i+1$ 相对连杆 i 转动的角速度是绕关节 $i+1$ 的运动引起的，有

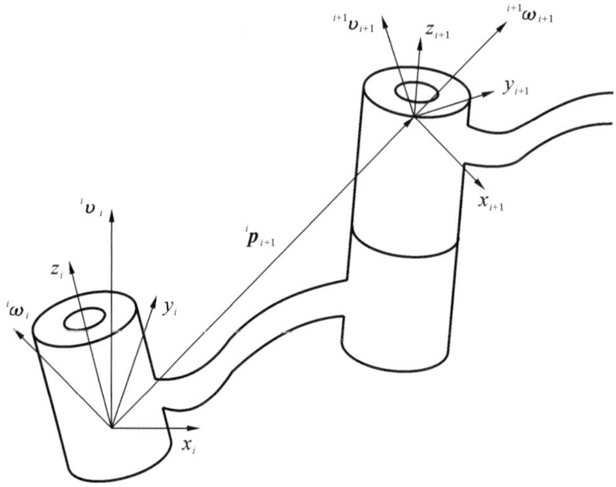

图 7-8 连杆速度的传递

$$\dot{\theta}_{i+1}\,{}^{i+1}\boldsymbol{z}_{i+1}={}^{i+1}\begin{bmatrix}0\\0\\\dot{\theta}_{i+1}\end{bmatrix}\tag{7-93}$$

式中：$\dot{\theta}_{i+1}$是关节角速度；${}^{i+1}\boldsymbol{z}_{i+1}$是$\{i+1\}$的 z 轴单位矢量。同一坐标系中的矢量可以相加。因此，连杆 $i+1$ 的角速度等于连杆 i 的角速度加上连杆 $i+1$ 绕关节 $i+1$ 旋转的角速度，在$\{i\}$中表示为

$${}^{i}\boldsymbol{\omega}_{i+1}={}^{i}\boldsymbol{\omega}_{i}+{}^{i}_{i+1}\boldsymbol{R}\dot{\theta}_{i+1}\,{}^{i+1}\boldsymbol{z}_{i+1}\tag{7-94}$$

将式(7-94)两端左乘旋转矩阵${}^{i+1}_{i}\boldsymbol{R}$，则得到该式相对于连杆本身的坐标系$\{i+1\}$的表示：

$${}^{i+1}\boldsymbol{\omega}_{i+1}={}^{i+1}_{i}\boldsymbol{R}\,{}^{i}\boldsymbol{\omega}_{i}+\dot{\theta}_{i+1}\,{}^{i+1}\boldsymbol{z}_{i+1}\tag{7-95}$$

坐标系$\{i+1\}$原点的线速度等于坐标系$\{i\}$原点的线速度加上连杆 i 转动速度产生的分量(见式(7-89))，${}^{i}\boldsymbol{p}_{i+1}$表示$\{i+1\}$的原点在坐标系$\{i\}$中的位置矢量，是不变的，因此

$${}^{i}\boldsymbol{v}_{i+1}={}^{i}\boldsymbol{v}_{i}+{}^{i}\boldsymbol{\omega}_{i}\times{}^{i}\boldsymbol{p}_{i+1}\tag{7-96}$$

将式(7-96)两端都左乘${}^{i+1}_{i}\boldsymbol{R}$，得到该式相对于$\{i+1\}$的表示：

$${}^{i+1}\boldsymbol{v}_{i+1}={}^{i+1}_{i}\boldsymbol{R}\left({}^{i}\boldsymbol{v}_{i}+{}^{i}\boldsymbol{\omega}_{i}\times{}^{i}\boldsymbol{p}_{i+1}\right)\tag{7-97}$$

由式(7-95)至式(7-97)可以得到从某一连杆向下一连杆的角加速度和线加速度传递公式。若关节 $i+1$ 是旋转关节，则有

$${}^{i+1}\dot{\boldsymbol{\omega}}_{i+1}={}^{i+1}_{i}\boldsymbol{R}\,{}^{i}\dot{\boldsymbol{\omega}}_{i}+{}^{i+1}_{i}\boldsymbol{R}\,{}^{i}\boldsymbol{\omega}_{i}\times\dot{\theta}_{i+1}\,{}^{i+1}\boldsymbol{z}_{i+1}+\ddot{\theta}_{i+1}\,{}^{i+1}\boldsymbol{z}_{i+1}\tag{7-98}$$

$${}^{i+1}\dot{\boldsymbol{v}}_{i+1}={}^{i+1}_{i}\boldsymbol{R}\left[{}^{i}\dot{\boldsymbol{v}}_{i}+{}^{i}\dot{\boldsymbol{\omega}}_{i}\times{}^{i}\boldsymbol{p}_{i+1}+{}^{i}\boldsymbol{\omega}_{i}\times\left({}^{i}\boldsymbol{\omega}_{i}\times{}^{i}\boldsymbol{p}_{i+1}\right)\right]\tag{7-99}$$

7.6.2 移动关节的速度和加速度传递

当关节 $i+1$ 是移动关节时，连杆 $i+1$ 相对坐标系$\{i+1\}$的 z 轴移动，没有转动，${}^{i+1}_{i}\boldsymbol{R}$是常数矩阵。相应的运动传递关系为

$$ {}^{i+1}\boldsymbol{\omega}_{i+1} = {}^{i+1}_{i}\boldsymbol{R}\,{}^{i}\boldsymbol{\omega}_i \tag{7-100}$$

$$ {}^{i+1}\boldsymbol{v}_{i+1} = {}^{i+1}_{i}\boldsymbol{R}({}^{i}\boldsymbol{v}_i + {}^{i}\boldsymbol{\omega}_i \times {}^{i}\boldsymbol{p}_{i+1}) + \dot{d}_{i+1}\,{}^{i+1}\boldsymbol{z}_{i+1} \tag{7-101}$$

角加速度和线加速度的传递公式为

$$ {}^{i+1}\dot{\boldsymbol{\omega}}_{i+1} = {}^{i+1}_{i}\boldsymbol{R}\,{}^{i}\dot{\boldsymbol{\omega}}_i \tag{7-102}$$

$$ \begin{aligned} {}^{i+1}\dot{\boldsymbol{v}}_{i+1} = {}^{i+1}_{i}\boldsymbol{R}[{}^{i}\dot{\boldsymbol{v}}_i + {}^{i}\dot{\boldsymbol{\omega}}_i \times {}^{i}\boldsymbol{p}_{i+1} + {}^{i}\boldsymbol{\omega}_i \times ({}^{i}\boldsymbol{\omega}_i \times {}^{i}\boldsymbol{p}_{i+1})] \\ + 2\,{}^{i+1}\boldsymbol{\omega}_{i+1} \times \dot{d}_{i+1}\,{}^{i+1}\boldsymbol{z}_{i+1} + \ddot{d}_{i+1}\,{}^{i+1}\boldsymbol{z}_{i+1} \end{aligned} \tag{7-103}$$

7.6.3　质心的速度和加速度

从式(7-83)还可得到各个连杆质心的线加速度：

$$ {}^{i}\boldsymbol{v}_{ci} = {}^{i}\boldsymbol{v}_i + {}^{i}\boldsymbol{\omega}_i \times {}^{i}\boldsymbol{p}_{ci} \tag{7-104}$$

$$ {}^{i}\dot{\boldsymbol{v}}_{ci} = {}^{i}\dot{\boldsymbol{v}}_i + {}^{i}\dot{\boldsymbol{\omega}}_i \times {}^{i}\boldsymbol{p}_{ci} + {}^{i}\boldsymbol{\omega}_i \times ({}^{i}\boldsymbol{\omega}_i \times {}^{i}\boldsymbol{p}_{ci}) \tag{7-105}$$

式中：质心坐标系$\{\boldsymbol{C}_i\}$与连杆 i 固接；坐标原点位于连杆 i 的质心，坐标轴方向与$\{i\}$相同。式(7-104)和式(7-105)不涉及关节运动，因此，不论关节 $i+1$ 是转动还是移动都同样适用。

式(7-95)至式(7-105)是计算操作臂各连杆运动传递的公式，利用这些公式即可依次从基座开始递推各连杆的 $\boldsymbol{\omega}_i^{\mathrm{b}}$，$\boldsymbol{v}_i^{\mathrm{b}}$，$\dot{\boldsymbol{\omega}}_i^{\mathrm{b}}$ 和 $\dot{\boldsymbol{v}}_i^{\mathrm{b}}$。这样递推得到的连杆速度、角速度、加速度和角加速度都是相对连杆本身的坐标系表示的。递推计算首先从连杆 1 出发，相对基座而言，${}^{0}\boldsymbol{\omega}_0 = {}^{0}\dot{\boldsymbol{\omega}}_0 = \boldsymbol{0}$，${}^{0}\boldsymbol{v}_0 = {}^{0}\dot{\boldsymbol{v}}_0 = \boldsymbol{0}$，为递推的初值。

如果将这些速度和角速度相对基坐标系{0}表示，则需左乘旋转矩阵${}^{0}_{i}\boldsymbol{R}$，即

$$ \boldsymbol{\omega}_i = {}^{0}_{i}\boldsymbol{R}\,{}^{i}\boldsymbol{\omega}_i, \quad \boldsymbol{v}_i = {}^{0}_{i}\boldsymbol{R}\,{}^{i}\boldsymbol{v}_i, \quad i = 1,2,\cdots,n \tag{7-106}$$

例 7.2　平面 2R 机械手如图 7-9 所示，用递推方法求出手臂末端的速度和角速度。

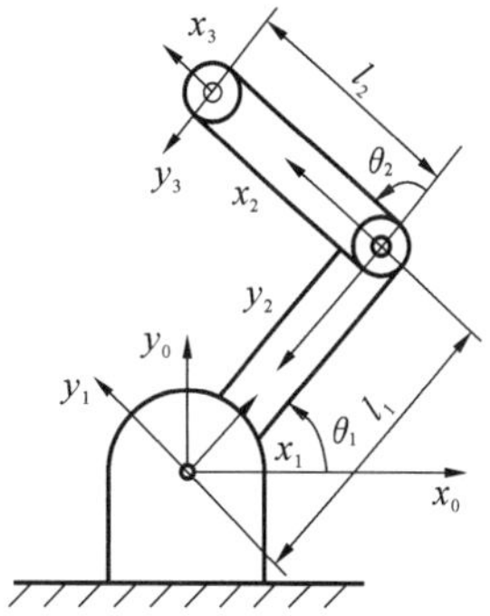

图 7-9　平面 2R 机械手

各连杆坐标系如图 7-9 所示，其中{3}固接在手臂末端。因此连杆坐标系之间的变换矩阵分别为

$$ {}^{0}_{1}\boldsymbol{T} = \begin{bmatrix} \cos\theta_1 & -\sin\theta_1 & 0 & 0 \\ \sin\theta_1 & \cos\theta_1 & 0 & 0 \\ 0 & 0 & 1 & 0 \\ 0 & 0 & 0 & 1 \end{bmatrix}$$

$$ {}^{1}_{2}\boldsymbol{T} = \begin{bmatrix} \cos\theta_2 & -\sin\theta_2 & 0 & l_1 \\ \sin\theta_2 & \cos\theta_2 & 0 & 0 \\ 0 & 0 & 1 & 0 \\ 0 & 0 & 0 & 1 \end{bmatrix}$$

$$ {}^{2}_{3}\boldsymbol{T} = \begin{bmatrix} 1 & 0 & 0 & l_2 \\ 0 & 1 & 0 & 0 \\ 0 & 0 & 1 & 0 \\ 0 & 0 & 0 & 1 \end{bmatrix}$$

运用式(7-95)和式(7-97)依次算出各连杆的速度和角速度。由于基坐标系{0}固定不动，因而

$$ \boldsymbol{\omega}_0 = \boldsymbol{0}, \quad \boldsymbol{v}_0 = \boldsymbol{0}$$

其余各连杆的速度和角速度分别为

$$ {}^1\boldsymbol{\omega}_1 = \begin{bmatrix} 0 \\ 0 \\ \dot{\theta}_1 \end{bmatrix}, \quad {}^1\boldsymbol{v}_1 = \begin{bmatrix} 0 \\ 0 \\ 0 \end{bmatrix} $$

$$ {}^2\boldsymbol{\omega}_2 = \begin{bmatrix} 0 \\ 0 \\ \dot{\theta}_1 + \dot{\theta}_2 \end{bmatrix}, \quad {}^2\boldsymbol{v}_2 = \begin{bmatrix} \cos\theta_2 & \sin\theta_2 & 0 \\ -\sin\theta_2 & \cos\theta_2 & 0 \\ 0 & 0 & 1 \end{bmatrix} \left\{ \begin{bmatrix} 0 \\ 0 \\ \dot{\theta}_1 \end{bmatrix} \times \begin{bmatrix} l_1 \\ 0 \\ 0 \end{bmatrix} \right\} = \begin{bmatrix} l_1 \sin\theta_2 \dot{\theta}_1 \\ l_1 \cos\theta_2 \dot{\theta}_1 \\ 0 \end{bmatrix} $$

$$ {}^3\boldsymbol{\omega}_3 = {}^2\boldsymbol{\omega}_2 $$

$$ \begin{aligned} {}^3\boldsymbol{v}_3 &= \begin{bmatrix} 1 & 0 & 0 \\ 0 & 1 & 0 \\ 0 & 0 & 1 \end{bmatrix} \left\{ \begin{bmatrix} l_1 \sin\theta_2 \dot{\theta}_1 \\ l_1 \cos\theta_2 \dot{\theta}_1 \\ 0 \end{bmatrix} + \begin{bmatrix} 0 \\ 0 \\ \dot{\theta}_1 + \dot{\theta}_2 \end{bmatrix} \times \begin{bmatrix} l_2 \\ 0 \\ 0 \end{bmatrix} \right\} \\ &= \begin{bmatrix} l_1 \sin\theta_2 \dot{\theta}_1 \\ l_1 \cos\theta_2 \dot{\theta}_1 + l_2 (\dot{\theta}_1 + \dot{\theta}_2) \\ 0 \end{bmatrix} \end{aligned} \tag{7-107} $$

为了求出相对基坐标系 $\{0\}$ 表示的 $\boldsymbol{\omega}_3$ 和 $\boldsymbol{v}_3$，计算旋转变换：

$$ {}^0_3\boldsymbol{R} = {}^0_1\boldsymbol{R}\,{}^1_2\boldsymbol{R}\,{}^2_3\boldsymbol{R} = \begin{bmatrix} \cos(\theta_1 + \theta_2) & -\sin(\theta_1 + \theta_2) & 0 \\ \sin(\theta_1 + \theta_2) & \cos(\theta_1 + \theta_2) & 0 \\ 0 & 0 & 1 \end{bmatrix} $$

从而得到

$$ \boldsymbol{\omega}_3 = {}^0_3\boldsymbol{R}\,{}^3\boldsymbol{\omega}_3 = \begin{bmatrix} 0 \\ 0 \\ \dot{\theta}_1 + \dot{\theta}_2 \end{bmatrix} $$

$$ \boldsymbol{v}_3 = {}^0_3\boldsymbol{R}\,{}^3\boldsymbol{v}_3 = \begin{bmatrix} -l_1 \sin\theta_1 \dot{\theta}_1 - l_2 \sin(\theta_1 + \theta_2)(\dot{\theta}_1 + \dot{\theta}_2) \\ l_1 \cos\theta_1 \dot{\theta}_1 + l_2 \cos(\theta_1 + \theta_2)(\dot{\theta}_1 + \dot{\theta}_2) \\ 0 \end{bmatrix} \tag{7-108} $$

例 7.3　求平面 2R 机械手(见图 7-9)的雅可比矩阵。

由式(7-107)和式(7-108)所示的机械手末端速度可得出 2×2 的雅可比矩阵

$$ \boldsymbol{J}^{\mathrm{b}}(\theta) = \begin{bmatrix} l_1 \sin\theta_2 & 0 \\ l_1 \cos\theta_2 + l_2 & l_2 \end{bmatrix} $$

$$ \boldsymbol{J}^{\mathrm{s}}(\theta) = \begin{bmatrix} -l_1 \sin\theta_1 - l_2 \sin(\theta_1 + \theta_2) & -l_2 \sin(\theta_1 + \theta_2) \\ l_1 \cos\theta_1 + l_2 \cos(\theta_1 + \theta_2) & l_2 \cos(\theta_1 + \theta_2) \end{bmatrix} \tag{7-109} $$

$\boldsymbol{J}^{\mathrm{b}}(\theta)$的上标 b 表示末端速度描述的物体坐标系。式(7-109)是相对基坐标系 $\{0\}$ 而言的。对照式(7-109)与式(6-2)可以看出，由两种方法所得的结果是相同的。

至此，我们介绍了求雅可比矩阵的多种方法：矢量积法和微分变换法(第 6 章)，力的传递(第 6 章)和速度传递。

7.7　牛顿-欧拉递推动力学方程

对于连杆 i，牛顿力平衡方程(见式(7-15))和欧拉力矩平衡方程(见式(7-16))分别为

$$^{i}\boldsymbol{f}_{ci}=\mathrm{d}(m_i\,{}^{i}\boldsymbol{v}_{ci})/\mathrm{d}t=m_i\,{}^{i}\dot{\boldsymbol{v}}_{ci}+{}^{i}\boldsymbol{\omega}_i\times(m_i\,{}^{i}\boldsymbol{v}_{ci}) \tag{7-110}$$

$$^{i}\boldsymbol{\tau}_{ci}={}^{Ci}\boldsymbol{I}_i\,{}^{i}\dot{\boldsymbol{\omega}}_i+{}^{i}\boldsymbol{\omega}_i\times({}^{Ci}\boldsymbol{I}_i\,{}^{i}\boldsymbol{\omega}_i) \tag{7-111}$$

式中：m_i 为连杆 i 的质量，是标量；$^{Ci}\boldsymbol{I}_i$ 为连杆 i 在坐标系$\{C_i\}$中关于质心的惯性张量，坐标系$\{C_i\}$与连杆 i 固接，原点在连杆质心处，它的姿态与坐标系$\{i\}$一致；$^{i}\boldsymbol{v}_{ci}$，$^{i}\dot{\boldsymbol{v}}_{ci}$，$^{i}\boldsymbol{\omega}_i$，$^{i}\dot{\boldsymbol{\omega}}_i$分别为连杆 i 在坐标系$\{i\}$中的质心线速度、质心线加速度、角速度和角加速度；$^{i}\boldsymbol{f}_{ci}$和$^{i}\boldsymbol{\tau}_{ci}$分别为作用在连杆 i 上的合外力矢量（包含作用在质心的惯性力）和合外力矩矢量（包含惯性力矩）。

7.7.1　力和力矩的递推算式

如图 7-10 所示，可以得到力和力矩平衡方程：

$$^{i}\boldsymbol{f}_i-{}^{i}\boldsymbol{f}_{i+1}+m_i\,{}^{i}\boldsymbol{g}=\boldsymbol{0}$$

$$^{i}\boldsymbol{\tau}_i-{}^{i}\boldsymbol{\tau}_{i+1}-{}^{i}\boldsymbol{p}_{i+1}\times{}^{i}\boldsymbol{f}_{i+1}+{}^{i}\boldsymbol{p}_{ci}\times m_i\,{}^{i}\boldsymbol{g}=\boldsymbol{0}$$

式中：$^{i}\boldsymbol{f}_i$为连杆 $i-1$ 作用在连杆 i 上的力；$^{i}\boldsymbol{\tau}_i$为连杆 $i-1$ 作用在连杆 i 上的力矩；$m_i\,{}^{i}\boldsymbol{g}$ 为连杆 i 的重力；$^{i}\boldsymbol{p}_{i+1}$为坐标系$\{i+1\}$原点相对于$\{i\}$的位置矢量；$^{i}\boldsymbol{p}_{ci}$为连杆质心在$\{i\}$中的位置矢量。

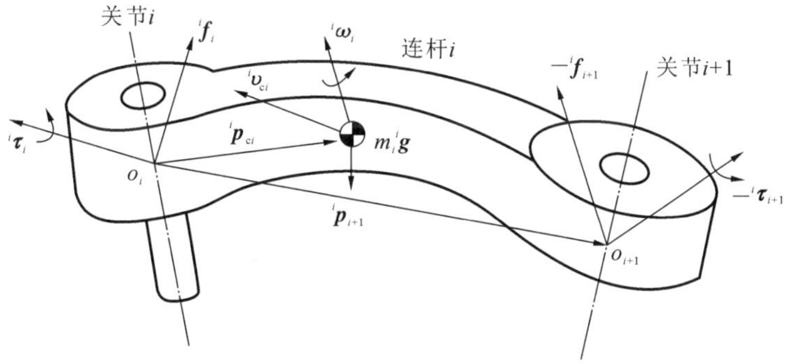

图 7-10　作用在连杆 i 上的力

在运动情况下，作用在连杆 i 上的合力为零，得力平衡方程（暂时不考虑重力）

$$^{i}\boldsymbol{f}_{ci}={}^{i}\boldsymbol{f}_i-{}_{i+1}^{\ \ i}\boldsymbol{R}^{i+1}\boldsymbol{f}_{i+1}$$

对连杆 i 质心的外力矩之和等于零，得力矩平衡方程

$$^{i}\boldsymbol{\tau}_{ci}={}^{i}\boldsymbol{\tau}_i-{}_{i+1}^{\ \ i}\boldsymbol{R}^{i+1}\boldsymbol{\tau}_{i+1}-{}^{i}\boldsymbol{p}_{ci}\times{}^{i}\boldsymbol{f}_{ci}-{}^{i}\boldsymbol{p}_{i+1}\times{}_{i+1}^{\ \ i}\boldsymbol{R}^{i+1}\boldsymbol{f}_{i+1} \tag{7-112}$$

将式(7-112)写成从末端连杆向内迭代的形式：

$$^{i}\boldsymbol{\tau}_i={}_{i+1}^{\ \ i}\boldsymbol{R}^{i+1}\boldsymbol{\tau}_{i+1}+{}^{i}\boldsymbol{\tau}_{ci}+{}^{i}\boldsymbol{p}_{ci}\times{}^{i}\boldsymbol{f}_{ci}+{}^{i}\boldsymbol{p}_{i+1}\times{}_{i+1}^{\ \ i}\boldsymbol{R}^{i+1}\boldsymbol{f}_{i+1}$$

利用这些公式可以从末端连杆 n 开始，顺次向内递推至操作臂的基座。这种向内迭代方法和第 6 章介绍的静力传递方法相似，不同的只是这里还要考虑惯性力和力矩。和静力分析的情况一样，各关节上所需的扭矩等于连杆作用在它相邻连杆上的力矩的 z 轴分量，即

$$\tau_i={}^{i}\boldsymbol{\tau}_i^{\mathrm{T}}\,{}^{i}\boldsymbol{z}_i$$

对于移动关节 i，关节驱动力 τ_i 为

$$\tau_i={}^{i}\boldsymbol{f}_i^{\mathrm{T}}\,{}^{i}\boldsymbol{z}_i$$

递推初值$^{n+1}\boldsymbol{f}_{n+1}$和$^{n+1}\boldsymbol{\tau}_{n+1}$的规定如下：操作臂在自由空间运动时，使$^{n+1}\boldsymbol{f}_{n+1}=0$，$^{n+1}\boldsymbol{\tau}_{n+1}=0$；操作臂和环境接触时，在力平衡图中接触力和力矩使$^{n+1}\boldsymbol{f}_{n+1}$和$^{n+1}\boldsymbol{\tau}_{n+1}$可能不为零。

7.7.2 递推的牛顿-欧拉动力学算法

动力学逆问题是根据关节位移、速度和加速度($\boldsymbol{q},\dot{\boldsymbol{q}},\ddot{\boldsymbol{q}}$)求所需的关节力矩或力 $\boldsymbol{\tau}$。整个算法由两部分组成：首先向外递推计算各连杆的速度和加速度，由牛顿-欧拉公式算出各连杆的惯性力和力矩；然后向内递推计算各连杆相互作用的力和力矩，以及关节驱动力或力矩。

1. 向外递推(i:0→$n-1$)

对于旋转关节，有

$$\begin{cases} {}^{i+1}\boldsymbol{\omega}_{i+1} = {}^{i+1}_{i}\boldsymbol{R}\,{}^{i}\boldsymbol{\omega}_{i} + \dot{\theta}_{i+1}\,{}^{i+1}\boldsymbol{z}_{i+1} \\ {}^{i+1}\dot{\boldsymbol{\omega}}_{i+1} = {}^{i+1}_{i}\boldsymbol{R}\,{}^{i}\dot{\boldsymbol{\omega}}_{i} + {}^{i+1}_{i}\boldsymbol{R}\,{}^{i}\boldsymbol{\omega}_{i} \times \dot{\theta}_{i+1}\,{}^{i+1}\boldsymbol{z}_{i+1} + \ddot{\theta}_{i+1}\,{}^{i+1}\boldsymbol{z}_{i+1} \\ {}^{i+1}\dot{\boldsymbol{v}}_{i+1} = {}^{i+1}_{i}\boldsymbol{R}\left[{}^{i}\dot{\boldsymbol{v}}_{i} + {}^{i}\dot{\boldsymbol{\omega}}_{i} \times {}^{i}\boldsymbol{p}_{i+1} + {}^{i}\boldsymbol{\omega}_{i} \times ({}^{i}\boldsymbol{\omega}_{i} \times {}^{i}\boldsymbol{p}_{i+1})\right] \end{cases} \tag{7-113}$$

对于移动关节，有

$$\begin{cases} {}^{i+1}\boldsymbol{\omega}_{i+1} = {}^{i+1}_{i}\boldsymbol{R}\,{}^{i}\boldsymbol{\omega}_{i} \\ {}^{i+1}\dot{\boldsymbol{\omega}}_{i+1} = {}^{i+1}_{i}\boldsymbol{R}\,{}^{i}\dot{\boldsymbol{\omega}}_{i} \\ {}^{i+1}\dot{\boldsymbol{v}}_{i+1} = {}^{i+1}_{i}\boldsymbol{R}\left[{}^{i}\dot{\boldsymbol{v}}_{i} + {}^{i}\dot{\boldsymbol{\omega}}_{i} \times {}^{i}\boldsymbol{p}_{i+1} + {}^{i}\boldsymbol{\omega}_{i} \times ({}^{i}\boldsymbol{\omega}_{i} \times {}^{i}\boldsymbol{p}_{i+1})\right] \\ \qquad + 2\,{}^{i+1}\boldsymbol{\omega}_{i+1} \times \dot{d}_{i+1}\,{}^{i+1}\boldsymbol{z}_{i+1} + \ddot{d}_{i+1}\,{}^{i+1}\boldsymbol{z}_{i+1} \end{cases} \tag{7-114}$$

对于连杆质心，有

$${}^{i+1}\dot{\boldsymbol{v}}_{c(i+1)} = {}^{i+1}\dot{\boldsymbol{v}}_{i+1} + {}^{i+1}\dot{\boldsymbol{\omega}}_{i+1} \times {}^{i+1}\boldsymbol{r}_{c(i+1)} + {}^{i+1}\boldsymbol{\omega}_{i+1} \times ({}^{i+1}\boldsymbol{\omega}_{i+1} \times {}^{i+1}\boldsymbol{r}_{c(i+1)}) \tag{7-115}$$

$${}^{i+1}\boldsymbol{f}_{c(i+1)} = m_{i+1}\,{}^{i+1}\dot{\boldsymbol{v}}_{c(i+1)} + {}^{i+1}\boldsymbol{\omega}_{i+1} \times (m_{i+1}\,{}^{i+1}\boldsymbol{v}_{c(i+1)}) \tag{7-116}$$

$${}^{i+1}\boldsymbol{\tau}_{c(i+1)} = {}^{c(i+1)}\boldsymbol{I}_{i+1}\,{}^{i+1}\dot{\boldsymbol{\omega}}_{i+1} + {}^{i+1}\boldsymbol{\omega}_{i+1} \times ({}^{c(i+1)}I_{i+1}\,{}^{i+1}\boldsymbol{\omega}_{i+1}) \tag{7-117}$$

2. 向内递推(i:n→1)

$${}^{i}\boldsymbol{f}_{i} = {}^{i}_{i+1}\boldsymbol{R}\,{}^{i+1}\boldsymbol{f}_{i+1} + {}^{i}\boldsymbol{f}_{ci} \tag{7-118}$$

$${}^{i}\boldsymbol{\tau}_{i} = {}^{i}_{i+1}\boldsymbol{R}\,{}^{i+1}\boldsymbol{\tau}_{i+1} + {}^{i}\boldsymbol{\tau}_{ci} + {}^{i}\boldsymbol{p}_{ci} \times {}^{i}\boldsymbol{f}_{ci} + {}^{i}\boldsymbol{p}_{i+1} \times {}^{i}_{i+1}\boldsymbol{R}\,{}^{i+1}\boldsymbol{f}_{i+1} \tag{7-119}$$

$$\tau_i = \begin{cases} {}^{i}\boldsymbol{\tau}_{i}^{\mathrm{T}}\,{}^{i}\boldsymbol{z}_{i} & (\text{旋转关节}) \\ {}^{i}\boldsymbol{f}_{i}^{\mathrm{T}}\,{}^{i}\boldsymbol{z}_{i} & (\text{移动关节}) \end{cases} \tag{7-120}$$

递推的牛顿-欧拉动力学算法结构如图 7-11 所示。

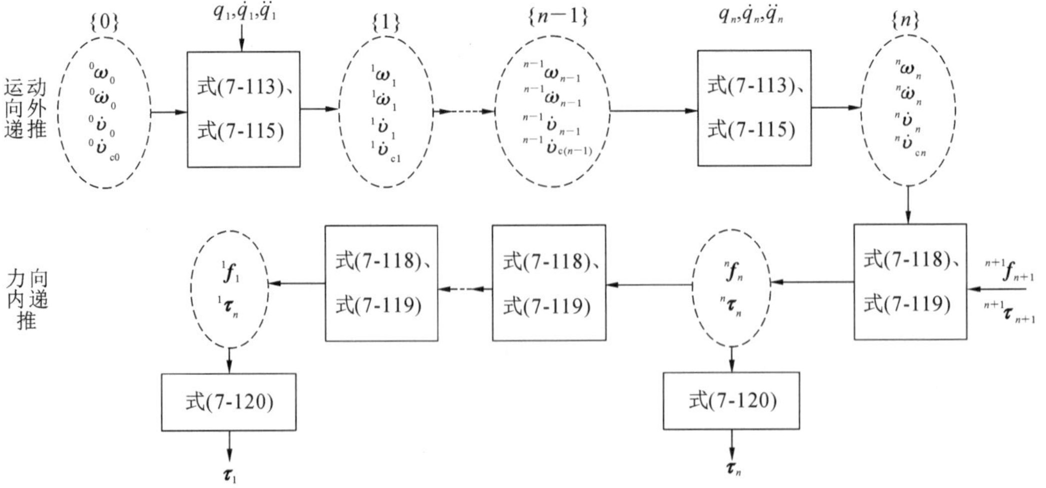

图 7-11 递推的牛顿-欧拉动力学算法框图

注意：应将操作臂末端与外界的接触力和力矩包含在平衡方程之中，作为向内递推的初值；如果操作臂在自由空间运动，则 ${}^{n+1}\boldsymbol{f}_{n+1}={}^{n+1}\boldsymbol{\tau}_{n+1}=\boldsymbol{0}$。

另外，如果考虑连杆的重力，则取 $\|{}^{0}\dot{\boldsymbol{v}}_0\|=g$（重力加速度），且方向向上，即机器人的基座以加速度 g 做向上的加速运动，从而相当于抵消重力造成的影响。

上述递推公式(7-113)至式(7-120)有两种用途：进行数值计算和推导封闭形式的动力学方程。只要知道各连杆的质量、惯性张量、质心 ${}^{i}\boldsymbol{p}_{ci}$ 和旋转矩阵 ${}^{i+1}_{i}\boldsymbol{R}$ 的值，即可直接计算实现给定运动所需的关节驱动力矩和力（数值计算）。

然而，为了阐明动力学方程的结构，比较重力和惯性力影响的主次，分析向心力和科氏力的影响是否可以忽略等，通常希望将某一机器人动力学方程（见式(7-113)至式(7-120)）写成封闭解的形式，即将关节力矩和力写成关节位移、速度和加速度 $(\boldsymbol{q},\dot{\boldsymbol{q}},\ddot{\boldsymbol{q}})$ 的显式函数。下面仍以平面 2R 机械手为例说明之。

7.7.3　封闭形式动力学方程的建立

为简单起见，假定图 7-9 所示的平面 2R 机械手的两个连杆的质量集中在连杆末端，分别为 m_1 和 m_2。机械手的运动学参数和动力学参数如下。

两连杆质心矢径：

$$ {}^{1}\boldsymbol{r}_{c1}=l_1\boldsymbol{x}_1,\quad {}^{2}\boldsymbol{r}_{c2}=l_2\boldsymbol{x}_2 $$

相对质心的惯性张量：

$$ {}^{C_1}\boldsymbol{I}_1=\boldsymbol{0},\quad {}^{C_2}\boldsymbol{I}_2=\boldsymbol{0} $$

末端执行器自由，则

$$ \boldsymbol{f}_3=\boldsymbol{0},\quad \boldsymbol{\tau}_3=\boldsymbol{0} $$

基座固定，则

$$ \boldsymbol{\omega}_0=\boldsymbol{0},\quad \dot{\boldsymbol{\omega}}_0=\boldsymbol{0} $$

考虑重力的作用，有

$$ {}^{0}\dot{\boldsymbol{v}}_0=g\boldsymbol{y}_0 $$

连杆间的旋转变换矩阵为

$$ {}^{i}_{i+1}\boldsymbol{R}=\begin{bmatrix}\cos\theta_{i+1} & -\sin\theta_{i+1} & 0\\ \sin\theta_{i+1} & \cos\theta_{i+1} & 0\\ 0 & 0 & 1\end{bmatrix},\quad {}^{i+1}_{i}\boldsymbol{R}=\begin{bmatrix}\cos\theta_{i+1} & \sin\theta_{i+1} & 0\\ -\sin\theta_{i+1} & \cos\theta_{i+1} & 0\\ 0 & 0 & 1\end{bmatrix} $$

首先运用式(7-113)至式(7-117)向外递推各连杆的速度和加速度。对于连杆 1，有

$$ {}^{1}\boldsymbol{\omega}_1=\dot{\theta}_1{}^{1}\boldsymbol{z}_1=\begin{bmatrix}0\\0\\\dot{\theta}_1\end{bmatrix},\quad {}^{1}\dot{\boldsymbol{\omega}}_1=\ddot{\theta}_1{}^{1}\boldsymbol{z}_1=\begin{bmatrix}0\\0\\\ddot{\theta}_1\end{bmatrix} $$

$$ {}^{1}\dot{\boldsymbol{v}}_1=\begin{bmatrix}\mathrm{c}\theta_1 & \mathrm{s}\theta_1 & 0\\ -\mathrm{s}\theta_1 & \mathrm{c}\theta_1 & 0\\ 0 & 0 & 1\end{bmatrix}\begin{bmatrix}0\\g\\0\end{bmatrix}=\begin{bmatrix}g\mathrm{s}\theta_1\\g\mathrm{c}\theta_1\\0\end{bmatrix} $$

$$ {}^{1}\dot{\boldsymbol{v}}_{c1}=\begin{bmatrix}g\mathrm{s}\theta_1\\g\mathrm{c}\theta_1\\0\end{bmatrix}+\begin{bmatrix}0\\0\\\ddot{\theta}_1\end{bmatrix}\times\begin{bmatrix}l_1\\0\\0\end{bmatrix}+\begin{bmatrix}0\\0\\\dot{\theta}_1\end{bmatrix}\times\left\{\begin{bmatrix}0\\0\\\dot{\theta}_1\end{bmatrix}\times\begin{bmatrix}l_1\\0\\0\end{bmatrix}\right\}=\begin{bmatrix}g\mathrm{s}\theta_1-l_1\dot{\theta}_1^2\\g\mathrm{c}\theta_1+l_1\ddot{\theta}_1\\0\end{bmatrix} $$

$$
{}^{1}\boldsymbol{f}_{c1} = m_1 {}^{1}\dot{\boldsymbol{v}}_{c1} = m_1 \begin{bmatrix} g s\theta_1 - l_1\dot{\theta}_1^2 \\ g c\theta_1 + l_1\ddot{\theta}_1 \\ 0 \end{bmatrix}, \quad {}^{1}\dot{\boldsymbol{\tau}}_{c1} = \begin{bmatrix} 0 \\ 0 \\ 0 \end{bmatrix}
$$

式中：$c\theta_1 = \cos\theta_1$，$s\theta_1 = \sin\theta_1$。

对于连杆 2：

$$
{}^{2}\boldsymbol{\omega}_2 = \begin{bmatrix} 0 \\ 0 \\ \dot{\theta}_1 + \dot{\theta}_2 \end{bmatrix}, \quad {}^{2}\dot{\boldsymbol{\omega}}_2 = \begin{bmatrix} 0 \\ 0 \\ \ddot{\theta}_1 + \ddot{\theta}_2 \end{bmatrix}
$$

$$
{}^{2}\dot{\boldsymbol{v}}_2 = \begin{bmatrix} c\theta_2 & s\theta_2 & 0 \\ -s\theta_2 & c\theta_2 & 0 \\ 0 & 0 & 1 \end{bmatrix} \begin{bmatrix} g s\theta_1 - l_1\dot{\theta}_1^2 \\ g c\theta_1 + l_1\ddot{\theta}_1 \\ 0 \end{bmatrix} = \begin{bmatrix} g s\theta_{12} - l_1\dot{\theta}_1^2 c\theta_2 + l_1\ddot{\theta}_1 s\theta_2 \\ g c\theta_{12} + l_1\dot{\theta}_1^2 s\theta_2 + l_1\ddot{\theta}_1 c\theta_2 \\ 0 \end{bmatrix}
$$

$$
{}^{2}\dot{\boldsymbol{v}}_{c2} = \begin{bmatrix} 0 \\ l_2(\ddot{\theta}_1 + \ddot{\theta}_2) \\ 0 \end{bmatrix} + \begin{bmatrix} -l_2(\dot{\theta}_1 + \dot{\theta}_2)^2 \\ 0 \\ 0 \end{bmatrix} + \begin{bmatrix} g s\theta_{12} - l_1\dot{\theta}_1^2 c\theta_2 + l_1\ddot{\theta}_1 s\theta_2 \\ g c\theta_{12} - l_1\dot{\theta}_1^2 s\theta_2 + l_1\ddot{\theta}_1 c\theta_2 \\ 0 \end{bmatrix}
$$

$$
{}^{2}\boldsymbol{f}_{c2} = m_2 \begin{bmatrix} g s\theta_{12} - l_1\dot{\theta}_1^2 c\theta_2 + l_1\ddot{\theta}_1 s\theta_2 - l_2(\dot{\theta}_1 + \dot{\theta}_2)^2 \\ g c\theta_{12} + l_1\dot{\theta}_1^2 s\theta_2 + l_1\ddot{\theta}_1 c\theta_2 + l_2(\ddot{\theta}_1 + \ddot{\theta}_2) \\ 0 \end{bmatrix}, \quad {}^{2}\boldsymbol{\tau}_{c2} = \begin{bmatrix} 0 \\ 0 \\ 0 \end{bmatrix}
$$

式中：$s\theta_i = \sin\theta_i$，$c\theta_i = \cos\theta_i$，$s\theta_{12} = \sin(\theta_1 + \theta_2)$，$\cos\theta_{12} = \cos(\theta_1 + \theta_2)$。

然后用式(7-118)至式(7-120)向内递推计算。对于连杆 2，有

$$
{}^{2}\boldsymbol{f}_2 = {}^{2}\boldsymbol{f}_{c2}
$$

$$
{}^{2}\boldsymbol{\tau}_2 = \begin{bmatrix} 0 \\ 0 \\ m_2 l_1 l_2 c\theta_2\ddot{\theta}_1 + m_2 l_1 l_2 s\theta_2\dot{\theta}_1^2 + m_2 l_2 g c\theta_{12} + m_2 l_2^2(\ddot{\theta}_1 + \ddot{\theta}_2) \end{bmatrix}
$$

对于连杆 1，有

$$
{}^{1}\boldsymbol{f}_1 = \begin{bmatrix} c\theta_2 & -s\theta_2 & 0 \\ s\theta_2 & c\theta_2 & 0 \\ 0 & 0 & 1 \end{bmatrix} \begin{bmatrix} m_2 l_1 s\theta_2\ddot{\theta}_1 - m_2 l_1 c\theta_2\dot{\theta}_1^2 - m_2 l_2(\dot{\theta}_1 + \dot{\theta}_2)^2 + m_2 g s\theta_{12} \\ m_2 l_1 c\theta_2\ddot{\theta}_1 - m_2 l_1 s\theta_2\dot{\theta}_1^2 + m_2 l_2(\ddot{\theta}_1 + \ddot{\theta}_2) + m_2 g c\theta_{12} \\ 0 \end{bmatrix} + \begin{bmatrix} -m_1 l_1\dot{\theta}_1^2 + m_1 g s\theta_1 \\ m_1 l_1\ddot{\theta}_1 + m_1 g c\theta_1 \\ 0 \end{bmatrix}
$$

$$
\begin{aligned}
{}^{1}\boldsymbol{\tau}_1 = {} & \begin{bmatrix} 0 \\ 0 \\ m_2 l_1 l_2 c\theta_2\ddot{\theta}_1 + m_2 l_2^2(\ddot{\theta}_1 + \ddot{\theta}_2) + m_2 l_1 l_2 s\theta_2\dot{\theta}_1^2 + m_2 l_2 g c\theta_{12} \end{bmatrix} + \begin{bmatrix} 0 \\ 0 \\ m_1 l_1^2\ddot{\theta}_1 + m_1 l_1 g c\theta_1 \end{bmatrix} \\
& + \begin{bmatrix} 0 \\ 0 \\ m_2 l_1^2\ddot{\theta}_1 + m_2 l_1 l_2 c\theta_2(\ddot{\theta}_1 + \ddot{\theta}_2) - m_2 l_1 l_2 s\theta_2(\dot{\theta}_1 + \dot{\theta}_2)^2 + m_2 l_1 g c\theta_1 \end{bmatrix}
\end{aligned}
$$

最后，将 ${}^{1}\boldsymbol{\tau}_1$ 和 ${}^{2}\boldsymbol{\tau}_2$ 的 z 轴分量列出，即得到两关节力矩

$$
\begin{cases}
\tau_1 = m_2 l_2^2(\ddot{\theta}_1 + \ddot{\theta}_2) + m_2 l_1 l_2 c\theta_2(2\ddot{\theta}_1 + \ddot{\theta}_2) + (m_1 + m_2) l_1^2\ddot{\theta}_1 \\
\qquad - m_2 l_1 l_2 s\theta_2\dot{\theta}_2^2 - 2m_2 l_1 l_2 s\theta_2\dot{\theta}_1\dot{\theta}_2 + m_2 l_2 g c\theta_{12} + (m_1 + m_2) l_1 g c\theta_1 \\
\tau_2 = m_2 l_1 l_2 c\theta_2\ddot{\theta}_1 + m_2 l_2^2(\ddot{\theta}_1 + \ddot{\theta}_2) + m_2 l_1 l_2 s\theta_2\dot{\theta}_1^2 + m_2 l_2 g c\theta_{12}
\end{cases} \tag{7-121}
$$

式(7-121)即关节驱动力矩关于关节位移、速度和加速度的显式函数，亦即平面 2R 机

械手动力学方程的封闭形式。

7.8　基于指数积的牛顿-欧拉方法

在原点位于连杆质心的物体坐标系{i}中表示的力平衡方程和欧拉方程分别为

$$^{i}\boldsymbol{f}_{i}=m_{i}\dot{\boldsymbol{v}}_{i}^{\mathrm{b}}+\boldsymbol{\omega}_{i}^{\mathrm{b}}\times(m_{i}\boldsymbol{v}_{i}^{\mathrm{b}}) \tag{7-122}$$

$$^{i}\boldsymbol{\tau}_{i}={}^{C_i}\boldsymbol{I}_{i}\dot{\boldsymbol{\omega}}_{i}^{\mathrm{b}}+\boldsymbol{\omega}_{i}^{\mathrm{b}}\times({}^{C_i}\boldsymbol{I}_{i}\boldsymbol{\omega}_{i}^{\mathrm{b}}) \tag{7-123}$$

由上面两式，可得单连杆 i 在物体坐标系{i}下的牛顿-欧拉动力学方程(矩阵形式)：

$$\begin{bmatrix}{}^{i}\boldsymbol{f}_{i}\\{}^{i}\boldsymbol{\tau}_{i}\end{bmatrix}=\begin{bmatrix}m_{i}\boldsymbol{I}&\boldsymbol{0}\\\boldsymbol{0}&{}^{C_i}\boldsymbol{I}_{i}\end{bmatrix}\begin{bmatrix}\dot{\boldsymbol{v}}_{i}^{\mathrm{b}}\\\dot{\boldsymbol{\omega}}_{i}^{\mathrm{b}}\end{bmatrix}+\begin{bmatrix}\boldsymbol{\omega}_{i}^{\mathrm{b}}\times m_{i}\boldsymbol{v}_{i}^{\mathrm{b}}\\\boldsymbol{\omega}_{i}^{\mathrm{b}}\times{}^{C_i}\boldsymbol{I}_{i}\boldsymbol{\omega}_{i}^{\mathrm{b}}\end{bmatrix} \tag{7-124}$$

令

$$^{i}F_{i}=\begin{bmatrix}{}^{i}\boldsymbol{f}_{i}\\{}^{i}\boldsymbol{\tau}_{i}\end{bmatrix},\quad V_{i}^{\mathrm{b}}=\begin{bmatrix}\boldsymbol{v}_{i}^{\mathrm{b}}\\\boldsymbol{\omega}_{i}^{\mathrm{b}}\end{bmatrix},\quad \boldsymbol{M}_{i}^{\mathrm{b}}=\begin{bmatrix}m_{i}\boldsymbol{I}&\boldsymbol{0}\\\boldsymbol{0}&{}^{C_i}\boldsymbol{I}_{i}\end{bmatrix}$$

则式(7-124)表示为

$$^{i}F_{i}=\boldsymbol{M}_{i}^{\mathrm{b}}\dot{V}_{i}^{\mathrm{b}}-\mathrm{ad}^{\mathrm{T}}(V_{i}^{\mathrm{b}})(\boldsymbol{M}_{i}^{\mathrm{b}}V_{i}^{\mathrm{b}}) \tag{7-125}$$

$\mathrm{ad}(V_1)$为 se(3)上的伴随算子，与李括号映射之间的关系如下：

$$\mathrm{ad}(V_1)V_2=[V_1,V_2]^{\vee}=\begin{bmatrix}[\boldsymbol{\omega}_1\times\boldsymbol{\omega}_2]&[\boldsymbol{\omega}_1]\boldsymbol{v}_2-[\boldsymbol{\omega}_2]\boldsymbol{v}_1\\\boldsymbol{0}&0\end{bmatrix}^{\vee} \tag{7-126}$$

其中

$$\mathrm{ad}(V_1)=\begin{bmatrix}[\boldsymbol{\omega}_1]&[\boldsymbol{v}_1]\\\boldsymbol{0}&[\boldsymbol{\omega}_1]\end{bmatrix} \tag{7-127}$$

递推的牛顿-欧拉动力学算法同样由两部分组成：首先向外递推计算各连杆的广义速度和加速度，由牛顿-欧拉公式算出各连杆的惯性力和力矩；然后向内递推计算各连杆相互作用的广义力，以及关节驱动力或力矩。

为了建立连杆之间的递推关系，令坐标系{$i-1$}和{i}分别与连杆 $i-1$ 和 i 固接。$^{i}F_{i}$为连杆 $i-1$ 对连杆 i 的广义力在{i}中的表示；$^{i-1}_{\ i}\boldsymbol{T}$ 为坐标系{i}相对于坐标系{$i-1$}的齐次变换；L_i 为关节 i 轴线在{i}中的表示，如图 7-12 所示。对于旋转关节，$L_i=[0\ \ 0\ \ 0\ \ 0\ \ 0\ \ 1]^{\mathrm{T}}$；对于移动关节，$L_i=[0\ \ 0\ \ 1\ \ 0\ \ 0\ \ 0]^{\mathrm{T}}$。

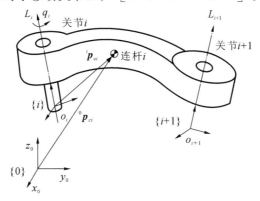

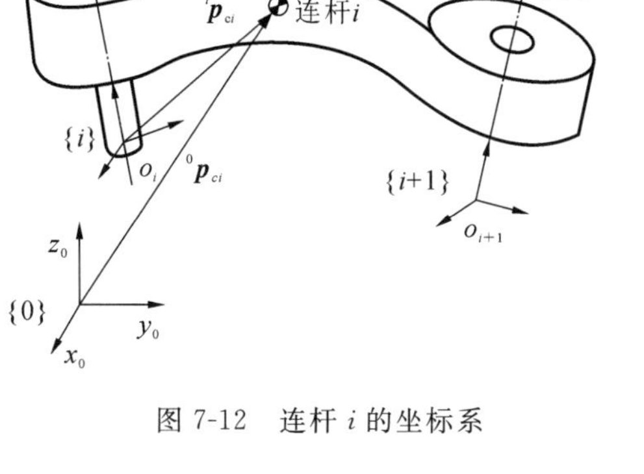

图 7-12　连杆 i 的坐标系

坐标系$\{i\}$的物体速度可以表示为

$$[V_i^{\mathrm{b}}] = {}_i^0\boldsymbol{T}^{-1}\,{}_i^0\dot{\boldsymbol{T}} \tag{7-128}$$

由${}_i^0\boldsymbol{T} = {}_{i-1}^{0}\boldsymbol{T}\,{}_i^{i-1}\boldsymbol{T}$可知，

$$({}_i^0\boldsymbol{T})^{-1} = ({}_i^{i-1}\boldsymbol{T})^{-1}({}_{i-1}^{0}\boldsymbol{T})^{-1},\quad {}_i^0\dot{\boldsymbol{T}} = {}_{i-1}^{0}\dot{\boldsymbol{T}}\,{}_i^{i-1}\boldsymbol{T} + {}_{i-1}^{0}\boldsymbol{T}\,{}_i^{i-1}\dot{\boldsymbol{T}}$$

将其代入式(7-128)，得

$$[V_i^{\mathrm{b}}] = ({}_i^{i-1}\boldsymbol{T})^{-1}({}_{i-1}^{0}\boldsymbol{T})^{-1}({}_{i-1}^{0}\dot{\boldsymbol{T}}\,{}_i^{i-1}\boldsymbol{T} + {}_{i-1}^{0}\boldsymbol{T}\,{}_i^{i-1}\dot{\boldsymbol{T}}) \tag{7-129}$$

而

$$[V_{i-1}^{\mathrm{b}}] = {}_{i-1}^{0}\boldsymbol{T}^{-1}\,{}_{i-1}^{0}\dot{\boldsymbol{T}},\quad ({}_i^{i-1}\boldsymbol{T})^{-1}\,{}_i^{i-1}\dot{\boldsymbol{T}} = [L_i]\dot{q}_i$$

则式(7-129)可以化简为

$$[V_i^{\mathrm{b}}] = {}_i^{i-1}\boldsymbol{T}^{-1}[V_{i-1}^{\mathrm{b}}]\,{}_i^{i-1}\boldsymbol{T} + [L_i]\dot{q}_i \tag{7-130}$$

借助于伴随算子 Ad，式(7-130)可以表示为矢量形式：

$$V_i^{\mathrm{b}} = \mathrm{Ad}_V({}_i^{i-1}\boldsymbol{T}^{-1})V_{i-1}^{\mathrm{b}} + L_i\dot{q}_i \tag{7-131}$$

式(7-131)表示连杆i的广义速度V_i^{b}与连杆$i-1$的广义速度V_{i-1}^{b}之间的前向递推关系。将等式(7-130)两边对时间t求导，可得

$$[\dot{V}_i^{\mathrm{b}}] = {}_i^{i-1}\dot{\boldsymbol{T}}^{-1}[V_{i-1}^{\mathrm{b}}]\,{}_i^{i-1}\boldsymbol{T} + {}_i^{i-1}\boldsymbol{T}^{-1}[V_{i-1}^{\mathrm{b}}]\,{}_i^{i-1}\dot{\boldsymbol{T}} + {}_i^{i-1}\boldsymbol{T}^{-1}[\dot{V}_{i-1}^{\mathrm{b}}]\,{}_i^{i-1}\boldsymbol{T} + [L_i]\ddot{q}_i \tag{7-132}$$

式(7-132)右端第一项可以重新表示为

$${}_i^{i-1}\dot{\boldsymbol{T}}^{-1}[V_{i-1}^{\mathrm{b}}]\,{}_i^{i-1}\boldsymbol{T} = {}_i^{i-1}\dot{\boldsymbol{T}}^{-1}\,{}_i^{i-1}\boldsymbol{T}({}_i^{i-1}\boldsymbol{T})^{-1}[V_{i-1}^{\mathrm{b}}]\,{}_i^{i-1}\boldsymbol{T} = -[L_i]\dot{q}_i\,{}_i^{i-1}\boldsymbol{T}^{-1}[V_{i-1}^{\mathrm{b}}]\,{}_i^{i-1}\boldsymbol{T} \tag{7-133}$$

右端第二项可以重新表示为

$${}_i^{i-1}\boldsymbol{T}^{-1}[V_{i-1}^{\mathrm{b}}]\,{}_i^{i-1}\dot{\boldsymbol{T}} = {}_i^{i-1}\boldsymbol{T}^{-1}[V_{i-1}^{\mathrm{b}}]\,{}_i^{i-1}\boldsymbol{T}({}_i^{i-1}\boldsymbol{T})^{-1}\,{}_i^{i-1}\dot{T} = {}_i^{i-1}\boldsymbol{T}^{-1}[V_{i-1}^{\mathrm{b}}]\,{}_i^{i-1}\boldsymbol{T}[L_i]\dot{q}_i \tag{7-134}$$

上面式(7-133)和式(7-134)可借助于伴随算子Ad_V、ad 表示，则式(7-132)可以写成矢量形式：

$$\dot{V}_i^{\mathrm{b}} = L_i\ddot{q}_i + \mathrm{Ad}_V({}_i^{i-1}\boldsymbol{T}^{-1})\dot{V}_{i-1}^{\mathrm{b}} - \mathrm{ad}(L_i\dot{q}_i)\{\mathrm{Ad}_V({}_i^{i-1}\boldsymbol{T}^{-1})V_{i-1}^{\mathrm{b}}\} \tag{7-135}$$

式(7-135)表示连杆i的广义加速度$\dot{V}_i^{\mathrm{b}}$与连杆$i-1$的广义加速度$\dot{V}_{i-1}^{\mathrm{b}}$之间的前向递推关系。

基于指数积公式的牛顿-欧拉递推算法如下。

初始值：　　$V_0^{\mathrm{b}}=0,\quad \dot{V}_0^{\mathrm{b}}=0,\quad {}^{n+1}F_{n+1}=0$

步骤一：正向递推($i=1\rightarrow n$)，

$${}_i^{i-1}\boldsymbol{T} = {}_i^{i-1}\boldsymbol{T}(0)\mathrm{e}^{[L_i]q_i} \tag{7-136}$$

$$V_i^{\mathrm{b}} = \mathrm{Ad}_V({}_i^{i-1}\boldsymbol{T}^{-1})V_{i-1}^{\mathrm{b}} + L_i\dot{q}_i \tag{7-137}$$

$$\dot{V}_i^{\mathrm{b}} = L_i\ddot{q}_i + \mathrm{Ad}_V({}_i^{i-1}\boldsymbol{T}^{-1})\dot{V}_{i-1}^{\mathrm{b}} - \mathrm{ad}(L_i\dot{q}_i)\{\mathrm{Ad}_V({}_i^{i-1}\boldsymbol{T}^{-1})V_{i-1}^{\mathrm{b}}\} \tag{7-138}$$

步骤二：逆向递推($i=n\rightarrow 1$)，有

$${}^iF_i = \mathrm{Ad}_V^{\mathrm{T}}({}_{i+1}^{i}\boldsymbol{T}^{-1})({}^{i+1}F_{i+1}) + {}^i\boldsymbol{M}_i^{\mathrm{b}}\dot{V}_i^{\mathrm{b}} - \mathrm{ad}^{\mathrm{T}}(V_i^{\mathrm{b}})\,{}^i\boldsymbol{M}_i^{\mathrm{b}}V_i^{\mathrm{b}} \tag{7-139}$$

$${}^i\boldsymbol{\tau}_i = L_i^{\mathrm{T}}\,{}^i\boldsymbol{F}_i \tag{7-140}$$

式中：$\mathrm{Ad}_V^{\mathrm{T}}({}_{i+1}^{i}\boldsymbol{T}^{-1})({}^{i+1}F_{i+1})$为${}^{i+1}F_{i+1}$在$\{i\}$坐标系下的表示，而

$${}^i\boldsymbol{M}_i^{\mathrm{b}} = \begin{bmatrix} m_i\boldsymbol{I} & -m_i[{}^i\boldsymbol{p}_{\mathrm{c}i}] \\ m_i[{}^i\boldsymbol{p}_{\mathrm{c}i}] & {}^{\mathrm{C}i}\boldsymbol{I}_i - m_i[{}^i\boldsymbol{p}_{\mathrm{c}i}]^2 \end{bmatrix}$$

7.9　关节空间和操作空间动力学

7.9.1　关节空间的状态方程

前面牛顿-欧拉递推方法得到的平面 2R 机械手的动力学方程(7-121)可以表示成

$$\boldsymbol{\tau} = \boldsymbol{D}(\boldsymbol{q})\ddot{\boldsymbol{q}} + \boldsymbol{h}(\boldsymbol{q},\dot{\boldsymbol{q}}) + \boldsymbol{G}(\boldsymbol{q}) \tag{7-141}$$

式中：$\boldsymbol{D}(\boldsymbol{q})$为质量矩阵，是 $n\times n$ 的对称矩阵；$\boldsymbol{h}(\boldsymbol{q},\dot{\boldsymbol{q}})$为 $n\times 1$ 的离心力和科氏力矢量；$\boldsymbol{G}(\boldsymbol{q})$为 $n\times 1$ 的重力矢量。

如果把 $\boldsymbol{q}$ 和 $\dot{\boldsymbol{q}}$ 当成状态变量，则式(7-141)就是状态方程，又因 $\dot{\boldsymbol{q}}$ 和 $\ddot{\boldsymbol{q}}$ 是在关节空间描述的，故也称为关节空间的动力学方程。不论利用拉格朗日法，还是利用牛顿-欧拉方法，只要能够求出操作臂的 $\boldsymbol{D}(\boldsymbol{q})$，$\boldsymbol{h}(\boldsymbol{q},\dot{\boldsymbol{q}})$和 $\boldsymbol{G}(\boldsymbol{q})$，也就建立了操作臂的状态方程。

例 7.4　对于平面 2R 机械手，由式(7-121)可以得出质量矩阵 $\boldsymbol{D}(\boldsymbol{q})$：

$$\boldsymbol{D}(\boldsymbol{q}) = \begin{bmatrix} m_1 l_1^2 + m_2(l_1^2 + l_2^2 + 2l_1 l_2\cos\theta_2) & m_2(l_2^2 + l_1 l_2\cos\theta_2) \\ m_2(l_2^2 + l_1 l_2\cos\theta_2) & m_2 l_2^2 \end{bmatrix}$$

它是由 $\ddot{\boldsymbol{q}}$ 的系数组成的，因而与惯性力有关。值得注意的是，质量矩阵是对称的和正定的，因此其逆存在。

与速度有关的项为

$$\boldsymbol{h}(\boldsymbol{q},\dot{\boldsymbol{q}}) = \begin{bmatrix} -m_2 l_1 l_2\sin\theta_2\dot{\theta}_2^2 - 2m_2 l_1 l_2\sin\theta_2\dot{\theta}_1\dot{\theta}_2 \\ m_2 l_1 l_2\sin\theta_2\dot{\theta}_1^2 m_2 \end{bmatrix}$$

式中：$-m_2 l_1 l_2\sin\theta_2\dot{\theta}_2^2$ 是离心力，它与关节速度的平方有关；$-2m_2 l_1 l_2\sin\theta_2\dot{\theta}_1\dot{\theta}_2$ 是科氏力，它与两个关节速度的乘积有关。

重力项 $\boldsymbol{G}(\boldsymbol{q})$只与关节变量有关，与关节速度无关，

$$\boldsymbol{G}(\boldsymbol{q}) = \begin{bmatrix} m_2 l_2 g\cos(\theta_1+\theta_2) + (m_1+m_2) l_1 g\cos\theta_1 \\ m_2 l_2 g\cos(\theta_1+\theta_2) \end{bmatrix}$$

7.9.2　形位空间方程

将与速度有关的项 $\boldsymbol{h}(\boldsymbol{q},\dot{\boldsymbol{q}})$分成两部分：

$$\boldsymbol{h}(\boldsymbol{q},\dot{\boldsymbol{q}}) = \boldsymbol{B}(\boldsymbol{q})[\dot{\boldsymbol{q}}\dot{\boldsymbol{q}}] + \boldsymbol{C}(\boldsymbol{q})[\dot{\boldsymbol{q}}^2]$$

式中：$\boldsymbol{B}(\boldsymbol{q})$是科氏力的系数矩阵，为$\dfrac{n(n-1)}{2}$阶矩阵；$[\dot{\boldsymbol{q}}\dot{\boldsymbol{q}}]$是$\dfrac{n(n-1)}{2}$维的关节速度积矢量，定义为$[\dot{\boldsymbol{q}}\dot{\boldsymbol{q}}] = [\dot{q}_1\dot{q}_2 \quad \dot{q}_2\dot{q}_3 \quad \cdots \quad \dot{q}_{n-1}\dot{q}_n]^{\mathrm{T}}$；$\boldsymbol{C}(\boldsymbol{q})$是 $n\times n$ 的离心力系数矩阵；$[\dot{\boldsymbol{q}}^2] = [\dot{q}_1^2 \quad \dot{q}_2^2 \quad \cdots \quad \dot{q}_n^2]^{\mathrm{T}}$ 是 n 维关节速度平方矢量。

因此，可将封闭动力学方程(7-141)写成另一种形式——形位空间方程：

$$\boldsymbol{\tau} = \boldsymbol{D}(\boldsymbol{q})\ddot{\boldsymbol{q}} + \boldsymbol{B}(\boldsymbol{q})[\dot{\boldsymbol{q}}\dot{\boldsymbol{q}}] + \boldsymbol{C}(\boldsymbol{q})[\dot{\boldsymbol{q}}^2] + \boldsymbol{G}(\boldsymbol{q}) \tag{7-142}$$

例如：对于平面 2R 机械手，有

$$[\dot{\boldsymbol{q}}\dot{\boldsymbol{q}}] = \dot{\theta}_1\dot{\theta}_2, \quad [\dot{\boldsymbol{q}}^2] = [\dot{\theta}_1^2 \quad \dot{\theta}_2^2]^{\mathrm{T}}$$

$$\boldsymbol{B}(\boldsymbol{q}) = \begin{bmatrix} -2m_2 l_1 l_2\sin\theta_2 \\ 0 \end{bmatrix}, \quad \boldsymbol{C}(\boldsymbol{q}) = \begin{bmatrix} 0 & -m_2 l_1 l_2\sin\theta_2 \\ m_2 l_1 l_2\sin\theta_2 & 0 \end{bmatrix}$$

7.9.3 操作空间动力学方程

与关节空间动力学方程相对应,在笛卡儿操作空间中,操作力 F 与末端加速度 $\ddot{\boldsymbol{x}}$ 之间的关系可用动力学方程表示为

$$F=\boldsymbol{V}(\boldsymbol{q})\ddot{\boldsymbol{x}}+\boldsymbol{u}(\boldsymbol{q},\dot{\boldsymbol{q}})+\boldsymbol{p}(\boldsymbol{q}) \tag{7-143}$$

式中:$\boldsymbol{V}(\boldsymbol{q})$,$\boldsymbol{u}(\boldsymbol{q},\dot{\boldsymbol{q}})$和 $\boldsymbol{p}(\boldsymbol{q})$分别为操作空间中的惯性矩阵、离心力和科氏力矢量、重力矢量;$\boldsymbol{x}$ 表示操作臂末端位姿矢量。F 是广义操作力矢量,它与关节力矢量 $\boldsymbol{\tau}$ 之间的关系为

$$\boldsymbol{\tau}=\boldsymbol{J}^{\mathrm{T}}(\boldsymbol{q})F \tag{7-144}$$

操作空间与关节空间之间的速度和加速度的关系为

$$\dot{\boldsymbol{x}}=\boldsymbol{J}(\boldsymbol{q})\dot{\boldsymbol{q}}$$

$$\ddot{\boldsymbol{x}}=\boldsymbol{J}(\boldsymbol{q})\ddot{\boldsymbol{q}}+\dot{\boldsymbol{J}}(\boldsymbol{q})\dot{\boldsymbol{q}}=\boldsymbol{J}(\boldsymbol{q})\ddot{\boldsymbol{q}}+\boldsymbol{a}_{\mathrm{r}}(\boldsymbol{q},\dot{\boldsymbol{q}}) \tag{7-145}$$

将式(7-143)两端左乘 $\boldsymbol{J}^{\mathrm{T}}(\boldsymbol{q})$,并将式(7-144)和式(7-145)代入式(7-143),比较关节空间与操作空间的动力学方程可以看出两者之间存在以下关系:

$$\boldsymbol{D}(\boldsymbol{q})=\boldsymbol{J}^{\mathrm{T}}(\boldsymbol{q})\boldsymbol{V}(\boldsymbol{q})\boldsymbol{J}(\boldsymbol{q}) \tag{7-146}$$

$$\boldsymbol{h}(\boldsymbol{q},\dot{\boldsymbol{q}})=\boldsymbol{J}^{\mathrm{T}}(\boldsymbol{q})\boldsymbol{u}(\boldsymbol{q},\dot{\boldsymbol{q}})+\boldsymbol{J}^{\mathrm{T}}(\boldsymbol{q})\boldsymbol{V}(\boldsymbol{q})\boldsymbol{a}_{\mathrm{r}}(\boldsymbol{q},\dot{\boldsymbol{q}}) \tag{7-147}$$

$$\boldsymbol{G}(\boldsymbol{q})=\boldsymbol{J}^{\mathrm{T}}(\boldsymbol{q})\boldsymbol{p}(\boldsymbol{q}) \tag{7-148}$$

如果雅可比矩阵 $\boldsymbol{J}(\boldsymbol{q})$的逆存在,则与上述关系相对应有

$$\boldsymbol{V}(\boldsymbol{q})=\boldsymbol{J}^{-\mathrm{T}}(\boldsymbol{q})\boldsymbol{D}(\boldsymbol{q})\boldsymbol{J}^{-1}(\boldsymbol{q}) \tag{7-149}$$

$$\boldsymbol{u}(\boldsymbol{q},\dot{\boldsymbol{q}})=\boldsymbol{J}^{-\mathrm{T}}(\boldsymbol{q})\boldsymbol{h}(\boldsymbol{q},\dot{\boldsymbol{q}})-\boldsymbol{V}(\boldsymbol{q})\boldsymbol{a}_{\mathrm{r}}(\boldsymbol{q},\dot{\boldsymbol{q}}) \tag{7-150}$$

$$\boldsymbol{p}(\boldsymbol{q})=\boldsymbol{J}^{-\mathrm{T}}(\boldsymbol{q})\boldsymbol{G}(\boldsymbol{q}) \tag{7-151}$$

例 7.5 写出平面 2R 机械手的操作空间动力学方程。

由式(7-109),得平面 2R 机械手的雅可比矩阵为

$$^{3}\boldsymbol{J}(\boldsymbol{q})=\begin{bmatrix} l_1\mathrm{s}\theta_2 & 0 \\ l_1\mathrm{c}\theta_2+l_2 & l_2 \end{bmatrix},\quad {}^{3}\boldsymbol{J}^{-1}(\boldsymbol{q})=\frac{1}{l_1 l_2\mathrm{s}\theta_2}\begin{bmatrix} l_2 & 0 \\ -l_1\mathrm{c}\theta_2-l_2 & l_1\mathrm{s}\theta_2 \end{bmatrix}$$

$$^{3}\dot{\boldsymbol{J}}(\boldsymbol{q})=\begin{bmatrix} l_1\mathrm{c}\theta_2\dot{\theta}_2 & 0 \\ -l_1\mathrm{s}\theta_2\dot{\theta}_2 & 0 \end{bmatrix}$$

式中:$\mathrm{s}\theta_2=\sin\theta_2$,$\mathrm{c}\theta_2=\cos\theta_2$。

利用式(7-149)至式(7-151)得

$$\boldsymbol{V}(\boldsymbol{q})=\begin{bmatrix} m_2+m_1/\mathrm{s}\theta_2^2 & 0 \\ 0 & m_2 \end{bmatrix}$$

$$\boldsymbol{u}(\boldsymbol{q},\dot{\boldsymbol{q}})=\begin{bmatrix} -(m_2 l_1\mathrm{c}\theta_2+m_2 l_2)\dot{\theta}_1^2-m_2 l_2\dot{\theta}_2^2-(2m_2 l_2+m_2 l_1\mathrm{c}\theta_2+m_1 l_1\mathrm{c}\theta_2/\mathrm{s}\theta_2)\dot{\theta}_1\dot{\theta}_2 \\ m_2 l_1\mathrm{s}\theta_2\dot{\theta}_1^2+l_1 m_2\mathrm{s}\theta_2\dot{\theta}_1\dot{\theta}_2 \end{bmatrix}$$

$$\boldsymbol{p}(\boldsymbol{q})=\begin{bmatrix} m_1 g\mathrm{c}\theta_1/\mathrm{s}\theta_2+m_2 g\mathrm{s}\theta_{12} \\ m_2 g\mathrm{c}\theta_{12} \end{bmatrix}$$

式中:$\mathrm{c}\theta_i=\cos\theta_i$,$\mathrm{s}\theta_i=\sin\theta_i$;$\mathrm{s}\theta_{12}=\sin(\theta_1+\theta_2)$,$\mathrm{c}\theta_{12}=\cos(\theta_1+\theta_2)$。

当 $\sin\theta_2=0°$或 180°时,机械手处于奇异状态,操作空间动力学方程中的某些项趋于无限大。例如操作空间中的有效惯性沿径向的分量变为无限大,这一特定方向即奇异方向。机械手不能沿此方向运动,但在垂直于这一方向的子空间内,一般还是可以运动的。

7.9.4 操作运动——关节力矩方程

机器人动力学最终是研究机器人关节输入力矩与其输出的操作运动之间的关系。由式(7-143)和式(7-144)可见,两者之间的关系为

$$\boldsymbol{\tau}=\boldsymbol{J}^{\mathrm{T}}(\boldsymbol{q})(\boldsymbol{V}(\boldsymbol{q})\ddot{\boldsymbol{x}}+\boldsymbol{u}(\boldsymbol{q},\dot{\boldsymbol{q}})+\boldsymbol{p}(\boldsymbol{q})) \tag{7-152}$$

或

$$\boldsymbol{\tau}=\boldsymbol{J}^{\mathrm{T}}(\boldsymbol{q})\boldsymbol{V}(\boldsymbol{q})\ddot{\boldsymbol{x}}+\boldsymbol{B}_x(\boldsymbol{q})[\dot{\boldsymbol{q}}\dot{\boldsymbol{q}}]+\boldsymbol{C}_x(\boldsymbol{q})[\dot{\boldsymbol{q}}^2]+\boldsymbol{G}(\boldsymbol{q}) \tag{7-153}$$

式中$[\dot{\boldsymbol{q}}\dot{\boldsymbol{q}}]$和$[\dot{\boldsymbol{q}}^2]$的意义与式(7-142)中的相同,然而,在一般情况下,$\boldsymbol{B}_x(\boldsymbol{q})\neq\boldsymbol{B}(\boldsymbol{q})$,$\boldsymbol{C}_x(\boldsymbol{q})\neq\boldsymbol{C}(\boldsymbol{q})$。

平面2R机械手的$\boldsymbol{B}_x(\boldsymbol{q})$和$\boldsymbol{C}_x(\boldsymbol{q})$可由乘积$\boldsymbol{J}^{\mathrm{T}}(\boldsymbol{q})\boldsymbol{u}(\boldsymbol{q},\dot{\boldsymbol{q}})$得出:

$$\boldsymbol{B}_x(\boldsymbol{q})=\begin{bmatrix}m_1l_1^2\mathrm{c}\theta_2/\mathrm{s}\theta_2-m_2l_1l_2\mathrm{s}\theta_2\\ m_2l_1l_2\mathrm{s}\theta_2\end{bmatrix},\quad \boldsymbol{C}_x(\boldsymbol{q})=\begin{bmatrix}0 & -m_2l_1l_2\mathrm{s}\theta_2\\ m_2l_1l_2\mathrm{s}\theta_2 & 0\end{bmatrix}$$

式中:$\mathrm{c}\theta_2=\cos\theta_2$,$\mathrm{s}\theta_2=\sin\theta_2$。

7.10 动力学性能指标

实际上,机器人在奇异点处不仅会丧失一个或多个自由度,而且其动力学性能也会变坏。第6章曾从运动学的角度讨论了机器人的奇异性和灵巧性,在雅可比矩阵$\boldsymbol{J}(\boldsymbol{q})$的基础上,定义了各种灵巧性度量指标,如条件数、最小奇异值和可操作性指标等。其实,机器人的动力学性能与这些度量指标也有一定的联系,粗略地说,离奇异点愈远,则机器人在各方向上的运动性能和施力效果的一致性愈好。

机器人动力学十分复杂,正确评定机器人的动力学性能,对于开发高速精密机器人,以及机器人结构设计、工作空间的选择、轨迹规划和控制方案的拟定等都具有重要作用。Asada利用广义惯性椭球(GIE)来评定机器人的动力学特征,以确定机器人的工作空间,几何上明显直观。Yoshikawa基于可操作性指标$w=\sqrt{\det(\boldsymbol{J}(\boldsymbol{q})\boldsymbol{J}^{\mathrm{T}}(\boldsymbol{q}))}$,提出以动态可操作性椭球(DME)来衡量机器人动力学的操作能力。Khatib和Burdick以变换矩阵的形式建立了关节力矩与操作空间手爪加速度之间的输入输出关系,将操作臂动态性能优化问题表示成代价函数$\tilde{c}(\boldsymbol{b})$的极小化问题:

$$\text{minimize}\ \tilde{c}(\boldsymbol{b})=\int_{D_q}c(\boldsymbol{q},\boldsymbol{b})w(\boldsymbol{q})\mathrm{d}\boldsymbol{q}$$

式中:$\boldsymbol{b}$是设计变量;$\boldsymbol{q}$是关节变量,$\boldsymbol{q}\in\boldsymbol{c}_q$;$D_q$是作用空间。采用这一方法时工作量大,此外,代价函数$\tilde{c}(\boldsymbol{b})$本身也并不能保证在$D_q$内的所有点上函数$c(\boldsymbol{q},\boldsymbol{b})$的值在某一界限之内。设计机器人时,值得注意的是某些最坏情况,例如在D_q内的最大关节力,应使最大关节力在较小范围内,为此需要按最坏情况进行优化设计,即选择设计变量$\boldsymbol{b}$,使得

$$\begin{aligned}&\text{minimize}\quad \bar{\boldsymbol{\tau}}(\boldsymbol{b})\\ &\text{s. t.}\quad \boldsymbol{b}\in B\end{aligned}$$

式中:性能指标(代价函数)的形式为

$$\bar{\boldsymbol{\tau}}(\boldsymbol{b})=\max\{|\boldsymbol{\tau}(\boldsymbol{b},\boldsymbol{q})|:\boldsymbol{q}\in D_q,\dot{\boldsymbol{q}}\in\dot{D}_q,\ddot{\boldsymbol{q}}\in\ddot{D}_q\} \tag{7-154}$$

基于式(7-154),可以提出机器人的全局动力学指标,如高速性能指标、加速性能指标、

综合性能指标等及其优化方法。为了对操作臂进行加速度分析，令动力学方程(7-141)、方程(7-143)和方程(7-152)等中的 $\dot{\boldsymbol{q}}=\mathbf{0}$。实际上，在低速下，$\boldsymbol{h}(\boldsymbol{q},\dot{\boldsymbol{q}})$和$\boldsymbol{a}_{\mathrm{r}}(\boldsymbol{q},\dot{\boldsymbol{q}})$都很小，可忽略不计，暂时也不考虑重力的影响，因而关节驱动力矩和操作力均由惯性力平衡，分别记为 $\boldsymbol{\tau}_{\mathrm{a}}$ 和 $\boldsymbol{F}_{\mathrm{a}}$。这时，作用力与相应的加速度之间的关系(加速效果)为

$$\begin{cases}\ddot{\boldsymbol{q}} = \boldsymbol{D}^{-1}(\boldsymbol{q})\boldsymbol{\tau}_{\mathrm{a}} \\ \ddot{\boldsymbol{q}} = \boldsymbol{D}^{-1}(\boldsymbol{q})\boldsymbol{J}^{\mathrm{T}}(\boldsymbol{q})\boldsymbol{F}_{\mathrm{a}} = \boldsymbol{I}(\boldsymbol{q})\boldsymbol{F}_{\mathrm{a}} \\ \ddot{\boldsymbol{x}} = \boldsymbol{J}(\boldsymbol{q})\boldsymbol{D}^{-1}(\boldsymbol{q})\boldsymbol{\tau}_{\mathrm{a}} = \boldsymbol{E}(\boldsymbol{q})\boldsymbol{\tau}_{\mathrm{a}} \\ \ddot{\boldsymbol{x}} = \boldsymbol{J}(\boldsymbol{q})\boldsymbol{D}^{-1}(\boldsymbol{q})\boldsymbol{J}^{\mathrm{T}}(\boldsymbol{q})\boldsymbol{F}_{\mathrm{a}} = \boldsymbol{V}^{-1}(\boldsymbol{q})\boldsymbol{F}_{\mathrm{a}}\end{cases}$$

7.10.1 广义惯性椭圆

矩阵 $\boldsymbol{D}^{-1}(\boldsymbol{q})$，$\boldsymbol{I}(\boldsymbol{q})$，$\boldsymbol{E}(\boldsymbol{q})$和 $\boldsymbol{V}^{-1}(\boldsymbol{q})$具有不同的量纲，从不同的侧面来表示操作臂的加速特性，是操作臂加速度分析的基础，动力学各种性能指标也都与之直接或间接相关。

Asada 提出的广义惯性椭圆实质上是利用笛卡儿惯性矩阵 $\boldsymbol{V}(\boldsymbol{q})=J^{-\mathrm{T}}(\boldsymbol{q})\boldsymbol{D}(\boldsymbol{q})\boldsymbol{J}^{-1}(\boldsymbol{q})$ 的特征值来度量操作臂在各个笛卡儿方向上的加速特性。众所周知，对于 $n\times n$ 的惯性矩阵 $\boldsymbol{V}(\boldsymbol{q})$，二次型方程

$$\boldsymbol{x}^{\mathrm{T}}\boldsymbol{V}(\boldsymbol{q})\boldsymbol{x} = 1 \tag{7-155}$$

表示 n 维空间中的一个椭球，称为广义惯性椭球。椭球的主轴方向就是矩阵 $\boldsymbol{V}(\boldsymbol{q})$的特征矢量方向。椭球主轴的长度等于矩阵 $\boldsymbol{V}(\boldsymbol{q})$特征值的平方根。因而用广义惯性椭球衡量操作臂的加速特征具有明显的几何直观性。在工作空间的任一点，由式(7-155)可作一椭球，该点动力学性能好坏可用这点对应的椭球形状来衡量，椭球形状愈接近圆球，动力学性能愈好。广义惯性椭球完全是一个圆球的这些点称为动力学各向同性点，与前面定义的运动学各向同性点相似，在动力学各向同性点上，惯性矩阵$\boldsymbol{V}(\boldsymbol{q})$的各列矢量相互线性独立，且模相等。

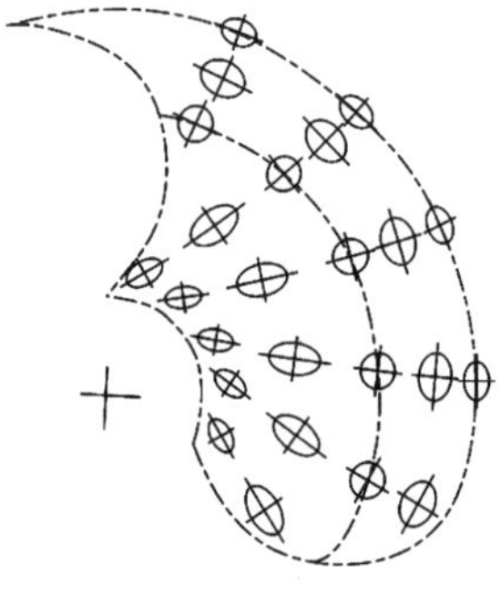

图 7-13 平面 2R 机械手的广义惯性椭球分布

图 7-13 给出了平面 2R 机械手的广义惯性椭球的分布情况。在工作空间中部，椭球形状接近圆球，加速性能好，机械手近似于各向同性；在边缘部分，椭球变扁，机械手动力学性能变差。根据椭球的形状可以合理地规定机械手工作空间的范围。

Asada 最初是利用矩阵 $\boldsymbol{V}^{-1}(\boldsymbol{q})$来构造广义惯性椭球的。因为 $\boldsymbol{V}(\boldsymbol{q})$是正定的，其逆 $\boldsymbol{V}^{-1}(\boldsymbol{q})$存在且正定，表示操作空间中的力和加速度之间的关系。操作臂的动力学性能由二次型方程 $\boldsymbol{\mu}^{\mathrm{T}}\boldsymbol{V}^{-1}(\boldsymbol{q})\boldsymbol{\mu}=1$ 定义的广义椭球来度量。这一椭球与由式(7-155)定义的椭球同在 n 维空间，二者具有相似的性质。

7.10.2 动态可操作性椭球

Yoshikawa 在操作臂速度分析的基础上，用雅可比矩阵定义可操作性指标，又在加速度分析的基础上提出了类似的指标——动态可操作性椭球(DME)。动态可操作性椭球基于矩阵 $\boldsymbol{E}(\boldsymbol{q})$，表示机器人的关节驱动力矩与操作加速度之间的关系。$\boldsymbol{E}(\boldsymbol{q})$是 $m\times n$ 的矩阵，一般并非方阵。仿照用雅可比矩阵 $\boldsymbol{J}(\boldsymbol{q})$定义各种灵巧性指标的方法，对 $\boldsymbol{E}(\boldsymbol{q})$进行奇异值

分解：

$$\boldsymbol{E}(\boldsymbol{q})=\boldsymbol{U}\boldsymbol{\Sigma}\boldsymbol{V}^{\mathrm{T}} \tag{7-156}$$

式中

$$\boldsymbol{\Sigma}=\begin{bmatrix}\sigma_1 & & & \\ & \sigma_2 & & \\ & & \ddots & \\ & & & \sigma_m\end{bmatrix} \tag{7-157}$$

$\sigma_1\geqslant\sigma_2\geqslant\cdots\geqslant\sigma_m\geqslant 0$ 是矩阵 $\boldsymbol{E}(\boldsymbol{q})$ 的奇异值，用来构造动态性能指标：

$$\begin{cases}w_1=\sigma_1\sigma_2\cdots\sigma_m\\ w_2=\sigma_1/\sigma_m\\ w_3=\sigma_m\\ w_4=(\sigma_1\sigma_2\cdots\sigma_m)^{1/m}=w_1^{1/m}\end{cases} \tag{7-158}$$

仿照运动学灵巧性指标的概念，将 w_1 定义为动态可操作性的度量指标，可以证明

$$w_1=\sqrt{\det\boldsymbol{E}(\boldsymbol{q})\boldsymbol{E}^{\mathrm{T}}(\boldsymbol{q})} \tag{7-159}$$

w_2 是 $\boldsymbol{E}(\boldsymbol{q})$ 矩阵的条件数，分 $m=n$ 且 $\boldsymbol{E}(\boldsymbol{q})$ 非奇异和 $m<n$ 两种情况来确定：

$$w_2=k(\boldsymbol{E}(\boldsymbol{q}))=\begin{cases}\|\boldsymbol{E}(\boldsymbol{q})\|\ \|\boldsymbol{E}^{-1}(\boldsymbol{q})\| & (m=n)\\ \|\boldsymbol{E}(\boldsymbol{q})\|\ \|\boldsymbol{E}^{+}(\boldsymbol{q})\| & (m<n)\end{cases} \tag{7-160}$$

w_3 是 $\boldsymbol{E}(\boldsymbol{q})$ 的最小奇异值。w_4 是动态可操作性椭球各主轴的几何均值。

基于条件数 $w_2=k(\boldsymbol{E}(\boldsymbol{q}))$ 还可定义另一种动态各向同性。当 $w_2=1$ 时，操作臂的形位称为动态各向同性形位。在设计机器人结构的过程中，选择运动学和动力学参数时应尽量使最小条件数接近 1，在规划路径时，应优先考虑最小条件数接近 1 的形位。

对质量惯性矩阵 $\boldsymbol{D}^{-1}(\boldsymbol{q})$ 和 $\boldsymbol{I}(\boldsymbol{q})$ 也可做类似处理。

资料概述

本章主要介绍了基于齐次变换和李群的拉格朗日方法和牛顿-欧拉方法。更详细的论述可以参考 Paul(1981)、Yoshikawa(1990)、Craig(2004)、Murray 等(1994)、Featherstone(2014)的著作。

在逆动力学方面：Luh 等人提出了递推牛顿-欧拉方法；Hollerbach 提出了基于 3×3 和 4×4 矩阵的递推拉格朗日方法；Silver(1982)给出了递推拉格朗日方法和递推牛顿-欧拉方法的等价性证明；Featherstone(2014)提出了基于 6D 矢量法的逆动力学算法；Rodriguez(1987)借助于 Kalman 滤波的思想，提出了基于空间算子代数的逆动力学方法；Park 等人(1995)提出了基于李群的逆动力学计算方法，并将其解释为 6D 矢量法的几何描述。

在正向动力学方面：Walker 和 Orin 提出了复合刚体的概念，并提出了基于递推牛顿-欧拉方法进行正向动力学计算的方法；Featherstone(2014)提出了使用 6D 矢量法进行正向动力学计算的方法；Rodriguez(1987)提出了基于空间算子代数的正向动力学计算方法；Balafoutis 和 Patel 在逆动力学算法的基础上，进一步提出了基于正交张量的正向动力学计算方法；Ploen 和 Bobrow 在逆动力学李群方法的基础上，给出了正向动力学封闭公式。

在动力学优化方面：Xiang 等人提出了基于递推拉格朗日方法的一阶灵敏度计算方法；Balafoutis 等人基于正交张量法，提出了获取变系数灵敏度矩阵的递推方法；Jain 和 Rodriguez(1993)提出了基于空间算子代数的正向动力学方程线性化方法；Sohl 和 Bobrow

提出了基于李群方法的线性化动力学列式方法;Fang 和 Pollard 给出了基于 6D 矢量法的正向动力学方程线性化方法。

Asada(1983)提出了广义惯性椭球的概念;Yoshikawa 提出了操作臂动态可操作性椭球的概念;Patel 和 Sobh 给出了关于操作臂性能指标比较全面的综述;Lee 提出了采用基于李群描述动力学的牛顿优化算法得到最优机器人运动的方法。

习　题

7.1　对于如图 7-5 所示的 RP 机械手:

(1) 用速度递推法求其雅可比矩阵;

(2) 用力(矩)递推法求其力雅可比矩阵;

(3) 用递推牛顿-欧拉方法求其动力学方程。

7.2　求密度均匀的圆柱体的惯性张量。坐标原点设在质心,轴线取为 x 轴。

7.3　图 7-9 所示的平面 2R 机械手中,各连杆都是密度均匀的长方体,长、宽、高分别为 l_i, w_i, h_i,质量为 m_i,分别用牛顿-欧拉方法和拉格朗日方法求该机械手的动力学方程。

7.4　如图 7-14 所示的空间 2R 机械手,质量集中在两连杆末端,分别为 m_1 和 m_2,两连杆长度分别为 l_1 和 l_2。求它在关节空间和操作空间中的动力学方程(封闭形式)。

7.5　推导空间 3R 机械手(见习题 5.2)的动力学方程。连杆都是均匀的长方体,长、宽、高分别为 l_i, w_i, h_i,质量为 m_i。

7.6　如图 7-5 所示,平面 RP 机械手的连杆 1 的惯性张量为

$$^{C1}\boldsymbol{I}=\begin{bmatrix} I_{xx1} & 0 & 0 \\ 0 & I_{yy1} & 0 \\ 0 & 0 & I_{zz1} \end{bmatrix}$$

连杆 2 的质量 m_2 集中在末端。推导它的动力学方程和在坐标系\{2\}中的操作空间动力学方程。

7.7　写出空间 2R 的机械手(见图 7-14)和空间 RP 机械手(见图 7-15)的操作空间动力学方程,推导 $\boldsymbol{V}(\boldsymbol{q})$, $\boldsymbol{u}(\boldsymbol{q},\dot{\boldsymbol{q}})$ 和 $\boldsymbol{p}(\boldsymbol{q})$ 的封闭表达式。

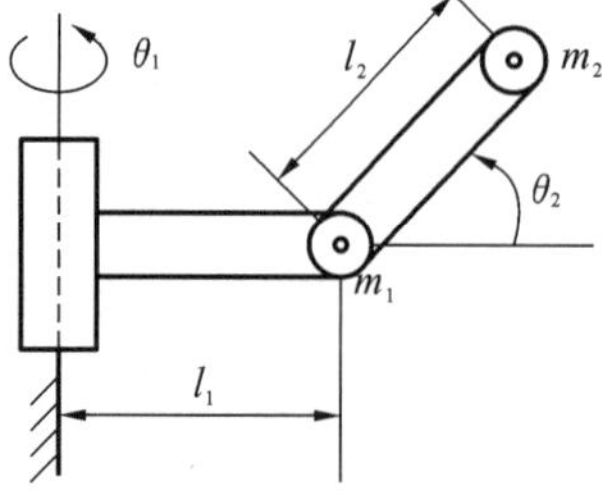

图 7-14　空间 2R 机械手

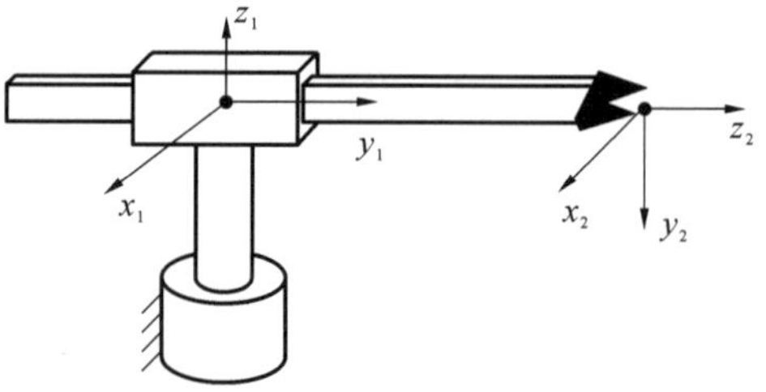

图 7-15　空间 RP 机械手

7.8　操作臂动力学方程中与速度有关的项可写成矩阵矢量积的形式,即

$$\boldsymbol{h}(\boldsymbol{q},\dot{\boldsymbol{q}})=\boldsymbol{H}(\boldsymbol{q},\dot{\boldsymbol{q}})\dot{\boldsymbol{q}}$$

式中:$\boldsymbol{H}(\boldsymbol{q},\dot{\boldsymbol{q}})$为矩阵。证明惯性矩阵 $\boldsymbol{D}(\boldsymbol{q})$ 的导数与 $\boldsymbol{H}(\boldsymbol{q},\dot{\boldsymbol{q}})$ 之间存在以下关系:

$$\dot{\boldsymbol{D}}(\boldsymbol{q}) = 2\boldsymbol{H}(\boldsymbol{q},\dot{\boldsymbol{q}}) - \boldsymbol{S}$$

式中：$\boldsymbol{S}$ 是某反对称矩阵。

7.9 平面2R机械手的雅可比矩阵由例6.1给出，若两连杆长度之和 l_1+l_2 为常数，且质量之比 $m_1:m_2=3:2$，质量都集中在连杆中点，如何选择连杆相对长度，使机械手动态可操作性指标最大？

7.10 使用拉格朗日方法建立图7-16所示系统的动力学方程。

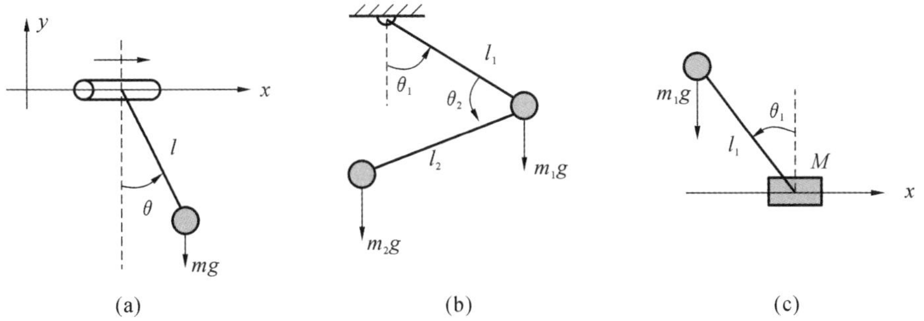

图7-16 两自由度机器人系统

图(a)：连杆1的质量可以忽略，连杆2的质量 m 集中在末端。

图(b)：连杆1、2的质量 m_1、m_2 都集中在末端。

图(c)：滑块的质量为 M，连杆的质量 m_1 集中在末端。

7.11 使用递推牛顿-欧拉法建立图7-17所示2R机器人的动力学方程。

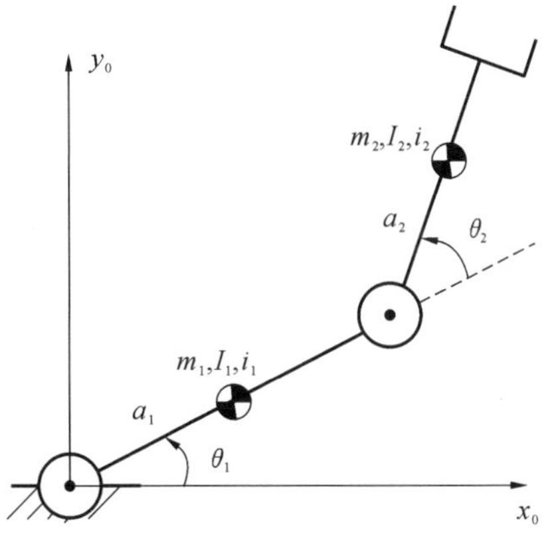

图7-17 2R机器人

7.12 推导以空间坐标表示的递推牛顿-欧拉方法动力学方程。

7.13 SCARA机器人连杆1与2的长度和为常数，质量比 $m_1:m_2=3:2$，质量均匀分布在连杆长度上，如何选择连杆1和2的长度，使动态可操作性指标最大？

7.14 推导式(7-14)。设坐标系 $\{\boldsymbol{C}\}$ 的原点在刚体的质心，$\{\boldsymbol{B}\}$ 是任意坐标系。证明：

$$^{C}\boldsymbol{I} = {}^{C}_{B}\boldsymbol{R}\,{}^{B}\boldsymbol{I}\,{}^{C}_{B}\boldsymbol{R}^{\mathrm{T}}$$

$$^{C}\boldsymbol{\tau} = \mathrm{d}({}^{C}\boldsymbol{I}\,{}^{C}\boldsymbol{\omega})/\mathrm{d}t = {}^{C}\boldsymbol{I}\,{}^{C}\dot{\boldsymbol{\omega}} + {}^{C}\boldsymbol{\omega} \times ({}^{C}\boldsymbol{I}\,{}^{C}\boldsymbol{\omega})$$

第8章　轨迹生成

在机器人完成给定作业任务之前，应该规定它的操作顺序、行动步骤和作业进程。在人工智能的研究范围中，规划实际上就是一种问题求解过程，即从某个特定问题的初始状态出发，构造一系列操作（也称算子），达到解决该问题的目标状态。机器人任务规划所涉及的范围十分广泛，如图 8-1 所示，任务规划器根据输入的任务说明，规划执行任务所需的运动，根据环境的内部模型和传感器（包括视觉传感器）在线采集的数据产生控制指令。

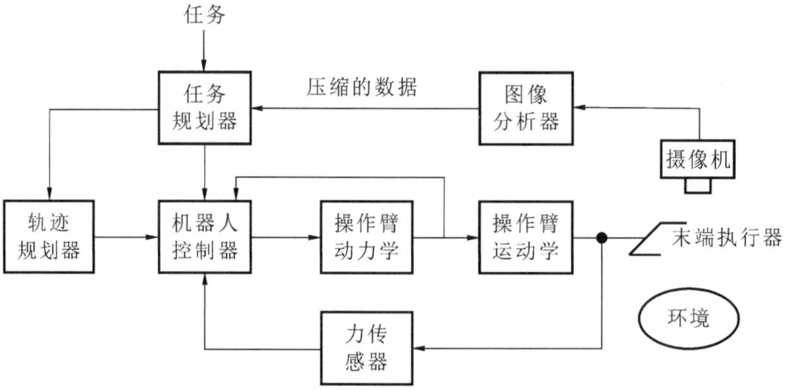

图 8-1　任务规划器

本章在操作臂运动学和动力学的基础上，讨论关节空间和笛卡儿空间中机器人运动的轨迹规划和轨迹生成方法。所谓轨迹，是指由操作臂在运动过程中每时每刻的位移、速度和加速度确定的路径。而轨迹规划是根据作业任务的要求，计算出预期的运动轨迹。首先对机器人的任务、运动路径和轨迹进行描述。轨迹规划器可使编程流程简化，用户只需要输入有关路径和轨迹的若干约束和简单描述，复杂的细节问题则可由规划器解决。例如，用户只需给出手部的目标位姿，让规划器确定到达该目标的路径点、持续时间、运动速度等轨迹参数。并且，在计算机内部描述所要求的轨迹，即选择习惯规定及合理的软件数据结构。最后，针对所描述的轨迹，实时计算机器人运动的位移、速度和加速度，生成运动轨迹。每一轨迹点的计算时间要与轨迹更新速率合拍，在现有的机器人控制系统中，这一速率在 20～200 Hz 之间。

8.1　轨迹规划的一般性问题

通常将操作臂的运动看作工具坐标系 $\{\boldsymbol{T}\}$ 相对工件坐标系 $\{\boldsymbol{S}\}$ 的运动。这种描述方法既适用于各种操作臂，也适用于同一操作臂上装夹的各种工具。对于移动工作台（例如传送带)，这种方法同样适用。这时，工件坐标系$\{\boldsymbol{S}\}$的位姿随时间而变化。

对点位作业(pick and place operation)机器人(如用于上、下料的机器人)，需要描述它的起始状态和目标状态，即工具坐标系的起始值$\{\boldsymbol{T}_0\}$和目标值$\{\boldsymbol{T}_f\}$，此时机器人的运动称为点到点(point to point，PTP)运动。在此，用“点”这个词表示工具坐标系的位姿，例如起始点和目标点等。

对于进行另外一些作业，如弧焊和曲面加工等的机器人，不仅要规定操作臂的起始点和终止点，而且要指明两点之间的若干中间点(称为路径点)，必须使机器人沿特定的路径运动(路径约束)。这类运动称为连续路径运动(continuous-path motion)或轮廓运动(contour motion)。

在规划机器人的运动时，还需要弄清楚在其路径上是否存在障碍物(障碍约束)。根据路径约束和障碍约束的组合可将机器人的规划与控制方式划分为四类，如表 8-1 所示。本章主要讨论连续路径的无障碍轨迹规划方法。

表 8-1　操作臂规划与控制方式

约束情况		障碍约束	
		有	无
路径约束	有	离线无碰撞路径规划＋在线路径跟踪	离线路径规划＋在线路径跟踪
	无	位置控制＋在线障碍物探测和避障	位置控制

轨迹规划器可形象地看成一个黑箱(见图 8-2)，其输入包括路径的“设定”和“约束”，输出的是操作臂末端的“位姿序列”，表示操作臂末端在各离散时刻的中间形位(configurations)。操作臂最常用的轨迹规划方法有两种：第一种方法要求用户对选定的轨迹节点(插值点)上的位姿、速度和加速度给出一组显式约束(例如关于连续性和光滑程度等的约束)，轨迹规划器从一类函数(例如 n 次多项式)中选取参数化轨迹，对节点进行插值，并满足约束条件。第二种方法要求用户给出运动路径(如直角坐标空间中的直线路径)的解析式，轨迹规划器在关节空间或直角坐标空间中确定一条轨迹来逼近预定的路径。在第一种方法中，约束的设定和轨迹规划均在关节空间进行。由于对操作臂末端(直角坐标形位)没有施加任何约束，用户很难弄清操作臂末端的实际路径，因此可能会发生操作臂末端与障碍物相碰的情况。第二种方法中路径约束是在直角坐标空间中给定的，而关节驱动器是在关节空间中受控的，因此，为了得到与给定路径十分接近的轨迹，首先必须采用以某种函数逼近的方法将直角坐标路径约束转化为关节坐标路径约束，然后确定满足关节路径约束的参数化路径。

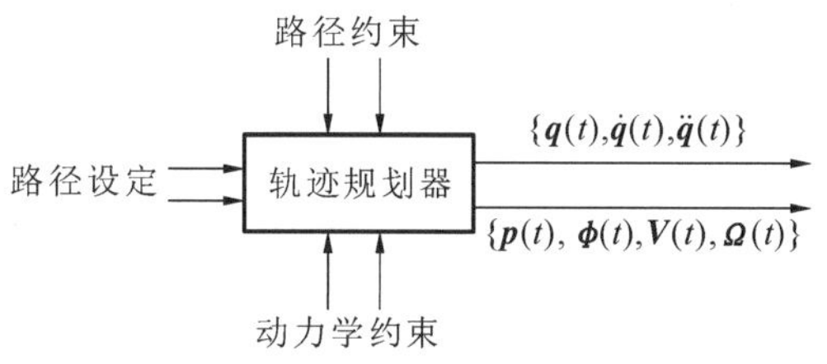

图 8-2　轨迹规划器框图

轨迹规划既可在关节空间也可在直角空间中进行，但是所规划的轨迹函数必须连续和平滑，以使操作臂的运动平稳。在关节空间中进行规划时，是将关节变量表示成时间的函数，并规划它的一阶和二阶时间导数；在直角空间中进行规划是指将手部位姿、速度和加速度表示为时间的函数，而相应的关节位移、速度和加速度由手部的信息导出。

规划步骤为：首先利用变换方程，根据节点序列 $\boldsymbol{p}_0,\boldsymbol{p}_1,\boldsymbol{p}_2,\cdots,\boldsymbol{p}_n$，求解手臂变换矩阵

$$ {}_6^0\boldsymbol{T}_0,{}_6^0\boldsymbol{T}_1,{}_6^0\boldsymbol{T}_2,\cdots,{}_6^0\boldsymbol{T}_n $$

在关节空间中进行规划时，根据各节点的手臂变换矩阵，由运动学反解求出关节矢量 $\boldsymbol{q}_0,\boldsymbol{q}_1,\boldsymbol{q}_2,\cdots,\boldsymbol{q}_n$；在直角坐标空间中进行规划时，由各节点的手臂变换矩阵，得到相应的位置矢量 $\boldsymbol{P}_0,\boldsymbol{P}_1,\boldsymbol{P}_2,\cdots,\boldsymbol{P}_n$ 和旋转矩阵 $\boldsymbol{R}_0,\boldsymbol{R}_1,\boldsymbol{R}_2,\cdots,\boldsymbol{R}_n$。

然后，在每一路径段，分别对位置矢量和旋转矩阵进行插值，得到在直角坐标空间的轨迹序列 $(\boldsymbol{X}(t),\dot{\boldsymbol{X}}(t),\ddot{\boldsymbol{X}}(t))$。

最后，通过运动学反解得出关节位移，用逆雅可比矩阵求出关节速度，用逆雅可比矩阵及其导数求解关节加速度。有关旋转矩阵的插值将在后面讨论。

用户根据作业给出各个路径节点后，规划器的任务包含解变换方程、进行运动学反解和插值运算等；在关节空间进行规划时，大量工作是对关节变量的插值运算。下面讨论关节轨迹的插值计算。

8.2　关节轨迹的插值

如上所述，路径点(节点)通常用工具坐标系 $\{\boldsymbol{T}\}$ 相对于工件坐标系 $\{\boldsymbol{S}\}$ 的位姿来表示。为了在关节空间内形成所要求的轨迹，首先要用运动学反解将路径点转换成关节矢量角度值，然后对每个关节拟合一个光滑函数，使之从起始点开始，依次通过所有路径点，最后到达终止点。对于每一段路径，各个关节运动时间均相同，这样保证所有关节同时到达路径点和终止点，从而得到工具坐标系 $\{\boldsymbol{T}\}$ 应有的位置和姿态。但是，尽管每个关节在同一段路径中的运动时间相同，各个关节函数之间却是相互独立的。

总之，关节空间法是以关节角度的函数来描述机器人的轨迹的，而不必在直角坐标系中描述两个路径点之间的路径形状，计算简单、容易。再者，由于关节空间与直角坐标空间之间并不是连续的对应关系，因此不会发生机构的奇异性问题。

在关节空间中进行轨迹规划，需要给定机器人在起始点、终止点手臂的形位。对各关节角度数据进行插值时，应满足一系列约束条件，例如抓取物体时，手部运动方向(初始点)、提升点(提升物体离开的方向)、下放点(放下物体)和停止点等节点上的位姿、速度和加速度的要求，与此相应的各个关节位移、速度、加速度在整个时间间隔内有连续性要求，同时这些量的极值必须在各个关节变量的容许范围之内，等等。在满足所要求的约束条件时，可以选取不同类型的关节插值函数，生成不同的轨迹。本节着重讨论关节轨迹的插值方法。

8.2.1　三次多项式插值

在操作臂运动的过程中，由于对应起始点的关节角度 θ_0 是已知的，而终止点的关节角 θ_{f} 可以通过运动学反解得到，因此，可用起始点关节角度与终止点关节角度的一个平滑插值函数 $\theta(t)$ 来表示运动轨迹。$\theta(t)$ 在 $t_0=0$ 时刻的值等于起始关节角度 θ_0，在终端 t_{f} 时刻的值等于终止关节角度 θ_{f}。显然，有许多平滑函数可作为关节插值函数，如图 8-3 所示。

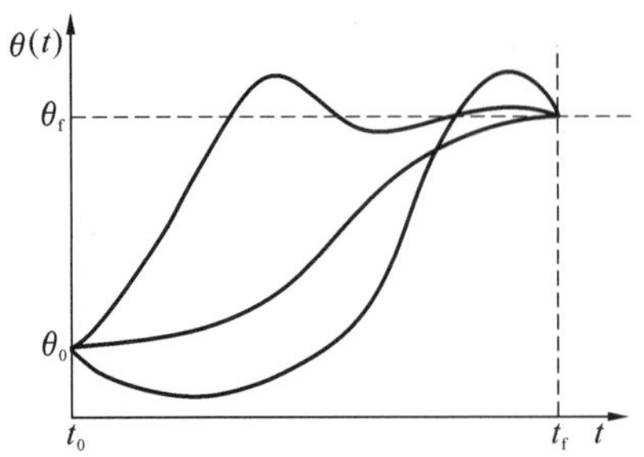

图 8-3　单个关节的不同轨迹曲线

为了实现单个关节的平稳运动，轨迹函数 $\theta(t)$ 至少需要满足四个约束条件。其中两个约束条件是关于起始点和终止点对应的关节角度的：

$$\begin{cases}\theta(0)=\theta_0\\ \theta(t_f)=\theta_f\end{cases}\tag{8-1}$$

为了满足关节运动速度的连续性要求，另外还有两个约束条件，即在起始点和终止点的关节速度要求。在当前的情况下，规定

$$\begin{cases}\dot{\theta}(0)=0\\ \dot{\theta}(t_f)=0\end{cases}\tag{8-2}$$

上述四个边界约束条件唯一地确定了一个三次多项式：

$$\theta(t)=a_0+a_1t+a_2t^2+a_3t^3\tag{8-3}$$

运动轨迹上的关节速度和加速度则为

$$\begin{cases}\dot{\theta}(t)=a_1+2a_2t+3a_3t^2\\ \ddot{\theta}(t)=2a_2+6a_3t\end{cases}\tag{8-4}$$

将式(8-3)和式(8-4)代入相应的约束条件（见式(8-1)和式(8-2)），得到有关系数 a_0，a_1，a_2 和 a_3 的四个线性方程：

$$\begin{cases}\theta_0=a_0\\ \theta_f=a_0+a_1t_f+a_2t_f^2+a_3t_f^3\\ 0=a_1\\ 0=a_1+2a_2t_f+3a_3t_f^2\end{cases}\tag{8-5}$$

求解线性方程组(8-5)可得

$$\begin{cases}a_0=\theta_0\\ a_1=0\\ a_2=\dfrac{3}{t_f^2}(\theta_f-\theta_0)\\ a_3=-\dfrac{2}{t_f^3}(\theta_f-\theta_0)\end{cases}\tag{8-6}$$

这里再次指出：这组解只适用于关节起始、终止速度为零的运动情况。对于其他情况，后面另行讨论。

例 8.1　设有一个旋转关节的单自由度操作臂处于静止状态时，$\theta_0=15°$，要使其在3 s之内平稳运动到终止位置 $\theta_f=75°$，并且在终止点的速度为零，试求其三次多项式关节插值函数。

把 θ_0 和 θ_f 的值代入式(8-6)，即可得到三次多项式的系数：

$$a_0=15.0,\quad a_1=0.0$$

$$a_2=20.0,\quad a_3=-4.44$$

再由式(8-3)和式(8-4)，确定操作臂的位移、速度和加速度：

$$\theta(t)=15.0+20.0t^2-4.44t^3$$

$$\dot{\theta}(t)=40.0t-13.32t^2$$

$$\ddot{\theta}(t)=40.0-26.64t$$

图 8-4 表示该操作臂的运动轨迹曲线。显然，任何以三次多项式函数表示的角速度曲线均为抛物线，相应的角加速度曲线均为直线。

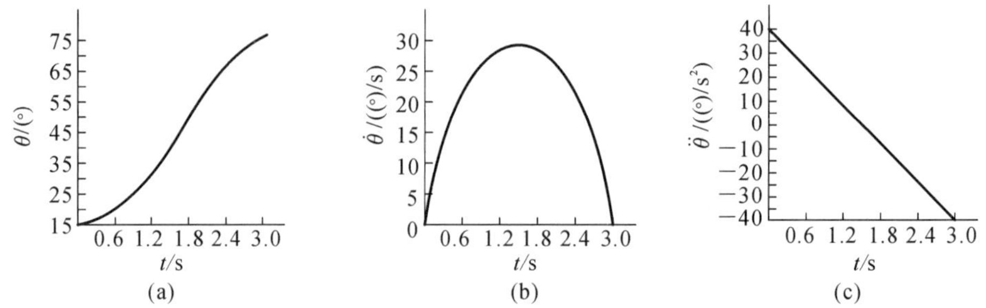

图 8-4　三次多项式插值函数

(a) 角位移　(b) 角速度　(c)角加速度

8.2.2　过路径点的三次多项式插值

一般情况下，要求规划过路径点的轨迹。如果操作臂在路径点停留，则可直接使用前面三次多项式插值的方法；如果只是经过路径点，并不停留，则需要推广上述方法。

实际上，可以把所有路径点都看作起始点或终止点，求解逆运动学，得到相应的关节矢量值，然后确定所要求的三次多项式插值函数，把路径点平滑地连接起来。但是，在这些起始点和终止点关节运动速度不再是零。

路径点上的关节速度可以根据需要设定，这样一来，确定三次多项式的方法与前面所述的完全相同，只是速度约束条件（见式(8-2)）变为

$$\begin{cases}\dot{\theta}(0)=\dot{\theta}_0\\ \dot{\theta}(t_f)=\dot{\theta}_f\end{cases}\tag{8-7}$$

确定三次多项式的四个方程为

$$\begin{cases}\theta_0=a_0\\ \theta_f=a_0+a_1t_f+a_2t_f^2+a_3t_f^3\\ \dot{\theta}_0=a_1\\ \dot{\theta}_f=a_1+2a_2t_f+3a_3t_f^2\end{cases}\tag{8-8}$$

求解方程组(8-8)，即可求得三次多项式的系数

$$\begin{cases}a_0=\theta_0\\ a_1=\dot{\theta}_0\\ a_2=\dfrac{3}{t_f^2}(\theta_f-\theta_0)-\dfrac{2}{t_f}\dot{\theta}_0-\dfrac{1}{t_f}\dot{\theta}_f\\ a_3=-\dfrac{2}{t_f^3}(\theta_f-\theta_0)+\dfrac{1}{t_f^2}(\dot{\theta}_0+\dot{\theta}_f)\end{cases}\tag{8-9}$$

实际上，由式(8-9)确定的三次多项式描述了起始点和终止点具有任意给定位置和速度的运动轨迹，它是式(8-6)的推广。剩下的问题就是如何来确定路径点上的关节速度。可由以下三种方法确定关节速度：

(1) 根据工具坐标系在直角坐标空间中的瞬时线速度和角速度确定各路径点上的关节速度。

(2) 在直角坐标空间或关节空间中采用启发式方法，由控制系统自动地选择路径点上的关节速度。

(3) 为了保证每个路径点上的加速度连续，由控制系统自动地选择路径点上的关节

速度。

在方法(1)中，利用操作臂在此路径点上的逆雅可比矩阵，把该点的直角坐标速度映射为所要求的关节速度。当然，如果操作臂的某个路径点是奇异点，这时就不能任意设置速度值。按照方法(1)生成的轨迹虽然能满足用户设置速度的需要，但是逐点设置速度毕竟有很大的工作量。因此，机器人的控制系统最好具有方法(2)或(3)对应的功能，或者二者兼而有之。

在方法(2)中，系统采用某种启发式方法自动选取合适的路径点速度。图 8-5 表示一种启发式选择路径点速度的方式。图中：θ_0 为起始点，θ_D 为终止点，θ_A，θ_B，θ_C 是路径点；细实线表示过路径点时的关节运动速度。这里所用的启发式信息从概念到计算方法都很简单：假设用直线段把这些路径点依次连接起来，如果相邻线段的斜率在路径点处改变符号，则把速度选定为零；如果相邻线段的斜率不改变符号，则选取路径点两侧的线段斜率的平均值作为该点的速度。因此，系统就能够按此规则自动生成相应的路径点速度。

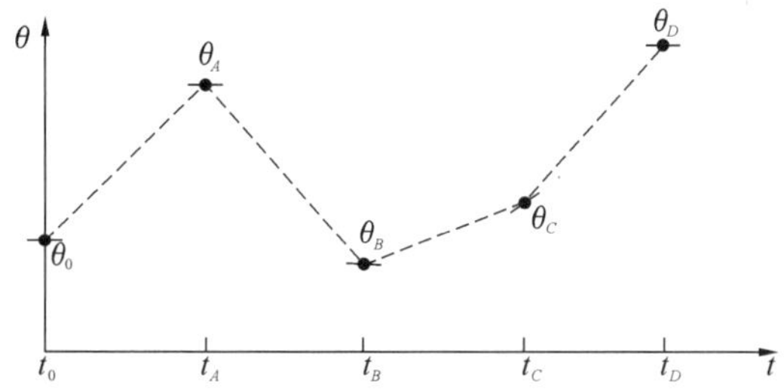

图 8-5　路径点上速度的自动生成

对于方法(3)，为了保证路径点处的加速度连续，可以设法用两条三次曲线将路径点按一定规则连接起来，拼凑成所要求的轨迹。其约束条件是：连接处不仅速度连续，而且加速度也连续。下面具体地说明这种方法。

设所经过的路径点处的关节角度为 θ_y，与该点相邻的前后两点的关节角分别为 θ_0 和 θ_g。从 θ_0 到 θ_y 的插值三次多项式为

$$\theta(t)=a_{10}+a_{11}t+a_{12}t^2+a_{13}t^3 \tag{8-10}$$

从 θ_y 到 θ_g 的插值三次多项式为

$$\theta(t)=a_{20}+a_{21}t+a_{22}t^2+a_{23}t^3 \tag{8-11}$$

上述两个三次多项式的时间区间分别为$[0,t_{f1}]$和$[0,t_{f2}]$。对这两个多项式的约束是：

$$\begin{cases}\theta_0=a_{10}\\ \theta_y=a_{10}+a_{11}t_{f1}+a_{12}t_{f1}^2+a_{13}t_{f1}^3\\ \theta_y=a_{20}\\ \theta_g=a_{20}+a_{21}t_{f2}+a_{22}t_{f2}^2+a_{23}t_{f2}^3\\ 0=a_{11}\\ 0=a_{21}+2a_{22}t_{f2}+3a_{23}t_{f2}^2\\ a_{11}+2a_{12}t_{f1}+3a_{13}t_{f1}^2=a_{21}\\ 2a_{12}+6a_{13}t_{f1}=2a_{22}\end{cases} \tag{8-12}$$

以上约束组成了含有 8 个未知数的 8 个线性方程。对于 $t_{f1}=t_{f2}=t_f$ 的情况，这个方程组的解为

$$\begin{cases} a_{10}=\theta_0, a_{11}=0, a_{12}=\dfrac{12\theta_y-3\theta_g-9\theta_0}{4t_f^2}, a_{13}=\dfrac{-8\theta_y+3\theta_g+5\theta_0}{4t_f^2} \\ a_{20}=\theta_y, a_{21}=\dfrac{3\theta_g-3\theta_0}{4t_f}, a_{22}=\dfrac{-12\theta_y+6\theta_g+6\theta_0}{4t_f^2}, a_{23}=\dfrac{8\theta_y-5\theta_g-3\theta_0}{4t_f^3} \end{cases} \tag{8-13}$$

一般情况下，一个完整的轨迹由多个三次多项式表示，约束条件(包括路径点处的关节加速度连续)构成的方程组可以表示成矩阵的形式。用矩阵来求路径点的速度，由于系数矩阵是三角形的，易于达到目的。

8.2.3 高阶多项式插值

如果对运动轨迹的要求更为严格，约束条件增多，那么三次多项式就不能满足需要，必须用更高阶的多项式对运动轨迹的路径段进行插值。例如，对某段路径的起始点和终止点都规定了关节的位置、速度和加速度，则要用一个五次多项式进行插值，即

$$\theta(t)=a_0+a_1t+a_2t^2+a_3t^3+a_4t^4+a_5t^5 \tag{8-14}$$

多项式的系数 $a_0,a_1,\cdots,a_5$ 必须满足6个约束条件：

$$\begin{cases} \theta_0=a_0, \theta_f=a_0+a_1t_f+a_2t_f^2+a_3t_f^3+a_4t_f^4+a_5t_f^5 \\ \dot{\theta}_0=a_1, \dot{\theta}_f=a_1+2a_2t_f+3a_3t_f^2+4a_4t_f^3+5a_5t_f^4 \\ \ddot{\theta}_0=2a_2, \ddot{\theta}_f=2a_2+6a_3t_f+12a_4t_f^2+20a_5t_f^3 \end{cases} \tag{8-15}$$

这个线性方程组含有6个未知数和6个方程，其解为

$$\begin{cases} a_0=\theta_0 \\ a_1=\dot{\theta}_0 \\ a_2=\dfrac{\ddot{\theta}_0}{2} \\ a_3=\dfrac{20\theta_f-20\theta_0-(8\dot{\theta}_f+12\dot{\theta}_0)t_f-(3\ddot{\theta}_0-\ddot{\theta}_f)t_f^2}{2t_f^3} \\ a_4=\dfrac{30\theta_0-30\theta_f+(14\dot{\theta}_f+16\dot{\theta}_0)t_f+(3\ddot{\theta}_0-2\ddot{\theta}_f)t_f^2}{2t_f^4} \\ a_5=\dfrac{12\theta_f-12\theta_0-(6\dot{\theta}_f+6\dot{\theta}_0)t_f-(\ddot{\theta}_0-\ddot{\theta}_f)t_f^2}{2t_f^5} \end{cases} \tag{8-16}$$

8.2.4 用抛物线过渡的线性插值

对于给定的起始点和终止点的关节角度，也可以选择直线插值函数来表示路径的形状。值得指出的是，这样做，尽管每个关节都做匀速运动，但是操作臂末端的运动轨迹一般不是直线。

显然，单纯线性插值将导致在节点处关节速度不连续，加速度无限大。为了生成一条位移和速度曲线都连续的平滑运动轨迹，在进行线性插值时，在每个节点的邻域内增加一段抛物线的"缓冲区段"。由于抛物线对时间的二阶导数为常数，即相应区段内的加速度恒定不变，速度将平滑过渡，不致在节点处产生速度"跳跃"，因而整个轨迹上的位移和速度都将连续。线性函数与两段抛物线函数平滑地衔接在一起形成的轨迹称为"带抛物线过渡域的线性轨迹"，如图8-6所示。

为了构造这段运动轨迹，假设两端的过渡域(抛物线)具有相同的持续时间，因而在这两个域中采用相同的恒加速度值，只是符号相反。正如图8-7所示，存在多个解，得到的轨迹

不唯一。但是,每个结果都关于时间中点 t_h 和位置中点 θ_h 对称。由于过渡域 $[t_0, t_b]$ 终点的速度必须等于线性域的速度,所以

$$\dot{\theta}_{tb} = \frac{\theta_h - \theta_b}{t_h - t_b} \tag{8-17}$$

式中:θ_b 为过渡域终点 t_b 处的关节角度。用 $\ddot{\theta}$ 表示过渡域内的加速度,θ_b 的值可按下式解得:

$$\theta_b = \theta_0 + \frac{1}{2}\ddot{\theta}t_b^2 \tag{8-18}$$

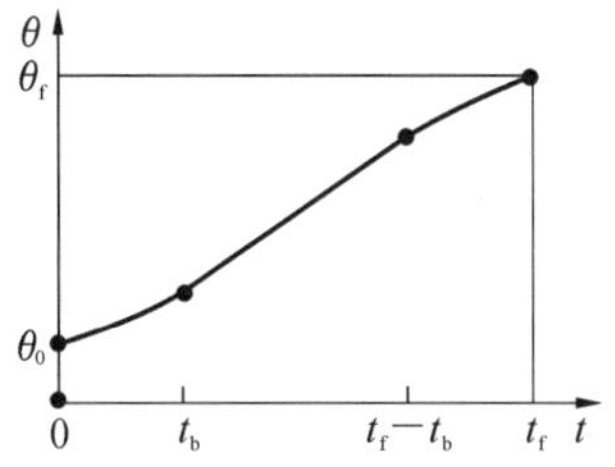

图 8-6　带抛物线过渡的线性插值(1)

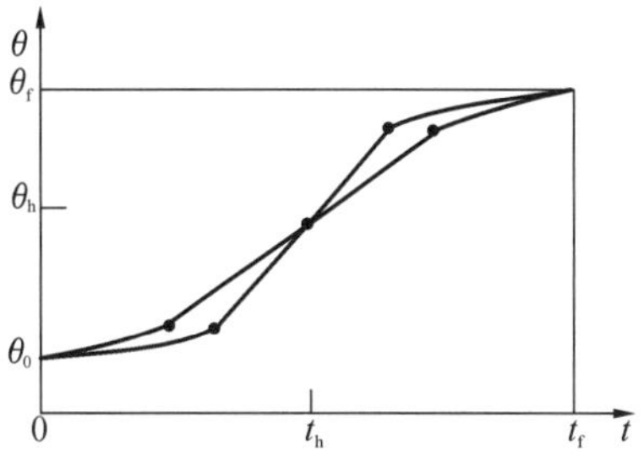

图 8-7　带抛物线过渡的线性插值(2)

令 $t=2t_h$,据式(8-17)和式(8-18)可得

$$\ddot{\theta}t_b^2 - \ddot{\theta}t t_b + (\theta_f - \theta_0) = 0 \tag{8-19}$$

式中:t 为所要求的运动持续时间。

这样,对于任意给定的 θ_f,θ_0 和 t,可以按式(8-19)选择相应的 $\ddot{\theta}$ 和 t_b,得到路径曲线。通常的做法是先选择加速度 $\ddot{\theta}$ 的值,然后按式(8-19)算出相应的 t_b,有

$$t_b = \frac{t}{2} - \frac{\sqrt{\ddot{\theta}^2 t^2 - 4\ddot{\theta}(\theta_f - \theta_0)}}{2\ddot{\theta}} \tag{8-20}$$

由式(8-20)可知,为保证 t_b 有解,过渡域加速度值 $\ddot{\theta}$ 必须选得足够大,即

$$\ddot{\theta} \geqslant \frac{4(\theta_f - \theta_0)}{t^2} \tag{8-21}$$

当式(8-21)中的等号成立时,线性域的长度将缩减为零,整个路径段由两个过渡域组成,这两个过渡域在衔接处的斜率(代表速度)相等。当加速度的取值越来越大时,过渡域的长度会越来越短。如果加速度选为无限大,则路径又回复到简单的线性插值情况。

例 8.2　对于例 8.1 给出的 θ_0,θ_f 和 t,设计出两条带抛物线过渡域的线性轨迹。

图 8-8(a)表示了一种轨迹曲线,其中角加速度 $\ddot{\theta}$ 的值选得较大。这样规划轨迹,关节将迅速加速,然后转为匀速运动,最后减速。在图 8-8(b)中,由于所选的角加速度相当小,线性域几乎消失了。

8.2.5　过路径点的用抛物线过渡的线性插值

如图 8-9 所示,某个关节在运动中设有 n 个路径点,其中三个相邻的路径点分别表示为 j,k 和 l,每两个相邻的路径点之间都以线性函数相连,而所有路径点附近则以抛物线过渡。

图中,在点 k 的过渡域的持续时间为 t_k,在点 j 和点 k 之间线性域的持续时间为 t_{jk},连接点 j 与点 k 的路径段的全部持续时间为 t_{djk}。另外,在点 j 与点 k 之间的线性域速度为 $\dot{\theta}_{jk}$,在点 j 过渡域的加速度为 $\ddot{\theta}_j$。现在的问题是在含有路径点的情况下,如何确定带抛物线过渡域的线性轨迹。

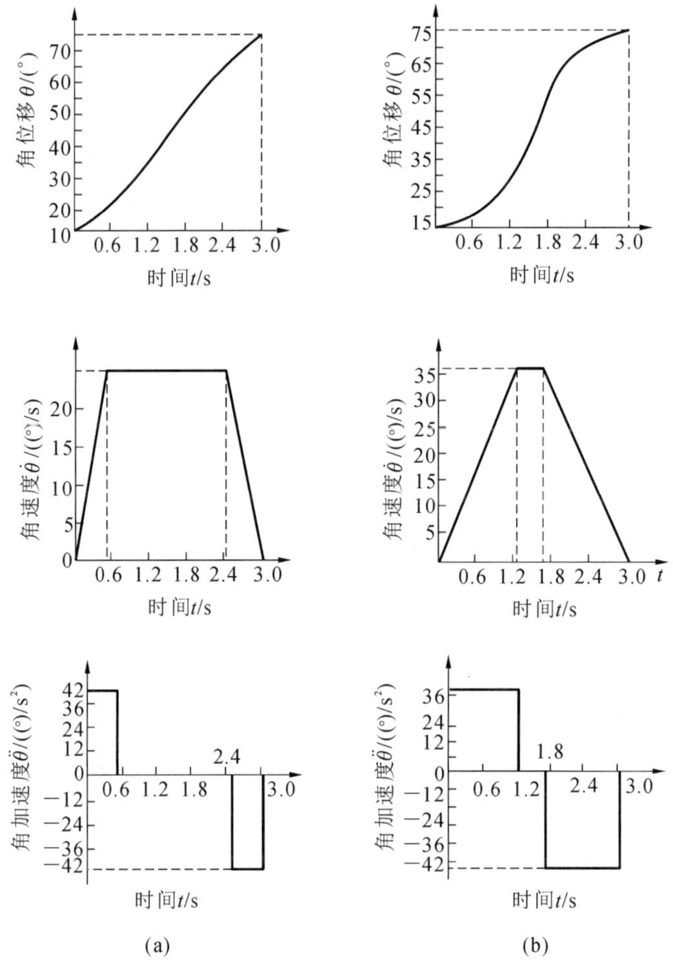

图 8-8　带抛物线过渡的线性插值:角位移、角速度、角加速度曲线

(a) 角加速度较大　(b) 角加速度较小

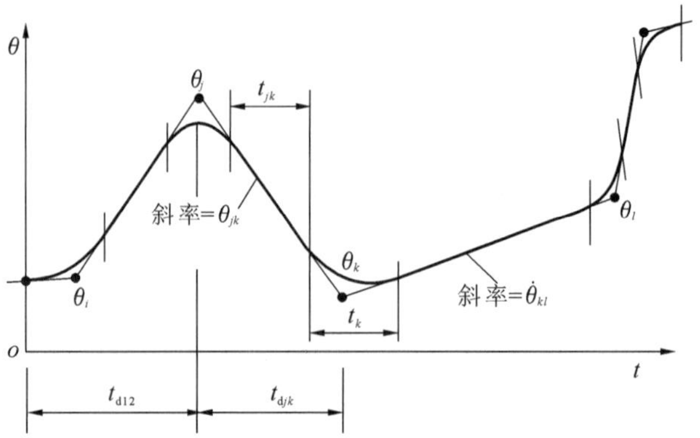

图 8-9　多段带抛物线过渡的线性插值轨迹

与上述用抛物线过渡的线性插值相同，这个问题有许多种解，每一种解对应于一个选取的加速度值。给定任意路径点的位置 θ_k、持续时间 t_{djk}，以及加速度的绝对值 $|\ddot{\theta}_k|$，可以计算出过渡域的持续时间 t_k。对于那些内部路径段（$j,k\neq 1,2; j,k\neq n-1,n$），可根据下列方程求解以上参数：

$$\begin{cases}\dot{\theta}_{jk}=\dfrac{\theta_k-\theta_j}{t_{djk}}\\ \ddot{\theta}_k=\operatorname{sgn}(\dot{\theta}_{kl}-\dot{\theta}_{jk})|\ddot{\theta}_k|\\ t_k=\dfrac{\dot{\theta}_{kl}-\dot{\theta}_{jk}}{\ddot{\theta}_k}\\ t_{jk}=t_{djk}-\dfrac{1}{2}t_j-\dfrac{1}{2}t_k\end{cases} \tag{8-22}$$

第一个路径段和最后一个路径段的处理与式(8-22)略有不同，因为轨迹端部的整个过渡域的持续时间都必须计入这一路径段内。

对于第一个路径段，令线性域速度的两个表达式相等，就可求出 t_1：

$$\frac{\theta_2-\theta_1}{t_{d12}-\dfrac{1}{2}t_1}=\ddot{\theta}_1 t_1 \tag{8-23}$$

用式(8-23)算出起始点过渡域的持续时间 t_1 之后，再求出 $\dot{\theta}_{12}$ 和 t_{12}：

$$\begin{cases}\ddot{\theta}_1=\operatorname{sgn}(\dot{\theta}_2-\dot{\theta}_1)|\ddot{\theta}_1|\\ t_1=t_{d12}-\sqrt{t_{d12}^2-\dfrac{2(\theta_2-\theta_1)}{\ddot{\theta}_1}}\\ \dot{\theta}_{12}=\dfrac{\theta_2-\theta_1}{t_{d12}-\dfrac{1}{2}t_1}\\ t_{12}=t_{d12}-t_1-\dfrac{1}{2}t_2\end{cases} \tag{8-24}$$

对于最后一个路径段，路径点 $n-1$ 与终止点 n 之间的参数与第一个路径段的相似，即

$$\frac{\theta_{n-1}-\theta_n}{t_{d(n-1)n}-\dfrac{1}{2}t_n}=\ddot{\theta}_n t_n \tag{8-25}$$

根据式(8-25)便可求出：

$$\begin{cases}\ddot{\theta}_n=\operatorname{sgn}(\dot{\theta}_{n-1}-\dot{\theta}_n)|\ddot{\theta}_n|\\ t_n=t_{d(n-1)n}-\sqrt{t_{d(n-1)n}^2+\dfrac{2(\theta_n-\theta_{n-1})}{\ddot{\theta}_n}}\\ \dot{\theta}_{(n-1)n}=\dfrac{\theta_n-\theta_{n-1}}{t_{d(n-1)n}-\dfrac{1}{2}t_n}\\ t_{(n-1)n}=t_{d(n-1)n}-t_n-\dfrac{1}{2}t_{n-1}\end{cases} \tag{8-26}$$

式(8-22)至式(8-26)可用来求出多段轨迹中各个过渡域的时间和速度。通常用户只需给定路径点，以及各个路径段的持续时间。在这种情况下，系统使用各个关节的隐含加速度值，有时为简便起见，系统还可按隐含速度值来计算持续时间。对于各段的过渡域，加速度值应取得足够大，以使各路径段有足够长的线性域。

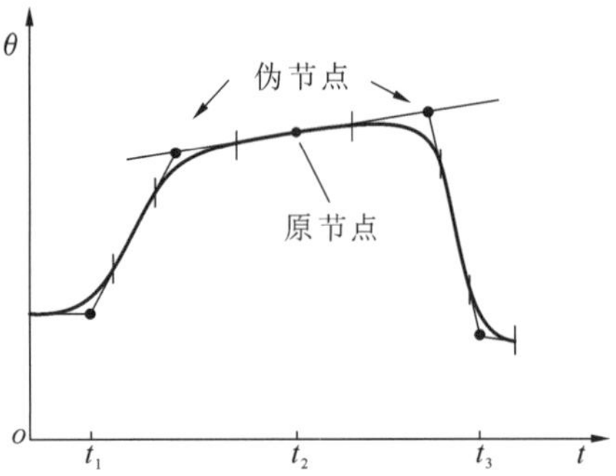

图 8-10　采用伪路径点的插值曲线

应当注意的是，多段用抛物线过渡的直线样条函数一般并不经过那些路径点，除非在这些路径点处运动停止。若选取的加速度足够大，则实际路径将与理想路径点十分靠近。如果要求机器人途经某个节点，那么将轨迹分成两段，将此节点作为前一段的终止点和后一段的起始点即可。

如果用户要求机器人通过某个节点，同时速度不为零，可以在此节点两端规定两个"伪节点"，令该节点在两伪节点的连线上，并位于两过渡域之间的线性域上，如图 8-10 所示。这样，利用前面所述方法所生成的轨迹势必能以一定的速度穿过指定的节点。穿过上述节点的速度可由用户指定，也可由控制系统根据适当的启发信息来确定。

8.3　笛卡儿空间轨迹规划方法

在这种轨迹规划系统中，作业轨迹是由操作臂末端手爪位姿的笛卡儿坐标节点序列规定的。

8.3.1　物体对象的描述

利用第 3 章有关物体空间的描述方法，任一刚体相对于参考系的位姿是用与它固接的坐标系来描述的。相对于固接坐标系，物体上任一点用相应的位置矢量 $\boldsymbol{p}$ 表示，任一方向用方向余弦表示。给出物体的几何图形及固接坐标系后，只要规定固接坐标系的位姿，便可重构该物体。

例如图 8-11 所示的螺栓，轴线与固接坐标系的 z 轴重合。螺栓头部直径为 32 mm，其中心取为坐标原点，螺栓长 80 mm，螺杆直径为 20 mm，则可根据固接坐标系的位姿重构螺栓在空间(相对于参考系)的位姿和几何形状。

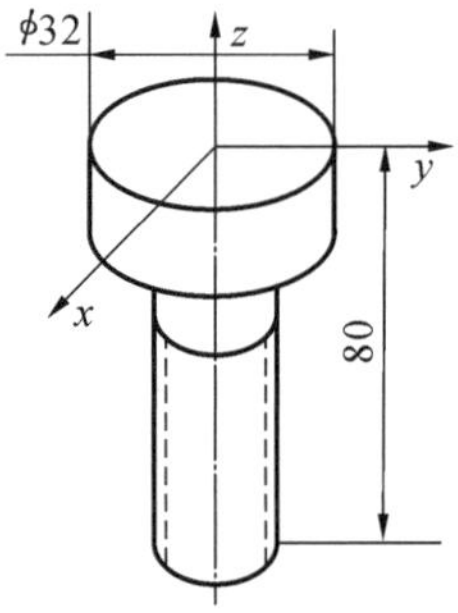

图 8-11　对象的描述

8.3.2　作业的描述

作业和手臂的运动可用手部位姿节点序列来规定，每个节点由工具坐标系相对作业坐标系的齐次变换矩阵来描述。相应的关节变量可用运动学反解程序计算。

例如，要求机器人按直线运动，把螺栓从槽中取出并放入托架的一个孔中，如图 8-12 所示。

用符号表示沿直线运动的各节点的位姿，使机器人能沿虚线运动并完成作业。令 $\boldsymbol{p}_i$ $(i=0,1,2,3,4,5)$为手爪必须经过的直角坐标节点。参照这些节点的位姿将作业描述为如表 8-2 所示的手爪的一连串运动和动作。每一节点 $\boldsymbol{p}_i$ 对应一个变换方程，从而解出相应的手臂变换矩阵${}_6^0\boldsymbol{T}$。由此得到作业描述的基本结构：作业节点 $\boldsymbol{p}_i$ 对应手臂变换矩阵${}_6^0\boldsymbol{T}$，从一个节点变换到另一个节点通过手臂运动实现。

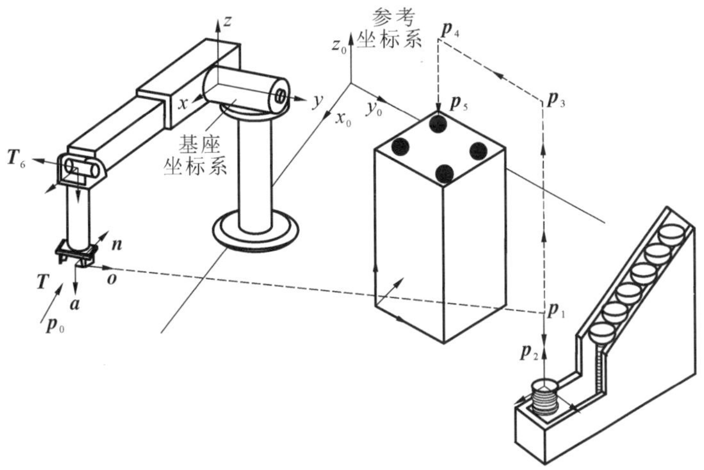

图 8-12　作业的描述

表 8-2　手爪对螺栓的抓取、插入过程

节点	p_0	p_1	p_2	p_2	p_3	p_4	p_5	p_5	p
运动	INIT	MOVE	MOVE	GRASP	MOVE	MOVE	MOVE	RELEASE	MOVE
目标	原始	接近螺栓	到达	抓住	提升	接近托架	放入孔中	松夹	移开

8.3.3　两个节点之间的"直线"运动

操作臂在完成作业时，手爪的位姿可以用一系列节点 $\boldsymbol{p}_i$ 来表示。因此，在直角坐标空间中进行轨迹规划的首要问题是，如何在分别由节点 $\boldsymbol{p}_i$ 和 $\boldsymbol{p}_{i+1}$ 所定义的路径起点和终点之间，生成一系列中间点。两节点之间最简单的运动是在空间的直线移动和绕某定轴的转动。若给定运动时间，则可以产生一个使线速度和角速度受控的运动。如图 8-13 所示，要生成从节点 $\boldsymbol{p}_0$（原位）运动到 $\boldsymbol{p}_1$（接近螺栓）的轨迹。更一般地，从节点 $\boldsymbol{p}_i$ 到下一节点 $\boldsymbol{p}_{i+1}$ 的运动可表示为从

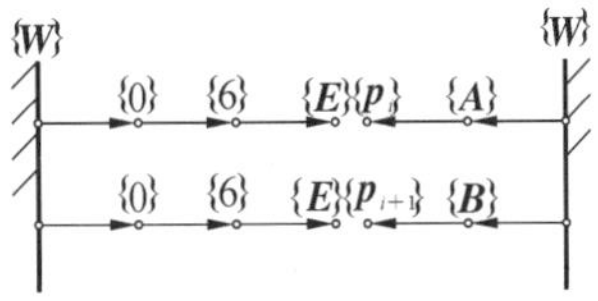

图 8-13　两节点之间的运动变换

$$ {}^{0}_{6}\boldsymbol{T} = {}^{0}_{B}\boldsymbol{T}\,{}^{B}\boldsymbol{p}_{i}\,{}^{6}_{T}\boldsymbol{T}^{-1} \tag{8-27}$$

到

$$ {}^{0}_{6}\boldsymbol{T} = {}^{0}_{B}\boldsymbol{T}\,{}^{B}\boldsymbol{p}_{i+1}\,{}^{6}_{T}\boldsymbol{T}^{-1} \tag{8-28}$$

的运动。式中：${}^{6}_{T}\boldsymbol{T}$ 为工具坐标系$\{\boldsymbol{T}\}$相对末端连杆系$\{6\}$的变换；${}^{B}\boldsymbol{p}_i$ 和 ${}^{B}\boldsymbol{p}_{i+1}$ 分别为两节点 $\boldsymbol{p}_i$ 和 $\boldsymbol{p}_{i+1}$ 相对目标坐标系$\{\boldsymbol{B}\}$的齐次变换。如果起始节点 $\boldsymbol{p}_i$ 是相对于另一坐标系$\{\boldsymbol{A}\}$描述的，那么可通过变换方程得到

$$ {}^{B}\boldsymbol{p}_{i} = {}^{0}_{B}\boldsymbol{T}^{-1}\,{}^{0}_{A}\boldsymbol{T}\,{}^{A}\boldsymbol{p}_{i} = {}^{W}_{B}\boldsymbol{T}^{-1}\,{}^{W}_{A}\boldsymbol{T}\,{}^{A}\boldsymbol{p}_{i} \tag{8-29}$$

基于式(8-27)和式(8-28)，从节点 $\boldsymbol{p}_i$ 和 $\boldsymbol{p}_{i+1}$ 的运动可由驱动变换函数 $\boldsymbol{D}(\lambda)$ 来表示：

$$ {}^{0}_{6}\boldsymbol{T}(\lambda) = {}^{0}_{B}\boldsymbol{T}\,{}^{B}\boldsymbol{p}_{i}\,\boldsymbol{D}(\lambda)\,{}^{6}_{E}\boldsymbol{T}^{-1} \tag{8-30}$$

式中：驱动变换函数 $\boldsymbol{D}(\lambda)$ 是归一化时间 λ 的函数；$\lambda=t/T$，$\lambda\in[0,1]$，其中 t 为自运动开始算起的实际时间，T 为走过该轨迹段的总时间。

在节点 $\boldsymbol{p}_i$，实际时间 $t=0$，因此 $\lambda=0$，$\boldsymbol{D}(0)$ 是 4×4 的单位矩阵，因而式(8-30)与式(8-27)相同。

在节点 $\boldsymbol{p}_{i+1}$，$t=T$，$\lambda=1$，有

$$^{B}\boldsymbol{p}_i\boldsymbol{D}(1)={}^{B}\boldsymbol{p}_{i+1}$$

因此得

$$\boldsymbol{D}(1)={}^{B}\boldsymbol{p}_i^{-1}\,{}^{B}\boldsymbol{p}_{i+1} \tag{8-31}$$

手爪从一个节点 $\boldsymbol{p}_i$ 到下一节点 $\boldsymbol{p}_{i+1}$ 的运动可以看成与手爪固接的坐标系的运动。在第3章中，规定手部坐标系的三个坐标轴用 $\boldsymbol{n}$，$\boldsymbol{o}$ 和 $\boldsymbol{a}$ 表示，坐标原点用 $\boldsymbol{p}$ 表示。因此，节点 $\boldsymbol{p}_i$ 和 $\boldsymbol{p}_{i+1}$ 相对于目标坐标系$\{\boldsymbol{B}\}$的描述可用相应的齐次变换矩阵来表示，即

$$^{B}\boldsymbol{p}_i=\begin{bmatrix}\boldsymbol{n}_i & \boldsymbol{o}_i & \boldsymbol{a}_i & \boldsymbol{p}_i\\ 0&0&0&1\end{bmatrix}=\begin{bmatrix}n_{ix} & o_{ix} & a_{ix} & p_{ix}\\ n_{iy} & o_{iy} & a_{iy} & p_{iy}\\ n_{iz} & o_{iz} & a_{iz} & p_{iz}\\ 0&0&0&1\end{bmatrix}$$

$$^{B}\boldsymbol{p}_{i+1}=\begin{bmatrix}\boldsymbol{n}_{i+1} & \boldsymbol{o}_{i+1} & \boldsymbol{a}_{i+1} & \boldsymbol{p}_{i+1}\\ 0&0&0&1\end{bmatrix}=\begin{bmatrix}n_{(i+1)x} & o_{(i+1)x} & a_{(i+1)x} & p_{(i+1)x}\\ n_{(i+1)y} & o_{(i+1)y} & a_{(i+1)y} & p_{(i+1)y}\\ n_{(i+1)z} & o_{(i+1)z} & a_{(i+1)z} & p_{(i+1)z}\\ 0&0&0&1\end{bmatrix}$$

利用矩阵求逆公式(3-38)求出 $^{B}\boldsymbol{p}_i^{-1}$，再右乘 $^{B}\boldsymbol{p}_{i+1}$，则得

$$\boldsymbol{D}(1)=\begin{bmatrix}\boldsymbol{n}_i\cdot\boldsymbol{n}_{i+1} & \boldsymbol{n}_i\cdot\boldsymbol{o}_{i+1} & \boldsymbol{n}_i\cdot\boldsymbol{a}_{i+1} & \boldsymbol{n}_i\cdot(\boldsymbol{p}_{i+1}-\boldsymbol{p}_i)\\ \boldsymbol{o}_i\cdot\boldsymbol{n}_{i+1} & \boldsymbol{o}_i\cdot\boldsymbol{o}_{i+1} & \boldsymbol{o}_i\cdot\boldsymbol{a}_{i+1} & \boldsymbol{o}_i\cdot(\boldsymbol{p}_{i+1}-\boldsymbol{p}_i)\\ \boldsymbol{a}_i\cdot\boldsymbol{n}_{i+1} & \boldsymbol{a}_i\cdot\boldsymbol{o}_{i+1} & \boldsymbol{a}_i\cdot\boldsymbol{a}_{i+1} & \boldsymbol{a}_i\cdot(\boldsymbol{p}_{i+1}-\boldsymbol{p}_i)\\ 0&0&0&1\end{bmatrix}$$

式中：$\boldsymbol{n}\cdot\boldsymbol{o}$ 表示矢量 $\boldsymbol{n}$ 与 $\boldsymbol{o}$ 的标量积。

工具坐标系从节点 $\boldsymbol{p}_i$ 到 $\boldsymbol{p}_{i+1}$ 的运动可分解为一个平移运动和两个旋转运动：第一个旋转运动使工具轴线与预期的接近方向 $\boldsymbol{a}$ 对准；第二个旋转运动是绕工具轴线($\boldsymbol{a}$)的转动，对准方向矢量 $\boldsymbol{o}$。则驱动变换 $\boldsymbol{D}(\lambda)$ 由一个平移运动和两个旋转运动构成，即

$$\boldsymbol{D}(\lambda)=\boldsymbol{L}(\lambda)\boldsymbol{R}_a(\lambda)\boldsymbol{R}_o(\lambda) \tag{8-32}$$

式中：$\boldsymbol{L}(\lambda)$ 表示平移运动的齐次变换，其作用是把节点 $\boldsymbol{p}_i$ 的坐标原点沿直线运动到 $\boldsymbol{p}_{i+1}$ 的坐标原点；$\boldsymbol{R}_a(\lambda)$ 表示第一个旋转运动的齐次变换，其作用是将 $\boldsymbol{p}_i$ 的接近矢量 $\boldsymbol{a}_i$ 转向 $\boldsymbol{p}_{i+1}$ 的接近矢量 $\boldsymbol{a}_{i+1}$；$\boldsymbol{R}_o(\lambda)$ 表示第二个旋转运动的齐次变换，其作用是将 $\boldsymbol{p}_i$ 的方向矢量 $\boldsymbol{o}_i$ 转向 $\boldsymbol{p}_{i+1}$ 的方向矢量 $\boldsymbol{o}_{i+1}$。

$\boldsymbol{L}(\lambda)$，$\boldsymbol{R}_a(\lambda)$，$\boldsymbol{R}_o(\lambda)$ 的表达式分别为

$$\boldsymbol{L}(\lambda)=\begin{bmatrix}1&0&0&\lambda x\\ 0&1&0&\lambda y\\ 0&0&1&\lambda z\\ 0&0&0&1\end{bmatrix} \tag{8-33}$$

$$\boldsymbol{R}_a(\lambda)=\begin{bmatrix}\sin^2\psi\,\mathrm{v}(\lambda\theta)+\cos(\lambda\theta) & -\sin\psi\cos\psi\,\mathrm{v}(\lambda\theta) & \cos\psi\sin(\lambda\theta) & 0\\ -\sin\psi\cos\psi\,\mathrm{v}(\lambda\theta) & \cos^2\psi\,\mathrm{v}(\lambda\theta)+\cos(\lambda\theta) & \sin\psi\sin(\lambda\theta) & 0\\ -\cos\psi\sin(\lambda\theta) & -\sin\psi\sin(\lambda\theta) & \cos(\lambda\theta) & 0\\ 0&0&0&1\end{bmatrix} \tag{8-34}$$

$$\boldsymbol{R}_o(\lambda)=\begin{bmatrix}\cos(\lambda\phi) & -\sin(\lambda\phi) & 0 & 0\\ \sin(\lambda\phi) & \cos(\lambda\phi) & 0 & 0\\ 0 & 0 & 1 & 0\\ 0 & 0 & 0 & 1\end{bmatrix} \tag{8-35}$$

式中：$\mathrm{v}(\lambda\theta)=\mathrm{Vers}(\lambda\theta)=1-\cos(\lambda\theta)$；$\lambda\in[0,1]$。

旋转变换矩阵 $\boldsymbol{R}_a(\lambda)$ 表示绕矢量 $\boldsymbol{k}$ 转动 θ 角，而矢量 $\boldsymbol{k}$ 是将 $\boldsymbol{p}_i$ 的 y 轴绕其 z 轴转过 ψ 角得到的，即

$$\boldsymbol{k}=\begin{bmatrix}-\sin\psi\\ \cos\psi\\ 0\\ 1\end{bmatrix}=\begin{bmatrix}\cos\psi & -\sin\psi & 0 & 0\\ \sin\psi & \cos\psi & 0 & 0\\ 0 & 0 & 1 & 0\\ 0 & 0 & 0 & 1\end{bmatrix}\begin{bmatrix}0\\ 1\\ 0\\ 1\end{bmatrix}$$

根据旋转变换通式(3-67)，即可得到式(8-34)。旋转变换 $\boldsymbol{R}_o(\lambda)$ 表示绕接近矢量 $\boldsymbol{a}$ 转 ϕ 角的变换矩阵。显然，平移量 $\lambda x,\lambda y,\lambda z$ 和转动量 $\lambda\theta$ 及 $\lambda\phi$ 将与 λ 成正比。若 λ 随时间线性变化，则 $\boldsymbol{D}(\lambda)$ 所代表的合成运动将是一个恒速移动和两个恒速转动的复合。

将矩阵(8-33)至式(8-35)相乘并代入式(8-32)，得到

$$\boldsymbol{D}(\lambda)=\begin{bmatrix}\mathrm{d}\boldsymbol{n} & \mathrm{d}\boldsymbol{o} & \mathrm{d}\boldsymbol{a} & \mathrm{d}\boldsymbol{p}\\ 0 & 0 & 0 & 1\end{bmatrix} \tag{8-36}$$

式中：

$$\mathrm{d}\boldsymbol{a}=\begin{bmatrix}-\sin(\lambda\phi)[\sin^2\psi\,\mathrm{v}(\lambda\theta)+\cos(\lambda\theta)]+\cos(\lambda\phi)[-\sin\psi\cos\psi\,\mathrm{v}(\lambda\theta)]\\ -\sin(\lambda\phi)[-\sin\psi\cos\psi\,\mathrm{v}(\lambda\theta)]+\cos(\lambda\phi)[\cos^2\psi\,\mathrm{v}(\lambda\theta)+\cos(\lambda\theta)]\\ -\sin(\lambda\phi)[-\cos\psi\sin(\lambda\theta)]+\cos(\lambda\phi)[-\sin\psi\sin(\lambda\theta)]\end{bmatrix}$$

$$\mathrm{d}\boldsymbol{o}=\begin{bmatrix}\cos\psi\sin(\lambda\theta)\\ \sin\psi\sin(\lambda\theta)\\ \cos(\lambda\theta)\end{bmatrix}\qquad \mathrm{d}\boldsymbol{p}=\begin{bmatrix}\lambda x\\ \lambda y\\ \lambda z\end{bmatrix}$$

$$\mathrm{d}\boldsymbol{n}=\mathrm{d}\boldsymbol{o}\times\mathrm{d}\boldsymbol{a}$$

在式(8-32)两边右乘 $\boldsymbol{R}_o^{-1}(\lambda)\boldsymbol{R}_a^{-1}(\lambda)$，使位置矢量的各元素分别相等，并令 $\lambda=1$，则得

$$\begin{cases}x=\boldsymbol{n}_i\cdot(\boldsymbol{p}_{i+1}-\boldsymbol{p}_i)\\ y=\boldsymbol{o}_i\cdot(\boldsymbol{p}_{i+1}-\boldsymbol{p}_i)\\ z=\boldsymbol{a}_i\cdot(\boldsymbol{p}_{i+1}-\boldsymbol{p}_i)\end{cases} \tag{8-37}$$

注意，式(8-37)中矢量 $\boldsymbol{n}_i,\boldsymbol{o}_i,\boldsymbol{a}_i$ 和 $\boldsymbol{p}_i,\boldsymbol{p}_{i+1}$ 都是相对目标坐标系$\{\boldsymbol{B}\}$表示的。将方程(8-32)两边右乘 $\boldsymbol{R}_o^{-1}(\lambda)$，再左乘 $\boldsymbol{L}^{-1}(\lambda)$，并使其第三列元素分别相等，可解得 θ 和 ψ：

$$\psi=\arctan\frac{\boldsymbol{o}_i\cdot\boldsymbol{a}_{i+1}}{\boldsymbol{n}_i\cdot\boldsymbol{a}_{i+1}},\quad -\pi\leqslant\psi<\pi \tag{8-38}$$

$$\theta=\arctan\frac{[(\boldsymbol{n}_i\cdot\boldsymbol{a}_{i+1})^2+(\boldsymbol{o}_i\cdot\boldsymbol{a}_{i+1})^2]^{1/2}}{\boldsymbol{a}_i\cdot\boldsymbol{a}_{i+1}},\quad -\pi\leqslant\theta\leqslant\pi \tag{8-39}$$

为了求出 ϕ，可将方程(8-32)两边左乘 $\boldsymbol{R}_a^{-1}(\lambda)\boldsymbol{L}^{-1}(\lambda)$，并使它们的对应元素分别相等，得

$$\sin\phi=-\sin\psi\cos\psi\,\mathrm{v}(\theta)(\boldsymbol{n}_i\cdot\boldsymbol{n}_{i+1})+[\cos^2\psi\,\mathrm{v}(\theta)+\cos(\theta)](\boldsymbol{o}_i\cdot\boldsymbol{n}_{i+1})-\sin\psi\sin(\theta)(\boldsymbol{a}_i\cdot\boldsymbol{n}_{i+1})$$

$$\cos\phi=-\sin\psi\cos\psi\,\mathrm{v}(\theta)(\boldsymbol{n}_i\cdot\boldsymbol{o}_{i+1})+[\cos^2\psi\,\mathrm{v}(\theta)+\cos(\theta)](\boldsymbol{o}_i\cdot\boldsymbol{o}_{i+1})-\sin\psi\sin(\theta)(\boldsymbol{a}_i\cdot\boldsymbol{o}_{i+1})$$

$$\phi=\arctan\frac{\sin\phi}{\cos\phi},\quad -\pi\leqslant\phi\leqslant\pi \tag{8-40}$$

8.3.4 两段路径之间的过渡

前面介绍了利用驱动变换函数 $\boldsymbol{D}(\lambda)$ 来控制一个移动和两个转动生成两节点之间的“直线”运动轨迹 ${}_6^0\boldsymbol{T}(\lambda)={}_B^0\boldsymbol{T}^B\boldsymbol{p}_i\boldsymbol{D}(\lambda){}_E^6\boldsymbol{T}^{-1}$，现在讨论两段路径之间的过渡问题。为了避免两段路径衔接点处速度不连续，当由一段轨迹过渡到下一段轨迹时，需要加速或减速。在操作臂手部到达节点前的时刻 τ 开始改变速度，然后保持加速度不变，直至到达节点之后 τ（单位时间）为止，如图 8-14 所示。

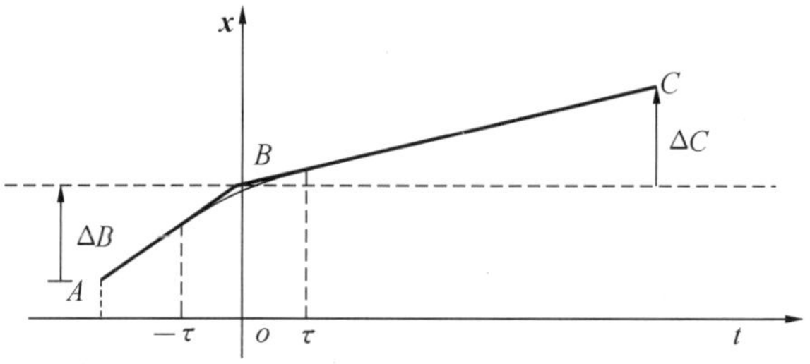

图 8-14　两段路径间的过渡

在时间区间 $[-\tau,\tau]$ 内，每一分量的加速度保持为常数，其值为

$$\ddot{\boldsymbol{x}}(t)=\frac{1}{2\tau^2}\left[\Delta\boldsymbol{C}\frac{\tau}{T}+\Delta\boldsymbol{B}\right],\ -\tau<t<\tau \tag{8-41}$$

式中：T 为操作臂末端从节点 $\boldsymbol{B}$ 到 $\boldsymbol{C}$ 所需时间；此外，有

$$\ddot{\boldsymbol{x}}(t)=\begin{bmatrix}\ddot{x}\\ \ddot{y}\\ \ddot{z}\\ \ddot{\theta}\\ \ddot{\phi}\end{bmatrix},\quad \Delta\boldsymbol{C}=\begin{bmatrix}x_{BC}\\ y_{BC}\\ z_{BC}\\ \theta_{BC}\\ \phi_{BC}\end{bmatrix},\quad \Delta\boldsymbol{B}=\begin{bmatrix}x_{BA}\\ y_{BA}\\ z_{BA}\\ \theta_{BA}\\ \phi_{BA}\end{bmatrix}$$

矢量 $\Delta\boldsymbol{C}$ 和 $\Delta\boldsymbol{B}$ 的各元素分别为节点 $\boldsymbol{B}$ 到 $\boldsymbol{C}$ 和节点 $\boldsymbol{B}$ 到 $\boldsymbol{A}$ 的直角坐标距离和角度。

由式(8-41)可以得出相应的在时间区间 $(-\tau,\tau)$ 内的速度和位移：

$$\dot{\boldsymbol{x}}(t)=\frac{1}{\tau}\left[\Delta\boldsymbol{C}\frac{\tau}{T}+\Delta\boldsymbol{B}\right]\lambda-\frac{\Delta\boldsymbol{B}}{\tau} \tag{8-42}$$

$$\boldsymbol{x}(t)=\left[\left(\Delta\boldsymbol{C}\frac{\tau}{T}+\Delta\boldsymbol{B}\right)\lambda-2\Delta\boldsymbol{B}\right]\lambda+\Delta\boldsymbol{B} \tag{8-43}$$

式中：

$$\boldsymbol{x}(t)=\begin{bmatrix}x\\ y\\ z\\ \theta\\ \phi\end{bmatrix},\quad \dot{\boldsymbol{x}}(t)=\begin{bmatrix}\dot{x}\\ \dot{y}\\ \dot{z}\\ \dot{\theta}\\ \dot{\phi}\end{bmatrix},\quad \lambda=\frac{t+\tau}{2\tau}$$

当 $\tau<t<T$ 时，运动方程为

$$\boldsymbol{x}=\Delta\boldsymbol{C}\lambda,\quad \dot{\boldsymbol{x}}=\frac{\Delta\boldsymbol{C}}{T},\quad \ddot{\boldsymbol{x}}=\boldsymbol{0}$$

式中：$\lambda=\frac{t}{T}$。注意，与前面一样，λ 代表归一化时间，变化范围是[0,1]，不过，对于不同的时间间隔，归一化因子通常是不同的。

对于由 $\boldsymbol{A}$ 到 $\boldsymbol{B}$ 再到 $\boldsymbol{C}$ 的运动，把 ψ 定义为在时间区间$(-\tau,\tau)$内运动的线性插值，即

$$\psi' = (\psi_{BC} - \psi_{AB})\lambda + \psi_{AB} \tag{8-44}$$

式中：ψ_{AB} 和 ψ_{BC} 分别是由 $\boldsymbol{A}$ 到 $\boldsymbol{B}$ 和由 $\boldsymbol{B}$ 到 $\boldsymbol{C}$ 的运动规定的，和式(8-38)类似。因此，ψ 将由 ψ_{AB} 变化到 ψ_{BC}。

总之，为了使节点 $\boldsymbol{p}_i$ 运动到 $\boldsymbol{p}_{i+1}$，首先要由式(8-32)至式(8-40)算出驱动函数，然后按式(8-30)计算${}^0_6\boldsymbol{T}(\lambda)$，再由运动学反解程序算出相应的关节变量。必要时，可在反解求出的节点之间再用二次多项式进行插值。

将驱动变换 $\boldsymbol{D}(\lambda)$分解成一个移动变换 $\boldsymbol{L}(\lambda)$和两个转动变换 $\boldsymbol{R}_a(\lambda)$和 $\boldsymbol{R}_o(\lambda)$的优点是概念直观，便于许多操作和作业。例如机器人在抓取螺钉之前，首先应将手部的 $\boldsymbol{a}$ 轴与螺钉的轴线对准，并使手部绕 $\boldsymbol{a}$ 轴转动，抓在螺钉的适当部位。对于喷漆、焊接作业，最重要的是将手部的 $\boldsymbol{a}$ 轴对准某一方向(如曲面的法向)，而对绕 $\boldsymbol{a}$ 轴的姿态并无严格要求，这时只需保证 $\boldsymbol{R}_a(\lambda)$的准确性，而将 $\boldsymbol{R}_o(\lambda)$看成是“冗余度”，根据躲避障碍、避开奇异点、改善动力学性能等需要来处理即可。

其实，也可将驱动变换 $\boldsymbol{D}(\lambda)$分解成一个移动变换和一个转动变换。转动变换以等效转轴等效转角的形式，或欧拉角、RPY 角表示，可用三个参数描述(姿态)，与描述位置(移动变换)的三个参数结合，得到 6×1 的位姿矢量，再用前面所述的“直线”插值和平滑过渡方法求解。

笛卡儿空间的规划方法不仅概念上直观，而且规划的路径准确。笛卡儿空间的直线运动路径规划仅仅是轨迹规划中的一类，更加一般的情况应包含其他轨迹，如椭圆、抛物线、正弦曲线等。可是，由于缺乏适当的传感器测量手部笛卡儿坐标，进行位置和速度反馈，因此笛卡儿空间路径规划的结果需要实时变换为相应的关节坐标，计算量很大，致使控制间隔较长。如果在规划时考虑操作臂的动力学特性，就要以笛卡儿坐标给定路径约束，同时以关节坐标给定物理约束(例如，各电动机的容许力和力矩、速度和加速度极限)，使得优化问题具有在两个不同坐标系中的混合约束。因此，笛卡儿空间规划存在由运动学反解带来的问题。

8.3.5　运动学反解的有关问题

主要是笛卡儿路径上解的存在性(指路径点是否都在工作空间之内)、唯一性和奇异性。

第一类问题：中间点在工作空间之外。

虽然机器人的起始点和终止点都在工作空间内部，但是所规划的路径上的某些点可能超出了工作空间。在关节空间中进行规划不会出现这类问题。

第二类问题：在奇异点附近关节速度激增。

由第 6 章讨论的奇异性知道，像 PUMA 这类机器人具有两种奇异点：工作空间边界奇异点和工作空间内部的奇异点。在处于奇异位姿时，与操作速度(笛卡儿空间速度)相对应的关节速度可能不存在(无限大)。可以想象，当沿笛卡儿空间的直线路径运动到奇异点附近时，某些关节速度将趋于无限大。实际上，所容许的关节速度是有限的，因而这类问题将导致操作臂偏离预期轨迹。

第三类问题：起始点和目标点有多重解。

起始点和目标点虽有多重解，但是由于关节变量的约束或障碍约束，可行解的数目会减少。问题在于，起始点与目标点若不用同一个反解，这时关节变量的约束和障碍约束便会产生问题。虽然路径点上的各节点都是可达的，但是并非以同一个解达到。因此在控制机器人运动之前，机器人的规划系统应具有检查功能和出错显示功能，以处理反解的可行性问题。

正因为笛卡儿空间轨迹规划存在这些问题，现有的多数工业机器人的控制系统采用关节空间和笛卡儿空间的轨迹规划方法。用户通常使用关节空间的轨迹规划方法，只是在必要时，才采用笛卡儿空间的轨迹规划方法。

8.3.6 基于动力学模型的轨迹规划

在前面所述轨迹规划方法中，生成关节矢量 $\boldsymbol{q}(t)$、关节速度 $\dot{\boldsymbol{q}}(t)$ 和关节加速度 $\ddot{\boldsymbol{q}}(t)$ 时没有考虑操作臂的动力学特性。实际上，操作臂所能达到的加速度与其动力学性能、驱动电动机的输出力矩等因素有关。并且，多数电动机的特征并不是由它的最大力矩或最大加速度所规定的，而是由它的力矩-速度关系曲线(机械特性)所规定的。

在进行轨迹规划，规定各个关节或各个自由度上运动的最大加速度时，通常取比较保守的值，以免超过驱动装置的实际负载能力。显然，采用上述轨迹规划方法不能充分利用操作臂的加速度性能。因而，自然会提出这样的最优规划问题：根据给定的空间路径、操作臂动力学和驱动电动机的速度-力矩约束曲线，求手爪的最佳轨迹，使它到达目标点时耗费的时间最短。

进行笛卡儿空间轨迹规划时，路径约束是以笛卡儿坐标表示的，而驱动力矩约束是以关节坐标的形式给出的，因此该优化问题是带有两个坐标系的混合约束问题。必须用低阶多项式函数逼近方法将路径约束从笛卡儿空间转化到关节空间，或将关节力矩和关节力约束转化到笛卡儿空间，然后进行轨迹优化和控制。

时间最短的优化问题则归结为：如何调整各路径段的持续时间，使总的时间最短，并满足速度、加速度、加速度变化和力矩约束。与之相对偶的问题是，在给定的总的时间容许范围内，选择最优轨迹，使最大驱动力矩(力)、最大加速度、最大速度达到最小值。

8.4 利用四元数进行直线轨迹规划

Paul 利用齐次变换矩阵表示目标位置，生成直线运动轨迹。这种描述方法易于理解和使用。可是，矩阵法需要较大的存储空间，需要较多的运算量。而且，矩阵法表示的转动是高度冗余的，这可能引起数值上的不一致，利用四元数表示转动将会使运动更均匀和有效。Paul 针对节点间的直线运动规划问题提出了两种方法。第一种方法称为直角坐标路径控制法，它是 Paul 方法的改进，但使用四元数表示转动。这种方法简便，并且能给出更均匀的旋转运动。但是，它需要大量的实时计算，且易使操作臂产生退化形位。第二种方法称为有界偏差关节路径法，此法要求在动作规划阶段，选取足够多的节点，用关节变量的线性插值控制操作臂，使之与直线路径的偏差不超过预定值。这种方法大大减少了在每个采样间隔中需要的计算量。

8.4.1　四元数的基本概念

四元数已经成功地用于空间机构的分析。在此应用四元数表示机器人末端的姿态，进行直线轨迹规划。

四元数是实数和复数以及三维空间点矢量的扩充。复数仅有两个单元——1 和 $\boldsymbol{i}$；四元数有四个单元——1，$\boldsymbol{i}$，$\boldsymbol{j}$，$\boldsymbol{k}$，其中后三个单元具有循环置换的性质：

$$\boldsymbol{i}^2=\boldsymbol{j}^2=\boldsymbol{k}^2=-1,$$
$$\boldsymbol{ij}=\boldsymbol{k},\quad \boldsymbol{jk}=\boldsymbol{i},\quad \boldsymbol{ki}=\boldsymbol{j},$$
$$\boldsymbol{ji}=-\boldsymbol{k},\quad \boldsymbol{kj}=-\boldsymbol{i},\quad \boldsymbol{ik}=-\boldsymbol{j}$$

这样的三个单元 $\boldsymbol{i}$，$\boldsymbol{j}$，$\boldsymbol{k}$ 可看成直角坐标系的三个基本矢量。于是，一般四元数 Q 的形式为

$$Q=[s+\boldsymbol{v}]=s+a\boldsymbol{i}+b\boldsymbol{j}+c\boldsymbol{k}=(s,a,b,c)$$

因此它表示为一个标量部分 s 和一个矢量部分 $\boldsymbol{v}$。其中 s，a，b，c 都是实数。

四元数 Q 具有以下基本性质：

(1) Q 的标量部分为 s；

(2) Q 的矢量部分为 $\boldsymbol{v}=a\boldsymbol{i}+b\boldsymbol{j}+c\boldsymbol{k}$；

(3) Q 的共轭为 $s-(a\boldsymbol{i}+b\boldsymbol{j}+c\boldsymbol{k})$；

(4) Q 的范数为 $s^2+a^2+b^2+c^2$；

(5) Q 的倒数为$\dfrac{s-(a\boldsymbol{i}+b\boldsymbol{j}+c\boldsymbol{k})}{s^2+a^2+b^2+c^2}$。

单位四元数为 $s+(a\boldsymbol{i}+b\boldsymbol{j}+c\boldsymbol{k})$，其中 $s^2+a^2+b^2+c^2=1$。显然，实数 $(s,0,0,0)$，复数 $(s,a,0,0)$，单位空间矢量 $(0,a,b,c)$ 都是四元数 (s,a,b,c) 的特殊情况。实数只含有一个单元 1，复数含有 1 和 $\boldsymbol{i}$ 两个单元，三维空间矢量含有 $\boldsymbol{i}$，$\boldsymbol{j}$ 和 $\boldsymbol{k}$ 三个单元。

四元数的代数运算规则如下。

(1) 加(减)法运算规则：两个四元数的和(差)等于两者对应元素的和(差)。

(2) 乘法规则：两个四元数相乘，即

$$\begin{aligned}Q_1Q_2&=(s_1+a_1\boldsymbol{i}+b_1\boldsymbol{j}+c_1\boldsymbol{k})(s_2+a_2\boldsymbol{i}+b_2\boldsymbol{j}+c_2\boldsymbol{k})\\&=(s_1s_2-\boldsymbol{v}_1\cdot\boldsymbol{v}_2+s_1\boldsymbol{v}_2+s_2\boldsymbol{v}_1+\boldsymbol{v}_1\times\boldsymbol{v}_2)\end{aligned}\tag{8-45}$$

注意：四元数的加法满足交换律和结合律，但是，四元数的乘法只满足结合律，并不满足交换律。因此，进行乘法运算时，等式右边按初等代数配额，但要保持各单元的次序，一般不能交换。另外，两个三维矢量表示成四元数再相乘，得到的不是一个矢量，而是一个四元数。例如：

$$Q_1=[0+\boldsymbol{v}_1]=(0,a_1,b_1,c_1),\quad Q_2=[0+\boldsymbol{v}_2]=(0,a_2,b_2,c_2)$$

由式(8-45)得

$$Q_1Q_2=-\boldsymbol{v}_1\cdot\boldsymbol{v}_2+\boldsymbol{v}_1\times\boldsymbol{v}_2$$

利用四元数代数，可以简单而有效地处理空间有限转动问题。例如，可把绕 $\boldsymbol{n}$ 轴转 θ 角的旋转 $\mathrm{Rot}(\boldsymbol{n},\theta)$ 用一个四元数表示为

$$\mathrm{Rot}(\boldsymbol{n},\theta)=\left[\cos\left(\frac{\theta}{2}\right)+\sin\left(\frac{\theta}{2}\right)\boldsymbol{n}\right]\tag{8-46}$$

例 8.3　绕 $\boldsymbol{k}$ 轴转 90°再绕 $\boldsymbol{j}$ 轴转 90°的旋转可用四元数乘积表示：

$$(\cos45^\circ+\boldsymbol{j}\sin45^\circ)(\cos45^\circ+\boldsymbol{k}\sin45^\circ)=\left(\frac{1}{2}+\frac{1}{2}\boldsymbol{j}+\frac{1}{2}\boldsymbol{k}+\frac{1}{2}\boldsymbol{i}\right)$$

$$= \left[\frac{1}{2} + \frac{\boldsymbol{i}+\boldsymbol{j}+\boldsymbol{k}}{\sqrt{3}}\frac{\sqrt{3}}{2}\right] = \left[\cos 60^\circ + \sin 60^\circ \frac{\boldsymbol{i}+\boldsymbol{j}+\boldsymbol{k}}{\sqrt{3}}\right] = \mathrm{Rot}\left(\frac{\boldsymbol{i}+\boldsymbol{j}+\boldsymbol{k}}{\sqrt{3}}, 120^\circ\right)$$

其合成转动是绕与 $\boldsymbol{i},\boldsymbol{j},\boldsymbol{k}$ 轴等倾角的轴转动 120°。这和第 3 章中用旋转矩阵所得到的结果完全相同，但是用四元数方法更为简单。可以用两种方法表示同一转动，这两种方法可以相互转化。表 8-3 中列出了用四元数和矩阵表示常用的旋转运算的计算量。

表 8-3　使用四元数和矩阵的计算量

运　算	四元数表示	矩阵表示
$\boldsymbol{R}_1\boldsymbol{R}_2$	9 次加法，16 次乘法	15 次加法，24 次乘法
$\boldsymbol{R}\boldsymbol{v}$	12 次加法，22 次乘法	6 次加法，9 次乘法
$\boldsymbol{R}\rightarrow\mathrm{Rot}(\boldsymbol{n},\theta)$	4 次乘法	8 次加法，10 次乘法
	1 次求平方根	2 次求平方根
	1 次调用反正切函数	1 次调用反正切函数

8.4.2　直角坐标路径控制法

使操作臂工具坐标系沿直线路径在时间 T 内由节点 $\boldsymbol{p}_0$ 运动到 $\boldsymbol{p}_1$ 的规划方法如下：工具坐标系的每一节点用齐次变换矩阵表示为

$$\boldsymbol{P}_i = \begin{bmatrix} \boldsymbol{R}_i & \boldsymbol{p}_i \\ \boldsymbol{0} & 1 \end{bmatrix}$$

运动包括两部分：工具坐标系的原点从 $\boldsymbol{p}_0$ 移动到 $\boldsymbol{p}_1$，坐标系的姿态由 $\boldsymbol{R}_0$ 转到 $\boldsymbol{R}_1$。令 $\lambda(t)$ 为在时刻 t 还要进行剩余运动所需的时间与总时间 T 之比，那么对于匀速运动，有

$$\lambda(t) = \frac{T-t}{T} \tag{8-47}$$

式中：T 是该段轨迹所需时间；t 是由该段轨迹起点算起的时间。工具坐标系在时刻 t 的位置和姿态分别表示为

$$\boldsymbol{p}(t) = \boldsymbol{p}_1 - \lambda(t)(\boldsymbol{p}_1 - \boldsymbol{p}_0) \tag{8-48}$$

$$\boldsymbol{R}(t) = \boldsymbol{R}_1 \mathrm{Rot}(\boldsymbol{n}, -\theta\lambda(t)) \tag{8-49}$$

式中：$\mathrm{Rot}(\boldsymbol{n},\theta)$ 表示为了将末端执行器姿态由 $\boldsymbol{R}_0$ 变换为 $\boldsymbol{R}_1$ 而绕轴 $\boldsymbol{n}$ 转 θ 角所做的旋转，代表以四元数表示的合成转动 $\boldsymbol{R}_0^{-1}\boldsymbol{R}_1$，有

$$\mathrm{Rot}(\boldsymbol{n},\theta) = \boldsymbol{R}_0^{-1}\boldsymbol{R}_1 \tag{8-50}$$

值得注意的是，如果坐标系 $\boldsymbol{P}_1$ 固定不动，则式(8-48)中的 $\boldsymbol{p}_1 - \boldsymbol{p}_0$ 及式(8-49)中的 $\boldsymbol{n}$ 和 θ 对于每段轨迹只需计算一次。若目标节点变化，则 $\boldsymbol{P}_1$ 也要改变。在此情况下，对 $\boldsymbol{p}_1 - \boldsymbol{p}_0$ 和 $\boldsymbol{n},\theta$ 应每步计算一次。

若要求操作臂末端由一段轨迹运动到另一段，且维持等加速度，则在两段之间必须加速或减速。为此在两段轨迹的交点前的 τ 时刻开始过渡，而在交点后的 τ 时刻完成过渡，两段轨迹过渡的边界条件为

$$\begin{cases} \boldsymbol{p}(T_1-\tau) = \boldsymbol{p}_1 - \dfrac{\tau\Delta\boldsymbol{p}_1}{T_1}, \quad \boldsymbol{p}(T_1+\tau) = \boldsymbol{p}_1 + \dfrac{\tau\Delta\boldsymbol{p}_2}{T_2} \\ \dfrac{\mathrm{d}}{\mathrm{d}t}\boldsymbol{p}(t)\Big|_{t=T_1-\tau} = \dfrac{\Delta\boldsymbol{p}_1}{T_1}, \quad \dfrac{\mathrm{d}}{\mathrm{d}t}\boldsymbol{p}(t)\Big|_{t=T_1+\tau} = \dfrac{\Delta\boldsymbol{p}_2}{T_2} \end{cases} \tag{8-51}$$

式中：$\Delta \boldsymbol{p}_1 = \boldsymbol{p}_1 - \boldsymbol{p}_0$；$\Delta \boldsymbol{p}_2 = \boldsymbol{p}_2 - \boldsymbol{p}_1$；$T_1$ 和 T_2 分别为通过这两段轨迹的时间。如果以等加速度过渡，则有

$$\frac{\mathrm{d}^2}{\mathrm{d}t^2}\boldsymbol{p}(t) = \boldsymbol{a}_p \tag{8-52}$$

将式(8-52)积分两次，并代入相应的边界条件，便可求出工具坐标系的位置：

$$\boldsymbol{p}(t') = \boldsymbol{p}_1 - \frac{(\tau - t')^2}{4\tau T_1}\Delta \boldsymbol{p}_1 + \frac{(\tau + t')^2}{4\tau T_2}\Delta \boldsymbol{p}_2 \tag{8-53}$$

式中：t'是从两段交点算起的时间，$t' = T_1 - t$。同样可求得工具坐标系的姿态：

$$\boldsymbol{R}(t') = \boldsymbol{R}_1 \mathrm{Rot}\left(\boldsymbol{n}_1, -\frac{(\tau - t')^2}{4\tau T_1}\theta_1\right)\mathrm{Rot}\left(\boldsymbol{n}_2, -\frac{(\tau + t')^2}{4\tau T_2}\theta_2\right) \tag{8-54}$$

式中：$\mathrm{Rot}(\boldsymbol{n}_1, \theta_1) = \boldsymbol{R}_0^{-1}\boldsymbol{R}_1$ 和 $\mathrm{Rot}(\boldsymbol{n}_2, \theta_2) = \boldsymbol{R}_1^{-1}\boldsymbol{R}_2$ 是以四元数表示的旋转矩阵。上面得出了工具坐标系沿直线路径，并在两段轨迹之间平滑过渡的位置和姿态的表达式。应该指出，角加速度并不是恒定的，除非 $\boldsymbol{n}_1$ 与 $\boldsymbol{n}_2$ 平行，或者下列两个转速之一为零：

$$\phi_1 = \frac{\theta_1}{T_1}, \quad \phi_2 = \frac{\theta_2}{T_2}$$

8.4.3　有界偏差关节路径法

上述直角坐标路径控制法的计算时间长，难以实时处理操作臂关节空间的种种约束。要避免这一弊端，有几种可能的途径。一种是在运动之前，对实时算法进行仿真，预先算出关节变量解并储存之，在执行运动时直接从存储器内读出伺服装置的设定点。另一种方法是每隔 n 个采样区间预先算出关节变量解，然后用低次多项式进行关节插值，对计算出的关节变量进行拟合，生成伺服装置的设定点。问题在于，要使操作臂以一定的精度在直角坐标空间中沿直线路径运动，所需的中间点数随各次具体的运动而异。为了保证偏差足够小，就要预先规定足够小的采样区间，这样可能会浪费大量的计算时间和存储空间。对此，Taylor 提出了一种关节变量空间的运动算法，称为有界偏差关节路径（bounded deviation joint path，BDJP）法。在预规划阶段，应取足够多的中间点，以保证操作臂手部在每段运动中偏离直线路径的程度在预定的误差界限之内。

采用这种方法时，首先要计算出与直角坐标系中直线路径节点 $\boldsymbol{p}_i$ 对应的关节矢量 $\boldsymbol{q}_i$，把 $\boldsymbol{q}_i$ 作为关节空间的节点，进行插值计算，插值计算公式类似于在直角坐标空间中对路径控制的位置表达式。例如，从节点 $\boldsymbol{q}_0$ 到 $\boldsymbol{q}_1$ 的运动为

$$\boldsymbol{q}(t) = \boldsymbol{q}_1 - \frac{T_1 - t}{T_1}\Delta \boldsymbol{q}_1 \tag{8-55}$$

从 $\boldsymbol{q}_0$ 到 $\boldsymbol{q}_1$ 和从 $\boldsymbol{q}_1$ 到 $\boldsymbol{q}_2$ 的两段路径之间的过渡为

$$\boldsymbol{q}(t') = \boldsymbol{q}_1 - \frac{(\tau - t')^2}{4\tau T_1}\Delta \boldsymbol{q}_1 + \frac{(\tau + t')^2}{4\tau T_2}\Delta \boldsymbol{q}_2 \tag{5-56}$$

式中：$\Delta \boldsymbol{q}_1 = \boldsymbol{q}_1 - \boldsymbol{q}_0$；$\Delta \boldsymbol{q}_2 = \boldsymbol{q}_2 - \boldsymbol{q}_1$；$T_1$，$T_2$，$\tau$ 和 t'的含义与前面相同。采用式(8-55)和式(8-56)可使两节点间的速度均匀，并使两轨迹之间以匀加速度实现光滑过渡。但是工具坐标系可能会大大偏离预定的直线路径，偏离误差为

$$\delta = \boldsymbol{P}_{\mathrm{j}}(t) - \boldsymbol{P}_{\mathrm{d}}(t)$$

式中：$\boldsymbol{P}_{\mathrm{j}}(t)$表示关节节点 $\boldsymbol{q}_{\mathrm{j}}(t)$对应的操作臂末端坐标；$\boldsymbol{P}_{\mathrm{d}}(t)$为期望的直角坐标系中节点 $\boldsymbol{p}_{\mathrm{j}}(t)$对应的操作臂末端坐标。分别考虑移动误差和转动误差两部分：

$$\delta_{\mathrm{P}} = |\boldsymbol{P}_{\mathrm{j}}(t) - \boldsymbol{P}_{\mathrm{d}}(t)| \tag{8-57}$$

$$\delta_{\mathrm{R}} = |\mathrm{Rot}(\boldsymbol{n},\phi)| = |\boldsymbol{R}_{\mathrm{d}}^{-1}(t)\boldsymbol{R}_{\mathrm{j}}(t)\text{的角度部分}| = |\phi| \tag{8-58}$$

分别规定最大移动偏差 $\delta_{\mathrm{P}}^{\max}$ 和最大转动偏差 $\delta_{\mathrm{R}}^{\max}$，因而偏离误差应限制在以下范围内：

$$\begin{cases}\delta_{\mathrm{P}} \leqslant \delta_{\mathrm{P}}^{\max} \\ \delta_{\mathrm{R}} \leqslant \delta_{\mathrm{R}}^{\max}\end{cases} \tag{8-59}$$

为此，必须在两相邻节点之间取足够多的中间点，以确保式(8-59)得到满足。BDJP 法实质上是用递归两分法求中间点，以满足式(8-59)。这种算法收敛得很快，可以产生一组好的中间点。

8.4.4 BDJP 法的步骤

在 BDJP 法中，给定工具坐标系的最大位置偏差 $\delta_{\mathrm{P}}^{\max}$ 和最大姿态偏差 $\delta_{\mathrm{R}}^{\max}$，在规定的直线路径上的直角坐标节点为 $\boldsymbol{p}_{\mathrm{j}}$。选取足够的关节节点，以保证操作臂手部坐标系相对于规定的直线路径的偏差不超过给定的误差界限。具体计算步骤如下。

步骤一：计算关节变量解。计算对应于 $\boldsymbol{p}_0$ 和 $\boldsymbol{p}_1$ 的关节矢量 $\boldsymbol{q}_0$ 和 $\boldsymbol{q}_1$。

步骤二：求出关节空间的中间点。计算关节变量空间的中点：

$$\boldsymbol{q}_{\mathrm{m}} = \boldsymbol{q}_1 - \frac{1}{2}\Delta\boldsymbol{q}_1$$

式中：$\Delta\boldsymbol{q}_1 = \boldsymbol{q}_1 - \boldsymbol{q}_0$。再由 $\boldsymbol{q}_{\mathrm{m}}$ 计算相应的工具坐标系 $\boldsymbol{P}_{\mathrm{m}}$。

步骤三：求出直角坐标空间的中点。计算相应的直角坐标路径的中点 $\boldsymbol{p}_{\mathrm{c}}$：

$$\boldsymbol{p}_{\mathrm{c}} = \frac{\boldsymbol{p}_0 + \boldsymbol{p}_1}{2}$$

并求出相应的 $\boldsymbol{R}_{\mathrm{c}}$：

$$\boldsymbol{R}_{\mathrm{c}} = \boldsymbol{R}_1 \mathrm{Rot}\left(\boldsymbol{n}_1, -\frac{\theta}{2}\right)$$

步骤四：求出偏差误差。计算 $\boldsymbol{P}_{\mathrm{m}}$ 和 $\boldsymbol{p}_{\mathrm{c}}$ 之间的偏差：

$$\delta_{\mathrm{P}} = |\boldsymbol{P}_{\mathrm{m}} - \boldsymbol{p}_{\mathrm{c}}|$$

$$\delta_{\mathrm{R}} = |\mathrm{Rot}(\boldsymbol{n},\phi)| = |\boldsymbol{R}_{\mathrm{c}}^{-1}\boldsymbol{R}_{\mathrm{m}}\text{ 的角度部分}| = |\phi|$$

步骤五：校核误差界限。若 $\delta_{\mathrm{P}} \leqslant \delta_{\mathrm{P}}^{\max}$ 且 $\delta_{\mathrm{R}} \leqslant \delta_{\mathrm{R}}^{\max}$，则停止。否则，计算对应直角坐标中点 $\boldsymbol{p}_{\mathrm{c}}$ 的关节矢量，以 $\boldsymbol{p}_{\mathrm{c}}$ 代替 $\boldsymbol{p}_1$，以 $\boldsymbol{p}_0$ 代替 $\boldsymbol{p}_{\mathrm{c}}$，并对这两个子段执行递归步骤二至步骤五。

上述算法收敛性相当好，每进行一次递归，最大偏差大约减少 $\frac{3}{4}$。Taylor 对圆柱机器人（两个移动关节和一个旋转关节）进行研究，考察上述算法的收敛性，发现每次递归时误差减少 67%～80%，具体减少量随操作臂的位置而异。

BDJP 法通过在预规划阶段在关节变量空间取足够多的中间点进行插值，来保证在关节变量空间中驱动操作臂，并使偏离预定直线路径的误差在预定的界限之内。

值得注意的是，这一算法所生成的插入节点在 $\boldsymbol{p}_0$ 和 $\boldsymbol{p}_1$ 之间并非是均匀分布的，具体分布情况由精确轨迹与关节空间的插值轨迹两者的偏差情况决定。如图 8-15 所示，节点 $\boldsymbol{p}_0$ 和 $\boldsymbol{p}_1$ 之间的关节插值轨迹与精确轨迹之间的偏差类似于非均匀弦的下垂情况，偏差在两端节点 $\boldsymbol{p}_0$ 和 $\boldsymbol{p}_1$ 处为零，而在中间某点处最大。显然，中点 $\boldsymbol{p}_{\mathrm{c}}$ 处的偏差（例如移动误差 δ_{P}）会超过容许的偏差（$\delta_{\mathrm{P}}^{\max}$），因而插入中间点 $\boldsymbol{p}_2$，这样就可将 $\boldsymbol{p}_0$ 和 $\boldsymbol{p}_2$ 之间的关节插值轨迹与精确轨迹之间的偏差控制在容许范围之内，而 $\boldsymbol{p}_2$ 和 $\boldsymbol{p}_1$ 之间的关节插值轨迹偏差仍在容许范围之外。继续采用上述步骤，在 $\boldsymbol{p}_2$ 和 $\boldsymbol{p}_1$ 之间的中点处插入点 $\boldsymbol{p}_3$。总的说来，所插入节点的分布不是均匀的，这与所选取的容许偏差、路径上操作臂末端的位姿有关。

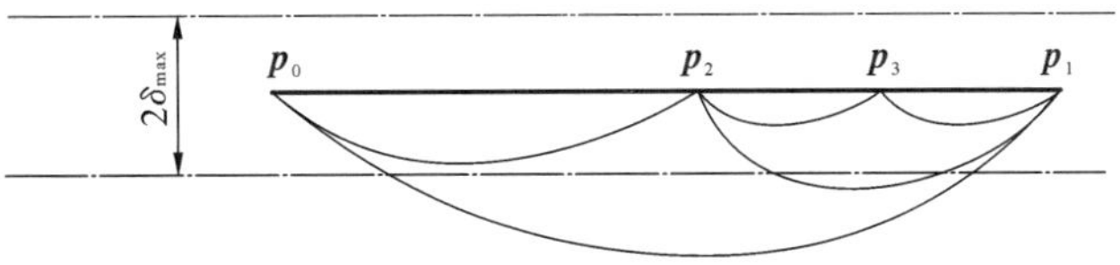

图 8-15　关节空间插值轨迹逼近

8.5　轨迹的实时生成

机器人运行中的轨迹实时生成是指由 $\theta,\dot{\theta}$ 和 $\ddot{\theta}$ 等节点数据和位姿、速度和加速度约束，以轨迹更新的速率不断通过插值产生新的 $\theta,\dot{\theta}$ 和 $\ddot{\theta}$ 信息并将此信息送至操作臂的控制系统。

8.5.1　关节空间轨迹的生成

在 8.2 节中介绍了几种关节空间轨迹规划的方法，按照这些方法所得计算结果都是关于各个路径段的一组数据。控制系统的轨迹生成器利用这些数据以轨迹更新速率具体计算出 $\theta,\dot{\theta}$ 和 $\ddot{\theta}$。

对于三次样条，轨迹生成器只需随 t 的变化不断地按式(8-3)和式(8-4)计算 $\theta,\dot{\theta}$ 和 $\ddot{\theta}$。当到达路径段的终点时，调用新路径段的三次样条系数，重新将 t 值赋为零，继续生成轨迹。

对于带抛物线过渡的直线样条插值，每次更新轨迹时，应首先检测时间 t 的值以判断当前处于路径段的线性域还是过渡域。处于线性域时，各关节的轨迹按下式计算：

$$\begin{cases}\theta = \theta_j + \dot{\theta}_{jk}t \\ \dot{\theta} = \dot{\theta}_{jk} \\ \ddot{\theta} = 0\end{cases} \tag{8-60}$$

式中：t 是从第 j 个路径点算起的时间；$\dot{\theta}_{jk}$ 的值在轨迹规划时由式(8-22)计算。处于过渡域时，令 $t_{\text{inb}} = t - \left(\dfrac{t_j}{2} + t_{jk}\right)$，则各关节轨迹按下式计算：

$$\begin{cases}\theta = \theta_j + \dot{\theta}_{jk}(t - t_{\text{inb}}) + \dfrac{1}{2}\ddot{\theta}_k t_{\text{inb}}^2 \\ \dot{\theta} = \dot{\theta}_{jk} + \ddot{\theta}_k t_{\text{inb}} \\ \ddot{\theta} = \ddot{\theta}_k\end{cases} \tag{8-61}$$

式中 $\dot{\theta}_{jk}$，$\ddot{\theta}_k$，t_j 和 t_{jk} 在轨迹规划时已由式(8-22)至式(8-26)算出。进入新的线性域时，重新把 t 置成 $\dfrac{t_j}{2}$，利用该路径段的数据继续生成轨迹。

8.5.2　笛卡儿空间轨迹的生成

在 8.3 节已经讨论了笛卡儿空间轨迹规划方法。操作臂的路径点通常是用工具坐标系相对于工件坐标系的位姿表示的。为了在笛卡儿空间中生成直线运动轨迹，根据路径段的起始点和目标点构造驱动函数 $\boldsymbol{D}(1)$（见式(8-31)）；再将驱动函数 $\boldsymbol{D}(\lambda)$用一个平移运动和两个旋转运动来等效代替（见式(8-32)）；然后对平移运动和旋转运动插值，便得到笛卡儿空间路径（包括位置和方向），其中方向的表示方法类似于欧拉角。

仿照 8.2 节所述的关节空间法，使用带抛物线过渡的线性函数比较合适。在每一路径 段的直线域内，使描述位置 $\boldsymbol{p}$ 的三元素按线性函数运动，可以得到直线轨迹；然而，若把各路径点的姿态用旋转矩阵 $\boldsymbol{R}$ 表示（见第 3 章），那么就不能对它的元素进行直线插值。因为任一旋转矩阵都是由三个归一正交列组成的，如果在两个旋转矩阵的元素间进行插值就难以保证归一、正交条件，不过可以用等效转轴-转角来表示驱动函数 $\boldsymbol{D}(\lambda)$ 的旋转矩阵部分。

实际上，对于表示两个路径点的坐标系 ${}^B\boldsymbol{P}_i$ 和 ${}^B\boldsymbol{P}_{i+1}$，驱动函数 $\boldsymbol{D}(1)$ 表示 ${}^B\boldsymbol{P}_{i+1}$ 相对于 ${}^B\boldsymbol{P}_i$ 的位姿，即

$$\boldsymbol{D}(1)={}^B\boldsymbol{P}_i^{-1}\,{}^B\boldsymbol{P}_{i+1}$$

式中：$\boldsymbol{D}(1)$ 的姿态可用旋转矩阵 ${}_{i+1}^{\;\;i}\boldsymbol{R}(\boldsymbol{k},\theta)$ 表示，其中 ${}^i\boldsymbol{k}_{i+1}=[k_x \quad k_y \quad k_z]^{\mathrm{T}}$，$\theta$ 表示等效角度；$\boldsymbol{D}(1)$ 的位置用三维矢量 ${}^i\boldsymbol{p}_{i+1}$ 表示。${}^B\boldsymbol{P}_{i+1}$ 相对于 ${}^B\boldsymbol{P}_i$ 的位姿用 6×1 的矢量 ${}^i\boldsymbol{X}_{i+1}$ 表示，即

$$ {}^i\boldsymbol{X}_{i+1}=\begin{bmatrix} {}^i\boldsymbol{p}_{i+1} \\ {}^i\boldsymbol{k}_{i+1} \end{bmatrix} \tag{8-62}$$

对两路径点之间的运动采用这种形式表示之后，就可以选择适当的样条函数，使六个分量从一个路径点平滑地运动到下一点。例如选择带抛物线过渡的线性样条，使得两路径点间的路径是直线的，当经过路径点时，手爪运动的线速度和角速度将平稳变化。

另外还要说明的是，等效转角不是唯一的，因为 $(\boldsymbol{k},\theta)$ 等效于 $(\boldsymbol{k},\theta+n\times360°)$，$n$ 为整数。从一个路径点向下一点运动时，总的转角一般应取最小值，即取值应小于 180°。

采用带抛物线过渡的线性轨迹规划方法时，需要附加一个约束条件，即每个自由度下的过渡域持续时间必须相同，这样才能保证由各自由度形成的复合运动在空间形成一条直线。因为各关节在运动过程中处于过渡域的时间相同，因而在过渡域的加速度便不相同。所以，在规定过渡域的持续时间时，应该计算相应的加速度，使之不要超过加速度的容许上限。

笛卡儿空间轨迹实时生成方法与关节空间的相似，例如带抛物线过渡的线性轨迹，在线性域中，根据式(8-60)，$\boldsymbol{X}$ 的每一自由度按下式计算：

$$\begin{cases} x = x_j + \dot{x}_{jk}t \\ \dot{x} = \dot{x}_{jk} \\ \ddot{x} = 0 \end{cases} \tag{8-63}$$

式中：t 是从第 j 个路径点算起的时间；$\dot{x}_{jk}$ 是在轨迹规划过程中由类似于式(8-22)的方程求出的。在过渡域中，根据式(8-61)，每个自由度的轨迹按下式计算：

$$\begin{cases} t_{\mathrm{inb}} = t-\left(\dfrac{1}{2}t_j + t_{jk}\right) \\ x = x_j + \dot{x}_{jk}(t-t_{\mathrm{inb}}) + \dfrac{1}{2}\ddot{x}_k t_{\mathrm{inb}}^2 \\ \dot{x} = \dot{x}_{jk} + \ddot{x}_k t_{\mathrm{inb}} z \\ \ddot{x} = \ddot{x}_k \end{cases} \tag{8-64}$$

式中：$\ddot{x}_k$，$\dot{x}_{jk}$，t_j 和 t_{jk} 的值在轨迹规划过程中算出，与关节空间的情况完全相同。

最后，必须将这些笛卡儿空间轨迹（x，$\dot{x}$ 和 $\ddot{x}$）转换成等价的关节空间的量。对此，可以通过求解逆运动学得到关节位移；用逆雅可比矩阵计算关节速度；用逆雅可比矩阵及其导数计算角加速度。在实际中往往采用简便的方法，即将 $\boldsymbol{X}$ 以轨迹更新速率转换成等效的驱动矩阵

$\boldsymbol{D}(\lambda)$，再由运动学反解子程序计算相应的关节矢量 $\boldsymbol{q}$，然后由数值微分计算 $\dot{\boldsymbol{q}}$ 和 $\ddot{\boldsymbol{q}}$。算法如下：

$$\begin{cases} \boldsymbol{X} \rightarrow \boldsymbol{D}(\lambda) \\ \boldsymbol{q}(t) = \mathrm{Solve}(\boldsymbol{D}(\lambda)) \\ \dot{\boldsymbol{q}}(t) = \dfrac{\boldsymbol{q}(t) - \boldsymbol{q}(t-\delta t)}{\delta t} \\ \ddot{\boldsymbol{q}}(t) = \dfrac{\dot{\boldsymbol{q}}(t) - \dot{\boldsymbol{q}}(t-\delta t)}{\delta t} \end{cases} \tag{8-65}$$

根据计算结果 $\boldsymbol{q}$，$\dot{\boldsymbol{q}}$ 和 $\ddot{\boldsymbol{q}}$，由控制系统执行操作臂运动操作。

资料概述

目前轨迹生成的研究已较为成熟，并广泛应用于操作臂、飞行机器人和水下机器人等。Milam 等(2000)结合非线性控制理论、样条理论和序列二次规划提出了一种针对约束力学系统的实时轨迹生成方法；Mellinger 等(2012)采用分段控制的策略实现了四旋翼无人机的实时轨迹生成，能够使无人机精确地到达目标位姿；Yuen 等(2013)利用光滑样条插值的方法实现了五轴机床加工复杂曲面的轨迹生成，该方法可有效地降低惯性振动并提高跟踪精度。

习　　题

8.1　单连杆旋转关节机械手从 $\theta=-5°$ 静止开始，在 4 s 内平滑运动到 $\theta=80°$ 停止。

(1) 计算三次样条函数的系数；

(2) 计算带抛物线过渡的直线样条的各参数；

(3) 画出关节位移、速度和加速度曲线。

8.2　平面 2R 机械手的两连杆长为 1 m，要求从 $(x_0, y_0)=(1.96, 0.50)$ 移至 $(x_f, y_f)=(1.00, 0.75)$，起始和终止位置速度和加速度均为零，求出每个关节的三次多项式的系数。可将关节轨迹分成几段路径。

8.3　设关节路径点序列为 10°，35°，25°，10°，三个轨迹段的持续时间分别为2 s，1 s 和 3 s。各过渡域的隐含加速度绝对值不超过 $50°/s^2$，计算各段的速度、过渡持续时间和线性持续时间。

8.4　PUMA560 机器人的初始位姿和目标位姿分别用矩阵 $\boldsymbol{T}_i$ 和 $\boldsymbol{T}_f$ 表示：

$$\boldsymbol{T}_i = \begin{bmatrix} -0.660 & -0.436 & -0.612 & -184.099 \\ -0.750 & 0.433 & 0.500 & 892.250 \\ 0.047 & 0.789 & -0.612 & -34.599 \\ 0 & 0 & 0 & 1 \end{bmatrix}$$

$$\boldsymbol{T}_f = \begin{bmatrix} -0.933 & -0.064 & 0.355 & 412.876 \\ -0.122 & 0.982 & -0.145 & 596.051 \\ -0.339 & -0.179 & -0.924 & -545.869 \\ 0 & 0 & 0 & 1 \end{bmatrix}$$

机器人的提升和接近位置一般定为 d_6 的 25%（d_6 的值为 56.25 mm），求在提升和接近位置的齐次变换矩阵 $\boldsymbol{T}_{\mathrm{lift}}$ 和 $\boldsymbol{T}_{\mathrm{set}}$。

8.5　PUMA560 机器人的坐标系如图 5-7 所示。

$$\boldsymbol{T}_{\mathrm{i}}=\begin{bmatrix}-1 & 0 & 0 & 0\\0 & 1 & 0 & 600.0\\0 & 0 & -1 & -100.0\\0 & 0 & 0 & 1\end{bmatrix},\quad \boldsymbol{T}_{\mathrm{set}}=\begin{bmatrix}0 & 1 & 0 & 100.0\\1 & 0 & 0 & 400.0\\0 & 0 & -1 & -50.0\\0 & 0 & 0 & 1\end{bmatrix}$$

（1）机器人提升和接近位置取 d_6 的 25%（d_6 的值为 56.25 mm）并附加必要的转动。求提升位置的齐次变换矩阵 $\boldsymbol{T}_{\mathrm{lift}}$。设由起始位置到提升位置手爪绕 o 轴转 60°。

（2）设从接近位置到终止位置手爪绕 o 轴转 −60°，求终止位置的齐次变换矩阵 $\boldsymbol{T}_{\mathrm{f}}$。

8.6　机器人从点 $\boldsymbol{A}$ 沿直线运动到点 $\boldsymbol{B}$，其坐标分别为

$$\boldsymbol{A}=\begin{bmatrix}-1 & 0 & 0 & 5\\0 & 1 & 0 & 10\\0 & 0 & -1 & 15\\0 & 0 & 0 & 1\end{bmatrix},\quad \boldsymbol{B}=\begin{bmatrix}0 & -1 & 0 & 20\\0 & 0 & 1 & 30\\-1 & 0 & 0 & 5\\0 & 0 & 0 & 1\end{bmatrix}$$

运动由一个移动和两个转动组成（见 8.3 节），确定驱动变换的 θ,ψ,ϕ 和 x,y,z，以及 $\boldsymbol{A}$ 与 $\boldsymbol{B}$ 之间的三个中间变换。

8.7　机器人从点 $\boldsymbol{A}$ 沿直线运动到点 $\boldsymbol{B}$，且绕等效转轴 $\boldsymbol{k}$ 匀速回转等效角 θ，求矢量 $\boldsymbol{k}$ 和转角 θ，并求三个中间变换。已知点 $\boldsymbol{A}$ 和点 $\boldsymbol{B}$ 的坐标分别为

$$\boldsymbol{A}=\begin{bmatrix}-1 & 0 & 0 & 10\\0 & 1 & 0 & 10\\0 & 0 & -1 & 10\\0 & 0 & 0 & 1\end{bmatrix},\quad \boldsymbol{B}=\begin{bmatrix}0 & -1 & 0 & 10\\0 & 0 & 1 & 10\\-1 & 0 & 0 & 10\\0 & 0 & 0 & 1\end{bmatrix}$$

8.8　用四元数表示习题 8.7 的旋转结果。

8.9　用四元数表示绕轴 $\boldsymbol{j}$ 转 60°，再绕轴 $\boldsymbol{i}$ 转 120°的转动。

8.10　求单关节从 θ_0 运动到 θ_{f} 的三次样条函数，要求 $\dot{\theta}(0)=0,\dot{\theta}(t_{\mathrm{f}})=0$，且 $\|\dot{\theta}(t)\|<\dot{\theta}_{\max}$，$\|\ddot{\theta}(t)\|<\ddot{\theta}_{\max}$，$t\in[0,t_{\mathrm{f}}]$，求三次样条函数的系数和 t_{f} 之值。

第 9 章 操作臂的轨迹控制

本章讨论如何使操作臂实现所规划的运动。如果操作臂的动力学方程已经准确给出，则进行操作臂控制时还要使其达到应有的动态响应，满足所要求的性能指标。由于各关节之间惯性力、科氏力的耦合作用以及重力负载的影响，操作臂的控制问题较为复杂。目前工业机器人操作臂控制系统的设计，大都把操作臂的各个关节当成简单的伺服系统来处理。这种方法不能充分地表达操作臂动态特性的变化规律，因为它忽视了操作臂的运动结构特点：各个关节之间相互耦合，随形位变化。受控系统的参数变化十分显著，足以使常规的反馈控制策略失效，结果是降低系统的响应速度和阻尼，限制末端执行器的精度和速度，引起不必要的振动。为了改进控制系统的性能，必须建立有效的动态模型，采用合理的控制策略。

在我们讨论的操作臂模型中，每个关节由一个单独的驱动器施加力和力矩，每个关节用一个位置传感器测量关节位移（关节角度或直线距离），有时还用速度传感器（例如测速发电机）检测关节速度。关节的驱动和传动方式可以多种多样，不过大多数工业机器人都可以看成是每一关节由一个驱动器单独驱动的。

虽然要求操作臂的各个关节按所规划的轨迹运动，但是驱动器是按力矩指令驱动关节运动的。因此必须运用控制系统计算和发出适当的驱动指令，使关节实现所要求的运动轨迹。现在，几乎所有的工业机器人都采用反馈控制，根据关节传感器的信号计算所需的力矩指令。

图 9-1 表示机器人本身、控制系统和轨迹规划器之间的关系。机器人接受来自于控制系统的关节力矩矢量 $\boldsymbol{\tau}$，传感器读出关节位置矢量 $\boldsymbol{q}$ 和关节速度矢量 $\dot{\boldsymbol{q}}$，并将其送入控制器。图 9-1 中的所有信号线均传送 $n\times1$ 的矢量，其中 n 是操作臂的关节数目。

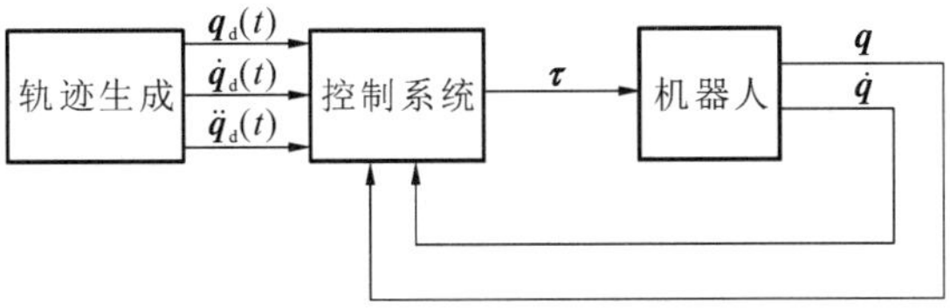

图 9-1 机器人控制系统框图

现在来考虑图 9-1 中控制系统的算法。一种可能的算法是：利用第 7 章所建立的操作臂动力学方程计算该运动轨迹所需的力矩（或力）。因为轨迹规划器生成的设定值 $\boldsymbol{q}_d$，$\dot{\boldsymbol{q}}_d$ 和 $\ddot{\boldsymbol{q}}_d$ 已经给定，所以可以计算出：

$$\boldsymbol{\tau}=\boldsymbol{D}(\boldsymbol{q}_d)\ddot{\boldsymbol{q}}_d+\boldsymbol{H}(\boldsymbol{q}_d,\dot{\boldsymbol{q}}_d)+\boldsymbol{G}(\boldsymbol{q}_d) \tag{9-1}$$

理论上，由模型计算出的这个力矩矢量应该能够用来实现所要求的运动轨迹。如果动力学模型十分完善和绝对准确，没有噪声和干扰，那么沿着给定轨迹连续使用式(9-1)将使操作臂实现所规划的运动。实际上，动力学模型不可能十分完善和绝对准确，也不可避免地存在干扰和噪声，因此，这种控制策略是不实用的。这种控制策略称为开环控制，因为这种策略没有采用关节传感器的反馈作用，从式(9-1)可以看出，控制作用 $\boldsymbol{\tau}$ 只是给出轨迹设定值 $\boldsymbol{q}_\mathrm{d}$ 以及它的导数的函数，与实际轨迹 $\boldsymbol{q}$ 无关。

一般说来，构造高性能控制系统的唯一方法是使用反馈控制，如图 9-1 所示，由关节传感器组成闭环系统。系统的伺服误差包括两部分：位置误差 $\boldsymbol{e}=\boldsymbol{q}_\mathrm{d}-\boldsymbol{q}$ 和速度误差 $\dot{\boldsymbol{e}}=\dot{\boldsymbol{q}}_\mathrm{d}-\dot{\boldsymbol{q}}$。由控制系统计算驱动器输出的力矩大小，驱动器输出力矩是伺服误差的函数。显然，驱动器的输出力矩有使伺服误差减小的趋势。这样，就通过反馈控制组成所要求的闭环系统。

设计控制系统的关键是确保所得到的闭环系统满足一定的性能指标要求。最基本的准则是要保证系统的稳定性，系统是稳定的是指它在实现所规定的运动轨迹时，即使在一定的干扰作用下，其误差仍然保持在很小的范围之内。值得注意的是，如果控制系统设计得不好，将会发生不稳定现象，伺服误差将不是减小，而是增大。因此，设计的首要任务是使系统稳定，次要任务是使系统的闭环性能令人满意。实际中，可以利用数学分析方法，根据系统的模型和假设条件判别系统的稳定性和动态性能，也可采用仿真和实验的方法判别系统的优劣。

图 9-1 中的所有信号线传送的都是 $n\times1$ 的矢量，这表示机器人操作臂的控制系统是一个多输入多输出(MIMO)系统。本章我们将这一系统简化，把每一个关节作为一个单独的系统。因而，可将一个 n 关节操作臂分解成 n 个独立的单输入单输出(SISO)控制系统。大多数工业机器人的控制系统设计都采用了这种简化方法。这种独立关节控制方法是近似的，因为操作臂的动力学方程中各个关节相互之间有紧密的耦合作用。

本章首先介绍操作臂的单关节传递函数及 PD 控制，接着介绍控制规律的分解，基于控制规律的分解方法的操作臂单关节控制、多关节控制和非线性控制，最后介绍李雅普诺夫(Lyapunov)稳定性分析。

9.1　操作臂的单关节传递函数及 PD 控制

本节将建立操作臂单个旋转关节的简化模型，推导它的传递函数，从而得到比例-微分(PD)控制规律。

9.1.1　数学模型、单关节的传递函数

大多数工业机器人是通过电力、液压力或气压力驱动的。最常见的驱动方式是每个关节用一个直流(DC)永磁力矩电动机驱动。这种直流永磁力矩电动机是由电枢激励的，可连续旋转，具有以下特点：力矩-功率比高，性能曲线平滑；可低速运转；力矩-速度特性是线性的，时间常数小；能以最小的输入功率得到最大的力矩；重量轻；电动机电感小。

1. 平衡方程

图 9-2(a)所示是直流电动机驱动的原理图。在直流电动机驱动回路中，位置编码器把机器人关节运动的角位移或直线位移转换成电信号，并与输入的参考信息相比较，将二者的偏差作为位置控制器的输入。机器人关节运动的速度可以通过测得的位置信息对时间进行微分运算得到。功率放大器对控制信号进行调节，并从电源中获取与控制信号成比例的功

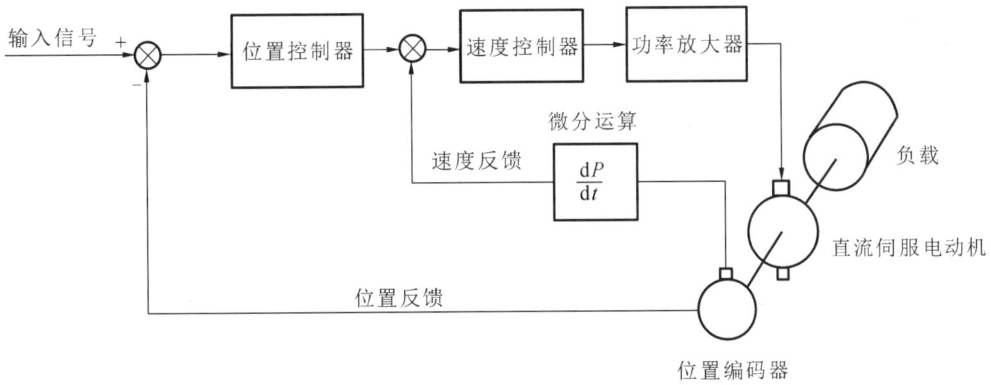

(a)

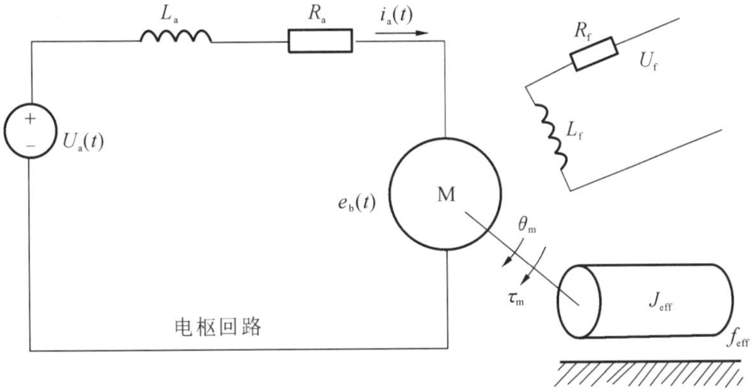

(b)

图 9-2　直流电动机驱动

(a) 原理图　(b) 等效电路

率，以电流形式将这些功率传递到伺服电动机。

图 9-2(b)所示是直流永磁力矩电动机等效电路，图 9-3 是机械传动原理图。两图中符号含义及单位如下：U_a 为电枢电压，U_f 为励磁电压，L_a 为电枢电感，R_a 为电枢电阻，R_f 为励磁电阻，i_a 为电枢电流，e_b 为反电动势，τ_m 为电动机输出力矩，θ_m 为电机轴角位移，θ_L 为负载轴角位移，J_m 为折合到电机轴的惯性矩，J_L 为折合到负载轴的惯性矩，f_m 为折合到电机轴的黏性摩擦系数，f_L 为折合到负载轴的黏性摩擦系数，z_m 为电动机齿轮齿数，z_L 为负载齿轮齿数。从以上所列参数可以得出：

(1) 从电机轴到负载轴的传动比

$$n = \frac{z_m}{z_L}$$

(2) 折合到电机轴上的总的等效惯性矩 J_{eff} 和等效黏性摩擦系数 f_{eff} 为

$$J_{eff} = J_m + n^2 J_L, \quad f_{eff} = f_m + n^2 f_L$$

例 9.1　操作臂负载惯性矩 J_L 在 2～8 km·m² 之间变化，电机轴惯性矩 $J_m = 0.01\ \mathrm{kg \cdot m^2}$，减速比 $n = 1/40$，求等效惯性矩的最大值和最小值。

等效惯性矩的最小值为

$$J_m + n^2 J_{Lmin} = (0.01 + \frac{1}{40^2} \times 2)\text{kg} \cdot \text{m}^2 = 0.01125\ \text{kg} \cdot \text{m}^2 \tag{9-2}$$

最大值为

$$J_m + n^2 J_{Lmax} = (0.01 + \frac{1}{40^2} \times 8)\text{kg} \cdot \text{m}^2 = 0.015\ \text{kg} \cdot \text{m}^2 \tag{9-3}$$

因此可以看出,相对于负载惯性矩的变化率,减速器使折算到电机轴的等效惯性矩变化率减小了。

图 9-2(b)表示一个典型的机电耦合系统。其机械部分的模型由电机轴上的力矩平衡方程描述,电气部分的模型则由电动机电枢绕组内电压平衡方程来描述。

(1) 电压平衡方程(参见电枢电路图 9-2(b))为

$$U_a(t) = R_a i_a(t) + L_a \frac{\mathrm{d}i_a(t)}{\mathrm{d}t} + e_b(t) \tag{9-4}$$

(2) 力矩平衡方程(参见机械传动简图 9-3)为

$$\tau_m(t) = J_{eff}\ddot{\theta}_m + f_{eff}\dot{\theta}_m \tag{9-5}$$

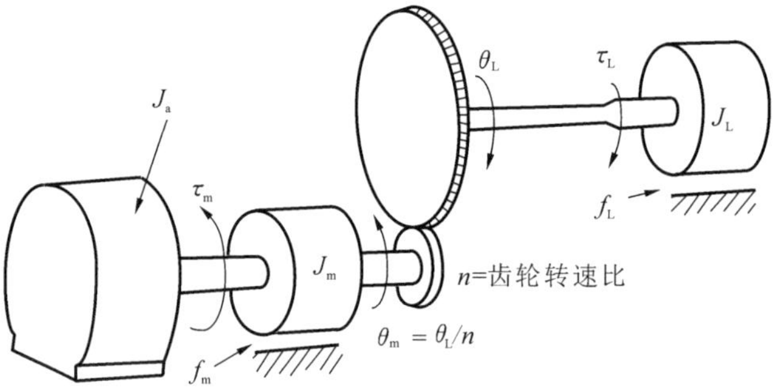

图 9-3　机械传动原理图

2. 耦合关系

机械部分和电气部分的耦合包括两个方面的作用:一方面是电气部分对机械部分的作用,是由于电机轴上产生的力矩随电枢电流线性变化而产生的;另一方面是机械部分对电气部分的作用,表现为电动机的反电动势与电动机的角速度成正比,即

$$\tau_m(t) = k_a i_a(t), \quad e_b(t) = k_b \dot{\theta}_m(t) \tag{9-6}$$

式中:k_a 是电动机电流-力矩比例系数;k_b 是反电动势与电动机转速间的比例系数。

对式(9-4)至式(9-6)进行拉普拉斯变换,得

$$I_a(s) = \frac{U_a(s) - U_b(s)}{R_a + sL_a} \tag{9-7}$$

$$T(s) = s^2 J_{eff}\Theta_m(s) + s f_{eff}\Theta_m(s) \tag{9-8}$$

$$T(s) = k_a I_a(s), \quad U_b(s) = s k_b \Theta_m(s) \tag{9-9}$$

将式(9-7)至式(9-9)联立并重新组合,即得到从电枢电压到电动机辐角位移的传递函数:

$$\frac{\Theta_m(s)}{U_a(s)} = \frac{k_a}{s[s^2 J_{eff} L_a + (L_a f_{eff} + R_a J_{eff})s + R_a f_{eff} + k_a k_b]} \tag{9-10}$$

由于电动机的电气时间常数远远小于其机械时间常数,因此可以忽略电枢的电感 L_a 的作用,则方程(9-10)简化为

$$\frac{\Theta_m(s)}{U_a(s)} = \frac{k_a}{s(sR_a J_{eff} + R_a f_{eff} + k_a k_b)} = \frac{k}{s(T_m s + 1)} \tag{9-11}$$

式中：电动机增益常数和时间常数分别为

$$k=\frac{k_a}{R_a f_{eff}+k_a k_b},\quad T_m=\frac{R_a J_{eff}}{R_a f_{eff}+k_a k_b}$$

由于控制系统的输出是关节角位移 $\Theta_L(s)$，它与电枢电压 $U_a(s)$ 之间的传递关系为

$$\frac{\Theta_L(s)}{U_a(s)}=\frac{nk_a}{s(sR_aJ_{eff}+R_af_{eff}+k_ak_b)} \tag{9-12}$$

式(9-12)表示所加电压与关节角位移之间的传递函数。系统的方框图如图 9-4 所示。

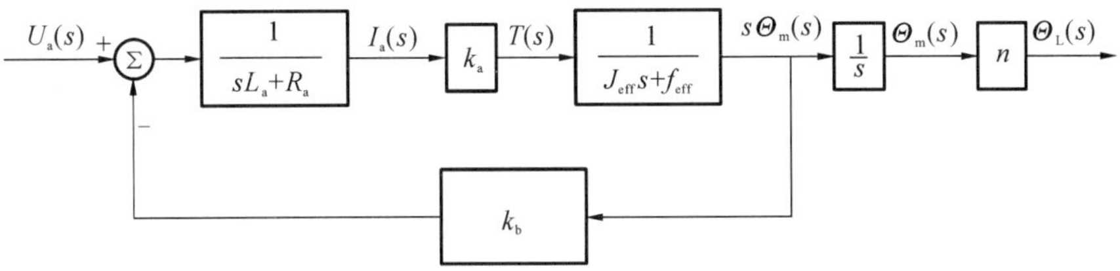

图 9-4　单关节开环系统方框图

9.1.2　单关节的位置控制器

位置控制器的作用是，利用电动机组成的伺服系统使关节的实际角位移跟踪预期的角位移，把伺服误差作为电动机的输入信号，产生适当的电压，即

$$U_a(t)=\frac{k_pe(t)}{n}=\frac{k_p(\theta_L^d(t)-\theta_L(t))}{n} \tag{9-13}$$

式中：k_p 是位置反馈增益(V/rad)；$e(t)$ 是系统误差，$e(t)=\theta_L^d(t)-\theta_L(t)$；$n$ 是传动比。这样一来，实际上是用“单位负反馈”把该系统从开环系统转变为闭环的，如图 9-5 所示。

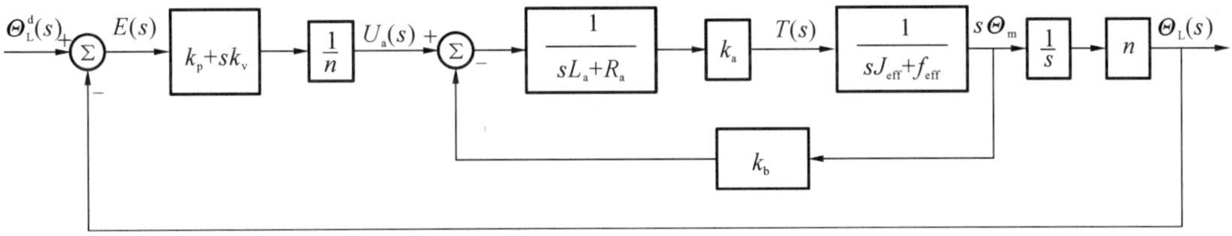

图 9-5　单关节反馈控制闭环系统方框图

对式(9-13)进行拉普拉斯变换：

$$U_a(s)=\frac{k_p(\Theta_L^d(s)-\Theta_L(s))}{n}=\frac{k_pE(s)}{n} \tag{9-14}$$

把式(9-14)代入式(9-12)，得出误差信号 $E(s)$ 与实际位移 $\Theta_L(s)$ 之间的开环传递函数：

$$G(s)=\frac{\Theta_L(s)}{E(s)}=\frac{k_ak_p}{s(sR_aJ_{eff}+R_af_{eff}+k_ak_b)}$$

由此可得系统的闭环传递函数，表示实际角位移 $\Theta_L(s)$ 与预期角位移 $\Theta_L^d(s)$ 之间的关系：

$$\frac{\Theta_L(s)}{\Theta_L^d(s)}=\frac{G(s)}{1+G(s)}=\frac{k_ak_p}{s^2R_aJ_{eff}+s(R_af_{eff}+k_ak_b)+k_ak_p}$$

$$=\frac{\dfrac{k_ak_p}{R_aJ_{eff}}}{s^2+\dfrac{s(R_af_{eff}+k_ak_b)}{R_aJ_{eff}}+\dfrac{k_ak_p}{R_aJ_{eff}}} \tag{9-15}$$

式(9-15)表明单关节的比例控制器是一个二阶系统，当系统参数均为正时，它总是稳定的。为了改善系统的动态性能，减少静态误差，可以加大位置反馈增益 k_p 和增加阻尼，再引入位置误差的导数(角速度)作为反馈信号。关节角速度常用测速发电机、光电编码盘或电位器等测量，也可用两次采样周期内的位移数据之差除以采样周期来近似表示。加上位置反馈和速度反馈之后，关节电动机上所加的电压与位置误差和速度误差成正比，即

$$U_a(t)=\frac{k_p e(t)+k_v\dot{e}(t)}{n}=\frac{k_p(\theta_L^d(t)-\theta_L(t))+k_v(\dot{\theta}_L^d(t)-\dot{\theta}_L(t))}{n} \tag{9-16}$$

式中：k_v 是速度反馈增益；n 是传动比。这种闭环控制系统的方框图如图 9-5 所示。

对式(9-16)进行拉普拉斯变换，再把 $U_a(s)$ 代入式(9-11)，得到误差驱动信号 $E(s)$ 与实际位移之间的传递函数：

$$G_{PD}(s)=\frac{\Theta_L(s)}{E(s)}=\frac{k_a(k_p+sk_v)}{s(sR_aJ_{eff}+R_af_{eff}+k_ak_b)}=\frac{sk_ak_v+k_ak_p}{s(sR_aJ_{eff}+R_af_{eff}+k_ak_b)}$$

由此可以得出表示实际角位移 $\Theta_L(s)$ 与预期角位移 $\Theta_L^d(s)$ 之间关系的闭环传递函数：

$$\frac{\Theta_L(s)}{\Theta_L^d(s)}=\frac{G_{PD}(s)}{1+G_{PD}(s)}=\frac{sk_ak_v+k_ak_p}{s^2R_aJ_{eff}+s(R_af_{eff}+k_ak_b+k_ak_v)+k_ak_p} \tag{9-17}$$

显然，当 $k_v=0$ 时，式(9-17)就简化为式(9-15)。

式(9-17)所表示的是个二阶系统，它具有一个有限零点 $s=-\dfrac{k_p}{k_v}$，位于 s 平面的左半部分。系统可能有大的超调量和较长的稳定时间，随零点的位置而定。如图 9-6 所示，操作臂控制系统还要受到扰动 $D(s)$ 的影响。这些扰动是由重力负载和连杆的离心力引起的。电机轴的输出力矩的一部分必须用于克服各种扰动力矩。由式(9-8)得出

$$T(s)=(s^2J_{eff}+sf_{eff})\Theta_m(s)+D(s) \tag{9-18}$$

式中：$D(s)$ 是扰动的拉普拉斯变换。表示扰动输入与实际关节角位移之间关系的传递函数为

$$\left.\frac{\Theta_L(s)}{D(s)}\right|_{\Theta_L^d=0}=\frac{-nR_a}{s^2R_aJ_{eff}+s(R_af_{eff}+k_ak_b+k_ak_v)+k_ak_p} \tag{9-19}$$

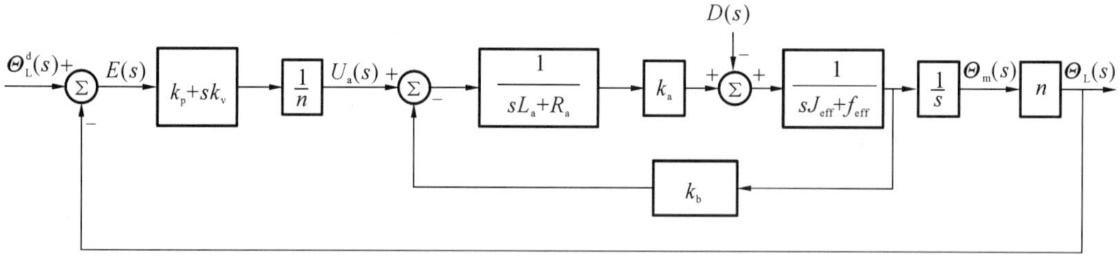

图 9-6　带干扰的反馈控制框图

根据式(9-17)和式(9-19)，运用叠加原理，可以得到关节的实际位移如下：

$$\Theta_L(s)=\frac{k_a(k_p+sk_v)\Theta_L^d(s)-nR_aD(s)}{s^2R_aJ_{eff}+s(R_af_{eff}+k_ak_b+k_ak_v)+k_ak_p} \tag{9-20}$$

最重要的是上述闭环系统的特性，尤其是在阶跃输入和斜坡输入下产生的系统稳态误差，以及位置和速度反馈增益的极限。

9.1.3　位置和速度反馈增益的确定

二阶闭环控制系统的性能指标有：快速上升时间，稳态误差的大小(是否为零)，快速调

整时间。这些都与位置反馈增益 k_p 以及速度反馈增益 k_v 有关。暂时假定扰动为零，由式(9-17)和式(9-19)可知，该二阶系统是一个有有限零点的系统。这一有限零点的作用常常使二阶系统提早到达峰值，并产生较大的超调量(与无有限零点的二阶系统相比)。暂时忽略这个有限零点的作用，设法确定 k_p 和 k_v 之值，以便得到临界阻尼或过阻尼系统。二阶系统的特征方程具有下面的标准形式：

$$s^2 + 2\zeta\omega_n s + \omega_n^2 = 0 \tag{9-21}$$

式中：ζ 是阻尼比；ω_n 是自然频率(无阻尼的)。

把闭环系统的特征方程与式(9-21)相对照，可以看出它的无阻尼自然频率为

$$\omega_n^2 = \frac{k_a k_p}{J_{\mathrm{eff}} R_a} \tag{9-22}$$

且有

$$2\zeta\omega_n = \frac{R_a f_{\mathrm{eff}} + k_a k_b + k_a k_v}{J_{\mathrm{eff}} R_a} \tag{9-23}$$

二阶系统的特性取决于它的无阻尼自然频率 ω_n 和阻尼比 ζ。为安全起见，我们希望系统具有临界阻尼或过阻尼，即要求系统的阻尼比 $\zeta \geqslant 1$。注意，系统的位置反馈增益 $k_p > 0$(表示负反馈)。由式(9-23)得到

$$\zeta = \frac{R_a f_{\mathrm{eff}} + k_a k_b + k_a k_v}{2\sqrt{k_a k_p J_{\mathrm{eff}} R_a}} \geqslant 1 \tag{9-24}$$

因而速度反馈增益 k_v 为

$$k_v \geqslant \frac{2\sqrt{k_a k_p J_{\mathrm{eff}} R_a} - R_a f_{\mathrm{eff}} - k_a k_b}{k_a} \tag{9-25}$$

式(9-25)取等号时，系统为临界阻尼系统；取大于号时，系统为过阻尼系统。

在确定位置反馈增益 k_p 时，必须考虑操作臂的结构刚度和共振频率；k_p 与操作臂的结构、尺寸、质量分布和制造装配质量有关。在前面我们建立单关节的控制系统模型时忽略了齿轮轴、轴承和连杆等零件的变形，认为这些零件和传动系统都具有无限大的刚度。实际上并非如此，各关节的传动系统和有关零件，以及配合衔接的部分的刚度都是有限的。但是，如果在建立控制系统模型时将这些变形和刚度的影响都考虑进去，则得到的模型是很高阶的，使得问题复杂化。因此，所建立的二阶简化模型(9-20)只适用于机械传动系统的刚度很高、系统的共振频率很高的场合，这时，机械结构的自然频率与简化的二阶控制系统的主导极点相比较可以忽略。令关节的等效刚度为 k_{eff}，则恢复力矩为 $k_{\mathrm{eff}}\theta_m(t)$，它与电动机的惯性力矩相平衡，因此可得微分方程

$$J_{\mathrm{eff}}\ddot{\theta}_m(t) + k_{\mathrm{eff}}\theta_m(t) = 0$$

系统结构的共振频率为

$$\omega_r = \sqrt{\frac{k_{\mathrm{eff}}}{J_{\mathrm{eff}}}}$$

因为在建立控制系统模型时，没有将结构的共振频率 ω_r 考虑进去，所以把它称为非模型化频率。一般说来，关节的等效刚度 k_{eff} 大致不变，但是等效惯性矩 J_{eff} 随末端执行器的负载和操作臂的形位变化而变化。如果在已知的惯性矩 J_0 之下测出的结构共振频率为 ω_0，则在其他惯性矩 J_{eff} 下的结构共振频率为

$$\omega_r = \omega_0\sqrt{\frac{J_0}{J_{\mathrm{eff}}}}$$

为了不致激起系统共振，Paul 于 1981 年指出要将闭环系统无阻尼自然频率 ω_n 限制在关节结构共振频率的一半之内，即 $\omega_n \leqslant 0.5\omega_r$。根据这一要求来调整位置反馈增益 k_p，由于 $k_p > 0$，从式(9-22)和上面的结果可以得出

$$0 < k_p \leqslant \frac{\omega_r^2 J_{eff} R_a}{4k_a} \tag{9-26}$$

再利用 $\omega_r = \omega_0 \sqrt{\dfrac{J_0}{J_{eff}}}$，式(9-26)变为

$$0 < k_p \leqslant \frac{\omega_0^2 J_0 R_a}{4k_a} \tag{9-27}$$

k_p 求出后，相应的速度反馈增益 k_v 可以由式(9-25)导出：

$$k_v \geqslant \frac{R_a\omega_0 \sqrt{J_0 J_{eff}} - R_a f_{eff} - k_a k_b}{k_a}$$

9.1.4 稳态误差及其补偿

误差定义为

$$e(t) = \theta_L^d(t) - \theta_L(t)$$

它的拉普拉斯变换为

$$E(s) = \Theta_L^d(s) - \Theta_L(s)$$

利用式(9-20)，可以得出

$$E(s) = \frac{[s^2 R_a J_{eff} + s(R_a f_{eff} + k_a k_b)]\Theta_L^d(s) + nR_a D(s)}{s^2 R_a J_{eff} + s(R_a f_{eff} + k_a k_b + k_a k_v) + k_a k_p} \tag{9-28}$$

对于一个幅值为 A 的阶跃输入，即 $\theta_L^d(t) = A$，若扰动输入未知，则因这个阶跃输入而产生的系统稳态误差可由终值定理导出。在 $k_a k_p \neq 0$ 的条件下，可得稳态误差

$$\begin{aligned} e_{ssp} &= \lim_{t\to\infty} e(t) = \lim_{s\to 0} sE(s) \\ &= \lim_{s\to 0} s \cdot \frac{[s^2 R_a J_{eff} + s(R_a f_{eff} + k_a k_b)]A/s + nR_a D(s)}{s^2 R_a J_{eff} + s(R_a f_{eff} + k_a k_b + k_a k_v) + k_a k_p} \\ &= \lim_{s\to 0} s \cdot \frac{nR_a D(s)}{s^2 R_a J_{eff} + s(R_a f_{eff} + k_a k_b + k_a k_v) + k_a k_p} \end{aligned} \tag{9-29}$$

它是扰动的函数。有些干扰，如因重力负载和关节速度而产生的离心力，我们可以确定；有些干扰，如齿轮啮合摩擦、轴承摩擦和系统噪声则无法直接确定。把干扰力矩表示为

$$\tau_D(t) = \tau_G(t) + \tau_C(t) + \tau_e \tag{9-30}$$

式中：$\tau_G(t)$ 和 $\tau_C(t)$ 分别是连杆重力和离心力造成的力矩；τ_e 是除重力和离心力之外的因素造成的干扰力矩，可以认为它是个很小的恒值干扰力矩 T_e。式(9-30)的拉普拉斯变换为

$$D(s) = T_G(s) + T_C(s) + \frac{T_e}{s} \tag{9-31}$$

为了补偿重力负载和离心力的影响，可以预先算出式(9-30)中的力矩值，进行前馈补偿，如图 9-7 所示。令补偿力矩 τ_{com} 的拉普拉斯变换为 $T_{com}(s)$，并将式(9-31)代入式(9-28)，则得出误差表达式为

$$E(s) = \frac{[s^2 R_a J_{eff} + s(R_a f_{eff} + k_a k_b)]\Theta_L^d(s)}{s^2 R_a J_{eff} + s(R_a f_{eff} + k_a k_b + k_a k_v) + k_a k_p}$$

$$+\frac{nR_a\left[T_G(s)+T_C(s)+\dfrac{T_e}{s}-T_{com}(s)\right]}{s^2R_aJ_{eff}+s(R_af_{eff}+k_ak_b+k_ak_v)+k_ak_p}$$

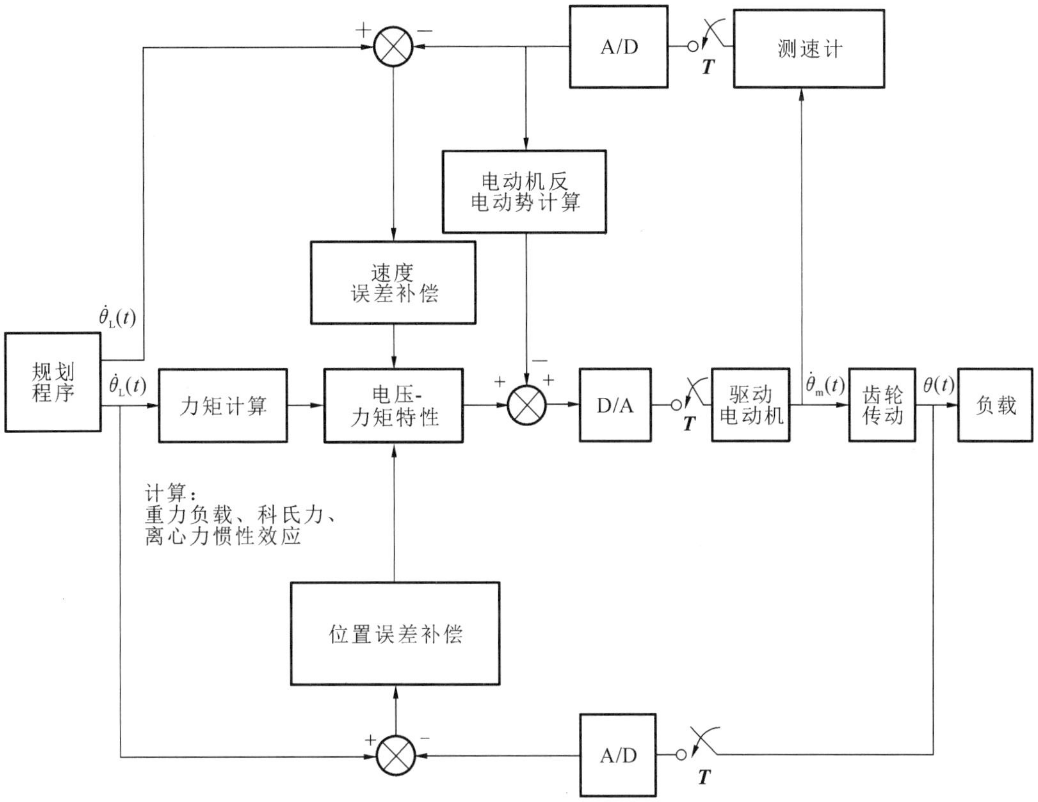

图 9-7　干扰的补偿

对阶跃输入而言，$\Theta_L^d(s)=\dfrac{A}{s}$，系统的稳态误差为

$$e_{ssp}=\lim_{s\to 0}s\left[\frac{nR_a\left(T_G(s)+T_C(s)+\dfrac{T_e}{s}-T_{com}(s)\right)}{s^2R_aJ_{eff}+s(R_af_{eff}+k_ak_b+k_ak_v)+k_ak_p}\right] \tag{9-32}$$

当时间 $t\to\infty$时，离心力产生的扰动作用为零，因为离心力是 $\dot{\theta}_L^2(t)$的函数，此时$\dot{\theta}_L(\infty)\to 0$，因而不产生稳态位置误差。如果计算出的补偿力矩 τ_{com}与连杆的重力负载相等，那么，稳态位置误差仅与恒值扰动 τ_e 有关，有

$$e_{ssp}=\frac{nR_aT_e}{k_ak_p}$$

由于 k_p 满足不等式(9-27)，因而可确定稳态位置误差的范围：

$$\frac{4nT_e}{\omega_0^2J_0}\leqslant e_{ssp}<\infty$$

从 e_{ssp}的表达式可以看出，位置反馈增益 k_p 越大，e_{ssp}越小。通常取满足不等式(9-27)的上限 k_p，这时，e_{ssp}达到下限值，即

$$e_{ssp}=\frac{4nT_e}{\omega_0^2J_0}$$

因为 τ_e 是一个很小的量，因此稳态位置误差 e_{ssp}也很小。$\tau_G(t)$的计算要利用操作臂的

动态模型。

如果系统的输入是斜坡函数，则 $\Theta_L^d(s)=\dfrac{A}{s^2}$，并且干扰力矩由式(9-31)给出，那么，由于斜坡输入而产生的稳态误差是

$$
\begin{aligned}
e_{ssv} &= \lim_{s\to 0} s\cdot\frac{[s^2R_aJ_{eff}+s(R_af_{eff}+k_ak_b)]\dfrac{A}{s^2}}{s^2R_aJ_{eff}+s(R_af_{eff}+k_ak_b+k_ak_v)+k_ak_p} \\
&\quad+\lim_{s\to 0} s\frac{nR_a\left[T_G(s)+T_C(s)+\dfrac{T_e}{s}-T_{com}(s)\right]}{s^2R_aJ_{eff}+s(R_af_{eff}+k_ak_b+k_ak_v)+k_ak_p} \\
&= \frac{(R_af_{eff}+k_ak_b)A}{k_ak_p}+\lim_{s\to 0} s\frac{nR_a\left[T_G(s)+T_C(s)+\dfrac{T_e}{s}-T_{com}(s)\right]}{s^2R_aJ_{eff}+s(R_af_{eff}+k_ak_b+k_ak_v)+k_ak_p}
\end{aligned}
$$

为了减小稳态误差，计算的补偿力矩 $\tau_{com}(t)$ 应与重力和离心力的影响相抵消，这样就可得到稳态误差

$$
e_{ssv}=\frac{(R_af_{eff}+k_ak_b)A}{k_ak_p}+e_{ssp}
$$

显然，稳态误差也是有限的。同样，根据操作臂的动态模型，即逆动力学模型来计算补偿力矩 $\tau_{com}(t)$。

9.2　二阶线性系统控制器的分解

9.2.1　二阶线性系统

为了设计更复杂的操作臂控制规律，首先讨论图 9-8 所示的质量-弹簧-阻尼系统，图中受控对象处于零位。假设摩擦阻力与运动速度成正比，在无其他外力作用的情况下，物体自由运动的微分方程是

$$
m\ddot{x}+b\dot{x}+kx=0 \tag{9-33}
$$

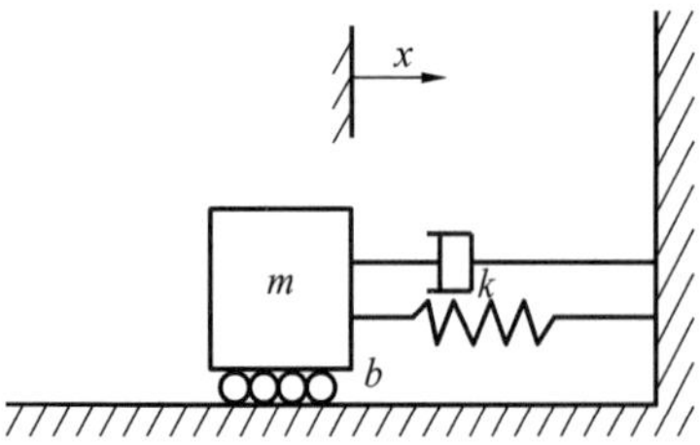

图 9-8　质量-弹簧-阻尼系统

显然，这一单自由度系统的开环动态性能可用二阶常系数微分方程(9-33)来表示。其解依赖于初始条件：初始位置和初始速度。与微分方程(9-33)对应的特征方程是

$$
ms^2+bs+k=0 \tag{9-34}
$$

该特征方程的根（称为系统的极点）是

$$
s_1=-\frac{b}{2m}+\frac{\sqrt{b^2-4mk}}{2m},\quad s_2=-\frac{b}{2m}-\frac{\sqrt{b^2-4mk}}{2m}
$$

系统的极点 s_1 和 s_2 在复平面上的位置决定了系统的运动状态和系统的动态性能。可分下列三种情况：

(1) 方程(9-34)有两不等实根，即 $b^2>4mk$，系统是过阻尼系统，阻尼占主导地位，系统响应迟钝。

(2) 方程(9-34)有两复根，即 $b^2<4mk$，系统为欠阻尼系统，刚度占主导地位，系统会产

生振荡。

(3) 方程(9-34)有两相等实根，即 $b^2=4mk$，阻尼与刚度平衡，系统处于临界阻尼状态，可以产生尽可能快的非振荡响应。

对于振荡的二阶系统，通常采用阻尼比和自然频率表示，即将其特征方程写成

$$s^2+2\zeta\omega_n s+\omega_n^2=0$$

式中：ζ 是阻尼比，$\zeta=\dfrac{b}{2\sqrt{km}}$；$\omega_n$ 是自然频率(无阻尼的)，$\omega_n=\sqrt{k/m}$。

显然：当 $\zeta>1$ 时，属于过阻尼情况；当 $\zeta<1$ 时，属于欠阻尼情况；当 $\zeta=1$ 时，属于临界阻尼情况。

在欠阻尼的情况下，系统的极点位置与参数 ζ 和 ω_n 之间的关系为

$$\nu=-\zeta\omega_n,\quad \mu=\omega_n\sqrt{1-\zeta^2}$$

式中：ν 是极点的实部；μ 是极点的虚部，有时称为系统的有阻尼自然频率。

通常，上述二阶系统的响应并不理想：系统可能是过阻尼系统，响应太慢；可能是振荡型的，会产生超调，不是我们所希望的临界阻尼系统；甚至有时系统的刚度 $k=0$，一有干扰，系统便不能回到 $x=0$ 的平衡位置。但是，我们可以通过使用传感元件、驱动器和控制系统来改变系统的品质，使之符合要求。

图 9-9 表示的质量-弹簧-阻尼系统中增添了一个驱动器，对受控物体施加力 f 的作用。这样一来，物体的运动方程就变成

$$m\ddot{x}+b\dot{x}+kx=f \tag{9-35}$$

进一步假定，我们还可用传感器检测物体的位置和速度。驱动器对物体施加的力是根据实测的位置和速度决定的，规定控制规律是

$$f=-k_p x-k_v\dot{x} \tag{9-36}$$

式中：k_p 为位置增益；k_v 为速度增益。

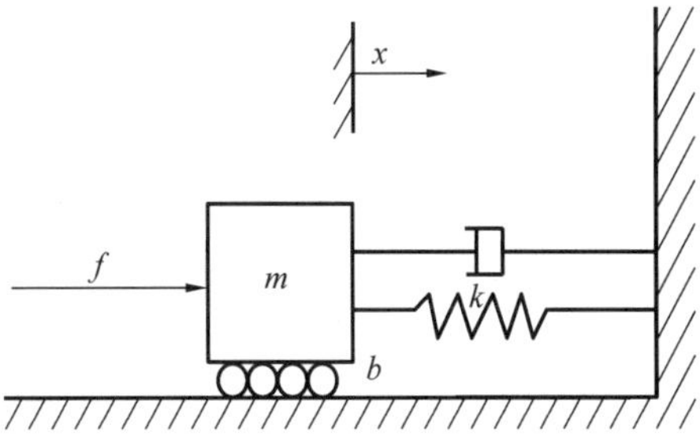

图 9-9　带驱动控制的质量-弹簧-阻尼系统

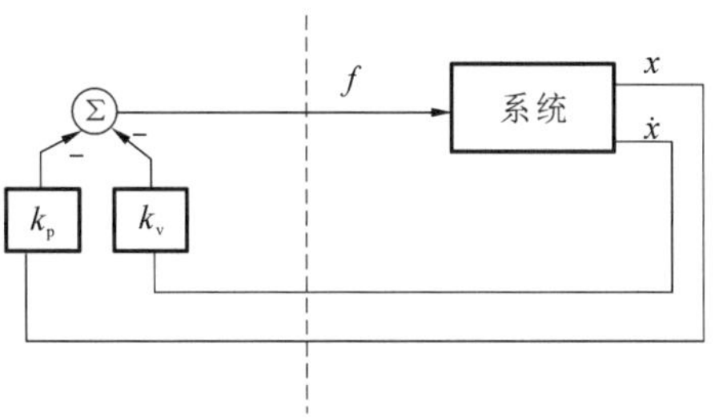

图 9-10　闭环控制系统

由式(9-36)来计算控制力的大小，形成反馈控制信号。图 9-10 是这种闭环控制系统的方框图，其中虚线左边是控制系统，虚线右边是受控系统。控制计算机接收传感器的输出信号，并向驱动器发出输出指令。这种控制系统称为位置调节系统——用来使物体保持在一个固定的位置上，消除干扰力的影响。将开环系统的动力学方程 $m\ddot{x}+b\dot{x}+kx=f$ 与式(9-36)联立，就可以推导出闭环系统的动力学方程：

$$m\ddot{x}+b\dot{x}+kx=-k_p x-k_v\dot{x} \tag{9-37}$$

或写成

$$m\ddot{x}+(b+k_v)\dot{x}+(k+k_p)x=0 \tag{9-38}$$

即

$$m\ddot{x} + b'\dot{x} + k'x = 0$$

式中:$b'=b+k_v$,$k'=k+k_p$。由方程(9-37)和式(9-38)可以看出,适当地选择控制系统的增益(简称控制增益)k_v 和 k_p,可以得到所希望的任意品质二阶系统。通常所选的增益要使系统具有临界阻尼(即 $b'=2\sqrt{mk'}$,$k'>0$),并且具有指定的刚度 k'。应该指出:k_v 和 k_p 可正可负,随受控系统的参数而定。但是,当 b' 或 k' 变成负值时,控制系统将丧失稳定性,伺服误差将会增大,这点可从系统微分方程的解看出来。

例 9.2 如图 9-9 所示的系统,参数 $m=1$,$b=1$,$k=1$。按位置调节器的控制规律,选择控制增益 k_v 和 k_p,使该系统变成临界阻尼系统,并使闭环系统刚度为 16.0。

因为要求闭环系统刚度 $k'=16.0$,又要使系统成为临界阻尼系统,必须使 $b'=2\sqrt{mk'}=8.0$。又因 $k=1$ 和 $b=1$,因而 $k_p=15.0$,$k_v=7.0$。

9.2.2 控制器的分解

作为设计复杂系统控制规律的准备工作,我们再来研究与图 9-10 所示的控制结构稍有不同的另一控制结构。这种控制结构将控制器分解成两部分:基于模型的控制部分和伺服控制部分。结果是使系统的参数(即 m,b 和 k 等)仅出现在基于模型的控制部分,而伺服控制部分与这些参数无关。初看起来,这种划分无关紧要,但在以后讨论非线性系统时,这种划分将变得非常重要,因此,必须在此强调控制器分解方法。下面仍以二阶质量-弹簧-阻尼系统为例说明之。

已知该系统的开环运动方程为式(9-35)。将此系统的控制器分解为两部分:基于模型的控制部分,它利用参数 m,b 和 k,将系统简化为一个单位质量系统;伺服控制部分,它利用反馈控制来修正系统的品质。由于基于模型的控制部分将系统简化成一个单位质量系统,因而伺服控制部分的设计十分简单,选择增益时,只要把受控系统看作既无摩擦又无刚度的单位质量系统即可。

基于模型的控制部分的控制规律有如下形式:

$$f = \alpha f' + \beta \tag{9-39}$$

式中:α 和 β 是待定的函数或常数。选择 α 和 β 的原则是:若将 f' 当成系统新的输入,则该系统将变成单位质量系统。利用这种控制规律,联立式(9-35)和式(9-39)可以得到闭环系统控制方程:

$$m\ddot{x} + b\dot{x} + kx = \alpha f' + \beta \tag{9-40}$$

这时,如果 $\alpha=m$,$\beta=b\dot{x}+kx$,则由式(9-40)可得

$$\ddot{x} = f' \tag{9-41}$$

这正是单位质量系统的运动方程。现在,我们进一步假设式(9-41)是受控系统的开环动力学方程,其控制规律的设计和计算 f' 的方法与前面所介绍的方法一样,即

$$f' = -k_p x - k_v \dot{x}$$

将此控制规律表达式与式(9-41)联立则得

$$\ddot{x} + k_v\dot{x} + k_p x = 0$$

利用这种分解法确定控制增益十分简单,并且不会涉及系统参数 α,β,即对于任何系统,临界阻尼都必须满足

$$k_v = 2\sqrt{k_p} \tag{9-42}$$

图 9-11 表示用于质量-弹簧-阻尼系统(见图 9-9)的控制器分解的框图。

例 9.3　令图 9-9 所示系统的参数 $m=1,b=1,k=1$,求出位置调节器控制规律的 α,β 和增益 k_v 和 k_p,使得闭环系统具有临界阻尼,且刚度 k_p 为 16.0。

取 $\alpha=1,\beta=\dot{x}+x$。这样,对于虚拟输入 f',系统近似为单位质量系统。然后根据规定的闭环系统刚度确定增益 k_p,再按临界阻尼的要求确定 $k_v=2\sqrt{k_p}$。最后得到

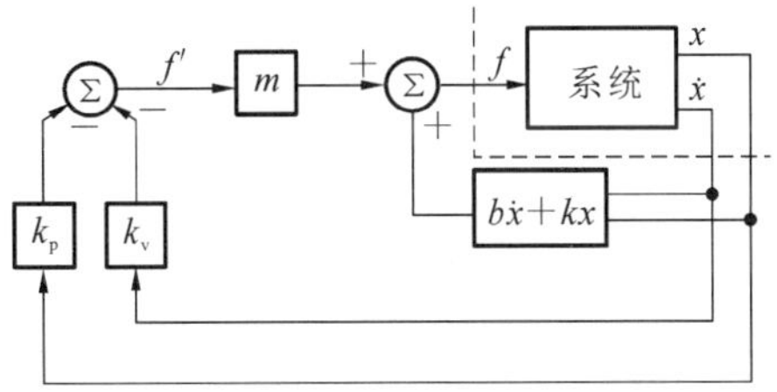

图 9-11　闭环系统控制器分解框图

$$k_p=16.0,\quad k_v=8.0$$

9.2.3　轨迹跟踪控制

现在我们使位置控制的研究更深入一步,不仅要求受控物体定位在某点上,而且要求物体跟踪指定的目标轨迹,即物体必须按照给定的时间函数 $x_d(t)$来运动。假定轨迹充分光滑,存在一阶和二阶导数。轨迹规划器生成全部时间 t 内的 $x_d,\dot{x}_d$ 和 $\ddot{x}_d$。定义指定的目标轨迹与实际轨迹的差为伺服误差,即 $e=x_d-x$。轨迹跟踪的控制规律表示如下:

$$f'=\ddot{x}_d+k_v\dot{e}+k_pe \tag{9-43}$$

显然,将上述控制规律表达式与单位质量系统运动学方程(见式 9-41)联立就可得到

$$\ddot{x}=\ddot{x}_d+k_v\dot{e}+k_pe \tag{9-44}$$

即误差方程

$$\ddot{e}+k_v\dot{e}+k_pe=0 \tag{9-45}$$

是一个二阶微分方程。我们可以选择适当的系数 k_v 和 k_p,使得系统具有所需要的动态性能(响应),例如具有临界阻尼。方程(9-45)有时也称为误差空间方程,因为它描述了相对于给定轨迹的误差变化规律。图 9-12 是轨迹跟踪控制器框图。

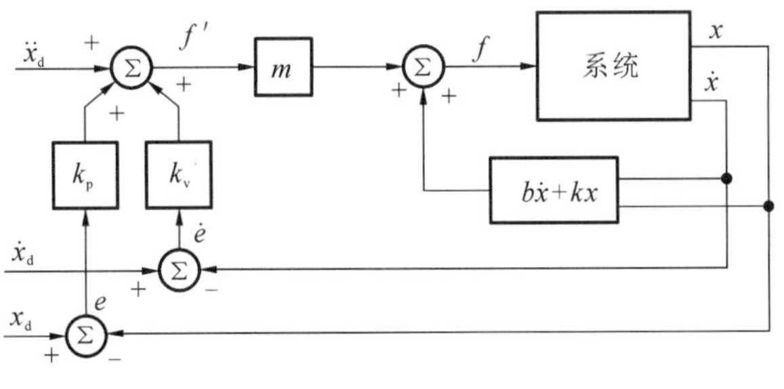

图 9-12　轨迹跟踪控制器框图

如果模型十分准确,即参数 m,b 和 k 的值十分准确,又没有噪声和初始误差,则物体将准确地跟踪给定的轨迹。

9.2.4　抑制干扰

控制系统的一个作用是抑制干扰,即系统在有外界干扰或噪声的情况下,也能保持良好的性能,使伺服误差很小。图 9-13 所示为带有干扰力 f_{dis} 输入的轨迹跟踪控制器。分析这一闭环系统,可得到误差方程为

$$\ddot{e}+k_v\dot{e}+k_pe=f_{dis} \tag{9-46}$$

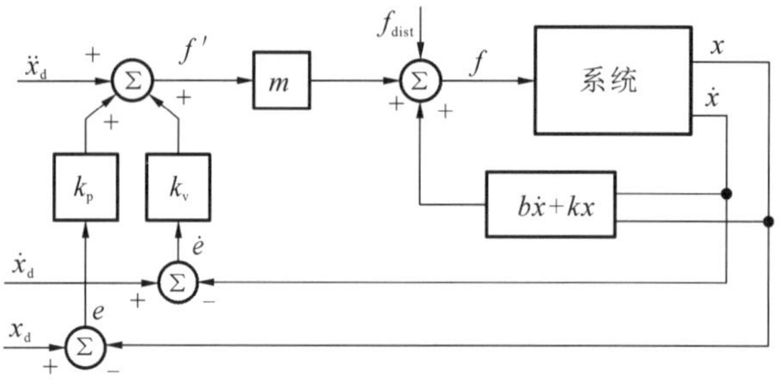

图 9-13　带有干扰的轨迹跟踪控制系统

方程(9-46)表示由力 f_{dis} 驱动的微分方程。如 f_{dis} 有界，存在常数 c 使

$$\max_t f_{dis}(t) < c \tag{9-47}$$

则此微分方程的解 $e(t)$ 亦有界。这一性质由线性系统的稳定性所决定，称为有界输入、有界输出(BIBO)稳定性。它保证系统在干扰作用之下，能保持其稳定性。

1. 稳态误差

最简单的一类干扰是常值干扰 f_{dis}。当干扰为常值干扰时，对系统进行稳态分析。令式(9-46)中的变量的各阶导数为零，分别得稳态方程和稳态误差：

$$k_p e = f_{dis}, \quad e = f_{dis}/k_p$$

显然，位置增益越大，稳态误差越小。

2. 增加积分项

为了完全消除稳态误差，需要改进控制规律。有时在控制规律中增添积分项，即

$$f' = \ddot{x}_d + k_v\dot{e} + k_p e + k_i\int e\mathrm{d}t \tag{9-48}$$

相应的误差方程为

$$\ddot{e} + k_v\dot{e} + k_p e + k_i\int e\mathrm{d}t = f_{dis} \tag{9-49}$$

增加积分项之后，系统对恒值干扰的稳态误差为零。若 $t<0$ 时 $e(t)=0$，则 $t>0$ 时，式(9-49)可改写为

$$\dddot{e} + k_v\ddot{e} + k_p\dot{e} + k_i e = \dot{f}_{dis} \tag{9-50}$$

对于恒值干扰，系统的稳态方程和稳态误差分别为

$$k_i e = 0, \quad e = 0$$

采用这种控制规律，系统将成为三阶的，解相应的三阶微分方程可以得到系统在初始条件下的动态响应。通常 k_i 的取值很小，使得上述三阶系统十分接近二阶系统。应用主导极点分析可以看出，这时，三阶系统十分接近不带积分项的情况。这类控制规律称为 PID 控制规律，或比例-积分-微分控制规律。为简单起见，以后所写的方程都不带积分项。

3. 周期干扰

另一类干扰是周期性的，根据傅里叶分析可将系统微分方程展成傅里叶级数，即可将周期性干扰当成各种谐波分量的线性叠加。对二阶线性系统而言，谐波干扰所产生的稳态误差也是一个谐波函数，其频率和干扰信号的频率相同，其幅值与相位均与频率 ω 有关。幅值比 $|G(\mathrm{j}\omega)|$ 和相位差 $\angle G(\mathrm{j}\omega)$ 如下：

$$|G(\mathrm{j}\omega)| = \frac{1}{\sqrt{(1-\lambda^2)^2 + 4\zeta^2\lambda^2}}, \quad \angle G(\mathrm{j}\omega) = \arctan\frac{4\zeta\lambda}{1-\lambda^2}$$

式中：$\lambda=\omega/\omega_n$，其中 ω 为干扰信号频率，ω_n 为系统自然频率；ζ 为阻尼比。根据线性叠加原理即可得到任意周期干扰所产生的误差。

9.3　操作臂的单关节控制规律分解

本节将为操作臂的单关节建立一个简化模型，采用 9.2 节介绍的二阶线性系统控制规律分解方法进行操作臂的单关节建模和控制。

9.1 节在建立模型时，对操作臂的控制问题进行了一系列的简化处理，做了一些近似：

(1) 把多输入多输出系统当成多个独立的单输入单输出(SISO)系统处理。将每个关节当成一个独立的单输入单输出系统，即单关节控制系统。

(2) 关节驱动器的等效惯性矩 $J_{\text{eff}}=J_m+n^2J_L$ 和等效阻尼 $f_{\text{eff}}=f_m+n^2f_L$ 为常数。

(3) 没有考虑机器人操作臂动力学方程的非线性效果，所建立模型近似为线性模型。

(4) 忽略了机械结构的刚度和变形，仅在规定伺服系统的位置和速度反馈增益时，考虑到其最低的结构共振频率 ω_r。

(5) 忽略了电机电枢的电感 L_a。

基于上述假设，所建立的控制模型由 n 个独立的二阶常系数线性微分方程组成，每个关节用一个单独的二阶常系数线性微分方程来描述。进一步，我们忽略二阶系统的一个有限零点的影响，每个关节便简化成一个质量-弹簧-阻尼系统，即前面式(9-5)所表示的二阶系统 $\tau(t)=J_{\text{eff}}\ddot{\theta}_m+f_{\text{eff}}\dot{\theta}_m$。这样一来，我们就可以运用 9.2 节所介绍的控制规律分解方法对操作臂的单关节进行控制，令 $\alpha=J_{\text{eff}}$，$\beta=f_{\text{eff}}\dot{\theta}_m$，则

$$\tau'=\ddot{\theta}_d+k_v\dot{e}+k_pe \tag{9-51}$$

所得到的闭环系统的误差方程为

$$\ddot{e}+k_v\dot{e}+k_pe=\tau_{\text{dist}} \tag{9-52}$$

式中：τ_{dist}是与干扰力矩有关的项。

在建模过程中的一个主要假设是减速器、轴、轴承以及被驱动的连杆都是刚体。实际上这些元件的刚度都是有限的，因此在系统建模时，它们的柔性将增加系统的阶次。忽略柔性作用影响的理由是：如果系统刚度极大，这些未建模共振的固有频率将非常高，与已建模的二阶主极点的影响相比可以忽略不计。为了不致激起结构振盈和系统共振，Paul 于 1981 年提出，必须将闭环系统无阻尼自然频率 ω_n 限制在关节结构共振频率的一半之内，即 $\omega_n\leqslant0.5\omega_r$。

因此，为了达到临界阻尼和避开结构自振频率，位置和速度反馈增益分别取为

$$k_p=\omega_n^2=\frac{1}{4}\omega_r^2,\quad k_v=2\sqrt{k_p}=\omega_r \tag{9-53}$$

例 9.4　假设单关节系统的各参数值为 $J_{\text{eff}}=1$，$f_{\text{eff}}=0.1$。此外，已知系统未建模的最低共振频率为 8 rad/s。求 α、β 以及使系统达到临界阻尼的位置控制规律的增益 k_p 和 k_v。在不激发未建模模态的前提下，使系统的闭环刚度尽可能大。

取

$$\alpha=1$$
$$\beta=0.1\dot{\theta}_m \tag{9-54}$$

此时系统在给定输入 f' 下呈现为一个单位质量。取闭环固有频率 $\omega_n=0.5\omega_r=4$ rad/s。由

式(9-53)得

$$k_{\mathrm{p}} = \omega_{\mathrm{n}}^{2} = 16.0$$

$$k_{\mathrm{v}} = 2\sqrt{k_{\mathrm{p}}} = 8.0 \tag{9-55}$$

9.4 操作臂的非线性控制

9.3 节中在建立模型时，对操作臂的控制问题进行了一系列的简化处理。实际上，如果不做假设，则操作臂的控制模型要复杂得多，应是一个$n\times1$的矢量非线性微分方程。本章仅讨论其中与操作臂控制紧密相关的某些方法，如计算力矩方法和非线性系统稳定性判别的李雅普诺夫方法等。为方便起见，仍然以单自由度的质量-弹簧-阻尼系统为例说明操作臂的非线性控制方法。

如果非线性不严重，则可以用局部线性化方法导出线性模型，在工作点的邻域内用它近似代表非线性方程。然而，这种方法并不适用于操作臂的控制问题，因为操作臂经常在它的工作空间之内运动，不可能找到在这样大的范围内都合适的线性化模型。

另一种方法是动态线性化方法。当操作臂运动时，它的工作点也会随之动态变化，我们将不断地使在预期轨迹位置的每一工作点都重新线性化。这种动态线性化方法虽然可使系统线性化，但是系统将变成时变系统(位置时变系统)。

虽然在某些控制系统的分析和综合过程中，对原系统加以准静态线性化处理是很有用的，但是在这里我们并不打算采用这种方法对控制规律进行综合。我们将直接研究非线性运动方程，而不借助线性化方法来设计控制器。

在图 9-9 所示的质量-弹簧-阻尼系统中，如果弹簧不是线性的，而是具有某种非线性特征，则可以把系统看作准静态线性系统，随时确定系统极点的位置。此时会发现，当质量为 m 的物体运动时，极点会随之在复平面上运动，它与物体位置相关。因此，我们不能选择固定的增益使极点保持在预期的位置(例如临界阻尼状态)上。为此，需要采用更复杂的控制规律，其中要选取的增益是时变的(作为物体位置的函数而变化)，从而使系统总是处于临界阻尼状态。基于这种考虑，在控制规律中引入非线性项，它正好抵消弹簧的非线性效应，使整个系统刚度始终保持不变。这种控制方式称为线性化控制，因为它用非线性控制项“抵消”了系统固有的非线性，使整个闭环系统成为线性的。

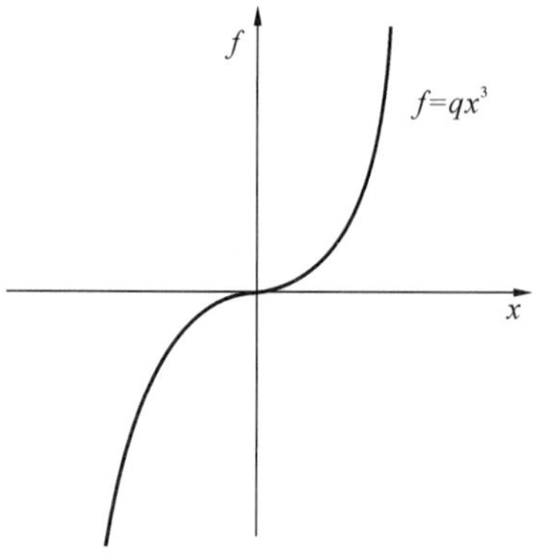

图 9-14　非线性弹簧特性曲线

运用上述控制器分解方法，可以实现线性化的功能。下面通过具体例子说明具体做法：伺服控制部分始终保持不变，但是基于模型的部分包含非线性模型，需要实现其线性化功能。

例 9.5　在图 9-9 所示的质量-弹簧-阻尼系统中包含非线性弹簧，其特性如图 9-14 所示。与普通线性弹簧($f=kx$)不同，该非线性弹簧特性曲线由 $f=qx^3$ 来描述。试确定控制规律，使系统保持在临界阻尼状态，而且刚度为 k_{CL}。

系统的开环方程为

$$m\ddot{x} + b\dot{x} + qx^{3} = f$$

对于基于模型的控制部分，有 $f=\alpha f'+\beta$，其中 $\alpha=m$，$\beta=b\dot{x}+qx^3$。对于伺服控制部分，如 9.2.3 节所述，有

$$f' = \ddot{x}_d + k_v\dot{e} + k_p e$$

根据某种预期的性能指标可以计算相应的位置和速度反馈增益。图 9-15 所示为这类控制系统的方框图。

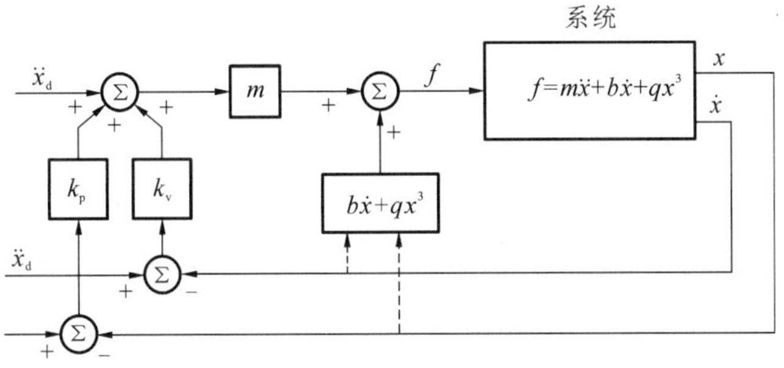

图 9-15　含有非线性弹簧的控制系统方框图

例 9.6　在图 9-9 所示的质量-弹簧-阻尼系统中，摩擦力不再是线性阻尼力 $f=b\dot{x}$，而是非线性的库仑摩擦力 $f=b_c\mathrm{sgn}(\dot{x})$（见图 9-16）。工业机器人的旋转关节、移动关节的轴承和导轨等处的摩擦特性都是用库仑摩擦来描述的。因此，在设计控制规律时，对基于模型的控制部分应引入非线性项，使系统总是处于临界阻尼状态。系统的开环方程为

$$m\ddot{x} + b_c\mathrm{sgn}(\dot{x}) + kx = f$$

对于基于模型的控制部分，有

$$f = \alpha f' + \beta$$

式中：$\alpha=m$；$\beta=b_c\mathrm{sgn}(\dot{x})+kx$。

对于伺服控制部分，有

$$f' = \ddot{x}_d + k_v\dot{e} + k_p e$$

式中的增益值同样根据某种期望的性能指标计算。

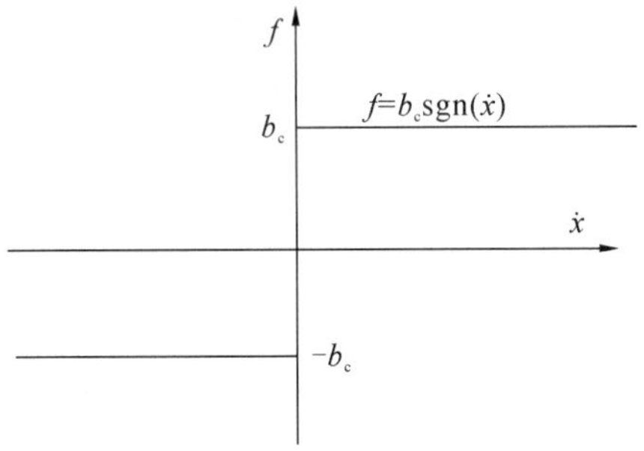

图 9-16　库仑摩擦特性曲线

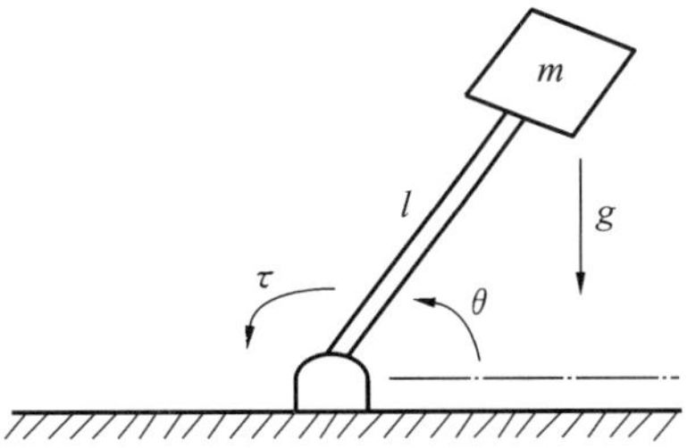

图 9-17　单连杆操作臂

例 9.7　图 9-17 所示单连杆操作臂有一个旋转关节，假定质量集中在连杆末端，因而惯性矩为 ml^2，在关节处存在库仑摩擦和黏性阻尼，同时还有重力的作用，试设计其控制规律。

操作臂的模型为

$$\tau = ml^2\ddot{\theta} + b\dot{\theta} + c_c\mathrm{sgn}(\dot{\theta}) + mgl\cos\theta$$

同样，将控制系统分解为两部分：用于线性化的基于模型的控制部分和伺服控制部分。

对于基于模型的控制部分，有 $\tau=\alpha\tau'+\beta$，其中 $\alpha=ml^2$，$\beta=b\dot{\theta}+c_c\mathrm{sgn}(\dot{\theta})+mgl\cos\theta$。伺

服控制部分同样为

$$\tau' = \ddot{\theta}_d + k_v \dot{e} + k_p e$$

增益的值仍然根据所预期的性能指标计算，与原系统的参数无关。

虽然非线性控制问题相当复杂，但是，从以上的几个简单例子可以看出，设计一个非线性控制器并不那么复杂。上面所述的方法同样可以用来处理操作臂的控制问题，其步骤为：

（1）计算得出一个非线性的基于模型的控制规律，用来抵消受控系统的非线性。

（2）把系统简化为线性系统，用单位质量系统相应的线性伺服控制规律进行控制。

从某种意义上说，线性控制规律提供了受控系统的逆模型。受控系统的非线性与逆模型的非线性相抵消，这样，受控系统与伺服控制部分一起构成一个线性闭环系统。显然，为了能够抵消系统非线性作用，必须知道非线性系统的参数和结构。这是实际应用中的关键问题。

基于模型的控制部分的作用在于实现前馈控制，补偿或抵消受控系统的参数和结构的影响。所谓计算力矩方法就是基于拉格朗日或牛顿-欧拉动力学模型，预先计算出重力负载和离心力产生的干扰力矩，进行前馈补偿。这种方法就是我们所说的逆动态模型方法，或称计算力矩方法。

9.5 操作臂的多关节控制

9.5.1 线性解耦控制规律

操作臂的多关节控制系统是一个多输入多输出系统。因此，需用矢量表示位置、速度和加速度，控制器所计算的是各关节驱动控制矢量。前面所介绍的控制器分解的方法仍然可以使用，不过控制规律将以矩阵矢量的形式出现。

基于模型的控制规律的形式为

$$\boldsymbol{F} = \boldsymbol{\alpha}\boldsymbol{F}' + \boldsymbol{\beta} \tag{9-56}$$

对自由度为 n 的系统而言，式(9-56)中 $\boldsymbol{F}$，$\boldsymbol{F}'$ 和 $\boldsymbol{\beta}$ 都是 $n\times1$ 的矢量，$\boldsymbol{\alpha}$ 是 $n\times n$ 的矩阵（不一定是对角矩阵）。$\boldsymbol{\alpha}$ 的作用是对 n 个运动方程进行解耦。如果正确地选择 $\boldsymbol{\alpha}$ 和 $\boldsymbol{\beta}$，那么，系统对于输入 $\boldsymbol{F}'$ 将表现为 n 个独立的单位质量系统。由于这个原因，在多维情况下，基于模型的控制部分通常采用的是线性解耦控制规律。

多维系统的伺服控制规律为

$$\boldsymbol{F}' = \ddot{\boldsymbol{x}}_d + \boldsymbol{K}_v \dot{\boldsymbol{e}} + \boldsymbol{K}_p \boldsymbol{e} \tag{9-57}$$

式中：$\boldsymbol{K}_v$ 和 $\boldsymbol{K}_p$ 都是 $n\times n$ 的矩阵，通常选为对角矩阵，对角线上的元素为常数增益；$\boldsymbol{e}$ 和 $\dot{\boldsymbol{e}}$ 分别表示位置误差和速度误差，均为 $n\times1$ 的矢量。

9.5.2 多关节位置控制规律的分解

在第 7 章中，我们讨论了操作臂的动力学模型和相应的运动方程，将操作臂的动力学方程表示为封闭的形式

$$\boldsymbol{\tau} = \boldsymbol{D}(\boldsymbol{q})\ddot{\boldsymbol{q}} + \boldsymbol{h}(\boldsymbol{q},\dot{\boldsymbol{q}}) + \boldsymbol{G}(\boldsymbol{q}) \tag{9-58}$$

式中：$\boldsymbol{\tau}$ 为 $n\times1$ 矢量；$\boldsymbol{D}(\boldsymbol{q})$ 是操作臂的 $n\times n$ 的惯性矩阵；$\boldsymbol{h}(\boldsymbol{q},\dot{\boldsymbol{q}})$ 为 $n\times1$ 的离心力和科氏力矢量；$\boldsymbol{G}(\boldsymbol{q})$ 为 $n\times1$ 的重力矢量。$\boldsymbol{D}(\boldsymbol{q})$ 和 $\boldsymbol{G}(\boldsymbol{q})$ 中的每一项都是关节矢量 $\boldsymbol{q}$ 的复杂函数，

$\boldsymbol{h}(\boldsymbol{q},\dot{\boldsymbol{q}})$中的每一项都是关节矢量 $\boldsymbol{q}$ 和关节速度矢量 $\dot{\boldsymbol{q}}$ 的复杂函数。

此外，我们还要加进一个摩擦(或其他非线性效应)模型，摩擦模型设为关节位置和速度的函数，于是式(9-58)变为

$$\boldsymbol{\tau}=\boldsymbol{D}(\boldsymbol{q})\ddot{\boldsymbol{q}}+\boldsymbol{h}(\boldsymbol{q},\dot{\boldsymbol{q}})+\boldsymbol{G}(\boldsymbol{q})+\boldsymbol{F}(\boldsymbol{q},\dot{\boldsymbol{q}}) \tag{9-59}$$

对上述复杂系统运用控制器分解方法。基于模型的控制规律为

$$\boldsymbol{\tau}=\boldsymbol{\alpha}\boldsymbol{\tau}'+\boldsymbol{\beta} \tag{9-60}$$

式中：$\boldsymbol{\tau}'$是关节力矩。选取 $\boldsymbol{\alpha}=\boldsymbol{D}(\boldsymbol{q})$，$\boldsymbol{\beta}=\boldsymbol{h}(\boldsymbol{q},\dot{\boldsymbol{q}})+\boldsymbol{G}(\boldsymbol{q})+\boldsymbol{F}(\boldsymbol{q},\dot{\boldsymbol{q}})$，则伺服控制规律为

$$\boldsymbol{\tau}'=\ddot{\boldsymbol{q}}_{\mathrm{d}}+\boldsymbol{K}_{\mathrm{v}}\dot{\boldsymbol{e}}+\boldsymbol{K}_{\mathrm{p}}\boldsymbol{e} \tag{9-61}$$

式中：$\boldsymbol{e}=\boldsymbol{q}_{\mathrm{d}}-\boldsymbol{q}$，$\dot{\boldsymbol{e}}=\dot{\boldsymbol{q}}_{\mathrm{d}}-\dot{\boldsymbol{q}}$。

由控制器分解法得到的控制系统方框图如图 9-18 所示。

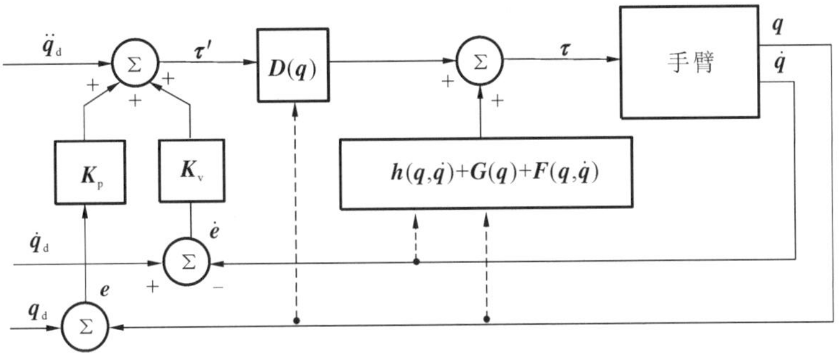

图 9-18　基于模型的控制系统方框图

9.5.3　计算力矩方法

基于机器人的动力学方程的计算力矩方法是多关节控制的基本方案之一。计算力矩方法总的来说属于前馈控制，分为前馈和反馈两部分。前者用于补偿各关节之间的相互作用力矩，后者用于计算校正力矩，以补偿轨迹偏差。假定能够计算动力学方程(9-59)中的 $\boldsymbol{D}(\boldsymbol{q})$，$\boldsymbol{h}(\boldsymbol{q},\dot{\boldsymbol{q}})$，$\boldsymbol{G}(\boldsymbol{q})$以及摩擦力矩 $\boldsymbol{F}(\boldsymbol{q},\dot{\boldsymbol{q}})$，应用上述控制规律，使其非线性效应最小，直至为零，并使用比例微分控制(PD 控制)实现伺服控制，这样，控制规律将具有如下形式：

$$\begin{aligned}\boldsymbol{\tau}(t)=&\boldsymbol{D}_{\mathrm{a}}(\boldsymbol{q})\{\ddot{\boldsymbol{q}}_{\mathrm{d}}(t)+\boldsymbol{K}_{\mathrm{v}}[\dot{\boldsymbol{q}}_{\mathrm{d}}(t)-\dot{\boldsymbol{q}}(t)]+\boldsymbol{K}_{\mathrm{p}}[\boldsymbol{q}_{\mathrm{d}}(t)-\boldsymbol{q}(t)]\}\\&+\boldsymbol{h}_{\mathrm{a}}(\boldsymbol{q},\dot{\boldsymbol{q}})+\boldsymbol{G}_{\mathrm{a}}(\boldsymbol{q})+\boldsymbol{F}_{\mathrm{a}}(\boldsymbol{q},\dot{\boldsymbol{q}})\end{aligned} \tag{9-62}$$

式中：$\boldsymbol{K}_{\mathrm{p}}$ 和 $\boldsymbol{K}_{\mathrm{v}}$ 分别是 6×6 的速度和位置反馈增益矩阵。下标 a 表示计算模型参数。

将式(9-62)和式(9-59)联立得

$$\begin{aligned}&\boldsymbol{D}(\boldsymbol{q})\ddot{\boldsymbol{q}}(t)+\boldsymbol{h}(\boldsymbol{q},\dot{\boldsymbol{q}})+\boldsymbol{G}_{\mathrm{a}}(\boldsymbol{q})+\boldsymbol{F}_{\mathrm{a}}(\boldsymbol{q},\dot{\boldsymbol{q}})\\&=\boldsymbol{D}_{\mathrm{a}}(\boldsymbol{q})\{\ddot{\boldsymbol{q}}_{\mathrm{d}}(t)+\boldsymbol{K}_{\mathrm{v}}[\dot{\boldsymbol{q}}_{\mathrm{d}}(t)-\dot{\boldsymbol{q}}(t)]+\boldsymbol{K}_{\mathrm{p}}[\boldsymbol{q}_{\mathrm{d}}(t)-\boldsymbol{q}(t)]\}+\boldsymbol{h}_{\mathrm{a}}(\boldsymbol{q},\dot{\boldsymbol{q}})+\boldsymbol{G}_{\mathrm{a}}(\boldsymbol{q})+\boldsymbol{F}_{\mathrm{a}}(\boldsymbol{q},\dot{\boldsymbol{q}})\end{aligned} \tag{9-63}$$

假设计算模型值等于实际值，即

$$\begin{cases}\boldsymbol{D}(\boldsymbol{q})=\boldsymbol{D}_{\mathrm{a}}(\boldsymbol{q}),\boldsymbol{h}_{\mathrm{a}}(\boldsymbol{q},\dot{\boldsymbol{q}})=\boldsymbol{h}(\boldsymbol{q},\dot{\boldsymbol{q}})\\\boldsymbol{G}_{\mathrm{a}}(\boldsymbol{q})=\boldsymbol{G}(\boldsymbol{q}),\boldsymbol{F}_{\mathrm{a}}(\boldsymbol{q},\dot{\boldsymbol{q}})=\boldsymbol{F}(\boldsymbol{q},\dot{\boldsymbol{q}})\end{cases} \tag{9-64}$$

那么，式(9-63)可以简化为

$$\boldsymbol{D}(\boldsymbol{q})[\ddot{\boldsymbol{e}}(t)+\boldsymbol{K}_{\mathrm{v}}\dot{\boldsymbol{e}}(t)+\boldsymbol{K}_{\mathrm{p}}\boldsymbol{e}(t)]=0 \tag{9-65}$$

式中：$\boldsymbol{e}(t)=\boldsymbol{q}_{\mathrm{d}}(t)-\boldsymbol{q}(t)$，$\dot{\boldsymbol{e}}(t)=\dot{\boldsymbol{q}}_{\mathrm{d}}(t)-\dot{\boldsymbol{q}}(t)$。由于 $\boldsymbol{D}(\boldsymbol{q})$是正定的，因而也是非奇异矩阵，从式(9-65)可以得到闭环系统的误差方程：

$$\ddot{\boldsymbol{e}}(t)+\boldsymbol{K}_{\mathrm{v}}\dot{\boldsymbol{e}}(t)+\boldsymbol{K}_{\mathrm{p}}\boldsymbol{e}(t)=0 \tag{9-66}$$

可见，由计算力矩法所得的控制规律与前面所述的控制器分解方法所得的十分相似。

在式(9-66)中，可以适当选取位置和速度反馈增益 $\boldsymbol{K}_{\mathrm{v}}$ 和 $\boldsymbol{K}_{\mathrm{p}}$ 的值，使它的特征根具有负实部，位置误差矢量 $\boldsymbol{e}(t)$ 由此将渐近趋于零。

实际上，由于上述误差矢量方程是解耦的，$\boldsymbol{K}_{\mathrm{v}}$ 和 $\boldsymbol{K}_{\mathrm{p}}$ 是对角矩阵，可将矢量形式写成各个关节单独的形式

$$\ddot{\boldsymbol{e}}_i(t)+k_{\mathrm{v}i}\dot{\boldsymbol{e}}_i(t)+k_{\mathrm{p}i}\boldsymbol{e}_i(t)=0,\quad i=1,2,\cdots,n$$

这样一来，我们将得到与线性解耦控制规律完全相同的结果。

前面从原理上讨论了线性解耦控制即计算力矩方法的实质和可行性，如果我们能够精确计算惯性负载、耦合效应和各连杆重力的影响，使系统线性化并解耦，适当地选取增益 k_{v} 和 k_{p}，那么，我们能够得到预期的动态性能。实际上，模型值等于实际值（见式(9-64)）的理想情况是不可能达到的，影响因素很多，其中两个最重要的因素是：

(1) 按拉格朗日动力学方程计算关节力矩效率较低，实时闭环数字控制是相当困难的。用数字计算机执行计算时，具有离散的特征，难以实现理想的连续时间的控制规律。

(2) 用于计算力矩的操作臂动态模型公式(9-59)不准确，且十分复杂。

9.6 基于直角坐标的控制

分解运动控制从原理上来说也是基于直角坐标的控制，与基于关节坐标的控制不同，需要输入期望的直角坐标、速度和加速度。实际中的工业机器人大都采用基于关节坐标的控制，系统的输入是期望的关节轨迹，包括关节位置、关节速度和关节加速度的指定时间函数。由内部传感器测出实际关节位移和关节速度，计算关节空间的期望值与实际值之差，从而得到轨迹误差。

9.6.1 轨迹变换

基于直角坐标的控制系统的输入是期望的直角轨迹 $\boldsymbol{X}_{\mathrm{d}}$，$\dot{\boldsymbol{X}}_{\mathrm{d}}$ 和 $\ddot{\boldsymbol{X}}_{\mathrm{d}}$，为了计算出与之对应的关节空间轨迹 $\boldsymbol{q}_{\mathrm{d}}$，$\dot{\boldsymbol{q}}_{\mathrm{d}}$ 和 $\ddot{\boldsymbol{q}}_{\mathrm{d}}$，理论上用图 9-19 所示的“轨迹变换”即可解决。其余的控制问题在前面都已经讨论过了，就是基于关节空间的控制。

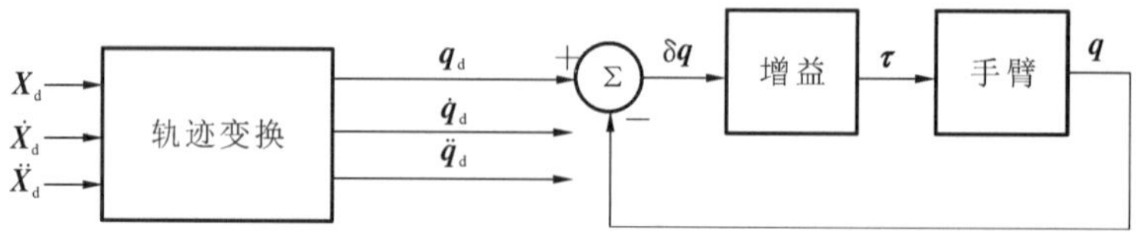

图 9-19 直角坐标轨迹在关节空间控制的方案

轨迹变换的计算量比较大，如果用解析法，则需计算

$$\begin{cases}\boldsymbol{q}_{\mathrm{d}}=\mathrm{invkin}(\boldsymbol{X}_{\mathrm{d}})\\ \dot{\boldsymbol{q}}_{\mathrm{d}}=\boldsymbol{J}^{-1}(\boldsymbol{q})\dot{\boldsymbol{X}}_{\mathrm{d}}\\ \ddot{\boldsymbol{q}}_{\mathrm{d}}=\dot{\boldsymbol{J}}^{-1}(\boldsymbol{q})\dot{\boldsymbol{X}}_{\mathrm{d}}+\boldsymbol{J}^{-1}(\boldsymbol{q})\ddot{\boldsymbol{X}}_{\mathrm{d}}\end{cases} \tag{9-67}$$

式中：$\mathrm{invkin}(\boldsymbol{X}_{\mathrm{d}})$表示对 $\boldsymbol{X}_{\mathrm{d}}$ 求运动学反解。目前要对所有的系统进行这种计算还存在困难。通常，首先求运动学反解得出 $\boldsymbol{q}_{\mathrm{d}}$，然后利用一阶、二阶差分求得关节速度和加速度。但

是，除非采用无因果滤波器，否则数值微分将引起噪声和延迟。因此，可以寻求另外的解决问题的办法，或者找到计算量比较小的算法实现上述变换(见式(9-67))，或者提出一种不同的控制方案，不利用这些信息。分解运动控制就回避了运动学反解。

另一种方案如图 9-20 所示。图中，检测到的各关节位置由运动学方程(kin($\boldsymbol{q}$))转换成直角坐标位置，然后把它与预期的位置比较，形成直角坐标空间的误差信息。这种以直角坐标空间误差为基础的控制方案称为直角坐标空间控制方案。

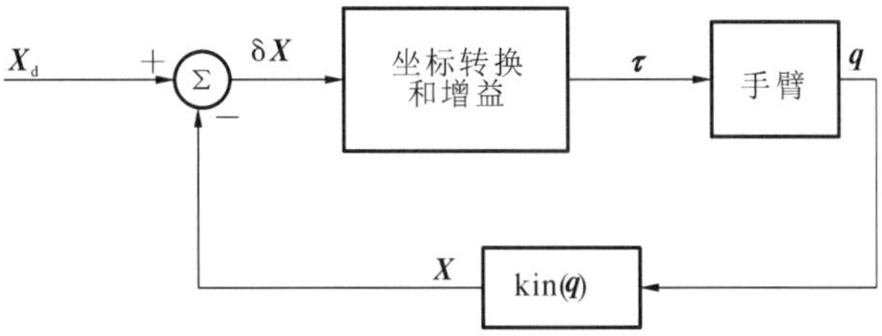

图 9-20　直角坐标空间控制原理图

在上述控制方案中，轨迹变换被伺服回路中的坐标变换所代替。因为运动学问题和其他变换都包含在回路内部，所以直角坐标空间控制系统必须在回路中完成大量的计算。这是直角坐标控制方案的缺点。与关节坐标空间控制相比较，系统的采样和运行速率较慢，一般情况下，系统的稳定性和抑制干扰的能力还会降低。

9.6.2　直角坐标解耦控制

与关节空间控制器一样，直角坐标控制器也应该使机器人的所有形位都具有临界阻尼状态，抑制直角坐标误差。同样，可以采用与关节空间控制器类似的线性化和解耦方法设计直角坐标控制器。首先，用直角坐标变量来表示操作臂的动力学方程：

$$\boldsymbol{F}=\boldsymbol{V}(\boldsymbol{q})\ddot{\boldsymbol{X}}+\boldsymbol{U}(\boldsymbol{q},\dot{\boldsymbol{q}})+\boldsymbol{P}(\boldsymbol{q}) \tag{9-68}$$

式中：$\boldsymbol{F}$ 是作用在操作臂末端执行器上的虚拟操作力；$\boldsymbol{X}$ 是直角坐标矢量；$\boldsymbol{V}(\boldsymbol{q})$ 是直角坐标空间的质量矩阵；$\boldsymbol{U}(\boldsymbol{q},\dot{\boldsymbol{q}})$ 是向心力、科氏力矢量；$\boldsymbol{P}(\boldsymbol{q})$ 是重力矢量。

与以前处理关节空间控制问题一样，为了得到线性化的解耦控制器，首先利用动力学方程(9-68)计算 $\boldsymbol{F}$，再由转置雅可比矩阵计算与操作力 $\boldsymbol{F}$ 相平衡的关节力 $\boldsymbol{\tau}=\boldsymbol{J}^{\mathrm{T}}(\boldsymbol{q})\boldsymbol{F}$。图 9-21表示动力学解耦的直角坐标控制方案。注意，转置雅可比矩阵在“手臂”环节之前，控制器允许直接描述直角坐标轨迹，不需进行轨迹变换。

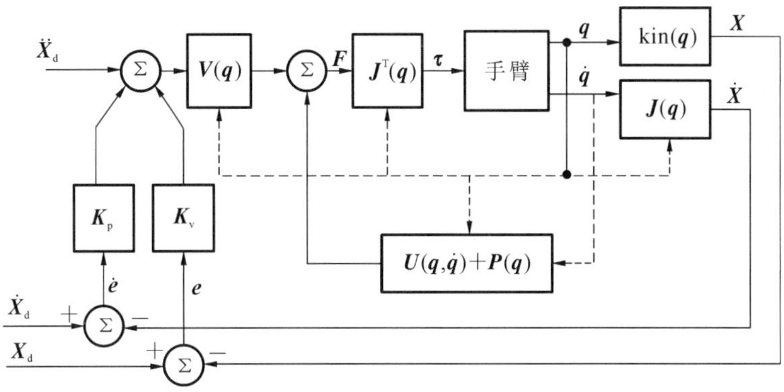

图 9-21　动力学解耦的直角坐标控制方案

在关节空间中利用双速率控制系统在实践中取得了很好的效果。对于直角坐标控制，采用同样的方法，把动力学参数校正计算与伺服计算分开进行，前者速率较慢，利用后置处理过程或另一计算机处理。这样做是因为伺服周期应尽量短（一般为 0.001s 或更短），以便最大限度地抑制干扰和增强系统稳定性。图 9-22 是这种实现方案的方框图。其中用于线性化和解耦控制器的动力学参数仅仅是操作臂位置的函数，因此只有当操作臂的形位发生了一定变化时，才需重新修正动力学参数，因此修正速率和形位变化速度需合拍，一般要求修正速率不超过 100 Hz。

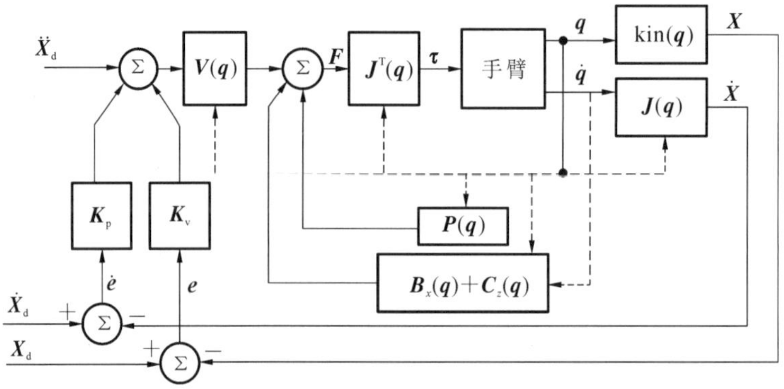

图 9-22　基于直角坐标控制的实现方案

9.7　李雅普诺夫稳定性分析

前面我们用阻尼和闭环的频带宽度来描述线性控制系统的稳定性和动态性能，这种方法同样适用于经解耦和线性化的非线性系统。因为采用一个完善的基于模型的非线性控制器能使非线性系统变成线性系统。然而，若不经解耦和线性化，或解耦和线性化效果不好，整个闭环系统将仍然是非线性的。非线性系统的稳定性和动态性能的分析要困难得多。本节介绍的李雅普诺夫稳定性分析方法对线性和非线性系统都适用。

对于单自由度的质量-弹簧-阻尼系统，运动微分方程为 $m\ddot{x}+b\dot{x}+kx=0$，系统总的能量为

$$V=\frac{m\dot{x}^2}{2}+\frac{kx^2}{2} \tag{9-69}$$

式(9-69)右端第一项是质量 m 所具有的动能，第二项是储存在弹簧中的势能。注意，系统能量的值非负。将该式对时间求导，就可得出总能量的变化速率：

$$\dot{V}=m\dot{x}\ddot{x}+kx\dot{x} \tag{9-70}$$

将式 $m\ddot{x}+b\dot{x}+kx=0$ 代入式(9-70)得：$\dot{V}=-b\dot{x}^2$。可见，若 $b>0$，则 $\dot{V}$ 非正，这表明系统的能量是耗散的，除非 $\dot{x}=0$。因此，系统经初始扰动后，将不断损失能量，直至达到静止状态为止，它的静止位置处在平衡点上，此时 $kx=0$ 或 $x=0$。总之，基于能量分析得出：不论系统具有何种初始条件（即任何初始能量），只要系统的能量是耗散的，其最终必定会到达平衡点。这就是李雅普诺夫直接方法判别系统稳定性的物理依据。这一稳定性分析方法的特点是，不需要求解系统运动的微分方程就可得出有关稳定性的结论。然而，李雅普诺夫方法只适用于判别系统稳定性，一般不能提供有关系统过渡过程或动态性能的任何信息，不能

判断系统是过阻尼还是欠阻尼系统，也不能得出系统抑制干扰所用的时间长短。总之，稳定性和动态品质是两个概念，虽然系统是稳定的，但是它的动态性能并不令人满意。

李雅普诺夫方法是一个应用非常普遍的方法，是能够直接用于判别非线性系统稳定性的几种方法中的一种。为了抓住李雅普诺夫方法的实质，下面将首先简单地介绍有关理论，然后通过几个实例来帮助读者加深对这一方法的理解。

李雅普诺夫方法用于确定下列微分方程的稳定性：

$$\dot{\boldsymbol{x}} = f(\boldsymbol{x}) \tag{9-71}$$

式中：$\boldsymbol{x}$ 是 $m\times 1$ 的矩阵；$f(\boldsymbol{x})$可以是非线性函数。注意，任何高阶微分方程总是可以写成形式同式(9-71)的一组一阶微分方程。在用李雅普诺夫方法验证系统是否稳定时，必须构造一个满足下列条件的李雅普诺夫函数 $V(\boldsymbol{x})$：

(1) $V(\boldsymbol{x})$具有连续的一阶导数，且对于所有的 $\boldsymbol{x}\neq\boldsymbol{0}$ 的情况，都有 $V(\boldsymbol{x})>0$，$V(0)=0$；

(2) $\dot{V}(\boldsymbol{x})\leqslant 0$，$\dot{V}(x)$是指沿系数轨迹 $V(\boldsymbol{x})$的变化。

若在某一区域内可以找到满足以上条件的函数 $V(\boldsymbol{x})$，则称系统（见(9-71)）是弱稳定的；若在整个空间中可以找到满足以上条件的函数 $V(\boldsymbol{x})$，则称系统是强稳定的。对此直观上可解释为：若 $V(\boldsymbol{x})$是状态 $\boldsymbol{x}$ 的正定的拟能量函数，并且它的值总是下降的或保持为一个常数，则系统是稳定的，即系统的状态矢量是有界的。

若 $\dot{V}(\boldsymbol{x})$严格小于零，则状态矢量渐近收敛于零矢量。李雅普诺夫方法后来由 Lasalle 和 Lefschetz 做了重要的拓展。他们证明，在一定情况下，甚至当 $\dot{V}(\boldsymbol{x})\leqslant 0$（注意包含等号）时，系统也可能是渐近稳定的。为了分析操作臂控制系统的稳定性，需讨论 $\dot{V}(\boldsymbol{x})=0$ 时的情况，以便确定所研究的系统是渐近稳定的，还是“黏在”$V(\boldsymbol{x})$以外的某个地方。

式(9-71)所描述的系统，因为函数 $f(0)$不显含 t，称为自治系统。李雅普诺夫方法可以推广到非自治系统，其中时间 t 是非线性函数的自变量。

例 9.8　对于矢量线性系统

$$\dot{\boldsymbol{x}} = -\boldsymbol{A}\boldsymbol{x}$$

式中：$\boldsymbol{A}$ 是 $m\times m$ 的正定矩阵。可取李雅普诺夫函数

$$V(\boldsymbol{x}) = \frac{\boldsymbol{x}^{\mathrm{T}}\boldsymbol{x}}{2}$$

显然，此函数到处连续且非负，将其微分可得

$$\dot{V}(\boldsymbol{x}) = \boldsymbol{x}^{\mathrm{T}}\dot{\boldsymbol{x}} = \boldsymbol{x}^{\mathrm{T}}(-\boldsymbol{A}\boldsymbol{x}) = -\boldsymbol{x}^{\mathrm{T}}\boldsymbol{A}\boldsymbol{x}$$

由于 $\boldsymbol{A}$ 是正定的，因此 $\dot{V}(\boldsymbol{x})$到处非正，从而验证该系统是渐近稳定的；因为 $\dot{V}(\boldsymbol{x})$只在$\boldsymbol{x}=\boldsymbol{0}$处为 0，因而在其他地方 $\dot{V}(\boldsymbol{x})$一定是减小的。该系统也是自治的。

例 9.9　对于一由单位质量、弹簧、阻尼组成的机械系统，有

$$\ddot{x} + b(\dot{x}) + k(x) = 0$$

其中，弹簧和阻尼作用都可表示为非线性的函数 $b(\dot{x})$和 $k(x)$，且满足下列条件：

$$\begin{cases} \dot{x}b(\dot{x}) > 0, & \dot{x}\neq 0 \\ xk(x) > 0, & x\neq 0 \end{cases}$$

构造李雅普诺夫函数

$$V(x,\dot{x}) = \frac{\dot{x}^2}{2} + \int_0^x k(\lambda)\mathrm{d}\lambda$$

从而得到

$$\dot{V}(x,\dot{x}) = \dot{x}\ddot{x} + k(x)\dot{x} = -\dot{x}b(\dot{x}) - k(x)\dot{x} + k(x)\dot{x} = -\dot{x}b(\dot{x})$$

因此,$\dot{V}(x,\dot{x})$是非负的,不过只是半正定的,因为它只是 $\dot{x}$ 的函数,不含 x。为了判断系统是否渐近稳定,还必须排除系统“黏在”某个非零状态($x\neq0$)的可能性。现在研究 $\dot{x}=0$ 时的所有轨迹,考察微分方程

$$\ddot{x} = -k(x)$$

因为 $x=0$ 是它的唯一解,因而系统静止的条件是 $x=\dot{x}=\ddot{x}=0$,所以系统是渐近稳定的。

例 9.10 操作臂关节空间动力学方程为

$$\boldsymbol{\tau} = \boldsymbol{D}(\boldsymbol{q})\ddot{\boldsymbol{q}} + \boldsymbol{h}(\boldsymbol{q},\dot{\boldsymbol{q}}) + \boldsymbol{G}(\boldsymbol{q})$$

控制规律为

$$\boldsymbol{\tau} = \boldsymbol{K}_{\mathrm{p}}\boldsymbol{e} - \boldsymbol{K}_{\mathrm{d}}\dot{\boldsymbol{q}} + \boldsymbol{G}(\boldsymbol{q}) \tag{9-72}$$

式中:$\boldsymbol{K}_{\mathrm{p}}$ 和 $\boldsymbol{K}_{\mathrm{d}}$ 是对角增益矩阵,$\boldsymbol{e}=\boldsymbol{q}_{\mathrm{d}}-\boldsymbol{q}$,$\dot{\boldsymbol{e}}=\dot{\boldsymbol{q}}_{\mathrm{d}}-\dot{\boldsymbol{q}}$。注意,这一控制规律并不能使操作臂跟踪给定轨迹,但是可以使操作臂沿具动力学所决定的路径到达目标点,并对目标位置进行调整。将式(9-72)代入动力学方程,得到的闭环系统为

$$\boldsymbol{D}(\boldsymbol{q})\ddot{\boldsymbol{q}} + \boldsymbol{h}(\boldsymbol{q},\dot{\boldsymbol{q}}) + \boldsymbol{K}_{\mathrm{d}}\dot{\boldsymbol{q}} + \boldsymbol{K}_{\mathrm{p}}\boldsymbol{q} = \boldsymbol{K}_{\mathrm{p}}\boldsymbol{q}_{\mathrm{d}} \tag{9-73}$$

利用李雅普诺夫方法可以证明这一系统是全局渐近稳定的。构造李雅普诺夫函数

$$V = \frac{1}{2}\dot{\boldsymbol{q}}^{\mathrm{T}}\boldsymbol{D}(\boldsymbol{q})\dot{\boldsymbol{q}} + \frac{1}{2}\boldsymbol{e}^{\mathrm{T}}\boldsymbol{K}_{\mathrm{p}}\boldsymbol{e} \tag{9-74}$$

函数 V 非负,因为操作臂的质量矩阵 $\boldsymbol{D}(\boldsymbol{q})$和位置增益矩阵 $\boldsymbol{K}_{\mathrm{p}}$ 都是正定的。对式(9-74)求导,得

$$\begin{aligned}\dot{V} &= \frac{1}{2}\dot{\boldsymbol{q}}^{\mathrm{T}}\dot{\boldsymbol{D}}(\boldsymbol{q})\dot{\boldsymbol{q}} + \dot{\boldsymbol{q}}^{\mathrm{T}}\boldsymbol{D}(\boldsymbol{q})\ddot{\boldsymbol{q}} - \boldsymbol{e}^{\mathrm{T}}\boldsymbol{K}_{\mathrm{p}}\dot{\boldsymbol{q}} \\ &= \frac{1}{2}\dot{\boldsymbol{q}}^{\mathrm{T}}\dot{\boldsymbol{D}}(\boldsymbol{q})\dot{\boldsymbol{q}} - \dot{\boldsymbol{q}}^{\mathrm{T}}\boldsymbol{K}_{\mathrm{d}}\dot{\boldsymbol{q}} - \dot{\boldsymbol{q}}^{\mathrm{T}}\boldsymbol{h}(\boldsymbol{q},\dot{\boldsymbol{q}}) = -\dot{\boldsymbol{q}}^{\mathrm{T}}\boldsymbol{K}_{\mathrm{d}}\dot{\boldsymbol{q}}\end{aligned} \tag{9-75}$$

只要矩阵 $\boldsymbol{K}_{\mathrm{d}}$ 是正定的,$\dot{V}$ 就非正。在推导式(9-75)时,用到了一个恒等式:

$$\frac{1}{2}\dot{\boldsymbol{q}}^{\mathrm{T}}\dot{\boldsymbol{D}}(\boldsymbol{q})\dot{\boldsymbol{q}} = \dot{\boldsymbol{q}}^{\mathrm{T}}\boldsymbol{h}(\boldsymbol{q},\dot{\boldsymbol{q}})$$

从拉格朗日运动方程的结构可以证明这一恒等式。

下面研究系统是否能够“黏在”某个非零误差的地方。因为 $\dot{V}$ 沿轨迹保持为零的必要条件是 $\dot{\boldsymbol{q}}=0$ 和 $\ddot{\boldsymbol{q}}=0$,在此情况下,由式(9-73)可得

$$\boldsymbol{K}_{\mathrm{p}}\boldsymbol{e} = 0$$

由于 $\boldsymbol{K}_{\mathrm{p}}$ 是非奇异的(正定),则有 $\boldsymbol{e}=0$。因此,采用式(9-72)所表示的控制规律,操作臂动力学方程可达到全局渐近稳定。

上面的结论十分重要,它说明了现有的工业机器人能在一定范围内正常工作的原因。大多数工业机器人采用简单的误差驱动伺服控制,偶尔带有重力模型,其控制规律与式(9-72)所表示的控制规律十分相似。

资料概述

Golnaraghi 等(2010)、Skogestad 等(2007)针对二阶线性系统控制规律的分解进行了系统的研究。Talole 等(2010)对机械臂单关节的建模和控制进行了研究,针对柔性关节采用状态观测器进行观测并实施控制。Piltan 等(2012)研究了操作臂的非线性控制,介绍了 PUMA 机器人在 Matlab/Simulink 仿真平台上的若干结果。对于操作臂的多关节控制,

Sciavicco 等(2012)介绍了从机器人建模到控制的全过程。Raibert(2008)详细叙述了机器人控制过程中的实际问题，包括奇异位姿及其精度影响等。Sciavicco 等(2012)、Vukobratovic 等(2012)研究了工业机器人的集中控制。Civicioglu(2012)进行了基于直角坐标的控制研究，Lakshmikantham 等(2013)介绍了李雅普诺夫稳定性分析的相关内容，并给出了证明。

习　题

9.1　设质量-弹簧-阻尼系统的参数 $m=1$，$b=4$，$k=5$，非线性化的共振频率 $\omega_r=6.0$ rad/s，确定增益 k_v 和 k_p，使系统处于临界阻尼状态，并且刚度取得尽量高的值。

9.2　已知惯性负载的变化范围为 $I=4\sim5\ \mathrm{kg\cdot m^2}$，电动机转子惯性矩 $I_m=0.01\ \mathrm{kg\cdot m^2}$，齿轮传动比 $n=10$，系统的非模型化共振频率为 8.0 rad/s，12.0 rad/s 和 20.0 rad/s。设计分解控制器的 α 和 β，并确定 k_p 和 k_v 的值，使系统不是欠阻尼的，且在不激发任何共振频率的前提下具有尽可能大的刚度。

9.3　在题 9.2 中，若系统的非模型化的共振频率是由连杆末端的刚度 4900 N/m 所引起的，试设计 α 和 β，确定 k_p 和 k_v。

9.4　设计 α，β 分配控制器，并确定位置和速度增益，使下列系统处于临界状态，且具有闭环刚度 $k=10$ N/m。

(1) $\tau=(2\sqrt{\theta}+1)\ddot{\theta}+3\dot{\theta}^2-\sin\theta$；

(2) $\tau=5\theta\dot{\theta}+2\ddot{\theta}-13\dot{\theta}^3+5$。

9.5　画出平面 2R 机械手的两连杆的关节空间控制器和直角坐标空间控制器的方框图，使手臂在整个工作空间内都处于临界阻尼状态，并在各方框内标出相应的方程。提示：参考例 7.5。

9.6　设计轨迹跟踪系统，已知对象的动力学方程为

$$\tau_1=m_1L_1^2\ddot{\theta}_1+m_1L_1L_2\dot{\theta}_1\dot{\theta}_2,\quad \tau_2=m_2L_2^2(\ddot{\theta}_1+\ddot{\theta}_2)+\nu_2\dot{\theta}_2$$

你认为上述方程代表一个真实系统吗?

9.7　图 9-23 所示为一个二自由度机械系统，设计控制器，使 x_1 和 x_2 以临界阻尼的状态跟踪轨迹和抑制干扰。

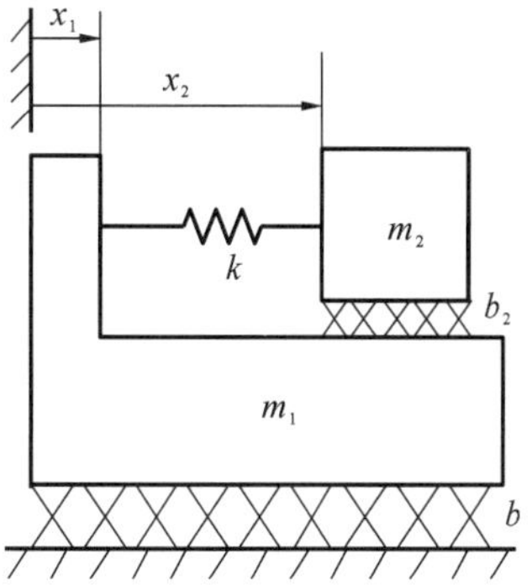

图 9-23　二自由度机械系统

9.8　对于例 7.5 所得到的平面 2R 机械手在直角坐标空间中的动力学方程，推导计算力矩值对于小偏差 $\delta\boldsymbol{q}$ 的灵敏度表达式。

9.9　对于平面 2R 机械手在关节空间中的动力学方程，推导计算力矩值对于小偏差 $\delta\boldsymbol{q}$ 的灵敏度表达式。

9.10　设计控制系统，受控对象为

$$f=5x\dot{x}+2\ddot{x}-12$$

选择系统的增益，使得闭环系统处于临界阻尼状态，且闭环刚度为 $k=20$ N/m。

9.11　对于位置调节系统，为不失一般性，令 $\boldsymbol{q}_{\mathrm{d}}=0$，试证明采用下列控制规律都能得到渐近稳定的非线性系统：

(1) $\boldsymbol{\tau}=-\boldsymbol{K}_{\mathrm{p}}\boldsymbol{q}-\boldsymbol{D}(\boldsymbol{q})\boldsymbol{K}_{\mathrm{v}}\dot{\boldsymbol{q}}+\boldsymbol{G}(\boldsymbol{q})$；

(2) $\boldsymbol{\tau}=-\boldsymbol{K}_{\mathrm{p}}\boldsymbol{q}-\boldsymbol{D}_{\mathrm{a}}(\boldsymbol{q})\boldsymbol{K}_{\mathrm{v}}\dot{\boldsymbol{q}}+\dot{\boldsymbol{G}}(\boldsymbol{q})$。

其中：$\boldsymbol{K}_{\mathrm{v}}$ 可取为 $\boldsymbol{k}_{\mathrm{v}}\boldsymbol{I}_n$，$\boldsymbol{k}_{\mathrm{v}}$ 是系数，$\boldsymbol{I}_n$ 是 $n\times n$ 的单位矩阵；矩阵 $\boldsymbol{D}_{\mathrm{a}}(\boldsymbol{q})$是操作臂质量矩阵的估值，是正定的。提示：参照例 9.10。

9.12　对于位置调节系统，为不失一般性，令 $\boldsymbol{q}_{\mathrm{d}}=\boldsymbol{0}$，试证明采用下列控制规律都能得到渐近稳定的非线性系统：

(1) $\boldsymbol{\tau}=-\boldsymbol{D}(\boldsymbol{q})[\boldsymbol{K}_{\mathrm{p}}\boldsymbol{q}+\boldsymbol{K}_{\mathrm{v}}\dot{\boldsymbol{q}}]+\boldsymbol{G}(\boldsymbol{q})$；

(2) $\boldsymbol{\tau}=-\boldsymbol{D}_{\mathrm{a}}(\boldsymbol{q})[\boldsymbol{K}_{\mathrm{p}}\boldsymbol{q}+\boldsymbol{K}_{\mathrm{v}}\dot{\boldsymbol{q}}]+\boldsymbol{G}(\boldsymbol{q})$；

其中：$\boldsymbol{K}_{\mathrm{v}}$ 可取为 $\boldsymbol{k}_{\mathrm{v}}\boldsymbol{I}_n$，$\boldsymbol{k}_{\mathrm{v}}$ 是系数，$\boldsymbol{I}_n$ 是 $n\times n$ 的单位矩阵；矩阵 $\boldsymbol{D}_{\mathrm{a}}(\boldsymbol{q})$是正定的，为操作臂质量矩阵的估值。

9.13　对于位置调节系统，为不失一般性，令 $\boldsymbol{q}_{\mathrm{d}}=0$，试证明采用控制规律

$$\boldsymbol{\tau}=-k_{\mathrm{p}}\boldsymbol{q}-k_{\mathrm{v}}\dot{\boldsymbol{q}}$$

的系统是稳定的非线性系统，但不是渐近稳定的系统，并给出稳态误差的表达式。

9.14　已知系统动力学方程为

$$f=ax^2\dot{x}\ddot{x}+b\dot{x}^2+c\sin x$$

试设计轨迹跟踪控制器，使得在整个形位控制中误差抑制过程以临界阻尼状态进行。

9.15　系统开环动力学方程为

$$\tau=m\ddot{\theta}+b\dot{\theta}^2+c\dot{\theta}$$

控制规律为

$$\tau=m[\ddot{\theta}_{\mathrm{d}}+k_{\mathrm{v}}\dot{e}+k_{\mathrm{p}}e]+\sin\theta$$

试给出闭环系统的微分方程。

9.16　某平面 2R 机械手，两连杆质量分别为 m_1 和 m_2，连杆长度 $l_1=l_2=1$。

(1) 写出机械手的运动方程。

(2) 将运动方程写成紧凑的矩阵矢量形式：

$$\begin{bmatrix}\boldsymbol{d}_{11}(\theta_2) & \boldsymbol{d}_{12}(\theta_2)\\ \boldsymbol{d}_{12}(\theta_2) & \boldsymbol{d}_{22}\end{bmatrix}\begin{bmatrix}\ddot{\theta}_1(\boldsymbol{t})\\ \ddot{\theta}_2(\boldsymbol{t})\end{bmatrix}+\begin{bmatrix}\beta_{12}(\theta_2)\dot{\theta}_2^2+2\beta_{12}(\theta_2)\dot{\theta}_1\dot{\theta}_2\\ -\beta_{12}(\theta_2)\dot{\theta}_1^2\end{bmatrix}+\begin{bmatrix}\boldsymbol{c}_1(\theta_1,\theta_2)\boldsymbol{g}\\ \boldsymbol{c}_2(\theta_1,\theta_2)\boldsymbol{g}\end{bmatrix}=\begin{bmatrix}\tau_1(\boldsymbol{t})\\ \tau_2(\boldsymbol{t})\end{bmatrix}$$

对此系统选择合适的状态矢量 $\boldsymbol{x}(t)$和控制矢量 $\boldsymbol{u}(t)$，假定 $\boldsymbol{D}^{-1}(\theta)$存在。请用状态空间的形式表示运行方程，在表达式中用 d_{is}，β_{is}和 c_{is}显式地表示方程系数。

(3) 设计可变结构控制器和非线性解耦反馈控制器。

(4) 求出在基座坐标系中的雅可比矩阵。

9.17　在计算力矩控制方法中，分析时将系统看成是连续的，实际控制时，系统是离散的，因为计算机计算和数据采样需要时间。试说明在什么条件下，这种做法是容许的。

第 10 章　操作臂的力控制

10.1　概　述

前一章讨论了机器人轨迹控制的问题。针对喷漆、焊接等与外界环境无接触的作业，机器人通过路径规划和轨迹控制，即可实现很好的位置跟踪。然而，当机器人运动过程中存在与外界环境接触的情况时，环境带来的空间约束将阻碍机器人末端的循迹运动，此时纯粹的轨迹控制会导致机器人与环境间作用力不断增大，引起机器人损伤和周围环境破坏。可见，单纯的轨迹控制仅适用于固定编程路径、不与外界环境接触的机器人操作。

当机器人与环境接触，如执行擦玻璃、开门、拧螺钉、磨抛、打毛刺、抓取易碎物体、装配零件等作业时，机器人不但要沿指定路径运动，而且要控制与作业环境之间的接触力，从而在保证接触力的前提下完成轨迹跟踪。以机器人夹持手爪擦玻璃为例，如果手爪拿着很软的海绵进行擦洗，并且已知玻璃的精确位置，则仅通过轨迹控制调整手爪相对于玻璃的位置，以此调整对玻璃的作用力，自然可实现擦玻璃的目标。但若把手爪中的海绵替换为刚性工具，由机器人带动工具刮去玻璃表面上的油漆时，由于玻璃表面的空间位置可能不准确，或者刚性工具的位置误差比较大，纯粹的轨迹控制将引起两种结果：要么是工具与玻璃不接触，要么是工具与玻璃接触力太大导致玻璃破碎。一种比较好的解决方法是控制工具与玻璃之间的接触力。这样，即使作业环境（如玻璃）是未知的，也能保持工具与环境顺应接触。由此可见，机器人在执行与环境接触的交互作业时，不但要有轨迹控制功能，而且要有力控制的功能。

机器人具备了力控制功能，就可以胜任更复杂的操作任务，例如完成零件装配、打磨等作业，也可作为人体增强设备用于康复、医疗等领域。力控制要求机器人具有力反馈功能，那么通常需要在机器人腕部或者各关节处安装力-力矩传感器。机器人通过力-力矩传感器检测机器人与外部环境的接触力-力矩，并设计力控制器计算位置参考指令的修调量或者关节力矩控制指令，可以操纵机器人在不确定环境下与环境相顺应。如图 10-1 所示，要求机器人在曲面 S 的法线方向施加一定的力 $\boldsymbol{f}$，然后以一定速度 $\boldsymbol{v}$ 沿曲面运动。此时，曲面 S 就是环境约束条件，而力控制的目的就是使得机器人与环境恒力接触并沿曲面表面运动。由单纯的轨迹控制到轨迹与力结合的力控制，使机器人具备了力觉，这是机器人智能化的一种表征。

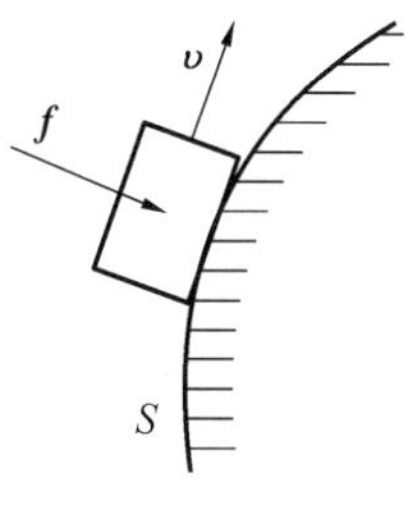

图 10-1　具有环境约束的力控制

本章首先介绍在机器人领域中应用的力-力矩传感器的原理与分类；接着分析机器人

与环境接触后受到的自然约束和人工约束，根据约束条件制订控制策略；然后讨论如何设计环境模型和确定力控制规律，并对力控制方法做出分类；最后介绍间接力控制与直接力控制的常用算法。

10.2　力-力矩传感器

力-力矩传感器是一种能将各种力和力矩信息转换成电信号输出的装置。在机器人力控制系统中，力-力矩传感器必不可少，是直接影响力控制系统性能的重要因素。

在机器人系统中应用到的力-力矩传感器种类繁多，就工作原理而言，可分为电阻式(应变式、压阻式和电位器式)、电感式(压磁式)、电容式、磁电式(霍尔式)、压电式传感器等；就安装部位而言，可分为关节式传感器、腕力传感器和手指式传感器等；就所测力的维数而言，可分为单维和多维力传感器。本节针对目前工业中常用的关节式力矩传感器和六维力传感器展开讨论，同时对科研领域关注的无传感器力估计方法做简单介绍。

1. 关节式力矩传感器

机器人关节式力矩传感器是用于测量和记录机器人单关节力矩的装置。通常，静态力矩相对容易测量，而动态力矩难以测量，机器人力控制中应用较多的是动态力矩传感器。

应变片式传感器的扭矩测量采用应变电测技术。在弹性轴上粘贴应变计组成测量电桥，弹性轴受扭矩产生微小变形后会引起电桥电阻值变化，电桥电阻值的变化转变为电信号的变化，从而实现扭矩测量。

2. 六维力传感器

六维力传感器能同时将三维力和三维力矩信号转换为电信号，用于监测方向和大小不断变化的力与力矩、测量加速度或惯性力，以及检测接触力的大小和作用点，在机器人力控制领域有广泛的应用。机器人感知外界物体的作用一般为六维力旋量，例如，控制装配力和力矩、加工力和力矩，进行表面跟踪，提供力的约束和协调工作等。

传统的六维力传感器多采用电阻应变片作为其中的敏感元件，将被测件上的应变转换成为一种电信号，并作为传感器的输出。例如，麻省理工学院 Draper 实验室研制的竖梁结构 Waston 六维力-力矩传感器，斯坦福大学设计的横梁结构 Scheinman 六维力-力矩传感器，中国科学院合肥智能机械研究所研制的 SAFMS 机器人六维腕力传感器，华中科技大学研制的非径向三梁结构六维腕力传感器等。ATI 公司基于传统电阻应变片式传感器进行创新，采用硅应变计感受力(见图 10-2)，其中的硅应变计提供高抗噪比和允许高过载保护。

最近研发的其他六维力传感器包括日本 WACOM 公司的电容式传感器，采用静电电容式结构，不需外接放大器等外接设备即可直接使用，结构简单，成本较低。匈牙利 Optoforce 公司的红外光六维力传感器(见图 10-3)，利用红外线探测被测表面微小的变形量，进而计算出相应的力。该类力传感器的设计可基于多种光学弹性体，而且外表弹性体与传感元件是隔离的。相对传统的基于应变片的力学感应元件和传感器而言，该类力传感器会更加稳固、耐用。Kistler 压电式力传感器施加机械载荷时，利用石英晶体的压电效应，可以产生与作用力成比例的电荷信号。由于石英晶体的刚度大，因此这种压电式力传感器适合在较大的温度范围和复杂的动力学环境下进行测量。

图 10-2　ATI 六维力传感器

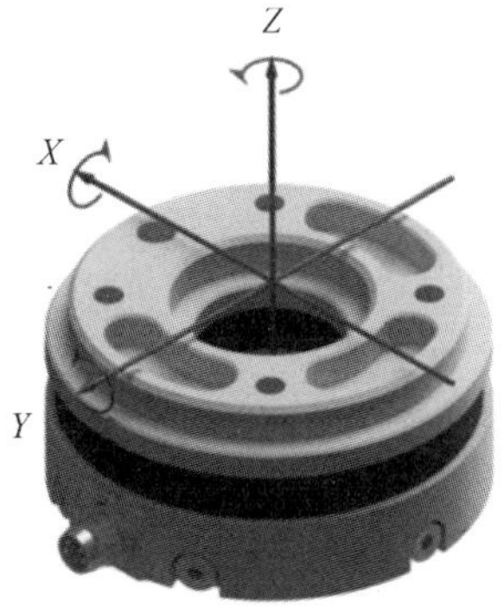

10-3　Optoforce 红外光六维力传感器

下面以应用较为广泛的十字梁式力传感器为例，详细介绍力传感器的工作原理。图 10-4 是其受力分析示意图。4 个变形杆上安装了 8 对应变片，也就是每个变形杆的侧面相对粘贴 2 个应变片，它们构成一个惠斯通电桥的 2 个桥臂。由于共有 8 对桥臂，因此可以测量 8 个张力。

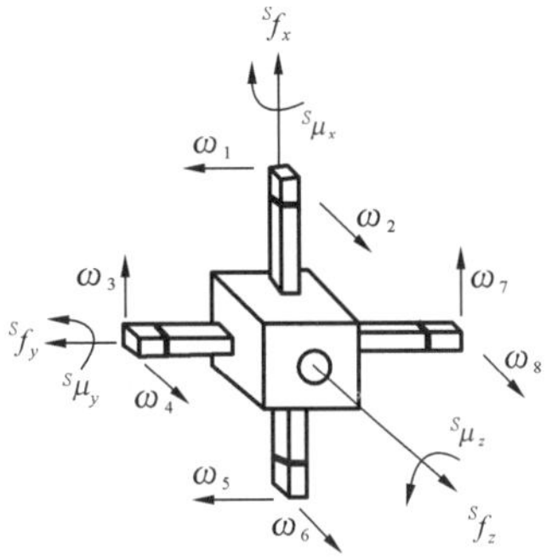

图 10-4　十字梁式力传感器受力分析

通过校准矩阵，我们可以将应变片测量出来的原始值与固连于传感器上的坐标系{$\boldsymbol{S}$}中的力的分量联系起来。令 $\omega_i(i=1,2,\cdots,8)$表示 8 个电桥的输出信号，反映十字梁在图 10-4 所示方向的力的作用下产生的力的测量值。校准矩阵为

$$\begin{bmatrix} {}^Sf_x \\ {}^Sf_y \\ {}^Sf_z \\ {}^S\mu_x \\ {}^S\mu_y \\ {}^S\mu_z \end{bmatrix} = \begin{bmatrix} 0 & 0 & c_{13} & 0 & 0 & 0 & c_{17} & 0 \\ c_{21} & 0 & 0 & 0 & c_{25} & 0 & 0 & 0 \\ 0 & c_{32} & 0 & c_{34} & 0 & c_{36} & 0 & c_{38} \\ 0 & 0 & 0 & c_{44} & 0 & 0 & 0 & c_{48} \\ 0 & c_{52} & 0 & 0 & 0 & c_{56} & 0 & 0 \\ c_{61} & 0 & c_{63} & 0 & c_{65} & 0 & c_{67} & 0 \end{bmatrix} \begin{bmatrix} \omega_1 \\ \omega_2 \\ \omega_3 \\ \omega_4 \\ \omega_5 \\ \omega_6 \\ \omega_7 \\ \omega_8 \end{bmatrix} \tag{10-1}$$

上述重构力信号的过程由力传感器中的信号处理电路完成。

3. 无传感器力估计

无传感器力估计是近年来新兴的一种在没有力传感器的情况下进行力估计，进而实施力控制的方法。一种替代方案是使用每个关节中的电动机扭矩经运动学变换后得到力估计值。采用这种方法的问题是，在使用扭矩信号之前，需要对所测量的扭矩补偿扰动力，例如重力和摩擦力。如果机器人传动中存在齿轮，则会出现更多其他的问题，因为高齿轮比将放大噪声和模型误差，难以实现精确的力估计。另外，还可以结合电动机转矩与过滤后的机器人动力学模型，通过递归最小二乘法来估计力。

另外一种方法是使用其他的观测器。其一是采用干扰观测器，利用机器人动态模型和由外力引起的模型偏差来估计力；其二是采用直接力观测器，用 $H\infty$ 力观测器或者将位置

估计误差用于质量-阻尼-弹簧系统进行建模来估计力。力估计也可以通过自适应方法来实现。Linderoth 等(2013)提出了一种在没有力传感器的情况下，利用机器人动力学模型估计关节速度和加速度来实施阻抗控制的方法。采用观测器和自适应方法的缺陷在于需要精确的机器人动力学模型。但在实际情况中，摩擦力的建模是十分困难的，这容易导致模型的不准确性；同时，对于多自由度机器人，其动力学模型十分复杂，很难实时计算。

10.3 约束运动与约束坐标系

1. 自然约束与人工约束

机器人在执行任务时一般受到两种约束。一种是自然约束，指手爪(或工具)与外界环境接触时，自然就会生成的一些约束条件。它与环境的几何特性有关，与手爪的运动轨迹无关，也就是说利用任务的几何关系来定义位置或力的自然约束条件。另一种是人工约束，指人为给定的约束，用来描述机器人预期的运动或是施加的力，这就是说每当描述预期的位置或者力的轨迹时，就要定义一组人为的约束条件。

自然约束条件与人工约束条件表达了位置控制与力控制的对偶性。如图 10-5 所示，以机器人执粉笔在黑板上写字为例，根据黑板的几何位置定义位置或力的自然约束。黑板面的垂直方向有位置自然约束，可施加力控制。此外，假定粉笔与黑板相接触时没有摩擦力，因此沿黑板表面有两个切向力为零的自然约束，可以施加轨迹控制。在粉笔与黑板的接触点处无力矩作用，绕接触点有三个力矩为零的自然约束，可以施加方向控制。根据用户规定的运动和力的轨迹定义人工约束。例如，为了完成上述的写字任务，人工约束条件是粉笔沿黑板平面的运动轨迹(包含粉笔的轴线方向)和在黑板上保持一定的接触力。人工约束条件必须与自然约束条件相适应，因为一个给定的自由度不能对力和位置同时进行控制。也就是说，不是按自然约束就是按人工约束决定每个自由度的位置和力，因此自然约束和人工约束的条件数相等，它们等于约束空间的自由度数(一般是 6 个)。注意，某些特定的自然约束可以用人工约束来表示，反之亦然。例如粉笔与黑板接触，如果考虑库仑摩擦力，那么沿黑板面的切向力可以用人工约束的接触力来表示。

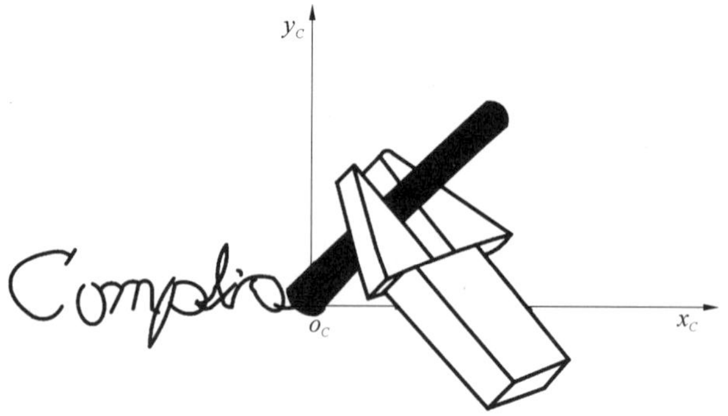

图 10-5　在黑板上写字

自然约束和人工约束把机器人的运动分成两组正交的集合，我们必须根据不同的规则对这两组集合进行控制。

2. 约束坐标系

将机器人执行某项任务的过程分为若干个步骤，这些步骤称为子任务。给每一个子任务选择一个约束坐标系 $\{\boldsymbol{C}\}$，完成子任务可以在坐标系 $\{\boldsymbol{C}\}$ 中用一组约束条件来描述。在图 10-5 所示的写字的例子中，粉笔与黑板的接触点作为约束坐标系的原点 o_C，垂直于黑板面的方向为 z_C，而 x_C 和 y_C 与黑板面相切。约束坐标系的选择，取决于所执行的任务，它可能在环境中固定不动，也可能随手爪一起运动。在许多机器人的作业任务中，可以定义一个“C 表面”，沿此“C 表面”的法线方向存在位置约束，可以施加力控制，而沿其切线方向可施加位置控制。这两组控制同时满足机器人活动自由度的力与位置约束。

图 10-6(a)和(b)分别表示两个具有代表性的任务，画出了约束坐标系 $\{\boldsymbol{C}\}$ 及其相关的自然约束和人工约束。如图 10-6(a)所示，摇手柄的约束坐标系固定在曲柄上，并且随曲柄转动，规定 x_C 方向总是指向曲柄的轴心。当手爪紧紧抓住可转动的手把，摇着曲柄转动时，手把可以绕自身的轴心转动。如图 10-6(b)所示，拧螺钉的约束坐标系固定在旋具的顶端，工作时随旋具一起转动。需要注意，由于螺钉上有槽，要避免旋具沿着槽（y_C 方向）产生滑动，因为这个方向的力约束是零。由图中给出的自然约束和人工约束可以看出，当对坐标系 $\{\boldsymbol{C}\}$ 中某个自由度给定一个位置约束时，就相应地确定一个力的人工约束，反之亦然。

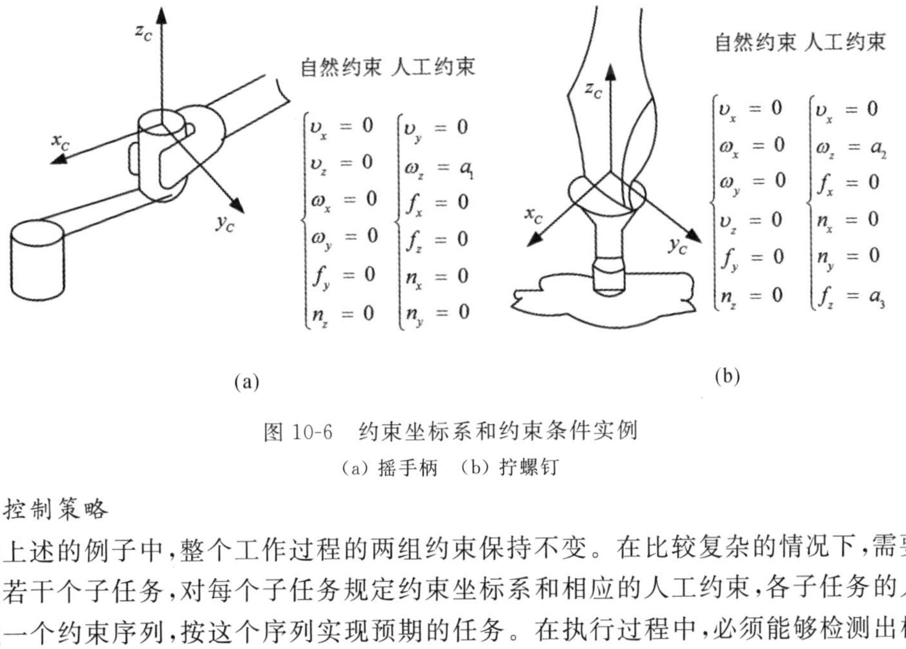

图 10-6　约束坐标系和约束条件实例

(a) 摇手柄　(b) 拧螺钉

3. 控制策略

在上述的例子中，整个工作过程的两组约束保持不变。在比较复杂的情况下，需要把任务分成若干个子任务，对每个子任务规定约束坐标系和相应的人工约束，各子任务的人工约束组成一个约束序列，按这个序列实现预期的任务。在执行过程中，必须能够检测出机器人与环境接触状态的变化，以便为机器人跟踪环境（用自然约束描述的）提供信息。根据自然约束的变化，调用人工约束条件，并且由控制系统实施。

例 10.1　以将一根圆棒插进工件上的圆孔中为例，说明按照约束序列完成这个装配任务的控制策略。假定圆棒和圆孔都有倒角。图 10-7 所示画出了这个装配动作序列。图 10-7(a)，手爪夹持着圆棒朝着圆孔运动；图 10-7(b)，圆棒与圆孔的倒角接触；图 10-7(c)，调整手爪位姿，直到圆棒与圆孔对准；图 10-7(d)，将圆棒插到圆孔底后停止动作，整个装配任务结束。上述每个动作定义为一个子任务，然后分别给出自然约束和人工约束，根据检测出的自然约束条件变化的信息，调用人工约束条件。

如图 10-7(a)所示，圆棒还没有与工件接触，因而它的运动不受任何限制，即力的自然

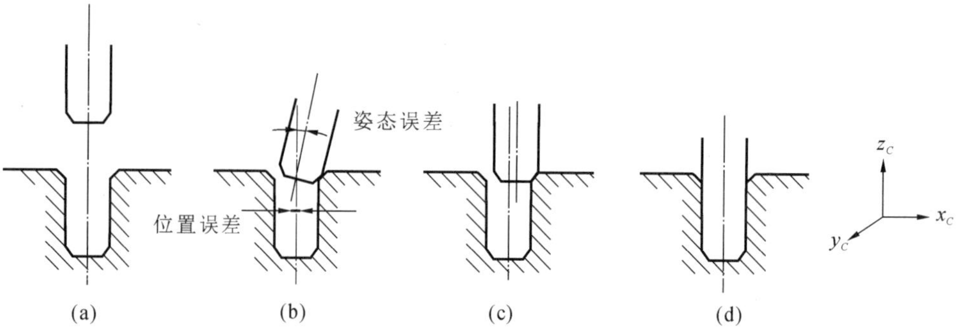

图 10-7 圆棒插入圆孔动作序列

(a) 接近 (b) 接触 (c) 对准 (d)插入

约束为零。在此条件下，手爪是可以全方位运动的。根据任务要求，规定人工约束条件是控制圆棒沿 z_C 方向以 v_a 的速度趋近工件上的圆孔。由此，约束条件的表达式为

$$\begin{cases} {}^C\boldsymbol{f} = \boldsymbol{0} & \text{(自然约束)} \\ {}^CV = [0 \quad 0 \quad v_a \quad 0 \quad 0 \quad 0]^T & \text{(人工约束)} \end{cases} \tag{10-2}$$

图 10-7(b)表示圆棒接触到了圆孔的倒角。当检测出 z_C 方向的力超过了某一阈值时，就认为发生了接触，生成了一种新的自然约束，即圆棒不能再沿 z_C 方向运动，同时也不能在 x_C 和 y_C 方向上任意移动和转动，在 z_C 方向上也不能施加力矩。在此条件下，人工约束的规定应满足：调整手爪的位姿，使圆棒与圆孔的中心重合。因此，人工约束条件是圆棒沿 x_C 和 y_C 方向移动，使 ${}^Cf_x = {}^Cf_y = 0$。同时在 z_C 方向施加小的力 f_1，保持圆棒与圆孔接触，圆棒绕 x_C 和 y_C 轴转动，使 ${}^Cn_x = {}^Cn_y = 0$。由此，自然约束条件和人工约束条件的表达式分别为

$$\text{自然约束}\begin{cases} {}^Cv_x = 0 \\ {}^Cv_y = 0 \\ {}^Cv_z = 0 \\ {}^C\omega_x = 0 \\ {}^C\omega_y = 0 \\ {}^Cn_z = 0 \end{cases} \qquad \text{人工约束}\begin{cases} {}^Cf_x = 0 \\ {}^Cf_y = 0 \\ {}^Cf_z = f_1 \\ {}^Cn_x = 0 \\ {}^Cn_y = 0 \\ {}^C\omega_z = 0 \end{cases} \tag{10-3}$$

图 10-7(c)表示圆棒已经对准圆孔，并插入了一小段距离。检测出 z_C 方向的速度超过了某一阈值，说明自然约束条件发生了变化，因此必须改变人工约束条件，即以 v_{in} 的速度把圆棒插入圆孔内。自然约束条件与人工约束条件的表达式分别为

$$\text{自然约束}\begin{cases} {}^Cv_x = 0 \\ {}^Cv_y = 0 \\ {}^Cv_z = 0 \\ {}^C\omega_x = 0 \\ {}^C\omega_y = 0 \\ {}^Cn_z = 0 \end{cases} \qquad \text{人工约束}\begin{cases} {}^Cf_x = 0 \\ {}^Cf_y = 0 \\ {}^Cv_z = v_{in} \\ {}^Cn_x = 0 \\ {}^Cn_y = 0 \\ {}^C\omega_z = 0 \end{cases} \tag{10-4}$$

最后，当 z_C 方向的力增加到超过某个阈值时，就认为达到了图 10-7(d)所示的状态。

上例说明，自然约束条件的变化是依据检测到的信息来确认的，而这些被检测的信息多数是不受控制的位置或力的变化量。例如，圆棒从接近到接触圆孔，被控制量是位置，而用来确认是否达到接触状态的被检测量是不受控制的力。

由机器人完成装配任务，装配策略的拟订是相当复杂的，上例做了一定简化。实用的自动装配系统的开发，是有待进一步研究的课题。

10.4　力控制规律的分解

1. 一般原理

在第 9 章中，我们把最简单的机械系统的轨迹控制，简化为单自由度的质量控制问题。然后，把多自由度机器人的控制问题等效为几个独立物体的控制问题。用类似的方法，我们把手爪（或工具）与环境相接触的力控制问题，简化为“质量-弹簧”系统的力控制问题。

当手爪与环境有接触力时，被控物体和环境相互作用的简单模型如图 10-8 所示。假设物体是刚性的，质量是 m，用弹簧模型表示被控物体和环境之间的作用，而环境的刚度为 k_e。

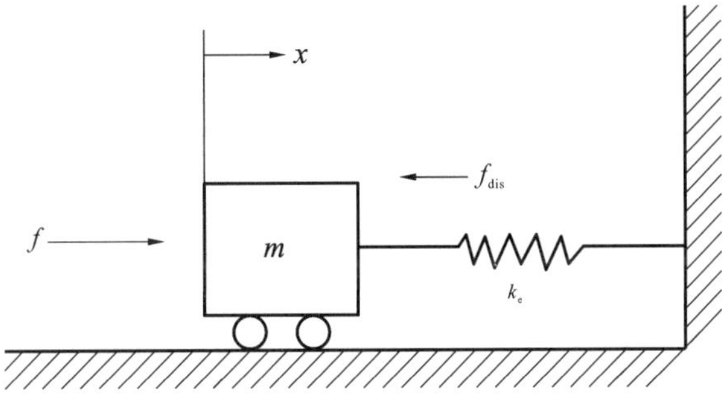

图 10-8　被控物体和环境相互作用的简单模型

现在讨论图 10-8 中质量-弹簧系统的力控制问题。我们用 f_{dis} 表示未知的干扰力，它可能是摩擦力或是机械传动的阻力。作用在弹簧上的力，也就是希望作用在环境上的控制变量，用 f_e 表示，则

$$f_e = k_e x \tag{10-5}$$

描述这个物理系统的方程为

$$f = m\ddot{x} + k_e x + f_{dis} \tag{10-6}$$

如果用作用在环境上的控制变量 f_e 表示，则由式(10-5)和式(10-6)，可得

$$f = mk_e^{-1}\ddot{f}_e + f_e + f_{dis} \tag{10-7}$$

利用第 9 章所述控制规律分解方法，$f=\alpha f'+\beta$，选定

$$\alpha = mk_e^{-1}, \quad \beta = f_e + f_{dis} \tag{10-8}$$

同时，令 f_d 是期望力，$e_f=f_d-f_e$ 是 f_d 与在环境中检测出的力 f_e 之间的误差。若 $e_f \to 0$，则有闭环系统

$$\ddot{e}_f + k_{vf}\dot{e}_f + k_{pf}e_f = 0 \tag{10-9}$$

即 $\ddot{f}_e=\ddot{f}_d+k_{vf}\dot{e}_f+k_{pf}e_f$。将式(10-8)和式(10-9)代入式(10-7)可得

$$f = \alpha(\ddot{f}_d + k_{vf}\dot{e}_f + k_{pf}e_f) + \beta \tag{10-10}$$

由于 f_{dis} 是未知的，因此式(10-10)不可解。当然，我们可以在式(10-10)中去掉一项，得到伺服规则

$$f = \alpha(\ddot{f}_d + k_{vf}\dot{e}_f + k_{pf}e_f) + f_e \tag{10-11}$$

但是稳态误差分析表明，还有更好的解决办法，特别是当环境的刚度 k_e 很高（一般如

此）的时候，我们可以把式（10-10）中的 β 用 f_d 代替，这样做既实用又可使稳态误差减小，伺服规则变为

$$f = \alpha(\ddot{f}_d + k_{vf}\dot{e}_f + k_{pf}e_f) + f_d \tag{10-12}$$

2. 稳态误差

下面我们讨论式（10-11）和式（10-12）所示两种情况的稳态误差。考虑舍去 f_{dis} 这一项，则式（10-7）与式（10-11）相等，且设在稳态情况下各阶导数项为零，得到稳态误差

$$e_f = \frac{f_{dis}}{\lambda} \tag{10-13}$$

式中：$\lambda = mk_e^{-1}k_{pf}$，为有效的力反馈增益。

考虑用 f_d 代替 $f_e + f_{dis}$，则式（10-7）和式（10-12）相等，稳态误差为

$$e_f = \frac{f_{dis}}{1+\lambda} \tag{10-14}$$

一般情况下环境是刚性的，λ 是比较小的正数。对比式（10-13）和式（10-14）可知，由式（10-12）表示的伺服规则产生的稳态误差小些。

3. 简化伺服规则

图 10-9 是利用式（10-12）的伺服规则画出的闭环系统原理框图。在实际应用中并非如此。首先，接触力的轨迹通常都是控制为某一常数值，而很少把它设置为任意的时间函数，因此控制系统中的导数项 $\dot{f}_d = \ddot{f}_d = 0$。另一个实际问题是检测出的力噪声很大，如果根据检测出的 f_e 用数值微分的方法求 $\dot{f}_e$，会使系统的噪声放大。根据 $f_e = k_e x$，我们可以用测得的物体的速度 $\dot{x}$ 计算环境力的导数 $\dot{f}_e = k_e\dot{x}$。这样做比较合理，因为检测机器人速度的技术是成熟的。考虑了这两种实际情况之后，可以把伺服规则写成

$$f = m(k_e^{-1}k_{pf}e_f - k_{vf}\dot{x}) + f_d \tag{10-15}$$

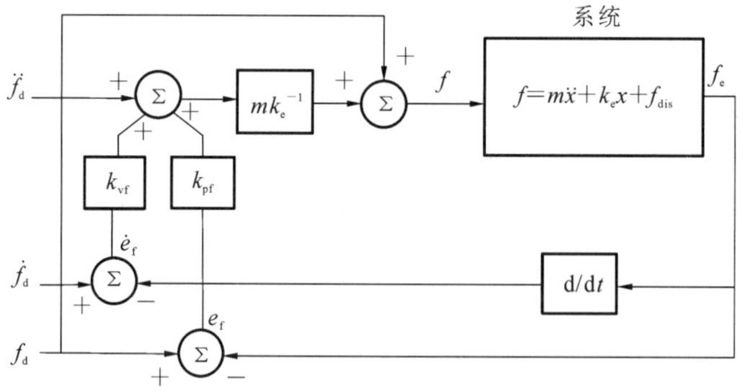

图 10-9　闭环系统原理框图

相应实际的质量-弹簧力控制系统框图如图 10-10 所示。利用力的误差信号构成速度反馈的内回路，其反馈增益是 k_{vf}，调整 k_{vf} 可以改变阻尼比，改善系统的动态性能。反馈信号 f_e 和前馈信号 f_d 减小了系统误差。

还有一个问题需要说明，就是控制规则中的环境刚度 k_e 是时变的，其在实际系统中往往是未知的。但是，由于装配机器人的处理对象常常是刚性部件，因此可以认为 k_e 相当大。在这种假设的条件下，在选择增益时，要考虑到在 k_e 变化的情况下系统能够正常地工作。

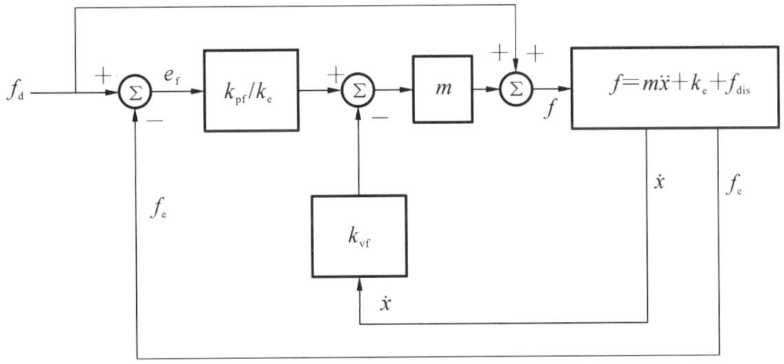

图 10-10　实际的质量-弹簧力控制系统框图

10.5　间接力控制

力控制规律可分为间接力控制和直接力控制两种。间接力控制通过运动控制来实现对力的控制，并不需要力反馈闭环 。间接力控制的经典方法有顺应控制(compliance control)和阻抗控制(impedance control)，这两种方法将接触力转换为位置误差，进而通过运动控制间接实现对力的控制。

所谓顺应性是指机器人对外界环境变化适应的能力。当机器人与外界环境接触时，即使环境发生了变化，如零件位置或尺寸的变化，机器人仍然与环境保持接触，保持预定的接触力，这就是机器人的顺应能力。为了使机器人具备这样的能力，要对机器人施加顺应控制。顺应控制分为被动顺应控制和主动顺应控制两种。

1. 被动顺应控制

我们知道，一个刚度非常大的机器人，同时配置一个刚度很大的伺服装置，对于完成与环境有接触力的任务是不合适的，这时零件常常会被卡住或损坏，例如装配任务就会产生这种情况。对此，可以设计一种特殊装置——RCC(遥顺应中心)装置实现环境顺应，如图 10-11 所示。RCC 装置本质上等价于一个六自由度的弹簧，插装在手爪与手腕之间。通过调节 6 个弹簧的弹性，可以得到不同大小的柔性。根据不同的装配任务，选择适当的刚度，可以保证平滑、迅速地完成装配任务。设计 RCC 装置，要求在某一确定点(顺应中心)使它的刚度矩阵为对角阵。即在此点作用一个横向力，只产生相应的横向位移，而不产生转动；反之，若在此点作用一个扭矩，则只产生相应的转动，而不会伴随有移动。由此实现平移和旋转之间的最大化解耦。RCC 装置由移动部分和旋转部分组成，其中移动部分是平行四边形结构，旋转部分是梯形结构。当受到力和力矩作用时，RCC 装置发生的偏移变形和旋转变形可以补偿线性误差和角度误差，因此可以顺利地完成装配任务。选择约束坐标系时，通常以顺应中心作为原点 o。

被动顺应控制是由机械装置产生的。用于装配任务的 RCC 装置响应快、价格便宜。但是它只能用在一些专用场合，如插孔装配等，且顺应中心的调整比较困难，不能适应杆件长度的变化，通用性较差。也有人设计了顺应中心和柔顺性可变的 VRCC 装置，但其结构复杂，质量大，且可调范围有限。由此设想，设计一种控制器，使它能够调整机器人末端执行器的刚度，以适应各种零件的装配，同时也可以适应不同的装配状态，从而形成主动顺应控制。

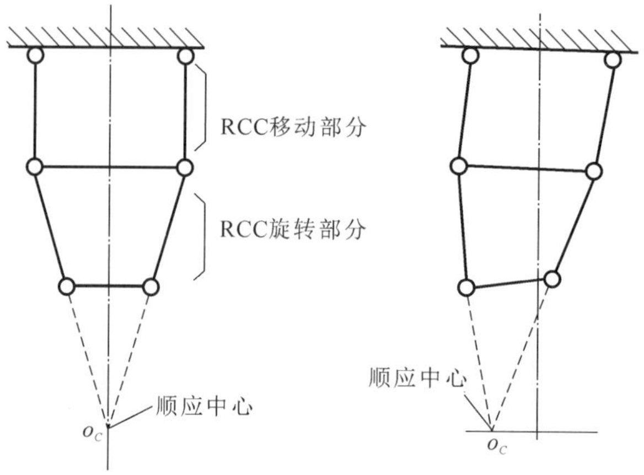

图 10-11　RCC 装置示意图

2. 主动顺应控制

机器人末端执行器的刚度取决于关节伺服刚度、关节机构的刚度和连杆的刚度。因此，可以根据末端执行器预期的刚度，计算出关节刚度。设计适当的控制器，可以调节整个关节伺服系统的位置增益，使关节的伺服刚度与末端执行器的预期刚度相适应。假设末端执行器的预期刚度矩阵为 $\boldsymbol{K}_{px}$，在指令位姿 $\boldsymbol{x}_{de}$ 下(处于顺应中心)形成的微小位移是 $\Delta\boldsymbol{x}_{de}$，则作用在末端执行器上的力旋量是

$$F=\boldsymbol{K}_{px}\Delta\boldsymbol{x}_{de} \tag{10-16}$$

式中：F，$\boldsymbol{K}_{px}$，$\Delta\boldsymbol{x}_{de}$ 都是在作业空间中描述的。$\boldsymbol{K}_{px}\in\Re^{6\times 6}$ 的对角线元素依次为三个线性刚度和三个扭转刚度。

根据机械手的雅可比矩阵的定义，有

$$\Delta\boldsymbol{x}_{de}=\boldsymbol{J}(\boldsymbol{q})\delta\boldsymbol{q} \tag{10-17}$$

结合式(10-16)可得

$$F=\boldsymbol{K}_{px}\boldsymbol{J}(\boldsymbol{q})\delta\boldsymbol{q} \tag{10-18}$$

根据虚功原理，作用在末端执行器上的力旋量引起的关节上的力矩矢量为

$$\boldsymbol{\tau}=\boldsymbol{J}^{T}(\boldsymbol{q})F \tag{10-19}$$

与式(10-18)联立，可得

$$\boldsymbol{\tau}=\boldsymbol{J}^{T}(\boldsymbol{q})\boldsymbol{K}_{px}\boldsymbol{J}(\boldsymbol{q})\delta\boldsymbol{q}=\boldsymbol{K}_{q}\delta\boldsymbol{q} \tag{10-20}$$

式(10-20)将式(10-16)中在任务空间的刚度矩阵 $\boldsymbol{K}_{px}$ 变成了关节刚度矩阵 $\boldsymbol{K}_q$，其中 $\boldsymbol{K}_q=\boldsymbol{J}^{T}(\boldsymbol{q})\boldsymbol{K}_{px}\boldsymbol{J}(\boldsymbol{q})$。式(10-20)表明关节力矩是关节角微小变化量 $\delta\boldsymbol{q}$ 的函数，由此使得机器人末端执行器像一个六自由度笛卡儿弹簧一样。

以一个简单的例子来说明主动顺应控制的过程。在工业机器人领域，简单的基于关节的位置控制器可以使用如下控制规律：

$$\boldsymbol{\tau}=\boldsymbol{K}_{p}\boldsymbol{e}+\boldsymbol{K}_{v}\dot{\boldsymbol{e}} \tag{10-21}$$

式中：$\boldsymbol{K}_p$ 和 $\boldsymbol{K}_v$ 是常量对角增益矩阵；$\boldsymbol{e}=\boldsymbol{q}_d-\boldsymbol{q}$ 为关节伺服误差；$\dot{\boldsymbol{e}}$ 为关节伺服误差关于时间的导数。

用关节刚度矩阵替代控制规律(10-21)中的增益矩阵 $\boldsymbol{K}_p$，可得

$$\boldsymbol{\tau}=\boldsymbol{K}_{q}\boldsymbol{e}+\boldsymbol{K}_{v}\dot{\boldsymbol{e}}=\boldsymbol{J}^{T}(\boldsymbol{q})\boldsymbol{K}_{px}\boldsymbol{J}(\boldsymbol{q})\boldsymbol{e}+\boldsymbol{K}_{v}\dot{\boldsymbol{e}} \tag{10-22}$$

由此，调制 $\boldsymbol{K}_{px}$ 就可以实现机器人主动顺应控制。

对于任务空间中的任何一点都可以计算出式(10-17)、式(10-20)与式(10-22)中的雅可比矩阵,因此我们不仅可以对预期的刚度规定正交方向,而且可以非常灵活地规定顺应中心的位置。这在装配中是非常有用的,因为这样就允许任意移动顺应中心(约束坐标系原点),并可规定主刚度方向(约束坐标系的坐标轴),以及按不同情况确定预期的刚度。

一般情况下,关节刚度矩阵 $\boldsymbol{K}_q$ 不是对角矩阵,这就意味着 i 关节的驱动力矩 τ_i 不仅与 δq_i $(i=1,2,\cdots,6)$ 有关,而且与 δq_j $(j\neq i)$ 有关。此外,雅可比矩阵是位姿的函数,因此关节力矩引起的端点位移,可能使刚度发生变化。这样,要求机器人的控制器根据式(10-16)和式(10-20)做变参数协调交联,以产生相应的关节力矩。此外,手臂处于奇异形位时,$\boldsymbol{K}_q$ 是退化的,在某些方向上主动刚度控制是不可能实现的。

3. 阻抗控制

在操作空间机器人的逆动力学控制下分析机械手与环境的相互作用之前,首先对操作空间下的非接触式逆动力学控制进行分析,根据动力学模型(7-57),可得机器人逆动力学线性控制模型为

$$\boldsymbol{\tau}=\boldsymbol{D}(\boldsymbol{q})\boldsymbol{y}+\boldsymbol{h}(\boldsymbol{q},\dot{\boldsymbol{q}})+\boldsymbol{G}(\boldsymbol{q})+F(\boldsymbol{q},\dot{\boldsymbol{q}}) \tag{10-23}$$

受控机械手在操作空间下的控制规律可描述为 $\ddot{\boldsymbol{q}}=\boldsymbol{y}=\boldsymbol{J}^{-1}(\boldsymbol{q})(\boldsymbol{a}-\dot{\boldsymbol{q}}(\boldsymbol{q},\dot{\boldsymbol{q}})\dot{\boldsymbol{q}})$,其中 $\boldsymbol{a}$ 为分解加速度,分为线性加速度与旋转加速度两部分,可表示为

$$\boldsymbol{a}=\begin{bmatrix}\boldsymbol{a}_{\mathrm{p}}\\ \boldsymbol{a}_{\mathrm{o}}\end{bmatrix} \tag{10-24}$$

接着对操作空间下的接触式逆动力学控制进行分析,此时机器人的动力学模型为

$$\boldsymbol{\tau}=\boldsymbol{D}(\boldsymbol{q})\ddot{\boldsymbol{q}}+\boldsymbol{h}(\boldsymbol{q},\dot{\boldsymbol{q}})+F(\boldsymbol{q},\dot{\boldsymbol{q}})+\boldsymbol{G}(\boldsymbol{q})+\boldsymbol{J}^{\mathrm{T}}(\boldsymbol{q})F \tag{10-25}$$

式中:F 表示外界作用力,$F^{\mathrm{T}}=[\boldsymbol{f}^{\mathrm{T}}\quad \boldsymbol{\tau}^{\mathrm{T}}]$。将惯性力与外界作用力合并,结合式(10-23),可得接触式逆动力学线性控制模型为

$$\boldsymbol{\tau}=\boldsymbol{D}(\boldsymbol{q})(\boldsymbol{y}-\boldsymbol{D}^{-1}(\boldsymbol{q})\boldsymbol{J}^{\mathrm{T}}(\boldsymbol{q})F)+\boldsymbol{h}(\boldsymbol{q},\dot{\boldsymbol{q}})+F(\boldsymbol{q},\dot{\boldsymbol{q}})+\boldsymbol{G}(\boldsymbol{q}) \tag{10-26}$$

于是当外力存在时,受控机械手可描述为

$$\begin{aligned}\ddot{\boldsymbol{q}}&=\boldsymbol{y}-\boldsymbol{D}^{-1}(\boldsymbol{q})\boldsymbol{J}^{\mathrm{T}}(\boldsymbol{q})F\\ &=\boldsymbol{J}^{-1}(\boldsymbol{q})(\boldsymbol{a}-\dot{\boldsymbol{J}}(\boldsymbol{q},\dot{\boldsymbol{q}})\dot{\boldsymbol{q}})-\boldsymbol{D}^{-1}(\boldsymbol{q})\boldsymbol{J}^{\mathrm{T}}(\boldsymbol{q})F\end{aligned} \tag{10-27}$$

式(10-27)表明,由于接触力的存在,产生了非线性耦合项,将此时控制规律 $\boldsymbol{y}$ 中的分解加速度 $\boldsymbol{a}$ 选择为与非接触式分解加速度相同的形式,可得

$$\Delta\ddot{\boldsymbol{x}}_{\mathrm{de}}+\boldsymbol{K}_{\mathrm{d}}\Delta\dot{\boldsymbol{x}}_{\mathrm{de}}+\boldsymbol{K}_{\mathrm{p}}\Delta\boldsymbol{x}_{\mathrm{de}}=\boldsymbol{H}^{-1}(\boldsymbol{\varphi}_{\mathrm{e}})\boldsymbol{J}(\boldsymbol{q})\boldsymbol{D}^{-1}(\boldsymbol{q})\boldsymbol{J}^{\mathrm{T}}(\boldsymbol{q})F \tag{10-28}$$

$$\Delta\boldsymbol{x}_{\mathrm{de}}=\begin{bmatrix}\Delta\boldsymbol{p}_{\mathrm{de}}\\ \Delta\boldsymbol{\varphi}_{\mathrm{de}}\end{bmatrix},\boldsymbol{K}_{\mathrm{p}}=\begin{bmatrix}\boldsymbol{K}_{\mathrm{pp}} & \boldsymbol{0}\\ \boldsymbol{0} & \boldsymbol{K}_{\mathrm{po}}\end{bmatrix},\boldsymbol{K}_{\mathrm{d}}=\begin{bmatrix}\boldsymbol{K}_{\mathrm{dp}} & \boldsymbol{0}\\ \boldsymbol{0} & \boldsymbol{K}_{\mathrm{do}}\end{bmatrix} \tag{10-29}$$

$$\boldsymbol{H}=\begin{bmatrix}\boldsymbol{I} & \boldsymbol{0}\\ \boldsymbol{0} & \boldsymbol{T}\end{bmatrix} \tag{10-30}$$

式中:$\Delta\boldsymbol{\varphi}_{\mathrm{de}}$ 为欧拉角误差;$\boldsymbol{K}_{\mathrm{d}}$ 为阻尼矩阵;$\boldsymbol{K}_{\mathrm{p}}$ 为刚度矩阵;$\boldsymbol{H}$ 为转换矩阵。

令 $\boldsymbol{M}=\boldsymbol{J}^{-\mathrm{T}}\boldsymbol{D}\boldsymbol{J}^{-1}\boldsymbol{H}$,代入式(10-28),可得

$$\boldsymbol{M}\Delta\ddot{\boldsymbol{x}}_{\mathrm{de}}+\boldsymbol{M}\boldsymbol{K}_{\mathrm{d}}\Delta\dot{\boldsymbol{x}}_{\mathrm{de}}+\boldsymbol{M}\boldsymbol{K}_{\mathrm{p}}\Delta\boldsymbol{x}_{\mathrm{de}}=F \tag{10-31}$$

式(10-31)通过广义机械阻抗(mechanical impedance)在操作空间建立了力旋量 F 与位姿误差 $\Delta\boldsymbol{x}_{\mathrm{de}}$ 之间的关系。机械阻抗是由机械系统产生的,并由质量矩阵 $\boldsymbol{M}$、阻尼矩阵 $\boldsymbol{K}_{\mathrm{d}}$ 和刚度矩阵 $\boldsymbol{K}_{\mathrm{p}}$ 所表征。机械阻抗可用于描述机械手末端沿着操作空间方向的动态响应。

由于质量矩阵 $\boldsymbol{M}$ 的存在会使系统耦合且呈非线性,因此若希望机械手在与环境交互过

程中保持线性且解耦,则需要测量接触力与接触力矩,可以通过适当的力传感器实现。力传感器通常安装在机械手腕部,选择

$$\boldsymbol{\tau}=\boldsymbol{D}(\boldsymbol{q})\boldsymbol{y}+\boldsymbol{h}(\boldsymbol{q},\dot{\boldsymbol{q}})+F(\boldsymbol{q},\dot{\boldsymbol{q}})+\boldsymbol{G}(\boldsymbol{q})+\boldsymbol{J}^{\mathrm{T}}(\boldsymbol{q})F \tag{10-32}$$

式中:控制规律 $\boldsymbol{y}$ 与非接触式逆动力学控制规律相同,此时 $\boldsymbol{a}_{\mathrm{p}}$ 与 $\boldsymbol{a}_{\mathrm{o}}$ 可选择为

$$\boldsymbol{a}_{\mathrm{p}}=\ddot{\boldsymbol{p}}_{\mathrm{d}}+\boldsymbol{K}_{\mathrm{Mp}}^{-1}(\boldsymbol{K}_{\mathrm{dp}}\Delta\dot{\boldsymbol{p}}_{\mathrm{de}}+\boldsymbol{K}_{\mathrm{pp}}\Delta\boldsymbol{p}_{\mathrm{de}}-\boldsymbol{f}) \tag{10-33}$$

$$\boldsymbol{a}_{\mathrm{o}}=\boldsymbol{T}(\boldsymbol{\varphi}_{\mathrm{e}})(\ddot{\boldsymbol{\varphi}}_{\mathrm{d}}+\boldsymbol{K}_{\mathrm{Mo}}^{-1}(\boldsymbol{K}_{\mathrm{do}}\Delta\dot{\boldsymbol{\varphi}}_{\mathrm{de}}+\boldsymbol{K}_{\mathrm{po}}\Delta\boldsymbol{\varphi}_{\mathrm{de}}-\boldsymbol{T}^{\mathrm{T}}(\boldsymbol{\varphi}_{\mathrm{e}})\boldsymbol{\mu}))+\dot{\boldsymbol{T}}(\boldsymbol{\varphi}_{\mathrm{e}},\dot{\boldsymbol{\varphi}}_{\mathrm{e}})\dot{\boldsymbol{\varphi}}_{\mathrm{e}} \tag{10-34}$$

假定力测量值没有误差,则有

$$\boldsymbol{K}_{\mathrm{Mp}}\Delta\ddot{\boldsymbol{p}}_{\mathrm{de}}+\boldsymbol{K}_{\mathrm{dp}}\Delta\dot{\boldsymbol{p}}_{\mathrm{de}}+\boldsymbol{K}_{\mathrm{pp}}\Delta\boldsymbol{p}_{\mathrm{de}}=\boldsymbol{f} \tag{10-35}$$

$$\boldsymbol{K}_{\mathrm{Mo}}\Delta\ddot{\boldsymbol{\varphi}}_{\mathrm{de}}+\boldsymbol{K}_{\mathrm{do}}\Delta\dot{\boldsymbol{\varphi}}_{\mathrm{de}}+\boldsymbol{K}_{\mathrm{po}}\Delta\boldsymbol{\varphi}_{\mathrm{de}}=\boldsymbol{T}^{\mathrm{T}}(\boldsymbol{\varphi}_{\mathrm{e}})\boldsymbol{\mu} \tag{10-36}$$

式(10-32)中,$\boldsymbol{J}^{\mathrm{T}}F$ 项的加入完全补偿了接触力和接触力矩,使得机械手末端执行器相对环境具有无限刚度。为了使机械手具有柔顺响应,分别引入式(10-33)中的 $\boldsymbol{f}$ 项和式(10-34)中的 $\boldsymbol{T}^{\mathrm{T}}(\boldsymbol{\varphi}_{\mathrm{c}})\boldsymbol{\mu}$ 项,以使得机械手平移部分(式(10-35))与旋转部分(式(10-36))均可描述为线性解耦的阻抗。式(10-35)与式(10-36)的稳定性与式(10-28)和式(10-30)类似,与 $\boldsymbol{K}_{\mathrm{px}}^{-1}$ 规定的主动顺应控制相比,式(10-35)与式(10-36)可以通过六自由度阻抗来完整描述系统动态特征,其中平移阻抗由 $\boldsymbol{K}_{\mathrm{Mp}}$,$\boldsymbol{K}_{\mathrm{dp}}$,$\boldsymbol{K}_{\mathrm{pp}}$ 确定,旋转阻抗由 $\boldsymbol{K}_{\mathrm{Mo}}$,$\boldsymbol{K}_{\mathrm{do}}$,$\boldsymbol{K}_{\mathrm{po}}$ 确定。

根据式(10-33)与式(10-34),可设计如图 10-12 所示的阻抗控制框图。与非接触式逆动力学控制相比,其位姿控制被阻抗控制所替代,由阻抗控制部分处理机械手与环境之间相互作用的接触力和力矩。

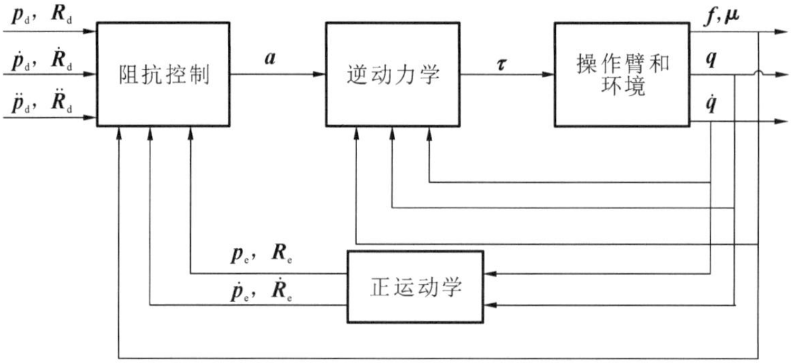

图 10-12 阻抗控制框图

例 10.2 以与弹性柔性平面接触的平面臂为对象,如图 10-13 所示。由于系统中仅产生一维位置变形,该问题属于简单的几何问题,其中仅包含位置变量,所有物理量都可以方便地参考基坐标。这样可以采用式(10-27)、式(10-32)、式(10-33)以及式(10-34)的力测量值构成的阻抗控制规律。其中:

$$\boldsymbol{K}_{\mathrm{M}}=\mathrm{diag}\{k_{\mathrm{M}x},k_{\mathrm{M}y}\}$$

$$\boldsymbol{K}_{\mathrm{d}}=\mathrm{diag}\{k_{\mathrm{d}x},k_{\mathrm{d}y}\}$$

$$\boldsymbol{K}_{\mathrm{p}}=\mathrm{diag}\{k_{\mathrm{p}x},k_{\mathrm{p}y}\}$$

阻抗控制下与弹性环境接触的机械手等效结构框图如图 10-14 所示。

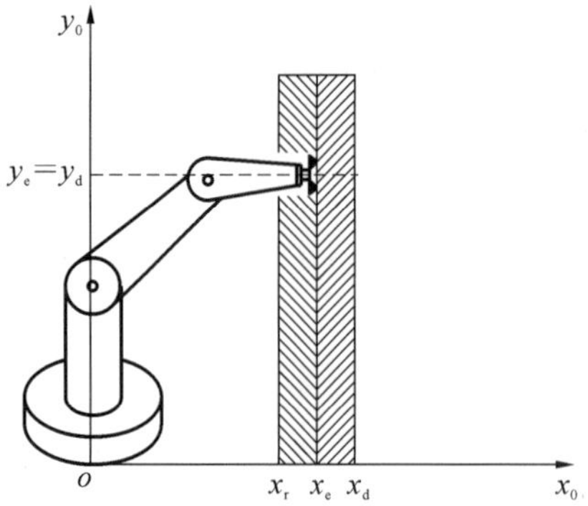

图 10-13 两连杆平面臂与弹性柔性平面接触

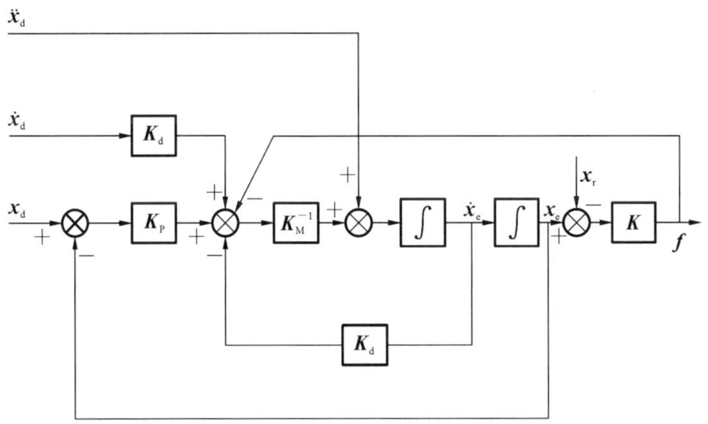

图 10-14 阻抗控制下与弹性环境接触的机械手等效结构框图

若 $\boldsymbol{x}_d$ 为常数，机械手与环境系统沿着操作空间两个方向的动力学方程描述为

$$k_{Mx}\ddot{\boldsymbol{x}}_e + k_{dx}\dot{\boldsymbol{x}}_e + (k_{px} + k_x)\boldsymbol{x}_e = k_x\boldsymbol{x}_r + k_{px}\boldsymbol{x}_d$$

$$k_{My}\ddot{\boldsymbol{y}}_e + k_{dy}\dot{\boldsymbol{y}}_e + k_{py}\boldsymbol{y}_e = k_{px}\boldsymbol{y}_d$$

沿竖直方向，无约束运动的时间响应由以下自然频率和阻尼因子决定：

$$\omega_{ny} = \sqrt{\frac{k_{py}}{k_{My}}}, \quad \xi_y = \frac{k_{dy}}{2\sqrt{k_{My}k_{py}}}$$

而沿着水平方向，接触力 $f_x = k_x(\boldsymbol{x}_e - \boldsymbol{x}_r)$ 的响应由下式确定：

$$\omega_{nx} = \sqrt{\frac{k_{px} + k_x}{k_{Mx}}}, \quad \xi_x = \frac{k_{dx}}{2\sqrt{k_{Mx}(k_{px} + k_x)}}$$

下面，在两种不同的环境刚度 $k_x = 10^3$ N/m，$k_x = 10^4$ N/m 下分析系统的动态响应。环境的静止位置为 $x_r = 1$，相应的阻抗参数选择为

$$k_{Mx} = k_{My} = 100\ (\text{N/m}), k_{dx} = k_{dy} = 500\ (\text{N/m}), k_{px} = k_{py} = 2500\ (\text{N/m})$$

根据这些值有

$$\omega_{ny} = 5\ \text{rad/s}, \quad \xi_y = 0.5$$

对于刚度较大的环境有

$$\omega_{nx} \approx 5.9\ \text{rad/s}, \quad \xi_x \approx 0.42$$

对于刚度较小的环境有

$$\omega_{nx} \approx 11.2\ \text{rad/s}, \quad \xi_x \approx 0.22$$

令机械手末端与环境在位置 $\boldsymbol{x}_e = [1 \quad 0]^T$ 处接触，期望到达位置 $\boldsymbol{x}_d = [1.1 \quad 0.1]^T$ 处。

结果表明，两种情况下沿垂直方向运动的动态过程是一样的。考虑沿着水平方向的接触力，刚度较大的环境可得到很好的阻尼性能，而刚度较小的环境所得响应阻尼较小。在平衡点处，环境刚度小时，接触力为 71.4 N 时位移为 7.14 cm；而环境刚度大时，接触力为 200 N 时位移为 2 cm。

机械手与环境没有相互作用或沿着自由运动方向时，阻抗控制则等价于逆动力学运动控制。实验结果表明，在相互作用下选择阻抗参数能保证顺应性，但并不能准确跟踪所需的位置和方向轨迹。此时，将式(10-35)与式(10-36)相互叠加并考虑扰动项 $\boldsymbol{d}$ 的存在，可得

$$\boldsymbol{K}_M\Delta\ddot{\boldsymbol{x}}_{de} + \boldsymbol{K}_d\Delta\dot{\boldsymbol{x}}_{de} + \boldsymbol{K}_p\Delta\boldsymbol{x}_{de} = \boldsymbol{H}^T(\boldsymbol{\varphi}_e)F + \boldsymbol{K}_M\boldsymbol{H}^{-1}(\boldsymbol{\varphi}_e)\boldsymbol{d} \tag{10-37}$$

式中

$$\boldsymbol{K}_{\mathrm{M}}=\begin{bmatrix}\boldsymbol{K}_{\mathrm{Mp}} & \boldsymbol{0}\\ \boldsymbol{0} & \boldsymbol{K}_{\mathrm{Mo}}\end{bmatrix} \tag{10-38}$$

对式(10-37)进行分析可知，可通过对矩阵 $\boldsymbol{K}_{\mathrm{p}}^{-1}\boldsymbol{K}_{\mathrm{M}}$ 选择一个较低的权值来对干扰进行抑制，该权值对应于在末端执行器上具有等效轻质量的刚性控制作用。但是当末端执行器与刚度非常大的环境接触时，这种特性可能与保证顺应行为的期望相冲突。

解决这一缺陷的方法是将运动控制从阻抗控制中分离出来，使运动控制刚性化，以此增强抗干扰性，但是此时应确保跟踪由阻抗控制产生的参考位置和方向，而不是跟踪所需的末端执行器的位置和方向。也就是说，将所需的位置和方向以及测得的接触力和力矩一起输入阻抗控制方程，通过适当的积分，生成位置和方向，以作为运动控制动作的参考。

为了实现上述解决方案，除了 $\boldsymbol{p}_{\mathrm{d}}$ 和 $\boldsymbol{R}_{\mathrm{d}}$ 指定的期望坐标系外，还需要定义一个参考坐标系。该坐标系称为顺应坐标系$\{\boldsymbol{\Sigma}_{\mathrm{c}}\}$，由顺应位置向量 $\boldsymbol{p}_{\mathrm{c}}$ 和顺应旋转矩阵 $\boldsymbol{R}_{\mathrm{c}}$ 指定。这样，只要末端执行器的实际位置 $\boldsymbol{p}_{\mathrm{e}}$ 和方向 $\boldsymbol{R}_{\mathrm{e}}$ 分别与 $\boldsymbol{p}_{\mathrm{c}}$ 和 $\boldsymbol{R}_{\mathrm{c}}$ 重合，就可以采用逆动力学运动控制策略来代替期望位置 $\boldsymbol{p}_{\mathrm{d}}$ 和方向 $\boldsymbol{R}_{\mathrm{d}}$。此时，使末端执行器的实际线速度 $\dot{\boldsymbol{p}}_{\mathrm{e}}$ 和角速度 $\boldsymbol{\omega}_{\mathrm{e}}$ 与各自顺应的线速度 $\dot{\boldsymbol{p}}_{\mathrm{c}}$ 及角速度 $\boldsymbol{\omega}_{\mathrm{c}}$ 重合，以达到良好的阻抗控制效果，如图 10-15 所示。

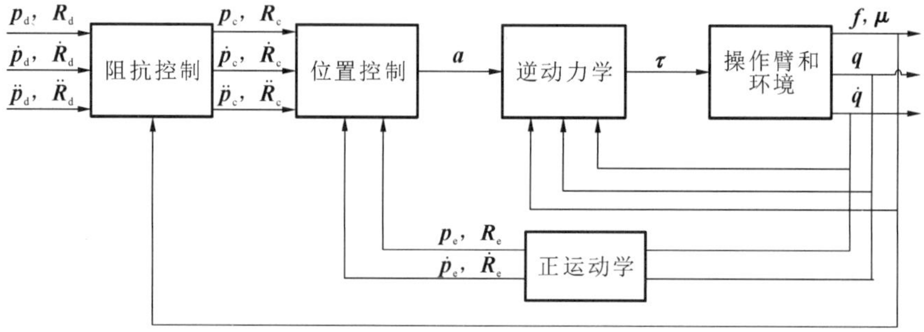

图 10-15　包含运动环的阻抗控制框图

10.6　直接力控制

直接力控制与间接力控制不同，它通过力反馈闭环来控制接触力以达到期望数值。直接力控制的经典方法有力-位混合控制、力环包含运动环的力控制和并联力位控制等，其中力-位混合控制通常适用于环境已知的情况，而力环包含运动环的力控制和并联力位控制，通常适用于环境未知的情况。

机器人末端执行器与外界环境接触有两种极端状态。一种是机器人末端执行器在空间中可以自由运动，即机器人末端执行器没有受到外界环境的约束作用，如图 10-16(a)所示，这时自然约束完全是关于接触力的约束，约束条件为 ${}^{C}F=0$。也就是说，机器人末端执行器在任何方向上都没有受到作用力，而在位置的六个自由度上可以运动。另一种是机器人末端执行器固定不动，如图 10-16(b)所示，这时末端执行器不能自由地改变位置，即机器人末端执行器既受到位置约束，又受到作用力和力矩的约束。

上述两种极端状态，第一种属于单纯的位置控制问题，第二种在实际中很少出现。多数情况下都是部分自由度受位置约束，即部分自由度服从位置控制，其余自由度服从力控制，将机器人的位置约束与力约束分解为位控子空间与力控子空间。这样就需要采用一种力-

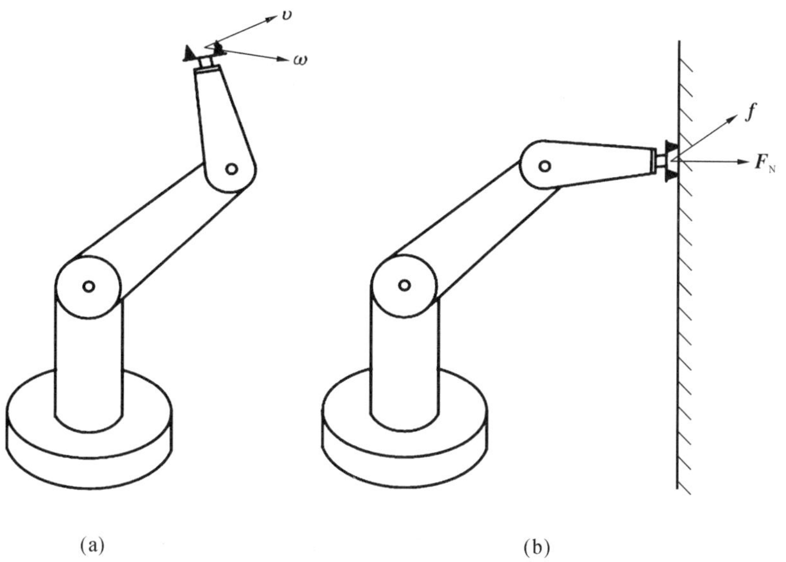

图 10-16　手爪与外界接触的两种极端状态

(a) 全自由状态　(b) 全固定状态表面接触

位混合控制的方式。机器人的力-位混合控制必须解决下述三个问题：

(1) 在有力自然约束的方向施加位置控制；

(2) 在有位置自然约束的方向施加力控制；

(3) 在任意约束坐标系$\{\boldsymbol{C}\}$的正交自由度上施加力-位混合控制。

1. 力-位混合控制原理

下面介绍以$\{\boldsymbol{C}\}$为基准的直角坐标系机械手的力-位混合控制方案。如图 10-17 所示的三个自由度上都是移动关节的机械手，每个连杆的质量都是 m，摩擦力为零。假设关节轴线 x，y 和 z 方向完全与约束坐标系轴向一致；手爪与刚度为 k 的表面接触，作用在 y_C 方向上。所以，y_C 方向需要进行力控制，x_C 和 z_C 方向需要进行位置控制。

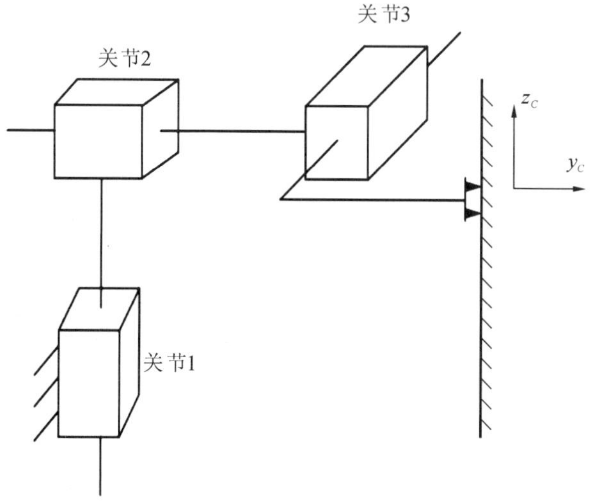

图 10-17　三自由度直角坐标系机械手与外界接触

在这种情况下，力-位混合控制问题比较清楚。对关节 1 和 3 应该使用轨迹控制器，对关节 2 应该使用力控制器。可以在 x_C 和 z_C 方向设定位置轨迹，而在 y_C 方向设定力的轨迹。

如果外界环境发生变化，原来进行力控制的某个自由度上可能要改为轨迹控制，原来进行轨迹控制的可能要改为力控制。这样，要求在每个自由度上既要能进行轨迹控制，又要能进行力控制。因此，应使机械手可以用于在 3 个自由度上全部实施位置控制，同时也可用于在 3 个自由度上实施力控制。当然，对于同一个自由度，一般不需要在同一时刻进行位置和力两种控制，因而需要设置一种工作模式，用来指明在各自由度上在给定的时刻究竟施加哪种控制。

图 10-18 给出了三自由度直角坐标系机械手的力-位混合控制器方框图。三个关节既有位置控制器，又有力控制器。为了根据约束条件选择每个自由度所要求的控制模式，图中引入了选择矩阵 $\boldsymbol{S}$ 和 $\boldsymbol{S}'$，它们实际上是两组互锁开关，是 3×3 的对角矩阵。如要求对第 i 个关节进行位置(或力)控制，则矩阵 $\boldsymbol{S}$(或 $\boldsymbol{S}'$)对角线上的第 i 个元素为 1，否则为 0。例如对应于图 10-18 的 $\boldsymbol{S}$ 和 $\boldsymbol{S}'$应为

$$\boldsymbol{S}=\begin{bmatrix}1&0&0\\0&0&0\\0&0&1\end{bmatrix},\quad \boldsymbol{S}'=\begin{bmatrix}0&0&0\\0&1&0\\0&0&0\end{bmatrix}$$

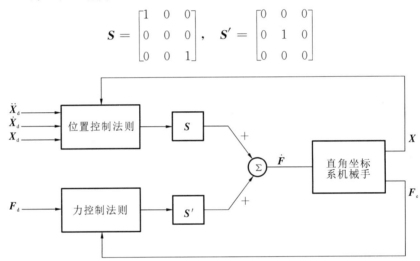

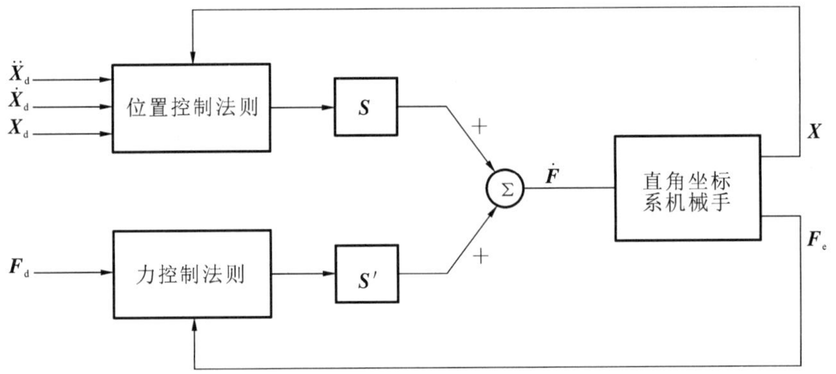

图 10-18　三自由度直角坐标系机械手的混合控制器方框图

与选择矩阵 $\boldsymbol{S}$ 相对应，系统总是由三个分量控制，这三个分量可由位置轨迹和力轨迹任意组合而成。所以，当系统某个关节以位置(或力)控制模式工作时，则这个关节的力(或位置)的误差信息就被忽略掉。

要把图 10-18 所示的混合控制器推广到一般机械手，可以直接使用基于直角坐标系控制的概念。其基本思想是，通过使用第 9 章中介绍的直角坐标空间的动力学模型，有可能把实际机械手的组合系统以及计算模型等效为一组独立的、没有耦合的单位质量系统，一旦完成了解耦合线性化的工作，我们就可以运用前面介绍的简单的伺服系统。

图 10-19 说明了基于直角坐标空间的机械手动力学的解耦形式，$\boldsymbol{c}_f$ 等效为一组没有耦合的单位质量系统，kin($\boldsymbol{q}$)表示运动学变换。为了用于混合控制方案，直角坐标动力学的各项以及雅可比矩阵都在约束坐标系{$\boldsymbol{C}$}中描述，动力学方程也相当于在约束坐标系{$\boldsymbol{C}$}中进行计算。

由于前面已经为与约束坐标系{$\boldsymbol{C}$}相一致的直角坐标机械手设计了混合控制器(见图 10-18)，而且直角坐标解耦形式给我们提供了具有同样的输入-输出特性的系统，把二者结合起来，就可生成一般的力-位混合控制器，如图 10-20 所示。其中，动力学各项及雅可比矩

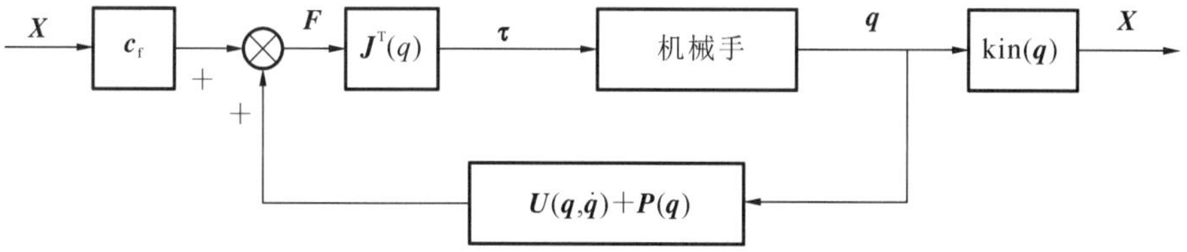

图 10-19　直角坐标解耦形式

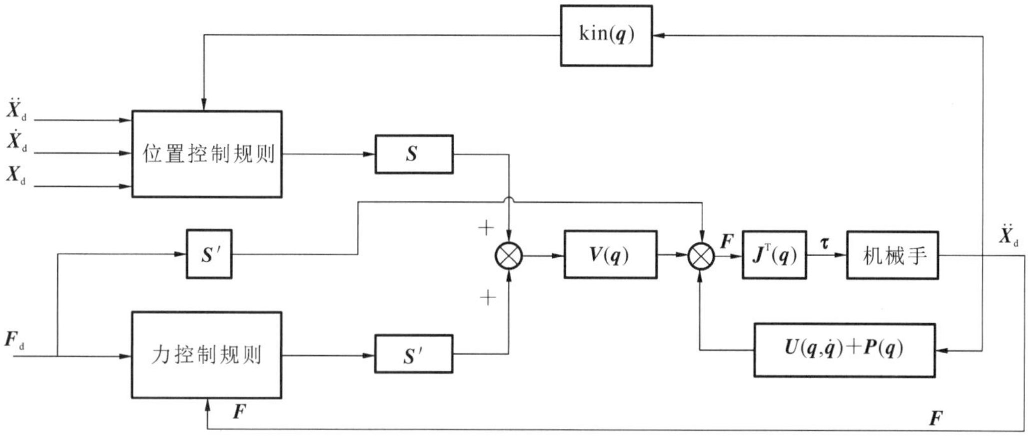

图 10-20　一般的力-位混合控制器

阵都在约束坐标系$\{C\}$中描述，动力学方程以及检测到的力都要变换到约束坐标系$\{C\}$中，伺服误差也要在约束坐标系$\{C\}$中计算，当然，还要根据不同的操作任务对 S，S'进行适当的取值。图 10-20 所示的系统原理早在 PUMA560 中就已实现。

2. 包含运动环的力控制

力环包含运动环的控制方式是通过经外力调节的反馈回路向机械手常用的运动控制系统提供控制输入来实现的。下面以机器人逆动力学运动控制为例对包含运动环的力控制进行说明。

回顾 10.5 节中的接触式机器人逆动力学控制，可知接触式逆动力学控制模型为

$$\boldsymbol{\tau} = \boldsymbol{D}(\boldsymbol{q})\boldsymbol{y} + \boldsymbol{h}(\boldsymbol{q},\dot{\boldsymbol{q}}) + F(\boldsymbol{q},\dot{\boldsymbol{q}}) + \boldsymbol{G}(\boldsymbol{q}) + \boldsymbol{J}^{\mathrm{T}}(\boldsymbol{q})F \tag{10-39}$$

结合式(10-27)、式(10-31)，可得控制规律

$$\boldsymbol{y} = \boldsymbol{J}^{-1}(\boldsymbol{q})\boldsymbol{M}^{-1}(\ddot{\boldsymbol{x}}_{\mathrm{d}} + \boldsymbol{K}_{\mathrm{d}}\Delta\dot{\boldsymbol{x}}_{\mathrm{de}} + \boldsymbol{K}_{\mathrm{p}}\Delta\boldsymbol{x}_{\mathrm{de}} - \boldsymbol{M}\dot{\boldsymbol{J}}(\boldsymbol{q},\dot{\boldsymbol{q}})\dot{\boldsymbol{q}} - F) \tag{10-40}$$

参考式(10-39)含力测量值的逆动力学控制规律，选取以下控制规律代替式(10-40)：

$$\boldsymbol{y} = \boldsymbol{J}^{-1}(\boldsymbol{q})\boldsymbol{M}^{-1}(-\boldsymbol{K}_{\mathrm{d}}\dot{\boldsymbol{x}}_{\mathrm{e}} + \boldsymbol{K}_{\mathrm{p}}(\boldsymbol{x}_F - \boldsymbol{x}_{\mathrm{e}}) - \boldsymbol{M}\dot{\boldsymbol{J}}(\boldsymbol{q},\dot{\boldsymbol{q}})\dot{\boldsymbol{q}}) \tag{10-41}$$

式中：$\boldsymbol{x}_F$ 为与力误差相关的基准参数。值得注意，由式(10-41)无法预知所采用的与 $\dot{\boldsymbol{x}}_F$ 和 $\ddot{\boldsymbol{x}}_F$ 相关的补偿作用。另外，在机器人操作空间中，仅定义位置变量，其解析雅可比矩阵与几何雅可比矩阵是一致的，即 $\boldsymbol{J}_{\mathrm{A}}(\boldsymbol{q})=\boldsymbol{J}(\boldsymbol{q})$。

将式(10-39)与式(10-41)代入式(10-25)，可得到如下模型：

$$\boldsymbol{M}\ddot{\boldsymbol{x}}_{\mathrm{e}} + \boldsymbol{K}_{\mathrm{d}}\dot{\boldsymbol{x}}_{\mathrm{e}} + \boldsymbol{K}_{\mathrm{p}}\boldsymbol{x}_{\mathrm{e}} = \boldsymbol{K}_{\mathrm{p}}\boldsymbol{x}_F \tag{10-42}$$

式(10-42)表明了为了实现从 $\boldsymbol{x}_{\mathrm{e}}$ 到 $\boldsymbol{x}_F$ 的位置控制，是如何选择式(10-31)中动力学参数矩阵 $\boldsymbol{M}$，$\boldsymbol{K}_{\mathrm{d}}$，$\boldsymbol{K}_{\mathrm{p}}$ 的。令 $\boldsymbol{f}_{\mathrm{d}}$ 表示期望值，$\boldsymbol{x}_F$ 与力误差 $\boldsymbol{f}_{\mathrm{d}}-\boldsymbol{f}_{\mathrm{e}}$ 之间的关系表示为

$$\boldsymbol{x}_F = \boldsymbol{C}_F(\boldsymbol{f}_{\mathrm{d}} - \boldsymbol{f}_{\mathrm{e}}) \tag{10-43}$$

式中：$\boldsymbol{C}_F$ 是具有柔度含义的对角矩阵，其对角线元素指定操作空间中期望方向上的控制作

用。式(10-42)与式(10-43)表明力控制是在之前所述的位置控制回路的基础上延伸得到的。

在一般环境弹性模型为 $\boldsymbol{f}_e=\boldsymbol{K}(\boldsymbol{x}_e-\boldsymbol{x}_r)$ 的假设下，综合式(10-42)和式(10-43)可得

$$\boldsymbol{M}\ddot{\boldsymbol{x}}_e+\boldsymbol{K}_d\dot{\boldsymbol{x}}_e+\boldsymbol{K}_p(\boldsymbol{I}_3+\boldsymbol{C}_F\boldsymbol{K})\boldsymbol{x}_e=\boldsymbol{K}_p\boldsymbol{C}_F(\boldsymbol{K}\boldsymbol{x}_r+\boldsymbol{f}_d) \tag{10-44}$$

因此，要决定由 $\boldsymbol{C}_r$ 指定的控制作用类型，若 $\boldsymbol{C}_F$ 具有纯比例控制作用，则稳态时 $\boldsymbol{f}_e$ 无法达到 $\boldsymbol{f}_d$，而 $\boldsymbol{x}_r$ 同样会对作用力产生影响。图 10-21 所示为力环包含内位置环的力控制框图。

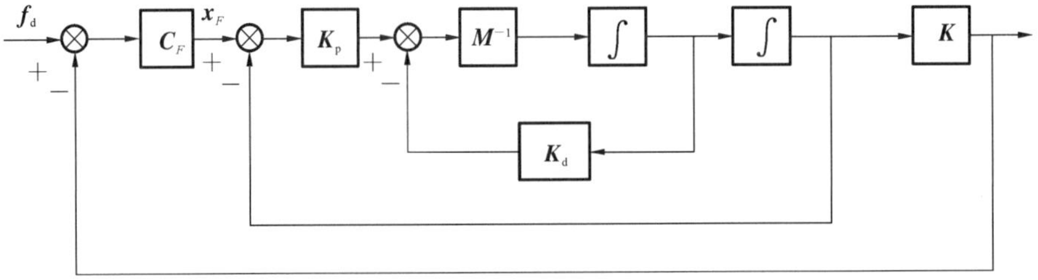

图 10-21　力环包含内位置环的力控制框图

如果 $\boldsymbol{C}_F$ 还有对力分量的积分控制作用，则稳态时可能实现 $\boldsymbol{f}_d=\boldsymbol{f}_e$，同时抑制 $\boldsymbol{x}_r$ 对 $\boldsymbol{f}_e$ 的影响。因此对 $\boldsymbol{C}_F$ 的一种简便选择是比例积分作用，即

$$\boldsymbol{C}_F=\boldsymbol{K}_F+\boldsymbol{K}_I\int^t(\cdot)\,\mathrm{d}\zeta \tag{10-45}$$

由式(10-44)、式(10-45)所得到的动态系统是三阶系统，因此必须根据环境特征适当地选择矩阵 $\boldsymbol{K}_d,\boldsymbol{K}_p,\boldsymbol{K}_F,\boldsymbol{K}_I$。由于典型环境的刚度很大，因此应当控制比例和积分作用的权值，$\boldsymbol{K}_F$ 和 $\boldsymbol{K}_I$ 的选择则会影响力控制下的稳定裕度和系统带宽。假设已到达稳定的平衡点，即 $\boldsymbol{f}_d=\boldsymbol{f}_e$，则

$$\boldsymbol{K}\boldsymbol{x}_e=\boldsymbol{K}\boldsymbol{x}_r+\boldsymbol{f}_d \tag{10-46}$$

根据图 10-21，若位置反馈回路断开，$\boldsymbol{x}_F$ 表示参考速度，则 $\boldsymbol{x}_F$ 和 $\boldsymbol{x}_e$ 之间存在积分关系。可以认识到这种情况下，即使采用比例力控制器，在稳态时与环境的相互作用力与期望值一致，实际上，系统遵循的控制规律为

$$\boldsymbol{y}=\boldsymbol{J}^{-1}(\boldsymbol{q})\boldsymbol{M}^{-1}(-\boldsymbol{K}_d\dot{\boldsymbol{x}}_e+\boldsymbol{K}_p\boldsymbol{x}_F-\boldsymbol{M}_d\dot{\boldsymbol{J}}(\boldsymbol{q},\dot{\boldsymbol{q}})\dot{\boldsymbol{q}}) \tag{10-47}$$

对力误差采用纯比例控制结构 $\boldsymbol{C}_F=\boldsymbol{K}_F$，可得 $\boldsymbol{x}_F=\boldsymbol{K}_F(\boldsymbol{f}_d-\boldsymbol{f}_e)$。此时系统动态方程可以描述为

$$\boldsymbol{M}\ddot{\boldsymbol{x}}_e+\boldsymbol{K}_d\dot{\boldsymbol{x}}_e+\boldsymbol{K}_p\boldsymbol{K}_F\boldsymbol{K}\boldsymbol{x}_e=\boldsymbol{K}_p\boldsymbol{C}_F(\boldsymbol{K}\boldsymbol{x}_r+\boldsymbol{f}_d) \tag{10-48}$$

平衡点上位置与接触力之间的关系可用式(10-46)表示。由此可得力环包含内速度环的力控制框图，如图 10-22 所示。特别地，此时的控制系统是二阶的，因此简化了控制设计；但是需要注意的是由于力控制器中缺少了积分作用，因此不能保证未建模动力学对系统的影响。

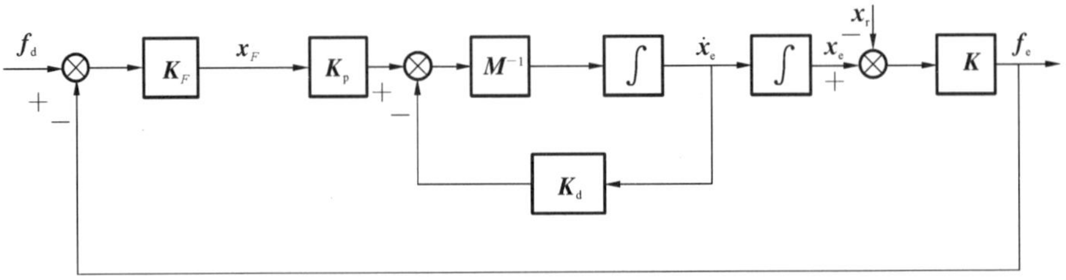

图 10-22　力环包含内速度环的力控制框图

综上所述，将图 10-21、图 10-22 与机器人逆动力学运动控制框图相结合，可得力环包含运动环的机器人控制框图，如图 10-23 所示。

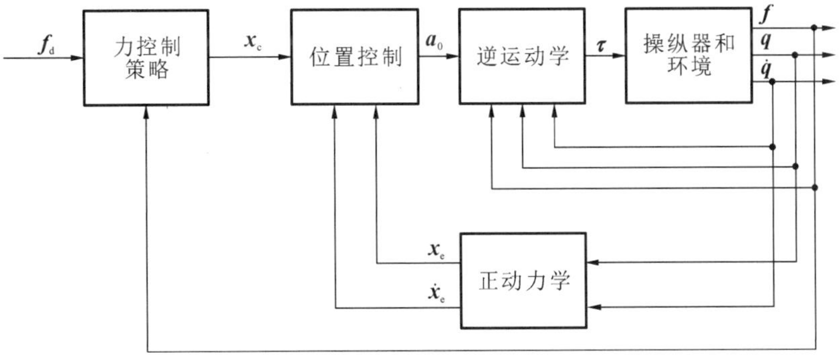

图 10-23　力环包含运动环的机器人控制框图

3. 力-位并联控制

前面所介绍的力-位混合控制方案需要保证参考力与环境几何特征一致。实际中，若 f_d 具有 $R(K)$ 之外的分量，式(10-44)(C_F 具有积分作用情况)与式(10-48)表明，沿相应的操作空间方向，f_d 的分量可被视为参考速度，它将引起末端执行器位置的漂移。若对 f_d 沿 $R(K)$ 外部的方向进行适当的规划，由位置控制作用决定的运动在式(10-44)所示的情况下，将使末端执行器的位置到达零点，而在式(10-48)所示控制作用下，将使末端执行器的速度降为零。因此，即使沿着可行的任务空间方向，以上控制方案也不能实现位置控制。在纯位置控制方案中，如果期望指定末端执行器的位姿 x_d，可以对包含内位置环的控制框图进行修正，在输入端添加参考位置 x_d，在此对位置量进行求和计算。选择控制规律

$$y = J^{-1}(q)M^{-1}(K_d\dot{x}_e + K_p(\Delta x_{de} - x_F) - M\dot{J}(q,\dot{q})\dot{q}) \tag{10-49}$$

由于存在与力控制作用 $K_pC_F(f_d - f_e)$ 并联的位置控制作用 $K_p\Delta x_{de}$，所得的方案如图 10-24 所示，称为力-位并联控制(parallel force-position control)。在力-位并联控制情况下，平衡位置满足

$$x_e = x_d + C_F(K(x_r - x_e) + f_d) \tag{10-50}$$

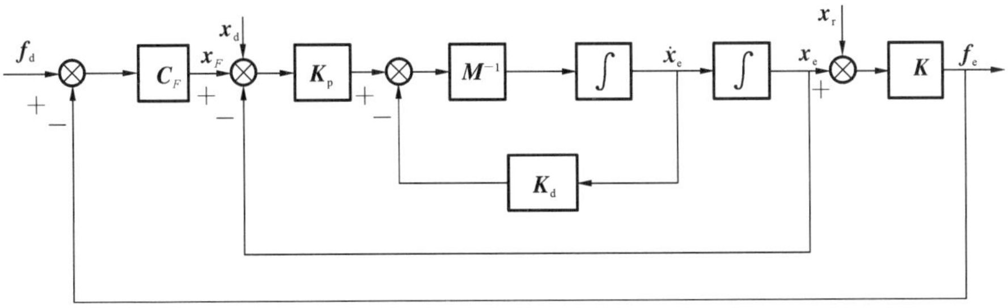

图 10-24　力-位并联控制

因此，沿 $R(K)$ 外部且运动不受约束的方向，x_e 将到达参考位置 x_d。反之，沿 $R(K)$ 外部且运动受约束的方向，x_d 被视作附加的干扰量。对 C_F 采用图 10-24 所示的积分作用，可保证稳态时达到参考力 f_d，但要以忽略 x_e 的位置误差为代价。

综上所示，将图 10-24 与机器人逆动力学运动控制框图相结合，可得力-位并联的机器人控制框图，如图 10-25 所示。

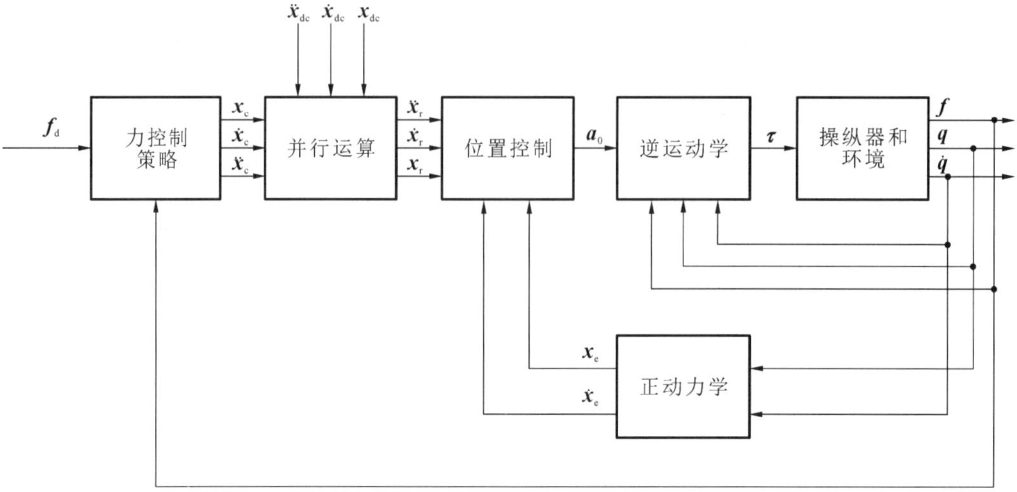

图 10-25　力-位并联的机器人控制框图

例 10.3　仍考虑例 10.2 中与弹性柔性平面接触的平面臂。令初始位置与例 10.2 的相同，分析不同力控制方案的实现。环境刚度与位置控制参数与例 10.2 的设置相同，沿水平方向施加力控制作用，即

$$\boldsymbol{C}_F = \mathrm{diag}\{c_{Fx}, 0\}$$

接触力的参考值选择为 $\boldsymbol{f}_d = [10 \quad 0]^T$，参考位置选为 $\boldsymbol{x}_d = [1.015 \quad 0.1]^T$（仅对并联控制有意义）。

① 对于图 10-21 所示带内位置回路的方案，选择 PI 控制作用 c_{Fx} 的参数为

$$k_{Fx} = 0.00064, k_{Ix} = 0.0016$$

对于刚度较小的环境，整个系统有两个复数极点（$-1.96, \pm j5.74$），一个实极点（-1.09），一个实零点（-2.5）。

② 对于图 10-22 所示带速度回路的方案，c_{Fx} 中的比例控制作用为

$$k_{Fx} = 0.0024$$

对于刚度较小的环境，整个系统有两个复数极点（$-2.5, \pm j7.34$）。

③ 对于图 10-24 所示的并联控制方案，PI 控制作用 c_{Fx} 的参数选择与第①种情况相同。

不同的情况的对比如下：

(1) 对于刚度较小和刚度较大的环境，所有控制规律均能保证接触力的稳态值等于期望值；

(2) 对于给定的运动控制作用，具有内速度反馈回路的力控制动态响应比具有内位置反馈回路的要快；

(3) 具有并联控制的动态响应表明，沿水平方向加入参考位置将使过渡过程的性能下降，但不影响稳态时的接触力。这种效果可通过阶跃位置输入信号等价于适当的脉冲力输入来证明。

资料概述

关于关节力矩传感器、六维力传感器、无传感器力估计的介绍可参考 Cho 等(2013)、Tran 等(2017)、Linderoth 等(2013)的文章。Peng 等(2010)、殷跃红等(1999)分别采用不

同的方法对机器人力控制中的约束运动和约束坐标系进行了系统的研究，前者采用的是导纳控制，后者采用的是力-位混合控制。Sciavicco 等(2012)和 Villani 等(2016)从物理模型建模的角度详细地分析了机器人力控制的特点及力控制规律的分解。黄婷等(2017)、Sun 等(2002)和 Dietrich 等(2011)分别对被动顺应控制、主动顺应控制和阻抗控制进行了研究。另一种力控制方式，即力-位混合控制可参考 Marconi 等(2012)和 Vladareanu 等(2014)的文章。

习　　题

10.1　将一个方形截面的销钉插入一个方孔中，试用简图表示出它的约束坐标系{**C**}并加以说明。

10.2　给定人工约束，说明将方形截面的销钉插入方孔中的控制策略。

10.3　证明以式(10-7)表示的系统，使用式(10-11)所示的伺服规则，它的误差空间的方程是

$$\ddot{e}_{\mathrm{f}} + k_{\mathrm{vf}}\dot{e} + (k_{\mathrm{pf}} + m^{-1}k_{\mathrm{e}})e_{\mathrm{f}} = m^{-1}k_{\mathrm{e}}f_{\mathrm{dis}}$$

然后，根据临界阻尼选择增益(环境刚度 k_{e} 是已知的)。

10.4　如图 10-26 所示是一个 RCC 装置原理图，高度是 h，边长是 $2b$，不受外力作用时杆长是 l_0，6 个杆的刚度一致为 k，顺应中心为 o 点。求证：它的刚度近似为一个对角矩阵。

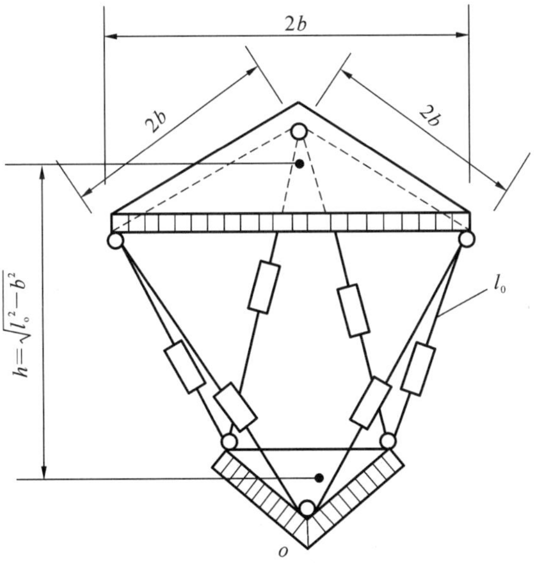

图 10-26　RCC 装置原理图

10-5　说明力-位并联控制方案满足式(10-50)的平衡位置。

10-6　证明机器人方向阻抗控制的稳定性。

10-7　假定一个圆环被与之同心的圆柱体约束，如果两者的直径相同，请给出自然约束，并在草图中画出{**C**}的定义。

10-8　推导力矩-方向并行控制方案(欧拉角)。

10-9　总结现有力控制方案，并比较各种力控制方案的优劣以及适用场合。

第 11 章　协 调 控 制

11.1　概　　述

前面我们讨论了机器人操作臂的运动学、动力学和控制问题，在此基础上，本章研究双臂协调和多指协调操作的规划和控制问题。机器人操作臂可以看作一个开式运动链，在空间自由运动时，末端手爪的位姿不受约束；而当末端手爪与环境接触时，受到部分约束，约束情况根据具体的接触状态和几何特征来决定，称为自然约束。

第 10 章我们讨论了各种作业的自然约束以及相应的力控制规律。但是，对许多作业而言，单臂操作是不够的，需要双臂协调操作，例如搬运、拉锯、剪切、安装作业等。人们在完成许多任务时，习惯于用双手协调操作，然而，关于双手协调和多指协调的研究最近十几年才刚刚开始。和单个操作臂比较，双臂协调操作具有以下特点。

(1) 双臂共同抓住某一物体或操纵某一机构之后，和被握物体一起构成一个闭式运动链。两个操作臂之间的运动，必须满足一组运动约束关系，称为协调运动。Luh 等人研究了双臂协调运动的约束关系，导出了位置约束、方向约束和速度约束等关系式。

(2) 双臂协调的动力学比单臂的更为复杂，双臂协调作业时的两个动力学方程可组合成一个单一的动力学方程，但是维数会增加，并且会产生内力(相互耦合)的影响。

(3) 双臂协调的控制结构比单臂的复杂，概括地说，机器人的控制器具有多层次结构，可分为关节级、手臂级和协调级。单臂机器人，例如当前常见的工业机器人，其控制器具有两级：关节级和手臂级。若要实现双臂协调控制，还要增加协调级。

多指抓取与双臂协调有许多相似之处。实际上，多指手爪的每一个手指是由多个关节组成的，相当于一个操作臂。因此，多指抓取可看成多臂协调。但是，由于手指与物体接触时的约束是非完整约束，因此，在运动的过程中，使手指与物体保持接触，必须满足另一组约束条件。从某种意义上讲，多指协调比双臂协调更加困难。

11.2　双臂协调运动的约束关系

双臂机器人完成某一复杂任务时，双臂共同抓住某一物体或操纵某一机构，这样一来，双臂和被操作的物体便构成闭式运动链。显然，在操作和运动过程中，必须使双臂的位置和方向满足一组等式约束。为研究方便起见，我们把双臂分别称为主臂(leader)和从臂(follower)。双臂协调操作的规划和控制的关键在于如何根据作业要求确定双臂协调运动的约束条件，以及相应的运动控制规律。根据协调运动关系，我们可以按主臂所规定的目标轨迹导出从臂的关节位置和速度。进一步还可推导出主臂与从臂加速度之间的关系，根据雅可比矩阵，得出广义关节力与外力（力矩）之间的关系。并且，利用双臂的动力学方程，由关节变量和外力计算广义关节力，以此作为双臂机器人的控制输入，实现所规划的协调操作。

本节首先讨论双臂协调的位姿约束和关节速度约束，在此基础上，再来研究关节加速度和广义关节力（和力矩）之间的约束关系。

利用 D-H 方法，规定操作臂连杆坐标系 $\{i\}=(o_i,x_i,y_i,z_i)$，$i=1,2,\cdots,n$。关节变量用 q_i 表示，它表示 x_i 轴绕 z_i 轴旋转角度 q_i（旋转副）或沿 z_i 轴移动距离 q_i（移动副）。用 ${}^{i-1}_{i}\boldsymbol{T}$表示连杆 i 的齐次变换，则手臂变换为

$$ {}^{0}_{n}\boldsymbol{T}(\boldsymbol{q})={}^{0}_{1}\boldsymbol{T}(q_1)\,{}^{1}_{2}\boldsymbol{T}(q_2)\cdots{}^{n-1}_{n}\boldsymbol{T}(q_n) \tag{11-1} $$

式中：$\boldsymbol{q}=[q_1\quad q_2\quad\cdots\quad q_n]^{\mathrm{T}}$，是 n 维关节矢量。${}^{0}_{n}\boldsymbol{T}(\boldsymbol{q})$可以用齐次坐标表示，即

$$ {}^{0}_{n}\boldsymbol{T}(\boldsymbol{q})=\begin{bmatrix}\boldsymbol{n}(\boldsymbol{q}) & \boldsymbol{o}(\boldsymbol{q}) & \boldsymbol{a}(\boldsymbol{q}) & \boldsymbol{p}(\boldsymbol{q})\\ 0 & 0 & 0 & 1\end{bmatrix} \tag{11-2} $$

式中：$\boldsymbol{n}(\boldsymbol{q})$，$\boldsymbol{o}(\boldsymbol{q})$，$\boldsymbol{a}(\boldsymbol{q})$是末端连杆坐标系的三个单位矢量；$\boldsymbol{p}(\boldsymbol{q})$是坐标原点相对于基坐标系的位置矢量。旋转矩阵为

$$ \boldsymbol{R}(\boldsymbol{q})=[\boldsymbol{n}(\boldsymbol{q})\quad \boldsymbol{o}(\boldsymbol{q})\quad \boldsymbol{a}(\boldsymbol{q})] \tag{11-3} $$

位置矢量 $\boldsymbol{p}(\boldsymbol{q})$和旋转矩阵$\boldsymbol{R}(\boldsymbol{q})$分别描述了末端连杆的位置和方向。末端连杆的线速度和角速度与关节速度的关系是线性的，由雅可比矩阵 $\boldsymbol{J}(\boldsymbol{q})$来表示，即

$$ V=\begin{pmatrix}\boldsymbol{v}\\ \boldsymbol{\omega}\end{pmatrix}=\boldsymbol{J}(\boldsymbol{q})\dot{\boldsymbol{q}} \tag{11-4} $$

式中：$\boldsymbol{v}$，$\boldsymbol{\omega}$ 分别表示末端连杆在基坐标系$\{0\}$中的线速度和角速度。因此，雅可比矩阵$\boldsymbol{J}(\boldsymbol{q})$也分为两部分，即

$$ \boldsymbol{J}(\boldsymbol{q})=[\boldsymbol{J}_{\mathrm{l}}^{\mathrm{T}}(\boldsymbol{q})\quad \boldsymbol{J}_{\mathrm{a}}^{\mathrm{T}}(\boldsymbol{q})]^{\mathrm{T}} \tag{11-5} $$

式中：$\boldsymbol{J}_{\mathrm{l}}(\boldsymbol{q})$，$\boldsymbol{J}_{\mathrm{a}}(\boldsymbol{q})$分别将关节速度 $\dot{\boldsymbol{q}}$ 映射为末端连杆的线速度和角速度，即

$$ \begin{aligned}\boldsymbol{v}&=\boldsymbol{J}_{\mathrm{l}}(\boldsymbol{q})\dot{\boldsymbol{q}}\\ \boldsymbol{\omega}&=\boldsymbol{J}_{\mathrm{a}}(\boldsymbol{q})\dot{\boldsymbol{q}}\end{aligned} \tag{11-6} $$

下面我们研究三种常见的协调操作的约束关系。

1. 双臂抓持同一刚体

图 11-1 所示为双臂抓持在刚体的特征部位时的示意图。在运动的过程中，末端手爪与被抓物体不发生相对运动，因此主臂、从臂及被抓刚体形成一个闭式运动链。在作业过程中，双臂的运动要受到相应的约束，它们的末端不再是自由的了，应保持一定的运动关系。

设两操作臂的基坐标系分别为$\{\boldsymbol{L}_0\}$和$\{\boldsymbol{F}_0\}$；与刚体固接的坐标系为$\{\boldsymbol{T}\}$，称为工具坐标系；主臂和从臂的各连杆坐标系分别为$\{\boldsymbol{L}_i\}$，$\{\boldsymbol{F}_i\}$，$i=1,2,\cdots,n$。则由图 11-1(b)所示的尺寸链可以看出，双臂之间存在的位姿约束可用以下变换方程表示：

$$ {}^{L_0}_{L}\boldsymbol{T}\,{}^{L}_{T}\boldsymbol{T}={}^{L_0}_{F_0}\boldsymbol{T}\,{}^{F_0}_{F}\boldsymbol{T}\,{}^{F}_{T}\boldsymbol{T} \tag{11-7} $$

即

$$ {}^{F_0}_{F}\boldsymbol{T}=({}^{L_0}_{F_0}\boldsymbol{T})^{-1}\,{}^{L_0}_{L}\boldsymbol{T}\,{}^{L}_{T}\boldsymbol{T}\,({}^{F}_{T}\boldsymbol{T})^{-1}=({}^{L_0}_{F_0}\boldsymbol{T})^{-1}\,{}^{L_0}_{L}\boldsymbol{T}\,{}^{L}_{F}\boldsymbol{T} \tag{11-8} $$

$\{\boldsymbol{L}\}$和$\{\boldsymbol{F}\}$分别是主臂和从臂的末端连杆坐标系，虽然与工具坐标系$\{\boldsymbol{T}\}$不重合，但是，它们之间无相对运动，存在着固定的变换关系。因此${}^{L}_{F}\boldsymbol{T}={}^{L}_{T}\boldsymbol{T}({}^{F}_{T}\boldsymbol{T})^{-1}$是个常数矩阵，在运动过程中固定不变。令

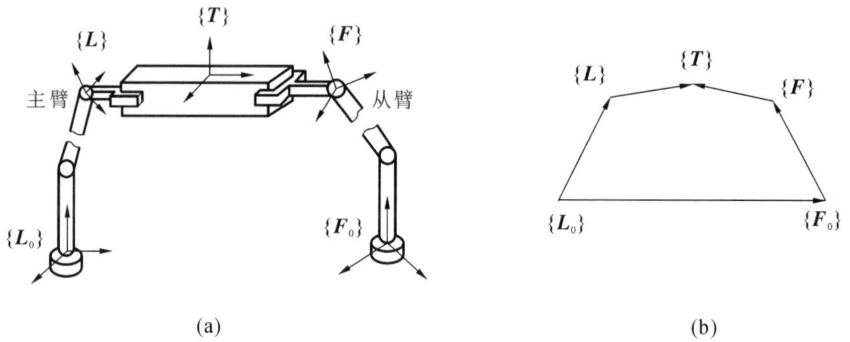

图 11-1 双臂抓持同一刚体

(a) 示意图 (b) 尺寸链

$$
{}_F^L\boldsymbol{T} = {}_T^L\boldsymbol{T}({}_T^F\boldsymbol{T})^{-1} = \begin{bmatrix} {}_F^L\boldsymbol{R} & {}^L\boldsymbol{p}_{Fo} \\ \boldsymbol{0} & 1 \end{bmatrix} \tag{11-9}
$$

式中：${}_F^L\boldsymbol{T}$ 表示$\{\boldsymbol{F}\}$相对于$\{\boldsymbol{L}\}$的齐次变换矩阵。根据两手所抓持的形位，可以得出齐次变换矩阵${}_F^L\boldsymbol{T}$、相应的旋转矩阵${}_F^L\boldsymbol{R}$ 和原点位置矢量${}^L\boldsymbol{p}_{Fo}$。由式(11-9)得位置约束和方向约束分别为

$$
\boldsymbol{p}(\boldsymbol{q}^{\mathrm{f}}) = \boldsymbol{p}(\boldsymbol{q}^{\mathrm{l}}) + \boldsymbol{R}(\boldsymbol{q}^{\mathrm{l}})^L\boldsymbol{p}_{Fo} \tag{11-10}
$$

$$
\boldsymbol{R}(\boldsymbol{q}^{\mathrm{f}}) = \boldsymbol{R}(\boldsymbol{q}^{\mathrm{l}})_F^L\boldsymbol{R} \tag{11-11}
$$

式中：$\boldsymbol{q}^{\mathrm{l}}$ 和 $\boldsymbol{q}^{\mathrm{f}}$ 分别为主臂和从臂的关节位移矢量。

在式(11-11)所包含的 9 个方程中，只有 3 个是独立的，因为末端连杆的方位可由 3 个独立的参数(如欧拉角或 RPY 角等)完全确定。这样，双臂抓持同一刚体时，可以建立 6 个约束方程。双臂协调运动的独立约束方程的数目最大为 6。对于 6 个关节的机器人操作臂，从臂的关节位移完全由主臂的关节位移所决定。一般可由式(11-10)和式(11-11)唯一地解出相应的从臂关节位移，然而，如何从式(11-11)中选取三个独立的方程与式(11-10)联立，解出 6 个关节变量，并非简单的事情，因为式(11-10)和式(11-11)都是非线性超越方程。

但是从臂与主臂之间的关节速度是线性的，如果我们求出了从臂的关节速度，通过积分也可得到关节位移。因此，操作臂的运动由关节速度和初始关节位置唯一确定。为了计算从臂的关节速度，将式(11-10)两端对 t 求导得

$$
\boldsymbol{J}_{\mathrm{l}}(\boldsymbol{q}^{\mathrm{f}})\dot{\boldsymbol{q}}^{\mathrm{f}} = \boldsymbol{J}_{\mathrm{l}}(\boldsymbol{q}^{\mathrm{l}})\dot{\boldsymbol{q}}^{\mathrm{l}} + \boldsymbol{L}(\boldsymbol{q}^{\mathrm{l}})\dot{\boldsymbol{q}}^{\mathrm{l}} \tag{11-12}
$$

式中

$$
\boldsymbol{L}(\boldsymbol{q}^{\mathrm{l}}) = \frac{\partial[\boldsymbol{R}(\boldsymbol{q}^{\mathrm{l}})^L\boldsymbol{p}_{Fo}]}{\partial\boldsymbol{q}^{\mathrm{l}}} \tag{11-13}
$$

式(11-12)表示当抓住同一刚体时，两操作臂在某点的线速度应该保持相同。同样的道理，双臂末端连杆的角速度也应该相同，因为两者无相对运动，即 $\boldsymbol{\omega}^{\mathrm{f}}=\boldsymbol{\omega}^{\mathrm{l}}$。由式(11-6)得

$$
\boldsymbol{J}_{\mathrm{a}}(\boldsymbol{q}^{\mathrm{f}})\dot{\boldsymbol{q}}^{\mathrm{f}} = \boldsymbol{J}_{\mathrm{a}}(\boldsymbol{q}^{\mathrm{l}})\dot{\boldsymbol{q}}^{\mathrm{l}} \tag{11-14}
$$

将式(11-12)和式(11-14)联立得

$$
\begin{bmatrix} \boldsymbol{J}_{\mathrm{l}}(\boldsymbol{q}^{\mathrm{f}}) \\ \boldsymbol{J}_{\mathrm{a}}(\boldsymbol{q}^{\mathrm{f}}) \end{bmatrix}\dot{\boldsymbol{q}}^{\mathrm{f}} = \begin{bmatrix} \boldsymbol{J}_{\mathrm{l}}(\boldsymbol{q}^{\mathrm{l}}) + \boldsymbol{L}(\boldsymbol{q}^{\mathrm{l}}) \\ \boldsymbol{J}_{\mathrm{a}}(\boldsymbol{q}^{\mathrm{l}}) \end{bmatrix}\dot{\boldsymbol{q}}^{\mathrm{l}}
$$

当 $n=6$，且从臂的形位处于非奇异状态时，有

$$
\dot{\boldsymbol{q}}^{\mathrm{f}} = \boldsymbol{J}^{-1}(\boldsymbol{q}^{\mathrm{f}})\begin{bmatrix} \boldsymbol{J}_{\mathrm{l}}(\boldsymbol{q}^{\mathrm{l}}) + \boldsymbol{L}(\boldsymbol{q}^{\mathrm{l}}) \\ \boldsymbol{J}_{\mathrm{a}}(\boldsymbol{q}^{\mathrm{l}}) \end{bmatrix}\dot{\boldsymbol{q}}^{\mathrm{l}} \tag{11-15}
$$

式中

$$\boldsymbol{J}^{-1}(\boldsymbol{q}^{\mathrm{f}})=\begin{bmatrix}\boldsymbol{J}_{1}(\boldsymbol{q}^{\mathrm{f}})\\ \boldsymbol{J}_{\mathrm{a}}(\boldsymbol{q}^{\mathrm{f}})\end{bmatrix}^{-1} \tag{11-16}$$

式(11-15)表示双臂抓持同一刚体时，双臂协调运动应该满足的关节速度约束条件。为了实现协调运动，首先根据刚体的目标轨迹规划主臂的运动，从臂的初始关节位移 $\boldsymbol{q}^{\mathrm{f}}$ 可采用示教的方法或运动学反解的方法得到。从臂的关节速度可由式(11-15)算出，在运动的过程中再由内部传感器读出 $\boldsymbol{q}^{\mathrm{f}}$，将其代入式(11-15)中，递推算出 $\dot{\boldsymbol{q}}^{\mathrm{f}}$。由此可见，在线递推计算 $\dot{\boldsymbol{q}}^{\mathrm{f}}$ 值十分重要，根据递推计算结果，实时进行调整，便可实现从臂的协调运动控制。

2. 双臂操作剪刀(或钳子)

剪刀和钳子可以看作通过旋转关节连接的二杆机构。如图 11-2 所示，主臂抓持剪刀的一个柄，相当于又增加了一个连杆，具有 7 个自由度，其中 6 个是主臂本来固有的，决定被抓持手柄的位姿，1 个是剪刀的关节角。这时，双臂协调运动约束关系与抓持刚体的情况不同。

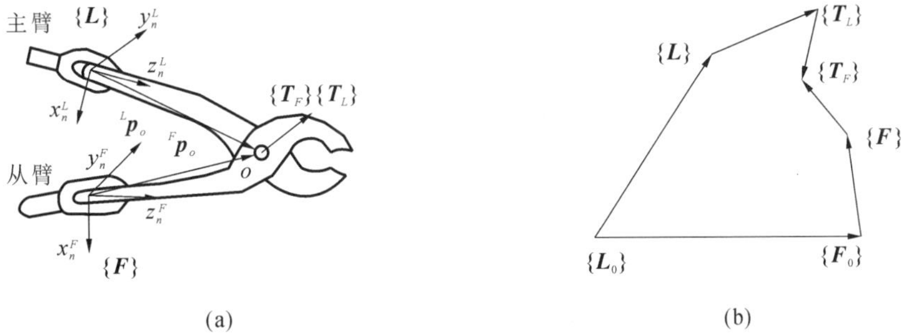

图 11-2　双臂操作剪刀(或钳子)

(a) 示意图　(b) 尺寸链

如图 11-2 所示，我们规定两个工具坐标系 $\{\boldsymbol{T}_L\}$ 和 $\{\boldsymbol{T}_F\}$ 分别和剪刀的两柄固接，两坐标系具有相同的原点 o 和相同的 z 轴，o 取在剪刀的回转轴线上，z 轴与 y_n^L (y_n^F) 方向平行。令 ${}^L\boldsymbol{p}_o$ 和 ${}^F\boldsymbol{p}_o$ 分别表示 o 相对于 $\{\boldsymbol{L}\}$ 和 $\{\boldsymbol{F}\}$ 的位置矢量，则从图 11-2 可以看出位置约束为

$$\boldsymbol{p}(\boldsymbol{q}^{\mathrm{f}})+\boldsymbol{R}(\boldsymbol{q}^{\mathrm{f}})\,{}^F\boldsymbol{p}_o=\boldsymbol{p}(\boldsymbol{q}^{\mathrm{l}})+\boldsymbol{R}(\boldsymbol{q}^{\mathrm{l}})\,{}^L\boldsymbol{p}_o \tag{11-17}$$

姿态约束为

$$\boldsymbol{R}(\boldsymbol{q}^{\mathrm{f}})=\boldsymbol{R}(\boldsymbol{q}^{\mathrm{l}})\boldsymbol{R}(y,\theta_{\mathrm{d}}) \tag{11-18}$$

式中：θ_{d} 是剪刀的关节位移。显然，在这种情况下，坐标系 $\{\boldsymbol{L}\}$ 和 $\{\boldsymbol{F}\}$ 可绕剪刀的轴线相对转动。双臂的关节速度和剪刀的关节速度具有以下关系。

(1) 由式(11-17)得

$$\boldsymbol{J}_{1}(\boldsymbol{q}^{\mathrm{f}})\dot{\boldsymbol{q}}^{\mathrm{f}}+\boldsymbol{L}_{F}(\boldsymbol{q}^{\mathrm{f}})\dot{\boldsymbol{q}}^{\mathrm{f}}=\boldsymbol{J}_{1}(\boldsymbol{q}^{\mathrm{l}})\dot{\boldsymbol{q}}^{\mathrm{l}}+\boldsymbol{L}_{L}(\boldsymbol{q}^{\mathrm{l}})\dot{\boldsymbol{q}}^{\mathrm{l}} \tag{11-19}$$

(2) 由式(11-18)得 $\boldsymbol{\omega}^{\mathrm{f}}=\boldsymbol{\omega}^{\mathrm{l}}+\boldsymbol{o}(\boldsymbol{q}^{\mathrm{l}})\dot{\theta}_{\mathrm{d}}$，因此得

$$\boldsymbol{J}_{\mathrm{a}}(\boldsymbol{q}^{\mathrm{f}})\dot{\boldsymbol{q}}^{\mathrm{f}}=\boldsymbol{J}_{\mathrm{a}}(\boldsymbol{q}^{\mathrm{l}})\dot{\boldsymbol{q}}^{\mathrm{l}}+\boldsymbol{o}(\boldsymbol{q}^{\mathrm{l}})\dot{\theta}_{\mathrm{d}} \tag{11-20}$$

式中：$\boldsymbol{o}(\boldsymbol{q}^{\mathrm{l}})$ 表示坐标系 $\{\boldsymbol{L}\}$ 的 y 轴单位矢量。

联立式(11-19)和式(11-20)得

$$\begin{bmatrix}\boldsymbol{J}_{1}(\boldsymbol{q}^{\mathrm{f}})+\boldsymbol{L}_{F}(\boldsymbol{q}^{\mathrm{f}})\\ \boldsymbol{J}_{\mathrm{a}}(\boldsymbol{q}^{\mathrm{f}})\end{bmatrix}\dot{\boldsymbol{q}}^{\mathrm{f}}=\begin{bmatrix}\boldsymbol{J}_{1}(\boldsymbol{q}^{\mathrm{l}})+\boldsymbol{L}_{L}(\boldsymbol{q}^{\mathrm{l}})\\ \boldsymbol{J}_{\mathrm{a}}(\boldsymbol{q}^{\mathrm{l}})\end{bmatrix}\dot{\boldsymbol{q}}^{\mathrm{l}}+\begin{bmatrix}\boldsymbol{0}_{3\times 1}\\ \boldsymbol{o}(\boldsymbol{q}^{\mathrm{l}})\end{bmatrix}\dot{\theta}_{\mathrm{d}} \tag{11-21}$$

即

$$\boldsymbol{J}_F(\boldsymbol{q}^{\mathrm{f}})\dot{\boldsymbol{q}}^{\mathrm{f}}=\boldsymbol{J}_L(\boldsymbol{q}^{\mathrm{l}})\dot{\boldsymbol{q}}^{\mathrm{l}}+\begin{bmatrix}\boldsymbol{0}_{3\times1}\\ \boldsymbol{o}(\boldsymbol{q}^{\mathrm{l}})\end{bmatrix}\dot{\theta}_{\mathrm{d}} \tag{11-22}$$

式中

$$\boldsymbol{J}_F(\boldsymbol{q}^{\mathrm{f}})=\begin{bmatrix}\boldsymbol{J}_1(\boldsymbol{q}^{\mathrm{f}})+\boldsymbol{L}_F(\boldsymbol{q}^{\mathrm{f}})\\ \boldsymbol{J}_{\mathrm{a}}(\boldsymbol{q}^{\mathrm{f}})\end{bmatrix},\quad \boldsymbol{J}_L(\boldsymbol{q}^{\mathrm{l}})=\begin{bmatrix}\boldsymbol{J}_1(\boldsymbol{q}^{\mathrm{l}})+\boldsymbol{L}_L(\boldsymbol{q}^{\mathrm{l}})\\ \boldsymbol{J}_{\mathrm{a}}(\boldsymbol{q}^{\mathrm{l}})\end{bmatrix}$$

$$\boldsymbol{L}_F(\boldsymbol{q}^{\mathrm{f}})=\frac{\partial[\boldsymbol{R}(\boldsymbol{q}^{\mathrm{f}})^F\boldsymbol{p}_o]}{\partial\boldsymbol{q}^{\mathrm{f}}},\quad \boldsymbol{L}_L(\boldsymbol{q}^{\mathrm{l}})=\frac{\partial[\boldsymbol{R}(\boldsymbol{q}^{\mathrm{l}})^L\boldsymbol{p}_o]}{\partial\boldsymbol{q}^{\mathrm{l}}}$$

当 $n=6$，且从臂处于非奇异形位时，$\boldsymbol{J}_F^{-1}(\boldsymbol{q}^{\mathrm{f}})$存在，由式(11-21)可以解出 $\dot{\boldsymbol{q}}^{\mathrm{f}}$，即

$$\dot{\boldsymbol{q}}^{\mathrm{f}}=\boldsymbol{J}_F^{-1}(\boldsymbol{q}^{\mathrm{f}})\left\{\boldsymbol{J}_L(\boldsymbol{q}^{\mathrm{l}})\dot{\boldsymbol{q}}^{\mathrm{l}}+\begin{bmatrix}\boldsymbol{0}_{3\times1}\\ \boldsymbol{o}(\boldsymbol{q}^{\mathrm{l}})\end{bmatrix}\dot{\theta}_{\mathrm{d}}\right\} \tag{11-23}$$

由式(11-23)可以看出，只要 $\boldsymbol{J}_F^{-1}(\boldsymbol{q}^{\mathrm{f}})$存在，则由 $\dot{\boldsymbol{q}}^{\mathrm{l}}$ 和 $\dot{\theta}_{\mathrm{d}}$ 就可算出相应的 $\dot{\boldsymbol{q}}^{\mathrm{f}}$。

如何规定 $\dot{\theta}_{\mathrm{d}}$ 的值呢？一种方式是令 $\dot{\theta}_{\mathrm{d}}=0$，剪刀被锁住，成为一个刚体，问题便归结为前面所述的情况。另一种方式是取消在 $y_n^L(y_n^F)$方向的角速度约束，在约束方程(11-22)两端左乘 5×6 的选择矩阵 $\boldsymbol{M}$，即

$$\mathbf{M}=\left[\begin{array}{ccc|ccc}1&0&0&0&0&0\\0&1&0&0&0&0\\0&0&1&0&0&0\\\hline 0&0&0&n_x&n_y&n_z\\0&0&0&a_x&a_y&a_z\end{array}\right] \tag{11-24}$$

式中：$[n_x\quad n_y\quad n_z]=\boldsymbol{n}^{\mathrm{T}}(\boldsymbol{q}^{\mathrm{l}})$；$[a_x\quad a_y\quad a_z]=\boldsymbol{a}^{\mathrm{T}}(\boldsymbol{q}^{\mathrm{l}})$。由此得到

$$\boldsymbol{M}\boldsymbol{J}_F(\boldsymbol{q}^{\mathrm{f}})\dot{\boldsymbol{q}}^{\mathrm{f}}=\boldsymbol{M}\boldsymbol{J}_L(\boldsymbol{q}^{\mathrm{l}})\dot{\boldsymbol{q}}^{\mathrm{l}} \tag{11-25}$$

显然 $\dot{\boldsymbol{q}}^{\mathrm{f}}$ 的解不唯一，和冗余度机器人的情况相似，我们可以取其最小范数解，这一解相当于能量最小时的解，即

$$\dot{\boldsymbol{q}}^{\mathrm{f}}=\boldsymbol{J}^{+}\boldsymbol{M}\boldsymbol{J}_L(\boldsymbol{q}^{\mathrm{l}})\dot{\boldsymbol{q}}^{\mathrm{l}} \tag{11-26}$$

式中：$\boldsymbol{J}^{+}$是 $\boldsymbol{M}\boldsymbol{J}_F(\boldsymbol{q}^{\mathrm{f}})$的 Moore-Penrose 广义逆，即

$$\boldsymbol{J}^{+}=[\boldsymbol{M}\boldsymbol{J}_F(\boldsymbol{q}^{\mathrm{f}})]^{\mathrm{T}}\{\boldsymbol{M}\boldsymbol{J}_F(\boldsymbol{q}^{\mathrm{f}})[\boldsymbol{M}\boldsymbol{J}_F(\boldsymbol{q}^{\mathrm{f}})]^{\mathrm{T}}\}^{-1}$$

算出从臂关节速度的最小范数解 $\dot{\boldsymbol{q}}^{\mathrm{f}}$ 之后，则可得到相应的剪刀关节速度 $\dot{\theta}_{\mathrm{d}}$。由式(11-23)和式(11-26)得

$$\dot{\theta}_{\mathrm{d}}=[0\quad 0\quad 0\quad \boldsymbol{o}^{\mathrm{T}}(\boldsymbol{q}^{\mathrm{l}})][(\boldsymbol{I}-\boldsymbol{J}_F(\boldsymbol{q}^{\mathrm{f}})\boldsymbol{J}^{+}\boldsymbol{M})\boldsymbol{J}_L(\boldsymbol{q}^{\mathrm{l}})\dot{\boldsymbol{q}}^{\mathrm{l}}] \tag{11-27}$$

式(11-27)利用关系式 $\boldsymbol{o}^{\mathrm{T}}(\boldsymbol{q}^{\mathrm{l}})\boldsymbol{o}(\boldsymbol{q}^{\mathrm{l}})=1$ 解开。

3. 双臂操作具有球面副的两连杆

如图 11-3 所示，双臂抓持的两连杆之间由球面副相连接，球面副具有 3 个自由度。我们选取球心为工具坐标系$\{\boldsymbol{T}\}$的原点，并令${}^L\boldsymbol{p}_o$和${}^F\boldsymbol{p}_o$表示该点在坐标系$\{\boldsymbol{L}\}$和$\{\boldsymbol{F}\}$中的位置矢量，则得位置约束式为

$$\boldsymbol{p}(\boldsymbol{q}^{\mathrm{f}})+\boldsymbol{R}(\boldsymbol{q}^{\mathrm{f}})^F\boldsymbol{p}_o=\boldsymbol{p}(\boldsymbol{q}^{\mathrm{l}})+\boldsymbol{R}(\boldsymbol{q}^{\mathrm{l}})^L\boldsymbol{p}_o \tag{11-28}$$

由于球面副具有 3 个转动自由度，因此，主臂和从臂之间的方位不存在任何约束。相应地，主臂和从臂关节速度之间的关系由式(11-19)给出。令

$$\boldsymbol{J}_F=\boldsymbol{J}_1(\boldsymbol{q}^{\mathrm{f}})+\boldsymbol{L}_F(\boldsymbol{q}^{\mathrm{f}})$$

$$\boldsymbol{J}_L=\boldsymbol{J}_1(\boldsymbol{q}^{\mathrm{l}})+\boldsymbol{L}_L(\boldsymbol{q}^{\mathrm{l}})$$

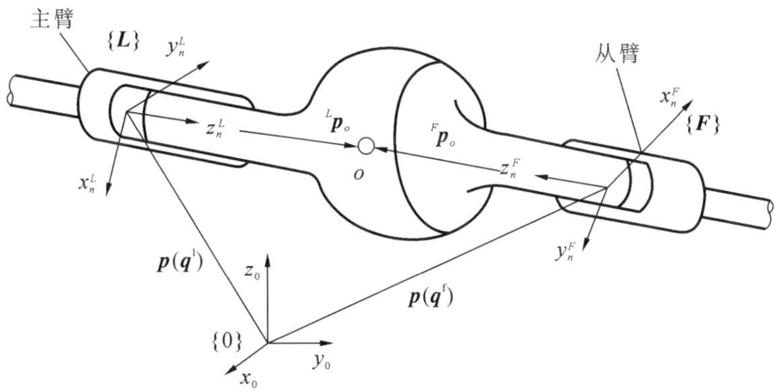

图 11-3　双臂操作球面副的两端

则式(11-19)变成

$$\boldsymbol{J}_F\dot{\boldsymbol{q}}^{\mathrm{f}} = \boldsymbol{J}_L\dot{\boldsymbol{q}}^{\mathrm{l}} \tag{11-29}$$

在这种情况下，由于 $\boldsymbol{J}_F$ 是 $3\times n$ 的矩阵，$n>3$ 时，从臂相当于冗余度机器人，$\dot{\boldsymbol{q}}^{\mathrm{f}}$ 的解不唯一，其最小范数解是

$$\dot{\boldsymbol{q}}^{\mathrm{f}} = \boldsymbol{J}^{+}\boldsymbol{J}_L\dot{\boldsymbol{q}}^{\mathrm{l}} \tag{11-30}$$

式中：$\boldsymbol{J}^{+}$ 是 $\boldsymbol{J}_F$ 的 Moore-Penrose 广义逆，即

$$\boldsymbol{J}^{+} = (\boldsymbol{J}_F)^{\mathrm{T}}(\boldsymbol{J}_F\boldsymbol{J}_F^{\mathrm{T}})^{-1} \tag{11-31}$$

由于 $\boldsymbol{R}(\boldsymbol{q}^{\mathrm{l}})$ 是单位正交矩阵，那么，与最小范数解相对应的球面副关节角度的解 $\dot{\boldsymbol{\theta}}_{\mathrm{d}}$ 可由式(11-23)和式(11-29)得到，即

$$\dot{\boldsymbol{\theta}}_{\mathrm{d}} = [\boldsymbol{0}_{3\times 3}\quad \boldsymbol{R}(\boldsymbol{q}^{\mathrm{l}})][(\boldsymbol{J}_L(\boldsymbol{q}^{\mathrm{l}}) - \boldsymbol{J}_F(\boldsymbol{q}^{\mathrm{f}})\boldsymbol{J}^{+}\boldsymbol{J}_L)\dot{\boldsymbol{q}}^{\mathrm{l}}] \tag{11-32}$$

上面我们通过三个例子阐明了主臂和从臂协调操作时的运动约束关系，如何根据主臂的关节位移和关节速度确定从臂的关节位移和关节速度，所述方法同样可以推广到具有移动关节、圆柱关节的物体的操作问题。可以证明，约束最多只有 6 个，3 个表示位置约束，3 个表示方位约束。若被操作的物体具有多个关节，且其中任一关节速度不预先规定，相应地，就会有 1 个约束被取消。若 6 个约束都被取消，则理论上，双臂无协调可言，但是在关节取值范围的边界，关节被锁住，则相应的自由度丧失，又会出现约束。

11.3　双臂协调的关节力矩计算

协调运动的实时控制过程如下：由于情况的变化(例如为了避开障碍物)，主臂的目标轨迹将在线修正，相应的从臂的运动指令也随之修正，以保持协调运动的正常进行。前面我们推导出了主臂和从臂的关节位移、关节速度之间的关系，下面推导其加速度之间的关系和关节力矩的计算方法。

1. 关节加速度约束关系

将前面三种情况下的关节速度约束对时间求导即可得出相应的加速度约束。

1)第一种情况

对式(11-15)求导($n=6$)，得

$$\ddot{\boldsymbol{q}}^{\mathrm{f}} = \boldsymbol{B}(\boldsymbol{q}^{\mathrm{f}},\boldsymbol{q}^{\mathrm{l}})\ddot{\boldsymbol{q}}^{\mathrm{l}} + \dot{\boldsymbol{B}}(\boldsymbol{q}^{\mathrm{f}},\boldsymbol{q}^{\mathrm{l}})\dot{\boldsymbol{q}}^{\mathrm{l}} \tag{11-33}$$

式中

$$\boldsymbol{B}(\boldsymbol{q}^{\mathrm{f}},\boldsymbol{q}^{\mathrm{l}})=\boldsymbol{J}^{-1}(\boldsymbol{q}^{\mathrm{f}})\begin{bmatrix}\boldsymbol{J}_{\mathrm{l}}(\boldsymbol{q}^{\mathrm{l}})+\boldsymbol{L}(\boldsymbol{q}^{\mathrm{l}})\\ \boldsymbol{J}_{\mathrm{a}}(\boldsymbol{q}^{\mathrm{l}})\end{bmatrix}\tag{11-34}$$

可以看出，$\dot{\boldsymbol{B}}$ 是由三阶张量$\partial\boldsymbol{B}/\partial\boldsymbol{q}^{\mathrm{f}}$，$\partial\boldsymbol{B}/\partial\boldsymbol{q}^{\mathrm{l}}$ 和 $\dot{\boldsymbol{q}}^{\mathrm{f}}$，$\dot{\boldsymbol{q}}^{\mathrm{l}}$ 所组成的。式(11-33)是 $\dot{\boldsymbol{q}}^{\mathrm{l}}$ 和 $\dot{\boldsymbol{q}}^{\mathrm{f}}$ 的非线性函数，但是 $\dot{\boldsymbol{q}}^{\mathrm{l}}$ 和 $\ddot{\boldsymbol{q}}^{\mathrm{l}}$ 是已知的，$\dot{\boldsymbol{q}}^{\mathrm{f}}$ 由式(11-15)算出，因此由式(11-33)可算出 $\ddot{\boldsymbol{q}}^{\mathrm{f}}$。注意，在奇异状态下无解。

2)第二种情况

若 $\dot{\theta}_{\mathrm{d}}$ 和 $\ddot{\theta}_{\mathrm{d}}$ 预先给定，则由式(11-23)求导($n=6$)，得

$$\ddot{\boldsymbol{q}}^{\mathrm{f}}=\boldsymbol{J}_F^{-1}(\boldsymbol{q}^{\mathrm{f}})\left\{\boldsymbol{J}_L(\boldsymbol{q}^{\mathrm{l}})\ddot{\boldsymbol{q}}^{\mathrm{l}}+\begin{bmatrix}\boldsymbol{0}_{3\times1}\\ \boldsymbol{o}(\boldsymbol{q}^{\mathrm{l}})\end{bmatrix}\ddot{\theta}_{\mathrm{d}}\right\}+\dot{\boldsymbol{G}}(\boldsymbol{q}^{\mathrm{l}},\boldsymbol{q}^{\mathrm{f}})\dot{\boldsymbol{q}}^{\mathrm{l}}+\dot{\boldsymbol{K}}(\boldsymbol{q}^{\mathrm{l}},\boldsymbol{q}^{\mathrm{f}})\dot{\theta}_{\mathrm{d}}\tag{11-35}$$

式中

$$\boldsymbol{G}(\boldsymbol{q}^{\mathrm{l}},\boldsymbol{q}^{\mathrm{f}})=\boldsymbol{J}_F^{-1}(\boldsymbol{q}^{\mathrm{f}})\boldsymbol{J}_L(\boldsymbol{q}^{\mathrm{l}})\tag{11-36}$$

$$\boldsymbol{K}(\boldsymbol{q}^{\mathrm{l}},\boldsymbol{q}^{\mathrm{f}})=\boldsymbol{J}_F^{-1}(\boldsymbol{q}^{\mathrm{f}})\begin{bmatrix}\boldsymbol{0}_{3\times1}\\ \boldsymbol{o}(\boldsymbol{q}^{\mathrm{l}})\end{bmatrix}\tag{11-37}$$

显然，$\dot{\boldsymbol{G}}$ 是由三阶张量$\partial\boldsymbol{G}/\partial\boldsymbol{q}^{\mathrm{l}}$，$\partial\boldsymbol{G}/\partial\boldsymbol{q}^{\mathrm{f}}$ 和 $\dot{\boldsymbol{q}}^{\mathrm{l}}$，$\dot{\boldsymbol{q}}^{\mathrm{f}}$ 组成的，$\dot{\boldsymbol{K}}$ 也是一样。因此式(11-35)是 $\dot{\boldsymbol{q}}^{\mathrm{l}}$ 和 $\dot{\boldsymbol{q}}^{\mathrm{f}}$ 的非线性函数。但是由该式可以算出 $\ddot{\boldsymbol{q}}^{\mathrm{f}}$，即

$$\ddot{\boldsymbol{q}}^{\mathrm{f}}=[\boldsymbol{G}(\boldsymbol{q}^{\mathrm{l}},\boldsymbol{q}^{\mathrm{f}})\quad \boldsymbol{K}(\boldsymbol{q}^{\mathrm{l}},\boldsymbol{q}^{\mathrm{f}})]\begin{bmatrix}\ddot{\boldsymbol{q}}^{\mathrm{l}}\\ \ddot{\theta}_{\mathrm{d}}\end{bmatrix}+[\dot{\boldsymbol{G}}(\boldsymbol{q}^{\mathrm{l}},\boldsymbol{q}^{\mathrm{f}})\quad \dot{\boldsymbol{K}}(\boldsymbol{q}^{\mathrm{l}},\boldsymbol{q}^{\mathrm{f}})]\begin{bmatrix}\dot{\boldsymbol{q}}^{\mathrm{l}}\\ \dot{\theta}_{\mathrm{d}}\end{bmatrix}\tag{11-38}$$

注意，式(11-38)在从臂处于奇异状态时是不成立的。

若 $\dot{\theta}_{\mathrm{d}}$ 和 $\ddot{\theta}_{\mathrm{d}}$ 没有预先规定，可令 $\dot{\theta}_{\mathrm{d}}=\ddot{\theta}_{\mathrm{d}}=0$。另一种办法是对式(11-26)求导，得

$$\ddot{\boldsymbol{q}}^{\mathrm{f}}=\boldsymbol{J}^{+}\{\mathrm{d}[\boldsymbol{M}\boldsymbol{J}_L(\boldsymbol{q}^{\mathrm{l}})\dot{\boldsymbol{q}}^{\mathrm{l}}]/\mathrm{d}t-\mathrm{d}[\boldsymbol{M}\boldsymbol{J}_L(\boldsymbol{q}^{\mathrm{l}})]/\mathrm{d}t\cdot\dot{\boldsymbol{q}}^{\mathrm{f}}\}\tag{11-39}$$

再由式(11-27)得出相应的 $\ddot{\theta}_{\mathrm{d}}$，即

$$\ddot{\theta}_{\mathrm{d}}=[0\quad 0\quad 0\quad \boldsymbol{o}^{\mathrm{T}}(\boldsymbol{q}^{\mathrm{l}})]\{\boldsymbol{J}_L(\boldsymbol{q}^{\mathrm{l}})\dot{\boldsymbol{q}}^{\mathrm{l}}-\boldsymbol{J}_F(\boldsymbol{q}^{\mathrm{f}})[\ddot{\boldsymbol{q}}^{\mathrm{f}}+\dot{\boldsymbol{K}}(\boldsymbol{q}^{\mathrm{l}},\boldsymbol{q}^{\mathrm{f}})\dot{\theta}_{\mathrm{d}}]+\dot{\boldsymbol{G}}(\boldsymbol{q}^{\mathrm{l}},\boldsymbol{q}^{\mathrm{f}})\dot{\boldsymbol{q}}^{\mathrm{l}}\}\tag{11-40}$$

$\dot{\theta}_{\mathrm{d}}$，$\dot{\boldsymbol{q}}^{\mathrm{f}}$ 和 $\ddot{\boldsymbol{q}}^{\mathrm{f}}$ 分别由式(11-27)、式 (11-26)和式(11-39)算出。

3)第三种情况

如果 $\dot{\boldsymbol{\theta}}_{\mathrm{d}}$ 预先规定，则 $\dot{\boldsymbol{q}}^{\mathrm{f}}$ 的表达式与式(11-23)相似，只是将 $\boldsymbol{o}(\boldsymbol{q}^{\mathrm{l}})$ 换成 $\boldsymbol{R}(\boldsymbol{q}^{\mathrm{l}})$，$\boldsymbol{0}_{3\times1}$ 换成 $\boldsymbol{0}_{3\times3}$ 即可；如果 $\ddot{\boldsymbol{\theta}}_{\mathrm{d}}$ 亦预先规定，那么，由式(11-23)的导数可得

$$\ddot{\boldsymbol{q}}^{\mathrm{f}}=\boldsymbol{J}_F^{-1}(\boldsymbol{q}^{\mathrm{f}})\left\{\boldsymbol{J}_L(\boldsymbol{q}^{\mathrm{l}})\ddot{\boldsymbol{q}}^{\mathrm{l}}+\begin{bmatrix}\boldsymbol{0}_{3\times3}\\ \boldsymbol{R}(\boldsymbol{q}^{\mathrm{l}})\end{bmatrix}\ddot{\boldsymbol{\theta}}_{\mathrm{d}}\right\}+\dot{\boldsymbol{G}}(\boldsymbol{q}^{\mathrm{l}},\boldsymbol{q}^{\mathrm{f}})\dot{\boldsymbol{q}}^{\mathrm{l}}+\dot{\boldsymbol{K}}(\boldsymbol{q}^{\mathrm{l}},\boldsymbol{q}^{\mathrm{f}})\dot{\boldsymbol{\theta}}_{\mathrm{d}}\tag{11-41}$$

式中：$\boldsymbol{G}$ 按式(11-36)定义；$\boldsymbol{K}$ 是 6×3 的矩阵，定义为

$$\boldsymbol{K}(\boldsymbol{q}^{\mathrm{l}},\boldsymbol{q}^{\mathrm{f}})=\boldsymbol{J}_F^{-1}(\boldsymbol{q}^{\mathrm{f}})\begin{bmatrix}\boldsymbol{0}_{3\times3}\\ \boldsymbol{R}(\boldsymbol{q}^{\mathrm{l}})\end{bmatrix}\tag{11-42}$$

当 $\dot{\boldsymbol{\theta}}_{\mathrm{d}}$ 和 $\ddot{\boldsymbol{\theta}}_{\mathrm{d}}$ 没有预先规定时，对式(11-30)求导，得最小范数解为

$$\ddot{\boldsymbol{q}}^{\mathrm{f}}=\boldsymbol{J}^{+}\{\boldsymbol{J}_L\ddot{\boldsymbol{q}}^{\mathrm{l}}+\dot{\boldsymbol{J}}_F\dot{\boldsymbol{q}}^{\mathrm{l}}-\dot{\boldsymbol{J}}_L\dot{\boldsymbol{q}}^{\mathrm{f}}\}\tag{11-43}$$

相应的 $\ddot{\boldsymbol{\theta}}_{\mathrm{d}}$ 值可从式(11-32)得出：

$$\ddot{\boldsymbol{\theta}}_{\mathrm{d}}=[\boldsymbol{0}_{3\times3}\quad \boldsymbol{R}(\boldsymbol{q}^{\mathrm{l}})]\{\boldsymbol{J}_L(\boldsymbol{q}^{\mathrm{l}})\ddot{\boldsymbol{q}}^{\mathrm{l}}-\boldsymbol{J}_F(\boldsymbol{q}^{\mathrm{f}})[\ddot{\boldsymbol{q}}^{\mathrm{f}}-\dot{\boldsymbol{G}}(\boldsymbol{q}^{\mathrm{l}},\boldsymbol{q}^{\mathrm{f}})\dot{\boldsymbol{q}}^{\mathrm{l}}-\dot{\boldsymbol{K}}(\boldsymbol{q}^{\mathrm{l}},\boldsymbol{q}^{\mathrm{f}})\dot{\boldsymbol{\theta}}_{\mathrm{d}}]\}\tag{11-44}$$

$\dot{\boldsymbol{\theta}}_{\mathrm{d}}$，$\dot{\boldsymbol{q}}^{\mathrm{f}}$ 和 $\ddot{\boldsymbol{q}}^{\mathrm{f}}$ 分别由式(11-32)、式(11-30)和式(11-43)算出。

2. 广义输入力的计算

在第6章中我们讨论了外界对机器人末端手爪作用力 $\boldsymbol{f}$、力矩 $\boldsymbol{m}$ 与关节力矩 $\boldsymbol{\tau}$ 之间的

关系，即

$$\boldsymbol{\tau}=\boldsymbol{J}^{\mathrm{T}}(\boldsymbol{q})\begin{bmatrix}\boldsymbol{f}\\ \boldsymbol{m}\end{bmatrix}=\boldsymbol{J}_{1}^{\mathrm{T}}(\boldsymbol{q})\boldsymbol{f}+\boldsymbol{J}_{a}^{\mathrm{T}}(\boldsymbol{q})\boldsymbol{m} \tag{11-45}$$

图 11-4 所示为操作臂抓持物体的情况，令 $\boldsymbol{p}(\boldsymbol{q})$，$\boldsymbol{p}$ 分别代表从基坐标系原点到末端手爪坐标系原点 o_n 和到物体某点 C 的位置矢量。令 ${}^{n}\boldsymbol{p}_C$ 表示从 o_n 到 C 的位置矢量（在 $\{n\}$ 中表示），则

$$\boldsymbol{p}=\boldsymbol{p}(\boldsymbol{q})+\boldsymbol{R}(\boldsymbol{q})^{n}\boldsymbol{p}_C \tag{11-46}$$

机器人在运动的过程中，C 点的线速度为

$$\dot{\boldsymbol{p}}=\{[\partial\boldsymbol{p}(\boldsymbol{q})/\partial\boldsymbol{q}]+\boldsymbol{L}(\boldsymbol{q})\}\dot{\boldsymbol{q}} \tag{11-47}$$

式中

$$\boldsymbol{L}(\boldsymbol{q})=\frac{\partial[\boldsymbol{R}(\boldsymbol{q})^{n}\boldsymbol{p}_C]}{\partial\boldsymbol{q}} \tag{11-48}$$

当 ${}^{n}\boldsymbol{p}_C=\boldsymbol{0}$ 时，$\boldsymbol{L}(\boldsymbol{q})=\boldsymbol{0}$，则 $\boldsymbol{p}=\boldsymbol{p}(\boldsymbol{q})$，由式(11-47)可得

$$\boldsymbol{J}_1(\boldsymbol{q})=\frac{\partial\boldsymbol{p}(\boldsymbol{q})}{\partial\boldsymbol{q}} \tag{11-49}$$

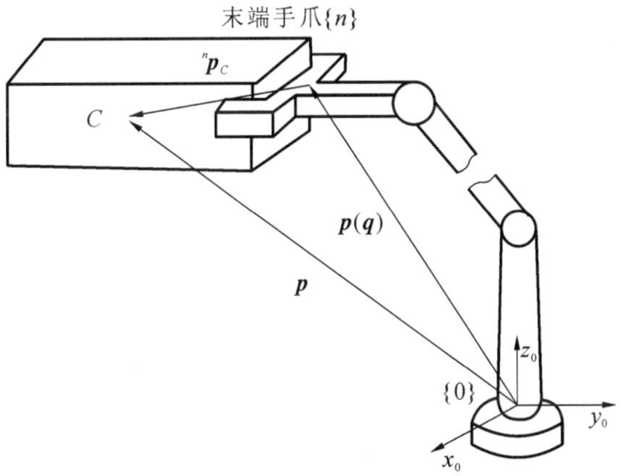

图 11-4　末端手爪与被抓物体之间的关系

下面计算上述三种情况下的广义输入力。

1）第一种情况

如图 11-4 所示，令 C 点与从臂的末端手爪坐标系 $\{\boldsymbol{F}\}$ 的原点重合，$\boldsymbol{\tau}^{\mathrm{l}}$，$\boldsymbol{\tau}^{\mathrm{f}}$ 分别为主臂和从臂各关节所需要的广义输入力，$\boldsymbol{f}$ 和 $\boldsymbol{\tau}$ 分别为加在 $\{\boldsymbol{F}\}$ 原点上的力和力矩。则主臂的拉格朗日动力学方程为

$$\boldsymbol{\tau}^{\mathrm{l}}-[\boldsymbol{J}_1(\boldsymbol{q}^{\mathrm{l}})+\boldsymbol{L}(\boldsymbol{q}^{\mathrm{l}})]^{\mathrm{T}}\boldsymbol{f}-\boldsymbol{J}_{a}^{\mathrm{T}}(\boldsymbol{q}^{\mathrm{l}})\boldsymbol{\tau}=\boldsymbol{D}(\boldsymbol{q}^{\mathrm{l}})\ddot{\boldsymbol{q}}^{\mathrm{l}}+\boldsymbol{h}(\dot{\boldsymbol{q}}^{\mathrm{l}},\boldsymbol{q}^{\mathrm{l}})+\boldsymbol{g}(\boldsymbol{q}^{\mathrm{l}}) \tag{11-50}$$

式中：$\boldsymbol{D}(\boldsymbol{q})$ 是主臂 6×6 的惯性矩阵；$\boldsymbol{h}(\dot{\boldsymbol{q}}^{\mathrm{l}},\boldsymbol{q}^{\mathrm{l}})$ 是主臂六维科氏力和离心力矢量；$\boldsymbol{g}(\boldsymbol{q}^{\mathrm{l}})$ 是主臂六维重力矢量。

同样，从臂的拉格朗日方程为

$$\boldsymbol{\tau}^{\mathrm{f}}+\boldsymbol{J}_{1}^{\mathrm{T}}(\boldsymbol{q}^{\mathrm{f}})\boldsymbol{f}+\boldsymbol{J}_{a}^{\mathrm{T}}(\boldsymbol{q}^{\mathrm{f}})\boldsymbol{\tau}=\boldsymbol{D}(\boldsymbol{q}^{\mathrm{f}})\ddot{\boldsymbol{q}}^{\mathrm{f}}+\boldsymbol{h}(\dot{\boldsymbol{q}}^{\mathrm{f}},\boldsymbol{q}^{\mathrm{f}})+\boldsymbol{g}(\boldsymbol{q}^{\mathrm{f}}) \tag{11-51}$$

式中：$\boldsymbol{D}$，$\boldsymbol{h}$ 和 $\boldsymbol{g}$ 的含义与前面相似。将式(11-50)和式(11-51)联立，得

$$\begin{bmatrix}\boldsymbol{\tau}^{\mathrm{l}}\\ \boldsymbol{\tau}^{\mathrm{f}}\end{bmatrix}-\begin{bmatrix}[\boldsymbol{J}_1(\boldsymbol{q}^{\mathrm{l}})+\boldsymbol{L}(\boldsymbol{q}^{\mathrm{l}})]^{\mathrm{T}} & \boldsymbol{J}_{a}^{\mathrm{T}}(\boldsymbol{q}^{\mathrm{l}})\\ -\boldsymbol{J}_{1}^{\mathrm{T}}(\boldsymbol{q}^{\mathrm{f}}) & -\boldsymbol{J}_{a}^{\mathrm{T}}(\boldsymbol{q}^{\mathrm{f}})\end{bmatrix}\begin{bmatrix}\boldsymbol{f}\\ \boldsymbol{\tau}\end{bmatrix}$$

$$= \begin{bmatrix} \boldsymbol{D}(\boldsymbol{q}^{\mathrm{l}})\ddot{\boldsymbol{q}}^{\mathrm{l}} \\ \boldsymbol{D}(\boldsymbol{q}^{\mathrm{f}})\ddot{\boldsymbol{q}}^{\mathrm{f}} \end{bmatrix} + \begin{bmatrix} \boldsymbol{h}(\dot{\boldsymbol{q}}^{\mathrm{l}},\boldsymbol{q}^{\mathrm{l}}) \\ \boldsymbol{h}(\dot{\boldsymbol{q}}^{\mathrm{f}},\boldsymbol{q}^{\mathrm{f}}) \end{bmatrix} + \begin{bmatrix} \boldsymbol{g}(\boldsymbol{q}^{\mathrm{l}}) \\ \boldsymbol{g}(\boldsymbol{q}^{\mathrm{f}}) \end{bmatrix} \tag{11-52}$$

由式(11-52)计算广义输入力的先决条件是要消去 $\boldsymbol{f}$ 和 $\boldsymbol{\tau}$。对照式(11-34)和式(11-52)，并将式(11-52)两边左乘 6×12 的矩阵 $[\boldsymbol{I}\quad \boldsymbol{B}^{\mathrm{T}}(\boldsymbol{q}^{\mathrm{f}},\boldsymbol{q}^{\mathrm{l}})]$，可得出

$$\begin{aligned} \boldsymbol{\tau}^{\mathrm{l}} + \boldsymbol{B}^{\mathrm{T}}(\boldsymbol{q}^{\mathrm{f}},\boldsymbol{q}^{\mathrm{l}})\boldsymbol{\tau}^{\mathrm{f}} = {} & \boldsymbol{D}(\boldsymbol{q}^{\mathrm{l}})\ddot{\boldsymbol{q}}^{\mathrm{l}} + \boldsymbol{h}(\dot{\boldsymbol{q}}^{\mathrm{l}},\boldsymbol{q}^{\mathrm{l}}) + \boldsymbol{g}(\boldsymbol{q}^{\mathrm{l}}) \\ & + \boldsymbol{B}^{\mathrm{T}}(\boldsymbol{q}^{\mathrm{f}},\boldsymbol{q}^{\mathrm{l}})[\boldsymbol{D}(\boldsymbol{q}^{\mathrm{f}})\ddot{\boldsymbol{q}}^{\mathrm{f}} + \boldsymbol{h}(\dot{\boldsymbol{q}}^{\mathrm{f}},\boldsymbol{q}^{\mathrm{f}}) + \boldsymbol{g}(\boldsymbol{q}^{\mathrm{f}})] \end{aligned}$$

消去了变量 $\boldsymbol{f}$ 和 $\boldsymbol{\tau}$，再利用式(11-33)得

$$\begin{aligned} \boldsymbol{\tau}^{\mathrm{l}} + \boldsymbol{B}^{\mathrm{T}}(\boldsymbol{q}^{\mathrm{f}},\boldsymbol{q}^{\mathrm{l}})\boldsymbol{\tau}^{\mathrm{f}} = {} & [\boldsymbol{D}(\boldsymbol{q}^{\mathrm{l}}) + \boldsymbol{B}^{\mathrm{T}}(\boldsymbol{q}^{\mathrm{f}},\boldsymbol{q}^{\mathrm{l}})\boldsymbol{D}(\boldsymbol{q}^{\mathrm{f}})\boldsymbol{B}(\boldsymbol{q}^{\mathrm{f}},\boldsymbol{q}^{\mathrm{l}})]\ddot{\boldsymbol{q}}^{\mathrm{l}} \\ & + \{\boldsymbol{h}(\dot{\boldsymbol{q}}^{\mathrm{l}},\boldsymbol{q}^{\mathrm{l}}) + \boldsymbol{B}^{\mathrm{T}}(\boldsymbol{q}^{\mathrm{f}},\boldsymbol{q}^{\mathrm{l}})[\boldsymbol{D}(\boldsymbol{q}^{\mathrm{f}})\dot{\boldsymbol{B}}(\boldsymbol{q}^{\mathrm{f}},\boldsymbol{q}^{\mathrm{l}})\dot{\boldsymbol{q}}^{\mathrm{l}} + \boldsymbol{h}(\dot{\boldsymbol{q}}^{\mathrm{f}},\boldsymbol{q}^{\mathrm{f}})]\} \\ & + [\boldsymbol{g}(\boldsymbol{q}^{\mathrm{l}}) + \boldsymbol{B}^{\mathrm{T}}(\boldsymbol{q}^{\mathrm{f}},\boldsymbol{q}^{\mathrm{l}})\boldsymbol{g}(\boldsymbol{q}^{\mathrm{f}})] \end{aligned} \tag{11-53}$$

按上面所得到的运动约束关系，可以计算出广义输入力，即将式(11-53)的两边左乘 $[\boldsymbol{I}\quad \boldsymbol{B}^{\mathrm{T}}(\boldsymbol{q}^{\mathrm{f}},\boldsymbol{q}^{\mathrm{l}})]$ 的 Moore-Penrose 广义逆，得出 $[(\boldsymbol{\tau}^{\mathrm{l}})^{\mathrm{T}}\quad (\boldsymbol{\tau}^{\mathrm{f}})^{\mathrm{T}}]^{\mathrm{T}}$ 的解。

2）第二种情况

把 C 点选在剪刀的回转轴中心点 o。这时，拉格朗日动力学方程为

$$\boldsymbol{J}_{1}(\boldsymbol{q}^{\mathrm{f}})\dot{\boldsymbol{q}}^{\mathrm{f}} + \boldsymbol{L}_{F}(\boldsymbol{q}^{\mathrm{f}})\dot{\boldsymbol{q}}^{\mathrm{f}} = \boldsymbol{J}_{1}(\boldsymbol{q}^{\mathrm{l}})\dot{\boldsymbol{q}}^{\mathrm{l}} + \boldsymbol{L}_{L}(\boldsymbol{q}^{\mathrm{l}})\dot{\boldsymbol{q}}^{\mathrm{l}}$$

$$\begin{aligned} & \begin{bmatrix} \boldsymbol{\tau}^{\mathrm{l}} \\ \boldsymbol{\tau}^{\mathrm{f}} \end{bmatrix} - \begin{bmatrix} (\boldsymbol{J}_{1}(\boldsymbol{q}^{\mathrm{l}}) + \boldsymbol{L}_{L}(\boldsymbol{q}^{\mathrm{l}}))^{\mathrm{T}} & \boldsymbol{J}_{\mathrm{a}}^{\mathrm{T}}(\boldsymbol{q}^{\mathrm{l}}) \\ -(\boldsymbol{J}_{1}(\boldsymbol{q}^{\mathrm{f}}) + \boldsymbol{L}_{F}(\boldsymbol{q}^{\mathrm{f}}))^{\mathrm{T}} & -\boldsymbol{J}_{\mathrm{a}}^{\mathrm{T}}(\boldsymbol{q}^{\mathrm{f}}) \end{bmatrix} \begin{bmatrix} \boldsymbol{f} \\ \boldsymbol{m} \end{bmatrix} \\ & = \begin{bmatrix} \boldsymbol{D}(\boldsymbol{q}^{\mathrm{l}}) & \boldsymbol{0} \\ \boldsymbol{0} & \boldsymbol{D}(\boldsymbol{q}^{\mathrm{f}}) \end{bmatrix} \begin{bmatrix} \ddot{\boldsymbol{q}}^{\mathrm{l}} \\ \ddot{\boldsymbol{q}}^{\mathrm{f}} \end{bmatrix} + \begin{bmatrix} \boldsymbol{h}(\dot{\boldsymbol{q}}^{\mathrm{l}},\boldsymbol{q}^{\mathrm{l}}) \\ \boldsymbol{h}(\dot{\boldsymbol{q}}^{\mathrm{f}},\boldsymbol{q}^{\mathrm{f}}) \end{bmatrix} + \begin{bmatrix} \boldsymbol{g}(\boldsymbol{q}^{\mathrm{l}}) \\ \boldsymbol{g}(\boldsymbol{q}^{\mathrm{f}}) \end{bmatrix} \end{aligned} \tag{11-54}$$

式中：$\boldsymbol{f}$ 和 $\boldsymbol{\tau}$ 分别是作用在剪刀回转轴中心的力和力矩。因 z_{d} 平行于轴 y_{n}^{L} 和 y_{n}^{F}，故

$$\boldsymbol{M} = \boldsymbol{R}(\boldsymbol{q}^{\mathrm{l}}) \begin{bmatrix} 1 & 0 & 0 \\ 0 & 0 & 0 \\ 0 & 0 & 1 \end{bmatrix} \boldsymbol{R}(\boldsymbol{q}^{\mathrm{l}})$$

为了消去式(11-54)中的 $\boldsymbol{f}$ 和 $\boldsymbol{m}$，在式(11-54)的两边分别左乘 7×12 的矩阵

$$\boldsymbol{C}^{\mathrm{T}}(\boldsymbol{q}^{\mathrm{f}},\boldsymbol{q}^{\mathrm{l}}) = \begin{bmatrix} \boldsymbol{I} & \boldsymbol{0} \\ \boldsymbol{G}(\boldsymbol{q}^{\mathrm{l}},\boldsymbol{q}^{\mathrm{f}}) & \boldsymbol{K}(\boldsymbol{q}^{\mathrm{l}},\boldsymbol{q}^{\mathrm{f}}) \end{bmatrix} \tag{11-55}$$

得出

$$\begin{aligned} \boldsymbol{C}^{\mathrm{T}}(\boldsymbol{q}^{\mathrm{f}},\boldsymbol{q}^{\mathrm{l}}) \begin{bmatrix} \boldsymbol{\tau}^{\mathrm{l}} \\ \boldsymbol{\tau}^{\mathrm{f}} \end{bmatrix} = {} & \boldsymbol{C}^{\mathrm{T}}(\boldsymbol{q}^{\mathrm{f}},\boldsymbol{q}^{\mathrm{l}}) \begin{bmatrix} \boldsymbol{D}(\boldsymbol{q}^{\mathrm{l}}) & \boldsymbol{0} \\ \boldsymbol{0} & \boldsymbol{D}(\boldsymbol{q}^{\mathrm{f}}) \end{bmatrix} \begin{bmatrix} \ddot{\boldsymbol{q}}^{\mathrm{l}} \\ \ddot{\boldsymbol{q}}^{\mathrm{f}} \end{bmatrix} \\ & + \begin{bmatrix} \boldsymbol{h}(\dot{\boldsymbol{q}}^{\mathrm{l}},\boldsymbol{q}^{\mathrm{l}}) \\ \boldsymbol{h}(\dot{\boldsymbol{q}}^{\mathrm{f}},\boldsymbol{q}^{\mathrm{f}}) \end{bmatrix} + \begin{bmatrix} \boldsymbol{g}(\boldsymbol{q}^{\mathrm{l}}) \\ \boldsymbol{g}(\boldsymbol{q}^{\mathrm{f}}) \end{bmatrix} \end{aligned} \tag{11-56}$$

如果 $\dot{\theta}_{\mathrm{d}}$ 和 $\ddot{\theta}_{\mathrm{d}}$ 预先规定的话，则利用式(11-23)和式(11-35)计算 $\dot{\boldsymbol{q}}^{\mathrm{f}}$ 和 $\ddot{\boldsymbol{q}}^{\mathrm{f}}$，再由式(11-56)求出关节力矩。如果 $\dot{\theta}_{\mathrm{d}}$ 和 $\ddot{\theta}_{\mathrm{d}}$ 没有规定，由在式(11-56)的两边左乘 $\boldsymbol{C}^{\mathrm{T}}$ 的 Moore-Penrose 广义逆 $\boldsymbol{C}(\boldsymbol{C}^{\mathrm{T}}\boldsymbol{C})^{-1}$，得到关节力矩的最小范数解。

3）第三种情况

图 11-3 所示的球面关节具有 3 个自由度，绕球心 o 的任意转动都不受约束，因此拉格朗日方程为

$$\begin{bmatrix} \boldsymbol{\tau}^{\mathrm{l}} \\ \boldsymbol{\tau}^{\mathrm{f}} \end{bmatrix} - \begin{bmatrix} \boldsymbol{J}_{L} \\ -\boldsymbol{J}_{F} \end{bmatrix} \boldsymbol{f} = \begin{bmatrix} \boldsymbol{D}(\boldsymbol{q}^{\mathrm{l}})\ddot{\boldsymbol{q}}^{\mathrm{l}} \\ \boldsymbol{D}(\boldsymbol{q}^{\mathrm{f}})\ddot{\boldsymbol{q}}^{\mathrm{f}} \end{bmatrix} + \begin{bmatrix} \boldsymbol{h}(\dot{\boldsymbol{q}}^{\mathrm{l}},\boldsymbol{q}^{\mathrm{l}}) \\ \boldsymbol{h}(\dot{\boldsymbol{q}}^{\mathrm{f}},\boldsymbol{q}^{\mathrm{f}}) \end{bmatrix} + \begin{bmatrix} \boldsymbol{g}(\boldsymbol{q}^{\mathrm{l}}) \\ \boldsymbol{g}(\boldsymbol{q}^{\mathrm{f}}) \end{bmatrix} \tag{11-57}$$

构造 9×12 的矩阵

$$\boldsymbol{E}^{\mathrm{T}}(\boldsymbol{q}^{\mathrm{f}},\boldsymbol{q}^{\mathrm{l}})=\begin{bmatrix} \boldsymbol{I} & & \boldsymbol{0} \\ \boldsymbol{G}(\boldsymbol{q}^{\mathrm{l}},\boldsymbol{q}^{\mathrm{f}}) & \boldsymbol{J}_F^{-1}(\boldsymbol{q}^{\mathrm{f}}) & \begin{bmatrix} \boldsymbol{0}_{3\times 3} \\ \boldsymbol{R}(\boldsymbol{q}^{\mathrm{l}}) \end{bmatrix} \end{bmatrix} \tag{11-58}$$

在式(11-57)两端左乘 $\boldsymbol{E}^{\mathrm{T}}(\boldsymbol{q}^{\mathrm{f}},\boldsymbol{q}^{\mathrm{l}})$ 即可消去 $\boldsymbol{f}$,得

$$\boldsymbol{E}^{\mathrm{T}}(\boldsymbol{q}^{\mathrm{f}},\boldsymbol{q}^{\mathrm{l}})\begin{bmatrix} \boldsymbol{\tau}^{\mathrm{l}} \\ \boldsymbol{\tau}^{\mathrm{f}} \end{bmatrix}=\boldsymbol{E}^{\mathrm{T}}(\boldsymbol{q}^{\mathrm{f}},\boldsymbol{q}^{\mathrm{l}})\begin{bmatrix} \boldsymbol{H}^{\mathrm{l}} \\ \boldsymbol{H}^{\mathrm{f}} \end{bmatrix} \tag{11-59}$$

式中

$$\begin{aligned} \boldsymbol{H}^{\mathrm{l}} &= \boldsymbol{D}(\boldsymbol{q}^{\mathrm{l}})\ddot{\boldsymbol{q}}^{\mathrm{l}}+\boldsymbol{h}(\dot{\boldsymbol{q}}^{\mathrm{l}},\boldsymbol{q}^{\mathrm{l}})+\boldsymbol{g}(\boldsymbol{q}^{\mathrm{l}}) \\ \boldsymbol{H}^{\mathrm{f}} &= \boldsymbol{D}(\boldsymbol{q}^{\mathrm{f}})\ddot{\boldsymbol{q}}^{\mathrm{f}}+\boldsymbol{h}(\dot{\boldsymbol{q}}^{\mathrm{f}},\boldsymbol{q}^{\mathrm{f}})+\boldsymbol{g}(\boldsymbol{q}^{\mathrm{f}}) \end{aligned} \tag{11-60}$$

利用式(11-59)便可计算关节力矩。若球面副的自由度预先规定好,即 $\dot{\boldsymbol{\theta}}_{\mathrm{d}}$ 和 $\ddot{\boldsymbol{\theta}}_{\mathrm{d}}$ 预先给出,则利用式(11-23)和式(11-41)计算 $\dot{\boldsymbol{q}}^{\mathrm{f}}$ 和 $\ddot{\boldsymbol{q}}^{\mathrm{f}}$。否则,由式(11-30)和式(11-43)计算 $\dot{\boldsymbol{q}}^{\mathrm{f}}$ 和 $\ddot{\boldsymbol{q}}^{\mathrm{f}}$,因为 $\boldsymbol{E}^{\mathrm{T}}$ 不是方阵,在方程两端左乘广义逆 $\boldsymbol{E}(\boldsymbol{E}^{\mathrm{T}}\boldsymbol{E})^{-1}$ 即可解出关节力矩。

目前关于双臂协调的规划与控制、双臂协调作业时的动力学和力矩的计算有许多研究。尽管双臂协调的控制比单臂的复杂得多,但是许多作业必须采用双臂协调才能完成。

11.4 多指手爪的运动分析

近年来对自动抓取和多关节多手指灵巧手的研究和开发十分活跃,这标志着机器人学研究进入一个新阶段。20 世纪 70 年代中期,日本电子技术实验室就研制了三指十一关节灵巧手,模拟人的拇指、食指和中指。其后,美国 Stanford 大学研制了三指九关节的灵巧手 Stanford/JPL,美国 Utah 大学与 MIT 合作研制了四指十六关节的灵巧手 Utah/MIT。此外,英国 Crag 集团 Cranfield 技术研究所研制了拟人五指灵巧手。这类灵巧手关节多,与人的手相似,可实现对复杂物体的抓取和细微操作,已经商业化。

对于多指手爪的研究集中在以下几个方面:① 多指手爪的运动和结构设计;② 稳定抓取轮廓的自动生成;③ 抓取规划及衡量抓取性能的指标和准则;④ 多指手爪的协调控制。近几年,对多指手爪的研究剧增主要是由于康复医疗的重大需求,出现了柔性软体灵巧手和生机电接口,从仿人手到类人手。

最初,研究者们仿照双臂协调控制的方法来实现多指手爪的协调控制,采用主-从控制,或混合位置-力控制方案。后来,又提出多种控制方案。到目前为止,多指手爪的协调操作与控制技术基本能满足细微操作的要求,但是,还不能达到“类人手”的水平。

下面着重讨论多指手爪的细微操作和协调控制的机理,包括多指手爪的运动分析和力的分析,抓取性能指标的选取和抓取规划,多指手爪协调控制规律。主要问题是:指端与被抓物体的接触是一种非完整约束,点接触的作用力是“单向性”的,因此多手指的协调控制与多臂协调控制有本质区别,要保持在操作运动过程中手指与物体不脱离接触;手指关节运动与物体运动之间的对应关系十分复杂;摩擦的影响、接触形式及其不确定性;自动抓取规划、轨迹自动生成、运动学计算和动力学计算等计算工作量大。

1. 接触矩阵 $\boldsymbol{C}$ 和抓取矩阵 $\boldsymbol{G}$

抓取是通过手指与物体的接触实现的,手指与物体之间的接触可抽象为三种基本形式:① 无摩擦的点接触;② 有摩擦的点接触;③ 软手指接触。

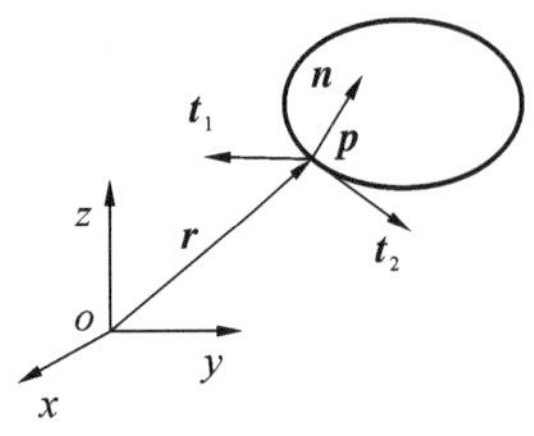

图 11-5　物体表面的法线、切线和矢径

手指对物体的作用与接触的形式有关。对于无摩擦的点接触，手指对物体的作用仅限于法向力；对于有摩擦的点接触，除法向力外，还可施加两个独立方向的切向力(摩擦力)；而对于软手指接触，除法向力和切向力之外，还可施加绕法线方向的力矩。如图 11-5所示，用 $\boldsymbol{n}$ 表示物体的内法线矢量，$\boldsymbol{t}_1$ 和 $\boldsymbol{t}_2$ 是相互垂直的两切线矢量，$\boldsymbol{r}$ 为接触点的矢径。则手指接触物体所产生的力和力矩(统称为力旋量)可表示如下。

(1) 无摩擦点接触，有 1 个独立的力旋量，记为 $n_c=1$，则

$$F=\begin{bmatrix}\boldsymbol{n}\\ \boldsymbol{r}\times\boldsymbol{n}\end{bmatrix}f,\quad f\geqslant 0 \tag{11-61}$$

(2) 有摩擦点接触，有 3 个独立的力旋量，记为 $n_c=3$，则

$$F=\begin{bmatrix}\boldsymbol{n} & \boldsymbol{t}_1 & \boldsymbol{t}_2\\ \boldsymbol{r}\times\boldsymbol{n} & \boldsymbol{r}\times\boldsymbol{t}_1 & \boldsymbol{r}\times\boldsymbol{t}_2\end{bmatrix}\begin{bmatrix}f\\ \tau_1\\ \tau_2\end{bmatrix} \tag{11-62}$$

对于第 i 个摩擦点接触形成的摩擦锥 $\boldsymbol{K}_i=\{F: f\geqslant 0, \tau_1^2+\tau_1^2\leqslant\mu^2 f^2\}\subset\Re^3$，$k$ 个摩擦点接触形成的力锥为其直积：$\boldsymbol{K}=\boldsymbol{K}_1\oplus\boldsymbol{K}_2\oplus\cdots\oplus\boldsymbol{K}_k\subset\Re^{3k}$。

(3) 软手指接触，有 4 个独立的力旋量，记为 $n_c=4$，则

$$F=\begin{bmatrix}\boldsymbol{n} & \boldsymbol{t}_1 & \boldsymbol{t}_2 & \boldsymbol{0}\\ \boldsymbol{r}\times\boldsymbol{n} & \boldsymbol{r}\times\boldsymbol{t}_1 & \boldsymbol{r}\times\boldsymbol{t}_2 & \boldsymbol{n}\end{bmatrix}\begin{bmatrix}f\\ \tau_1\\ \tau_2\\ m\end{bmatrix} \tag{11-63}$$

式中：f,τ_1,τ_2 和 m 分别表示法向力的大小、两切向力的大小和力矩的大小。显然，力旋量 F 与接触的形式有关，与接触作用的法向力、切向力、力矩大小有关，还与接触点的位置 $\boldsymbol{n}$，$\boldsymbol{t}_1,\boldsymbol{t}_2,\boldsymbol{r}$ 有关。我们将式(11-61)～式(11-63) 统一地记为

$$F=\boldsymbol{C}\boldsymbol{f}_c \tag{11-64}$$

式中：$\boldsymbol{C}$ 是 $6\times n_c$ 的矩阵，称为接触矩阵；$\boldsymbol{f}_c$ 是 n_c 维的矢量，表示由接触法向力、切向力和力矩(大小)组成的力矢量，称为操作力。

抓取可以看成是由若干个接触作用组成的。如图 11-6 所示，k 个手指与物体接触，则其对物体产生的总的力旋量为

$$F=\sum_{i=1}^{k}F_i=\sum_{i=1}^{k}\boldsymbol{C}_i\boldsymbol{f}_{ci} \tag{11-65}$$

式(11-65)仍然可以写成(11-64)的形式，即

$$F=\boldsymbol{G}\boldsymbol{f} \tag{11-66}$$

式中：$\boldsymbol{G}$ 是 $6\times n$ 的矩阵，称为抓取矩阵，$\boldsymbol{G}=[\boldsymbol{C}_1\quad \boldsymbol{C}_2\quad\cdots\quad \boldsymbol{C}_k]$；$\boldsymbol{f}$ 是 n 维矢量 $\left(n=\sum_{i=1}^{k}n_{ci}\right)$，$\boldsymbol{f}=[\boldsymbol{f}_1^{\mathrm{T}}\quad \boldsymbol{f}_2^{\mathrm{T}}\quad\cdots\quad \boldsymbol{f}_k^{\mathrm{T}}]^{\mathrm{T}}$。

式(11-66)表示广义力从手指向被抓物体的映射关系。由虚功原理可以得出相应的对偶运动关系；刚体$\{\boldsymbol{B}\}$的广义速度 V 与各局部坐标系的广义速度的关系为

$$\boldsymbol{\lambda}=\boldsymbol{G}^{\mathrm{T}}V=\boldsymbol{G}^{\mathrm{T}}\begin{bmatrix}\boldsymbol{v}\\ \boldsymbol{\omega}\end{bmatrix} \tag{11-67}$$

式中：$\boldsymbol{\lambda}\in\Re^n$ 称为接触速度。$\boldsymbol{\lambda}$ 和 V 都是相对手掌坐标系$\{\boldsymbol{P}\}$而言的。

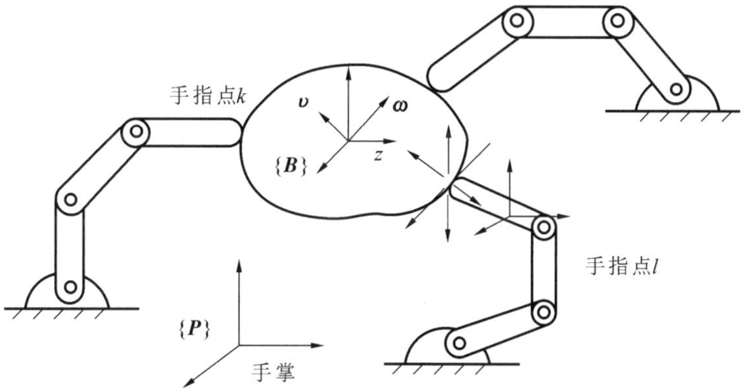

图 11-6　多指手爪抓取的结构简图

抓取矩阵 $\boldsymbol{G}$ 的零空间 $N(\boldsymbol{G})$ 也称为抓取内力空间，$N(\boldsymbol{G})$ 中的任意手指作用力对被抓物体的运动不起作用。然而，在操作过程中，为了保持手指各点与物体接触，抓取不致失败，抓取内力不可为零。当手指沿物体表面滚动和滑动时，接触点的位置是时变的，即 $\boldsymbol{n},\boldsymbol{t}_1,\boldsymbol{t}_2,\boldsymbol{r}$ 在变化，因此 $\boldsymbol{G}$ 也是时变的。

这里应该指出，由于接触力的单向性和库仑摩擦的有限性，f,τ_1,τ_2,m 需要满足以下关系：

$$f \geqslant 0, \tau_1^2 + \tau_1^2 \leqslant \mu^2 f^2, |m| \leqslant \mu_1 f \tag{11-68}$$

2. 多指手爪的雅可比矩阵 $\boldsymbol{J}_{\mathrm{h}}$

图 11-6 是 k 个手指抓取的结构简图，每个手指有多个关节，相当于一个操作臂。令各手指的关节数为 $m_i(i=1,2,\cdots,k)$，关节变量和关节力矢量分别为 $\boldsymbol{\theta}_i,\boldsymbol{\tau}_i$，且 $\boldsymbol{\theta}_i,\boldsymbol{\tau}_i \in \Re^{m_i}$。为了描述手指与物体之间的接触约束，我们规定以下坐标系：

(1) 参考系 $\{\boldsymbol{P}\}$，与手掌固连；

(2) 物体坐标系 $\{\boldsymbol{B}\}$，与被抓物体相连，原点设在物体质心上；

(3) 触点坐标系 $\{\boldsymbol{C}_i\}$，与物体相连，原点设在第 i 个接触点上，而 z_i 轴与物体在该点的内法线重合；

(4) 手指触点坐标系 $\{\boldsymbol{L}_i\}$，与手指末端连杆相连，原点与 $\{\boldsymbol{C}_i\}$ 的重合，z_i 轴也与 $\{\boldsymbol{C}_i\}$ 的重合，x_i 和 y_i 轴都在切面内，令 γ_i 是 $\{\boldsymbol{C}_i\}$ 和 $\{\boldsymbol{L}_i\}$ 的 x_i 轴间的夹角。

如果我们把每个手指看成单个操作臂，手指坐标系 $\{\boldsymbol{F}_i\}$ 即为末端连杆坐标系，则广义速度与手指各个关节速度之间的关系为

$$\begin{bmatrix} \boldsymbol{v}_{Fi} \\ \boldsymbol{\omega}_{Fi} \end{bmatrix} = \boldsymbol{J}_i(\boldsymbol{\theta}_i)\dot{\boldsymbol{\theta}}_i \tag{11-69}$$

根据式(11-69)可得指端的广义速度为

$$\begin{bmatrix} \boldsymbol{v}_{Li} \\ \boldsymbol{\omega}_{Li} \end{bmatrix} = \begin{bmatrix} {}^{Fi}_{Li}\boldsymbol{R}^{\mathrm{T}} & -{}^{Fi}_{Li}\boldsymbol{R}^{\mathrm{T}}[{}^{Fi}\boldsymbol{r}_{Li}] \\ \boldsymbol{0} & {}^{Fi}_{Li}\boldsymbol{R}^{\mathrm{T}} \end{bmatrix} \begin{bmatrix} \boldsymbol{v}_{Fi} \\ \boldsymbol{\omega}_{Fi} \end{bmatrix} \triangleq {}^{Fi}_{Li}\boldsymbol{T} \begin{bmatrix} \boldsymbol{v}_{Fi} \\ \boldsymbol{\omega}_{Fi} \end{bmatrix} \tag{11-70}$$

坐标系 $\{\boldsymbol{C}_i\}$ 与坐标系 $\{\boldsymbol{L}_i\}$ 广义速度之间的关系为

$$\begin{bmatrix} \boldsymbol{v}_{Ci} \\ \boldsymbol{\omega}_{Ci} \end{bmatrix} = \begin{bmatrix} \boldsymbol{R}(z_i,\gamma_i) & \boldsymbol{0} \\ \boldsymbol{0} & \boldsymbol{R}(z_i,\gamma_i) \end{bmatrix} \begin{bmatrix} \boldsymbol{v}_{Li} \\ \boldsymbol{\omega}_{Li} \end{bmatrix} + \begin{bmatrix} \boldsymbol{v}_i \\ \boldsymbol{\omega}_i \end{bmatrix} \tag{11-71}$$

式中：$\boldsymbol{v}_i=(v_{ix},v_{iy},v_{iz})$ 和 $\boldsymbol{\omega}_i=(\omega_{ix},\omega_{iy},\omega_{iz})$ 分别是 $\{\boldsymbol{C}_i\}$ 相对于 $\{\boldsymbol{L}_i\}$ 的线速度和角速度。

$$\boldsymbol{R}(z_i,\gamma_i)=\begin{bmatrix} c\gamma_i & -s\gamma_i & 0 \\ s\gamma_i & c\gamma_i & 0 \\ 0 & 0 & 1 \end{bmatrix}$$

根据前面讨论的接触模型,我们得到以下自然约束条件:

(1) 无摩擦点接触:$\upsilon_{iz}=0$。

(2) 有摩擦点接触:$\upsilon_{ix}=\upsilon_{iy}=\upsilon_{iz}=0$。

(3) 软手指接触:$\upsilon_{ix}=\upsilon_{iy}=\upsilon_{iz}=0$ 和 $\omega_{iz}=0$。

(4) 刚性连接:$\upsilon_{ix}=\upsilon_{iy}=\upsilon_{iz}=0$ 和 $\omega_{ix}=\omega_{iy}=\omega_{iz}=0$。

可见,(1)~(3)都是非完整约束,我们定义选择矩阵 $\boldsymbol{S}$ 来描述约束性质。

(1)无摩擦点接触:

$$\boldsymbol{S}=\begin{bmatrix} 1 & 0 & 0 & 0 & 0 & 0 \end{bmatrix}$$

(2)有摩擦点接触:

$$\boldsymbol{S}=\begin{bmatrix} 1 & 0 & 0 & 0 & 0 & 0 \\ 0 & 1 & 0 & 0 & 0 & 0 \\ 0 & 0 & 1 & 0 & 0 & 0 \end{bmatrix}$$

(3)软手指接触:

$$\boldsymbol{S}=\begin{bmatrix} 1 & 0 & 0 & 0 & 0 & 0 \\ 0 & 1 & 0 & 0 & 0 & 0 \\ 0 & 0 & 1 & 0 & 0 & 0 \\ 0 & 0 & 0 & 1 & 0 & 0 \end{bmatrix}$$

(4)刚性连接:$\boldsymbol{S}=\boldsymbol{I}$。

将选择矩阵 $\boldsymbol{S}$ 左乘式(11-71)的两端,根据自然约束条件,有

$$\boldsymbol{S}_i\begin{bmatrix} \boldsymbol{\upsilon}_{Ci} \\ \boldsymbol{\omega}_{Ci} \end{bmatrix}=\boldsymbol{S}_i\begin{bmatrix} \boldsymbol{R}(z_i,\gamma_i) & \boldsymbol{0} \\ \boldsymbol{0} & \boldsymbol{R}(z_i,\gamma_i) \end{bmatrix}\begin{bmatrix} \boldsymbol{\upsilon}_{Li} \\ \boldsymbol{\omega}_{Li} \end{bmatrix} \tag{11-72}$$

将式(11-69)和式(11-70)代入式(11-72)得

$$\boldsymbol{\lambda}_i=\boldsymbol{S}_i\begin{bmatrix} \boldsymbol{\upsilon}_{Ci} \\ \boldsymbol{\omega}_{Ci} \end{bmatrix}=\boldsymbol{J}_{Fi}\dot{\boldsymbol{\theta}}_i,\quad i=1,2,\cdots,k \tag{11-73}$$

式中

$$\boldsymbol{J}_{Fi}=\boldsymbol{S}_i\begin{bmatrix} \boldsymbol{R}(z_i,\gamma_i) & \boldsymbol{0} \\ \boldsymbol{0} & \boldsymbol{R}(z_i,\gamma_i) \end{bmatrix}{}^{Fi}_{Li}\boldsymbol{T}\boldsymbol{J}_i(\boldsymbol{\theta}_i)$$

称为第 i 个手指的修正雅可比矩阵。将式(11-73)写成统一的形式,即

$$\boldsymbol{\lambda}=\boldsymbol{J}_{\mathrm{h}}(\boldsymbol{\theta})\dot{\boldsymbol{\theta}} \tag{11-74}$$

式中

$$\begin{aligned} \boldsymbol{\lambda}&=\begin{bmatrix} \boldsymbol{\lambda}_1^{\mathrm{T}} & \boldsymbol{\lambda}_2^{\mathrm{T}} & \cdots & \boldsymbol{\lambda}_k^{\mathrm{T}} \end{bmatrix}^{\mathrm{T}}\in\mathbf{R}^n\left(n=\sum_{i=1}^{k}n_{\mathrm{c}i}\right) \\ \dot{\boldsymbol{\theta}}&=\begin{bmatrix} \dot{\boldsymbol{\theta}}_1^{\mathrm{T}} & \dot{\boldsymbol{\theta}}_2^{\mathrm{T}} & \cdots & \dot{\boldsymbol{\theta}}_k^{\mathrm{T}} \end{bmatrix}^{\mathrm{T}}\in\mathbf{R}^m\left(m=\sum_{i=1}^{k}m_i\right) \\ \boldsymbol{J}_{\mathrm{h}}(\boldsymbol{\theta})&=\mathrm{diag}(\boldsymbol{J}_{F1},\boldsymbol{J}_{F2},\cdots,\boldsymbol{J}_{Fk}) \end{aligned} \tag{11-75}$$

$\boldsymbol{J}_{\mathrm{h}}(\boldsymbol{\theta})$ 称为手爪的雅可比矩阵。根据虚功原理,我们可以推出与式(11-74)对偶的关系

式，即接触力旋量和关节力矢量相平衡的条件，为

$$\boldsymbol{\tau}=\boldsymbol{J}_{\mathrm{h}}^{\mathrm{T}}(\boldsymbol{\theta})\boldsymbol{f} \tag{11-76}$$

式中

$$\boldsymbol{\tau}=\begin{bmatrix}\boldsymbol{\tau}_1^{\mathrm{T}} & \boldsymbol{\tau}_2^{\mathrm{T}} & \cdots & \boldsymbol{\tau}_k^{\mathrm{T}}\end{bmatrix}^{\mathrm{T}}\in\mathbf{R}^m \tag{11-77}$$

11.5　抓取的稳定性和可操作性

1. 力和速度的变换

我们利用抓取矩阵 $\boldsymbol{G}$ 和手爪雅可比矩阵 $\boldsymbol{J}_{\mathrm{h}}$，可以将手爪的关节空间、接触空间和物体的直角空间三者之间的相互映射关系明显直观地表示出来。如图 11-7 所示是力和速度的变换关系，这些关系可归纳在表 11-1 内。

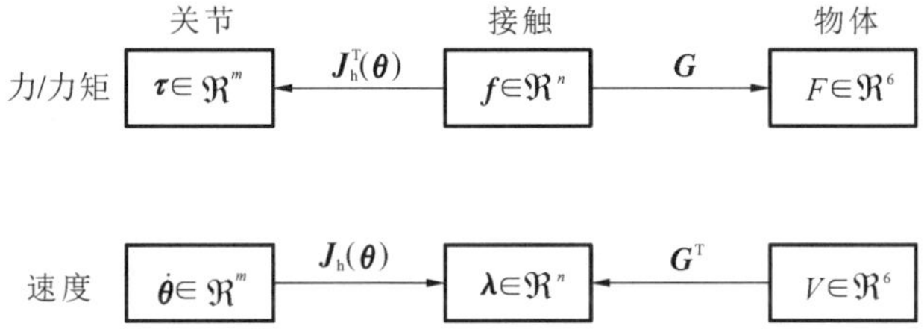

图 11-7　力和速度的变换关系

表 11-1　力旋量和广义速度的映射关系

类　　型	力旋量关系	速 度 关 系
从物体到手指	$F=\boldsymbol{G}\boldsymbol{f}$	$\boldsymbol{\lambda}=\boldsymbol{G}^{\mathrm{T}}V=\boldsymbol{G}^{\mathrm{T}}\begin{bmatrix}\boldsymbol{v}\\ \boldsymbol{\omega}\end{bmatrix}$
从手指到关节	$\boldsymbol{\tau}=\boldsymbol{J}_{\mathrm{h}}^{\mathrm{T}}(\boldsymbol{\theta})\boldsymbol{f}$	$\boldsymbol{\lambda}=\boldsymbol{J}_{\mathrm{h}}(\boldsymbol{\theta})\dot{\boldsymbol{\theta}}$

在第 6 章利用雅可比矩阵 $\boldsymbol{J}$ 建立了直角坐标空间和关节空间的映射关系，即

$$\boldsymbol{v}=\boldsymbol{J}\dot{\boldsymbol{q}},\quad \boldsymbol{\tau}=\boldsymbol{J}^{\mathrm{T}}F$$

对于多手指操作系统，手爪雅可比矩阵 $\boldsymbol{J}_{\mathrm{h}}$ 和抓取矩阵起着相似的作用。根据这种相似性，我们定义多指抓取的稳定性和可操作性。多指抓取定义为三元组，即

$$\boldsymbol{\Omega}=(\boldsymbol{G},\boldsymbol{K},\boldsymbol{J}_{\mathrm{h}}) \tag{11-78}$$

式中：$\boldsymbol{K}$ 为摩擦锥。当 $\boldsymbol{K}\subset\Re^n$ 且为满秩时，抓取的稳定性和可操作性意味着：

(1) 对于任意给定的力旋量 $F=\begin{bmatrix}\boldsymbol{f}\\ \boldsymbol{\tau}\end{bmatrix}$，若可以找到相应的关节力矩 $\boldsymbol{\tau}$ 与 F 平衡，则抓取 $\boldsymbol{\Omega}$ 是稳定的；

(2) 对于任意给定的物体运动 $V=\begin{bmatrix}\boldsymbol{v}\\ \boldsymbol{\omega}\end{bmatrix}$，若可以找到相应的关节速度 $\dot{\boldsymbol{\theta}}$ 来实现这一运动（不脱离接触），则抓取 $\boldsymbol{\Omega}$ 是可操作的。

可以证明，稳定抓取的充要条件是 $\boldsymbol{G}$ 是满射的，即 $\boldsymbol{G}$ 的域空间是整个 $\Re^6$；可操作抓取的充要条件是 $R(\boldsymbol{J}_{\mathrm{h}}(\boldsymbol{\theta}))\supset R(\boldsymbol{G}^{\mathrm{T}})$，其中 $R(\cdot)$ 表示映射的域空间。

值得注意的是，抓取的稳定性和可操作性看起来是两个不同的概念，其实两者是有联系

的。稳定抓取若以零关节力平衡非零的物体力旋量，则为不可操作的；可操作抓取若以零关节速度实现物体的非零运动，则是不稳定的。图 11-8(a)所示的是两指平面抓取，每个手指只有一个关节，手指接触为带摩擦的点接触。显然抓取是稳定的，但力 $\boldsymbol{f}_y$ 的平衡不需要任何关节力，该抓取是不可操作的，因为关节不能提供物体在 y 方向的速度。图 11-8(b)所示的是$\Re^3$ 空间的抓取，两个手指都有三个关节，手指与物体的接触是有摩擦的点接触。它是可操作抓取，物体可绕 y 轴转动，相应的关节速度 $\dot{\boldsymbol{\theta}}$ 为零。然而这一抓取不是稳定的，因为关节力矩的任意组合不能克服物体绕 y 轴的力矩。

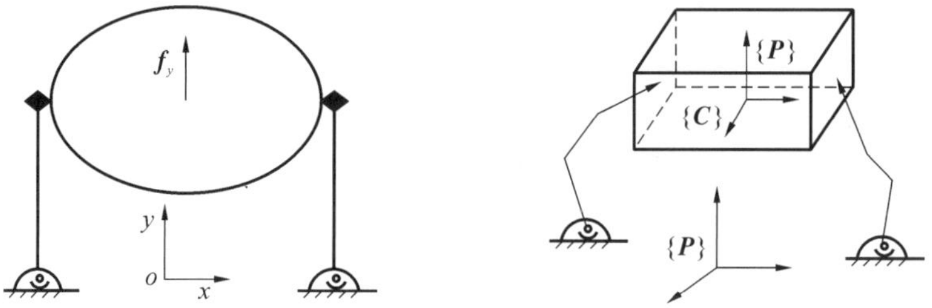

图 11-8　抓取的稳定性和可操作性

(a) 稳定的非可操作性抓取　(b) 可操作的非稳定抓取

因此，从前面的讨论可以看出，我们要求抓取既是可操作的，又是稳定的，即

$$R(\boldsymbol{G}) = \Re^6 \quad 且 \quad R(\boldsymbol{J}_{\mathrm{h}}(\boldsymbol{\theta})) \supset R(\boldsymbol{G}^{\mathrm{T}}) \tag{11-79}$$

前面我们定义抓取的稳定性时没有考虑接触力的单向性和摩擦力的有限性，因此接触力应该在力锥 $\boldsymbol{K}$ 内。在这种约束条件之下，抓取稳定的条件是：集合 $\boldsymbol{K} \cap R(\boldsymbol{J}_{\mathrm{h}})$ 的 $\boldsymbol{G}$ 映射覆盖整个$\Re^6$。

结论：在单向接触和有限摩擦力的情况下，抓取是稳定的和可操作的充要条件是

$$R(\boldsymbol{K} \cap R(\boldsymbol{J}_{\mathrm{h}})) = \Re^6 \quad 且 \quad R(\boldsymbol{J}_{\mathrm{h}}) \supset R(\boldsymbol{G}^{\mathrm{T}}) \tag{11-80}$$

2. 形封闭抓取

在无摩擦点接触约束条件下，仅多手指的法向力是否能够平衡作用于物体的任意力旋量？若能，则称为形封闭抓取(Bicchi，1995；熊有伦，1994)。此时，物体的运动自由度受到完全约束。形封闭完全取决于抓取的几何特征，与摩擦无关。可以证明，在平面抓取情况下，要使抓取达到形封闭，至少需要 4 个接触点；在空间抓取情况下，要使抓取达到形封闭，至少需要 7 个接触点；回转体不可能达到形封闭。

图 11-9 中手指与物体的接触为无摩擦点接触，物体 B 质心线速度和旋转角速度分别为 $\boldsymbol{v}$，$\boldsymbol{\omega}$，手指接触点 i 在$\{\boldsymbol{B}\}$中的位置矢量为 $\boldsymbol{r}_i = [x_i \quad y_i \quad z_i]^{\mathrm{T}}$，则接触点 i 处的速度约束为

$$\boldsymbol{n}_i^{\mathrm{T}} \boldsymbol{v}_i \geqslant 0 \tag{11-81}$$

式中：$\boldsymbol{v}_i \in \Re^3$ 为接触点 i 处的线速度。式(11-81)表明了第 i 个接触点对 $\boldsymbol{v}_i$ 和 $\boldsymbol{n}_i$ 的约束作用。

接触点 i 处的线速度 $\boldsymbol{v}_i$ 可表示为 $\boldsymbol{v}_i = \boldsymbol{v} - \boldsymbol{\omega} \times \boldsymbol{r}_i$。式(11-81)可以改写为

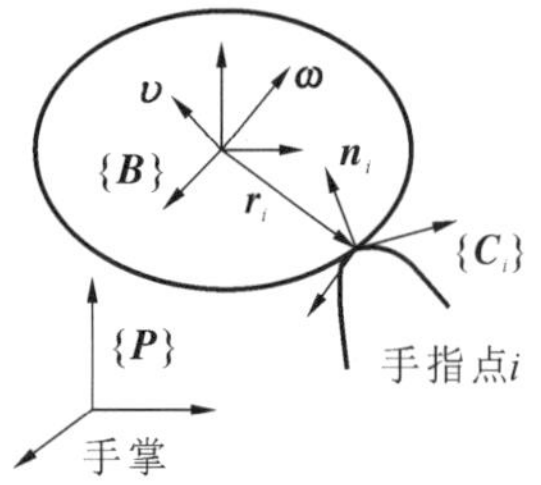

图 11-9　多指手抓取的结构简图

$$\boldsymbol{n}_i^{\mathrm{T}}\begin{bmatrix}\boldsymbol{I}\\ \hat{\boldsymbol{r}}_i\end{bmatrix}^{\mathrm{T}}\begin{bmatrix}\boldsymbol{v}\\ \boldsymbol{\omega}\end{bmatrix}\geqslant 0 \tag{11-82}$$

式中：$\boldsymbol{I}\in\Re^{3\times3}$ 为单位矩阵；$\hat{\boldsymbol{r}}_i=[\boldsymbol{r}_i]\in so(3)$。

这样，由 k 个接触所形成的速度约束可用矩阵不等式表示为

$$\boldsymbol{N}^{\mathrm{T}}\boldsymbol{G}^{\mathrm{T}}V\geqslant 0 \tag{11-83}$$

式中：

$$\boldsymbol{N}=\operatorname{diag}(\boldsymbol{n}_1\quad \boldsymbol{n}_2\quad \cdots\quad \boldsymbol{n}_k)\in\Re^{3k\times k}$$

$$\boldsymbol{G}=\begin{bmatrix}\boldsymbol{I} & \boldsymbol{I} & \cdots & \boldsymbol{I}\\ \hat{\boldsymbol{r}}_1 & \hat{\boldsymbol{r}}_2 & \cdots & \hat{\boldsymbol{r}}_k\end{bmatrix}\in\Re^{6\times3k},\quad V=\begin{bmatrix}\boldsymbol{v}\\ \boldsymbol{\omega}\end{bmatrix}$$

$\boldsymbol{G}$ 也称为抓取矩阵。实质上，式(11-83)表示的可行运动方向形成一个凸多面锥 $\boldsymbol{K}$，即

$$\boldsymbol{K}=\{V\,|\,\boldsymbol{N}^{\mathrm{T}}\boldsymbol{G}^{\mathrm{T}}V\geqslant 0\} \tag{11-84}$$

也就是说，在 k 个接触点的约束下，物体只能在六维空间中的凸多面锥 $\boldsymbol{K}$ 内运动。

抓取为形封闭抓取时，被抓取物体将完全丧失运动自由度，即物体受到了完全约束，此时不存在非零可行运动方向，即

$$\boldsymbol{K}=\{0\} \tag{11-85}$$

式(11-85)表明：当抓取为形封闭抓取时，除了元素 0 外，凸多面锥 $\boldsymbol{K}$ 不能包含任何其他元素；反之，如果 $\boldsymbol{K}$ 包含不为 0 的元素，则物体在某个(些)特定方向的运动将不受约束，因而抓取不为形封闭的。因此式(11-85)可以用作判别形封闭抓取的一个定性指标。

形封闭抓取的判别问题也可以转化为线性规划问题。由式(11-65)可以计算出作用在物体上的外力旋量 F，假设在 F 的作用下，产生虚位移 V，则抓取系统产生的虚功为 $F^{\mathrm{T}}V$，因而形封闭抓取的判别问题可以转化为判断下式所示的线性规划的解是否为零的问题

$$\begin{cases}\text{maximize}\quad F^{\mathrm{T}}V\\ \text{s. t.}\quad \boldsymbol{N}^{\mathrm{T}}\boldsymbol{G}^{\mathrm{T}}V\geqslant 0\end{cases} \tag{11-86}$$

当式(11-86)有不为零的解 V 时，虚功不为零，物体可以运动，此时抓取不为形封闭抓取；当式(11-86)的解 V 为零时，虚功为零，此时物体处于稳定的抓取状态，对应的抓取为形封闭抓取。

根据线性规划的对偶理论，从线性规划式(11-86)可以得到形封闭抓取的充分必要条件：约束矩阵 $\boldsymbol{GN}$ 为行满秩矩阵，存在 $\boldsymbol{0}\leqslant\boldsymbol{y}\in\Re^{k\times1}$，满足 $\boldsymbol{GNy}=\boldsymbol{0}$。

从上述形封闭抓取的定性分析可以看出，形封闭的实现不仅取决于光滑接触点的数目，而且与接触点的几何特征(即法矢 $\boldsymbol{n}_i$)有直接关系。

有关抓取可达性的讨论已经超过本书的范围，应该指出的是，可达性是从另一个侧面来定性描述抓取的，与可操作性、稳定性是有联系的。

11.6　多指抓取规划和协调控制

显然，对抓取的基本要求是抓取的稳定性和可操作性，除此之外，抓取规划还应考虑抓取轮廓的安全性、可达性，以及尽量减少被抓物体的不确定性。

选择安全可达的抓取轮廓与躲避障碍有关，但二者还是有明显的差别。第一个差别是，

抓取规划的目标是确定一个轮廓而不是一条路径。第二个差别是，抓取规划必须考虑操作臂的形状与被抓物体的相互作用。值得注意的是抓取轮廓的选取应当使手指夹持表面与被抓物体接触，同时又要避免操作臂与其他物体相碰撞。第三个差别是，抓取规划必须处理所选取的抓取轮廓与被抓物体后续操作所施加的约束之间的衔接问题。

选择安全抓取轮廓的步骤为：

(1) 根据物体的几何形状、抓取稳定性和减少不确定性的需要，确定所有稳定抓取轮廓；

(2) 在稳定抓取轮廓中删除不可达的和导致碰撞的轮廓；

(3) 确定所谓“最优抓取”。对于剩余的稳定抓取轮廓，再按某种准则或性能指标选取。最常见的定量评定指标有以下几种：$\boldsymbol{G}$ 的最小奇异值，力旋量空间的体积和任务椭球。

① $\boldsymbol{G}$ 的最小奇异值。令抓取矩阵 $\boldsymbol{G}\in\mathbf{R}^{6\times n}$ 的秩为 r，$\boldsymbol{G}^{\mathrm{T}}\boldsymbol{G}$ 的特征值按降序排列，即 $\sigma_1\geqslant\sigma_2\geqslant\cdots\geqslant\sigma_r>0=\sigma_{r+1}=\cdots=\sigma_n$，用最小奇异值

$$\sigma(\boldsymbol{G})=\sigma_{\min}(\boldsymbol{G})=\sigma_r \tag{11-87}$$

作为评定抓取的定量指标，显然，这一指标实质上代表抓取的稳定性裕度。

② 力旋量空间的体积。体积指标定义为

$$v(\boldsymbol{G})=\int_{\boldsymbol{G}(\boldsymbol{B}_1^n\cap\boldsymbol{K})}\mathrm{d}v \tag{11-88}$$

③ 任务椭球。对于具体的作业任务，其模型可用力旋量空间的椭球 $\boldsymbol{A}_\alpha$ 和速度旋量空间的椭球 $\boldsymbol{B}_\beta$ 来表示，即

$$\begin{aligned}\boldsymbol{A}_\alpha&=\{\boldsymbol{y}\in\Re^6\mid\boldsymbol{y}=\alpha\boldsymbol{A}\boldsymbol{x}+\boldsymbol{c},\boldsymbol{x},\boldsymbol{c}\in\Re^6,\ \|\boldsymbol{x}\|\leqslant1,\boldsymbol{A}\in\Re^{6\times6}\}\\ \boldsymbol{B}_\beta&=\{\boldsymbol{y}\in\Re^6\mid\boldsymbol{y}=\beta\boldsymbol{B}\boldsymbol{x}+\boldsymbol{d},\boldsymbol{x},\boldsymbol{d}\in\Re^6,\ \|\boldsymbol{x}\|\leqslant1,\boldsymbol{B}\in\Re^{6\times6}\}\end{aligned} \tag{11-89}$$

根据上面所规定的性能指标，结合被抓物体的几何形状和手爪的结构约束，抓取规划便归结为相应的优化问题，求解优化问题可得到最终的抓取轮廓。

多指手爪协调控制的目的在于确定手指各个关节电动机的控制输入，使被抓物体跟踪所规定的运动轨迹和内力轨迹，并保证在操作过程中保持接触，不产生滑动。下面介绍计算力矩控制(Li et al.,1988)，包括以关节力矩为控制变量和以合力为控制变量的控制原理。

1) 计算力矩控制

控制规律写成

$$\boldsymbol{\tau}=\boldsymbol{N}(\boldsymbol{\theta},\dot{\boldsymbol{\theta}})+\boldsymbol{J}_{\mathrm{h}}^{\mathrm{T}}\boldsymbol{G}^{\mathrm{T}}\begin{bmatrix}m\boldsymbol{\omega}_{\mathrm{b,p}}\ \ x\boldsymbol{v}_{\mathrm{b,p}}\\ \boldsymbol{\omega}_{\mathrm{b,p}}\ \ x\boldsymbol{I}\boldsymbol{\omega}_{\mathrm{b,p}}\end{bmatrix}-\boldsymbol{M}(\boldsymbol{\theta})\boldsymbol{J}_{\mathrm{h}}^{-1}\dot{\boldsymbol{J}}_{\mathrm{h}}\boldsymbol{\theta}+\boldsymbol{\tau}_1 \tag{11-90}$$

伺服控制部分 $\boldsymbol{\tau}_1$ 满足下面的方程：

$$\boldsymbol{\tau}_1=\boldsymbol{M}\begin{bmatrix}\dot{\boldsymbol{v}}_{\mathrm{b,p}}\\ \dot{\boldsymbol{\omega}}_{\mathrm{b,p}}\end{bmatrix}+\boldsymbol{J}_{\mathrm{h}}^{\mathrm{T}}\boldsymbol{x}_0 \tag{11-91}$$

上面的控制算法实质上以关节力矩 $\boldsymbol{\tau}$ 作为控制变量，按控制器分解的原理进行控制。

2)以合力为控制变量

第 i 个手指操作物体所需的总驱动力 $\boldsymbol{\tau}_i$ 为

$$\boldsymbol{\tau}_i=\boldsymbol{\tau}_{i\mathrm{p}}+\boldsymbol{\tau}_{i\mathrm{f}} \tag{11-92}$$

式中：$\boldsymbol{\tau}_{i\mathrm{p}}$是产生加速度所需的广义驱动力，用手指动力学来计算；$\boldsymbol{\tau}_{i\mathrm{f}}$是产生物体内力所需的广义驱动力，

$$\boldsymbol{\tau}_{if} = \boldsymbol{J}_{hi}^{T}\boldsymbol{f}_i \tag{11-93}$$

显然 $\boldsymbol{\tau}_{ip}$ 代表实现位置控制的广义驱动力，而 $\boldsymbol{\tau}_{if}$ 代表实现力控制的广义驱动力。

仿真结果表明，根据上面的控制算法产生适当的电动机驱动力矩，用以操作物体，可以得到满意的结果，即被操作物体的实际轨迹和内力轨迹收敛于它们的期望值。

对抓取做更进一步的深入研究，建立更加切合实际的多手指与物体的接触模型，提出更加有效的协调控制算法，对于开发拟人多指手爪十分重要。Park 和 Starr 根据非确定性抓取指数和任务兼容性抓取指数对多指手爪抓取进行优化。在抓取规划方面开始从低层次规划向高层次规划，即从运动规划到任务规划过渡，每个手指的动力学方程可以写成

$$\boldsymbol{M}_i(\boldsymbol{\theta}_i)\ddot{\boldsymbol{\theta}}_i + \boldsymbol{C}_i(\boldsymbol{\theta}_i,\dot{\boldsymbol{\theta}}_i)\dot{\boldsymbol{\theta}}_i + \boldsymbol{N}_i(\boldsymbol{\theta}_i,\dot{\boldsymbol{\theta}}_i) = \boldsymbol{\tau}_i - \boldsymbol{J}_{hi}^{T}\boldsymbol{f} \tag{11-94}$$

式中：$\boldsymbol{M}_i(\boldsymbol{\theta}_i)$ 是第 i 个手指 $n_i \times n_i$ 的惯性矩阵；$\boldsymbol{C}_i(\boldsymbol{\theta}_i,\dot{\boldsymbol{\theta}}_i)\dot{\boldsymbol{\theta}}_i$ 是科氏力和离心力矢量；$\boldsymbol{N}_i(\boldsymbol{\theta}_i,\dot{\boldsymbol{\theta}}_i)$ 是重力和摩擦力矢量；$\boldsymbol{\tau}_i$ 是第 i 个手指的关节力（矩）矢量；$\boldsymbol{J}_{hi}^{T}\boldsymbol{f}$ 表示被抓物体对手指 i 的作用。式(11-94)可写成矢量矩阵的形式，即

$$\boldsymbol{M}(\boldsymbol{\theta})\ddot{\boldsymbol{\theta}} + \boldsymbol{C}(\boldsymbol{\theta},\dot{\boldsymbol{\theta}})\dot{\boldsymbol{\theta}} + \boldsymbol{N}(\boldsymbol{\theta},\dot{\boldsymbol{\theta}}) = \boldsymbol{\tau} - \boldsymbol{J}_{h}^{T}\boldsymbol{f} \tag{11-95}$$

被抓物体的动力学方程可由牛顿-欧拉方程表示，即

$$\begin{bmatrix} m\boldsymbol{I} & \boldsymbol{0} \\ \boldsymbol{0} & {}^{C}\boldsymbol{I} \end{bmatrix}\begin{bmatrix} \ddot{\boldsymbol{x}} \\ \dot{\boldsymbol{\omega}} \end{bmatrix} + \begin{bmatrix} \boldsymbol{0} \\ \boldsymbol{\omega} \times {}^{C}\boldsymbol{I}\boldsymbol{\omega} \end{bmatrix} = \begin{bmatrix} \boldsymbol{f} \\ \boldsymbol{\tau} \end{bmatrix} \tag{11-96}$$

式中：$\boldsymbol{x}$ 和 $\boldsymbol{\omega}$ 表示物体的位置和角速度；$m\boldsymbol{I} \in \Re^{3\times3}$ 是物体的质量矩阵；${}^{C}\boldsymbol{I} \in \Re^{3\times3}$ 是物体的惯性矩阵。

令 $\boldsymbol{M}$ 代表物体质量矩阵和惯性矩阵的组合，$\boldsymbol{X}$ 表示线位移与角位移的组合，F 表示作用在物体质心的力和力矩，则式(11-96)可以写成

$$\boldsymbol{M}\ddot{\boldsymbol{X}} + \boldsymbol{C}(\boldsymbol{X},\dot{\boldsymbol{X}})\dot{\boldsymbol{X}} = F = \boldsymbol{G}\boldsymbol{f} + \boldsymbol{f}_e \tag{11-97}$$

式中：$\boldsymbol{G}\boldsymbol{f}$ 是作用在物体上的抓取力，而 $\boldsymbol{f}_e$ 是外界作用力（重力等）。

式(11-96)和式(11-97)是多手指抓取物体的动力学方程。接触力 $\boldsymbol{f}$ 通常与手指的类型和抓取系统的柔性有关。为简化起见，假定手指和物体都是刚性的且保持接触，因此在接触点处，物体和相应的指尖保持接触。这一约束条件可表示为

$$\boldsymbol{J}_h(\boldsymbol{\theta})\dot{\boldsymbol{\theta}} = \boldsymbol{G}^{T}\dot{\boldsymbol{X}} \tag{11-98}$$

式中：$\boldsymbol{J}_h(\boldsymbol{\theta})\dot{\boldsymbol{\theta}}$ 表示指尖的速度；$\boldsymbol{G}^{T}\dot{\boldsymbol{X}}$ 是物体在接触点处的速度。将式(11-95)、式(11-97)和式(11-98)联立得

$$\boldsymbol{M}_h(\boldsymbol{X})\ddot{\boldsymbol{X}} + \boldsymbol{C}_h(\boldsymbol{X},\dot{\boldsymbol{X}})\dot{X} + \boldsymbol{N}_h(\boldsymbol{X},\dot{\boldsymbol{X}}) = \boldsymbol{G}\boldsymbol{J}_h^{-T}\boldsymbol{\tau} - \boldsymbol{f}_e \tag{11-99}$$

式中

$$\boldsymbol{M}_h(\boldsymbol{X}) = \boldsymbol{M} + \boldsymbol{G}\boldsymbol{J}_h^{-T}\boldsymbol{M}(\boldsymbol{\theta})\boldsymbol{J}_h^{-1}\boldsymbol{G}^{T}$$

$$\boldsymbol{C}_h(\boldsymbol{X},\dot{\boldsymbol{X}}) = \boldsymbol{C} + \boldsymbol{G}\boldsymbol{J}_h^{-T}(\boldsymbol{C}(\boldsymbol{\theta},\dot{\boldsymbol{\theta}})\boldsymbol{J}_h^{-1}\boldsymbol{G}^{T} + \boldsymbol{M}(\boldsymbol{\theta})\mathrm{d}(\boldsymbol{J}_h^{-1}\boldsymbol{G}^{T})/\mathrm{d}t)$$

$$\boldsymbol{N}_h(\boldsymbol{X},\dot{\boldsymbol{X}}) = \boldsymbol{G}\boldsymbol{J}_h^{-T}\boldsymbol{N}(\boldsymbol{\theta},\dot{\boldsymbol{\theta}})$$

注意：$\boldsymbol{M}-2\boldsymbol{C}$ 是正定反对称矩阵。式(11-99)表示抓取系统在物体坐标系中的动力学方程。假定可以从物体的位姿 $\boldsymbol{X}$ 导出相应的手指关节坐标 $\boldsymbol{\theta}$，这一假设对于点接触模型是成立的，但是对三维滚动接触而言是不成立的。

对于平面抓取，抓取系统的动力学方程简单得多，物体仅做平面运动，因此，物体的位姿可表示成 $[x \quad y \quad \varphi]^{T}$，物体的惯性为 I，动力学方程为

$$\begin{bmatrix} m & 0 & 0 \\ 0 & m & 0 \\ 0 & 0 & I \end{bmatrix} \begin{bmatrix} \ddot{x} \\ \ddot{y} \\ \ddot{\varphi} \end{bmatrix} = \begin{bmatrix} f_x \\ f_y \\ \tau_\varphi \end{bmatrix} \tag{11-100}$$

可见，动力学方程中 $\boldsymbol{C}=\boldsymbol{0}$。

抓取的控制算法比较复杂，对于多指手的位置控制，约束条件可分成以下两部分。

① 跟踪：物体的质心跟随指定的轨迹。

② 握住：手指对物体的作用力在摩擦锥内。

第②部分十分重要，为了保持手指与被抓物体之间不产生相对滑动，不脱离接触，这部分的约束条件必须满足。在上面推导抓取系统动力学方程的过程中，都假定手指是和物体相接触的。

只要抓取轮廓适当，则对任意的手指作用力 $\boldsymbol{f}$，都可找到相应的内力 $\boldsymbol{f}_{\mathrm{N}} \in N(\boldsymbol{G})$，使两者之和 $\boldsymbol{f}+\boldsymbol{f}_{\mathrm{N}}$ 在摩擦锥内，因此，对于解决跟踪问题时产生的力，总可找到一个力与之相加，使第②部分约束条件得到满足。因为内力不会使物体或手爪产生任何运动，所以这一附加内力并不影响手爪作用在物体上的静力(克服外力作用的力)。下面我们假定在抓取过程中内力始终存在，并且将讨论内力选择的方法。

对于跟踪问题，有几种不同的控制算法。每种算法都假定手指可对物体施加任意内力和外力，但是不同的算法对抓取动力学做了不同的简化假设。下面讨论平面抓取的控制。

(1) 单关节控制算法。这种算法将物体的轨迹转换成手指关节变量空间的轨迹，然后单独控制各个手指。采用这种方法时，将忽略物体动力学，而考虑手指动力学，系统模型为

$$\boldsymbol{M}(\boldsymbol{\theta})\ddot{\boldsymbol{\theta}} + \boldsymbol{N}(\boldsymbol{\theta},\dot{\boldsymbol{\theta}}) = \boldsymbol{\tau} \tag{11-101}$$

对于指定的关节轨迹 $\boldsymbol{\theta}_{\mathrm{d}}$ 和其加速度 $\ddot{\boldsymbol{\theta}}_{\mathrm{d}}=\boldsymbol{G}^{\mathrm{T}}\boldsymbol{J}_{\mathrm{h}}^{-1}\ddot{\boldsymbol{X}}_{\mathrm{d}}+\dfrac{\mathrm{d}(\boldsymbol{G}^{\mathrm{T}}\boldsymbol{J}_{\mathrm{h}}^{-1})\dot{\boldsymbol{X}}_{\mathrm{d}}}{\mathrm{d}t}$，逆运动学(运动学反解、速度反解、加速度反解)是研究物体位姿和手指关节位置之间的映射，一般不唯一，因此在求 $\boldsymbol{\theta}_{\mathrm{d}}$ 和 $\ddot{\boldsymbol{\theta}}_{\mathrm{d}}$ 时应从中取一组可行解。

对于单个关节的控制，可采用计算力矩控制规律，即

$$\boldsymbol{\tau} = \boldsymbol{M}(\boldsymbol{\theta})(\ddot{\boldsymbol{\theta}}_{\mathrm{d}} + \boldsymbol{k}_{\mathrm{v}}\dot{\boldsymbol{e}}_\theta + \boldsymbol{k}_{\mathrm{p}}\boldsymbol{e}_\theta) + \boldsymbol{N}(\boldsymbol{\theta},\dot{\boldsymbol{\theta}}) \tag{11-102}$$

式中：$\boldsymbol{k}_{\mathrm{v}}$ 和 $\boldsymbol{k}_{\mathrm{p}}$ 是正定矩阵；$\boldsymbol{e}_\theta=\boldsymbol{\theta}_{\mathrm{d}}-\boldsymbol{\theta}$。误差方程为

$$\boldsymbol{M}(\boldsymbol{\theta})(\ddot{\boldsymbol{e}}_\theta + \boldsymbol{k}_{\mathrm{v}}\dot{\boldsymbol{e}}_\theta + \boldsymbol{k}_{\mathrm{p}}\boldsymbol{e}_\theta) = \boldsymbol{0} \tag{11-103}$$

可以选择适当的 $\boldsymbol{k}_{\mathrm{v}}$ 和 $\boldsymbol{k}_{\mathrm{p}}$ 使误差具有稳定性指数，使 $\boldsymbol{e}_\theta$ 趋于 $\boldsymbol{0}$，即 $\boldsymbol{X}\rightarrow\boldsymbol{X}_{\mathrm{d}}$。

此外，还必须加进一个“零力”项来夹紧被握物体。由于“零力”项不引起物体运动，不影响系统动力学，因此跟踪有稳定性。令“零力”项为 $\boldsymbol{f}_{\mathrm{N}}$，则相应的关节力 $\boldsymbol{\tau}_{\mathrm{N}}=\boldsymbol{J}_{\mathrm{h}}^{\mathrm{T}}\boldsymbol{f}_{\mathrm{N}}$(因为“零力”作用在指端)。因而总的控制规律为

$$\boldsymbol{\tau} = \boldsymbol{M}(\boldsymbol{\theta})(\ddot{\boldsymbol{\theta}}_{\mathrm{d}} + \boldsymbol{k}_{\mathrm{v}}\dot{\boldsymbol{e}}_\theta + \boldsymbol{k}_{\mathrm{p}}\boldsymbol{e}_\theta) + \boldsymbol{N}(\boldsymbol{\theta},\dot{\boldsymbol{\theta}}) + \boldsymbol{J}_{\mathrm{h}}^{\mathrm{T}}\boldsymbol{f}_{\mathrm{N}} \tag{11-104}$$

(2) 力变换控制算法。如果只考虑物体动力学，如式(11-97)所示，在物体坐标系内利用计算力矩控制规律，有

$$F = \boldsymbol{M}(\ddot{\boldsymbol{X}}_{\mathrm{d}} + \boldsymbol{k}_{\mathrm{v}}\dot{\boldsymbol{e}}_x + \boldsymbol{k}_{\mathrm{p}}\boldsymbol{e}_x) \tag{11-105}$$

式(11-105)给出了所需的作用在物体质心的力和力矩。为了施加该力和力矩，各手指上应加的力为

$$\boldsymbol{f} = \boldsymbol{G}^{\mathrm{T}}(\boldsymbol{G}\boldsymbol{G}^{\mathrm{T}})^{-1}F = \boldsymbol{G}^{+}F$$

式中：$\boldsymbol{G}^{+}$ 是 $\boldsymbol{G}$ 的伪逆，它将物体上的作用力 F 变换为指端的力 $\boldsymbol{f}$。力 $\boldsymbol{f}$ 具有最小模（内力分量为零）。同样，再将指端的力 $\boldsymbol{f}$ 变换为关节力矩

$$\boldsymbol{\tau}=\boldsymbol{J}_{\mathrm{h}}^{\mathrm{T}}\boldsymbol{f}=\boldsymbol{J}_{\mathrm{h}}^{\mathrm{T}}\boldsymbol{G}^{+}\boldsymbol{F}$$

由此得出计算力矩控制规律为

$$\boldsymbol{\tau}=\boldsymbol{J}_{\mathrm{h}}^{\mathrm{T}}\boldsymbol{G}^{+}\boldsymbol{M}(\ddot{\boldsymbol{X}}_{\mathrm{d}}+\boldsymbol{k}_{\mathrm{v}}\dot{\boldsymbol{e}}_{x}+\boldsymbol{k}_{\mathrm{p}}\boldsymbol{e}_{x}) \tag{11-106}$$

这一算法比单关节控制算法的计算量大，因为在计算控制规律时，通常必须由给定的关节角度计算物体的位姿，为此要有正弦、余弦计算（手指位姿）和反正切运算（物体的方向）。该控制计算还涉及乘矩阵 $\boldsymbol{M}(\boldsymbol{\theta})\boldsymbol{J}_{\mathrm{h}}^{-1}\boldsymbol{G}^{\mathrm{T}}$ 运算，它至多可达 n^{2} 次乘法运算（因为$\boldsymbol{M}(\boldsymbol{\theta})\boldsymbol{J}_{\mathrm{h}}^{-1}\boldsymbol{G}^{\mathrm{T}}$ 不是对角矩阵）。

为了加快整个控制采样速率，可将计算分成两部分：外环（校正环）和内环（控制环）。在校正环内计算 $\boldsymbol{M}(\boldsymbol{\theta})\boldsymbol{J}_{\mathrm{h}}^{-1}\boldsymbol{G}^{\mathrm{T}}$ 和 $\boldsymbol{J}_{\mathrm{h}}\boldsymbol{f}_{\mathrm{N}}$，在控制环内做矩阵乘法和加法。如果物体所跟随的轨迹变化较慢，那么校正环的速度可以更慢，而控制环的速度可以加快。

(3) 广义计算力矩控制。手爪的动力学方程(11-99)和操作臂的动力学方程十分相似，因此可以借用操作臂的控制规律对手爪进行控制。利用式(11-99)则可得广义计算力矩控制规律为

$$\boldsymbol{\tau}=\boldsymbol{J}_{\mathrm{h}}^{\mathrm{T}}\boldsymbol{G}^{+}[\boldsymbol{M}_{\mathrm{h}}(\ddot{\boldsymbol{X}}_{\mathrm{d}}+\boldsymbol{k}_{\mathrm{v}}\dot{\boldsymbol{e}}_{x}+\boldsymbol{k}_{\mathrm{p}}\boldsymbol{e}_{x})+\boldsymbol{C}_{\mathrm{h}}\dot{\boldsymbol{X}}+\boldsymbol{N}_{\mathrm{h}}]+\boldsymbol{J}_{\mathrm{h}}^{\mathrm{T}}\boldsymbol{f}_{\mathrm{N}} \tag{11-107}$$

这样得到的误差方程在物体坐标系中表示为

$$\boldsymbol{M}_{\mathrm{h}}(\ddot{\boldsymbol{e}}_{x}+\boldsymbol{k}_{\mathrm{v}}\dot{\boldsymbol{e}}_{x}+\boldsymbol{k}_{\mathrm{p}}\boldsymbol{e}_{x})=\boldsymbol{0} \tag{11-108}$$

除了在 $\boldsymbol{J}_{\mathrm{h}}$的奇异状态之外，动力学性能由下式决定：

$$\ddot{\boldsymbol{e}}_{x}+\boldsymbol{k}_{\mathrm{v}}\dot{\boldsymbol{e}}_{x}+\boldsymbol{k}_{\mathrm{p}}\boldsymbol{e}_{x}=\boldsymbol{0} \tag{11-109}$$

实现这一控制规律的计算工作量相当大，不仅要计算惯性矩阵，还必须抵消所有的非线性项，这些非线性项包括许多三角函数计算。为了减少计算量，可将三角函数列表备查。

(4) 特征控制器和刚度控制器。特征控制器是计算力矩控制的另一形式，它并不能精确地抵消系统的非线性动力学，只考虑机器人动力学中反对称的性质 $\boldsymbol{a}^{\mathrm{T}}(\boldsymbol{M}-2\boldsymbol{C})\boldsymbol{a}=0,\forall\boldsymbol{a}\in\Re^{n}$。特征控制器是简单 PD 控制器的推广，可以证明，对于跟踪控制问题，特征控制器是渐近稳定的，其形式为

$$\boldsymbol{\tau}=\boldsymbol{J}_{\mathrm{h}}^{\mathrm{T}}\boldsymbol{G}^{+}[\boldsymbol{M}_{\mathrm{h}}\ddot{\boldsymbol{X}}_{\mathrm{d}}+\boldsymbol{C}_{\mathrm{h}}\dot{X}_{\mathrm{d}}+\boldsymbol{N}_{\mathrm{h}}+\boldsymbol{k}_{\mathrm{v}}\dot{\boldsymbol{e}}_{x}+\boldsymbol{k}_{\mathrm{p}}\boldsymbol{e}_{x}]+\boldsymbol{J}_{\mathrm{h}}^{\mathrm{T}}\boldsymbol{f}_{\mathrm{N}} \tag{11-110}$$

式中：$\boldsymbol{k}_{\mathrm{p}}$ 和 $\boldsymbol{k}_{\mathrm{v}}$ 也是正定增益矩阵。

刚度控制是特征控制的推广，具有指数稳定的误差动态性能。其控制规律为

$$\boldsymbol{\tau}=\boldsymbol{J}_{\mathrm{h}}^{\mathrm{T}}\boldsymbol{G}^{+}[\boldsymbol{M}_{\mathrm{h}}(\ddot{\boldsymbol{X}}+\lambda\dot{\boldsymbol{e}})+\boldsymbol{C}_{\mathrm{h}}(\dot{\boldsymbol{X}}+\lambda\boldsymbol{e})+\boldsymbol{N}_{\mathrm{h}}+\boldsymbol{k}_{\mathrm{p}}\boldsymbol{e}+\boldsymbol{k}_{\mathrm{v}}\dot{\boldsymbol{e}}]+\boldsymbol{J}_{\mathrm{h}}^{\mathrm{T}}\boldsymbol{f}_{\mathrm{N}} \tag{11-111}$$

式中：$\lambda>0$，$\boldsymbol{k}_{\mathrm{p}}$ 和 $\boldsymbol{k}_{\mathrm{v}}$ 为正定矩阵。这种算法的复杂性与计算力矩控制规律的大致相当。

(5) 选择夹持力 $\boldsymbol{f}_{\mathrm{N}}$。

上面所有算法都依赖于夹持力 $\boldsymbol{f}_{\mathrm{N}}\in N(\boldsymbol{G})$的选择。它对于维持手指与被抓物体的接触，使作用力在摩擦锥内十分重要。计算夹持力 $\boldsymbol{f}_{\mathrm{N}}$ 的方法很多。因为纯内力 $\boldsymbol{f}_{\mathrm{N}}$ 并不影响作用在物体质心的合力，所以可以任意选择 $\boldsymbol{f}_{\mathrm{N}}$ 的大小，不必担心它对跟踪控制向题的影响。最简单的方法是把 $\boldsymbol{f}_{\mathrm{N}}$ 的大小规定为常值，其值应充分大，使得在整个运动过程中手指对物体的作用力在摩擦锥内，应该预先知道物体上作用的外力范围。其优点是 $\boldsymbol{J}_{\mathrm{h}}^{\mathrm{T}}\boldsymbol{f}_{\mathrm{N}}$ 的计算速率可以与 $\boldsymbol{J}_{\mathrm{h}}$ 的相同，节省计算时间。因此，计算力矩控制规律对多手指抓取的位置控制而言也是一种具有吸引力的控制方案。

其困难之一在于实际的手爪电动机的驱动扭矩十分有限，不能保证所加的内力 $\boldsymbol{f}_{\mathrm{N}}$ 与 $\boldsymbol{f}$

之和 $\boldsymbol{f}_N+\boldsymbol{f}$ 同时在摩擦锥和电动机的额定值之内。另一困难在于“零力”的效果存在误差。如果施加的内力太大，由于传感器和驱动器的误差，它并不属于抓取矩阵 $\boldsymbol{G}$ 的零空间，因而合力将产生位置误差，甚至发生不稳定情况。

资料概述

机器人协调控制涉及多指协调、多臂协调、双足协调等。在多指协调方面，Ozawa 等(2017)对多指灵巧手抓握与灵巧操作的研究现状与发展趋势进行了分析。仿人多指灵巧手的运动学、动力学建模和自适应协调抓取的控制理论与方法可参考 Mattar(2013)的文章。面向抓取对象以及操作任务的动态抓取、操作规划可参考 Saut 等(2012)、Wimbock 等(2012)的文章。Xiong 等(2007，1999，2008)对操作对象的顺应运动机理、稳定性及其定量评价等理论与方法进行了研究。Li 等(1989)、Yoshikawa(2010)对多指抓取规划和协调控制进行了研究。在多臂协调方面，Latombe(2012)、Smith 等(2012)、Liu 等(2015)针对机器人双臂协调运动的约束关系进行了深入研究，Zhi 等用自适应神经控制的方法解决了双臂在运动过程中可能出现的非线性动力学特性问题。Liu 等(2013)、Ott 等(2017)针对双足机器人的协调控制从不同方面进行了研究，Ott 等(2017)主要论述双足的受力和姿态平衡的控制方法，Liu 等(2013)探讨双足轨迹规划和基于中枢模式发生器的控制方法，使双足运动取得良好协调效果。

习　　题

11.1　对于无摩擦点接触，令 $\boldsymbol{G}\in\Re^{p\times m}$ 表示抓取矩阵，试证明下列各命题是等价的。

(1) $\boldsymbol{G}$ 是力封闭的。

(2) $\boldsymbol{G}$ 的列矢量的凸包包含原点的邻域，即 $\mathrm{cone}\boldsymbol{G}=\Re^p$。

(3) $\boldsymbol{G}$ 的列矢量形成的正锥张成整个空间 $\Re^p$，即 $\boldsymbol{0}\in\mathrm{int}(\mathrm{cone}\boldsymbol{G})$。

(4) 不存在满足下列条件的非零矢量：$\boldsymbol{v}\in\Re^p$，$\boldsymbol{v}\neq\boldsymbol{0}$，$\boldsymbol{v}^{\mathrm{T}}g_i\geqslant 0$，$i=1,2,\cdots,m$。

11.2　如图 11-10 所示，抓取均为无摩擦点接触抓取，确定其是否为力封闭抓取。

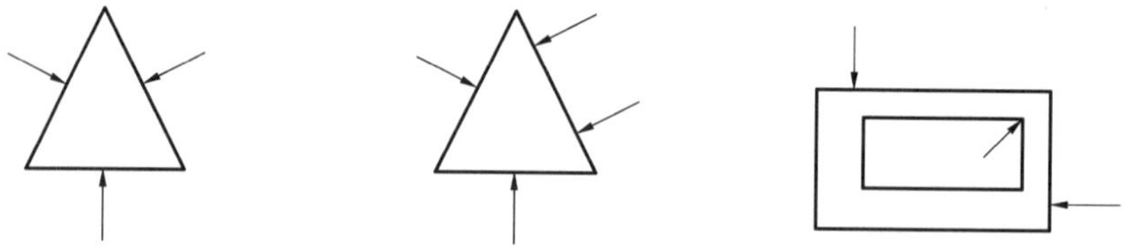

(a)　(b)　(c)

图 11-10　无摩擦点接触抓取的力封闭判断

11.3　如图 11-11 所示，抓取均为有摩擦点接触抓取，确定其是否为力封闭抓取。

11.4　在图 11-12 所示的协调提升问题中，假定两个手爪紧紧夹住横梁两端，手爪中心将力施加到横梁上，推导横梁速度与机器人速度之间的约束关系。

11.5　推导双手操作由球面副约束的两杆件的运动约束关系，参考图 11-3。

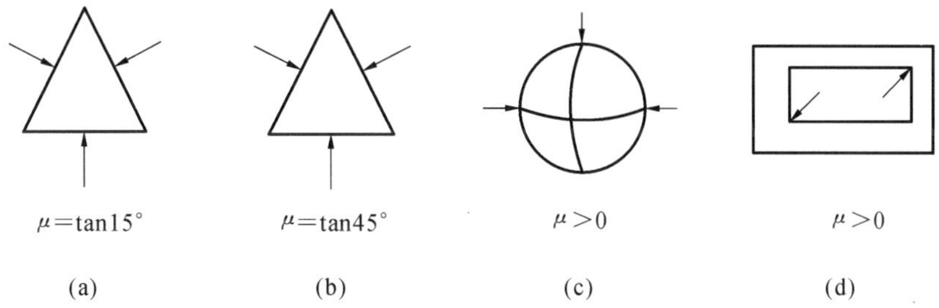

图 11-11 有摩擦点接触抓取的力封闭判断

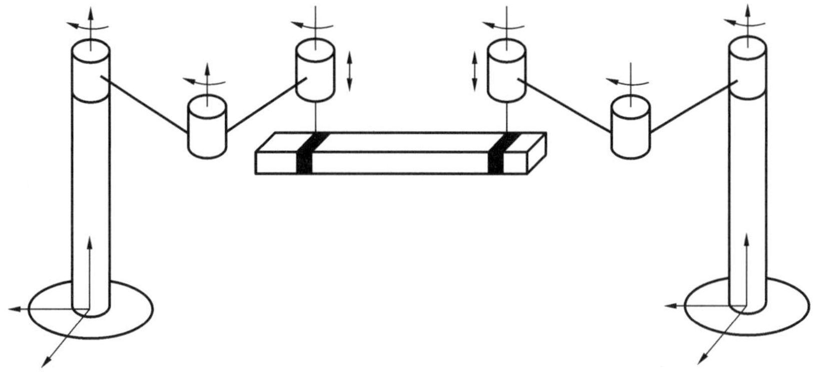

图 11-12 协调提升

第12章　视觉图像处理

地球在寒武纪时期，出现了著名的生命大爆发现象。有一些研究认为，海洋蠕虫的大脑细胞产生了感光效应，这些感光细胞慢慢变成了眼睛，使生物获取的外部信息量得到极大提升，从而加速了生物进化过程，诞生了大量新物种。时至今日，视觉信息已成为人类认识世界的重要信息来源。人类视觉可感知外部世界物体的位置、色彩、纹理等大量信息，约占人类所有感官信息的80%。机器人的智能化发展必然依赖机器人视觉技术的发展，视觉图像处理是机器人视觉技术的基础。本章重点介绍视觉图像信息采集原理与图像处理方法，为下一章理解机器人视觉运动控制奠定基础。

12.1　图像传感器与视觉系统

视觉成像技术利用光电成像原理，将光源发出的光或物体反射、透射的光经过传输媒介及光电成像器件后以图像形式保存下来。光电成像器件是视觉成像技术的关键部件，会影响目标成像质量和后续图像处理效果。目前，视觉成像技术中广泛使用的光电成像器件是电荷耦合器件（charge coupled device，CCD）和互补金属氧化物半导体（complementary metal oxide semiconductor，CMOS）（Angeles，2012），如图12-1所示。

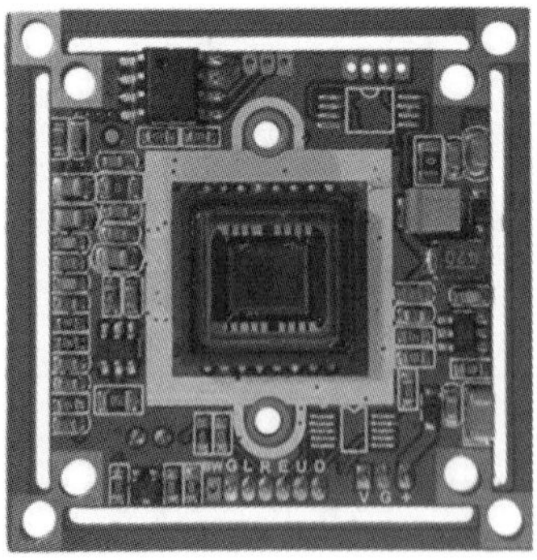

(a)

(b)

图12-1　常用光电成像器件实物图

(a) CCD　(b) CMOS

1. CCD图像传感器

20世纪60年代末，美国贝尔实验室根据光电效应原理，利用半导体材料发明了电荷耦合器件，即CCD电荷耦合器，它由大量独立的光敏元件阵列而成。目前CCD图像传感器主要分为线阵CCD图像传感器和面阵CCD图像传感器。线阵CCD图像传感器用于高分辨率成像，在拍摄过程中被拍摄的物体或线阵 CCD 图像传感器单向运动，每次只拍摄图像的一条线，而后由所有拍摄的线组成一幅高分辨率的数字图像。面阵 CCD 图像传感器的每一个光敏元件代表图像的一个像素，它将各个光敏元件的电荷信息传输至模/数（A/D）转换器，电荷模拟电信号经过模/数转换器处理后变成数字信号，数字信号以一定格式压缩后存入缓存内形成一幅数字图像。线阵 CCD 图像传感器和面阵 CCD 图像传感器的原理如图 12-2 所示。

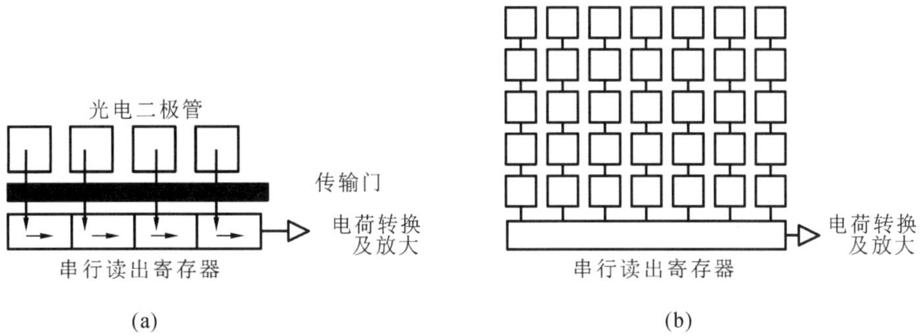

图 12-2　线阵 CCD 与面阵 CCD 原理图
（a）线阵 CCD　（b）面阵 CCD

彩色 CCD 图像传感器是将彩色滤镜嵌在 CCD 像素阵列上而形成的，相近的像素使用不同颜色的滤镜，典型的有 G-R-G-B 排列方式，如图 12-3(a)所示。在成像过程中，摄像机内部微处理器从每个像素获得信号，将相邻的四个点合成一个彩色像素。另一种处理方法是使用三棱镜，将从镜头射入的光分成三束，每束光都由不同的内置光栅过滤出三原色之一，然后使用三块 CCD 分别感光，再由三幅单色图像合成一个高分辨率、色彩精确的彩色图像(Ohwovoriole，1981)，如图 12-3(b)所示。

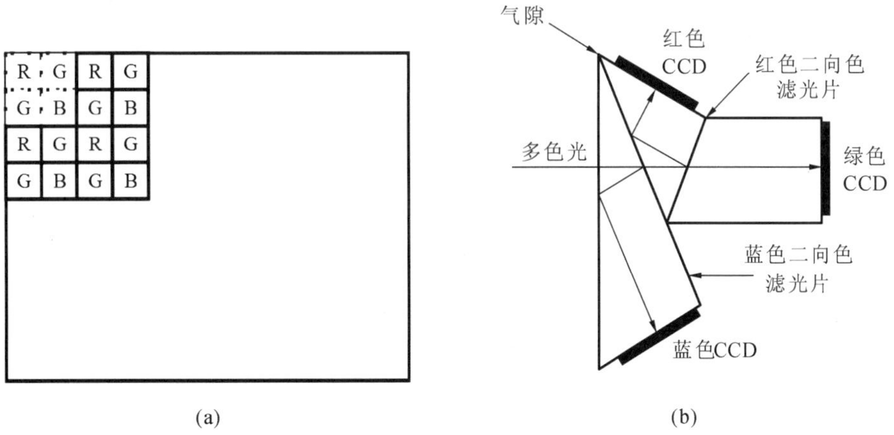

图 12-3　彩色 CCD 图像传感器实现形式
（a）G-R-G-B 形式　（b）分光形式

CCD 图像传感器的成像步骤如下。

（1）产生电子　CCD 器件内有许多以矩形阵列形式排列的微小金属氧化硅（metal oxide silicon，MOS）光敏元件，光线通过 CCD 摄像机时，众多 MOS 光敏元件产生光电效应，将光线按亮度强弱转变成相应数目电荷。

（2）积累电子　当光信号变成电荷数量信号后，排列在 CCD 器件内的 MOS 光敏元件

(即像素)开始收集移动到MOS金属电极(门极)上的电荷,光强越大,门极上堆积的电荷数目越多。

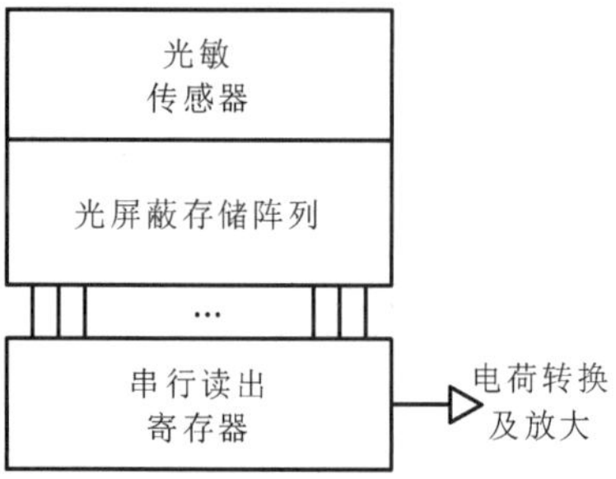

图12-4　CCD图像传感器成像过程

(3) 传送电荷　在一个周期内,CCD器件将门极收集到的电荷传输至一个读出寄存器,CCD器件根据每一个门极对应的节点位置的电荷数量输出毫伏(mV)级电压信号。

(4) 放大、编码、成像　经过转换后的毫伏(mV)级电压信号通过放大电路放大后变为对应的0～10 V电压信号,这些模拟电压信号经过模/数转换器后编码形成数字图像。

CCD图像传感器的成像过程如图12-4所示。

2. CMOS图像传感器

CMOS图像传感器采用互补金属氧化物半导体材料制造,最初因成像噪声太大没有得到广泛应用。随着制造工艺不断提升和半导体材料的快速发展,1995年低噪声CMOS有源像素传感器设计制造成功,成像质量得到极大改善,并在各大领域大规模应用。

CMOS图像传感器按图像采集方式可分为被动式像素传感器(passive pixel sensor,PPS)与主动式像素传感器(active pixel sensor,APS)。其中,前者又称无源式像素传感器,由一个光敏二极管和一个开关管构成。光敏二极管本质上是一个由P型半导体和N型半导体组成的PN结,可等效为一个反向偏置二极管和一个MOS电容并联。当开关管开启时,光敏二极管与垂直的列线(column bus)连通,位于列线末端的电荷积分放大器(charge integrating amplifier)读出电路列线电压。当光敏二极管存储的信号电荷被读出时,其电压被复位到列线电压水平,与光信号成正比的电荷由电荷积分放大器转换为更多电荷输出。在被动式像素结构被发明的同时,科学家也认识到在像素内引入缓冲器或放大器可以改善像素抗噪性能,于是就发明了主动式像素结构,又称有源式结构。在主动式像素传感器中,每一像素内都有单独的放大器,有效地提高了CMOS图像传感器的成像质量。但是集成在表面的放大器晶体管减少了像素元件的有效感光表面积,降低了封装密度,使40%～50%的入射光被反射。这两种CMOS图像传感器如图12-5所示。

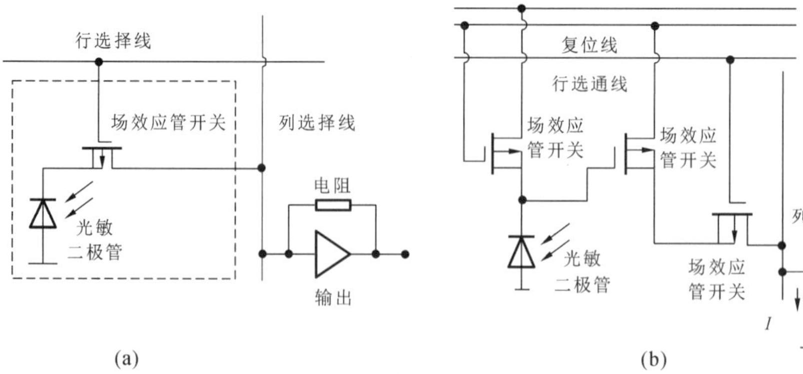

图12-5　两种不同像素结构的CMOS图像传感器

(a) PPS　(b) APS

CCD图像传感器与CMOS图像传感器的主要区别在于前者集成在半导体单晶材料

上，而后者集成在俗称金属氧化物材料的半导体材料上。虽然使用材料和制造工艺不同，但二者的工作原理大致相同，CMOS 图像传感器的成像过程如图 12-6 所示。

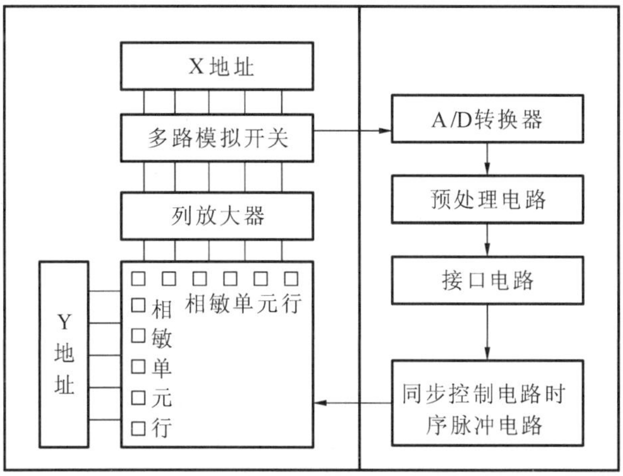

图 12-6　CMOS 图像传感器成像过程

CMOS 图像传感器工作时，先由水平传输送出部分电荷信号，再由垂直传输送出全部电荷信号，因此 CMOS 图像传感器可在每个像素结构旁边直接进行信号放大。这种传输方法可快速扫描数据，实现高帧率千万级像素高速处理，而 CCD 图像传感器很难实现高帧率、高分辨率图像采集。CMOS 图像传感器在不改变制造流水线的情况下能克服高像素制造工艺带来的困难，因此像素成像质量的提升也比 CCD 图像传感器的更容易。CCD 图像传感器和 CMOS 图像传感器的感光表面只能有一部分用作感光单元的光线接收面，其余部分还要留给 CCD 或 CMOS 光敏单元及元器件之间的绝缘隔离带，因此它们不能像胶片一样将整个表面用来接收光线信号。

3. 机器人视觉系统

机器人视觉系统主要包括光源、镜头、摄像机、信息处理器、视觉算法软件等部分，如图 12-7 所示。光源用于产生一定波长的入射光线；镜头用于将物体表面反射或透射的成像光线汇聚于焦平面上的图像传感器；摄像机用于采集目标物体的数字图像；视觉算法软件用于处理数字图像，得到机器人需要的物理信息，如物体色彩、位置、形状和纹理等信息。

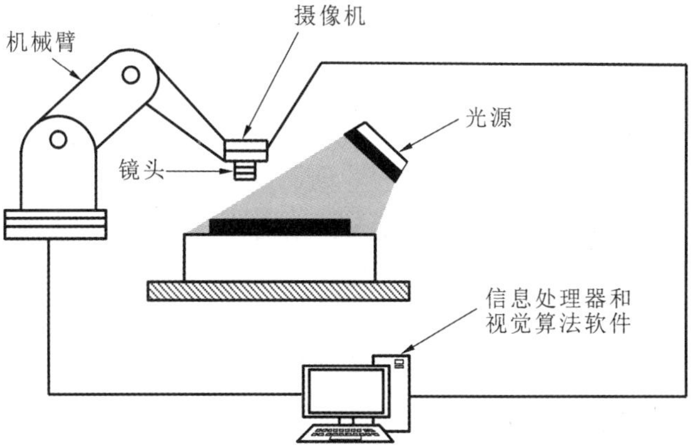

图 12-7　机器人视觉系统

光源是视觉系统的关键部件,按照其发出的光的波长分为可见光光源和不可见光光源,较为常用的可见光光源有LED灯、白炽灯、日光灯、水银灯和钠光灯等。光源的照明方式分为背向照明、低角度照明、圆顶照明、同轴光照明等。选取光源与照明方式,是机器人视觉系统的重要环节,高质量图像可大幅降低视觉系统对算法软件的鲁棒性要求。

镜头是视觉系统必不可少的部件,通常需要根据应用场景为机器人视觉系统选择合适的镜头。在镜头的选择过程中,需要考虑被测对象区域大小、工作距离(镜头光心与被测物体之间距离)和图像传感器感光区域尺寸。根据这三个主要因素,镜头可分为标准镜头、低失真镜头、超高分辨率镜头、远心微距镜头等。

摄像机是视觉系统成像单元,包括CCD图像传感器或CMOS图像传感器,可获取物体清晰的数字图像,并传给信息处理器。根据传输图像数据方式的不同,摄像机可分为USB摄像机、GigE摄像机和CameraLink摄像机等。信息处理器是图像数据处理的硬件平台,其运算速度影响整个视觉系统的节拍,可分为X86 CPU(central processing unit)平台、DSP(digital signal processing)平台、FPGA(field programmable gate array)平台和GPU(graphics processing unit)平台等。视觉算法软件是视觉系统的重要组成部件,算法性能影响视觉系统的鲁棒性和可靠性。目前尚未有统一的视觉算法理论框架,需针对应用场景开发特定的视觉定位、检测、测量与识别算法,算法鲁棒性需要考虑物体被遮挡、旋转、缩放和噪声等各种因素。

4. 数字图像处理——色彩和灰度

数字摄像机获取的图像与传统胶卷摄像机获取的图像不同,数字图像获取的是每个像素上的色彩和灰度,数字图像的处理方法是建立色彩和灰度与像素位置之间的函数。

色彩是一种涉及光、物与视觉的综合现象。颜色可以分成无彩色系和有彩色系两个大类。无彩色系的颜色主要指饱和度为零的颜色系;有彩色系的颜色具有三个基本特性——色相、纯度(也称彩度、饱和度)、明度,在色彩学上也称为色彩的三大要素或色彩的三属性。

无彩色系:无彩色系主要是指由黑色和白色调和形成的各种不同阶的灰色系列,只有一种基本性质——明度。越接近白色,明度越高;越接近黑色,明度越低。如图12-8所示为不同的灰阶,从左至右明度依次变低。

图12-8　各种深浅不同的灰色

有彩色系:彩色是指红、橙、黄、绿、青、蓝、紫等颜色,如图12-9所示为不同色调的彩色系。

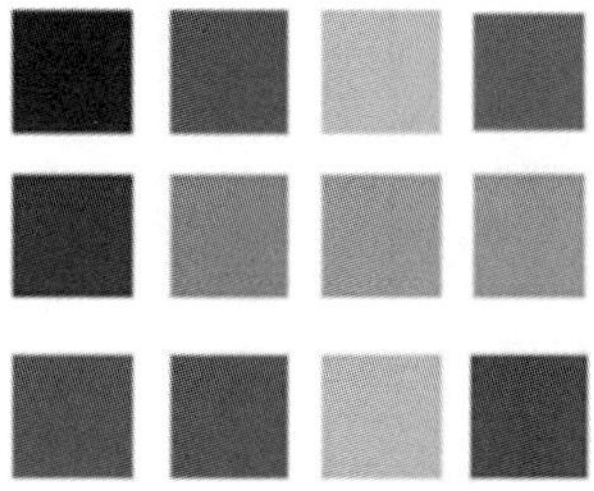

图12-9　不同色调的彩色系

不同明度和纯度的红、橙、黄、绿、青、蓝、紫色调都属于有彩色系。有彩色是由光的波长和振幅决定的,波长决定色相,振幅决定色调。

数字图像按每个像素的采样数目及特性可以划分为以下几种。

二值图像:二值图像中每个像素的亮度值(intensity)仅可以取0或1,因此也称为1-bit图像,即$\boldsymbol{I}(x,y)\in\{0,1\}$,

(x,y)表示图像像素位置。

灰度图像：也称为灰阶图像，图像中每个像素由 8 位寄存器存储，灰度等级 $L=2^8$，灰度变化范围为 0～255，即 $0\leqslant \boldsymbol{I}(x,y)\leqslant 255$。

彩色图像：彩色图像主要分为两种类型，RGB 及 CMYK。其中 RGB 类型的彩色图像由三种不同颜色成分组合而成，分别是红(R)、绿(G)、蓝(B)三色。而 CMYK 类型的彩色图像则由四种颜色成分组成：青(C)、品红(M)、黄(Y)、黑(K)。CMYK 类型的彩色图像主要用于印刷行业。

假彩色图像：假彩色图像的作用是突出某些用肉眼难以区别的图像，主要分为伪彩色图像、灰度划分图像、等值线图。伪彩色图像是由灰度图像的每一像素的值通过一定的函数算法映射出来的，典型的例子是三维地图，它用颜色的深浅表示海拔的高低，海平面以下通常用蓝色表示，海平面以上用棕色表示；灰度划分图像就是将每一种色彩划分为许多渐变的小区段，典型的例子就是热图；等值线图是根据图像不同位置所代表的值的大小成比例地着色形成的图像。

多光谱合成图像：多光谱合成图像是将同一地区多光谱影像，配以红、绿、蓝等多波段图像，进行校正、配准、融合形成的图像。

立体图像：立体图像是对物体由不同角度拍摄的一对图像，通常情况下我们可以用立体图像计算出图像的深度信息。

三维图像：三维图像由一组堆栈的二维图像组成，每一幅图像表示该物体的一个横截面。

12.2　图像几何变换与摄像机成像模型

前面介绍的刚体变换 $\boldsymbol{T}\in SE(3)$ 可以用齐次变换矩阵表示，即

$$\boldsymbol{T}=\begin{bmatrix}\boldsymbol{R} & \boldsymbol{t}\\ \boldsymbol{0} & 1\end{bmatrix} \tag{12-1}$$

齐次变换矩阵的最后一行是另外增加的。在计算机视觉、图形学中，数 1 可以由另一常数代替，此常数大于 1 时表示图形放大，小于 1 时表示图形缩小。此外，最后一行的矢量 $\boldsymbol{0}$ 也可用其他常数代替，构成透视变换(perspective transformation)。但这两种情况下对应的矩阵变换不再是刚体变换。

1. 缩放变换

缩放变换可以用齐次变换矩阵 $\boldsymbol{S}$ 表示，其作用是使物体均匀变形。如使物体均匀沿 x 轴放大 a 倍，沿 y 轴放大 b 倍，沿 z 轴放大 c 倍，物体上任一点 $\boldsymbol{p}=[x\quad y\quad z\quad 1]^{\mathrm{T}}$ 经变换后为

$$\begin{bmatrix}ax\\ by\\ cz\\ 1\end{bmatrix}=\begin{bmatrix}a & 0 & 0 & 0\\ 0 & b & 0 & 0\\ 0 & 0 & c & 0\\ 0 & 0 & 0 & 1\end{bmatrix}\begin{bmatrix}x\\ y\\ z\\ 1\end{bmatrix} \tag{12-2}$$

将单位立方体变换为边长为 a,b,c 的长方体。可以看出，缩放变换 $\boldsymbol{S}$ 的集合也构成李群，而且是可交换李群。它的一个子群是放大变换 $\boldsymbol{S}$，定义为

$$\boldsymbol{S}=\begin{bmatrix} s & 0 & 0 & 0 \\ 0 & s & 0 & 0 \\ 0 & 0 & s & 0 \\ 0 & 0 & 0 & 1 \end{bmatrix} \tag{12-3}$$

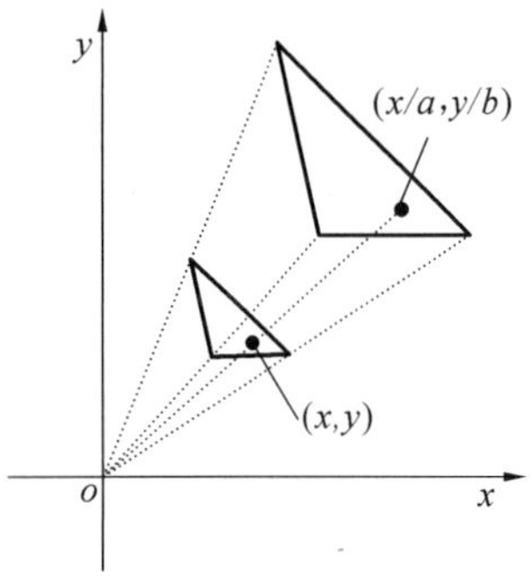

图 12-10　图像缩放变换示意图

图 12-10 为二维空间的图像缩放变换示意图。假设 x 方向和 y 方向的缩放比例为 a 和 b，则缩放之后图像可以表示为

$$\begin{bmatrix} \dfrac{x}{a} \\ \dfrac{y}{b} \\ 1 \end{bmatrix}=\begin{bmatrix} \dfrac{1}{a} & 0 & 0 \\ 0 & \dfrac{1}{b} & 0 \\ 0 & 0 & 1 \end{bmatrix}\begin{bmatrix} x \\ y \\ 1 \end{bmatrix} \tag{12-4}$$

除了缩放变换，图像齐次变换中还存在平移变换、旋转变换和仿射变换等。下面介绍另一种齐次变换，称为透视变换。

2. 透视变换

面阵摄像机是利用小孔成像原理实现的，镜头光轴方向取为 z 轴方向，f 称为焦距长度，物体上的一点 $\boldsymbol{p}=[x\quad y\quad z\quad 1]^{\mathrm{T}}$ 对应的像点为 $\boldsymbol{p}'=[x'\quad y'\quad z'\quad 1]^{\mathrm{T}}$。$z'$表示像距，随着物距 z 的变化而改变。如果取过点 z'且垂直于 z 轴的平面，由于光线通过镜头中心，则可得到像点的坐标值

$$\frac{x}{z}=\frac{x'}{z'},\quad \frac{y}{z}=\frac{y'}{z'} \tag{12-5}$$

此外，根据光线平行于镜头光轴方向，且过焦点 f，则可得到

$$\frac{x}{f}=\frac{x'}{z'+f},\quad \frac{y}{f}=\frac{y'}{z'+f} \tag{12-6}$$

因为 $\boldsymbol{p}'=[x'\quad y'\quad z'\quad 1]^{\mathrm{T}}$ 取为负，而 f 取为正，因此得到

$$\frac{x}{f}=\frac{x'}{\dfrac{x'z}{x}+f},\quad \frac{y}{f}=\frac{y'}{\dfrac{y'z}{y}+f} \tag{12-7}$$

解出 x'，y'和 z'，得到

$$x'=\frac{x}{1-\dfrac{z}{f}},\quad y'=\frac{y}{1-\dfrac{z}{f}},\quad z'=\frac{z}{1-\dfrac{z}{f}} \tag{12-8}$$

定义齐次变换 $\boldsymbol{P}$：

$$\boldsymbol{P}=\begin{bmatrix} 1 & 0 & 0 & 0 \\ 0 & 1 & 0 & 0 \\ 0 & 0 & 1 & 0 \\ 0 & 0 & -\dfrac{1}{f} & 1 \end{bmatrix} \tag{12-9}$$

用透视变换可以得到相同的结果。实际上，点 $\boldsymbol{p}=[x\quad y\quad z\quad 1]^{\mathrm{T}}$经过变换后得

$$\begin{bmatrix} x \\ y \\ z \\ 1-\dfrac{z}{f} \end{bmatrix}=\begin{bmatrix} 1 & 0 & 0 & 0 \\ 0 & 1 & 0 & 0 \\ 0 & 0 & 1 & 0 \\ 0 & 0 & -\dfrac{1}{f} & 1 \end{bmatrix}\begin{bmatrix} x \\ y \\ z \\ 1 \end{bmatrix} \tag{12-10}$$

像点 $\boldsymbol{p}'=[x' \quad y' \quad z' \quad 1]^{\mathrm{T}}$则由上述结果除以系数 $1-\dfrac{z}{f}$得到，即

$$\boldsymbol{p}'=[x' \quad y' \quad z' \quad 1]^{\mathrm{T}}=\left[\frac{x}{\left(1-\dfrac{z}{f}\right)} \quad \frac{y}{\left(1-\dfrac{z}{f}\right)} \quad \frac{z}{\left(1-\dfrac{z}{f}\right)} \quad 1\right]^{\mathrm{T}} \tag{12-11}$$

实际上，镜头光轴方向可以取为 x 轴方向，也可以取为 y 轴方向。这时透视变换矩阵 $\boldsymbol{P}$ 的第一列或第二列的最后元素为 $-1/f$。

3. 摄像机成像模型

机器人视觉系统主要由摄像机、镜头和光源等组成，图 12-11(a)为面阵摄像机小孔成像模型原理图。真实空间中的点 $\boldsymbol{p}$，经过镜头光心投射到距离光心为 f 的图像传感器平面上，得到 $\boldsymbol{p}'$点。真实世界中图像传感器平面位于光心的后端，为了表达方便和简化计算，通过相似三角形原理，将其转换为距离光心前端为 f 的虚拟图像平面，如图 12-11(b)所示。点 $\boldsymbol{p}$ 所在坐标系称为世界坐标系，为了将点 $\boldsymbol{p}$ 投影到图像坐标系，第一步需要将该点转换到摄像机坐标系。摄像机坐标系的 x 方向平行于图像列方向，y 方向平行于图像行方向，z 方向为镜头光轴方向。

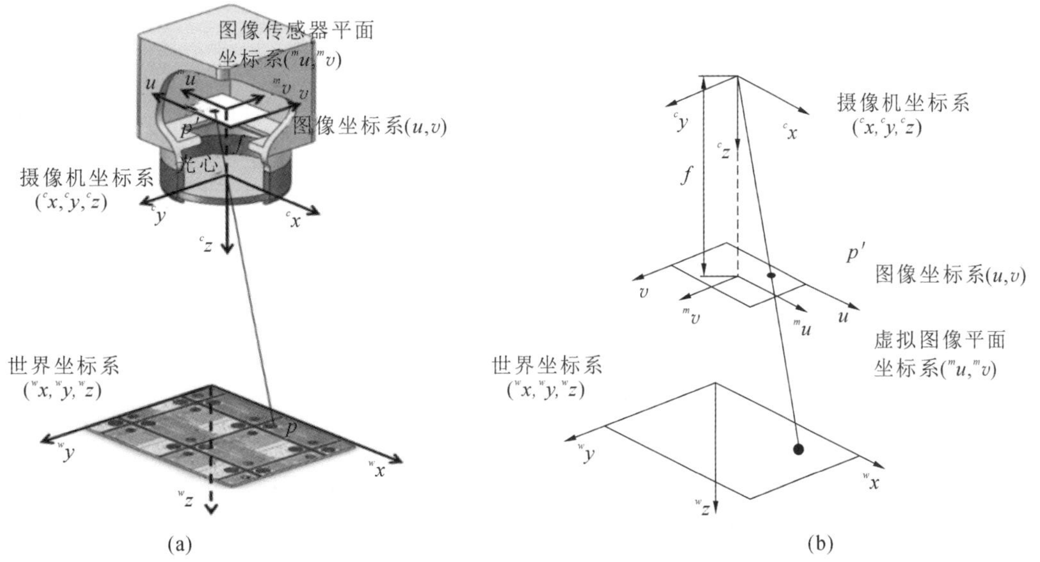

图 12-11　小孔成像模型

从世界坐标系到摄像机坐标系的转换为刚体变换，可以根据下式将点 $\boldsymbol{p}$ 的世界坐标 $^w\boldsymbol{p}=[^w x \quad ^w y \quad ^w z \quad 1]^{\mathrm{T}}$转换为摄像机坐标$^c\boldsymbol{p}=[^c x \quad ^c y \quad ^c z \quad 1]^{\mathrm{T}}$，即

$$^c\boldsymbol{p}={}_w^c\boldsymbol{T}\,{}^w\boldsymbol{p}=\begin{bmatrix}\boldsymbol{R} & \boldsymbol{t}\\ \boldsymbol{0} & 1\end{bmatrix}{}^w\boldsymbol{p} \tag{12-12}$$

式中：${}_w^c\boldsymbol{T}$ 为 4×4 的齐次变换矩阵，隐含了摄像机相对于世界坐标系的姿态；$\boldsymbol{t}$ 包括 3 个方向的平移 t_x，t_y 和 t_z；$\boldsymbol{R}$ 为 3×3 的正交矩阵，包含了绕 z 轴旋转的侧倾角 φ，绕 y 轴旋转的俯仰角 θ，绕 x 轴旋转的偏航角 ψ。

第二步是将摄像机坐标系中的三维坐标$^c\boldsymbol{p}$ 投影到虚拟图像平面坐标系。如图 12-11(b)所示，空间点 $\boldsymbol{p}$ 在摄像机坐标系下的坐标为($^c x$，$^c y$，$^c z$)，$\boldsymbol{p}'$为点 $\boldsymbol{p}$ 在虚拟图像平面上的投影，坐标为($^m u$，$^m v$)。f 为摄像机坐标系的$^c x\,^c y$ 平面到虚拟图像平面坐标系$^m u\,^m v$ 平面的距离，通常称为摄像机焦距。利用小孔成像模型，可以得到公式

$$ {}^{m}u=\frac{f}{{}^{c}z}{}^{c}x,\quad {}^{m}v=\frac{f}{{}^{c}z}{}^{c}y \tag{12-13}$$

式(12-13)可以用齐次坐标和矩阵变换的形式表示：

$$ s\begin{bmatrix}{}^{m}u\\{}^{m}v\\1\end{bmatrix}=\begin{bmatrix}f&0&0&0\\0&f&0&0\\0&0&1&0\end{bmatrix}{}^{c}\boldsymbol{p} \tag{12-14}$$

如图 12-11(b)所示，在不考虑图像畸变的情况下，点 $\boldsymbol{p}'$ 在图像坐标系中的坐标为 (u,v)，单位为像素。(u,v) 与 $({}^{m}u,{}^{m}v)$ 的转换关系为

$$ u=\frac{{}^{m}u}{s_u}+u_0,\quad v=\frac{{}^{m}v}{s_v}+v_0 \tag{12-15}$$

式(12-15)可以用齐次坐标与矩阵的形式表示为

$$ \begin{bmatrix}u\\v\\1\end{bmatrix}=\begin{bmatrix}\frac{1}{s_u}&0&u_0\\0&\frac{1}{s_v}&v_0\\0&0&1\end{bmatrix}\begin{bmatrix}{}^{m}u\\{}^{m}v\\1\end{bmatrix} \tag{12-16}$$

其逆变换为

$$ \begin{bmatrix}{}^{m}u\\{}^{m}v\\1\end{bmatrix}=\begin{bmatrix}s_u&0&-u_0s_u\\0&s_v&-v_0s_v\\0&0&1\end{bmatrix}\begin{bmatrix}u\\v\\1\end{bmatrix} \tag{12-17}$$

式中：s_u 和 s_v 代表缩放系数，代表每个像素的水平和垂直尺寸；(u_0,v_0) 代表光心在图像平面坐标系中的投影坐标，同时也定义了径向畸变的中心。

将式(12-12)和式(12-14)代入式(12-16)，则得到点 $\boldsymbol{p}$ 的世界坐标与其投影坐标 $\boldsymbol{p}'$ 的转换关系式，即

$$ s\begin{bmatrix}u\\v\\1\end{bmatrix}=\begin{bmatrix}\alpha&0&u_0&0\\0&\beta&v_0&0\\0&0&1&0\end{bmatrix}\begin{bmatrix}\boldsymbol{R}&\boldsymbol{t}\\\boldsymbol{0}&1\end{bmatrix}{}^{w}\boldsymbol{p}=\boldsymbol{M}_{\mathrm{I}}\,{}^{c}_{w}\boldsymbol{T}\,{}^{w}\boldsymbol{p} \tag{12-18}$$

式中：$\alpha=f/s_u$，为 u 轴上的尺度因子（归一化焦距）；$\beta=f/s_v$，为 v 轴上的尺度因子（归一化焦距），$s={}^{c}z$；$\boldsymbol{M}_{\mathrm{I}}\in\Re^{3\times4}$，称为投影矩阵，不可逆，且

$$ \boldsymbol{M}_{\mathrm{I}}=\begin{bmatrix}\alpha&0&u_0&0\\0&\beta&v_0&0\\0&0&1&0\end{bmatrix}=\begin{bmatrix}\frac{1}{s_u}&0&u_0\\0&\frac{1}{s_v}&v_0\\0&0&1\end{bmatrix}\begin{bmatrix}f&0&0&0\\0&f&0&0\\0&0&1&0\end{bmatrix}$$

当不考虑图像畸变时，矩阵 $\boldsymbol{M}_{\mathrm{I}}$ 的 4 个参数 (α,β,u_0,v_0) 只由摄像机的内部结构决定，称为摄像机内部参数（内参）；${}^{c}_{w}\boldsymbol{T}\in\Re^{4\times4}$ 表示摄像机相对于世界坐标系的位置，称为摄像机外部参数（外参）。

12.3 空间滤波

我们在“控制工程”和“信号与系统”等课程中都已经熟悉有关卷积的概念，如：

一维连续卷积

$$h(x)=f(x)*g(x)=\int_{-\infty}^{\infty}f(t)g(x-t)\mathrm{d}t \tag{12-19}$$

一维离散卷积

$$h(j)=f(j)*g(j)=\sum_{i=0}^{N}f(i)g(j-i) \tag{12-20}$$

二维连续卷积

$$h(x,y)=f(x,y)*g(x,y)=\int_{-\infty}^{\infty}\int_{-\infty}^{\infty}f(t_1,t_2)g(x-t_1,y-t_2)\mathrm{d}t_1\mathrm{d}t_2 \tag{12-21}$$

二维离散卷积

$$h(j,k)=f(j,k)*g(j,k)=\sum_{i_1=0}^{N_1}\sum_{i_2=0}^{N_2}f(i_1,i_2)g(j-i_1,k-i_2) \tag{12-22}$$

空间滤波(spatial filtering)(Ceccarelli et al. ,1998;McCarthy,1990)是一种采用滤波处理的图像增强方法,其理论基础是二维空间和卷积运算,目的是改善图像质量。空间滤波的模板称为空间滤波器。在图像中的任意一点 $\boldsymbol{I}(x,y)$,滤波器的响应 $\boldsymbol{G}(x,y)$ 是滤波器系数与该滤波器包围的图像像素的卷积。采用 $m\times n$ 的滤波器对 $M\times N$ 的图像进行线性空间滤波,可表示为

$$\boldsymbol{G}(x,y)=\sum_{s=-a}^{a}\sum_{t=-b}^{b}\boldsymbol{W}(s,t)\cdot\boldsymbol{I}(x-s,y-t) \tag{12-23}$$

式中:$\boldsymbol{W}(s,t)$ 是滤波器的系数;$\boldsymbol{I}(x-s,y-t)$ 是像素值。对于 $m\times n$ 的滤波器,$m=2a+1,n=2b+1$,a 与 b 为正整数。滤波器通过从一个像素到另一个像素的移动来完成滤波过程,如图 12-12 所示。

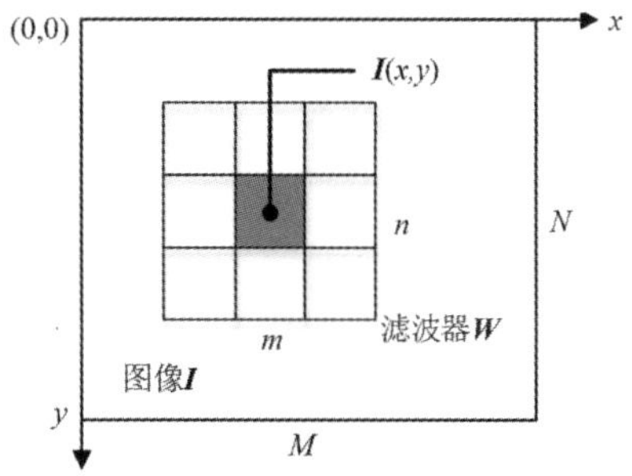

图 12-12　图像滤波操作示意图

1. 平滑空间滤波器

平滑空间滤波器主要用于模糊处理和降低噪声。本节主要介绍两类平滑空间滤波器,一类是线性滤波器,比如简单平均滤波器,另一类是统计排序滤波器。

1) 线性滤波器

对线性滤波器而言,一般高通滤波的作用是锐化图像,低通滤波的作用是模糊图像。最为常见的简单平均滤波器为均值滤波器,如图 12-13(a)所示,其响应公式为

$$R=\frac{1}{9}\sum_{i=1}^{9}Z_i \tag{12-24}$$

式中:Z_i 是 3×3 滤波器所覆盖的 9 个图像像素值;R 是滤波后被覆盖像素的响应值。

如图 12-13(b)所示,在加权均值滤波器中,加权的目的是在平滑处理中降低模糊程度。一幅 $M\times N$ 的图像经过一个 $m\times n$ 的加权均值滤波器,滤波过程可表示为

$$\boldsymbol{G}(x,y)=\frac{\sum_{s=-a}^{a}\sum_{t=-b}^{b}\boldsymbol{W}(s,t)\cdot\boldsymbol{I}(x-s,y-t)}{\sum_{s=-a}^{a}\sum_{t=-b}^{b}\boldsymbol{W}(s,t)} \tag{12-25}$$

2) 统计排序滤波器

统计排序滤波器是一种非线性平滑空间滤波器,其响应以滤波器包围图像的像素排序

1/9	1/9	1/9
1/9	1/9	1/9
1/9	1/9	1/9

(a)

1/16	1/8	1/16
1/8	1/4	1/8
1/16	1/8	1/16

(b)

图 12-13　滤波器模板

(a) 均值滤波器　(b) 加权均值滤波器

为基础,使用统计排序结果决定的值代替中心像素的值。中值滤波器是一种经典的统计排序滤波器,它采用像素邻域内灰度值的中值代替该像素值,对于处理脉冲噪声(椒盐噪声)非常有效,其响应公式为

$$R = \mathrm{med}\{\boldsymbol{I}(x+s,y+t)\},\ -a \leqslant s \leqslant a,\ -b \leqslant t \leqslant b \tag{12-26}$$

式中:med{ • }为数据取中间值操作。图 12-14 所示为采用中值滤波和均值滤波后的效果图像。

(a)　(b)　(c)

图 12-14　滤波效果图

(a) 原始图像　(b) 均值滤波后的图像　(c) 中值滤波后的图像

2.锐化空间滤波器

锐化空间滤波器可用来增强图像边缘及灰度突变区域,使图像变得清晰。图像锐化需要通过数学微分操作来实现,微分算子的响应程度与图像像素的突变程度成正比。微分操作可增强图像边缘和突变特征,同时会削弱图像灰度变化缓慢的区域。对于离散一维函数 $\boldsymbol{I}(x)$,一阶前项与后项差分公式分别为

$$\frac{\partial \boldsymbol{I}}{\partial x} = \boldsymbol{I}(x+1) - \boldsymbol{I}(x),\quad \frac{\partial \boldsymbol{I}}{\partial x} = \boldsymbol{I}(x) - \boldsymbol{I}(x-1) \tag{12-27}$$

对于离散二维图像函数 $\boldsymbol{I}(x,y)$,二阶差分公式为

$$\frac{\partial^2 \boldsymbol{I}}{\partial x^2} = \boldsymbol{I}(x+1) + \boldsymbol{I}(x-1) - 2\boldsymbol{I}(x) \tag{12-28}$$

图像边缘在灰度上类似于斜坡过渡,图像一阶微分会产生较粗的边缘,而二阶微分会产生零分开的双边缘,二阶微分在增强细节方面比一阶微分效果好。下面讨论二维函数二阶微分的实现及其在图像锐化中的应用。基本方法:定义一个二阶微分的离散公式,构造一个基于该公式的滤波器,再把该滤波器与原图像进行卷积运算,实现锐化处理。不同算子对应不同的二阶微分计算方法。一个二维图像函数 $\boldsymbol{I}(x,y)$的拉普拉斯算子定义为

$$\nabla^2 \boldsymbol{I} = \frac{\partial^2 \boldsymbol{I}}{\partial x^2} + \frac{\partial^2 \boldsymbol{I}}{\partial y^2} \tag{12-29}$$

因为任意阶微分都是线性操作，所以拉普拉斯变换算子也是一个线性算子，其离散化形式为

$$\begin{aligned}\frac{\partial^2 \boldsymbol{I}}{\partial x^2} &= \boldsymbol{I}(x+1,y)+\boldsymbol{I}(x-1,y)-2\boldsymbol{I}(x,y)\\ \frac{\partial^2 \boldsymbol{I}}{\partial y^2} &= \boldsymbol{I}(x,y+1)+\boldsymbol{I}(x,y-1)-2\boldsymbol{I}(x,y)\end{aligned} \tag{12-30}$$

$$\nabla^2 \boldsymbol{I} = \boldsymbol{I}(x+1,y)+\boldsymbol{I}(x-1,y)+\boldsymbol{I}(x,y+1)+\boldsymbol{I}(x,y-1)-4\boldsymbol{I}(x,y) \tag{12-31}$$

二阶微分滤波器可以实现拉普拉斯滤波操作，其滤波器如图 12-15 所示。

对拉普拉斯滤波器的两个对角线方向进行修改，使模板对 45°增幅的结果各向同性，可产生如图 12-16 所示的带有对角项的拉普拉斯滤波器。

0	1/4	0
1/4	−1	1/4
0	1/4	0

图 12-15　拉普拉斯滤波器

1/8	1/8	1/8
1/8	−1	1/8
1/8	1/8	1/8

图 12-16　带有对角项的拉普拉斯滤波器

拉普拉斯算子是一种微分算子，应用时强调图像中的灰度突变的区域，并不强调灰度缓慢变化的区域。如果将原图像和使用拉普拉斯算子滤波后的图像叠加，可以复原背景特性并保持拉普拉斯算子滤波的锐化效果。如果使用的滤波器有负的中心系数，那么必须用原图像减去经拉普拉斯算子滤波后的图像，从而得到锐化后的结果，即

$$\boldsymbol{G}(x,y) = \boldsymbol{I}(x,y) - \nabla^2 \boldsymbol{I}(x,y) \tag{12-32}$$

拉普拉斯算子滤波后的图像中既有正值又有负值，并且所有负值在显示时都被修剪为零，所以滤波后图像的大部分都是黑色的。图 12-17 为经过拉普拉斯算子滤波后的效果图。

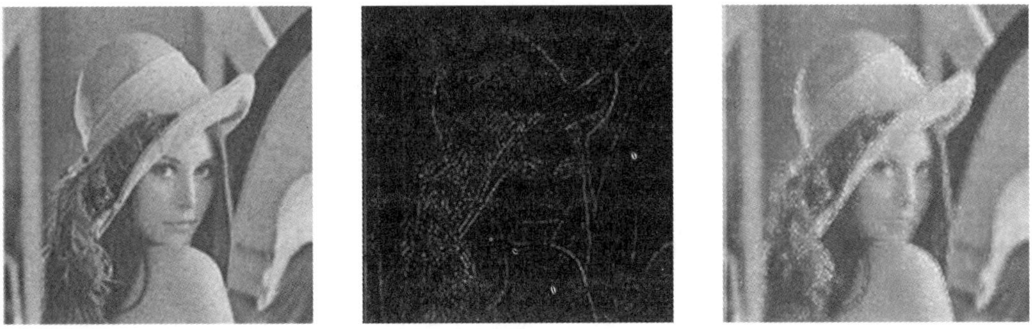

(a)　(b)　(c)

图 12-17　拉普拉斯算子滤波效果图

(a) 原图　(b) 拉普拉斯算子滤波图　(c) 拉普拉斯算子滤波图叠加原图

图像一阶微分用梯度来表示，对于函数 $\boldsymbol{I}(x,y)$，在坐标 (x,y) 处的梯度定义为

$$\nabla \boldsymbol{I} = \mathrm{grad}(\boldsymbol{I}) = [g_x \quad g_y]^{\mathrm{T}} = \begin{bmatrix}\dfrac{\partial \boldsymbol{I}}{\partial x} & \dfrac{\partial \boldsymbol{I}}{\partial y}\end{bmatrix}^{\mathrm{T}} \tag{12-33}$$

该二维列矢量表示在位置 (x,y) 处 $\boldsymbol{I}$ 的最大变化率方向，反映了图像边缘上的灰度变化。把图像看成二维离散函数，图像梯度本质上是二维离散函数的导数。矢量 $\nabla \boldsymbol{I}$ 的幅度值

（长度）表示为

$$M(x,y)=\mathrm{mag}(\nabla I)=\sqrt{g_x^2+g_y^2} \tag{12-34}$$

式中：$M(x,y)$是与原图像大小相同的图像，通常称为梯度图像（或梯度）。因为梯度矢量的分量是微分，所以它们是线性算子。幅度$M(x,y)$不是线性算子，因为求幅度是对梯度矢量两分量平方和求平方根的操作。幅度$M(x,y)$是旋转不变的，即各向同性，但梯度∇I不是旋转不变的，即各向异性。实际应用时，常采用如下简化形式计算$M(x,y)$：

$$M(x,y)\approx |g_x|+|g_y| \tag{12-35}$$

−1	0
0	1

0	1
−1	0

图 12-18　梯度计算滤波器

式(12-35)保留了灰度的相对变化，但丢失了各向同性特性。在数字图像处理研究中，罗伯特提出了一种新的计算梯度图像的方法，可以用如图 12-18 所示的两个滤波器来实现。

这两个滤波器称为 Roberts 交叉梯度算子滤波器，其实质是交叉地求对角线方向像素灰度差的和，图 12-19 所示为 Roberts 交叉梯度算子的计算示意图。

2	2	2	8	8	8
2	2	2	8	8	8
2	2	2	8	8	8
2	2	2	10	10	10
2	2	2	10	10	10
2	2	2	10	10	10

Roberts交叉梯度算子变换后的梯度幅值 $M(x,y)=|g_x|+|g_y|$ →

0	0	12	0	0	0
0	0	12	0	0	0
0	0	14	0	0	0
0	0	16	0	0	0
0	0	16	0	0	0
0	0	16	0	0	0

图 12-19　Roberts 交叉梯度算子计算示意图

Roberts 交叉梯度算子滤波器小、计算量小，但由于滤波器尺寸是 2×2，待处理像素不能放在滤波器中心。如图 12-20 所示，将 Roberts 算子改造成一个 3×3 的滤波器，计算式为

$$g_x=\frac{\partial I}{\partial x}=(I_7+2I_8+I_9)-(I_1+2I_2+I_3)$$

$$g_y=\frac{\partial I}{\partial y}=(I_3+2I_6+I_9)-(I_1+2I_4+I_7) \tag{12-36}$$

式(12-36)可以用如图 12-21 所示滤波器实现。这两个滤波器称为 Sobel 算子滤波器，滤波器中的系数和为零，表明灰度恒定区域的响应为 0。Sobel 算子结合了高斯平滑和微分求导，被广泛应用于计算图像灰度函数的近似梯度。Sobel 算子的滤波效果如图 12-22 所示。

I_1	I_2	I_3
I_4	I_5	I_6
I_7	I_8	I_9

图 12-20　3×3 滤波器示意图

−1	−2	−1
0	0	0
1	2	1

−1	0	1
−2	0	2
−1	0	1

图 12-21　Sobel 算子滤波器

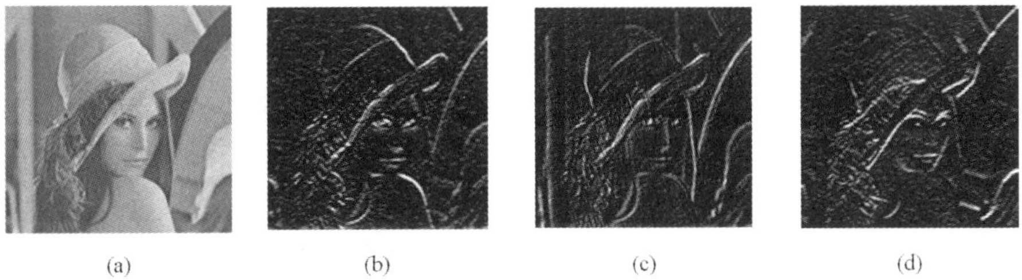

图 12-22　Sobel 算子滤波效果

(a) 原图　(b) Sobel 算子 x 方向梯度结果　(c) Sobel 算子 y 方向梯度结果　(d) Sobel 算子整体梯度结果

12.4　频 域 滤 波

频域滤波(spectral filtering)(Lakshmikantham et al.,2013)通过二维离散傅里叶变换将一幅图像变换到频域,在频域中与设计的滤波器相乘,再通过逆变换获取滤波图像。使用不同的滤波器,可实现图像滤波、平滑、锐化等操作。根据滤波器截止频率的不同,频域滤波可分为平滑滤波、锐化滤波和选择滤波。下面介绍二维离散傅里叶变换、频域滤波过程和不同高斯频域滤波器处理效果。

1. 二维离散傅里叶变换及其逆变换

对于连续变量 t,连续函数 $f(t)$的傅里叶变换定义为

$$F(\mu)=\int_{-\infty}^{\infty} f(t)\mathrm{e}^{-\mathrm{j}2\pi\mu t}\,\mathrm{d}t \tag{12-37}$$

相反,给定 $F(\mu)$,通过傅里叶逆变换可以获得 $f(t)$,傅里叶逆变换定义为

$$f(t)=\int_{-\infty}^{\infty} F(\mu)\mathrm{e}^{\mathrm{j}2\pi\mu t}\,\mathrm{d}\mu \tag{12-38}$$

式(12-37)和式(12-38)称为傅里叶变换对。

离散傅里叶变换定义为

$$F(\mu)=\sum_{x=0}^{M-1} f(x)\mathrm{e}^{-\mathrm{j}2\pi\mu x/M},\quad \mu=0,1,\cdots,M-1 \tag{12-39}$$

同理,离散傅里叶逆变换定义为

$$f(x)=\frac{1}{M}\sum_{\mu=0}^{M-1} F(\mu)\mathrm{e}^{\mathrm{j}2\pi\mu x/M},\quad x=0,1,\cdots,M-1 \tag{12-40}$$

将一维离散傅里叶变换推广到二维,可得到二维离散傅里叶变换

$$F(u,v)=\sum_{x=0}^{M-1}\sum_{y=0}^{N-1} f(x,y)\mathrm{e}^{-\mathrm{j}2\pi\left(\frac{ux}{M}+\frac{vy}{N}\right)} \tag{12-41}$$

相应的二维离散傅里叶逆变换定义为

$$f(x,y)=\frac{1}{MN}\sum_{u=0}^{M-1}\sum_{v=0}^{N-1} F(u,v)\mathrm{e}^{\mathrm{j}2\pi\left(\frac{ux}{M}+\frac{vy}{N}\right)} \tag{12-42}$$

2. 频域滤波过程

对一幅图像进行频域滤波的步骤如下:① 给定一幅大小为 $M\times N$ 的输入图像 $\boldsymbol{I}(x,y)$,通过二维离散傅里叶变换得到其频域中的图像 $\boldsymbol{F}(u,v)$;② 设计频域滤波函数 $\boldsymbol{H}(u,v)$,其维数与 $\boldsymbol{F}(u,v)$相同,将 $\boldsymbol{F}(u,v)$与 $\boldsymbol{H}(u,v)$点乘(即滤波),得到滤波后的图像 $\boldsymbol{G}(u,v)$;

③ 对$\boldsymbol{G}(u,v)$进行二维离散傅里叶逆变换，得到处理后的图像。

下面用图 12-23 所示图像对频域滤波过程进行说明：① 对图像进行二维离散傅里叶变换，频谱图如图 12-24 所示；② 用截止频率半径为 100 Hz 的理想低通滤波器对上述频谱图进行滤波，滤波后的图像如图 12-25 所示；③ 对滤波后的图像进行二维离散傅里叶逆变换，得到滤波后的图像如图 12-26 所示。

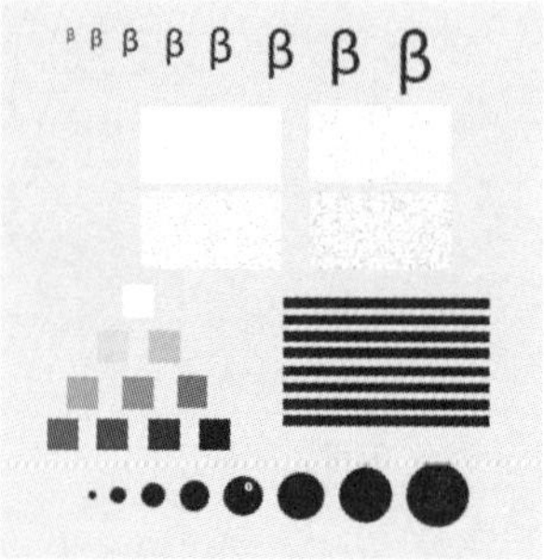

图 12-23　原图

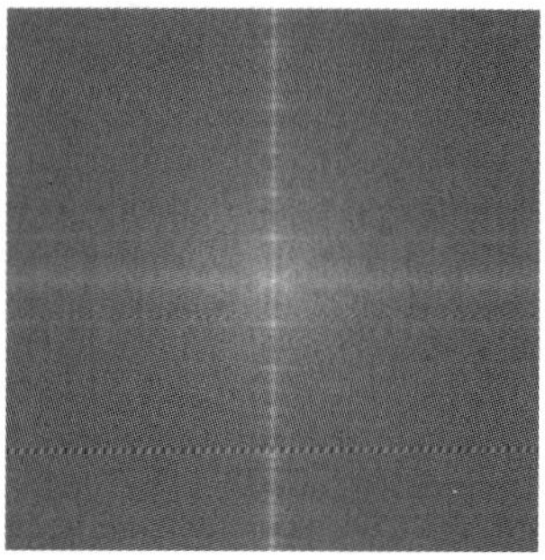

图 12-24　傅里叶变换频谱图

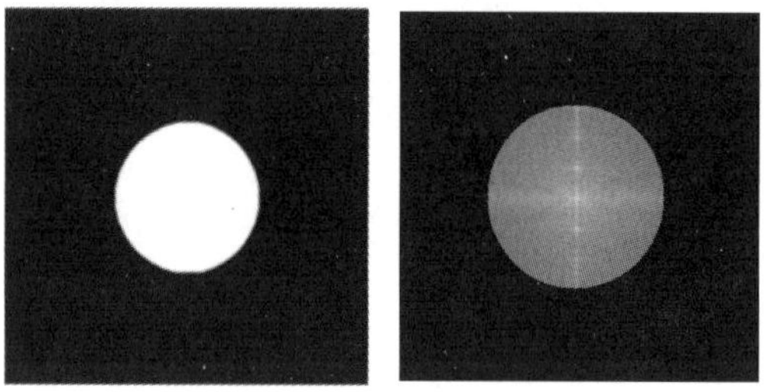

(a)　　(b)

图 12-25　采用低通滤波器进行滤波

(a) 理想低通滤波器　(b) 滤波后的傅里叶频谱图

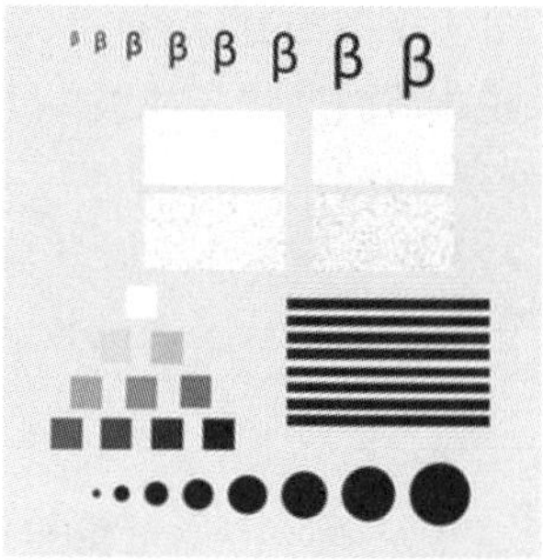

图 12-26　经傅里叶逆变换后的图像

3. 频域平滑滤波

对于一幅 $M\times N$ 大小的图像，低频部分对应于图像中变化缓慢的灰度分量，高频部分对应于图像中灰度变换较快的部分，通常都是物体的边缘和细节。因此，在频域滤波时可以滤掉高频部分，使图像达到平滑的效果。频域平滑滤波器有理想低通滤波器、布特沃斯低通滤波器及高斯低通滤波器等，下面主要介绍高斯低通滤波器。高斯低通滤波器定义为

$$\boldsymbol{H}_{\mathrm{GLPF}}(u,v)=1-\exp\left(\frac{-D^2(u,v)}{2D_0^2}\right) \tag{12-43}$$

式中：$D(u,v)$是距频率矩形中心的距离，对于一幅 $M\times N$ 大小的图像，$D(u,v)=\sqrt{\left(u-\frac{m}{2}\right)^2+\left(v-\frac{n}{2}\right)^2}$；参数 D_0 是截止频率，D_0 越大高斯滤波器的频带越宽，平滑效果越好。

图 12-27 所示为截止频率为 30 Hz 的高斯低通滤波器的图像滤波效果。

4. 频域锐化滤波

频域锐化滤波会衰减傅里叶变换中的低频部分，但不会扰乱高频部分，从而突出图像的边缘和细节。频域锐化滤波器有理想高通滤波器、布特沃斯高通滤波器及高斯高通滤波器等，下面主要介绍高斯高通滤波器。高斯高通滤波器定义为

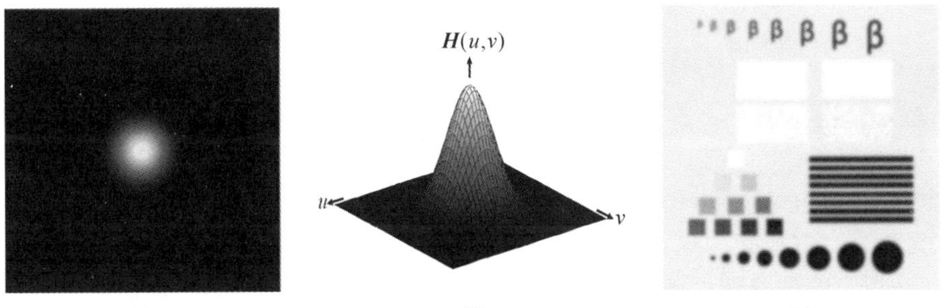

(a)　(b)　(c)

图 12-27　高斯低通滤波器处理效果

(a) 高斯低通滤波器　(b) 高斯低通滤波器三维图　(c) 处理后的图像

$$H_{\mathrm{GHPF}}(u,v)=1-\exp\left(\frac{-D^2(u,v)}{2D_0^2}\right) \tag{12-44}$$

式中：$D(u,v)$是距频率矩形中心的距离；D_0 是截止频率。

图 12-28 所示为采用截止频率为 30 Hz 的高斯高通滤波器的图像滤波效果。

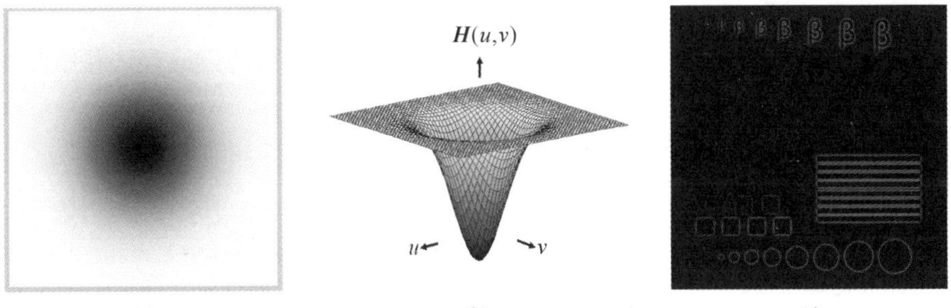

(a)　(b)　(c)

图 12-28　高斯高通滤波器处理效果

(a) 高斯高通滤波器　(b) 高斯高通滤波器三维图　(c) 处理后的图像

5. 选择滤波器

选择滤波器是一种处理感兴趣的频段或频率的小区域滤波器，分为带阻滤波器及带通滤波器。带阻滤波器有理想带阻滤波器、高斯带阻滤波器等，带通滤波器有理想带通滤波器、高斯带通滤波器等。

以 D_0 表示截止频率，W 表示带宽，D 表示 $D(u,v)$距滤波器中心的距离，则理想带阻滤波器可表示为

$$H_{\mathrm{IBSF}}(u,v)=\begin{cases}0, & D_0-\dfrac{W}{2}\leqslant D\leqslant D_0+\dfrac{W}{2}\\ 1, & \text{其他}\end{cases} \tag{12-45}$$

高斯带阻滤波器可表示为

$$H_{\mathrm{GBSF}}(u,v)=1-\exp\left[-\left(\frac{D^2-D_0^2}{DW}\right)^2\right] \tag{12-46}$$

同样，带通滤波器 H_{GBPF}可以从带阻滤波器得到，即

$$H_{\mathrm{GBPF}}(u,v)=1-H_{\mathrm{GBSF}}(u,v) \tag{12-47}$$

12.5 图像分割

图像分割（image segmentation）指将数字图像根据灰度、颜色、纹理和形状等特征细分为多个图像子区域（像素的集合）的过程，其目的是简化或改变图像的表示形式，使图像更易于理解和分析。图像分割技术应用非常广泛，在图像识别、图像检索、目标追踪、区域定位、场景地图重建等领域都有应用。常用的图像分割技术包括基于阈值的分割方法、基于边缘的分割方法、基于数学形态学的分割方法、基于区域分析的分割方法、基于图论的分割方法，以及基于能量泛函的分割方法（McCarthy，1990）。本节主要介绍 Otsu 自动阈值分割算法（基于阈值）、Canny 图像边缘分割算法（基于边缘）和水平集分割算法（基于能量）。

1. Otsu 自动阈值分割算法

基于阈值的分割算法主要包括图像阈值确定和二值图像分割两部分内容。该方法处理直观，计算速度快，广泛应用于背景和前景差异明显的图像分割中（Otsu，1979）。通常来说，人工设定阈值无法很好地实现批量图像的分割，而自动确定阈值的方法利用图像灰度值的统计信息，可以满足大部分情况下的阈值分割。Otsu 自动阈值分割算法是自动阈值分割中的经典算法，该方法将图像分割看成一个分类问题，通过最大化背景和前景像素灰度值的类间差距来达到确定最佳阈值的目的，之后再利用该阈值对图像进行二值化，实现图像分割。具体步骤如下。

第一步：确定最佳阈值 T。首先计算并绘制输入图像的归一化直方图，使各分量 h_i 满足 $\sum_{i=0}^{L-1} h_i = 1$，分别利用阈值 $T_k(k=0,1,\cdots,L-1)$ 计算第一类（前景或背景）的概率 $P_1 = \sum_{i=0}^{k} h_i$ 和累积均值 $m_1 = \frac{1}{P_1}\sum_{i=0}^{k} ih_i$，同时计算全局累积均值 $m_G = \sum_{i=0}^{L-1} ih_i$，这样根据下式可以计算 P_2 和 m_2：

$$P_1 m_1 + P_2 m_2 = m_G, \quad P_1 + P_2 = 1 \tag{12-48}$$

利用式（12-48），类间方差可以表示为

$$\sigma_B^2 = P_1 P_2 (m_1 - m_2)^2 = \frac{(m_G P_1 - m_1)^2}{P_1(1-P_1)} \tag{12-49}$$

最佳阈值为

$$T^* = \operatorname{argmax}\{T_k\}, \quad k = 0,1,\cdots,L-1 \tag{12-50}$$

第二步：图像二值化。利用阈值 T^* 对原图像进行二值化，公式为

$$\boldsymbol{I}_B(x,y) = \begin{cases} 1, & \boldsymbol{I}(x,y) > T^* \\ 0, & \boldsymbol{I}(x,y) \leqslant T^* \end{cases} \tag{12-51}$$

式中：$\boldsymbol{I}(x,y)$ 表示分割前的原图像；$\boldsymbol{I}_B(x,y)$ 表示分割后的图像。如图 12-29 所示为使用 Otsu 自动阈值分割算法的分割效果示例。

2. Canny 图像边缘分割算法

边缘分割算法在机器人导航中有着广泛应用，可用于道路及标记的特征提取。Canny 图像边缘分割算法是经典的图像边缘分割算法（Canny，1986），操作步骤如下。

第一步：采用高斯滤波器对图像进行平滑处理。Canny 图像边缘分割算法采用梯度信

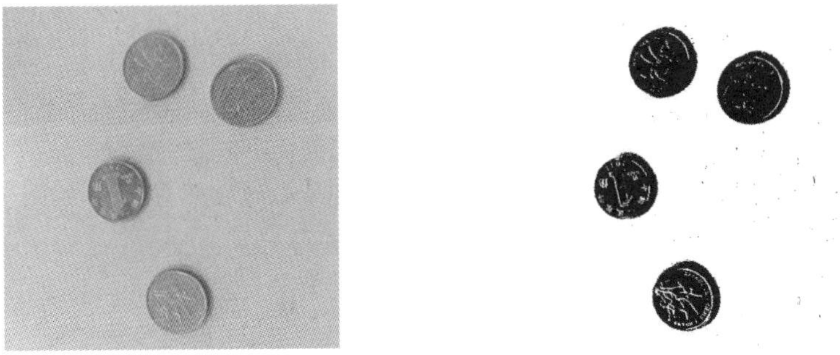

(a)　　(b)

图 12-29　Otsu 自动阈值分割算法效果示例

(a) 原始图像　(b) 分割结果图像

息提取边缘，对图像噪声非常敏感，因此操作前需要对图像进行噪声抑制。采用的二维高斯核函数为

$$H(x,y)=\frac{1}{2\pi\sigma_1\sigma_2}\exp\left[-\frac{1}{2}\left(\frac{(x-u)^2}{\sigma_1^2}+\frac{(y-v)^2}{\sigma_2^2}\right)\right] \tag{12-52}$$

式中：σ_1 表示 x 方向的标准差；σ_2 表示 y 方向的标准差；u 表示 x 方向的均值；v 表示 y 方向的均值。

高斯核函数的滤波操作是一个卷积的过程，具体表示为

$$\boldsymbol{G}=\boldsymbol{I}*\boldsymbol{H} \tag{12-53}$$

式中：$\boldsymbol{I}$ 表示原图像；“ * ”表示卷积操作。

第二步：计算梯度幅值和方向。采用一阶微分计算梯度幅值和方向，常用的水平和竖直方向的一阶微分模板为

$$\boldsymbol{H}_{\mathrm{h}}=\begin{bmatrix}1 & -1\\ 1 & -1\end{bmatrix},\quad \boldsymbol{H}_{\mathrm{v}}=\begin{bmatrix}-1 & -1\\ 1 & 1\end{bmatrix} \tag{12-54}$$

采用两个微分模板对滤波后的图像进行卷积操作，计算出图像梯度，即

$$\boldsymbol{\varphi}_{\mathrm{h}}=\boldsymbol{H}_{\mathrm{h}}*\boldsymbol{G},\quad \boldsymbol{\varphi}_{\mathrm{v}}=\boldsymbol{H}_{\mathrm{v}}*\boldsymbol{G} \tag{12-55}$$

图 12-30 为采用不同算子进行边缘提取的效果，其中 Canny 算子边缘提取效果最好。

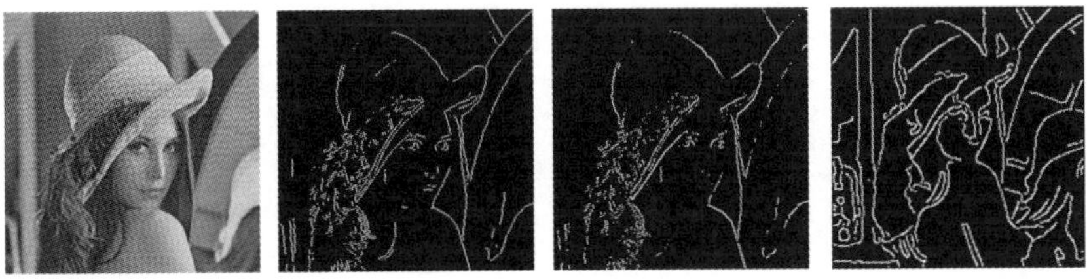

(a)　　(b)　　(c)　　(d)

图 12-30　采用不同算子进行边缘提取的效果

(a) 原图像　(b) Sobel 算子　(c) Robert 算子　(d) Canny 算子

图像的梯度幅值和梯度方向分别表示为

$$\begin{aligned}\boldsymbol{\varphi}(x,y)&=\sqrt{\boldsymbol{\varphi}_{\mathrm{h}}^2(x,y)+\boldsymbol{\varphi}_{\mathrm{v}}^2(x,y)}\\ \alpha(x,y)&=\arctan\left[\frac{\boldsymbol{\varphi}_{\mathrm{v}}(x,y)}{\boldsymbol{\varphi}_{\mathrm{h}}(x,y)}\right]\end{aligned} \tag{12-56}$$

第三步：非极大值抑制。采用全局梯度计算出的梯度幅值通常含有较多的伪边缘，需采用非极大值抑制的方式来抑制伪边缘，即保留局部梯度最大的点。首先计算出像素对应位置的梯度方向，然后沿着梯度线，比较相邻两个像素梯度幅值的大小。如果某点处的梯度幅值不大于相邻像素梯度幅值，则将该点梯度幅值标记为0，否则标记为1。

第四步：边缘检测和连接。采用双阈值的方式对非极大值抑制之后的图像进行分割，假设两阈值分别为 T_1 和 T_2（$T_1<T_2$）。采用阈值 T_1 进行分割，将梯度幅值小于 T_1 的像素标记为0，否则标记为1，得到图像 $\boldsymbol{I}_1$；同样，采用阈值 T_2 进行分割，可以得到图像 $\boldsymbol{I}_2$。注意，由于 T_1 较小，因此得到的图像 $\boldsymbol{I}_1$ 中包含的细节更多，但是有些边缘区域可能会存在过分割，因此可以以图像 $\boldsymbol{I}_2$ 为基础，结合 $\boldsymbol{I}_1$ 中的细节信息进行边缘补充。在高阈值图像 $\boldsymbol{I}_2$ 中把边缘连接成轮廓，当达到轮廓的端点时，Canny 算法会在该端点的8个邻域点中寻找满足低阈值的点，再根据此点收集新的边缘，直到图像边缘闭合。

基于边缘的分割算法难以保证边缘的连续性和封闭性，对复杂图像分割效果较差，可能出现边缘模糊、边缘丢失等现象。

3. 水平集分割算法

水平集分割算法是一种基于能量泛函的图像分割方法，该方法定义了一个能量泛函，使得其自变量包括分割曲线，进而将分割的过程转化为能量泛函极值求解问题，能量达到极小值时的分割曲线就是待分割的目标区域的轮廓（Caselles et al.，1997）。

不同水平集分割算法的主要区别是如何构建能量函数，例如 Chan-Vese（C-V）的能量函数为

$$E(c_1,c_2,C)=\mu\cdot\text{Length}(C)+\lambda_1\cdot\int_{\text{inside}(C)}|u_0(x,y)-c_1|^2\mathrm{d}x\mathrm{d}y+\lambda_2\cdot\int_{\text{outside}(C)}|u_0(x,y)-c_2|^2\mathrm{d}x\mathrm{d}y \tag{12-57}$$

式中：Length(C)表示轮廓的长度；inside(C)表示图像在轮廓内部的部分；outside(C)表示图像在轮廓外部的部分；c_1 表示轮廓内部的平均灰度值；c_2 表示轮廓外部的平均灰度值。式中右边第一项称为规整项，用来约束演化曲线的长度，使得演化曲线的长度尽可能短；第二项和第三项称为保真项，用来推动演化曲线向目标轮廓靠近；u，λ_1，λ_2 为正常数，用来调整规整项和保真项在能量函数中的比例。如果采用水平集函数 $\varphi(x,y)$ 来替代演化曲线，则有

$$\begin{aligned}E(c_1,c_2,\varphi)=&\mu\cdot\int_\Omega\delta(\varphi(x,y))|\nabla\varphi(x,y)|\mathrm{d}x\mathrm{d}y\\&+\lambda_1\cdot\int_\Omega|u_0(x,y)-c_1|^2H(\varphi(x,y))\mathrm{d}x\mathrm{d}y\\&+\lambda_2\cdot\int_\Omega|u_0(x,y)-c_2|^2(1-H(\varphi(x,y)))\mathrm{d}x\mathrm{d}y\end{aligned} \tag{12-58}$$

式中：$H(\cdot)$为海氏（Heaviside）函数的正则化形式；$\delta(\cdot)$为狄拉克（Dirac）函数的正则化形式。通过式(12-58)对应的欧拉-拉格朗日方程进行求解，得到如下演化方程：

$$\frac{\partial\varphi}{\partial t}=\delta(\varphi)[\mu\cdot\text{div}(\nabla\varphi/|\nabla\varphi|)-\lambda_1(u_0-c_1)^2+\lambda_2(u_0-c_2)^2] \tag{12-59}$$

式中：$\text{div}(\nabla\varphi/|\nabla\varphi|)$ 表示水平集曲面曲率。通过式(12-59)求解得到对应的分割曲线。水平集分割结果如图12-31所示。水平集能处理背景复杂、边界模糊的图像分割问题。

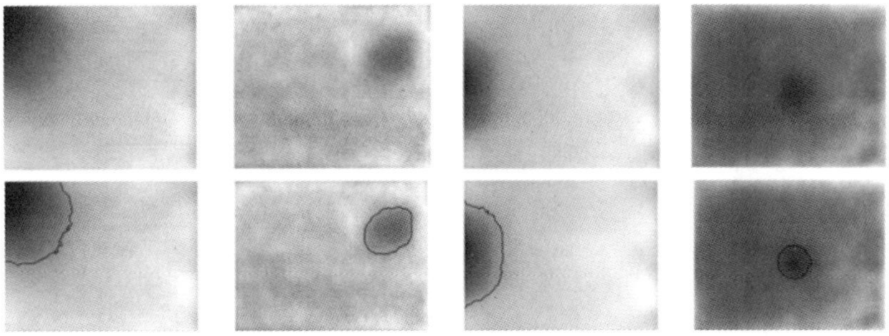

图 12-31　水平集分割结果(第一行为原始缺陷图像,第二行为缺陷分割结果)

12.6　特征提取

图像特征是图像分析和理解的基础,获取有效的低层图像特征是图像高级语义信息提取的关键。本节主要介绍常见的低层图像特征,如颜色、纹理和形状等特征的提取方法(Karayiannidis et al. ,2007)。

1. 颜色特征

颜色特征是一种全局的特征,综合了图像区域内所有像素的颜色信息,用于描述物体表面性质(McCarthy,1990)。颜色直方图和颜色矩是常用的图像颜色特征描述方法。

(1) 颜色直方图　颜色直方图用以反映图像颜色的组成分布,即各种颜色出现的概率。颜色直方图对图像物理变换和空间结构变换不敏感,可用于衡量和比较两幅图像的全局差异性。假定给定一幅大小为 $M\times N$ 的图像,$\boldsymbol{I}(x,y)$表示像素(x,y)处的颜色值,图像所包含的颜色集记为 C,那么图像的颜色直方图表示为

$$h_c=\frac{1}{MN}\sum_{x=0}^{M-1}\sum_{y=0}^{N-1}\delta(\boldsymbol{I}(x,y)-c),\forall c\in C \tag{12-60}$$

式中:δ 为狄拉克数。颜色直方图的缺点是无法表达颜色空间分布,单一颜色容易造成误判别。如图 12-32 所示为原图中各颜色像素的分布情况。

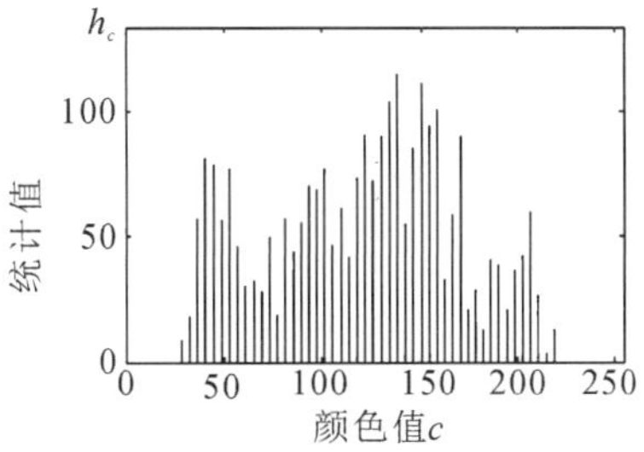

(a)　(b)

图 12-32　颜色直方图

(a) 原图　(b) 颜色直方图

(2) 颜色矩　颜色矩利用线性代数中矩的概念,将图像中的颜色分布用矩表示,常用的有颜色一阶矩 τ(平均值 average)、颜色二阶矩 ε(方差 variance)和颜色三阶矩 v(偏斜度 skewness)。这三种矩分别表示为

$$\tau_i=\frac{1}{n}\sum_{j=1}^{n}\boldsymbol{I}_{ij},\quad \varepsilon_i=\left[\frac{1}{n}\sum_{j=1}^{n}(\boldsymbol{I}_{ij}-\tau_i)^2\right]^{\frac{1}{2}},\quad \upsilon_i=\left[\frac{1}{n}\sum_{j=1}^{n}(\boldsymbol{I}_{ij}-\tau_i)^3\right]^{\frac{1}{3}} \tag{12-61}$$

式中：$\boldsymbol{I}_{ij}$ 表示第 i 个颜色通道中第 j 个像素的强度值；n 表示图像中的像素个数。与颜色直方图不同，利用颜色矩进行图像描述时，无须量化图像特征。颜色矩的维度较低，可与其他图像特征综合使用。

2. 纹理特征

纹理特征描述了图像区域所对应景物的表面性质，体现了具有周期性变化的表面结构组织和排列属性(McCarthy，1990)。纹理特征一般有其特有的属性，在图像纹理区域内大致均匀。常用的纹理特征提取方法有统计分析方法、模型分析方法、几何分析方法及频谱分析方法。下面主要介绍两种经典的纹理特征提取方法：Tamura 纹理特征提取方法和 Gabor 纹理特征提取方法。

1) Tamura 纹理特征提取方法

Tamura 纹理特征包含 6 个分量，分别对应纹理特征的 6 个属性，即粗糙度、对比度、方向度、线性度、规整度和粗略度。这 6 种纹理特征属性都有实际的视觉意义，在图像检索、分析中应用广泛。下面以粗糙度、对比度和方向度为例进行说明。

(1) 粗糙度　粗糙度反映了纹理的粒度，是最基本的纹理特征，可以通过不同大小窗口的像素滑动均值计算。对于 $2^k\times2^k$ 图像区域，其计算公式为

$$\boldsymbol{A}_k(x,y)=\sum_{i=x-2^{k-1}}^{x+2^{k-1}-1}\sum_{j=y-2^{k-1}}^{y+2^{k-1}-1}\frac{\boldsymbol{I}(i,j)}{2^{2k}} \tag{12-62}$$

式中：k 确定了像素的范围；$\boldsymbol{I}(i,j)$ 表示选定区域中第 (i,j) 点的像素灰度值。由此可以计算出图像在水平和垂直方向上互不重叠的活动窗口之间的平均强度，即

$$\begin{cases}E_{k,h}=\left|\boldsymbol{A}_k(x+2^{k-1},y)-\boldsymbol{A}_k(x-2^{k-1},y)\right|\\E_{k,v}=\left|\boldsymbol{A}_k(x,y+2^{k-1})-\boldsymbol{A}_k(x,y-2^{k-1})\right|\end{cases} \tag{12-63}$$

式中：$E_{k,h}$ 和 $E_{k,v}$ 分别表示像素水平和竖直方向的强度差。根据该差值，可以找到使 E 值最大的 k 值。记此时 (x,y) 处的窗口最佳尺寸为 $\boldsymbol{S}_{\text{best}}(x,y)$，则整幅图像的粗糙度为

$$F_{\text{crs}}=\frac{1}{MN}\sum_{i=1}^{M}\sum_{j=1}^{N}\boldsymbol{S}_{\text{best}}(i,j) \tag{12-64}$$

式中：$M\times N$ 表示图像大小。

(2) 对比度　对比度反映了图像中较亮区域和较暗区域的亮度层次，亮度差异越大，对比度越大，反之亦然。图像的对比度可以表示为

$$F_{\text{con}}=\frac{\sigma}{\alpha_4^{0.25}} \tag{12-65}$$

式中：σ 表示图像的标准方差；$\alpha_4=\dfrac{u_4}{\sigma^4}$ 表示图像灰度的峰值，其中 u_4 表示图像灰度值的四阶矩均值。

(3) 方向度　方向度是对纹理沿某些方向散布或集中程度的一种度量，它与纹理基元的形状和排列规则有关。每个像素处的方向度均可以表示为

$$\left|\Delta\boldsymbol{G}(x,y)\right|=\frac{\left|\Delta\boldsymbol{H}(x,y)\right|+\left|\Delta\boldsymbol{V}(x,y)\right|}{2}$$

$$\boldsymbol{\theta}(x,y)=\arctan\left(\frac{\Delta\boldsymbol{V}(x,y)}{\Delta\boldsymbol{H}(x,y)}\right)+\frac{\pi}{2} \tag{12-66}$$

式中：$\Delta \boldsymbol{V}$ 和 $\Delta \boldsymbol{H}$ 为图像的梯度矩阵和图像整体方向度度量矩阵。Tamura 等人采用了二阶矩累加的方法对方向度进行定义，具体表示为

$$F_{\mathrm{dir}} = \sum_{p}^{n_p} \sum_{\varphi \in w_p} (\varphi - \varphi_p)^2 \boldsymbol{H}(\varphi) \tag{12-67}$$

式中：p 表示直方图峰值；n_p 表示图中波峰的个数；φ 表示量化之后的方向角；w_p 表示峰值两侧低谷之间的距离；φ_p 表示波峰中心位置；$\boldsymbol{H}$ 表示方向度直方图。

2）Gabor 纹理特征提取方法

用 Gabor 函数作为单位冲击响应的带通滤波器，可以检测出图像在不同方向和角度上的边缘，进而提取图像中的纹理特征。Gabor 滤波器函数表示为

$$g(x,y) = \frac{1}{2\pi\sigma_x\sigma_y}\exp\left[-\frac{1}{2}\left(\frac{x^2}{\sigma_x^2}+\frac{y^2}{\sigma_y^2}\right)+2\pi \mathrm{j} W\right] \tag{12-68}$$

式中：σ_x，σ_y 分别表示 x 方向及 y 方向的标准差；W 表示滤波器的频率带宽。Gabor 滤波器可视化结果如图 12-33 所示。采用不同的 Gabor 滤波器对图像进行卷积操作，可以得到图像不同能量成分所对应的图像信息。

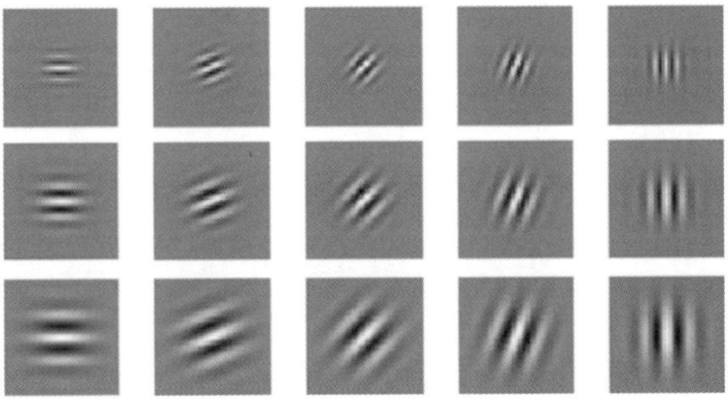

图 12-33 Gabor 滤波器可视化结果

3. 形状特征

形状特征描述符主要分为：①表达形状的边界轮廓的像素集合，称为基于轮廓的形状描述符；②表达形状的目标区域内所有像素集合，称为基于区域的形状描述符。常用的基于轮廓的形状描述符有简单几何参数描述符、傅里叶形状描述符、曲率尺度空间描述符、小波描述符、链码表示、角点描述和轮廓矩描述等（Umbaugh，2005）。基于区域的描述方法将区域形状当作一个整体来看待，对噪声的干扰相对基于轮廓的方法小很多。常用的形状区域特征主要有简单几何参数特征（区域面积、欧拉数、离散度、偏心率）和矩特征（区域不变矩、几何不变矩、Zernike 矩）等。下面以 Zernike 矩为例，对形状特征的提取进行描述。

Zernike 矩定义为

$$\begin{gathered} Z_{nm} = \frac{n+1}{\pi}\sum_{y}\sum_{x} V_{nm} I(x,y), \quad x^2+y^2 \leqslant 1 \\ V_{mn}(x,y) = V_{mn}(\rho\cos\theta, \rho\sin\theta) = R_{nm}(\rho)\exp(\mathrm{j}m\theta) \end{gathered} \tag{12-69}$$

式中

$$R_{nm}(\rho) = \sum_{s=0}^{\frac{n-|m|}{2}} (-1)^s \frac{(n-s)!}{s!\left[\frac{(n+|m|)}{2-s}\right]!\left[\frac{(n-|m|)}{2-s}\right]!} \times \rho^{n-2s} \tag{12-70}$$

其中 n 和 m 为非负整数，满足 $n-|m|$ 为偶数的条件且 $n \geqslant |m|$。Zernike 矩具有正交性，可以使图像信息冗余达到最优。具体情况如图 12-34 和表 12-1 所示。

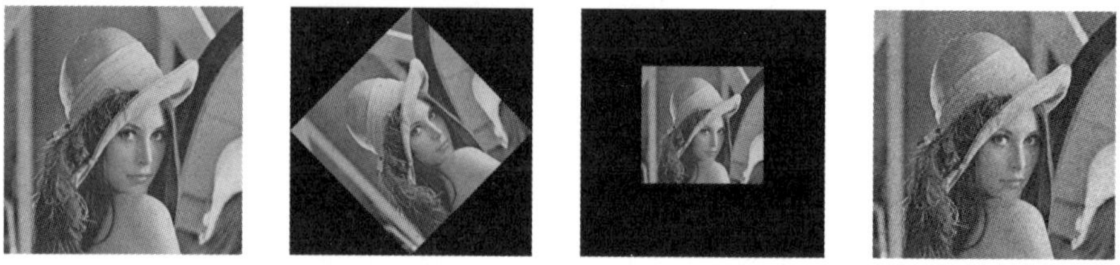

图 12-34　用于进行 Zernike 矩提取的图像

（a）原始图像　（b）旋转 45°的图像　（c）缩小一半的图像　（d）加入噪声的图像

表 12-1　图 12-34 中各幅图像的 Zernike 矩

类别	$\lg\|Z_{11}\|$	$\lg\|Z_{20}\|$	$\lg\|Z_{22}\|$	$\lg\|Z_{31}\|$	$\lg\|Z_{40}\|$	$\lg\|Z_{42}\|$	$\lg\|Z_{44}\|$
原图	13.6579	15.2692	13.2815	13.9842	15.3817	13.4759	12.9264
旋转	12.7770	15.7554	12.3842	13.7193	12.4801	13.2486	13.7747
缩放	12.7454	15.4734	10.8920	13.7511	15.2602	12.1803	11.5310
噪声	13.6551	15.2695	13.2707	13.9801	15.3831	13.4802	12.9347

12.7　图像匹配

图像匹配(image matching)指在目标图像中搜索与给定模板图像相似图像的过程，需在同一场景的两幅或多幅图像之间寻找对应关系，广泛应用于目标识别、三维重构、运动跟踪等领域。图像匹配算法主要分为基于灰度的匹配算法和基于特征的匹配算法。基于灰度的匹配算法建立在整个图像的总体特征上，以两幅图像中含有的相应目标和搜索区域中的像素灰度为基础，由最佳度量值（如协方差或相关系数）判断两幅图像中的对应点。在灰度及几何畸变不大的情况下，该算法有较好的匹配精度和鲁棒性，抗噪能力强。但是该匹配算法运算量大，速度慢，抗几何畸变能力弱。归一化灰度相关匹配、最小二乘图像匹配、贝叶斯图像匹配等是常见的基于灰度的匹配算法。基于特征的图像匹配算法以图像中提取的关键特征为匹配基元，具体包含特征提取和特征匹配两步。一幅图像经过特征提取后，每个特征模式具有位置信息与特征描述量，采用的匹配特征通常为角点、边缘等。在特征匹配前，先把感兴趣的图像特征用特征提取算子检测出来，然后在两幅图像对应的特征集中利用特征匹配算法，将存在匹配关系的特征对选择出来，实现两幅图像之间的快速匹配（Howell，2000）。

1. 基于灰度的图像匹配算法

图像互相关算法是一种经典的基于灰度的图像匹配算法。现有一个大小为 $m \times n$ 的模板图像 $\boldsymbol{G}$ 和大小为 $M \times N$ 的目标图像 $\boldsymbol{I}$，模板中各点灰度值为 $\boldsymbol{G}(r,c)$，目标图像中各点灰度值为 $\boldsymbol{I}(x,y)$。现目标图像中有一同模板等大小的区域，且该区域相对于目标图像原点位移为 (i,j)，则该区域与模板图像的灰度互相关函数为

$$f_{CC}(i,j)=\frac{\sum\limits_{(r,c)\in \boldsymbol{G}}\boldsymbol{G}(r,c)\boldsymbol{I}(i+r,j+c)}{\sqrt{\sum\limits_{(r,c)\in \boldsymbol{G}}\boldsymbol{G}^2(r,c)\sum\limits_{(r,C)\in \boldsymbol{G}}\boldsymbol{I}^2(i+r,j+c)}},(i,j)\in \boldsymbol{I} \tag{12-71}$$

当模板图像在目标图像上逐行逐列遍历(见图 12-35)后,在每一个位置上可获得一个相关性值,如图 12-36 所示,则相关性峰值所在的位置即为匹配位置。在实际使用过程中,往往会设定一个相关性阈值,超出该阈值的峰值所在位置将被视为匹配位置,若出现多个相关性峰值,则认为有多个匹配位置。

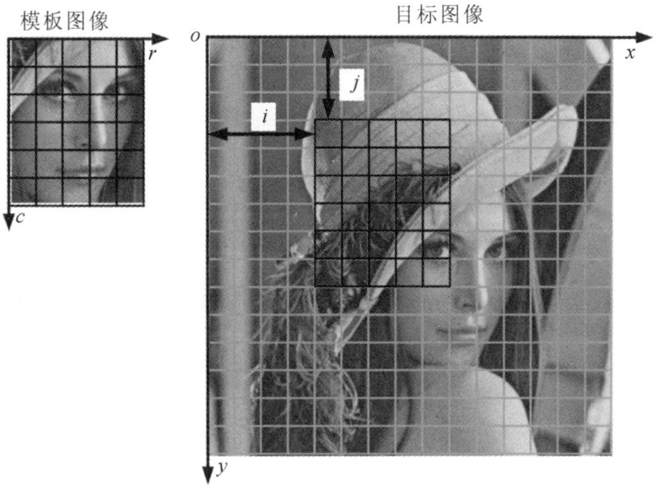

图 12-35　模板图像在目标图像中的移动过程

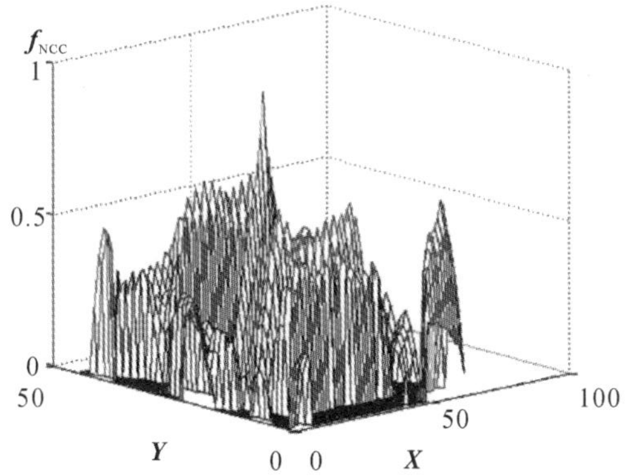

图 12-36　模板图像与目标图像的相关性结果

在实际使用中,由于光照的变化,纯粹只用相关性来进行灰度匹配并不能获得稳定的匹配效果。为了解决这个问题,人们在原有灰度相关性的基础上发展了归一化灰度互相关算法。假设 μ_g 表示模板 $\boldsymbol{G}$ 的均值,μ_I 表示目标 $\boldsymbol{I}$ 的均值,则定义相关系数

$$\begin{cases}f_{NCC}(i,j)=\dfrac{\sum\limits_{(r,c)\in \boldsymbol{G}}[\boldsymbol{G}(r,c)-\mu_g][\boldsymbol{I}(i+r,j+c)-\mu_I(i,j)]}{\sqrt{\sum\limits_{(r,c)\in \boldsymbol{G}}[\boldsymbol{G}(r,c)-\mu_g]^2\sum\limits_{(r,c)\in \boldsymbol{G}}[\boldsymbol{I}(i+r,j+c)-\mu_I(i,j)]^2}},\quad (i,j)\in \boldsymbol{T}\\ \mu_I(i,j)=\dfrac{1}{mn}\sum\limits_{(r,c)\in \boldsymbol{G}}\boldsymbol{I}(i+r,j+c)\end{cases} \tag{12-72}$$

以归一化互相关系数作为模板图像与目标图像之间的相似性度量,能够克服任何线性光照的干扰影响,从而达到较为良好的匹配效果。

在实际匹配中,模板与目标之间必然存在角度差异。如图 12-37 所示,若将角度变化也考虑在内,则需要对目标图像中的滑动区域进行旋转,该区域仍然与目标图像等大。然而,对滑动区域进行旋转后,滑动区域在目标图像中对应的不再是整数的像素,需要采用插值方法获取滑动区域的图像,再与模板进行相关性计算。以归一化互相关为例,每一个相关性表示为 $\boldsymbol{S}(i,j,\theta)$,则最大相关性所对应的 (i,j,θ) 即为匹配的位置和角度。

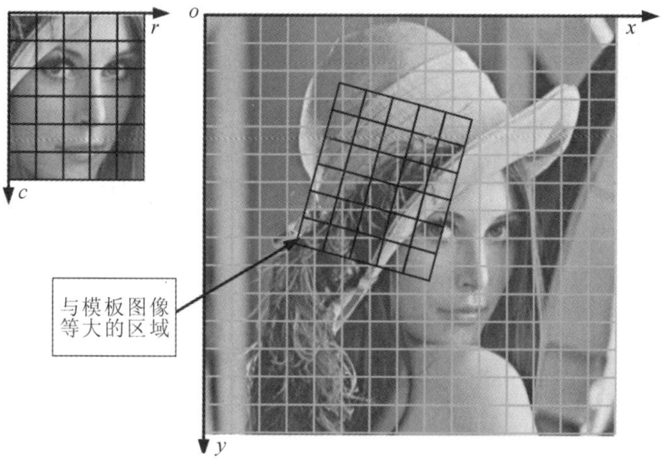

图 12-37 旋转情况下的模板图像与目标图像

2. 基于特征的图像匹配算法

基于特征的图像匹配算法可以有效应对噪声、干扰、遮挡、非线性光照等因素,在工业机器人视觉引导定位中有着广泛应用。图像的特征有纹理、形状、颜色等,在匹配中图像边缘特征应用较多。在使用边缘梯度信息的特征匹配算法中,有速度优势的是广义霍夫变换算法(GHT)。该方法采用非遍历式搜索策略,仅仅利用边缘信息,将 x,y 两个维度压缩成沿着边缘搜索,大大减少了在线匹配的计算量。广义霍夫变换匹配算法主要包括两个阶段:离线 R-Table 查找表制作和在线投票搜索。下面具体介绍。

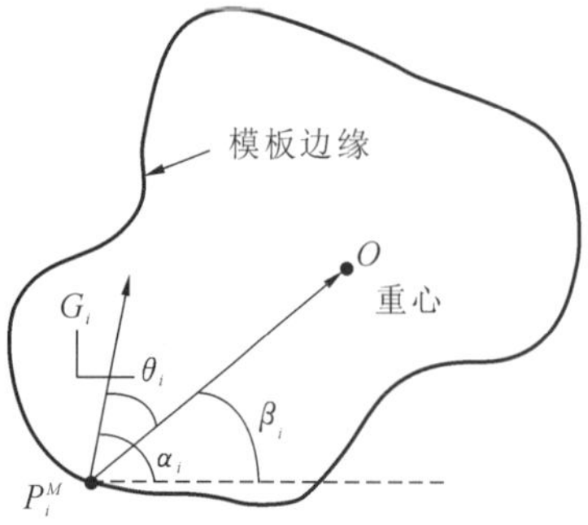

图 12-38 边缘模型构建示意图

(1) 离线 R-Table 查找表制作　首先需要从模板图像中提取边缘,通常采用经典的 Canny 图像边缘分割算法来提取单像素边缘,同时获取每一个边缘像素的梯度方向。若选取模板图像中所有边缘点的重心 O 作为参考点,则对于边缘点 P_i^M,有

$$\theta_i = \alpha_i - \beta_i \tag{12-73}$$

如图 12-38 所示,α_i 为边缘点 P_i^M 的梯度 G_i 对应的方向角,β_i 为矢量 $\overrightarrow{P_i^M O}$ 与水平方向的夹角。用 $\|\cdot\|$ 表示矢量模长,记 $\|\overrightarrow{P_i^M O}\|$ 为矢量 $\overrightarrow{P_i^M O}$ 的模长,在 α_i 与 θ_i、$\|\overrightarrow{P_i^M O}\|$ 之间建立对应关系,针对所有边缘点,以 α_i 为索引建立 R-Table 查找表,如表 12-2 所示。每一个梯度方向 α_i 可能对应多个 θ_i 和 $\|\overrightarrow{P_i^M O}\|$。

表 12-2　R-Table 查找表

序号	梯度方向 α_i	夹角 θ_i	$\Vert \overrightarrow{P_i^M O} \Vert$
1	α_1	$\theta_{11},\theta_{12},\cdots$	$\Vert \overrightarrow{P_{11}^M O} \Vert, \Vert \overrightarrow{P_{12}^M O} \Vert,\cdots$
2	α_2	$\theta_{21},\theta_{22},\cdots$	$\Vert \overrightarrow{P_{21}^M O} \Vert, \Vert \overrightarrow{P_{22}^M O} \Vert,\cdots$
3	α_3	$\theta_{31},\theta_{32},\cdots$	$\Vert \overrightarrow{P_{31}^M O} \Vert, \Vert \overrightarrow{P_{32}^M O} \Vert,\cdots$
⋮	⋮	⋮	⋮
n	α_n	$\theta_{n1},\theta_{n2},\cdots$	$\Vert \overrightarrow{P_{n1}^M O} \Vert, \Vert \overrightarrow{P_{n2}^M O} \Vert,\cdots$

（2）在线投票搜索　在线投票搜索只在目标图像所提取的边缘中进行，大大减少了在线过程中的计算量，使算法具有较高的匹配速度。针对目标图像中每一个边缘点 $P_i^T(x_i^T,y_i^T)$（其梯度方向角为 α_i），根据 R-Table 查找表，若该梯度方向角对应有 K 组 θ_i 和 $\Vert \overrightarrow{P_i^M O} \Vert$ 值，记第 k 组值为 θ_{ik} 和 $\Vert \overrightarrow{P_{ik}^M O} \Vert$，则对应第 k 个投票点（x_{ij},y_{ij}）计算公式为

$$\begin{cases} x_{ik} = \mathrm{round}\left(x_i^T + \Vert \overrightarrow{P_{ik}^M O} \Vert \cdot \cos(\alpha_i - \theta_{ik})\right) \\ y_{ik} = \mathrm{round}\left(y_i^T + \Vert \overrightarrow{P_{ik}^M O} \Vert \cdot \sin(\alpha_i - \theta_{ik})\right) \end{cases} \tag{12-74}$$

式中：round(·)为四舍五入运算。在所有的边缘点上，根据 R-Table 查找表对所有可能方向进行投票后，GHI 在线投票搜索过程如图 12-39 所示，投票结果如图 12-40 所示，投票峰值点对应的位置被认为是匹配位置。

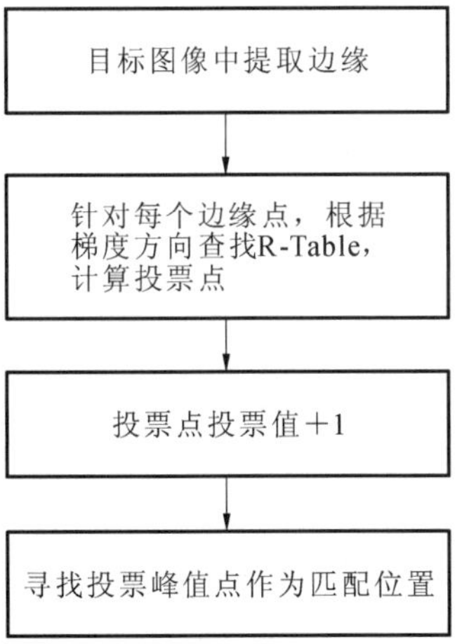

图 12-39　GHT 在线投票搜索过程

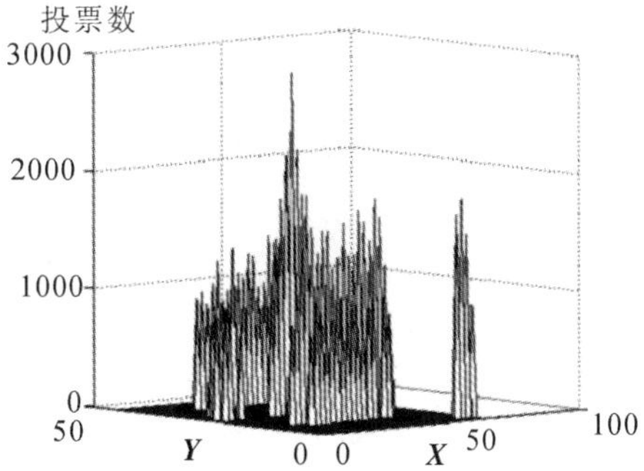

图 12-40　GHT 在线投票结果

由于 GHT 是基于边缘点的局部梯度方向而不是图像的灰度信息，并且采用了投票的方式进行最佳匹配点的筛选，因此该方法对于局部遮挡和非线性光照变化有很好的鲁棒性。然而，当匹配目标发生旋转时，传统的 GHT 需要对各个角度的模板分别建立 R-Table 查找表，在线匹配时具有较高的计算复杂度。目前已提出各种各样的增强算法，比如引入图像金字塔的加速搜索方法、具有旋转缩放不变性的 PI-GHT 算法等（Murray et al.，1994）。

12.8　图像拼接

图像拼接(image stiching)是将一组存在重叠区域的图像序列先进行空间配准，再经过刚体变换、重采样和图像融合，最后形成一幅包含每个图像序列的宽视角或 360°视角的全景图像的过程。图像拼接是一个跨学科的问题，涉及计算机图形学、计算机视觉和图像处理等多个领域。图像拼接主要包括两个步骤：图像配准和图像融合。图像配准的目的是计算空间变换参数，使图像序列之间相互重叠部分的坐标点对准。受灰度差异、匹配算法等因素影响，拼接后的图像往往会出现拼接接缝和亮度差异。图像融合的目的是对拼接后图像中的重叠区域进行融合，使拼接后的图像在视觉上能够保持一致(Fong et al.，2003；Latombe，2012)。图像拼接过程如图 12-41 所示。

(a)

(b)

图 12-41　图像拼接过程

(a) 原始图像　(b) 拼接后的图像

图像配准算法有两类：一类是基于灰度的算法，利用两幅图像间的灰度关系确定图像间的坐标变换参数，包括基于空间的图像配准算法及基于频域的图像配准算法；另一类是基于特征的算法，利用图像中的明显特征来计算图像之间的变换参数，包括 Harris 角点检测算法、SIFT 尺度不变特征转换算法等(Guo et al.,2011)。

图像融合分为三个层次:像素级融合、特征级融合和决策级融合。像素级融合是指在图像原始数据层上进行图像融合,利用图像中目标和背景的测量结果来融合图像。特征级融合是指对图像进行特征提取并利用提取的特征进行图像融合。决策级融合是高层次的图像融合方式,是指在对图像进行目标提取和分类后,根据一定的认知模型和判别系统对决策的可信度量做出判断后进行图像融合。下面从图像配准和图像融合两方面介绍图像拼接过程。

1. 图像配准算法

(1) 基于相位相关的图像配准算法　先使用傅里叶变换将两幅待拼接图像变换到频域,再计算它们之间的互功率谱,计算出两幅图像之间的平移量,找到配准位置。具体过程如下。

设 $\boldsymbol{I}_1$ 和 $\boldsymbol{I}_2$ 分别表示两幅待拼接的数字图像,第二幅图像在第一幅图像的基础上有如下的坐标转换关系,即

$$\boldsymbol{I}_2(x,y)=\boldsymbol{I}_1(x-x_0,y-y_0) \tag{12-75}$$

式中:(x_0,y_0)表示平移量。对两幅待拼接的图像进行二维离散傅里叶变换,变换的结果分别为 $\boldsymbol{F}_1(u,v)$和 $\boldsymbol{F}_2(u,v)$,两者满足如下关系

$$\boldsymbol{F}_2(u,v)=\mathrm{e}^{-\mathrm{j}(\varepsilon x_0-\eta y_0)}\boldsymbol{F}_1(u,v) \tag{12-76}$$

式中:ε,η 为常数。由式(12-76)可知,两幅待拼接图像在频域中具有相同的幅值,只是相位不同。两者之间的相位差同时可以等效为互功率谱的相位,即

$$\frac{\boldsymbol{F}_1(u,v)\boldsymbol{F}_2^*(u,v)}{|\boldsymbol{F}_1(u,v)\boldsymbol{F}_2^*(u,v)|}=\mathrm{e}^{-\mathrm{j}(\varepsilon x_0-\eta y_0)} \tag{12-77}$$

式中:$\boldsymbol{F}_2^*(u,v)$是 $\boldsymbol{F}_2(u,v)$的复共轭。$\mathrm{e}^{-\mathrm{j}(\varepsilon x_0-\eta y_0)}$ 的傅里叶逆变换是二维脉冲函数 $\delta(x-x_0,y-y_0)$。规格化的互功率谱的结果是简单复指数,即相位差。相位差的傅里叶逆变换是在平移运动坐标上的脉冲,搜索最大值的位置(x_0,y_0)就是两幅图像的对齐点。

(2) 基于 Harris 角点检测的图像配准算法　角点是一种重要的配准特征,基于 Harris 角点检测的图像拼接算法首先对两幅待拼接图像进行 Harris 角点检测,提取大量待配准点,并对待配准点进行配准。在两幅图像中以每个特征点为中心取一个$(2N+1)\times(2N+1)$大小的相关窗,以参考图像中的每个角点为参考点,在待拼接图像中寻找对应的角点。通过计算特征点相关窗之间的相关系数来实现图像特征配准,即

$$f_{\mathrm{NCC}}(\boldsymbol{I}(i,j),\boldsymbol{I}'(i,j))=\frac{\sum\limits_{i=-N}^{N}\sum\limits_{j=-N}^{N}(\boldsymbol{I}(x-i,y-j)-\bar{\boldsymbol{I}})(\boldsymbol{I}'(x'-i,y'-j)-\bar{\boldsymbol{I}}')}{\sqrt{\sum\limits_{i=-N}^{N}\sum\limits_{j=-N}^{N}(\boldsymbol{I}(x-i,y-j)-\bar{\boldsymbol{I}})^2\sum\limits_{i=-N}^{N}\sum\limits_{j=-N}^{N}(\boldsymbol{I}'(x'-i,y'-j)-\bar{\boldsymbol{I}}')}} \tag{12-78}$$

式中:$\boldsymbol{I}$ 和 $\boldsymbol{I}'$分别代表两幅图像的灰度值,$\bar{\boldsymbol{I}}$ 和 $\bar{\boldsymbol{I}}'$代表两幅图像中所有像素的灰度平均值。计算所有相关值 $f_{\mathrm{NCC}}(\boldsymbol{I}(i,j),\boldsymbol{I}'(i,j))$,选择相关值大于阈值的特征点对作为候选配准点对。

基于 Harris 角点检测的图像配准算法的具体步骤如下。

第一步:特征点提取。分别提取参考图像和待拼接图像的 Harris 角点作为拼接特征点。

第二步：特征点配准。通过相关性特征配准找到对应的配准点对，再通过约束配准对算法找到两幅图像中正确的配准点。基于 Harris 角点的配准效果如图 12-42 所示。

图 12-42　基于 Harris 角点的配准效果

第三步：变换参数估计。使用透视变换模型计算待拼接图像到参考图像的变换参数。

2. 图像融合算法

(1) 直接平均法　直接平均法使用配准图像重叠区域的像素灰度值的平均值来融合图像。设 $\boldsymbol{I}_1$ 和 $\boldsymbol{I}_2$ 分别代表待拼接的两幅图像，$\boldsymbol{I}$ 代表融合后的图像，使用直接平均法得到如下公式：

$$\boldsymbol{I}(x,y)=\begin{cases}\boldsymbol{I}_1(x,y), & (x,y)\in\boldsymbol{I}_1\\ \dfrac{\boldsymbol{I}_1(x,y)+\boldsymbol{I}_2(x,y)}{2}, & (x,y)\in(\boldsymbol{I}_1\cap\boldsymbol{I}_2)\\ \boldsymbol{I}_2(x,y), & (x,y)\in\boldsymbol{I}_2\end{cases} \tag{12-79}$$

(2) 加权平均法　加权平均法与直接平均法有相似之处，即均使用了图像的像素灰度值。但加权平均法是先对图像重叠区域中的像素值进行加权计算，再叠加像素值来计算像素平均值。设 $\boldsymbol{I}_1$ 和 $\boldsymbol{I}_2$ 分别代表待拼接的两幅图像，$\boldsymbol{I}$ 代表融合后的图像，则有

$$\boldsymbol{I}(x,y)=\begin{cases}\boldsymbol{I}_1(x,y), & (x,y)\in\boldsymbol{I}\\ w_1(x,y)\boldsymbol{I}_1(x,y)+w_2(x,y)\boldsymbol{I}_2(x,y), & (x,y)\in(\boldsymbol{I}_1\cap\boldsymbol{I}_2)\\ \boldsymbol{I}_2(x,y), & (x,y)\in\boldsymbol{I}_2\end{cases} \tag{12-80}$$

式中：w_1 和 w_2 代表两幅待拼接图像在重叠区域中对应像素的权值，且 $w_1+w_2=1$，$0<w_1<1$，$0<w_2<1$。通过选取适当的权值可实现图像重叠区域的平滑过渡，消除图像拼接接缝。主要有两种权值的选取算法：帽子函数加权平均法和渐入渐出法。

帽子函数加权平均法在对图像进行加权操作时，将较高的权值赋给图像中心区域，而将较低的权值赋给边缘区域。计算权值的函数使用帽子函数，即

$$w_i(x,y)=\left(1-\left|\frac{x}{\text{width}_i}-0.5\right|\right)\left(1-\left|\frac{y}{\text{height}_i}-0.5\right|\right) \tag{12-81}$$

式中：width_i 和 height_i 分别代表第 i 个图像的宽和高。

渐入渐出法使用重叠区域像素与其到重叠区域边界的距离来计算权值。假设 $\boldsymbol{I}$ 代表融合后的图像，$\boldsymbol{I}_1$ 和 $\boldsymbol{I}_2$ 分别代表待拼接的两幅图像，则有

$$\boldsymbol{I}(x,y)=\begin{cases}\boldsymbol{I}_1(x,y), & (x,y)\in\boldsymbol{I}_1\\ d_1\boldsymbol{I}_1(x,y)+d_2\boldsymbol{I}_2(x,y), & (x,y)\in(\boldsymbol{I}_1\cap\boldsymbol{I}_2)\\ \boldsymbol{I}_2(x,y), & (x,y)\in\boldsymbol{I}_2\end{cases} \tag{12-82}$$

式中：d_1 和 d_2 分别代表权重值，且 $d_1+d_2=1, 0<d_1<1, 0<d_2<1$。在渐入渐出法中，$d_1$ 由 1 渐变至 0，而 d_2 由 0 渐变至 1。通过这种图像融合算法的处理，图像重叠区域就可由图像 $\boldsymbol{I}_1$ 慢慢过渡到图像 $\boldsymbol{I}_2$。处理效果如图 12-43 所示。

(a)　　(b)

图 12-43　用渐入渐出法进行图像融合

(a) 待融合的图像　(b) 图像融合后的效果

资料概述

视觉图像处理主要包括视觉成像、图像滤波、图像分割、特征提取、图像匹配与图像拼接。Howell(2000)详细介绍了光电成像器件 CCD 和 CMOS 的工作原理及其区别。Umbaugh(2005)介绍了基于模板相关运算的图像空间滤波方法，主要实现图像平滑和锐化功能。Rao 等(2011)介绍了基于快速傅里叶变换的图像频域滤波方法，可有效去除图像中的周期噪声背景。Otsu(1979)、Canny(1986)、Caselles(1997)、Long 等(2015)分别介绍了四种典型的图像分割方法，即 Otsu 自动阈值图像分割方法、Canny 边缘提取图像分割方法、基于水平集的图像分割方法、基于深度学习的图像分割方法。图像特征可作为图像不变性的描述或表达(Lowe,2004;Zhang et al.,2000)。图像匹配用于在目标图像中寻找模板位置和角度，在工业机器人等领域中广泛应用(Yang et al.,2016)。图像拼接(Chang et al.,2014)主要包括图像配准(Li et al.,1995;Reddy et al.,1996)和图像融合(Sahu et al.,2012)两部分，在机器人环境重建中有着重要应用。

习　　题

12.1　视觉系统由哪些重要部分组成？

12.2　CCD 图像传感器和 CMOS 图像传感器的主要区别是什么？

12.3　利用 CCD 获得彩色图像有哪两种方法？

12.4　有哪两种类型的 CMOS 图像传感器？

12.5　用 MATLAB 对图像进行旋转变换，对比使用不同插值方法变换后图像的差异。

12.6　对于同一幅图像，先进行均值滤波再进行 Sobel 算子滤波和先进行 Sobel 算子滤波再进行均值滤波，效果有何差异？

12.7　滤波器的大小对滤波效果有何影响？试举例说明。

12.8　Canny 图像边缘分割算法中，双阈值 T_1 和 T_2 如何确定？

12.9 本章介绍了Tamura纹理特征的6个属性，即粗糙度、对比度、方向度、线性度、规整度以及粗略度，并介绍了前3种属性的计算方法。请查阅相关资料，简述后3种属性的度量意义。

12.10 基于归一化灰度互相关算法如何实现带有旋转的目标的匹配？试用MATLAB实现。

12.11 查阅相关资料，了解图像拼接的前沿算法及其适用范围。

第 13 章　视觉运动控制

本章重点介绍视觉标定、立体视觉、视觉检测、视觉跟踪与视觉伺服等视觉运动控制常用方法。视觉标定用于解决视觉图像坐标与机器人空间坐标的位姿建模问题，是机器人应用的基础；立体视觉通过单幅、多幅图像或传感器重建机器人外部物体的三维信息；视觉检测基于图像信息获取目标物体的位置信息；视觉跟踪基于图像序列和目标信息实时跟随目标物体的位置；视觉伺服基于摄像机获得的实时图像和目标位置实现机器人的运动规划与控制。

13.1　视觉标定

机器人视觉系统通过摄像机获取图像，由图像信息计算出三维空间中物体的位置、形状等几何信息，实现三维物体的重建。图像上每一像素灰度值都反映了三维空间中物体表面某点反射光的强度，而这些像素都与空间物体表面上点的几何位置存在对应关系。这些关系由摄像机成像的几何模型所决定，该几何模型的参数称为摄像机参数，这些参数须通过实验和计算来确定，实验和计算的过程称为视觉标定。现有视觉标定方法根据标定方式的不同，分为传统标定方法、自标定方法和基于主动视觉的标定方法。传统标定方法利用一个结构已知、精度很高的空间参照物，由参照物在图像和空间坐标系的位姿约束关系建立摄像机参数标定的方程组；自标定方法不需要借助外在的标定参照物，仅仅利用图像对应点的信息，直接完成标定任务；基于主动视觉的标定方法通过控制摄像机的运动获取图像数据，借助摄像机的运动信息辅助求解摄像机参数。本节重点介绍张正友标定算法(Nuno et al.，2011；Paul，1981)。

1. 径向畸变和切向畸变

标定的目的之一是消除各种图像畸变的影响。最常见的图像畸变有径向畸变和切向畸变，径向畸变主要由透镜制造时的形状误差引起，呈中心对称分布，切向畸变由图像传感器组装不精确导致。光心处的径向畸变是 0，距离透镜中心越远，径向畸变越严重。如图 13-1(a)所示，如果不存在镜头径向畸变，投影点 $\boldsymbol{p}'$ 应该位于点 $\boldsymbol{p}$ 和光心的延长线上，畸变导致投影点坐标发生了横向偏移。如图 13-1(b)所示，切向畸变是透镜光轴与图像传感器平面不垂直导致的。

图像畸变可以通过多项式模型进行修正，其中包括 4 个参数，k_1，k_2 用于对径向畸变建模，p_1，p_2 用于对切向畸变建模。即

$$\begin{cases} u-u_0={}^{dc}u+{}^{dc}u(k_1r^2+k_2r^4)+2p_1\,{}^{dc}u\,{}^{dc}v+p_2(r^2+2({}^{dc}u)^2) \\ v-v_0={}^{dc}v+{}^{dc}v(k_1r^2+k_2r^4)+2p_2\,{}^{dc}u\,{}^{dc}v+p_1(r^2+2({}^{dc}u)^2) \\ r=\sqrt{({}^{dc}u)^2+({}^{dc}v)^2},\quad {}^{dc}u={}^{d}u-u_0,\quad {}^{dc}v={}^{d}v-v_0 \end{cases} \tag{13-1}$$

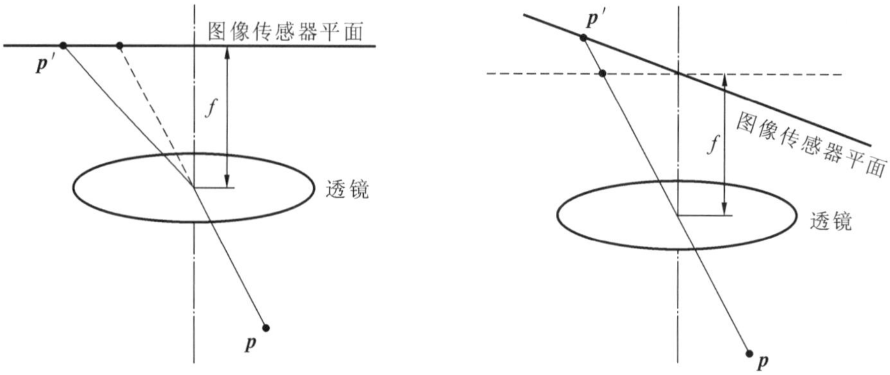

(a)　　(b)

图 13-1　图像畸变示意图

(a) 径向畸变示意图　(b) 切向畸变示意图

式中：r 为当前畸变点到图像中心的距离。

通过式(13-1)可以将畸变图像坐标(^du，^dv)转换为非畸变的图像坐标(u，v)，(u_0，v_0)为图像中心坐标。通过数值方法求得不同的畸变系数，对应不同类型的畸变图像。

当图像存在畸变时，内参(α，β，u_0，v_0)和畸变系数(k_1，k_2，p_1，p_2)决定了从摄像机三维坐标投影到图像二维坐标的变换关系，外参 $\boldsymbol{T}$ 决定了从世界坐标系到摄像机坐标系的转换关系。如果确定了摄像机的内参、外参和畸变系数，则可进行图像坐标与世界坐标之间的相互转换，同时也可消除镜头和图像传感器引起的图像畸变。

2. 摄像机标定方法

摄像机标定的作用有两点：①去除图像畸变。摄像机的图像传感器的安装误差及透镜组引起的图像偏移会造成定位误差，必须用摄像机标定方法来去除图像畸变。②获得目标在世界坐标系中的姿态。必须将图像坐标自动转化为世界坐标。

摄像机标定是通过在摄像机前放置特制的标定参照物（见图 13-2），然后对参照物进行拍照，使用特定的图像处理算法获得摄像机内参、外参及畸变系数的过程。不考虑图像畸变的摄像机标定方法称为线性标定方法；考虑图像畸变的标定方法称为非线性标定方法，因为要求解非线性方程组，这种方法的计算非常繁重且费时。标定方法主要包括四个步骤：单应性矩阵估计、计算摄像机内参和外参、计算畸变系数和参数联合优化。

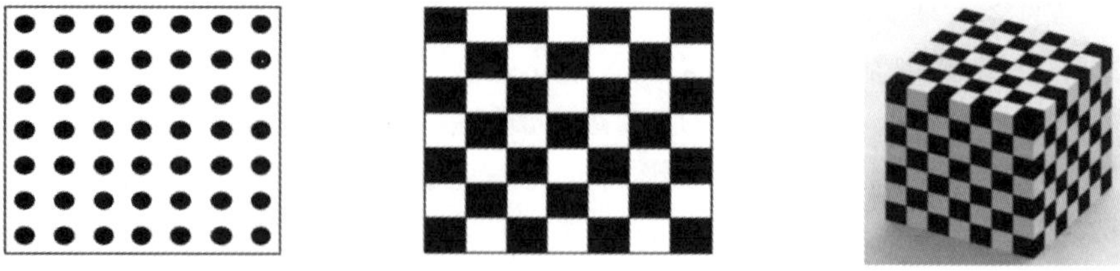

(a)　　(b)　　(c)

图 13-2　平面标定板与标定块

(a) 圆点标靶平面标定板　(b) 棋盘标靶平面标定板　(c) 棋盘标靶平面标定块

(1) 单应性矩阵估计　首先假设图像没有畸变，根据摄像机线性模型可知，空间中任意标定点 $\boldsymbol{p}$ 在世界坐标系下的齐次坐标为 $^w\boldsymbol{p}=[^wx \quad ^wy \quad ^wz \quad 1]^{\mathrm{T}}$，$\boldsymbol{p}'$ 为 $\boldsymbol{p}$ 对应的像素投影点，$\boldsymbol{p}'$ 的齐次像素坐标为 $[u \quad v \quad 1]^{\mathrm{T}}$。因此式(12-18)可以简化为

$$s\begin{bmatrix}u\\v\\1\end{bmatrix}=\begin{bmatrix}\alpha & 0 & u_0\\0 & \beta & v_0\\0 & 0 & 1\end{bmatrix}[\boldsymbol{R}\quad \boldsymbol{t}]^w\boldsymbol{p}=\underline{\boldsymbol{M}}_{\mathrm{I}}\,\underline{\boldsymbol{T}}\,^w\boldsymbol{p} \tag{13-2}$$

式中：s 为非零比例因子；$\underline{\boldsymbol{M}}_{\mathrm{I}}\in\Re^{3\times3}$ 是摄像机内参矩阵，是将 $\boldsymbol{M}_{\mathrm{I}}\in\Re^{3\times4}$ 去掉最后一列而得到的；$\underline{\boldsymbol{T}}=[\boldsymbol{R}\quad \boldsymbol{t}]\in\Re^{3\times4}$ 是摄像机外参矩阵，是将 ${}^c_w\boldsymbol{T}\in\Re^{4\times4}$ 去掉最后一行而得到的；$\boldsymbol{R}=[\boldsymbol{r}_1\quad \boldsymbol{r}_2\quad \boldsymbol{r}_3]\in\Re^{3\times3}$ 为旋转矩阵，$\boldsymbol{r}_1,\boldsymbol{r}_2,\boldsymbol{r}_3$ 分别是摄像机坐标系绕世界坐标系的三个轴的旋转矢量；$\boldsymbol{t}=[t_x\quad t_y\quad t_z]^{\mathrm{T}}$ 表示空间的平移矢量。

所有标定点位于同一平面(Nuno et al.，2011)，因此，可以假设 $^w\boldsymbol{p}$ 的 $^wz=0$，则式(13-2)改写为

$$s\begin{bmatrix}u\\v\\1\end{bmatrix}=\underline{\boldsymbol{M}}_{\mathrm{I}}\,\underline{\boldsymbol{T}}\,^w\boldsymbol{p}=\underline{\boldsymbol{M}}_{\mathrm{I}}\,\underset{\rightarrow}{\boldsymbol{T}}\,^w\underline{\boldsymbol{p}} \tag{13-3}$$

式中：$\underline{\boldsymbol{M}}_I\in\Re^{3\times3}$；$\underset{\rightarrow}{\boldsymbol{T}}=[\boldsymbol{r}_1\quad \boldsymbol{r}_2\quad \boldsymbol{t}]\in\Re^{3\times3}$；$^w\underline{\boldsymbol{p}}=[^wx\quad ^wy\quad 1]^{\mathrm{T}}$。令 $\boldsymbol{H}=\underline{\boldsymbol{M}}_{\mathrm{I}}\,\underset{\rightarrow}{\boldsymbol{T}}\in\Re^{3\times3}$，称为单应性矩阵。式(13-3)变为

$$s\begin{bmatrix}u\\v\\1\end{bmatrix}=\begin{bmatrix}h_{11} & h_{12} & h_{13}\\h_{21} & h_{22} & h_{23}\\h_{31} & h_{32} & h_{33}\end{bmatrix}\begin{bmatrix}^wx\\^wy\\1\end{bmatrix}=\begin{bmatrix}\alpha & 0 & u_0\\0 & \beta & v_0\\0 & 0 & 1\end{bmatrix}[\boldsymbol{r}_1\quad \boldsymbol{r}_2\quad \boldsymbol{t}]\begin{bmatrix}^wx\\^wy\\1\end{bmatrix} \tag{13-4}$$

即

$$\begin{cases}su=h_{11}{}^wx+h_{12}{}^wy+h_{13}\\sv=h_{21}{}^wx+h_{22}{}^wy+h_{23}\\s=h_{31}{}^wx+h_{32}{}^wy+h_{33}\end{cases} \tag{13-5}$$

将式(13-5)中的前两行除以第三行得

$$\begin{cases}h_{11}{}^wx+h_{12}{}^wy+h_{13}-uh_{31}{}^wx-uh_{32}{}^wy-uh_{33}=0\\h_{21}{}^wx+h_{22}{}^wy+h_{23}-vh_{31}{}^wx-vh_{32}{}^wy-vh_{33}=0\end{cases} \tag{13-6}$$

令列矢量 $\boldsymbol{H}'=[h_{11}\quad h_{12}\quad h_{13}\quad h_{21}\quad h_{22}\quad h_{23}\quad h_{31}\quad h_{32}\quad h_{33}]^{\mathrm{T}}$，则式(13-6)可变为与 s 无关的方程组，即

$$\begin{bmatrix}^wx & ^wy & 1 & 0 & 0 & 0 & -u^wx & -u^wy & -u\\0 & 0 & 0 & ^wx & ^wy & 1 & -v^wx & -v^wy & -v\end{bmatrix}\boldsymbol{H}'=\boldsymbol{0} \tag{13-7}$$

式(13-7)可以看作求方程 $\boldsymbol{UH}'=\boldsymbol{0}$ 的解，那么矩阵 $\boldsymbol{U}^{\mathrm{T}}\boldsymbol{U}$ 的最小特征值所对应的特征矢量就是该方程的最小二乘解 $\widetilde{\boldsymbol{H}'}=[\tilde{h}_{11}\quad \tilde{h}_{12}\quad \tilde{h}_{13}\quad \tilde{h}_{21}\quad \tilde{h}_{22}\quad \tilde{h}_{23}\quad \tilde{h}_{31}\quad \tilde{h}_{32}\quad \tilde{h}_{33}]^{\mathrm{T}}$。$\boldsymbol{H}'$ 中的 9 个参数成比例地缩放并不影响等式(13-7)的成立，将 $\widetilde{\boldsymbol{H}'}$ 的所有参数进行归一化(所有参数除以 $\tilde{h}_{33}$)后重新排列得到矩阵 $\boldsymbol{H}^*\in\Re^{3\times3}$。归一化的操作引入比例系数 λ，假设 $\boldsymbol{h}_i^*$ $(i=1,2,3)$ 为归一化单应性矩阵 $\boldsymbol{H}^*$ 的列矢量，由矩阵的特征方程可以得到

$$\boldsymbol{H}^*=[\boldsymbol{h}_1^*\quad \boldsymbol{h}_2^*\quad \boldsymbol{h}_3^*]=\lambda\underline{\boldsymbol{M}}_{\mathrm{I}}[\boldsymbol{r}_1\quad \boldsymbol{r}_2\quad \boldsymbol{t}] \tag{13-8}$$

$$\boldsymbol{r}_1=\underline{\boldsymbol{M}}_{\mathrm{I}}^{-1}\boldsymbol{h}_1^*/\lambda,\quad \boldsymbol{r}_2=\underline{\boldsymbol{M}}_{\mathrm{I}}^{-1}\boldsymbol{h}_2^*/\lambda,\quad \boldsymbol{t}=\underline{\boldsymbol{M}}_{\mathrm{I}}^{-1}\boldsymbol{h}_3^*/\lambda \tag{13-9}$$

(2) 计算摄像机内参和外参　因为 $\boldsymbol{R}$ 为单位正交矩阵，则 $\boldsymbol{r}_1$ 与 $\boldsymbol{r}_2$ 有以下关系，即

$$\begin{cases}(\boldsymbol{r}_1)^{\mathrm{T}}\boldsymbol{r}_2=0\\(\boldsymbol{r}_1)^{\mathrm{T}}\boldsymbol{r}_1=(\boldsymbol{r}_2)^{\mathrm{T}}\boldsymbol{r}_2\end{cases} \tag{13-10}$$

将式(13-9)中的 $\boldsymbol{r}_1$ 与 $\boldsymbol{r}_2$ 代入式(13-10)可得

$$\begin{cases} \boldsymbol{h}_1^{*\mathrm{T}}\underline{\boldsymbol{M}}_{\mathrm{I}}^{-\mathrm{T}}\underline{\boldsymbol{M}}_{\mathrm{I}}^{-1}\boldsymbol{h}_2^{*} = 0 \\ \boldsymbol{h}_1^{*\mathrm{T}}\underline{\boldsymbol{M}}_{\mathrm{I}}^{-\mathrm{T}}\underline{\boldsymbol{M}}_{\mathrm{I}}^{-1}\boldsymbol{h}_1^{*} = \boldsymbol{h}_2^{*\mathrm{T}}\underline{\boldsymbol{M}}_{\mathrm{I}}^{-\mathrm{T}}\underline{\boldsymbol{M}}_{\mathrm{I}}^{-1}\boldsymbol{h}_2^{*} \end{cases} \tag{13-11}$$

令 $\boldsymbol{B}=\underline{\boldsymbol{M}}_{\mathrm{I}}^{-\mathrm{T}}\underline{\boldsymbol{M}}_{\mathrm{I}}^{-1}$，$\boldsymbol{B}$ 显然为 3×3 对称矩阵，记 $\boldsymbol{B}$ 中的元素为

$$\boldsymbol{B}=\underline{\boldsymbol{M}}_{\mathrm{I}}^{-\mathrm{T}}\underline{\boldsymbol{M}}_{\mathrm{I}}^{-1}=\begin{bmatrix} B_{11} & B_{12} & B_{13} \\ B_{21} & B_{22} & B_{23} \\ B_{31} & B_{32} & B_{33} \end{bmatrix} \tag{13-12}$$

记 $\boldsymbol{b}=[B_{11}\quad B_{12}\quad B_{22}\quad B_{13}\quad B_{23}\quad B_{33}]^{\mathrm{T}}$。令 $\boldsymbol{h}_i^{*}=[h_{i1}^{*}\quad h_{i2}^{*}\quad h_{i3}^{*}]^{\mathrm{T}}$，则

$$\boldsymbol{h}_i^{*\mathrm{T}}\boldsymbol{B}\boldsymbol{h}_j^{*} = \boldsymbol{v}_{ij}^{\mathrm{T}}\boldsymbol{b}$$

$$\boldsymbol{v}_{ij} = [h_{i1}^{*}h_{j1}^{*}\quad h_{i1}^{*}h_{j2}^{*}+h_{i2}^{*}h_{j1}^{*}\quad h_{i2}^{*}h_{j2}^{*}\quad h_{i3}^{*}h_{j1}^{*}+h_{i1}^{*}h_{j3}^{*}\quad h_{i3}^{*}h_{j2}^{*}+h_{i2}^{*}h_{j3}^{*}\quad h_{i3}^{*}h_{j3}^{*}]^{\mathrm{T}} \tag{13-13}$$

因此式(13-11)可改写为

$$\begin{bmatrix} \boldsymbol{v}_{12}^{\mathrm{T}} \\ (\boldsymbol{v}_{11}-\boldsymbol{v}_{12})^{\mathrm{T}} \end{bmatrix}\boldsymbol{b}=0 \tag{13-14}$$

摄像机从不同角度拍摄的每一幅图像都可以得到式(13-14)所表示的两个方程，n 幅图像可以得到 $2n$ 个方程，联立起来可得

$$\boldsymbol{V}\boldsymbol{b}=0 \tag{13-15}$$

$\boldsymbol{V}$ 为 $2n\times6$ 的矩阵，$\boldsymbol{b}$ 为 6×1 的矢量，所以式(13-15)中有6个未知数。当 $n\geqslant3$ 时可以通过最小二乘解求出 $\boldsymbol{b}$，然后通过下式解出摄像机内参：

$$\begin{gathered} v_0=(B_{12}B_{13}-B_{11}B_{23})/(B_{11}B_{22}-B_{12}^2) \\ \lambda'=B_{33}-[B_{13}^2+v_0(B_{12}B_{13}-B_{11}B_{23})]/B_{11} \\ \alpha=\sqrt{\lambda'/B_{11}} \\ \beta=\sqrt{\lambda' B_{11}/(B_{11}B_{22}-B_{12}^2)} \\ \gamma=-B_{12}\alpha^2\beta/\lambda' \\ u_0=\gamma v_0/\beta-B_{13}\alpha^2/\lambda' \end{gathered} \tag{13-16}$$

外参可以根据下式解出：

$$\begin{gathered} \boldsymbol{r}_1=\underline{\boldsymbol{M}}_{\mathrm{I}}^{-1}\boldsymbol{h}_1^{*}/\lambda'',\quad \boldsymbol{r}_2=\underline{\boldsymbol{M}}_{\mathrm{I}}^{-1}\boldsymbol{h}_2^{*}/\lambda'',\quad \boldsymbol{r}_3=\boldsymbol{r}_1\times\boldsymbol{r}_2 \\ \boldsymbol{t}=\underline{\boldsymbol{M}}_{\mathrm{I}}^{-1}\boldsymbol{h}_3^{*}/\lambda'',\quad \lambda''=\|\underline{\boldsymbol{M}}_{\mathrm{I}}^{-1}\boldsymbol{h}_1^{*}\|=\|\underline{\boldsymbol{M}}_{\mathrm{I}}^{-1}\boldsymbol{h}_2^{*}\| \end{gathered} \tag{13-17}$$

旋转矩阵 $\boldsymbol{R}=[\boldsymbol{r}_1\quad \boldsymbol{r}_2\quad \boldsymbol{r}_3]$ 应该满足条件 $\boldsymbol{R}^{\mathrm{T}}\boldsymbol{R}=\boldsymbol{R}\boldsymbol{R}^{\mathrm{T}}=1$，但是求解过程中存在误差，以上条件可能无法满足。对 $\boldsymbol{R}$ 进行SVD分解，$\boldsymbol{R}=\boldsymbol{U}\boldsymbol{D}\boldsymbol{V}^{\mathrm{T}}$，其中 $\boldsymbol{D}$ 为对角矩阵，$\boldsymbol{U}$ 和 $\boldsymbol{V}$ 为两个正交矩阵。为了保证 $\boldsymbol{R}$ 正交，矩阵 $\boldsymbol{D}$ 必须是单位矩阵 $\boldsymbol{I}$，使用 $\boldsymbol{R}=\boldsymbol{U}\boldsymbol{I}\boldsymbol{V}^{\mathrm{T}}$ 强制保证正交来替代原来的 $\boldsymbol{R}=[\boldsymbol{r}_1\quad \boldsymbol{r}_2\quad \boldsymbol{r}_3]$，单应性矩阵也做相应的更新，即 $\boldsymbol{H}=\underline{\boldsymbol{M}}_{\mathrm{I}}[\boldsymbol{r}_1\quad \boldsymbol{r}_2\quad \boldsymbol{t}]$。

(3) 计算畸变系数　以上求解过程并没有考虑图像畸变的影响。通过以上步骤(1)和(2)，已求得内参和 n 个外参。而实际中图像是存在径向畸变和切向畸变的，下面计算畸变系数。根据前文的介绍，将式(13-1)改为

$$\begin{bmatrix} u-{}^{d}u \\ v-{}^{d}v \end{bmatrix}=\begin{bmatrix} {}^{dc}ur^2 & {}^{dc}ur^4 & 2\,{}^{dc}u\,{}^{dc}v & r^2+2({}^{dc}u)^2 & -{}^{dc}u \\ {}^{dc}vr^2 & {}^{dc}vr^4 & r^2+2({}^{dc}v)^2 & 2\,{}^{dc}u\,{}^{dc}v & -{}^{dc}v \end{bmatrix}\begin{bmatrix} k_1 \\ k_2 \\ p_1 \\ p_2 \end{bmatrix} \tag{13-18}$$

$$r=\sqrt{({}^{dc}u)^2+({}^{dc}v)^2},\quad {}^{dc}u={}^{d}u-u_0,\quad {}^{dc}v={}^{d}v-v_0 \tag{13-19}$$

式中：$({}^{d}u, {}^{d}v)$为拍摄到的图像中标定点的坐标，是含有畸变的坐标；(u,v)是将单应性矩阵 $\boldsymbol{H}$ 和世界坐标$({}^{w}x, {}^{w}y)$代入式(13-4)计算出的坐标，可以当作不含畸变的坐标。图像中的每一个点都满足式(13-18)，对于 n 幅具有 m 个标定点的图像，可组成方程组 $\boldsymbol{d}=\boldsymbol{DK}$，方程组的解可通过最小二乘法求取。

(4) 参数联合优化　通过前面的步骤已经求出了摄像机内参$(\alpha, \beta, u_0, v_0)$、畸变系数$(k_1, k_2, p_1, p_2)$及 n 幅图像对应的外参 $\boldsymbol{T}_i$$(i=1,2,\cdots,n)$的初值，这些初值为非精确解，需要通过优化算法，使下面定义的目标函数值最小：

$$\sum_{i=1}^{n}\sum_{j=1}^{m}\|\boldsymbol{p}_{ij}-\boldsymbol{q}_{ij}\|^2$$

其中：$\boldsymbol{p}_{ij}$ 是实际采集到的标定点通过式(13-18)得到的去除畸变后的坐标，是含有畸变系数(k_1, k_2, p_1, p_2)的表达式；$\boldsymbol{q}_{ij}=\underline{\boldsymbol{M}}_{\mathrm{I}}\boldsymbol{T}_i{}^{w}\boldsymbol{p}_{ij}$ 是含有内参$(\alpha, \beta, u_0, v_0)$和不同外参 $\boldsymbol{T}_i$ 的表达式；i 代表了不同姿态的标定板图像的编号，j 代表了每幅图像中标定点的编号。以上问题为非线性优化问题，可采用 Levenberg-Marquardt 算法求解。

对以上步骤进行总结，可知摄像机标定方法的流程如下。

(1) 对不同姿态的标定板进行拍照(任意两个姿态的标定板不能共面)，获得 n 幅图像，一般 $n \geqslant 5$。

(2) 通过椭圆拟合、连通域分析或角点检测等图像处理算法，提取每幅图像中每个标定点的像素坐标${}^{p}\boldsymbol{p}_{ij}$。标定点的世界坐标${}^{w}\boldsymbol{p}_{ij}$ 可以通过标定板的几何尺寸获得。

(3) 通过式(13-16)、式(13-17)及式(13-18)分别求出摄像机内参$\underline{\boldsymbol{M}}_{\mathrm{I}}$、不同姿态的标定板对应的外参 $\boldsymbol{T}_i$ 及畸变系数 $\boldsymbol{K}$ 的初值。

(4) 通过非线性优化的方式，获得摄像机内参$\underline{\boldsymbol{M}}_{\mathrm{I}}$、不同姿态的标定板对应的外参 $\boldsymbol{T}_i$ 及畸变系数 $\boldsymbol{K}$ 的精确值，完成摄像机标定。

13.2　立体视觉

三维信息是机器人轨迹规划、飞行、移动与导航的基础，立体视觉是机器人获取三维信息的关键技术。按照摄像机个数分类，立体视觉可分为单目立体视觉、双目/多目立体视觉及结构光立体视觉等。单目立体视觉采用多光源多角度照射获取多幅图像，利用这些信息重构物体表面法向矢量，进而获取物体三维信息。双目与多目立体视觉利用成像视差原理，通过计算图像对应点间的位置偏差，来获取物体的三维几何信息。结构光立体视觉通常采用辅助激光投射的方法，利用光学三角测量原理进行三维重建。本节介绍单目立体视觉、双目立体视觉及结构光立体视觉三维成像原理(Paul，1981)。

1. 单目立体视觉

单目立体视觉是指从二维图像(单幅或者多幅图像)中恢复物体三维几何信息的方法。单目立体视觉利用自然光照下的二维图像重建三维信息，具有适应性强、计算简单等优点。单目立体视觉主要包括图像亮暗形状恢复(shape from shading)法与光度立体视觉(photometric stereo)法两种，其中光度立体视觉法重建精度相对较高。光度立体视觉法的成像技术有三个假设条件：① 光源为无限远处点光源；② 反射模型为朗伯体表面反射模型；③ 摄像机成像几何关系为正交投影。

光度立体视觉法的成像模型如图 13-3 所示。光度立体视觉法成像的主要依据是朗伯体表面反射模型，该反射模型表示为

$$\boldsymbol{I} = \rho \boldsymbol{N}\boldsymbol{L} \tag{13-20}$$

式中：$\boldsymbol{I}$ 表示通过摄像机系统获取的灰度图像；ρ 表示物体表面的反射率；$\boldsymbol{N}$ 为物体的表面矢量，是待求变量（秩为 3）；$\boldsymbol{L}$ 为光源的方向。

$$\boldsymbol{N} = \begin{bmatrix} n_{11} & n_{12} & n_{13} \\ n_{21} & n_{22} & n_{23} \\ \vdots & \vdots & \vdots \\ n_{k1} & n_{k2} & n_{k3} \end{bmatrix}, \quad \boldsymbol{L} = \begin{bmatrix} s_{11} & s_{12} & \cdots & s_{1m} \\ s_{21} & s_{22} & \cdots & s_{2m} \\ s_{31} & s_{32} & \cdots & s_{3m} \end{bmatrix} \tag{13-21}$$

式中：k 表示灰度图像像素个数，m 表示光源数量。

式(13-20)表示一个欠约束的问题，需要使用 3 个以上光照方向来求解。为了处理图像传输中的噪声干扰，一般选用 8～12 个光照方向，利用最小二乘法计算最优解 $\boldsymbol{N}$。拍摄照片时需要保证物体和摄像机的位置不变，并多次改变光照的方向。

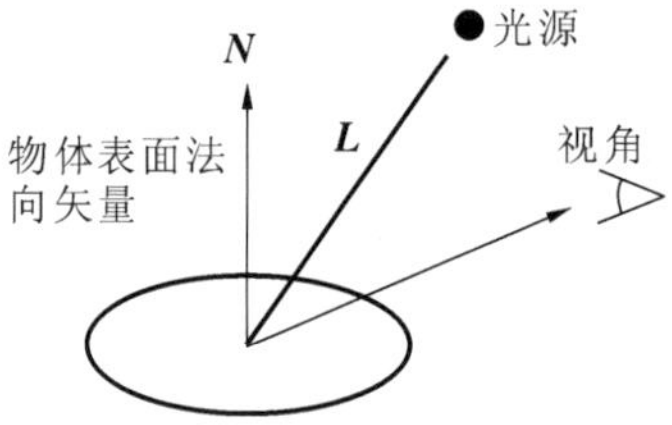

图 13-3　光度立体视觉法成像模型

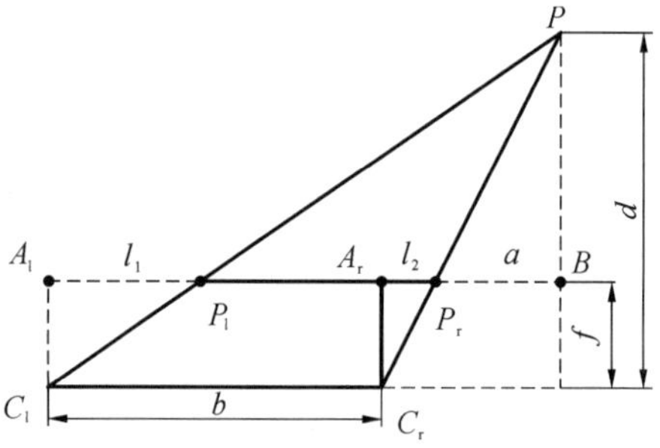

图 13-4　视差测距原理图

2. 双目立体视觉

人的双眼可以从不同角度观测三维空间的场景，根据小孔成像模型，距人眼不同深度的物点在左右视网膜上的相点处于不同位置，这种现象称为双目视差，它反映了客观景物的深度。基于视差理论的双目立体视觉原理为：运用两个相同摄像机对同一场景从不同位置成像，获得场景的立体图像对。通过图像匹配算法计算立体图像对的像点和视差，根据三角测量原理恢复场景的深度信息。现有的绝大多数双目立体视觉系统均采用这一原理。

如图 13-4 所示，设 C_l，C_r 分别为左右摄像机的光心位置，C_l，C_r 之间距离为 b，摄像机焦距为 f。分别过 C_l，C_r 向图像平面作垂线，垂足分别为 A_l，A_r；过物点 P 向图像平面作垂线，垂足为 B。令 $|A_lP_l|=l_1$，$|A_rP_r|=l_2$，$|P_rB|=a$，则根据三角形相似有

$$\frac{d-f}{d} = \frac{a}{a+l_2} \tag{13-22}$$

$$\frac{d-f}{d} = \frac{b-l_1+l_2+a}{b+l_2+a} \tag{13-23}$$

联合式(13-22)与式(13-23)得

$$a = \frac{bl_2}{l_1-l_2} - l_2 \tag{13-24}$$

把式(13-24)代入式(13-22)得

$$d = \frac{bf}{l_1-l_2} \tag{13-25}$$

由式(13-25)可以看出，距离 d 与 b，f 和 l_1-l_2 有关。距离 l_1-l_2 称为物点 P 在左右两个像平面上形成的视差，它表示物点 P 在左右两幅图像中成像点的位置差。注意 b，f 是已知的，要实现双目立体视觉测距，最关键的是计算视差 l_1-l_2，即获得空间同一物点 P 在左右两幅图像上投影点之间的对应关系。

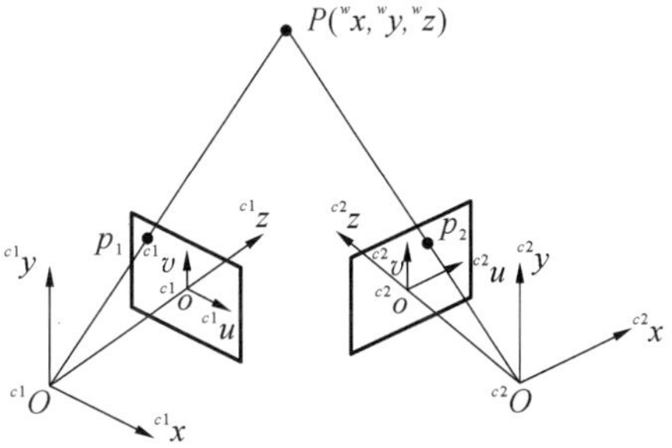

图 13-5　一般双目立体视觉模型及其对应坐标系

如图 13-5 所示为一般双目立体视觉模型及其对应坐标系。左右摄像机三维局部坐标系分别为 ${}^{c1}O\,{}^{c1}x\,{}^{c1}y$，${}^{c2}O\,{}^{c2}x\,{}^{c2}y$，左右摄像机像坐标系分别为 ${}^{c1}o\,{}^{c1}u\,{}^{c1}v$，${}^{c2}o\,{}^{c2}u\,{}^{c2}v$，有效焦距分别为 f_1，f_2，物点在左右摄像机的像点分别为 $({}^{c1}u,{}^{c1}v)$，$({}^{c2}u,{}^{c2}v)$，由小孔成像模型的透视变换得

$$\begin{bmatrix}{}^{c1}u\\{}^{c1}v\\1\end{bmatrix}=\frac{1}{{}^{c1}z}\begin{bmatrix}f_1&0&0\\0&f_1&0\\0&0&1\end{bmatrix}\begin{bmatrix}{}^{c1}x\\{}^{c1}y\\{}^{c1}z\end{bmatrix}\tag{13-26}$$

$$\begin{bmatrix}{}^{c2}u\\{}^{c2}v\\1\end{bmatrix}=\frac{1}{{}^{c2}z}\begin{bmatrix}f_2&0&0\\0&f_2&0\\0&0&1\end{bmatrix}\begin{bmatrix}{}^{c2}x\\{}^{c2}y\\{}^{c2}z\end{bmatrix}\tag{13-27}$$

设坐标系 ${}^{c1}O\,{}^{c1}x\,{}^{c1}y$ 与 ${}^{c2}O\,{}^{c2}x\,{}^{c2}y$ 的空间位置关系为

$$\begin{bmatrix}{}^{c2}x\\{}^{c2}y\\{}^{c2}z\end{bmatrix}=\boldsymbol{R}\begin{bmatrix}{}^{c1}x\\{}^{c1}y\\{}^{c1}z\end{bmatrix}+\boldsymbol{t}\tag{13-28}$$

式中：$\boldsymbol{R}$，$\boldsymbol{t}$ 分别表示描述两坐标系相对关系的旋转矩阵和平移矢量，具体表示为

$$\boldsymbol{R}=\begin{bmatrix}r_1&r_2&r_3\\r_4&r_5&r_6\\r_7&r_8&r_9\end{bmatrix},\quad \boldsymbol{t}=\begin{bmatrix}t_x\\t_y\\t_z\end{bmatrix}\tag{13-29}$$

将式(13-29)齐次化后，可表示为

$$\begin{bmatrix}{}^{c2}x\\{}^{c2}y\\{}^{c2}z\\1\end{bmatrix}=\begin{bmatrix}r_1&r_2&r_3&t_x\\r_4&r_5&r_6&t_y\\r_7&r_8&r_9&t_z\\0&0&0&1\end{bmatrix}\begin{bmatrix}{}^{c1}x\\{}^{c1}y\\{}^{c1}z\\1\end{bmatrix}\tag{13-30}$$

联立式(13-30)和式(13-26)、式(13-27)得

$$\begin{aligned}\begin{bmatrix}{}^{c2}u\\{}^{c2}v\\1\end{bmatrix}&=\frac{1}{{}^{c2}z}\begin{bmatrix}f_2&0&0&0\\0&f_2&0&0\\0&0&1&0\end{bmatrix}\begin{bmatrix}r_1&r_2&r_3&t_x\\r_4&r_5&r_6&t_y\\r_7&r_8&r_9&t_z\\0&0&0&1\end{bmatrix}\begin{bmatrix}{}^{c1}x\\{}^{c1}y\\{}^{c1}z\\1\end{bmatrix}\\&=\frac{1}{{}^{c2}z}\begin{bmatrix}f_2r_1&f_2r_2&f_2r_3&f_2t_x\\f_2r_4&f_2r_5&f_2r_6&f_2t_y\\r_7&r_8&r_9&t_z\end{bmatrix}\begin{bmatrix}{}^{c1}z\,{}^{c1}u/f_1\\{}^{c1}z\,{}^{c1}v/f_1\\{}^{c1}z\\1\end{bmatrix}\end{aligned}\tag{13-31}$$

求解式(13-31)可得

$$\begin{aligned} {}^{c1}z &= \frac{f_1(f_2 t_x - {}^{c2}u t_z)}{{}^{c2}u(r_7{}^{c1}u + r_8{}^{c1}v + r_9 f_1) - f_2(r_1{}^{c1}u + r_2{}^{c1}v + r_3 f_1)} \\ &= \frac{f_1(f_2 t_y - {}^{c2}v t_z)}{{}^{c2}v(r_7{}^{c1}u + r_8{}^{c1}v + r_9 f_1) - f_2(r_4{}^{c1}u + r_5{}^{c1}v + r_6 f_1)} \end{aligned} \tag{13-32}$$

所以双目立体视觉成像计算公式为

$$\begin{aligned} &{}^{c1}x = \frac{{}^{c1}z{}^{c1}u}{f_1}, \quad {}^{c1}y = \frac{{}^{c1}z{}^{c1}v}{f_1} \\ {}^{c1}z &= \frac{f_1(f_2 t_x - {}^{c2}u t_z)}{{}^{c2}u(r_7{}^{c1}u + r_8{}^{c1}v + r_9 f_1) - f_2(r_1{}^{c1}u + r_2{}^{c1}v + r_3 f_1)} \\ &= \frac{f_1(f_2 t_y - {}^{c2}v t_z)}{{}^{c2}v(r_7{}^{c1}u + r_8{}^{c1}v + r_9 f_1) - f_2(r_4{}^{c1}u + r_5{}^{c1}v + r_6 f_1)} \end{aligned} \tag{13-33}$$

实际上,多数双目立体视觉系统的摄像机之间保持平行关系,构成平行立体视觉系统,下面给出几种常用的摄像机平行配置特例。

$$\begin{aligned} \begin{bmatrix} {}^{c2}x \\ {}^{c2}y \\ {}^{c2}z \end{bmatrix} &= \boldsymbol{I}\begin{bmatrix} {}^{c1}x \\ {}^{c1}y \\ {}^{c1}z \end{bmatrix} + \begin{bmatrix} \Delta x \\ 0 \\ 0 \end{bmatrix} \\ \begin{bmatrix} {}^{c2}x \\ {}^{c2}y \\ {}^{c2}z \end{bmatrix} &= \boldsymbol{I}\begin{bmatrix} {}^{c1}x \\ {}^{c1}y \\ {}^{c1}z \end{bmatrix} + \begin{bmatrix} 0 \\ \Delta y \\ 0 \end{bmatrix} \\ \begin{bmatrix} {}^{c2}x \\ {}^{c2}y \\ {}^{c2}z \end{bmatrix} &= \boldsymbol{I}\begin{bmatrix} {}^{c1}x \\ {}^{c1}y \\ {}^{c1}z \end{bmatrix} + \begin{bmatrix} 0 \\ 0 \\ \Delta z \end{bmatrix} \end{aligned} \tag{13-34}$$

式中:$\boldsymbol{I}$ 为单位矩阵;Δx,Δy,Δz 表示两摄像机的原点在坐标方向上的线性偏移。这种偏移是两透镜中心的距离,称为基线长度。

为求物点的三维坐标,不仅需要获得两个摄像机的几何参数,还需通过立体匹配获得立体图像上像点的对应位置;实际上,对应点匹配搜索并不需要在整幅图像上进行,因为两幅图像的对应点之间存在特定的几何约束关系(极线约束)。

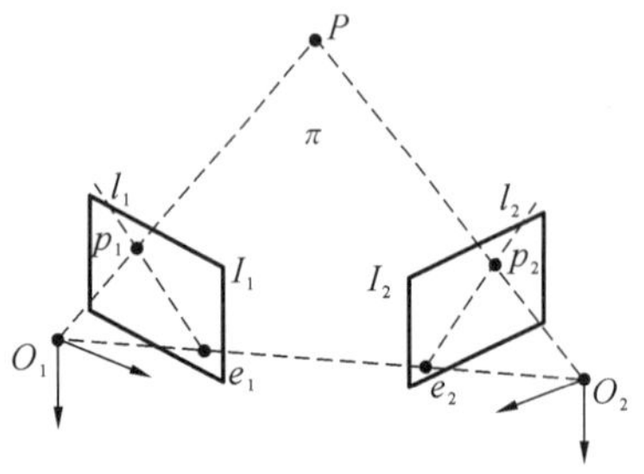

图 13-6 极线与极点

如图 13-6 所示,I_1,I_2 是两个摄像机获得的图像平面,p_1,p_2 是物点 P 在两个图像平面上的投影点。如果我们知道图像平面 I_1 中点 p_1 在图像平面 I_2 中对应点 p_2 的位置,则可用式(13-33)计算出物点 P 的三维坐标。因此,双目立体视觉成像的关键是找出图像平面 I_1 中的每一点在图像平面 I_2 中的对应点。

物点 P 与两个摄像机光心 O_1,O_2 组成的三角形在平面 π 上,由于 p_1,p_2 在直线 O_1P,O_2P 上,故像点 p_1,p_2 也在平面 π 上。平面 π 与图像平面 I_2 的交线为 l_2,根据几何约束关系,像点 p_1 的对应点 p_2 必然在交线 l_2 上,我们称 l_2 为图像平面 I_2 对应于 p_1 点的极线。同理,像点 p_1 必然在平面 π 与图像平面 I_1 的交线 l_1 上,称 l_1 为图像平面 I_1 对应于 p_2 点的极线。l_1 和 l_2 称为共轭极线。

直线 O_1P 上任一点 P' 在图像平面 I_1 内的投影都是 p_1,所以 P' 在图像平面 I_2 上的投

影也在直线 l_2 上。可见，对于图像平面 I_1 上的任一像点 p_1，它在图像平面 I_2 上的对应点 p_2 并不能完全由极线约束唯一确定，还需要附加其他约束，才能唯一确定点 p_2。极线约束给出了计算对应点的重要约束条件，将搜索范围从二维平面降低到一维直线，大大减少了匹配耗时。

极线具有如下两条重要性质。

(1) 当两摄像机采用非平行配置时，图像平面 I_1 上所有极线相交于点 e_1，图像平面 I_2 上所有极线相交于点 e_2，点 e_1，e_2 称为 I_1，I_2 的极点。点 e_1，e_2 实际上是摄像机光心 O_1，O_2 连线与两摄像机图像平面的交点，因此 e_1，e_2，O_1，O_2 四点共面。

(2) 当摄像机采用横向平行配置时，摄像机图像平面的极点位于无穷远处，即所有的极线相互平行。

3. 结构光立体视觉

结构光立体视觉属于主动的三维测量，即需要主动额外光照的测量方法。结构光投射到待测目标表面后被待测目标的表面(例如高度)调制，调制的结构光被摄像机系统采集，经计算机分析、计算，即可得到待测目标的三维数据(Delavari et al.，2012)。

如图 13-7 所示，结构光立体视觉测量系统主要由结构光投射装置、摄像机、图像采集及处理系统组成。结构光立体视觉测量基于光学三角法测量原理。结构光投射装置将一定模式的结构光投射到物体表面，在表面上形成由被测物体表面形状所调制的三维图像。该三维图像由处于另一位置的摄像机探测，从而获得光条二维畸变图像。光条的畸变程度取决于结构光投射装置与摄像机之间的相对位置和物体表面形状。从直观上来看，沿光条显示出的位移与物体表面高度成正比，光条扭结表示平面的变化，光条不连续表示表面的物理间隙。当结构光投射装置与摄像机之间的相对位置一定时，由畸变的二维光条图像坐标便可重现物体表面三维形状。根据光源投射方式的不同，结构光可以分为点结构光、线结构光和面结构光。

如图 13-8 所示，激光器产生的一束光源照射在被测物体上，在被测物体表面形成一个二维平面的点。摄像机的视线和光束在空间中于光点处相交，形成一种简单的三角几何关系。通过一定的标定可以得到这种三角几何约束关系，从而确定光点在世界坐标系中的位置。但是这种模式需要通过逐点扫描物体进行测量，效率不高。

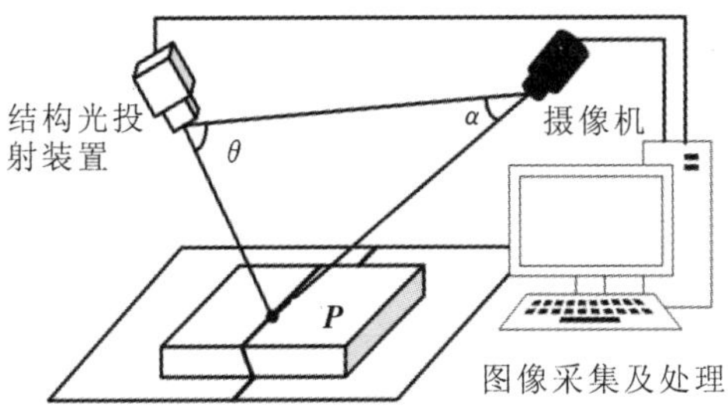

图 13-7　结构光立体视觉测量示意图

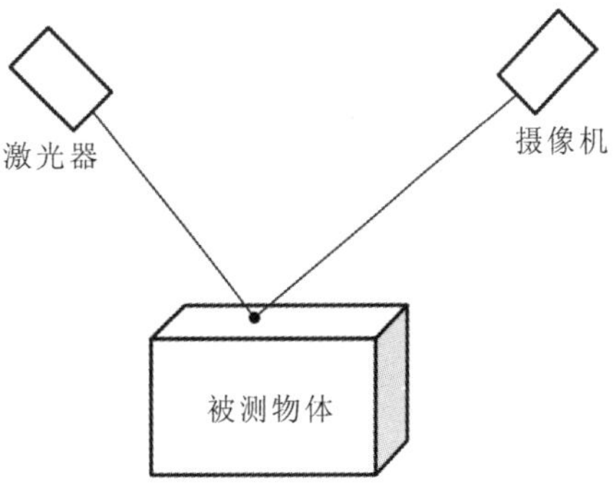

图 13-8　点结构光

如图 13-9 所示，线结构光与点结构光不同，线结构光是指向物体投射一条光束。物体表面的深度变化及间隙会导致光条的变化，表现在图像中则是光条发生畸变和不连续，畸变程度与深度成正比，不连续则显示出了物体表面的物理间隙。很明显，与点结构光相比较，线结构光模式的测量信息大大增加，但复杂性没有增加，从而得到广泛应用。

如图13-10所示，面结构光将二维的结构光图案投射到物体表面上，然后光线经过物体表面深度变化调制。面结构光的优势是不需要扫描就可以实现三维轮廓测量，测量速度很快。图13-11为面结构光三维测量系统的示意图。

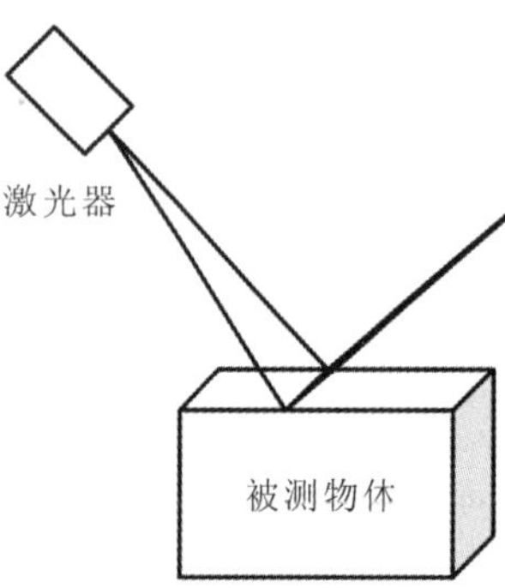

图13-9 线结构光

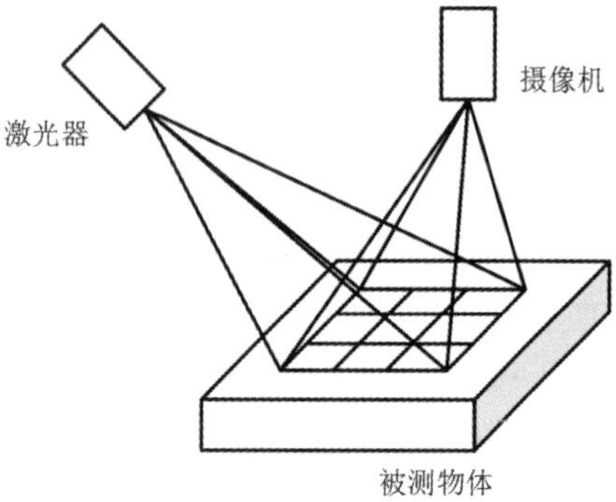

图13-10 面结构光

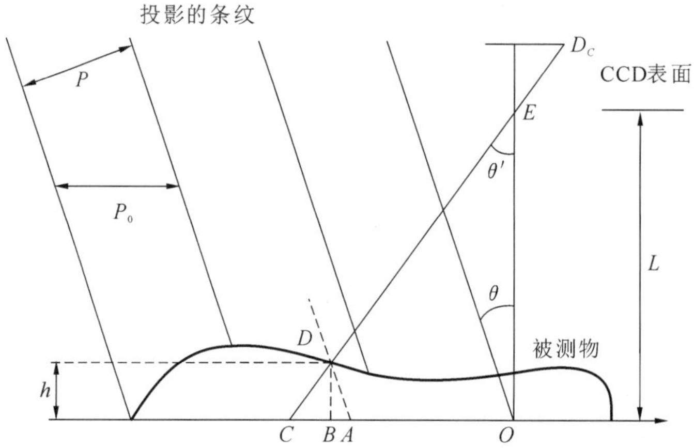

图13-11 面结构光三维测量系统

该系统遵循正交投影规律，可以保证摄像机获取的图像中条纹的相位与结构光投射装置的条纹相位相同，它与透视投影模型相比减少了系统的复杂度。假设投影在参考平面上的等周期分布正弦条纹的周期为 P_0，参考平面上的相位分布 $\varphi(x)$ 是关于 x 的线性函数，记作

$$\varphi(x) = Kx = \frac{2\pi}{P_0}x \tag{13-35}$$

在参考平面上 O 点为原点，C 点对应摄像机上 D_C 点的相位为

$$\varphi_C = \frac{2\pi}{P_0}|OC| \tag{13-36}$$

同时，该点对应的物体表面上的 D 点与参考平面上 A 的相位为

$$\varphi_D = \varphi_A = \frac{2\pi}{P_0}|OA| \tag{13-37}$$

因此有

$$|AC| = \frac{P_0(\varphi_C - \varphi_D)}{2\pi} \tag{13-38}$$

根据几何关系可以得到 D 点相对参考平面的高度 h，即

$$h = \frac{|AC|}{\tan\theta + \tan\theta'} \tag{13-39}$$

式中：θ 和 θ' 分别为照明和观察方向与参考平面的夹角。当观察方向垂直于参考平面时，式(13-39)可简化为

$$h = \frac{|AC|}{\tan\theta} = \frac{P_0}{\tan\theta} \cdot \frac{\varphi_C - \varphi_D}{2\pi} \tag{13-40}$$

这里定义一个系统参数 λ_{eff}，称为等效波长，即

$$\lambda_{\text{eff}} = \frac{P_0}{\tan\theta} \tag{13-41}$$

式(13-41)表示引起 2π 相位变化量的高度差，代表面结构光系统的测量精度。

移动机器人要在复杂的环境下自主导航，首先要解决的问题就是自身的定位，即确定机器人相对于环境的位姿。目前的定位传感器包括激光雷达、里程计、摄像机、加速度计等传感器。基于视觉摄像机的定位方法信息量大，适用范围广，受到广泛重视。

基于视觉的移动机器人定位方法依靠单目或多目摄像机得到图像序列，通过特征提取、特征匹配、跟踪和运动估计得出机器人的位姿。这种方法不需要先验知识，结构简单，目前受到了广泛的关注。一般双目立体视觉方法应用更广，它利用三角测量法获得周围景物的景深信息，进而对场景进行三维重构。

13.3　视觉检测

视觉检测的目的是从复杂背景中辨识出目标位姿，并分离背景，以完成跟踪、识别等任务。视觉检测的主要任务是去除不关注的背景，得到关注的前景目标，如图 13-12 所示。按处理对象的不同，视觉检测方法可以分为基于背景建模的方法和基于前景建模的方法(Dietrich et al.，2011)。

图 13-12　视觉检测示意图

1. 基于背景建模的视觉检测

基于背景建模的视觉检测方法是将当前帧图像与所建立的背景参考模型对比，并通过阈值法分割出目标前景。基于背景建模的目标检测方法一般包含初始化背景模型、维护背景模型和前景检测与分割等步骤，处理流程如图 13-13 所示，图中 N 表示初始化背景模型的视频帧数。

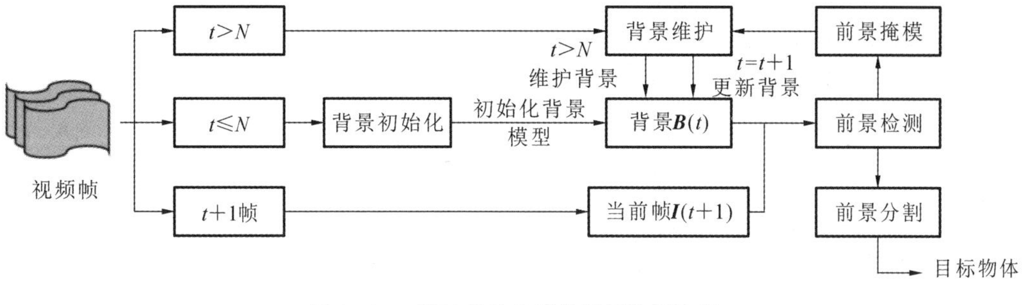

图 13-13　基于背景建模的目标检测流程

背景初始化模型可以从一段较短且不包含前景目标的训练图像序列中获取。但是，实际中的场景很难满足“不包含前景目标”这一条件，这就需要从包含前景目标的图像中对背景建模。构造鲁棒、自适应的背景模型是此类方法的关键。基于背景建模的视觉检测模型包括均值背景模型、中值滤波背景模型等，近些年还出现了统计模型、聚类模型、神经网络模型等(Patel et al.，2005)。

2. 基于前景建模的视觉检测

基于前景建模的视觉检测方法步骤分为离线训练与在线检测两步。在离线训练阶段中，分别提取训练样本中前景目标与背景的特征，建立目标前景或背景表观模型，再训练分类器，得到一个性能理想的分类器模型。在在线检测阶段中，对测试样本在多个尺度上进行滑动窗口扫描，提取训练时使用的特征建立表观模型，再使用离线训练阶段得到的分类器模型对其进行分类，从而判断各个窗口是否为前景目标，其处理流程如图 13-14 所示。与基于背景建模的视觉检测方法不同，这类方法不受场景限制，应用范围较为广泛(Patel et al.，2005)。

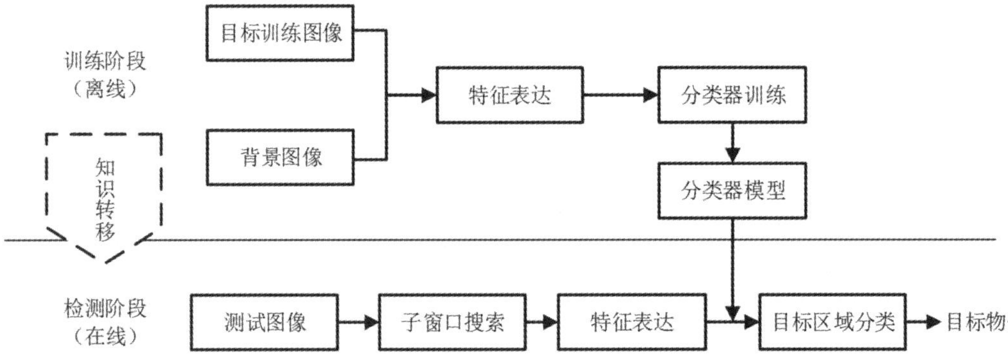

图 13-14　基于前景建模的目标检测流程

上述基于前景目标的检测方法使用了一个通用的框架，即“特征表达＋分类器”，主要任务是高效地建立特征模型并构造合适的分类器。

1) 特征表达

图像的特征表达是把原图像像素映射到一个可区分维度空间数据的任务，它是关联底层像素与高层语义之间的桥梁。图像特征有基于人工设计的特征与基于学习的特征。

基于人工设计的特征利用人类先验知识来表达图像的特点，并应用于目标检测、识别等任务，实现简单，计算成本低，但极大地依赖人类的先验知识，且无法在本质上刻画目标图像。基于人工设计的特征按视觉特性与特征计算的不同分为梯度特征、形状特征和颜色特征等。

图 13-15　SIFT 特征

梯度特征是通过计算一个空间区域上的梯度强度与方向的分布来描述目标，其中 SIFT(scale-invariant feature transform)特征使用最为广泛，如图 13-15 所示。它通过获取特定点附近的梯度强度与方向信息来描述目标，有着良好的尺度与旋转不变性。梯度特征还包括 PCA-SIFT(principle component analysis，SIFT 的一种改进)特征和梯度直方图(HOG)特征等，其中 HOG 特征主要应用在移动机器人的行人检测中(Lowe,2004)。

模式特征是通过分析图像局部区域的相对差异而得出的一种特征描述,如 Garbor 滤波器、局部二值模式(local binary patterns,LBP)等,通常用于表示图像的纹理信息。其中 LBP 特征是针对人脸检测所提出的。相对于梯度特征,模式特征数据维度更高,计算成本相对较高。LBP 特征形状特征用于目标轮廓的描述,具有良好的平移、旋转和尺度不变性。形状特征依赖于图像预处理中的分割和边界检测等,由于忽略了纹理和颜色等信息,在一定程度上降低了可靠性。

颜色特征是通过计算图像的局部属性(灰度、颜色等)的概率分布得到的一种特征描述,包括颜色属性(color names)、协方差特征(covariance feature)等。颜色特征的优点是能够获得对光照不敏感的颜色表达,近年来被广泛用于视觉检测。

基于人工设计的特征充分利用了人类的先验知识以实现目标检测,但却无法刻画目标的本质。根据神经学家对哺乳动物神经系统的研究,在大脑皮层中,视觉信号在层层网络结构中传播,通过每一层对信号的处理与表达来感知世界。基于学习的特征提取就是让计算机模拟人脑的视觉感知机制,自动学习更为抽象、本质的特征。其中,最常用的是基于深度学习的特征表达方法,通过逐层构建一个多层网络,使机器自动学习隐含在数据内部的关系。

基于深度学习的特征表达按其构成单元的不同,可以分为基于限制玻尔兹曼机(restricted Boltzmann machine,RBM)、基于自动编码机(autoencoder,AE)和基于卷积神经网络(convolutional neural network,CNN)的特征表达方法。

第一种是基于限制玻尔兹曼机的特征表达。该网络由一些可见单元(visible unit,对应可见变量,即数据样本)和一些隐藏单元(hidden unit,对应隐藏变量)构成,如图 13-16 所示。可见变量和隐藏变量都是二元变量,其状态取值为 0 或 1。只有可见单元和隐藏单元之间才会存在边,可见单元之间及隐藏单元之间都不会有边连接。

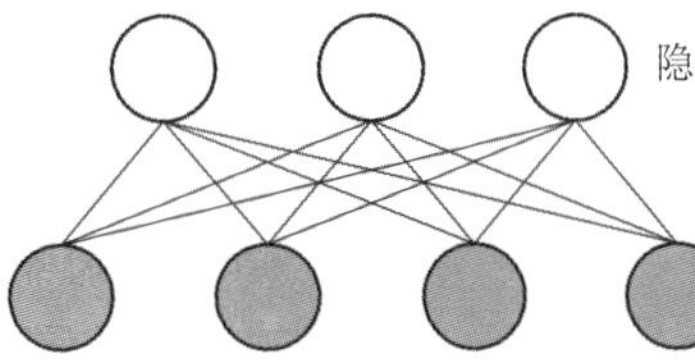

图 13-16　限制玻尔兹曼机

第二种是基于自动编码机的特征表达。自动编码属于非监督学习,不需要对训练样本进行标记。自动编码机由三层网络组成,其中输入层神经元数量与输出层神经元数量相等,中间层神经元数量少于输入层和输出层。在网络训练期间,每个训练样本经过网络会在输出层产生一个新的信号。网络学习的目的就是使输出信号与输入信号尽量相似,即通过自编码机重构输入信号。训练结束之后由两部分组成,首先是输入层和中间层,我们可以用这个网络来对信号进行压缩;其次是中间层和输出层,其中中间层可作为特征用于分类,如图 13-17 所示。

第三种是基于卷积神经网络的特征表达。卷积神经网络是近年发展起来,并引起广泛重视的一种高效识别方法,已经成为众多科学领域的研究热点之一。特别是在模式分类领域,该网络由于避免了对图像的复杂前期预处理,可以直接输入原始图像,因此得到了更为广泛的应用。

单层卷积神经网络包含卷积与降采样两个过程,其实现过程如图 13-18 所示。其中,卷积过程通过引入不同的卷积核提取图像的不同特征,实现对输入图像特定模式的观测;降采样过程主要用于对特征图降维,通常采用平均池化或最大值池化操作,该过程虽然降低了特

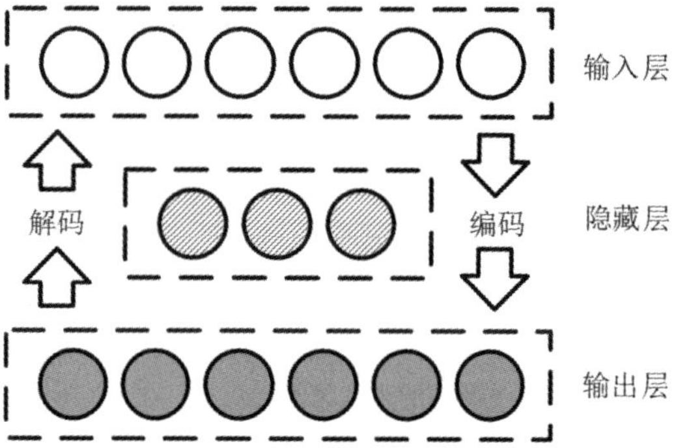

图 13-17　基于自动编码机的特征表达

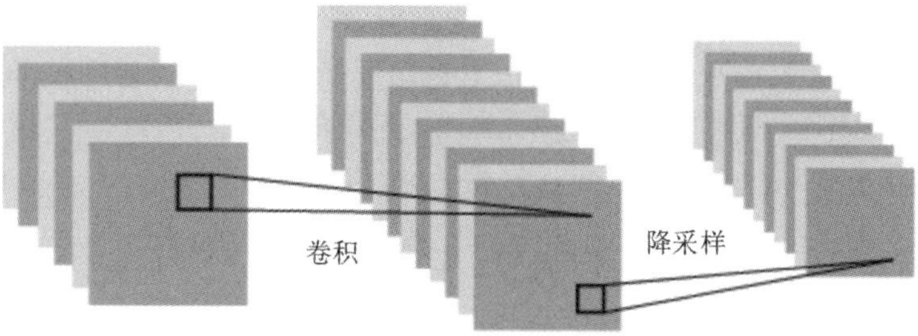

图 13-18　单层卷积神经网络实现过程

征图的分辨率，但能较好地保持高分辨率特征图的特征描述。卷积特征往往能很好地表达图像纹理，在深度学习中被广泛使用。

2）分类器

分类器的原理是在已有数据基础上学会一个分类函数或构造出一个分类模型，该函数或模型能够把数据库中的数据映射到给定类别中的某一个，用于数据预测。分类器是数据挖掘中对样本进行分类的方法的统称，包含决策树、逻辑回归、朴素贝叶斯、神经网络、支持向量机（support vector machine，SVM）等。SVM 是一个由分类超平面定义的判别分类器，给定一组带标签的训练样本，SVM 将输出一个最优超平面，对新样本进行分类，如图 13-19 所示。

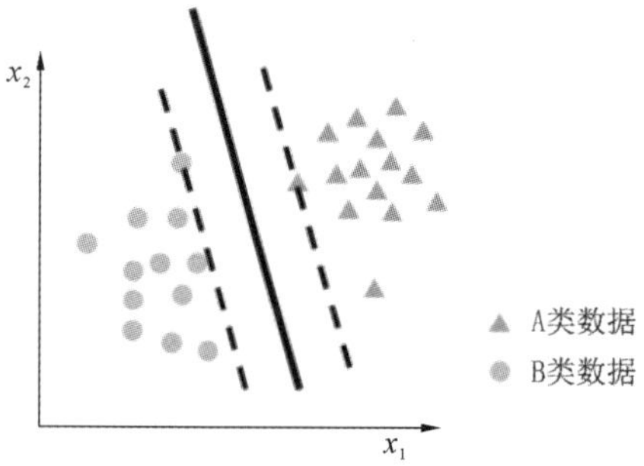

图 13-19　SVM 分类器

3. 基于 HOG 特征的行人检测

行人检测将行人作为视觉检测的目标，它作为辅助驾驶（ADAS）的核心算法，能够有效降低车祸的发生率，挽救千万人的生命。在 2005 年计算机视觉与模式识别国际会议上，来自法国的研究人员 Navneet Dalal 和 Bill Triggs 提出利用 HOG（histogram of oriented gradient）进行特征提取，并利用线性 SVM 作为分类器，实现行人的视觉检测。测试实验表明，HOG＋SVM 是速度和效果综合平衡性能较好的一种行人检测方法，目前已成为一个里程碑式的算法（Dalal et al.，2005）。

HOG＋SVM 的行人检测算法可以分为以下几个步骤。

第一步：对整个图像进行规范化（归一化），减少光照因素的影响。因为局部表层曝光贡

献的比重在图像的纹理强度中较大，所以，压缩处理能够有效地降低图像局部的阴影和光照变化。gamma 压缩公式为

$$I(x,y)=I(x,y)^{\text{gamma}} \tag{13-42}$$

式中可取 gamma$=\frac{1}{2}$。

第二步：计算图像横坐标和纵坐标方向的梯度，并据此计算每个像素位置的梯度方向值。求导操作不仅能够捕获轮廓、人影和一些纹理信息，还能进一步弱化光照的影响。

第三步：为局部图像区域提供一个编码。将图像分成若干个单元格(cell)，采用组数为 n 的直方图来统计单元格中像素的梯度信息。即把单元格的梯度方向按 0～180°(负梯度取绝对值)分成 n 个方向块，对单元格内每个像素按梯度方向在直方图中进行加权投影并累加，权值为梯度强度值。如此操作，即可得到单元格的梯度方向直方图，这些矢量就是该单元格对应的 n 维特征矢量，如图 13-20 所示($n=4$)。

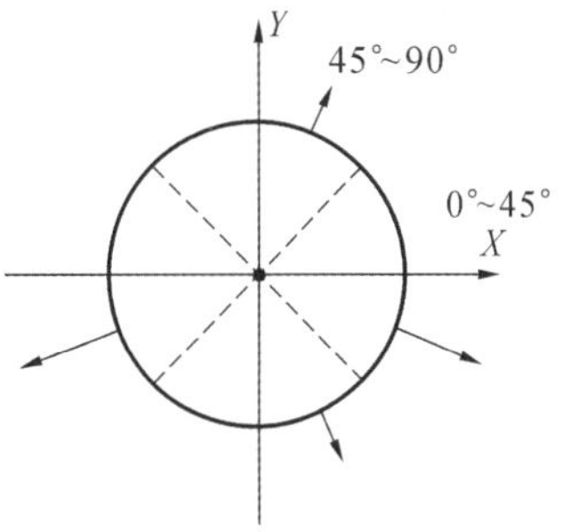

图 13-20　梯度方向直方图

由于局部光照的变化及前景-背景对比度的变化，梯度强度的变化范围非常大，这就需要对梯度强度进行归一化，进一步对光照、阴影和边缘进行压缩。Navneet Dalal 和 Bill Triggs 采取的办法是把各个单元格组合成大的、空间上连通的区间(block)。这样，一个区间内所有单元格的特征矢量串联起来，就得到该区间的 HOG 特征。由于这些区间互有重叠，因此每个单元格的特征会以不同的结果多次出现在最后的特征矢量中。归一化之后的块描述符(矢量)称为 HOG 描述符，如图 13-21 所示。

最后将检测窗口中所有重叠的块进行 HOG 特征收集，并将它们结合成最终的特征矢量，供分类使用。使用数据集收集到的特征训练 SVM 分类器，得到分类模型。HOG+SVM 的执行效果如图 13-22 所示。

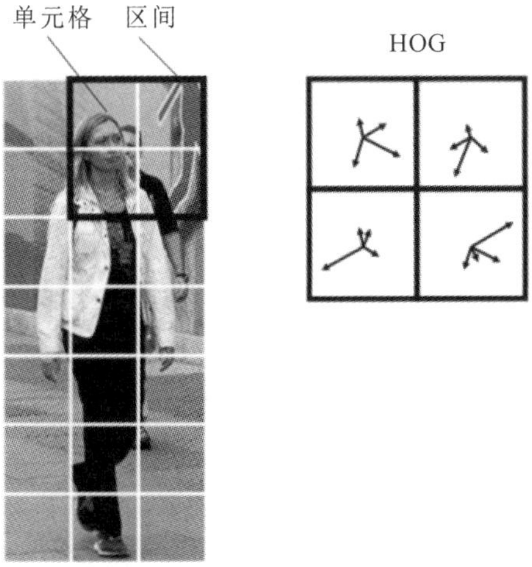

图 13-21　行人的 HOG 特征

图 13-22　HOG+SVM 检测结果

13.4　视觉跟踪

视觉跟踪指对图像序列中感兴趣的目标进行检测、提取、识别和跟踪，从而获得目标的各项运动参数，如位置、速度、加速度和运动轨迹等，并对此进行进一步处理与分析，实现对运动目标的行为理解，以完成更高一级的任务。视觉跟踪应用广泛，包括视频监控、机器人视觉和自主导航。除此之外，在人机交互系统、拟现实技术中视觉跟踪也非常重要，表 13-1 列出了视觉跟踪的几种常见的应用领域（Patel et al.，2005）。

表 13-1　视觉跟踪的应用领域

应用领域	具体应用
智能监控	公共场所安全监控（如犯罪预防、人流密度检测、外来人员访问控制）、交通监控、家庭环境监控（如老幼看护）
虚拟现实	交互式虚拟世界、游戏控制、远程会议
自主导航	车辆导航、机器人导航、太空探测器的导航
机器人视觉	工业服务、家庭服务、餐厅服务、太空探测

视觉跟踪的整体框架如图 13-23 所示。目标检测可看作目标跟踪的组成部分，主要用于对目标状态进行初始化。目标跟踪则是在目标检测的基础上，对目标的状态进行连续估计的过程。运动目标跟踪问题可以等价为在连续的图像帧之间，构建基于目标位置、速度、形状、纹理、色彩等有关特征的对应匹配问题，其一般处理流程如图 13-24 所示，由目标状态初始化、表观建模、运动估计及目标定位等四部分组成，其中 t 表示当前图片帧数，N 表示用于跟踪初始化的视频帧数（Bar-Itzhack，2000；Milam et al.，2000）。

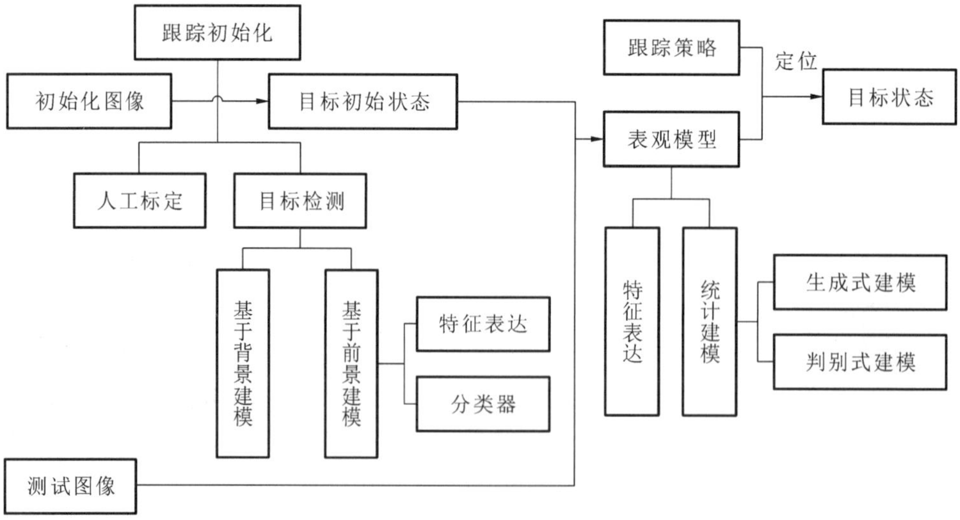

图 13-23　视觉跟踪的整体框架

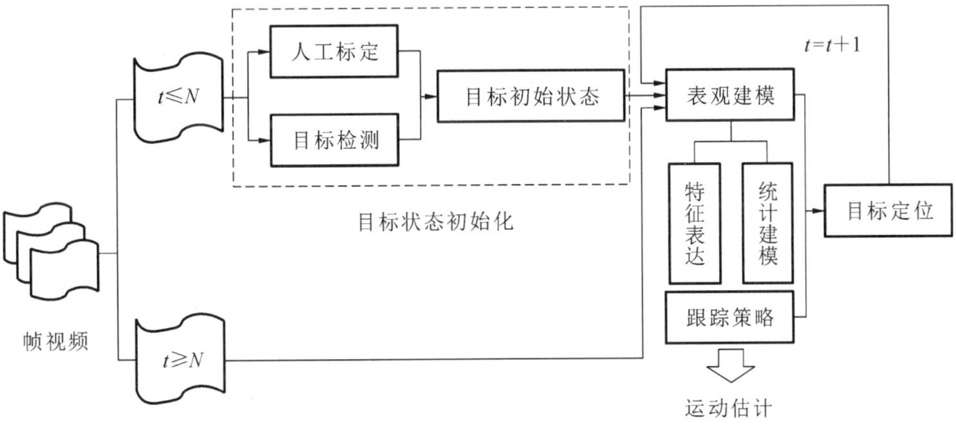

图 13-24　运动目标跟踪问题一般处理流程

目标状态的初始化一般采用人工标定或目标检测的方法实现。表观建模主要包括对目标的视觉特征(颜色、纹理、边缘等)进行描述,以及度量视觉特征之间的相似性。运动估计则是采用某种运动假设来预估目标可能出现的位置,常用的运动估计方法包括线性回归、隐马尔可夫模型、卡尔曼滤波及粒子滤波等。最后,在表观建模与运动估计的基础上,采用某种最优化策略获取目标最可能的位置,实现对跟踪目标的定位。

机器人常常在未知的环境中运动,因此带来了目标和背景的可变性及复杂性,对跟踪概率和精度提出了更高要求。目标位置空间、时间的不确定性,使得跟踪的实时性要求和信息获取的空间分辨率要求比固定目标跟踪高得多。

1. 视觉跟踪基本模型

一般地,目标跟踪按照有无检测过程的参与,可以分为生成式跟踪与判别式跟踪。其中,生成式跟踪方法是在目标检测的基础上,对前景目标进行表观建模后,按照一定的跟踪策略估计跟踪目标的最优位置;判别式跟踪方法则是通过对每一帧图像进行目标检测来获取跟踪目标状态,因此这类方法也常被称为基于检测的跟踪方法。

生成式跟踪方法采用一定的跟踪策略,估计下一帧中跟踪目标的状态,其跟踪过程与检测过程是相互独立的,二者有时间先后顺序。判别式跟踪方法将跟踪问题看作前景与背景的二分类问题,通过学习分类器,在当前帧中搜索与背景区分最大的前景区域,其跟踪过程与检测过程彼此联系,二者是同时进行的(Patel et al.,2005)。

1）生成式跟踪方法

生成式跟踪方法的关键在于如何精确地对跟踪目标进行重构表达,采用在线学习方法对跟踪目标进行表观建模以适应目标表观的变化,实现对目标的跟踪。目前,生成式表观模型的建立方法可以分为基于核的方法、基于子空间的方法及基于稀疏表示的方法三类。

基于核的方法通常采用核密度估计的方式构建表观模型,并使用 mean shift 方法对运动目标位置进行估计。早期的基于核的方法虽然考虑了跟踪目标的颜色及灰度,但忽略了梯度、形状等视觉信息,在复杂场景、目标部分遮挡、快速运动以及尺度变化等情况下容易出现漂移问题。为了解决目标尺度的自适应问题,Yilmaz 将非对称核引入 mean shift 方法,实现了对跟踪目标的尺度自适应以及方向的选择。

基于子空间的方法的关键在于如何构建相关的基及它们所构成的子空间,来对目标表观进行表示。Levey 与 Brand 采用增量奇异值分解(singular value decomposition,SVD)方法获取子空间学习的解，并将其应用于计算机视觉处理和音频特征提取中。

基于稀疏表示的方法通常假设跟踪目标在一个由目标模板所构成的子空间内，其跟踪结果是通过寻求与模板重构误差最小的目标而得到的最佳候选目标。

生成式跟踪方法使用了丰富的图像表示，能精确地拟合目标的表观模型。实际应用中跟踪目标通常没有特定的表观形式，对此类方法的正确性验证显得非常困难。此类方法忽略了背景信息，当场景中出现与目标表观相似的物体时，跟踪算法易受到干扰，出现跟踪失败的问题。为充分地利用背景信息，克服生成式跟踪方法的不足，通常采用判别式跟踪方法。

2）判别式跟踪方法

判别式跟踪方法将视觉目标跟踪视为一个二分类问题，其基本思路是寻求跟踪目标与背景间的决策边界。判别式跟踪方法通常采用在线增量学习的方法，获取前景目标与背景的分界面，降低计算成本，提高计算效率。该方法通过对每一帧图像进行目标检测，获取目标状态，因此也称为基于检测的跟踪方法。判别式跟踪方法可分为基于在线 boosting 的方法、基于 SVM 的方法、基于随机学习的方法等。

基于在线 boosting 的方法源于 Valiant 提出的 PAC(probably approximately correct)学习模型，其基本原理是通过对弱分类器进行重新整合来提升分类性能。由于此类方法具有较强的判别学习能力，因此已广泛地应用于目标跟踪任务。此类方法通过自适应地选择区分性较强的特征，根据目标的变化，自适应地改变分类器，完成跟踪任务。

基于 SVM 的方法通过引入最大化分类间隔约束，学习到具有较强分类性能的 SVM 分类器，对目标与非目标进行划分，最终实现对运动目标的跟踪。

基于随机学习的方法通过随机特征与输入信息建立跟踪目标的表观模型。该方法通常可以使用 GPU 实现并行加速计算，相比于基于在线 boosting 和基于 SVM 的方法，其处理速度更快，效率更高，可以扩展应用到多分类问题的求解中。由于此类方法的特征选取比较随机，故在不同的应用环境下，跟踪性能不稳定。

2. 基于相关滤波的跟踪方法

基于相关滤波的跟踪方法的基本流程为：首先用一幅目标图像作训练模板，训练滤波器；然后用训练所得的滤波器在新一幅图像中进行搜索，选取一块包含目标的图像块，将此图像块经加窗处理后与训练的滤波器在频域里相乘，得到响应的傅里叶变换，再通过傅里叶逆变换得到响应矩阵，分析该矩阵，实现目标跟踪。由于相关滤波通过卷积实现相关，并在频域中用快速傅里叶变换(FFT)计算相关，故其计算速度较其他跟踪方法的计算速度有大幅提升，可以实现实时跟踪(Etkin,1972)。典型的基于相关滤波的跟踪方法流程如图 13-25 所示。

基于相关滤波的跟踪方法与其他跟踪方法主要区别为：①样本与标记。传统的跟踪方法往往将目标物体中心所在区域作为正样本，样本标记为 1，在周围区域提取图像作为负样本，标记为 0，如稀疏表示、基于在线 boosting 的方法等。这种标记样本的方法存在一个明显的问题，就是不能很好地区分各个样本的比例。合理的标记方式应当是根据样本图像距离中心目标图像的远近来赋予样本的权重值，距离近的样本赋予高的权重值，距离远的样本赋予低的权重值。基于核相关滤波的跟踪方法通过循环移位矩阵的变化，对样本进行连续标记，很好地解决了样本权重的问题。②传统的跟踪方法在时域进行处理，计算量很大，当目标搜索区域大到一定程度时，将无法满足实时性要求。基于相关滤波的跟踪方法巧妙地应用循环矩阵来构造训练的样本。当选择的核函数满足一定条件

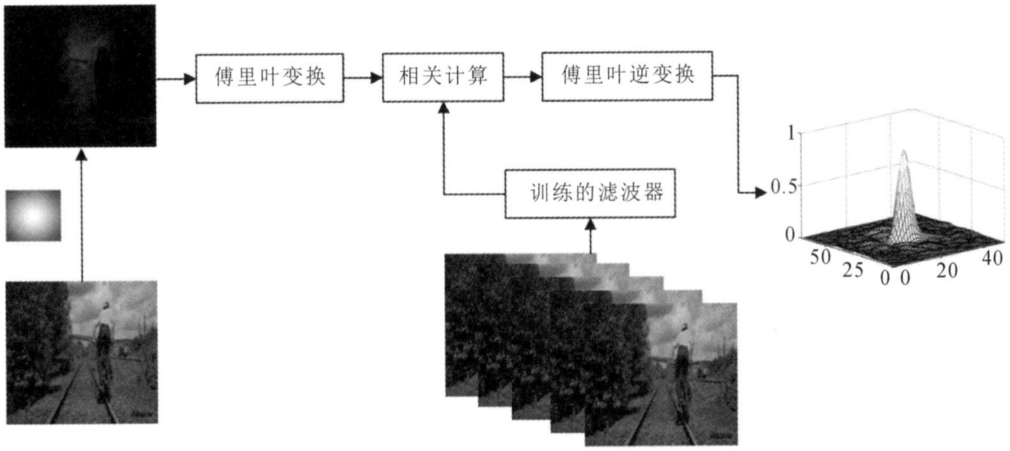

图 13-25 典型的基于相关滤波的跟踪方法

时，循环矩阵通过核函数映射成的矩阵依然保持循环性，然后基于循环矩阵的这种特性把问题的求解变换到傅里叶变换域，从而无须在时域进行矩阵求逆。运用卷积定理，时域的卷积运算转化为频域的点对点乘积运算，使运算量大大减少，同时再应用快速傅里叶变换，进一步提升运算速度。

基于相关滤波的视觉跟踪方法的关键步骤如下。

1）循环矩阵

在图像处理领域，将循环矩阵通过离散傅里叶变换进行相关计算。设一维 $n\times1$ 矢量 $\boldsymbol{x}$ 的循环矩阵为 $\boldsymbol{C}(\boldsymbol{x})$，则

$$\boldsymbol{C}(\boldsymbol{x})=\begin{bmatrix} x_1 & x_2 & x_3 & \cdots & x_n \\ x_n & x_1 & x_2 & \cdots & x_{n-1} \\ x_{n-1} & x_n & x_1 & \cdots & x_{n-2} \\ \vdots & \vdots & \vdots & \ddots & \vdots \\ x_2 & x_3 & x_4 & \cdots & x_1 \end{bmatrix} \tag{13-43}$$

循环矩阵的和、积及逆均是循环矩阵，它的这种特殊性质使其可方便地用来计算矢量的卷积。循环矩阵 $\boldsymbol{C}(\boldsymbol{x})$ 只需存储矢量 $\boldsymbol{x}$，节省了内存空间。根据卷积的性质，空间相关可以表示为一个函数的傅里叶变换。设 $\boldsymbol{y}$ 是 $n\times1$ 的矢量，矢量 $\boldsymbol{x}$ 和 $\boldsymbol{y}$ 的相关可表示为循环矩阵 $\boldsymbol{C}(\boldsymbol{x})$ 同 $\boldsymbol{y}$ 的矢量积，即

$$\boldsymbol{C}(\boldsymbol{x})\boldsymbol{y}=f(F^*(\boldsymbol{x})\odot F(\boldsymbol{y})) \tag{13-44}$$

式中：F 和 f 分别表示傅里叶变换和傅里叶逆变换；$\odot$ 表示矩阵对应元素乘积；* 表示复共轭。二维矢量的循环卷积涉及了循环移位矩阵的块循环、二维傅里叶变换等内容。上述循环矩阵在一维矢量上表现的性质同样也适用于二维图像，这使得循环卷积的性质运用到图像处理领域具有理论基础。

2）岭回归模型学习分类器

滤波器的训练过程本质上是一个岭回归问题。岭回归被证实在很多实际应用场合中表现出类似 SVM 的分类性能，而 SVM 是当前目标识别和跟踪领域表现最佳的机器学习方法之一。训练滤波器时利用一个基样本做循环移动。设定一组训练的样本及其对应的标签为

$\{(\boldsymbol{x}_{(1,1)},\boldsymbol{Y}_{(1,1)}),(\boldsymbol{x}_{(2,2)},\boldsymbol{Y}_{(2,2)}),\cdots,(\boldsymbol{x}_{(M,N)},\boldsymbol{Y}_{(M,N)})\}$，其中样本由 $\boldsymbol{x}_{(1,1)}$ 循环移位形成，且

$$\boldsymbol{Y}_{(m,n)}=\ell^{-\frac{(m-M/2)^2+(n-N/2)^2}{2\sigma^2}} \tag{13-45}$$

式中：σ 为设定的高斯核宽度；M,N 表示框取的候选目标区域的尺寸。分类器训练的最终目标是找到一个函数 $f(\boldsymbol{z})=\boldsymbol{w}^{\mathrm{T}}\boldsymbol{z}$，使得式(13-46)中的残差函数最小，即

$$\boldsymbol{w}=\underset{w}{\operatorname{argmin}}\sum_{m,n}|\varphi(\boldsymbol{x}_{(m,n)})\cdot\boldsymbol{w}-\boldsymbol{Y}_{(m,n)}|^2+\lambda|\boldsymbol{w}|^2 \tag{13-46}$$

式中：φ 表示一种核空间的映射；λ 为正则化参数（$\lambda\geqslant 0$）。

应用快速傅里叶变换可以进一步简化式(13-46)，得到滤波器，即

$$\boldsymbol{w}=\sum\nolimits_{m,n}\boldsymbol{a}(m,n)\varphi(\boldsymbol{x}_{m,n}) \tag{13-47}$$

式中：$\boldsymbol{a}$ 满足

$$\boldsymbol{A}=F(\boldsymbol{a})=\frac{F(y)}{\boldsymbol{\kappa}(x_i,x_j)+\lambda} \tag{13-48}$$

3）基于核相关滤波的目标跟踪方法

当滤波器 $\boldsymbol{w}$ 确定之后，跟踪的问题可以通过 $f(\boldsymbol{z})=\boldsymbol{w}^{\mathrm{T}}\boldsymbol{z}$ 计算，代入式(13-47)得

$$f(\boldsymbol{z})=\sum_{i=1}^{N}a_i\kappa(\boldsymbol{z},\boldsymbol{x}_i) \tag{13-49}$$

式中：$\kappa(\boldsymbol{z},\boldsymbol{x}_i)$ 表示核函数。核函数是一种低维到高维的映射，具体来说就是两个矢量的乘积可以通过一个映射函数转换到高维空间进行求解，这种转换方式大大降低了乘积的计算量。常采用的核函数主要有以下三类：

（1）线性核函数：$\kappa(\boldsymbol{x},\boldsymbol{x}')=f(F(\boldsymbol{x}')\odot F(\boldsymbol{x})^*)$。

（2）多项式核函数：$\kappa(\boldsymbol{x},\boldsymbol{x}')=[f(F(\boldsymbol{x}')\odot F(\boldsymbol{x})^*)+a]^b$。

（3）高斯核函数：$\kappa(\boldsymbol{x},\boldsymbol{x}')=\exp\left\{-\frac{1}{\sigma^2}[\|\boldsymbol{x}\|^2+\|\boldsymbol{x}'\|^2-2f(F(\boldsymbol{x}')\odot F(\boldsymbol{x})^*)]\right\}$。

13.5 视觉伺服控制

视觉伺服控制是指采用视觉传感器感知机器人所在环境信息和定位信息，并将这些信息应用于机器人的运动规划、轨迹跟踪和闭环控制。由于视觉伺服控制利用视觉信息作为反馈，对环境进行非接触式测量，因此具有更大的信息量，可以提高机器人系统的灵活性和精确性，在机器人控制中具有不可替代的作用（Franklin et al.，1994）。视觉伺服控制原理如图 13-26 所示。

根据摄像机安装位置不同，视觉伺服控制系统可以分为眼在手(eye-in-hand)系统与固定摄像机(eye-to-hand)系统两类。眼在手系统是指摄像机安装在机械手爪末端或移动机器人上，摄像机获得的图像为目标特征点图像，摄像机位姿随着机械手爪的运动而变化。在固定摄像机系统中，摄像机安装在一个固定的位置，可以同时获得机器人与目标特征点的图像，优点是对机器人模型的依赖性不强，缺点是目标可能被机器人遮挡而无法完成任务。根据反馈信息的差异性，机器人视觉伺服控制分为基于位置的视觉伺服控制(position-based servo control)、基于图像的视觉伺服控制(image-based visual servo control)和混合视觉伺服控制(hybrid servo control)三类（Hutchinson et al.，1996）。

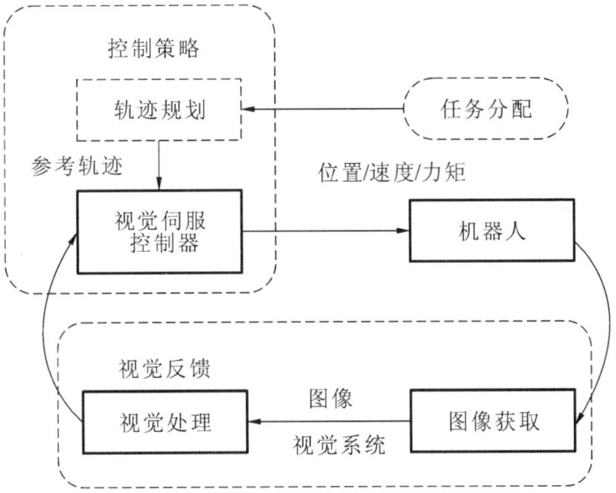

图 13-26　视觉伺服控制原理图

1. 视觉伺服控制的基础

视觉伺服控制的目标是使误差函数 $\boldsymbol{e}(t)$ 达到最小。

$$\boldsymbol{e}(t)=\boldsymbol{s}(\boldsymbol{I}(t),a)-\boldsymbol{s}^{*} \tag{13-50}$$

式中：$\boldsymbol{I}(t)$ 表示输入的图像；$\boldsymbol{a}$ 表示伺服系统的附加参数；$\boldsymbol{s}(\boldsymbol{I}(t),a)$ 表示 k 维观测特征矢量；$\boldsymbol{s}^{*}$ 表示特征矢量理论值。假设观测物静止不动，$\boldsymbol{s}$ 的变化由摄像机运动引起，则 $\boldsymbol{s}^{*}$ 为常值。

观测矢量定义好后，最直接的控制方法就是设计一个速度控制器，即得到观测矢量对时间的微分与摄像机速度之间的关系。定义空间中摄像机速度为 $\boldsymbol{v}_{\mathrm{c}}=(\boldsymbol{v}_{\mathrm{c}}{}',\boldsymbol{\omega}_{\mathrm{c}})$，$\boldsymbol{v}_{\mathrm{c}}{}'$ 代表摄像机坐标系中摄像机线速度，$\boldsymbol{\omega}_{\mathrm{c}}$ 代表摄像机坐标系中摄像机角速度。定义

$$\dot{\boldsymbol{s}}=\boldsymbol{L}_{s}\boldsymbol{v}_{\mathrm{c}} \tag{13-51}$$

式中：$\boldsymbol{L}_{s}$ 为观测特征矢量 $\boldsymbol{s}$ 的雅可比矩阵。根据式(13-50)和式(13-51)，可得到摄像机速度 $\boldsymbol{v}_{\mathrm{c}}$ 与误差微分 $\dot{\boldsymbol{e}}$ 之间的关系，即

$$\dot{\boldsymbol{e}}=\boldsymbol{L}_{e}\boldsymbol{v}_{\mathrm{c}} \tag{13-52}$$

式中：$\boldsymbol{L}_{e}=\boldsymbol{L}_{s}$。摄像机速度 $\boldsymbol{v}_{\mathrm{c}}$ 作为控制系统输入，如果期望误差以指数级的速度下降且 $\dot{\boldsymbol{e}}=-\lambda\boldsymbol{e}$，则

$$\boldsymbol{v}_{\mathrm{c}}=-\lambda\boldsymbol{L}_{e}^{+}\boldsymbol{e} \tag{13-53}$$

式中：$\boldsymbol{L}_{e}^{+}\in R^{6\times k}$ 表示 $\boldsymbol{L}_{e}$ 的广义逆矩阵。若 $\boldsymbol{L}_{e}$ 列满秩，则 $\boldsymbol{L}_{e}^{+}=(\boldsymbol{L}_{e}^{T}\boldsymbol{L}_{e})^{-1}\boldsymbol{L}_{e}^{T}$；若 $k=6$，$\det\boldsymbol{L}_{e}!=0$，则 $\boldsymbol{L}_{e}^{+}=\boldsymbol{L}_{e}^{-1}$，$\boldsymbol{v}_{\mathrm{c}}=-\lambda\boldsymbol{L}_{e}^{-1}\boldsymbol{e}$。在实际伺服控制中，通常得不到 $\boldsymbol{L}_{e}^{+}$ 和 $\boldsymbol{L}_{e}$，可使用它们的近似值或估计值 $\hat{\boldsymbol{L}}_{e}^{+}$，则

$$\boldsymbol{v}_{\mathrm{c}}=-\lambda\hat{\boldsymbol{L}}_{e}^{+}\boldsymbol{e} \tag{13-54}$$

以上即为视觉伺服控制的基础理论。下面将通过三种视觉伺服控制方法介绍如何选择观测矢量 $\boldsymbol{s}$、如何描述 $\boldsymbol{L}_{s}$ 及如何估计 $\hat{\boldsymbol{L}}_{e}^{+}$。

2. 基于位置的视觉伺服控制

基于位置的视觉伺服控制利用摄像机拍摄机器人的工作环境，经过图像处理与特征提取，从图像特征信息中估计被测目标与摄像机之间的相对位置。根据摄像机内外参数标定结果，将这一相对位置转化为目标与机器人操作臂之间的相对关系，并根据与期望位姿的误

差对比，对机器人进行反馈控制。其优点是误差信号和控制器输入信号都是空间位姿，实现起来较为简单；缺点是易受摄像机内外参数标定误差和机器人运动模型误差影响，另外，由于不对图像进行直接控制，这种方法无法保证目标始终位于摄像机的摄像范围内。其原理框图如图 13-27 所示。

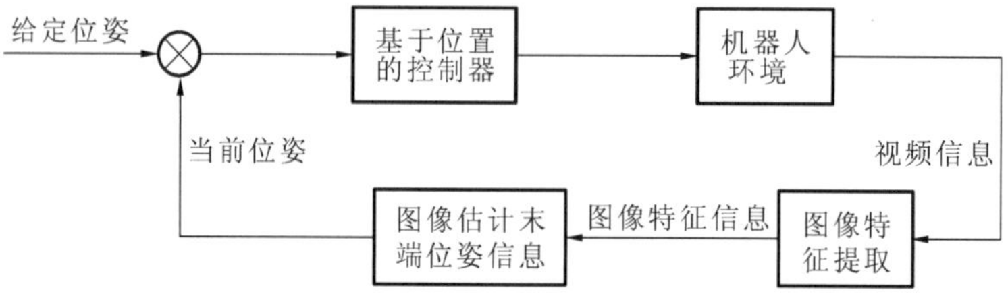

图 13-27　基于位置的视觉伺服控制原理框图

基于位置的视觉伺服利用摄像机相对于目标的位姿来定义 $\boldsymbol{s}$，而摄像机相对于目标位姿的获得需要知道摄像机模型及目标模型，即 $\boldsymbol{s}(\boldsymbol{I}(t),\boldsymbol{a})$ 中，$\boldsymbol{a}$ 表示伺服系统的附加参数。

定义三个坐标系：摄像机当前坐标系 $\{F_c\}$，理论摄像机坐标系 $\{F_c^*\}$ 及固定在目标上的参考坐标系 $\{F_0\}$。定义 $\boldsymbol{C}_{t_0}$ 和 $\boldsymbol{C}_{t_0}^*$ 分别表示 $\{F_0\}$ 相对于 $\{F_c\}$ 的平移矩阵和 $\{F_0\}$ 相对于 $\{F_c^*\}$ 的平移矩阵，进而定义 $\boldsymbol{R}={}^{c^*}_{c}\boldsymbol{R}$ 表示 $\{F_c\}$ 相对于 $\{F_c^*\}$ 的旋转矩阵。定义 $\boldsymbol{s}=(\boldsymbol{T},\boldsymbol{\theta}_u)$，$\boldsymbol{T}$ 表示 $\{F_c\}$ 相对于 $\{F_0\}$ 的平移矩阵，$\boldsymbol{\theta}_u$ 表示绕轴 $\boldsymbol{u}$ 旋转角为 θ 的旋转矩阵，则 $\boldsymbol{s}=(\boldsymbol{C}_{t_0},\boldsymbol{\theta}_u)$，$\boldsymbol{s}^*=(\boldsymbol{C}_{t_0}^*,0)$，$\boldsymbol{e}=(\boldsymbol{C}_{t_0}-\boldsymbol{C}_{t_0}^*,\boldsymbol{\theta}_u)$，雅可比矩阵 $\boldsymbol{L}_e$ 表示为

$$\boldsymbol{L}_e=\begin{bmatrix}-\boldsymbol{I}_3 & [\boldsymbol{C}_{t_0}]_\times \\ 0 & \boldsymbol{L}_{\theta u}\end{bmatrix} \tag{13-55}$$

式中

$$\boldsymbol{L}_{\theta u}=\boldsymbol{I}_3-\frac{\theta}{2}[\boldsymbol{u}]_\times+\left(1-\frac{\operatorname{sinc}\theta}{\operatorname{sinc}^2\dfrac{\theta}{2}}\right)(\boldsymbol{u})_\times^2 \tag{13-56}$$

其中 $\operatorname{sinc}\theta$ 满足 $x\operatorname{sinc}x=\sin x$ 且 $\sin(0)=1$。将 $\boldsymbol{L}_e$ 代入式(13-53)得 $\boldsymbol{v}_c=-\lambda\hat{\boldsymbol{L}}_e^{-1}\boldsymbol{e}$，由于摄像机自由度数为 6(维数 $k=6$)，所以

$$\boldsymbol{L}_e^{-1}=\begin{bmatrix}-\boldsymbol{I}_3 & [\boldsymbol{C}_{t_0}]_\times\boldsymbol{L}_{\theta_u}^{-1} \\ 0 & \boldsymbol{L}_{\theta_u}^{-1}\end{bmatrix} \tag{13-57}$$

雅可比矩阵 $\boldsymbol{L}_{\theta u}$ 满足 $\boldsymbol{L}_{\theta_u}^{-1}\boldsymbol{\theta}_u=\boldsymbol{\theta}_u$，经过简单的公式变换得到

$$\begin{cases}\boldsymbol{v}_c=-\lambda(\boldsymbol{C}_{t_0}^*-\boldsymbol{C}_{t_0}+[\boldsymbol{C}_{t_0}]_\times\boldsymbol{\theta}_u) \\ \boldsymbol{\omega}_c=-\lambda\boldsymbol{\theta}_u\end{cases} \tag{13-58}$$

3. 基于图像的视觉伺服控制

基于图像的视觉伺服控制直接以图像特征作为反馈信息，不需要进行位姿估计，对摄像机模型误差与运动学标定误差相对不敏感。这种方式需要实时估计位姿的变化量与图像平面特征变化量之间的灵敏度矩阵，即图像雅可比矩阵及其逆矩阵。图像特征的映射过程位于闭环之外，特征提取精度影响系统控制精度。其原理框图如图 13-28所示。

基于图像的视觉伺服利用图像平面中的点来定义观测矢量 $\boldsymbol{s}$，输入图像 $\boldsymbol{I}$ 为像素的集合，$\boldsymbol{s}(\boldsymbol{I}(t),\boldsymbol{a})$ 中的 $\boldsymbol{a}$ 表示伺服系统的附加参数。摄像机坐标系中的三维空间点 $\boldsymbol{X}=$

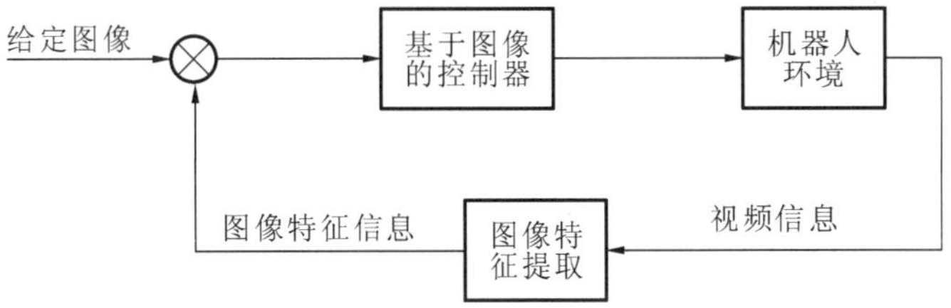

图 13-28　基于图像的视觉伺服控制原理框图

(X,Y,Z)投影到二维图像平面上的点$\boldsymbol{x}=(x,y)$，满足

$$\begin{cases} x=\dfrac{X}{Z}=(u-c_u)/f\alpha \\ y=\dfrac{Y}{Z}=(v-c_v)/f \end{cases} \tag{13-59}$$

式中：(u,v)表示像素坐标；c_u,c_v,f,α表示摄像机固有参数。用$\boldsymbol{x}$表示$\boldsymbol{s}$，因此$\boldsymbol{s}=\boldsymbol{x}=(x,y)$。

将式(13-59)对时间求微分，得

$$\begin{cases} \dot{x}=\dfrac{\dot{X}}{Z}-\dfrac{X\dot{Z}}{Z^2}=\dfrac{\dot{X}-X\dot{Z}}{Z^2} \\ \dot{y}=\dfrac{\dot{Y}}{Z}-\dfrac{Y\dot{Z}}{Z^2}=\dfrac{\dot{Y}-Y\dot{Z}}{Z^2} \end{cases} \tag{13-60}$$

利用空间中三维摄像机坐标点表示速度，即

$$\dot{\boldsymbol{X}}=-\boldsymbol{v}_c-\boldsymbol{\omega}_c\times\boldsymbol{X}\Leftrightarrow\begin{cases} \dot{X}=-\boldsymbol{v}_x-\boldsymbol{\omega}_yZ+\boldsymbol{\omega}_zY \\ \dot{Y}=-\boldsymbol{v}_y-\boldsymbol{\omega}_zX+\boldsymbol{\omega}_xZ \\ \dot{Z}=-\boldsymbol{v}_z-\boldsymbol{\omega}_xY+\boldsymbol{\omega}_yX \end{cases} \tag{13-61}$$

将式(13-61)代入式(13-60)，得

$$\begin{cases} \dot{x}=\dfrac{-\boldsymbol{v}_x}{Z}+\dfrac{X\boldsymbol{v}_z}{Z^2}+\dfrac{XY}{Z^2}\boldsymbol{\omega}_x+\left(\dfrac{X^2-Z^2}{Z^2}\right)\boldsymbol{\omega}_y+\dfrac{Y}{Z}\boldsymbol{\omega}_z \\ \dot{y}=\dfrac{-\boldsymbol{v}_y}{Z}+\dfrac{Y\boldsymbol{v}_z}{Z^2}+\left(\dfrac{Y^2+Z^2}{Z^2}\right)\boldsymbol{\omega}_x-\dfrac{XY}{Z^2}\boldsymbol{\omega}_y-\dfrac{X}{Z}\boldsymbol{\omega}_z \end{cases} \tag{13-62}$$

将式(13-62)简写为

$$\dot{\boldsymbol{x}}=\boldsymbol{L}_x\boldsymbol{v}_c \tag{13-63}$$

式中：$\boldsymbol{L}_x$ 为关于 $\boldsymbol{x}$ 的雅可比矩阵，且

$$\boldsymbol{L}_x=\begin{bmatrix} \dfrac{-1}{Z} & 0 & \dfrac{X}{Z^2} & \dfrac{XY}{Z^2} & \dfrac{X^2-Z^2}{Z^2} & \dfrac{Y}{Z} \\ 0 & \dfrac{-1}{Z} & \dfrac{Y}{Z^2} & \dfrac{Y^2+Z^2}{Z^2} & \dfrac{-XY}{Z^2} & \dfrac{-X}{Z} \end{bmatrix} \tag{13-64}$$

矩阵 $\boldsymbol{L}_x$ 中 Z 表示数据点 $\boldsymbol{x}$ 到摄像机坐标系的深度，因此要用这种方法来表示雅可比矩阵，必须对 Z 进行估计。$\boldsymbol{L}_x$ 不能直接代入式(13-63)中，需求 $\boldsymbol{L}_x$ 的近似值或估计值。为了满足 6 个自由度，至少需要 3 个坐标点($k\geqslant 6$)，矢量 $\boldsymbol{x}$ 表示为 $\boldsymbol{x}=(x_1,x_2,x_3)$，则

$$\boldsymbol{L}_x=[L_{x1}\quad L_{x2}\quad L_{x3}]^{\mathrm{T}} \tag{13-65}$$

有很多种方法来构造估计矩阵雅可比矩阵估计$\hat{\boldsymbol{L}}_e^+$，一种常用的方法就是在当前深度信息 Z 确定后，$\boldsymbol{L}_e=\boldsymbol{L}_x$，选择$\hat{\boldsymbol{L}}_e^+=\boldsymbol{L}_e^+$。

4. 混合视觉伺服控制

混合视觉伺服控制的原理框图如图 13-29 所示。

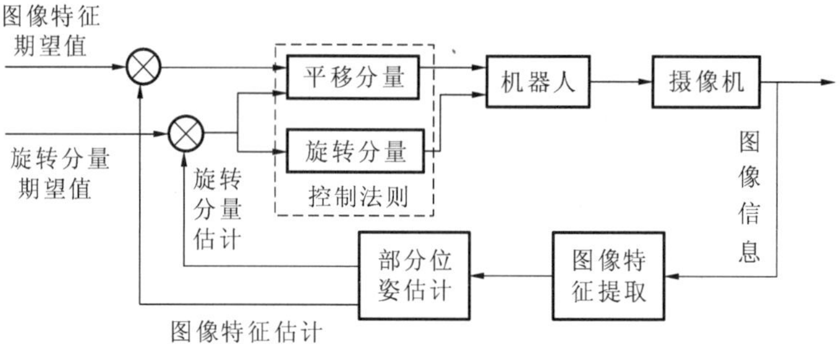

图 13-29　混合视觉伺服控制原理框图

混合视觉伺服控制兼有基于图像的视觉伺服控制和基于位置的视觉伺服控制的优点，将当前图像信号与采集图像的位置和姿态信号进行结合，并利用其之间的误差信号进行反馈。

考虑平动自由度的特征矢量 $\boldsymbol{s}_t$ 和误差 $\boldsymbol{e}_t$，得到此部分的雅可比矩阵为

$$\dot{\boldsymbol{s}}_t = \boldsymbol{L}_{s_t}\boldsymbol{v}_c = [\boldsymbol{L}_v \ \boldsymbol{L}_\omega]\begin{bmatrix}\boldsymbol{v}_c\\ \boldsymbol{\omega}_c\end{bmatrix} = \boldsymbol{L}_v\boldsymbol{v}_c + \boldsymbol{L}_\omega\boldsymbol{\omega}_c \tag{13-66}$$

由约束 $\dot{\boldsymbol{e}}_t = -\lambda\boldsymbol{e}_t$，可得

$$-\lambda\boldsymbol{e}_t = \dot{\boldsymbol{e}}_t = \dot{\boldsymbol{s}}_t = \boldsymbol{L}_v\boldsymbol{v}_c + \boldsymbol{L}_\omega\boldsymbol{\omega}_c \tag{13-67}$$

进而可得理论平动控制输入为

$$\boldsymbol{v}_c = -\boldsymbol{L}_v^+(\lambda\boldsymbol{e}_t + \boldsymbol{L}_\omega\boldsymbol{\omega}_c) \tag{13-68}$$

混合视觉伺服控制用二维图像信息进行平移反馈控制，用三维任务空间信息进行旋转反馈控制，可以在一定程度上解决前两种方法在鲁棒性、奇异性等方面所面临的问题。其缺点是仍然无法保证目标始终在摄像机摄像范围内，且在反解单应性矩阵时存在解不唯一的现象。

资料概述

视觉运动控制主要讲述视觉标定、立体视觉、视觉识别、视觉检测与跟踪及视觉伺服控制。视觉标定的建模问题及其求解方法可参考 Zhang 等(2017)的文章和于靖军(2008)的著作。立体视觉主要包括双目、结构光和光度三种方法，其工作原理及应用可参考 Geng(2011)的文章和于靖军(2008)的著作。机器人视觉识别是通过提取视觉图像特征来辨识目标物体，相关研究进展可参考 Dalal 等(2005)的文章。机器人视觉检测用于检测图像中的行人、车辆等目标，典型研究成果可参考 Girshick 等(2014)、Ren 等(2017)的文章。视觉跟踪是飞行机器人与移动机器人的重要感知方法，其中基于相关滤波的视觉跟踪方法可参考 Gladh 等(2016)、Danelljan 等(2015)的文章，而基于深度学习的视觉跟踪方法可参考 Hyeonseob 等(2016)、Ran 等(2016)的文章。机器人视觉伺服控制将视觉信息作为反馈信息，实现对环境自适应运动控制，其详细原理及应用可参考 Hutchinson 等(1996)的文章。

习　题

13.1　什么是视觉标定？视觉标定的意义是什么？

13.2　摄像机成像模型中内参及外参各个变量的物理意义分别是什么？请简要阐述。

13.3　利用自己所拍的图像，借助计算机使用张正友视觉标定算法对其进行视觉标定，并分析标定结果。

13.4　光度立体视觉中三个假设各有何意义？

13.5　双目立体视觉中，摄像机标定、图像校正、立体匹配三者的意义各是什么？

13.6　简述几种结构光的优缺点。

13.7　视觉检测的主要任务是什么？有哪些方法？

13.8　图像的特征主要有哪些？

13.9　视觉跟踪系统中主要有哪些模型？其中有代表性方法是什么？

13.10　简述基于相关滤波的跟踪方法流程。

13.11　简要论述基于位置的视觉伺服控制、基于图像的视觉伺服控制及混合视觉伺服控制的优缺点。

第 14 章　视觉导航定位

同时定位与地图构建(simultaneous localization and mapping,SLAM)是机器人根据传感器数据在未知环境中实时构建周围环境地图,同时对机器人自身进行定位的方法。SLAM 问题已经成为机器人在未知环境下进行自主导航必须解决的基础问题。

现有 SLAM 按照机器人传感器类型可分为:声呐 SLAM,利用声呐进行主动测量,不受天气影响,价格低廉,但其回波信息差,角度分辨率低;激光雷达 SLAM,利用激光雷达进行主动测量,其测量精度高,速度快,范围大,但其价格昂贵,安装结构要求高,地图缺乏语义信息;视觉 SLAM,利用视觉传感器进行测量,其硬件成本较低,体积小,功耗低,结构简单,且能够提供丰富的语义信息。声呐 SLAM 因其固有缺陷,逐渐退出历史舞台。激光雷达 SLAM 应用最为广泛,例如扫地机器人、自动导引运输车(automated guided vehicle,AGV)、无人驾驶汽车等,但是其获取的几何信息区分度小,无法适应室外复杂场景。视觉 SLAM 可以利用丰富的视觉纹理信息进行目标识别与跟踪,可以有效区分结构相似而内容不同的目标,适用于复杂的室外场景。因此,视觉 SLAM 已经成为 SLAM 领域的研究热点。

本章将重点介绍视觉 SLAM 经典框架中的视觉里程计、后端优化、回环检测、建图四个模块,使读者对视觉 SLAM 有较为全面的认识与理解。

14.1　概　　述

14.1.1　视觉 SLAM 简介

机器人为实现在未知环境下的自主导航,需获取机器人本体的位置信息及其所处环境的结构信息。与人类理解世界的方式不同,机器人通过视觉传感器获得的数据实质是连续的大型矩阵数据流。从这些大型矩阵数据流中,推断出周围环境的结构,并且判断机器人本体所在的位置,即为视觉 SLAM 的主要任务。应用于视觉 SLAM 的视觉传感器根据工作方式可分为单目(monocular)摄像机、双目(stereo)摄像机和深度(RGB-D)摄像机,如图 14-1 所示。

因此视觉 SLAM 可分为以下三类。

(1) 单目视觉 SLAM　采用单目摄像机获取环境信息。单目视觉 SLAM 的优势在于传感器结构简单、成本较低,可较好地应用于物体跟踪、虚拟现实等领域。但其无法直接获取场景的景深信息,需通过对同一场景进行不同角度的观测来计算场景中目标对象的三维坐标,无法直接用于立体环境中的机器人自主移动导航。

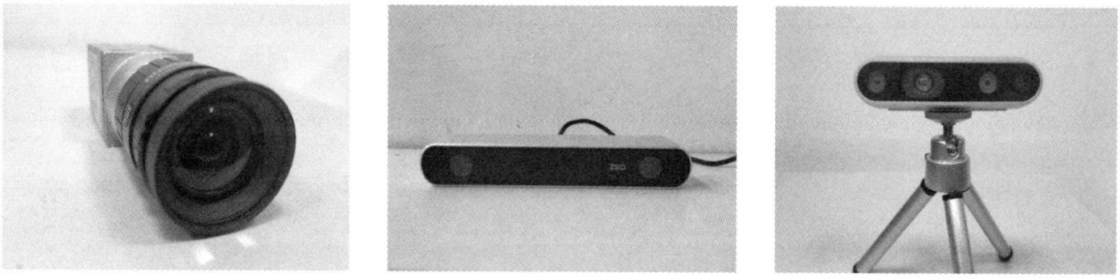

(a)　　(b)　　(c)

图 14-1　视觉 SLAM 所采用的三类视觉传感器

(a) 单目摄像机　(b) 双目摄像机　(c) 深度摄像机

(2) 双目视觉 SLAM　采用双目摄像机获取环境信息。双目视觉 SLAM 利用双目视差原理，获取目标对象的深度信息，可根据摄像机固有参数消除目标对象的尺度不确定性；但需经过 GPU(图形处理器)或 FPGA(现场可编程门阵列)的大量运算以实时获取目标对象深度信息，且深度信息的精度较低。

(3) 深度视觉 SLAM　采用深度摄像机来获取环境信息。深度视觉 SLAM 利用结构光或飞行时间(time of flight, ToF)测距原理，直接获得目标对象的深度信息，对目标对象进行主动测距，不占用大量计算机资源，实时性较好。但目前大多数深度摄像机存在测量范围窄、视野小、噪声大、易受干扰等缺点，难以应用于复杂的室外场景。

机器人的运动状态可用以下运动方程来描述：

$$ {}^{w}\boldsymbol{c}^{k} = f({}^{w}\boldsymbol{c}_{k-1}, \boldsymbol{u}_k, \boldsymbol{w}_k) \tag{14-1} $$

式中：${}^{w}\boldsymbol{c}_k$，${}^{w}\boldsymbol{c}_{k-1}$ 分别表示机器人在 k，$k-1$ 时刻的位置；$\boldsymbol{u}_k$ 是输入；通常为运动传感器的参数；$\boldsymbol{w}_k$ 为噪声。与运动方程对应，可用一个观测方程描述机器人在 ${}^{w}\boldsymbol{c}_k$ 位置上看到路标点 ${}^{w}\boldsymbol{p}_j$ 而产生的观测数据 $\boldsymbol{z}_{k,j}$：

$$ \boldsymbol{z}^{k,j} = h({}^{w}\boldsymbol{p}_j, {}^{w}\boldsymbol{c}_k, \boldsymbol{v}^{k,j}) \tag{14-2} $$

式中：$\boldsymbol{v}^{k,j}$ 是这次观测中的噪声。

因此 SLAM 的本质问题可表述为：已知运动测量的读数 $\boldsymbol{u}$，以及传感器的读数 $\boldsymbol{z}$，求解机器人位置 ${}^{w}\boldsymbol{c}$，以及获取环境路标 ${}^{w}\boldsymbol{p}$。与早期以滤波理论进行估计的视觉 SLAM 不同，现代视觉 SLAM 倾向于借鉴运动恢复结构(structure from motion, SfM)方法，利用非线性优化理论求解 SLAM 问题。

表 14-1 给出了常用开源视觉 SLAM 方案。

表 14-1　常用开源视觉 SLAM 方案

方案名称	传感器形式	参考网址
MonoSLAM	单目	https://github.com/hanmekim/SceneLib2
PTAM	单目	http://www.robots.ox.ac.uk/~gk/PTAM/
ORB-SLAM	单目为主	http://webdiis.unizar.es/~raulmur/orbslam/
LSD-SLAM	单目为主	http://vision.in.tum.de/research/vslam/lsdslam
SVO	单目	https://github.com/uzhrpg/rpg_svo
DTAM	RGB-D	https://github.com/anuranbaka/OpenDTAM

续表

方案名称	传感器形式	参考网址
DVO	RGB-D	https://github.com/tumvision/dvo_slam
RTAB-MAP	双目/RGB-D	https://github.com/introlab/rtabmap
RGBD-SLAM-V2	RGB-D	https://github.com/felixendres/rgbdslam_v2
Elastic Fusion	RGB-D	https://github.com/mp3guy/ElasticFusion
OKVIS	多目+IMU	https://github.com/ethz-asl/okvis
ROVIO	单目+IMU	https://github.com/ethz-asl/rovio

注：IMU，inertial measure ment unit，惯性测量单元。

部分方案简介如下。

(1) MonoSLAM　MonoSLAM(Davison et al.，2007)以扩展卡尔曼滤波为后端，追踪前端非常稀疏的特征点。MonoSLAM 的状态由摄像机运动参数和三维点位置构成，摄像机方位及三维点位置均包含概率偏差，如图 14-2(a)所示。利用不同三维点之间、三维点与摄像机运动参数之间的关联概率建立概率模型，在这个概率模型下，三维点投影至图像的形状为一个投影概率椭圆，如图 14-2(b)所示。在 MonoSLAM 之前，视觉 SLAM 基本不能在线运行，只能靠机器人携带摄像机采集数据，再离线进行定位与建图。计算机性能的进步，以及以稀疏方式处理图像数据方法使得 SLAM 可以在线运行。

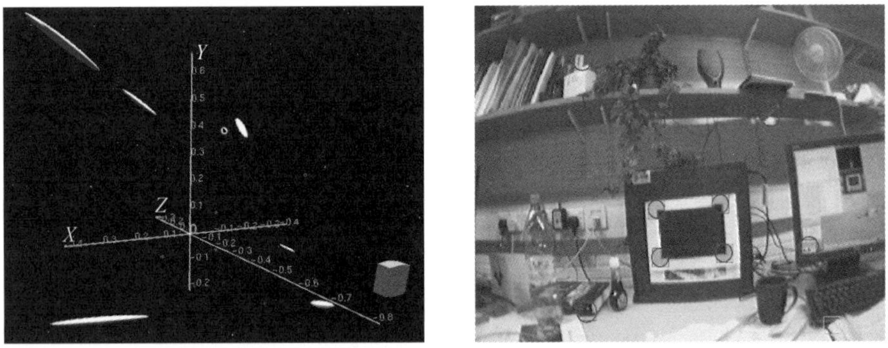

(a)　　　　(b)

图 14-2　MonoSLAM 的摄像机运动模型和三维点跟踪

(a) 场景点概率分布　(b) 主动式特征匹配

(2) PTAM　PTAM (Klein et al.，2007)是实时 SfM 系统。PTAM 开创性地采用结合了跟踪(tracking)线程与建图(mapping)线程的双线程架构，对后来的 SLAM 设计具有指导性意义。跟踪线程与建图线程亦可称为 PTAM 的前后端。PTAM 前端必须具有实时的响应速度，而后端无须具有实时的图像流匹配速度。PTAM 是首个使用非线性优化方法的方案。在 PTAM 之前，视觉 SLAM 研究大多使用以滤波器为主的优化方法；在 PTAM 之后，视觉 SLAM 优化方法逐渐以非线性优化为主。

(3) LSD-SLAM　LSD-SLAM(large scale direct monocular SLAM)由 Engel 等(2014)提出，该方法的出现标志着单目直接法在视觉 SLAM 中的成功应用。它可以构建出半稠密

地图，且相较于其他构建稠密地图的方案，它不需要 RGB-D 传感器数据或者 GPU 加速。因此该系统能够在 CPU 上实时运行，并且能通过半稠密前端视觉里程计（visual odometry，VO）在智能手机上实现增强现实（augmented reality，AR）功能。但 LSD-SLAM 对摄像机内参和摄像机曝光非常敏感，在摄像机快速运动时难以进行跟踪，且其摄像机定位精度显著低于 PTAM。

（4）ORB-SLAM　ORB-SLAM（Mur-Artal et al.，2015）是现代视觉 SLAM 中功能较为全面且应用十分广泛的系统之一。基于对效率和性能的折中考虑，ORB-SLAM 将 ORB 特征应用于视觉 SLAM。ORB-SLAM 增加了循环回路检测的功能，利用词袋模型进行回路检测，并利用位姿图（pose graph）进行环路闭合，提高了视觉 SLAM 的性能，其运行截图如图 14-3 所示。相比于 PTAM 需要由人工指定两帧初始帧的方式，ORB-SLAM 可自动选取两帧进行初始化，且对于场景扩展的要求更为灵活。虽然 ORB 相比于其他特征点算法具有较高的效率，但 ORB-SLAM 仍需花费较长时间对图像进行特征提取与计算，这制约了 ORB-SLAM 的性能，使得其只能在 PC 架构的 CPU 上实时运行，难以移植到嵌入式 CPU 当中。

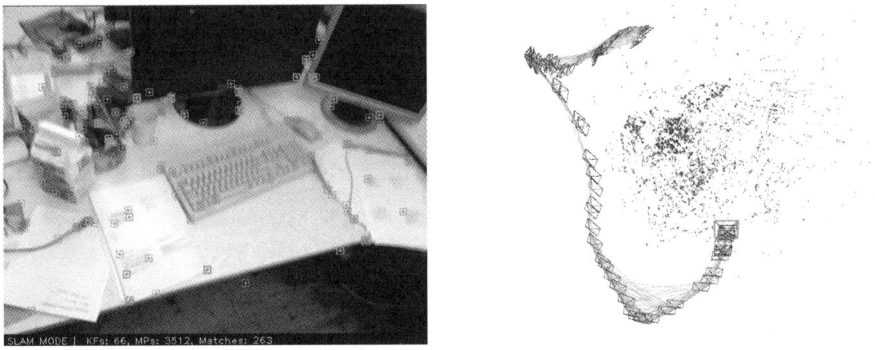

(a)　　(b)

图 14-3　ORB-SLAM 运行截图

(a) 图像检测到的特征点　(b) 摄像机轨迹与建模的特征点地图

14.1.2　经典视觉 SLAM 框架

经典视觉 SLAM 框架包括传感器数据获取、前端视觉里程计、后端非线性优化、回环检测与建图等五部分，如图 14-4 所示。

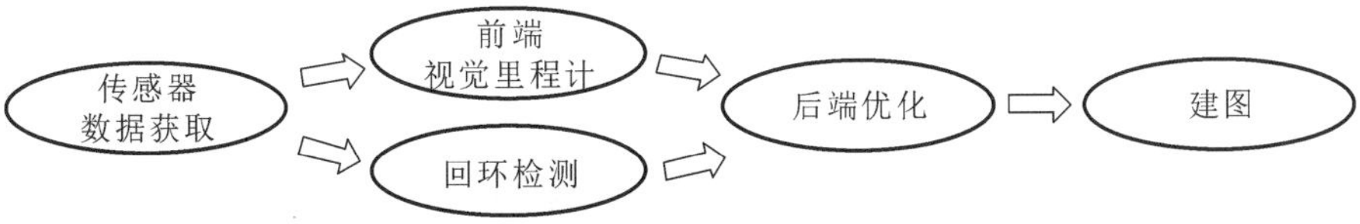

图 14-4　经典视觉 SLAM 框架

传感器数据获取通常是指摄像机图像信息的获取和预处理，也可能包含编码器、惯性传感器等的信息采集。其余模块介绍如下。

（1）前端视觉里程计　估算摄像机在相邻图像之间的运动参数的过程。前端视觉里程计采用的方法主要分为特征点法与直接法。特征点法首先对两帧图像提取特征点并计算描述子，然后对两帧图像中的特征点进行匹配，最后利用多视图几何理论求解出两帧图像间摄像机的位姿变换矩阵；然而图像特征点及其描述子的提取过程非常耗时，而且此类方法仅使用到特征点信息而忽略了其他大部分图像像素点信息。直接法根据灰度不变假设直接利用像素值计算摄像机运动参数，无须进行特征点提取及描述子计算。视觉里程计工作方式为增量模式，即当前时刻的估计误差会传递到下一时刻，导致一段时间之后的估计轨迹与实际轨迹出现较大误差，即累积漂移(accumulating drift)。为了解决漂移问题，视觉 SLAM 需要进行后端优化及回环检测。

(2) 回环检测(loop closure detection)　又称为闭环检测，主要用于解决位置估计的漂移问题。回环检测模块通过识别出机器人回到历史时刻到过的点，进而对估计值进行闭环约束，消除这段时间内的累积估计误差，对于长时间远距离的运动参数估计具有重要作用。回环检测与"定位""建图"密切相关。为实现回环检测，机器人需能识别到达过的历史场景。一般可采取对外界环境增加约束的方法来识别已到达过的场景，例如在特定位置贴二维码，当机器人识别该二维码时即可实现回环，但这类方法的应用容易受到使用场合限制。因此，通过机器人自身传感器如视觉传感器、激光雷达、惯性导航系统等进行识别会获得更好的效果。

(3) 后端优化(optimization)　接收时间序列下视觉里程计估计得到的摄像机位姿与回环检测的结果，并对二者进行综合优化以得到全局一致的地图信息。由于温度、磁场等因素的影响，传感器的测量结果将包含噪声。视觉 SLAM 不仅需要从图像中估计出摄像机的运动参数，而且需要明确该估计的噪声大小、噪声影响及估计结果的置信度。因此，后端优化可视为一个最大后验概率估计(maximum-a-posteriori，MAP)问题。相对于后端，视觉里程计又被称为"前端"。在经典视觉 SLAM 框架中，前端将待优化数据及其初始值提供给后端，后端负责进行整体综合优化。

(4) 建图(mapping)　根据后端优化的结果进行环境地图构建的过程。地图是对环境的描述，可分为度量地图和拓扑地图两种，其具体形式由上层应用决定。如地面清洁机器人，其主要应用环境为二维平面，需要获取精确的障碍物位置才可进行导航，其地图形式为度量地图。对于一些精度要求不高且不关注地图精细结构的任务，提供拓扑结构的拓扑地图则为最佳选择。

14.2　视觉里程计

视觉里程计采用的方法主要分为特征点法和直接法，如图 14-5 所示。特征点法通过特征点匹配来估计相邻图像之间的摄像机运动参数。特征点法的主要步骤包括特征点提取、特征点描述、特征点匹配和摄像机运动估计。特征点法对机器人环境光照、摄像机仿射变换等干扰敏感度较低，已经成为视觉里程计主流且成熟的解决方案。特征点法的不足之处：特征点提取与描述子计算较为耗时；只利用了图像的特征点信息，导致除特征点外的大部分图像信息被忽略；对纹理信息较弱的图像难以提取大量特征点，难以找到足够的匹配点进行运动估计。为解决以上不足，直接法被提出。直接法可根据像素灰度的差异，直接计算摄像机运动参数。直接法由于是直接对像素灰度进行计算，因此省去了特征点匹配的时间，并且可用于特征点缺失但有图像灰度梯度的弱纹理场景。同时，特征点法仅能构建稀疏地图，而直接法可根据使用像素的数量多少来构建稀疏或稠密的地图。直接法的局限性：基于灰度不

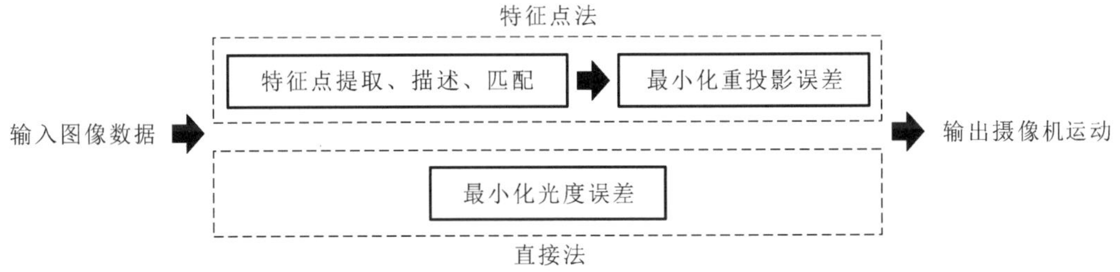

图 14-5　特征点法与直接法的流程框图

变假设，对摄像机性能要求高；依赖图像灰度梯度进行搜索，当摄像机运动距离过大时，会导致图像灰度不规则变化，使优化算法陷入局部最优解。

特征点法以其对光照、运动的鲁棒性成为视觉里程计采用的重要方法。本节将主要介绍基于特征点法的视觉里程计算法，包括特征点匹配，以及如何根据匹配点对估计摄像机运动。

14.2.1　特征点匹配

特征点匹配是基于特征点法的视觉里程计的核心部分。通过特征点匹配算法找到相邻图像之间的同名点，是准确估计摄像机运动的前提条件。特征匹配算法主要包括特征点提取、特征点描述子计算、特征点匹配三个步骤，分别介绍如下。

1. 特征点提取

图像特征是图像中一些具有代表性的局部区域，可以是图像中的角点、边缘或区域。图像角点是指与邻域像素有一定灰度差别的局部特征，相比于图像边缘和区域特征，更具有辨识度，已经成为主流图像特征。特征点提取是指在图像中寻找角点，并获得角点坐标、尺度和方向等信息的过程。摄像机拍摄距离、角度、光照等因素的变化，将导致同一目标对象的同一角点在不同图像中有较大差别，不利于后续特征点匹配，进而影响摄像机运动参数估计。因此图像特征点应具有以下性质：可重复性(repeatability)，即相同特征点可在不同图像中被精确找到；可区别性(distinctiveness)，即对不同特征点的描述要不同；高效性(efficiency)，即特征点的提取效率应较高；局部性(locality)，即特征点应为图像中的局部区域，以应对摄像机的拍摄视角变化。

2. 特征点描述子

特征点描述子是指对特征点邻域信息进行定量化数据描述后得到的特征向量，它应该能充分地反映特征点邻域图像的形状和纹理信息。一种良好的特征点描述子应该具备以下性质：可区别性，即不同的特征点描述子之间的相似度应该较低；鲁棒性(robustness)，即相同特征点的描述子能够在图像仿射变换、光照条件变化等干扰下仍具有较高的相似度；高效性，即特征点描述子应具有较高的构建速度和相似度计算速度。

通常将特征点和描述子的组合称为特征。特征根据描述子的元素数值类型被分为基于浮点型描述子的特征和基于二值描述子的特征。基于浮点型描述子的特征由于包含更丰富的图像信息，相比基于二值描述子的特征具有更好的性能。最为经典的一种基于浮点型描述子的特征为尺度不变特征变换(scale-invariant feature transform，SIFT)特征(Lowe，2004)。SIFT 通过生成高斯差分(difference of Gaussians，DoG)尺度空间进行特征点提取，并利用特征点邻域的梯度直方图进行描述子的构建，具有光照、尺度、旋转不变性。SIFT

特征的局限性是计算过程复杂，在不借助于硬件加速的情况下难以达到实时的要求，因此这种复杂度较高的图像特征很少在 SLAM 中应用。基于二值描述子的特征以提升计算速度为目标，适当考虑降低了鲁棒性和精度。最为经典的一种基于二值描述子的实时性特征为 ORB(oriented FAST and rotated BRIEF)特征（Rublee et al.，2011）。ORB 特征在特征点提取阶段基于 FAST 角点（Rosten et al.，2006）引入了尺度空间和特征点主方向，在保持 FAST 角点高效的基础上实现了尺度不变性和旋转不变性，在描述子计算阶段采用了构建规则简单且构建速度较快的二值描述子 BRIEF（Calonder et al.，2010），使得整个 ORB 特征的提取过程十分高效。由于 ORB 特征既能实现尺度不变性、旋转不变性，还能满足实时性视觉任务的要求，虽然适当降低了鲁棒性和精度，但对性能和速度进行了折中考虑，因此成为目前 SLAM 中主流的图像特征。本节将以 ORB 特征为代表，详细介绍整个特征提取过程。

3. ORB 特征

ORB 特征由 oFAST 特征点和 rBRIEF 描述子组成。oFAST 在 FAST 角点的基础上引入了尺度空间和主方向，实现了尺度不变性和旋转不变性。rBRIEF 在 BRIEF 描述子的基础上引入了主方向，并保留了相关性较低的维度。

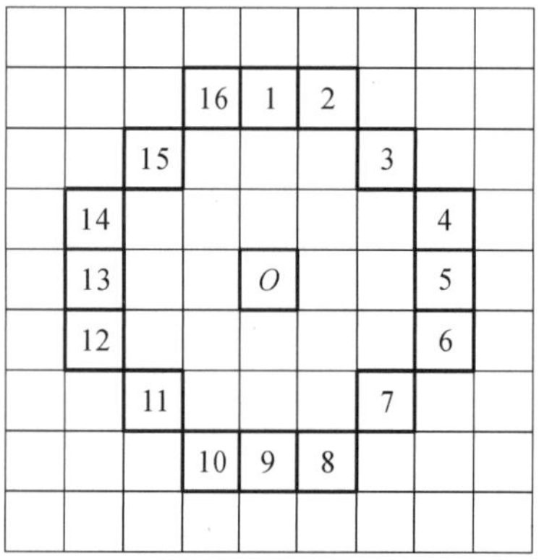

图 14-6　FAST 角点提取

FAST 角点算法原理为：若某中心像素与其邻域圆内足够多的像素不相似，则该中心像素可视为角点。相比于其他角点检测算法，FAST 只需进行像素值比较操作，可以达到较高的提取速度。FAST 角点算法步骤如下：以图像中某一像素 O 为中心，其半径为 3 的邻域圆上存在 16 个像素（见图 14-6）；中心像素的灰度值为 $\boldsymbol{I}_O$，设定某一阈值 $\boldsymbol{T}$，在 16 个邻域像素中，若至少有连续 n 个像素的灰度值大于 $\boldsymbol{I}_O+\boldsymbol{T}$ 或者小于 $\boldsymbol{I}_O-\boldsymbol{T}$，则将该中心点视为角点；循环以上两步，对每一个像素执行相同的操作。n 通常取 12，即为 FAST-12。为了进一步提高特征点提取速度，可以在 FAST-12 算法中加入一项测试，以快速排除大多数不是角点的像素。由于 FAST-12 要求至少有连续 12 个邻域像素的灰度值大于 $\boldsymbol{I}_O+\boldsymbol{T}$ 或者小于 $\boldsymbol{I}_O-\boldsymbol{T}$，那么邻域圆上的第 1、5、9、13 个像素中应该至少有三个像素的灰度值同时大于 $\boldsymbol{I}_O+\boldsymbol{T}$ 或者小于 $\boldsymbol{I}_O-\boldsymbol{T}$，只有满足该要求的像素才有可能是一个角点，否则应该直接将其排除。最后，为了避免角点集中的问题，还需要对所有角点进行非极大值抑制，滤除响应值较小的角点。

oFAST 角点算法在 FAST 角点算法的基础上有以下改进。首先，oFAST 角点算法通过引入尺度空间以实现尺度不变性；其次，oFAST 角点算法对每个 FAST 角点计算 Harris 响应，并选出 Harris 响应最大的前 n 个稳定角点，使得 oFAST 提取出的特征点具有极高的稳定性；最后，oFAST 角点算法通过特征点邻域子块的强度质心计算每个特征点的主方向，使特征点具有旋转不变性。特征点邻域子块 $\boldsymbol{A}$ 的矩定义如下：

$$m_{uv}=\sum_{(x,y)\in \boldsymbol{A}} x^u y^v \boldsymbol{I}(x,y) \tag{14-3}$$

式中：$\boldsymbol{I}(x,y)$为图像，$u,v\in R$。特征点邻域子块的强度质心为

$$c=\left(\frac{m_{10}}{m_{00}},\frac{m_{01}}{m_{00}}\right) \tag{14-4}$$

特征点主方向定义为

$$\theta = \arctan 2(m_{01}, m_{10}) \tag{14-5}$$

BRIEF 描述子计算步骤如下：选定某一特征点，在其 $S\times S$（通常取 $S=31$）的邻域子块 $\boldsymbol{A}$ 内进行 N（一般取 $N=256$）次随机点对测试，即

$$\tau(\boldsymbol{A};\boldsymbol{p},\boldsymbol{q}) = \begin{cases} 1, & \boldsymbol{I}_A(\boldsymbol{p}) < \boldsymbol{I}_A(\boldsymbol{q}) \\ 0, & \text{其他} \end{cases} \tag{14-6}$$

式中：$\boldsymbol{I}_A(\boldsymbol{p})$ 和 $\boldsymbol{I}_A(\boldsymbol{q})$ 分别是子块 $\boldsymbol{A}$ 在像素 $\boldsymbol{p}$ 和 $\boldsymbol{q}$ 处的灰度值。则 BRIEF 描述子可表示为 N 位的二进制串：

$$f_N(\boldsymbol{A}) = \sum_{i=1}^{N} 2^{i-1}\tau(\boldsymbol{A};\boldsymbol{x},\boldsymbol{y}) \tag{14-7}$$

BRIEF 描述子的不足之处：不具有旋转不变性；性能依赖于随机点对的采样模式，稳定性较差。rBRIEF 描述子针对以上两点不足做出以下改进：根据 oFAST 计算得到的主方向 θ 对特征点邻域区域进行旋转，在旋转后的邻域区域上提取 BRIEF 描述子，使 ORB 特征具有旋转不变性；通过训练选出相关性较低的点对，增加了 ORB 特征的可区别性。训练流程如下：在 K 个特征点邻域提取 K 个 BRIEF 描述子，得到 $K\times N$ 的二进制矩阵 $\boldsymbol{Q}$；对 $\boldsymbol{Q}$ 的每个列向量求平均值，并按平均值到 0.5 的距离对 $\boldsymbol{Q}$ 的列向量进行降序排列，得到矩阵 $\boldsymbol{S}$；将 $\boldsymbol{S}$ 的第一列放入矩阵 $\boldsymbol{R}$ 中；取 $\boldsymbol{S}$ 的下一列与 $\boldsymbol{R}$ 中所有列向量计算相关性，若相关性小于阈值 T'，则将 $\boldsymbol{S}$ 中该列向量移至 $\boldsymbol{R}$ 中；重复上一步，直到 $\boldsymbol{R}$ 中列向量数目达到 256 为止。

4. 特征点匹配

在对图像进行特征提取后，通过特征点匹配找出图像之间对应的特征点对是 SLAM 中极其重要的一个步骤。获得准确性较高的特征点匹配结果是进行精准姿态估计的前提。

特征点匹配是从两组特征子集中根据相应的特征点描述子找出距离最近的特征点对的过程。主要的特征点匹配方法有两种：暴力匹配和建立数据索引的快速近似匹配。暴力匹配是将待匹配特征子集中的点和查询特征子集中的点逐一进行距离比较，找出距离最近的查询点的方法。该方法采取穷举的方式进行匹配，速度较慢，精度较高，适用于描述子简短、待匹配对象较少的情况。建立数据索引的快速近似匹配是针对查询特征子集的聚类形态建立数据索引，通过数据索引加快匹配速度的方法。该方法匹配速度较快，但相对于暴力匹配，这种方法只能得到近似的匹配结果，且需对数据进行分析，增加了预处理时间与工作量，适用于描述子较复杂、待匹配对象较多的情况。根据描述子的类型，在实际应用中可以选择不同的距离度量函数。对于基于浮点型描述子的特征，一般采用欧氏距离进行特征相似性度量。而对于基于二值描述子的特征，一般采用汉明距离进行相似性度量。

由于图像特征存在局部特性，在一定程度上限制了特征的性能，使得匹配结果中存在许多误匹配，因此，对匹配结果进行提纯以过滤错误匹配点对是非常有必要的。最常用的匹配提纯方法为随机抽样一致性（random sample consensus，RANSAC）提纯法（Fischler et al.，1981）。如图 14-7 所示，经过 RANSAC 提纯法提纯后的匹配结果过滤掉了大量的误匹配点对，保留了大多数正确匹配点对。该算法的核心思想（见图 14-8）为：选取 4 个匹配点对估算两幅图像的变换关系 $\boldsymbol{H}$；在剩余的特征点对中统计满足变换关系 $\boldsymbol{H}$ 的点对数量并将其称为内点；重复上述两步，具有最多内点的变换关系 $\boldsymbol{H}$ 被认为是最终的模型；根据最终的模型过滤误匹配点对。

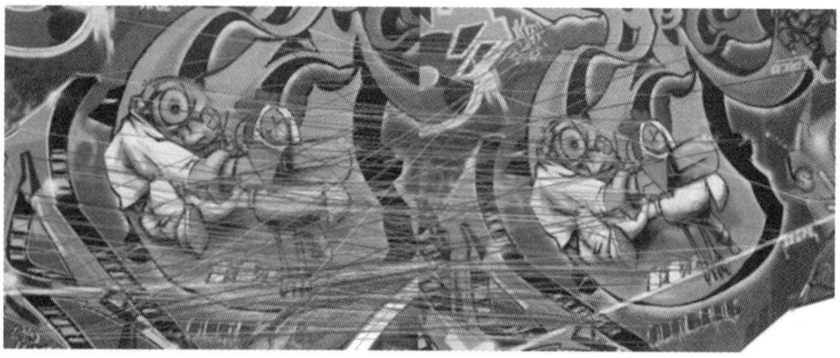

(a)

(b)

图 14-7 匹配结果

(a) 提纯前的匹配结果 (b) RANSAC 提纯后的匹配结果

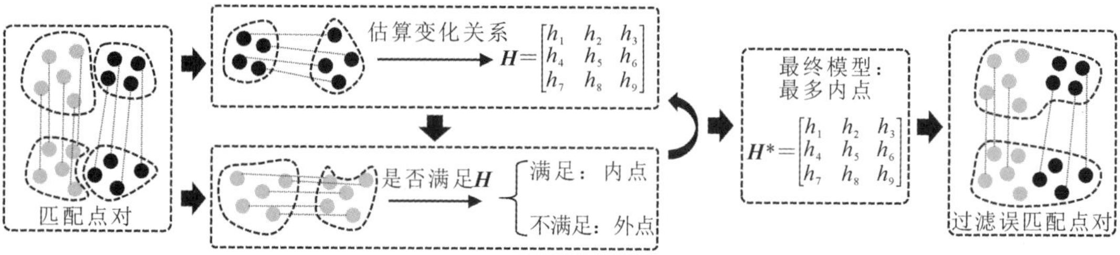

图 14-8 RANSAC 提纯原理

14.2.2 摄像机位姿估计

在对图像进行特征匹配后，需根据匹配的点对估计摄像机的运动。由于摄像机的原理不同，在估计摄像机运动时会出现以下几种情况：只能得到 2D 的像素坐标，需根据两组 2D 点对摄像机的运动进行估计，采用对极几何求解；可以得到 3D 坐标信息，需根据两组 3D 点对摄像机的运动进行估计，采用迭代最邻近点（iterative closest point，ICP）方法求解；已知 3D 点及其在摄像机的投影位置，需根据二者进行摄像机运动估计，采用 PnP 方法求解。

1. 2D-2D：对极几何

如图 14-9 所示，已知两帧图像$\boldsymbol{I}_1$ 和$\boldsymbol{I}_2$，两个摄像机中心分别为 O_1 和 O_2。设从第一帧到第二帧图像之间摄像机的运动为 $\boldsymbol{R},\boldsymbol{t}$，二者分别表示两个摄像机坐标系相对关系的旋转矩阵和平移矢量。对于世界坐标系下的某一点，假设其在$\boldsymbol{I}_1$ 的摄像机坐标系下的齐次坐标为${}^c\boldsymbol{p}=[{}^cx \quad {}^cy \quad {}^cz \quad 1]^{\mathrm{T}}$，且该点在$\boldsymbol{I}_1$ 和$\boldsymbol{I}_2$ 两个图像坐标系下的齐次坐标分别为${}^p\boldsymbol{p}_1=[u_1 \quad v_1 \quad 1]^{\mathrm{T}}$，${}^p\boldsymbol{p}_2=[u_2 \quad v_2 \quad 1]^{\mathrm{T}}$。

根据第 12.2 节的摄像机针孔模型可知：

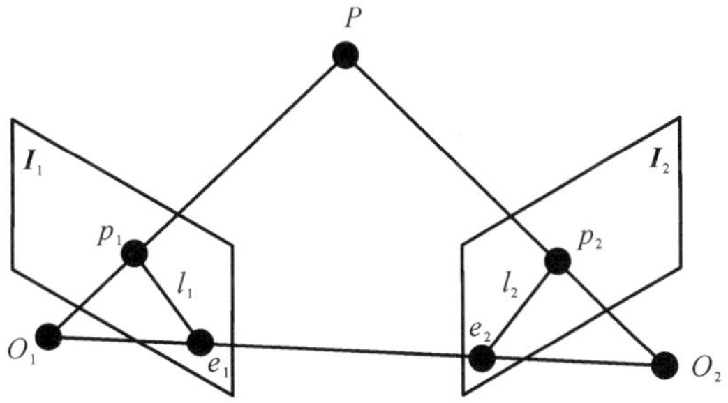

图 14-9　对极几何约束

$$s_1{}^p\boldsymbol{p}_1 = \underline{\boldsymbol{M}}_{\rm I}{}^c\boldsymbol{p},\quad s_2{}^p\boldsymbol{p}_2 = \underline{\boldsymbol{M}}_{\rm I}(\boldsymbol{R}\,{}^c\boldsymbol{p}+\boldsymbol{t}) \tag{14-8}$$

式中：$\underline{\boldsymbol{M}}_{\rm I}$ 为摄像机内参矩阵；s_1 和 s_2 是非零比例因子，令 $s_1=s_2=1$。令 $\boldsymbol{x}=\underline{\boldsymbol{M}}_{\rm I}{}^{-1c}\boldsymbol{p}$，去掉内参，归一化为

$$\boldsymbol{x}_1 = {}^c\boldsymbol{p},\quad \boldsymbol{x}_2 = \boldsymbol{R}^c\boldsymbol{p}+\boldsymbol{t} \tag{14-9}$$

由式(14-9)得

$$\boldsymbol{x}_2 = \boldsymbol{R}\boldsymbol{x}_1+\boldsymbol{t} \tag{14-10}$$

在式(14-10)两边同时叉乘 $\boldsymbol{t}$ 得

$$\boldsymbol{t}\times\boldsymbol{x}_2 = \boldsymbol{t}\times\boldsymbol{R}\boldsymbol{x}_1 \tag{14-11}$$

在式(14-11)两边同时左乘$\boldsymbol{x}_2^{\rm T}$ 得

$$\boldsymbol{x}_2^{\rm T}(\boldsymbol{t}\times\boldsymbol{x}_2) = \boldsymbol{x}_2^{\rm T}(\boldsymbol{t}\times\boldsymbol{R}\boldsymbol{x}_1) \tag{14-12}$$

观察式(14-12)等号左侧，$(\boldsymbol{t}\times\boldsymbol{x}_2)$是一个与$\boldsymbol{x}_2^{\rm T}$ 垂直的向量，所以二者的内积为 0，故

$$\boldsymbol{x}_2^{\rm T}(\boldsymbol{t}\times\boldsymbol{R}\boldsymbol{x}_1)=0 \tag{14-13}$$

重新代入$\boldsymbol{p}_1$ 和$\boldsymbol{p}_2$ 可得

$${}^c\boldsymbol{p}_2^{\rm T}\ (\underline{\boldsymbol{M}}_{\rm I}{}^{-1})^{\rm T}\boldsymbol{t}\times\boldsymbol{R}\underline{\boldsymbol{M}}_{\rm I}{}^{-1c}\boldsymbol{p}_1 = 0 \tag{14-14}$$

式(14-13)和式(14-14)称为对极约束。其几何意义为：O_1，O_2，P 三点共面。引入基础矩阵 $\boldsymbol{E}=\boldsymbol{t}\times\boldsymbol{R}$ 和本质矩阵 $\boldsymbol{F}=(\underline{\boldsymbol{M}}_{\rm I}{}^{-1})^{\rm T}\boldsymbol{E}\underline{\boldsymbol{M}}_{\rm I}{}^{-1}$，对极约束可简化为

$$\boldsymbol{x}_2^{\rm T}\boldsymbol{E}\boldsymbol{x}_1 = {}^c\boldsymbol{p}_2^{\rm T}\boldsymbol{F}\,{}^c\boldsymbol{p}_1 = 0 \tag{14-15}$$

根据对极几何模型，2D-2D 的摄像机运动估计的求解过程可分为两步：根据匹配点对求出 $\boldsymbol{E}$ 或 $\boldsymbol{F}$；根据 $\boldsymbol{E}$ 或 $\boldsymbol{F}$ 求出 $\boldsymbol{R}$，$\boldsymbol{t}$。其中，对于基础矩阵 $\boldsymbol{E}$ 的求解，可采用经典的八点法(Kobilarov，2008)。

2. 3D-3D：ICP

ICP 方法由 Sharp 等(2002)提出，是用于求解 3D-3D 位姿估计问题的方法。其输入为 n 个经过特征点匹配后得到的 3D 匹配点对$\{{}^w\boldsymbol{p}_{11},{}^w\boldsymbol{p}_{12},\cdots,{}^w\boldsymbol{p}_{1n}\}$和$\{{}^w\boldsymbol{p}_{21},{}^w\boldsymbol{p}_{22},\cdots,{}^w\boldsymbol{p}_{2n}\}$，输出为一个欧氏变换 $\boldsymbol{R}$，$\boldsymbol{t}$，使得对于任意的 $i\in[1,n]$，有

$${}^w\boldsymbol{p}_{1i} = \boldsymbol{R}^w\boldsymbol{p}_{2i}+\boldsymbol{t} \tag{14-16}$$

ICP 方法主要分为两大类：第一类是利用线性代数的求解方法，最常见的是奇异值分解(singular value decomposition，SVD)方法；第二类是利用非线性优化的求解方法。这里将简单介绍 SVD 方法。由于估计的 $\boldsymbol{R}$，$\boldsymbol{t}$ 与真实值存在一定的误差，则${}^w\boldsymbol{p}_{2i}$经过 $\boldsymbol{R}$，$\boldsymbol{t}$ 变换后的坐标与${}^w\boldsymbol{p}_{1i}$也存在一定的误差，定义误差项为

$$\boldsymbol{e}_i = {}^w\boldsymbol{p}_{1i}-(\boldsymbol{R}\,{}^w\boldsymbol{p}_{2i}+\boldsymbol{t}) \tag{14-17}$$

对 n 个 3D 匹配点对构建最小二乘问题，求得一个欧氏变换 $\boldsymbol{R},\boldsymbol{t}$，使得误差平方和 E 达到极小值：

$$\min_{\boldsymbol{R},\boldsymbol{t}} E=\frac{1}{2}\sum_{i=1}^{n}\left\|{}^{w}\boldsymbol{p}_{1i}-(\boldsymbol{R}\,{}^{w}\boldsymbol{p}_{2i}+\boldsymbol{t})\right\|_2^2 \tag{14-18}$$

为了对式(14-18)进行化简，引入两组点的质心：

$${}^{w}\boldsymbol{p}_1=\frac{1}{n}\sum_{i=1}^{n}{}^{w}\boldsymbol{p}_{1i},\qquad {}^{w}\boldsymbol{p}_2=\frac{1}{n}\sum_{i=1}^{n}{}^{w}\boldsymbol{p}_{2i} \tag{14-19}$$

则式(14-18)可以进一步表示为

$$\begin{aligned}\min_{\boldsymbol{R},\boldsymbol{t}} E&=\frac{1}{2}\sum_{i=1}^{n}\left\|{}^{w}\boldsymbol{p}_{1i}-\boldsymbol{R}\,{}^{w}\boldsymbol{p}_{2i}-\boldsymbol{t}-{}^{w}\boldsymbol{p}_1+{}^{w}\boldsymbol{p}_1-\boldsymbol{R}\,{}^{w}\boldsymbol{p}_2+\boldsymbol{R}\,{}^{w}\boldsymbol{p}_2\right\|_2^2\\&=\frac{1}{2}\sum_{i=1}^{n}\left\|{}^{w}\boldsymbol{p}_{1i}-{}^{w}\boldsymbol{p}_1-\boldsymbol{R}({}^{w}\boldsymbol{p}_{2i}-{}^{w}\boldsymbol{p}_2)+({}^{w}\boldsymbol{p}_1-\boldsymbol{R}\,{}^{w}\boldsymbol{p}_2-\boldsymbol{t})\right\|_2^2\\&=\frac{1}{2}\sum_{i=1}^{n}\left\|{}^{w}\boldsymbol{p}_{1i}-{}^{w}\boldsymbol{p}_1-\boldsymbol{R}({}^{w}\boldsymbol{p}_{2i}-{}^{w}\boldsymbol{p}_2)\right\|_2^2+\left\|{}^{w}\boldsymbol{p}_1-\boldsymbol{R}\,{}^{w}\boldsymbol{p}_2-\boldsymbol{t}\right\|_2^2\\&\quad+2[{}^{w}\boldsymbol{p}_{1i}-{}^{w}\boldsymbol{p}_1-\boldsymbol{R}({}^{w}\boldsymbol{p}_{2i}-{}^{w}\boldsymbol{p}_2)]^{\mathrm{T}}({}^{w}\boldsymbol{p}_1-\boldsymbol{R}\,{}^{w}\boldsymbol{p}_2-\boldsymbol{t})\end{aligned} \tag{14-20}$$

根据质心的性质，可知：

$$\frac{1}{2}\sum_{i=1}^{n}2\left[{}^{w}\boldsymbol{p}_{1i}-{}^{w}\boldsymbol{p}_1-\boldsymbol{R}({}^{w}\boldsymbol{p}_{2i}-{}^{w}\boldsymbol{p}_2)\right]^{\mathrm{T}}({}^{w}\boldsymbol{p}_1-\boldsymbol{R}\,{}^{w}\boldsymbol{p}_2-\boldsymbol{t})=0 \tag{14-21}$$

所以，式(14-20)可以简化为

$$\min_{\boldsymbol{R},\boldsymbol{t}} E=\frac{1}{2}\sum_{i=1}^{n}\left\|{}^{w}\boldsymbol{p}_{1i}-{}^{w}\boldsymbol{p}_1-\boldsymbol{R}({}^{w}\boldsymbol{p}_{2i}-{}^{w}\boldsymbol{p}_2)\right\|_2^2+\left\|{}^{w}\boldsymbol{p}_1-\boldsymbol{R}\,{}^{w}\boldsymbol{p}_2-\boldsymbol{t}\right\|_2^2 \tag{14-22}$$

观察式(14-22)可知，当目标函数中第一项和第二项都为零时可取得最小值。第一项只与 $\boldsymbol{R}$ 相关，第二项虽然与 $\boldsymbol{R},\boldsymbol{t}$ 都相关，但其只涉及两组点的质心。求解得到 $\boldsymbol{R}$ 后，可通过令第二项为零进一步求解 $\boldsymbol{t}$。综上所述，ICP 求解 3D-3D 摄像机运动估计的问题可描述如下：

(1) 给定 n 个 3$\boldsymbol{D}$ 匹配点对序列$\{{}^{w}\boldsymbol{p}_{11},{}^{w}\boldsymbol{p}_{12},\cdots,{}^{w}\boldsymbol{p}_{1n}\}$和$\{{}^{w}\boldsymbol{p}_{21},{}^{w}\boldsymbol{p}_{22},\cdots,{}^{w}\boldsymbol{p}_{2n}\}$，计算两组点的质心为${}^{w}\boldsymbol{p}_1$ 和${}^{w}\boldsymbol{p}_2$，从两个序列中所有的点中减去其对应的质心可得

$${}^{w}\boldsymbol{q}_{1i}={}^{w}\boldsymbol{p}_{1i}-{}^{w}\boldsymbol{p}_1,\qquad {}^{w}\boldsymbol{q}_{2i}={}^{w}\boldsymbol{p}_{2i}-{}^{w}\boldsymbol{p}_2 \tag{14-23}$$

(2) 根据以下优化问题求解旋转矩阵 $\boldsymbol{R}$：

$$\boldsymbol{R}^*=\arg\min_{\boldsymbol{R}}\frac{1}{2}\sum_{i=1}^{n}\left\|{}^{w}\boldsymbol{q}_{1i}-\boldsymbol{R}\,{}^{w}\boldsymbol{q}_{2i}\right\|_2^2 \tag{14-24}$$

(3) 根据(2)的解求解 $\boldsymbol{t}$：

$$\boldsymbol{t}^*={}^{w}\boldsymbol{p}_1-\boldsymbol{R}^*\,{}^{w}\boldsymbol{p}_2 \tag{14-25}$$

对于旋转矩阵 $\boldsymbol{R}$ 的求解，可以进一步将式(14-24)中的目标函数展开，保留只与 $\boldsymbol{R}$ 有关的项，则该目标函数可以化简为

$$\sum_{i=1}^{n}-{}^{w}\boldsymbol{q}_{1i}^{\mathrm{T}}\boldsymbol{R}\,{}^{w}\boldsymbol{q}_{2i}=\sum_{i=1}^{n}-\operatorname{tr}(\boldsymbol{R}\,{}^{w}\boldsymbol{q}_{2i}\,{}^{w}\boldsymbol{q}_{1i}^{\mathrm{T}})=-\operatorname{tr}\left(\boldsymbol{R}\sum_{i=1}^{n}{}^{w}\boldsymbol{q}_{2i}\,{}^{w}\boldsymbol{q}_{1i}^{\mathrm{T}}\right) \tag{14-26}$$

接下来，可通过 SVD 分解(Arun et al.,1987)求解上述问题中的 $\boldsymbol{R}$。

3. 3D-2D：PnP

PnP 是用于求解 3D-2D 点对运动的方法。相比于 2D-2D 的对极几何法需要至少八个点对(八点法)才能求解摄像机的运动，PnP 可以利用更少的匹配点对获得较好的摄像机运动估计。常见的 PnP 问题求解方法包括 P3P(Gao et al.,2003)，直线线性变换(direct linear transformation,DLT)等。这里将简单介绍 P3P 方法。

P3P 方法只需要三对匹配点的 3D 位置及其 2D 位置以进行摄像机运动估计,另外还需要一对验证点对来选出正确解。其中,3D 位置指的是点在世界坐标系中的坐标,而 2D 位置指的是相应 3D 点在摄像机成像平面上的投影坐标。如图 14-10 所示,设 3D 点为 A,B,C,2D 点为 a,b,c。在$\triangle OAB$,$\triangle OBC$,$\triangle OAC$ 中根据余弦定理可得

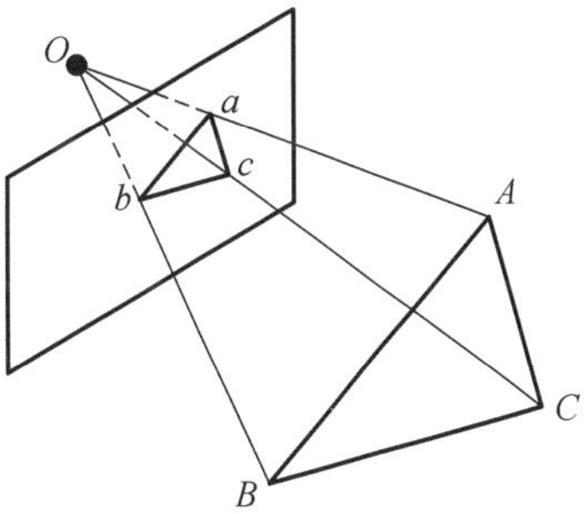

图 14-10　P3P 问题

$$
\begin{aligned}
OA^2+OB^2-2OA\cdot OB\cdot\cos\langle\overrightarrow{OA},\overrightarrow{OB}\rangle&=AB^2\\
OB^2+OC^2-2OB\cdot OC\cdot\cos\langle\overrightarrow{OB},\overrightarrow{OC}\rangle&=BC^2\\
OA^2+OC^2-2OA\cdot OC\cdot\cos\langle\overrightarrow{OA},\overrightarrow{OC}\rangle&=AC^2
\end{aligned}
\tag{14-27}
$$

由于点 a,b,c 分别位于 OA,OB,OC 上,则式(14-27) 可表示为:

$$
\begin{aligned}
OA^2+OB^2-2OA\cdot OB\cdot\cos\langle\overrightarrow{Oa},\overrightarrow{Ob}\rangle&=AB^2\\
OB^2+OC^2-2OB\cdot OC\cdot\cos\langle\overrightarrow{Ob},\overrightarrow{Oc}\rangle&=BC^2\\
OA^2+OC^2-2OA\cdot OC\cdot\cos\langle\overrightarrow{Oa},\overrightarrow{Oc}\rangle&=AC^2
\end{aligned}
\tag{14-28}
$$

将式(14-28)中的各项除以 OC^2,并且记 $x=\dfrac{OA}{OC},y=\dfrac{OB}{OC},u=\dfrac{AB^2}{OC^2},v=\dfrac{BC^2}{OC^2},w=\dfrac{AC^2}{OC^2}$,则有

$$x^2+y^2-2xy\cos\langle\overrightarrow{Oa},\overrightarrow{Ob}\rangle=u \tag{14-29a}$$

$$y^2+1-2y\cos\langle\overrightarrow{Ob},\overrightarrow{Oc}\rangle=v=mu \tag{14-29b}$$

$$x^2+1-2x\cos\langle\overrightarrow{Oa},\overrightarrow{Oc}\rangle=w=nu \tag{14-29c}$$

式中:$m=\dfrac{v}{u}=\dfrac{BC^2}{AB^2}$;$n=\dfrac{w}{u}=\dfrac{AC^2}{AB^2}$。将式(14-29a)中的 u 代入式(14-29b)和式(14-29c),可得

$$
\begin{cases}
(1-m)y^2-mx^2-2y\cos\langle\overrightarrow{Ob},\overrightarrow{Oc}\rangle+2mxy\cos\langle\overrightarrow{Oa},\overrightarrow{Ob}\rangle+1=0\\
(1-n)x^2-ny^2-2x\cos\langle\overrightarrow{Oa},\overrightarrow{Oc}\rangle+2nxy\cos\langle\overrightarrow{Oa},\overrightarrow{Ob}\rangle+1=0
\end{cases}
\tag{14-30}
$$

由于 A,B,C 和 a,b,c 是已知的,则 $\cos\langle\overrightarrow{Oa},\overrightarrow{Ob}\rangle$,$\cos\langle\overrightarrow{Ob},\overrightarrow{Oc}\rangle$,$\cos\langle\overrightarrow{Oc},\overrightarrow{Oa}\rangle$,$m,n$ 都是已知的,式(14-30)是关于 x 和 y 的二元二次方程组。该方程组最多可得到四个解,可以利用验证点对来计算可能性最高的解。在得到一组最可能的解(x,y)后,可根据 x 和 y 的值计算出点 A,B,C 在摄像机坐标系下的 3D 坐标,从而将问题转换成一个 3D-3D 的摄像机运动估计问题。

14.3　后端优化

后端优化的主要任务为根据视觉里程计序列化的运动数据和观测数据,估计当前时刻状态变量(摄像机位姿和路标点)的分布。后端优化方法一般分为滤波器方法和非线性优化方法。滤波器方法中的代表是扩展卡尔曼滤波器(extended Kalman filter,EKF)方法。EKF 方法在经典卡尔曼滤波器基础上对运动方程和观测方程进行泰勒展开,取其一阶项进行近似计算,实现了对非线性系统的状态估计。EKF 方法形式简洁,计算简单,在计算资源受限或者估计模型较为简单时一般都作为首选,被广泛应用于早期 SLAM 任务中。但 EKF 方法存在以下不足:EKF 方法假设系统当前时刻状态只与上一个时刻的状态相关,但

在 SLAM 任务中当前时刻的状态可能与很久之前的状态相关（如系统回到出发点）；EKF 方法的运动方程和状态方程采用一阶项作为近似，当系统具有较强的非线性时，其状态估计误差会大幅增加；EKF 方法假设状态变量服从高斯分布，程序实现时需保存所有状态变量的均值和协方差，使得存储量与状态量呈平方级数增长。因此，EKF 方法不适用于闭环地图构建和大规模高度非线性的 SLAM 任务。

非线性优化方法通过解决这些问题，逐渐替代滤波器方法，成为视觉 SLAM 中主流的后端优化方法。相比于 EKF 方法，非线性优化方法有以下优点：非线性优化方法倾向于使用所有历史数据，并且会根据估计结果自适应地进行泰勒展开，以优化高度非线性模型；一般而言，在相同计算量消耗下，非线性优化方法能取得更好的优化效果。因此本节将对非线性优化方法中主流的光束平差（bundle adjustment，BA）法和位姿图（pose graph）优化法进行详细介绍。

14.3.1　光束平差法

1. 光束平差法模型

光束平差法是 Bill Triggs 提出的面向联合最优 3D 模型和摄像机参数估计的视觉重构方法（Triggs，1999）。光束是指在摄像机模型中，三维空间中的点投影到像素平面上的光路，如图 14-11 所示。平差即最小二乘，由于测量仪器的测量误差不可避免，为了综合性减小系统中的误差影响，观测值的个数一般要求多于确定未知量所必需的观测个数。平差测量则是通过消除多余的观测在观测结果之间产生的冲突来保证测量结果的可靠性。

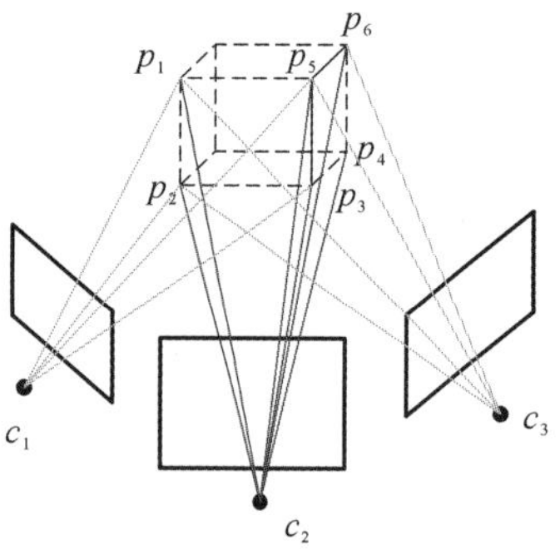

图 14-11　光束示意图

光束包含了摄像机相对于观察对象的空间位置信息，可用于计算重投影误差。重投影误差是指真实三维空间点在图像平面上的投影（图像像素）和重投影（根据估计的摄像机内外参数计算出的虚拟像素）之间的坐标差值。光束平差法则通过最小化重投影误差来估计最优摄像机位姿参数和路标点三维空间坐标。如图 14-12 所示，光束平差法模型是一个以摄像机位姿点 c_i 和路标点 p_j 为节点，以摄像机和路标点之间的观测关系为边的图模型。

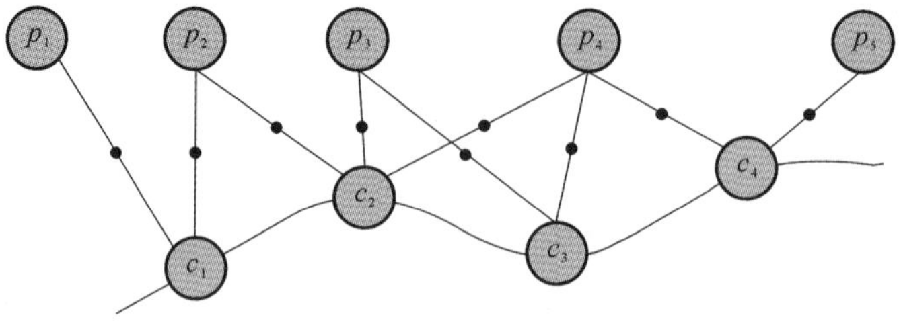

图 14-12　光束平差法模型

对于每一个摄像机位姿点 ${}^w\boldsymbol{c}_i$，均有观测到的路标点 ${}^w\boldsymbol{p}_j$，令每个路标点 ${}^w\boldsymbol{p}_j$ 在摄像机位姿点 ${}^w\boldsymbol{c}_i$ 处成像的像素坐标为 (u_{ij}, v_{ij})，记为 ${}^p\boldsymbol{p}_{ij}$。对于每个路标点，根据其在世界坐标系下的坐标 $({}^wx, {}^wy, {}^wz)$，通过摄像机内参和外参计算其在像素平面上的重投影像素坐标 $({}^px, {}^py)$，记为 $h({}^w\boldsymbol{c}_i, {}^w\boldsymbol{p}_j)$。回忆第 12 章视觉标定的相关知识可知，摄像机内参一旦标定，便可以作为常数使用,因此 $h({}^{w}\boldsymbol{c}_i, {}^{w}\boldsymbol{p}_j)$是关于观测点世界坐标的函数,该函数运算由摄像机位姿${}^{w}\boldsymbol{c}_i$ 处的外参($\boldsymbol{R}_i$,$\boldsymbol{t}_i$)决定。在摄像机位姿点${}^{w}\boldsymbol{c}_i$ 处观测到路标点${}^{w}\boldsymbol{p}_j$ 的观测误差的定义如下:

$$e_{ij} = \| {}^{p}\boldsymbol{p}_{ij} - h({}^{w}\boldsymbol{c}_i, {}^{w}\boldsymbol{p}_j) \|^2 \tag{14-31}$$

考虑到所有摄像机位姿点和观测点的重投影误差,得到如下优化目标函数:

$$\min_{\boldsymbol{C},\boldsymbol{P}} \frac{1}{2} \sum_{i=1}^{m} \sum_{j=1}^{n} \| {}^{p}\boldsymbol{p}_{ij} - h({}^{w}\boldsymbol{c}_i, {}^{w}\boldsymbol{p}_j) \|^2 \tag{14-32}$$

通过最小化重投影误差,可实现对当前摄像机位姿信息 $\boldsymbol{C}$ 和路标点信息 $\boldsymbol{P}$ 的整体优化。

2. 光束平差法模型求解

重投影误差代价函数中包含 $h({}^{w}\boldsymbol{c}_i, {}^{w}\boldsymbol{p}_j)$,该函数属于非线性函数,需要用非线性优化方法进行求解。目前光束平差法模型最为常用的求解方法是列文伯格-马夸尔特(Levenberg-Marquardt, LM)方法,该方法可看作梯度下降法与高斯-牛顿法的结合。

(1) 梯度下降法　梯度表示函数上升最快的方向,梯度下降法计算函数在参考点的梯度,并沿着梯度负方向进行增量计算,以实现寻找函数最小值的目标。其迭代公式可表示为

$$\boldsymbol{x}_k = \boldsymbol{x}_{k-1} - \alpha \nabla f(\boldsymbol{x}_{k-1}) \tag{14-33}$$

式中:$\nabla f(\boldsymbol{x}_{k-1})$代表在点$\boldsymbol{x}_{k-1}$处的梯度值;$\alpha$ 表示学习率或者步长,用于控制每一步迭代沿梯度负方向所走的距离。梯度下降法可保证初始点每一步迭代均往梯度下降方向移动,并具有较快的初始下降速度;然而在极小值附近,收敛速度会变慢,且易出现"之"字形的下降路线,使优化效率降低。

(2) 高斯-牛顿法　高斯-牛顿法是对牛顿法的改进。牛顿法的基本思想是通过寻找函数导数为 0 的点来寻找函数极小值,对目标函数进行二次项泰勒展开:

$$f(\boldsymbol{x} + \Delta\boldsymbol{x}) \approx \varphi(\Delta\boldsymbol{x}) = f(\boldsymbol{x}) + \boldsymbol{J}(\boldsymbol{x})\Delta\boldsymbol{x} + \frac{1}{2}\Delta\boldsymbol{x}^{\mathrm{T}}\boldsymbol{H}(\boldsymbol{x})\Delta\boldsymbol{x} \tag{14-34}$$

式中:$\boldsymbol{J}$ 为雅可比矩阵,表示函数的一阶偏导;$\boldsymbol{H}$ 为 Hessian 矩阵(黑塞矩阵),表示函数的二阶偏导。令 $\dot{\varphi}(\Delta\boldsymbol{x})=0$,得到

$$\begin{aligned} \dot{\varphi}(\Delta\boldsymbol{x}) &= \boldsymbol{J} + \boldsymbol{H}\Delta\boldsymbol{x} = 0 \\ \Delta\boldsymbol{x} &= -\boldsymbol{H}^{-1}\boldsymbol{J} \end{aligned} \tag{14-35}$$

牛顿法可实现二次收敛,收敛速度较快,但求解 $\boldsymbol{H}$ 矩阵的逆运算比较复杂,计算量较大。因此,高斯-牛顿法在牛顿法的基础之上,去掉了泰勒展开式的二次项,并增加了函数最小值为 0 的约束项,令 $f(\boldsymbol{x})=\boldsymbol{\varepsilon}$,则泰勒展开式变为

$$f(\boldsymbol{x} + \Delta\boldsymbol{x}) \approx f(\boldsymbol{x}) + \boldsymbol{J}(\boldsymbol{x})\Delta\boldsymbol{x} = \boldsymbol{\varepsilon} + \boldsymbol{J}\Delta\boldsymbol{x} = 0 \tag{14-36}$$

进一步推导,可得

$$\boldsymbol{J}^{\mathrm{T}}\boldsymbol{J}\Delta\boldsymbol{x} = -\boldsymbol{J}^{\mathrm{T}}\boldsymbol{\varepsilon} \tag{14-37}$$

高斯-牛顿法可避免 Hessian 矩阵的求解,并且保留牛顿法下降速度快的特点,但无法像梯度下降法一样保证每次迭代均下降。

(3) LM 方法　LM 方法可以看作梯度下降法和高斯-牛顿法的结合,通过引入并调整特殊参数实现梯度下降法和高斯-牛顿法之间的切换。LM 方法将高斯-牛顿法中的公式(14-36)调整为

$$(\boldsymbol{J}^{\mathrm{T}}\boldsymbol{J} + \lambda\boldsymbol{I})\Delta\boldsymbol{x} = -\boldsymbol{J}^{\mathrm{T}}\boldsymbol{\varepsilon} \tag{14-38}$$

当 λ 很小时,该公式与高斯-牛顿法一致;当 λ 很大时,则与梯度下降法的求解过程一致。LM 方法能够同时保证函数的下降方向和较高的收敛速度,已成为光束平差求解的常

用方法。

无论是高斯-牛顿法还是 LM 方法，最终的计算都落在形如 $\boldsymbol{AX}=\boldsymbol{B}$ 的矩阵方程的求解上，其中 $\boldsymbol{A}$ 在高斯-牛顿法中取的是$\boldsymbol{J}^{\mathrm{T}}\boldsymbol{J}$，在 LM 方法中取的是$\boldsymbol{J}^{\mathrm{T}}\boldsymbol{J}+\lambda\boldsymbol{I}$。由于 SLAM 应用场景中，从一张图片就可能提取成百上千的特征点，会大大增加此线性方程的规模，带来极大的计算资源消耗。一般情况下，$\boldsymbol{A}$ 都被看作稠密矩阵，其计算量和维数的三次方成正比（$O(n^3)$），无法直接应用于 SLAM 中大规模的矩阵方程求解。幸运的是，视觉 SLAM 中的 $\boldsymbol{J}^{\mathrm{T}}\boldsymbol{J}$（记为 $\boldsymbol{H}$）矩阵具有较好的稀疏性，可以大幅度减少计算量。

3. 稀疏性和边缘化

视觉 SLAM 中 $\boldsymbol{H}$ 矩阵的稀疏性结构使得光束平差法可以高效实现，对 SLAM 技术的发展具有重大意义。下面将详细讨论 $\boldsymbol{H}$ 矩阵的稀疏性并介绍该性质在求解方程组中的应用。

由前面的介绍可知，$\boldsymbol{H}$ 矩阵由雅可比矩阵 $\boldsymbol{J}$ 计算得到，$\boldsymbol{H}$ 矩阵的稀疏性应与 $\boldsymbol{J}$ 的构造有关。$\boldsymbol{J}$ 表示了误差代价函数对状态变量的一阶导数信息，所以可通过分析简单的 SLAM 来分析 $\boldsymbol{J}$ 的结构特点。假设现在只有两个摄像机观测点${}^w\boldsymbol{c}_1$，${}^w\boldsymbol{c}_2$ 和两个路标点${}^w\boldsymbol{p}_1$，${}^w\boldsymbol{p}_2$，由于实际观测过程中，每个摄像机观测点能够观测到的路标点不同，假设在${}^w\boldsymbol{c}_1$ 处只能看到${}^w\boldsymbol{p}_1$，在${}^w\boldsymbol{c}_2$ 处只能看到${}^w\boldsymbol{p}_2$，设目标代价函数为 $f({}^w\boldsymbol{c}_1,{}^w\boldsymbol{c}_2,{}^w\boldsymbol{p}_1,{}^w\boldsymbol{p}_2)$，则此时的雅可比矩阵为

$$\boldsymbol{J}=\begin{bmatrix} \dfrac{\partial f}{\partial {}^w\boldsymbol{c}_1} & \boldsymbol{0}_{2\times 6} & \dfrac{\partial f}{\partial {}^w\boldsymbol{p}_1} & \boldsymbol{0}_{2\times 3} \\ \boldsymbol{0}_{2\times 6} & \boldsymbol{0}_{2\times 6} & \boldsymbol{0}_{2\times 3} & \boldsymbol{0}_{2\times 3} \\ \boldsymbol{0}_{2\times 6} & \boldsymbol{0}_{2\times 6} & \boldsymbol{0}_{2\times 3} & \boldsymbol{0}_{2\times 3} \\ \boldsymbol{0}_{2\times 6} & \dfrac{\partial f}{\partial {}^w\boldsymbol{c}_2} & \boldsymbol{0}_{2\times 3} & \dfrac{\partial f}{\partial {}^w\boldsymbol{p}_2} \end{bmatrix} \tag{14-39}$$

式中：对摄像机位姿的偏导$\dfrac{\partial f}{\partial^w \boldsymbol{c}_i}$维度是 2×6；对路标观测点的偏导$\dfrac{\partial f}{\partial^w \boldsymbol{p}_j}$维度是 2×3；$\boldsymbol{0}_{2\times 3}$为 2×3 的矩阵；$\boldsymbol{0}_{2\times 6}$为 2×6 的矩阵。矩阵的每一行分别代表误差项 f_{ij}（在点${}^w\boldsymbol{c}_i$ 处观测路标点${}^w\boldsymbol{p}_j$ 产生的重投影误差）对四个状态变量的偏导数矩阵。可以看出，f_{ij} 只与相关的摄像机位姿${}^w\boldsymbol{c}_i$ 和路标点${}^w\boldsymbol{p}_j$ 相关，与其他的摄像机位姿和路标点无关，使得矩阵 $\boldsymbol{J}$ 呈现出稀疏性。由于 $\boldsymbol{H}=\boldsymbol{J}^{\mathrm{T}}\boldsymbol{J}$，因此矩阵 $\boldsymbol{H}$ 也呈现出相应的稀疏性。本质上，矩阵 $\boldsymbol{H}$ 的稀疏性来源于 SLAM 中摄像机在不同位置观测结果的独立性。

雅可比矩阵可通过分块操作降低需要计算的矩阵维度。因此，将矩阵 $\boldsymbol{J}$ 按照对摄像机位姿和路标点的偏导进行分块：

$$\boldsymbol{J}=[\boldsymbol{A}\mid\boldsymbol{B}] \tag{14-40}$$

代入公式(14-37)可得

$$[\boldsymbol{A}\mid\boldsymbol{B}]^{\mathrm{T}}[\boldsymbol{A}\mid\boldsymbol{B}]\Delta\boldsymbol{x}=-[\boldsymbol{A}\mid\boldsymbol{B}]^{\mathrm{T}}\boldsymbol{\varepsilon} \tag{14-41}$$

进一步推导，可得

$$\begin{bmatrix} \boldsymbol{A}^{\mathrm{T}}\boldsymbol{A} & \boldsymbol{A}^{\mathrm{T}}\boldsymbol{B} \\ \boldsymbol{B}^{\mathrm{T}}\boldsymbol{A} & \boldsymbol{B}^{\mathrm{T}}\boldsymbol{B} \end{bmatrix}\begin{bmatrix} \Delta\boldsymbol{x}_A \\ \Delta\boldsymbol{x}_B \end{bmatrix}=-\begin{bmatrix} \boldsymbol{A}^{\mathrm{T}}\boldsymbol{\varepsilon} \\ \boldsymbol{B}^{\mathrm{T}}\boldsymbol{\varepsilon} \end{bmatrix} \tag{14-42}$$

式中：$\boldsymbol{A}^{\mathrm{T}}\boldsymbol{A}$ 和$\boldsymbol{B}^{\mathrm{T}}\boldsymbol{B}$ 均为对角矩阵，分别用 $\boldsymbol{D}$ 和 $\boldsymbol{E}$ 表示。令 $\boldsymbol{M}=\boldsymbol{A}^{\mathrm{T}}\boldsymbol{B}$ 可得

$$\begin{bmatrix} \boldsymbol{D} & \boldsymbol{M} \\ \boldsymbol{M}^{\mathrm{T}} & \boldsymbol{E} \end{bmatrix}\begin{bmatrix} \Delta\boldsymbol{x}_A \\ \Delta\boldsymbol{x}_B \end{bmatrix}=\begin{bmatrix} \boldsymbol{\varepsilon}_A \\ \boldsymbol{\varepsilon}_B \end{bmatrix} \tag{14-43}$$

由于 $\boldsymbol{M}$ 为非对角矩阵，求逆难度较大，因此可对线性方程组进行高斯消元，消去系数矩阵右

上角元素，使系数矩阵变成下三角矩阵：

$$\begin{bmatrix} \boldsymbol{I} & -\boldsymbol{M}\boldsymbol{E}^{-1} \\ \boldsymbol{0} & \boldsymbol{I} \end{bmatrix}\begin{bmatrix} \boldsymbol{D} & \boldsymbol{M} \\ \boldsymbol{M}^{\mathrm{T}} & \boldsymbol{E} \end{bmatrix}\begin{bmatrix} \Delta\boldsymbol{x}_A \\ \Delta\boldsymbol{x}_B \end{bmatrix} = \begin{bmatrix} \boldsymbol{I} & -\boldsymbol{M}\boldsymbol{E}^{-1} \\ \boldsymbol{0} & \boldsymbol{I} \end{bmatrix}\begin{bmatrix} \boldsymbol{\varepsilon}_A \\ \boldsymbol{\varepsilon}_B \end{bmatrix} \tag{14-44}$$

$$\begin{bmatrix} \boldsymbol{D}-\boldsymbol{M}\boldsymbol{E}^{-1}\boldsymbol{M}^{\mathrm{T}} & \boldsymbol{0} \\ \boldsymbol{M}^{\mathrm{T}} & \boldsymbol{E} \end{bmatrix}\begin{bmatrix} \Delta\boldsymbol{x}_A \\ \Delta\boldsymbol{x}_B \end{bmatrix} = \begin{bmatrix} \boldsymbol{\varepsilon}_A - \boldsymbol{M}\boldsymbol{E}^{-1}\boldsymbol{\varepsilon}_B \\ \boldsymbol{\varepsilon}_B \end{bmatrix} \tag{14-45}$$

根据上式可以先求出 $\Delta\boldsymbol{x}_A$，然后将其代回求出 $\Delta\boldsymbol{x}_B$，该过程被称为 Schur 消元(舒尔消元)。消元之后，该方程便可通过传统的矩阵方程的求解方法继续求解。

14.3.2　摄像机位姿图

通过 14.3.1 的内容可知，光束平差法同时对摄像机位姿和路标点进行优化。然而在 SLAM 任务中，路标点一般选为图像中的特征点，其数量会随着应用场景规模的扩展及机器人运动轨迹的延伸急剧增加，使得光束平差法的存储和计算资源消耗剧增，无法满足 SLAM 任务的实时处理要求。随着观测过程的不断进行，部分路标点空间位置会在优化过程中快速收敛至固定值，收敛点状态参数无须再根据新插入的帧继续进行优化计算。因此，可对路标点进行初始迭代优化，待其收敛后便不再对路标点进行优化，并将其作为摄像机位姿估计的约束条件，只建立对摄像机位姿的优化。这样可减少大量因对路标点进行优化而产生的计算，以此来保证后端优化算法在更大规模场景下的计算效率。

省略对路标点的优化之后，便可得到仅由摄像机位姿构成的图结构，称为位姿图（Olson et al.，2006)，如图 14-13 所示。位姿图中节点表示摄像机位姿 ${}^{w}\boldsymbol{c}_1, {}^{w}\boldsymbol{c}_2, \cdots, {}^{w}\boldsymbol{c}_n$，边则表示两个摄像机位姿节点之间相对运动的估计。基于位姿图的代价误差计算是指利用摄像机位姿点计算得到的摄像机相对运动与用收敛路标点估计的摄像机相对运动之间的偏差。其作用与光束平差法中的最小重投影误差一样，都是为了保证长时间观测过程中，路标点在摄像机成像平面上投影的一致性和准确性。

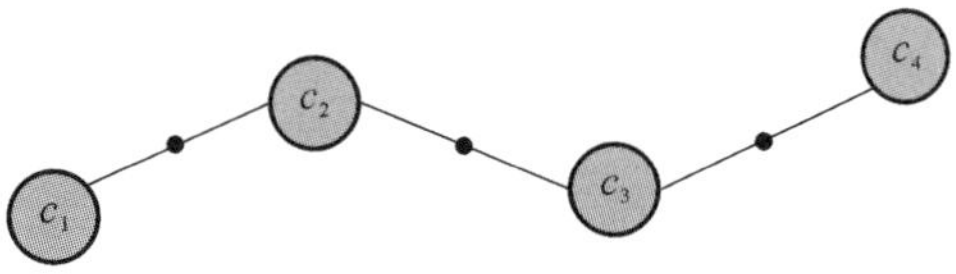

图 14-13　位姿图

为了使用李群、李代数的相关知识进行推导计算，此处按照本书第 3 章的相关定义，将每个摄像机位姿状态变量记为变换矩阵 ${}^{w}_{1}\boldsymbol{T}, {}^{w}_{2}\boldsymbol{T}, \cdots, {}^{w}_{n}\boldsymbol{T}$，取其中任意相邻的两个摄像机位姿 ${}^{w}_{i}\boldsymbol{T}, {}^{w}_{j}\boldsymbol{T}$，这两个位姿之间的相对运动可表达为

$${}^{i}_{j}\boldsymbol{T} = {}^{w}_{i}\boldsymbol{T}^{-1}\,{}^{w}_{j}\boldsymbol{T} \tag{14-46}$$

除此之外，根据观测到的数据，可通过特征点法或者直接法获取从 ${}^{w}_{i}\boldsymbol{T}$ 到 ${}^{w}_{j}\boldsymbol{T}$ 的估计相对运动 ${}^{i}_{j}\hat{\boldsymbol{T}}$。理想情况下：

$${}^{i}_{i}\boldsymbol{T}^{-1}\,{}^{i}_{j}\boldsymbol{T} = \boldsymbol{I} = {}^{i}_{j}\boldsymbol{T}^{-1}\,{}^{w}_{i}\boldsymbol{T}^{-1}\,{}^{w}_{j}\boldsymbol{T} \tag{14-47}$$

但实际过程中，${}^{i}_{j}\hat{\boldsymbol{T}} \neq {}^{i}_{j}\boldsymbol{T}$，因此估计的相对运动参数与实际序列中的相对运动参数之间必然存在误差，该误差可用于构造最小二乘误差：

$$\boldsymbol{e}_{ij} = \ln\left({}^{i}_{j}\hat{\boldsymbol{T}}^{-1}\,{}^{w}_{i}\boldsymbol{T}^{-1}\,{}^{w}_{j}\boldsymbol{T}\right)^{\vee} = \ln\left(\mathrm{e}^{(-{}^{w}\boldsymbol{c}_{ij})^{\wedge}}\mathrm{e}^{(-{}^{w}\boldsymbol{c}_{i})^{\wedge}}\mathrm{e}^{({}^{w}\boldsymbol{c}_{j})^{\wedge}}\right)^{\vee} \tag{14-48}$$

回忆本书第 4 章内容，算子 $\vee$ 和逆算子 $\wedge$ 表示反对称矩阵与其构成矢量的相互转换运算。为式(14-48)中变量 ${}^{w}\boldsymbol{c}_i$ 和 ${}^{w}\boldsymbol{c}_j$ 添加扰动：

$$\hat{\boldsymbol{e}}_{ij} = \ln\left({}^{i}_{j}\hat{\boldsymbol{T}}^{-1}\,{}^{w}_{i}\boldsymbol{T}^{-1}\,\mathrm{e}^{(-\delta^{w}\boldsymbol{c}_{i})^{\wedge}}\mathrm{e}^{(\delta^{w}\boldsymbol{c}_{i})^{\wedge}}\,{}^{w}_{j}\boldsymbol{T}\right)^{\vee} \tag{14-49}$$

已知伴随矩阵有如下性质：

$$e^{(\phi^{\wedge})}\boldsymbol{T} = \boldsymbol{T}e^{(\mathrm{Ad}(\boldsymbol{T}^{-1})\phi)^{\wedge}} \tag{14-50}$$

根据伴随变换矩阵的性质，可将扰动项移至最右侧，并根据贝克-坎贝尔-豪斯多夫(Baker-Campbell-Hausdorff，BCH)公式进行展开：

$$\begin{aligned}\hat{\boldsymbol{e}}_{ij} &= \ln({}_{j}^{i}\hat{\boldsymbol{T}}^{-1}\,{}_{i}^{w}\boldsymbol{T}^{-1}\,{}_{j}^{w}\boldsymbol{T}e^{(-\mathrm{Ad}({}_{j}^{w}\boldsymbol{T}^{-1})\delta^{w}\boldsymbol{c}_{i})^{\wedge}}e^{(\mathrm{Ad}({}_{j}^{w}\boldsymbol{T}^{-1})\delta^{w}\boldsymbol{c}_{j})^{\wedge}})^{\vee} \\ &\approx \boldsymbol{e}_{ij} - \boldsymbol{J}_{\mathrm{r}}^{-1}(\boldsymbol{e}_{ij})\mathrm{Ad}({}_{j}^{w}\boldsymbol{T}^{-1})\delta^{w}\boldsymbol{c}_{i} + \boldsymbol{J}_{\mathrm{r}}^{-1}(\boldsymbol{e}_{ij})\mathrm{Ad}({}_{j}^{w}\boldsymbol{T}^{-1})\delta^{w}\boldsymbol{c}_{j} \\ &\approx \boldsymbol{e}_{ij} + \frac{\partial \boldsymbol{e}_{ij}}{\partial \delta^{w}\boldsymbol{c}_{i}}\delta^{w}\boldsymbol{c}_{i} + \frac{\partial \boldsymbol{e}_{ij}}{\partial \delta^{w}\boldsymbol{c}_{j}}\delta^{w}\boldsymbol{c}_{j}\end{aligned} \tag{14-51}$$

式中：$\mathrm{Ad}({}_{j}^{w}\boldsymbol{T}^{-1})$表示${}_{j}^{w}\boldsymbol{T}^{-1}$的伴随矩阵；$\boldsymbol{J}_{\mathrm{r}}$ 代表 SE(3)上的右雅可比矩阵。故误差函数关于摄像机位姿变量${}^{w}\boldsymbol{c}_{i}$ 和${}^{w}\boldsymbol{c}_{j}$ 的雅可比矩阵分别为

$$\frac{\partial \boldsymbol{e}_{ij}}{\partial \delta^{w}\boldsymbol{c}_{i}} = -\boldsymbol{J}_{\mathrm{r}}^{-1}(\boldsymbol{e}_{ij})\mathrm{Ad}({}_{j}^{w}\boldsymbol{T}^{-1}) \tag{14-52}$$

$$\frac{\partial \boldsymbol{e}_{ij}}{\partial \delta^{w}\boldsymbol{c}_{j}} = \boldsymbol{J}_{\mathrm{r}}^{-1}(\boldsymbol{e}_{ij})\mathrm{Ad}({}_{j}^{w}\boldsymbol{T}^{-1}) \tag{14-53}$$

总体的最小二乘误差可表达为

$$\min_{c}\frac{1}{2}\sum_{i=1}^{m}\sum_{j=1}^{n}\boldsymbol{e}_{ij}^{\mathrm{T}}\sum_{ij}^{-1}\boldsymbol{e}_{ij} \tag{14-54}$$

最小二乘误差$\boldsymbol{e}_{ij}$是关于摄像机位姿变量${}_{i}^{w}\boldsymbol{T}$ 和${}_{j}^{w}\boldsymbol{T}$ 的函数，通过李代数中的求导方法，已计算误差函数关于这两个摄像机位姿变量的雅可比矩阵，之后便可利用 14.3.1 所讲的非线性优化方法如高斯-牛顿法或者 LM 方法进行求解。

14.4　回环检测

在视觉 SLAM 中，当前帧的位姿由上一帧的位姿进行姿态估计得到，当存在估计误差时，会由于逐帧传递而产生累积误差。回环检测是视觉 SLAM 中减少累积误差的核心步骤。回环检测是在摄像机的众多历史帧中找到可与当前帧建立位姿约束关系的历史帧的过程。其基本思想为：对机器人的当前帧与历史帧进行相似性度量，当相似性超过某一阈值时即检测到回环，表示机器人曾到达过当前位置，通过回环消除或减少累积误差。回环检测对于视觉 SLAM 具有重大意义：减少累积误差、防止轨迹漂移；在跟踪算法失效的情况下进行重定位，其具体作用如图 14-14 所示。

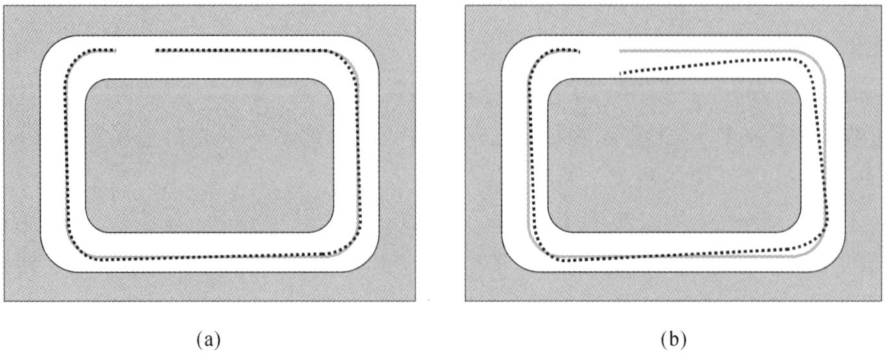

图 14-14　有无回环检测对比示意图(灰色实线为理想轨迹，黑色点线为实际轨迹)

(a)有回环检测校正的轨迹图　(b)无回环检测，造成累积误差的轨迹图

回环检测的方法主要分为两类：基于几何的方法和基于外观的方法。基于几何的方法首先通过位姿计算预估摄像机是否到达之前某个位置的附近，然后检测是否存在回环。该方法的局限性：位姿估计中累积误差的影响导致检测准确性不太理想。基于外观的方法对当前帧与历史帧进行相似性度量，根据相似性判断是否存在回环。这种方法由于不受累积误差的影响，效果较好，已经成为目前主流的回环检测方法。

基于外观的回环检测方法包括词袋模型法（bag of words）、随机蕨法（random ferns）和深度学习法。词袋模型法的基本思想为：对训练图像集提取特征点，并对特征点进行训练，生成一个字典树，字典树中的单词表示特征点的集合；对测试图像生成词袋向量，该向量表示字典中单词在该图像中出现的频率；根据当前帧与历史帧图像词袋向量的相似度判断是否出现回环。随机蕨法的基本思想为：将图像分为多个块，对每个块训练多个蕨；对每个图像块根据相应的蕨进行编码，结合各块的编码结果得到整幅图像的压缩编码；通过将当前帧与历史帧的各块编码进行比较判断是否出现回环。深度学习法的基本思想为：采用卷积神经网络（convolutional neural networks，CNN）提取图像语义特征，通过计算关键帧之间的特征相似度判断是否出现回环。词袋模型法是其中最经典的回环检测方法，其原理简单，易于实施，计算速度快。本节主要介绍词袋模型法在视觉 SLAM 回环检测中的应用。

14.4.1　词袋模型法

词袋模型法在回环检测中的应用：在训练阶段，对训练图像进行特征提取，并对特征进行聚类，得到字典；在测试阶段，对测试图像进行特征提取，根据字典对图像进行编码以得到词袋向量；通过比较两幅图像对应向量的相似度判断两幅图像是否属于同一场景，即是否存在回环。词袋模型法强调图像中物体的有无而非顺序，与物体的空间位置无关，对视觉 SLAM 中摄像机拍摄条件变化具有较强的鲁棒性。

1. 字典生成

字典生成是一个聚类过程，即将训练图像中的大量特征进行聚类得到聚类中心的过程。K-means 算法原理简单，容易实现，计算速度快，已经成为主流的聚类算法。这里将主要介绍使用 K-means 算法生成字典的流程。将给定的 N 个特征聚成 K 类的步骤如下：从 N 个数据点中随机选取 K 个数据点作为 K 个簇的初始中心点；对剩余的每个数据点，计算其与每个中心的距离，将该点划分至与其距离最近的簇；根据划分结果重新计算每个簇的中心；重复前面两步，直到聚类簇中的数据点不再更新。K-means 算法可将训练图像中提取到的大量特征聚类成一个含有 K 个单词的字典，字典中每个单词为一个特征聚类中心。下一步需要根据一幅图像中的特征查找字典中相应的单词，生成描述图像的词袋向量。

2. 词袋向量提取

词袋向量的提取是利用训练得到的字典对测试图像的特征进行编码，生成描述向量的过程。特征的编码即为寻找匹配单词（最近聚类中心）的过程。主要的查找方法分为暴力查找和 K 叉树查找方法。

暴力查找方法是指在字典中逐一查找各聚类中心，以找到与查询特征距离最近的聚类中心的方法。但实际 SLAM 任务中的字典规模较大，采用暴力查找方法会导致计算量较大、速度较慢等问题。K 叉树查找方法通过将字典构建成 K 叉树以实现快速查找。K 叉树的构建流程如下（见图 14-15）：在根节点处利用 K-means 算法将提取到的所有特征聚成 K 类，将 K 个聚类中心作为树的第一层节点；在每一层的每一个节点处，将属于该节点的特征

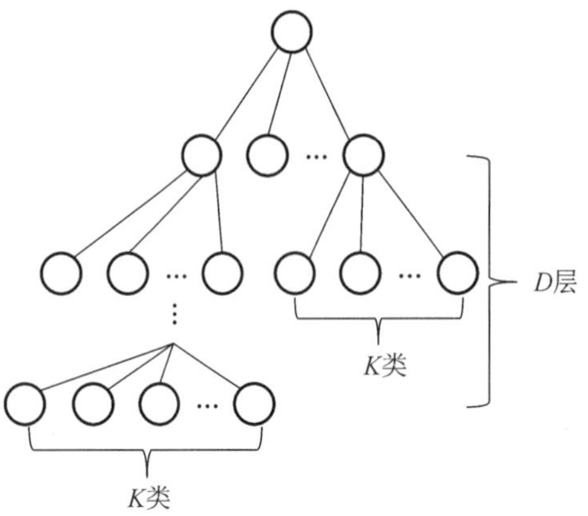

图 14-15　K 叉树构建流程

进一步聚成 K 类，将 K 个聚类中心作为下一层节点；重复上一步直到得到单词层。K 叉树深度为 D 层（不包括根节点），其最底层即为单词层，其中的每一个叶节点即为一个单词。利用构建好的 K 叉树进行查找时，只需逐层向下，将查询特征与每个中间节点的聚类中心做比较，便可找出相匹配的单词。该方法可大幅提高查找效率，满足视觉 SLAM 的实时性要求。

由于字典中不同单词在图像中出现的频率不相同，即不同单词在区分性上的重要性不同，因此可赋予每个单词不同的权重以提高词袋向量的性能。一幅图像进行加权后的词袋向量可表示为

$$\boldsymbol{V} \triangleq \{(\omega_1, \alpha_1), (\omega_2, \alpha_2), \cdots, (\omega_N, \alpha_N)\} \tag{14-55}$$

式中：ω_i 表示单词；α_i 表示该单词的权重。

TF-IDF 方法为主流的赋权方法。TF(term frequency)指词频，表示某单词在一幅图像中出现的频率，TF 越高表示该单词的区分性越高。IDF(inverse document frequency)指逆文本频率，表示某单词在字典中出现的频率，IDF 越低表示该单词的区分性越高。TF 与 IDF 的计算公式如下：

$$\mathrm{TF}_i = \frac{m_i}{m} \tag{14-56}$$

$$\mathrm{IDF}_i = \lg \frac{n}{n_i} \tag{14-57}$$

式(14-56)中：m_i 表示一幅图像中某单词出现的次数；m 表示这幅图像中所有单词出现的次数。式(14-57)中：n_i 表示字典中某个单词里面含有的特征点数目；n 表示整个字典中含有的全部特征点数目。于是单词 ω_i 的权重 α_i 可通过如下公式计算：

$$\alpha_i = \mathrm{TF}_i \times \mathrm{IDF}_i \tag{14-58}$$

3. 相似性计算

在视觉 SLAM 中，利用合适的相似性度量函数对图像的词袋向量进行相似性计算是判断回环出现与否的关键。主流的相似性度量函数包括 L_1 范数、L_2 范数、切比雪夫距离、闵可夫斯基距离等。L_1 范数原理简单，计算速度较快，这里将简单介绍采用 L_1 范数进行相似性计算的方法：

$$s(\boldsymbol{V}_A, \boldsymbol{V}_B) = 2\sum_{i=1}^{N} |\boldsymbol{V}_{Ai}| + |\boldsymbol{V}_{Bi}| - |\boldsymbol{V}_{Ai} - \boldsymbol{V}_{Bi}| \tag{14-59}$$

式中：N 是词袋向量的维度；$\boldsymbol{V}_A$ 表示当前帧图像的词袋向量；$\boldsymbol{V}_B$ 表示历史帧图像的词袋向量；$s(\cdot)$表示两幅图像的相似性。但仅以此相似性作为评判依据的视觉 SLAM 在出现大量重复物体的场景中的容错率较低。为了防止在相似的环境中造成误检，取当前帧图像与上一时刻关键帧$\boldsymbol{V}_{A-\Delta t}$的相似度为先验相似度，并利用先验相似度对相似性分数 $s(\boldsymbol{V}_A, \boldsymbol{V}_B)$ 进行归一化处理：

$$s'(\boldsymbol{V}_A, \boldsymbol{V}_B) = \frac{s(\boldsymbol{V}_A, \boldsymbol{V}_B)}{s(\boldsymbol{V}_A, \boldsymbol{V}_{A-\Delta t})} \tag{14-60}$$

由式(14-60)计算出的归一化相似性越大时,出现回环的可能性越高。通常将回环检测的阈值设为 3。该方法要求所选取关键帧之间的相似性不能太高,否则将无法检测到回环。

14.4.2 算法评价指标

视觉 SLAM 中回环检测算法的性能常使用机器学习中的准确率(precision)和召回率(recall)进行评估。在回环检测中,准确率指算法检测到回环的结果中有多少是真的回环,召回率指有多少真的回环被算法检测到。

$$\text{precision} = \frac{\text{TP}}{\text{TP} + \text{FP}} \tag{14-61}$$

$$\text{recall} = \frac{\text{TP}}{\text{TP} + \text{FN}} \tag{14-62}$$

式中:TP 表示被正确检测到的回环个数,也就是正确检测到此刻已到达曾经经过的某一场景的次数;FP 表示此刻到达的场景不是之前已经经过的某一场景,但由于场景较为相似,被误检测成回环的次数;FN 表示此刻已到达曾经经过的某一场景,但可能由于光线等影响,系统未检测到回环的次数。由此可看出,准确率和召回率是互相矛盾的两个指标。当准确率提高时,易造成回环漏检,召回率下降。反之,当召回率提高时,易造成回环误检,准确率下降。在实际 SLAM 应用中,通常对准确率要求更高。因为若出现回环误检,会使得已构建的地图被毁掉。

回环检测是视觉 SLAM 中必不可少的一部分,在检测到回环后,后端将对相关信息进行优化,从而减小累积误差,防止位姿漂移,对构建一致性的全局地图具有重大意义。本节介绍了一种建立词袋模型来检测回环的方法,流程总结如下:对训练图像提取大量特征,通过聚类的方法离线生成字典;在视觉 SLAM 过程中,在线提取关键帧图像中的特征,根据字典对图像特征进行编码,生成词袋向量;选定合适的相似性度量函数对图像的词袋向量进行相似性计算,判断是否检测到回环。

14.5 建 图

SLAM 的另一个核心任务是地图构建。地图是描述周围环境的方式,根据上层应用有不同的表达形式,一般分为度量地图和拓扑地图。

度量地图强调地图中点的位置信息,能够精准表达场景中摄像机观察到的像素所在的位置,但其对噪声较为敏感,地图中会产生大量的外点。度量地图根据地图的稀疏程度可分为稀疏地图和稠密地图。稀疏地图一般由特征地图存储,也就是说特征地图会存储关键帧中特征点的三维信息,这些特征点称为路标。在定位任务中,稀疏地图可为机器人提供环境路标的精确位置,机器人可通过这些点的坐标确定当前位姿,完成定位。稠密地图对机器人观察到的所有场景进行建模,一般使用栅格地图存储。栅格地图由二维方格或者三维方块组成,每个方格或方块中的值表示栅格被占据的概率。稠密地图在机器人的导航、避障等方面有着重要作用。

拓扑地图强调地图元素之间的关系,对位置的精确性要求不高。拓扑地图一般以图的形式存储,由节点和边组成,分别对应地图元素和地图元素之间的距离。拓扑地图相较于度量地图,省略了较多细节成分,节约存储空间,使地图的表达更加紧凑,语义信息更加明显。

由于稀疏地图并不能满足一些实际需求,如在机器人的导航、避障等任务中,机器人需要知道可以通过的地方和障碍物的位置;在场景重建任务中,需要得到一些完整的物体,而不是稀疏的3D点云。这些任务已经超出了稀疏地图的能力,需要稠密地图作为支持。因此本节重点讨论如何通过视觉SLAM进行稠密重建,并生成稠密地图。

14.5.1 稠密重建

稠密重建的任务是恢复每个像素的深度信息,为生成稠密地图打下基础,具体原理根据视觉SLAM所用的摄像机种类的不同而不同。前面已经提到,视觉传感器可分为三种,单目摄像机、双目摄像机和RGB-D摄像机。单目摄像机通过摄像机移动建立三角测量关系,得到深度估计;双目摄像机通过相对位置已知的左右摄像机建立三角测量关系,得到深度估计;RGB-D摄像机直接通过传感器获得深度信息。单日摄像机和双日摄像机的稠密重建原理基本相同,这两种摄像机估计深度的方法统称为立体视觉。立体视觉系统的稠密重建非常依赖图像信息,当图像中存在噪声、遮挡、模糊等干扰或者一些低纹理区域时,重建效果较差,同时立体视觉的稠密重建需消耗大量计算资源,对系统配置要求较高。相对于立体视觉,RGB-D摄像机使用了主动视觉系统,通过结构光或飞行时间传感器进行测量,可以直接得到稠密的深度图。结构光的原理是将具有特定结构信息的光投射到周围环境,通过采集物体上光的结构变化获取深度信息;飞行时间传感器则通过测量从光脉冲发出到接收反射光的时间间隔进行测距。由于RGB-D摄像机中传感器不依赖图像信息,直接通过传感器测量环境,因此具有较好的精度和鲁棒性。但是RGB-D摄像机受限于测量距离,无法在开阔场景中使用,而单、双目摄像机没有这种限制,可以用于户外场景的定位和建模。这里以单目摄像机为例,着重介绍立体视觉的稠密重建方法。

立体视觉的稠密重建与稀疏重建的不同之处在于,稠密重建需要知道每个像素的匹配关系,由于不是每个像素都具有明显的角点特征,考虑到计算效率和描述效果,这里使用块匹配作为计算方法。在立体重建过程中存在极线约束,搜索范围可被缩小到极线上,通过先验深度可进一步缩小极线上的搜索范围,以减少计算量,提高匹配成功率。在视觉SLAM过程中,需要多次观察并更新一个点的深度估计,使其收敛到一个稳定值,这个过程称为深度滤波。下面将详细介绍极线搜索、块匹配和深度滤波器。

1. 极线搜索

极线搜索模型可使用图14-16表示。极线约束是由一个点投影到两个平面上产生的约束,极平面由摄像机的光心 O_1,O_2 和观测点 P 确定,其中极平面与摄像机的图像平面的交线为极线,被测点一定在极线上。确定极线约束需要知道摄像机从观察点 O_1 到 O_2 的变换关系,单目摄像机可通过视觉里程计确定两帧之间的变换关系。根据极线约束,可将像素匹配关系限定到极线上,以减少计算量。在实际应用中,往往会根据之前的估算深度限定极线上的搜索范围,可以进一步减少计算量,同时减少待选匹配像素的个数,提高匹配成功率。

2. 块匹配

块匹配的主要目的是提供一种度量像素之间相似性的方法。由于单一像素的灰度容易受到噪声、非线性光照等因素的干扰,稳定性较差,因此将对单个像素的比较改进为以原像素为中心的局部区域的比较,常见的算法有SAD、SSD、NCC三种。

SAD(summed absolute differences)算法即绝对误差和算法,使用两个块之间对应像素

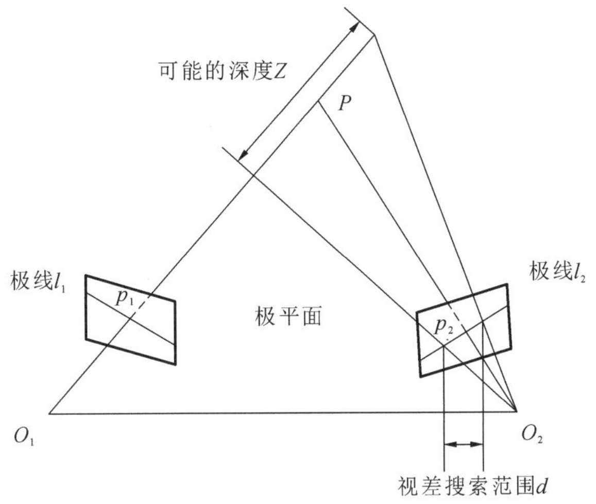

图 14-16　极线搜索模型

的差的绝对值之和作为相似性指标，公式如下：

$$f_{\mathrm{SAD}}(\boldsymbol{I}_1,\boldsymbol{I}_2)=\frac{1}{(2m+1)(2n+1)}\sum_{i=i_0-m}^{i_0+m}\sum_{j=j_0-n}^{j_0+n}\left|\boldsymbol{I}_1(i,j)-\boldsymbol{I}_2(i,j)\right| \tag{14-63}$$

式中：m，n 分别为匹配块半径；$\boldsymbol{I}_1$，$\boldsymbol{I}_2$ 为两个待匹配块的灰度矩阵。

SSD(summed squared differences)算法即误差平方和算法，使用平方和作为评价指标，公式如下：

$$f_{\mathrm{SSD}}(\boldsymbol{I}_1,\boldsymbol{I}_2)=\frac{1}{(2m+1)(2n+1)}\sum_{i=i_0-m}^{i_0+m}\sum_{j=j_0-n}^{j_0+n}(\boldsymbol{I}_1(i,j)-\boldsymbol{I}_2(i,j))^2 \tag{14-64}$$

NCC(normalized cross correlation)算法即归一化积相关算法，使用归一化互相关公式：

$$f_{\mathrm{NCC}}(\boldsymbol{I}_1,\boldsymbol{I}_2)=\frac{\sum\limits_{i,j}(\boldsymbol{I}_1(i,j)-\bar{\boldsymbol{I}}_1(i,j))(\boldsymbol{I}_2(i,j)-\bar{\boldsymbol{I}}_2(i,j))}{\sqrt{\sum\limits_{i,j}(\boldsymbol{I}_1(i,j)-\bar{\boldsymbol{I}}_1(i,j))^2\sum\limits_{i,j}(\boldsymbol{I}_2(i,j)-\bar{\boldsymbol{I}}_2(i,j))^2}} \tag{14-65}$$

SAD 和 SSD 算法较为简单，计算量较小，但鲁棒性较差；NCC 算法计算量较大，但可保证精度和鲁棒性，因此经常用于精度要求较高的场合。前两种算法得到的是匹配代价，代价越低，相似性越高；而 NCC 算法得到的是图像块之间的相关系数，其取值范围是[−1,1]，相关系数绝对值越大，相似度越高。

3. 深度滤波器

通过相似性度量函数匹配，可以得到极线上搜索范围内每个像素的相似度，如图 14-17 所示。接下来将讨论如何通过相似度来估计深度，并通过多次观测不断更新深度估计。

在统计中，符合分布规律的点称为内点，不符合分布规律的点称为外点。首先假设在进行深度估计时，内点的分布符合以真实深度 Z 为中心的高斯函数 $N(Z,\tau_n^2)$，外点的分布符合在可能深度范围内的均匀分布函数 $U(Z_{\min},Z_{\max})$，可以使用高斯加均匀分布的模型对估计深度进行建模：

$$p(z_n\mid Z,\pi)=\pi N(z_n\mid Z,\tau_n^2)+(1-\pi)U(z_n\mid Z_{\min},Z_{\max}) \tag{14-66}$$

式中：z_n 为第 n 次观测到的数据；Z 为真实深度值；π 为观测数据有效概率，也就是观测深度是内点的概率；$p(z_n|Z,\pi)$为观测数据 z_n 在真实深度值 Z 和观测数据有效概率为 π 时出现

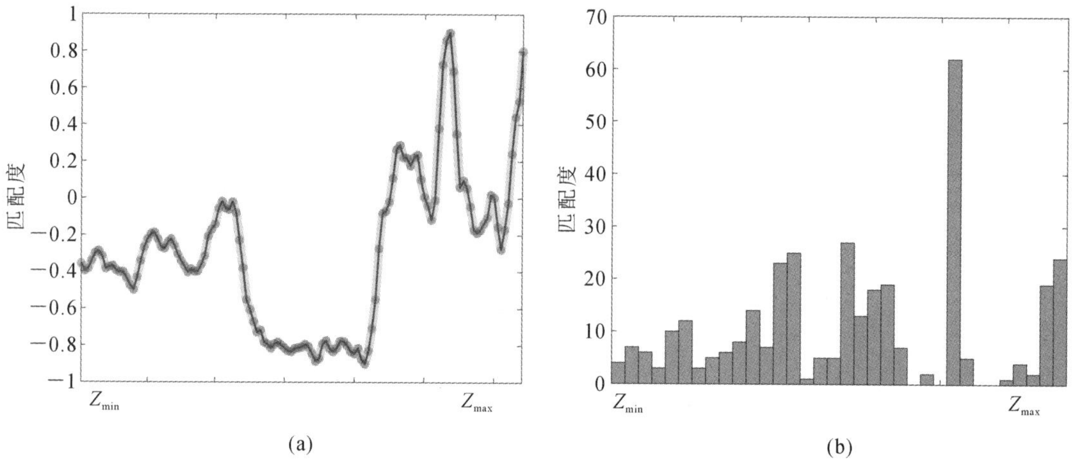

图 14-17　匹配相似性和深度估计分布

(a) 一次观察中所有可能深度值对应的相似性　(b) 在多次观察中同一点深度估计直方图

的概率；τ_n 为观测内点方差，可以通过假设匹配关系在一个像素误差下深度估计值的变化确定；$Z_{\min}$ 和 $Z_{\max}$ 分别为最小可能深度和最大可能深度，由先验知识确定。

假设每次深度估计是独立同分布，则根据 N 次观察到的数据 $z_1, z_2, \cdots, z_N$，可计算内点深度值的后验概率：

$$p(Z,\pi \mid z_1, z_2, \cdots, z_N) \propto p(Z,\pi) \prod_n p(z_n \mid Z,\pi) \tag{14-67}$$

式(14-67)可以通过一个 Beta 分布和高斯分布的乘积近似，记为分布 q：

$$q(Z,\pi \mid a_n, b_n, \mu_n, \sigma_n) = \text{Beta}(\pi \mid a_n, b_n) N(Z \mid \mu_n, \sigma_n^2) \tag{14-68}$$

在此基础上，可将其近似为迭代形式：

$$q(Z,\pi \mid a_n, b_n, \mu_n, \sigma_n) \approx Cp(z_n \mid Z,\pi) q(Z,\pi \mid a_{n-1}, b_{n-1}, \mu_{n-1}, \sigma_{n-1}) \tag{14-69}$$

式中：C 为常数。

通过使一阶矩和二阶矩分别相等来更新参数，每次迭代时，后验概率分布也会进行相应的更新，最终 Z,π 会收敛到真值。如果没有收敛，则认为估计失败，舍去该点。这样就得到了最终的结果。

14.5.2　稠密地图

前面介绍了如何通过立体视觉和 RGB-D 摄像机对每个像素进行深度估计以生成点云地图，但点云地图不能满足导航、避障的需求，需要转化为真正意义上的稠密地图。

八叉树地图是一种主流的稠密地图，属于占据网格地图的一种，其基本数据结构是一棵八叉树，如图 14-18 所示。每个节点都代表一个空间，并存储了该空间内存在物体的概率，即被占据的概率。父节点被八个子节点等分成八个子空间，如此反复分割直至达到最小精度需求，就形成了一棵八叉树。

八叉树地图的生成过程是对每个节点被占据的概率进行更新的过程，其更新公式如下：

$$P(n \mid z_{1:t}) = \left[1 + \frac{1 - P(n \mid z_t)}{P(n \mid z_t)} \frac{1 - P(n \mid z_{1:t-1})}{P(n \mid z_{1:t-1})} \frac{P(n)}{1 - P(n)}\right]^{-1} \tag{14-70}$$

式中：$P(n)$ 为每个格子被占据的初始先验概率，一般假设为 0.5；$P(n \mid z_{1:t})$ 为基于 $1 \sim t$ 时刻所有观测数据所估计的格子被占据的概率；$P(n \mid z_t)$ 为基于当前时刻观测数据 z_t 估计的

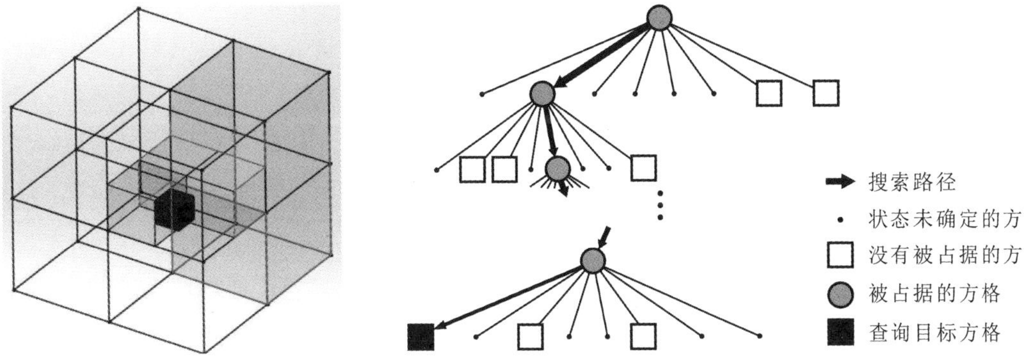

图 14-18　八叉树地图

格子被占据的概率。式(14-70)源于 logit 函数，在 SLAM 任务中，机器人需不断在观察中更新格子被占据的概率，但概率的取值范围是[0,1]，不能一直累加下去，所以通过 logit 变换将数据累加范围转化到(−∞,+∞)区间内。logit 变换公式和更新公式分别为

$$L(n) = \lg \frac{P(n)}{1 - P(n)} \tag{14-71}$$

$$L(n \mid z_{1:t}) = L(n \mid z_t) + L(n \mid z_{1:t-1}) \tag{14-72}$$

由于地图中的物体往往聚集在一起，八叉树地图中大部分节点的子节点是全部被占据或全部不被占据的，这些节点可被提前剪枝，不再展开子节点，从而大大缩小八叉树地图存储空间。另外，八叉树地图的每个节点使用概率表示被占据状态，可通过不断观察更新，有效地滤除点云中的错误点，对噪声有较强鲁棒性。

14.6　激光雷达 SLAM

激光雷达 SLAM 是利用激光雷达获取外部环境信息，并进行同时定位与建图的方法。激光雷达 SLAM 与视觉 SLAM 的主要差异在于测量传感器不同，前者使用激光雷达，后者使用摄像机。激光雷达相比于其他传感器，测量范围大，测量速度快，抗噪声能力强，可以较好地满足结构化场景下机器人导航的实时性与精确性需求。由于人们所处的生活空间中场景存在较多结构化特征，如线、面，可通过激光雷达构建合适的地图进行定位与导航，因此激光雷达 SLAM 是实际中应用最广泛的方法。激光雷达 SLAM 框架包括前端扫描匹配、后端优化、回环检测、地图构建四个部分，与视觉 SLAM 框架中各模块一一对应，其中前端扫描匹配与视觉 SLAM 的相应模块差异较大。本节主要介绍常用的激光雷达 SLAM 方案及其前端扫描匹配方法。

14.6.1　激光雷达 SLAM 简介

1. 激光雷达原理

激光雷达基本原理为发射并接收反射的红外光线，通过计算激光光束的反射时间和波长进行探测。目标距离信息和目标角度信息是激光雷达 SLAM 需获取的核心数据。距离测量方式可分为两种：三角测距法和时间飞行法。经典的三角测距原理如图 14-19(a)所示。Q 点为过焦点且平行于激光方向的射线与成像传感器的交点。激光器以角度 β 射出激

光，沿激光方向与激光器距离为 d 的物体反射激光。反射后的激光经由成像传感器成像，与 Q 点距离为 x。在测距系统确定后，Q 点位置、激光发射角度 β、成像传感器焦距 f 均为已知量，则根据三角形相似原理可得物体与激光器的距离为

$$d = \frac{fs}{x\sin\beta} \tag{14-73}$$

时间飞行原理如图 14-19(b)所示。激光器发射一个激光脉冲，由计时器记录下出射的时间，回返光经接收器接收，并由计时器记录下回返的时间。两个时间之差即为光的“飞行时间”，从而可根据光速、时间计算出距离信息。三角测距法技术难度低，但在测量远距离物体时精度会下降，测量范围较小；时间飞行法技术难度较大，实现成本较高，但其测量范围大，且精度较高。实际应用时需综合考虑测量范围、精度、成本等因素选择激光雷达。激光雷达可以进行主动测量，输出数据即为包含深度、角度信息的点云数据，无须消耗额外计算资源，可以较大程度减轻计算系统的负担。

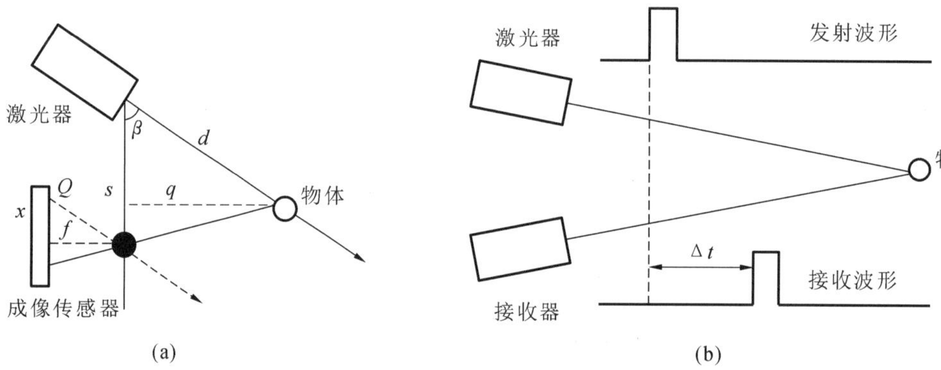

图 14-19　距离测量原理

(a) 三角测距原理　(b) 时间飞行原理

2. 常用激光雷达 SLAM 方案

激光雷达 SLAM 方案主要分为两类。一类是基于滤波器(filter-based)的激光雷达 SLAM 方案，如 EKF-SLAM、FastSLAM、GMapping(Grisetti et al.，2007)、Optimal RBPF 等。另一类是基于图优化(graph-based)的激光雷达 SLAM 方案，如 Karto SLAM、Cartographer(Hess et al.，2016)等。

由 R. Smith 等人提出的扩展卡尔曼滤波 SLAM(EKF-SLAM)方案是最初的基于滤波器的激光雷达 SLAM 方案，使用最大似然算法进行数据关联，计算复杂，鲁棒性较差，构建的地图为特征地图而非栅格地图，无法应用在导航避障中。针对 EKF-SLAM 方案的不足，M. Montemerlo 等人提出了 FastSLAM 方案，该方案将 SLAM 问题分解成机器人定位问题和基于已知机器人位姿的构图问题，是最早能够实时输出栅格地图的激光雷达 SLAM 方案。该方案估计机器人位姿的方法为粒子滤波，将每个粒子用运动学模型进行传播，对传播后的粒子用观测模型进行权重计算并根据估计的位姿构建地图，在大尺度环境下会消耗大量内存，且由于重采样的随机性，会出现粒子耗散问题。为了对 FastSLAM 方案进行优化，Grisetti 等人提出 GMapping 方案。为解决内存消耗严重问题，该方案将粒子的数量保持在一个比较小的数值，对预测分布采样，然后基于优化扫描匹配来优化位姿；为缓解粒子耗散问题，该方案减少重采样次数，用一个度量指标表示预测分布和真实分布的差异性，当差异性很小时，不进行重采样，当差异性很大时，进行重采样。但该方案在里程计模型传播时，对

所有粒子同等对待，优的粒子在传播时可能变成差的粒子，粒子退化问题严重，因此 GMapping 方案非常依赖于里程计信息。针对 GMapping 方案的不足，J. L. Blanco 等人提出了更加优化的 Optimal RBPF 方案，该方案进一步减轻了粒子退化问题。

由 K. Konolige 等人提出的 Karto SLAM 方案是最初的基于图优化框架的开源激光雷达 SLAM 方案。该方案认识到了系统稀疏性，在一定程度上替代了基于滤波器的激光雷达 SLAM 方案。但该方案进行局部子图匹配前需构建子图，耗费时间较长；若采用全局匹配方法，则在搜索范围较大时速度较慢。谷歌的 Cartographer 开源方案，是 Karto SLAM 的优化方案，其核心内容为融合多传感器数据的局部子图创建和用于闭环检测的扫描匹配策略。

常用激光雷达 SLAM 方案总结如表 14-2 所示。

表 14-2　常用激光雷达 SLAM 方案

提出年份	方案名称	优化方法	特点
1988	EKF-SLAM	基于滤波器	计算量大，鲁棒性差，构建的特征地图无法用于导航
2002	FastSLAM	基于滤波器	首次实时输出栅格地图；粒子耗散严重
2007	GMapping	基于滤波器	缓解粒子耗散；非常依赖于里程计信息
2010	Optimal RBPF	基于滤波器	进一步减轻粒子退化问题
2010	Karto SLAM	基于图优化	首个基于图优化框架的开源方案；耗时较长
2016	Cartographer	基于图优化	前端采用相关性扫描匹配与梯度优化，加速闭环检测

14.6.2　前端扫描匹配方法

激光雷达 SLAM 中的前端扫描匹配与视觉 SLAM 中的视觉里程计类似，目标为获得两帧间的传感器位姿变化。

1. *方法分类*

激光雷达 SLAM 中主流的前端扫描匹配方法可分为：基于优化的方法（optimization-based method，OM）、正态分布变换（normal distribution transformation，NDT）、相关性扫描匹配（correlation scan match，CSM）、迭代最邻近点及其变种、基于特征匹配的方法（feature-based method，FM）等。

基于优化的方法（OM）通常将激光数据扫描匹配问题建模为非线性最小二乘优化问题。该方法可以显著降低累积误差，但其对初值较敏感，且计算量较大。正态分布变换（NDT）将地图看作多个高斯分布的集合，不需要通过搜索，直接最小化目标函数便可得到转换关系，其计算量较小，速度较快，在三维激光雷达 SLAM 与纯定位中应用较为广泛。相关性扫描匹配（CSM）通过暴力匹配可避免初值敏感的影响，其算法流程如图 14-20 所示。由于暴力匹配计算量较大，一般可采用加速策略如分枝定界方法以降低计算量。

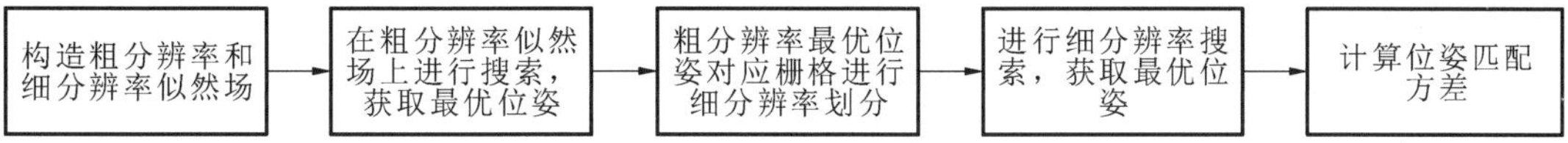

图 14-20　CSM 算法流程

传统迭代最邻近点（ICP）方法较为经典，其通过最小化两帧待匹配图像点云的欧氏距离，恢复相对位姿变换信息，但其对初值选择较为敏感，可能会出现不收敛的情况而导致匹配失败。ICP 方法的变种主要为：PL-ICP（point-to-line ICP）和 PP-ICP（point-to-plane ICP）方法。PL-ICP 方法采用的误差函数为点到直线的距离函数，适用于二维激光雷达 SLAM。其求解精度较高，但对初始值的选择更为敏感，且在存在大角度旋转干扰的情况下鲁棒性较低。PP-ICP 方法采用的误差函数为点到平面的距离函数，适用于三维激光雷达 SLAM。其求解精度高，但需要从大量的三维点云数据中提取出特征点才可进行后续运算。ICP、PL-ICP、PP-ICP 的误差函数可统一表达为

$$\boldsymbol{T}_{\text{opt}} = \underset{\boldsymbol{T}}{\arg\min} \sum_{i} ((\boldsymbol{T}^{w}\boldsymbol{p}_{1i} - {}^{w}\boldsymbol{p}_{2i})\boldsymbol{n}_{i})^{2} \tag{14-74}$$

式中：$\boldsymbol{T}_{\text{opt}}$ 为包含旋转及平移的齐次矩阵，为估计得到的最优解；$\boldsymbol{T}$ 为当前迭代值；${}^{w}\boldsymbol{p}_{1i}$ 为一个计算点；${}^{w}\boldsymbol{p}_{2i}$ 为一个匹配点；$\boldsymbol{n}_{i}$ 为投影向量，在 ICP 方法中为与 $\boldsymbol{M}^{w}\boldsymbol{p}_{1i} - {}^{w}\boldsymbol{p}_{2i}$ 平行的单位向量，在 PL-ICP 方法中为匹配点处拟合曲线的单位法向量，在 PP-ICP 方法中为匹配点处拟合曲面的单位法向量。

基于特征匹配的方法（feature matching，FM）类似于视觉 SLAM 中的特征点法。由于激光雷达 SLAM 应用场景的几何信息较为显著，一般利用线、面特征进行匹配。Zhang 等（2014）提出的 LOAM（lidar odometry and mapping）方法使用线、面特征进行扫描匹配，且其效果较好。下面将重点介绍 LOAM。

2. LOAM

LOAM 的前端扫描匹配方法分为特征提取、特征匹配两步。

（1）特征提取　本步骤利用点的曲率 c 对点云数据进行分类。设激光雷达坐标系为 $\{\boldsymbol{L}\}$，在第 k 次扫描中，激光雷达获得的点云数据为 ${}^{L}\boldsymbol{P}_{k}$。设点 ${}^{L}\boldsymbol{p}_{i}$ 为 ${}^{L}\boldsymbol{P}_{k}$ 中的一个点，即 ${}^{L}\boldsymbol{p}_{i} \in {}^{L}\boldsymbol{P}_{k}$，令 ${}^{L}\boldsymbol{S}$ 为同一次扫描中激光雷达返回的 ${}^{L}\boldsymbol{p}_{i}$ 的连续点集。${}^{L}\boldsymbol{p}_{ki}$ 为第 k 次扫描中点 ${}^{L}\boldsymbol{p}_{i}$ 在激光雷达坐标系中的坐标。将点的曲率 c 定义为

$$c = \frac{1}{|{}^{L}\boldsymbol{S}| \cdot \| {}^{L}\boldsymbol{p}_{ki} \|} \left\| \sum_{j \in {}^{L}\boldsymbol{S}, j \neq i} ({}^{L}\boldsymbol{p}_{ki} - {}^{L}\boldsymbol{p}_{kj}) \right\| \tag{14-75}$$

式中：$|{}^{L}\boldsymbol{S}|$ 表示 ${}^{L}\boldsymbol{S}$ 中点的数目；$\|\cdot\|$ 表示向量模长。按照曲率 c 将 ${}^{L}\boldsymbol{P}_{k}$ 进行排序，其中曲率 c 最大的点为线特征点，曲率 c 最小的点为面特征点。为了使特征点能呈现均匀分布，对点云进行区域划分，并将各个区域提供的边缘点、平面点数目控制在一定范围内。仅当点的曲率 c 大于或小于阈值，且所选点的数量不超过最大值时，才可将其选为线或面特征点。同时为提高特征点的稳定性，LOAM 将以下特征点作为无效特征点筛去：周围含有特征点的点，所在平面与激光雷达扫描线接近平行的点（见图 14-21(a)），被遮挡区域的边缘点（见图 14-21(b)）。按照上述过程可完成特征提取，得到线、面特征点。

（2）特征匹配　本步骤对线面特征进行匹配并建立约束关系。设 t_k 为第 k 次扫描的起始时刻。在第 k 次扫描的最后，将 ${}^{L}\boldsymbol{P}_{k}$ 重投影到时刻 t_{k+1}，得到的点云为 ${}^{L}\overline{\boldsymbol{P}}_{k}$，如图 14-22 所示。在第 $k+1$ 次扫描中，使用 ${}^{L}\overline{\boldsymbol{P}}_{k}$、${}^{L}\boldsymbol{P}_{k+1}$ 进行特征匹配并建立约束关系。设 ${}^{L}\boldsymbol{\Xi}_{k+1}$ 及 ${}^{L}\boldsymbol{\Sigma}_{k+1}$ 分别为从 ${}^{L}\boldsymbol{P}_{k+1}$ 中提取出的线特征点集、面特征点集。由于每次扫描会持续一定时间，不同时刻获得的点云需投影到起始时刻，因此以 ${}^{L}\widetilde{\boldsymbol{\Xi}}_{k+1}$ 及 ${}^{L}\widetilde{\boldsymbol{\Sigma}}_{k+1}$ 表示重投影到起始时刻后的特征点集。线特征由两个线特征点表示，只需用两个最近邻线特征点即可表示线特征，设点 ${}^{L}\boldsymbol{p}_{i}$ 为 ${}^{L}\widetilde{\boldsymbol{\Xi}}_{k+1}$ 中的点，点 ${}^{L}\boldsymbol{p}_{j}$ 为 ${}^{L}\overline{\boldsymbol{P}}_{k}$ 中与 ${}^{L}\boldsymbol{p}_{i}$ 距离最近的点。由于特征提取时已筛去所在平面与激光雷达扫描线接近平行的点，同一次扫描中不可能获得一条线特征上的两个特征点，因此

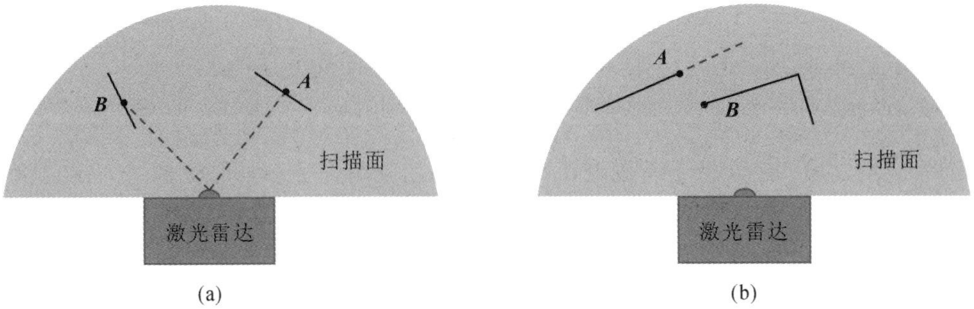

图 14-21　无效点示意图

(a) 所在平面与激光雷达扫描线接近平行的点　(b) 被遮挡区域的边缘点

取点${}^{L}\boldsymbol{p}_l$为相邻扫描中与点${}^{L}\boldsymbol{p}_j$距离最近的点，从而(${}^{L}\boldsymbol{p}_j$，${}^{L}\boldsymbol{p}_l$)可作为与点${}^{L}\boldsymbol{p}_i$对应的线特征，如图 14-23(a)所示。面特征由三个面特征点表示。与线特征匹配类似，可获得相邻扫描中的点${}^{L}\boldsymbol{p}_m$、${}^{L}\boldsymbol{p}_j$、${}^{L}\boldsymbol{p}_l$，作为${}^{L}\widetilde{\boldsymbol{\Sigma}}_{k+1}$中的点对应的面特征，如图 14-23(b)所示。

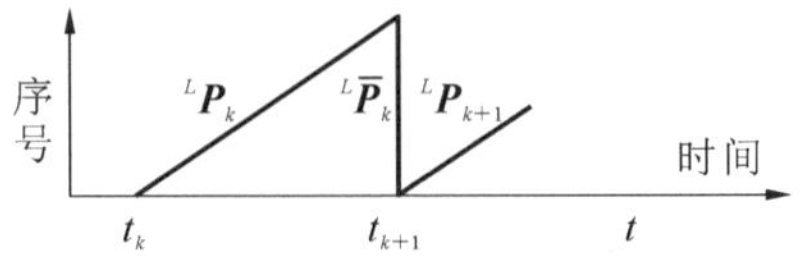

图 14-22　点云序号与时间的关系

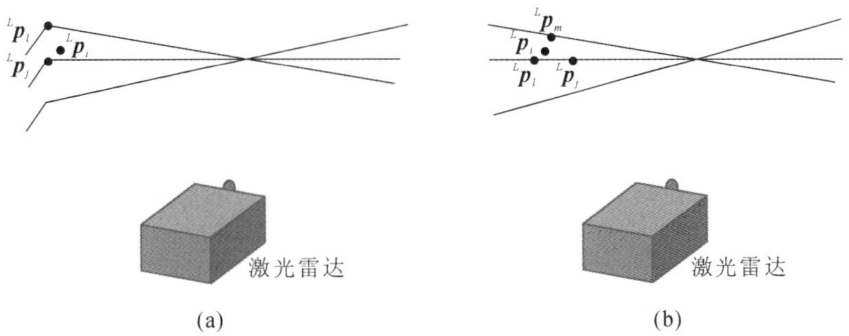

图 14-23　线、面匹配示意图

(a) 线匹配　(b) 面匹配

点到直线的距离表示为

$$d_{\Xi}=\frac{\left\|\left({}^{L}\widetilde{\boldsymbol{p}}_{(k+1)i}-{}^{L}\widetilde{\boldsymbol{p}}_{kj}\right)\times\left({}^{L}\widetilde{\boldsymbol{p}}_{(k+1)i}-{}^{L}\widetilde{\boldsymbol{p}}_{kl}\right)\right\|}{\left\|{}^{L}\widetilde{\boldsymbol{p}}_{kj}-{}^{L}\widetilde{\boldsymbol{p}}_{kl}\right\|} \tag{14-76}$$

式中：${}^{L}\widetilde{\boldsymbol{p}}_{(k+1)i}$，${}^{L}\overline{\boldsymbol{p}}_{kj}$，${}^{L}\overline{\boldsymbol{p}}_{kl}$分别为点${}^{L}\boldsymbol{p}_i$、${}^{L}\boldsymbol{p}_j$、${}^{L}\boldsymbol{p}_l$在激光雷达坐标系中的坐标；$\|\cdot\|$等表示向量模长。

点到面的距离表示为

$$d_{\zeta}=\frac{\left|\left({}^{L}\widetilde{\boldsymbol{p}}_{(k+1)i}-{}^{L}\overline{\boldsymbol{p}}_{kj}\right)\cdot\left(\left({}^{L}\overline{\boldsymbol{p}}_{kj}-{}^{L}\overline{\boldsymbol{p}}_{kl}\right)\times\left({}^{L}\overline{\boldsymbol{p}}_{kj}-{}^{L}\overline{\boldsymbol{p}}_{km}\right)\right)\right|}{\left\|\left({}^{L}\overline{\boldsymbol{p}}_{kj}-{}^{L}\overline{\boldsymbol{p}}_{kl}\right)\times\left({}^{L}\overline{\boldsymbol{p}}_{kj}-{}^{L}\overline{\boldsymbol{p}}_{km}\right)\right\|} \tag{14-77}$$

式中：${}^{L}\overline{\boldsymbol{p}}_{km}$为点${}^{L}\boldsymbol{p}_m$在激光雷达坐标系中的坐标；等号右边的分子为三个向量混合积的绝对值。

LOAM 以点线距离、点面距离为约束，通过 LM 方法最小化约束求得位姿变换。

14.7 多传感器融合

随着应用领域的复杂性不断提高，SLAM 在实际应用中仍面临许多挑战。在自动驾驶领域，移动机器人不仅需要实时定位与建图，还需要识别行人和路标，即要求传感器可获得更丰富的语义信息；在救援领域，地形往往较为复杂，运动存在较大的不确定性，要求位姿估计精度较高且需克服场景快速变化的影响。单一传感器通常具有局限性：超声波传感器有效距离较短，方向性较差，无法获得除距离以外的丰富信息；红外传感器方向性较好，但进行动态测量时精度较低；视觉传感器可获得较为丰富的语义信息，但易产生运动模糊；激光雷达传感器可快速响应动静状态下的环境变化，但难以获取丰富的场景语义信息。因此，使用单一传感器难以应对实际应用中复杂的环境变化。为了在复杂环境中实现精确定位和导航，克服环境光线变化、场景快速移动、动态物体等因素对定位与建图产生的不良影响，多传感器融合的 SLAM 将成为未来 SLAM 技术的主要研究方向之一。本节主要介绍 SLAM 中的多传感器融合。

14.7.1 多传感器融合概述

军事领域首先使用数据融合技术。随着自动化程度的提高，工业控制系统越来越复杂和智能，数据融合技术在工业界应用愈发广泛。多传感器数据融合实质为：对同一信息进行多次测量，运用数据处理技术去除所得数据中的冗余信息，提取关键信息，从而增强系统鲁棒性，优化各项性能指标。信息融合系统主要包括多传感器与多源的数据感知子系统，信息处理子系统。典型的信息融合处理过程如图 14-24 所示。信息融合主要包含数据与数据集之间的数据层融合，特征与特征集之间的特征层融合，决策与决策之间的决策层融合。多层融合关系如图 14-25 所示。

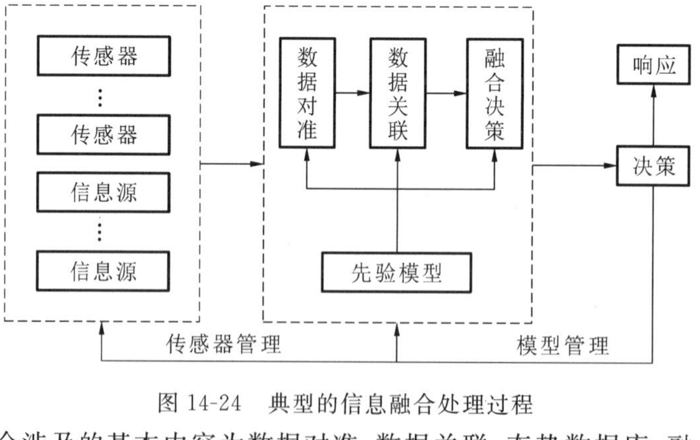

图 14-24 典型的信息融合处理过程

多传感器融合涉及的基本内容为数据对准、数据关联、态势数据库、融合推理和融合损失等。数据对准是指转化不同传感器输出的不同形式的数据，以便综合处理；数据关联是指减少传感器的不精确性和干扰等导致的数据二义性；态势数据库是指提供匹配效率高、容量大、友好用户接口的数据库；融合推理是指合理选择有效传感器数据并对无效数据进行处理；融合损失是指由于传感器缺陷、环境干扰等因素，所采集的信息不适于融合，导致融合最终失败，从而造成的损失。

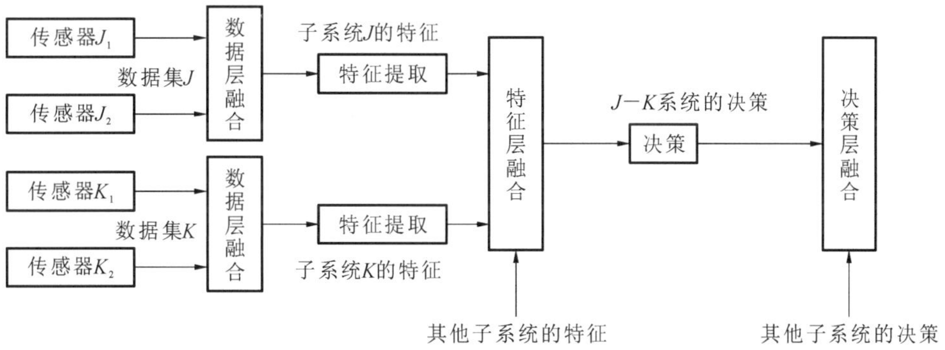

图 14-25 多层融合关系

多传感器数据融合中使用的融合算法的优劣直接决定了系统对被测实体的信息感知能力。融合算法应具有较好的抗干扰能力和较高的计算速度，以适应所检测数据的复杂性和多样性。常用数据融合算法包括：随机类算法，如贝叶斯估计法、卡尔曼滤波及其演变的算法；人工智能类算法，如人工神经网络算法、基于智能专家系统的算法。其中，卡尔曼滤波应用最为广泛。

在 SLAM 实际应用中，移动机器人往往会配备里程计、视觉传感器、激光雷达、红外线传感器、微波雷达、惯性传感器等传感器。以上传感器均可进行定位与导航，但单个传感器往往具有局限性，因此需要对以上传感器进行数据融合。视觉传感器与激光雷达具有较好的互补性，使得激光视觉融合 SLAM 可满足大多应用场景的需求。下面主要介绍激光视觉融合 SLAM。

14.7.2 激光视觉融合 SLAM

视觉 SLAM 可满足多数环境下的特征点匹配与回环检测任务，但在弱纹理或弱光照的环境下性能较差；激光雷达 SLAM 虽测量精度较高、光照不敏感，但在环境特征缺失等情况下及在动态环境中性能欠佳，且其匹配在退化场景，如以平面区域为主的场景中也会失败。通过融合激光雷达和视觉传感器，能够有效地结合两个传感器的优势，扬长补短，提高机器人的定位精度和在弱光环境下的鲁棒性，并降低累积漂移误差。鉴于激光雷达、视觉传感器单独使用时性能上的局限性及其相互之间的互补性，许多研究者开始研究激光视觉融合 SLAM。

Zhang 等(2015)提出的 V-LOAM(visual-lidar odometry and mapping)是一种激光视觉融合 SLAM 方法。其整体框架如图 14-26 所示。整个系统分为两个部分：视觉里程计和激光雷达里程计。视觉里程计使用激光雷达点云数据及视觉传感器图像数据，以图像的帧率估算传感器的逐帧运动。其中，特征跟踪模块提取并匹配连续图像之间的视觉特征，深度图配准模块将雷达点云数据与局部深度图进行配准，并将视觉特征与深度数据进行关联。帧间运动估计模块为其中的核心模块，核心思想为利用深度信息来辅助视觉里程计进行运动估计。设 I 为特征跟踪模块提取到的特征集合，i 为其中的特征，即 $i\in I$。设第 k 帧图像的局部坐标系为$\{\boldsymbol{S}_k\}$，特征 i 的局部坐标为${}^{S_k}\boldsymbol{p}_{ki}$，其归一化坐标为${}^{S_k}\bar{\boldsymbol{p}}_{ki}=\left[{}^{S_k}\bar{x}_{ki}\quad {}^{S_k}\bar{y}_{ki}\quad {}^{S_k}\bar{z}_{ki}\right]^{\mathrm{T}}$，深度为${}^{S_k}d_{ki}$，${}^{S_k}d_{ki}=\|{}^{S_k}\boldsymbol{p}_{ki}\|$。由式(14-10)可知，传感器运动可表示为

$$
{}^{S_k}\boldsymbol{p}_{ki}=\boldsymbol{R}\,{}^{S_k}\boldsymbol{p}_{(k-1)i}+\boldsymbol{t} \tag{14-78}
$$

帧间运动估计模块在进行运动估计时，存在两种情况：可通过深度图配准模块获得${}^{S_k}\boldsymbol{p}_{(k-1)i}$和不可通过深度图配准模块获得${}^{S_k}\boldsymbol{p}_{(k-1)i}$。

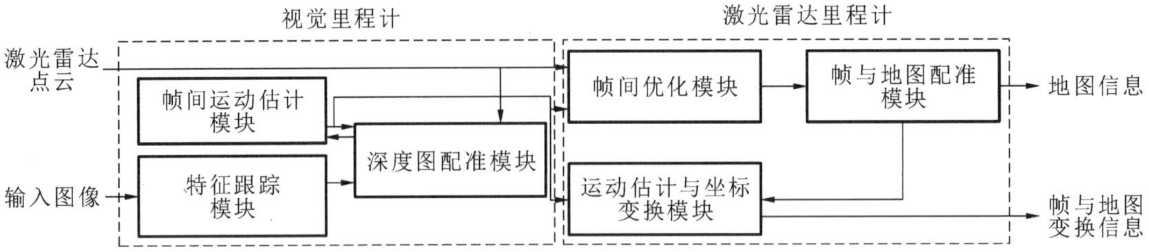

图 14-26　V-LOAM 整体框图

在${}^{S_k}\boldsymbol{p}_{(k-1)i}$已知时，用${}^{S_k}d_{ki}{}^{S_k}\overline{\boldsymbol{p}}_{ki}$替换式(14-78)中的${}^{S_k}\boldsymbol{p}_{ki}$，并分别结合式(14-78)中矩阵的第一行和第三行、第二行和第三行，可得

$$({}^{S_k}\overline{z}_{ki}\boldsymbol{R}_1-{}^{S_k}\overline{x}_{ki}\boldsymbol{R}_3)\,{}^{S_k}\boldsymbol{p}_{(k-1)i}+{}^{S_k}\overline{z}_{ki}t_1-{}^{S_k}\overline{x}_{ki}t_3=0 \tag{14-79}$$

$$({}^{S_k}\overline{z}_{ki}\boldsymbol{R}_2-{}^{S_k}\overline{y}_{ki}\boldsymbol{R}_3)\,{}^{S_k}\boldsymbol{p}_{(k-1)i}+{}^{S_k}\overline{z}_{ki}t_2-{}^{S}\overline{y}_{ki}t_3=0 \tag{14-80}$$

式中：$\boldsymbol{R}_l$、t_l 表示 $\boldsymbol{R}$、$\boldsymbol{t}$ 的第 l 行，$l\in\{1,2,3\}$。此时问题等效为利用 3D-2D 点对估计传感器运动，可使用 PnP 方法求解。

在${}^{S_k}\boldsymbol{p}_{(k-1)i}$未知时，用${}^{S_k}d_{ki}{}^{S_k}\overline{\boldsymbol{p}}_{ki}$、${}^{S_k}d_{(k-1)i}{}^{S_k}\overline{\boldsymbol{p}}_{(k-1)i}$替换式(14-78)中的${}^{S_k}\boldsymbol{p}_{ki}$、${}^{S_k}\boldsymbol{p}_{(k-1)i}$，可得

$$\begin{bmatrix}-{}^{S_k}\overline{y}_{ki}t_3+{}^{S_k}\overline{z}_{ki}t_2\\ {}^{S_k}\overline{x}_{ki}t_3+{}^{S_k}\overline{z}_{ki}t_1\\ -{}^{S_k}\overline{x}_{ki}t_2+{}^{S_k}\overline{y}_{ki}t_1\end{bmatrix}\boldsymbol{R}^{S_k}\overline{\boldsymbol{p}}_{(k-1)i}=0 \tag{14-81}$$

此时问题等效为利用 2D-2D 点对估计传感器运动，可使用对极几何法求解。

该模块在解算时，将式(14-79)、式(14-80)、式(14-81)进行组合，采用 LM 方法优化求解。激光雷达里程计中，雷达单次扫描持续 1 秒，每次扫描完成之后执行一次计算，处理该次扫描中获得的点云数据。如图 14-27 所示，虚线表示视觉里程计估计得到的非线性运动，实线表示视觉里程计在一次扫描中的匀速漂移。当直接使用视觉里程计估计得到的非线性运动对激光雷达点云进行配准时，运动漂移会导致激光雷达点云出现畸变。帧间优化模块在匹配连续扫描的点云数据时考虑视觉里程计漂移影响，消除点云的运动失真，进而优化运动估计。帧与地图配准模块将点云配准到当前构建的地图中，并输出新的地图信息，如图 14-28 所示。运动估计与坐标变换模块以图像帧率输出帧与地图变换信息。

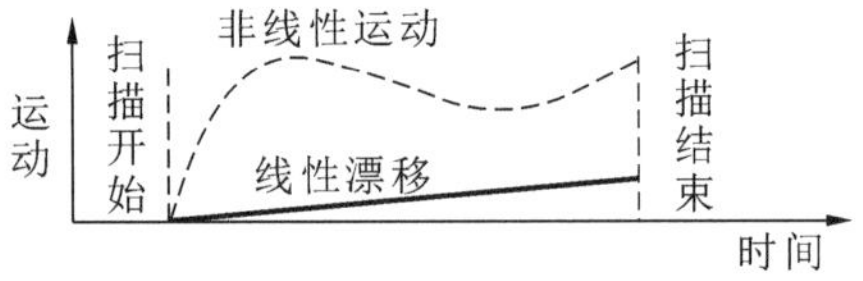

图 14-27　视觉里程计漂移

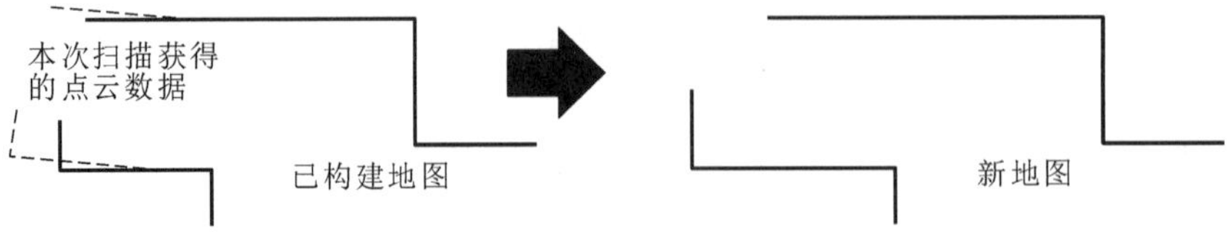

图 14-28　帧与地图配准示意图

V-LOAM 中的视觉里程计可以很好地处理快速移动，激光雷达里程计保证其具有较低的漂移以及在弱光条件下具有较好的鲁棒性。V-LOAM 框架无后端优化模块，但已具备相当高的位姿估计精度。

14.8　飞行机器人

在机器人技术快速发展的今天，人们已不再满足于在地面上作业，开始进入高空和深海。近年来，涌现出以固定翼无人机、多旋翼无人机为代表的飞行机器人（见图 14-29）和各种水下机器人。无人机（unmanned aerial vehicle，UAV）是一种利用无线电遥控设备或机载程序控制的不载人飞行器。无人机具有体积小、成本低、动作灵活等优点，在军事和民用领域有着越来越广泛的用途。在军事领域，无人机不需要飞行员，可减少伤亡，且动作更加灵活，可携带武器进行战略打击；在民用领域，无人机能够在各种恶劣环境中工作，广泛用于航空拍摄、电力巡检、快递投送以及灾后救援等任务。为了完成空中作业，飞行机器人需要具备一定的负载能力和较长的滞空时间，因此对能量利用率有较高要求。飞行机器人的动力有多种形式，如燃油动力、电池动力等。按照旋翼的驱动方式，飞行机器人可分为内燃机直接驱动、电池为电动机供电驱动和内燃机-发电机-（电池）-电动机混合驱动等形式。大型军用固定翼无人机普遍采用内燃机直接驱动的方式，微型商用旋翼无人机普遍采用电池直接为电动机供电的驱动方式，对载荷能力和滞空时间有较高要求的小型旋翼无人机多采用内燃机-发电机-（电池）-电动机混合驱动方式。同时，飞行机器人需在未知环境下完成自主作业，自主导航技术为其关键技术。本节主要介绍飞行机器人的系统构成及其导航方案。

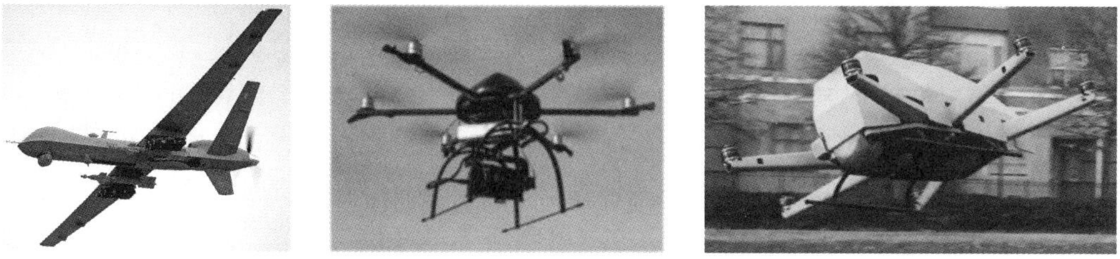

(a)　　(b)　　(c)

图 14-29　典型的无人机系统

（a）固定翼无人机　（b）多旋翼电动无人机　（c）多旋翼油电混合驱动无人机

14.8.1　系统构成

固定翼无人机由于其翼展大、升阻比高、可做无动力滑翔等特点，易于实现高空长航时飞行，且飞行速度快，多用于军事侦察等领域。多旋翼无人机可垂直起降，能够实现空中悬停，能完成侧飞、倒飞等多种姿态飞行，具有优良的机动性能，且机身结构相对简单，但由于其完全依赖旋翼转动产生的升力来克服重力，因而其能量利用率较低，现多用于航空拍摄等领域。固定翼无人机与多旋翼无人机的飞行原理不同，导致二者在系统构成上有所不同，下面将分别介绍。

1. 固定翼无人机

固定翼无人机依靠机翼上下表面的压力差提供升力，其系统主要包括如下模块：发射与回收模块，指挥与控制模块，通信数据链和任务载荷模块。

（1）发射与回收模块　固定翼无人机通常需要通过跑道进行起降，有的则需要借助弹射器起飞，然后用网或拦阻索进行回收。部分微型固定翼无人机采用手抛发射，在预定降落点使飞机失速或展开降落伞回收。

（2）指挥与控制模块　主要包括自动驾驶仪和地面控制站。无人机的自动驾驶仪用于引导无人机按照预定航路点沿指定路线飞行。无人机自动驾驶系统采用冗余技术编程。按照大多数无人机自动驾驶系统的安全措施，当地面控制站与无人机之间的通信中断时，系统可按不同的方法执行“链路丢失”程序。地面控制站是指对无人机实施人为控制的控制中心，微型无人机的控制站多为手持式发射机。

（3）通信数据链和任务载荷模块　数据链是用于描述无人机指挥和控制信息如何在地面控制站和自动驾驶系统之间进行发送和接收的一个术语。由于小型无人机多在视距内飞行，因此可直接用无线电波操纵。无线电频率的通信距离取决于发射机和接收机的功率及二者间的障碍，通常为10～20 km。为解决无人机因频率拥堵导致信号受到干扰的问题，可以使用快速跳频技术（rapid frequency hopping）。固定翼无人机的任务载荷取决于其使用场合，民用固定翼无人机的任务载荷通常包括光电摄像机、红外摄像机和激光测距仪等。

2. 多旋翼无人机

多旋翼无人机通过电动机驱动螺旋桨提供升力，主要由机架、动力及能源装置、传感装置、机载控制器以及地面控制设备组成。系统硬件主要包括三大模块：动力模块、传感器模块和飞行控制模块。

（1）动力模块　多旋翼电动无人机的动力模块由电池、直流无刷电动机及其配套的旋翼和电子调速器构成。电动机带动旋翼旋转，驱动空气从而产生升力。电动机旋转既能产生升力也会产生反转矩，在选取电动机与旋翼时，一般应保证其升力为机体自重的2倍及以上。多旋翼油动无人机的动力模块由内燃机、发电机、电动机、电池等构成，有油电混合驱动及纯电力驱动两种驱动方式。油电混合驱动方式中，主桨布置在中心位置，升力由于机体的遮挡会损失一部分，强烈的振动和气流干扰对传感器系统的影响较大。纯电力驱动方式中，发动机与发电机可看作一个整体，与机架减振连接，效率低但控制灵活。

（2）传感器模块和飞行控制模块　多旋翼无人机依靠机载传感器进行姿态及位置测量。传感器模块包括惯性测量单元、全球定位系统、摄像机、激光雷达以及声呐等，可根据不同导航方式选择对应传感器。飞行控制模块包括机载控制系统和地面遥控系统。前者是无人机的“运动中枢神经”，通过融合机载传感器信息，采用合理的控制算法以实现无人机姿态及位置的准确控制。地面遥控系统主要用来供地面人员实时操控无人机，以完成期望的运动轨迹。

14.8.2　导航方案

飞行机器人为了顺利完成指定任务，除了其自身系统外，还需要有合适的导航方案的引导。飞行机器人的导航方案分为自主导航与非自主导航，自主导航指只利用机体上的传感器与控制设备进行导航，非自主导航指地面导航设备通过无线电等方式遥控飞行机器人进行导航。下面主要介绍飞行机器人的自主导航方案。

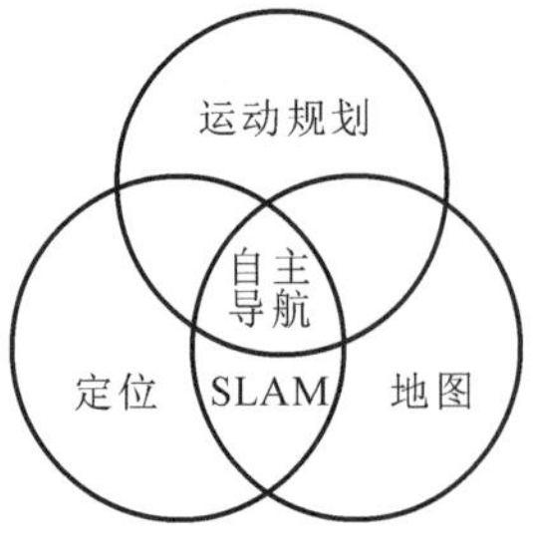

图14-30　机器人定位、地图构建和运动规划的关系

飞行机器人自主导航作为其智能化的关键步骤，已成为飞行机器人领域的重要研究方向，其主要完成的任务包括定位、自主导航、地图构建和运动规划，如图14-30所示。

连续、准确、可靠的导航系统可实现机器人最优路径规划、感知与躲避障碍物等复杂功能。传统无人机导航系统包括惯性导航系统(INS)、全球定位系统(GPS)以及视觉 SLAM 等。

惯性导航系统主要通过惯性测量单元(IMU)来获取飞行机器人位姿。IMU 包含三个陀螺仪和三个加速度计,分别用于测量无人机在三个坐标轴方向上的角速度和加速度。对输出的加速度信号积分可获得无人机的速度和相对位置,对输出的角速度信号积分可获得无人机的姿态。IMU 不使用任何物理世界中的参考元素,不受环境的限制,可以全天候、自主、隐蔽地实现无人机定位,因此广泛应用于定位。然而,IMU 工作中存在零点漂移,误差会随时间累积增大,且易受振动影响。

GPS 也称卫星定位系统,由空间星座、地面监控站和用户设备三部分组成,其中空间星座可向地面监控站和用户设备发送信号。GPS 定位具有高精度、全天候、全球覆盖和方便灵活的特点,但只能用于空旷地域下的无人机定位,在室内及有遮挡物的情况下,无法实现有效定位。

视觉 SLAM 利用摄像头获取图像,通过图像数据计算当前位姿。摄像头具有体积小、重量轻、功耗低、获取信息量大、适用范围广等优点,在大多数纹理丰富的场景中应用效果都较好。但视觉 SLAM 易受光照变化、物体遮挡等影响,在快速运动时特征点易丢失,且在白墙等弱纹理场景中难以提取到特征点。

为弥补传统导航系统的劣势,视觉惯性里程计(visual inertial odometry,VIO)被提出。VIO 将 IMU 与视觉传感器相结合,在摄像机因快速运动或图像纹理较弱等情况无法提取特征点时,可依靠 IMU 在短时间内进行精确的位姿估计;而在 IMU 发生零点漂移时,慢速运动下的摄像机数据可以估计并修正 IMU 的漂移。VIO 根据摄像机数据与 IMU 数据的融合方式分为紧耦合和松耦合两类,如图 14-31 所示。松耦合是指 IMU 与摄像机独立进行位姿估计,再将输出结果融合;紧耦合指将 IMU 与摄像机的测量原始数据合并,一起构建运动方程与状态方程。因为紧耦合可同时根据 IMU 与摄像机数据来进行建模,一次性达到最优,所以基于紧耦合的 VIO 算法成为当前领域的发展趋势。

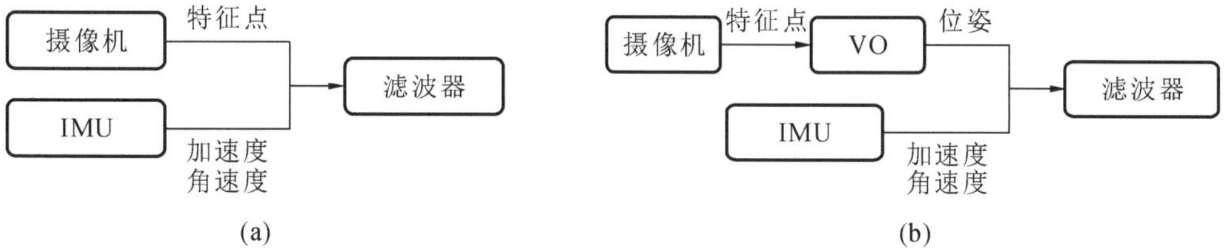

图 14-31　紧耦合与松耦合示意图

(a) 基于滤波的紧耦合示意图　(b) 基于滤波的松耦合示意图

VIO 前端方法主要分为特征点提取与特征点描述的方法和特征点提取与光流追踪的方法。特征点提取与特征点描述的方法直接生成描述子,易于构建全局地图,且在视觉关系较多时,能有效提高定位精度和局部稳定性;但对每帧图像都要计算描述子,且在运动过快时会因图像模糊而无法工作。其典型算法有 ORBSLAM 算法、OKVIS 算法等。特征点提取与光流追踪的方法具有简单高效的优点,在快速运动时的效果明显好于特征点提取与特征点描述的方法,但需额外计算描述子,不易构建全局地图。其主流算法有 VINS 算法、SVO 算法等。

后端方法主要分为基于滤波的方法和基于非线性优化的方法。基于滤波的方法通常采用扩展卡尔曼滤波(EKF)对无人机的位置和姿态进行估计,可减少系统不确定性对姿态、位置和速度估计值的影响，降低累积误差，提高估计值的准确性。扩展卡尔曼滤波框架通常由预测步骤与更新步骤组成。IMU 测量得到的三轴加速度和角速度数据用于计算无人机机体的动力学模型或先验分布，并在预测步骤中用来进行运动预测；摄像机提供目标与机体之间的角度和距离数据，用于测量模型或计算似然分布，并在更新步骤中更新预测。基于非线性优化的方法分为构图和跟踪两个阶段。构图阶段通过前端提取到的图像特征计算两帧图像之间的重投影误差，将该误差作为损失函数进行优化，从而建立地图中的路标；跟踪阶段将地图中路标的坐标用于计算两帧图像之间的重投影误差，优化计算得到无人机机体的位姿变化。

现有的常用视觉惯性里程计方案如表 14-3 所示。MSCKF 算法计算速度快，使用一个特征点同时约束多个摄像机位姿进行滤波器更新，结果易收敛，但无法做到全局优化；ROVIO 算法计算量小，但参数对精度影响较大；VINS 算法精度高，受快速运动的影响小，但对闭环的依赖较大，适用于快速运动场景；VIORB 算法受快速运动的影响大，运动过快时特征点不易提取，但计算速度快，适用于慢速大范围场景。

表 14-3 常用视觉惯性里程计方案

VIO 算法	耦合方法	前端	后端	精度	速度
MSCKF	紧耦合	Fast＋光流	EKF	较低	较快
ROVIO	紧耦合	Fast＋光流	EKF	一般	较快
VINS	紧耦合	Harris＋光流	非线性优化	很高	较慢
VIORB	紧耦合	oFast＋rBrief	非线性优化	较高	较快
OKVIS	紧耦合	Harris＋Brisk	非线性优化	较高	很慢

近年来，VIO 由于体积小、成本低、导航精度高、适用范围广等优点在无人机 SLAM 中取得了较好的应用效果，但现有的开源方案尚未成熟。VIO 领域还在高速发展，这是未来无人机 SLAM 的重要发展方向。

资料概述

视觉 SLAM 经典框架主要包括传感器数据获取、前端视觉里程计、后端优化、回环检测、建图。视觉里程计主要包括特征点匹配与摄像机位姿估计。Rublee 等(2011)将 FAST 角点(Rosten et al.，2006)和 BRIEF 描述子(Calonder et al.，2010)结合并进行改良，提出 ORB 特征。对应于 2D-2D、3D-3D、3D-2D 三种情况，可分别使用对极几何法、ICP(Sharp et al.，2002)、PnP(Gao et al.，2003；Lepetit et al.，2009；Penate-Sanchez et al.，2013)方法估计摄像机位姿。Triggs 等(1999)提出的光束平差法，面向联合最优 3D 模型和摄像机参数估计的视觉重构，在后端优化中较为经典且有效。为了解决长时间、大环境下光束平差低效率的问题，Olson 等(2006)采用位姿图进行优化。单目稠密重建常采用极线搜索、块匹配(Hirschmüller，2007)、深度滤波器方法(Vogiatzis et al.，2011；Forster et al.，2014)。GMapping(Grisetti et al.，2007)、Cartographer(Hess et al.，2016)是两种使用较为广泛的激光雷达 SLAM 方法。由于视觉 SLAM、激光雷达 SLAM 均有局限性，V-LOAM(Zhang et al.，2015)等激光视觉融合 SLAM 方法成为研究热点。

习　　题

14.1　经典视觉 SLAM 框架由哪几部分组成？各部分分别有什么作用？

14.2　特征点应该具有哪些性质？

14.3　使用 Matlab 编程实现 FAST 角点提取。

14.4　证明当系数矩阵 $\boldsymbol{A}$ 超定时，线性方程 $\boldsymbol{A}\boldsymbol{x}=\boldsymbol{b}$ 的最小二乘解为 $\boldsymbol{x}=(\boldsymbol{A}^{\mathrm{T}}\boldsymbol{A})^{-1}\boldsymbol{A}^{\mathrm{T}}\boldsymbol{b}$。

14.5　对极几何法、ICP 方法、PnP 方法分别适用于什么场景？P3P 方法的原理是什么？

14.6　光束平差模型的求解方法有哪些？分别具有什么特点？

14.7　简述光束平差与位姿图的关系。

14.8　简述回环检测准确性与视觉 SLAM 性能的关系。

14.9　单目稠密重建常使用哪些方法？试利用 Matlab 实现其中一种。

14.10　简述激光雷达 SLAM 与视觉 SLAM 的优缺点及其融合方式。

14.11　本章介绍了一些开源 SLAM 算法，试查阅相关资料，并在计算机上运行自己感兴趣的算法。

第15章 汽车式移动机器人

随着车载传感器、高性能计算单元、无线通信等技术的不断发展，传统汽车正逐步由一个机械动力系统发展成为智能移动终端。正如本书概述中所言，机器人的内涵除了之前章节介绍的机械臂之外，还包括海、陆、空和人机共融。无人驾驶技术能极大地拓展机器人的自主性和运动范围，发展无人驾驶技术是实现人机共融的必由之路。当前，各汽车制造企业、高科技公司及科研院所在无人驾驶汽车的研究方面取得了重要进展。但是，实现类人的全路况和复杂环境中的自主驾驶还面临诸多挑战。毋庸置疑，无人驾驶技术具有重要的经济和社会价值，其不仅能极大地改善人类的生产、生活方式，而且在各类自然灾害（放射性污染、重大公共卫生事件、地质灾害等）、军事侦察，以及星球探测中地位也举足轻重。经典的无人驾驶技术框架主要包括传感、感知、规划、决策、控制等模块。本章主要讨论汽车式移动机器人的运动学、动力学建模与控制方法。

15.1 简　　介

移动机器人的研究始于20世纪60年代，斯坦福大学的 Nils Nilssen 和 Charles Rosen 等人研发出第一款真正意义上的移动机器人——Shakey。其后随着登月探测、海洋开发、核环境救援、家庭服务等需求的出现，移动机器人得到了不断发展。移动机器人按移动方式来分，可分为轮式移动机器人、步行移动机器人（单腿式、双腿式和多腿式）、履带式移动机器人、爬行机器人等类型；按工作环境来分，可分为室内移动机器人和室外移动机器人；按功能和用途来分，可分为医疗机器人、军用机器人、助残机器人、清洁机器人等。轮式移动机器人结构相对简单，环境适应性较强，自出现以来一直受到广泛重视。随着研究不断深入，轮式移动机器人的运动能力、环境适应性、操作稳定性得到很大提升，可替代人类在危险、恶劣、繁重的环境中执行任务。2004年1月4日，美国国家航空航天局（National Aeronautics and Space Administration，NASA）开发的火星探索轮式移动机器人“勇气”号成功着陆火星，显示了人类探索宇宙星系的巨大进步。另一台“机遇”号也在2004年1月25日顺利登陆火星，在火星上发现了陨石和相当于俄克拉何马州大小的地下水层。

车轮是轮式移动机器人的重要运动机构：一方面通过与车体的机械耦合，支撑轮式移动机器人；另一方面通过在移动面上的运动，改变轮式移动机器人在平面上的相对位置。此外，车轮还具备缓冲地面冲击和防滑的作用。图15-1所示为轮式移动机器人常见的四种车轮结构，不同结构对机器人的运动学性能影响很大。标准轮有1个自由度，可围绕轮轴转动，这种标准轮称为固定式标准轮（固定轮）。如果增加1个绕接触点转动的自由度，这种标准轮称为受操纵标准轮（方向轮）。小脚轮有3个自由度，可围绕垂直轴、偏移的轮轴和接触点转动。小脚轮的垂直轴与轮轴偏置，操纵时会产生一个力，施加到机器人底盘上。标准轮、小脚轮结构简单，具有良好的可靠性，但轮子无法做侧向移动（存在非完整运动约束，将在下节介绍）。瑞典轮也有 3 个自由度，可围绕轮轴、辊子和接触点转动，车轮与地面的摩擦较小。瑞典轮的外轮框上套有小的被动自由轮，可以克服非完整运动约束，具有全方位运动功能。球形轮理论上可实现沿任意方向的旋转。球形轮的运动受限于与其接触的辊子，技术上实现较为困难。辊子可分为驱动辊和支承辊两类，驱动辊可以驱动球形轮在平面上运动，尽管滚动接触会带来非完整约束，但球形轮的整体运动是完整的。

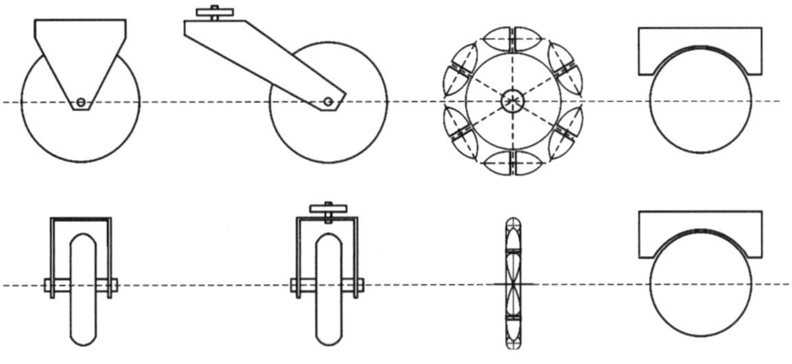

(a)　(b)　(c)　(d)

图 15-1　四种常见的车轮结构

(a) 标准轮　(b) 小脚轮　(c) 瑞典轮　(d) 球形轮

表 15-1 所示为常见的轮式移动机器人简图(Siegwart et al.，2011；曹其新等，2012)。

表 15-1　轮式移动机器人简图

轮子数目	结构示意图(黑色表示驱动轮)	主 要 特 征	生活中的典型实例
1	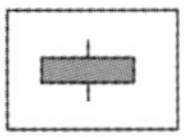	有一个可操纵的牵引轮	独轮车(单轮自平衡车)
2	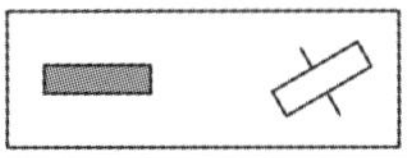	后端有一个牵引轮，前端有一个操纵轮	双轮车(自行车、摩托车)
2	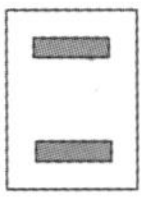	两轮差速驱动，重心在轮轴下面	Segway 双轮自平衡车、扫地机器人
3	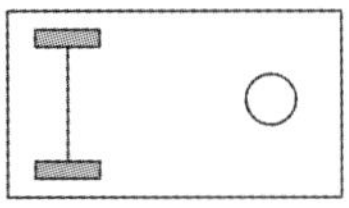	后端有两个差速牵引轮，前端有一个全向的自由轮	差速驱动轮式移动机器人(室内机器人)
3	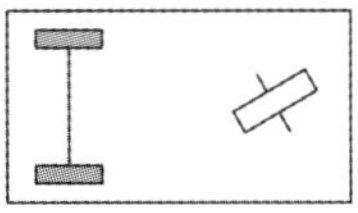	后端有两个差速牵引轮，前端有一个可操纵的自由轮	三轮车
4	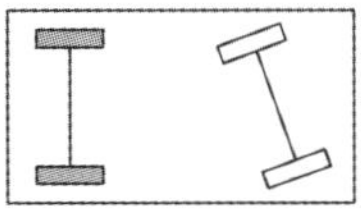	后端有两个动力轮，前端有两个操纵轮；两轮操纵方法不同，以避免打滑	车形轮式移动机器人(后轮驱动的小车)
4	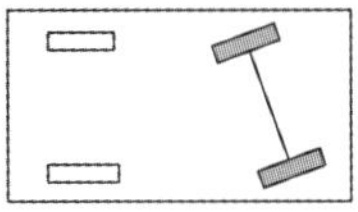	后端有两个自由轮，前端有两个动力轮；两轮操纵方法不同，以避免打滑	车形轮式移动机器人(前轮驱动的小车)

无人驾驶汽车是一个复杂的系统，其主要包含多模态感知模块、车载高性能计算模块、内外部通信模块、线控驱动/转向/制动模块等。在无人驾驶技术研究的前期，工程人员大多通过对现有车辆外加传感器和控制执行机构的方式实现对无人驾驶车辆的改装。该类方法在系统兼容性和控制性能方面存在诸多弊端，需要逐步改进，以实现无人驾驶汽车感知、决策系统与车辆自身机电系统的一体化设计，以提升无人驾驶汽车的安全性、舒适性、经济性和动力性能。图15-2给出了经典无人驾驶汽车感知、通信、决策、控制、执行模块之间的逻辑关系。基于专用芯片和智能操作系统，可实现系统中信息流和控制流的高效传输，使无人驾驶汽车各模块协调工作。

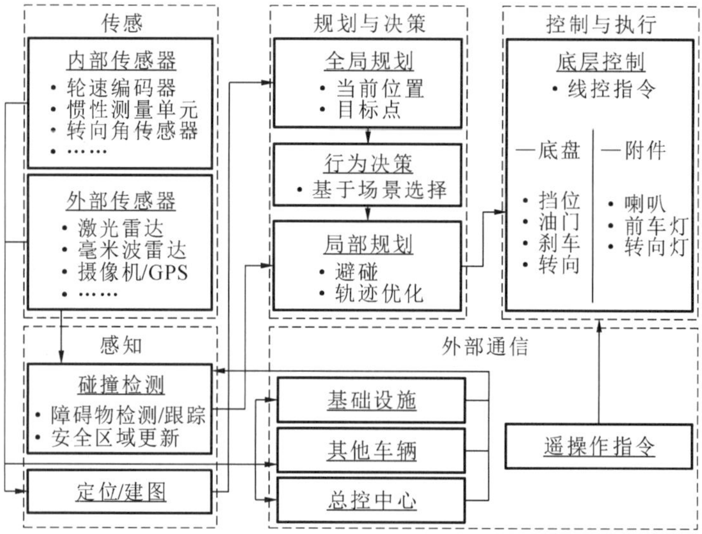

图15-2　经典无人驾驶汽车结构框架示意图

车联网(V2X)包括车辆与车辆(V2V)、车辆与基础设施(V2I)以及车辆与人(V2P)之间的通信，可实现无人驾驶汽车从单车智能到群体智能的跨越，从而进一步提升其协同作业能力及交通运行安全和效率。通过车与人、车、路之间的互联互通实现无人车之间的信息共享，并通过边缘端和云端对信息进行加工、计算、共享和安全发布。

15.2　运动学建模

1. 独轮车运动方程

独轮车的车轮结构为标准轮，下面以独轮车为例介绍轮式移动机器人的运动学方程。

如图15-3和图15-4所示，独轮车的质心为 C 点，轮半径为 r，沿 z 轴方向的转动角度为 φ，其状态空间的广义坐标表示为 $\boldsymbol{q}=[x_c \quad y_c \quad \varphi]^{\mathrm{T}}$。定义质心的线速度为 $v_c=r\dot{\theta}$，定义绕 z 轴转动的角速度为 $\omega_c=\dot{\varphi}$。纯滚动时广义速度满足无滑动的滚动(Gracia et al.,2007; Tzafestas,2014)，则有

$$\dot{x}_c = v_c\cos\varphi, \quad \dot{y}_c = v_c\sin\varphi, \quad \dot{\varphi} = \omega_c \tag{15-1}$$

消除式(15-1)中的线速度项 v_c，可得独轮车的纯滚动约束，即

$$-\dot{x}_c\sin\varphi + \dot{y}_c\cos\varphi = [-\sin\varphi \quad \cos\varphi \quad 0]\dot{\boldsymbol{q}} = 0 \tag{15-2}$$

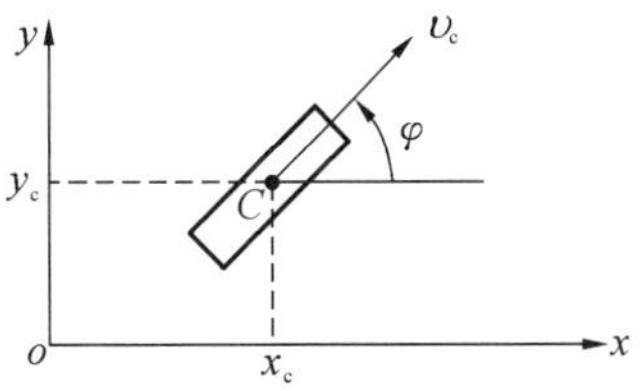

图 15-3　独轮车的广义坐标

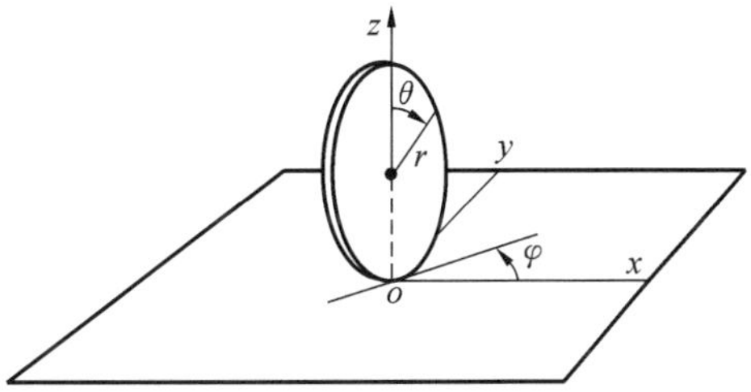

图 15-4　平面上滚动的独轮车

显然，该约束使得接触点处在垂直于小车运动平面方向的速度为零。根据式(15-1)，可得独轮车的运动学模型，即

$$\dot{\boldsymbol{q}} = \begin{bmatrix} \dot{x}_c \\ \dot{y}_c \\ \dot{\varphi} \end{bmatrix} = \begin{bmatrix} \cos\varphi \\ \sin\varphi \\ 0 \end{bmatrix} v_c + \begin{bmatrix} 0 \\ 0 \\ 1 \end{bmatrix} \omega_c \tag{15-3}$$

或

$$\dot{\boldsymbol{q}} = \boldsymbol{G}(\boldsymbol{q})\dot{\boldsymbol{p}}, \quad \dot{\boldsymbol{p}} = [v_c \quad \omega_c]^{\mathrm{T}} \tag{15-4}$$

式中：v_c，ω_c 为关节线速度和角速度；$\dot{\boldsymbol{q}}$ 为移动速度矢量。因此，式(15-4)表示关节速度向移动速度的线性映射，$\boldsymbol{G}(\boldsymbol{q}) \in \Re^{3\times 2}$ 为其映射的雅可比矩阵。

2. 非完整约束

如图 15-4 所示为独轮车在平面上滚动的示意图。可以看出，式(15-4)中的运动约束与速度变量有关，且这种约束是不可积的，我们称之为非完整约束（Tzafestass，2014；徐娜等，2011）。下面定义完整约束与非完整约束的区别，以及满足线性关系的 Pfaffian 约束。

定义 15.1　完整约束：满足条件

$$f(\boldsymbol{q}, t) = 0 \tag{15-5}$$

的约束称为完整（holonomic）约束或可积（integral）约束。

假设函数式

$$f(\boldsymbol{q}, \dot{\boldsymbol{q}}, t) = 0 \tag{15-6}$$

可转变为式(15-5)所示的形式，则该约束也称为完整约束或可积约束。$\boldsymbol{q} = [q_1 \quad q_2 \quad \cdots \quad q_n]^{\mathrm{T}}$ 和 $\dot{\boldsymbol{q}} = [\dot{q}_1 \quad \dot{q}_2 \quad \cdots \quad \dot{q}_n]^{\mathrm{T}}$ 分别是以时间 t 为参数的广义坐标和广义速度。

定义 15.2　非完整约束：不能通过积分从式(15-6)所示形式转化成式(15-5)所示形式的约束称为非完整约束。

对轮式移动机器人来说，非完整约束可解释为：广义坐标的位置矢量满足速度约束关系，但不能通过位置矢量的积分形成运动约束关系。相对于完整约束，非完整约束以另外一种方式降低了机械系统的灵活性。

轮式移动机器人、无人机、自主水下机器人、多指抓取过程指端运动系统等均为典型的非完整约束系统。汽车是具有非完整运动特性的一个典型实例。汽车正常运行时的运动是受约束的，它的前后轮只允许滚动和自转，但不允许侧向滑动。经验表明，汽车平面运动受限，不能侧向移动或原地转动，但汽车可以停在平面的任何位置和方向。

定义 15.3　Pfaffian 约束：广义速度满足线性关系

$$\boldsymbol{m}_i(\boldsymbol{q})\dot{\boldsymbol{q}} = 0, \quad i = 1, 2, \cdots, m < n \tag{15-7}$$

的约束称为 Pfaffian 约束。式(15-7)中矢量函数 $\boldsymbol{m}_i$ 是光滑且线性无关的，n 为系统的广义坐标维数。

式(15-7)的矩阵形式为

$$\boldsymbol{M}(\boldsymbol{q})\dot{\boldsymbol{q}} = \boldsymbol{0} \tag{15-8}$$

式中:$\boldsymbol{M}(\boldsymbol{q}) \in \Re^{m\times n}$,表示 m 个速度约束的集合。假设所有约束都是线性独立的,则$\boldsymbol{M}(\boldsymbol{q})$为行满秩矩阵。

Pfaffian 约束只限制了系统的速度,并未限制系统的形位,故不能将其表示为形位空间的代数约束。如果存在矢量函数 $\boldsymbol{f}:\boldsymbol{Q}\rightarrow\Re^{m}$,使得

$$\boldsymbol{M}(\boldsymbol{q})\dot{\boldsymbol{q}} = \boldsymbol{0} \Leftrightarrow \frac{\partial \boldsymbol{f}}{\partial \boldsymbol{q}}\dot{\boldsymbol{q}} = \boldsymbol{0} \tag{15-9}$$

则认为 Pfaffian 约束是可积的。此时可积的 Pfaffian 约束等价于完整约束。注意并不要求 $\boldsymbol{M}(\boldsymbol{q})=\dfrac{\partial \boldsymbol{f}}{\partial \boldsymbol{q}}$,但对于任意 $\boldsymbol{q}\in\boldsymbol{Q}$,未受约束限制的速度子空间必须是相同的。

具有 Pfaffian 约束的系统,在 $n-m$ 维零空间 $N(\boldsymbol{M}(\boldsymbol{q}))$的状态 $\boldsymbol{q}$ 处限定了广义速度。以$\{g_1(\boldsymbol{q}),g_2(\boldsymbol{q}),\cdots,g_{n-m}(\boldsymbol{q})\}$表示 $N(\boldsymbol{M}(\boldsymbol{q}))$的一组基,则系统的广义速度表示为

$$\dot{\boldsymbol{q}} = \sum_{j=1}^{n-m} g_j(\boldsymbol{q})\boldsymbol{u}_j = \boldsymbol{G}(\boldsymbol{q})\boldsymbol{u} \tag{15-10}$$

例如,可将式(15-3)表示为

$$\dot{\boldsymbol{q}} = \boldsymbol{G}(\boldsymbol{q})\boldsymbol{u}$$

式中

$$\boldsymbol{u} = \dot{\boldsymbol{p}}, \boldsymbol{G}(\boldsymbol{q}) = [\boldsymbol{g}_1 \quad \boldsymbol{g}_2] = \begin{bmatrix} \cos\varphi & 0 \\ \sin\varphi & 0 \\ 0 & 1 \end{bmatrix}$$

其中:$\boldsymbol{g}_1$ 和 $\boldsymbol{g}_2$ 是与 Pfaffian 约束相关联的矩阵零空间的基。在状态 $\boldsymbol{q}$ 时,所有可行的广义速度均可表示为 $\boldsymbol{g}_1$ 和 $\boldsymbol{g}_2$ 的线性组合。

注意,如果存在 m 个完整约束,系统的可达空间降为 $n-m$ 维子空间;如果存在 m 个非完整约束,广义速度被约束在一个 $n-m$ 维子空间内,但约束的不可积条件使得可达空间维数并不会减少。也就是说,系统自由度因为非完整约束而减少,但广义坐标个数不会减少。

多数情况下,完整约束和非完整约束同时存在于一个系统。对于 Pfaffian 约束型非完整系统,可以通过判断 Pfaffian 约束及其线性独立组合的可积分性来区分约束的完整或非完整性。若 Pfaffian 约束不可积分,且约束矩阵 $\boldsymbol{M}(\boldsymbol{q})$的秩为 m,则存在 $k=n-m$ 个彼此线性独立的广义速度,记作 $\boldsymbol{s}_l(\boldsymbol{q})\in\Re^{n}$,$l=1,2,\cdots,k$。这组线性独立矢量场可构成式(15-8)右边零空间的一组基,令满秩矩阵 $\boldsymbol{S}(\boldsymbol{q})=[\boldsymbol{s}_1(\boldsymbol{q}) \quad \boldsymbol{s}_2(\boldsymbol{q}) \quad \cdots \quad \boldsymbol{s}_k(\boldsymbol{q})]\in\Re^{n\times k}$,则有

$$\boldsymbol{M}(\boldsymbol{q})\boldsymbol{S}(\boldsymbol{q}) = \boldsymbol{0} \in \Re^{m\times k} \tag{15-11}$$

定义由光滑矢量场张成的分布为

$$\boldsymbol{\Delta} = \mathrm{span}\{\boldsymbol{s}_1(\boldsymbol{q}),\cdots,\boldsymbol{s}_k(\boldsymbol{q})\} \tag{15-12}$$

如果对于任意 $\boldsymbol{q}\in\Re^{n}$,存在 $\dim(\boldsymbol{\Delta})=k$,则称分布 $\boldsymbol{\Delta}$ 为正则分布。定义对偶分布$\boldsymbol{\nabla}=\mathrm{span}\{\boldsymbol{t}_1(\boldsymbol{q}),\boldsymbol{t}_2(\boldsymbol{q}),\cdots,\boldsymbol{t}_m(\boldsymbol{q})\}$。当式(15-11)成立时,则称分布 $\boldsymbol{\Delta}$ 零化对偶分布$\boldsymbol{\nabla}$,或称$\boldsymbol{S}(\boldsymbol{q})$为约束矩阵$\boldsymbol{M}(\boldsymbol{q})$零空间的基。

用 $L_{\boldsymbol{A}}(\boldsymbol{B})$表示矢量场 $\boldsymbol{B}$ 对 $\boldsymbol{A}$ 的李导数。若存在任意两个矢量场 $\boldsymbol{p}_1,\boldsymbol{p}_2\in\boldsymbol{\Delta}$,使得李括号

$$[\boldsymbol{p}_1,\boldsymbol{p}_2] = L_{\boldsymbol{p}_1}(\boldsymbol{p}_2) - L_{\boldsymbol{p}_2}(\boldsymbol{p}_1) = \left(\frac{\partial \boldsymbol{p}_2}{\boldsymbol{q}}\boldsymbol{p}_1 - \frac{\partial \boldsymbol{p}_1}{\boldsymbol{q}}\boldsymbol{p}_2\right) \in \boldsymbol{\Delta} \tag{15-13}$$

则称分布 $\boldsymbol{\Delta}$ 是对合的。根据 Frobenius 定理,当 Pfaffian 约束的零化分布为非奇异分布时,

Pfaffian 约束可积分的充要条件是该分布为对合分布。因此,如果该分布不是对合分布,就可以判断该组 Pfaffian 约束为非完整约束。

对于包含$\bar{k}$个完整约束和$m-\bar{k}$个非完整约束的系统,用$\boldsymbol{\Delta}^*$表示包含分布$\boldsymbol{\Delta}$的最小对合分布(或称对合闭包),显然有

$$n-m=\dim(\boldsymbol{\Delta})\leqslant\dim(\boldsymbol{\Delta}^*)=n-\bar{k},\quad 0\leqslant\bar{k}\leqslant m \tag{15-14}$$

则根据分布$\boldsymbol{\Delta}^*$的维数,有如下判定结论:

(1) 如果$\bar{k}=m$,则分布$\boldsymbol{\Delta}$是对合的,系统所有的约束都是可积分的完整约束;

(2) 如果$\bar{k}=0$,则系统所有约束为不可积分的非完整约束,$\dim(\boldsymbol{\Delta}^*)=n$,此时分布$\boldsymbol{\Delta}^*$张成整个空间;

(3) 如果$0\leqslant\bar{k}\leqslant m$,则系统同时包含完整约束和非完整约束。

3. 差速驱动轮式移动机器人

室内轮式移动机器人多采用如图 15-5 所示的差速驱动方式,其广义坐标和广义速度分别为$\boldsymbol{q}=[x_c\quad y_c\quad \varphi]^{\mathrm{T}}$,$\dot{\boldsymbol{q}}=[\dot{x}_c\quad \dot{y}_c\quad \dot{\varphi}]^{\mathrm{T}}$,左轮的转向角和角速度分别为$\varphi_l$,$\dot{\varphi}_l$,右轮的转向角和角速度分别为$\varphi_r$,$\dot{\varphi}_r$。

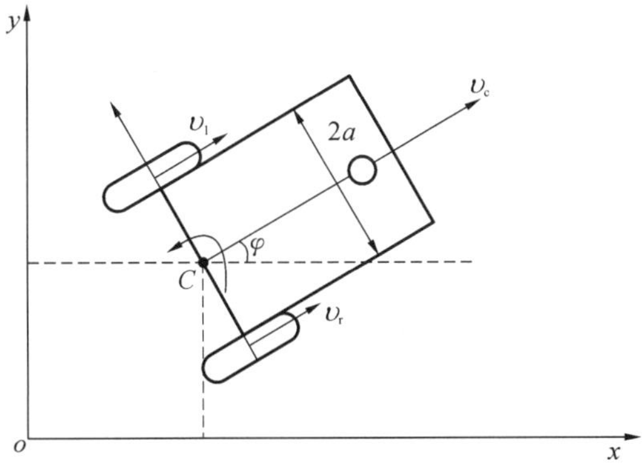

图 15-5　差速驱动轮式移动机器人的几何结构

通常假设:①车轮横向无滑动;②速度驱动的牵引轴线平行于平面xoy;③车轮轴线的中心点C为质心。则左右车轮的线速度可表示为

$$v_l=v_c-a\dot{\varphi},\quad v_r=v_c+a\dot{\varphi} \tag{15-15}$$

将v_l,v_r进行加运算和减运算得

$$2v_c=v_r+v_l,\quad 2a\dot{\varphi}=v_r-v_l \tag{15-16}$$

由于双轮无滑动,存在$v_l=r\dot{\varphi}_l$,$v_r=r\dot{\varphi}_r$。根据$\dot{x}_c=v_c\cos\varphi$,$\dot{y}_c=v_c\sin\varphi$得

$$\begin{cases}\dot{x}_c=\dfrac{r(\dot{\varphi}_r\cos\varphi+\dot{\varphi}_l\cos\varphi)}{2}\\[2ex]\dot{y}_c=\dfrac{r(\dot{\varphi}_r\sin\varphi+\dot{\varphi}_l\sin\varphi)}{2}\\[2ex]\dot{\varphi}=\dfrac{r(\dot{\varphi}_r-\dot{\varphi}_l)}{2a}\end{cases} \tag{15-17}$$

同式(15-3)类似,式(15-17)可表示为

$$\dot{\boldsymbol{q}}=\begin{bmatrix}\dot{x}_c\\ \dot{y}_c\\ \dot{\varphi}\end{bmatrix}=\begin{bmatrix}(r/2)\cos\varphi\\ (r/2)\sin\varphi\\ r/2a\end{bmatrix}\dot{\varphi}_r+\begin{bmatrix}(r/2)\cos\varphi\\ (r/2)\sin\varphi\\ -r/2a\end{bmatrix}\dot{\varphi}_l \tag{15-18}$$

或

$$\dot{\boldsymbol{q}} = \boldsymbol{G}\dot{\boldsymbol{p}}, \quad \dot{\boldsymbol{p}} = [\dot{\varphi}_r \quad \dot{\varphi}_l]^T$$

差速驱动轮式移动机器人的雅可比矩阵为

$$\boldsymbol{G} = \begin{bmatrix} (r/2)\cos\varphi & (r/2)\cos\varphi \\ (r/2)\sin\varphi & (r/2)\sin\varphi \\ r/2a & -r/2a \end{bmatrix} \tag{15-19}$$

与 Pfaffian 约束相关联的矩阵零空间的基为

$$\boldsymbol{g}_1 = \begin{bmatrix} (r/2)\cos\varphi \\ (r/2)\sin\varphi \\ r/2a \end{bmatrix}, \quad \boldsymbol{g}_2 = \begin{bmatrix} (r/2)\cos\varphi \\ (r/2)\sin\varphi \\ -r/2a \end{bmatrix} \tag{15-20}$$

$\boldsymbol{g}_1$ 作用于右轮,$\boldsymbol{g}_2$ 作用于左轮。式(15-18)中 $\dot{\varphi}_r$,$\dot{\varphi}_l$ 的差动关系决定了机器人的旋转速度 $\dot{\varphi}$ 和移动速度,瞬时曲率半径为

$$R = \frac{v_c}{\dot{\varphi}} = a\frac{v_r + v_l}{v_r - v_l}$$

注意式(15-19)的雅可比矩阵有 3 行 2 列,所以 $\boldsymbol{G}$ 是不可逆的,因此

$$\dot{\boldsymbol{p}} = \boldsymbol{G}^+ \dot{\boldsymbol{q}} \tag{15-21}$$

式中:$\boldsymbol{G}^+$ 是 $\boldsymbol{G}$ 的广义逆。$\boldsymbol{G}^+$ 可以根据 $v_c = (\dot{x}_c\cos\varphi + \dot{y}_c\sin\varphi)$ 和式(15-15)求解:

$$\begin{bmatrix} \dot{\varphi}_r \\ \dot{\varphi}_l \end{bmatrix} = \frac{1}{r}\begin{bmatrix} \cos\varphi & \sin\varphi & a \\ \cos\varphi & \sin\varphi & -a \end{bmatrix}\begin{bmatrix} \dot{x}_c \\ \dot{y}_c \\ \dot{\varphi} \end{bmatrix} \tag{15-22}$$

则

$$\boldsymbol{G}^+ = \frac{1}{r}\begin{bmatrix} \cos\varphi & \sin\varphi & a \\ \cos\varphi & \sin\varphi & -a \end{bmatrix}$$

可见,差动轮式移动机器人的运动方程(15-18)受到 Pfaffian 约束。

4. 车形轮式移动机器人

车形轮式移动机器人的几何结构如图 15-6 所示,其运动状态的广义坐标为

$$\boldsymbol{q} = [x_c \quad y_c \quad \phi \quad \varphi]^T \tag{15-23}$$

式中:x_c,y_c 是后轮中点的位置坐标;ϕ,φ 分别是车身和前轮转向角。存在非完整约束,即

$$-\dot{x}_c\sin\phi + \dot{y}_c\cos\phi = 0$$

$$-\dot{x}_w\sin(\phi+\varphi) + \dot{y}_w\cos(\phi+\varphi) = 0 \tag{15-24}$$

式中:x_w,y_w 是前轮中点的位置坐标。这两个约束的几何意义很明显:后轮在垂直于矢平面的方向上速度为零,前轮在垂直于轮自身的方向上速度为零。

根据图 15-6 所示的几何结构,可得

$$x_w = x_c + D\cos\phi \tag{15-25}$$

$$y_w = y_c + D\sin\phi \tag{15-26}$$

因此式(15-24)可改写为

$$-\dot{x}_c\sin(\phi+\varphi) + \dot{y}_c\cos(\phi+\varphi) + \dot{\varphi}D\cos\varphi = 0 \tag{15-27}$$

非完整约束可以写成如下矩阵形式:

$$\boldsymbol{M}(\boldsymbol{q})\dot{\boldsymbol{q}} = \boldsymbol{0} \tag{15-28}$$

式中

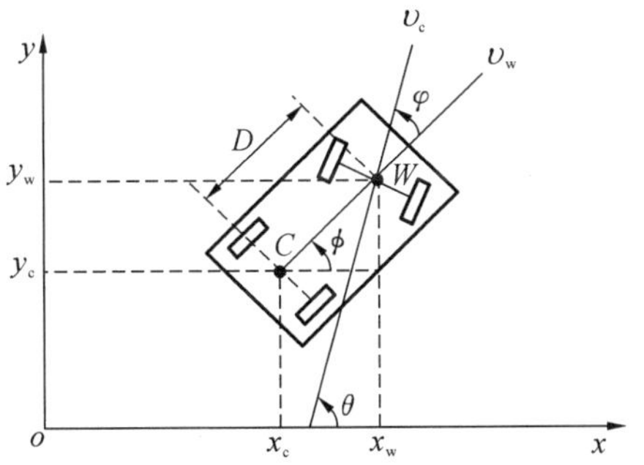

图 15-6　车形轮式移动机器人的几何结构

$$\boldsymbol{M}(\boldsymbol{q})=\begin{bmatrix} -\sin\phi & \cos\phi & 0 & 0 \\ -\sin(\phi+\varphi) & \cos(\phi+\varphi) & D\cos\varphi & 0 \end{bmatrix} \tag{15-29}$$

注意，对图 15-6 中实际运行的汽车来说，存在如下速度关系：

$$\dot{x}_c=v_c\cos\varphi,\quad \dot{y}_c=v_c\sin\varphi$$

$$\dot{\phi}=\frac{v_w\sin\varphi}{D}=\frac{v_c\tan\varphi}{D} \tag{15-30}$$

所以，车形轮式移动机器人的运动学方程写为

$$\dot{\boldsymbol{q}}=\begin{bmatrix}\dot{x}_c\\ \dot{y}_c\\ \dot{\phi}\\ \dot{\varphi}\end{bmatrix}=\begin{bmatrix}\cos\phi\\ \sin\phi\\ \dfrac{1}{D}\tan\varphi\\ 0\end{bmatrix}v_c+\begin{bmatrix}0\\0\\0\\1\end{bmatrix}\dot{\varphi}=\boldsymbol{G}\dot{\boldsymbol{p}} \tag{15-31}$$

式中：$\dot{\boldsymbol{p}}=[v_c\quad \dot{\varphi}]^{\mathrm{T}}$。与 Pfaffian 约束相关联的矩阵零空间的基为

$$\boldsymbol{g}_1=\begin{bmatrix}\cos\phi\\ \sin\phi\\ \dfrac{1}{D}\tan\varphi\\ 0\end{bmatrix},\quad \boldsymbol{g}_2=\begin{bmatrix}0\\0\\0\\1\end{bmatrix} \tag{15-32}$$

式中：$\boldsymbol{g}_1$，$\boldsymbol{g}_2$ 分别作用于线速度 v_c 和角速度 $\dot{\varphi}$。当 $\varphi=\pm\pi/2$ 时，车形轮式移动机器人出现奇异形位，即前轮轴线与后轮轴线垂直。这种情况是不允许出现的，前轮的转向角通常在 $-\pi/2<\varphi<\pi/2$ 范围内选取。

15.3　机　动　性

1. 轮式移动机器人的单轮运动方程

下面以小脚轮和标准轮为例，介绍轮式移动机器人的运动方程和机动性（mobility）（Low et al.，2005）。如图 15-7 所示为小脚轮及其参数，点 P 为机器人局部坐标系原点，点 A 为机器人底盘和车轮的连接点，点 C 为车轮的中心点，点 A，C 刚性固接。如图 15-8 所示，对于标准轮，点 A，C 重合，点 A 位置由距离 l 和角度 α 决定（Minguez et al.，2016），其中受操纵的标准轮的转角 β 随时间变化。

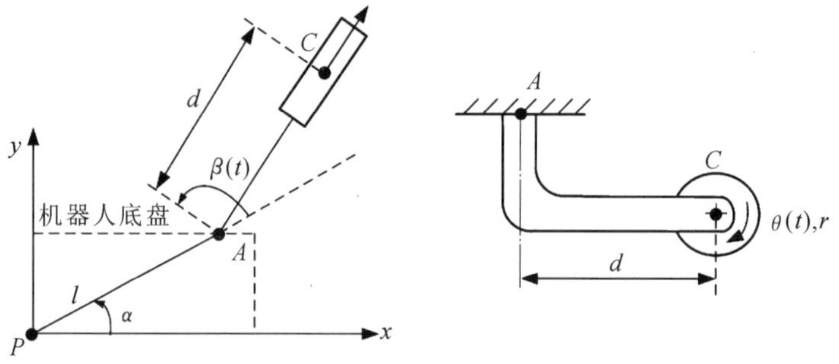

图 15-7　小脚轮及其参数

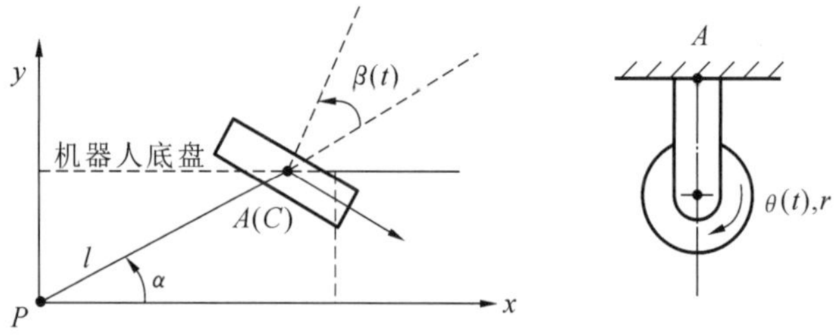

图 15-8　标准轮及其参数

小脚轮有两个随时间变化的参数：$\beta(t)$，表示刚性杆 AC 随时间变化的操纵方向角；$\theta(t)$，表示轮子随时间变化的转角。假设全局坐标系原点为 o。小车在全局坐标系下的广义坐标 $\boldsymbol{q}=[x \quad y \quad \varphi]^{\mathrm{T}}$，其中角度 φ 表示机器人坐标系相对于全局坐标系的姿态。轮子中心点的速度可表示为

$$\frac{\mathrm{d}\,\overrightarrow{oC}}{\mathrm{d}t}=\frac{\mathrm{d}\,\overrightarrow{oP}}{\mathrm{d}t}+\frac{\mathrm{d}\,\overrightarrow{PA}}{\mathrm{d}t}+\frac{\mathrm{d}\,\overrightarrow{AC}}{\mathrm{d}t} \tag{15-33}$$

对应式(15-33)右边三项，速度矢量沿 x 轴、y 轴方向的分量分别为

$$(\dot{x}\cos\varphi+\dot{y}\sin\varphi)-l\dot{\varphi}\sin\alpha+(\dot{\varphi}+\dot{\beta})d\cos(\alpha+\beta)$$

$$(-\dot{x}\sin\varphi+\dot{y}\cos\varphi)-l\dot{\varphi}\cos\alpha+(\dot{\varphi}+\dot{\beta})d\sin(\alpha+\beta)$$

该速度矢量投影到轮面方向(即滚动方向，用 $\cos(\alpha+\beta-\pi/2)$，$\sin(\alpha+\beta-\pi/2)$ 表示)和轮轴方向(用 $\cos(\alpha+\beta)$，$\sin(\alpha+\beta)$ 表示)时，分别满足如下纯滚动条件和无打滑条件：

纯滚动条件

$$\boldsymbol{p}_1^{\mathrm{T}}\boldsymbol{R}(\varphi)\dot{\boldsymbol{q}}+r\dot{\theta}=0 \tag{15-34}$$

式中
$$\boldsymbol{p}_1^{\mathrm{T}}=[-\sin(\alpha+\beta) \quad \cos(\alpha+\beta) \quad l\cos\beta]$$

无打滑条件

$$\boldsymbol{p}_2^{\mathrm{T}}\boldsymbol{R}(\varphi)\dot{\boldsymbol{q}}+d\dot{\beta}=0 \tag{15-35}$$

式中
$$\boldsymbol{p}_2^{\mathrm{T}}=[-\cos(\alpha+\beta) \quad \sin(\alpha+\beta) \quad d+l\sin\beta]$$

式(15-34)、式(15-35)中 $\boldsymbol{R}(\varphi)$ 是正交旋转矩阵，表示机器人坐标系相对于全局坐标系的姿态，可表示为

$$\boldsymbol{R}(\varphi)=\begin{bmatrix}\cos\varphi & \sin\varphi & 0\\ -\sin\varphi & \cos\varphi & 0\\ 0 & 0 & 1\end{bmatrix} \tag{15-36}$$

式(15-34)和式(15-35)描述的是小脚轮中刚性杆 AC 长度不为零且 β 角随时间变化时

的约束条件。

对于固定式标准轮，车轮中心相对于小车固定($d=0$)且转角 β 为常数。经计算，其纯滚动条件与式(15-34)相同，无打滑条件简化表示为

$$\boldsymbol{p}_3^{\mathrm{T}}\boldsymbol{R}(\varphi)\dot{\boldsymbol{q}} = 0 \tag{15-37}$$

式中
$$\boldsymbol{p}_3^{\mathrm{T}}=[\cos(\alpha+\beta)\quad \sin(\alpha+\beta)\quad l\sin\beta]$$

对于受操纵的标准轮，车轮中心相对于小车亦固定($d=0$)，但转角 β 随时间变化。经计算，其纯滚动条件与式(15-34)相同，无打滑条件与式(15-37)相同。

对于瑞典轮，小车的位置取决于四个参数——α,β,l,γ，其中 γ 表示驱动辊相对于轮面的方向角。存在一种情况下的运动约束，即

$$\boldsymbol{p}_4^{\mathrm{T}}\boldsymbol{R}(\varphi)\dot{\boldsymbol{q}} + r\cos\gamma\dot{\theta} = 0 \tag{15-38}$$

式中
$$\boldsymbol{p}_4^{\mathrm{T}}=[-\sin(\alpha+\beta+\gamma)\quad \cos(\alpha+\beta+\gamma)\quad l\cos(\beta+\gamma)]$$

2.轮式移动机器人的整车运动方程

用 f 表示固定轮、s 表示方向轮、c 表示小脚轮、sw 表示瑞典轮，下面考虑由多种类型轮子组成的轮式移动机器人，总轮数为 $N=N_{\mathrm{f}}+N_{\mathrm{s}}+N_{\mathrm{c}}+N_{\mathrm{sw}}$，相关坐标系包括：

(1) 位姿坐标系，位姿矢量 $\boldsymbol{q}(t)=[x(t)\quad y(t)\quad \varphi(t)]^{\mathrm{T}}$。

(2) 姿态坐标系，方向轮与小脚轮之间的方向角矢量 $\boldsymbol{\beta}(t)=[\beta_{\mathrm{s}}(t)\quad \beta_{\mathrm{c}}(t)]^{\mathrm{T}}$。

(3) 转角坐标系，N 个轮子旋转角矢量 $\boldsymbol{\theta}(t)=[\theta_{\mathrm{f}}(t)\quad \theta_{\mathrm{s}}(t)\quad \theta_{\mathrm{c}}(t)\quad \theta_{\mathrm{sw}}(t)]^{\mathrm{T}}$。

固定轮、方向轮、小脚轮以及瑞典轮的纯滚动条件，可统一表示为

$$\boldsymbol{J}_1(\beta_{\mathrm{s}},\beta_{\mathrm{c}})\boldsymbol{R}(\varphi)\dot{\boldsymbol{q}} + \boldsymbol{J}_2\dot{\boldsymbol{\theta}} = \boldsymbol{0} \tag{15-39}$$

式中：矩阵 $\boldsymbol{J}_1(\beta_{\mathrm{s}},\beta_{\mathrm{c}})=[\boldsymbol{J}_{1\mathrm{f}}^{\mathrm{T}}\quad \boldsymbol{J}_{1\mathrm{s}}^{\mathrm{T}}(\beta_{\mathrm{s}})\quad \boldsymbol{J}_{1\mathrm{c}}^{\mathrm{T}}(\beta_{\mathrm{c}})\quad \boldsymbol{J}_{1\mathrm{sw}}^{\mathrm{T}}]^{\mathrm{T}}\in\Re^{N\times 3}$，其中各项分别表示为 $N_{\mathrm{f}}\times 3$，$N_{\mathrm{s}}\times 3$，$N_{\mathrm{c}}\times 3$，$N_{\mathrm{sw}}\times 3$ 的矩阵，这些矩阵可以从运动学约束中推导出来；$\boldsymbol{J}_2$ 是一个 $N\times N$ 的常数对角矩阵，其元素为各轮子的半径，对于瑞典轮还需乘以系数 $\cos\gamma$。

小脚轮的无打滑约束条件可表示为

$$\boldsymbol{C}_{1\mathrm{c}}(\beta_{\mathrm{c}})\boldsymbol{R}(\varphi)\dot{\boldsymbol{q}} + \boldsymbol{C}_{2\mathrm{c}}\dot{\beta}_{\mathrm{c}} = \boldsymbol{0} \tag{15-40}$$

式中：$\boldsymbol{C}_{1\mathrm{c}}(\beta_{\mathrm{c}})$ 为 $N_{\mathrm{c}}\times 3$ 的矩阵，各元素可以从式(15-35)中推导出来；$\boldsymbol{C}_{2\mathrm{c}}$ 为常数对角矩阵，其元素为 d。

固定轮和方向轮的无打滑约束条件可表示为

$$\boldsymbol{C}_1^*(\beta_{\mathrm{s}})\boldsymbol{R}(\varphi)\dot{\boldsymbol{q}} = \boldsymbol{0} \tag{15-41}$$

式中：$\boldsymbol{C}_1^*(\beta_{\mathrm{s}})=[\boldsymbol{C}_{1\mathrm{f}}^{\mathrm{T}}\quad \boldsymbol{C}_{1\mathrm{s}}^{\mathrm{T}}(\beta_{\mathrm{s}})]^{\mathrm{T}}$，其中 $\boldsymbol{C}_{1\mathrm{f}}$，$\boldsymbol{C}_{1\mathrm{s}}(\beta_{\mathrm{s}})$ 分别为 $N_{\mathrm{f}}\times 3$，$N_{\mathrm{s}}\times 3$ 的矩阵。从式(15-41)可以看出，矢量 $\boldsymbol{R}(\varphi)\dot{\boldsymbol{q}}$ 属于 $\boldsymbol{C}_{1\mathrm{s}}(\beta_{\mathrm{s}})$ 的零空间 $N[\boldsymbol{C}_1^*(\beta_{\mathrm{s}})]$。注意应有 $\mathrm{rank}(\boldsymbol{C}_1^*(\beta_{\mathrm{s}}))\leqslant 3$，因为若 $\mathrm{rank}(\boldsymbol{C}_1^*(\beta_{\mathrm{s}}))=3$ 且 $\boldsymbol{R}(\varphi)\dot{\boldsymbol{q}}=\boldsymbol{0}$，则无法产生任何平面运动。

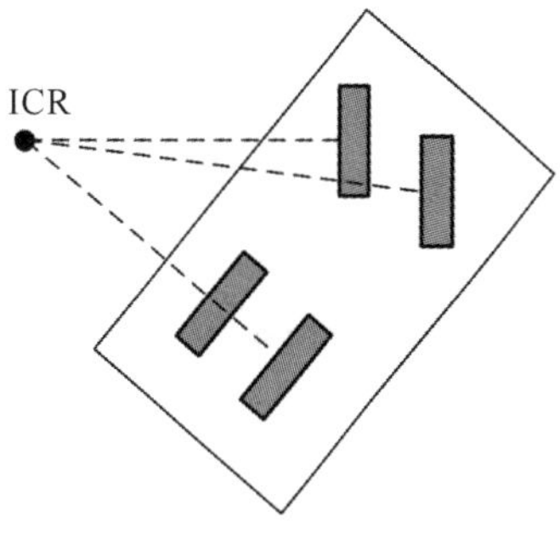

图 15-9　车形移动机器人的瞬时旋转中心 ICR

式(15-41)所表示的无打滑约束条件具有明确的几何意义，如图 15-9 所示，在运动瞬间，机器人的运动可看作相对于瞬时旋转中心(instantaneous center of rotation，ICR)的瞬时旋转运动，并且这个瞬时旋转中心是时变的。也就是说，在任意时刻，机器人的速度方向均垂直于该点与 ICR 的连线。无打滑条件 $\mathrm{rank}(\boldsymbol{C}_1^*(\beta_{\mathrm{s}}))\leqslant 3$ 意味着固定轮(或方向轮)在水平面上的旋

转轴相交于 ICR，并且车轮中心速度必须与轮面保持一致。

3. 轮式移动机器人的机动性

移动机器人的机动性与矩阵 $\boldsymbol{C}_1^*(\beta_s)$ 的秩有关，而 $\boldsymbol{C}_1^*(\beta_s)$ 的秩取决于移动机器人的设计参数。定义机器人机动性灵活度 δ_m 为

$$\delta_m = 3 - \mathrm{rank}(\boldsymbol{C}_1^*(\beta_s)) \tag{15-42}$$

首先考虑 $\mathrm{rank}(\boldsymbol{C}_{1f})=2$ 的情况，此时机器人有不少于两个固定轮，如果固定轮多于两个，则其水平轴线相交于 ICR 点。这一设计方案很少采用。考虑 $\mathrm{rank}(\boldsymbol{C}_{1f})\leqslant 1$ 的情况，并考虑一般化的情况，假设 $\mathrm{rank}(\boldsymbol{C}_1^*(\beta_s))=\mathrm{rank}(\boldsymbol{C}_{1f})+\mathrm{rank}(\boldsymbol{C}_{1s}(\beta_s))\leqslant 2$，则如下两个条件互相等价：

（1）机器人有不少于一个固定轮，且固定轮转动轴为同一轴。

（2）$\mathrm{rank}(\boldsymbol{C}_1^*(\beta_s))$ 等于方向轮的个数。方向轮可以独立转动以控制机器人运动方向，方向轮个数定义为方向可控度：$\delta_s=\mathrm{rank}(\boldsymbol{C}_{1s}^*(\beta_s))$。

如果机器人安装有多于 δ_s 个方向轮，那么附加的轮子运动时必须与其他轮子保持协调，以保证每个瞬间存在共同的 ICR。综上所述，δ_m 和 δ_s 满足如下条件。

（1）移动灵活度：$1\leqslant\delta_m\leqslant 3$，上限显而易见（根据式(15-42)），对于下限表示我们仅考虑机器人可运动的情况。

（2）方向可控度：$0\leqslant\delta_s\leqslant 2$，上限在机器人没有安装固定轮的时候出现，下限在机器人没有安装方向轮的时候出现。

（3）机动性：$2\leqslant\delta_m+\delta_s\leqslant 3$。$\delta_m+\delta_s=1$ 是不存在的，因为此时机器人仅能绕固定 ICR 转动。实际应用中，灵活度和可控度 (δ_m,δ_s) 存在五种情况，即

$$\begin{array}{lccccc}\delta_m: & 3 & 2 & 2 & 1 & 1\\ \delta_s: & 0 & 0 & 1 & 1 & 2\end{array}$$

① 当 $\delta_m=3,\delta_s=0$ 时机器人称为(3,0)型机器人，该类机器人没有固定轮和方向轮（$\mathrm{rank}(\boldsymbol{C}_{1f}^*)=\mathrm{rank}(\boldsymbol{C}_{1s}^*(\beta_s))=0$），装有小脚轮或瑞典轮，是一种全方位的移动机器人，具有在平面运动所需的全部自由度。

② 当 $\delta_m=2,\delta_s=0$ 时机器人称为(2,0)型机器人，该类机器人没有转向轮，但有不少于一个同轴的固定轮。对于给定的位姿 $\boldsymbol{q}$，其速度 $\dot{\boldsymbol{q}}$ 被约束在由两个矢量场 $\boldsymbol{R}(\varphi)^{\mathrm{T}}\boldsymbol{s}_1$，$\boldsymbol{R}(\varphi)^{\mathrm{T}}\boldsymbol{s}_2$ 张成的二维分布上，其中 $\boldsymbol{s}_1,\boldsymbol{s}_2$ 是张成 $N(\boldsymbol{C}_{1f})$ 的两个常矢量。该类机器人的实例是轮椅。

③ 当 $\delta_m=2,\delta_s=1$ 时机器人称为(2,1)型机器人，该类机器人没有固定轮，但至少有一个方向轮。若有多于一个方向轮，其机动性必须满足条件 $\mathrm{rank}(\boldsymbol{C}_{1s}^*(\beta_s))=\delta_s=1$，其速度 $\dot{\boldsymbol{q}}$ 被约束在矢量场 $\boldsymbol{R}(\varphi)^{\mathrm{T}}\boldsymbol{s}_1(\beta_s)$，$\boldsymbol{R}(\varphi)^{\mathrm{T}}\boldsymbol{s}_2(\beta_s)$ 张成的二维分布上，其中 $\boldsymbol{s}_1(\beta_s)$，$\boldsymbol{s}_2(\beta_s)$ 是张成 $N(\boldsymbol{C}_{1s}(\beta_s))$ 的两个矢量。

④ 当 $\delta_m=1,\delta_s=1$ 时机器人称为(1,1)型机器人，该类机器人有不少于一个同轴的固定轮，并装有不少于一个方向轮。机器人速度 $\dot{\boldsymbol{q}}$ 被约束在一个一维分布上，该分布由任意选定的主动方向轮的方位角决定。

⑤ 当 $\delta_m=1,\delta_s=2$ 时机器人称为(1,2)型机器人，该类机器人没有固定轮，但有不少于两个方向轮。所有方向轮的运动方向必须协调，满足 $\mathrm{rank}(\boldsymbol{C}_{1s}^*(\beta_s))=2$。机器人速度 $\dot{\boldsymbol{q}}$ 被约束在一个一维分布上，该分布由任意选定的主动方向轮的方位角决定。

15.4　动力学建模

动力学模型在汽车动态控制和制动系统的研发过程中具有重要的意义。在汽车研发阶段，常通过模拟测试和虚拟样机等方法提升产品的功能和质量，缩短开发周期，同时有效控制研发成本。动力学建模的目的是获取汽车各系统的数学描述，该描述综合所研究系统的相关特性和系统其他组件的影响，以建立不同复杂度和应用功效的模型。模型的复杂度越高，汽车动力学和控制系统仿真的准确性就越高，同时计算复杂度越高且所需要确定的系统参数也越多。对于汽车系统而言，系统参数的来源主要包括：① 计算机辅助设计模型中的结构尺寸、质量、转动惯量等；② 惯量参数、减震器和弹簧特性、摩擦系数等的直接测量值；③ 对模糊不确定参数的假设、评估和辨识。

如图 15-10 所示为典型汽车系统结构实例。一个完整的汽车动力学模型，需要包含底盘、车轮、传动、制动、转向、悬架等子系统。模型通过控制输入（转向盘、油门踏板、制动踏板、变速器）与环境交互。根据模型复杂度分类，汽车动力学模型可以分为线性单轨模型（自由度数为 2）、非线性单轨模型（自由度数为 3～7）、双轨模型（自由度数为 14～30）、复杂多体系统模型（自由度数大于 20）、有限元模型（自由度数大于 500）、混合模型（自由度数大于 500）等。根据运动行为分类，汽车动力学模型可分为横向动力学模型、纵向动力学模型、垂向动力学模型等。在某些情况下，不需要建立整车模型，而只对所研究的子系统进行单独建模研究。如统计学家 George Box 所言，所有模型都是有错误的，但是不同的模型具有其特殊的作用。通常情况下，随着模型复杂度的不断提高，其可信性也相应提升，与此同时，系统的非线性程度和参数辨识难度也会增加。本节介绍了底盘的单轨模型、双轨模型，汽车整车运动模型，并简要介绍了轮胎模型。

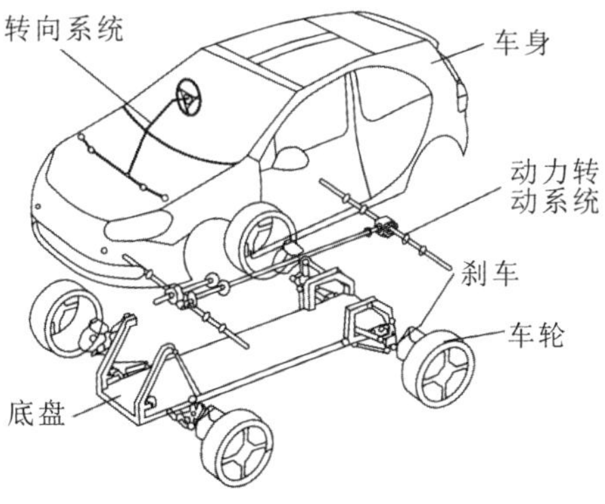

图 15-10　典型汽车系统结构实例

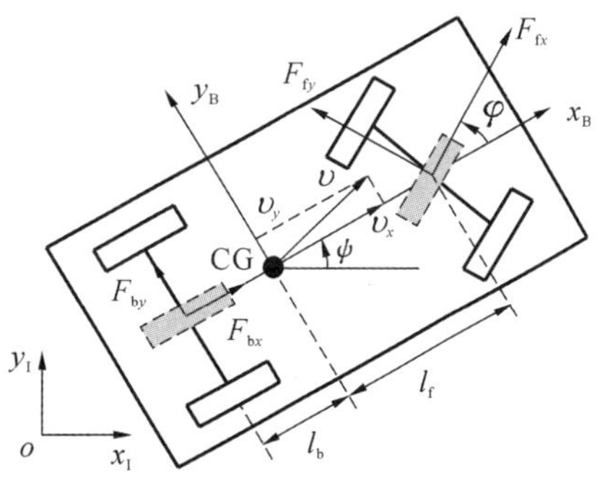

图 15-11　单轨汽车模型

1. 底盘运动模型

如图 15-11 所示，单轨汽车模型考虑了系统的纵、横向平移和横摆运动。图中 x_I-o-y_I 和 x_B-CG-y_B（CG 表示汽车的重心）分别表示惯性坐标系和汽车本体坐标系。v_x 和 v_y 分别表示汽车质心速度 $\boldsymbol{v}$ 在坐标轴 x_B 和 y_B 方向上的分量，由牛顿第二定律可知：

$$ma_x = F_{fx}\cos\varphi - F_{fy}\sin\varphi + F_{bx} \tag{15-43}$$

式中：m 表示汽车的总质量；F_{ij} 表示汽车前、后车轮横向和纵向的摩擦力（$i=\mathrm{f}$ 表示前车轮，

$i=\mathrm{b}$ 表示后车轮，$j=x,y$ 表示坐标轴方向）；φ 表示前轮摆角；a_x 是汽车质心在坐标轴 x_{B} 方向上的惯性加速度。加速度 a_x 的大小由 x_{B} 方向上的运动和向心加速度 $v_y\dot{\psi}$ 共同确定，即

$$a_x = \dot{v}_x - v_y\dot{\psi} \tag{15-44}$$

将式(15-44)代入式(15-43)可得汽车的纵向平移运动方程：

$$m\dot{v}_x = F_{\mathrm{f}x}\cos\varphi - F_{\mathrm{f}y}\sin\varphi + F_{\mathrm{b}x} + mv_y\dot{\psi} \tag{15-45}$$

同理，可得汽车的横向平移运动方程和横摆运动方程：

$$m\dot{v}_y = F_{\mathrm{f}x}\sin\varphi + F_{\mathrm{f}y}\cos\varphi + F_{\mathrm{b}y} - mv_x\dot{\psi} \tag{15-46}$$

$$I_z\ddot{\psi} = (F_{\mathrm{f}y}\cos\varphi + F_{\mathrm{f}x}\sin\varphi)l_{\mathrm{f}} - F_{\mathrm{b}y}l_{\mathrm{b}} \tag{15-47}$$

式中：I_z 表示汽车绕垂直方向的转动惯量；ψ 表示汽车底盘的横摆角；l_{f} 和 l_{b} 分别表示前、后车轮中心点到汽车质心的距离。

汽车的双轨动力学模型在考虑系统横、纵向平移和横摆运动的同时，还考虑了由横向载荷传递所引起的汽车左、右车轮载荷的差别。令 F_{ijk} 表示汽车四个车轮横、纵向摩擦力（$i=\mathrm{l},\mathrm{r}$ 表示左、右车轮，$j=\mathrm{f},\mathrm{b}$ 表示前、后车轮，$k=x,y$ 表示坐标轴方向），汽车的运动方程可表示如下：

$$m\dot{v}_x = (F_{\mathrm{lf}x} + F_{\mathrm{rf}x})\cos\varphi - (F_{\mathrm{lf}y} + F_{\mathrm{rf}y})\sin\varphi + F_{\mathrm{lb}x} + F_{\mathrm{rb}x} + mv_y\dot{\psi} \tag{15-48}$$

$$m\dot{v}_y = (F_{\mathrm{lf}x} + F_{\mathrm{rf}x})\sin\varphi + (F_{\mathrm{lf}y} + F_{\mathrm{rf}y})\cos\varphi + F_{\mathrm{lb}y} + F_{\mathrm{rb}x} - mv_x\dot{\psi} \tag{15-49}$$

$$I_z\ddot{\psi} = [(F_{\mathrm{lf}y} + F_{\mathrm{rf}y})\cos\varphi + (F_{\mathrm{lf}x} + F_{\mathrm{rf}x})\sin\varphi]l_{\mathrm{f}} - (F_{\mathrm{lb}y} + F_{\mathrm{rb}y})l_{\mathrm{b}} \tag{15-50}$$

模型中摩擦力的大小取决于侧偏角、车轮法向载荷、车轮与路面间的摩擦系数等。以上单、双轨模型均未考虑路面坡度的影响，当汽车在斜坡上运动的时候，需要在力平衡方程中加入相应的重力项。

2. 整车运动模型

汽车的整车运动模型考虑了系统簧载和非簧载部分质量的动力学及空气阻力的影响。通过刚体系统的牛顿-欧拉方程可推导出汽车的动力学模型，其中整车的运动方程同双轨模型类似，在考虑纵向空气阻力的情况下，式(15-48)应转化为

$$m\dot{v}_x = (F_{\mathrm{lf}x} + F_{\mathrm{rf}x})\cos\varphi - (F_{\mathrm{lf}y} + F_{\mathrm{rf}y})\sin\varphi + F_{\mathrm{lb}x} + F_{\mathrm{rb}x} + mv_y\dot{\psi} - 0.5C\rho S(v_x - v_{\mathrm{w}})^2 \tag{15-51}$$

式中：最后一项为空气阻力项，C 为空气阻力系数，该系数通常为实验值；ρ 为空气密度；S 为汽车的迎风面积；v_{w} 为风速。实际运行过程中，汽车的阻力主要分为形状阻力、干扰阻力、内循环阻力、诱导阻力等。汽车的空气阻力系数是车型设计的重要参数。减小空气阻力系数，可有效地提升汽车的动力性能和燃料的经济性。

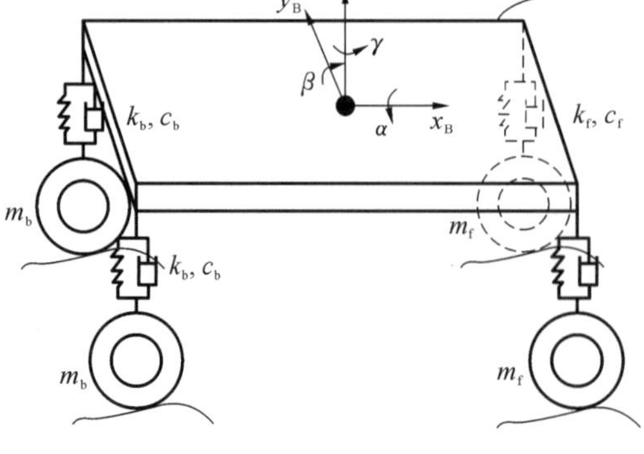

图 15-12　汽车整车模型

图 15-12 所示为汽车整车模型，给出了汽车悬架系统（简化为弹簧-阻尼系统）和簧载部分的横、纵、垂向运动示意，其中 k_i，c_i（$i=\mathrm{f},\mathrm{b}$）分别表示前后悬架系统的弹簧刚度和阻尼参数，m_i（$i=\mathrm{f},\mathrm{b}$）表示前后车轮和车轴非悬架质量，m^{s} 表示汽车的簧载质量，α,β,γ 分别表示汽车的滚转角、俯仰角和偏航角。图 15-13 所示为汽车簧载部分的滚转和俯仰运动示意图，其中参数 h^{s}，h^{c} 分别表示汽车簧载部分质心的高度和滚转中心的高度。

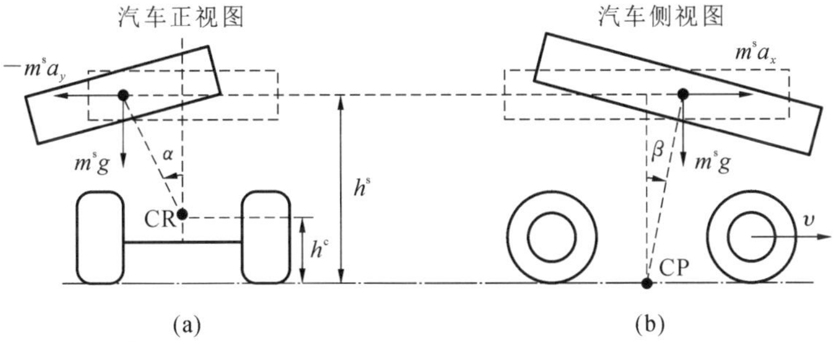

图 15-13　汽车簧载部分的滚转和俯仰运动示意图

(a) 由横向加速度和重心偏移引发的滚转运动(CR 表示滚转运动的中心点,α 是滚转角度)

(b) 由纵向加速度和重心偏移引发的俯仰运动(CP 表示俯仰运动的中心点,β 表示俯仰角)

假设汽车簧载部分的滚转和俯仰运动较小,其简化的垂向、滚转和俯仰动力学方程可表示为

$$\begin{aligned} m^s\ddot{z}^s &= m^s g - 2(k_f + k_b)z^s - 2(c_f + c_b)\dot{z}^s + 2(l_f k_f - l_b k_b)\beta + 2(l_f c_f - l_b c_b)\dot{\beta} \\ I_\alpha\ddot{\alpha} &= -w_f^2 k_f\alpha/2 - w_f^2 c_f\dot{\alpha}/2 - w_b^2 k_b\alpha/2 - w_b^2 c_b\dot{\alpha}/2 + m^s g(h^s - h^c)\sin\alpha \\ &\quad + m^s a_y^s(h^s - h^c)\cos\alpha \\ I_\beta\ddot{\beta} &= 2(l_f k_f - l_b k_b)z^s + 2(l_f c_f - l_b c_b)\dot{z}^s - 2(l_f^2 k_f + l_b^2 k_b)\beta \\ &\quad - 2(l_f^2 c_f + l_b^2 c_b)\dot{\beta} + m^s g h^s\sin\beta + m^s a_x^s h^s\cos\beta \end{aligned} \tag{15-52}$$

式中:z 表示汽车簧载部分的垂向位移;$w_i(i=\mathrm{f},\mathrm{b})$表示前、后轮距;$a_x^s,a_y^s$ 分别表示汽车本体坐标系下簧载部分的横、纵向加速度;I_α,I_β 分别表示汽车簧载部分绕滚转轴和俯仰轴的转动惯量。

汽车模型方程(15-52)中忽略了对汽车轮地作用的建模。然而,汽车的综合性能在很大程度上取决于支撑整个系统的汽车轮胎。汽车轮胎的结构多样,在不同道路环境和速度下行驶时的动力学特性复杂且具有时变性。常用的轮胎模型可分为三大类,即物理模型(如HSRI 模型、Brush 和 Fiala 模型)、半经验模型(魔术公式模型、Dugoff 和 TMeasy 模型)、经验模型(Kiebre, 2010)。针对不同的应用场景,选择符合实际又便于应用的轮胎模型对汽车系统动力学分析至关重要。

15.5　运动控制

汽车控制系统主要的动力学控制子系统包括防抱死制动系统、动态稳定性控制系统、轮胎主动驱动系统、驱动力矩调节系统、叠加转向系统、后轮转向系统、垂直阻尼控制系统、主动滚动控制系统等。以上每个子系统均有其自身的功效且都能影响整车的运动状态。随着子系统数量的不断增长,建立系统之间良好的协调机制也越来越重要。常用的多层汽车集成控制构架(Soltani,2014)如图 15-14 所示,共分为 6 层。

与传统的人在闭环的车辆动力学系统中进行控制不同,经典的无人车控制框架主要包含环境感知、路径规划、行为决策、运动规划、反馈控制等模块。无人车控制系统的主要功能是根据运动规划模块生成的参考路径或轨迹,通过控制输入完成安全、稳定、高性能的路径或轨迹跟踪任务。无人车自主控制是一项重要且具有挑战性的任务,其需要面对系统参数

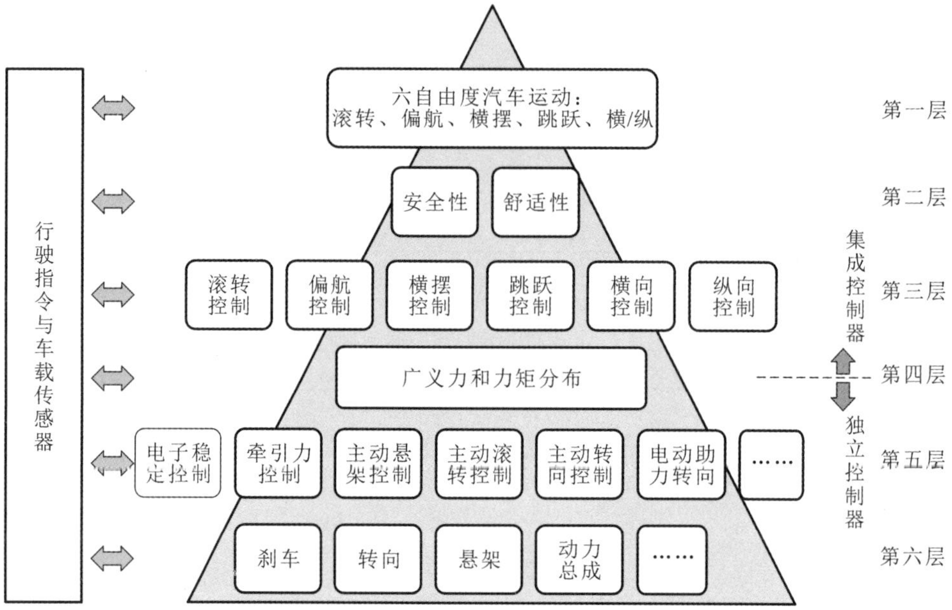

图 15-14　多层汽车集成控制构架

不确定、传感器噪声、环境干扰等众多因素。在速度恒定或较小的情况下，汽车的横、纵向运动可由独立的控制器控制。其中，横向控制器通过调整汽车的转向来准确跟踪参考路径，从而最小化当前汽车位置与参考路径之间的距离。纵向控制器通过调节油门和刹车来准确跟踪参考速度，从而最小化汽车朝向与参考路径方向之间的角度误差。然而，在汽车高速、急转等强非线性运动的过程中，解耦控制策略效果欠佳。无人车运动常用的控制方法包括无模型的 PID 控制、模糊逻辑控制、神经网络控制，以及模型依赖的 LQR 控制、反馈线性化控制、几何非线性控制、滑模变结构控制、反步法控制、自适应控制、H_∞ 控制、模型预测控制等。以上控制方法在不同的应用场景下有各自的优缺点（见表 15-2），在实际的无人车控制系统中常将各类方法结合起来运用。

表 15-2　部分无人车控制方法优缺点总结

控制方法	优点	缺点
PID	不需要精确模型	控制参数调节较烦琐
模糊逻辑	闭环系统效果与人类驾驶员相似	稳定性难以确定；参数数量较大时，缺乏系统的控制器调节方法
神经网络	充分的训练可达到类人的驾驶效果	需要大量真实驾驶数据；控制器失效不可解释
几何非线性	理想行驶环境跟踪效果和鲁棒性较好	没有考虑系统动力学，高速条件下稳态误差较大；需要连续光滑的参考轨迹
滑模变结构	不确定性和噪声条件下的鲁棒性较强	控制规律对路径曲率变化较敏感
动力学状态反馈	考虑到汽车动力学	系统动力学参数时变、不确定
模型预测	有效融合系统动力学和环境约束	计算复杂度较高，模型依赖性强

1. 路径跟踪控制

汽车的路径跟踪控制主要可以分为三类，即基于汽车与跟踪路径之间几何关系的路径跟踪控制、基于运动学模型的路径跟踪控制和基于动力学模型的路径跟踪控制。

基于汽车与跟踪路径之间几何关系的控制方法常通过适当的前视距离确定当前行驶的目标点，而后根据汽车与跟踪路径之间的几何关系确定汽车的运动。该类方法包括纯追踪控制、矢量追踪控制(Jeffrey,2000)和 Stanley 控制(Thrun et al.,2006)方法等。该类方法被广泛地应用于平坦路面低速行驶的无人车路径跟踪控制。在参考路径的曲率为非零常数时，该类控制器有较小的稳态跟踪误差；但在泊车等曲率变化较大或高速运动等场景中，跟踪效果欠佳。

基于运动学模型的路径跟踪控制方法通常将汽车运动学控制方程(15-31)转化为标准链式形式，然后通过链式形式系统的控制方法实现汽车的路径跟踪任务(Murray et al., 1991;Laumond, 1997)。该类方法不仅对汽车式移动机器人有较好的应用效果，还成功地应用于拖挂车系统的路径跟踪控制问题。但该类路径跟踪控制器仅从运动学层面进行设计，没有考虑系统的动力学特性，其在复杂地形或高机动性运动过程中的控制效果难以保证。

汽车动力学模型相对比较复杂，且参数难以精确辨识。高可信度的汽车动力学模型往往是非线性、强耦合、非连续的。在实际的应用过程中常通过简化的动力学模型(如自行车动力学模型)进行系统控制器设计或通过实时参数辨识对原运动学控制器进行状态补偿。针对非线性控制系统 $\dot{\boldsymbol{x}}=f(\boldsymbol{x},\boldsymbol{u})$，根据参考路径可建立其跟踪误差的状态空间模型：

$$\dot{\boldsymbol{x}}_{\mathrm{e}} = A\boldsymbol{x}_{\mathrm{e}} + B\boldsymbol{u} \tag{15-53}$$

式中：$\boldsymbol{x}$ 为系统的状态变量；$\boldsymbol{x}_{\mathrm{e}}$ 为状态误差；$\boldsymbol{u}$ 为系统的控制量。而后通过现代控制理论进行系统控制器设计和控制性质分析(Richard et al., 2013;Snider, 2009)。

2. 轨迹跟踪控制

当无人车规划模块输出为运动轨迹时，控制系统需要跟踪该目标轨迹。特别是在紧急的情况下，无人车要在局部安全通道范围内准确跟踪所规划的运动轨迹。在比较“温和”的驾驶情况中，基于系统运动学模型的控制方法(如 Lyapunov 函数法、反馈线性化、反步法等)可以取得理想的效果。但是，对于机动性较高的无人车运动控制问题，需要在控制系统中融合更加精确的系统运动学、动力学特性。模型预测控制方法结合系统自身的运动学、动力学约束和各类环境约束，通过对限定时间段的滚动优化，持续生成系统的控制量。在该控制方法中，系统模型的复杂度和各类环境约束的复杂度直接影响系统计算的复杂度，从而影响控制系统的响应频率。当前，随着硬件计算能力和数学规划算法的不断发展，实现无人车模型预测控制的实时性逐渐成为可能。

假设无人车的控制系统模型为

$$\dot{\boldsymbol{x}} = f(\boldsymbol{x},\boldsymbol{u},t),\boldsymbol{x}(t)\in\Re^n,\boldsymbol{u}(t)\in\Re^m$$

通过运动规划算法可生成上述系统的参考轨迹 $\boldsymbol{x}_{\mathrm{ref}}(t)$，有些运动规划算法可同时生成参考控制量 $\boldsymbol{u}_{\mathrm{ref}}(t)$。运用数值逼近方法(包括 Euler 法、Runge-Kutta 方法、谱方法等)可得到以上连续动力学系统的离散形式：

$$\boldsymbol{x}_{k+1} = F(\boldsymbol{x}_k,\boldsymbol{u}_k),\quad k\in\mathbf{N}$$

针对上述离散动力学模型，无人车模型预测控制的一般性数学描述为

$$\boldsymbol{u}_k(\tilde{\boldsymbol{x}}) = \underset{\substack{x_n\in \boldsymbol{X}_n\\ \boldsymbol{u}_n\in \boldsymbol{U}_n}}{\arg\min}\left\{g(\Delta\boldsymbol{x}_{k+N-1},\Delta\boldsymbol{u}_{k+N-1}) + \sum_{n=k}^{k+N-1}h_n(\Delta\boldsymbol{x}_n,\Delta\boldsymbol{u}_n)\right\}$$

$$\text{s.t.}\quad \boldsymbol{x}_k = \tilde{\boldsymbol{x}}$$
$$\boldsymbol{x}_{n+1} = F(\boldsymbol{x}_n, \boldsymbol{u}_n) \tag{15-54}$$

式中

$$\Delta\boldsymbol{x}_n = \boldsymbol{x}_n - \boldsymbol{x}_{\text{ref},n}$$
$$\Delta\boldsymbol{u}_n = \boldsymbol{u}_n - \boldsymbol{u}_{\text{ref},n}, n = k, k+1, \cdots, k+N-1$$

$\tilde{\boldsymbol{x}}$ 为 k 时刻系统的状态测量值；g 为末端轨迹误差的惩罚函数；h_n 为每个时间步长内系统轨迹偏离参考轨迹的惩罚函数；$\boldsymbol{X}_n$ 是运动状态的允许空间；$\boldsymbol{U}_n$ 是控制输入的允许空间。对式(15-54)解的存在性、唯一性，解的存在性条件，以及系统的稳定性和鲁棒性的研究是该类控制方法实际应用于无人车的必由之路。在实际的无人车应用中，模型预测控制方法需要每秒完成数次甚至数十次的优化计算，这对车载硬件和算法都提出了较大的挑战。当 g 和 h_n 为二次函数，$\boldsymbol{X}_n$ 和 $\boldsymbol{U}_n$ 为多面体，且 F 是线性函数时，模型预测控制问题为二次规划问题。此时，通过数值优化算法（如内点法）可以在多项式时间复杂度下求解该问题。因此，在实际的应用过程中，无人车复杂的非线性模型常被如下近似的线性模型所替代：

$$\Delta\boldsymbol{x}_{k+1} \approx \underbrace{\nabla_x F(\boldsymbol{x}_{\text{ref},k}, \boldsymbol{u}_{\text{ref},k})}_{A_k}\Delta\boldsymbol{x}_k + \underbrace{\nabla_u F(\boldsymbol{x}_{\text{ref},k}, \boldsymbol{u}_{\text{ref},k})}_{B_k}\Delta\boldsymbol{u}_k \tag{15-55}$$

使用二次目标函数和多边形代数约束，可得如下数值优化模型：

$$\boldsymbol{u}_k(\tilde{\boldsymbol{x}}) = \arg\min_{\boldsymbol{x}_k, \boldsymbol{u}_k}\left\{\Delta\boldsymbol{x}_{k+N-1}^{\mathrm{T}} G \Delta\boldsymbol{x}_{k+N-1} + \sum_{n=k}^{k+N-1}(\Delta\boldsymbol{x}_k^{\mathrm{T}}\boldsymbol{H}_k\Delta\boldsymbol{x}_k + \Delta\boldsymbol{u}_k^{\mathrm{T}}\boldsymbol{R}_k\Delta\boldsymbol{u}_k)\right\}$$
$$\text{s.t.}\quad \Delta\boldsymbol{x}_k = \tilde{\boldsymbol{x}} - \boldsymbol{x}_{\text{ref}}$$
$$C_n\Delta\boldsymbol{x}_n \leqslant 0$$
$$D_n\Delta\boldsymbol{u}_n \leqslant 0$$
$$\Delta\boldsymbol{x}_{k+1} = A_k\Delta\boldsymbol{x}_k + B_k\Delta\boldsymbol{u}_k, n = k, k+1, \cdots, k+N-1 \tag{15-56}$$

式中：$\boldsymbol{H}_k$ 和 $\boldsymbol{R}_k$ 为半正定矩阵。式(15-56)中的部分约束也能够以加权惩罚项的形式合并到目标函数中。

3. 无模型控制方法

在复杂行驶环境中，由于外界载荷的扰动、传动系统的不确定性等因素的影响，无人车系统的动力学参数具有不确定性，难以实时辨识。常用的不依赖于系统动力学模型的控制方法包括 PID 控制、模糊逻辑控制和神经网络控制等。PID 控制通过调节比例、积分、微分误差的增益参数来实现对系统的控制，其控制规律为

$$\boldsymbol{u}(t) = k_{\mathrm{p}}\boldsymbol{e}(t) + k_{\mathrm{i}}\int_{t_0}^{t}\boldsymbol{e}(\tau)d\tau + k_{\mathrm{v}}\dot{\boldsymbol{e}}(t) \tag{15-57}$$

PID 控制方法原理简单且通用性较强，但其参数调节较为复杂。模糊控制（Zadeh，2015）是一类基于语言的智能控制方法。该类控制方法的步骤为：输入量模糊化，建立模糊规则，进行模糊推理，输出量反模糊。该类方法抗干扰能力较强，响应速度快，且可与 PID 控制方法相结合，通过模糊推理机对 PID 控制的增益参数进行模糊自整定。

有研究人员通过端到端的学习方法（Bojarski et al.，2016）训练卷积神经网络，以逼近无人车系统的动力学模型，并将该类神经网络用于路径跟踪控制任务。与以上控制方法不同，该类控制方法同时会优化无人车系统的感知和规划过程，并直接将视频输入转化为系统的控制输出。该类方法已经成功应用于特定环境和任务的无人驾驶，但其对数据的依赖性较强，且训练过程对计算机性能要求较高。该类方法的鲁棒性和可迁移性也有待进一步研究。

资料概述

近二十年关于轮式移动机器人的研究很多，Low 等（2005）、Siegwart 等（2011）、Tzafestas(2014)均对轮式移动机器人有所研究。无人驾驶是近些年轮式移动机器人的重要发展方向，同时定位与地图构建、运动规划与控制、智能互联(Berrabah et al.，2011；Li et al.，2012；Scaramuzza et al.，2008；Se et al.，2002)是无人驾驶要解决的核心问题。本章汽车动力学建模采用牛顿-欧拉力平衡分析方法。对应地，也可以采用基于系统能量变分的方法。Kobilarov(2008)通过对拉格朗日泛函变分建立了汽车式移动机器人李群上的离散动力学模型。关于复杂的汽车多刚体和柔性体动力学分析，现有的商用软件包括 CarSim、Adams、Catia 等。Laumond(1997)和 Kelly(2013)的著作全面讨论了非完整移动机器人运动规划和控制相关的理论算法。Rajamani (2012)和 Paden 等(2016)总结了无人车路径和轨迹跟踪控制算法。

习　　题

15.1　差速驱动轮式移动机器人左轮半径为 r_1，右轮半径为 r_2，左轮角速度为 $\dot{\varphi}_l$，右轮角速度为 $\dot{\varphi}_r$，两轮距质心距离为 a，机器人处在 φ 的位置，试建立其运动学方程。

15.2　对于如图 15-5 所示的差速驱动轮式移动机器人，假设左、右轮的径向滑动量为 w_l，w_r，横向滑动量为 z_l，z_r，试采用拉格朗日方法建立其动力学方程。

15.3　如图 15-15 所示为前驱车形轮式移动机器人运动受力简图，$\boldsymbol{f}_d$ 表示过重心的牵引力，$\boldsymbol{f}_f$，$\boldsymbol{f}_b$ 分别表示垂直于前、后车轮的横向力。点 G 表示车子重心，点 P，Q 分别表示前轮、后轮与地面的接触点，这两点至 G 点的距离分别为 a，b。采用牛顿-欧拉方法，建立其动力学方程。

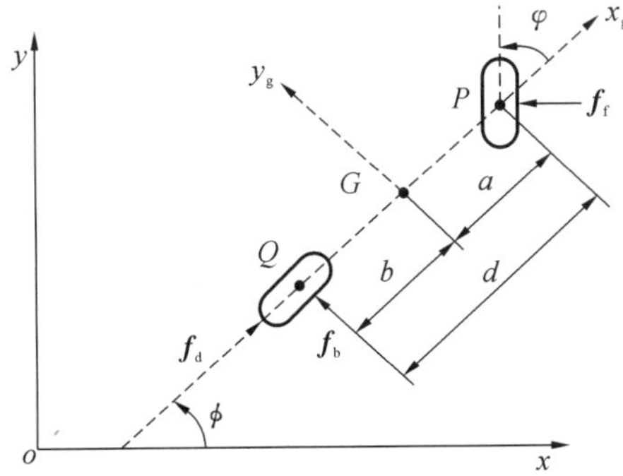

图 15-15　前驱车形轮式移动机器人运动受力图(采用类似双轮车的结构)

15.4　如图 15-16 所示为独轮车的车体结构简图，设车体质量为 m，选取车轮转角 θ_r 和车体转角 θ_m 为状态变量，试推导其动力学模型。

15.5　讨论腿式移动机器人与轮式移动机器人的异同。

15.6　讨论独轮车、双轮车、差速驱动轮式移动机器人、车形轮式移动机器人非完整约束运动学方程中雅可比矩阵的异同。

15.7　设计一个自主控制的吸尘机器人，设置机器人起点，使其沿墙壁行走，可绕过障碍物，完成尘土区域的识别和清扫任务。采用的硬件主要包括单片机、角度传感器、红外碰撞传感器、红外灰尘检测传感器、电动机驱动芯片等。

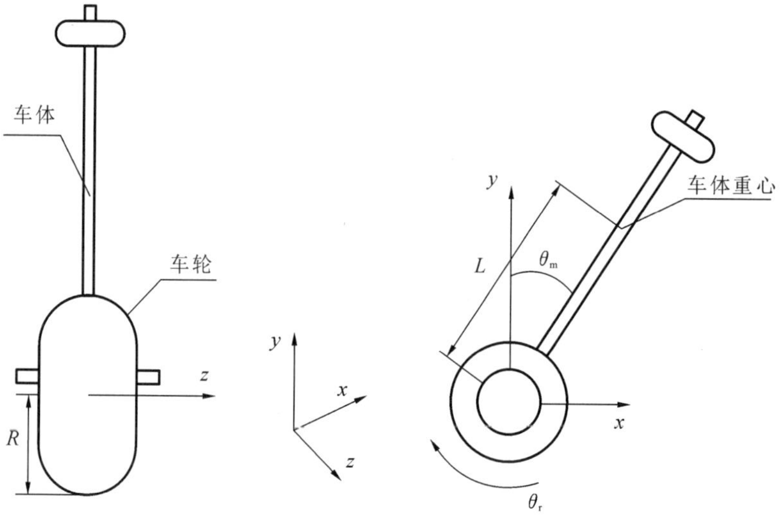

图 15-16　独轮车的车体结构简图

第 16 章　运动规划

第 8 章讲述了在无障碍物的假设情况下关于轨迹生成的若干问题。当机器人的手爪、手臂或本体在有障碍物的环境中运动时，为了到达某个目标位置和姿态，完成指定任务，就需要在空间中确定一条无碰撞的运动路径，称为运动规划。与任务规划有所不同，运动规划实际上是直观地求解带约束的几何问题，而不是操作序列或行为步骤。如果把运动物体看作所研究的问题的某种状态，把障碍物看作问题的约束条件，无碰撞路径则为满足约束条件的解。那么，运动规划就是一种多约束问题的求解过程，这不但符合"规划"的广义理解，而且为复杂问题的描述和求解提供了新的思路。

运动规划一般分解为以下两个子问题：

寻空间问题：在某个指定区域 R 中，确定物体$\mathcal{A}$的安全位置，使它不与已有的其他物体$\mathcal{O}_i(i=1,2,\cdots,p)$相碰撞。

寻路径问题：在某个指定区域 R 中，确定物体$\mathcal{A}$从初始位置移动到目标位置的安全路径，使$\mathcal{A}$在移动过程中不与$\mathcal{O}_i$ 相碰撞。

运动规划问题的求解，可采用"假设与探测法"，即首先假设一条初始位置到目标位置的路径，然后检测路径上所选的状态位置是否安全，如可能碰撞，则修正路径，这样反复试验直到达到目标。这种方法直观，但需要反复计算"立体相交"问题，而且没有任何启发信息，既复杂又费时间。

无碰撞路径规划研究领域十分活跃，对于自动驾驶、生产系统和机器人，许多学者做了大量的工作，取得了丰硕成果。本章首先定义机器人的$\mathcal{C}$-空间，在$\mathcal{C}$-空间中给出机器人运动规划的完整描述，为后续的规划算法提供具有代表性的运动规划方法。

可视图法将机器人初始位姿与$\mathcal{C}$-空间障碍物的某些顶点直至目标位姿连成一条折线，形成运动路线图。广义维罗尼图法以保持机器人与环境障碍物的距离最大化为目标，使机器人不会距障碍物太近。单元分解法将$\mathcal{C}$-空间分解为多个简单的区域单元，建立一张网络通道图。此外，基于采样的运动规划是一种概率方法，在机器人$\mathcal{C}$-空间随机生成采样点，利用这些采样点建立一张无碰撞连接的图结构或树结构。人工势力场法在障碍物周围产生斥力，在目标位姿产生引力，根据障碍物和目标位姿产生的人工势力场的总和，取极小值决策运动路径。

16.1　$\mathcal{C}$-空间

1. $\mathcal{C}$-空间

$\mathcal{C}$-空间（configuration space）是由 S. Udupa 和 T. Lozano-Perez 等人提出的用于描述

无碰撞路径规划的代表性方法，其实质是把操作空间 $\boldsymbol{W}$ 中运动物体$\mathcal{A}$的位姿简化描述为$\mathcal{C}$-空间中的一个点，通常用广义坐标 $\boldsymbol{q}\in\Re^n$ 表示，n 表示$\mathcal{C}$-空间的维度。如在平面 $\boldsymbol{W}=\Re^2$ 中运动的多边形，可用其上一点及相对参考坐标系的方位来表示，因此$\mathcal{C}$-空间表示为$\Re^2\times SO(2)$，其广义坐标为 $\boldsymbol{q}=\{x,y,\theta\}^{\mathrm{T}}$，$n=3$。值得注意的是，$\mathcal{C}$-空间的几何结构通常比用广义坐标表示的欧氏空间结构复杂得多，可由下例得出此结论。

例 16.1　考虑第 6 章图 6-2 中的平面 2R 机械手，$\mathcal{C}$-空间维度为 2，广义坐标空间可表示为

$$Q=\{\boldsymbol{q}=\{q_1,q_2\}^{\mathrm{T}}:q_1\in[0,2\pi),\quad q_2\in[0,2\pi)\}$$

虽然每一个 $\boldsymbol{q}$ 值都对应机械手一个位置，但是其拓扑结构却是不正确的。图 16-1(a)中两点 $\boldsymbol{q}_A$ 和 $\boldsymbol{q}_B$ 在 Q 中相距较远，但是在操作空间 $\boldsymbol{W}$ 中与其对应的两点相距较近。为了使 $\boldsymbol{q}_A$ 和 $\boldsymbol{q}_B$ 在 Q 中相距较近，需要将 Q 的两对边分别折叠到一起，得到图 16-1(b)所示$\mathcal{C}$-空间，它表现为一个轮胎面。

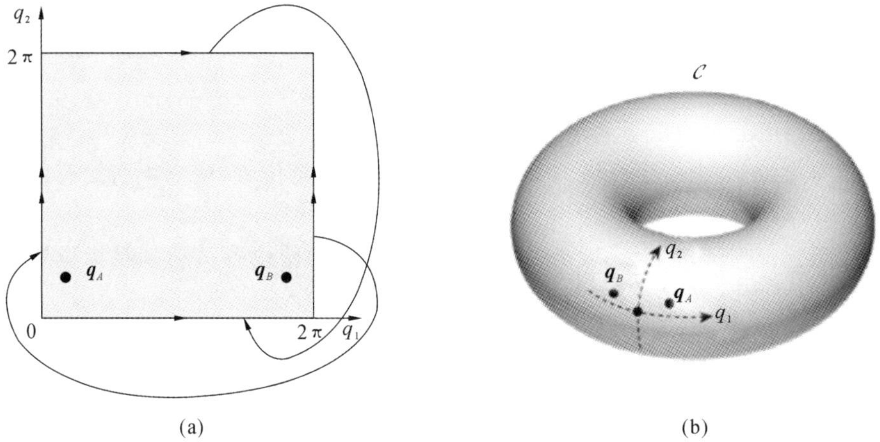

图 16-1　平面 2R 机械手$\mathcal{C}$-空间

(a) 广义坐标空间　(b) 拓扑正确的$\mathcal{C}$-空间

1) $\mathcal{C}$-空间中的距离

$\mathcal{C}$-空间中的距离有两种定义方式，第一种直接采用广义坐标的欧氏距离，即

$$d_1(\boldsymbol{q}_1,\boldsymbol{q}_2)=\|\boldsymbol{q}_1-\boldsymbol{q}_2\| \tag{16-1}$$

其主要特点是计算简单，但有些情况不能真实表示机器人不同位姿间的距离，如$\Re^2\times SO(2)$。另一种距离定义方式则能真实表示机器人不同位姿间的距离。

对于给定的形位 $\boldsymbol{q}$，设$\mathcal{A}(\boldsymbol{q})$是工作空间 $\boldsymbol{W}$ 中机器人$\mathcal{A}$占据的空间，$\boldsymbol{p}(\boldsymbol{q})$是$\mathcal{A}$上一点 $\boldsymbol{p}$ 在 $\boldsymbol{W}$ 中的位置，则距离的定义为

$$d_2(\boldsymbol{q}_1,\boldsymbol{q}_2)=\max_{p\in\mathcal{A}}\|\boldsymbol{p}(\boldsymbol{q}_1)-\boldsymbol{p}(\boldsymbol{q}_2)\| \tag{16-2}$$

距离 d_2 可以保证$\mathcal{A}(\boldsymbol{q}_1)$与$\mathcal{A}(\boldsymbol{q}_2)$趋于重合时，位于形位 $\boldsymbol{q}_1$ 与 $\boldsymbol{q}_2$ 之间的距离变为零。然而，由于需要确定两个形位下机器人所占据的空间并计算$\mathcal{A}$上所有点的最大距离，因此距离 d_2 的计算非常困难。出于算法设计方面的考虑，经常采用 d_1 作为$\mathcal{C}$-空间中的距离。

2) $\mathcal{C}$-空间障碍物

由于环境中障碍物的存在，运动物体在$\mathcal{C}$-空间中就有一个相应的禁区，称为$\mathcal{C}$-空间障碍物(configuration space obstacles)。这实际上是构造了一个虚拟的数据结构，把运动物体、障碍物及其几何约束关系做了等效的变换，简化了问题的求解。假设操作空间中障碍物

$\mathcal{O}=\{\mathcal{O}_i, i=1,2,\cdots,p\}$是封闭的(包含边界),但不一定有界,每一障碍物$\mathcal{O}_i$在$\mathcal{C}$-空间中表示为

$$\mathcal{CO}_i=\{\boldsymbol{q}\in\mathcal{C}:\mathcal{A}(\boldsymbol{q})\cap\mathcal{O}_i\neq\varnothing\} \tag{16-3}$$

即$\mathcal{CO}_i$表示工作空间中与机器人$\mathcal{A}$发生碰撞(包括接触)的障碍物$\mathcal{O}_i$的一个$\mathcal{C}$-空间子集。可以想象,在$\mathcal{C}$-空间中,障碍物$\mathcal{O}_i$膨胀为$\mathcal{CO}_i$。

$\mathcal{C}$-空间障碍物$\mathcal{CO}$表示为上述集合的并集,自由空间$\mathcal{C}_{\text{free}}$则为$\mathcal{CO}$的补集,即

$$\mathcal{CO}=\bigcup_{i=1}^{p}\mathcal{CO}_i$$

$$\mathcal{C}_{\text{free}}=\mathcal{C}-\mathcal{CO}=\{\boldsymbol{q}\in\mathcal{C}:\mathcal{A}(\boldsymbol{q})\cap(\bigcup_{i=1}^{p}\mathcal{O}_i)=\varnothing\} \tag{16-4}$$

虽然$\mathcal{C}$-空间本身总是连通的(给定两形位$\boldsymbol{q}_1$与$\boldsymbol{q}_2$,存在一条路径将它们连接起来),但是由于$\mathcal{C}$-空间障碍物的影响,自由空间$\mathcal{C}_{\text{free}}$不总是连通的。若一条线路完全包含在$\mathcal{C}_{\text{free}}$中,则此线路称为可行的或自由的。

例 16.2 如图 16-2 所示,平面中运动的圆形机器人,用圆中心点表示其位置,由于机器人自身转动对障碍物检测没有影响,因此其$\mathcal{C}$-空间即为此平面,$\mathcal{C}$-空间障碍物则由使障碍物以机器人半径做等距生长形成的包络线构成。

例 16.3 如图 16-3 所示,平面中机器人$\mathcal{A}$的姿态固定,可以自由移动,其$\mathcal{C}$-空间可由其上任意一点(如$\boldsymbol{v}_{\mathcal{A}}$)的笛卡儿坐标表示,$\mathcal{C}$-空间障碍物则是$\mathcal{A}$在障碍物$\mathcal{O}$表面滑动时,所有$\boldsymbol{v}_{\mathcal{A}}$经过的点的集合。虽然$\mathcal{C}$-空间障碍物的形状与选取的点$\boldsymbol{v}_{\mathcal{A}}$有关,但是运动规划问题是等价的,即只要它们中任意一个问题有解就意味着其他问题都有解,并且形位空间中每一条解决某一个问题的路径都对应着解决其他问题的一条自由路径,它们通过工作区中同一个运动过程联系在一起。

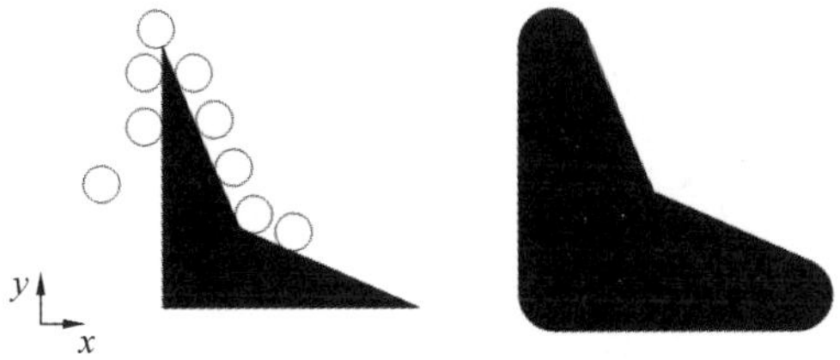

图 16-2 平面中运动的圆形机器人及障碍物

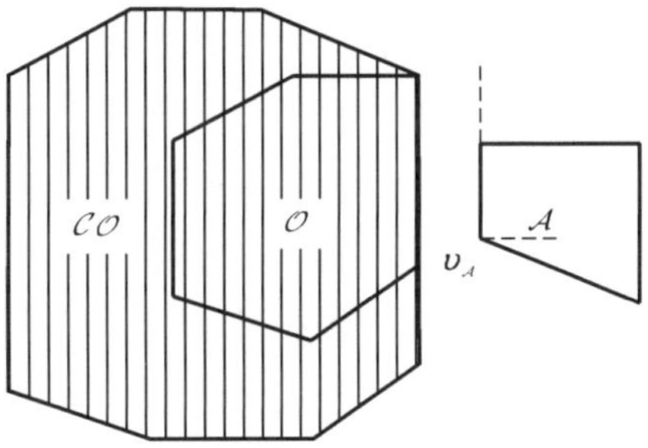

图 16-3 $\mathcal{C}$-空间障碍物

在例 16.3 中,如果机器人姿态发生变化,就应对每个可能的姿态重复图 16-3 中的过程,并将所有过程得到的$\mathcal{C}$-空间障碍物合并得到$\mathcal{CO}$,所得结果将不再是简单的二维多边形,请读者画出$\mathcal{A}$做平面运动时的$\mathcal{C}$-空间障碍物$\mathcal{CO}$。

2. $\mathcal{C}$-空间运动规划

根据前面的定义,机器人运动规划问题可描述为:将操作空间 $\boldsymbol{W}$ 中机器人的初始和目标位姿分别转化为$\mathcal{C}$-空间中的形位$\boldsymbol{q}_s$和$\boldsymbol{q}_g$,如果$\boldsymbol{q}_s$和$\boldsymbol{q}_g$在自由空间$\mathcal{C}_{\text{free}}$的同一连通域内,则找到一条将两者连接起来的轨迹$\boldsymbol{q}(s)$,$s\in[0,1]$,$\boldsymbol{q}(0)=\boldsymbol{q}_s$,$\boldsymbol{q}(1)=\boldsymbol{q}_g$,并且还要考虑机器人运动过程中的运动学、动力学、运动时间及控制输入等方面的约束,若不考虑这些约束,则机器人运动规划问题转化为无碰撞路径规划问题。

进行机器人运动规划时需要考虑以下几方面的问题。

(1) 控制输入量　若控制输入量维度小于机器人自由度数，则机器人不能实现一些运动轨迹，如平面运动汽车自由度数为3，输入控制量只有前进/后退和转向两个维度，因此不能直接实现横向泊车。实际上这个问题属于非完整约束问题(详见第15章)，汽车可以间接地实现横向泊车，对此类运动规划问题需要特别注意。

(2) 在线与离线　当机器人处于动态环境中时，障碍物或其他机器人的突然进入或离开会对规划产生巨大影响，因此需要实现快速响应，即在线规划。若环境是静态的，则离线规划即可满足要求。

(3) 最优与可行　规划问题存在多解时，需要在一些最优化条件下，选择一个最优解，如运行时间最短、路径最短等；而规划问题太过复杂或要满足实时性要求时，找到一个可行解即可。

(4) 确切解与近似解　在某些情况下，规划问题寻求的是满足距目标形位足够近的近似解，即 $\| \boldsymbol{q}(1)-\boldsymbol{q}_g \| < \varepsilon$。

(5) 有障碍物与无障碍物　即使在一些无障碍物的环境中，机器人的关节约束(运动极限及力矩极限等)、控制输入量维度小于机器人自由度数等因素也使得运动规划问题特别复杂。

下面讨论二维空间中$\mathcal{C}$-空间方法的运动规划，所讨论的物体，包括运动物体和障碍物都为刚性凸多边形。同时，简单说明通过构造$\mathcal{C}$-空间障碍物，解决寻空间、寻路径两个问题的思路。

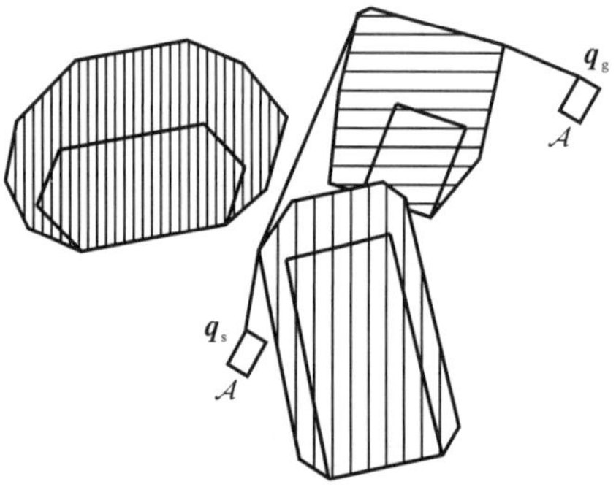

图16-4　最短无碰撞路径

由例16.3可知，只要将$\mathcal{A}$的形位 $\boldsymbol{q}_s$ 与$\mathcal{CO}$的某些顶点直至形位 $\boldsymbol{q}_g$ 连成一条折线，就会得到$\mathcal{A}$在$\mathcal{O}$中的一条最短安全路径，如图16-4所示。

因此，寻路径问题可进一步转化为一个“可视图”的搜索问题。图的节点即为所有$\mathcal{CO}$的顶点，以及$\mathcal{A}$的形位 $\boldsymbol{q}_s$ 和 $\boldsymbol{q}_g$，图中每一对可以相互“看得见”(即可用直线相连而不与任何障碍域相交)的节点之间用直线连接。在图中搜索从 $\boldsymbol{q}_s$ 到 $\boldsymbol{q}_g$ 的最短路径就可得到$\mathcal{A}$在$\mathcal{O}$中的最短安全路径。

上述过程的关键问题是如何求得$\mathcal{CO}$。对于$\mathcal{A}$的姿态固定的情况，例16.3给出了几何表示法，下面给出代数求解法。位姿空间法中有一条定理：对于二维空间中的机器人$\mathcal{A}$和障碍物$\mathcal{O}$，$\mathcal{C}$-空间障碍物内各点的坐标值(以上标 x,y 表示)为

$$\mathcal{CO}^{xy} = \mathcal{O} \ominus (\mathcal{A})_0 = \mathcal{O} \oplus (\ominus (\mathcal{A})_0) \tag{16-5}$$

式中：$(\mathcal{A})_0$ 表示参考点 $\boldsymbol{v}_A$ 在原点时$\mathcal{A}$所构成的点集；$\oplus$和$\ominus$分别表示求点集的坐标和与差。

由图16-5可以说明上述定理的正确性。$\mathcal{CO}^{xy}$ 实际上是指处于位姿 $\boldsymbol{q}$ 的$\mathcal{A}$与$\mathcal{O}$相交时参考顶点 $\boldsymbol{v}_A$ 的所有位姿坐标。当$\mathcal{A}$与$\mathcal{O}$相交时，设有一公共点 $\boldsymbol{p}$，$\boldsymbol{p}$ 在 $(\mathcal{A})_0$ 中的坐标用矢量 $\boldsymbol{a}'$ 表示，$\boldsymbol{p}$，$\boldsymbol{v}_A$ 在 $(\mathcal{A})_q$ 中的坐标用矢量 $\boldsymbol{b}$，$\boldsymbol{q}$ 表示，由图可知，$\boldsymbol{q}=\boldsymbol{b}-\boldsymbol{a}'$，因此考虑所有相交情况，可得式(16-5)。

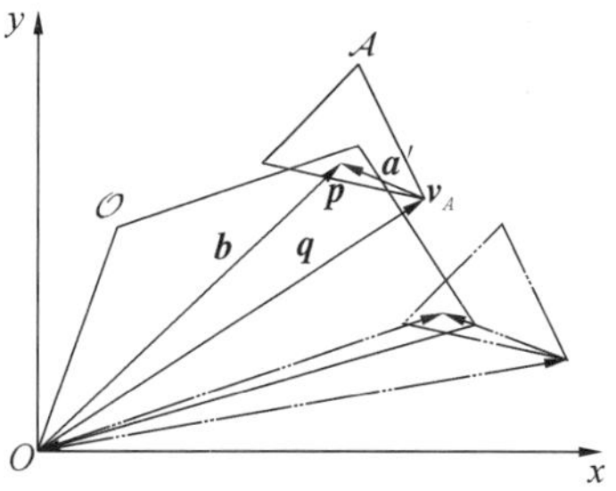

图 16-5　$\mathcal{C}$-空间障碍物的计算

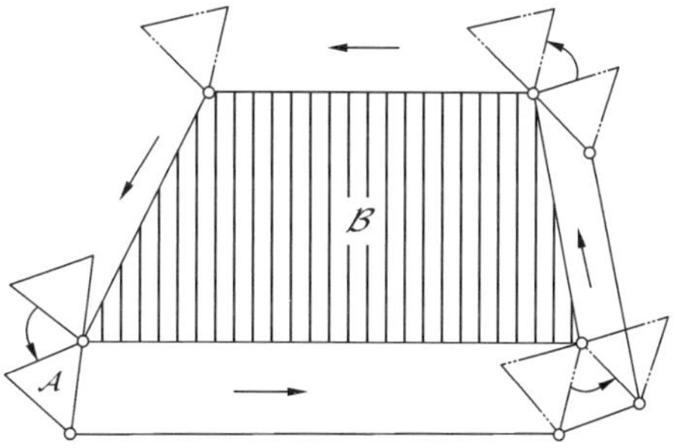

图 16-6　二维$\mathcal{C}$-空间障碍物

根据上述定理，可以建立一种算法，通过对$\ominus(\mathcal{A})_0$与$\mathcal{O}$的边、顶点进行相加计算，就可以确定$\mathcal{CO}$的边和顶点。从图 16-6 可以直观看出运算结果。

如果物体$\mathcal{A}$在由形位 $\boldsymbol{q}_s$ 运动到形位 $\boldsymbol{q}_g$ 的过程中姿态有变化，由于所得的结果不是一个简单的二维多边形，因而不能再用前面所说的"可视图"来搜索安全路径。对此，位姿空间法提出一种"子分割"方法，把位姿空间分割成许多矩形单元，从中搜索包括初始点和目标点的自由空间单元，连成安全路径。整个过程可推广到$\mathcal{A}$为多面体的情况。

使用可视图搜索路径时需注意两点：① 描述可视图的节点、边缘随着多边形数目的增加而增加，规模也会相应增大。在密集环境中构造多边形时，节点和边缘会增加，计算规模迅速膨胀，路径搜索会很慢甚至失效。② 可视图法以路径最短为运行规则，可能将移动机器人引到一个距离障碍物较近的位置，常用的解决方法是虚拟地增大障碍物，使它显著大于移动机器人尺寸，但这样可能会导致移动机器人运行距离增大。下面介绍一种避免将机器人引到距障碍物较近位置的方法：广义维罗尼图法。

16.2　广义维罗尼图法

荷兰气候学家 A. H. Thiessen 根据离散分布的气象站雨水观测量估计该区域内的平均降水量，主要思想为：利用这些离散点将平面划分为多个凸区域，使得每个凸区域与离散点一一对应，用离散点处的降水量近似代表此区域内的平均降水量。实现方法为：① 将离散点与其周围点连接成平面三角剖分网格；② 画出每个三角形边的垂直平分线，由这些垂直平分线构成的多边形便是对平面区域的一个划分。上述多边形称为泰森多边形，也称维罗尼图(voronoi diagram)。

如图 16-7 所示，维罗尼图中多边形与离散点一一对应，并且垂直平分线的特点使维罗尼图具有下面几条性质：

(1) 维罗尼图中多边形内点到其对应离散点的距离比到其他离散点的距离近；

(2) 维罗尼图中多边形边上的点到相邻两个离散点的距离相等；

(3) 维罗尼图中多边形的边数与三角剖分网格临近点的个数相等。

由于这些特殊的几何性质，维罗尼图在神经科学、气象学、地理学、信息科学等领域应用广泛。用于机器人运动规划时，将障碍物点视为离散点，维罗尼图使得机器人在运动过程中与所有障碍物点的距离最大，避免其与障碍物挨得太近。实际上，障碍物一般不能简化描述为一个点，而是具有一定体积，因此需要用广义维罗尼图(generalized voronoi diagram)。

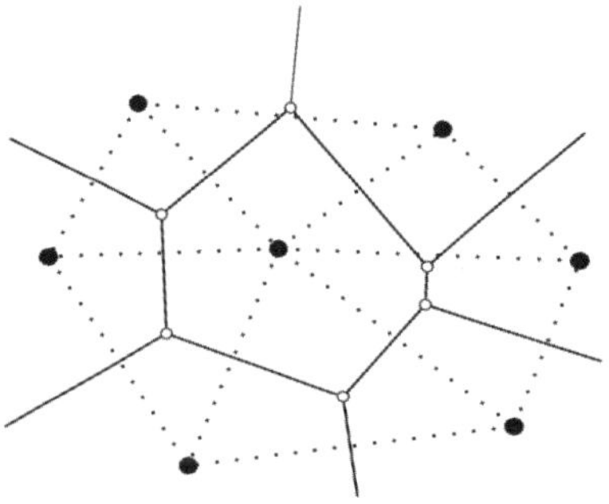

(a)

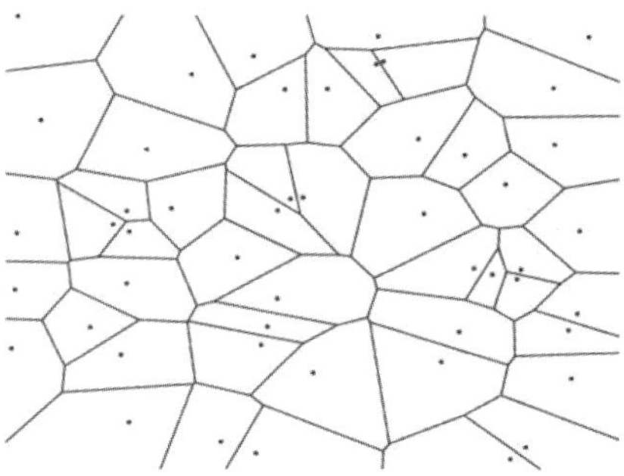

(b)

图 16-7 维罗尼图

(a) 维罗尼图局部图 (b) 由随机点得到的维罗尼图

广义维罗尼图法采用一种全路线搜索的方法规划机器人运行路径，它倾向于保持机器人与障碍物之间距离的最大化。假设自由空间$\mathcal{C}_{\text{free}}$的边界$\partial\mathcal{C}_{\text{free}}$是$\mathcal{C}=\Re^2$ 中的有界多边形结构，即$\partial\mathcal{C}_{\text{free}}$由线段构成，并假设其外围边界为矩形。$\mathcal{C}_{\text{free}}$中点 $\boldsymbol{q}$ 与边界$\partial\mathcal{C}_{\text{free}}$的间距 $\gamma(\boldsymbol{q})$及达到间距 $\gamma(\boldsymbol{q})$时，边界上的点集 $N(\boldsymbol{q})$分别为

$$\gamma(\boldsymbol{q}) = \min_{s\in\partial\mathcal{C}_{\text{free}}} \|\boldsymbol{q}-\boldsymbol{s}\|$$

$$N(\boldsymbol{q}) = \{\boldsymbol{s}\in\partial\mathcal{C}_{\text{free}}:\|\boldsymbol{q}-\boldsymbol{s}\| = \gamma(\boldsymbol{q})\} \tag{16-6}$$

即 $\gamma(\boldsymbol{q})$表示点 $\boldsymbol{q}$ 与$\mathcal{C}$-空间障碍物的最短欧氏距离，$N(\boldsymbol{q})$表示与点 $\boldsymbol{q}$ 之间的距离达到最短欧氏距离的障碍物边界上的点集。

广义维罗尼图$\mathcal{V}(\mathcal{C}_{\text{free}})$是$\mathcal{C}_{\text{free}}$中的点集，即

$$\mathcal{V}(\mathcal{C}_{\text{free}}) = \{\boldsymbol{q}\in\mathcal{C}_{\text{free}}:\text{card}(N(\boldsymbol{q}))>1\} \tag{16-7}$$

式中：$\text{card}(N(\boldsymbol{q}))$是 $N(\boldsymbol{q})$中点的个数。广义维罗尼图由直线段和抛物线段组成(见图 16-8)，两者均由障碍物的特征对(边-边、边-顶点或顶点-顶点)决定，因此可以根据这些特征对采用分析的方法直接构建广义维罗尼图。并且广义维罗尼图上的点与障碍物每边都保持最大距离，因此可保证机器人在运动过程中不会与障碍物挨得很近。

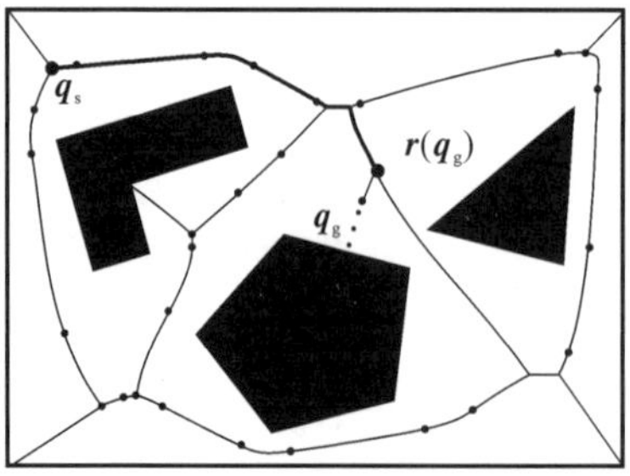

图 16-8 广义维罗尼图

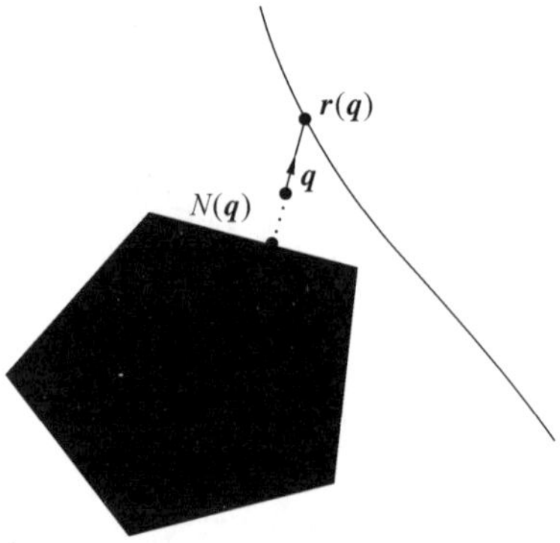

图 16-9 将点 $\boldsymbol{q}$ 映射到 $\boldsymbol{r}(\boldsymbol{q})$

若点 $\boldsymbol{q}_s$ 或 $\boldsymbol{q}_g$ 不在广义维罗尼图上，则通过下述方法找到其在广义维罗尼图上的对应点：如图 16-9 所示，因为 $\boldsymbol{q}$ 不在广义维罗尼图上，所以 $\text{card}(N(\boldsymbol{q}))=1$，$N(\boldsymbol{q})$指向 $\boldsymbol{q}$ 的方向是远离障碍物最快的方向，沿此方向找到与广义维罗尼图的交点 $\boldsymbol{r}(\boldsymbol{q})$。若将 $\boldsymbol{r}(\boldsymbol{q})$看作一个映射，且$\boldsymbol{q}\in\mathcal{V}(\mathcal{C}_{\text{free}})$时 $\boldsymbol{r}(\boldsymbol{q})=\boldsymbol{q}$，则此映射保证了 $\boldsymbol{q}$ 与 $\boldsymbol{r}(\boldsymbol{q})$同属于$\mathcal{C}_{\text{free}}$的一个连通域。因

此 $\boldsymbol{q}_s$ 至 $\boldsymbol{q}_g$ 的运动规划转化为 $\boldsymbol{r}(\boldsymbol{q}_s)$ 至 $\boldsymbol{r}(\boldsymbol{q}_g)$ 的运动规划，若 $\boldsymbol{r}(\boldsymbol{q}_s)$ 至 $\boldsymbol{r}(\boldsymbol{q}_g)$ 存在可行路径，则加上 $\boldsymbol{q}_s$ 至 $\boldsymbol{r}(\boldsymbol{q}_s)$ 与 $\boldsymbol{q}_g$ 至 $\boldsymbol{r}(\boldsymbol{q}_g)$ 两条直线段，得到机器人运动规划的解，如图 16-8 所示。

广义维罗尼图法以保持机器人与环境障碍物的距离最大化为目标，机器人上的传感器通常感知不到周围的危险，所选的运行路径一般较长。广义维罗尼图法的优点是可执行性好，配备超声、摄像机或激光雷达的移动机器人可以使用较为简单的规则，跟踪广义维罗尼图的边缘，无碰撞地从起点安全运行到目标点。但是与可视图法一样，广义维罗尼图法的计算复杂性也随障碍物顶点的增加而增强。

16.3　单元分解法与全覆盖路径规划

单元分解法将自由空间 $\mathcal{C}_{\text{free}}$ 分解为简单形状的区域单元(cell)，具有性质：① 在每一单元内，任意两点间的无碰撞路径很容易实现；② 两相邻单元间的无碰路径也很容易实现。单元分解后，可以建立连通图，节点表示单元，节点间的连线表示两节点相邻(两单元有长度不为零的公共边)。在连通图中，从包含 $\boldsymbol{q}_s$ 的单元 c_s 至包含 $\boldsymbol{q}_g$ 的单元 c_g 寻找一系列相邻的单元，称为通道。由上述两条性质，运动规划很容易实现。

全覆盖路径规划(coverage path planning，CPP)问题需要求解的是走遍整个区域或空间的可行无碰路径。CPP 问题在核电设备的故障检测和安全防护中极其重要。许多工业机器人，例如汽车车身喷漆机器人、粉刷机器人、清扫机器人、磨抛机器人等作业时，要求其路径全覆盖某些区域；进行农业作业的割草机、自动收割机、自主耕地机和植保无人机等也是如此；在军事方面，进行自主水下航行、布雷扫雷和战区联合侦察等作业时，要求机器人路径全覆盖某些区域和空间。CPP 算法有时还要附加其他要求，如在覆盖过程中避免重复覆盖、整个工作路线最优(线路总长度最短或转弯次数最少)等。CPP 问题与旅行商问题(traveling salesman problem，TSP)相似，但是，TSP 要寻求由某一起点出发，通过所有给定的点，最后回到起点的最小路径成本，而 CPP 问题是在实现最小路径成本的基础上需要对每个给定点的周边区域进行覆盖，最终达到使完全覆盖整个区域的路径成本最小的目的。

Chost 等(2005)将全覆盖路径规划算法分为“在线”和“离线”两种情况。“离线”是指假定环境因素(包括覆盖区域形状、面积和障碍物分布等)已知，而“在线”是指在环境信息完全或部分未知的情况下，利用机体搭载的传感器对目标环境进行实时扫描和规划。

在一些确定的场景中，随机法(randomize method)是完成全覆盖路径规划的一个有效算法。例如清洁机器人，如果它随机扫过地板足够长的时间，地板就能够被全部清洁。目前运用随机法的商业清洁机器人很多。这种方法的优点是不需要复杂的传感器，也不需要昂贵的计算资源用于定位。但是它也存在着不足：当覆盖对象是广阔的地区时，特别是对于水下或空中机器人操作，在处理三维空间问题方面，随机法难以发挥作用。

单元分解法是指对整个空间区域进行分割，形成多个形状较为简单且无障碍物、无重叠部分的子区域，每个子区域的覆盖就变成了简单的往复运动，合理分配各子区域的作业顺序，优化子区域间的连通衔接路线以完成整个路径的规划。这种思想在很大程度上降低了全局覆盖实现的难度，成为近年来的主要研究方向。单元分解法可归纳为三种类型：精确单元分解法、近似单元分解法(也称为离散栅格法)、半近似单元分解法。下面主要介绍前两种。

1. 精确单元分解法

梯形分解(trapezoidal cellular decomposition)法是最早提出的一种单元分解形式，是一种精确单元分解法。梯形分解法的思想是在一个含有多边形障碍物的有界环境中，用一条竖直的薄板从左到右划过整个区域，当薄板不断经过多边形障碍物的顶点时，便形成了单元，如图 16-10 所示。梯形分解法得到的单元均为凸多边形，因此单元内任两点的连线包含在单元内，符合性质①，相邻两单元可以从公共边的中点无碰撞地从一个单元运动至另一单元，因此也符合性质②。

由图 16-10 可知，梯形分解法可以得到多条通道，在每一通道内，可行路径有无数条，无论采用怎样的策略连接相邻单元，得到的一般都是折线路径。每个子区域通过一个简单的覆盖路径(zigzag，见图 16-11)来完成覆盖工作，当某个子区域完成覆盖工作时，选择合适的连接路径，进入下一个子区域进行覆盖，这样完成全部区域的覆盖，属于“离线”方法。

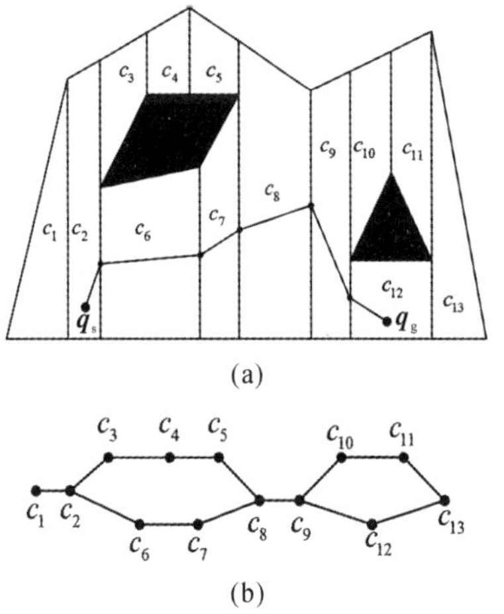

图 16-10　梯形分解法

(a) 分解图及可行路径　(b) 连通图

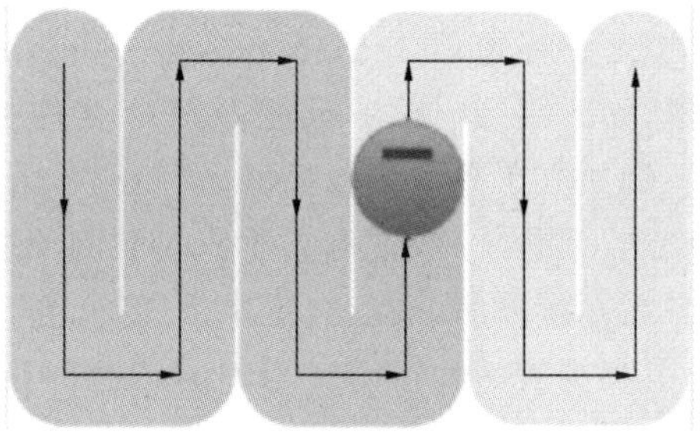

图 16-11　zigzag 覆盖方式

梯形分解法虽然较为方便和快捷，但有时分解形成的单元过多，就需要很多的连接路线，这样不仅会使路线规划更为烦琐，而且会增加总覆盖路线的长度。因此，Choset 等人表明，选择合适的覆盖方向时，非凸多边形也可以通过简单的往复运动完成覆盖。

牛耕单元分解(the boustrophedon cellular decomposition)法与梯形分解法相似，但切割线需通过障碍物上与切割线垂直方向的临界顶点，得到的子区域均可通过简单的往复运动完成覆盖。相比于普通的梯形分解法，牛耕单元分解法有效地减少了分割形成的子区域数量，进而可获得更短的覆盖路径，如图 16-12 所示。由此可知，单元分解法的一个重要的划分目标是尽可能减少子区域的数量。

莫尔斯单元分解(Morse-based cellular decomposition)法是牛耕分解法的推广，在处理非多边形障碍物时具有优势，如图 16-13 所示。选择不同的莫尔斯函数，就能获得不同的单元形状(如圆形或椭圆形)，这样单元的划分就非常灵活，产生的路径就能够缩短。理论上，莫尔斯单元分解法可以应用到任何 n 维空间，这种方法是一种完全覆盖的“在线”方法。

2. 近似单元分解法

近似单元分解法用预定义的单元形状，如$\mathcal{C}\in\Re^2$ 时采用正方形、矩形等对$\mathcal{C}$进行分解，分解得到的全部无障碍物单元合在一起只能近似地表示$\mathcal{C}_{\text{free}}$，因为$\mathcal{C}_{\text{free}}$的边界可能被模糊掉

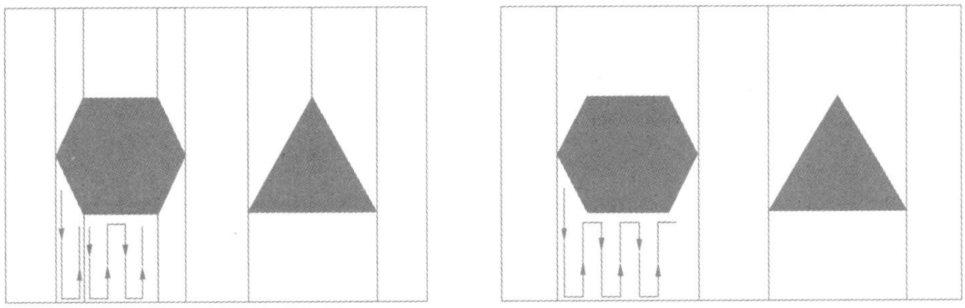

(a)　　(b)

图 16-12　梯形分解法与牛耕单元分解法的比较

(a) 梯形分解法　(b) 牛耕单元分解法

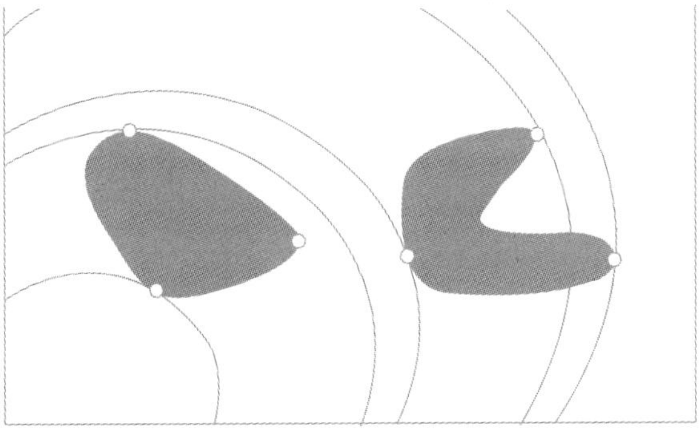

图 16-13　利用 $\sqrt{x^2+y^2}$ 作为莫尔斯函数进行单元分解

了。近似单元分解过程中采用递归迭代的方法从一个粗糙的分解栅格开始，建立连通图，并在连通图中寻找满足某些条件的通道，若此通道不是完全处于 $\mathcal{C}_{\text{free}}$ 中，则对通道上不属于 $\mathcal{C}_{\text{free}}$ 的单元继续进行分解，直至找到一条全部处于 $\mathcal{C}_{\text{free}}$ 中的通道。采用这种迭代的方法可以同时保证计算准确性和计算速度，在应用中效果较好。

下面以二维有界多边形自由空间 $\mathcal{C}_{\text{free}}$ 中运动规划为例，介绍近似单元分解法的具体实现过程，假设自由空间边界为正方形。

如图 16-14 所示，首先将空间 $\mathcal{C}$ 分解为 4 个单元，将单元分类为：① 自由单元，即单元中没有障碍物；② 障碍物单元，即单元中全是障碍物；③ 混合单元。接着建立连通图，找到包含 $\boldsymbol{q}_{\text{s}}$ 的单元 c_{s} 及包含 $\boldsymbol{q}_{\text{g}}$ 的单元 c_{g}，并在连通图中由 c_{s} 至 c_{g} 搜寻出由自由单元和混合单元构成的通道(若没有通道，则运动规划问题无解)，接着将混合单元继续分解为 4 个子单元。采用迭代的方法，直至找到只由自由单元构成的通道，此时自由单元和障碍物单元分别近似表示 $\mathcal{C}_{\text{free}}$ 及 $\mathcal{CO}$。找到只由自由单元构成的通道后，采用某种连接策略，得到运动规划的解。

由近似单元分解法运动规划步骤可知，若问题的解存在，只要将单元网格分解得足够小，就总可以找到可行解。

上述方法理论上可以应用到 n 维 $\mathcal{C}$-空间中，每一步迭代中混合单元被分解为 2^n 个子单元，经过 p 步迭代，$\mathcal{C}$-空间最多被分解为 2^{np} 个子单元，由此可见，单元数量随 $\mathcal{C}$-空间的维度和迭代步数呈指数级增长，在实际应用中，会占用大量的存储资源，并且路径搜索将变得很慢，所以近似单元分解法一般用在二维和三维 $\mathcal{C}$-空间中。

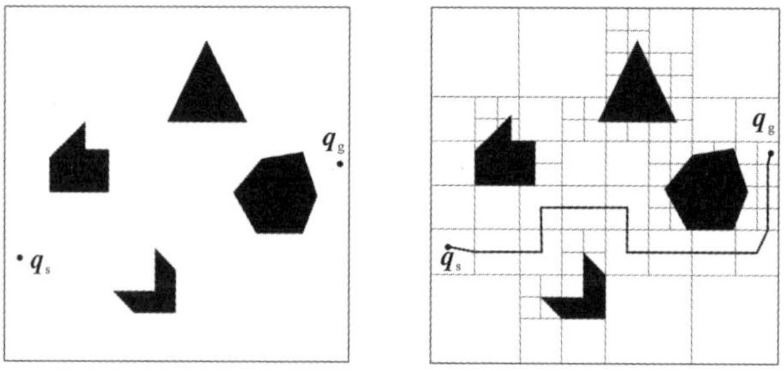

图 16-14　近似单元分解法

基于栅格的全覆盖离线路径规划算法又称为基于网格的行波算法，它要求规定起始单元和目标单元。从目标传播波阵面到起始栅格，每个网格元素标记一个特定的数字。首先把目标标记为 0，目标的所有相邻单元标记为 1。所有与 1 相邻的未标记的单元格标记为 2。该过程递增地重复，直到波阵面到达起始单元为止。一旦算出目标与初始点的距离，覆盖路径就可以从起始单元开始，并选择相邻的单元，即未被访问的最高标记单元。如果两个或多个未访问的相邻单元共享相同的标签，就随机选择其中的一个。

Gabriely 等人（2002）提出的基于栅格的"生成树（spanning tree coverage）"螺旋覆盖法（简称 Spiral-STC 算法），利用机器人传感器获取周边信息，构建局部栅格地图，进而"在线"生成基于"生成树"的螺旋行走路径。针对不同的具体情况，还有其他方法，例如多机协同全覆盖路径规划法（multi-robot methods）。该方法具有很多优势：首先，通过任务分配可降低每个移动机器人的工作量，节省时间；其次，在协同作业时，机器人可以互为定位信标，以减少定位误差；最后，当个别机器人出现故障时，可以进行即时替换，从而使整个系统的耐用性增强。此外还有最优覆盖（optimal coverage）、不确定性覆盖（coverage under uncertainty）和神经网络的网格覆盖（neural network-based coverage on grid maps）等方法。

16.4　基于采样的运动规划

基于采样的运动规划在实际运用中被证明是十分有效的，其主要思想为用自由空间 $\mathcal{C}_{\text{free}}$ 中有限多个点来近似表示空间连通性，然后用这些点构造一个路径图（用 $G=(V,E)$ 表示）或搜索树（用 $T=(V,E)$ 表示）（V 表示 $\mathcal{C}_{\text{free}}$ 中的点，E 表示连接这些点的边），用于可行解的搜索。

基于采样的运动规划采用迭代的方式，每一步迭代中，在 $\mathcal{C}$ 中选择一个点 $\boldsymbol{q}$，并判断 $\boldsymbol{q}$ 是否会导致机器人与障碍物发生碰撞。若发生碰撞，则将 $\boldsymbol{q}$ 舍弃；若不发生碰撞，则将 $\boldsymbol{q}$ 加入 V，并和 V 中已有的一些点 V_q 建立连接，加入 E 中。由其实现过程可知，基于采样的运动规划不需要构造 $\mathcal{C}$-空间障碍物，只需要判断处于形位 $\boldsymbol{q}$ 时，机器人与障碍物是否发生碰撞，因此其计算速度非常快，并可用于高维 $\mathcal{C}$-空间。因为点 $\boldsymbol{q}$ 使机器人发生碰撞时，会直接被舍弃，因此下面简述为在 $\mathcal{C}_{\text{free}}$ 中选择一个点 $\boldsymbol{q}$。

在基于采样的运动规划的实现过程中，基于点 $\boldsymbol{q}$ 及 V_q 不同的选取方式，产生了多种规划方法。点 $\boldsymbol{q}$ 的选取方式通常有确定性方式和随机采样方式。事实证明，随机采样方式更有效，因此下面详细介绍两种随机采样运动规划方法——概率路径图法（PRM）和快速搜索随机树法(RRT),并介绍由于 V_q 的选取方式不同,这两种方法的派生方法。

1. 概率路径图法

如图 16-15(a)所示,在自由空间$\mathcal{C}_{\text{free}}$均匀采样选择一点 $\boldsymbol{q}_{\text{rand}}$(采样点个数为 m),以此点为圆心,在半径为 r 的圆形区域内搜索点集 $V_q \in V$,若 $\boldsymbol{q}_{\text{rand}}$ 与 V_q 中点的连线没有障碍物,则连接这两点,并将其对应的边加入可行路径 E。经过 n 步迭代,可生成如图 16-15(b)所示的路径图,然后在该路径图中搜索连接 $\boldsymbol{q}_s$ 与 $\boldsymbol{q}_g$ 的可行路线。

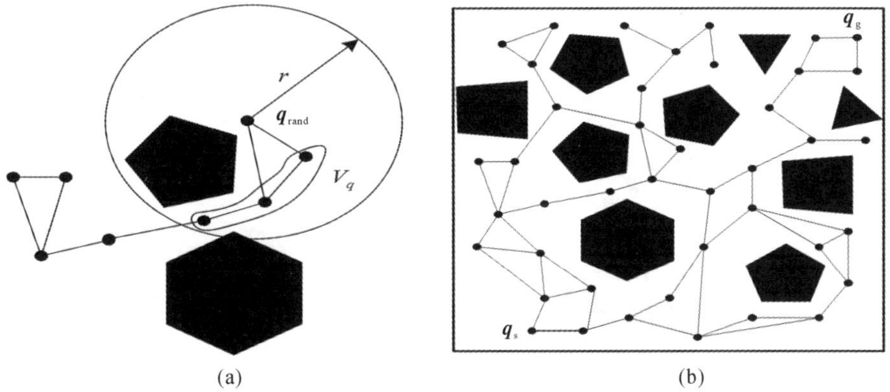

图 16-15 概率路径图法示意图

(a) 单点搜索策略 (b) 障碍物环境下生成的可行路径图

PRM 方法的主要优势在于高效、快速,并且可生成多条可行路径,可从中选取出最优路径。当运动规划问题存在可行解时,PRM 找到可行解的概率随采样点数 n 趋于无穷大而趋于 1。这意味着,若规划问题没有可行解,则此算法会一直运行。实际运用中,当达到最大迭代次数 m 时,强制算法停止。

PRM 方法的另一劣势为在解决移动机器人通过狭窄通道的规划问题时存在局限性,主要原因是均匀采样时采样概率与区域体积成正比,因此狭窄通道采样概率很低,采样点少,在有限迭代次数内很难生成可行路径。针对此原因,可采用非均匀采样的策略生成点 $\boldsymbol{q}$,如采用一种策略提高采样点很少的区域的采样概率。

根据 V_q 的选取方式不同,概率路径图法派生出了一些其他方法。

(1) k 近邻概率路径图法:选择与点 $\boldsymbol{q}_{\text{rand}}$距离最近的 k 个点构成 V_q。

(2) 有界概率路径图法:由于点 $\boldsymbol{q}_{\text{rand}}$是均匀采样生成的,所以以其为圆心、半径为 r 的圆形区域内的点数正比于 m,当 m 很大时,$\boldsymbol{q}_{\text{rand}}$与 V_q 中点的连线障碍物判断将非常耗时,因此在应用中,确定一个上限 k,即 $\boldsymbol{q}_{\text{rand}}$只与 V_q 中最多 k 个点尝试连接。

(3) 变半径概率路径图方法(RPM*):此方法也是为了限制 V_q 中点的个数,随着 m 增大,半径 r 逐渐减小。PRM* 方法给出了半径 r 与采样点数 m 的显式表达式,并证明了 PRM* 方法渐进收敛至问题的最优解。r 与 m 的关系为

$$r = r(m) = \gamma_{\text{PRM}} (\log(m)/m)^{1/n} \tag{16-8}$$

式中:$\gamma_{\text{PRM}} = 2(1+1/n)^{1/n} (\mu(\mathcal{C}_{\text{free}})/\zeta_n)^{1/n}$;$n$ 为$\mathcal{C}$-空间的维度;$\mu(\mathcal{C}_{\text{free}})$表示$\mathcal{C}_{\text{free}}$占据的体积,$\zeta_n$ 表示 n 维欧氏空间中单位球的体积。

2. 随机搜索树法

随机搜索树法通过增量式的方法构造一个无向树状图,可以快速缩小目标点与树的期望距离,有效搜索非凸高维空间,特别适合用来解决包含障碍物和微分约束条件下的路径规

划问题。

如图 16-16(a)所示，从起始状态点出发构造搜索树 T，在自由空间$\mathcal{C}_{\text{free}}$均匀采样选择一点 $\boldsymbol{q}_{\text{rand}}$，确定 V 中与 $\boldsymbol{q}_{\text{rand}}$ 距离最近的节点 $\boldsymbol{q}_{\text{near}}$。根据机器人运动学、动力学等约束确定沿 $\boldsymbol{q}_{\text{near}}$ 至 $\boldsymbol{q}_{\text{rand}}$ 运动的控制输入集 $U=\{\boldsymbol{u}_i, i=1,2,\cdots,m\}$，依次使控制输入 $\boldsymbol{u}_i$ 作用在 $\boldsymbol{q}_{\text{near}}$ 上，使机器人运动固定时间 Δt 到一个新状态 $\boldsymbol{q}_{\text{new}}$，选择距离 $\boldsymbol{q}_{\text{near}}$ 最近的点 $\boldsymbol{q}_{\text{new}}$ 为最佳点 $\boldsymbol{q}_{\text{new}}$。若点 $\boldsymbol{q}_{\text{near}}$ 与点 $\boldsymbol{q}_{\text{new}}$ 之间没有障碍物，则连接这两点，并将对应的边加入可行路径 E，直至生成如图 16-16(b)所示的树状图。

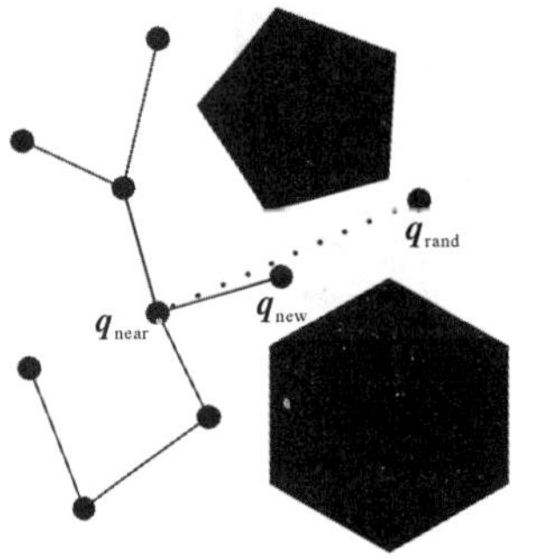

(a)

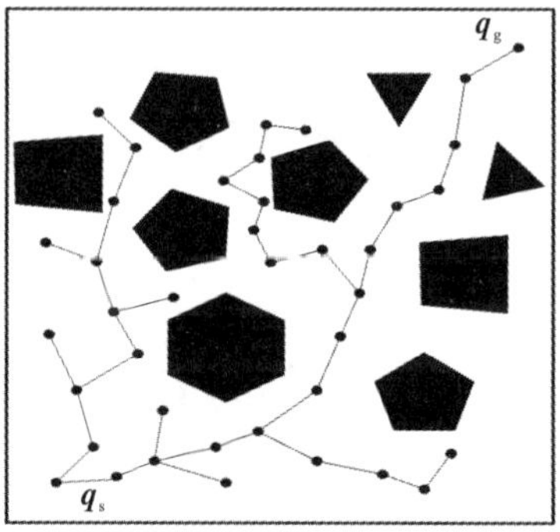

(b)

图 16-16　快速搜索随机树法示意图

(a) 单点搜索策略　(b) 障碍物环境下生成的可行路径图

生成树状图 $T=(V,E)$后，从目标状态 $\boldsymbol{q}_{\text{g}}$ 出发，找到搜索树的父节点，依次连接各点直至到达起始状态 $\boldsymbol{q}_{\text{s}}$，从而规划出从起始状态到目标状态满足无碰撞和微分约束的路径，以及在每一时刻的控制输入函数。在生成树状图 $T=(V,E)$的过程中，需要注意以下三点。

(1) 均匀采样点 $\boldsymbol{q}_{\text{rand}}$ 的生成：若机器人$\mathcal{C}$-空间为欧氏空间或机器人由 n 个旋转关节构成，则可直接进行均匀采样；若$\mathcal{C}$-空间是$\mathfrak{R}^2\times \text{SO}(2)$ 等形式，可分别在$\mathfrak{R}^2$，SO(2) 上进行均匀采样，也可在$\mathcal{C}$-空间流形的切丛上进行采样(Beobkyoon，et al.，2016)。

(2) 点 $\boldsymbol{q}_{\text{near}}$ 的确定：若机器人$\mathcal{C}$-空间为欧氏空间，则根据欧氏距离确定离 $\boldsymbol{q}_{\text{rand}}$ 的最近点 $\boldsymbol{q}_{\text{near}}$；若$\mathcal{C}$-空间是$\mathfrak{R}^2\times \text{SO}(2)$ 等形式，如汽车的$\mathcal{C}$-空间，最近点 $\boldsymbol{q}_{\text{near}}$ 的确定则不那么容易。实际计算中，根据机器人的运动约束求解最近距离是很困难的，因此常采用$\mathfrak{R}^2$ 与 SO(2) 的加权平均距离来确定最近点 $\boldsymbol{q}_{\text{near}}$。

(3) $\boldsymbol{q}_{\text{new}}$ 的生成：若机器人不受运动约束，则可选在 $\boldsymbol{q}_{\text{near}}$ 与 $\boldsymbol{q}_{\text{rand}}$ 连线上、至 $\boldsymbol{q}_{\text{near}}$ 的距离为固定距离 d 的点为 $\boldsymbol{q}_{\text{new}}$。

完整(holonomic)约束机器人可以做任意方向的直线运动(见图 16-17(a))。然而，非完整(non-holonomic)约束机器人只能跟踪特定弧线运动序列(见图 16-17(b))。所以机器人在随机采样的过程中，各节点间的运动应该保证是局部可达的。非完整移动机器人常通过连接局部可达的运动基元实现其在$\mathcal{C}$-空间中的运动规划。以独轮车为例，给定线速度 v 和转向速度$\{-\omega,0,\omega\}$，其在单位时间间隔 Δt 内可分别生成三段局部可达轨迹(见图16-18(a))。

利用所得的运动基元，可将 RRT 算法推广应用于非完整机器人系统。推广后的算法步骤与 RRT 算法步骤基本一致。不同之处在于，当确定搜索树上距离 q_{rand} 最近的点 q_{near} 之

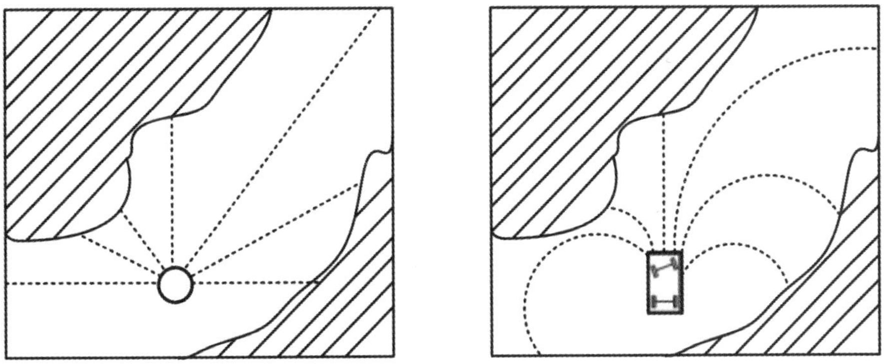

图 16-17　机器人可行运动路径示意图

(a) 完整约束机器人可做任意方向直线运动　(b) 非完整约束机器人只能跟踪弧线序列

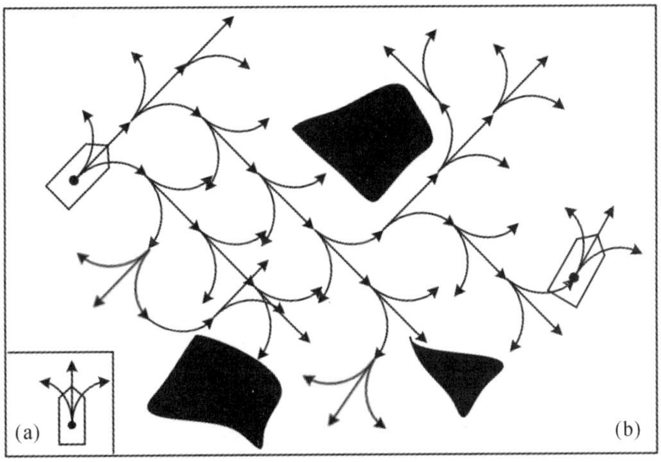

图 16-18　基于 RRT 算法的独轮车运动规划

(a) 运动基元　(b) 随机采样实例

后，新的搜索点 $\boldsymbol{q}_{\mathrm{new}}$ 是通过从 $\boldsymbol{q}_{\mathrm{near}}$ 延伸运动基元而生成的(见图 16-18(b))。

16.5　人工势力场法

1. 人工势力场定义

假设在机器人运动过程中，目标对其产生引力场，同时为了避免与障碍物发生碰撞，障碍物对其产生斥力场，则引力场与斥力场的叠加称为人工势力场。借鉴自然界中重力场、电场使得物体有从高势能位置向低势能位置移动的趋势的现象，可以定义运动规划中的引力场和斥力场。

形位 $\boldsymbol{q}_{\mathrm{g}}$ 产生的引力势能 U_{a} 可以描述为抛物线型或圆锥型的，两者在 $\boldsymbol{q}_{\mathrm{g}}$ 处均使 U_{a} 取极小值，势能和引力公式分别为

$$U_{\mathrm{a1}}(\boldsymbol{q})=-\frac{1}{2}k_{\mathrm{a}}\parallel\boldsymbol{q}-\boldsymbol{q}_{\mathrm{g}}\parallel^{2},\quad U_{\mathrm{a2}}(\boldsymbol{q})=-k_{\mathrm{a}}\parallel\boldsymbol{q}-\boldsymbol{q}_{\mathrm{g}}\parallel$$

$$\boldsymbol{f}_{\mathrm{a1}}(\boldsymbol{q})=k_{\mathrm{a}}(\boldsymbol{q}_{\mathrm{g}}-\boldsymbol{q}),\quad \boldsymbol{f}_{\mathrm{a2}}(\boldsymbol{q})=k_{\mathrm{a}}\frac{\boldsymbol{q}_{\mathrm{g}}-\boldsymbol{q}}{\parallel\boldsymbol{q}_{\mathrm{g}}-\boldsymbol{q}\parallel}\tag{16-9}$$

式中 $k_a>0$。由式(16-9)可知，$\boldsymbol{f}_{a1}(\boldsymbol{q})$随 $\boldsymbol{q}$ 与 $\boldsymbol{q}_g$ 的距离增大而增大，所以当 $\boldsymbol{q}$ 与 $\boldsymbol{q}_g$ 的距离足够大时，几乎只有引力作用，没有斥力作用，达不到避免碰撞的效果；在 $\boldsymbol{q}_g$ 处，$\boldsymbol{f}_{a2}(\boldsymbol{q})$没有意义。针对这两个问题，可以结合抛物线型和圆锥型的优势定义引力场：在远离 $\boldsymbol{q}_g$ 处用圆锥型势能公式，在 $\boldsymbol{q}_g$ 附近用抛物线型势能公式。

为了避免机器人在引力 $\boldsymbol{f}_a$ 作用下与障碍物发生碰撞，在障碍物附近设置屏障型斥力场，即在障碍物附近斥力很大，而远离障碍物时斥力为零。假设$\mathcal{C}$-空间障碍物已被分解为多个凸区域$\mathcal{CO}_i(i=1,2,\cdots,p)$，对每个凸区域定义斥力场，即

$$U_{r,i}(\boldsymbol{q})=\begin{cases}\dfrac{k_{r,i}}{\gamma}\left(\dfrac{1}{\eta_i(\boldsymbol{q})}-\dfrac{1}{\eta_{0,i}}\right)^{\gamma} & ,\eta_i(\boldsymbol{q})\leqslant\eta_{0,i}\\ 0 & ,\eta_i(\boldsymbol{q})>\eta_{0,i}\end{cases}\tag{16-10}$$

式中：$k_{r,i}>0$；$\eta_i(\boldsymbol{q})=\min\limits_{\boldsymbol{q}'\in\mathcal{CO}_i}\|\boldsymbol{q}-\boldsymbol{q}'\|$，表示 $\boldsymbol{q}$ 与$\mathcal{CO}_i$ 的最短距离；$\eta_{0,i}$表示斥力场范围；$\gamma>0$，一般取值为2。由式(16-10)可知，当机器人靠近障碍物时，势能 $U_{r,i}$趋于无穷大，在实际应用中，通常设置一个上限值。

每个障碍物区域$\mathcal{CO}_i$ 对 $\boldsymbol{q}$ 产生的斥力 $\boldsymbol{f}_{r,i}$为

$$\boldsymbol{f}_{r,i}=\begin{cases}\dfrac{k_{r,i}}{\eta_i^2(\boldsymbol{q})}\left(\dfrac{1}{\eta_i(\boldsymbol{q})}-\dfrac{1}{\eta_{0,i}}\right)^{\gamma-1}\nabla\eta_i(\boldsymbol{q}) & ,\eta_i(\boldsymbol{q})\leqslant\eta_{0,i}\\ \boldsymbol{0} & ,\eta_i(\boldsymbol{q})>\eta_{0,i}\end{cases}\tag{16-11}$$

假设 $\boldsymbol{q}'$是$\mathcal{CO}_i$ 中与 $\boldsymbol{q}$ 距离最近的点，则梯度$\nabla\eta_i(\boldsymbol{q})$的方向为由 $\boldsymbol{q}'$指向 $\boldsymbol{q}$。

$\mathcal{C}$-空间障碍物$\mathcal{CO}_i$ 产生的总势能为各势能的和，并假设 $\eta_i(\boldsymbol{q}_g)>\eta_{0,i}$，即在形位 $\boldsymbol{q}_g$ 处，总的斥力势能为零。

$$U_r(\boldsymbol{q})=\sum_{i=1}^{p}U_{r,i}(\boldsymbol{q})\tag{16-12}$$

人工势力场势能总和 $U_t(\boldsymbol{q})$及合力 $\boldsymbol{f}_t(\boldsymbol{q})$分别为

$$\begin{aligned}U_t(\boldsymbol{q})&=U_a(\boldsymbol{q})+U_r(\boldsymbol{q})\\ \boldsymbol{f}_t(\boldsymbol{q})&=\boldsymbol{f}_a(\boldsymbol{q})+\sum\nolimits_{i=1}^{p}\boldsymbol{f}_{r,i}(\boldsymbol{q})\end{aligned}\tag{16-13}$$

$U_t(\boldsymbol{q})$在 $\boldsymbol{q}_g$ 处有全局极小值，但在其他地方也可能存在局部极值。

由上述可知，目标位姿对机器人产生的引力场是比较好计算的，障碍物对机器人产生的斥力场的计算主要集中在 $\eta_i(\boldsymbol{q})$的计算上，而 $\eta_i(\boldsymbol{q})$不是很好计算。为了快速高效地计算形位 $\boldsymbol{q}$ 与障碍物之间的距离，O. Khaitib 将障碍物表示成点、线、面、椭球、平行六面体、柱体和锥体等组合体。例如n-椭球方程为

$$\left(\frac{x}{a}\right)^{2n}+\left(\frac{y}{b}\right)^{2n}+\left(\frac{z}{c}\right)^{2n}=1$$

当 $n\to\infty$时，则成为平行六面体方程。而柱体方程可近似地表示为

$$\left(\frac{x}{a}\right)^{2}+\left(\frac{y}{b}\right)^{2}+\left(\frac{z}{c}\right)^{2n}=1$$

2. 人工势力场运动规划

根据上述定义的人工势力场 $U_t(\boldsymbol{q})$及合力 $\boldsymbol{f}_t(\boldsymbol{q})$，无碰撞运动规划可采用下面三种方法。

(1) 将 $\boldsymbol{f}_t(\boldsymbol{q})$看作广义力矢量 $\boldsymbol{\tau}=\boldsymbol{f}_t(\boldsymbol{q})$，在该力作用下，机器人按照动力学模型运动。

(2) 将机器人的运动看作在力 $\boldsymbol{f}_t(\boldsymbol{q})$作用下的单位质量物体的运动：$\ddot{\boldsymbol{q}}=\boldsymbol{f}_t(\boldsymbol{q})$。

(3) 将 $\boldsymbol{f}_{\mathrm{t}}(\boldsymbol{q})$看作机器人的运动速度：$\dot{\boldsymbol{q}}=\boldsymbol{f}_{\mathrm{t}}(\boldsymbol{q})$。

这三种方法都可直接或间接地看作机器人运动过程中的反馈控制：指引机器人朝着目标位姿运动，并且避免与障碍物发生碰撞。第(1)种方法直接给出了机器人的控制输入，生成的路径最光滑；第(3)种方法能为负责输出精确速度的底层控制器提供参考输入，对机器人的运动矫正更加快速；第(2)种方法需要反解动力学问题，路径光滑度及运动矫正介于其他两种方法之间。并且可以看出，第(3)种方法能保证机器人运动的渐进稳定（在形位 $\boldsymbol{q}_{\mathrm{g}}$ 处，机器人速度为零），为了使其他两种方法也达到渐进稳定，需要在 $\boldsymbol{f}_{\mathrm{t}}(\boldsymbol{q})$中加入一项与速度 $\dot{\boldsymbol{q}}$ 有关的阻尼项。

采用数值计算的方法，第(3)种方法的实现最为简单，即

$$\boldsymbol{q}_{k+1}=\boldsymbol{q}_k+\tau\boldsymbol{f}_{\mathrm{t}}(\boldsymbol{q}_k) \tag{16-14}$$

式中：$\boldsymbol{q}_k$，$\boldsymbol{q}_{k+1}$分别表示机器人此时及下一时刻的形位；τ 为时间间隔。为了提高算法的性能，可以根据 $\boldsymbol{f}_{\mathrm{t}}(\boldsymbol{q}_k)$的大小，改变 τ 的值（$\boldsymbol{f}_{\mathrm{t}}(\boldsymbol{q}_k)$较大，则 τ 取较小值；$\boldsymbol{f}_{\mathrm{t}}(\boldsymbol{q}_k)$较小，则 τ 取较大值）。

因 $\boldsymbol{f}_{\mathrm{t}}(\boldsymbol{q})=-\nabla U_{\mathrm{t}}(\boldsymbol{q})$，从式(16-14)可以看出，此运动规划方法实际上是根据 $U_{\mathrm{t}}(\boldsymbol{q})$的梯度方向找到其极小值。

3. *局部极小值问题*

人工势力场法在实际应用中，不可避免地会陷入局部极小值点。通常可使机器人在局部极小值点附近做轻微运动，以离开局部极小值点。采用这种策略，虽然可以解决部分局部极小值问题，但是跳出局部极小值点有时需要很长的时间，并且在前往目标位姿点的过程中，还有可能再次进入局部极小值点，不能从根本上解决问题。若想从根本上解决问题，就要从人工势力场的定义出发，建立只有全局极值点 $\boldsymbol{q}_{\mathrm{g}}$ 的人工势力场，称为导航函数。

导航函数 $\varphi(\boldsymbol{q})$有以下几条性质：① 函数光滑，或至少具有二阶连续导数；② 在障碍物边界处函数有界；③ 只有全局极小值点 $\boldsymbol{q}_{\mathrm{g}}$；④ 函数在每一驻点 $\boldsymbol{q}(\partial\varphi/\partial\boldsymbol{q}=\boldsymbol{0})$处，Hessian 矩阵$\partial^2\varphi/\partial\boldsymbol{q}^2$ 满秩。性质④保证了即使势力场中存在鞍点，从任一初始位姿 $\boldsymbol{q}$ 开始也不会收敛至鞍点。

Rimon 和 Koditschek(1991)在特殊的$\mathcal{C}$-空间中构造出了满足上述 4 条性质的导航函数$\varphi(\boldsymbol{q})$。n 维$\mathcal{C}$-空间中，自由空间$\mathcal{C}_{\text{free}}$表示一个半径为 r_0 的 n 维球体的内部，以及几个半径为 r_i ($i=1,2,\cdots,m$)、圆心为 $\boldsymbol{q}_i$ 的球体的外部，即

$$\mathcal{C}_{\text{free}}=\{\boldsymbol{q}\in\Re^n:(\|\boldsymbol{q}\|\leqslant r_0)\cap(\cap_{i=1}^{m}\|\boldsymbol{q}-\boldsymbol{q}_i\|\geqslant r_i)\} \tag{16-15}$$

将此类空间称为球型$\mathcal{C}$-空间。类似地，可以定义星型$\mathcal{C}$-空间，即把球型$\mathcal{C}$-空间定义中的球体改为星状体（星状体是指其中心点与边界点上的连线均在其内部的形体）。Rimon 和 Koditschek 指出 n 维球体和 n 维星状体之间可以等价变形，因此星型$\mathcal{C}$-空间中的导航函数可以变形至球型$\mathcal{C}$-空间进行求解。

虽然 Rimon 和 Koditschek 给出了特殊$\mathcal{C}$-空间中导航函数 $\varphi(\boldsymbol{q})$的求解方法，但在一般$\mathcal{C}$-空间中，$\varphi(\boldsymbol{q})$是很难确定的，即使在上述定义的特殊$\mathcal{C}$-空间中，$\varphi(\boldsymbol{q})$的计算也是非常复杂的，在实际运用中，常采用数值导航函数法。

数值导航函数法实质是网格离散法，其具体做法是从目标点 $\boldsymbol{q}_{\mathrm{g}}$ 出发，赋予网格点数值 0，并将附近网格点赋值 1，接着将网格点 1 附近的网格点赋值 2，依此类推，直至覆盖整个网格；运动规划过程则是指从点 $\boldsymbol{q}_{\mathrm{s}}$ 出发，循着网格点数值减小的方向到达目标点 $\boldsymbol{q}_{\mathrm{g}}$。数值导航函数法不会产生局部极小值，但是由于其网格离散化的特点，只能用于低维空间，如

图 16-19所示为在平面内数值导航函数法生成的网格可搜寻到的可行路径。

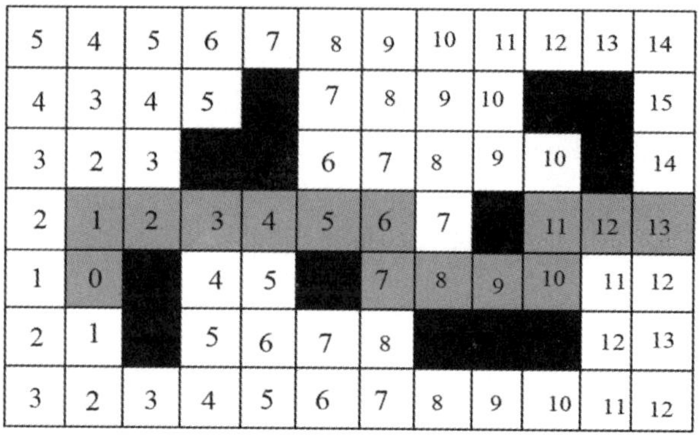

图 16-19　数值导航函数法

资料概述

运动规划已经成为机器人学的核心内容,其中包括全局运动规划和局部运动规划等。$\mathcal{C}$-空间法(Latombe,2012;LaValle,2006;Choset et al.,2005)属于全局规划方法,是将机器人的形位映射为$\mathcal{C}$-空间的一点,根据障碍物的分布,将$\mathcal{C}$-空间分为自由空间和$\mathcal{C}$-空间障碍物,从而解决寻空间和寻路径问题。由$\mathcal{C}$-空间延伸出来的广义维罗尼图法、单元分解法、基于采样的运动规划方法,可参考 De Berg 等(2008)、Garber 等(2004)的著作和 Karaman 等(2011)的文章。

人工势力场法属于局部运动规划方法,便于实现在线运动规划,首次出现于 Khatib(1986)的文章。针对局部运动规划,Kogan 等(2006)和 Ziegler 等(2014)采用了同时考虑机器人本身约束和环境约束的数值优化方法,也取得了很好的效果。González 等(2016)综述了运动规划的具体实现方法。Galceran(2013)对全覆盖路径规划(CPP)做了系统性的总结;Hameed(2014)对丘陵地形中的农业机器人全覆盖路径规划做了研究;Galceran 等(2015)将全覆盖路径规划用于海底结构的探测,并根据传感器测量数据对规划路径进行了实时调整。

习　题

16.1　说明图 16-1 所示的平面 2R 机械手的$\mathcal{C}$-空间。

16.2　如图 16-2 所示,画出正方形$\mathcal{A}$做平面运动的$\mathcal{C}$-空间障碍物$\mathcal{CO}$。

16.3　如图 16-3 所示,画出$\mathcal{A}$做平面运动的$\mathcal{C}$-空间障碍物$\mathcal{CO}$。

16.4　如图 16-7 所示,若图中的点换成不同半径的圆,试画出相应的维罗尼图。

附录A 符号与术语

1. 数学运算

符号	含义
$\forall j$	对一切 j
$\exists$	存在
$\in$	属于
$\cap$	交集
$\cup$	并集
$\subset$	包含于
Δx	x 的有限增量
$\delta y, \partial y$	y 的增量，y 的变分
$\mathrm{d}y$	y 的全微分
$\boldsymbol{a} \cdot \boldsymbol{b} = \boldsymbol{a}^{\mathrm{T}} \boldsymbol{b}$	点积
$\Vert \boldsymbol{a} \Vert$	矢量的模
$\boldsymbol{a} \times \boldsymbol{b}$	叉积
$\vee \ \wedge$	算子：矢量↔反对称矩阵
$\exp(\boldsymbol{P}), \mathrm{e}^{\boldsymbol{P}}$	矩阵 $\boldsymbol{P}$ 的指数映射
$\mathrm{e}^{[\boldsymbol{\omega}]\theta}$	so(3)到SO(3)的指数映射
$\mathrm{e}^{[V]\theta}$	se(3)到SE(3)的指数映射
$\det(\boldsymbol{P}), \vert \boldsymbol{P} \vert$	矩阵 $\boldsymbol{P}$ 的行列式
$\boldsymbol{P}^{-1}$	矩阵 $\boldsymbol{P}$ 的逆
$\boldsymbol{P}^{\mathrm{T}}$	矩阵 $\boldsymbol{P}$ 的转置
$\boldsymbol{P}_1 \oplus \boldsymbol{P}_2$	矩阵 $\boldsymbol{P}_1, \boldsymbol{P}_2$ 的直和
$\mathrm{rank}(\boldsymbol{P})$	矩阵 $\boldsymbol{P}$ 的秩
$\mathrm{tr}(\boldsymbol{P})$	矩阵 $\boldsymbol{P}$ 的迹
$\mathrm{diag}(\boldsymbol{a})$	将矢量 $\boldsymbol{a}$ 转化为对角矩阵
$\mathrm{med}(\boldsymbol{a})$	求矢量 $\boldsymbol{a}$ 的中值
$\mathrm{Ad}(\boldsymbol{T}) \in \mathfrak{R}^{4\times 4}$	矩阵 $\boldsymbol{T}$ 的伴随矩阵
$\mathrm{ad}(V) \in \mathfrak{R}^{6\times 6}$	运动旋量坐标的伴随表示
$\mathrm{ad}([V]) \in \mathfrak{R}^{4\times 4}$	运动旋量的伴随表示
$\mathrm{Rot}(x,\alpha)$	绕 x 轴旋转 α 角
$\mathrm{Rot}(y,\beta)$	绕 y 轴旋转 β 角
$\mathrm{Rot}(z,\gamma)$	绕 z 轴旋转 γ 角
$\mathrm{Rot}(\boldsymbol{k},\theta)$	绕轴线 $\boldsymbol{k}$ 旋转 θ 角；旋转算子
$\mathrm{Trans}(x,a)$	沿 x 轴移动 a 距离
$\mathrm{Trans}(y,b)$	沿 y 轴移动 b 距离
$\mathrm{Trans}(z,c)$	沿 z 轴移动 c 距离
$\mathrm{Trans}(\boldsymbol{p})$	平移算子
λ_i	矩阵的第 i 个特征值
σ_i	矩阵的第 i 个奇异值
$k(\boldsymbol{J})$	雅可比矩阵 $\boldsymbol{J}$ 的条件数
γ_{v}	操作臂的速度比
$F(\mu)$	傅里叶变换
$f(t)$	傅里叶逆变换
$L_1 \circ L_2$	两线矢量的r-积
$P(x_k, m_k \vert z_k, u_k)$	后验概率密度分布函数
$P(x_k, m_k \vert z_{k-1}, u_k)$	先验概率密度分布函数

2. 坐标系

符号	含义
$\{\boldsymbol{B}\}$	基坐标系；物体坐标系
$\{\boldsymbol{E}\}, \{\boldsymbol{T}\}$	工具坐标系
$\{\boldsymbol{G}\}$	目标坐标系
$\{\boldsymbol{S}\}$	工作站坐标系，传感器坐标系
$\{\boldsymbol{W}\}$	腕部坐标系
$\{\boldsymbol{C}\}$	质心坐标系；约束坐标系
$\{i\}$	第 i 个连杆坐标系
$\{\boldsymbol{L}_0\}, \{\boldsymbol{F}_0\}$	主臂与从臂的基坐标系
$\{\boldsymbol{L}_i\}, \{\boldsymbol{F}_i\}$	主臂与从臂的连杆坐标系
$\{\boldsymbol{L}\}, \{\boldsymbol{F}\}$	主臂与从臂的末端连杆坐标系
$\{\boldsymbol{C}_i\}$	手指接触坐标系
$\{\boldsymbol{I}\}$	惯性坐标系

3. 矩阵、群

$\boldsymbol{I}_{3\times3}$	3×3 单位矩阵
$\boldsymbol{R}_{3\times3}$	旋转矩阵
${}^{A}_{B}\boldsymbol{R}$	{$\boldsymbol{B}$}相对于{$\boldsymbol{A}$}的旋转矩阵
${}^{A}_{B}\boldsymbol{T}$	{$\boldsymbol{B}$}相对于{$\boldsymbol{A}$}的齐次变换矩阵
${}^{i-1}_{i}\boldsymbol{T}$	连杆坐标系{i}相对于{$i-1$}的齐次变换矩阵
$[\boldsymbol{\omega}]$	矢量$\boldsymbol{\omega}$的反对称矩阵
$[V]=\begin{bmatrix}[\boldsymbol{\omega}] & \boldsymbol{v}\\ \boldsymbol{0} & 0\end{bmatrix}$	运动旋量
$\boldsymbol{J}$	速度雅可比矩阵
$\boldsymbol{J}^{\mathrm{T}}$	力雅可比矩阵
$\boldsymbol{J}^{+}$	雅可比 Moore-Penrose 广义逆
${}^{i}_{j}\boldsymbol{J}^{s}_{t},j=1,2,\cdots,i$	移动雅可比矩阵
${}^{i}_{j}\boldsymbol{J}^{s}_{a},j=1,2,\cdots,i$	旋转雅可比矩阵
$\boldsymbol{J}^{\mathrm{s}}$	空间雅可比矩阵
$\boldsymbol{J}^{\mathrm{b}}$	物体雅可比矩阵
$\boldsymbol{G}$	移动机器人雅可比矩阵
$\boldsymbol{K}$	刚度矩阵
$\boldsymbol{C}(\boldsymbol{q})_{m\times m}$	操作柔度矩阵
${}^{C}\boldsymbol{I}$	相对坐标系{$\boldsymbol{C}$}的惯性张量
$\bar{\boldsymbol{I}}$	伪惯性矩阵
$\boldsymbol{M}$	空间惯性矩阵
$\boldsymbol{D}(\boldsymbol{q})_{n\times n}$	操作臂的质量矩阵;关节空间的惯量矩阵
$\boldsymbol{h}(\boldsymbol{q},\dot{\boldsymbol{q}})_{n\times1}$	科氏力和离心力矢量
$\boldsymbol{G}(\boldsymbol{q})_{n\times1}$	重力矢量
$\boldsymbol{F}(\boldsymbol{q},\dot{\boldsymbol{q}})_{n\times1}$,$\boldsymbol{F}_{\mathrm{v}}(\boldsymbol{q},\dot{\boldsymbol{q}})_{n\times1}$	摩擦与阻尼力矢量
$\boldsymbol{B}(\boldsymbol{q})_{n\times(n-1)/2}$	科氏力的系数矩阵
$\boldsymbol{C}(\boldsymbol{q})_{n\times n}$	离心力的系数矩阵
$\boldsymbol{V}(\boldsymbol{q})_{n\times n}$	操作空间的惯性矩阵
$\boldsymbol{u}(\boldsymbol{q},\dot{\boldsymbol{q}})_{n\times1}$	操作空间科氏力和离心力矢量
$\boldsymbol{p}(\boldsymbol{q})_{n\times1}$	操作空间重力矢量
SO(n)	n 阶旋转群
so(n)	SO(n)的李代数
SE(n)	n 阶特殊欧氏群
se(n)	SE(n)的李代数

4. 位置、速度、力、旋量、能量

a,α,d,θ	连杆参数
${}^{A}\boldsymbol{p}$	坐标系{$\boldsymbol{A}$}中的一点
$\boldsymbol{p}$	坐标系{0}中的一点
${}^{A}\boldsymbol{p}_{Bo}$	坐标系{$\boldsymbol{B}$}的原点在{$\boldsymbol{A}$}中的表示
${}^{i}\boldsymbol{p}_{ci}$	连杆 i 的质心在{i}中的表示
${}^{A}\boldsymbol{v}_{p}$	$\boldsymbol{p}$ 点在坐标系{$\boldsymbol{A}$}中的线速度
${}^{A}\boldsymbol{v}_{Bo}$	坐标系{$\boldsymbol{B}$}的原点相对于{$\boldsymbol{A}$}的速度
${}^{i}\boldsymbol{v}_{ci}$	连杆 i 的质心速度在{i}中的表示
${}^{A}_{B}\boldsymbol{\omega}$	坐标系{$\boldsymbol{B}$}相对于{$\boldsymbol{A}$}的角速度
$V=\begin{bmatrix}\boldsymbol{v}\\ \boldsymbol{\omega}\end{bmatrix}$	广义速度:$\boldsymbol{v}$ 为线速度,$\boldsymbol{\omega}$ 为角速度
$V=(\boldsymbol{v},\boldsymbol{\omega})$	广义速度的旋量坐标
${}^{A}V$	坐标系{$\boldsymbol{A}$}下的广义速度
${}^{B}V$	坐标系{$\boldsymbol{B}$}下的广义速度
$D=\begin{bmatrix}\boldsymbol{d}\\ \boldsymbol{\delta}\end{bmatrix}$	微分运动矢量:$\boldsymbol{d}$ 为微分移动矢量,$\boldsymbol{\delta}$ 为微分转动矢量
$\boldsymbol{v}^{\mathrm{b}}$	刚体瞬时物体速度的移动分量
$\boldsymbol{\omega}^{\mathrm{b}}$	刚体瞬时物体速度的转动分量
$\boldsymbol{v}^{\mathrm{s}}$	刚体瞬时空间速度的移动分量
$\boldsymbol{\omega}^{\mathrm{s}}$	刚体瞬时空间速度的转动分量
V^{b}	刚体瞬时物体速度
V^{s}	刚体瞬时空间速度
${}^{i}\boldsymbol{v}_{i},\boldsymbol{v}_{i}^{\mathrm{b}}$	第 i 个连杆在坐标系{i}中表示的线速度
${}^{i}\boldsymbol{\omega}_{i},\boldsymbol{\omega}_{i}^{\mathrm{b}}$	第 i 个连杆在坐标系{i}中表示的角速度
$\boldsymbol{v}_{i},\boldsymbol{v}_{i}^{\mathrm{s}}$	第 i 个连杆相对于参考坐标系{0}的线速度

$\boldsymbol{\omega}_i, \boldsymbol{\omega}_i^{s}$	第 i 个连杆相对于参考坐标系{0}的角速度
${}^{i}\boldsymbol{v}_{i+1}$	坐标系{i+1}原点线速度在{i}中的表示
${}^{i}\boldsymbol{\omega}_{i+1}$	坐标系{i+1}原点角速度在{i}中的表示
$\boldsymbol{\tau}_i$	关节驱动力矩
${}^{i}\boldsymbol{f}_i$	连杆 i−1 作用在连杆 i 上的力在{i}中的表示
${}^{i}\boldsymbol{f}_{i+1}$	连杆 i+1 作用在连杆 i 上的力在{i}中的表示
${}^{i}\boldsymbol{\tau}_i$	连杆 i−1 作用在连杆 i 上的力矩在{i}中的表示
${}^{i}\boldsymbol{\tau}_{i+1}$	连杆 i+1 作用在连杆 i 上的力矩在{i}中的表示
$F=\begin{bmatrix}\boldsymbol{f}\\ \boldsymbol{\tau}\end{bmatrix}$	力旋量：$\boldsymbol{f}$ 为力，$\boldsymbol{\tau}$ 为力矩
${}^{A}F$	坐标系{$\boldsymbol{A}$}下的力旋量
${}^{B}F$	坐标系{$\boldsymbol{B}$}下的力旋量
$L=\begin{bmatrix}\boldsymbol{n}\\ \boldsymbol{r}\times\boldsymbol{n}\end{bmatrix}$	线矢量 L 的 Plücker 坐标：$\boldsymbol{n}$ 为方向矢量，$\boldsymbol{r}$ 为点坐标
$S=(L,h,m)$	螺旋坐标 S：L 为轴线，h 为节距，m 为幅值
L	拉格朗日函数
T	系统动能
U	系统势能

5. 运动副、空间

R	旋转副
P	移动副
H	螺旋副
C	圆柱副
E	平面副
U	虎克铰
S	球面副
$\boldsymbol{Q}$	机器人关节空间
$\boldsymbol{W}$	机器人工作空间
$\boldsymbol{W}_{\mathrm{R}}$	可达空间
$\boldsymbol{W}_{\mathrm{D}}$	灵活空间
$R(\cdot)$	域空间
$N(\cdot)$	零空间
$\dim(\cdot)$	空间的维度

6. 控制/视觉系统参数

Q	四元数
$\mathcal{CO}$	$\mathcal{C}$-空间障碍物
$\boldsymbol{e}_{\mathrm{ssp}}$	稳态位置误差
ζ	阻尼比
ω	干扰信号频率
ω_{n}	自然频率
ω_{r}	系统结构的共振频率
J_{eff}	等效惯性矩
f_{eff}	等效黏性摩擦因数
k_{eff}	等效刚度
k, k_{e}	系统刚度，环境刚度
$k_{\mathrm{v}}, \boldsymbol{K}_{\mathrm{v}}$	速度反馈增益，速度反馈增益矩阵
$k_{\mathrm{p}}, \boldsymbol{K}_{\mathrm{p}}$	位置反馈增益，位置反馈增益矩阵
k_{i}	积分项
$\boldsymbol{D}(\lambda)$	驱动变换
$\boldsymbol{K}_{\mathrm{d}}$	阻尼矩阵
$\boldsymbol{K}_{x}$	反馈矩阵
$\boldsymbol{K}_{\mathrm{r}}$	前馈矩阵
$\boldsymbol{S}$	选择矩阵
$\boldsymbol{M}$	质量矩阵
$\boldsymbol{C}_{F}$	具有柔度的对角矩阵
$\boldsymbol{D}$	线性补偿器传递矩阵；阻尼矩阵
$\boldsymbol{C}$	接触矩阵
$\boldsymbol{G}$	抓取矩阵
$H(A,B)$	Hausdorff 距离
$\boldsymbol{H}(\boldsymbol{q})$	性能指标
$\boldsymbol{G}(\boldsymbol{q})$	Pfaffian 约束基矩阵
$\boldsymbol{A}^{\mathrm{T}}(\boldsymbol{q})\in\Re^{m\times n}$	非完整约束矩阵
$\boldsymbol{G}(x,y)$	模板图像
$\boldsymbol{I}(x,y)$	目标图像
U_i	四旋翼输入变量
F_i	旋翼升力
f	焦距
$\mathrm{grad}(\boldsymbol{I})$	图像 $\boldsymbol{I}$ 的梯度
$\mathrm{mag}(\nabla\boldsymbol{I})$	矢量的 $\nabla\boldsymbol{I}$ 幅值
$*$	卷积
δ	狄拉克数

round(·)	四舍五入运算	$\underset{x}{\operatorname{argmin}} f(x)$	使 $f(x)$ 取最小值的 x
$\bar{\boldsymbol{I}}$	图像 $\boldsymbol{I}$ 灰度均值	$\kappa(\boldsymbol{x},\boldsymbol{x}')$	核函数
k_1, k_2	径向畸变系数	L_s	观测特征向量 $\boldsymbol{s}$ 的雅可比矩阵
p_1, p_2	切向畸变系数	arctan2(·)	辐角主值
$\underline{\boldsymbol{M}}_{\mathrm{I}} \in \Re^{3\times3}$	内参矩阵	$\boldsymbol{E}$	基础矩阵
$\underline{\boldsymbol{T}} \in \Re^{3\times4}$	外参矩阵	$\boldsymbol{F}$	本质矩阵
$\boldsymbol{R} \in \Re^{3\times3}$	旋转矩阵	cos⟨ · , · ⟩	矢量夹角余弦
$\boldsymbol{t}$	平移矢量	$\boldsymbol{V}$	词袋向量
$\boldsymbol{H}$	单应性矩阵	s(·)	相似性
$\boldsymbol{C}(\boldsymbol{x})$	循环矩阵	κ	路径曲率
$\odot$	哈达玛积		

附录 B 术语中英文对照

CCD	charge coupled device
CMOS	complementary metal-oxide-semiconductor
$\mathcal{C}$-空间	configuration space
D-H 参数	Denavit-Hartenberg parameters
Plücker 坐标	Plücker coordinate
RPY 角	roll-pitch-yaw angles
r-积	reciprocal product
伴随变换	adjoint transformation
背景	background
并行力-位置	parallel force-position
并联机构	parallel mechanism
步行机器人	walking robot
参数辨识	parameter identification
操作臂	manipulation arm
操作空间	operating workspace
操作力	operating force
操作速度	operating speed
叉积	cross product
串联机构	serial mechanism
词袋模型	bag of words
单轨汽车模型	single-track vehicle model
单应性	homography
单应性矩阵	homography matrix
导航	navigation
等效转轴	equivalent shaft
电荷耦合器件(CCD)	charge coupled device
定位、位姿	location
动力学	dynamics
动力学模型	dynamic model
动能	kinetic energy
独立关节	independent joint
端到端学习	end-to-end learning
对偶	dual
多指手	multi-fingered hand
反对称矩阵	anti-symmetric matrix
反馈	feedback
范数	norm
飞行机器人	flying robot
飞行时间(ToF)	time-of-flight
非完整约束	nonholonomic constraint
刚度和柔度	rigidity and flexibility
刚体变换	rigid transformation
刚体变换群	rigid body transformation group
高斯-牛顿法	Gauss-Newton method
科氏力	Coriolis force
工作空间	workspace
构型演变	configuration evolution
固定摄像机系统	eye-to-hand system
固定坐标系	fixed coordinate system
关节变量	joint variable
关节空间	joint space
关节力	joint force
关节式机器人	joint robot
关节速度	joint speed
惯性	inertia
惯性测量单元(IMU)	inertial measurement unit
惯性导航系统(INS)	inertial navigation system
惯性积	inertia product
惯性矩	inertia moment
惯性张量	inertia tensor
光束平差法(BA)	bundle adjustment
广义力	generalized force

广义速度	generalized velocity
归一化互相关(NCC)	normalized cross correlation
轨迹跟踪	trajectory tracking
轨迹生成	trajectory generation
互补金属氧化物半导体(CMOS)	complementary metal oxide semiconductor
回环检测	loop closure detection
混合力-位置	hybrid force-position
混合视觉控制	hybrid visual servoing
机动性	mobility
机器视觉	machine vision
机载控制系统	onboard control system
激光雷达	laser radar
极线	epipolar
减速器	gear reducer
建图	mapping
焦距	focal length
结构光	structured light
解耦	decoupling
径向畸变	radial distortion
矩阵指数	matrix exponential
卷积	convolution
卷积神经网络	convolutional neural networks
卡尔曼滤波	Kalman filtering
可操作度	manipulability
可操作椭球	manipulability ellipsoid
空间滤波	spatial filtering
空间坐标系	space coordinates system
快速傅里叶变换	fast Fourier transform
扩展卡尔曼滤波器(EKF)	extended Kalman filter
拉格朗日乘子	Lagrange multiplier
拉格朗日方程	Lagrange equation
拉普拉斯算子	Laplacian
累积漂移	accumulating drift
李代数	Lie algebra
李括号	Lie bracket
李群	Lie group
李雅普诺夫	Lyapunov
力传感器	force sensor
力控制	force control
力旋量	wrench
连杆变换	link transformation
连杆参数	link parameter
连杆坐标系	link coordinate system
链式形式	chained form
亮度	intensity
列文伯格-马夸尔特法	Levenberg-Marquardt method
灵巧手爪	dexterous hand
路径跟踪	path tracking
路径规划	path planning
轮式移动机器人	wheeled mobile robot
罗伯茨算子	Roberts operator
罗德里格斯公式	Rodrigues' formula
螺旋	screw
螺旋运动	helical motion
螺旋坐标	helical coordinate
满射	epimorphism
末端执行器	end-effector
模型预测控制	model predictive control
拟人臂	anthropomorphic arm
拟人手	anthropomorphic hand
逆雅可比	inverse Jacobian
牛顿-欧拉	Newton-Euler
欧几里得	Euclid
欧拉角	Euler angle
频域滤波	spectral filtering
普法夫	Pfaffian
齐次变换	homogeneous transformation
齐次坐标	homogeneous coordinate
奇异性	singularity
奇异值分解	singular value decomposition
前景	foreground
前馈	feedforward
欠驱动	underactuation
切向畸变	tangential distortion
球形轮	spherical wheel
球形腕	spherical wrist
球坐标机器人	spherical coordinate robot
驱动空间	drive space
全球定位系统(GPS)	global position system
扰动	disturbance
人工势场	artificial potential field

冗余度机器人	redundant robot
冗余空间	redundant space
冗余约束	redundant constraint
摄像机	camera
摄像机内参	camera intrinsic parameter
摄像机外参	camera external parameter
矢量	vector
矢量积	vector product
视差	disparity
视觉标定	vision calibration
视觉跟踪	visual tracking
视觉惯性里程计(VIO)	visual inertial odometry
视觉检测	visual inspection
视觉里程计	visual odometry
视觉伺服控制	visual servo
视觉图像处理	vision image processing
手臂	robot arm
手腕	robot wrist
手爪	robot gripper
数据融合	data fusion
数量积	scalar product
数字信号处理器(DSP)	digital signal processing
双轨汽车模型	double-track vehicle model
双目立体视觉	binocular stereovision
顺应控制	compliance control
顺应手爪	compliance gripper
瞬时速度	instantaneous speed
斯坦福机械手	Stanford manipulator
四元数	quaternion
伺服电动机	servo motor
速度	speed,velocity
索贝尔算子	Sobel operator
泰勒展开	Taylor expansion
特殊正交群	special orthogonal group
特征表达	feature representation
特征参数	feature parameter
特征提取	feature extraction
特征矢量	eigenvectors
特征值	eigenvalue
梯度下降法	gradient descent method
同步驱动	synchro drive

同时定位与地图构建(SLAM)	simultaneous localization and mapping
投影	projection
透视变换	perspective transformation
图像分割	image segmentation
图像几何变换	image geometric transformation
图像匹配	image matching
图像拼接	image stitching
图形处理器(GPU)	graphics processing unit
图形搜索	graph search
图形搜索路径规划	graphical search path planning
完整约束	holonomic constraints
微分变换	differential transformation
微分平坦	differential flatness
微分运动	differential motion
微分转动	differential rotation
维罗尼图	voronoi diagram
位能	potential energy
位置	position
位置控制器	position controller
位姿	pose
位姿描述	pose description
位姿图	pose graph
无碰撞路径	collision-free path
无人机	unmanned aerial vehicle
物体坐标系	body system/frame
误差标定	error calibration
现场可编程逻辑门阵列(FPGA)	field programmable gate array
限制玻尔兹曼机	restricted Boltzmann machine
线矢量	line vector
线速度	line speed
线性插值	linear interpolation
线性系统	linear system
线性规划	linear program
相对坐标系	relative coordinate system/frame
相关滤波	correlation filtering
相似变换	similar transformation

向心力	centripetal force
形封闭	form-closure
形位	configuration
旋转变换群	rotation transformation group
旋转矩阵	rotation matrix
旋转轴	screw axis
雅可比矩阵	Jacobian
眼在手系统	eye-in-hand system
样条曲线	spline
移动副	sliding pair
移动关节	translation joint
圆柱坐标机器人	cylindrical coordinate robot
约束	constraint
运动副	kinematic pair
运动规划	motion planning
运动恢复结构（SfM）	structure from motion
运动控制	motion control
运动算子	kinematic operator
运动旋量	motion screw
运动学	kinematics
运动学反解	inverse kinematics
运动学方程	kinematical equation
障碍物	barrier
召回率	recall
整车模型	full-vehicle model
正交	orthogonal
支持向量机（SVM）	support vector machine
执行机构	actuator
执行系统	actuating system
直方图	histogram
直角坐标机器人	Cartesian coordinate robot
指数积	exponential product
中央处理器（CPU）	central processing unit
转动惯量	inertia moment
姿态	posture
姿态控制器	attitude controller
子空间	subspace
自由度	degree of freedom
自由路径	free path
阻抗控制	impedance control
最佳/优轨迹	optimal trajectories
最近迭代点	iterative closest point(ICP)
最小时间轨迹	minimum-time trajectories
最优时间规划	optimal time planning
坐标变换	coordinate transformation
坐标系	coordinate system/frame
坐标映射	coordinate mapping

参 考 文 献

曹其新,张蕾.2012.轮式自主移动机器人[M].上海:上海交通大学出版社.

崔宏滨,李永平,康学亮.2015.光学[M].2版.北京:科学出版社.

戴建生.2014.机构学与机器人学的几何基础与旋量代数[M].北京:高等教育出版社.

邓宗全,张朋,胡明,等.2008.轮式行星探测车移动系统研究状况综述及发展态势[J].机械设计,25(1):1-5.

黄婷,孙立宁,王振华,等.2017.基于被动柔顺的机器人抛磨力/位混合控制方法[J].机器人,39(6):776-785,794.

黄真.1998.并联机器人及其机构学理论[J].燕山大学学报,22(1):13-27.

梁崇高,荣辉.1991.一种 Sterwart 平台型机械手位移正解[J].机械工程学报,27(2):26-30.

魏立新,李二超,王洪瑞.2005.基于 CMAC 在线自学习模糊自适应控制的机器人力/位置鲁棒控制[J].电工技术学报,20(5):40-44.

熊有伦.1994.点接触约束理论与机器人抓取的定性分析[J].中国科学(A辑),24(8):874-883.

熊有伦.1993.机器人学[M].北京:机械工业出版社.

熊有伦,尹周平,熊蔡华,等.2001.机器人操作[M].武汉:湖北科学技术出版社.

徐娜,陈雄,孔庆生,等.2011.非完整约束下的机器人运动规划算法[J].机器人,33(6):666-672.

尹宏鹏,陈波,柴毅,等.2016.基于视觉的目标检测与跟踪综述[J].自动化学报,42(10):1466-1489.

殷跃红,朱剑英.1999.智能机器力觉及力控制研究综述[J].航空学报,20(1):1-7.

于靖军.2008.机器人机构学的数学基础[M].北京:机械工业出版社.

张广军.2008.视觉测量[M].北京:科学出版社.

张峥,徐超,任淑霞,等.2014.数字图像处理与机器视觉[M].2版.北京:人民邮电出版社.

ABDEL-AZIZ Y I, KARARA H M, HAUCK M. 2015. Direct linear transformation from comparator coordinates into object space coordinates in close-range photogrammetry[J]. Photogrammetric Engineering & Remote Sensing, 81(2): 103-107.

ACAR E U, CHOSET H, LEE J Y. 2006. Sensor-based coverage with extended range detectors[J]. IEEE Transactions on Robotics, 22(1): 189-198.

AL-DAHHAN M R H, ALI M M. 2016. Path tracking control of a mobile robot using fuzzy logic[C]//IEEE. Proceedings of the 13th International Conference on Systems, Signals & Devices, March 21-24, 2006 in Leipzig, Germany. Piscataway: IEEE: 82-88.

ANDERSON J D. 1984. Fundamentals of aerodynamics[M]. New York: McGraw-Hill.

ANDERSON S J, KARUMANCHI S B, IAGNEMMA K. 2012. Constraint-based planning and control for safe, semi-autonomous operation of vehicles[C]//IEEE. Proceedings of 2012 IEEE Intelligent Vehicles Symposium, Piscataway: IEEE: 383-388.

ANGELES J. 2012. Spatial kinematic chains: analysis, synthesis, optimization[M]. Berlin: Springer Science & Business Media.

ARTEMIADIS P K, KATSIARIS P T, KYRIAKOPOULOS K J. 2010. A biomimetic approach to inverse kinematics for a redundant robot arm[J]. Autonomous Robots, 29 (3-4): 293-308.

ARUN K S, HUANG T S, BLOSTEIN S D. 1987. Least-squares fitting of two 3-D point sets[J]. IEEE Transactions on Pattern Analysis and Machine Intelligence, 9(5): 698-700.

ASADA H, SLOTINE J J E. 1986. Robot analysis and control[M]. New York: John Wiley & Sons.

ASADA H. 1983. A geometrical representation of manipulator dynamics and its application to arm design[J]. ASME Journal of Dynamic Systems, Measurement and Control, 105(3): 131-142.

BAR-ITZHACK I Y. 2000. New method for extracting the quaternion from a rotation matrix[J]. Journal of Guidance Control and Dynamics, 23(6): 1085-1087.

BENAMAR F, BIDAUD P, MENN F L. 2010. Generic differential kinematic modeling of articulated mobile robots[J]. Mechanism & Machine Theory, 45(7): 997-1012.

BENNETT D A, DALLEY S A, TRUEX D, et al. 2014. A multigrasp hand prosthesis for providing precision and conformal grasps[J]. IEEE/ASME Transactions on Mechatronics, 20(4): 1697-1704.

BEOBKYOON K, TERRY T U, CHANSU S, et al. 2016. Tangent bundle RRT: A randomized algorithm for constrained motion planning[J]. Robotica, 34(01): 202-225.

BERRABAH S A, SAHLI H, BAUDOIN Y. 2011. Visual-based simultaneous localization and mapping and global positioning system correction for geo-localization of a mobile robot[J]. Measurement Science & Technology, 22(12): 124003(9).

BERTINETTO L, VALMADRE J, HENRIQUES J F, et al. 2016. Fully-Convolutional Siamese Networks for Object Tracking[C]//HUA G, JEGOU H. Computer Vision—ECCV 2016 Workshops. Berlin: Springer: 850-865.

BICCHI A. 1995. On the closure properties of robotic grasping[J]. International Journal of Robotics Research, 14(4): 319-334.

BINGÜL Z, KARAHAN O. 2011. A Fuzzy Logic Controller tuned with PSO for 2 DOF robot trajectory control[J]. Expert Systems with Applications, 38(1): 1017-1031.

BOJARSKI M, TESTA D D, DWORAKOWSKI D, et al. 2016. End to end learning for self-driving cars[DB/OL]. [2017-03-24]. arxiv. org/abs/1604. 07316.

BROCKETT R W. 1990. ROBOTICS: proceedings of symposia in applied mathematics[M]. Rhode Island: American Mathematical Society.

BRUNO S, OUSSAMA K. 2008. Springer handbook of robotics[M]. Berlin: Springer.

BUCHLI J, STULP F, THEODOROU E, et al. 2011. Learning variable impedance control[J]. The International Journal of Robotics Research, 30(7): 820-833.

BULLO F, CORTÉS J, MARTINEZ S. 2009. Distributed control of robotic networks: a mathematical approach to motion coordination algorithms[M]. Princeton: Princeton University Press.

CACCAVALE F, NATALE C, SICILIANO B, et al. 2005. Integration for the next generation: embedding force control into industrial robots[J]. IEEE Robotics & Automation Magazine, 12(3): 53-64.

CALONDER M, LEPETIT V, STRECHA C, et al. 2010. BRIEF: Binary robust independent elementary features[C]//Proceedings of the 11th European Conference on Computer Vision. Crete: 778-792.

CAMERON S, CULLEY R. 1986. Determining the minimum translational distance between two convex polyhedral[C]// IEEE. Proceedings of IEEE Conference on Robotics and Automation, San Francisco, Piscataway: IEEE, 591-596.

CANNY J. 1986. A computational approach to edge detection[J]. IEEE Transactions on Pattern Analysis and Machine Intelligence, 8(6): 679-698.

CASELLES V, KIMMEL R, SAPIRO G. 1997. Geodesic active contours[J]. International Journal of Computer Vision, 22(1): 61-79.

CATALANO M G, GRIOLI G, FARNIOLI E, et al. 2014. Adaptive synergies for the design and control of the Pisa/IIT SoftHand[J]. International Journal of Robotics Research, 33(5): 768-782.

CECCARELLI M, SORLI M. 1998. The effects of design parameters on the workspace of a turin parallel robot[J]. International Journal of Robotics Research, 17(8): 886-902.

CHANG C H, SATO Y, CHUANG Y Y. 2014. Shape-Preserving Half-Projective Warps for Image Stitching[C]// IEEE. Proceedings of 2014 IEEE Conference on Computer Vision and Pattern Recognition. Washington, D. C. : IEEE Computer Society, 3254-3261.

CHEAH C C, HOU S P, ZHAO Y, et al. 2010. Adaptive vision and force tracking control for robots with constraint uncertainty[J]. IEEE/ASME Transactions on Mechatronics, 15(3): 389-399.

CHEN W B, XIONG C H, YUE S G. 2015. Mechanical implementation of kinematic synergy for continual grasping generation of anthropomorphic hand[J]. IEEE/ASME Transactions on Mechatronics, 20(3): 1249-1263.

CHIAVERINI S, ORIOLO G, WALKER I D. 2008. Kinematically redundant manipulators[M]// BRUNO S, OUSSAMA K. Springer handbook of robotics. Berlin: Springer, 245-268.

CHO H C, MIN J K, SONG J B. 2013. Hybrid position and force control of a robot arm equipped with joint torque sensors[C]// IEEE. Proceedings of 2013 10th International Conference on Ubiquitous Robots and Ambient Intelligence. Piscataway: IEEE, 577-579.

CHOI Y, WAN K C. 2004. PID trajectory tracking control for mechanical systems[M]. Berlin, Springer.

CHOSET H, LYNCH K, HUTCHINSON S, et al. 2005. Principles of robot motion: theory, algorithms and implementation[M]. Cambridge: MIT press.

CHOU J C K. 1992. Quaternion kinematic and dynamic differential equations[J]. IEEE Transactions on Robotics & Automation, 8(1): 53-64.

CHUNG S J, SLOTINE J J E. 2009. Cooperative robot control and concurrent synchronization of lagrangian systems[J]. IEEE Transactions on Robotics, 25(3): 686-700.

CIVICIOGLU P. 2012. Transforming geocentric cartesian coordinates to geodetic coordinates by using differential search algorithm[J]. Computers & Geosciences, 46: 229-247.

CORKE P. 2011. Robotics, vision and control[M]. Berlin: Springer.

CRAIG J J. 2004. Introduction to robotics: mechanics and control[M]. 3rd ed. Upper Saddle River: Prentice Hall.

CUTKOSKY M R. 1989. On grasp choice, grasp models, and the design of hands for manufacturing tasks[J]. IEEE Transactions on Robotics & Automation, 5(3): 269-279.

CUTKOSKY M R. 2012. Robotic grasping and fine manipulation[M]. Boston: Springer Science & Business Media.

DAI J S, HUANG Z, LIPKIN H. 2006. Mobility of overconstrained parallel mechanism[J]. Journal of Mechanical Design, 128(1): 220-229.

DALAL N, TRIGGS B. 2005. Histograms of oriented gradients for human detection[C]// IEEE. Proceedings of the 2005 IEEE Computer Society Conference on Computer Vision and Pattern Recognition. Washington, D. C. : IEEE Computer Society, 886-893.

DANELLJAN M, HAGER G, KHAN F S, et al. 2015. Learning spatially regularized correlation filters for visual tracking[C]// IEEE. Proceedings of the 2015 IEEE International Conference on Computer Vision.

Washington, D. C. : IEEE Computer Society, 4310-4318.

DASGUPTA B, MRUTHYUNJAYA T S. 2000. The stewart platform manipulator: a review[J]. Mechanism & Machine Theory, 35(1): 15-40.

DAVISON A J, REID I D, MOLTON N D, et al. 2007. MonoSLAM: real-time single camera SLAM [J]. IEEE Transactions on Pattern Analysis and Machine Intelligence, 29(6): 1052-1067.

DE BERG M, CHEONG O, VAN KREVELD M, et al. 2008. Computational Geometry: Introduction [M]. Berlin: Springer.

DECHEV N, CLEGHORN W L, NAUMANN S. 2001. Multiple finger, passive adaptive grasp prosthetic hand[J]. Mechanism and Machine Theory, 36(10): 1157-1173.

DELAVARI H, GHADERI R, RANJBAR N, et al. 2012. Adaptive fractional PID controller for robot manipulator [DB/OL]. [2017-05-25]. http://xueshu. baidu. com/s? wd = paperuri% 3A% 28de5492a4cff07b2cc61c3bbabb290f52%29&filter=sc_long_sign&tn=SE_xueshusource_2kduw22v&sc_vurl=http%3A%2F%2Farxiv. org%2Fabs%2F1206. 2027&ie=utf-8&sc_us=11043774056432207646.

DENAVIT J, HARTENBERG R S. 1955. A kinematic notation for lower-pair mechanisms based on matrices[J]. ASME Journal of Applied Mechanics, 22: 215-221.

DI FRANCO C, BUTTAZZO G. 2015. Energy-aware coverage path planning of UAVs[C]// IEEE. Proceedings of the 2015 IEEE International Conference on Autonomous Robot Systems and Competitions. Washington, D. C. : IEEE Computer Society, 111-117.

DIDRIT O, PETITOT M, WALTER E. 1998. Guaranteed solution of direct kinematic problems for general configurations of parallel manipulators[J]. IEEE Transactions on Robotics and Automation, 14(2): 259-266.

DIETRICH A, WIMBOCK T, ALBU-SCHAFFER A. 2011. Dynamic whole-body mobile manipulation with a torque controlled humanoid robot via impedance control laws[DB/OL]. [2017-04-28]. https://www. researchgate. net/publication/225022142_Dynamic_Whole-Body_Mobile_Manipulation_with_a_Torque_Controlled_Humanoid_Robot_via_Impedance_Control_Laws. 2011 IEEE/RSJ International Conference on Intelligent Robots and Systems. 2011, Piscataway, 3199-206.

DOLLAR A M, JENTOFT L P, GAO J H, et al. 2010. Contact sensing and grasping performance of compliant hands[J]. Autonomous Robots, 28(1): 65-75.

DONG W, GU G Y, ZHU X, et al. 2014. High-performance trajectory tracking control of a quadrotor with disturbance observer[J]. Sensors and Actuators A: Physical, 211: 67-77.

DROESCHEL D, NIEUWENHUISEN M, BEUL M, et al. 2016. Multilayered mapping and navigation for autonomous micro aerial vehicles[J]. Journal of Field Robotics, 33(4): 451-475.

DUFFY J. 1980. Analysis of mechanisms and robot manipulators[M]. London: Edward Arnold Ltd.

ENGEL J, SCHPS T, CREMERS D. 2014. LSD-SLAM: Large-scale direct monocular slam[C]// European conference on computer vision. Zurich: 834-849.

ETKIN B. 1972. Dynamics of atmospheric flight[M]. New York: Dover Publications.

FEATHERSTONE R. 2014. Rigid body dynamics algorithms[M]. New York: Springer.

FIERRO R, DAS A, SPIETZER J, et al. 2002. A framework and architecture for multi-robot coordination[J]. The International Journal of Robotics Research, 21(10-11): 977-995.

FISCHLER M A, BOLLES R C. 1981. Random sample consensus: a paradigm for model fitting with applications to image analysis and automated cartography[J]. Communications of the ACM, 24(6): 381-395.

FONG T, THORPE C, BAUR C. 2003. Multi-robot remote driving with collaborative control[J]. IEEE

Transactions on Industrial Electronics,50(4): 699-704.

FRANKLIN G F,POWELL J D,EMAMI-NAEINI A,et al. 1994. Feedback control of dynamic systems [J]. ASME Journal of Dynamic Systems and Control Division,55(2):1053-1054.

FU K S,GONZALES R C,LEE C S. 1987. Robotics: control,sensing,vision and intelligence[M]. New York:McGrawHill Inc.

FUKUOKA Y,KIMURA H,COHEN A. 2003. Adaptive dynamic walking of a quadruped robot on irregular terrain based on biological concepts[J]. International Journal of Robotics Research,22(3): 187-202.

GABRIELY Y,RIMON E. 2002. Spiral-stc: an on-line coverage algorithm of grid environments by a mobile robot[C]// IEEE. Proceedings of IEEE Conference on Robotics and Automation. Washington,D. C. : IEEE Computer Society:954-960.

GALCERAN E. 2013. A survey on coverage path planning for robotics[J]. Robotics and Autonomous Systems,61(12): 1258-1276.

GALCERAN E,CAMPOS R,PALOMERAS N,et al. 2015. Coverage path planning with real-time replanning and surface reconstruction for inspection of three-dimensional underwater structures using autonomous underwater vehicles[J]. Journal of Field Robotics,32(7): 952-983.

GAO X S, HOU X R, TANG J, et al. 2003. Complete solution classification for the perspective-three-point problem[J]. IEEE Transactions on Pattern Analysis and Machine Intelligence, 25(8): 930-943.

GARBER M,LIN M C. 2004. Constraint-based motion planning using voronoi diagrams[M]//Anon. Algorithmic foundations of robotics V. Berlin:Springer, 541-558.

GASPARETTO A,ZANOTTO V. 2010. Optimal trajectory planning for industrial robots[J]. Advances in Engineering Software,41(4): 548-556.

GENG J. 2011. Structured-light 3D surface imaging: a tutorial[J]. Advances in Optics and Photonics,3 (2): 128-160.

GHUNEIM T G, ANGELES J, BAI S P. 2004. On advances in robot kinematics[M]. New York: Springer.

GILBERT E G,JOHNSON D W,KEERTHI S S. 1988. A fast procedure for computing the distance between complex objects in three-dimensional space[J]. IEEE Transactions on Robotics and Automation, 4 (2): 193-203.

GIRSHICK R,DONAHUE J,DARRELL T,et al. 2014. Rich feature hierarchies for accurate object detection and semantic segmentation[C]// IEEE. Proceedings of the IEEE Conference on Computer Vision and Pattern Recognition. Washington,D. C. :IEEE Computer Society:580-587.

GLADH S,DANELLJAN M,KHAN F S,et al. 2016. Deep motion features for visual tracking[DB/OL]. [2017-04-16]. http:// www. researchgate. net/publication/311769858_Deep_Motion_Features_for_Visual_Tracking.

GOLNARAGHI F,KUO B C. 2010. Automatic control systems[M]. 9th ed. New York:John Wiley & Sons.

GONZÁLEZ D,PÉREZ J,MILANÉS V,et al. 2016. A review of motion planning techniques for automated vehicles[J]. IEEE Transactions on Intelligent Transportation Systems,17(4): 1135-1145.

GOSSELIN C. 1990. Dexterity indices for planar and spatial robotic manipulators[C]// IEEE. Proceedings of 1990 IEEE Conference on Robotics of Automation,Washington,D. C. :IEEE Computer Society:650-655.

GOSSELIN C,PELLETIER F,LALIBERTE T. 2008. An anthropomorphic underactuated robotic hand with 15 DoFs and a single actuator[C]//IEEE. Proceedings of 2008 IEEE international Conference on Robotics of Automation. Washington,D. C. :IEEE Computer Society. 749-754.

GRACIA L,TORNERO J. 2007. Kinematic modeling of wheeled mobile robots with slip[J]. Advanced Robotics,21(11): 1253-1279.

GRISETTI G, STACHNISS C, BURGARD W. 2007. Improved techniques for grid mapping with rao-blackwellized particle filters[J]. IEEE transactions on Robotics, 23(1): 34.

GUDINO-LAU J,ARTEAGA M A. 2005. Dynamic model and simulation of cooperative robots: a case study[J]. Robotica,23(5): 615-624.

GUO L G,WEN X Y. 2011. Hierarchical anti-disturbance adaptive control for non-linear systems with composite disturbances and applications to missile systems[J]. Transactions of the Institute of Measurement and Control,33(8): 942-956.

HAMEED I A. 2014. Intelligent coverage path planning for agricultural robots and autonomous machines on three-dimensional terrain[J]. Journal of Intelligent & Robotic Systems,74(3-4): 965-983.

HARTLEY R I. 1997. In defense of the eight-point algorithm[J]. IEEE Transactions on Pattern Analysis and Machine Intelligence, 19(6): 0-593.

HAUG E J,LUH C M,ADKINS F A,et al. 1996. Numerical algorithms for mapping boundaries of manipulator workspaces[J]. Journal of Mechanical Design,118(2): 228-234.

HENRICH D,WURLL C,WORN H. 1998. 6DoF path planning in dynamic environments-a parallel on-line approach[DB/OL]. [2017-03-26]. http://pdfs. semanticscholar. org/1124/0ec0a727fe7d7c4251ffc7ad1c37eba0f664. pdf.

HENRIQÜES J F,CASEIRO R,MARTINS P,et al. 2015. High-speed tracking with kernelized correlation filters[J]. IEEE Transactions on Pattern Analysis and Machine Intelligence,37(3): 583-596.

HESS W,KOHLER D,RAPP H,et al. 2016. Real-time loop closure in 2D LIDAR SLAM[DB/OL]. [2017-04-25]. http://pdfs. semanticscholar. org/3120148a48239cdb6ed 69b03ef5bd21d300698693. pdf.

HIRSCHMÜLLER H. 2007. Stereo processing by semiglobal matching and mutual information[J]. IEEE Transactions on Pattern Analysis and Machine Intelligence, 30(2): 328-341.

HOWELL S B. 2000. Handbook of CCD astronomy[M]. Cambridgeshire:Cambridge University Press.

HUNT K H. 1978. Kinematic geometry of mechanisms[M]. Oxford:Oxford University Press.

HUTCHINSON S,HAGER G D,CORKE P I. 1996. A tutorial on visual servo control[J]. IEEE Transactions on Robotics and Automation,12(5): 651-670.

HYEONSEOB N, HAN B Y. 2016. Learning multi-domain convolutional neural networks for visual tracking[C]// IEEE. Proceedings of 2016 IEEE Conference on Computer Vision and Pattern Recognition, Los Alamitos. Piscataway:IEEE, 4293-4302.

IAGNEMMA K,DUBOWSKY S. 2004. Traction control of wheeled robotic vehicles in rough terrain with application to planetary rovers[J]. International Journal of Robotics Research,23(10-11): 1029-1040.

IJSPEERT A J. 2014. Biorobotics: using robots to emulate and investigate agile locomotion[J]. Science, 346(6206): 196-203.

IWASAKI A,MEDZHITOV R. 2010. Regulation of adaptive immunity by the innate immune system [J]. Science,327(5963): 291-295.

JAIN A,RODRIGUEZ G. 1993. Linearization of manipulator dynamics using spatial operators[J]. IEEE Transactions on Systems Man & Cybernetics,23(1):239-248.

JANSON L,SCHMERLING E,CLARK A,et al. 2015. Fast marching tree: A fast marching sampling-based method for optimal motion planning in many dimensions[J]. The International Journal of Robotics Research,34(7): 883-921.

JEFFREY S W. 2000. Vector pursuit path tracking for autonomous ground vehicles[D]. Florida:University of Florida.

JUNG S,HSIA T C,BONITZ R G. 2004. Force tracking impedance control of robot manipulators under unknown environment[J]. IEEE Transactions on Control Systems Technology,12(3): 474-483.

KANNAN S K,JOHNSON E N. 2005. Adaptive trajectory control for autonomous helicopters[J]. Journal of Guidance,Control and Dynamics,28(3): 524-538.

KANOUN O,LAMIRAUX F,WIEBER P B. 2011. Kinematic control of redundant manipulators: generalizing the task-priority framework to inequality task[J]. IEEE Transactions on Robotics,27(4): 785-792.

KARAMAN S,FRAZZOLI E. 2011. Sampling-based algorithms for optimal motion planning[J]. International Journal of Robotics Research,30(7): 846-894.

KARAYIANNIDIS Y,ROVITHAKIS G,DOULGERI Z. 2007. Force/position tracking for a robotic manipulator in compliant contact with a surface using neuro-adaptive control[J]. Automatica, 43(7): 1281-1288.

KATSURA S,MATSUMOTO Y,OHNISHI K. 2006. Analysis and experimental validation of force bandwidth for force control[J]. IEEE Transactions on Industrial Electronics,53(3): 922-928.

KATSURA S,MATSUMOTO Y,OHNISHI K. 2007. Modeling of force sensing and validation of disturbance observer for force control[J]. IEEE Transactions on Industrial Electronics,54(1): 530-538.

KELLY A. 2013. Mobile robotics: mathematics, models and method[M]. Cambridge:Cambridge University Press.

KERR J,ROTH B. 1986. Analysis of multifingered hands[J]. International Journal of Robotics Research,4(4): 3-17.

KHATIB O. 1987. A unified approach for motion and force control of robot manipulators: the operational space formulation[J]. IEEE Transactions on Robotics and Automation,3(1): 43-53.

KHATIB O. 1986. Real-time obstacle avoidance for manipulators and mobile robots[J]. International Journal of Robotics Research,5(1):90-98.

KIEBRE R. 2010. Contribution to the modelling of aircraft tyre-road interaction[D]. Région Alsace: Université de Haute-Alsace.

KIM S,LASCHI C,TRIMMER B. 2013. Soft robotics: a bioinspired evolution in robotics[J]. Trends in Biotechnology,31(5): 287-294.

KIM Y H,LEWIS F L. 1999. Neural network output feedback control of robot manipulators[J]. IEEE Transactions on Robotics and Automation,5(2): 301-309.

KLEIN G, MURRAY D. 2007. Parallel tracking and mapping for small AR workspaces[C]// Proceedings of the 2007 6th IEEE and ACM International Symposium on Mixed and Augmented Reality. Nara: IEEE:1-10.

KOBILAROV M. 2008. Discrete geometric motion control of autonomous vehicles[D]. Los Angeles: University of Southern California.

KOGAN D,MURRAY R M. 2006. Optimization-based navigation for the DARPA Grand Challenge [DB/OL]. [2017-05-02]. http://www. cds. caltech. edu/～murray/preprints/km 06-cdc. pdf.

KUBOTA T,KURODA Y,KUNII Y,et al. 2003. Small,light-weight rover "Micro5" for lunar exploration[J]. Acta Astronautica,52(2-6): 447-453.

KUINDERSMA S,DEITS R,FALLON M,et al. 2015. Optimization-based locomotion planning,estimation and control design for the atlas humanoid robot[J]. Autonomous Robots,40(3): 429-455.

KUMAR N,PANWAR V,SUKAVANAM N,et al. 2011. Neural network-based nonlinear tracking control of kinematically redundant robot manipulators[J]. Mathematical and Computer Modelling, 53(9): 1889-1901.

LAKSHMIKANTHAM V, MATROSOV V M, SIVASUNDARAM S. 2013. Vector Lyapunov functions and stability analysis of nonlinear systems[M]. London: Springer Science & Business Media.

LATOMBE J C. 2012. Robot motion planning[M]. London: Springer Science & Business Media.

LAUMOND J P. 1997. Robot motion planning and control[M]. Berlin: Springer.

LAVALLE S M. 2006. Planning algorithms[M]. Cambridgeshire: Cambridge university press.

LEE C, CHUNG M. 1984. An adaptive control strategy for mechanical manipulators[J]. IEEE Transactions on Automatic Control, 29(9): 837-840.

LEE J, CHANG P H, JAMISOLA R S. 2014. Relative impedance control for dual-arm robots performing asymmetric bimanual tasks[J]. IEEE transactions on industrial electronics, 61(7): 3786-3796.

LEISHMAN J G. 2006. Principles of helicopter aerodynamics[M]. Cambridgeshire: Cambridge University Press.

LEPETIT V, MORENO-NOGUER F, FUA P. 2009. Epnp: An accurate o (n) solution to the pnp problem[J]. International journal of computer vision, 81(2): 155.

LI H , MANJUNATH B S, MITRA S K. 1995. A contour-based approach to multisensor image registration[J]. IEEE Transactions on Image Processing, 4(3): 320-334.

LI K Q, CHEN T, LUO Y G, et al. 2012. Intelligent environment-friendly vehicles: concept and case studies[J]. IEEE Transactions on Intelligent Transformation Systems, 13(1): 318-328.

LI Z, SASTRY S S. 1988. Task-oriented optimal grasping by multifingered robot hands[J]. IEEE Journal on Robotics and Automation, 4(1): 32-44.

LI Z, DENG J, LU R, et al. 2016. Trajectory-tracking control of mobile robot systems incorporating neural-dynamic optimized model predictive approach[J]. IEEE Transactions on Systems, Man and Cybernetics: Systems, 46(6): 740-749.

LI Z, GE S S, ADAMS M, et al. 2008. Robust adaptive control of uncertain force/motion constrained nonholonomic mobile manipulators[J]. Automatica, 44(3): 776-784.

LI Z, HSU P, SASTRY S. 1989. Grasping and coordinated manipulation by a multifingered robot hand [J]. International Journal of Robotics Research, 8(4): 33-50.

LIN C, CHANG P, LUH J. 1983. Formulation and optimization of cubic polynomial joint trajectories for industrial robots[J]. IEEE Transactions on Automatic Control, 28(12): 1066-1074.

LINDEROTH M, STOLT A, ROBERTSSON A, et al. 2013. Robotic force estimation using motor torques and modeling of low velocity friction disturbances[DB/OL]. [2017-04-13]. http://www. control. lth. se/documents/2013/linderoth_etal2013 iros. pdf.

LIU C J, WANG D W, CHEN Q J. 2013. Central pattern generator inspired control for adaptive walking of biped robots[J]. IEEE Transactions on Systems, Man, and Cybernetics: Systems, 43(5): 1206-1215.

LIU H H. 2011. Exploring human hand capabilities into embedded multifingered object manipulation [J]. IEEE Transactions on Industrial Informatics, 7(3): 389-398.

LIU Z, CHEN C, ZHANG Y, et al. 2015. Adaptive neural control for dual-arm coordination of humanoid robot with unknown nonlinearities in output mechanism[J]. IEEE Transactions on Cybernetics, 45(3): 521-532.

LONG J, SHELHAMER E, DARRELL T. 2015. Fully convolutional networks for semantic segmentation[DB/OL]. [2017-04-14]. http://www. philkr. net/cs395t/slides/FullConvolution Networks. pdf.

LOW K H, LEOW Y P. 2005. Kinematic modeling, mobility analysis and design of wheeled mobile robots[J]. Advanced Robotics,19(1): 73-99.

LOWE D G. 2004. Distinctive image features from scale-invariant keypoints[J]. International Journal of Computer Vision,60(2): 91-110.

LOZANO R. 2010. Unmanned aerial vehicles: embedded control[M]. Hoboken,Wiley-ISTE.

LUPASHIN S,D'ANDREA R. 2012. Adaptive fast open-loop maneuvers for quadrocopters[J]. Autonomous Robots,33(1-2): 89-102.

LYAPUNOV A M. 1992. The general problem of the stability of motion[J]. International Journal of Control,55(3): 531-534.

LYNCH F M, PARK F C. 2017. Modern robotics, mechanics, planning and control [M]. Cambridgeshire:Cambridge University Press.

MARCHESE A D,TEDRAKE R,RUS D L. 2016. Dynamics and trajectory optimization for a soft spatial fluidic elastomer manipulator[J]. International Journal of Robotics Research,35(8): 1000-1019.

MARCONI L,NALDI R. 2012. Control of aerial robots: hybrid force and position feedback for a ducted fan[J]. IEEE Control Systems,32(4): 43-65.

MARKLEY F L. 2008. Unit quaternion from rotation matrix[J]. Journal of Guidance Control and Dynamics,31(2): 440-442.

MASON M T, SALISBURY J K. 1985. Robot hands and the mechanics of manipulation[M]. Cambridge:MIT Press.

MATTAR E. 2013. A survey of bio-inspired robotics hands implementation: New directions in dexterous manipulation[J]. Robotics and Autonomous Systems,61(5): 517-544.

MAURETTE M. 1999. Robots for lunar exploration: present and future[J]. Advances in Space Research,23(11): 1849-1855.

MCCARTHY J M. 1990. Introduction to theoretical kinematics[M]. Cambridge:MIT press.

MCRUER D,ASHKENAS I,GRAHAM D. 1973. Aircraft dynamics and automatic control[M]. Princeton:Princeton University Press.

MEBARKI R,LIPPIELLO V,SICILIANO B. 2015. Nonlinear visual control of unmanned aerial vehicles in GPS-denied environments[J]. IEEE Transactions on Robotics,31(4): 1004-1017.

MELLINGER D,MICHAEL NKUMAR V. 2012. Trajectory generation and control for precise aggressive maneuvers with quadrotors[J]. International Journal of Robotics Research,31(5): 664-674.

MENG J,EGERSTEDT M. 2007. Distributed coordination control of multiagent systems while preserving connectedness[J]. IEEE Transactions on Robotics,23(4): 693-703.

MILAM M B,MUSHAMBI KMURRAY R M. 2000. A new computational approach to real-time trajectory generation for constrained mechanical systems[C]// IEEE. Proceedings of the 39th IEEE Conference on Decision and Control,2000. Piscataway:IEEE,845-851.

MINGUEZ J,LAMIRAUX F,LAUMOND J P. 2016. Motion planning and obstacle avoidance[M]//Anon. Springer Handbook of Robotics. Berlin:Springer,1177-1202.

MONTANA D J. 1995. The kinematics of multi-fingered manipulation[J]. IEEE Transactions on Robotics & Automation,11(4): 491-503.

MUR-ARTAL R, MONTIEL J M, MTARDOS J D. 2015. ORB-SLAM:A versatile and accurate monocular SLAM system[J]. IEEE Transactions on Robotics, 31(5): 1147-1163.

MURRAY R M,LI Z,SASTRY S S,et al. 1994. A mathematical introduction to robotic manipulation [M]. Boca Raton:CRC press.

MURRAY R M, SASTEY S S. 1991. Steering nonholonomic systems in chained form[C]//Proceedings of the 30th IEEE Conference on Decision and Control. Brighton: IEEE:1121-1126.

NADERI D,MEGHDARI A,DURALI M. 2001. Dynamic modeling and analysis of a two d. o. f. mobile manipulator[J]. Robotica,19(2): 177-185.

NATALE C,KOEPPE R,HIRZINGER G. 2000. A systematic design procedure of force controllers for industrial robots[J]. IEEE/ASME Transactions on Mechatronics,5(2): 122-131.

NIXON M,AGUADO A S. 2012. Feature extraction & image processing for computer vision[M]. Waltham:Academic Press.

NONAMI K,KENDOUL F,SUZUKI S,et al. 2010. Autonomous flying robots: Unmanned Aerial Vehicles and Micro Aerial Vehicles[M]. New York,Springer.

NUNO E,ORTEGA R,BASANEZ L,et al. 2011. Synchronization of networks of nonidentical Euler-Lagrange systems with uncertain parameters and communication delays[J]. IEEE Transactions on Automatic Control,56(4): 935-941.

NUSKE S,CHOUDHURY S,JAIN S,et al. 2015. Autonomous exploration and motion planning for an unmanned aerial vehicle navigating rivers[J]. Journal of Field Robotics,32(8): 1141-1162.

OHWOVORIOLE M S,ROTH B. 1981. An extension of screw theory[J]. Journal of Mechanical Design,103(4): 725-735.

OLSON E, DWIN J L, SETH T. 2006. Fast iterative alignment of pose graphs with poor initial estimates[C]// Proceedings 2006 IEEE International Conference on Robotics and Automation. Orlando, FL: IEEE:2262-2269.

ONAT A,OZKAN M. 2015. Dynamic adaptive trajectory tracking control of nonholonomic mobile robots using multiple models approach[J]. Advanced Robotics,29(14): 913-928.

OTSU N. 1979. A threshold selection method from gray-level histograms[J]. IEEE Transactions on Systems,Man and Cybernetics,9(1): 62-66.

OTT C,ROA M A,HIRZINGER G. 2017. Posture and balance control for biped robots based on contact force optimization[DB/OL]. [2017-03-25]. http://www. robtik. de/fileadmin/robotic/ott/papers/balancing_findv3. pdf.

OZAWA R,TAHARA K. 2017. Grasp and dexterous manipulation of multi-fingered robotic hands: a review from a control view point[J]. Advanced Robotics,31(19-20): 1030-1050.

PADEN B,SASTRY S. 1988. Optimal kinematic design of 6R manipulators[J]. International Journal of Robotics Research,7(2): 43-61.

PADEN B, CAP M, YONG S Z, et al. 2016. A survey of motion planning and control techniques for self-driving urban vehicles[J]. IEEE Transactions on Intelligent Vehicles, 1(1): 33-55.

PARK F C,BOBROW J E,PLOEN S R. 1995. A lie group formulation of robot dynamics[J]. International Journal of Robotics Research,14(6): 609-618.

PARK F C. 1994. Computational aspects of the product-of-exponentials formula for robot kinematics [J]. IEEE Transactions on Automatic Control,39(3): 643-647.

PATEL R V,SHADPEY F. 2005. Control of redundant robot manipulators: theory and experiments [M]. Berlin:Springer.

PAUL R P. 1981. Robot manipulators: mathematics,programming & control: the computer control of robot manipulators[M]. Cambridge:The MIT Press.

PENATE-SANCHEZ A, ANDRADE-CETTO J, MORENO-NOGUER F. 2013. Exhaustive linearization for robust camera pose and focal length estimation[J]. IEEE Transactions on Pattern Analysis and Machine Intelligence, 35(10): 2387-2400.

PETERNELL M,POTTMANN H,RAVANI B. 1999. On the computational geometry of ruled surfaces [J]. Computer-Aided Design,31(1): 17-32.

PENG K P,YAN R,LI H Z. 2010. Adaptive admittance control of a robot manipulator under task space constraint[C]// IEEE. Proceedings of 2010 IEEE International Conference on Robotics and Automation. Piscataway:IEEE, 5181-5186.

PILTAN F,YARMAHMOUDI M H,SHAMSODINI M,et al. 2012. PUMA-560 robot manipulator position computed torque control methods using Matlab/Simulink and their integration into graduate nonlinear control and Matlab courses[J]. International Journal of Robotics and Automation,3(3): 167-191.

POTTMANN H,PETERNELL M,RAVANI B. 1999. An introduction to line geometry with applications[J]. Computer-Aided Design,31(1): 3-16.

POULAKAKIS I,SMITH J A,BUEHLER M. 2005. Modeling and experiments of untethered quadrupedal running with a bounding gait: the Scout Ⅱ robot[J]. International Journal of Robotics Research,24 (4): 239-256.

RAIBERT M. 2008. BigDog,the rough-terrain quadruped robot[DB/OL]. [2017-03-24]. http://www. Scienzagiovane. unibo. it/att ualita/big dog. pdf.

RAJAMANI R. 2012. Vehicle dynamics and control[M]. 2nd Edition. Berlin:Spinger.

RAN T,GAVVES E,SMEULDERS A W M. 2016. Siamese instance search for tracking[DB/OL]. [2017-02-09]. http://www. cv_foundation. org/openaccess/content_cvpr_2016/papers/Tao_Siamese_Instance_Search_CVPR_2016_paper. pdf.

RAO K R,KIM D N,HWANG J J. 2011. Fast fourier transform-algorithms and applications[M]. London:Springer.

REDDY B S,CHATTERJI B N. 1996. An FFT-based technique for translation,rotation,and scale-invariant image registration[J]. IEEE Transactions on Image Processing,5(8): 1266-1271.

REN S,HE K M,GIRSHICK R,et al. 2017. Faster R-CNN: Towards real-time object detection with region proposal networks[J]. IEEE Transactions on Pattern Analysis and Machine Intelligence,39(6): 1137-1149.

RICHARD C, BISHOP R H, PEARSON. 2013. Modern control systems: pearson new international edition[M]. New York:Pearson Education Limited.

RICHTER C,BRY A,ROY N. 2016. Polynomial trajectory planning for aggressive quadrotor flight in dense indoor environments[DB/OL]. [2017-03-19]. http://www: groups. csail. mit. edu/rrg/papers/ Richter. ISRR 13. pdf.

RIMON E,KODITSCHEK D E. 1991. The construction of analytic diffeomorphisms for exact robot navigation on star worlds[J]. Transactions of the American Mathematical Society,327(1):71-116.

RIMON E,SHOVAL S,SHAPIRO A. 2001. Design of a quadruped robot for motion with quasistatic force constraints[J]. Autonomous Robots,10(3): 279-296.

RODRIGUEZ G. 1987. Kalman filtering,smoothing,and recursive robot arm forward and inverse dynamics[J]. IEEE Transactions on Robotics and Automation,3(6): 624-639.

ROSTEN E, DRUMMOND T. 2006. Machine learning for High-Speed corner detection[C]//Proceedings of the 9th European Conference on Computer Vision. Graz: 430-443.

ROY J,WHITCOMB L L. 2002. Adaptive force control of position/velocity controlled robots: theory and experiment[J]. IEEE Transactions on Robotics and Automation,18(2): 121-137.

RUBLEE E, RABAUD V, KONOLIGE K, et al. 2011. ORB: An efficient alternative to SIFT or SURF[C]// 2011 International Conference on Computer Vision. Barcelona: IEEE:2564-2571.

SAHU D K,PARSAI M P. 2012. Different image fusion techniques-a critical review[J]. International Journal of Modern Engineering Research,2(5): 4298-4301.

SALZMAN O,HALPERIN D. 2016. Asymptotically Near-Optimal RRT for Fast,High-Quality Motion Planning[J]. IEEE Transactions on Robotics,32(3): 473-483.

SARANLI U,BUEHLER M,KODITSCHEK D E. 2001. RHex: a simple and highly mobile hexapod robot[J]. International Journal of Robotics Research,20(10): 616-631.

SAUT J P,SIDOBRE D. 2012. Efficient models for grasp planning with a multi-fingered hand[J]. Robotics and Autonomous Systems,60(3): 347-357.

SCARAMUZZA D,SIEGWART R. 2008. Appearance-guided monocular omnidirectional visual odometry for outdoor ground vehicles[J]. IEEE Transactions on Robotics and Automation,24(5): 1015-1026.

SCHILLING K,JUNGIUS C. 1996. Mobile robots for planetary exploration[J]. Control Engineering Practice,4(4): 513-524.

SCIAVICCO L, SICILIANO B. 2012. Medelling and control of robot manipulators[M]. London: Springer.

SE S,LOWE D,LITTLE J. 2002. Mobile robot localization and mapping with uncertainty using scale-invariant visual landmarks[J]. International Journal of Robotics Research,21(8): 735-758.

SHABAYEK A E R,DEMONCEAUX C,MOREL O,et al. 2012. Vision based uav attitude estimation: progress and insights[J]. Journal of Intelligent & Robotic Systems,65(1-4): 295-308.

SHABBIR H,KHIZER A,ALI A. 2013. Hexapod robot[M]. [S. l]: LAP Lambert Academic Publishing.

SHARP G C, LEE S W, WEHE D K. 2002. ICP registration using invariant features[J]. IEEE Transactions on Pattern Analysis and Machine Intelligence, 24(1): 90-102.

SHIN K,MCKAY N. 1985. Minimum-time control of robotic manipulators with geometric path constraints[J]. IEEE Transactions on Automatic Control,30(6): 531-541.

SICILIANO B,SCIAVICCO L,VILLANI L,et al. 2009. Robotics: modelling,planning,control[M]. Berlin,Springer.

SIEGWART R,LAMON P,ESTIER T,et al. 2002. Innovative design for wheeled locomotion in rough terrain[J]. Robotics & Autonomous Systems,40(2-3): 151-162.

SIEGWART R,NOURBAKHSH I R,SCARAMUZZA D. 2011. Introduction to autonomous mobile robots[M]. Cambridge:MIT Press.

SILVER W M. 1982. On the equivalence of Lagrangian and Newton-Euler dynamics for manipulators [J]. The International Journal of Robotics Research,1(2): 60-70.

SIMEON T,LAUMOND J P,NISSOUX C. 2000. Visibility-based probabilistic roadmaps for motion planning[J]. Advanced Robotics,14(6): 477-493.

SIROUSPOUR S. 2005. Modeling and control of cooperative teleoperation systems[J]. IEEE Transactions on Robotics,21(6): 1220-1225.

SKOGESTAD S,POSTLETHWAITE I. 2007. Multivariable feedback control: analysis and design. New York:John Wiley & Sons.

SMITH C,KARAYIANNIDIS Y,NALPANTIDIS L,et al. 2012. Dual arm manipulation—A survey [J]. Robotics and Autonomous systems,60(10): 1340-1353.

SNIDER J M. 2009. Automatic steering methods for autonomous automobile path tracking[D]. Pennsylvania:Carnegie Mellon University.

SOLTANI A. 2014. Low cost integration of electric power-assisted steering(EPAS) with enhanced stability program(ESP)[D]. England: Cranfield University.

SPONG M W, HUTCHINSON S, VIDYASAGAR M. 2006. Robot modeling and control[M]. Hoboken:John Wiley & Sons.

SPRÖWITZ A, TULEU A, VESPIGNANI M, et al. 2013. Towards dynamic trot gait locomotion: design, control and experiments with cheetah-cub, a compliant quadruped robot[J]. International Journal of Robotics Research, 32(8): 932-950.

STRAMIGIOLI S, MASCHKE B, BIDARD C. 2000. A hamiltonian formulation of the dynamics of spatial mechanisms using lie groups and screw theory[DB/OL][2017-02-02]. http://www. math. unm. edu/~vageli/papers/FLEX/MecHam LieScrew. pdf.

SUN C, XU W L, BRONLUND J E, et al. 2014. Dynamics and compliance control of a linkage robot for food chewing[J]. IEEE Transactions on Industrial Electronics, 61(1): 377-386.

SUN D, MILLS J K. 2002. Adaptive synchronized control for coordination of multirobot assembly tasks [J]. IEEE Transactions on Robotics and Automation, 18(4): 498-510.

SUN F, SUN Z, WOO P Y. 2001. Neural network-based adaptive controller design of robotic manipulators with an observer[J]. IEEE Transactions on Neural networks, 12(1): 54-67.

SUNDARESHAN M K, KOENIG M A. 1985. Decentralized model reference adaptive control of robotic manipulators[C]// IEEE. Proceedings of IEEE Conference on American Control, Boston. Piscataway: IEEE, 44-49.

TALOLE S E, KOLHE J P, PHADKE S B. 2010. Extended-state-observer-based control of flexible-joint system with experimental validation [J]. IEEE Transactions on Industrial Electronics, 57 (4): 1411-1419.

TAYEBI A, MCGILVRAY S. 2006. Attitude stabilization of a VTOL quadrotor aircraft [J]. IEEE Transactions on Control Systems Technology, 14(3): 562-571.

THOMPSON S E, PATEL R V. 1987. Formulation of joint trajectories for industrial robots using B-splines[J]. IEEE Transactions on Industrial Electronics, IE-34(2): 192-199.

THRUN, S, MONTEMERLO M, DAHLKAMP H, et al. 2006. Stanley: the robot that won the DARPA grand challenge[J]. Journal of Field Robotics, 23(9):661 - 692.

TOWNSEND W. 2013. The Barretthand grasper— programmably flexible part handling and assembly [J]. Industrial Robot, 27(3): 181-188.

TRAN T H, PHAN T P, CHAO C P, et al. 2017. A six-DOF force/torque sensor for collaborative robot and its calibration method[C]//Anon. Proceedings of ASME 2017 Conference on Information Storage and Processing Systems, San Francisco, California, USA, August 29-30,. [S. I.]: ASME.

TRIGGS B. 1999. Bundle adjustment: A modern synthesis [C]//Proceedings of the International Workshop on Vision Algorithms: Theory and Practice. Corfu: 298-372.

TSAI L W. 1999. Robot analysis: the mechanics of serial and parallel manipulators[M]. New York: John Wiley & Sons.

TSAI R. 1987. A versatile camera calibration technique for high-accuracy 3D machine vision metrology using off-the-shelf TV cameras and lenses[J]. IEEE Journal on Robotics and Automation, 3(4): 323-344.

TZAFESTASS G. 2014. Introduction to mobile robot control[M]. London: Elsevier Inc.

UMBAUGH S E. 2005. Computer imaging: digital image analysis and processing[M]. Boca Raton: CRc Press.

URWIN-WRIGHT S, SANDERS D, CHEN S. 2002. Terrain prediction for an eight-legged robot[J]. Journal of Robotic Systems, 19(2): 91-98.

VILLANI L,DE SCHUTTER J. 2016. Force control[M]//Anon. Springer Handbook of Robotics[J]. Springer International Publishing,195-220.

VLADAREANU V,SCHIOPU P,VLADAREANU L. 2014. Theory and application of extension hybrid force-position control in robotics[J]. UPB Sci. Bull. ,Series A,76(3): 43-54.

VUKOBRATOVIC M, STOKIC D. 2012. Control of manipulation robots:theory and application[M]. London:Springer.

VOGIATZIS G, HERN NDEZ C. 2011. Video-based, real-time multi-view stereo[J]. Image and Vision Computing, 29(7): 434-441.

WALDRON K J,WANG S L,BOLIN S J. 1985. A study of the jacobian matrix of serial manipulators [J]. Journal of Mechanisms,Transmissions and Automation in Design,107(2): 230-238.

WIMBOCK T,OTT C,ALBU-SCHAFFER A,et al. 2012. Comparison of object-level grasp controllers for dynamic dexterous manipulation[J]. International Journal of Robotics Research,31(1): 3-23.

WU Y,LIM J,YANG M H. 2015. Object tracking benchmark[J]. IEEE Transactions on Pattern Analysis and Machine Intelligence,37(9): 1834-1848.

XIONG C H,CHEN W R,SUN B Y,et al. 2016. Design and implementation of an anthropomorphic hand for replicating human grasping functions[J]. IEEE Transactions on Robotics,32(3): 652-671.

XIONG C H,DING H,XIONG Y L. 2007. Fundamentals of robotic grasping and fixturing[M]. Singapore,World Scientific Publishing Co. Pte. Ltd.

XIONG C H,LI Y F,DING D,et al. 1999. On the dynamic stability of grasping[J]. International Journal of Robotics Research,18(9): 951-958.

XIONG C H,WANG M Y,XIONG Y L. 2008. On clamping planning in workpiece-fixture systems[J]. IEEE Transactions on Automation Science and Engineering,5(3): 407-419.

XUE J,TANG Z Y,PEI Z C,et al. 2013. Adaptive controller for 6-DOF parallel robot using TS fuzzy inference[J]. International Journal of Advanced Robotic Systems,10: 1-9.

YANG C,LI Z,LI J. 2013. Trajectory planning and optimized adaptive control for a class of wheeled inverted pendulum vehicle models[J]. IEEE Transactions on Cybernetics,43(1): 24-36.

YANG G,CHEN I M,CHEN W,et al. 2004. Kinematic design of a six-DOF parallel-kinematics machine with decoupled-motion architecture[J]. IEEE Transactions on Robotics,20(5): 876-887.

YANG H,ZHENG S,LU J,et al. 2016. Polygon-invariant generalized hough transform for high-speed vision-based positioning[J]. IEEE Transactions on Automation Science and Engineering,13(3): 1367-1384.

YANG J,GENG Z J. 1998. Closed form forward kinematics solution to a class of hexapod robots[J]. IEEE Transactions on Robotics and Automation,14(3): 503-508.

YANG K. 2016. Dynamic model and CPG network generation of the underwater self-reconfigurable robot[J]. Advanced Robotics,30(14): 925-937.

YOSHIKAWA T. 1990. Foundations of robotics: analysis and control[M]. Cambridge:MIT press.

YOSHIKAWA T. 2010. Multifingered robot hands: Control for grasping and manipulation[J]. Annual Reviews in Control,34(2): 199-208.

YUEN A,ZHANG K,ALTINTAS Y. 2013. Smooth trajectory generation for five-axis machine tools [J]. International Journal of Machine Tools and Manufacture,71(11-19).

ZADEH L A. 2015. Fuzzy logic:a personal perspective[J]. Fuzzy Sets and Systems, 281(15),4-20.

ZAWISKI R,BLACHUTA M. 2012. Model development and optimal control of quadrotor aerial robot [C]. //IEEE. Proceedings of the 17th International Conference on Methods & Models in Automation & Robotics. Piscataway:IEEE.

ZHANG F,DAWSON D M,DE QUEIROZ M S,et al. 2000. Global adaptive output feedback tracking control of robot manipulators[J]. IEEE Transactions on Automatic Control,45(6): 1203-1208.

ZHANG Z. 2000. A flexible new technique for camera calibration[J]. IEEE Transactions on Pattern Analysis and Machine Intelligence,22(11): 1330-1334.

ZHANG Z,LI F,ZHAO M,et al. 2017. Robust neighborhood preserving projection by nuclear/l2,1-norm regularization for image feature extraction[J]. IEEE Transactions on Image Processing, 26(4): 1607-1622.

ZHANG J, SINGH S. 2014. LOAM: lidar odometry and mapping in real-time[C]// Proceedings of Robotics: Science and Systems Conference. Berkeley, CA.

ZHANG J, SINGH S. 2015. Visual-lidar odometry and mapping: low-drift, robust, and fast[C]// 2015 IEEE International Conference on Robotics and Automation. Seattle, WA:IEEE: 2174-2181.

ZIEGLER J,BENDER P,THAO D,et al. 2014. Trajectory planning for Bertha-A local,continuous method [DB/OL]. [2017-03-15]. http://pdfs.semanticscholar.org/bdca/7fe83f8444bb4e75402a417053519758d36b.pdf.

二维码资源使用说明

本书部分课程资源以二维码的形式呈现。读者第一次利用智能手机在微信端扫码成功后提示微信登录，授权后进入注册页面，填写注册信息。按照提示输入手机号后点击获取手机验证码，稍等片刻收到 4 位数的验证码短信，在提示位置输入验证码成功后，重复输入两遍设置密码，选择相应专业，点击"立即注册"，注册成功。（若手机已经注册，则在"注册"页面底部选择"已有账号？立即注册"，进入"账号绑定"页面，直接输入手机号和密码，提示登录成功。）接着提示输入学习码，需刮开教材封底防伪涂层，输入 13 位学习码（正版图书拥有的一次性使用学习码），输入正确后提示绑定成功，即可查看二维码数字资源。手机第一次登录查看资源成功，以后便可直接在微信端扫码登录，重复查看资源。